J.K.

Koch • Fuchs • Gemmer

DIE FABRIKATION

FEINER FLEISCH- UND

WURSTWAREN

Koch • Fuchs • Gemmer

DIE FABRIKATION

FEINER FLEISCH- UND

WURSTWAREN

20., völlig neu bearbeitete Auflage

DEUTSCHER FACHVERLAG

Die Deutsche Bibliothek – CIP-Einheitsaufnahme

Koch, Hermann:
Die Fabrikation feiner Fleisch- und Wurstwaren / Koch ; Fuchs;
Gemmer. – 20., völlig neu bearb. Aufl. – Frankfurt am Main :
Dt. Fachverl., 1992
   ISBN 3-87150-369-X
NE: Fuchs, Hans [Bearb.]

ISBN 3-87150-369-X

20. Auflage 1992

© 1992 by Deutscher Fachverlag GmbH,
Frankfurt am Main
Umschlaggestaltung: Art + Work, Frankfurt am Main
Satz: Dhyana Fotosatz, Frankfurt am Main
Druck + Bindung: fgb, Freiburg im Breisgau

Vorwort zur 20. Auflage

Der „Koch", das klassische und wohl auch umfangreichste Rezeptbuch des Fleischergewerbes im deutschen Sprachraum, liegt nun in der 20. Auflage vor. Das gibt Veranlassung, auf die Geschichte dieses Buches einzugehen und zur Neugestaltung dieser 20. Auflage einige Anmerkungen zu machen.

Der Fleischermeister und gewerbliche Sachverständige Hermann Koch ist der Autor der ersten und einiger folgenden Auflagen des Fachbuches **„Die Fabrikation feiner Fleisch- und Wurstwaren".** Er lebte und arbeitete im Großraum Berlin und hatte kurz vor der Jahrhundertwende die Idee, alle im deutschen Sprachraum gebräuchlichen Rezepte für Wurst- und Fleischwaren in einem Buch zusammenzufassen.

So entstand etwa um das Jahr 1900 im damaligen Verlag der allgemeinen fleischer zeitung, dem Sponholz-Verlag in Berlin, die 1. Auflage dieses Buches. Es wurde nach Aussagen von Zeitzeugen sehr schnell zu **dem** Rezeptbuch der Branche, eben **„dem Koch".**

In relativ schneller Folge erschienen neue, teils wesentlich erweiterte und überarbeitete Auflagen des Werkes. Während die 1. Auflage noch 150 Seiten hatte, waren es bei der zweiten schon rund 400 Seiten. Die 9. Auflage hatte dann bereits über 800 Seiten.

In welchen Jahren die 1. bis 10. Auflage jeweils erschienen ist, ist leider nicht mehr genau zu sagen. Das Verlagshaus Sponholz, das bis zum Zweiten Weltkrieg seinen Platz in Berlin hatte, fiel während des Krieges in Schutt und Asche. Dabei wurde das Archiv des Verlages vernichtet. Aus diesem Grund ist über den Fleischermeister Hermann Koch und seine Tätigkeit nicht mehr viel bekannt. In einer der vorliegenden Auflagen wurde lediglich vermerkt, daß er 1915 verstorben sei.

Nach dem Tode von Hermann Koch wurde das Fachbuch von mehreren Fachleuten gleichzeitig betreut. Sie hatten zeitweise offenbar fast Kompaniestärke, wie sich im Folgenden noch zeigen wird.

Im Laufe der Zeit nach dem Zweiten Weltkrieg wurde eine Reihe von Ausgaben bzw. Auflagen des „Koch" wiedergefunden und aufgekauft. Es liegen dem heutigen Autorenteam die erste, zweite, neunte, elfte und ab der vierzehnten Auflage alle weiteren Auflagen vor.

Im Vorwort zur 9. Auflage des „Koch" wurde vermerkt, daß es sich bereits um die zweite große Überarbeitung des Werkes handelt. An dieser Neubearbeitung waren laut Namensregister über 140 Fachleute beteiligt. Zum Teil handelt es sich um sehr klangvolle Namen der Branche, die bis heute bekannt sind. Unter anderem wird der damalige Obermeister der Frankfurter Fleischerinnung Adolf Jung genannt. Er war von 1930–1933 Obermeister in Frankfurt. Daraus läßt sich schließen, daß die 9. Auflage des „Koch" etwa Anfang der dreißiger Jahre erschienen ist.

Zum fünfzigjährigen Bestehen der allgemeinen fleischer zeitung im Jahre 1934 wurde die 10. Auflage **‚Die Fabrikation feiner Fleisch- und Wurstwaren'** als Jubiläumsausgabe herausgebracht. In dem zu dieser Zeit gebräuchlichen pathetischen Schreibstil hieß es zum Abschluß des Vorwortes: „Möge die 10. (Jubiläums-) Auflage des Rezeptbuches ‚Die Fabrikation feiner Fleisch- und Wurstwaren' für jeden Fleischer und Wurstmacher stets der trefflichste und zuverlässigste Berater in der Werkstatt sein! Möge der neue „Koch" aber auch den Ruhm der deutschen Wurstmacherkunst weiter hinaustragen bis in die fernsten Lande! Glück auf!"

Im Jahre 1951 erschien dann die 11. Auflage des „Koch", die erste Auflage nach dem Zweiten Weltkrieg.

Das Werk wurde erneut von verschiedenen Autoren bearbeitet und überarbeitet. In diesem Zusammenhang ist der afz-Fachjournalist Günther Weisenberger besonders zu nennen. Es ist sein Verdienst, daß der „Koch" Ende der fünfziger und Anfang der sechziger Jahre in der Flut neuer und wesentlich veränderter lebensmittelrechtlicher Bestimmungen nicht untergegangen ist. Weisenberger konnte immer wieder eine große Zahl von Fachleuten gewinnen, speziell auch aus der zwischenzeitlich entstandenen „Bundesanstalt für Fleischforschung" in Kulmbach, die in der erforderlichen Schnelligkeit speziell alle neuen lebensmittelrechtlichen Vorschriften in die Rezepte und begleitenden Texte einarbeiten.

Auf die erneute Initiative von Weisenberger hin übernahm dann im Jahre 1976 ein neues Autorenteam die völlige Neubearbeitung des „Koch".

Zu dieser Zeit hatten sich die Produktionsgepflogenheiten, speziell auch die Produktionstechnologien (der Schnellkutter war mittlerweile ein selbstverständlicher Betriebsbestandteil der Fleischereien) grundlegend verändert. Dazu nur einige Beispiele:

— Die Materialbeschreibungen und -sortierungen mußten wesentlich genauer gefaßt werden.
— Man führte innerhalb einer Fleischart die numerierten Sortierungsbeschreibungen ein.
— Die Produktionsmaschinen wurden wesentlich schneller und präziser in ihrer Arbeitsweise.
— Das Räuchern und Garen wurde besser steuer- und kontrollierbar.
— Die Konservenherstellung entwickelte sich sehr schnell hin zur nahezu ausnahmslosen Herstellung von Vollkonserven.
— Neue Konservierungsmethoden wurden auf breiter Ebene gebräuchlich, z.B. das Tiefkühlen und das Vakuumieren.

All diese und noch einige andere Änderungen mußten Eingang finden in den neuen „Koch", wenn gewährleistet bleiben sollte, daß ein für den Praktiker gut anwendbares Nachschlagewerk von hohem Rang erhalten bleibt.

Es steht dem Autorenteam nicht zu, darüber zu urteilen, ob die vollständige Überarbeitung des „Koch" als wirklich gelungen bezeichnet werden kann. Wenn jedoch die anhaltende Nachfrage und die damit verbundene Empfehlung des Werkes unter Fachleuten ein Gradmesser für den weiterhin guten Ruf sein kann, dann kann in aller Bescheidenheit festgestellt werden, daß der „Koch" nach wie vor seinen Platz in der Branche hat.

Das Autorenteam, das 1976 die 16. Auflage des „Koch" völlig neu bearbeitet herausgebracht hat, hat dieses Werk fachlich über die weiteren Auflagen bis hin zur 19. Auflage begleitet.

Nun, weitere fünfzehn Jahre nach dieser Überarbeitung, hat das gleiche Team, die Autoren Hans Fuchs und Helmut Gemmer, das Werk erneut allen technologischen und lebensmittelrechtlichen Gegebenheiten angepaßt. Als Neuerung und Erweiterung sind nun neben dem bisherigen klassischen Sortiment auch die neueren Spezialitätengruppen mindestens in den Grundrezepturen und in den dazugehörenden Rezeptbeschreibungen in die 20. Auflage des „Koch" aufgenommen. Damit erweitert sich das ohnehin schon immer große Rezeptangebot in diesem Werk um weitere rund 300 Rezepte.

In dieser Ausstattung wird der „Koch" nun voraussichtlich mit dieser 20. Auflage ohne große inhaltliche Neubearbeitungen, aber sicher mit weiteren neuen Rezeptnachträgen den Weg in das nächste Jahrhundert antreten. Es wird das zweite Jahrhundert des „Koch" sein. Das ist auf dem Gebiet der Fachliteratur eine große Seltenheit und aus diesem Grund durchaus erwähnenswert.

Diese neue Auflage wird erstmals die Autoren im Titel nennen, die seit der 16. Auflage das Werk maßgebend gestaltet haben. Das sollte als ein Stück Geschichte dieses Buches verstanden werden. Nicht mehr.

Frankfurt am Main, Mai 1992

Die Autoren

Inhaltsübersicht

Inhaltsverzeichnis

3. Rohwurst

4. Brühwurst

5. Kochwurst

6. Zerealienwurst

7. Aufschnitt-Rouladen und -Pasteten

8. Fleischwaren in Aspik

9. Frischfleisch-Spezialitäten

10. Hackfleisch-Spezialitäten

12. Fleisch- und Wurstkonserven

13. Geflügel- und Wildspezialitäten

14. Fleisch-Feinkost
Salate, Dips und kalte Speisen

15. Tafelfertige Fleischgerichte

18. Gesetze – Verordnungen – Richtlinien

Alphabetisches Verzeichnis der Wurstsorten

Stichwortverzeichnis

Fleisch- und Wurstwaren

Anstelle der klassischen Bezeichnung „Fleisch- und Wurstwaren" wird heute der Begriff „Fleischerzeugnisse" verwendet. Er hat nicht zuletzt auch durch die textliche Gestaltung der neuen Lebensmittelgesetzgebung sehr schnell Eingang in den fachlichen Sprachgebrauch gefunden. Wenn in diesem Buch für die einleitenden Ausführungen dennoch vorwiegend der Begriff „Fleisch- und Wurstwaren" verwendet wird, dann hat dies historische Gründe.

Die Be- und Verarbeitung des Rohstoffes Fleisch

Die Herstellung qualitativ hochwertiger und gleichbleibend guter Fleischerzeugnisse ist nur unter zwei Voraussetzungen denkbar:

1. Die Fleischproduktion und die Fleischgewinnung muß höchsten technologischen, hygienisch und qualitativen Anforderungen gerecht werden.
2. Der für die Be- und Verarbeitung verantwortliche Fachmann muß in der Lage sein, in jeder Hinsicht bestes fachliches Wissen und Können in die Praxis umzusetzen. Nur so wird er mit seinen Erzeugnissen das Qualitätsniveau erreichen, das seine Kunden von ihm erwarten.

Handwerk und Industrie

Die Gesamtentwicklung des Fleischergewerbes in den letzten Jahrzehnten läßt es angeraten erscheinen, ein paar Gedanken über die unterschiedlichen Aufgabenstellungen der Unternehmen innerhalb eines Berufszweiges in der Wirtschaft darzulegen.

Nicht nur die Fachleute, die im Fleischerhandwerk tätig sind, sondern in gleichem Maße auch die Fachkollegen und Fachkolleginnen, die nach ihrer Ausbildung in der Fleischwarenindustrie tätig sein werden, beziehen ihr fachliches Wissen aus einer soliden handwerklichen Grundausbildung, die in hohem Maße von der Individualität der Fertigungsmethoden geprägt sein muß. Eine auf diesen Erfordernissen basierende Ausbildung kann aufgrund der heute bestehenden Ausbildungsordnung durchaus Unterschiede im Ausbildungsweg und in der Ausbildungsart aufzeigen. Dabei wird stets derjenige den größeren Erfolg und damit das bessere berufliche Fortkommen haben, der eine umfassende, also alle Berufssparten beinhaltende Ausbildung absolviert hat. Nur so ist es möglich, als Selbständiger oder als Führungskraft in einem größeren Betrieb mit Erfolg tätig zu sein.

Aus dem bestens fundierten handwerklichen Wissen und Können heraus bildet sich dann das Verständnis für handwerkliches und industrielles Arbeiten und Fertigen.

Dabei ist in der Aus- und Weiterbildung stets auf die richtige Reihenfolge der Lernschritte zu achten: Zuerst kommt die handwerkliche, weitgehend auf Individualität ausgerichtete Ausbildung. Auf dieser Grundlage lassen sich dann die Spezialkenntnisse für industrielle Fertigung aufbauen. Nur so können beide Gruppen der Branche, Handwerk und Industrie, und entsprechend der jeweiligen Marktsituation und Verbrauchererwartung an die Herstellung bester Qualitäten herangehen.

Der **Versorgungsauftrag des Fleischerhandwerks** liegt in erster Linie darin, den Verbraucher mit einem reichhaltigen Sortiment an Spezialitäten zu bedienen. Materialzusammenstellung, Würzung und sonstige Beschaffenheiten der einzelnen Produkte müssen die „individuelle Note" der handwerklichen Fertigung in hohem Maße erkennen lassen.

Der **Versorgungsauftrag der Fleischwarenindustrie** liegt in der Versorgung der Bevölkerung mit Großmengen an Fleischerzeugnissen, die aus fachlich völlig verständlichen Gründen einer gewissen Standardisierung unterliegen, da sie in der Regel auch regional viel weiträumiger abgesetzt werden müssen, als handwerklich hergestellte Waren. Aber auch bei diesen Produkten werden höchste Anforderungen an Qualität, Frische und Geschmack gestellt.

Zusammenfassend kann man damit zur Differenzierung zwischen handwerklicher und industrieller Fertigung sagen, daß der handwerkliche Fleischereibetrieb in hohem Maße die Individualität regionaler Produktionsgepflogenheiten praktizieren und bewahren muß. Der industrielle Fleischwarenbetrieb hat mehr die qualitativ zwar hochwertige, aber mehr standardisierte Mengenversorgung zu übernehmen.

Je mehr diese versorgungspolitischen Zielsetzungen für Handwerk und Industrie beachtet werden, um so besser werden beide Betriebsstrukturen auch weiterhin nebeneinander gut am Markt existieren können. Je mehr diese Differenzierung dem Bewußtsein des jeweilig Zuständigen im Einzelbetrieb nicht bewußt ist, um so größer wird die Gefahr, daß hier ein negatives Konkurrenzbild entsteht, das weder vom Handwerk, noch von der Industrie erwünscht sein kann. Fleischerhandwerk und Fleischwarenindustrie haben sich also gegenseitig zu ergänzen. Nicht mehr, aber auch nicht weniger. Bei all dem bleibt völlig unberührt, daß der Industrie selbstverständlich die Aufgabe zufällt, dem Fleischerhandwerk in angemessener Weise ein hochwertiges Zusatzsortiment anzubieten. Dabei endet die Angemessenheit dort, wo die individuelle Note eines in der Produktionsmenge handwerklichen Fleischereibetriebes verloren geht.

Die Partnerschaft zwischen Fleischwarenindustrie und Fleischerhandwerk liegt also in einem ausgewogenen Verhältnis von handwerklicher Produktion einerseits und Lieferung besonderer Spezialitäten der Industrie andererseits.

Unter diesen Voraussetzungen ist in vorzüglicher Weise eine Partnerschaft zwischen Fleischerhandwerk und Fleischwarenindustrie zu praktizieren.

Unter den oben genannten Voraussetzungen ist hier das Thema ,,Fabrikation feiner Fleisch- und Wurstwaren" in erster Linie unter Gesichtspunkten handwerklicher Fertigung darzulegen und zu beschreiben. Aus dieser Grundbeschreibung läßt sich dann, durchaus auch mit individueller Herrichtung und guter Qualität, die Produktion von industriell gefertigten Großmengen ableiten.

Die Herstellung von Fleischerzeugnissen

Die sortenspezifischen Beschaffenheitsmerkmale einer Wurstsorte werden durch das Zusammenwirken verschiedener Komponenten gebildet. Dazu gehören hauptsächlich

1. **der Mengenanteil** von Magerfleisch und Speck, ebenso wie die anteiligen Mengen von Rind- und Schweinefleisch,
2. die **spezielle Vorbehandlung** des Fleischmaterials und des Specks durch vorsalzen, pökeln, vorgaren, vorräuchern usw.,
3. die mehr oder weniger vorhandenen Beeinflussungsfaktoren der zur Verwendung kommenden **Natur- und Kunstdärme,**
4. die Geschmacks- und Aromabildung durch die Verwendung von Gewürzen und einigen wenigen Zusatzstoffen,
5. die Reifebehandlung, einschließlich des Räucherns oder der Lufttrocknung,
6. die optisch unterschiedliche Beschaffenheit der einzelnen Spezialitäten.

Der Mengenanteil Magerfleisch zu Speck, bzw. Rindfleisch zu Schweinefleisch verschafft Roh-, Brühwurst- und brühwurstverwandten Sorten ein mehr oder weniger helles Schnittbild. Hoher Rindfleischanteil macht die Anschnittfarbe eines Brühwurstproduktes dunkler. Dabei ist sowohl aus Qualitäts- als auch aus kalkulatorischer Sicht zu beachten, daß Rindfleisch ohne weiteres durch Schweinefleisch ersetzt werden kann, ohne die Qualität eines Erzeugnisses negativ zu beeinflussen. Diese Feststellung ist von erheblicher Bedeutung, weil Rindfleisch im Vergleich zu Schweinefleisch gleicher Beschaffenheit erheblich teurer ist. Der Austausch von Rindfleisch gegen Schweinefleisch hat selbstverständlich dort seine Grenze, wo sortenspezifisch Rindfleisch verarbeitet werden muß.

Bei Leberwurstsorten läßt sich das hellere oder dunklere Schnittbild über den Leberzusatz unterschiedlicher Tierarten steuern. Dabei kann Rinderleber schon bei anteilig kleinen Mengen ein unangenehm dunkles Schnittbild verursachen.

Der **speziellen Vorbehandlung** des Verarbeitungsmaterials kommt aufgrund neuerer technologischer und physiologischer Erkenntnisse heute noch mehr Bedeutung als früher zu. Auf diesen Aspekt ist in den folgenden Ausführungen noch detailliert einzugehen.

Die Natur- und Kunstdärme, die zur Herstellung einer Wurstsorte verwendet werden, bestimmen die Charakteristik, den Geschmack und die optische Beschaffenheit einer Wurstspezialität.

Speziell die Herstellung des klassischen Wurstsortimentes hat den Sinn, optisch weniger gut aussehende und damit als Frischfleisch weniger gefragte Fleischteilstücke und Fleischabschnitte über die Herstellung erstklassiger Wursterzeugnisse zu „veredeln".

Jeder Fleischer muß wissen – und dafür hat er sein Handwerk gelernt – wie die Verwendung von Fleischabschnitten möglich ist. Wenn er, der Fleischfachmann, mit Recht auf sein handwerkliches Können stolz ist, so ist auch von ihm die Übersicht zu erwarten, dieses Material qualitativ richtig beurteilen und dementsprechend verarbeiten zu können.

Bei der Herstellung von Wursterzeugnissen ist erlaubt, was im reellen Geschäftsverkehr herrschender Brauch, was handwerksüblich ist und was nicht gegen bestehende Rechtsvorschriften verstößt.

Lebensmittelrecht

Die Gewinnung und Herstellung von Frischfleisch und Fleischerzeugnissen wird durch Rechtsvorschriften geregelt.

Es wird für die weiteren Ausführungen vorausgesetzt, daß der Fleischermeister über alle lebensmittelrechtlichen Bestimmungen, die für die Be- und Verarbeitung von Fleisch, bis hin zur Herstellung der einzelnen Fleischerzeugnisse maßgebend sind, ausführlich orientiert ist. In der Folge und speziell auch im lebensmittelrechtlichen Teil dieses Buches werden nur ganz bestimmte Bereiche des Lebensmittelrechtes aufgegriffen. Sie stellen aber keineswegs die Gesamtheit der Bestimmungen dar, die für die Bundesrepublik Deutschland bestehen. Darüber hinaus wird für den Bedarfsfall darauf hingewiesen, daß **die wichtigsten Gesetze, Verordnungen und Richtlinien des deutschen Lebensmittelrechts zur Be- und Verarbeitung von Frischfleisch und zur Herstellung, sowie Feilhaltung von Fleischerzeugnissen, im Anhang dieses Buches zu finden sind.**

In den folgenden Ausführungen wird immer wieder auf bestimmte Fachgesetze, Verordnungen und Richtlinien hingewiesen.

Lebensmittel- und Bedarfsgegenständegesetz (LMBG)

Wie alle Lebensmittel, unterliegen auch Fleischerzeugnisse lebensmittelrechtlichen Bestimmungen, in erster Linie dem Lebensmittel- und Bedarfsgegenständegesetz (LMBG) in der zur Zeit gültigen Fassung. Während das LMBG selbst nur allgemeinverbindliche Festlegungen enthält, sind für die einzelnen Lebensmittel eine Vielzahl von Verordnungen erlassen worden, in denen spezielle Anforderungen an die Produktion und die Zusammensetzung der betreffenden Lebensmittel gestellt werden.

Da Fleischerzeugnisse zu den wichtigsten Nahrungsmitteln gehören, ist es nicht verwunderlich, daß für sie allein eine ganze Reihe von Verordnungen gelten, deren Inhalt der Fleischer kennen muß, um nach gutem handwerklichen Brauch produzieren zu können und nicht mit den Überwachungsbehörden in Konflikt zu geraten.

Alle lebensmittelrechtlichen Bestimmungen verfolgen im Wesentlichen die folgenden Ziele: Lebensmittel sollen gesundheitlich unbedenklich sein, sie sollen weiterhin weder verfälscht noch irreführend gekennzeichnet dem Verbraucher angeboten werden. Schließlich hat die amtliche Kontrolle die Einhaltung der genannten Anforderungen sicherzustellen, was gleichzeitig der Verhinderung von Wettbewerbsverzerrungen dient.

Neben dem § 8 LMBG, der die Behandlung und das Inverkehrbringen gesundheitsschädlicher Lebensmittel unter Strafe stellt, ist für den Hersteller von Fleischwaren besonders der § 17 LMBG von Bedeutung.

Hier werden allgemeine Verbote ausgesprochen, die nicht nur das Inverkehrbringen von nicht mehr zum Verzehr geeigneten Lebensmitteln beinhalten, sondern auch die Verfälschung von Lebensmitteln oder deren irreführend Kennzeichnung. Wesentlich ist auch die Fassung des § 17 (1) Nr. 2b, die vorschreibt, daß ein Lebensmittel, dessen Wert erheblich von der Norm abweicht, nicht ohne ausreichende Kenntlichmachung in den Verkehr gebracht werden darf. Das LMBG läßt offen, wann eine erhebliche

Abweichung vorliegt. Hierüber geben Verordnungen nähere Hinweise. Insbesondere ist hier die „Fleischverordnung" (siehe Anhang Lebensmittelrecht) maßgebend, die dem Prinzip unseres Lebensmittelrechtes folgend, den Zusatz einer Reihe von Stoffen zu Fleischerzeugnissen unter bestimmten Bedingungen gestattet, während hier nicht genannte Stoffe nicht zugelassen sind. Der Hersteller von Fleischerzeugnissen wird daher stets zu prüfen haben, ob die von ihm verwendeten Zusatzstoffe auch lebensmittelrechtlich zugelassen sind.

Zusatzstoffe nach den Bestimmungen der Fleischverordnung — Kombinationsmöglichkeiten

Die Fleischverordnung (siehe Anhang LMR) läßt die Kombination verschiedener Zusatzstoffe in Fleischerzeugnissen zu. Welche diesbezüglichen Möglichkeiten hier bestehen, kann der Übersichtstafel „Kombinationsmöglichkeiten" entnommen werden. Die Angaben in Prozent geben die Höchstmenge des zusetzbaren Stoffes an.

Zusatzstoffe	1	2	3	4	5	6	7	8	9
1 Phosphat	0,3%	X	X	X	X	X	X	●	X
2 Citrat	X	0,3%	●	●	●	●	●	●	X
3 Aufgeschlossenes Milcheiweiß	X	●	2%	X	X	X	●	X	X
4 Trockenblutplasma	X	●	X	2%	X	X	●	X	X
5 Flüssiges Blutplasma, Blutserum	X	●	X	X	10%	X	●	X	X
6 Eiklar, Gefriereiklar	X	●	X	X	X	3%	X	X	X
7 Vollei	X	●	●	●	●	X	3–5%	X	●
8 Milch	●	●	X	X	X	X	X	5%	●
9 Sahne	X	X	X	X	X	X	●	●	5%

Zeichenerklärung:
● = Kombination erlaubt (nur für bestimmte Erzeugnisse)
X = Kombination nicht erlaubt

Pökelstoffe

Die seit langem bekannte Tatsache, daß nitrosierende Substanzen (Nitrit und Nitrat) durch Anlagerung an bestimmte Eiweißbestandteile (Amine) krebserregende (cancerogene) Stoffe, die sogenannten Nitrosamine erzeugen, hat in der Fleischwirtschaft zu Überlegungen geführt, wie man dieses Risiko vermindern könne, da der völlige Verzicht auf Pökelstoffe insbesondere wegen der konservierenden Wirkung von Nitrit nicht in Frage kommt.

Um den Zusatz von nitrosierenden Substanzen so niedrig wie möglich zu halten, wurden entsprechend gesetzlichen Vorschriften geändert.

Leitsätze für Fleisch und Fleischerzeugnisse

Keine Lebensmittelgruppe wird in Deutschland in einer solchen Vielfalt angeboten wie Wurstwaren. Nicht umsonst gelten die deutschen Wursthersteller, besonders im Bereich der Brüh- und Kochwürste als die besten der Welt. Diese Vielfalt des Angebotes darf, wenn sie erhalten bleiben soll, einerseits nicht durch Reglementierungen eingeschränkt werden. Sie muß sich andererseits aber auch bestimmten Regeln unterwerfen, deren oberster Grundsatz die Einhaltung des Qualitäts- und Reinheitsprinzips ist. Es muß das Ziel des Wurstproduzenten sein, die Vielfalt seiner Erzeugnisse und deren Genußwert auf höchstes Niveau zu bringen.

Die bestehenden lebensmittelrechtlichen Bestimmungen hindern ihn in diesem Bestreben nicht. Diese Vorschriften sollen nur sicherstellen, daß Fleischerzeugnisse, je nach ihrer Qualitätsstufe, ein Mindestmaß an wertbestimmenden Bestandteilen enthalten. Die entsprechenden Beurteilungsmaßstäbe sind nicht durch Gesetz oder Verordnung festgelegt, sondern sie finden sich in den „Leitsätzen für Fleisch und Fleischerzeugnisse" (siehe LMR Anhang). Sie sind als Bestandteil des deutschen Lebensmittelbuches stets dann heranzuziehen, wenn es darum geht, beim Fehlen rechtsverbindlicher Vorschriften den reellen Handelsbrauch zu ermitteln.

Mit der Erstellung der „Leitsätze für Fleisch und Fleischerzeugnisse" hat man einen positiven Maßstab für die Qualitätsbeurteilung von Fleischerzeugnissen eingeführt. Da in ernährungsphysiologischer Hinsicht das Fleischeiweiß den höchsten Wert innerhalb eines Fleischerzeugnisses besitzt, ist diesem wertbestimmenden Anteil der Vorrang zu geben.

Fleisch ist um so wertvoller, je geringer sein Anteil an Sehnen und anderen Bindegewebssubstanzen (Kollagen, Elastin) ist. Aus diesem Grunde hat man den Anteil des Fleischeiweißes zum wertbestimmenden Bestandteil eines Fleischerzeugnisses gemacht, den man erhält, wenn man vom Gesamtfleischeiweiß den Anteil an Bindegewebseiweiß abzieht und damit das sogenannte bindegewebseiweißfreie Fleischeiweiß (BEFFE) erhält.

Im Grunde genommen ist der BEFFE-Gehalt nichts weiter als ein Maßstab für den Gehalt eines Fleischerzeugnisses an bindegewebsarmem Magerfleisch. Je höher dieser Anteil ist, um so höher ist auch der Anteil an BEFFE.

Die Festlegung eines Mindest-Beffe-Anteiles sollte dabei nicht bedeuten, daß nur noch Spitzenqualitäten produziert werden sollen, sondern die Leitsätze berücksichtigen durch die unterschiedlich hohen BEFFE-Gehalte durchaus unterschiedliche Qualitäten und engen damit keinesfalls die bestehende Möglichkeit ein, ein breites Sortiment von Wurstwaren, zu unterschiedlichen Verkaufspreisen, zu produzieren.

Die BEFFE-Werte sind unter Beachtung bereits bestehender handelsüblicher Rezepturen festgelegt worden.

Diese Beffe-Werte schließen Toleranzen ein, die sich aus der Tatsache ergeben, daß sowohl die Untersuchungsergebnisse bestimmte Schwankungen aufweisen, als auch die Zusammensetzung des Verarbeitungsfleisches Schwankungen ausgesetzt ist. Andererseits gelten für die bestehenden Werte keinerlei zusätzliche Toleranzwerte, sodaß bei einer Unterschreitung der betreffenden BEFFE-Werte mit Beanstandungen gerechnet werden muß.

Schließlich muß noch darauf hingewiesen werden, daß nicht nur der BEFFE-Wert für die Qualität eines Fleischerzeugnisses maßgebend ist, sondern sich bei ausreichendem BEFFE-Gehalt auch Beanstandungen ergeben können, wenn die Summe der Fett- und Wassergehalte das herkömmliche Maß überschreiten. Die Leitsätze lassen offen, wann das „herkömmliche Maß" überschritten ist. Besonders beim Fettgehalt ergeben sich hier Schwierigkeiten, da innerhalb der einzelnen Bundesländer für manche Erzeugnisse unterschiedliche Auffassungen über die Höhe des zu tolerierenden Fettgehaltes bestehen. Andererseits kann der prozentuale Fettgehalt eines Fleischerzeugnisses je nach Art und Verpackung (Dose, Naturdarm, Kunstdarm, wasserdampfundurchlässige Verpackung) nicht exakt angegeben werden, da er besonders bei Rohwurst, aber auch bei anderen Würsten in luftdurchlässigen Umhüllungen, dauernden Schwankungen unterliegt. Dieses Unvermögen läßt sich beherrschen, wenn man das Fett-Eiweiß-Verhältnis als Beurteilungsmaßstab anwendet, weil dieses Verhältnis auch bei Austrocknung der Wurst nahezu konstant bleibt. Zu umgehen sind diese Schwierigkeiten, wenn der Hersteller selbst, den Fettgehalt seiner Erzeugnisse deklariert.

BEFFE-Werte

Mit den „Leitsätzen für Fleisch und Fleischerzeugnisse" hat der Begriff des „bindegewebseiweißfreien Fleischeiweißes" eine besondere Bedeutung erlangt, in der Praxis spricht man kurz vom „BEFFE-Wert".
Der BEFFE-Wert wird durch die chemische Ermittlung des Fleischeiweißes (FE) und des Bindegewebseiweißanteils (BE) festgestellt. Nach Abzug des BE vom FE erhält man den BEFFE-Gehalt: FE − BE = BEFFE
Der Praktiker kann bis zu einem gewissen Grad den BEFFE-Gehalt seiner Rezeptur errechnen. Voraussetzung hierfür ist allerdings die genaue Kenntnis der Zusammensetzung seiner einzelnen Wurstsorten und die stets gleichbleibende Beschaffenheit des sortierten Fleisches. Dies stößt in der Praxis durch das Erfordernis, das Material optisch beurteilen zu müssen, auf Schwierigkeiten, so daß das Ergebnis der BEFFE-Berechnung mit der tatsächlichen Zusammensetzung des Fertigproduktes nicht exakt übereinstimmen kann. Aus diesem Grund muß davor gewarnt werden, sich bei derartigen Berechnungen so nahe wie möglich an den Mindest-BEFFE-Wert heranzuarbeiten. Die Gefahr der Unterschreitung der Mindestwerte wäre zu groß.

Fleischsortierung

Nicht nur aus lebensmittelrechtlicher Sicht, auch aus kalkulatorischen Gründen ist die genaue Beachtung und Anwendung der Leitsätze für Fleisch und Fleischerzeugnisse von Bedeutung.
Nach Veröffentlichung der Leitsätze hielt man sich in der Praxis zunächst an die Sortierungen für Rind- und Schweinefleisch, die dort vorgegeben wurden.
Sehr bald wurde nämlich erkannt, daß die in den Leitsätzen vorgegebenen Fleischsortierungen einer Ausweitung bedurften, wenn einer gleichmäßigen Produktion im Sinne der Leitsätze bzw. der dort festgeschriebenen Beurteilungskriterien, gewährleistet werden soll. Zu dieser Erkenntnis kam hinzu, daß damit ein weiterer wichtiger Aspekt der Herstellung von Fleischerzeugnissen, nämlich die Warenkalkulation, besser und vor allem genauer in den Griff zu bekommen ist.
Genauso wurde aus den beiden genannten Gründen sehr schnell erkennbar, das ein Sortierungsschema auch für Kalb- und Lammfleisch in die Praxis übernommen werden sollte. Damit würde es dann auch unumgänglich, alle Arten von Innereien in ein Sortierungsschema mit einzubeziehen.
Als Ergebnis der vorangestellten Überlegungen ist die folgende Sortierungstabelle für alle vier Fleischarten entstanden und auf breiter Ebene in der praktischen Anwendung.

Sortierungsbeschreibungen

Sorte
S 1 **Schweinefleisch,** fett- und sehnenfrei
S 2 Schweinefleisch ohne Sehnen, mit maximal 5 % sichtbarem Fett
S 3 Schweinefleisch mit geringem Sehnenanteil und maximal 5 % sichtbarem Fett
S 3b Schweinefleisch mit höherem Sehnenanteil und maximal 5 % sichtbarem Fett
S 4 Schweinebauch ohne Schwarte mit maximal 30 % sichtbarem Fett
S 4b Schweinebauch ohne Schwarte mit maximal 50 % sichtbarem Fett
S 5 Schweinebauch ohne Schwarte mit maximal 60 % sichtbarem Fett
S 6 Backen ohne Schwarte

S 6 Wammen ohne Schwarte, mittelfett
S 7 Fettgewebe mit geringer Fleischauflage (ca. 10 %)
S 8 Rückenspeck ohne Schwarte
S 9 Speckabschnitte ohne Schwarte
S 10 Weiches Fett (Fettwamme)
S 11 Kopf ohne Knochen, gekocht
S 12 Masken, gekocht
S 13 Schwartenzug
S 14 Schwarten
S 15 Schweineleber
S 16 Schweineherz, geputzt, gepökelt
S 17 Schweinezungen, geputzt, gepökelt
S 18 Schweinehirn, Rückenmark
S 19 Schweinelunge
S 20 Schweineblut, gepökelt
S 21 Flomen
S 22 Nieren ohne Nierengänge

R 1 **Rindfleisch,** fett- und sehnenfrei
R 2 Rindfleisch, entsehnt, mit maximal 5 % sichtbarem Fett
R 2b Rindfleisch mit höherem Sehnenanteil und maximal 5 % sichtbarem Fett
R 3 Rindfleisch, grob entsehnt, mit maximal 15 % sichtbarem Fett
R 4 Rindfleisch mit maximal 20 % sichtbarem Fett und ca. 5 % Sehnen
R 5 Rindfleisch, grob entsehnt, mit maximal 30 % sichtbarem Fett
R 6 Fleischfett
R 7 Bindegewebe
R 8 Rinderleber
R 9 Rinderherz, geputzt, gepökelt
R 10 Rinderzunge, geputzt, gepökelt
R 11 Rinderhirn

K 1 **Kalbfleisch,** fett- und sehnenfrei
K 2 Kalbfleisch, entsehnt, mit maximal 5 % sichtbarem Fett
K 2b Kalbfleisch mit höherem Sehnenanteil und maximal 5 % sichtbarem Fett
K 3 Kalbfleisch, grob entsehnt, mit maximal 15 % sichtbarem Fett
K 4 Kalbfleisch mit maximal 20 % sichtbarem Fett und ca. 5 % Sehnen
K 5 Kalbfleisch, grob entsehnt, mit maximal 30 % sichtbarem Fett
K 6 Fleischfett
K 7 Bindegewebe
K 8 Kalbsleber

K 9 Kalbsherz, geputzt
K 10 Kalbszunge, geputzt

L 1 **Lammfleisch,** fett- und sehnenfrei
L 2 Lammfleisch, entsehnt, mit maximal 5 % sichtbarem Fett
L 3 Lammfleisch, grob entsehnt, mit maximal 5 % sichtbarem Fett

Analytische Werte einer Rezeptur

In den „Leitsätzen für Fleisch und Fleischerzeugnisse" (siehe LMR-Anhang) zum Deutschen Lebensmittelbuch sind die Mindestanforderungen festgeschrieben, die an die einzelnen Fleischerzeugnisse zu stellen sind. Wertbestimmend ist in erster Linie der absolute Anteil an binde- und fettgewebsfreiem Fleischeiweiß und dessen relativer Anteil am Gesamtfleisch. Als ausreichend sind diese Anteile anzusehen, wenn die in den „Besonderen Beurteilungsmerkmalen für einzelne Erzeugnisse" angeführten Analysenwerte für das absolute und relative bindegewebseiweißfreie Fleischeiweiß in jeder einzelnen Probe nicht unterschritten werden.

Unter diesen Gegebenheiten ist es für den Hersteller von Fleischerzeugnissen naheliegend, die Analysenwerte für die von ihm hergestellten Fleischerzeugnisse über die Materialzusammenstellung einer Rezeptur bereits vor Herstellung des Produktes zu errechnen. Man kann damit im Stadium der Produktionsplanung bereits feststellen, ob ein Produkt den lebensmittelrechtlichen Anforderungen entsprechen wird.

So begrüßenswert diese Möglichkeit der Vorabberechnung einerseits ist, so darf andererseits jedoch nicht übersehen werden, daß diese Verfahrensweise nicht unproblematisch ist. Die Errechnung der Analysenwerte ist stets ein rein theoretischer Vorgang, der nur dann Anspruch auf Zuverlässigkeit erheben kann, wenn drei Grundvoraussetzungen erfüllt wurden:

1. Die Materialsortierungen müssen mit den Sortierungsbeschreibungen (S1, S2, usw.) übereinstimmen.

Die chemische Zusammensetzung der einzelnen Materialbestandteile Wasser, Fett, Fleischeiweiß, Bindegewebseiweiß und Asche müssen exakt ermittelt sein.

Die einzelnen Fleischsortierungen müssen in

ihren Bestandteilen, wie Muskelfleisch, Fett- und Bindegewebe, so exakt wie nur möglich beschrieben sein, da nur dann die Materialbestandteile in immer gleicher Beschaffenheit vorliegen.

4. Die für Materialsortierung verantwortliche Fachkraft muß mit der den lebensmittelrechtlichen Erwartungen entsprechenden Qualifikation die Fleischsortierung vornehmen, bzw. gewissenhaft leiten.

Die Vorausberechnung der Analysenwerte anhand eines Rezeptes für ein Fleischerzeugnis hat also nur dann einen Sinn, wenn der Sortierung der Fleischmaterialien größte Aufmerksamkeit entgegengebracht wird.

Da man Unsicherheitsfaktoren in der Fleischsortierung nie ganz ausschließen kann, ist dringend zu empfehlen, die Fertigprodukte von Zeit zu Zeit analysieren zu lassen, um zu kontrollieren, wie genau das Verarbeitungsmaterial sortiert wurde.

Jedem Fleischer muß bewußt sein, daß er im Falle einer lebensmittelrechtlichen Beanstandung eines seiner Fleischerzeugnisse nicht als entlastendes Argument vorbringen kann, er habe das Produkt theoretisch analysiert und aufgrund des Berechnungsergebnisses für lebensmittelrechtlich in Ordnung gehalten. Bei Beanstandungen spielt allein das Untersuchungsergebnis des Fertigproduktes eine Rolle. Die theoretische Errechnung der Analysenwerte kann folglich immer nur eine Orientierungshilfe, aber nicht mehr sein.

Rezept-Optimierung/ Rezept-Minimierung

Bei einer **Rezept-Optimierung** wird versucht, die Materialkosten eines Fleischerzeugnisses zu senken, ohne die Qualität des Produktes nachteilig zu verändern. Ein entsprechender Effekt könnte beispielsweise erreicht werden, wenn Rindfleisch R 2 gegen Schweinefleisch S 2, eventuell könnte es auch S 3 sein, ausgetauscht würden. Entgegen einer weit verbreiteten Ansicht in Fachkreisen kann die teilweise Verwendung von Backen anstelle von Speckabschnitten nicht grundsätzlich als qualitätsneutral bezeichnet werden. Bei vorschriftsmäßigem

Magerfleischanteil und zu hohem Anteil an Backen kann es sehr leicht zu einem Konsistenzverfall kommen, was keinesfalls den Qualitätsanforderungen an ein Erzeugnis der Mittel-, oder gar Spitzenqualität entspricht.

Bei einer **Rezept-Minimierung,** fälschlicherweise sehr oft Rezept-Optimierung genannt, wird ein zunächst qualitativ hochwertiges Erzeugnis in der Materialzusammensetzung so verändert, daß das Fertigerzeugnis gerade noch die vorgeschriebenen Beffe-Werte hat und den anderen lebensmittelrechtlichen Mindestanforderungen entspricht. Diese bewußt herbeigeführten Qualitätsminderungen werden meist über einen erhöhten Anteil an Bindegewebszusatz erreicht, mit denen solche Erzeugnisse kalkulatorisch günstiger gestaltet werden können.

Herkunftsbezeichnung

Die einschlägigen gesetzlichen Bestimmungen kennen für die Sortenbezeichnung von Fleischerzeugnissen den Begriff der „Herkunftsbezeichnung". Dazu ein Beispiel: Wenn ein Wursterzeugnis die Bezeichnung „Mainzer Preßkopf" hat, so muß es sich bei dem Produkt um ein Erzeugnis handeln, das im Mainzer Raum seinen Ursprung genommen hat. Wird diese Spezialität außerhalb der Region Mainz hergestellt, müßte diese Wurstsorte mit „Preßkopf nach Mainzer Art" bezeichnet werden.

Die richtige Verwendung des Begriffes „Herkunftsbezeichnung" wird deutlich, wenn die gleiche Frage auf ein Produkt wie etwa „Schlesische Semmelleberwurst" bezogen wird. Kein bundesdeutscher Verbraucher wird erwarten, daß sein Fleischer diese Wurstsorte deshalb so bezeichnet, weil er sie aus Schlesien bezogen hat.

Damit stellt sich also die weitere Frage, wann der geographische oder landsmannschaftliche Bestandteil einer Wurstsortenbezeichnung als Herkunftsbezeichnung angesehen werden muß und wann nicht. Es gilt jedoch Folgendes:

Alle in den Leitsätzen für Fleisch und Fleischerzeugnisse aufgeführten Produkte sind keine Herkunfts-, sondern Gattungsbezeichnungen.

Die Sortenbezeichnungen mit geographischen und/oder landsmannschaftlichen Herkunftsbezeichnungen in diesem Buch sind ohne die Bezeichnung „nach Art" angegeben. Der Hersteller dieser Erzeugnisse muß daher von Fall zu Fall entscheiden, wie er das jeweilige Erzeugnis bezeichnet. Grundsätzlich kann man davon ausgehen, daß Bezeichnungen, die in den Leitsätzen für Fleisch und Fleischerzeugnisse enthalten sind, nicht Herkunftsbezeichnungen, sondern Gattungsbezeichnungen darstellen. In Zweifelsfällen sollte eine Stellungnahme der zuständigen Kontrollbehörde eingeholt werden.

„Rot" und „Weiß" als Sortenbezeichnung

In den Sortenbezeichnungen für Wurstwaren werden die Begriffe „Rot" und „Weiß" verwendet. In der Regel wird durch diese Bezeichnungen die Farbe des Erzeugnisses beschrieben. Das heißt, daß beispielsweise ein „Roter Preßkopf" mit Blutzusatz hergestellt wird. Analog dazu ist ein „Weißer Preßkopf" eine Wurstsorte, die mit Brät oder Sülze (Gelee) hergestellt ist. Dabei ist es von nebensächlicher Bedeutung, ob das Brät Kochsalz oder Nitritpökelsalz enthält. Die Begriffe „Rot" und „Weiß" werden aber auch verwendet, um die verarbeitete Salzart, Nitritpökelsalz oder Kochsalz, zu umschreiben. Hierbei spricht der Fachmann von „rotem Brät" (nitritpökelsalzhaltig) oder „weißem Brät" (kochsalzhaltig). In beiden Fällen werden die Begriffe aber nicht direkt auf die Sortenbezeichnung übertragen. Beispiel:
1. Es gibt „Gelbwurst". Sie ist grundsätzlich aus weißem, also kochsalzhaltigem Brät hergestellt. Man bezeichnet sie deswegen aber nicht als „Weiße Gelbwurst".
2. Es gibt „Fleischwurst". Sie wird grundsätzlich aus rotem, also nitritpökelsalzhaltigem Brät hergestellt. Man bezeichnet sie deswegen aber in der Regel nicht als „Rote Fleischwurst".

In beiden Punkten gibt es jedoch je eine Ausnahme. Es gibt zum einen die Sortenbezeichnung „Weißwurst" (kochsalzhaltig) und zum anderen die Sortenbezeichnung „Rote" (nitritpökelsalzhaltig). In beiden Fällen handelt es sich um Brühwursterzeugnisse, deren Sortenbezeichnung keinen weiteren sortenbeschreibenden Zusatz enthält.

Diät-Fleischwaren

Auf Grund gewisser Erkrankungen sind viele Menschen zu einer Umstellung ihrer Ernährungsweise, zur Einhaltung einer bestimmten Diät gezwungen, d.h., daß sie bestimmte Stoffe, die in den gewöhnlichen Nahrungsmitteln enthalten sind, meiden müssen bzw. nicht in größerem Maße zu sich nehmen sollen. Davon ist selbstverständlich auch in vielen Fällen der Verzehr von Fleisch und Wurstwaren betroffen. Da eine jede Krankheit eine ihr eigene Diät verlangt, ist es klar, daß es ein Diäterzeugnis, das für alle Kranken geeignet ist, nicht gibt. Magen-, Darm- und Leberkranke z.B. benötigen vor allem eine möglichst fettfreie und leicht verdauliche Kost. Für die Herstellung von Diät-Fleischwaren bedeutet dies die Verwendung fettarmer Fleischsorten, z.B. die Verwendung von Kalbfleisch statt Schinken, auch ist hier die Verwendung von besonders gutem und lange abgehangenem Fleisch zu empfehlen.
Die Veränderung der Ernährungsgewohnheiten speziell auch auf dem Sektor Fleischerzeugnisse hat die Herstellung entsprechender Spezialitäten, die den Bestimmungen der **Diät-Verordnung** gerecht werden, heute ganz beträchtlich in den Vordergrund fachlicher Diskussionen gebracht.
Würde in diesem Standardwerk der gewachsenen und noch weiter wachsenden Bedeutung Rechnung getragen, würde dies den Rahmen des vorliegenden Werkes sprengen. Es ist daher bezüglich des Themas „Diät-Fleischwaren" und des etwas weiter greifenden Themas „Kalorienbewußte Ernährung" auf das Fachbuch „Fuchs – Gemmer – Kühlcke: Gesund ernähren mit Fleisch und Wurst" (Deutscher Fachverlag Frankfurt) zu verweisen.

Fettarme Wurstwaren

Die Herstellung fettarmer Wursterzeugnisse ist auf verschiedene Art möglich. Alle Möglichkeiten haben zunächst eines gemeinsam, sie sind nicht problemlos in ihrer praktischen Anwendung. Das sollte jedem bewußt sein, der sich mit der Herstellung solcher Erzeugnisse befaßt.
Die einschlägigen Bestimmungen in der Bundesrepublik Deutschland besagen, daß fettarme

Wursterzeugnisse nicht mehr als 10 Prozent Fett enthalten dürfen.

Zu dieser 10-Prozent-Grenze ist zu sagen, daß die Lebensmittelüberwachungbehörden keine über diese 10 Prozent hinausgehende Toleranzspanne gewähren. Das bedeutet, daß es bereits bei 10,1 Prozent Fettgewebeanteil strafrechtliche Probleme geben kann.

Auch bezüglich der Herstellung fettarmer Wurstwaren ist auf das bereits erwähnte Fachbuch zu verweisen. Im übrigen wird im Gesetzesanhang auf die zu beachtende Nährwertkennzeichnungsverordnung eingegangen.

Rohstoffe zur Herstellung von Fleischerzeugnissen

Alle Materialien, die zur Herstellung einer Wurstsorte erforderlich sind, werden als „Rohstoffe" bezeichnet. Neben Fleisch gehören also auch Gewürze, Hilfsstoffe und Därme zu den „Rohstoffen".

Fleischmaterial

Der umfangreich und breit sortierte Vieh- und Fleischgroßhandel läßt ohne große Probleme eine differenzierte Materialbeschaffung für die Herstellung qualitativ hochwertiger Fleischerzeugnisse zu. Dabei darf nicht übersehen werden, daß es immer wieder Fleisch gibt, das in seiner Beschaffenheit nicht als beste Qualität bezeichnet werden kann, obwohl es möglicherweise rein optisch allen Qualitätsanforderungen entspricht. Auf diese möglichen, zunächst verdeckten Mängel ist näher einzugehen.

Unter **PSE- und DFD-Fleisch** werden Veränderungen in der Muskulatur von Schlachttieren (Schwein und Rind) zusammengefaßt, die beide auf krankhaften Vorgängen beruhen. Dabei kommt es entweder zur Bildung von blassem, wäßrigem Fleisch, das im englischen Sprachgebrauch als PSE (Pale = blaß, Soft = weich, Exudative = wasserlässig) bezeichnet wird oder zu dunklem, leimigem Fleisch, das mit der ebenfalls aus dem Englischen herrührenden Bezeichnung DFD (Dark = dunkel, Firm = fest und Dry = trocken) benannt wird. Die genauen Ursachen dieser Veränderungen sind noch nicht restlos erforscht, vermutet werden erblich und fütterungsbedingte Faktoren. Sicher ist, daß Störungen im Muskelstoffwechsel beim PSE-Fleisch zu einer erhöhten überstürzten Milchsäurebildung führen, was zu einem schnellen pH-Wert-Abfall nach der Schlachtung führt. DFD-Fleisch dagegen zeigt keinen oder nur einen geringfügigen pH-Wert-Abfall. pH-Werte von 6,8 bis 7,0 nach 24 Stunden im Anschluß an die Schlachtung gemessen, sind keine Seltenheit bei diesem Fleisch, das meist durch eine dunkle Farbe und eine ausgesprochen leimige Beschaffenheit auffällt. DFD-Fleisch ist deshalb keinesfalls für die Herstellung von Rohpökelwaren geeignet. Es ist nicht ratsam dieses Fleisch längere Zeit aufzubewahren, da der hohe pH-Wert zu einer schnellen, bakteriell bedingten Fäulnis führen kann. Aus diesem Grunde eignet sich DFD-Fleisch auch nicht für eine längere Lagerung in Vakuumverpackung. Am ehesten kann es noch für die Herstellung von Kochpökelwaren und Kochwurst verwendet werden. Immer ist es ratsam, nicht ausschließlich solches Fleisch zu verarbeiten, sondern stets in Mischung mit Fleisch, das keine Abweichungen zeigt. Für die Brühwurstherstellung eignet sich DFD-Fleisch zwar ebenfalls, hier muß jedoch wiederum die geringe Haltbarkeit des Endproduktes beachtet werden. Besonders gefährdet sind vakuumverpackte Brühwursterzeugnisse aus DFD-Fleisch. PSE-Fleisch besitzt zwar einen niedrigen pH-Wert, der für die Produktion von Dauerwaren (Rohwurst, Rohschinken) erwünscht ist, seine starke Wasserlässigkeit und insbesondere seine helle Farbe schränken seine Verarbeitungstauglichkeit jedoch stark ein. Auch hier gilt die Empfehlung, PSE-Fleisch nur in Verbindung mit anderem Fleisch zu verarbeiten.

Eine besondere Form der Fleischveränderung durch PSE-Vorgänge stellt die sogenannte Rückenmuskelnekrose des Schweines dar. Hier kommt es zu einer mehr oder weniger starken Veränderung des Kotelettstranges, die bei der Schlachtung noch nicht in Erscheinung tritt, sondern erst beim Anschneiden der Rückenmuskel bemerkt wird (Bananenkrankheit). Die Muskulatur zeigt im Kern eine stark aufgehellte Farbe und wirkt wie gekocht. Der veränderte Muskel ist umgeben von einer roten Zone, die auf Abgrenzungsvorgängen gegenüber dem gesunden Muskelgewebe beruht. Derart stark verändertes Fleisch ist für die Herstellung von

Lebensmitteln nicht mehr geeignet, es muß unschädlich beseitigt werden.

Gewürze

Die „Leitsätze für Gewürze, Gewürzextrakte und Gewürzzubereitungen" des Deutschen Lebensmittelbuches beinhalten die allgemeinen Beurteilungsmerkmale, die Begriffsbestimmungen, sowie die Herstellung und die Bezeichnung von Gewürzen. Diese Leitsätze sind beim Umgang mit würzenden Stoffen zu beachten.

In diesem Zusammenhang sind auch alle weiteren lebensmittelrechtlichen Bestimmungen von Bedeutung, die auf die Frage Bezug nehmen, inwieweit die Verwendung bestimmter Würzstoffe für ein bestimmtes Lebensmittelerzeugnis zulässig ist.

Naturgewürze sind Pflanzenanteile und zwar Blüten, Früchte, Samen, Wurzeln, Rinden, Blätter oder ganze Kräuter, die aromatische, stark riechende oder schmeckende Stoffe in Form von ätherischen Ölen und Bitterstoffen, wie Harze und Glykoside, enthalten. Man teilt die Gewürze einmal nach ihrer Herkunft in in- und ausländische und dann danach ein, welche Teile der Pflanze als Gewürze verwendet werden.

Gewürze sind wegen ihrer geschmacksbestimmenden Wirkung bei der Herstellung von Fleischwaren nicht zu entbehren. Sie enthalten keinerlei Giftstoffe und können je nach Geschmack mehr oder weniger starke Verwendung finden.

Sie haben nur dann einen Wert, wenn es sich um einwandfreie, reine, frische Ware handelt. Die Gewürzmühlen liefern heute sortierte, richtig vorbehandelte, ganze oder gemahlene Gewürze. Gewürzkauf ist Vertrauenssache und es ist falsch, von unbekannten Lieferanten sogenannte billige Ware zu kaufen, da diese häufig verfälscht oder überlagert ist. Gemahlene Gewürze verlieren leichter ihr Aroma und müssen daher dicht verschlossen und nicht zu lange aufbewahrt werden.

Durch falsche Behandlung und Lagerung können die besten Gewürze schnell verderben. Es sollte zur Regel werden, daß Gewürze nur in kühlen, frostfreien und trockenen Gewürzkammern gelagert werden. Jedes einzelne Gewürz sollte nach Eingang in gut gereinigte und luftdicht verschließbare Behältnisse umgepackt werden. Im Betrieb sollten nur die im Augenblick benötigten gemahlenen Gewürze in verschließbaren Aluminium- oder Kunststoffdosen griffbereit zur Verfügung stehen. Die Aufbewahrung ist auch in aromadichten Verbund-Folienbeuteln möglich.

Allgemein hat es sich durchgesetzt, daß man Gewürze in einer bestimmten Menge einer Fleischware nach genauer Auswägung und vorhergehender Berechnung hinzugibt. Die Entnahme der Gewürze aus den Behältnissen darf niemals mit der Hand, sondern muß immer mit einer Metall- oder Kunststoffschaufel oder mit einem sauberen Löffel vorgenommen werden. Die Mischung mehrerer Gewürze für eine Gewürzmischung sollte so intensiv wie möglich sein und wird heute am Besten mit einem Mixgerät vorgenommen. Werden Salz, Zuckerarten oder andere Stoffe gemeinsam mit den Gewürzen verarbeitet, so sind letztere intensiv vorher mit der meist größeren Salzmenge zu vermischen.

Es gibt Gewürze, die den Geschmack einer Ware maßgeblich beeinflussen sollen und solche, die nur bei der Abrundung des Geschmacks unterschwellig mitwirken. So verwendet man im allgemeinen bei Fleischwaren Pfeffer von 1 bis 2 g je 1 kg Fleischmenge, während andere Scharfgewürze wie Paprika, Piment und Ingwer bis zu höchstens 0,5 g je kg Masse verwendet werden. Starke, durchdringende Gewürze wie Muskat, Mazis, Zimt, Vanille oder Knoblauch werden nur in Spuren bis höchstens 0,3 g je 1 kg Masse verarbeitet. Die Würzkraft frisch angekaufter Gewürze ist nach Möglichkeit mit kleineren Probeproduktionen zu prüfen.

An dieser Stelle ist noch auf den großen Keimgehalt vieler Gewürzsorten einzugehen. Die Gewürze als Teile von Pflanzen kommen während ihrer Wachstumsperiode in sehr innigen Kontakt mit dem Erdreich, das fast immer Keime und Sporen enthält, die einen schädigenden Einfluß auf Fleisch haben können. Durch die Ernte- und Verpackungsmethoden sowie durch die Aufbereitung der Gewürze in den Erzeugerländern, z.B. durch Trocknen auf dem Erdboden oder durch Fermentieren unter unhygienischen Verhältnissen wird der Keimreichtum der Gewürze oft erheblich erhöht. Diese mit den Gewürzen in die Fleischware gelangenden Keime und Sporen stellen besonders bei Halbkonserven wie Dosenwürstchen und feinen Fertiggerichten wie Ragout, Salaten und Pasteten eine nicht zu unterschätzende Gefahr für die Haltbarkeit und Qualität der Ware dar. Besonders ist dies dann der Fall, wenn die Gewürze eine überhöhte Anzahl an Keimen aufweisen, was durch bakteriologische Untersuchungen festzustellen ist. Aus diesem Grunde haben alle namhaften deutschen Gewürzfirmen die Anregungen der Wissenschaft befolgt und entkeimte Gewürze auf den Markt gebracht.

Der keimarme Zustand wird dadurch erreicht, daß entweder entkeimte Naturgewürze oder Extrakte aus Gewürzen in flüssiger Form bzw. an trockene Trägerstoffe gebunden, Verwendung finden. Bei behandelten Gewürzen sind die Verarbeitungsanweisungen genauestens zu beachten. Ihre Qualität ist oft gleichbleibender als die der Naturgewürze.

In den nachfolgenden Rezepten aller Wurstkategorien und selbstverständlich auch aller Fleischwaren werden von einigen wenigen Ausnahmen abgesehen, für das Würzen der jeweiligen Produkte nur Naturgewürze genannt. Das soll Veranlassung sein, nachstehend die am häufigsten verwendeten Naturgewürze kurz zu beschreiben. Dabei soll neben der Herkunftsschilderung vor allem auch die jeweilige Würzrichtung beschrieben werden.

Die gesamte Palette der bei der Fleisch- und Wurstwarenherstellung gebräuchlichen Gewürze lassen sich in die folgenden sieben Gruppen einteilen:

1. Wurzelgewürze wie: Ingwer, Zwiebel, Knoblauch, Sellerie, Meerrettich
2. Blattgewürze und Kräuter wie: Lorbeerblätter, Majoran, Thymian, Basilikum, Rosmarin usw.
3. Rindengewürze wie: Zimt
4. Blütengewürze wie: Kapern, Safran, Mazisblüte
5. Samengewürze wie: Pfeffer, Paprika, Kümmel, Koriander, Piment, Kardamom, Vanille, Muskatnuß, Senf, Wacholderbeeren, Cayenne-Pfeffer.

Im einzelnen sind die genannten Gewürze wie folgt zu beschreiben und zu charakterisieren:

Basilikum war ursprünglich ein Räucherkraut, das aus dem südlichen Asien kommt. Dieses Gewürz läßt sich für fast alle Wurstsorten verwenden, insbesondere jedoch für Blut- und Leberwurstsorten.

Cayenne-Pfeffer wird auch *Guinea-Pfeffer* genannt, ist eine tropische kleine Paprikaschote, die im Handel auch *Chilie* genannt wird. Die Schote wird etwa 1 bis 2 cm lang und hat einen erheblich höheren Capsaizingehalt als die europäische Gewürzpaprikaschote. Cayenne-Pfeffer hat einen scharfen Geschmack und kann in der europäischen Küche daher nur in geringsten Mengen verarbeitet werden. Wegen des hohen Vitamin-C-Gehaltes ist Cayenne-Pfeffer ein beliebtes Gewürz.

Essig, speziell Weinessig ist eine unentbehrliche Würze für viele Gelatineprodukte.

Honig gibt zahlreichen Wurstprodukten einen elegant-abgerundeten Geschmack und eignet sich auch ausgezeichnet als Zusatzwürze.

Ingwer ist eine getrocknete tropische Wurzel, die es in verschiedenen Arten gibt. Ingwer ist für fast alle Wurstsorten Bestandteil der fertigen Gewürzmischungen.

Kapern sind Blütenknospen des Kapernstrauches, der im Mittelmeerraum wächst. Die Kapernknospen müssen zur Zeit der Ernte noch fest verschlossen sein und werden mit Essig, selten mit Salz oder Öl, konserviert. Kapern haben einen pfeffrigen Geschmack und finden bei Salaten als Würzmittel Verwendung.

Kardamom ist eine Kapselfrucht, die vorwiegend in Vorder-Indien angebaut wird. Im Handel ist einmal Kardamomsaat als Bestandteil der Fruchtkapsel und zum anderen Kardamom in der Fruchtschale. Die stärkere Würzkraft hat Kardamomsaat.

Knoblauch ist ein Gewächs, dessen Zwiebel aus mehreren Teilen, den sogenannten Zehen, besteht. Knoblauch wird hauptsächlich im Balkan angebaut. Die weißen Sorten werden höher als die roten bewertet. Der würzige, beißende Geschmack ist auf schwefelhaltige ätherische Öle zurückzuführen. Die Zwiebeln müssen gut getrocknet und leicht angeräuchert sein. Vom Knoblauch werden in Deutschland nur kleinste Mengen als Würzmittel verwendet; und zwar für bestimmte Brühwurstsorten und Rohwürste, aber auch für Hammel- und Schweinebraten.

Die **Koriander**pflanze wird in Mitteldeutschland angebaut. Die pfeffergroßen Früchte werden, vor der Reife geerntet, gedörrt. Sie enthalten ein ätherisches Öl von scharfem, süßlichem Geschmack. Der Geruch erinnert etwas an Anis. Verwendet wird Koriander zum Würzen von Brühwurst.

Kümmel ist der Samen der Kümmelpflanze. Er enthält das ätherische Kümmelöl von angenehmem aromatischem Geruch und stark würzigem Geschmack.

Die ursprüngliche Heimat der **Lorbeerblätter,** bzw. des Lorbeers ist der Mittelmeerraum. Wurstprodukte mit grober Fleischeinlage werden u. a. mit pulverisierten Lorbeerblättern gewürzt.

Mazis ist eine pfirsichähnliche Frucht. Sie hat einen Kern, der von einer Hülle umgeben ist. Dieser Kern ist die Muskatnuß. Die äußerste Hülle, der Samenmantel, ist der vielgeschätzte Mazis. Fast jede Wurstsorte wird mit Mazis oder Muskat gewürzt und erhält so einen recht abgerundeten Geschmack. Mazis läßt sich gut als Zusatzwürze verwenden.

Bei **Majoran** finden die gerebbelten oder abgeschnittenen Blätter des Majorankrautes Verwendung. Der würzende Bestandteil ist das ätherische Majoranöl. Die Hauptanbaugebiete liegen in Deutschland, in der Tschechoslowakei und in Ungarn. Der thüringische Majoran gehört neben dem fränkischen zu den besten Qualitäten. Verwendung findet der Majoran in der Kochwurstherstellung. In Franken wird Majoran auch zu Brühwurst (Nürnberger Stadtwurst) und zu Bratwürsten verwendet.

Bei **Meerrettich** handelt es sich um die weißfleischige Wurzel (Stange) einer Kreuzblätterstaude, die wegen ihres scharfen, brennenden Geschmacks (Senf-Glykosid) gerne als Würzmittel für Senf, aber auch für sich allein zu Rindfleisch, Zunge und Würstchen Verwendung findet.

Minze ist ein Würzkraut, von dem es etwa 30 bis 35 verschiedene Bastarde gibt. Einer davon ist die wesentlich bekanntere Pfeffer-Minze. Minze wird in Großbritannien gerne als Küchenkraut verwendet. Von dort kommt eine interessante Grillwurstvariante, das Minze-Würstchen, das als einen Hauptbestandteil gemahlene Minze hat.

Muskatnuß ist der getrocknete Samenkern des Muskatbaumes. Der Muskatbaum wird in erster Linie in Südostasien und in der Inselwelt des Stillen Ozeans angebaut. Die wirksamen Bestandteile sind die ätherischen Öle, das sogenannte Muskatöl.

Nelken sind die noch nicht aufgegangenen und getrockneten Blütenknospen des Nelkenbaumes. Seine Heimat ist Südostasien. Der Nelkenbaum ist ein Myrtengewächs. Die Gewürznelke hat ein besonders feines Aroma und eine angenehme Schärfe.

Paprika ist die reife Beerenfrucht der Gewürzpaprikastaude. Die Früchte sind 6–11 cm lang und 3–5 cm breit und haben eine hochrote Farbe. Daneben gibt es auch runde Formen. Der Geschmack wird durch den Gehalt an Capsaizin bestimmt. Angebaut wird die Paprikastaude im gesamten Mittelmeerraum und im Balkan. Man unterscheidet den milden Delikateßpaprika, den edelsüßen und halbsüßen Paprika, den Rosen-Paprika und den Merkantil-Paprika. Eine besonders starke Würzkraft hat der Rosenpaprika. Paprika wird zu vielen Wurstarten verwendet, doch sollte darauf geachtet werden, daß er nicht als Farbstoff in Erscheinung tritt.

Grüner Pfeffer entstammt der gleichen Pfefferfrucht wie weißer und schwarzer Pfeffer und wird in der Wurstproduktion gerne als deftige Würzvariante verwendet.

Schwarzer Pfeffer ist die unreif geerntete Beere, aus der im ausgereiften Zustand nach einem Gährungsprozeß weißer Pfeffer wird. Die unreif geernteten Beeren werden durch Wärmeeinwirkung getrocknet und erhalten so ihre schwarze Farbe. Schwarzer Pfeffer ist im Handel preiswerter als weißer Pfeffer und kann für alle Wurstsorten verwendet werden, die eine dunkle Anschnittfläche haben, also vorzugsweise Blutwurstsorten.

Bei **weißem Pfeffer** handelt es sich um Fruchtsteine des Pfefferstrauches, der in Südostasien wächst. Der Pfefferstrauch wird auch in Westafrika angebaut. Der Wert des Pfeffers liegt in dem Gehalt an aromatischen Ölen und dem Piperin, das als Alkaloid dem Gewürz den brennenden, scharfen Geschmack verleiht. Verarbeitet wird Pfeffer zu fast allen Wurstarten.

Piment auch Nelkenpfeffer, Jamaikapfeffer oder Neugewürz genannt, besteht aus den unreif geernteten und getrockneten Früchten des Pimentbaumes. Die Heimat des Pimentbaumes ist Mittelamerika. Das nelkenartig riechende Gewürz hat einen pfefferscharfen Geschmack. Der Gehalt an Pimentöl ist bestimmend für den Wert des Gewürzes. Die besten Sorten kommen von Jamaika.

Rosmarin wird hauptsächlich im Mittelmeerraum angebaut. Man verwendet es vorwiegend in der Kochwurstherstellung.

Safran besteht aus den getrockneten und

gemahlenen Blütennarben einer in den Subtropen, aber auch in den Mittelmeerländern vorkommenden kultivierten Zwiebelpflanze, die aromatisch riecht, und einen scharf-würzigen Geschmack hat. Der hohe Anteil an Farbstoff (Crocin) macht es als Lebensmittelfarbstoff geeignet. Safran wurde früher gerne zum Anfärben der Fleischbrühe und Fleischwürzen verwendet.

Sellerie ist eine Knollenfrucht, die vornehmlich zum Würzen von Aufgußbrühen verwendet wird, z. B. für Corned Beef. Zum Würzen ist die Frucht dem Selleriesalz vorzuziehen. Ihr Geschmack ist natürlicher.

Der gelbe **Senf**samen stammt aus den Schoten der Senfpflanze. Der Eigengeruch ist gering. Die Schärfe ist von dem Anteil der Senföl-Glykoside abhängig. Das Anbaugebiet von Senf erstreckt sich über ganz Europa. Schwarzer Senf wird in Osteuropa gezogen, der wesentlich schärfer im Geschmack ist. Verarbeitet wird Senfsamen für Gewürzlaken und zu einigen Brühwürsten bester Qualität.

Bei **Thymian** finden die Blätter des Thymianstrauches Verwendung. Anbaugebiet ist in erster Linie der Mittelmeerraum, Italien, aber auch Unterfranken. Der würzende Bestandteil ist das Thymianöl, davon der Hauptbestandteil Thymol. Thymian wird für Kochwurst verwendet.

Vanille sind die noch nicht reifen fermentierten und dann getrockneten Früchte einer in Mittelamerika vorkommenden Orchideenart, die heute auch an vielen anderen klimatisch bevorzugten tropischen Plätzen gedeiht. Die hochwertigste Ware ist die mexikanische Vanille. Andere Sorten werden aus der Inselwelt des indischen Ozeans importiert. Vanille wird nur in geringsten Mengen verwendet.

Wacholderbeeren sind die getrockneten Beeren des in Europa wachsenden Wacholderstrauches. Die Beeren haben einen würzigen Geruch und süßlichen bitteren Geschmack. Man verwendet sie für Fleischfertiggerichte. Zur Verfeinerung des Raucharomas werden sie teilweise dem Räuchermaterial beigemischt.

Zimt besteht aus der getrockneten Rinde des Zimtlorbeerbaumes. Die Heimat dieses Baumes ist Ceylon und China. Der Ceylon-Zimt ist sehr würzig und süßlich. Der Geschmack des chinesischen Zimtes ist nicht so gut wie ceylonesischer Zimt. Zimt wird in geringsten Mengen für bestimmte Kochwurstsorten verwendet, außerdem verwendet man Zimt beim Einmachen von Gurken und Kürbissen.

Zitrone gibt vielen Wurstsorten, insbesondere Bratwürsten, einen frischen appetitanregenden Geschmack. Der rationellen Arbeitsweise wegen sollte Zitronenpulver zur Wurstwarenherstellung verwendet werden, das im Gegensatz zu vielen anderen pulverisierten Gewürzen, wie Sellerie und Frischzwiebel, im Vergleich zur Frischfrucht gleichwertig ist.

Die **Zwiebel** ist in der Wurstwarenherstellung ein unentbehrlicher Würzzusatz. Es muß jedoch beachtet werden, daß die heute im Handel befindlichen Metzgerzwiebeln meist einen schwächeren Würzeffekt haben, als die früher meist verwandten kleinen Garten- oder Feldzwiebeln. Man sollte sich daher immer über die Herkunft der Zwiebeln orientieren und danach die entsprechende Zugabemenge pro Kilo Masse bestimmen, um einen möglichst gleichmäßigen Würzeffekt zu erzielen.

Alkoholika wurden speziell für Rohwurstsorten verwendet. Besonders beliebt sind hierbei: Weißwein, Rum, Cognac, Himbeergeist, Rotwein, Arrak, Weinbrände.

Vegetabilien, wie Lauch, Dill, Sellerie, Karotten u.ä. werden zur aromatischen Bereicherung der verschiedensten Aufgußflüssigkeiten verwendet.

Salz ist aus der Sicht des wurstherstellenden Fleischers eigentlich das wichtigste Gewürz. Die Herstellung von Fleisch und Wurstwaren jeder Kategorie ist ohne Salz nicht denkbar. Sicher ist Salz auch eines der schwierigsten Gewürze. Setzt man einem Wurstprodukt zu wenig zu, so entsteht ein Fehlfabrikat, das sich beim Kochen zersetzt oder bereits beim Räuchern und Garen säuert, oder eine Reihe anderer Mängel aufweist. Setzt man andererseits zu viel Salz zu, so entspricht das wiederum nicht der Verbrauchererwartung, weil das betreffende Produkt zu scharf ist und man hat sich daher sehr schnell einen Ladenhüter geschaffen, der letztlich nichts anderes als eine erhebliche Belastung der Kalkulation darstellt. Der Spielraum zwischen zu hoher und zu niedriger Salzzugabe ist innerhalb der einzelnen Wurstkategorien und -unterkategorien sehr eng. Im allgemeinen sind es nur zwei bis vier Gramm Salz je Kilogramm Wurstgut. So kann beispielsweise eine Rohwurst, der je Kilo Wurstmasse 28 g Salz zugegeben wurden in der wärmeren Jahreszeit schon nach kurzer Lagerdauer in Ranzigkeit übergehen, während eine Salzzugabe von 32 g je kg Wurstmasse für breite Käuferschichten schon als zu scharf empfunden wird. Ähnliche Beispiele lassen sich sowohl im Brühwurst-, als auch im Kochwurstbereich nennen.

Bezüglich des Kochsalzes sollte der Fachmann auch mindestens über das notwendige Allgemeinwissen verfügen, was Salz ist und wie es hergestellt wird.

Neben seiner Fähigkeit eine stabile Umrötung zu erzielen, besitzt das **Nitritpökelsalz** eine konservierende Wirkung.

Es hemmt insbesondere das Wachstum von Fäulnisbakterien und hat sich besonders bei der Unterdrückung von sogenannten anaeroben Sporenbildnern bewährt, einer Bakteriengruppe, die sich auch ohne Luftsauerstoff vermehren kann.

Zu ihr gehört auch das Clostridium botulinum, eine gefürchtete Bakterienart, die als der Erreger des *Botulismus* (Wurstvergiftung) schwere Krankheitserscheinungen mit gelegentlicher Todesfolge auslösen kann.

Im einzelnen wird auf die Fleisch-Verordnung, Anlage 1, Nr. 1 hingewiesen.

Salpeter ist das Salz der Salpetersäure und entsteht durch die Zersetzung der Salze organischer Säuren. Durch die Entwicklung des Nitritpökelsalzes hat der Salpeter als Reinsubstanz sehr viel seiner früheren Bedeutung in der Wurst- und Fleischwarenherstellung verloren.

Bei der Herstellung von Pökelwaren wird Salpeter dem Nitritpökelsalz nur dann noch vorgezogen, wenn es die Fleisch-VO, Anlage 1, Nr. 1 erlaubt.

Der Vollständigkeit wegen sei darauf hingewiesen, daß die gleichzeitige Verwendung von Salpeter und Nitritpökelsalz nur bei Schinken, die aus mehr als einem Teilstück bestehen, erlaubt ist.

Auf die Gefahr der **Nitrosaminbildung in Lebensmitteln** wird schon seit Jahren in der Fachliteratur durch Wissenschaftler immer wieder hingewiesen.

Nitrosamine wirken krebserregend (carcinogen). Sie entstehen, wenn nitrosierende Substanzen auf nitrosierbare Amine treffen, die z.B. im Fleisch bei enzymatisch und bakteriell bedingten Reifungsvorgängen durch Eiweißabbau entstehen können, aber auch Bestandteil einiger Arzneimittel sind. Nitrit ist als nitrosie-

rende Substanz im Nitritpökelsalz vorhanden, es befindet sich aber auch in anderen Lebensmitteln (Käse) und in Spuren sogar im Trinkwasser. Durch entsprechende weltweit durchgeführte Untersuchungen ist nachgewiesen, daß in gepökeltem Fleisch ab Erhitzungstemperaturen um 200 °C die Entstehung der Nitrosamine besonders gefördert wird.

Diese Erkenntnis und die Tatsache, daß mehr als 90 % aller in der Bundesrepublik hergestellten Fleischerzeugnisse gepökelt werden, gab zu Überlegungen Anlaß, eine Nitritverminderung im Nitritpökelsalz zu überprüfen, um eine der beiden für die Nitrosaminbildung notwendigen Substanzen weitgehend zu entfernen. Ein völliger Verzicht auf Nitritzusätze kommt wegen der bakterientötenden Wirkung von Nitrit, die besonders bei Rohschinken, Rohwürsten und Halbkonserven besondere Bedeutung hat, nicht in Frage.

Eingehende Versuche haben allerdings gezeigt, daß zur Erhaltung der notwendigen Umrötungsvorgänge der Nitritgehalt im Nitritpökelsalz in Höhe von 0,4–0,5 % ausreicht, um den konservierenden Effekt zu erreichen. Diese Überlegungen gelten selbstverständlich in gleicher Weise für die Verwendung von Salpeter, der, zu Nitrit abgebaut, die gleiche Wirkung ausübt.

Solange noch keine sicheren Erkenntnisse über die Vermeidung von Nitrosaminbildung und die Wirkung der Nitrosamine im menschlichen Körper bestehen, ergeben sich folgende Empfehlungen:

1. Verminderung des Gehaltes an nitrosierenden Substanzen in Lebensmittel. Hierzu gehört die Reduzierung des Nitritgehaltes im Nitritpökelsalz bzw. die sparsame Verwendung von Pökelstoffen. Zu erreichen ist dies durch geringere Zugaben von Nitritpökelsalz bzw. Salpeter. Wo es darauf ankommt, höhere Salzgehalte zu verwenden, sollte Kochsalz zusätzlich benutzt werden. Möglicherweise kann auch der gleichzeitige Zusatz von Ascorbinsäure eine Verminderung des Risikos bedeuten, wie aus einigen wissenschaftlichen Versuchen zu entnehmen ist.

2. Verringerung der nitrosierbaren Amine in Lebensmitteln. Dies läßt sich z.B. durch Verzicht auf längere Reifungsvorgänge erreichen.

3. Von besonderer Bedeutung ist die Vermeidung höherer Erhitzungstemperaturen (um 200 °C) bei der Zubereitung von Pökel-

fleischwaren. Ein Garen von Kasseler bei 100 °C ist dem Grillvorgang vorzuziehen, bei dem höhere Temperaturen erreicht werden. Die Anlage 1 zur Fleisch-VO ist zu beachten.

Zur Herstellung eines im Biß kernigen Brühwurstbrätes wird im **Hochsalzungsverfahren** mit einem überhöhten Salzanteil gearbeitet. Das Wurstgut wird mit 3,5 % Salz und einem phosphat- oder citrathaltigen Kuttermittel gekuttert. 3,5 % Salz entspricht 35 Gramm Salz je Kilo Masse. Bei sogenannten „weißen" Brühwurstsorten wird nur Kochsalz verwendet. Bei der Herstellung umgeröteter Brühwurstsorten setzen sich die 3,5 % Salzanteil aus 2,0 % (= 20 g/kg) Nitritpökelsalz und 1,5 % (= 15 g/kg) Kochsalz zusammen.

Die gesamte Salzmenge wird zu Beginn des Kuttervorganges zugesetzt. Gleiches kann mit den Gewürzen geschehen. Lediglich der Farbstabilisator sollte gegen Ende des Kuttervorganges dem Brät beigegeben werden, und zwar so, daß sich Brät und Farbstabilisator noch gut miteinander vermischen können.

Der weitere Produktionsvorgang für die Herstellung des fettarmen Brühwurstbrätes unterscheidet sich von der Herstellung eines normalfetthaltigen Brühwurstbrätes nicht. Es hat sich also ein normaler Kuttervorgang abzuwickeln.

Nachdem das fettarme Brühwurstbrät gefüllt, ggf. geräuchert und anschließend gegart ist, ist das fertige Brühwursterzeugnis zu **entsalzen.** Um diesen Vorgang durchführen zu können ist es unbedingt notwendig, wasserdurchlässige Därme zu verwenden. Mit der Entsalzung wird auf verhältnismäßig einfache Art ein chemischer Vorgang vollzogen, eine Diffusion.

Zum Entsalzen müssen die Würste in reines, kaltes Wasser eingelegt werden. Das Verhältnis Wasser: Wurstgut soll 1:1 sein. Das heißt, je Kilo Wurstgut sollen 1 Liter Wasser verwendet werden.

Durch einen chemischen Vorgang, die Diffusion, gibt das Wurstgut einen Teil seines Salzgehaltes an das Wasser ab. Dieser Austausch braucht eine bestimmte Zeit, die vom Kaliber der Würste abhängt. Je größer das Kaliber, um so länger die Entsalzungszeit. Im einzelnen wie folgt:

Kaliber 20/28 ca. 10 bis 12 Stunden
Kaliber 30/40 ca. 12 bis 14 Stunden

Kaliber 40/46 ca. 14 bis 15 Stunden
Kaliber 50/60 ca. 16 bis 18 Stunden

Es ist nicht zu empfehlen größere Kaliber als 60 mm für die Herstellung fettarmer Wursterzeugnisse zu verwenden, da bei den größeren Kalibern die Gefahr bestehen würde, daß die Würste Gelee absetzen und folglich nicht die erwünschte feste Konsistenz behalten.

Durch die genannten Entsalzungszeiten wird der Salzgehalt in den Brühwürsten normalisiert, d.h., der Salzgehalt liegt dann bei 1,8–2,0 %, das entspricht 18–20 Gramm Salz je Kilo Masse.

Will man aus den bereits dargelegten Gründen eine weitere Salzreduzierung erreichen, dann kann man die Entsalzungszeit noch weiter verlängern. Es ist dabei aber empfehlenswert, den Salzgehalt nur so weit zu verringern, daß die 1,5 %-Marke nicht unterschritten wird. Unterhalb dieser Grenze bekommt das Wurstprodukt einen faden Geschmack, der auch durch erhöhte Würzung nicht zu beseitigen ist. Es wird empfohlen, die Entsalzungszeit um jeweils 1–2 Stunden zu verlängern, wenn ein Salzgehalt zwischen 1,5 und 1,8 % erreicht werden soll. Bei der Entsalzung muß noch ein weiterer Punkt beachtet werden. Wenn der Entzugsprozeß länger als ca. 15 Stunden andauert, muß damit gerechnet werden, daß das Wurstgut nicht nur Salz an das Wasser abgibt, sondern auch einen Teil seiner Würzung. Es ist daher ratsam die Gewürzzugabe ab Kaliber 40 etwas zu erhöhen. Der Zusatz von 1 Gramm Glutamat je Kilo Masse wird grundsätzlich empfohlen.

Mischgewürze

Mischgewürze sind aus einem qualitätsorientierten und rationell arbeitenden Fleischereibetrieb nicht mehr wegzudenken. Es gibt eine ganze Reihe von Argumenten, die für die Verwendung von Mischgewürzen sprechen. Das schließt die ergänzende Verwendung von Naturgewürzen zur Schaffung individueller Würzvarianten keineswegs aus. Die Bestätigung dafür liefert die Würzindustrie selbst, indem sie von sich aus anbietet, individuelle betriebseigene Würzungen exklusiv zu entwickeln und entsprechende Mischungen für den Einzelbetrieb herzustellen.

Aus kalkulatorischer Sicht ist unverkennbar, daß Mischgewürze rein preislich gesehen im Vergleich zu Naturgewürzen deutlich teurer sind. Dieser Preisunterschied wird jedoch weitgehend bis völlig egalisiert durch einige ganz klare produktionstechnische Vorteile, die die Mischgewürze bieten.

Immer mehr Hersteller von Fleischerzeugnissen gehen aber auch wieder dazu über, sich die Naturgewürze nach eigenen Rezepturen zu mischen. Das heißt, sie stellen die Würzmischungen mit Naturgewürzen zusammen und mischen die Würzspezialitäten selbst zu „ihrem" Mischgewürz. Die Verfahrensweise ist denkbar einfach und soll im folgenden geschildert werden.

Extraktgewürze sind verhältnismäßig neue Handelsformen bestimmter Einzelgewürze. Sie werden in flüssiger, emulgierter oder streufähiger Form geliefert. Es handelt sich dabei um Naturgewürzauszüge die im Extraktions- und Destillationsverfahren hergestellt werden. Auf diese Weise werden die reinen geschmacks- und geruchsbildenden Stoffe in hochkonzentrierter Form gewonnen. Die geschilderten Vorzüge, verbunden mit der ebenfalls vorhandenen Keimfreiheit und einer antibakteriellen Wirkung, tragen ganz erheblich zur Produktionssicherung bei. Dabei sind drei Hauptkriterien besonders herauszustellen.:

1. Fehlfabrikate werden weitgehend vermieden,
2. die Anwendung ermöglicht rationelles Arbeiten,
3. die Würzqualität ist gleichbleibend.

Naturdärme

Für die Behandlung von Naturdärmen aller Tierarten gilt der Grundsatz, daß sie spätestens innerhalb 24 Stunden gesalzen sein müssen. Das heißt, sie müssen innerhalb dieser Zeit entfettet, geschleimt, gebündelt und gesalzen sein. Dieser Grundsatz gilt sowohl für die Sommer-, als auch für die Winterzeit. Der Wurstmacher merkt es beim Verarbeiten, ob die Därme rechtzeitig, oder zu spät in der beschriebenen Weise bearbeitet wurden. Auch bei größter Sorgfalt und bei Anwendung aller Hilfsmittel bekommt der Darm, der nicht innerhalb der genannten Frist bearbeitet wurde, nie das Aussehen, die Festig-

keit und Haltbarkeit wie der frisch bearbeitete Darm.

Es ist wichtig, daß die Därme restlos vom Darmfett gereinigt werden, da es sehr leicht ranzig wird. Dieser abartige Geschmack überträgt sich erst auf den Darm und bei dessen Weiterverwendung als Wursthülle auf das Wurstgut. Bei unsachgemäßer Entfettung der Naturdärme kann dies also zur Folge haben, daß eine ganze Produktionscharge zum Fehlfabrikat wird. Was dies kalkulatorisch bedeutet, muß nicht näher beschrieben werden.

Das Abfetten der Naturdärme, insbesondere der Rinderdärme, muß sehr sorgfältig geschehen, was leider nicht immer der Fall ist, denn viele Därme werden beim Abfetten mehr oder weniger beschädigt. Solche Därme sind der Schrecken der Wurstmacher weil sie an den dünnen, schwachen Stellen beim Füllen oder Kochen leicht platzen oder Fett auskochen lassen und damit eventuell großen Schaden verursachen.

Rinderdärme sind nach dem Abfetten ohne großen Zeitabstand zu wenden und zu schleimen. Die Därme sind nach dem Schleimen gründlich in kaltem Wasser zu kühlen, kräftig mit Salz einzureiben und dann in einen Behälter zu legen, der mit einem Deckel abgedeckt und beschwert ist. Durch das Salzen werden einmal die Lebensbedingungen der Fäulnisbakterien eingeschränkt und der Darmwand wird der größte Teil ihres Wassergehaltes entzogen. Die Lake soll die eingelegten Därme vollständig bedecken. Die gesalzenen Därme sind am Tage nach der Salzung fertig und können nach nochmaliger Trockensalzung in Lagerfässer verpackt werden.

Die Dünndärme von Schweinen und Schafen, meist kurz als **Schweinedärme,** bzw. **Schafsdärme** bezeichnet, werden in gleicher Weise verarbeitet. Nach dem Entfetten werden diese Därme ca. 48 Stunden in kaltes Wasser gelegt, das nach der Hälfte der Zeit zu erneuern ist. Am dritten Tag werden die Därme geschleimt. Nach dem Schleimen sind die Dünndärme vom Schwein (Bratwurstdärme) und die Dünndärme vom Schaf (Saitlinge) in kaltem Wasser kurz zu kühlen und dann in der für Rinderdärme beschriebenen Form zu salzen.

Bei Schweinekrausen, -butten, -magen und -fettenden, sowie bei Hammelkappen ist in der warmen Jahreszeit ganz besonders darauf zu achten, daß sie immer in der Pökellake liegen, denn diese stark fetthaltigen Därme werden leicht ranzig und gelb.

Um **Schweinemägen** als Wursthülle verwenden zu können, müssen sie einer besonderen Vorbehandlung unterzogen werden. Der chronologische Arbeitsablauf gliedert sich wie folgt:

Das Netzfett wird vorsichtig vom Schweinemagen abgelöst. Dabei ist mit äußerster Sorgfalt darauf zu achten, daß beim Lösen des Netzfettes der Schweinemagen nicht verletzt wird. Das heißt, die Magenwand darf nicht mit dem Messer eingeschnitten werden. Der geringste Fehler macht den Schweinemagen als Wursthülle unbrauchbar.

Nach dem Entfetten wird der Magen aufgeschnitten, entleert und gewendet. In lauwarmem Wasser wird die Magenschleimhaut weitestgehend abgestreift. Danach werden die Schweinemagen in kaltem Wasser gut gekühlt. Ist eine spätere Verwendung vorgesehen, müssen die sehr empfindlichen Därme kräftig gesalzen werden. Durch das Salzen wird die restliche Schleimhaut (Mukosa) von der Magenwand getrennt.

Werden die Därme sofort nach dem Auskühlen weiterverwendet, dann werden sie mit etwas Kochsalz eingerieben und kurze Zeit später wieder abgespült, damit sich auf diese Weise die Magenschleimhaut restlos ablösen kann.

Der Magen wird dann noch einmal gewendet, im Bedarfsfall von restlichem Netzfett und Futterresten vorsichtig befreit und wieder zurückgewendet. Er wird an den beiden natürlichen Öffnungen, Speiseröhreneingang und Magenausgang, abgebunden. Das muß massiv sein, damit sich das Wurstgarn beim späteren Garen des Wurstproduktes nicht lösen und Wurstgut auskochen kann.

Vor dem Füllen werden die Magen in gut handwarmem Wasser ausreichend lange gewässert, damit sie sehr geschmeidig werden. Unmittelbar vor Einbringung des Wurstgutes wird die Magenspitze (Magenausgang) mit der Faust weichgeklopft, damit sie sich gut mit Wurstmasse füllen kann.

Netzfett wird bei einigen Spezialitäten als Umhüllung verwendet. Dazu müssen die Netze unmittelbar nach dem Abziehen vom Magen in klarem, kaltem Wasser gewässert und dann bis zur baldigen Verwendung kühl gelagert werden. Luftgetrocknete **Schweineblasen und Rinderblasen** eignen sich sehr gut für die Herstellung von geräucherten Brühwurst-Halbdauerwaren. Das Trocknen der Blasen geht so vor sich, daß man sie aufbläst und so lange wie einen Luftballon an der Luft hängen läßt, bis sie gut ausgetrocknet sind. Nach der Austrocknung werden die Blasen kurz eingeweicht und umgewendet gefüllt. Die so gefüllten Würste müssen geschnürt werden, damit das Wurstgut prall in der Hülle sitzt. Dieses Schnüren läßt sich vermeiden, wenn man die Blasen, speziell die Rinderblasen und große Schweineblasen, halbiert, also längs auseinanderschneidet, und an der aufgeschnittenen Stelle wieder zunäht.

Die Blasen erhalten so eine schlauchähnliche Form und lassen sich besser prall füllen.

Die Verwendung der Blasen sollte unmittelbar nach Abschluß des Trocknens erfolgen. Bei mittel- und langfristiger Lagerung werden getrocknete Naturdärme sehr schnell von Schaben und Motten befallen, was unbedingt vermieden werden muß.

Es ist nicht allgemein bekannt, daß die Verarbeitung von **Pferdedärmen** für die Wurstherstellung außerhalb der Pferdemetzgereien erlaubt ist. Diese Därme, insbesondere Pferdekranzdärme, sind in geschleimtem Zustand von Rinderdärmen nicht zu unterscheiden, haben aber den Vorzug, daß sie überwiegend im Kaliber 46+ liegen und daher für die Rohwurstherstellung gut geeignet sind.

Die Verwendung von **Kunstdärmen** in der Wurstherstellung hat in der Zeit nach dem zweiten Weltkrieg einen Aufschwung genommen, der die Herstellung einer großen Zahl von Wurstsorten völlig verändert hat. Auch das optische Bild vieler Wurstsorten hat sich dadurch stark geändert. Rein kostenseitig ist die Verarbeitung von Kunstdärmen rationeller als die der Naturdärme. Im Vergleich der reinen Darmkosten schneidet der Kunstdarm bezogen auf den Darmbedarf für hundert Kilo Wurstgut deutlich besser ab. Ein weiterer kostensenkender Effekt wird durch die Füllstabilität und den geringen Austrocknungsverlust erreicht. Zuletzt muß auf die längere Lagerfähigkeit der Wurstprodukte Wurstprodukte hingewiesen werden, wenn sie in bestimmte Kunstdarmsorten gefüllt sind.

Es kann mit Sicherheit gesagt werden, daß ohne die Vorteile, die die Kunstdärme bieten, die Kostenexplosion der Fleisch- und Wurstpreise noch weit höher ausgefallen wäre, als dies ohnehin schon der Fall ist.

44

Eine der ältesten Kunstdarmarten ist der **Haut-faserdarm.** Er ist aus der Erkenntnis heraus entstanden, daß der Anfall an tierischen Därmen auf die Dauer nicht mehr ausreichend sein wird, um den Darmbedarf insgesamt zu decken. Besonders hervorzuheben ist innerhalb der Gruppe der Hautfaserdärme der Kunstsaitling. In den letzten zwei bis drei Jahren wurde seine Beschaffenheit so verbessert, daß er in verschiedener Hinsicht dem Natursaitling sehr ähnlich wurde.

Technologie zur Herstellung von Fleischerzeugnissen

Um ein Wurst- oder Fleischwarenprodukt rationell herstellen zu können bedarf es einer vernünftigen Produktionsplanung. Es ist daher notwendig, neben dem täglichen Arbeitsplan, den Materialbedarf für jede einzelne Wurstsorte in Form eines Rezeptes bis ins letzte Detail zusammenzustellen. Die althergebrachte Methode *„man nehme, so man hat, sonst tut es auch was anderes"* ist in verschiedener Hinsicht sehr gefährlich, da man sowohl in lebensmittelrechtlicher als auch in kalkulatorischer Hinsicht jeden Überblick verliert. Darüber hinaus hat diese veraltete Arbeitsmethode beträchtliche Qualitätsschwankungen zur Folge. Diese Tatsache sollten sich auch jene Fachkollegen zu Herzen nehmen, die glauben aufgrund langjähriger Produktionserfahrung auf der *Überdendaumen-*

zusammenstellung beharren zu können. Die folgenden Rezepte der verschiedensten Herstellungsformen sind so angelegt, daß sie alle Daten enthalten, die für eine genaue Kalkulation erforderlich sind. Dabei ist zu beachten, daß die Produktionsdaten als Richtwerte anzusehen sind. Sie können aufgrund anderer technologischer Voraussetzungen in Einzelbetrieben sowohl nach oben als auch nach unten abweichen. Die unterschiedliche Beschaffenheit des Rohstoffes Fleisch und die unterschiedliche Ausstattung der Betriebe in technologischer Hinsicht machen die Vorgabe von absolut verbindlichen Produktionsdaten unmöglich. Diese Tatsache hat letztlich zur Folge, daß trotz exakter Rezeptfestlegungen auf langjähriger Erfahrung basierendes Fachwissen zur Wurstherstellung unerläßlich ist.

Es ist unumgänglich, daß die Rezepte für die einzelnen Fleischerzeugnisse schriftlich festgehalten werden. Am besten bedient man sich dazu eines Rezeptformulares (s. Abb.). Alle wesentlichen Daten sind auf einem solchen Blatt markiert. Es kann also nichts vergessen werden. Ein derartiges Rezept gilt dann auch als Kalkulationsgrundlage.

Es sollte eigentlich überflüssig sein an dieser Stelle besonders darauf hinzuweisen, daß Rezepte, Rezeptdaten und in der Folge auch die Kalkulationen betriebsinterne Dokumente sind, die unter Verschluß zu halten sind. Sie sollten nur wenigen absolut vertrauenswürdigen Personen zugänglich sein.

Fleischwaren-Rezept

Betrieb: _____ Leitsatz Nr. _____ Sorte: _____ Rezept Nr. _____

Charge kg	Sorte	Sortenbezeichnung	roh (x)	gegart (x)
		Schweinefleisch		
	VAS1	Fett- und sehnenfrei, z. B. Bierschinkenmaterial		
	VAS2	Ohne Sehnen, maximal 5 % sichtbares Fett, z. B. Jagdw'einlage		
	VAS3	Geringer Sehnenanteil, maximal 5 % sichtbares Fett, z. B. für fein zerkleinertes Brät		
	VAS3b	Höherer Sehnenanteil, maximal 5 % sichtbares Fett, z. B. Eisbeine		
	VAS4	Bauch o. Schwarte, maximal 30 % sichtbares Fett, z. B. H'kl. I		
	VAS4b	Bauch o. Schwarte, maximal 50 % sichtbares Fett, z. B. H'kl. II		
	VAS5	Bauch o. Schwarte, maximal 60 % sichtb. Fett, z. B. H'kl. II/III		
	VAS6	Backen, Wammen, ohne Schwarten mittelfett; andere Wammensortierungen in VAS 4, 4b, 5, 10		
	VAS7	Fettgewebe mit geringer Fleischauflage (ca. 10 %)		
	VAS8	Rückenspeck ohne Schwarte		
	VAS9	Speckabschnitte ohne Schwarte		
	VAS10	Weiches Fett, z. B. Fettwamme		
	VAS11	Kopf o. Kn., gegart		
	VAS12	Masken, gekocht		
	VAS13	Schwartenzug		
	VAS14	Schwarten		

Charge kg	Sorte	Sortenbezeichnung	roh (x)	gegart (x)
	Brät	Aufschnitt-Grundbrät		
		Kalbfleisch		
	VAK1	Fett- und sehnenfrei		
	VAK2	Entsehnt, maximal 5 % sichtbares Fett		
	VAK2b	Höherer Sehnenanteil, max. 5 % sichtbares Fett z. B. Wade, Kopffl.		
	VAK3	Grob entsehnt, max. 15 % sichtbares Fett		
	VAK4	Maximal 20 % sichtb. Fett, ca. 5 % Sehnen, z. B. Knochenputz, Kopffl.		
	VAK5	Grob entsehnt, maximal 30 % sichtbares Fett		
	VAK6	Fleischfett		
	VAK7	Bindegewebe		
	VAK8	Leber, frisch		
	VAK9	Herz, geputzt		
	VAK10	Zunge, geputzt		
		Andere Fleischarten		
	VA			
	VA			
		Schüttung		

Code	Beschreibung
VAS17	Zunge, geputzt
VAS18	Hirn, Rückenmark
VAS19	Lunge, Milz
VAS20	Blut
VAS21	Flomen
Rindfleisch	
VAR1	Fett- und sehnenfrei, z. B. Tatarfleisch
VAR2	Entsehnt, maximal 5% sichtbares Fett
VAR2b	Hoher Sehnenanteil, maximal 5% sichtb. Fett, z. B. Wade, Kopffl.
VAR3	Grob entsehnt, maximal 15% sichtbares Fett
VAR4	Maximal 20% sichtbares Fett, ca. 5% Sehnen, z. B. Knochenputz
VAR5	Grob entsehnt, maximal 30% sichtbares Fett
VAR6	Fleischfett, Talg
VAR7	Bindegewebe (Sehnen u. ä.)
VAR8	Leber
VAR9	Herz, geputzt
VAR10	Zunge, geputzt
VAR11	Hirn
Lammfleisch	
VAL1	Fett- und sehnenfrei
VAL2	Entsehnt, maximal 5% sichtbares Fett
VAL3	Grob entsehnt, maximal 5% sichtbares Fett

Spalten (Zutaten):

Kochsalz, Nitrit-Pökelsalz, Mischgewürz, Glutamat, Ingwer, Kardamom, Knoblauch, Koriander, Kümmel, Majoran, Mazisblüte, Muskat, Nelken, Paprika

Pfeffer, Piment, Pistazien, Thymian, Zwiebeln, Phosphat/Nitrat, Umrötemittel, Milchzucker, Milcheiweiß, Bräunungsstoff, Emulgator, Aspik

Hüllen/Behälter	Kaliber	Preise in DM je		
		je Stck.	1 mtr.	mtr.

Därme: steril – atmungsaktiv

Bemerkungen auf die Rückseite

Produktionsverlust _____ %

Die Produktion von Fleisch- und Wurstwaren nach genau festgelegten Rezepten hat hauptsächlich folgende Vorteile:

1. gleichmäßige Qualität,
2. überschaubarer Materialbedarf,
3. erleichterte Produktionsplanung,
4. Fehlfabrikate sind weitgehend ausgeschlossen,
5. Gewichtsveränderungen können in engen Toleranzgrenzen gehalten werden,
6. genaue Verkaufspreisberechnung,
7. genaue Qualitätskontrolle.

Alle Rezepte dieses Buches sind einheitlich für 100 kg, bzw. 100 % Produktionsmenge zusammengestellt. Das hat den Vorteil, daß alle Rezeptdaten als Kalkulationswerte übernommen werden können.

Räuchern

Das Räuchern, in Süddeutschland und Österreich auch Selchen genannt, hat den Zweck, Fleischwaren – meist nach einer Vorbehandlung durch Pökeln oder Salzen – einen bestimmten Geruch und Geschmack, eine spezifische, ansprechende Farbe und eine gewisse Haltbarkeit zu geben. Im einzelnen können die Eigenschaften, die man der Fleischware durch Räuchern geben will, sehr verschieden sein, nicht nur hinsichtlich der Intensität, sondern auch wegen des besonderen Charakters. Je nach angewandtem Räucherverfahren und verwendetem Räuchermaterial erhält man zum Beispiel einen kienigen, einen Katen- oder Aalrauchgeschmack; die erzielte Räucherfarbe kann verschieden braun oder schwärzlich sein. Es läßt sich also sagen, daß der Zweck des Räucherns die Konservierung und die Geschmacks- und Farbgebung des Räuchergutes ist. Auf eine einwandfreie Beschaffenheit der zu räuchernden Ware ist stets zu achten.

Die Rauchentwicklung beim Räuchern beruht auf einer Zersetzung der verwendeten Räuchermaterialien (Holz) infolge Hitzeeinwirkung, die auch als trockene Destillation bezeichnet wird. Hierbei laufen komplizierte chemische Vorgänge ab, die eine sehr große Zahl verschiedenartiger Produkte entstehen lassen. Zum Teil werden die erst entstehenden Rauchstoffe durch Einwirkung von Wärme und Luftsauerstoff noch

weiter verändert. Bisher wurden bereits mehrere hundert verschiedene Rauchstoffe durch die chemische Analyse gefunden: Essigsäure, Ameisensäure, Formaldehyd, Acetaldehyd, Aceton, Phenole. Sie entwickeln sich bei Glimmtemperaturen von 250 ° bis 350 °C. Unter 250 °C geht die Holzzersetzung nur sehr langsam vor sich, bei etwa 275 °C ist sie am lebhaftesten. Über 350 °C bildet sich nur noch wenig Rauch, weil es zur vollständigen Verbrennung der Rauchbestandteile kommt, wobei das Gas Kohlendioxid das Endprodukt darstellt. Bei etwa 400 °C treten meist bereits Feuerzungen auf und die Räucherware erhält leicht eine unangenehme Geschmacksnote, die an den Geruch einer ausgebrannten Feuerstätte erinnert. Auch bei ungenügender Luftzufuhr kann ein unerwünschter Rauchgeschmack auftreten, da hierbei der Rauch zuviel Säuren und geschmacklich sich ungünstig auswirkende Carbonylverbindungen enthält.

Die bis hierher angegebenen Temperaturen beziehen sich natürlich ausschließlich auf die Wärmegrade im Brennmaterial. Sie lassen keine Rückschlüsse auf die eigentlichen Temperaturen in der Rauchkammer zu, die ja bei den verschiedenen Räucherverfahren sehr unterschiedlich sind.

Die im Rauch der **Räuchermaterialien** enthaltenen Stoffe sind Zusatzstoffe im Sinne des Lebensmittel- und Bedarfsgegenständegesetzes (§ 2). Sie mußten in der Fleischverordnung § 1, Abs. 1 für die Behandlung von Fleischwaren besonders zugelassen werden. Hiernach ist zugelassen *frisch entwickelter Rauch aus naturbelassenen Hölzern und Zweigen, Heidekraut und Nadelholzsamenständen, auch unter Mitverwendung von Gewürzen.* Die amtliche Begründung zur Fleischverordnung führt aus, daß der Begriff *Hölzer* weit auszulegen ist. Er umfaßt Scheite, Reisig, Späne und Sägemehl. Die Vorschrift, daß Hölzer naturbelassen sein müssen, schließt die Verwendung von Tischlereiabfällen mit Verunreinigungen, z.B. durch Beizen, Farben und Leim und von imprägnierten Hölzern aus. Mit arsenhaltigen Imprägnierungsmitteln behandelte Hölzer (z.B. Abfälle von Bauholz, Weidepfähle) müssen als besonders bedenklich bezeichnet werden. Torfrauch ist nicht zugelassen, weil darin krebserregende Stoffe in solcher Menge nachgewiesen wurden, daß sie für die menschliche Gesundheit bedenklich erscheinen.

Rauch aus den in der Fleischverordnung bezeichneten Stoffen (naturbelassenen Hölzern usw.) wurde von der Kommission zur Prüfung der Lebensmittelkonservierung der deutschen Forschungsgemeinschaft als vorläufig unbedenklich und daher duldbar angesehen. Vorwiegend werden zum Räuchern harte Hölzer verwendet, wie z.B. Buche, Eiche, Erle, seltener Apfelbaum, Esche, Weide, Pappel oder Ulme. Weiche Nadelhölzer werden als unbrauchbar bezeichnet. Je nach der verwendeten Hartholzart sind Geschmack, Geruch und Farbe des Geräucherten verschieden. Mahagoni erzeugt eine goldbraune Farbe, Eiche und Erle eine dunkelgelbe bis braune und Buche, Linde und Ahorn mehr eine goldgelbe Farbe. Naßholz bewirkt zwar eine kräftige Farbe, hat aber weniger Einfluß auf ein gutes Aroma. Von manchen Fleischwarenherstellern wird grünes Holz vorgezogen, weil der Rauch duftiger sei.

Im allgemeinen soll Sägemehl einen möglichst gleichbleibenden Feuchtigkeitsgehalt von nicht mehr als 25 % haben, in feuchterem Sägemehl kommt es während der Lagerung leicht zu Gärungserscheinungen.

Allgemein üblich ist die Mitverwendung von Beeren, Holz oder Reisig des Wacholderbaumes. Andere wohlriechende Pflanzen wie Rosmarinzweige, Salbeiblätter, Lorbeerblätter, Thymian und Ginster werden selten verwendet.

Bei der **Kalträucherung** soll die Temperatur zwischen 16 ° und 18 °C oder auch tiefer liegen und 20 °C bis höchstens 22 °C nicht überschreiten. Temperaturen über 20 °C begünstigen das Wachstum von bakteriellen Verderbniserregern und können daher die Reifung von Rohwürsten sowie die Haltbarkeit von zu räuchernden Kochwürsten ungünstig beeinflussen. Neben der Rauchtemperatur nimmt die Luftfeuchtigkeit einen wesentlichen Einfluß auf die Beschaffenheit der Räucherware. Die relative Luftfeuchtigkeit soll zu Beginn des Kalträucherns bei etwa 85 % liegen und später 75 % möglichst nicht unterschreiten, da es sonst durch verstärkte Abtrocknung zur Verkrustung der Außenschicht, bzw. zum Auftreten eines Trockenrandes kommt, was zu Beißigkeit, Hohlstellen, Farbfehlern usw. führen kann. Die Kalträucherung kann in Rauchkammern der verschiedensten Art vorgenommen werden, sofern die Einstellung der gewünschten Temperatur- und Feuchtigkeitsbedingungen, sowie die gleichmäßige Rauchverteilung gewährleistet sind.

Bei Räuchertürmen steigt der im Keller erzeugte Rauch durch die durchbrochenen Böden der in den verschiedenen Etagen darüberliegenden Kammern langsam auf.

Die **Heißräucherung** wird hauptsächlich bei Brühwurst (Würstchen u.ä.) angewendet und erfolgt allgemein bei Temperaturen zwischen 60 ° und 80 °C, die ein Garwerden der Fleischwaren bedingt. Eine weitere Erhöhung der Räuchertemperatur ist zu vermeiden, da sonst in den äußeren Schichten bereits durch Eiweißabspaltungen eine nachteilige Beeinflussung des Geschmacks eintreten kann. Es empfiehlt sich daher darauf zu achten, daß durch entsprechende Regelung die Oberflächentemperatur der Fleischwaren 80 °C nicht übersteigt. Ferner ist zu beachten, daß zu hohe Räuchertemperaturen die Gewichtsverluste, sowie die vor allem für die Würstchenqualität maßgebende Beschaffenheit des Darmes (Saitlinge) nachteilig beeinflussen. Außerdem kann bei zu hoher Rauchtemperatur die Bindung des Brätes herabgesetzt und das Platzen der Würste begünstigt werden.

Auch bei der Heißräucherung ist die Luftfeuchtigkeit besonders zu beachten, da sich ungünstige Feuchtigkeitsverhältnisse besonders nachteilig auf Rauchfarbe, Gewichtsverluste und Zartheit des Darmes auswirken können. Am günstigsten hat sich erwiesen, Anfangsumrötung und Abtrocknung bei mäßigen Temperaturen (40–50 °C) und mindestens 60 % relativer Luftfeuchtigkeit durchzuführen. Sodann ist die Rauchtemperatur zu steigern, ohne daß eine wesentliche Abnahme der Luftfeuchtigkeit eintritt. Eine relative Luftfeuchtigkeit von 40 % soll nicht unterschritten werden. Um eine gute Rauchfarbe zu erhalten, ist jedoch darauf zu achten, daß der Feuchtigkeitsgehalt der Luft während der eigentlichen Räucherung nicht zu hoch ist, da sonst vor allem bei Würstchen eine schwächere und insbesondere bei Dosenwürstchen sich nicht so stabil erweisende Rauchfarbe erzielt wird. Andererseits ist zu erwähnen, daß sich eine Abtrennung der Umrötungsphase bei sehr hoher Luftfeuchtigkeit vom Heißräucherungsprozeß sehr gut bewährt hat und in Spezialanlagen mit gesteuerten klimatischen Verhältnissen Umrötung, Heißräucherung und Brühen in einem Arbeitsgang durchgeführt werden können. Während des Räucherns soll die unterste Lage der zu räuchernden Würste mindestens 1 m von der Holzfeuerung entfernt sein. Die Heißräucherung erfolgt auch heute noch in sehr vielen Fällen in der ursprünglichen Weise mittels Holzfeuerung in der Kammer. Man schichtet dazu zwei Lagen mittelstarke Buchenholzscheite aufeinander und läßt sie bei halb offenen Feuerungstüren ordentlich anbrennen. Dann legt man eine große Schaufel voll trockener Holzspäne auf das brennende Holz und darüber noch weitere 2−3 Schaufeln eventuell etwas angefeuchtetes Sägemehl von Buchenholz. Die Rauchkammer wird überall gut zugemacht, während die Aschekuhle frei sein muß. Den Schieber im Rauchabzug nicht ganz schließen! So läßt man die Würste je nach Dicke etwa 20 Minuten ohne helles Feuer dämpfen. Der Fachmann nennt das Naßrauch.

Der Abzugsschieber wird dann geöffnet. Wenn die Späne so ziemlich aufgezehrt sind, läßt man in der Mitte des Rostes das Feuer durchbrennen. Bei immer mehr steigender Hitze werden die Würste prall und bekommen die so beliebte hellbraune oder gelbe Farbe. Für die Heißräucherung der Würstchen ist die Vermeidung von Sattelstellen, die häufig bei Dosenwürstchen Ursache der Verderbnis sind, von ausschlaggebender Bedeutung. Durch die bei den Räuchertürmen eingebauten automatischen Kippvorrichtungen werden diese weitgehend vermieden.

Bei sonstigen Anlagen kann das Auftreten dieses Fehlers durch die Verwendung geeigneter Rauchspieße oder durch den Einbau entsprechender Kippvorrichtungen an den Räucherwagen, die während der Räucherung von Zeit zu Zeit umgestellt werden müssen, verhindert werden.

Der Begriff **Katenrauch** wird in Sortenbezeichnungen sehr häufig gebraucht, z.B. Katenschinken, Holsteiner Katenrauchwurst usw. Es stellt sich die Frage: Was ist Katenrauch?

Kate ist das niederdeutsche Wort für *Kleinbauernhaus*. Katenrauch ist also der Smog, der in diesen kleinen kaminlosen Bauernhäuschen zur Decke zog (und zieht), an der die gepökelten Schinken zum Räuchern hingen.

Das Räuchermaterial wird in einer offenen Herdstelle in der Diele des Hauses verbrannt und der Rauch zieht durch eine Luke am Giebel ab. Die Fleischwaren hängt man unter dem Dachfirst an Quergestellen auf. Die Katenräucherung mit offenem Feuer ist nur bei genügend großen Räumen möglich, da sonst die Temperatur zu stark ansteigen würde. Charakteristisch für den Katenrauch sind die niedrige Räuchertemperatur, die lange, gleichmäßige Einwirkung des dünnen Rauches, der weder scharf noch beißend wirkt und die guten Zugverhältnisse. Verbrannt wurde früher neben Kiefern und Wacholderstrauchwerk, Hartholz und Heidekraut. Die Katenräucherung dauert bis zu drei Monaten. Das Aroma der katengeräucherten Fleischwaren ist kräftig und pikant, doch sehr fein. Katengeräucherte Fleischwaren sind von mahagonifarbenem Aussehen und sollen nicht schwarzbraun oder rußig sein.

Dieses Räuchern diente ursprünglich allein der Konservierung und Haltbarmachung. Erst später entdeckte man die zusätzliche Möglichkeit der differenzierten Geschmacksgebung, die durch Verwendung unterschiedlicher Räucherhölzer, -kräuter und -gewürze erreicht wurde. Die Verwendung unterschiedlicher Räuchermaterialien ist auch heute noch möglich.

Die Herausstellung eines Produktes als Katen-Schinken oder -Wurst dürfte sich also vornehmlich auf die geschmackliche Komponente beziehen, denn die Haltbarkeit ist unabhängig vom *Katenrauch* ohnehin durch entsprechende Konservierung (Pökeln, Durchbrennen, Kaltrauch) gegeben.

Dieser Geschmack kann recht unterschiedlich sein. Sägemehl allein wird in dieser Hinsicht wenig Differenzierung bringen. Dagegen werden Heidekräuter und/oder Wacholderbeeren je nach ihrer Beigabemenge zum Sägemehl den Geschmack der Dauerfleischwaren nachhaltig beeinflussen.

Räucheranlagen

In den heute allgemein üblichen Räucheranlagen sind Temperatur, Luftfeuchtigkeit, Rauchdichte und Luft- bzw. Rauchbewegung vom Außenklima unabhängig auf bestimmte Werte einstellbar. Die Regulierung der Temperatur geschieht mit Hilfe eines Thermostates. Eine genügende Gleichmäßigkeit der Temperatur läßt sich nur durch eine geeignete Isolierung der Rauchkammerwände erreichen. Die gewünschte Temperatur sollte sich bei der Kalträucherung bis auf eine

Differenzierung von $+/-1°C$ in allen Teilen der Räucherkammer einhalten lassen; bei der Heißräucherung ist anzustreben, daß Temperaturdifferenzen und -schwankungen möglichst nicht mehr als $+/-10°C$ betragen. Die Luftfeuchtigkeit in einer Rauchkammer wird vorteilhaft durch einen Hygrostaten geregelt, wobei jedoch die Meßgenauigkeit des Gerätes durch die Raucheinwirkung erheblich beeinträchtigt werden kann, sofern die Meßelemente nicht durch Gazehüllen, die regelmäßig zu erneuern bzw. zu reinigen sind, geschützt werden. In einer Kaltrauchanlage, besonders wenn Rohwurst darin hergestellt wird, sollte sich die Luftfeuchtigkeit mit einer Genauigkeit von $+/-2\%$ einstellen lassen. In Heißrauchanlagen ist die Regulierung der Luftfeuchtigkeit besonders schwierig und wird auch heute noch meist nur sehr grob vorgenommen. Abweichungen von der angestrebten relativen Luftfeuchtigkeit sollten hier jedoch möglichst nicht mehr als 10% betragen.

Leistungsfähige Raucherzeuger gibt es heute von sehr verschiedener Art. Die Rauchdichte wird durch Veränderung der Sägemehl- und Luftzufuhr geregelt. Zur Reinigung von Ascheteilchen wird der Rauch über ein Wasserbad geleitet. Eine vom Außenklima unabhängige gleichmäßige Luftbewegung bzw. Luftumwälzung in einer Räucherkammer läßt sich nur mit Hilfe von Ventilatoren und durch eine geschickte Verteilung des Luftstromes mittels Leit- bzw. Ablenkblechen erreichen. Die Luftbewegung soll lediglich so stark sein, daß gleichmäßige Feuchtigkeitsverhältnisse und Temperaturverhältnisse in allen Teilen der Kammer sichergestellt sind. Eine zu schnelle Luftbewegung würde zu einer starken Abtrocknung der Ware führen. Die Luftbewegung soll daher kaum wahrnehmbar sein.

In größeren Räucheranlagen erreicht man eine gleichmäßige Abtrocknung der Ware durch geeignete Umlaufvorrichtungen, die das Räuchergut während des Räucherns alle Wärme- und Rauchzonen gleichmäßig durchlaufen lassen. Von derartigen Rauchanlagen gibt es heute 2 Typen:

1. Hohe Räuchertürme, bei denen die Räucherstäbe mit den Räucherwaren in einen Umlaufpaternoster eingehängt werden.
2. Sogenannte Wenderauchanlagen, die aus einem großen Drehkreuz bestehen, woran 3 oder 4 Körbe aufgehängt sind, in die die mit Räuchergut beladenen Wagen eingefahren werden können.

Grundsätzlich müssen bei Bau, Einrichtung und Betrieb einer Räucheranlage die allgemeinen Brandverhütungsvorschriften und sonstigen für Rauchanlagen geltenden besonderen Vorschriften genauestens eingehalten werden. Für jede Neuanlage, Verlegung oder konstruktive Veränderung einer Räucherkammer muß bei der zuständigen Bauaufsichtsbehörde unter Vorlage von Planunterlagen um bauliche Genehmigung nachgesucht werden.

Pökel-Räucher-Waren

Die Fabrikation von gepökelten und geräucherten Fleischwaren ist die vermutlich älteste Form der Fleischbearbeitung. Sie hat ihren Ursprung in der Hausschlachterei und wurde im Laufe vieler Jahrzehnte durch gewerbsmäßige Produktionsverfahren perfektioniert und auf ein hohes Qualitätsniveau gebracht. Bei der Herstellung von Pökel-Räucher-Waren ist der Unterschied in den Herstellungsverfahren zwischen handwerklicher und industrieller Fertigung teilweise besonders erheblich.

Es ist nicht Aufgabe dieses Rezeptbuches die diesbezüglichen Unterschiede herauszustellen. Im Folgenden sind traditionsgemäß die handwerklichen Herstellungsverfahren zu beschreiben.

Rohstoffe

Zum Pökeln eignet sich das Fleisch aller warmblütigen Tiere. Am häufigsten wird Schweinefleisch verwendet. Aus Rind- und Kalbfleisch werden nur einige Spezialitäten als Pökel-Räucher-Waren angeboten.

Das **Pökeln** von Schweinefleisch ist ein Veredelungsprozeß, dessen Erfolg wesentlich von der Qualität und Beschaffenheit des verwendeten Fleischmaterials abhängt. Geeignet ist nur das Fleisch von ausgereiften Schlachttieren. Ein qualitativer Unterschied zwischen verschiedenen Schweinerassen besteht nicht. Von Einfluß ist das Alter der Tiere, das Geschlecht und der jeweilige Zustand im Augenblick der Schlachtung. Ausgewachsene Schweine im Alter von 7–9 Monaten liefern die besten Voraussetzungen für ein gutes Pökelprodukt. Jüngere Tiere sind zu hell und zu weichfleischig, ältere Tiere ergeben ein zu trockenes, langfaseriges und zu dunkles Pökelprodukt.

Das Muskelgewebe des Schweines, wie das aller anderen Tiere, enthält als energetische Reserven des Muskels geringe Mengen Glykogen. Jede Muskelanstrengung bewirkt eine Verringerung des Glykogens im Muskelgewebe. Nach dem Schlachten wird das noch im Muskelgewebe vorhandene Glykogen über Glukose zu Milchsäure abgebaut. Die Produktion der Milchsäure, die neben vielen anderen Faktoren von der Menge des noch im Muskelgewebe vorhandenen Glykogens abhängig ist, hat einen direkten Einfluß auf die Fleischqualität. In der Tat manifestiert sich die Anreicherung der Milchsäure im Muskelgewebe deutlich durch zwei für die Praxis wichtige Phänomene:

1. Sie hat eine Senkung des pH-Wertes, also eine Erhöhung des Säuregehaltes im Fleisch zur Folge. Die Senkung des normalen pH-Wertes des Muskels, der zum Zeitpunkt der Schlachtung bei etwa 7 liegt, kann bis auf 5,5 und tiefer gehen.
2. Dies bewirkt ein Zusammenziehen der Muskelfaser, begleitet von einem mehr oder weniger starken Austritt interzellulärer Flüssigkeit.

Dieses Zusammenziehen der Muskelfasern ist ein sehr günstiger Faktor für die Pökelung, da es der Salzlake das Eindringen in die interzellulären Zwischenräume und ihre gleichmäßige Verteilung über die ganze Fleischmenge erleichtert.

Pökelstoffe

Die wichtigsten Pökelstoffe sind Kochsalz, Salpeter, Zucker oder Nitritpökelsalz. Das Kochsalz kann verschiedener Herkunft sein. Man unterscheidet die Salze nach der Herkunft und Gewinnungsart in Stein-, Siede-, Meer-, Quell- und Hüttensalz. In der Fleischwirtschaft kommen hauptsächlich Stein- und Siedesalz zur Verwendung.

Neben dem Kochsalz spielt der Salpeter (Kaliumnitrat/KNO3), als Umrötestoff im Pökelsalz oder in der Pökellake eine wichtige Rolle. Beim Pökeln wird entweder aus Salpeter (Nitrat) durch bakterielle Einwirkung über Nitrit und salpetrige Säure oder bei der Verwendung von Nitritpökelsalz unmittelbar Stickoxid freigesetzt, das sich mit dem Muskelfarbstoff zum roten Pökelfarbstoff verbindet. Die Zusammensetzung einer Salpeter-Kochsalz-Mischung bleibt dem Hersteller überlassen, wobei die Vorschriften zu beachten sind. Das Mischen des Nitrits mit dem Kochsalz ist durch die *Zusatzstoff-Zulassungs-VO* in der zur Zeit gültigen Fassung lizenzierten Firmen überlassen, die dafür garantieren, daß nicht mehr als 0,5 Prozent und nicht weniger als 0,4 Prozent Natriumnitrit dem Kochsalz zugemischt ist. Die gleichzeitige Verwendung von Salpeter neben Nitritpökelsalz ist nur in wenigen Fällen gestattet.

Salpeter, Nitritpökelsalz, aber auch Kochsalz, müssen unbedingt trocken aufbewahrt werden. Die Behältnisse und Umhüllungen für Nitritpökelsalz müssen mindestens an zwei in die Augen fallenden Stellen die deutliche, nicht verwischbare Aufschrift *„Nitritpökelsalz, trocken aufbewahren!"* sowie den Namen oder die Firma des Herstellers und die Angabe des Ortes seiner gewerblichen Hauptniederlassung tragen. Zusätzlich müssen sie mit zwei bandförmigen Streifen von roter Farbe versehen sein.

Rohe Schinkenarten

Allgemein versteht man unter Schinken nur die von der Keule (Schlegel) stammenden Fleischteile der Hintergliedmaßen. In manchen Gegenden findet man die Bezeichnung *Vorderschinken,* womit die Schultern gemeint sind. Die Zuschnitte für die einzelnen Spezialitäten richten sich entweder nach der ortsüblichen Gewohnheit, oder auch danach, welche Form und welchen Namen die jeweilige Spezialität bekommen soll. Rohschinken sind:
a) Knochenschinken
b) Nuß- oder Kugelschinken
c) Blasenschinken.

Letztere werden schwarten- und fettfrei in Blasen, oder Goldschlägerhäutchen, oder in einen Kunstdarm eingezogen, bzw. eingeschlagen.

In Verbindung mit dem Wort Schinken bezeichnet man noch einige andere Erzeugnisse, z.B. Lachsschinken, die aus Karbonaden hergestellt werden.

Genaue Beschreibung über die Behandlung des Fleischmaterials zur Herstellung von Pökel-Räucher-Waren können dem Fachbuch „Fuchs/ Fuchs: Qualitätsfleisch aus dem Fachgeschäft (Deutscher Fachverlag Frankfurt a.M.)" entnommen werden.

Bei rohen und gegarten Pökel-Räucher-Waren, die einen mehr oder weniger großen Fettrand haben und entweder im Trocken- oder im Naßpökel-Durchbrennverfahren hergestellt wurden, kann es leicht ein Herstellungsproblem geben: **Der Speckteil wird ranzig im Geschmack.** Wie dieses Problem entstehen kann und wie es weitgehend zu vermeiden ist, kann im Kapitel „Fehlfabrikate", hier: „Ranzigkeit des Specks", nachgelesen werden.

Gekochte Schinkenarten

Eine relativ schnelle Herstellung von Kochschinken ist durch die Spritzpökelung gegeben. Bei Dosenschinken spritzt man im allgemeinen 6 Prozent einer 10gradigen frischen Nitritpökelsalzlake in die Ader, gibt mit der Spritznadel in das Schwanzstück noch zusätzlich 1 Prozent Lake, bezogen auf das Gesamtgewicht des Rohschinkens und legt dann die Schinken 2–3 Tage bei 4–6 °C Raumtemperatur in eine frische 10gradige Nitritpökelsalzlake.

In der Praxis war man in früheren Jahren vielfach der Ansicht, man könne durch Kochtemperaturen um 100 °C zu Beginn der Garzeit des Schinkens einen Verschluß der Fleischporen und somit eine Verminderung der Kochverluste erreichen. Diese Ansicht entspricht nicht den Tatsachen. Auch die früher oft übliche abgestufte Erhitzung von Kochschinken bietet keine Vorteile gegenüber dem Garen bei einer gleichbleibenden Temperatur von 80–85 °C.

Herstellung von Pökel-Räucher-Waren

Die Technologie zur Herstellung von Pökel-Räucher-Waren unterteilt sich in drei Hauptarbeitsgänge:
1. das Pökeln
2. das Räuchern
3. das Garen.

Unter dem Begriff **Pökeln** versteht man alle Fleischbehandlungsverfahren mit Kochsalz,

Salpeter oder Nitritpökelsalz und mit Pökelhilfsstoffen.

Die wissenschaftliche Erforschung der für den Pökelvorgang verantwortlichen physikalischen, chemischen und bakteriologischen Vorgänge hat in den letzten Jahren eine Fülle neuer Erkenntnisse gebracht. Es ist falsch, im Pökelprozeß nur einen Vorgang der Konservierung, Farbbildung und Fixierung zu sehen, denn ohne die Beteiligung der komplexen biochemischen und bakteriologischen Prozesse würden geschmackliche Eigenschaften wie Konsistenz, Saftigkeit und spezifisches Aroma, die man von echten Pökelwaren erwartet und die allein eine chemische Fixierung der Farbe in den Endprodukten nicht ersetzen kann, keinesfalls erzielt werden.

Die Pökeltechnik, die lange Zeit nur auf Erfahrung beruhte, konnte durch die Anwendung der neuen Erkenntnisse in der Praxis verbessert und rationeller gestaltet werden, wodurch dem Wunsch der Hersteller nach einem schnelleren Warenumschlag ohne die Qualität der Erzeugnisse zu beeinträchtigen, entsprochen wurde.

Bei der Pökelung kommt es zu einem Stoffaustausch, bei dem Pökelsalz in die Skelettmuskulatur eindringt und eiweißhaltige Stoffe an die Lake abgegeben werden. Die Ansicht, daß Pökelfleisch durch diese Verluste an Extraktiv- und Eiweißstoffen sowie Fleischsalzen eine Wertminderung erfährt, ist bei den heute üblichen Pökelverfahren nicht mehr aufrechtzuerhalten. Gewichtsverluste entstehen durch den Pökelvorgang um so mehr, je reicher das Fleisch an Muskelgewebe ist. Fettgewebe hat nur einen geringen Gewichtsverlust.

In modernen Betrieben findet man heute durchweg von anderen Klima- und Kühlräumen getrennte **Pökelräume.** Dort wo es räumlich möglich ist, sollte sogar der Naß-Pökelraum vom Trocken-Pökelraum getrennt sein. Beide Räume sollten eine Temperatur von 7–9 °C haben. Sie sollte + 12 °C keinesfalls übersteigen.

Die Decken der Pökelräume müssen isoliert sein, aber möglichst aus porösem Material bestehen, um eine Bildung von Kondenswasser zu verhindern.

Die Böden der Pökelräume werden aus Spezialbeton hergestellt und haben entsprechend den Arbeitsschutzbestimmungen einen ausreichenden Gleitschutz. Die Böden sollen genügend Gefälle und am tiefsten Punkte eine Abflußmöglichkeit haben. Die Wände sollten mit abwaschbaren Platten verkleidet sein.

Um die Räume besser reinigen zu können, sollten alle Ecken mit Hohlkehlplatten ausgelegt sein. Zeitgemäß ausgestattete Pökelräume sollten mit einer Be- und Entlüftungsmöglichkeit ausgestattet sein. Fenster sind unerwünscht, da Lichteinflüsse einen nachteiligen Einfluß auf die Qualität der gelagerten Waren verursachen können. Aus diesem Grund werden auch gelbe Glühlampen für die elektrische Beleuchtung der Pökelräume verwendet.

Die Luftfeuchtigkeit, die in Pökelräumen sehr hoch ist, muß dann gesteuert werden, wenn Schimmelpilzbildungen an den Wänden auftreten. In derartig gefährdeten Räumen ist ein Anstrich der Wände und Decken mit wirksamen Schimmelschutzfarben zu empfehlen. In größeren Pökelräumen empfiehlt sich die Installierung automatisch arbeitender Anlagen zur Regulierung der Luftfeuchtigkeit.

Pökelwaren müssen nach dem Pökeln noch mehrere Tage durchbrennen. Dieser Vorgang sichert Aroma, Mürbheit und Farbhaltung. In den Trockenpökelräumen, auch Brennräume genannt, sind konstante Temperaturen von + 6 bis + 8 °C und eine Luftfeuchtigkeit von nicht mehr als 75 Prozent einzuhalten. Eingebaute Ventilatoren sollen für eine ausreichende Luftumwälzung sorgen, da sonst die Ware nicht genügend abtrocknet und der Brennprozeß unwirksam bleibt. Die Brennräume sollen nicht in unmittelbarer Verbindung mit den immer feuchten Pökelräumen stehen, sondern für sich angelegt sein. Sind diese Räume von Natur aus feucht, was besonders in Kellerräumen der Fall sein kann, so müssen sie zusätzlich mit Entfeuchtungsgeräten ausgestattet werden. Stellagen sollten heute nicht mehr aus Holz, sondern aus rostfreien Metallgestängen errichtet werden. In den Pökelräumen muß eine peinliche Sauberkeit herrschen. Insbesondere die Kanaleinsätze müssen, damit keine Fremdgerüche entstehen können, des öfteren entleert, unter Zusatz eines Reinigungsmittels gesäubert und desinfiziert werden.

Zum Pökeln werden die folgenden Pökelgeräte benötigt:

Bottiche,

Wannen,

Tische,

Auflageroste,
Pressen,
Filter,
Hängewaagen,
Spritzgeräte und
Lakemeßgeräte.

Für die Pökelung werden aus hygienischen Gründen und aus Gründen der besseren Reinigungsmöglichkeit nur Pökelbehälter aus Plastik, Edelstahl und Glasfibergewebe verwendet. Pökelbehälter aus den genannten Materialien weisen im allgemeinen eine für Praxisverhältnisse ausreichende Festigkeit auf und lassen sich wegen der glatten Oberfläche leicht und gründlich reinigen und desinfizieren. Derartige Pökelbehälter sollten nicht auf gemauerte oder gegossene Sockel gestellt werden, weil sich hier unter dem Bottichboden überlaufende Lake ansammelt, die stickig und faul wird und die Raumluft bakteriell verunreinigt. Transportable Pökelgefäße müssen mit Füßen versehen sein und eine ausreichende Bodenfreiheit besitzen, damit sie sich gut unterspülen lassen.

Man wendet drei Arten von **Pökelverfahren** an, die Trocken-, Naß- und Schnellpökelung. Alle Verfahren dienen der Konservierung und Haltbarmachung von Fleisch unterschiedlicher Art und Größe.

Dem Pökelsalz oder den Pökellaken werden häufig Gewürze zugegeben, um eine **Würzlake** mit einer ganz bestimmten Geschmackskomponente herauszustellen. Die Neigung, jedem Produkt, durch besondere Würzvarianten die *eigene* Note zu geben, führt bei Pökelwaren häufig auf Abwege. Es ist sicher kein Fehler, wenn man sich immer wieder vor Augen führt, daß Fleischwaren allein durch Pökeln, evtl. Räuchern und anschließendes Garen einen exzellenten Geschmack bekommen, auch ohne irgendwelche Gewürze und Zutaten. Typisches Beispiel hierfür ist der Kochschinken. Nur gepökelt und gegart ist er eine Delikatesse, die beispielsweise durch Räuchern und Würzpökeln im Geschmack zwar verändert, aber keinesfalls verbessert werden kann.

Einer weiteren kritischen Betrachtung bedarf die **Verwendung von Zusatzstoffen,** wie Geschmacksverstärker, Farbstabilisator und Stoffen, die – vorsichtig formuliert – die Saftigkeit der gegarten Fleischwaren stabilisieren sollen. Ob und inwieweit derartige *Hilfsstoffe*

das halten können, was ihre Hersteller versprechen, soll an dieser Stelle nicht diskutiert werden. Hier muß jeder seine eigenen Erfahrungen sammeln und oftmals auch sein eigenes Lehrgeld bezahlen.

Allzuoft wird übersehen, daß es kaum einen Zusatzstoff gibt, der vollkommen geschmacksneutral ist. In irgendeiner Weise – und sei sie noch so gering – hat er Einfluß auf Geschmack und/oder Konsistenz und/oder Biß der Fleischprodukte. Dabei dienen diese Effekte häufig keineswegs der Qualitätsverbesserung.

Unter **Trockenpökelung** versteht man ein Verfahren, bei dem das Salz trocken in die Fleischstücke eingerieben wird. Welcher Pökelstoff verwendet werden kann, ergibt sich aus der *Fleisch-VO* Anlage 1, Nr. 1.

Je nach der Größe der Fleischstücke dauert die Trockenpökelung 15–50 Tage. Zur Trockenpökelung dürfen nur Fleischstücke verwendet werden, die genügend ausgekühlt sind. Weiter ist darauf zu achten, daß zu Beginn der Pökelung bereits eine ausreichende Fleischreifung und damit pH-Wertsenkung gegeben ist. Der pH-Wert soll nicht über 6,0 liegen.

Blut, das sich noch **in den Adern** befindet, sollte vor dem Pökeln durch Ausdrücken entfernt werden. Man kann das Fleisch zur restlosen Entfernung des Blutes am Tage vor der Pökelung mit Kochsalz einreiben und dann unter leichtem Druck ablaken lassen, wodurch das Restblut weitgehend entfernt wird.

Die Trockenpökelung geht so vor sich, daß die Fleischstücke gründlich mit der Pökelsalzmischung eingerieben werden. Die Fleischstücke werden dann beim Einlegen in den Pökelbottich nochmals mit Salz bestreut.

Zuvor öffnet man an den Pökelbehältern den Abfluß und legt Lattenroste aus Reinaluminium in die Bottiche. Nach dem Einlegen des Pökelgutes kann dann die sich bildende Eigenlake ablaufen. Das ist eine wichtige Voraussetzung für einwandfreies Trockenpökeln. Die Fleischstücke sollen im Abstand von 4–7 Tagen gewendet und umgepackt werden. Nach dem Pökeln, das je nach Gewicht der Fleischstücke drei bis fünf Wochen dauert, werden die Pökelfleischstücke im Brennraum in Stellagen gestapelt und sollen hier noch 6–12 Tage „durchbrennen".

Der Brennraum muß eine reine trockene Luft haben. Durch den Brennprozeß wird einmal eine gleichmäßige Salzverteilung erzielt und

Höchstmengen an Pökelstoffen in Fleischerzeugnissen (mg/kg)

Erzeugnis	Bei Verwendung von				
	NPS	Salpeter			
		Allein		Zusammen mit NPS	
	Rest	Zusatz	Rest	Zusatz	Rest
Große Schinken	150	600	600	300	600
Mindestens 4 Wochen im Herbst.-Betrieb gereifte Rohwurst	100	300	100	–	–
Natriumarme Diäterzeugnisse	–	300	100	–	–
Übrige Fleischerzeugnisse	100	–	–	–	–

Erläuterung:
Große Schinken bestehen mindestens aus 2 Teilstücken (z.B. Spaltschinken)
Zusatz: Die angegebene Menge bezieht sich auf das Pökelgut.
Rest: Die Menge, die bei einer Untersuchung im Fertigerzeugnis noch toleriert wird.

außerdem bekommt das Fleisch eine festere Konsistenz, ist trockener, mürber und vor allen Dingen kräftiger in der Umrötung und stabiler in der Farbhaltung.

Nach dem Durchbrennen sind die **Pökelstücke** ausreichend lange in kaltem, fließendem Wasser zu **wässern.** Damit wird dem Fleisch mehr oder weniger viel Salz entzogen, um den Salzgeschmack auf das vom Verbraucher gewünschte Niveau zu bringen. Dieser **Entsalzung** sind natürliche Grenzen gesetzt. Pökelwaren, die länger gelagert werden sollen, dürfen nicht zu stark ausgewässert werden, da sonst die Haltbarkeit des Produktes gemindert wird. In diesem Sachzusammenhang sollte erwähnt werden, daß die fachgerechte Behandlung von Pökelwaren nicht beim Räuchern und Lagern aufhört. Der exzellente vollmundige, aber keinesfalls zu strenge Geschmack von rohen Dauerwaren ist nur dann zu erreichen, wenn diese Produkte hauchdünn, so dünn es die Konsistenz der Spezialität zuläßt, aufgeschnitten und verzehrt werden. Beinhartes „Bündner Fleisch" kann beispielsweise noch dünner aufgeschnitten werden, als ein 4–6 Wochen alter roher Rollschinken.

Beim **Pökeln in Eigenlake** wird das Pökelgut nach ausreichender Durchkühlung mit einer Salzmischung gut eingerieben und in sauber gereinigte Pökelbehälter möglichst eng aneinander geschichtet. Speziell um die freiliegenden Knochenteile herum und in natürliche Vertiefungen im Fleisch sollte reichlich Salz einmassiert werden. Beim Einsetzen der Fleischstücke in den Pökelbehälter wird über jede Lage Pökelgut nochmals reichlich Salz gestreut. Das Ganze wird mit einem Alu-Gitter abgedeckt und mäßig belastet.

Innerhalb der nächsten sechs Stunden bildet sich eine Eigenlake, die gegebenenfalls durch künstliche Lake noch soweit ergänzt werden muß, daß das Pökelgut vollständig unter Lake liegt. Eigen- und künstliche Lake sollten zusammen 18–20 ° Bé C haben.

Die Temperatur des Pökelraumes sollte zwischen + 7 und + 10 °C liegen.

Nach vier bis sechs Tagen müssen die Fleischstücke in einen anderen Pökelbottich umgepackt werden, so daß sie in umgekehrter Reihenfolge im Pökelbehälter liegen. Dieses Umpacken ist etwa alle 6 Tage zu wiederholen.

Je nach Größe der Fleischstücke sollen diese bis zu sechs Wochen pökeln und dann noch 4–12 Tage trocken gestapelt werden, damit sie *durchbrennen* und so eine kräftig rote Farbe bekommen. Außerdem ist die Trockenlagerung für die Aromabildung von erheblicher Bedeutung.

Bei dem beschriebenen Pökelverfahren entsteht zwangsläufig eine **Übersalzung.** Das Pökelgut ist daher nach dem Durchbrennen in kaltem Wasser, wiederum je nach Größe, solange zu **wässern,** bis die gewünschte Salzschärfe erreicht ist. Danach werden die Fleischstücke auf Räucherspießen zum Trocknen an die Luft gehängt. Sind die Stücke an der Oberfläche gut lufttrocken, werden sie im Kaltrauch geräuchert.

Je nach Räucherdauer bekommt die Ware eine sehr schöne, goldgelbe Farbe und einen kräftigen Rauchgeschmack.

Schnell- oder Kurzpökelungverfahren haben den Vorteil, die Pökelzeit gegenüber den herkömmlichen Verfahren wesentlich zu verkürzen und eine gleichmäßige Durchsalzung und Umrötung zu bewirken. Diesen Vorteilen steht allerdings bei Rohpökelwaren im Vergleich zu den trocken- und naßgepökelten Spezialitäten eine geringere Haltbarkeit gegenüber, die aber unbedeutend ist, wenn es sich um Waren wie Pökelfleisch, Kasseler oder ähnliche handelt.

Als Schnell- oder Kurzpökelung sind solche Verfahren, die

1. durch intramuskuläres oder arterielles Spritzen, oder
2. durch Verwendung von Druck, Vakuum oder
3. durch Erhöhung der Pökeltemperatur in der Lake geeignet sind, die Pökelzeit ganz erheblich zu verkürzen.

Beim **Vakuumpökelverfahren** werden die mit Lake gespritzten Fleischstücke in einen luftdicht verschlossenen Vakuum-Kessel gelegt, der zur Hälfte mit Pökellake gefüllt wird. Die Restluft wird aus dem Kessel abgesaugt, wodurch der natürliche Luftdruck verringert wird und die Lake besser in die aufgelockerte Muskulatur eindringen kann. Eine weitere Beschleunigung beim Vakuumpökeln ist dadurch gegeben, daß man in verschiedenen Intervallen den Druck im Vakuumkessel herabsetzt und wieder atmosphärische Luft eindringen läßt, oder durch Preßluft Überdruck erzeugt. Durch dieses Verfahren wird eine massageähnliche Behandlung der Fleischstücke vorgenommen, wodurch die Durchdringung mit Pökellake in den Fleischstücken noch weiter beschleunigt wird (Zellatmungsverfahren).

Die größte Bedeutung in der Herstellung von Pökelwaren haben jedoch immer noch das Muskel- und das Aderspritzverfahren, durch das in kürzester Zeit eine gute Umrötung erzielt wird. Durch das **Muskelspritzverfahren** ist die Möglichkeit gegeben, auch größere Fleischstücke in kürzester Zeit gleichmäßig mit Salz und Pökelstoffen zu durchsetzen und dadurch den langwierigen Umrötungsvorgang abzukürzen. Bei der Muskelsalzung sticht man die Hohlnadel in Abständen von 4 cm quer zu den Muskelfasern in die Muskulatur ein und zieht sie langsam unter Freisetzung von Lake wieder zurück. Der Druck beim Muskelspritzen soll nicht mehr als 1,5 atü betragen, damit die Muskelverbände nicht reißen und eine gleichmäßige Verteilung der Lake gewährleistet wird. Grundsätzlich soll auch bei der Muskelspritzung auf der Hängewaage gespritzt werden, damit die eingespritzte Lakemenge genau unter Kontrolle gehalten werden kann. Im allgemeinen spritzt man, berechnet auf das Gewicht des Fleischstückes, 6–10 Prozent Lake ein.

Um zu einem schnellen Umrötevorgang zu kommen, ist es empfehlenswert, frische Nitritpökelsalzlake zu verwenden. Auf luftfreies Spritzen ist zu achten, indem man sich vor Einstechen der Nadel überzeugt, daß keine Luft mehr im Schlauch des Spritzgerätes ist.

Das **Aderspritzverfahren** hat für die Fleischstücke Bedeutung, bei denen noch ein geschlossenes Gefäßsystem vorhanden ist; dies gilt für Schinken, Schultern und Zungen.

Schon frühzeitig wurde erkannt, daß man auf dem natürlichen Wege der Gefäßbahnen die Lake in das Fleisch bringen kann. Alle Verfahren, die auf diesem Gebiet aufgebaut wurden, werden heute in Fachkreisen „Aderspritzverfahren" genannt. Um in dieser Weise verfahren zu können ist darauf zu achten, daß beim Zerlegen der Tierkörper die Arterien nicht verletzt oder abgeschnitten werden. Beim Schinken liegt die Ader auf dem Schloßknochen, bei der Schulter über dem Gelenk zwischen Schaufel und Röhre. Bei der Rinderzunge muß in die Arterien seitlich am Zungenrand gespritzt werden.

Bei der Aderspritzung soll nicht mehr als höchstens 8 Prozent Lakemenge, berechnet auf das

Fleischgewicht, eingespritzt werden. Wie bei der Muskelspritzung ist auch hier eine genaue Gewichtskontrolle beim Spritzen vorzunehmen. Der Druck bei der Aderspritzung soll nicht über 1,5 atü hinausgehen, da sonst die Gefahr besteht, daß die feinen Gefäße zerreißen und die Lakeverteilung ungleichmäßig ist. Die Aderspritzung hat gegenüber der Muskelspritzung den Vorteil, daß durch die Einführung der Lake in das Gefäßsystem eine gleichmäßige Durchpökelung gewährleistet ist und die Stichkanäle optisch nicht sichtbar werden.

Beim Pökeln der Fleischerzeugnisse wird das Pökelgut in **Pökellake** (salzhaltiges Wasser) haltbar gemacht (konserviert).

Da die Salzaufnahmefähigkeit des Fleisches von dessen Wassergehalt abhängt, vertragen wasserarme Gewebsstücke weit stärkere Konzentrationen an Salz ohne die Gefahr eines Überpökelns. Die Kontrolle der gewünschten **Lakestärke** wird mit eigens hierfür bestimmten Meßgeräten (Lakespindeln, Lakewaagen) gemessen. Diese zeigen entweder die relative Kochsalzkonzentration oder Baumégrade (Bé-Grade) oder die Salzprozente an.

In Deutschland und Westeuropa wird die Lake nach Baumégraden gemessen, die bei schwachen Konzentrationen praktisch mit dem Salzprozentgehalt übereinstimmen. Der Fleischer spricht im Fachjargon von *„Grad"* (*„Die Lake hat 10 °"*), nur selten von Baumégraden. In der abgebildeten **Laketabelle** sind die Salzmengen je Liter angegeben, die erforderlich sind, um Laken von bestimmten Baumégraden anzusetzen.

Nicht selten werden zur Geschmacksverbesserung von Pökelfleisch **Gewürzlaken** oder Gewürzmischungen verwendet. Im allgemeinen verwendet man folgende **Gewürze für Gewürzlaken:** Pfefferkörner, Wacholderbeeren, Lorbeerblätter, Majoran, Piment, Zimt, Ingwer und in seltenen Fällen auch etwas Knoblauch.

Die Gewürze werden entweder völlig **unverändert oder gemahlen in Salzlake aufgekocht.** Der Sud wird von seinen festen Stoffen befreit und der Lake beigegeben.

Einigen Gewürzen wird eine antioxidative Wirkung (Verhinderung von Fettranzigkeit) bescheinigt.

Laketabelle

Baumégrade	Salz je Liter Wasser Gramm	Baumégrade	Salz je Liter Wasser Gramm
1	10,5	14	167,0
2	21,0	15	182,0
3	32,0	16	198,0
4	42,0	17	214,0
5	53,0	18	231,0
6	63,0	19	248,0
7	75,0	20	265,0
8	87,0	21	284,0
9	99,0	22	303,0
10	112,0	23	321,0
11	126,0	24	341,0
12	139,0	25	363,0
13	153,0		

Die Herstellung von Kochschinken, Kasseler und ähnlichen Fleischerzeugnissen im **Polterverfahren,** hat sich teilweise durchgesetzt. Mit Hilfe von Tumblern wird das Safthaltevermögen des Pökelgutes erhöht.

Der Einsatz dieser Technologie wird häufig mit der Empfehlung verbunden, den Wassergehalt des Fleisches durch Fremdwasserzugabe so zu erhöhen, daß der Wasserzusatz bei diesen Erzeugnissen über den zu erwartenden Garverlust hinausgeht. Abgesehen davon, daß überhöhter Fremdwasserzusatz eine beträchtliche Qualitätsminderung des Produktes herbeiführt, würde dieser erhöhte Wassergehalt auch zu Beanstandungen führen. Bei gegarten Fleischwaren darf Fremdwasser (Lake) nur in Höhe des Garverlustes zugesetzt werden.

Die Ermittlung von **Fremdwasser** beruht auf der Tatsache, daß das Verhältnis Wasser zu Eiweiß im Fleisch weitgehend konstant ist und einen bestimmten Wert nicht überschreitet. Dieses als *Federzahl* bezeichnete Verhältnis liegt im Durchschnitt bei 3,5–3,6. Bei der amtlichen Untersuchung wird zur Errechnung des Fremdwassers die Federzahl von 4,0 zugrundegelegt. Sie gilt für alle Fleischerzeugnisse, unabhängig, ob sie aus Rind- oder Schweinefleisch bestehen. Die frühere Auffassung, daß bei Schweinefleisch mit einer Federzahl von 4,5 zu rechnen sei, ist durch wissenschaftliche Untersuchungen widerlegt worden. Die Federzahl 4,0 ist als großzügig gegenüber dem Hersteller zu betrachten. Sie toleriert Fremdwasserzusätze bis zu einem gewissen Grad. Das Fertigerzeugnis darf jedoch die Federzahl von 4,0 keinesfalls überschreiten. Das heißt, im Fertigerzeugnis darf analytisch kein Fremdwasser nachgewiesen werden.

Zu beachten sind in lebensmittelrechtlicher Hinsicht noch folgende Hinweise:

1. Der Zusatz von wasserbindenden Stoffen, wie Phosphat oder Fremdeiweiß, ist bei dieser Produktgruppe in der Bundesrepublik Deutschland nicht gestattet (siehe Fleisch-VO).

2. Die Kennzeichnung *Kochschinken* ist nur für Hinterschinken zulässig. Werden Schultern verarbeitet kann allenfalls die *Kennzeichnung Vorderschinken* gewählt werden, besser wäre die Kennzeichnung *Schweineschulter*. Die im Polterverfahren aus zahlreichen Einzelstücken zusammengesetzten Erzeugnisse sind weder als *Schinken,* noch als *Vorderschinken* verkehrsfähig. Sie sollten besser als *Gepreßtes Schweinefleisch* in den Handel gelangen. Nach gutem **Handwerksbrauch** wird Kochschinken auf zwei Arten hergestellt, entweder
 — aus Ober- und Unterschale mit Speckauflage und Schwarte (s. Rezept 1008), oder
 — aus dem kompletten Hinterschinken ohne Fuß, Haxe und Knochen, jedoch auch mit Anteilen an Speckauflage und Schwarte (s. Rezept 1008).

Die **Technologie des Polterns** ist je nach technologischer Ausstattung des Tumblers unterschiedlich. Eine exakte Beschreibung des Arbeitsvorganges ist daher nicht möglich. Es muß empfohlen werden die Arbeitsanleitung der Gerätehersteller zu beachten.

Grundsätzlich handelt es sich bei der Arbeitsweise dieser Maschinen um eine diskontinuierliche (nicht gleichmäßige) Behandlung des Fleischmaterials. Das Fleischmaterial wird in einer Trommel durch Zentrifugalkraft bewegt. Diese Zentrifugalkraft ist so bemessen, daß das Pökelgut an den oberen Punkt der Trommel befördert wird und von dort senkrecht auf den unteren Punkt der Trommel zurückfällt. Durch diese Behandlungsweise werden die Muskelfasern des Fleischmaterials zunehmend zerstört. Es kommt zu einer starken Quellung. Die optimale Aufnahmefähigkeit von Lake wird nach etwa sieben bis acht Stunden Gesamtbehandlungsdauer erreicht. Dabei werden innerhalb einer Stunde die Fleischstücke zweimal 10 Minuten diskontinuierlich in der Trommel bewegt. In der übrigen Zeit (2mal 20 Minuten) ist das Fleischmaterial in Ruhestellung. Eine längere Behandlungsdauer als 7–8 Stunden führt in der Regel zu einem starken Absinken der Wasseraufnahmefähigkeit. Dazu ist allerdings festzustellen, daß die Zeitwerte von Maschinentyp zu Maschinentyp teilweise abweichen. Um die optimale Wasseraufnahmefähigkeit zu ermitteln, sollten in jedem Betrieb entsprechende Versuche gemacht werden, die unter Registrierung der Erhitzungsgrade und des Kochverlustes (Geleeverlust) als Basis verwendet werden können. Diese Wertermittlungen sind besonders auch deshalb notwendig, weil bei gepökeltem und gegartem Fleischmaterial Fremdwasser (Lake) nur in der Höhe des durch Garen verlorengehenden Eigenwassergehaltes zugesetzt werden darf.

Poltern oder nicht poltern?

Die qualitative Beurteilung von gepolterten Fleischerzeugnissen, Produkten also, die mechanisch in der geschilderten Form vorbehandelt wurden, ist in Fachkreisen sehr unterschiedlich.

Es gibt Fachleute, vornehmlich Wissenschaftler und Repräsentanten der Zulieferindustrie, die von einer qualitativen Verbesserung der gegarten Pökelwaren sprechen, wenn sie in der beschriebenen Weise vorbehandelt wurden.

Andere Fachleute, vornehmlich Praktiker sehen in dieser Behandlungsweise keine Qualitätsverbesserungen. Es wird sogar davon gesprochen, daß die so behandelten Pökelprodukte in ihrem kernigen Biß verlieren.

Die sehr breit gefächerte Meinung über den qualitativen Nutzeffekt des Polterns läßt es angeraten erscheinen, daß sich jeder Fachmann sein eigenes Urteil über die Nützlichkeit dieser Bearbeitungsverfahren bildet. Er wird bei objektiver Betrachtung mehr Nachteile als Vorteile finden. Bei diesen qualitativ überwiegenden Negativaspekten, die das Poltern hat, ist auch eine **kalkulatorische Beurteilung** der Angelegenheit empfehlenswert.

Um sich dabei kostenseitig ein objektives Bild verschaffen zu können, muß man hier sehr differenzierte Überlegungen anstellen. Es stellt sich folglich die Frage, wieviel weniger Gewichtsverlust die lebensmittelrechtlich zulässige optimale Nutzung der Polter-Technologie bringt. Die Antwort lautet hier eindeutig: Der Zugewinn ist so niedrig, daß er die Qualitätsminderung in der Fleischbeschaffenheit des Fertigproduktes (schlechter Biß, seifiger Geschmack, evtl. Übersalzung) nicht rechtfertigt, auch nicht aus immer enger werdenden Kostenspielräumen im immer härter werdenden Wettbewerb.

Spätestens an dieser Stelle kommt der Aspekt handwerklicher Fertigungskunst in die Debatte. Wenn ein Handwerksmeister, ein Meister seines Handwerks also, optimal, oder wenigstens annähernd optimal mit Gargeräten ausgestattet ist und handwerklich optimal arbeitet, haben nach herkömmlicher Produktions-Methode gepökelte und gegarte Kochschinken und ähnliche Produkte in den ersten sieben Tagen einen Produktionsverlust (Pökeln, Garen, Lagern) von etwa 7 Prozent. Ohne maschinellen Aufwand kann dieser Verlust auf etwa 4,5 Prozent gesenkt werden. Diese Erkenntnisse entstammen einem Versuch, dem die Frage zugrunde lag, ob sich die Anschaffung eines Tumblers aus produktkalkulatorischen Gründen lohnt. Die Ausgangsfrage war also zunächst:

Wie hoch ist der Produktionsverlust bei Kochschinken, die nicht gepoltert wurden?
Es ergaben sich folgende Ergebnisse:
1. Tag – Frischgewicht 17,6 kg

Gewicht nach Muskelspritzverfahren 22,8 kg, anschließend Lagerung in 10gradiger Lake
3. Tag – Garen in der Schinkenform, im Kochschrank bei 80 °C; Gewicht nach Garen 16,8 kg anschließend Kühlhauslagerung
7. Tag – Nach Lagerung in der Schinkenform bei üblicher Kühlraumtemperatur verbleiben noch 16,4 kg. Das entspricht einem Produktions- und Lagerungsverlust von 6,8 Prozent in 7 Tagen.

Dieser Produktionsverlust läßt sich auf etwa 4,5 Prozent senken, wenn, wie bereits ausgeführt, die in Preßformen gekochte komplette Hinterschinken unmittelbar nach dem Auskühlen vakuumverpackt gelagert werden.

Werden gekochte Rollschinken hergestellt, dann gilt folgendes:

Der Garverlust von 4,5 Prozent läßt sich noch weiter dadurch senken, daß man die Kochschinken in kesselfeste Cellophandärme (Meterware vom Kaliber 180 bis 220 mm) einlegt, eine Handvoll gepökelter Schwarten dazugibt und mit 2gradiger (!) Pökelsalzlake auffüllt. Die Enden der Därme können manuell über Kopf abgebunden werden. Die Schinken werden in der Folie gegart, gekühlt und gelagert. Sie halten sich im Kühlhaus bis zu 3 Wochen.

Diese Verfahrensweise hat folgende Vorteile:
1. Der Garverlust beträgt nur ca. 3–4,5 Prozent
2. Der Lagerungsverlust ist fast Null
3. Man hat einen ständigen Vorrat an Kochschinken.
4. Es werden pro Woche nur einmal Kochschinken hergestellt. Rationalisierungseffekt!
5. Ein Poltergerät ist für die Kochschinkenherstellung nicht erforderlich.
6. Der Kochschinken ist garantiert saftig und kernig im Biß. Bei richtiger Herstellung bricht der Kochschinken auch nicht auseinander (s. 1008).

Aus diesen Darlegungen ist die Schlußfolgerung zu ziehen, daß die Anschaffung eines Poltergeräts für die überwiegende Zahl der Produktionsbetriebe nicht erforderlich ist.

Etwas anders, bzw. etwas günstiger ist die Situation beim **Poltern von** gepökelten bzw. vorgesalzenen Fleischmaterialien, wie **groben Einlagen** für Brühwurstsorten bestimmt sind (Bierschinken, Jagdwurst). Hier kann der Versuch gemacht werden, die erlaubte Fremdwassermenge in das Material maschinell einzuarbeiten. Dabei müßte jedoch geprüft werden, ob der Investitionsaufwand für ein Poltergerät in angemessenem Verhältnis zum wirtschaftlichen Nutzen steht. Der Vollständigkeit wegen soll an dieser Stelle darauf hingewiesen werden, daß den groben Fleischeinlagen in Fleischerzeugnissen zur Intensivierung und Stabilisierung des Poltereffektes **keinesfalls Kutterhilfsmittel** (Phosphate, Citrate, Lactate etc.) zugesetzt werden dürfen. Es gelten also genau dieselben lebensmittelrechtlichen Bestimmungen wie für die gepolterten Koch-Pökelwaren.

Räuchern und Garen von Kochpökelwaren

Im Teil 1, der allgemeinen Einführung in die Fleisch- und Wurstfabrikation, wurde über das Räuchern und Garen ausführlich gesprochen. An dieser Stelle sei lediglich noch auf einige spezielle Aspekte in bezug auf die Fleischwarenherstellung eingegangen.

In der Vorbehandlung vor dem Räuchern und/ oder Garen sind die **Fleischerzeugnisse** häufig **zu rollen oder zu pressen,** um ihnen eine runde oder ovale Form zu geben. Wenn diese runde Form durch Rollen mit Wurstgarn erreicht werden soll, so ist darauf zu achten, daß die betreffenden Fleischstücke so gerollt und verschnürt werden, daß ein höchstmöglicher Preßeffekt erreicht wird. Zu locker angelegtes Wurstgarn hat zur Folge, daß das gerollte Fleisch nach dem Erkalten wieder auseinanderfällt.

Mängel, die beim Rollen von Schinken u. ä. verursacht werden, können später nicht mehr behoben werden.

Das gilt in gleicher Weise auch für Produkte, die aus Gründen der rationelleren Arbeitsweise nicht gerollt, sondern gepreßt werden. Auch diese Arbeitsmethode muß mit fachlichem Fingerspitzengefühl gehandhabt werden. Wird zu leicht gepreßt, bekommt der Schinken nicht die gewünschte gleichmäßig ovale Form und fällt später auseinander. Versucht man derartige Mängel unmittelbar nach dem Garen zu korrigieren und versucht „nachzupressen", dann preßt man den Fleischsaft aus dem Schinken und bekommt eine unerwünscht trockene Ware. Pressen im erkalteten Zustand des Produktes ist nutzlos.

Es gibt eine Reihe von Möglichkeiten durch natürliche oder künstliche **Hüllen und Folien** den geräucherten und/oder gegarten Pökelwaren eine besondere optische Note zu geben, oder um den Austrocknungsverlust einzuschränken. Häufig lassen sich beide Effekte miteinander verbinden. Die Möglichkeiten reichen vom Goldschlägerhäutchen bis zur Haftfolie als Umhüllung für die verschiedensten Räucherwaren. Arten und Verwendung der einzelnen Produkte gehören zum soliden fachlichen Grundwissen und müssen daher hier nicht näher abgehandelt werden.

An dieser Stelle soll lediglich auf eine ganz bestimmte Folienverwendung eingegangen werden, die zwar nicht neu, aber immer noch zu wenig bekannt ist:

Kochschinken, soweit es sich um **gekochte Rollschinken** handelt, sind im handwerklichen Fleischereibetrieb ein vorzüglicher Prestigeartikel, wenn er richtig zubereitet ist und jederzeit zur Verfügung steht.

Von der richtigen Zubereitung ist an anderer Stelle zu sprechen. Hier soll es „nur" um die ständige Verfügbarkeit gehen. Sie erscheint zunächst dadurch eingeschränkt, daß Kochschinken nach mehr als 24 stündiger offener Lagerzeit stark ausgetrocknet sind und sich an der Außenfläche eine kräftige dunkle, trockene Fleischhaut bildet. Mit weiterer Lagerdauer verliert der „offene" Kochschinken schnell an Geschmack und Aroma.

Diese Gegebenheiten würde für den qualitätsorientierten Produzent zunächst bedeuten, daß unter diesen Voraussetzungen immer nur ein 24-Stundenbedarf an Kochschinken hergestellt werden dürfte. Das ist einmal unrationell und außerdem würde es die Negativaspekte nur teilweise beseitigen, da der tatsächliche Bedarf nie richtig vorausschätzbar ist. Überstände oder Fehlmengen wären also immer noch unvermeidlich. **Zur Problembeseitigung** bieten sich zwei Lösungen an:

Lösung 1 wäre, die gekochten Schinken nach dem Garen in Vakuumhüllen einzuschweißen. Die Schinken müßten so gelagert werden, daß die Folien nicht verletzt werden können. Folienbeschädigungen haben nämlich die Tücke, daß man sie meist recht spät entdeckt. Dies hat wiederum zur Folge, daß sich unter der Folie ein Schmierbelag bildet, der den Schinken im Extremfall unbrauchbar macht.

Lösung 2 wäre, die Kochschinken vor dem Garen in kochfeste Folien einzuziehen, dann zu garen und zu lagern, bis sie gebraucht werden. Diese zweite Möglichkeit hat gegenüber der ersten einige Vorteile, die im Folgenden beschrieben werden.

Die gerollten **Kochschinken** in der Folie werden vor dem Garen in Kunstdärme eingelegt, die im Kaliber etwas breiter als die Rollschinken sein müssen.

Man verwendet dazu Meterware, Sie wird in Abschnitte von 50–60 cm geschnitten und auf einer Seite *über Kopf* kochfest abgebunden. In diese Folie wird dann der Rollschinken eingezogen. In den verbleibenden Raum der Hülle kommt eine Hand voll roher, ungepökelter Schwarten. Das Ganze wird mit zweigradiger (!) Lake aufgefüllt. Der Darm wird dann, wieder über Kopf, kochfest abgebunden.

Die Kochschinken in der Folie werden vier Stunden bei 85 Grad Celsius gegart, überstarke Schinken etwas länger.

Die Kochschinken werden unmittelbar nach dem Garen in kaltem Wasser abgekühlt und sind im Kühlraum bei ca. 4–6 °C mindestens 20 Tage lagerfähig, ohne an Qualität zu verlieren.

Diese zweite Lösungsmöglichkeit hat gegenüber der ersten Lösung folgende Vorteile:

1. Es wird kein Vakuumverpackungsgerät benötigt.
2. Durch das Garen in einer geleehaltigen Leichtlake behält der Schinken eine Saftigkeit, die von keinem anderen Garverfahren übertroffen werden kann.
3. Mit geringem Aufwand an Produktionskosten wird eine verhältnismäßig lange Lagerfähigkeit ohne Qualitätsverlust erreicht.
4. Die Kosten für die Därme und die zusätzliche Arbeitszeit für das Einziehen der Schinken werden durch die erhebliche Reduzierung des Garverlustes mehr als gedeckt.
5. Ständiger Kochschinkenvorrat auch bei steigender Nachfrage.
6. Keine Qualitäts- und Gewichtsverluste bei stockender Nachfrage.
7. Nutzung günstiger Fleischmarktangebote und Vorratsproduktion ist möglich.

Das Räuchern und Garen von Pökelwaren bedarf größter Sorgfalt. Je weniger technische Hilfsmittel dazu verwendet werden können, um so

mehr ist bestes fachliches Geschick notwendig. Noch mehr als bei Wurstwaren führt der geringste Fehler bei der Herstellung von Pökel-Räucher-Waren zu erheblichen Gewichtsverlusten, die kalkulatorisch ganz erheblich zu Buche schlagen können. Nicht selten sind derartige Verluste auch mit einer Qualitätsminderung verbunden, die nicht gerade zur Verkaufsförderung beiträgt.

Es ist eine weitverbreitete Gepflogenheit, Pökelwaren angeblich zur Gewährleistung des Durchgarens zu Beginn eines Garprozesses bei 100 Grad Celsius 10–20 Minuten lang wallend zu kochen. Das ist falsch. Außer einem erhöhten Gar-(Produktions-)Verlust und einer beträchtlichen Qualitätsminderung bringt diese Verfahrensweise nichts.

Ein Garen bei 80–85 °C ist der Qualität eines Pökelproduktes in jedem Falle dienlicher.

Nun könnte der Einwand kommen, daß dies für Schweinefleischprodukte zu akzeptieren ist, für Rinderpökelwaren jedoch nicht.

Dieser Einwand ist teilweise berechtigt. Für die Herstellung von Rinderpökelwaren ist je nach Reifegrad (Alter der Tiere) eine Gartemperatur von 85–100 °C durchaus angebracht.

Kochpökelwaren **lagern** am besten und längsten in Kühlräumen bei einer Temperatur von etwa + 8 °C und einer Luftfeuchtigkeit von 72 bis 75 Prozent. Nach Möglichkeit sollen die Stücke frei hängen. In der warmen Jahreszeit ist es angebracht, die Stücke vor dem Versand in luftigen Räumen erst zu temperieren, damit sie auf der Oberfläche nicht schwitzen. Für eine längere Lagerung von Kochschinken ist als Schutz vor äußeren Einflüssen, wie Feuchtigkeit, Verunreinigung und Insektenbefall die Lagerung in der Vakuumpackung zu empfehlen.

Wie bereits ausgeführt, werden die folgenden Rezepte für Pökel-Räucher-Waren so zusammengestellt sein, daß sie kalkulierbare Daten, also immer auf 100 kg/% ausgerichtete Mengenangaben haben. Das bezieht sich vor allem auf die Zusammenstellung des Fleischmaterials.

Soweit es sich um die Pökel-Räucher-Waren handelt, bezieht sich der Materialbedarf immer auf ein einzelnes Fleischstück, z.B. Pökelkamm, und dabei immer auf eine Kalkulationsmenge von 100 kg/%. Soweit in den folgenden Rezepten für Pökel-Räucher-Waren nur ein Material verwendet wird, wird in den einzelnen Rezepten auf die ständig gleichlautende Angabe der Materialmenge 100.0 kg/% verzichtet. Wenn es also in einem Rezept beispielsweise heißt

Schweinebauch, gepökelt

dann handelt es sich immer um eine Kalkulationsmenge von 100.0 kg/%. In gleicher Weise sind die Angaben über die Zugabemenge an Salz und Gewürzen zu verstehen. Hier sind pro Kilo Fleischmaterial Pauschalmengen anzusetzen, die dem (nicht verwiegbaren) Salz- und Gewürzaufwand zur Herstellung der Spezialitäten entsprechen.

Im Gegensatz zu den Wurstrezepten wird für die Pökel-Räucher-Waren-Rezepte im Einzelnen kein **Produktionsverlust** angegeben.

Die unterschiedlichen Garmethoden führen zu sehr stark voneinander abweichenden Produktionsverlusten.

Es ist beispielsweise verlustseitig ein erheblicher Unterschied, ob ein Kochschinken im Kochschrank oder im Kochkessel gegart wird. Innerhalb dieser beiden Garmethoden ist wieder zu differenzieren, ob die Schinken offen oder in der Folie gegart werden usw.

Ähnlich ist die Situation bei den **Lagerungsverlusten** für Pökel-Räucher-Waren. Die offene Lagerung verursacht höhere Lagerverluste als die Lagerung in der Vakuumfolie. Wieder anders liegen die Verluste bei Produkten, die in kochfesten Folien gegart *und* gelagert werden. Aus den genannten Gründen ist zu empfehlen, betriebsintern die jeweiligen Produktions- und Lagerverluste entsprechend den praktizierten Herstellungsmethoden festzustellen und kalkulatorisch zu berücksichtigen.

Fleischwaren
gepökelt, ggf. gegart

Produktionsschema

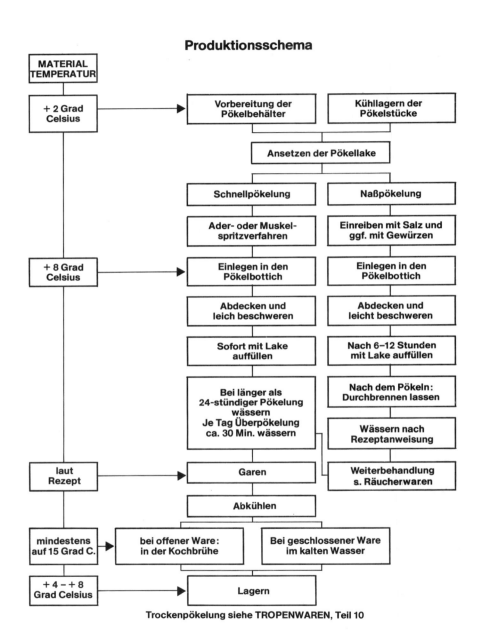

MATERIAL TEMPERATUR		
+ 2 Grad Celsius →	Vorbereitung der Pökelbehälter	Kühllagern der Pökelstücke
	Ansetzen der Pökellake	
	Schnellpökelung	Naßpökelung
	Ader- oder Muskel- spritzverfahren	Einreiben mit Salz und ggf. mit Gewürzen
+ 8 Grad Celsius →	Einlegen in den Pökelbottich	Einlegen in den Pökelbottich
	Abdecken und leich beschweren	Abdecken und leicht beschweren
	Sofort mit Lake auffüllen	Nach 6–12 Stunden mit Lake auffüllen
	Bei länger als 24-stündiger Pökelung wässern Je Tag Überpökelung ca. 30 Min. wässern	Nach dem Pökeln: Durchbrennen lassen
		Wässern nach Rezeptanweisung
laut Rezept →	Garen	Weiterbehandlung s. Räucherwaren
	Abkühlen	
mindestens auf 15 Grad C. →	bei offener Ware: in der Kochbrühe	Bei geschlossener Ware im kalten Wasser
+ 4 – + 8 Grad Celsius →	Lagern	

Trockenpökelung siehe TROPENWAREN, Teil 10

Rezept 1001

Schweinebrustspitzen, auch: Schweinebrust, Stich 2.31

Herstellung

Schweinebrustspitze ist das Rippenstück zwischen der ersten und (maximal) sechsten Rippe. Je nachdem zu welchem Preis dieses Teilstück verkauft werden kann, wird Schwarte und Speckpolster abgetrennt oder am Teilstück belassen.

Anmerkung

Dieses Teilstück wird speziell im Rhein-Main-Gebiet kurzgepökelt und sowohl roh, als auch gegart zum Verkauf angeboten.
Es wird vorzugsweise zu Sauerkraut (Sauerkohl) und Kartoffelpüree verzehrt.

Produktionsdaten: Kurzpökelung, Lake 10° Bé, 12 bis 24 Stunden. Garen 90–120 Minuten, 80–85 °C, resp. 62 °C Kerntemperatur, je nach Dicke.

Rezept 1002

Schälrippchen, auch „Rippchen", „Leiterchen" 2.363

Herstellung

Schweinebäuche sind oft auf der Kotelettseite (Rippenseite) unerwünscht stark verfettet. Aus diesem Grunde wird in verschiedenen Regionen der Bundesrepublik ca. 4–5 Finger breit ein Längsstreifen am Schweinebauch abgeschnitten. Dieser Streifen wird nach dem Abheben von Schwarte und Speck als Schälrippchen verkauft. Es ist auch üblich, den Schweinebauch insgesamt von Schwarte und Speck, bzw. Fett zu befreien und dieses Teil als Schälrippchen anzubieten. Produktionsdaten wie Rezept-Nr. 1001.

Rezept 1003

Eisbein, auch „Haspel" 2.365

Herstellung

Als Eisbein wird das Beinfleisch vom Schwein bezeichnet, das *wie gewachsen,* also mit Knochen und Schwarte zum Verkauf angeboten wird. Eine Ausnahme wird lediglich in der Konservenherstellung gemacht. An geeigneter Stelle wird darauf zurückzukommen sein.
Das Eisbein wird im Raume Frankfurt als *Haspel* angeboten.

Produktionsdaten: 12–24 Stunden Kurzpökelung, bei 10 °C. Garen 90–120 Minuten, bei 90 °C.

Rezept 1004

Schweinebauch, gepökelt 2.364

Herstellung

Schweinebauch, der gepökelt zum Verkauf angeboten wird, sollte nur kurz gepökelt sein. Der Verbraucher erwartet ein mild gesalzenes Produkt, das nach Möglichkeit im Sauerkraut mitgekocht werden kann. Bei zu starker Pökellake oder bei zu langer Pökelzeit besteht die Gefahr, daß dieser Verbrauchererwartung nicht mehr optimal entsprochen werden kann. Produktionsdaten wie 1001.

Rezept 1005

Schinkensolper 2.31

Herstellung

Als Schinkensolper (westmitteldeutsch: Pökelfleisch) werden magere Stücke von der Schweineschulter oder -hüfte angeboten. Diese Teilstücke werden vorzugsweise gekauft, wenn andere Pökelwaren als zu durchwachsen und/oder zu knochig empfunden werden.

Produktionsdaten: Spritzpökelung, Lake 10 °C, 12–24 Stunden Naßpökelung. Garen 90–120 Minuten, bei 85–90 °C.

Rezept 1006

Schweineschäufelchen 2.341.3

Herstellung

Schweineschäufelchen ist das Blattstück der Schweineschulter. Es wird in der Größe des Schaufelknochens aus der Schweineschulter herausgeschnitten. Es ist also ein Teilstück *wie gewachsen,* in der Regel ohne Speck und Schwarte.

Produktionsdaten wie 1005.

Rezept 1007

Frankfurter Rippchen 2.363

Herstellung

Zu Frankfurter Rippchen werden Schweinehälse oder Rippenkotelettstücke mit Knochen verwendet. In seltenen Fällen nimmt man auch das Filetkotelettstück.

Produktionsdaten: Spritzpökelung. 10° Bé, 24–48 Stunden Naßpökelung. 120 Minuten garen, bei kräftigen Stücken bis 150 Minuten, bei 80–85 °C.

Anmerkung: Die Rippchen zu Beginn der Garzeit 5 bis 10 Minuten bei 100 °C „anzukochen" ist aus qualitativen und kalkulatorischen Gründen nicht empfehlenswert.

Hinweis: Aus Gründen des besseren Portionierens ist es immer häufiger üblich, die *Frankfurter Rippchen,* ohne Knochen herzustellen.

Rezept 1008

Kochschinken
(auch gekochter Schinken)   2.341.1

Herstellung

bezüglich der Herstellung von Kochschinken wird auf die grundsätzlichen Ausführungen zum einleitenden Thema „Pökel-Räucher-Garen" verwiesen. Darüber hinaus sind zu diesen Spezialitäten die folgenden rezeptspezifischen zu geben:

Kochschinken vor dem Garen anzuräuchern ist nicht mehr allgemein üblich. Es ist zu beachten, daß auf diese Vorbehandlung immer häufiger verzichtet wird.

Der Verbraucher bevorzugt einen milden, unaufdringlichen Geschmack. Dabei wird der Rauchgeschmack häufig schon als zu aufdringlich empfunden.

Rein optisch wird darüber hinaus auch bei vielen Verbrauchern der durch das Räuchern entstehende braune Rand rund um den Schinken als wenig schön bezeichnet.

Produktionsdaten: Spritzpökelung, bei 10° Bé; 48 Stunden in der Lake, danach ca. 6 Stunden trocken. Garen je nach Größe 3–4,5 Stunden bei 80–85 °C.

Hinweis: Die Ausführungen zum Thema „Schinken in Folie" sollten besonders beachtet werden.

Rezept 1009

Kochschulter   2.341.2

Herstellung

Zur Herstellung von Kochschultern gelten die gleichen Herstellungsmethoden, wie sie im vor-

angestellten Produkt *Kochschinken* dargelegt wurden.

Für Kochschultern kommen kräftige Schweineschultern zur Verwendung, die fachgemäß ausgebeint werden müssen. Das Haxenfleisch wird nicht mitverwendet. Lediglich die Schwarte der Schweinehaxe bleibt an der Schulter und wird zum Abdecken der Magerfleischpartie verwendet. Die Mittelröhre wird prinzipiell hohl ausgebeint. Der Schaufelknochen muß so ausgelöst werden, daß die Muskulatur so wenig wie möglich beschädigt wird.

Produktionsdaten: Siehe 1008

Garzeit: Bei mittlerem Teilstückgewicht, 120 bis 150 Minuten und 80–85 °C

Rezept 1010

Pökelbrust   2.367

Herstellung

Die Bruststücke von mittelmäßig bis schwach durchwachsenen Jungbullen oder Färsen werden ausgebeint und nach Qualitätsschnittführung zugeschnitten.

Produktionsdaten: Kurzpökelung (spritzen) mit 10 Grad Bé-Lake, 12–24 Stunden Naßpökelung
Garzeit: ca. 150–210 Minuten, bei 100 °C.

Anmerkung: Die Garzeit sollte so ausreichend bemessen sein, daß das Fleisch auch nach dem Erkalten noch ausreichend weich im Biß ist. Fleischstücke vom Rind nehmen nach dem Garen und Erkalten wieder an Festigkeit zu.

Rezept 1011

Rinderpökelfleisch, auch:
Rindssolper   2.367

Herstellung

In gleicher Weise wie Pökelbrust (1010) angeboten wird, werden auch verschiedene andere Teilstücke vom Rind als Rinderpökelfleisch feilgehalten. Dazu werden hauptsächlich die Hochrippe und der Schaufelbug (Mittelbug, Schaufelstück) verwendet.

Produktionsdaten: Siehe 1010

Rezept 1012

Kalbsoberschale, gepökelt 2.31

Herstellung
Kalbsoberschalen werden mild gepökelt. In der Regel hat das Produkt einen extrem niedrigen Salzgehalt.
Es ist ratsam im Falle einer extrem niedrigen Pökelung eine Gewürzlake zu verwenden, damit das Fertigprodukt nicht zu fade schmeckt.

Hinweis: Durch niedrigem Salzgehalt begrenzte Haltbarkeit.

Produktionsdaten: Spritzpökelung bei etwa 8° Bé, 12–18 Stunden Naßpökelung.

Wässern nach dem Pökeln: ca. 15–30 Minuten

Garzeit: Je nach Größe des Teilstücks 120–150 Minuten bei 80 °C

Rezept 1013

Schweinezungen, gepökelt 2.368

Herstellung
Gepökelte Schweinezungen werden hauptsächlich zur Weiterverarbeitung in Brüh- und Kochwursterzeugnissen verwendet. Nur selten kommen sie als gepökelte oder gekochte Zungen direkt in den Verkauf.
Für die Verarbeitung sollten die Zungen in Formen gepreßt gekocht werden, so daß sie nach dem Garen eine gestreckte Form haben. Nach dem Kochen sind die Zungenhäute sauber zu entfernen.

Produktionsdaten: Spritzpökelung, 12–24 Stunden bei 10° Bé, Naßpökelung.
Garzeit bei Weiterverarbeitung: Je nach Größe des Kochbehälters: 60–90 Minuten, bei 90 °C.

Hinweise
1. Schweinezungen, die nach dem Garen direkt zum Verkauf kommen, sollten einzeln gegart werden. Die Garzeit richtet sich nach der Größe der Kochform.
2. Schweinezungen, die zur Verarbeitung, z.B. zu Zungenblutwurst, verwendet werden, sollten nur soweit angebrüht werden, daß sie ihre Form nicht mehr verändern. Die restliche Garzeit wird mit dem Fertigprodukt erledigt. Diese Verfahrensweise ist aus qualitativen und kalkulatorischen Gründen zu empfehlen.

Lebensmittelrecht
Nach bestehender Verkehrsauffassung müssen Zungen vollständig von Unterzungendrüsen, Unterzungenmuskulatur und Zungenhäuten befreit sein. Dabei ist es gleichgültig, ob die Zungen direkt oder als Bestandteil eines Wurstproduktes feilgehalten oder anderweitig in den Verkehr gebracht werden.

Rezept 1014

Kalbszunge, gepökelt 2.368

Herstellung
Die Bearbeitungs- und Produktionsdaten können dem Rezept Nr. 1013 entnommen werden. Lediglich die Garzeiten sind bei den etwas schwereren Kalbszungen höher, entsprechend dem Zungengewicht, zu bemessen.
Eine Kalbszunge ist ausreichend weichgekocht, wenn sich die Zungenhaut leicht von der Zunge ablösen läßt.

Lebensmittelrecht
Nach bestehender Verkehrsauffassung müssen Zungen vollständig von Unterzungendrüsen, Unterzungenmuskulatur und Zungenhäuten befreit sein. Dabei ist es gleichgültig, ob die Zungen direkt oder als Bestandteil eines Wurstproduktes feilgehalten oder anderweitig in den Verkehr gebracht werden.

Rezept 1015

Rinderzunge, gepökelt 2.368

Herstellung
Rinderzungen werden vor dem Pökeln 30–60 Minuten in kaltem Wasser gewässert.

Produktionsdaten: Spritzpökelung, 48–72 Stunden, bei 10° Bé, Naßpökelung.
Garzeit: 150–180 Minuten, bei 90 °C.

Lebensmittelrecht
Nach bestehender Verkehrsauffassung müssen Zungen vollständig von Unterzungendrüsen, Unterzungenmuskulatur und Zungenhäuten befreit sein. Dabei ist es gleichgültig, ob die Zungen direkt oder als Bestandteil eines Wurstproduktes feilgehalten oder anderweitig in den Verkehr gebracht werden.

Rezept 1016

Kalbsschinken 2.31

Herstellung
Kalbsschinken wurde ursprünglich aus ganzen
Keulen leichter Kälber hergestellt. Da derartige
Kälber am Markt kaum noch angeboten werden
und die Keulen schwerer Kälber (ca. 100 bis
120 kg Zweihälftengewicht) als ganze Teilstücke
nicht brauchbar sind, ist zu empfehlen einzelne
Teilstücke aus der Kalbskeule zu Kalbsschinken
zu verarbeiten.

Produktionsdaten: Siehe 1012

Rezept 1017

Echter Bierschinken 2.31

Herstellung
Variante 1:
Zur Herstellung von Echtem Bierschinken können alle Arten „Gekochter Schinken" verwendet
werden, also: Rollschinken, ganze Formschin-
ken und andere Teile der Schweinekeule. Die
geschmackliche Beschaffenheit dieser Spezialität wird von der besonderen Zusammensetzung
der Pökellake bestimmt. Für die Herstellung
dieser Pökellake wird neben Nitritpökelsalz an
Stelle von Wasser dunkles Lagerbier (kein Malzbier) verwendet.
Die zugeschnittenen Schinkenstücke werden
mit einer 10- bis 12gradigen Lake gespritzt und
anschließend 24–36 Stunden in Bierlake eingelegt. Die Schinkenstücke müssen vollständig
mit Flüssigkeit bedeckt sein, damit ein Schmie-
rigwerden der Pökelstücke vermieden wird.
Nach der Pökelzeit werden die Bierschinken-
stücke weiter behandelt wie Kochschinken
(Rezept 1008).
Variante 2:
Als „Echter Bierschinken" wird auch folgendes
Erzeugnis bezeichnet:
Kotelettstücke ab der sechsten Rippe werden
ausgebeint und sauber von Speckauflagerungen
befreit. Der bauchseitige durchwachsene Strang
soll höchstens 1 cm breit am Kotelettstück verbleiben. Die Kotelettstücke werden mild gepö-
kelt, eventuell in Gewürzlake.
Die Pökelstücke werden auf den Knochenseiten
mit Aspikpulver bestreut, paarweise mit den
Knochenseiten zusammengelegt und in einen
Darm eingezogen. Der echte Bierschinken wird

dann entweder in eine Kochform gepreßt oder
fest gewickelt wie eine Roulade.

Garzeit: 120–150 Minuten bei 80 °C.

Rezept 1018

Rindssulber 2.31

Rindssulber wird aus gespickten und gepökelten
Rindernußstücken hergestellt.
Material für 100 kg
95.0 Rindernuß (R1)
 5.0 Speck, gesalzen und geräuchert
Herstellung
1. Die sauber zugeschnittenen Rindernußstücke
   werden mit der anteiligen Menge Räucherspeck gespickt.
2. Die gespickten Stücke werden in eine
   12gradige Lake eingelegt, die in der Regel
   nicht gewürzt ist. Falls erwünscht, können
   der Lake etwas Lorbeerblatt, Wacholder- und
   Pfefferkörner zugesetzt werden.
3. Nach der Pökeldauer, die je nach Dicke der
   Portionsstücke unterschiedlich lang sein sol-
   te, werden die Pökelstücke ausreichend lange
   in sauberem, kaltem Wasser gewässert und
   anschließend zum Abtropfen ein bis zwei
   Stunden an die Luft gehängt.
4. Das Rindssulber wird dann gegart. Dies
   geschieht am zweckmäßigsten in Patentdosen
   (Mehrwegdosen mit Patentverschluß). Die
   Pökelstücke werden in die Dosen eingelegt,
   sie sollen nur wenig Raum für die Aufgußlake
   haben.
5. Wenn die Pökelstücke in die Dosen eingelegt
   sind, wird mit zweigradiger Lake aufgefüllt.
   Auf Wunsch können ein paar Stücke frische,
   nicht zu lange gepökelte Schwarten mit in die
   Dose gegeben werden, damit die Aufgußlake
   geliert.

Pökeldauer: Je nach Durchmesser der Pökelstücke 10–18 Tage. Wenn die Pökelstücke vor
Einlegen in die Lake gespritzt werden, genügt
eine Pökeldauer von ca. 48 Stunden, anschließend ca. 6 bis 12 Stunden Trockenlagerung.
Garzeit: Je Millimeter Dosendurchmesser 1,5
Minuten

Produktionsverlust: 20–25 %

Hinweis: Das Rindssulber kann auch wie
„Kochschinken in der Folie" hergestellt werden
(1008).

Rezept 1019

Schweinekopf 2.31

Schweineköpfe werden in der Regel für Wurst-sorten verschiedenster Art verwendet. Sie kommen überwiegend gepökelt und gegart zur Ver-arbeitung.

Um eine Überpökelung zu vermeiden, sollten die Schweineköpfe, nachdem sie sauber gehärt und ausreichend lange gewässert wurden, ge-spritzt und anschließend höchstens 24 Stunden in zehn- bis maximal zwölfgradiger Lake durch-pökeln.

Zum Garen werden die Schweineköpfe kalt auf-gesetzt. Sie sollen langsam anziehen, bis auf eine Temperatur von ca. 85 °C. Bei dieser Tem-peratur sollten die Schweineköpfe während des gesamten Garprozesses gehalten werden, damit der Gewichtsverlust so niedrig wie möglich bleibt. Die Schweineköpfe sind ausreichend gegart, wenn das Fleisch leicht von den Knochen gelöst werden kann.

Fleischwaren, gepökelt und geräuchert

Produktionsschema

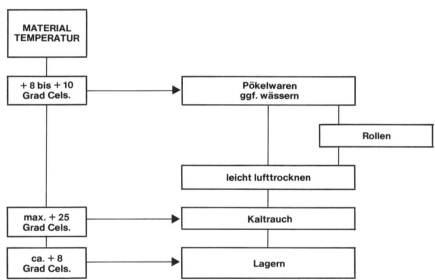

Rezept 1101

Rohschneideschinken mit Knochen 2.411.1

Herstellung

Zu Rohschneideschinken eignen sich am besten Hinterschinken, die festes, trockenes, rotes Fleisch haben. Sie dürfen keine blutunterlaufe-nen Stellen oder Blutpunkte haben.

Das Bein wird handbreit über dem Sprungge-lenk entfernt und der Beckenknochen ist vor-schriftsmäßig auszulösen.

Nachdem der Schinken rundgeschnitten ist, drückt man mit dem Daumen in Richtung vom Bein zum Becken das noch in den Adern befind-liche Restblut heraus. Vor Beginn des Pökelns müssen die Hinterschinken mindestens 24 Stunden gut durchgekühlt sein, bei ca. 0° bis +2 °C. Die Kerntemperatur sollte nicht über +6 °C liegen.

Produktionsdaten: 4–6 Wochen Pökelung in Eigenlake, künstliche Lake zum Auffüllen, Stärke 18–20°. Nach dem Pökeln 12–24 Stunden in kaltem, langsam fließendem Wasser wässern.

Räuchern: Kaltrauch, ca. 14 Tage

Haltbarkeit: Maximal 6–8 Monate

Rezept 1102

Westfälischer Knochenschinken 2.411.1

Siehe 1101

Rezept 1103

Hamburger Rohschneideschinken 2.411.1

Siehe 1101. Abweichung: Die Spezialität wird in einem Würzrauch aus Sägemehl, Heidekraut und Wacholderbeeren geräuchert.

Rezept 1104

Westfälischer Rohschneideschinken 2.411.1

Siehe 1101. Abweichung: Der Hüftknochen bleibt im Schinken.

Rezept 1105

Holsteiner Katenschinken 2.411.1

Siehe Rezept 1101. Räuchern wie im Thema *Katenrauch* beschrieben.

Rezept 1106

Rollschinken 2.411.3

Herstellung
Rollschinken (Ober- und Unterschale mit mäßiger Schwartenabdeckung) werden ausgebeint, zugeschnitten, anschließend gepökelt und geräuchert.

Produktionsdaten: Eigenlake, 14–16 Tage bei 14- bis 16gradiger Lake.

Nach dem Pökeln: 4–6 Stunden wässern, dann ca. 4–6 Tage Kaltrauch.

Haltbarkeit: Maximal 8–10 Wochen

Rezept 1107

Nußschinken 2.411.5

Herstellung
Zur Herstellung von Nußschinken werden die Nußstücke der Schweinekeule verwendet.

Produktionsdaten: Eigenlake, 8–10 Tage, bei 18–20° Bé.

Nach dem Pökeln: 6–12 Stunden wässern, ca. 4–6 Tage Kaltrauch.

Haltbarkeit: ca. 8–10 Wochen.

Rezept 1108

Keulenschinken 2.411.5

Siehe 1107

Rezept 1109

Kugelschinken 2.411.5

Siehe 1107

Rezept 1110

Schinkenspeck 2.411.6

Herstellung
Es werden die Hüftstücke der Schweinekeule verwendet.

Produktionsdaten: Siehe 1107

Rezept 1111

Blasenschinken 2.411

Herstellung
Nackenstücke vom Schwein werden ausgebeint. Die zu flachen Muskelpartien werden abgeschnitten. Die verbleibenden, kompakten Nackenstücke werden wie Nußschinken gepökelt, in Cellophanblasen eingezogen und geräuchert.

Produktionsdaten: Siehe 1107

Rezept 1112

Westfälischer Blasenschinken 2.411

Siehe 1111.

Rezept 1113

Rouladenschinken	2.411

Siehe 1111

Rezept 1114

Gewürzschinken	2.411

Herstellung
Es können alle Schinkenzuschnitte verwendet werden, wenn sie in einer Gewürzlake gepökelt wurden.
Für die Herstellung von Gewürzlaken gibt es verschiedene Gewürzkombinationen. Die gängigsten Mischungen sind den Rezepten 4401, 4402 und 4403 zu entnehmen.

Rezept 1115

Schwarzgeräuchertes	2.421

Herstellung
Es können alle Schinkenzuschnitte, ebenso vom Kotelettstrang verwendet werden.
Zum Pökeln wird eine Gewürzlake (4404) verwendet.
Zum Räuchern wird Nadelholzsägemehl verwendet, dem trockenes Reisig beigegeben werden kann. Um innerhalb einer Räucherzeit von ca. 15–20 Tagen eine tiefschwarze Oberflächenfarbe zu bekommen, kann dem Räuchermaterial auch eine geringe Menge Kien (harzreiches Kiefernholz) beigegeben werden.

Rezept 1116

Geselchtes	2.421

Siehe 1115

Rezept 1117

Schwarzgeselchtes	2.421

Siehe 1115

Rezept 1118

Kasseler mit Knochen	2.342.2

Herstellung
Zu Kasseler mit Knochen werden in der Regel Rippenkotelettstücke, in Ausnahmefällen auch Filetkotelettstücke verwendet.

Produktionsdaten: Spritzpökelung, mit 10° Bé, 24–48 Stunden Naßpökelung.

Räuchern: Kaltrauch, goldgelb

Rezept 1119

Kasseler Rippenspeer	2.342.2

Siehe 1118

Rezept 1120

Kasseler ohne Knochen	2.342.2

Herstellung
Vor dem Pökeln werden die Kotelettsträngen ausgelöst. Weitere Bearbeitung siehe 1118.

Rezept 1121

Kasseler Kamm	2.342.2

Siehe 1118
Lebensmittelrecht
Schweinekämme, die nach Kasseler Art gepökelt und geräuchert werden, dürfen nicht als „Kasseler" feilgehalten werden. In der Sortenbezeichnung muß die Bezeichnung „Kamm" mit enthalten sein.

Rezept 1122

Lachsschinken	2.413.1

Herstellung
Kräftige Kotelettstücke ab der 6. Rippe werden, möglichst ohne die Muskulatur zu verletzen, ausgebeint. Sie werden so zugeschnitten, daß das magere, sehnen- und fettfreie Kernstück verbleibt.
Die *Lachsstränge* werden je nach Dicke 4–6 Tage gepökelt. Anschließend werden sie mit leicht handwarmem Wasser abgewaschen und zum Trocknen aufgehängt. Die Aufhängekordel wird so angebracht, daß das Fleisch *nicht* durchstochen wird.
Wenn die Lachsstränge gut abgetrocknet sind, werden sie portioniert, gerollt und im Kaltrauch leicht goldgelb geräuchert.

Produktionsdaten: Eigenlake, 4–6 Tage bei 12–14°Bé.

Nach dem Pökeln: 2–4 Stunden wässern. 4–6 Stunden Kaltrauch.

Rezept 1123

Pariser Lachsschinken 2.413.1

Herstellung
Pariser Lachsschinken werden fast ausnahmslos in Portionsstücken zwischen ca. 200 und 500 Gramm hergestellt. Die Lachsstränge, wie in Rezept 1122 behandelt und gepökelt, werden in entsprechende Portionen geschnitten und rundum mit dünngeschnittenen Speckscheiben umlegt.
Das Ganze wird in Goldschlägerhäutchen eingeschlagen, deren Anfangs- und Endseiten nur geringfügig übereinanderliegen sollten.
Die Lachsschinkenportionen werden auf ein trockenes Tuch gelegt, damit sie äußerlich gut abtrocknen können. Mehrmaliges Wenden während dieses Trocknens ist empfehlenswert.
Wenn die Portionen gut trocken sind, werden sie mit rotweißer, polierter Kordel gerollt und längs verschnürt. Das Wurstgarn muß gefühlvoll so angelegt werden, daß es
1. gleichmäßig nebeneinander liegt,
2. stramm gerollt dem Fleisch eine runde Form gibt, aber
3. nicht so stramm angezogen ist, daß der Bindfaden das goldschlägerhäutchen und den Speck durchschneidet.
Produktionsdaten: Eigenlake, 4–6 Tage in 12 bis 14° Bé. *Nach dem Pökeln:* 2–4 Stunden wässern. 15–30 Minuten Kaltrauch. Rauchfarbe darf kaum zu erkennen sein.

Rezept 1124

Frühstücksspeck 2.421.2

Herstellung
Zur Herstellung von *Frühstücksspeck* eignen sich die Kotelettstränge mit Speck und Schwarte von nicht zu fetten Fleischschweinen.
Die Koteletts werden entbeint. Die Rückenspeckschwarte wird mit glattem Schnitt so abgelöst, daß ein gleichmäßiger Fettrand von ca. 2–3 cm am mageren Kotelettfleisch verbleibt.
Nach dem Pökeln werden die Kotelettstränge in Portionsstücke von ca. 25–30 cm Länge geschnitten. Das Aussehen des Frühstücksspeckes gewinnt, wenn man ihn ähnlich wie Lachsschinken in Goldschlägerhäutchen einhüllt.
Produktionsdaten: Eigenlake, ca. 8 Tage in 12- bis 14gradiger Lake. Danach ca. 2 Tage durchbrennen lassen.

Nach dem Pökeln: 4–6 Stunden wässern, ca. 2 Tage Kaltrauch.

Rezept 1125

Englischer Frühstücksspeck 2.421.2

Herstellung
Zu Englischem *Frühstücksspeck* werden Kotelettstücke verwendet, wie in Rezept Nr. 1124 beschrieben. Lediglich der Zuschnitt ist anders: Am Kotelettstrang wird ein ca. 10 bis maximal 15 cm breiter Bauchstreifen belassen. Es ist daher erforderlich nur magere Schweine zu verarbeiten.

Produktionsdaten: Siehe 1125

Rezept 1126

Schweinebauch, geräuchert; 2.421.2
auch: Bauchspeck, Dörrfleisch, Dürrfleisch

Herstellung
Dörrfleisch ist gepökelter und geräucherter Schweinebauch. Der Zuschnitt der Bäuche ist unterschiedlich. Die Wamme (Griff) ist in geradem Schnitt zu entfernen. Die der Wamme gegenüberliegende Längsseite kann unbeschnitten am Bauch bleiben. Der Bauch kann aber auch an dieser Seite schmal geschnitten werden, indem ein Streifen Leiterchen von ca. 5–10 cm abgeschnitten wird.

Produktionsdaten: Spritzpökelung, 2–3 Tage bei 10gradiger Lake.

Wässern nach dem Pökeln nur bei Überpökelung, 24–36 Stunden Kaltrauch.

Rezept 1127

Schälrippchen, geräuchert 2.363

Herstellung
Schälrippchen (1002) werden ca. 6–12 Stunden kalt geräuchert.

Rezept 1128

Brustspitze, geräuchert 2.367

Herstellung
Schweinebrustspitze (1001) wird ca. 6–12 Stunden kalt geräuchert.

Rezept 1129

Eisbein, geräuchert   2.365

Herstellung
Eisbein (1003) wird ca. 6–12 Stunden geräuchert.

Rezept 1130

Speck, geräuchert   2.421.2

Herstellung
Dicke Seiten Rückenspeck werden auf ihren Längsseiten gerade geschnitten und auf eine Seitenlänge von ca. 40–50 cm portioniert.

Produktionsdaten: Trockenpökelung, mit Kochsalz! Pökeln 8–12 Tage

Nach dem Pökeln: ca. 2–4 Stunden wässern, dann 12–18 Stunden Kaltrauch.

Rezept 1131

Paprikaspeck   2.421.2

Herstellung
Rückenspeck wird in der in Rezept 1130 beschriebenen Weise gesalzen. Anschließend wird der Speck gut handwarm abgewaschen und kurz an der Luft getrocknet. Die Speckseiten sind in ca. 5 cm breite Streifen zu schneiden (quer), die entschwartet werden. Es ist darauf zu achten, daß auch der *Schwartenzug* mit entfernt wird. Die Speckriegel werden mit polierter Kordel geschlauft.
Mit heißem Wasser wird edelsüßer Paprika dickbreiig angerührt und mit einem Pinsel nicht allzu dick auf die Speckriegel aufgestrichen. Sie werden auf Rauchstöcke gehängt und nach dem Abtrocknen ca. 12–24 Stunden geräuchert.

Produktionsdaten: Siehe 1130

Rezept 1132

Spanferkel, geräuchert   2.31

Herstellung
Das sehr zarte und empfindliche Fleisch dieser Jungtiere kann durch Pökeln und Räuchern besser haltbar gemacht werden. Es wird mild gepökelt und schwach geräuchert.

Produktionsdaten: Spritzpökelung, mit 10gradiger Lake, 3–5 Tage lagern! *Nach dem Pökeln:* 1–2 Stunden räuchern.

Hinweis: Nur gut gekühlt lagerfähig, max. 3–5 Tage.

Rezept 1133

Hamburger Rauchfleisch   2.366

Herstellung
Hamburger Rauchfleisch soll zart, mild, saftig, ohne Trockenrand und gut farbhaltend sein. Es darf qualitativ dem rohen Schinken in keiner Weise nachstehen.
Man verwendet die Oberschale, oder die Kugel vom Rind. Die zur Verarbeitung kommenden Stücke sollen gut durchgekühlt, entsehnt und entfettet sein.
Die Fleischstücke werden mit Pökelsalz kräftig eingerieben, in Pökelbottiche eng aneinanderliegend eingesetzt und je Lage nochmals mit Salz bestreut. Das Ganze wird abgedeckt, mäßig belastet und nach ca. 6 Stunden mit Lake aufgefüllt, damit das Pökelgut vollständig unter Flüssigkeit liegt.
Nach dem Pökeln 5–7 Tage durchbrennen lassen, dann mit handwarmem Wasser abwaschen und an der Luft gut abtrocknen. Anschließend wird die Spezialität geräuchert.
Es ist möglich, das *Hamburger Rauchfleisch* in Goldschlägerhäutchen einzuschlagen. Das gibt dem Produkt ein exzellentes Aussehen.

Produktionsdaten: 2–3 Wochen Pökelung in Eigenlake 18–20° Bé; bei großen Teilen länger pökeln.

Nach dem Pökeln: 3–6 Stunden wässern; 18–24 Stunden Kaltrauch.

Rezept 1134

Neuenahrer Rauchfleisch   2.366

Siehe 1133

Abweichung: Dem Räuchermaterial werden Wacholderbeeren beigemischt.

Rezept 1135

Nagelholz   2.366

Siehe 1133

Rezept 1136

Nagelholz in der Speckhülle 2.366

Herstellung

Rindfleischteilstücke aus der Keule werden in länglichrunde Portionsstücke geschnitten und wie *Pariser Lachsschinken* (1123) hergestellt.

Produktionsdaten: Pökelung siehe 1133, Räuchern siehe 1123.

Rezept 1137

Geräucherte Rinderbrust 2.367

Herstellung

Bruststücke, die nach dem Rezept 1010 gepökelt wurden, werden nach dem Pökeln im Kaltrauch mäßig angeräuchert.

Aus kalkulatorischen Gründen ist von einem Warm- oder gar Heißräuchern abzuraten.

Nach neuerer Verbrauchererwartung reicht ein 6-bis 12stündiger Kaltrauch aus, da ein zu strenger Rauchgeschmack nicht mehr erwünscht ist.

Pökeln: Siehe 1010, 6–12 Stunden Kaltrauch.

Rezept 1138

Rinderzunge, geräuchert 2.368

Herstellung

Rinderzungen (1015), werden nach dem Pökeln 6–12 Stunden im Kaltrauch mäßig geräuchert.

Rezept 1139

Friesländer Rauchfleisch 2.366

Siehe 1133

Rezept 1140

Münchner Bauerngeselchtes 2.366

Herstellung

Zur Verwendung kommen Teilstücke des Hinterschinkens, der Schulter, aber auch magere Bauchteile. Zum Pökeln wird Gewürzlake (4406) verwendet.

Nach dem Wässern kommen die Pökelstücke feucht in den Rauch. Als Räuchermaterial wird Hartholz verwendet, das mit reichlich Tannensägemehl abgedeckt wird.

Produktionsdaten: Siehe 1107

Rezept 1141

Göttinger Bärenschinken (Nagelholz) 2.366

Siehe 1135 bzw. 1333

Die Bezeichnung „Göttinger Bärenschinken" für „Hamburger Rauchfleisch" wurde früher vorzugsweise von den Göttinger Studenten verwendet.

Rezept 1142

Marseiller Lachsschinken 2.413.1

Siehe 1122

Rezept 1143

Ammerländer Schinken 2.411.1

Herstellung

Für *Ammerländer Schinken* werden Schweinekeulen verwendet, die eine kräftige Fleischfarbe haben und nicht zu fett sind.

Fuß und Haxe werden von der Keule abgetrennt. Schwanz, Schwanzwurzelknochen, Knochen und Mittelröhre werden sauber aus der Keule herausgelöst. Die verbleibende Schweinekeule wird rundgeschnitten. Dabei wird etwa die Hälfte der Hüfte entfernt.

Produktionsdaten: Siehe 1101

Rezept 1144

Friesen-Schinken 2.411.1

Siehe 1143

Abweichung: Die Mittelröhre bleibt im Schinken. Sehr dunkel räuchern.

Rezept 1145

Spaltschinken 2.411.2

Herstellung

Spaltschinken wird aus der Schweinekeule hergestellt. Er ist ohne Knochen, aber mit Schwarte. Außerdem ist die Oberschale entfernt. Es verbleibt ein gleichmäßig hohes Pökelstück mit Speck und Schwarte.

Knorpel, schwammige Fettteile und locker anliegende Muskelfleischteilchen werden entfernt. Schwarten und Speck werden rundgeschnitten. Der Speckanteil sollte möglichst niedrig gehalten werden.

Produktionsdaten: Siehe 1101.

Abweichung: Pökelzeit 3–4 Wochen.

Rezept 1146

**Bayonner Blasenschinken,
vom Kammstück** 2.411

Siehe 1111

Rezept 1147

Geräucherte Schweineschulter 2.421

Herstellung
Aus der Schweineschulter wie gewachsen, die nicht zu fett sein soll, wird das Schaufelstück (mit Knochen) herausgeschnitten. Speck und Schwarte werden schräg nach innen rundgeschnitten. Das Portionsstück wird in 10gradiger Lake gepökelt, hellgelb geräuchert und dann roh oder gegart verkauft.

Rezept 1148

Geräucherter Schweinekamm 2.421

Herstellung
Nackenstücke vom Schwein werden ausgebeint und in einer Gewürzlake (s.u.) gepökelt. Die fertiggepökelten Stücke werden in Cellophanblasen eingezogen und geräuchert.

Gewürzlake für ca. 1 kg Fleisch:
40,0 g Nitritpökelsalz
 3,0 g Pfeffer, weiß, gebrochen
 5,0 g Wacholder, gestoßen
 1,0 g Muskat
 0,5 g Zimt
 1,0 g Rohrzucker

Produktionsdaten: Eigenlake 8–10 Tage; Lake 18–20° Bé.

Nach dem Pökeln 6–12 Stunden wässern, Kaltrauch 4–6 Tage.

Rezept 1149

Bendajola 2.421

Siehe 1148
Das Originalrezept aus Italien sieht vor, daß die Spezialität in Rinder- oder Hammelbutten eingezogen wird. Die Räucherdauer und Haltbarkeit ist bei richtiger Herstellung die gleiche, wie in 1148 angegeben.

Rezept 1150

Roher Mastlamm-Schinken 2.421

Herstellung
Für diese Spezialität werden die Keulen von möglichst kräftigen Mastlämmern verwendet. Die Knochen werden ausgebeint. Die Mittelröhre sollte nicht hohl ausgelöst werden. Zu starke Fettauflagerungen an den Außenseiten werden abgehoben. Höchstens 3 mm Fettfilm auf der Außenseite.
Die Schinkenstücke werden im Trockenpökelverfahren gesalzen. Die Pökeldauer beträgt 14–18 Tage, je nach Durchmesser der Fleischstücke. Nach dem Pökeln sollen die Lammschinken etwa 4 Tage „durchbrennen". Nach dieser Trockenlagerung werden die Schinken ausreichend lange gewässert, an der Luft abgetrocknet und dann langsam im Kaltrauch geräuchert. Räucherzeit maximal 8 Tage.

Rezept 1151

Gewürzkugeln 2.411.5

Herstellung
Nußschinken ohne Knochen werden 8–10 Tage in Eigenlake (18–20° Bé) gepökelt.
Nach dem Pökeln: 6–12 Stunden wässern. Schinkenstücke mit einer Würz-Mischung einreiben und 2–6 Tage kalt räuchern.

Rezept 1152

Burgunder-Schinken 2.411.1

Siehe 1101
Abweichung: In Burgunderlake (4405) pökeln. Als Rotwein für die Lake wird schwerer Burgunder verwendet. Der Rotweinanteil kann bis zur doppelten Menge gesteigert werden.

Rezept 1153

Herzschinken 2.411.5

Material
Es werden Schweine-Oberschalen wie *Nußschinken* (1107) behandelt.
Herstellung
Zur Erlangung der Herzform werden die Oberschalen an der Oberseite mit zwei weit genug auseinander liegenden Schlaufen versehen und daran aufgehängt. Dadurch bildet sich die Herzform.

Luftgetrocknete Schinken

Herstellung

Für luftgetrocknete Schinken werden Schweinekeulen verwendet, die nicht zu fett sind.
Etwa fünf Zentimeter des Fußes bleiben am Schinken. Der Hüftknochen wird ohne die Knochenhaut zu verletzen aus der Keule gelöst. Die Röhrenknochen werden nicht ausgelöst.
Der Schinken wird rundgeschnitten, die Hüfte zu zwei Drittel entfernt.
Nach dem Zuschnitt wird das pökelfertige Material auf eine Kerntemperatur von + 2 bis − 4 Grad Celsius gekühlt und dann mit einem Holz weichgestoßen bzw. -geklopft.

Pökeln: Die Temperatur im Pökelraum soll zwischen 0° und + 2 °C liegen. Die relative Luftfeuchtigkeit soll konstant achtzig Prozent betragen.
Die Schinken werden je Kilo Gewicht mit 30 bis 40 Gramm Nitritpökelsalz eingerieben. Sie werden dann nebeneinander auf Roste gelegt. Ein Übereinanderschichten ist zu vermeiden.
Die Pökeldauer beträgt insgesamt 25−30 Tage, je nach Größe der Schinken.
Am zwölften Tag werden die Schinken in kaltem Wasser abgewaschen, so daß das anhaftende Salz entfernt ist. Anschließend wird das Material erneut mit Nitritpökelsalz eingerieben und im Pökelraum gelagert. Ein nochmaliges Nachsalzen kann erforderlich sein.
Nach der gesamten Pökelzeit werden die Schweinekeulen gepreßt, oder, was noch besser wäre, ausgewalzt. Das heißt, aus den Schinken soll eventuell noch vorhandenes Blut herausgedrückt werden. Gepreßt bzw. gewalzt wird vom Eisbein aus in Richtung Hüfte. Dadurch schiebt sich eventuell noch vorhandenes Blut durch die Hauptschlagader nach außen.

Trocknung: Nach Beendigung des Pökelvorganges werden die Schinken bei einer Temperatur von 20−23 °C getrocknet. Die Schinken sollen einen leichten Trockenrand haben. Nach diesem Trockenvorgang soll die Ware bei einer Temperatur von + 8° bis + 12 °C und einer relativen Luftfeuchtigkeit von 60−70 Prozent abhängen. Damit die Schinken nicht zu stark austrocknen, werden die Magerteile außen mit einer Schmalzmischung beschichtet.

Schmalzmischung: Je Kilo Schmalz werden 20 g Nitritpökelsalz und 10 g weißer, gemahlener Pfeffer zugesetzt.

Abhängezeit: Nach der Trocknung und dem Einreiben mit der Schmalzmischung sollen die Schinken lufttrocknen.
Der Trockenvorgang soll bei einer Temperatur von + 8 °C bis + 12 °C und einer relativen Luftfeuchtigkeit von 60−70 Prozent beginnen und dann konstant bei + 12 °C und 70−80 Prozent Luftfeuchigkeit gehalten werden.
Die Gesamtabhängezeit beträgt mindestens neun Monate.

Verkauf: Die luftgetrockneten Schinken werden nur zu einem geringen Teil mit Knochen verkauft. Der weitaus überwiegende Teil wird ohne Knochen angeboten.

Ausbeinen des luftgetrockneten Schinkens: Vor dem Ausbeinen wird die Schmalzschicht vollständig entfernt. Der Schinken wird wieder mit einem Holz weichgeklopft und ausgebeint. Die Eisbeinröhre wird offen, die Mittelröhre hohl ausgelöst. Die Schnittstelle am Eisbein wird wieder zugeklippt oder zugenäht.

Produktionsverlust: Mindestens 40 %; individuelle Verlustfeststellung ist zu empfehlen.

Fleischwaren
gepökelt — geräuchert — gegart

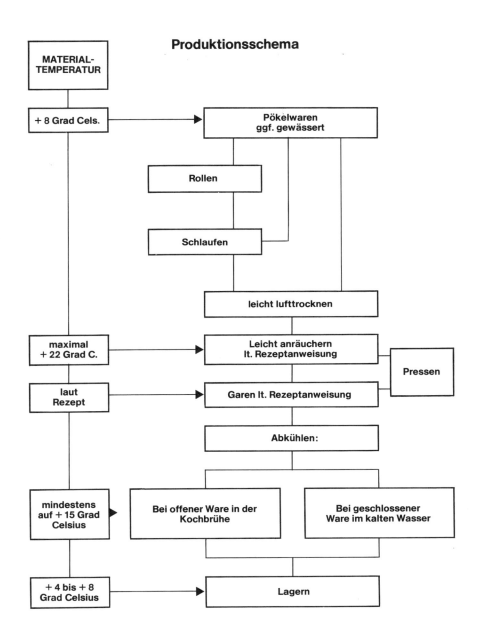

Produktionsschema

MATERIAL-TEMPERATUR	
+ 8 Grad Cels.	→ **Pökelwaren** ggf. gewässert
	Rollen
	Schlaufen
	leicht lufttrocknen
maximal + 22 Grad C.	→ **Leicht anräuchern** lt. Rezeptanweisung
laut Rezept	→ Garen lt. Rezeptanweisung
	Abkühlen:
mindestens auf + 15 Grad Celsius	▶ Bei offener Ware in der Kochbrühe / Bei geschlossener Ware im kalten Wasser
+ 4 bis + 8 Grad Celsius	→ Lagern

Pressen

Rezept 1201

Kochschinken, angeräuchert 2.341

Herstellung
Kochschinken werden nach dem Pökeln kurz an
der Luft getrocknet und dann im Kaltrauch angeräuchert. Da die Räucherfarbe beim Kochen
stark nachdunkelt, ist zu langes Räuchern nicht
empfehlenswert.

Pökeln und Garen: Siehe 1008

Räuchern: Im Warmrauch 10–20 Minuten

Rezept 1202

Hamburger Kochschinken 2.341

Herstellung
Die besondere Eigenschaft des *Hamburger
Kochschinkens* ist es, daß er mit Knochen
(Röhren- und Schloßknochen) hergestellt wird.
In dieser Beschaffenheit wird er auch ausgeschnitten. Dazu gehört hohes fachliches Geschick. Der Schinken muß per Hand mit einem
scharfen Aufschnittmesser dünn und großflächig solange aufgeschnitten werden, bis nur
noch die beiden Knochen (Röhre und Hüftknochen) übrig sind.

Produktionsdaten: Aderspritzverfahren, Lake
10° Bé, Pökeldauer maximal 12 Stunden; Wässern nach dem Pökeln nicht erforderlich. Räuchern im Warmrauch 10–20 Minuten; Garzeit
je Kilo 60 Minuten bei 85 °C.

Rezept 1203

Hamburger Pökelfleisch 2.241.2

Siehe 1009
Das Produkt wird gegart. Hamburger Pökelfleisch kann leicht angeräuchert werden. Ursprünglich wurde es ähnlich wie Rollschinken
mit Wurstgarn gerollt.

Rezept 1204

Prager Schinken 2.341.4

Herstellung
Zuschnitt und weitere Bearbeitung siehe 1202.
Pökellake nach 4406.

Rezept 1205

Gekochter Gewürzschinken 2.341

Herstellung
Es können alle Schinkenzuschnitte verwendet
werden.
Für die Herstellung von Gewürzlaken können
verschiedene Gewürzkombinationen verwendet
werden (siehe 4001 bis 4004).

Rezept 1206

Schinken im Brotteig 2.341.4

Herstellung
Leicht geräucherte Kochschinken (1201) werden
nach dem Pökeln ca. 3 Tage trocken gelagert und
in der beschriebenen Weise angeräuchert.
Da der Schinken weder gepreßt noch gerollt
werden kann, muß er so zugeschnitten sein, daß
er sich auch ohne diese Hilfsmittel gut aufschneiden läßt. Werden weniger großflächige
Schnittflächen gewünscht, sollten keine ganzen
Schinken oder ganze Rollschinken zu *Schinken
im Brotteig* verwendet werden. Die Verwendung
von Schinkenteilstücken, wie Schinkenspeck-
stück, Unterschale etc. würde die Qualität des
Fertigproduktes in keiner Weise negativ beeinflussen.
Den Brotteig läßt man am besten vom Bäcker
anliefern. Der Brotteig sollte von guter Qualität
sein. Er wird dünn ausgewalkt und um den sehr
gut abgetrockneten Schinken gelegt.

Produktionsdaten: Muskelspritzverfahren, Lake 10 °C; Pökeldauer 12–18 Stunden; Wässern
nach dem Pökeln nicht erforderlich. Räuchern
10–20 Minuten im Warmrauch.

Garzeit: Je Kilo 60 Minuten bei 80 °C, bei
gleichbleibender Ofenhitze.

Rezept 1207

Kochschulter 2.341.2

Herstellung
Kochschulter, die nach der Beschreibung im Rezept Nr. 1009 gepökelt wurde, kann im Warmrauch 10–20 Minuten angeräuchert werden.
Garen siehe 1009.

Rezept 1208

Berliner Pökelfleisch   2.341.2

Siehe 1207

Rezept 1209

Hamburger Saftpökelfleisch   2.341.2

Siehe 1207

Rezept 1210

Gekochtes Hamburger Rauchfleisch   2.366

Herstellung
Hamburger Rauchfleisch (1133) wird unmittelbar nach dem Räuchern gegart.
Dafür vorgesehene Produkte werden nicht in Goldschlägerhäutchen eingepackt, da sich diese beim Garen wieder ablösen würden.

Garzeit: Je Kilo 60 Minuten bei 80–85 °C

Rezept 1211

Gekochtes Kasseler, ohne Knochen 2.342.2

Siehe 1120
Produktionsdaten: Pökeln siehe 1118, Garen 30–40 Minuten bei 80 °C, dickere Stücke bis maximal 60 Minuten.

Rezept 1212

Echter Bierschinken, geräuchert   2.31

Siehe 1017
Abweichung: Nach dem Pökeln wird der Bierschinken im Warmrauch 10–20 Minuten angeräuchert.

Rezept 1213

Bremer Rauchfleisch   2.366

Herstellung
– Zur Verwendung kommen Hochrippenstücke zwischen 6. und 13. Rippe. Die Stücke sind knochenfrei und sauber zugeschnitten (DFV-Schnittführung). Der Hochrippendeckel ist entfernt.
– Die Hochrippenstücke werden mit 12gradiger Lake gespritzt und dann zwei bis drei Tage in ebenfalls 12gradiger Lake gepökelt.
– Die Hochrippe wird aus der Lake genommen, etwa 6 Stunden gewässert und dann an der Luft

abgetrocknet. Daran anschließend wird das Rauchfleisch im Warmrauch bei ca. 25 bis 30 °C goldbraun geräuchert.

Garen: Siehe 1010

Rezept 1214

Gekochter Mastlamm-Schinken   2.366

Herstellung
Die Lamm-Keulen werden wie in 1150 beschrieben zum Pökeln vorbereitet.

Produktionsdaten: Pökeln. In 10°iger Lake, ca. 24–36 Stunden.

Garzeit: Je Millimeter Durchmesser 1–1,5 Minuten, bei 80 °C. Die Garzeit wird vom Reifegrad des Fleisches bestimmt.

Produktionsverlust: 25 %

Rezept 1215

Rinderzunge, gegart   2.368

Herstellung
Rinderzungen (1015) pökeln und garen. Die Zungen sind durchgegart und zart, wenn sich die Zungenhaut leicht vom Zungenfleisch schälen läßt.
Die Zungen sollen im Kochsud abkühlen, damit das Fertigprodukt keinen trockenen braunen Rand bekommt. Nach dem Abkühlen ist Vakumlagerung zu empfehlen.

Garverlust 25–30 %

Rezept 1216

Kaiserfleisch   2.342.4

Herstellung
Siehe 1120, eventuell in Gewürzlake. Dann im Kaltrauch 6–12 Stunden räuchern.
Vor dem Garen werden die Stücke in eine Form gegeben oder auf ein glattes Brett gebunden, damit sie sich beim Garen nicht verziehen.

Produktionsdaten: Garen bei 80 °C, pro Millimeter Durchmesser 1 Minute.

Produktionsverlust: 25–30 %

Rohwurst

Die Herstellung aller Rohwurstarten hat sich durch die Entwicklung neuer Technologien gegenüber althergebrachten Herstellungsmethoden grundlegend gewandelt. Die Vorbehandlung des Fleischmaterials wurde durch Nutzung des Tiefkühlens perfektioniert. Dadurch konnte speziell die Zerkleinerung des Materials auf den Kutter verlegt werden.

Die zeitraubende Naturreifung, die unter allen heute praktizierten Herstellungsverfahren das größte Risiko der Rohwurstherstellung war, ist durch risikolosere Verfahren ersetzt worden.

Insgesamt eine sehr positive Entwicklung, die für viele Betriebe Anlaß sein sollte, schnittfeste Rohwurstsorten wieder in weit höherem Maße selbst herzustellen. Nur so läßt sich handwerkliche Individualität dauerhaft bewahren.

Rohstoffe

Rohwürste bestehen aus zerkleinertem, rohem Muskelfleisch und Speck. Entsprechend ihrer Konsistenz ist zwischen den weniger haltbaren streichfähigen Rohwürsten (Teewurst, Streichmettwurst) und den länger haltbaren schnittfesten Rohwürsten (Schlackwurst, Zervelatwurst, Mettwurst, Salami, Plockwurst) zu unterscheiden.

Rohwürste, die durch längeres Abhängen besonders haltbar und lagerfähig gemacht sind, bezeichnet man als Dauer- oder Hartwürste.

Rohstoffauswahl

Das für die Rohwurstherstellung bestimmte **Fleischmaterial** muß eine ausreichende Reifung bzw. Säuerung haben. Der pH-Wert soll möglichst zwischen 5,4 und 5,8 liegen. Fleisch mit einem darüberliegenden pH-Wert ist für die Rohwurstherstellung weniger geeignet.

Mit der Säuerung des Fleisches schrumpfen die Muskelfasern und die zwischen den Muskelfasern befindlichen Safträume erweitern sich. Auf diese Weise wird eine schnellere und gleichmäßigere Durchsalzung begünstigt, die für die Pökelung und Konservierung von ausschlaggebender Bedeutung ist. Weiterhin weist das Fleisch mit niedrigerem pH-Wert einen größeren Anteil an locker gebundenem Wasser auf. Dadurch wird die Entfeuchtung des Wurstgutes erleichtert und die Gefahr des Auftretens von Fehlfabrikaten vermindert. Der niedrige pH-Wert ist auch für die Erlangung und Erhaltung von Farbe und Aroma günstig. Die für das Auftreten von Fabrikationsfehlern hauptsächlich verantwortlichen Keimarten, insbesondere die Fäulniskeime, werden bei niedrigem pH-Wert in ihrer Entwicklung weitgehend gehemmt.

Hinsichtlich des Feuchtigkeitsgehaltes des Fleisches ist zu berücksichtigen, daß nur trockenes Fleisch, bzw. kerniger Speck verwendet werden. Nasses, wasserlässiges Fleisch begünstigt vor der Erreichung eines ausreichenden Reifegrades eine übermäßige Entwicklung schädlicher Keime und damit das vorzeitige Eintreten von Qualitätsminderungen und Gewichtsverlusten.

Das zur Rohwurstherstellung bestimmte Fleisch ist nach den Bestimmungen der Leitsätze für Fleisch und Fleischerzeugnisse auszuwählen. Die Beschaffenheit der verschiedenen Sortierungen muß den im Rezept angegebenen Leitsatzpositionen entsprechen. Der zur Verwendung kommende Rückenspeck sollte nicht zu scharf entschwartet werden.

Bei der Herstellung von Rohwurst ist unbedingt darauf zu achten, daß das Rohmaterial, Fleisch und Speck, vorher intensiv gekühlt, bzw. tiefgekühlt wird. Vor der Verarbeitung zu schnittfester Rohwurst empfiehlt es sich, das Fleisch und den Speck prinzipiell zu gefrieren (minus 8° bis minus 12 °C).

Speck, der zur Rohwurstherstellung verwendet werden soll, muß von einwandfreier Beschaffenheit sein. Es sollte vorwiegend nur Rückenspeck verwendet werden, der fachgerecht entschwartet sein muß.

Der sogenannte **Schwartenzug,** die Übergangs-schicht zwischen Speck und Schwarte, sollte dem Rückenspeck nicht mehr anhaften.

Die Speckseiten sollten durchgekühlt, aber nicht zu lange abgehangen sein.

Die Beschaffenheit des Speckes trägt mindestens genauso entscheidend zum Gelingen einer Rohwurstsorte bei, wie das exakt ausgesuchte Magerfleisch. Die beginnende Qualitätsminderung des Speckes ist optisch *nicht* wahrnehmbar. Der Abbau des Fettes beginnt sehr bald nach dem Schlachten und wird bei unsachgemäßer Lagerung (Temperatur über + 2 °C) noch wesentlich beschleunigt. Es ist also wichtig, den Speck in einem Stadium zu verarbeiten, in dem dieser Abbauprozeß noch nicht, bzw. erst ganz kurz eingetreten ist und die spätere Wärmebeeinflussung durch Reifen und Räuchern den geringstmöglichen Negativeinfluß ausüben kann. In gleicher Weise ist es wichtig, daß Stoßstellen, also blutunterlaufene Stellen in der Speckseite, vor der Verarbeitung ausgeschnitten werden.

Es ist durchaus möglich für mittlere und einfache Rohwurstqualitäten, auch Flomen zu verarbeiten. Diese müssen grundsätzlich tiefgekühlt zur Verarbeitung kommen, da sonst die Gefahr besteht, daß diese Flomen, die einen sehr niedrigen Schmelzpunkt haben, ein schmieriges Schnittbild verursachen. Aus diesem Grunde sollte man Flomen auch nur zu grob gekörnten Rohwurstsorten verwenden.

In diesem Zusammenhang soll auch darauf hingewiesen werden, daß eine erhöhte Wärmebeeinflussung durch schlecht schneidende Wolf- oder Kuttermesser entstehen kann, die das Fleisch- und Speckmaterial quetschen und infolgedessen eine unerwünscht hohe Produktionstemperatur verursachen kann.

Die in einem Rezept gegebene Materialzusammenstellung ist bis zu einem gewissen Grad veränderbar. Das von Fall zu Fall zur Verfügung stehende Fleischmaterial macht es notwendig, ab und zu ein Rezept in seiner Materialzusammenstellung zu ändern. Es findet also ein **Materialaustausch** statt. In solchen Fällen muß darauf geachtet werden, daß durch die Änderung der Materialzusammenstellung keine Qualitätsminderung entsteht, sondern die Anforderungen der Leitsätze eingehalten werden.

Bei der Materialzusammenstellung für Rohwurstsorten kommt es häufig vor, daß an Stelle von Speck und magerem Schweinefleisch

Schweinebäuche verarbeitet werden. Geht man in der Regel davon aus, daß ausgebeinte und entschwartete Schweinebäuche ein Fett-Magerfleisch-Verhältnis von 50 zu 50 haben, dann würden sie halbiert und beispielsweise zu gleichen Teilen dem Schweinefleisch S 3 und dem Speck S 8 zugerechnet.

In der Praxis würde das bedeuten, daß die Materialzusammenstellung

7,0 kg S 3 Schweinefleisch
3,0 kg S 8 Speck
10,0 kg Gesamtmenge

durch folgende neue Materialzusammenstellung ersetzt werden könnte:

4,0 kg S 3 Schweinefleisch
6,0 kg 4 b Schweinebauch
10,0 kg Gesamtmenge

Außerdem würde die Möglichkeit bestehen, beispielsweise auch 10,0 kg S 2 durch

6,0 kg S 2 Schweinefleisch
und
4,0 kg 3 b Schweinefleisch
10,0 kg Gesamtmenge

zu ersetzten. In jedem Fall muß beim Materialaustausch darauf geachtet werden, daß die erforderlichen BEFFE-Werte gemäß den Leitsätzen für Fleisch und Fleischerzeugnisse erreicht werden.

Dauerrohwürste

Mit der Herstellung von Rohwürsten wurde in früherer Zeit ausschließlich das Ziel verfolgt, eine länger haltbare, also zur Vorratshaltung geeignete Wurstsorte herzustellen. Die Erzeugnisse unterscheiden sich

1. im Grade der Zerkleinerung und
2. teilweise erheblich in der Würzung.

Bei der Herstellung von Dauerwürsten muß zur Garantie der Haltbarkeit mit einer höheren Salzzugabe gearbeitet werden, als dies beispielsweise bei Brühwürsten üblich ist. Die Salzzugabe bei schnittfesten Rohwurstsorten sollte keinesfalls unter 28 Gramm je Kilo Wurstmasse liegen. Während der wärmeren Jahreszeit ist es empfehlenswert, höhere Salzzugaben (30 g/kg) zu verwenden.

Für die Herstellung von Dauerrohwürsten ist es zunächst sehr wichtig, bestens geeignetes Rohmaterial zu verwenden. Soweit hierzu Rindfleisch erforderlich ist, sollte mageres bis mäßig durchwachsenes, trockenes Kuhfleisch verarbeitet werden. Darüber hinaus muß dieses Kuhfleisch, wie bereits erwähnt, einen für die Rohwurstherstellung günstigen pH-Wert haben.

Das gilt auch für die Verarbeitung von Schweinefleisch, das möglichst von Sauen oder Altschneidern genommen werden sollte.

Der für die Dauerrohwürste zur Verarbeitung kommende Speck sollte möglichst frisch aber sehr gut gekühlt, besser noch angefroren, verarbeitet werden.

Streichfähige Rohwurst

Die Materialauswahl für die Herstellung streichfähiger Rohwürste muß in derselben Gewissenhaftigkeit getroffen werden, wie dies bei den schnittfesten Rohwurstsorten dargelegt wurde. Das gilt sowohl für die Beschaffenheit des Fleisches, als auch für die Frische des zur Verarbeitung kommenden Speckes, oder aber Schweinebäuche.

Luftgetrocknete Rohwurst

Die Herstellung luftgetrockneter Rohwurstsorten unterscheidet sich hinsichtlich der Materialauswahl, Materialbeschaffenheit, Materiallagerung und Herstellungs-Technologie in keiner Weise von der Herstellung schnittfester, geräucherter Produkte. Lediglich die Behandlung der Sorten in bezug auf Reifen und Lagern weicht teilweise erheblich von den Verfahrensweisen für die Herstellung schnittfester, geräucherter Rohwürste ab. In diesem Zusammenhang wird besonders auf das Thema *Künstlicher Schimmelbelag* im Themenbereich Technologie der Rohwurstherstellung hingewiesen.

Fettarme Rohwurst

Hin und wieder hört man den Begriff *fettarme Rohwurst.* Hier stellt sich die Frage, inwieweit dies für **schnittfeste Rohwurstsorten** möglich ist, die dieses Prädikat mit Recht erhalten können. Es gibt zwar weder Gesetz noch Richtlinien, die festlegen, wie hoch der maximale Fettanteil in einer *fettarmen Rohwurst* sein darf. Seit

Jahren wird in der Fachdiskussion von einem diesbezüglichen Grenzwert von 10 Prozent Gesamtfett bzw. 35 Prozent Fett in der Trockenmasse gesprochen.

Es ist nicht möglich, Rohwurstsorten herzustellen, die nach der Herstellung und nach ausreichender Abhängezeit einen Fettgehalt ausweisen, der unter diesen Grenzwerten liegt. Selbst bei einem Speckanteil von nur 5 Prozent erbringen derartige Rohwurstsorten bereits sechs bis sieben Tage nach Fertigstellung einen Fettgehalt, der deutlich über 10 Prozent liegt. Bereits zu diesem Zeitpunkt wäre es nicht mehr möglich, diese Produkte als fettarm zu bezeichnen. **Streichfähige Rohwürste** bieten noch weniger die Möglichkeit, *fettarme* Sorten herzustellen. Schon bei der Zusammenstellung des Ausgangsmaterials wird man die Grenze von 10 Prozent Fettanteil nicht unterschreiten dürfen, da sonst die Gefahr besteht, daß ein geschmacklich abfallendes Produkt entsteht. Damit ist von vornherein die Möglichkeit genommen, im Bereich streichfähiger Rohwürste eine fettarme Sorte zu produzieren.

Die einzige Möglichkeit eventuell für einen Zeitraum bis maximal 18–24 Tage ein fettarmes Rohwurstprodukt herzustellen besteht in der Fabrikation von *Rindfleischwurst,* die ohne Zusatz von Speck hergestellt wird. Derartige Würste sind etwas länger lagerfähig, da sie im Ausgangsmaterial einen geringen Fettgehalt von ca. 4–6 Prozent haben und auch nach zwei- bis dreiwöchiger Lagerung den Grenzwert von 10 Prozent nur annähernd erreichen. Eine andere Frage ist es, inwieweit derartig hergestellte Rindfleischwurstsorten geschmacklich beim Verbraucher ankommen. Soweit es um fettarme, bzw. fettreduzierte Wursterzeugnisse geht, wird auf das Fachbuch „Fuchs-Gemmer-Kühlcke: Gesund ernähren mit Fleisch und Wurst" (Deutscher Fachverlag Frankfurt am Main) verwiesen.

Salzzugabe bei Rohwurst

Die Haltbarkeit von schnittfesten Rohwurstsorten ist in hohem Maße von der Salzzugabe abhängig. Nicht selten ist festzustellen, daß Fehlfabrikate auf einen zu geringen Salzgehalt zurückzuführen sind. Noch bis in die beginnenden fünfziger Jahre hinein war es üblich, je Kilo

Rohwurstmasse zwischen 34 und 38 g Salz beizugeben. Die allgemeine Entwicklung in den Verzehrsgewohnheiten, aus ernährungsphysiologischen Gründen nur noch wenig Salz den Speisen zuzusetzen, führte auch in der Wurstfabrikation im allgemeinen und vor allem auch in der Rohwurstherstellung dazu, daß immer weniger Salz den Produkten zugesetzt wurde. Dabei wurde häufig übersehen, daß, wie bereits erwähnt, die Haltbarkeit der Rohwürste in hohem Maße von der Salzzugabe abhängig ist. Die untere Grenze liegt bei 28 g je Kilo Rohwurstmasse.

In der kühleren Jahreszeit ist eine Salzmenge von 28 g je Kilo Masse vertretbar, sie muß aber als riskant bezeichnet werden. Es ist nämlich in weiten Gebieten Deutschlands nicht auszuschließen, daß auch in der winterlichen Jahreszeit Temperaturen zu verzeichnen sind, die sich negativ auf die Beschaffenheit schwach gesalzener Rohwurstsorten auswirken. Sofern im Einzelfall keine zwingende Notwendigkeit vorliegt, sollt man die Salzzugabe auf 30 g je Kilo festlegen. Eine Zugabe von 30 g je Kilo Masse sollte bei Dauerrohwürsten als untere Grenze gelten. Der Vollständigkeit halber soll an dieser Stelle darauf hingewiesen werden, daß die lebensmittelrechtlichen Bestimmungen in der Bundesrepublik Deutschland vorschreiben, daß Nitritpökelsalz bei der Herstellung von Rohwurst nicht gleichzeitig mit Salpeter verarbeitet werden darf. Es ist also immer nur möglich, entweder Kochsalz/Salpeter oder Nitritpökelsalz zu verarbeiten.

Nach den Bestimmungen des Fleisch-VO darf die Kombination „Kochsalz/Salpeter" zur Herstellung von Rohwurst nur dann verwendet werden, wenn die Rohwurstsorte einer mindestens vierwöchigen Reifung unterzogen wird und im Naturreifeverfahren hergestellt werden. Bei allen anderen Reifeverfahren muß Nitritpökelsalz verwendet werden.

In diesem Zusammenhang ist auch auf die Ausführungen zum Thema „Salz" hinzuweisen.

Rohwurstgewürze

Die Frage, ob man für die Herstellung von Rohwurst besser Naturgewürze oder besser Mischgewürze verwendet, muß von Betrieb zu Betrieb individuell entschieden werden. Mischgewürze werden besonders dann den Vorzug haben, wenn Rohwurstsorten im Schnellreifeverfahren hergestellt werden. Hierbei kommen in der Regel Fertigmischungen aus Gewürzen und GdL zum Einsatz.

Glucono-delta-Lacton

Das delta-Lacton der Gluconsäure (Gluconodelta-Lacton = GdL) ist geeignet, die Schnellreifung von Rohwürsten zu ermöglichen. Es führt zu einer schnellen Schnittfestigkeit des Rohwurstproduktes.

Das GdL ist als Monosubstanz im Handel, es wird aber auch von der Gewürzindustrie als Zusatzstoff in fertigen Gewürzmischungen angeboten.

Die Hersteller dieser Mischungen geben genaue Arbeitsanweisungen, wie das GdL einzusetzen ist. Dabei ist auf zwei Kriterien besonders zu achten:

1. Eine Überdosierung des GdL kann bei etwas längerer Lagerung des Wurstproduktes zu leichten bis mittleren Geschmacksabweichungen führen. Besonders der in der Rohwurst enthaltene Speckanteil nimmt dann einen seifigen Geschmack an.
2. Produktionstechnisch ist außerdem zu beachten, daß das GdL oder die Rohwurstmischung mit GdL-Zusatz erst zum Schluß des Kuttervorganges dem Wurstgut zugeschüttet werden soll.

Auf diese Erfordernisse wird noch einmal im Thema *Starterkulturen* eingegangen.

In den folgenden Rezepten für schnittfeste Rohwurstsorten kann neben den dort genannten Gewürzen und Zutaten auch eine GdL-Substanz zugesetzt werden.

Naturdärme für Rohwurstsorten

Naturdärme, die zur Rohwurstherstellung verwendet werden sollen, müssen absolut fettfrei sein, da das dem Darm anhaftende Fett bei längerer Lagerung bzw. während der Reifung leicht ranzig und den Geruch, Geschmack und die Farbe des Wurstgutes ungünstig beeinflussen würde.

Gesalzene Därme müssen vor der Verarbeitung

in lauwarmem Wasser gut gespült und mehrere Stunden in reichlich kaltem Wasser gewässert werden, damit ein später auftretender Salzausschlag vermieden wird.

Umgekehrt ist es aber nicht zu empfehlen, für die Rohwurstherstellung, schlachtfrische Därme zu verwenden. Naturdärme für die Rohwurstherstellung sollten mindesten eine Woche lang nach dem Schleimen gesalzen gelagert werden.

Die Verwendung von Rinderenddärmen zur Rohwurstherstellung ist unter den folgenden Voraussetzungen möglich.

1. Die Krone des Darmes muß fettfrei und weitestgehend von Muskulatur befreit sein.
2. Der Enddarm ist fachgerecht so abzubinden, daß das Wurstgarn in der Kerbe zwischen auslaufender Fleischmuskulatur und beginnender Darmmuskulatur zu liegen kommt.

Zum Füllen von Rohwürsten hat der Rinderenddarm von Natur aus noch einen weiteren Nachteil. Er ist sehr dickwandig und kann während der Reifung, insbesondere während der Naturreifung, zu unerwünschten Geruchsabweichungen führen. Dieses Problem läßt sich recht gut beheben, wenn dieser Darm vor dem Füllen in folgender Weise bearbeitet wird:

Der Rinderenddarm wird provisorisch abgebunden und zwar mit der ursprünglich schleimigen Seite nach innen. Dann wird er aufgeblasen und auch am anderen Ende provisorisch abgebunden. Die Abbindung muß so fest sein, daß die Luft nicht entweichen kann. Bei dem aufgeblasenen Rinderenddarm liegt dann die quergestreifte Darmmuskulatur nach außen. Mit einem sehr scharfen, kleinen Messer (Ausbeinmesser) kann man dann sehr vorsichtig das Gewebe zwischen den einzelnen Muskelringen auftrennen. Dabei wird der Darm länger und auch dünnwandiger, so daß die Reife- und Geschmacksprobleme , die bei der Rohwurstherstellung entstehen können, nicht mehr auftreten.

Diese Technik des Streckens von Rinderenddärmen ist wenig bekannt. Sie bedarf, genau wie andere Arbeitstechniken, einer gewissen Übung.

Kunstdärme für Rohwurstsorten

Für die Herstellung von Rohwürsten können neben den Naturdärmen auch Kunstdärme verwendet werden, die in verschiedenen Ausführungen zur Verfügung stehen.

Die Kunstdärme müssen neben ausreichender Festigkeit, gutem Schrumpfungs- und Haftvermögen vor allem eine gleichmäßige und ausreichende Feuchtigkeitsabgabe aus dem Wurstgut gewährleisten. Es ist daher dringend zu empfehlen nur solche Kunstdärme für die Rohwurstherstellung zu verwenden, die von der Herstellerfirma ausdrücklich dafür angeboten werden.

Darmaustausch

Es gibt kaum eine Rohwurstsorte, bei der es nicht möglich wäre, Naturdärme gegen Kunstdärme, oder umgekehrt Kunstdärme gegen Naturdärme auszutauschen.

Die Frage, welche Darmart für eine Rohwurst zu verwenden ist, hängt letztlich von den Verbrauchererwartungen ab, aber auch vom Verkaufspreis der erzielbar ist. Bekanntlich verursacht die Verarbeitung von Naturdärmen einen höheren Arbeitsaufwand, der sich dann im Verkaufspreis niederschlagen muß.

Bei einer großen Zahl von Wurstsorten, auch von Rohwurstsorten, wird in den letzten Jahren wieder dem Naturdarm der Vorzug gegeben.

Technologie der Rohwurstherstellung

Die Herstellung der verschiedenen Rohwurstarten ist sehr unterschiedlich. Das hat seine Ursache zunächst darin, daß man sowohl schnittfeste als auch streichfähige Rohwurstsorten herstellt. Innerhalb dieser beiden Herstellungsverfahren sind weitere Differenzierungen erforderlich, da beispielsweise auch die Körnung sowohl bei schnittfesten, als auch bei streichfähigen Rohwürsten eine spezielle Technologie erfordert.

Diese einzelnen Herstellungsverfahren sollen nachfolgend, beginnend bei der Materialvorbereitung und endend beim Räuchern näher erläutert werden.

Das **Fleischmaterial für schnittfeste Rohwurst** ist vor der eigentlichen Wurstherstellung **tiefzukühlen.** Ob das Material insgesamt oder nur teilweise tiefgekühlt sein soll, hängt in großem Maße von den jeweiligen Witterungsverhältnissen ab. Es gilt die Faustregel: Je höher die Außentemperatur, um so kälter sollte das Verarbeitungsmaterial sein. Darüber hinaus ist es von Bedeutung, ob eine feinst zerkleinerte, oder eine grob gekörnte Rohwurstsorte hergestellt werden soll.

In der Regel wird das Material, das in feinst zerkleinertem Zustand in einer Rohwurstsorte enthalten ist, generell tiefgekühlt verarbeitet.

Dagegen muß in der wärmeren Jahreszeit das gesamte Fleisch- und Speckmaterial tiefgekühlt werden. In der kälteren Jahreszeit kann auf das Tiefkühlen des Speckes eventuell verzichtet werden.

Bei grob gekörnter Rohwurst wird in der kalten Jahreszeit nur das für die Feinstzerkleinerung vorgesehene Material tiefgekühlt; das grobe Material, wie mageres Schweinefleisch und Speck, kommt in gut gekühltem Zustand (ca. 0 bis $+2\,°C$) zur Verarbeitung. Im Sommer reicht es dann oft schon aus, das grobe Material nur leicht anzufrieren, also auf eine Temperatur von ca. $-5\,°C$ zu bringen.

Die weitere Behandlung des Fleischmaterials vor der eigentlichen Rohwurstherstellung besteht im **Zerkleinern der tiefgekühlten Fleischblöcke.**

Je nach Kuttergröße müssen die gefrorenen Stücke etwa Faustgröße haben, damit die Kuttermesser in der Lage sind, das steinhart gefrorene Material zu erfassen und zu zerkleinern.

Für die Zerkleinerung bietet sich die Möglichkeit an, die tiefgekühlten Materialplatten auf einer Bandsäge zu zerkleinern. Diese Verfahrensweise hat jedoch den Nachteil, daß durch das Zersägen ein erheblicher Fleischmehlabfall entsteht, der nicht weiterverwendet werden kann. Es ist daher wohl die bessere Methode, das Fleisch in seinem tiefgekühlten Zustand zu zerhacken. Das kann manuell geschehen. Es gibt aber auch Maschinen, die in der Lage sind, die tiefgekühlten Fleischblöcke, so wie sie aus den Fleischmulden gestülpt werden, zu zerhacken. Der einschlägige Fachhandel kann über derartige Geräte erschöpfend Auskunft geben.

Das Fleisch- und Speckmaterial für die Herstellung **streichfähiger Rohwurstsorten** sollte prinzipiell **in gut gekühltem Zustand** zur Verarbeitung kommen. In der wärmeren Jahreszeit muß geprüft werden, ob es nicht sinnvoll ist, das Rohmaterial leicht anzufrieren. Dieses Anfrieren darf aber nur im Bereich von $0–3\,°C$

geschehen, da sonst die Gefahr besteht, daß insbesondere bei Fleischmaterial, das vorgewolft werden muß, der Wolf nicht in der Lage ist, das zu kalte Fleisch zu zerkleinern. Es kann dann genau das eintreten, was man unter gar keinen Umständen erreichen will, daß nämlich das Fleisch bereits im Wolf anfängt zu schmieren, da es mehr gequetscht als geschnitten wird.

Produktionsmaschinen

Eine rationelle Rohwurstherstellung ohne **Kutter** ist heute kaum noch denkbar. diese Feststellung trifft insbesondere auf die Fabrikation von schnittfesten Rohwurstsorten zu. Aber auch bei streichfähigen Rohwürsten bietet der Kutter wesentliche Vorteile in den Herstellungsverfahren. Daß es sich bei den Kuttern, die zur Herstellung von Rohwurstsorten geeignet sind, um moderne, schnell laufende Maschinen handeln muß, braucht sicher nicht besonders erwähnt und erläutert zu werden. Im allgemeinen werden für die Rohwurstherstellung drei Kuttermesser verwendet, die vorschriftsmäßig im Kutter eingesetzt sein müssen, das heißt, sie müssen in der richtigen Reihenfolge stehen. Das rechte Messer muß zuerst, das linke Messer zuletzt schneiden können. Weiterhin muß gewährleistet sein, daß sich das Wurstgut am Kutterdeckel nicht staut. Es ist also, soweit extra eingebaut, die Trennwand im Kutterdeckel zu entfernen.

In der wärmeren Jahreszeit, bzw. bei zu warmer Temperatur im Kutterraum, muß der Kutter so weit wie möglich in die Nähe des Gefrierpunktes heruntergekühlt werden. Das kann mit Eisschnee geschehen. Zu diesem Zwecke wird die Kutterschüssel randvoll mit Eisschnee gefüllt. Über den Eisschnee wird ausreichend Kochsalz (Verhältnis 1:10) gestreut, damit das Eis schnell schmilzt und so einen möglichst hohen Kältestoß an das Metall der Kutterschüssel und des Kutterdeckels abgibt. Diese Eis/Salzmasse muß im Schnellgang solange laufen, bis die Kutterschüssel und der Kutterdeckel außen mit Eisschnee beschlägt. Wenn dies der Fall ist, ist die Kutterschüssel anzuhalten und der Eisschnee, bzw. das Wasser flott aus der Schüssel zu entfernen. Unmittelbar danach muß die Herstellung der Rohwurstsorte beginnen. Die Kutterschüssel darf sich zwischen Eisschnee-Entfernung und

Fleischmaterialzugabe nicht mehr wesentlich erwärmen.

Genau wie bei der Herstellung anderer Wurstsorten, ist es auch für die Herstellung von Rohwurstsorten erforderlich, daß der Wolf, bzw. die Messer des Wolfes, sauber abschneiden und nicht schmieren.

Der Wolf wird für die Rohwurstherstellung besonders dann noch benötigt, wenn Rindfleisch R 3 zur Verarbeitung kommt. Dieses Fleisch ist häufig auch reichlich mit kleinen Sehnen durchsetzt, was es letztlich angebracht erscheinen läßt, dieses Material vor seiner weiteren Verarbeitung durch eine 2- oder 3-mm-Scheibe zu wolfen.

Bei der Herstellung steichfähiger Rohwurstsorten, besonders bei den grob gekörnten, wird noch vorwiegend der Wolf zur Zerkleinerung des Fleischmaterials verwendet. Er bietet im Vergleich zum Kutter den Vorteil, daß er das Fleisch- und Speckmaterial gleichmäßiger zerkleinert. Außerdem können sich beim Wolfen keine langen Sehnenstränge durch die Messer ziehen, die infolge ihrer mangelhaften Zerkleinerung sehr unangenehm im Biß sind.

Produktionsablauf

Wie bereits einige Male erwähnt, sind die Herstellungsverfahren der verschiedenen Rohwurstsorten sehr unterschiedlich. Hier spielen drei Kriterien eine hauptsächliche Rolle:
1. Welche Maschine gewählt werden muß, um das Material zu zerkleinern,
2. in welchem Umfang das Wurstmaterial tiefgekühlt verarbeitet werden muß und
3. ob eine Rohwurstsorte luftgetrocknet oder geräuchert hergestellt werden soll.

Diese und eine Reihe weiterer Aspekte machen die mehr oder weniger großen Unterschiede aus, die es in den Herstellungsverfahren für Rohwürste gibt.

In diesem Rezeptbuch wurden die verschiedenen Rohwurstsorten in sieben Unterkategorien unterteilt:
Rohwurst, schnittfest, fein zerkleinert
Rohwurst, schnittfest, grob gekörnt
Rohwurst, streichfähig, fein zerkleinert
Rohwurst, streichfähig, grob gekörnt

Rohwurst, Würstchen, fein zerkleinert
Rohwurst, Würstchen, grob gekörnt
Rohwurst, gegart

Für die vier ersten Unterkategorien wird jeweils zu Beginn der nachfolgenden Rezeptgruppen ein Produktionsschema dargestellt, anhand dessen sich der Fachmann einen schnellen und lückenlosen Überblick verschaffen kann, in welcher Reihenfolge die notwendigen Arbeitsschritte zu vollziehen sind, um die betreffende Rohwurstsorte herstellen zu können.

Die übrigen drei Unterkategorien (Würstchen und gegarte Sorten) werden je nach Zerkleinerungsgrad und Schnittfestigkeit entsprechend den vier vorgegebenen Produktionsschemen hergestellt.

Die **Temperatur des Produktionsgutes** hat erhebliche Bedeutung. Es kann vorkommen, daß sich das Fleischmaterial zu schnell oder zu langsam erwärmt.

Zu **schnelles Erwärmen** kann zu einem Fehlfabrikat führen (schmieriges Schnittbild, weiche Konsistenz des Fertigproduktes usw.).

Zu **langsames Erwärmen** kann zu einem zu starren Brät führen, das sich nicht füllen läßt. Beide Kriterien müssen vermieden werden. Das läßt sich über eine Steuerung der Materialtemperatur während der einzelnen Produktionsphasen erreichen. Der Zeitpunkt wie lange und wann das Produktionsgut pulvrig locker oder leicht bindend sein soll, läßt sich über die Salzzugabe recht gut steuern. Gibt man pulvrigem Material Salz zu, läuft es noch ca. 15–25 Runden auf dem Kutter, ehe es anfängt leicht Bindung anzunehmen. Erreicht das Fleisch diese Bindung vor der Salzzugabe, wird das Salz sofort beigegeben, damit die Masse noch einmal in ihre pulvrige Konsistenz zerfällt. Erst nach weiteren 8–10 Runden bekommt die Masse wieder eine langsam fortschreitende Bindung. In dieser Phase ist also Gelegenheit, das Material weiter zu zerkleinern, bzw. auf die gewünschte Körnung zu bringen.

Bei ungünstigen Witterungsverhältnissen läßt es sich aber häufig nicht vermeiden, daß sich das Rohwurstmaterial, das feinst zerkleinert werden soll, während des Kutterns zu schnell erwärmt. In solchen Fällen wird der Produktionsgang unterbrochen. Das noch nicht ganz fein zerkleinerte Material muß aus dem Kutter genommen und für zwei bis drei Stunden noch einmal tiefgekühlt werden. Das sollte möglichst vor der Zugabe von Salz/Salpeter erfolgen.

Dieser unvorhersehbar erforderlich werdende Arbeitsgang kann zeitlich dadurch verkürzt werden, daß man das angekutterte Material in Fleischmulden flach ausgebreitet in den Tiefkühlraum stellt, damit es schnell und gründlich tiefkühlt. Wenn das Fleisch dann in der gewünschten Temperatur wieder zur Verfügung steht, kann die Produktion entsprechend den Rezeptangaben fortgesetzt werden.

In den Produktionsanweisungen für schnittfeste Rohwurstsorten ist ausnahmslos der Hinweis zu finden, daß das Wurstgut bei Beendigung des Kuttervorganges leicht binden sollte. Nur so ist das Wurstgut zu **füllen.**

Unter *leicht binden* ist die Übergangsphase von pulvriger Konsistenz zur kompakten, ballenartigen Beschaffenheit des Materials zu verstehen. Der Zeitpunkt, wann diese Beschaffenheit einzutreten hat, ist über die Salzzugabe steuerbar. Der aufmerksame Fachmann findet sehr schnell die Routine, um eine fertig gekutterte Rohwurstmasse in der beschriebenen Weise „zu steuern". Ist die Masse nach Beendigung des Kutterns noch zu pulvrig, dann sollte man sie ca. 15 Minuten in einer Mengmulde flach ausgebreitet stehen lassen, damit sie sich möglichst rasch erwärmen kann. Es könnte sonst passieren, daß

1. die Füllmaschine nicht in der Lage ist, die zu kalte Masse durch das Füllhorn zu bewegen oder
2. das Füllgut durch den zu beschwerlichen Druck durch das Füllhorn anfängt zu schmieren.

Für das **Reifen und Räuchern** von Rohwürsten werden vorwiegend zwei Verfahren angewendet, die **Schnellreifung** und die **Klimareifung.** Für beide Methoden stehen Hilfsstoffe und technische Einrichtungen zur Verfügung, die Gewähr dafür bieten, daß das Reifen und Räuchern der Rohwurstprodukte weitgehend problemlos bewältigt werden kann.

Unter den anderen Möglichkeiten der Rohwurstreifung ist nur noch das **Naturreifeverfahren** erwähnenswert. **Schwitzreifung, Feuchträucherverfahren,** sowie alle möglichen Abarten dieser beiden Methoden, sind nicht mehr zu empfehlen, da sie als technisch überholt angesehen werden müssen.

Bei allen drei Reifungsverfahren, die hier besprochen werden, haben die Rohwurstprodukte den gleichen **Umrötungs-, Konservierungs- und Reifeprozeß** zu durchlaufen. Von Verfahren zu Verfahren unterscheidet er sich in seinem chronologischen Ablauf nur dadurch, daß er durch Zusatz bestimmter Hilfsstoffe mehr oder weniger beschleunigt wird. Gleichgültig, in welcher Beschleunigungsart sich dieser Reifeprozeß vollzieht, die Abbau-, bzw. Umwandlungsvorgänge sind immer die gleichen.

Die Umrötung ist darauf zurückzuführen, daß während der Reifung Salpeter oder Nitrit zu Stickoxyd abgebaut wird. Dieses verbindet sich mit dem Muskelfarbstoff (Myoglobin) zu Stickoxydmyoglobin, das beim Kochen seine rote Farbe behält (Pökelrot) und bei Luftzutritt nicht zu leicht vergraut. Bei Verwendung von Salpeter (Nitrat) muß dieses erst in Nitrit umgewandelt werden. Da infolgedessen bei salpeterhaltigen Würsten eine Abbaustufe mehr zu überwinden ist, tritt die Umrötung gegenüber den mit Nitritpökelsalz hergestellten Würsten etwas später ein. Die Umrötung ist weitgehend von der Nitritpökelsalz- bzw. Salpeterzugabe abhängig. Bei der Salpeterzugabe ist zu berücksichtigen, daß der Salpeter in der Rohwurst nur durch Bakterien in Nitrit umgewandelt wird. Es ist daher unbedingt erforderlich, den salpeterabbauenden Bakterien in der Umrötungsphase eine ausreichende Entwicklungsmöglichkeit zu geben.

Sowohl für die Erlangung einwandfreier Qualitäten, wie auch für die Verhütung von Fehlfabrikaten hat sich der **Zusatz von Kohlenhydraten** (Trockenstärkesirup, Dextrose, Rohrzucker u.a.) als vorteilhaft erwiesen. Die in der Wurst vorhandenen Keime bevorzugen Kohlenhydrate zu ihrer Entwicklung vor Eiweiß und Fetten. Infolgedessen werden bei Kohlenhydratzugaben die Eiweißstoffe und Fette gerade in der gefährdeten ersten Periode der Fabrikation, der Reifungsperiode, vor etwaigem Abbau weitgehend geschützt. Mit dem Abbau der Kohlenhydrate tritt aber auch eine **Säurebildung** und als Folge dessen eine **pH-Wert-Senkung** des Brätes ein. Durch diese pH-Wert-Senkung wird aber das eiweiß- und fettspaltende Vermögen der Keime vermindert oder unterbunden. So kann man durch den Kohlenhydratzusatz das Auftreten von Herstellungsfehlern verhindern, die hauptsächlich in Form von Geschmacksveränderungen (Beißigkeit, kratzender Geschmack) in Erscheinung treten. Es ist aber auch nicht ratsam, diesen

Kohlenhydratzusatz unbegrenzt vorzunehmen, denn der Grad der Säurebildung und damit auch die Tiefe der pH-Wert-Senkung werden durch die zur Verfügung stehenden Kohlenhydratmengen bedingt. Bei überhöhten Kohlenhydratzugaben kann es zu einer übermäßigen Säurebildung und damit zum Sauerwerden des Wurstgutes kommen. Die durch den Kohlenhydratabbau bedingte ph-Wert-Senkung ist für die Umrötung wichtig, da bei pH-Werten unter 5.5 schon eine Hemmung und unter 5.0 eine fast vollkommene Unterbindung des Salpeterabbaues eintritt. Bei vorzeitiger und zu starker Säuerung der Wurst vor Beendigung der Umrötung, kann es auch bei ausreichender Zugabe von Salpeter durch Störung der Nitritbildung zu einer fehlerhaften Umrötung kommen. Je nach dem Grad des Salpeterabbaues können die Umrötungsfehler mehr oder weniger stark ausgebildet sein und sich von der mangelnden Farbhaltung bis zur vollkommenen Vergrauung des Kerns erstrekken. Begünstigt wird das Auftreten von derartigen Farbfehlern durch vermehrte Kohlenhydratzugabe bei salpeterhaltigen Rohwürsten, insbesondere, wenn bei Vorhandensein stark säurebildender Keime hohe Reifungstemperatur (über 20 °C) zur Anwendung kommen. Als günstig hat sich sowohl in bezug auf die Umrötung wie auch auf die Verhütung von Fehlfabrikaten ein Zusatz von 0,2–0,3 % Kohlenhydraten erwiesen.

Kohlenhydrate zeigen bei der Rohwurstreifung nicht alle die gleiche Wirkung. Am günstigsten sind die sogenannten **Trockenstärkesirupe** zu beurteilen, da diese aus mehreren Zuckern zusammengesetzten Kohlenhydrate, von den meisten in der Rohwurst vorkommenden Keimarten verwertet, aber nicht so weitgehend abgebaut werden wie die einfachen Zuckerarten (z. B. Dextrose). Auch **Rohrzucker** hat sich in der Praxis stets bewährt, ist aber den Trockenstärkesirupen in der Wirkung nicht vollkommen gleichzusetzen. Bei Verwendung von Traubenzucker (Dextrose), der auch mit Erfolg eingesetzt werden kann, ist jedoch besondere Vorsicht geboten, da dieser wegen seiner leichteren Abbaufähigkeit zu Übersäuerung führen kann. Die Zusatzmenge von Traubenzucker sollte daher stets geringer sein, als die von Trockenstärkesirup.

Die **Reifung** ist die bedeutendste Phase der gesamten Rohwurstherstellung, da hierbei Umrötung, Aromatisierung und Konservierung erfolgen. Bei der Reifung sind insbesondere Temperatur, relative Luftfeuchtigkeit und Luftumwälzung zu beachten. Die Temperatur bei der Reifung soll 18–20 °C möglichst nicht überschreiten. Es hat sich gezeigt, daß diese Temperaturen für die Umrötung und Aromatisierung am günstigsten sind, bei der die erwünschte Mikroflora eine ausreichende Entwicklungsmöglichkeit hat und unerwünschte Mikroorganismen weitgehend unterbunden werden. Die Temperatur von 18 °C reicht aus, um eine gute Umrötung bei Rohwürsten zu erreichen. Höhere Temperaturen, über 20 °C, insbesondere von 265–28 °C, begünstigen bei Vorhandensein einer entsprechenden Mikoflora das Auftreten der Beißigkeit, oder einer zu starken Säuerung, und von Farbfehlern.

Neben der **Temperatur** ist auch der **Luftfeuchtigkeit** besondere Beachtung zu schenken. Sie ist so zu regulieren, daß die Oberfläche der Würste nicht feucht bleibt, aber auch nicht zu stark abtrocknet. Feuchte Oberflächen begünstigen das Verschmieren und Beschlagen der Wursthülle und können zur Bildung des grauen Randes Anlaß geben. Zu niedrige Luftfeuchtigkeit führt leicht zu einer vorzeitigen starken Austrocknung der Hülle und der Außenzonen der Rohwürste, wobei durch den dabei auftretenden Trockenrand die Feuchtigkeitsabgabe aus dem Kern der Würste gehemmt oder sogar vollkommen unterbunden wird. Die ungestörte Feuchtigkeitsabgabe aus dem Wurstgut ist jedoch einer der **Hauptfaktoren der Konservierung.** Durch entsprechende Regulierung der Luftfeuchtigkeit ist anzustreben, daß die Wurst in den ersten drei Tagen der Fertigung, also während der Reifung, mindestens 5 Prozent ihres Gewichtes verliert. Mit der inzwischen eingetretenen pH-Wert-Senkung (5.2 bis 5.4) und dem Kochsalzzusatz sind die Konservierungsvorgänge dann soweit gediehen, daß die Gefahr des Auftretens von bakteriell bedingten Schäden weitgehend beseitigt ist. In den folgenden Tagen der Räucherung und während der weiteren Lagerung sind die Würste gegen eventuell zeitweilige Temperaturerhöhungen über 20 °C wie auch gegen Schwankungen in der Luftfeuchtigkeit nicht mehr so empfindlich wie in den Anfangstagen, besonders dann, wenn für eine gleichmäßige Luftumwälzung Sorge getragen wird. Hierbei ist weniger an die Zuführung von frischer Luft, beziehungsweise Sauerstoff gedacht, als vielmehr an die gleichmäßige Abführung der von dem Wurstgut an die Außenluft abgegebenen Feuchtigkeit und gasförmiger Stoffe.

Man spricht bei der Herstellung von Rohwürsten allgemein von der Atmung, meint dabei aber im wesentlichen die Feuchtigkeitsabgabe des Wurstgutes. Versuche haben gezeigt, daß der Sauerstoffgehalt der Außenluft keinen nennenswerten Einfluß auf den Reifungsprozeß hat.

Legt man streng betriebswirtschaftliche Maßstäbe an, dann ist das klassische **Naturreifeverfahren** kostenseitig völlig uninteressant. Dieses Herstellungsverfahren wird hier nur deshalb aufgenommen, weil das Naturreifeverfahren eben die klassische Form der Reifebehandlung von Rohwürsten ist. Außerdem ist es im einen oder anderen Fall denkbar, daß unter den Möglichkeiten der verschiedenen Reifungsarten nur das Naturreifeverfahren gewählt werden kann, weil andere technische Hilfsmittel und entsprechende Zusatzstoffe nicht zur Verfügung stehen. Beim heutigen Stand der vielseitigen und nicht nur für das Fleischergewerbe anwendbaren Klimatechnik ist es möglich, in klimatisierten Räumen Rohwurst während des ganzen Jahres herzustellen, und vor allem zu reifen. Sofern diese Räume, bzw. die entsprechende Klimatechnik nicht vorhanden sind, ist man bei der Herstellung von Rohwurstsorten im Naturreifeverfahren weitgehend von den natürlichen örtlichen klimatischen Verhältnissen abhängig. Da in diesen Fällen hohe Außentemperaturen in der warmen Jahreszeit ungeeignet sind, kann man Rohwürste dann nur in den kühleren Monaten des Jahres herstellen. Grundsätzlich muß gewährleistet sein, daß im Reiferaum für die Rohwürste die Luftfeuchtigkeit in entsprechender Höhe vorhanden ist. Durch künstliche Befeuchtung oder durch Feuchtigkeitsentzug muß je nach den gerade herrschenden Feuchtigkeitsverhältnissen die geeignete Luftfeuchtigkeit herbeigeführt werden. Bei geringer Luftumwälzung empfiehlt es sich, an den ersten Tagen eine Luftfeuchtigkeit von etwa 90 Prozent einzuhalten und diese in den folgenden Tagen stufenweise auf 85 Prozent zu vermindern.

Untersuchungen haben ergeben, daß bei mangelnder, beziehungsweise nicht gleichmäßiger Luftumwälzung der Luftfeuchtigkeitsentzug aus dem Wurstgut in den ersten Tagen sehr gering ist und verhältnismäßig spät eintritt. Insbesondere

bei Anstieg der Reifungstemperaturen können dadurch Geschmacksabweichungen und andere Fehler auftreten.

Der Umrötungs- und Konservierungsprozeß dauert mit Naturreifeverfahren in der Regel 20–25 Tage. Während dieser Zeit beschlägt die Rohwurst an ihrer Außenseite mit einem bakteriellen Schmierbelag, der je nach Intensität seines Erscheinens in mehr oder weniger kurzen Zeitabständen in lauwarmen, schwach kochsalzhaltigen Wasser abgewaschen werden muß. Je nach Intensität des Umrötungs- und Konservierungsprozesses kann dies alle 1–2 Tage erforderlich sein. Erst bei Ausbleiben des schmierigen Belages ist das Reifeverfahren als abgeschlossen anzusehen. Die Ware kann anschließend in der üblichen Form geräuchert werden.

Bei der **Klimareifung** bedient man sich der sogenannten Klimaanlagen. Das sind besonders konstruierte Kammern, die bei einer aktiven Luftumwälzung die Regulierung der Temperatur und Luftfeuchtigkeit ermöglichen. Hinsichtlich der Konstruktion muß von einem einwandfrei arbeitenden Klimagerät gefordert werden, daß es die Einstellung und Regulierung von Temperatur und Luftfeuchtigkeit, sowie die Innehaltung der eingestellten klimatischen Verhältnisse ermöglicht. Ferner muß die Luftführung in allen Teilen der Kammer gleichmäßig sein. Die Arbeitstechnik der heute zur Verfügung stehenden Anlagen kann als optimal, sowohl in bezug auf Arbeitstechnik, als auch in bezug auf Automatisierung, bezeichnet werden.

Die Klimakammern ermöglichen, unabhängig von den veränderlichen klimatischen Verhältnissen, die Herstellung von Rohwürsten während des gesamten Jahres. Für die Luftfeuchtigkeit können keine festen Werte angegeben werden, da es sich immer wieder zeigt, daß das Verhalten der Würste sehr unterschiedlich ist, was nicht zuletzt auch von der Wasserabgabefähigkeit des Fleischmaterials abhängt. Außerdem weicht die zeitlich gestufte Regulierung der Luftfeuchtigkeit innerhalb der einzelnen Klimakammerkonstruktionen geringfügig voneinander ab. In der Regel geben die Herstellerfirmen der Klimaanlagen bei Neulieferung eine genaue Beschreibung der Arbeitsvorgänge, bzw. eine genaue Arbeitsanleitung für die problemlose Reifung, Konservierung und Räucherung von Rohwürsten.

Im folgenden Thema *Starterkulturen* wird noch

einmal auf das Thema Klimareifung zurückzukommen sein.

Im Gegensatz zur Naturreifung ist das **Schnellreifeverfahren** eine sehr zeitsparende Verfahrensweise. Es wird besonders dann angewendet, wenn das Rohwurstsortiment kurzfristig ergänzt werden muß, beziehungsweise relativ schnell verkauft werden kann.

Dieses Reifeverfahren ist erst Ende der sechziger Jahre zu einer wirklich brauchbaren Methode entwickelt worden. Anfängliche Geschmacksabweichungen, die das reifebeschleunigende **GdL (Glucono delta Lacton)** verursachte, konnte die Gewürzindustrie nach und nach erheblich reduzieren. Das Wirkungsprinzip dieses chemischen Produktes GdL liegt in der Beschleunigung des Reifeprozesses. Bei gleichzeitiger Verwendung von Nitritpökelsalz (NPS) ist die Rohwurst 24 Stunden nach der Herstellung umrötet und kann unmittelbar danach weitere 12–24 Stunden geräuchert werden. Damit ist der Reife- und Konservierungsprozeß innerhalb höchstens 48 Stunden abgeschlossen. Nach einem weiteren Tag Hängezeit kann die Rohwurst verkauft werden. Zu diesem Zeitpunkt ist sie schnittfest. Das heißt, sie läßt sich ohne Mühe auf der Aufschnittmaschine aufschneiden. Sie hat aber noch nicht die bei schnittfester Rohwurst allgemein erwartete feste Konsistenz. Diese Gegebenheit erklärt sich dadurch, daß im Schnellverfahren hergestellte Rohwurstprodukte zeitlich nicht in der Lage sind, genügend auszutrocknen. Dieser Trocknungsprozeß vollzieht sich dann erst in den Tagen nach der Fertigstellung der Rohwurstsorte.

Bei Anwendung des beschriebenen **Schnellreifeverfahrens** ändern sich generell die in den nachfolgenden Rezepten für schnittfeste Rohwurstsorten angegebenen **Salzzugaben:**

1. Es kann nur Nitritpökelsalz verwendet werden
2. Die Verwendung von Kochsalz/Salpeter ist nicht möglich (s. Fleisch-VO)
3. Die Verwendung von Traubenzucker und Trockenstärkesirup entfällt.
4. Die Verwendung von Starterkulturen ist in jedem Falle zu empfehlen. Entsprechende Ausführungen im folgenden Teil Starterkulturen.
5. Zur Gewährleistung des Schnellreifeprozesses ist GdL als Reinsubstanz, oder eine GdL-haltige Gewürzmischung zuzusetzen. Für

letztere werden entsprechende Verarbeitungsanweisungen von den Herstellerfirmen mitgeliefert.

Die Vereinfachung der Rohwurstherstellung hat in den vergangenen zwei Jahrzehnten beträchtliche Fortschritte gemacht. Bei exakter Verarbeitung des Rohmaterials unter Beachtung selbstverständlicher Hygienevorschriften und bei richtiger Handhabung moderner Technologien sind Fehlfabrikate nahezu ausgeschlossen. Allerdings muß der Objektivität wegen auch festgestellt werden, daß es vorkommen kann, daß durch die Vereinfachung eines Produktionsvorganges neue, bisher nicht gekannte Probleme verschiedener Art entstehen können. Ein typisches Beispiel dafür ist die Rohwurstherstellung unter Verwendung von **GdL (Glucono delta Lacton)**. Dieses Schnellreifemittel hat es ermöglicht, eine Rohwurst innerhalb von 48 Stunden verkaufsfertig herzustellen. Es ist jedoch nicht zu übersehen, daß mit GdL hergestellte Rohwurst – bei aller Sicherheit und Schnelligkeit – nach etwa 2–3 Wochen geschmacklich sehr stark abbauen kann. Bisweilen bildet sich ein ranzigholziger Nebengeschmack, wie überhaupt die Haltbarkeit solcher Ware sehr zu wünschen übrig läßt. Das erklärt sich überwiegend dadurch, daß die Rohwurstproduktion von einem Reifungsprozeß bestimmt wird, der durch Anwendung der Technik allein nicht gesteuert werden kann. Die nur äußerlich beeinflußte Reifung gibt keine Garantie für eine stets einwandfreie Ware.

Um auch den inneren Reifungsablauf sicherzustellen, hat sich die Wissenschaft dieses Problems angenommen. Die Fleischforschung hat festgestellt, daß es sich bei der Rohwurstreifung um einen biologischen Vorgang handelt, der im wesentlichen durch Bakterien gesteuert wird. Ohne Bakterien wird aus Rohwurstmasse niemals Rohwurst! Um diesen Ablauf maßgebend zu unterstützen sind **Starterkulturen** entwickelt worden. Das sind Mikroorganismen, die auch bei normaler Naturreifung in der Rohwurstmasse wirksam werden und für die erwünschten Qualitätsmerkmale einer guten Rohwurst sorgen.

Im Rohmaterial stellt man sehr häufig einen Mangel an nützlichen Bakterien fest, während die schädlichen Keime überwiegen. Es ist daher sinnvoll, eine genügend große Menge von Reifungsbakterien in Form von Starterkulturen zuzusetzen.

Bestimmte Bakterienarten wurden aus Hunderten von Rohwurstkeimen isoliert. Diese werden großtechnisch gezüchtet und in gefriergetrockneter und gefrorener Form angeboten, was ihre Verwendung bei der Rohwurstherstellung auf einfachste Weise ermöglicht.

Schnelle Umrötung und sichere Farbhaltung wird durch die speziellen Mikrokokken bewirkt, die Salpeter schnell zu Nitrit (Nitratreduktase) und Nitrit zu Stickoxid (Nitritreduktase) abbauen. Über weitere Zwischenstufen entsteht dann die erwünschte stabile Umrötungsfarbe. Auch bei Verwendung von Nitritpökelsalz wird in kurzer Zeit die Umrötung erreicht, ohne Farbrückschlag und ohne Grautöne in der Anschnittfarbe.

Mit den Starterkulturen wird insgesamt die **Produktionssicherheit** auf ein Optimum gebracht und ein geschmacklich wie aromatisch einwandfreies Fertigerzeugnis erreicht. Das durch die Mikrokokken gebildete Ferment bewirkt eine längere Haltbarkeit, wodurch die Gefahr der Ranzigkeit weitgehend vermieden wird.

Schnelle Schnittfestigkeit wird durch die Fähigkeit der Lactobakterien erzielt, Zucker in Milchsäure umzuwandeln. Es vollzieht sich eine pH-Wert-Senkung ohne Beeinträchtigung des sich bildenden Aromas und Geschmacks. Unerwünschte Säuren werden nicht gebildet. Es tritt keine Beißigkeit auf. Im Gegenteil, die Wurst wird milder.

Geringerer Gewichtsverlust entsteht durch die gewünschte Gel-Bindung, denn die Schnittfestigkeit wird hier nicht allein von der Austrocknung bestimmt. Der Austrocknungsverlust wird um 10 bis fast 15 Prozent reduziert. Dies wiederum bedeutet, daß der Zusatz von Starterkulturen rein kostenmäßig nicht ins Gewicht fällt.

Die Verarbeitung von Starterkulturen ist nicht schwieriger als die der GdL-Produkte. Beachtet man die genau gegebenen Arbeitsanweisungen der Hersteller, so ist die Verwendung denkbar einfach und risikolos.

Es gibt eine Reihe von Rohwurstsorten, bei denen es zur Verbrauchererwartung gehört, daß sie an der Außenseite einen trockenen **Schimmelbelag** als Zeichen optimaler Reifung haben. Die *Ungarische Salami* ist dafür ein klassisches Beispiel.

Derartige Schimmelbeläge, die sich ungesteuert auf natürlichem Wege bilden, können hochtoxische (hochgiftige) Stoffwechselprodukte bilden.

Weiterhin können viele Schimmelpilze, die bei diesen Produkten vorkommen, zu unerwünschten Verfärbungen der Wurstoberfläche führen. Daher sollten für diese Rohwurstsorten nur geprüfte **Schimmelpilzkulturen** verwendet werden.

Die Vorteile der Schimmelbeschichtung von Rohwürsten gibt jedem Rohwurshersteller die Möglichkeit, auch solche Sorten Rohwurst herzustellen, die bisher eventuell zugekauft werden mußten. Neben der Möglichkeit, den *Edelschimmel* zur Beschichtung von Salami ungarischer und italienischer Art und ähnlicher Sorten zu verwenden, kann er auch als Außenbelag für luftgetrocknete Produkte verwendet werden. Neben der Sicherheit keine krankheitserregenden Schimmelpilze zu bilden, haben geprüfte Schimmelpilzreinkulturen folgende Vorteile:

1. Die Rohwurst erhält einen trockenen, gleichmäßigen, gut anhaftenden Schimmelpilzüberzug.
2. Geruch und Geschmack sowie die Konservierung der Rohwürste werden durch den Schimmelpilz-Stamm günstig beeinflußt.
3. Durch das schnelle Wachstum des Edelschimmels wird das Wachstum von unerwünschten Bakterien und Schimmelpilzen unterdrückt.
4. Eine Trockenrandbildung wird durch das Schimmelpilzwachstum gemindert.
5. Der Schimmelpilzbelag schützt die Rohwurst vor einer ungünstigen Licht- und Sauerstoffeinwirkung, so daß ein Ranzigwerden verzögert wird.

Die Hersteller von Schimmelpilzreinkulturen liefern ausführliche Gebrauchsanweisungen mit.

Das **Räuchern der Rohwürste** ist einzuleiten, wenn das Wurstgut rosafarben durch die Hülle schimmert. Es muß darauf geachtet werden, daß die Rauchtemperatur nicht zu hoch ist. Dabei ist darauf hinzuweisen, daß nach einer einwandfrei verlaufenen Reifung Rauchtemperaturen von 18–20 °C ohne nachteilige Beeinflussung auf das Wurstgut sind. Eine zu starke Verminderung der relativen Luftfeuchtigkeit ist auch während des Räucherns zu vermeiden, da sonst während dieses Fertigungsprozesses an den Rohwürsten ein trockener luftundurchlässiger Rand entsteht. Er würde eine normale Atmung des Wurstproduktes, insbesondere in der Zeit unmittelbar nach dem Räuchern, verhindern. Das würde unausweichlich innerhalb weniger Tage zu einem Fehlfabrikat führen. Im Winter ist besonders zu vermeiden, daß die Wurst der Frosteinwirkung ausgesetzt wird, da Randverfärbungen in solchen Fällen dann nicht auszuschließen sind. Auch in dieser Weise negativ beeinflußte Wurstprodukte müßten als Fehlfabrikate bezeichnet werden.

Nach dem Räuchern sollen die Würste **nachreifen.** Am günstigsten haben sich hier Temperaturen von etwa 12–15 °C und eine relative Luftfeuchtigkeit von 75–80 Prozent erwiesen. Besonders unmittelbar nach dem Räuchern empfiehlt sich zunächst die Einhaltung einer relativen Luftfeuchtigkeit von etwa 80 Prozent. Höhere Luftfeuchtigkeit begünstigt das Beschlagen und das Verschimmeln der Oberfläche. Der Prozeß der Nachreifung im Abhängeraum ist sowohl für die Haltbarkeit, als auch für die Stabilisierung der Farbe und des Aromas von ausschlaggebender Bedeutung. Insbesondere Dauerwürste, an die hinsichtlich ihrer Haltbarkeit höhere Anforderungen gestellt werden, müssen eine ausreichende Nachreifung haben.

Wichtiger Hinweis:
Für die Herstellung schnittfester Rohwurstsorten gibt es drei verschiedene Herstellungsverfahren:
1. Herstellung im Klimareifeverfahren mit Nitritpökelsalz, Farbstabilisator, Starterkulturen und Gewürzen.
2. Herstellung im Schnellreifeverfahren mit Nitritpökelsalz, Glucono-delta-Lacton (GdL), Starterkulturen und Gewürzen.
3. Herstellung im Naturreifeverfahren mit Nitritpökelsalz oder
   Kochsalz/Salpeter (s. Fleisch-VO, Anlage 1), Farbstabilisator, Starterkulturen und Gewürzen.

In den folgenden Rohwurstrezepten ist das Herstellungsverfahren 1 vorgegeben. Die beiden anderen Herstellungsverfahren werden in den einleitenden Ausführungen zum Teil 3 „Rohwurst" ausführlich besprochen.

Rohwurst
schnittfest, fein zerkleinert

Produktionsschema

1. Tag VORARBEITEN

– Klimareifung –

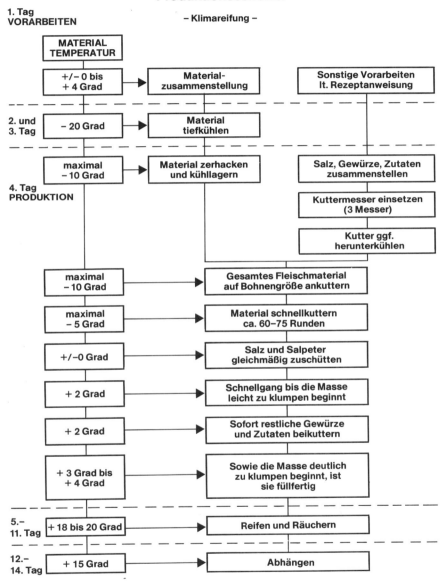

MATERIAL TEMPERATUR		
+/– 0 bis + 4 Grad	Material-zusammenstellung	Sonstige Vorarbeiten lt. Rezeptanweisung

2. und 3. Tag – 20 Grad → Material tiefkühlen

4. Tag PRODUKTION

maximal – 10 Grad → Material zerhacken und kühllagern

Salz, Gewürze, Zutaten zusammenstellen

Kuttermesser einsetzen (3 Messer)

Kutter ggf. herunterkühlen

maximal – 10 Grad → Gesamtes Fleischmaterial auf Bohnengröße ankuttern

maximal – 5 Grad → Material schnellkuttern ca. 60–75 Runden

+/–0 Grad → Salz und Salpeter gleichmäßig zuschütten

+ 2 Grad → Schnellgang bis die Masse leicht zu klumpen beginnt

+ 2 Grad → Sofort restliche Gewürze und Zutaten beikuttern

+ 3 Grad bis + 4 Grad → Sowie die Masse deutlich zu klumpen beginnt, ist sie füllfertig

5.– 11. Tag + 18 bis 20 Grad → Reifen und Räuchern

12.– 14. Tag + 15 Grad → Abhängen

Rezept 1301

Zervelatwurst Ia   2.211.07

Material für 100 kg
25,0 kg R 2 Rindfleisch, entsehnt, mit maximal 5 % sichtbarem Fett, roh
55,0 kg S 2 Schweinefleisch ohne Sehnen, mit maximal 5 % sichtbarem Fett, roh
20,0 kg S 8 Rückenspeck ohne Schwarte, roh

Gewürze und Zutaten je kg Masse
30,0 g Nitritpökelsalz
 1.0 g Starterkulturen
 2.5 g Pfeffer, gemahlen
 1.0 g Pfeffer, ganz
 4.0 g Weingeist mit Wacholder (4420)

Vorarbeiten
1. Materialzusammenstellung in Chargenmengen (Kutterfüllung)
2. Material 48–72 Stunden vor der Herstellung bis −25 °C tiefkühlen

Herstellung
1. Gewürze und Zutaten zusammenstellen
2. Tiefgekühltes Material in faustgroße Stücke teilen
3. Material kurz im Kühlraum lagern
4. Kutter auf den Gefrierpunkt herunterkühlen.
5. Material in der Reihenfolge Magerfleisch – Speck in den Kutter geben. Langsamer Gang.
6. Masse im Schnellgang bis zu feinsten Körnung kuttern.
7. Kurz bevor das Material anfängt zu klumpen Nitritpökelsalz beigeben. Die Masse pulverisiert wieder.
8. Wurstgut laufen lassen, bis es erneut anfängt leicht zu klumpen, ohne zu binden.
9. Gewürze und Zusatzstoffe so rechtzeitig zusetzen, daß sie sich gut mit dem Wurstgut vermischen.
10. Masse luftblasenfrei und kompakt in den Füller geben und sofort füllen.

Därme: 60 Stück, Kaliber 75/50, Kunstdärme

Reifezeit: 4–6 Tage bei 18–20 ° Raumtemperatur
90–85 % Luftfeuchtigkeit

Räuchern: Kalt, 24 Stunden bei 22° C maximal

Produktionsverlust: 30 %

Rezept 1302

Zervelatwurst   2.211.08

Material für 100 kg
20,0 kg R 2 Rindfleisch, entsehnt, mit maximal 5 % sichtbarem Fett, roh
50,0 kg S 2 Schweinefleisch ohne Sehnen, mit maximal 5 % sichtbarem Fett, roh
30,0 kg S 8 Rückenspeck ohne Schwarte, roh

Gewürze und Zutaten je kg Masse
Siehe 1301, zusätzlich: 0,6 g Kardamom

Därme: 90 Stück, 60/50 Kaliber, Kunstdärme

Herstellung: Siehe 1301

Produktionsverlust: 30 %

Rezept 1303

Rindfleisch Zervelatwurst   2.211.08

Material
100,0 kg R 2 Rindfleisch, entsehnt, mit maximal 5 % sichtbarem Fett, roh

Gewürze und Zutaten je kg Masse
30,0 g Nitritpökelsalz
 1,0 g Starterkulturen
 3,0 g Pfeffer, gemahlen
 1,0 g Pfeffer, geschroten
 4,0 g Cognac

Därme: 60 Stück, Kaliber 75/50, Kunstdärme

Herstellung: Siehe 1301

Produktionsverlust: 30 %

Rezept 1304

Braunschweiger Zervelatwurst   2.211.08

Material für 100 kg
Siehe 1302

Gewürze und Zutaten je kg Masse
30,0 g Nitritpökelsalz
 1,0 g Starterkulturen
 2.0 g Pfeffer, gemahlen
 1,5 g Pfeffer, grob

Därme: Kunstdärme, Kaliber 75/50

Herstellung: Siehe 1301

Hinweis: Nach dem Originalrezept wird diese Wurstsorte in Schweinefettenden (Saufettenden) gefüllt. Der Produktionsverlust liegt dann in den ersten drei Wochen etwas niedriger. Er egalisiert sich jedoch weitgehend bei längerer Lagerdauer.

Rezept 1305

Thüringer Zervelatwurst   2.211.08

Material für 100 kg
35,0 kg R 2 Rindfleisch, entsehnt, mit maximal 5 % sichtbarem Fett, roh
35,0 kg S 1 Schweinefleisch, fett- und sehnenfrei, roh
30,0 kg S 8 Rückenspeck ohne Schwarte, roh

Gewürze und Zutaten je kg Masse
30,0 g Nitritpökelsalz
 1,0 g Starterkulturen
 2,5 g Pfeffer, gemahlen
 1.0 g Pfeffer, ganz
 0,3 g Kardamom
 4,0 g Rum mit Kümmel (4421)

Herstellung: Siehe 1301

Produktionsverlust: 30 %

Därme: 90 Stück, Kaliber 60/50, Kunstdärme

Rezept 1306

Gothaer Zervelatwurst   2.211.08

Material für 100 kg
Siehe 1302

Gewürze und Zutaten je kg Masse
30,0 g Nitritpökelsalz
 1,0 g Starterkulturen
 2,5 g Pfeffer, weiß, gemahlen
 1,5 g Pfeffer, weiß, ganz
 0,5 g Kardamom

Därme: 90 Stück, Kaliber 60/50, Kunstdärme

Herstellung: Siehe 1301

Rezept 1307

Westfälische Zervelatwurst   2.211.08

Material für 100 kg
10,0 kg R 2 Rindfleisch, entsehnt, mit maximal 5 % sichtbarem Fett, roh
65,0 kg S 2 Schweinefleisch ohne Sehnen, mit maximal 5 % sichtbarem Fett, roh
25,0 kg S 8 Rückenspeck ohne Schwarte, roh

Gewürze und Zutaten je kg Masse
30,0 g Nitritpökelsalz

 1,0 g Starterkulturen
 3,0 g Pfeffer, gebrochen
 5.0 g Honig

Därme: 60 Stück, Kaliber 75/50, Kunstdärme

Herstellung: Siehe 1301

Produktionsverlust: 30 %

Rezept 1308

Holsteiner Zervelatwurst   2.211.08

Material für 100 kg
30,0 kg R 2 Rindfleisch, entsehnt, mit maximal 5 % sichtbarem Fett, roh
10,0 kg S 2 Schweinefleisch ohne Sehnen, mit maximal 5 % sichtbarem Fett, roh
40,0 kg S 4b Schweinebauch ohne Schwarte mit maximal 50 % sichtbarem Fett, roh
20,0 kg S 8 Rückenspeck ohne Schwarte, roh

Gewürze und Zutaten pro kg Masse
30,0 g Nitritpökelsalz
 1,0 g Starterkulturen
 2,5 g Pfeffer, weiß

Därme: 60 Stück, Kaliber 75/50, Kunstdärme

Herstellung: Siehe 1301

Produktionsverlust: 30 %

Rezept 1309

Schlackwurst   2.211.08

Material für 100 kg
24,0 kg R 2 Rindfleisch, entsehnt, mit maximal 5 % sichtbarem Fett, roh
10,0 kg S 2 Schweinefleisch ohne Sehnen, mit maximal 5 % sichtbarem Fett, roh
66,0 kg S 4b Schweinebauch ohne Schwarte mit maximal 50 % sichtbarem Fett, roh

Gewürze und Zutaten je kg Masse
30,0 g Nitritpökelsalz
 1,0 g Starterkulturen
 3,0 g Pfeffer, gemahlen
 5,0 g Honig

Därme: weite Fettenden

Herstellung: Siehe 1301

Produktionsverlust: 30 %

Rezept 1310

Braunschweiger Schlackwurst 2.211.06

Material für 100 kg
70,0 kg S 1 Schweinefleisch, fett- und sehnenfrei, roh
30,0 kg S 8 Rückenspeck ohne Schwarte, roh

Gewürze und Zutaten je kg Masse
30,0 g Nitritpökelsalz
1,0 g Starterkulturen
2,5 g Pfeffer, gemahlen
1,0 g Pfeffer, ganz
0,5 g Ingwer
10,0 g Rotwein

Därme: weite Schweinefettenden

Herstellung: Siehe 1301

Produktionsverlust: 30 %

Rezept 1311

Thüringer Schlackwurst 2.211.06

Material für 100 kg
20,0 kg R 1 Rindfleisch, fett- und sehnenfrei,
roh
46,0 kg S 1 Schweinefleisch, fett- und sehnenfrei, roh
34,0 kg S 8 Rückenspeck ohne Schwarte, roh

Gewürze und Zutaten je kg Masse
30,0 g Nitritpökelsalz
1,0 g Starterkulturen
2,5 g Pfeffer, weiß
1,0 g Pfeffer, weiß, ganz
0,5 g Kardamom

Därme: weite Schweinefettenden

Herstellung: Siehe 1301

Produktionsverlust: 30 %

Rezept 1312

Westfälische Schlackwurst 2.211.06

Material für 100 kg
20,0 kg R 1 Rindfleisch, fett- und sehnenfrei,
roh
40,0 kg S 1 Schweinefleisch, fett- und sehnenfrei, roh
20,0 kg S 4b Schweinebauch ohne Schwarte
mit maximal 50 % sichtbarem Fett, roh
20,0 kg S 8 Rückenspeck ohne Schwarte, roh

Gewürze und Zutaten je kg Masse
30,0 g Nitritpökelsalz
1,0 g Starterkulturen
3,0 g Pfeffer
0,5 g Ingwer
2,0 g Himbeersaft
0,5 g Rum
1,0 g Senfkörner

Därme: weite Schweinefettenden

Herstellung: Siehe 1301

Produktionsverlust: 25 %

Rezept 1313

Lammfleisch-Zervelatwurst i.S.v.2.211.08

Material für 100 kg
73,0 kg L 1 Lammfleisch, fett und sehnenfrei,
roh
27,0 kg S 8 Rückenspeck ohne Schwarte, roh

Gewürze und Zutaten je kg Masse
30,0 g Nitritpökelsalz
2.0 g Pfeffer, weiß
1,0 g Pfefferkörner
0,5 g Mazis
1,5 g Muskat
1,0 g Nelken
0,5 g Kardamom
0,1 g Knoblauchmasse (4426)
1,0 g Starterkulturen

Herstellung: Siehe 1301

Därme: 60 Stück Kunstdärme, Kaliber 75/50

Reifezeit: 4–6 Tage bei 18–20 °C Raumtemperatur und 90–85 % Luftfeuchtigkeit

Räuchern: kalt; 24 Stunden bei maximal 22 °C

Produktionsverlust: 30 %

Rezept 1314

Zervelatwurst in der Flomenhaut 2.211.08

Herstellung
Für diese Spezialität kann jede beliebige Zerve-
latwurstmasse verwendet werden. Das Besondere ist hier die zarte Naturhaut, die Flomenhaut, in die das Wurstgut gefüllt wird. Diese
Flomenhaut wird wie folgt zum Füllen vorbereitet:
Die Flomen von frisch geschlachteten Schwei-

nen werden flach auseinandergedrückt und mit der Haut nach oben auf den Arbeitstisch gelegt. Wenn die Flomen ausgekühlt sind, etwa nach 6–12 Stunden, wird die Flomenhaut vorsichtig vom Fettgewebe abgezogen. Fetteile, die an der Flomenhaut haften bleiben, werden vorsichtig abgeschabt. Man verwendet dazu den Messerrücken.

Die Flomenhaut wird dann in eine eckige Form geschnitten, so daß sie, wenn man sie längsseitig übereinanderlegt, die Form eines Darmes in mittlerem Kaliber hat. Es kommt beim Zurechtschneiden der Flomenhaut nicht so sehr darauf an, daß sie am einen Ende genauso breit ist wie am anderen. Hauptsache ist, daß die Flomenhaut möglichst weitgehend ausgenutzt wird.

Das Zusammenlegen der Flomenhaut geschieht so, daß die Fettseite nach innen zu liegen kommt. Die Flomenhaut wird dann mit der Nähmaschine entlang der offenen Längsseite und entlang einer Schmalseite zusammengenäht. Das schmalere Ende des „Darmes" bleibt zum Füllen offen.

Damit die Flomenhaut nicht zu schnell austrocknet, sollte sie einige Zeit in lauwarmem Salzwasser geweicht werden. Nach dem Füllen werden die Flomenhautbeutel wie andere Naturdärme abgebunden, mit einer Schlaufe versehen und wie Zervelatwurst im Naturdarm weiterbehandelt.

Rezept 1315

Spanische Zervelatwurst	2.211.07

Material für 100 kg
20,0 kg R 1 Rindfleisch, fett- und sehnenfrei, roh
40,0 kg S 1 Schweinefleisch, fett- und sehnenfrei, roh
20,0 kg S 4b Schweinebauch ohne Schwarte mit maximal 50 % sichtbarem Fett, roh
20,0 g S 8 Rückenspeck ohne Schwarte, roh

Gewürze und Zutaten je kg Masse
30,0 g Nitritpökelsalz
2,5 g Pfeffer, gemahlen
1,0 g Pfefferkörner
0,5 g Ingwer
10,0 g Rotwein
1,0 g Starterkulturen

Vorarbeiten
Die Materialzusammenstellung erfolgt in Chargenmengen, die dem Fassungsvermögen des Kutters entsprechen. Das gesamte Material wird 48–72 Stunden vor der Herstellung der Zervelatwurst bei minus 25 °C tiefgekühlt.

Herstellung
Entsprechend dem Rezept sind die Gewürze und Zutaten zusammenzustellen. Das tiefgekühlte Material wird in faustgroße Stücke gehackt, so, daß die Kuttermesser in der Lage sind, diese zu erfassen und zu zerkleinern.

Das zerhackte Material ist für kurze Zeit im Kühlraum zu lagern.

Bei warmer Temperatur im Produktionsraum ist der Kutter auf den Gefrierpunkt herunterzukühlen.

Das Material wird in der Reihenfolge Magerfleisch – Bauchfleisch – Speck in den Kutter gegeben, der dabei im langsamen Gang läuft.

Hat der Kutter das gesamte Material aufgenommen, ist die Masse im Schnellgang bis zur feinsten Körnung zu kuttern. Kurz bevor das Material anfängt zu klumpen, wird das Nitritpökelsalz beigegeben. Die Masse pulverisiert dann wieder. Das Wurstgut läuft im Kutter weiter, bis es erneut anfängt leicht zu klumpen, ohne zu binden.

Die Gewürze und Zutaten sind dem Wurstgut so rechtzeitig beizugeben, daß sie sich gut mit der Masse vermischen können.

Die Wurstmasse wird sofort luftblasenfrei und kompakt in den Füller gegeben und gefüllt.

Därme: Schweinefettenden, weite Kaliber

Reifezeit: 4–6 Tage bei 18–20 °C Raumtemperatur und 90–85 % Luftfeuchtigkeit

Räuchern: kalt; 24 Stunden bei 22 °C maximal

Produktionsverlust: 30 %

Rohwurst
schnittfest, grob gekörnt

Produktionsschema

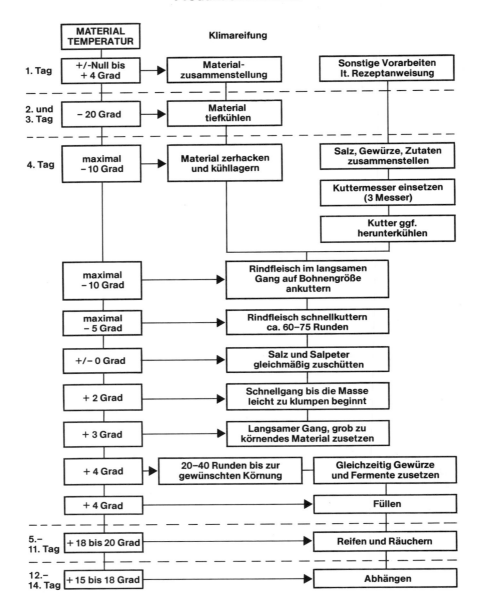

	MATERIAL TEMPERATUR	Klimareifung	Sonstige Vorarbeiten lt. Rezeptanweisung
1. Tag	+/-Null bis + 4 Grad	Material-zusammenstellung	Sonstige Vorarbeiten lt. Rezeptanweisung
2. und 3. Tag	– 20 Grad	Material tiefkühlen	
4. Tag	maximal – 10 Grad	Material zerhacken und kühllagern	Salz, Gewürze, Zutaten zusammenstellen
			Kuttermesser einsetzen (3 Messer)
			Kutter ggf. herunterkühlen
	maximal – 10 Grad	Rindfleisch im langsamen Gang auf Bohnengröße ankuttern	
	maximal – 5 Grad	Rindfleisch schnellkuttern ca. 60–75 Runden	
	+/– 0 Grad	Salz und Salpeter gleichmäßig zuschütten	
	+ 2 Grad	Schnellgang bis die Masse leicht zu klumpen beginnt	
	+ 3 Grad	Langsamer Gang, grob zu körnendes Material zusetzen	
	+ 4 Grad	20–40 Runden bis zur gewünschten Körnung	Gleichzeitig Gewürze und Fermente zusetzen
	+ 4 Grad	Füllen	
5.– 11. Tag	+ 18 bis 20 Grad	Reifen und Räuchern	
12.– 14. Tag	+ 15 bis 18 Grad	Abhängen	

Hinweis: Für die Herstellung schnittfester Rohwurstsorten gibt es drei verschiedene Herstellungsverfahren:

1. Herstellung im Klimareifeverfahren mit Nitritpökelsalz, Farbstabilisator, Starterkulturen und Gewürzen.
2. Herstellung im Schnellreifeverfahren mit Nitritpökelsalz, Glucono-delta-Lacton (GdL), Starterkulturen und Gewürzen.
3. Herstellung im Naturreifeverfahren mit Nitritpökelsalz oder Kochsalz/Salpeter (s. Fleisch-VO, Anlage 1), Farbstabilisator, Starterkulturen und Gewürzen.

In den folgenden Rohwurstrezepten ist das Herstellungsverfahren 1 vorgegeben. Die beiden anderen Herstellungsverfahren werden in den einleitenden Ausführungen zum Teil 3 „Rohwurst" ausführlich besprochen.

Rezept 1401

Salami Ia	2.211.04

Material für 100 kg

30,0 kg	R 2 Rindfleisch, entsehnt, mit maximal 5 % sichtbarem Fett, roh
10,0 kg	S 2 Schweinefleisch ohne Sehnen, mit maximal 5 % sichtbarem Fett, roh
30,0 kg	S 1 Schweinefleisch, fett- und sehnenfrei, roh
30,0 kg	S 8 Rückenspeck ohne Schwarte, roh

Gewürze und Zutaten je kg Masse

30,0 g Nitritpökelsalz
 1,0 g Starterkulturen
 3,0 g Pfeffer
 0,5 g Koriander
 2,0 g Weingeist mit Knoblauch (4422)
 4,0 g Rotwein

Vorarbeiten

Die Materialzusammenstellung erfolgt in Chargenmengen, die dem Fassungsvermögen des Kutters entsprechen.
Das gesamte Material ist 48–72 Stunden vor der Herstellung der Salami bei minus 25 °C durchzufrieren.

Herstellung

1. Entsprechend dem Rezept sind die Gewürze und Zutaten zusammenzustellen.
2. Das tiefgekühlte Material ist in faustgroße Stücke zu teilen, so daß die Kuttermesser in der Lage sind, diese zu erfassen und zu zerkleinern.
3. Das zerkleinerte Material ist für kurze Zeit im Kühlraum zu lagern.
4. Bei warmer Temperatur im Produktionsraum ist der Kutter auf den Gefrierpunkt herunterzukühlen.
5. Das Rindfleisch und das Schweinefleisch S 2 werden in den Kutter gegeben, der dabei im langsamen Gang läuft.
6. Hat der Kutter das Fleisch aufgenommen, ist es bis zu feinster Körnung laufen zu lassen.
7. Dann wird der Speck und das Schweinefleisch S 1 zugesetzt und bis zur gewünschten Körnung weitergekuttert.
8. Salz und Gewürze müssen zeitgleich so zugesetzt werden, daß sie sich gut mit dem Wurstgut vermischen können.
9. Am Ende des Kuttervorganges sollte die Masse leicht klumpen, damit sie sofort gefüllt werden kann.

Därme: 60 Stück, Kaliber 75/50, Kunstdärme

Reifezeit: 4–6 Tage bei 18–20 °C Raumtemperatur und 90–85 % Luftfeuchtigkeit

Räuchern: Kalt, 24 Stunden bei maximal 22 °C

Produktionsverlust: 30 %

Rezept 1402

Salami	2.211.05

Material für 100 kg

30,0 kg	R 2 Rindfleisch, entsehnt, mit maximal 5 % sichtbarem Fett, roh
10,0 kg	S 2 Schweinefleisch ohne Sehnen, mit maximal 5 % sichtbarem Fett, roh
30,0 kg	S 2 Schweinefleisch ohne Sehnen, mit maximal 5 % sichtbarem Fett, roh
30,0 kg	S 8 Rückenspeck ohne Schwarte, roh

Gewürze und Zutaten je kg Masse

30,0 g Nitritpökelsalz
 1,0 g Starterkulturen
 3,0 g Pfeffer, weiß, gebrochen

Därme: 60 Stück, Kaliber 75/50, Kunstdärme

Herstellung: Siehe 1401. Hier werden die 10,0 kg S 2 mit dem Rindfleisch fein gekuttert.

Produktionsverlust: 25 %

Rezept 1403

Weiße Salami 2.211.05

Herstellung
Weiße Salami wird wie Salami nach Rezept Nr. 1402 hergestellt. Die Würste werden nach dem Räuchern mit einer weißen Überzugsmasse versehen, die im Fachhandel erhältlich ist. Die Anwendungsvorschriften für Überzugsmassen sind unterschiedlich und müssen der jeweiligen Gebrauchsanweisung entnommen werden.
Diese Überzugsmasse kann aber auch selbst hergestellt werden. Das entsprechende Rezept hat die Nummer 4488.

Rezept 1404

Schinkensalami 2.211.04

Material für 100 kg
70,0 kg   S 1 Schweinefleisch, fett- und sehnenfrei, roh
30,0 kg   S 8 Rückenspeck ohne Schwarte, roh

Gewürze und Zutaten je kg Masse
30,0 g Nitritpökelsalz
 1,0 g Starterkulturen
 3,0 g Pfeffer
 0,5 g Koriander
 2,0 g Weingeist mit Knoblauch (4422)
 4,0 g Rotwein

Därme: 60 Stück, Kaliber 75/50, Kunstdärme

Herstellung: Siehe 1401

Produktionsverlust: 30 %

Körnung: An Stelle von Rindfleisch wird die Hälfte des mageren Schweinefleisches bis zur feinsten Körnung gekuttert.

Rezept 1405

Deutsche Salami 2.211.04

Material für 100 kg
70,0 kg   S 1 Schweinefleisch, fett- und Sehnenfrei, roh
30,0 kg   S 8 Rückenspeck ohne Schwarte, roh

Gewürze und Zutaten je kg Masse
30,0 g Nitritpökelsalz
 1,0 g Starterkulturen
 3,0 g Pfeffer
 0,5 g Koriander

 2,0 g Weingeist mit Knoblauch (4422)
 4,0 g Rotwein

Därme: 125 Stück Hammelkappen, oder 140 Stück Kalbsblasen, oder 60 Stück Kunstdärme, Keulenform

Herstellung: Siehe 1401

Produktionsverlust: Bei allen Darmarten 30 %

Körnung: An Stelle von Rindfleisch wird die Hälfte des mageren Schweinefleisches bis zur feinsten Körnung gekuttert.

Rezept 1406

Braunschweiger Salami 2.211.05

Material für 100 kg
30,0 kg   R 1 Rindfleisch, fett- und sehnenfrei, roh
40,0 kg   S 1 Schweinefleisch, fett- und sehnenfrei, roh
30,0 kg   S 8 Rückenspeck ohne Schwarte, roh

Gewürze und Zutaten je kg Masse
30,0 g Nitritpökelsalz
 1,0 g Starterkulturen
 2,0 g Pfeffer, gemahlen
 1,0 g Pfeffer, ganz

Därme: enge Rinderspießdärme

Herstellung: Siehe 1401

Hinweis: Bei Braunschweiger Salami wird der Speck ungesalzen, aber leicht angeräuchert verarbeitet.

Produktionsverlust: 30 %

Rezept 1407

Holsteiner Salami 2.211.05

Material für 100 kg
30,0 kg   R 1 Rindfleisch, fett- und sehnenfrei, roh
10,0 kg   S 1 Schweinefleisch, fett- und sehnenfrei, roh
40,0 kg   S 4b Schweinebauch ohne Schwarte mit maximal 50 % sichtbarem Fett, roh
20,0 kg   S 8 Rückenspeck ohne Schwarte, roh

Gewürze und Zutaten je kg Masse
30,0 g Nitritpökelsalz
 1,0 g Starterkulturen nach Herstelleranweisung
 2,5 g Pfeffer, weiß

Därme: 60 Stück, Kaliber 75/50, Kunstdärme

Herstellung: Siehe 1401. Das Schweinefleisch S 1 wird mit dem Rindfleisch fein gekuttert.

Produktionsverlust: 30 %

Rezept 1408

Thüringer Salami	2.211.05

Material für 100 kg
35,0 kg R 1 Rindfleisch, fett- und sehnenfrei, roh
35,0 kg S 1 Schweinefleisch, fett- und sehnenfrei, roh
30,0 kg S 8 Rückenspeck ohne Schwarte, roh

Gewürze und Zutaten je kg Masse
30,0 g Nitritpökelsalz
 1,0 g Starterkulturen
 2,5 g Pfeffer, gemahlen
 1,0 g Pfeffer, ganz
 0,3 g Koriander
 4,0 g Rum mit Kümmel (4421)

Därme: 60 Stück, Kaliber 75/50, Kunstdärme

Herstellung: Siehe 1401

Produktionsverlust: 30 %

Rezept 1409

Salami, Italienische Art	2.211.02

Material für 100 kg
33,5 kg R 1 Rindfleisch, fett- und sehnenfrei, roh
 1,5 kg L 1 Lammfleisch, fett- und sehnenfrei, roh
40,0 kg S 1 Schweinefleisch, fett- und sehnenfrei, roh
25,0 kg S 8 Rückenspeck ohne Schwarte, roh

Gewürze und Zutaten je kg Masse
30,0 g Nitritpökelsalz
 1,0 g Starterkulturen
 4,0 g Pfeffer, gemahlen
 0,5 g Ingwer
 4,0 g Rum mit Knoblauch (4423)
 5,0 g Italienischer Rotwein

Därme: 90 Stück, Kaliber 60/50, Kunstdärme

Herstellung: Siehe 1401

Produktionsverlust: 30 %

Hinweis
1. Die Fußnote 18 der Leitsätze für Fleisch und Fleischerzeugnisse ist zu beachten
2. Das Schaffleisch wird wie Rindfleisch behandelt.

Rezept 1410

Salami Mailänder Art	2.211.02

Material für 100 kg
30,0 kg R 1 Rindfleisch, fett- und sehnenfrei, roh
40,0 kg S 1 Schweinefleisch, fett- und sehnenfrei. roh
30,0 kg S 8 Rückenspeck ohne Schwarte, roh

Gewürze und Zutaten je kg Masse
30,0 g Nitritpökelsalz
 1,0 g Starterkulturen
 5,0 g Pfeffer
 5,0 g Rotwein
Edelschimmel nach Herstelleranweisung

Därme: 135 Stück, Kaliber 55/40, Kunstdärme für luftgetrocknete Rohwurst, mit Netzimitation

Herstellung: Siehe 1401, ohne Räucheranweisung.

Produktionsverlust: 30 %

Produktionsanweisung: Diese Wurstsorte wird prinzipiell nicht geräuchert, sondern luftgetrocknet.
Sie wird mit künstlichem Schimmel beschichtet, siehe Thema „Künstlicher Schimmelbelag".

Hinweis
Salami, Mailänder Art wurde ursprünglich in enge Schweinebutten oder weite Schlacken ohne Krone in einer Länge von ca. 25 cm gefüllt. Diese Würste wurden nach dem Füllen ca. 3 Stunden in eine 10- bis 12gradige Pökellake gelegt. Nach dieser Zeit wurden sie aufgehängt, damit sie gut abtropfen konnten. Daran anschließend wurden die Würste mit längs gespaltenen Strohhalmen in Längsrichtung belegt. das Ganze wurde etwa 2–3 Finger breit mit Wurstgarn gerollt und zum Reifen im Naturverfahren aufgehängt. Nach einer Naturreifezeit von etwa 4–5 Wochen, während der die Würste öfter mit lauwarmem, leicht gesalzenem Wasser abgewaschen wurden, wurden Kordel und Strohhalme entfernt. Wenn die Würste nach dieser Prozedur noch leicht angelaufen waren, wurden

sie noch einmal mit klarem, lauwarmem Wasser abgewaschen und erneut an die Luft gehängt zum Trocknen. Diese Prozedur ist zu umgehen, wenn Kunstdärme mit Netzimitation verwendet werden.

Rezept 1411

Pfeffersalami 2.211.05

Siehe 1402

Abweichung: Das Wurstgut wird anstatt in Därme, in viereckige Formen (Quadrat oder Rechteck) gefüllt, die zur Herstellung von Rohwürsten besonders geeignet sind. Die Hersteller dieser Formen sind über die Gewürzindustrie zu erfahren.
Nach Fertigstellung der Würste werden sie mit gestoßenem Pfeffer beschichtet. Entsprechende Pfefferüberzugsmassen sind im Fachhandel erhältlich.

Hinweis
Es ist nicht zu empfehlen, in Därme gefüllte Rohwürste an der Außenseite der Därme mit einem Überzug aus grobem Pfeffer zu beschichten und als Pfeffersalami anzubieten. das wäre eine Irreführung des Verbrauchers.

Rezept 1412

Salami, Veroneser Art 2.211.02

Material für 100 kg
65,0 kg S 1 Schweinefleisch, fett- und sehnenfrei, roh
35,0 kg S 5 Schweinebauch ohne Schwarte mit maximal 60 % sichtbarem Fett, roh

Gewürze und Zutaten je kg Masse
30,0 g Nitritpökelsalz
 1,0 g Starterkulturen
 4,0 g Pfeffer, weiß
 5,0 g Rotwein mit Knoblauch (4424)

Därme: 125 Stück, Kaliber 55/40, Kunstdärme für luftgetrocknete Rohwurst

Herstellung: Siehe 1405. (Ohne Räucheranweisung.)

Hinweis: Diese Wurstsorte ist genau wie Salami, Mailänder Art, ein luftgetrocknetes Produkt.

Rezept 1413

Salami, Ungarische Art 2.211.01

Material für 100 kg
70,0 kg S 1 Schweinefleisch, fett- und sehnenfrei, roh
30,0 kg S 8 Rückenspeck ohne Schwarte, roh

Gewürze und Zutaten je kg Masse
30,0 g Nitritpökelsalz
 1,0 g Starterkulturen
 2,0 g Pfeffer
 0,2 g Rosenpaprika
 0,2 g Kardamom
 0,2 g Muskat
 5,0 g Tokaier
 2,0 g Weingeist mit Knoblauch (4422)
Edelschimmel nach Herstelleranweisung

Därme: 60 Stück, Kaliber 75/50, Kunstdärme für luftgetrocknete Rohwurst

Herstellung: Siehe 1405

Produktionsverlust: 30 %

Herstellungsvariante: 50 kg Schweinefleisch werden pulverfein gekuttert, die restlichen 20 kg werden mit dem Speck beigekuttert und erhalten so die dem Speck gleiche Körnung.
Weitere Behandlung: Siehe Thema „Künstlicher Schimmelbelag"

Lebensmittelrecht: Der erforderliche Anteil an BEFFE ist erreicht, wenn das Produkt mindestens 10 % Wasserverlust (Produktionsverlust) erreicht hat.

Rezept 1414

Hirtensalami 2.221.15

Material für 100 kg
20,0 kg R 2 Rindfleisch, entsehnt, mit maximal 5 % sichtbarem Fett, roh
 6,0 kg R 6 Fleischfett, roh
35,0 kg S 1 Schweinefleisch, fett- und sehnenfrei, roh
27,0 kg S 8 Rückenspeck ohne Schwarte, roh
12,0 kg S 21 Flomen

Gewürze und Zutaten je kg Masse
30,0 g Nitritpökelsalz
 1,0 g Starterkulturen
 2,0 g Pfeffer, gemahlen
 2,0 g Rosenpaprika

Därme: 130 Stück, Kaliber 50/50, Kunstdärme

Herstellung: Siehe 1401

Produktionsverlust: 30%

Körnung: Gleichzeitig mit dem Rindfleisch wird das Rinderfleischfett pulverfein gekuttert.

Rezept 1415

Katenrauchwurst 2.211.05

Material für 100 kg
50,0 kg S 1 Schweinefleisch, fett- und sehnenfrei, roh
50,0 kg S 4b Schweinebauch ohne Schwarte mit maximal 50% sichtbarem Fett, roh

Gewürze und Zutaten je kg Masse
30,0 g Nitritpökelsalz
 1,0 g Starterkulturen
 3,0 g Pfeffer
 0,5 g Ingwer
 4,0 g Rum mit Wacholder (4425)

Vorarbeiten
1. Die Materialzusammenstellung erfolgt in Chargenmengen, die dem Fassungsvermögen des Kutters entsprechen.
2. Die zur Verarbeitung vorgesehenen Schweinebäuche werden in frischem Zustand 6–8 Stunden kalt vorgeräuchert. Die Rauchtemperatur sollte zwischen 16 und 18 °C liegen.
3. Das gesamte Material, Schweinefleisch und Schweinebäuche, werden 48–72 Stunden vor der Herstellung der Katenrauchwurst bei minus 25 ° C durchgefroren.
   Wenn es die klimatischen Verhältnisse zulassen, also in der kühlen Jahreszeit, kann man auf das Tiefkühlen der Schweinebäuche verzichten. Damit wird erreicht, daß das Wurstgut während des Kutterns schneller auf die ideale Fülltemperatur kommt.
4. Die zum Füllen des Wurstgutes vorgesehenen Rinderspießdärme sollen vor der Verarbeitung mindestens 1 Woche gesalzen gelagert sein. Etwa 2 Tage vor der Herstellung der Katenrauchwurst sind die Rinderspießdärme mindestens 24 Stunden zu wässern. Besonders in der wärmeren Jahreszeit ist darauf zu achten, daß das Wässern in ausreichend kaltem Wasser geschieht. Soweit erforderlich, werden die Därme daran anschließend nachentfettet und fachgerecht abgebunden. Um beim späteren Räuchern der Wurstsorte die den Katenrauchwürsten eigene rötlichbraune Räucherfarbe zu gewährleisten, werden die Rinderspießdärme nach dem Abbinden 4–8 Stunden in frisch gesalzenes Blut gelegt. Daran anschließend werden die Därme noch einmal kurz gewässert, sehr gut ausgestreift, evtl. mit einem saugfähigen Tuch innen und außen getrocknet und unmittelbar danach gefüllt. Wenn die Rinderspießdärme zu dickwandig sind, dann sollten sie gestreckt werden. Siehe „Naturdärme für Rohwurst".

Herstellung
1. Entsprechend dem Rezept sind die Gewürze und Zutaten zusammenzustellen.
2. Das tiefgekühlte Material ist so zu zerhacken, daß die Kuttermesser in der Lage sind, dies zu erfassen und zu zerkleinern. Das Material ist dann für kurze Zeit im Kühlraum zu lagern.
3. Bei warmer Temperatur im Produktionsraum ist der Kutter auf den Gefrierpunkt herunterzukühlen.
4. 40 kg des Schweinefleisches S 1 werden in den Kutter gegeben, der im langsamen Gang läuft.
5. Hat der Kutter das Material aufgenommen, ist es im Schnellgang bis zu feinsten Körnung zu kuttern. Spätestens bevor das Material anfängt zu klumpen ist das Salz, sowie die Gewürze und Zutaten zuzugeben. Danach ist das restliche Schweinefleisch und die Schweinebäuche beizukuttern. Die Masse läuft, bis ein gleichmäßiges, grobkörniges Schnittbild erreicht ist. Am Ende des Kuttervorganges sollte die Masse etwas klumpen, damit sie sofort luftblasenfrei und kompakt in den Füller gegeben und gefüllt werden kann.

Därme: enge Rinderspießdärme in Blut

Reifezeit: 4–6 Tage bei 18–20 °C Raumtemperatur und 90–95% Luftfeuchtigkeit

Räuchern: Kalt; 24 Stunden bei 22 °C maximal. Siehe auch Thema „Katenrauch".

Produktionsverlust: 30%

Rezept 1416

Holsteiner Katenrauchwurst 2.211.05

Material für 100 kg
30,0 kg R 2 Rindfleisch, entsehnt, mit maximal 5% sichtbarem Fett, roh

40,0 kg S 1 Schweinefleisch, fett- und sehnen-
       frei, roh
30,0 kg S 8 Rückenspeck ohne Schwarte, roh

Gewürze und Zutaten je kg Masse
30,0 g Nitritpökelsalz
 1,0 g Starterkulturen
 3,0 g Pfeffer
 5,0 g Honig

Därme: 60 Stück, Kaliber 70/50, Kunstdärme in
Keulenform

Herstellung: Siehe 1415. Hier wird der Speck
frisch, aber leicht geräuchert verarbeitet.

Produktionsverlust: 30 %

Körnung: Das Rindfleisch ist pulverfein zu kuttern, Schweinefleisch und Speck werden grob
gekörnt beigekuttert.

Rezept 1417

Plockwurst   2.211.13

Material für 100 kg
40,0 kg R 2 Rindfleisch, entsehnt, mit maxi-
       mal 5 % sichtbarem Fett, roh
30,0 kg S 2 Schweinefleisch ohne Sehnen, mit
       maximal 5 % sichtbarem Fett, roh
30,0 kg S 8 Rückenspeck ohne Schwarte, roh

Gewürze und Zutaten je kg Masse
30,0 g Nitritpökelsalz
 1,0 g Starterkulturen
 2,0 g Pfeffer, gemahlen
 1,0 g Pfeffer, ganz
 0,5 g Knoblauchmasse (4014)
 3,0 g Arrak

Därme: 90 Stück, Kaliber 60/50, Kunstdärme

Herstellung: Siehe 1418, ohne Schwartenverarbeitung. Das gesamte Material wird hier fein
zerkleinert.

Produktionsverlust: 30 %

Rezept 1418

Plockwurst, einfach   2.211.14

Material für 100 kg
25,0 kg R 2b Rindfleisch mit höherem Sehnen-
       anteil und maximal 5 % sichtbarem
       Fett, roh
25,0 kg S 3b Schweinefleisch mit höherem

Sehnenanteil und maximal 5 % sichtbarem Fett, roh
10,0 kg S 4b Schweinebauch ohne Schwarte mit
       maximal 50 % sichtbarem Fett, roh
15,0 kg S 21 Flomen
15,0 kg S 8 Rückenspeck ohne Schwarte
10,0 kg S 14 Schwarten, gekocht

Gewürze und Zutaten je kg Masse
30,0 g Nitritpökelsalz
 1,0 g Starterkulturen
 3,0 g Pfeffer
 2,0 g Weinbrand

Vorarbeiten
1. Die Materialzusammenstellung erfolgt in
   Chargenmengen, die dem Fassungsvermögen des Kutters entsprechen.
2. Das gesamte Material ist 48–72 Stunden vor
   der Herstellung der Plockwurst bei minus
   25 °C durchzufrieren.

Herstellung
1. Entsprechend dem Rezept sind die Gewürze
   und Zutaten zusammenzustellen.
2. Das tiefgekühlte Material ist so zu zerkleinern, daß die Kuttermesser in der Lage sind,
   es zu erfassen und zu zerkleinern.
3. Das Material ist für kurze Zeit im Kühlraum
   zu lagern.
4. Bei warmer Temperatur im Produktionsraum ist der Kutter auf den Gefrierpunkt herunterzukühlen.
5. Das Rindfleisch, das S 3b und die Schwarten
   werden in den Kutter gegeben, der dabei im
   langsamen Gang läuft.
6. Hat der Kutter das gesamte Material aufgenommen, ist die Masse im Schnellgang bis
   zur feinsten Körnung laufen zu lassen.
7. Spätestens kurz bevor das Material anfängt
   leicht zu klumpen, sind Speck, Flomen und
   Bauch beizukuttern und auf die gewünschte
   Körnung zu bringen. Salz, sowie die Gewürze
   und Zutaten werden so beigekuttert, daß die
   Masse bei richtiger Körnung füllfertig ist.
8. Die Masse wird sofort luftblasenfrei in den
   Füller gegeben und gefüllt.

Därme: 90 Stück, Kaliber 60/50, Kunstdärme

Reifezeit: 72–96 Stunden bei max. 18 °C
Raumtemperatur und 75–90 % Luftfeuchtigkeit

Räuchern: Kalt; ca. 24 Stunden bei 18 °C
Produktionsverlust: 30 %

Rezept 1419

Plockwurst, einfach 2.211.14

Material für 100 kg
27,5 kg R 2b Rindfleisch mit höherem Sehnenanteil und maximal 5 % sichtbarem Fett, roh
27,5 kg S 3b Schweinefleisch mit höherem Sehnenanteil und maximal 5 % sichtbarem Fett, roh
35,0 kg S 21 Flomen
10,0 kg S 14 Schwarten, gekocht

Herstellung: Siehe 1418. Hier werden R 2b und S 3b fein zerkleinert.

Abweichung: Die Verwendung von Weinbrand entfällt.

Rezept 1420

Plockwurst, einfach 2.211.1

Material für 100 kg
58,0 kg R 4 Rindfleisch mit maximal 20 % sichtbarem Fett und ca. 5 % Sehnen, roh
20,0 kg S 8 Rückenspeck ohne Schwarte, roh
12,0 kg S 21 Flomen
10,0 kg S 14 Schwarten, gekocht

Gewürze und Zutaten je kg Masse
30,0 g Nitritpökelsalz
 1,0 g Starterkulturen
 3,0 g Pfeffer

Därme: 60 Stück, Kaliber 75/50, Kunstdärme

Herstellung: Siehe 1418

Produktionsverlust: 30 %

Rezept 1421

Schinkenplockwurst 2.211.03

Material für 100 kg
20,0 kg R 1 Rindfleisch, fett- und sehnenfrei, roh
40,0 kg S 1 Schweinefleisch, fett- und sehnenfrei, roh
40,0 kg S 4b Schweinebauch ohne Schwarte mit maximal 50 % sichtbarem Fett, roh

Gewürze und Zutaten je kg Masse
30,0 g Nitritpökelsalz
 1,0 g Starterkulturen

 3,0 g Pfeffer
 4,0 g Rum

Vorarbeiten
1. Die Materialzusammenstellung erfolgt in Chargenmengen, die dem Fassungsvermögen des Kutters entsprechen.
2. Das Rind- und Schweinefleisch ist 48–72 Stunden vor der Herstellung der Schinkenplockwurst bei −25 °C durchzufrieren. Die Schweinebäuche werden sehr gut gekühlt (ca. 0 bis + 1 °C) verarbeitet

Herstellung
1. Entsprechend dem Rezept ist das Gewürz und die Zutaten zusammenzustellen.
2. Das tiefgekühlte Material ist so zu zerhacken, daß die Kuttermesser in der Lage sind, es zu erfassen und zu zerkleinern. Das Material ist dann für kurze Zeit im Kühlhaus zu lagern.
3. Bei warmer Temperatur im Produktionsraum ist der Kutter auf den Gefrierpunkt herunterzukühlen.
4. Das Rindfleisch und 20 kg des Schweinefleisches werden in den Kutter gegeben, der dabei im langsamen Gang läuft.
5. Hat der Kutter das Material aufgenommen, ist die Masse im Schnellgang bis zu feinster Körnung laufen zu lassen.
6. Spätestens bevor das Material anfängt zu klumpen ist das Salz sowie die Gewürze und Zutaten beizugeben. Danach ist das restliche Schweinefleisch und die Schweinebäuche beizukuttern. Die Masse läuft, bis ein gleichmäßiges, grobkörniges Schnittbild erreicht ist. Am Ende des Kuttervorganges sollte die Masse leicht klumpen, damit sie sofort luftblasenfrei und kompakt in den Füller gegeben und gefüllt werden kann.

Därme: 60 Stück, Kaliber 75/50, Kunstdärme

Reifezeit: 72–96 Stunden bei 18–20 °C Raumtemperatur und maximal 90–85 % Luftfeuchtigkeit

Räuchern: Kalt; ca. 24 Stunden bei 18 °C

Produktionsverlust: 30 %

Rezept 1422

Schinkenplockwurst, luftgetrocknet 2.211.03

Material für 100 kg
20,0 kg R 1 Rindfleisch, fett- und sehnenfrei, roh
40,0 kg S 1 Schweinefleisch, fett- und sehnenfrei, roh
40,0 kg S 4b Schweinebauch ohne Schwarte mit maximal 50 % sichtbarem Fett, roh

Gewürze und Zutaten je kg Masse
30,0 g Nitritpökelsalz
 1,0 g Starterkulturen
 3,0 g Pfeffer
 4,0 g Rum
Edelschimmel nach Herstelleranweisung

Därme: 135 Stück, Kaliber 55/40, Kunstdärme

Herstellung: Siehe 1421, ohne Räucheranweisung.

Produktionsverlust: 30 %

Weitere Behandlung: Unmittelbar nach dem Füllen sind die Würste in der Edelschimmeltauchmasse zu tauchen, siehe Thema „Künstlicher Schimmelbelag".

Rezept 1423

Westfälische Schinkenplockwurst 2.211.03

Material für 100 kg
20,0 kg R 1 Rindfleisch, fett- und sehnenfrei, roh
50,0 kg S 1 Schweinefleisch, fett- und sehnenfrei, roh
30,0 kg S 8 Rückenspeck ohne Schwarte, roh

Gewürze und Zutaten je kg Masse
30,0 g Nitritpökelsalz
 1,0 g Starterkulturen
 2,0 g Pfeffer, gemahlen
 0,5 g Rosenpaprika
 1,0 g Rum

Därme: 60 Stück, Kaliber 75/50, Kunstdärme

Herstellung: Siehe 1421

Produktionsverlust: 30 %

Rezept 1424

Schinkenwurst 2.211.03

Material für 100 kg
70,0 kg S 1 Schweinefleisch, fett- und Sehnenfrei, roh
30,0 kg S 8 Rückenspeck ohne Schwarte, roh

Gewürze und Zutaten je kg Masse
30,0 g Nitritpökelsalz
 1,0 g Starterkulturen
 3,0 g Pfeffer
 2,0 g Senfkörner
 0,5 g Ingwer
 2,0 g Rum

Därme: 60 Stück, Kaliber 75/50, Kunstdärme

Herstellung: Siehe 1421. Hier werden 35,0 kg des VA S 1 fein zerkleinert.

Produktionsverlust: 30 %

Körnung: An Stelle des Rindfleisches wird die Hälfte des mageren Schweinefleisches bis zur feinsten Körnung gekuttert.

Rezept 1425

Schinkenwurst, Krakauer Art 2.221.03

Material für 100 kg
20,0 kg R 1 Rindfleisch, fett- und sehnenfrei, roh
20,0 kg S 1 Schweinefleisch, fett- und sehnenfrei, roh
60,0 kg S 4b Schweinebauch ohne Schwarte mit maximal 50 % sichtbarem Fett, roh

Gewürze und Zutaten je kg Masse
30,0 g Nitritpökelsalz
 1,0 g Starterkulturen
 3,0 g Pfeffer
 0,5 g Kümmel, gemahlen
 3,0 g Rotwein
 1,0 g Rum mit Knoblauch (4423)

Därme: 60 Stück, Kaliber 75/50, Kunstdärme

Herstellung: Siehe 1421. Hier wird das VA R 1 und die Hälfte des S 1 fein zerkleinert.

Produktionsverlust: 30 %

Rezept 1426

Westfälische Schinkenplockwurst 2.211.03

Material für 100 kg
65,0 kg S 1 Schweinefleisch, fett- und sehnen-
      frei, roh
35,0 kg S 8 Rückenspeck ohne Schwarte, roh

Gewürze und Zutaten je kg Masse
30,0 g Nitritpökelsalz
 1,0 g Starterkulturen
 3,0 g Pfeffer, gemahlen
 3,0 g Rum
 3,0 g Himbeersaft

Därme: 60 Stück, Kaliber 75/50, Kunstdärme

Herstellung: Siehe 1421

Produktionsverlust: 30 %

Körnung: Anstelle des Rindfleisches wird die Hälfte des mageren Schweinefleisches bis zur feinsten Körnung gekuttert.

Rezept 1427

Göttinger Schinkenwurst 2.211.03

Material
100,0 kg S 4 Schweinebauch ohne Schwarte mit maximal 30 % sichtbarem Fett, roh

Gewürze und Zutaten je kg Masse
30,0 g Nitritpökelsalz
 1,0 g Starterkulturen
 3,0 g Pfeffer, gemahlen
 2,0 g Senfkörner

Därme: 60 Stück, Kaliber 75/50, Kunstdärme

Herstellung: Siehe 1421

Produktionsverlust: 30 %

Körnung: An Stelle von Rindfleisch werden 30 % des VA S 4 fein zerkleinert bis zur feinsten Körnung gekuttert.

Rezept 1428

Polnische Schinkenwurst 2.211.03

Material für 100 kg
15,0 kg R 2 Rindfleisch, entsehnt, mit maxi-
      mal 5 % sichtbarem Fett, roh
55,0 kg S 1 Schweinefleisch, fett- und sehnen-
      frei, roh
30,0 kg S 8 Rückenspeck ohne Schwarte, roh

Gewürze und Zutaten je kg Masse
30,0 g Nitritpökelsalz
 1,0 g Starterkulturen
 2,5 g Pfeffer
 0,5 g Majoran, gemahlen

Därme: 60 Stück, Kaliber 75/50, Kunstdärme

Herstellung: Siehe 1421

Produktionsverlust: 30 %

Körnung: Das Rindfleisch und 20 kg des Schweinefleisches werden pulverfein gekuttert. Das restliche Schweinefleisch und der Speck werden grob beigekuttert.

Rezept 1429

Schinkenmettwurst 2.211.09

Material für 100 kg
64,0 kg S 1 Schweinefleisch, fett- und sehnen-
       frei, roh
36,0 kg S 8 Rückenspeck ohne Schwarte, roh

Gewürze und Zutaten je kg Masse
30,0 g Nitritpökelsalz
 1,0 g Starterkulturen
 3,0 g Pfeffer

Därme: 60 Stück, Kaliber 75/50, Kunstdärme

Herstellung: Siehe 1421

Produktionsverlust: 30 %

Körnung: An Stelle von Rindfleisch wird 30,0 kg des mageren Schweinefleisches bis zur feinsten Körnung gekuttert.

Rezept 1430

Holsteiner Schinkenmettwurst 2.211.09

Material für 100 kg
70,0 kg S 1 Schweinefleisch, fett- und sehnen-
       frei, roh
30,0 kg S 8 Rückenspeck ohne Schwarte, roh

Gewürze und Zutaten je kg Masse
30,0 g Nitritpökelsalz
 1,0 g Starterkulturen
 2,5 g Pfeffer, gemahlen

Därme: 60 Stück, Kaliber 75/50, Kunstdärme

Herstellung: Siehe 1421

Produktionsverlust: 30 %

Körnung: Anstelle von Rindfleisch werden 30,0 kg des S 1 fein zerkleinert.

Rezept 1431

Mettwurst	2.211.05

Material für 100 kg
25,0 kg R 2 Rindfleisch, entsehnt , mit maximal 5 % sichtbarem Fett, roh
75,0 kg S 5 Schweinebauch ohne Schwarte mit maximal 60 % sichtbarem Fett, roh

Gewürze und Zutaten je kg Masse
30,0 g Nitritpökelsalz
 1,0 g Starterkulturen
 3,0 g Pfeffer

Därme: 90 Stück, 60/50 Kaliber, Kunstdärme

Herstellung: Siehe 1401

Produktionsverlust: 30 %

Körnung: Bei dieser Sorte wird nur der Speck grob beigekuttert.

Rezept 1432

Mettwurst, luftgetrocknet	2.211.11

Material für 100 kg
50,0 kg S 1 Schweinefleisch, fett- und sehnenfrei, roh
50,0 kg S 4b Schweinebauch ohne Schwarte mit maximal 50 % sichtbarem Fett, roh

Gewürze und Zutaten je kg Masse
30,0 g Nitritpökelsalz
 1,0 g Starterkulturen
 3,0 g Pfeffer
 0,3 g Kümmel, gestoßen
 0,3 g Koriander
 0,5 g Knoblauchmasse (4426)
Edelschimmel nach Herstelleranweisung

Därme: 90 Stück, Kaliber 60/50, Kunstdärme für luftgetrocknete Rohwurst

Herstellung: Siehe 1421, ohne Räucheranweisung.

Produktionsverlust: 30 %

Körnung: 30,0 kg des S 1 werden pulverfein gekuttert. Das restliche Schweinefleisch und der Speck werden grob beigekuttert.

Rezept 1433

Harte Mettwurst	2.211.05

Herstellung
Siehe 1431

Därme: 50 Meter, Kaliber 46+, Rinder-Kranzdärme

Produktionsverlust: 30 %

Rezept 1434

Aalrauchmettwurst	2.211.08

Material für 100 kg
20,0 kg R 2 Rindfleisch, entsehnt, mit maximal 5 % sichtbarem Fett, roh
55,0 kg S 1 Schweinefleisch, fett- und sehnenfrei, roh
25,0 kg S 8 Rückenspeck ohne Schwarte, roh

Gewürze und Zutaten je kg Masse
30,0 g Nitritpökelsalz
 1,0 g Starterkulturen
 2,0 g Pfeffer, gemahlen
 1,5 g Pfeffer, grob

Vorarbeiten
1. Die Materialzusammenstellung erfolgt in Chargenmengen, die dem Fassungsvermögen des Kutters entsprechen.
2. Der zur Verarbeitung vorgesehene Speck wird im frischen Zustand 6–8 Stunden kalt vorgeräuchert. Die Rauchtemperatur sollte dabei zwischen 16 und 18 °C liegen.
3. Das gesamte Material, Fleisch und Speck, werden 48–72 Stunden vor der Herstellung der Aalrauchmettwurst bei minus 25 °C durchgefroren.
4. Die Därme können vor der Verarbeitung entsprechend der Beschreibung in Rezept Nr. 1415 (Vorarbeiten Pos. 4) vorbehandelt werden.

Herstellung
1. Entsprechend dem Rezept sind die Gewürze und Zutaten zusammenzustellen.
2. Das tiefgekühlte Material ist so zu zerhacken, daß die Kuttermesser in der Lage sind, es zu erfassen und zu zerkleinern. Das Material ist dann für kurze Zeit im Kühlraum zu lagern.
3. Bei warmer Temperatur im Produktionsraum ist der Kutter auf den Gefrierpunkt herunterzukühlen.

4. Das Rindfleisch wird in den Kutter gegeben, der dabei im langsamen Gang läuft.
5. Hat der Kutter das Material aufgenommen, ist es im Schnellgang bis zur feinsten Körnung laufen zu lassen.
6. Spätestens kurz bevor das Material anfängt leicht zu klumpen, ist das Salz sowie die Gewürze und Zutaten zuzugeben. Danach ist das Schweinefleisch und der Speck beizukuttern. Die Masse läuft, bis ein gleichmäßiges, grobkörniges Schnittbild erreicht ist. Am Ende des Kuttervorganges sollte die Masse etwas klumpen, damit sie sofort luftblasenfrei und kompakt in den Füller gegeben werden kann.

Därme: weite Schweinefettenden oder enge Rinderspießdärme

Reifezeit: 4–5 Tage bei 18–20 °C Raumtemperatur und maximal 90–80 % Luftfeuchtigkeit

Räuchern: Kalt; ca. 24 Stunden bei 18 °C

Produktionsverlust: 30 %

Rezept 1435

Hamburger grobe Mettwurst	2.211.03

Material für 100 kg
40,0 kg   R 2 Rindfleisch, entsehnt, mit maximal 5 % sichtbarem Fett, roh
15,0 kg   S 2 Schweinefleisch ohne Sehnen, mit maximal 5 % sichtbarem Fett, roh
45,0 kg   S 8 Rückenspeck ohne Schwarte, roh

Gewürze und Zutaten je kg Masse
30,0 g Nitritpökelsalz
 1,0 g Starterkulturen
 3,0 g Pfeffer

Därme: 125 Stück, Hammelbutten

Herstellung: Siehe 1434. Hier wird das VA-R 2 und das S 2 fein zerkleinert.

Produktionsverlust: 30 %

Körnung: Bei dieser Sorte wird nur der Speck grobkörnig beigekuttert.

Rezept 1436

Niederelbische Ringmettwurst	2.211.03

Herstellung
Siehe 1435

Därme: 50 Meter, Kaliber 46+, Kranzdärme

Rezept 1437

Holsteiner Mettwurst	2.211.05

Material für 100 kg
30,0 kg   R 2 Rindfleisch, entsehnt, mit maximal 5 % sichtbarem Fett, roh
10,0 kg   S 2 Schweinefleisch ohne Sehnen, mit maximal 5 % sichtbarem Fett, roh
40,0 kg   S 4b Schweinebauch ohne Schwarte mit maximal 50 % sichtbarem Fett, roh
20,0 kg   S 8 Rückenspeck ohne Schwarte, roh

Gewürze und Zutaten je kg Masse
30,0 g Nitritpökelsalz
 1,0 g Starterkulturen
 2,5 g Pfeffer, weiß

Därme: 90 Stück, Kaliber 60/50. Kunstdärme

Herstellung: Siehe 1421. Hier wird R 2 und S 2 fein zerkleinert.

Produktionsverlust: 30 %

Rezept 1438

Landmettwurst	2.211.10

Material für 100 kg
60,0 kg   S 2 Schweinefleisch ohne Sehnen, mit maximal 5 % sichtbarem Fett, roh
40,0 kg   S 5 Schweinebauch ohne Schwarte mit maximal 60 % sichtbarem Fett, roh

Gewürze und Zutaten je kg Masse
30,0 g Nitritpökelsalz
 1,0 g Starterkulturen
 2,5 g Pfeffer, weiß, gemahlen
 1,0 g Senfkörner

Därme: 90 Stück, Kaliber 60/50, Kunstdärme

Herstellung: Siehe 1421

Produktionsverlust: 30 %

Körnung: 45 kg des S 2 werden fein zerkleinert. Der Rest wird mit dem S 5 grob beigekuttert.

Rezept 1439

Polnische Mettwurst	2.211.17

Material für 100 kg
60,0 kg   S 2 Schweinefleisch ohne Sehnen, mit maximal 5 % sichtbarem Fett, roh
40,0 kg   S 8 Rückenspeck ohne Schwarte, roh

Gewürze und Zutaten je kg Masse
30,0 g Nitritpökelsalz
 1,0 g Starterkulturen
 2,5 g Pfeffer, weiß
 0,25 g Kümmel, gemahlen
 0,25 g Majoran, gemahlen
 0,5 g Knoblauchmasse (4426)

Därme: 90 Stück, Kaliber 60/50, Kunstdärme

Herstellung: Siehe 1421

Produktionsverlust: 30 %

Körnung: 30,0 kg des S 2 werden feinst zerkleinert. Der Speck und 30 kg des S 2 werden grob beigekuttert.

Rezept 1440

Westfälische Mettwurst 2.211.10

Material für 100 kg
50,0 kg S 2 Schweinefleisch ohne Sehnen, mit maximal 5 % sichtbarem Fett, roh
50,0 kg S 5 Schweinebauch ohne Schwarte mit maximal 60 % sichtbarem Fett, roh

Gewürze und Zutaten je kg Masse
30,0 g Nitritpökelsalz
 1,0 g Starterkulturen
 2,5 g Pfeffer, gemahlen

Därme: 60 Stück, Kaliber 75/50, Kunstdärme

Herstellung: Siehe 1421

Produktionsverlust: 30 %

Körnung: Die Hälfte des Schweinefleisches wird feinst zerkleinert. Die andere Hälfte und das Schweinefleisch werden in ca. Bohnengröße beigekuttert.

Rezept 1441

Westfälische Mettwurst, luftgetrocknet 2.211.10

Herstellung
Siehe 1440

Gewürze und Zutaten je kg Masse
zusätzlich: Edelschimmel nach Herstelleranweisung

Därme: 90 Stück, Kaliber 60/50, Kunstdärme für luftgetrocknete Ware

Produktionsverlust 30 %

Rezept 1442

Thüringer Knackwurst 2.211.10

Material für 100 kg
32,0 kg R 2 Rindfleisch entsehnt, mit maximal 5 % sichtbarem Fett, roh
36,0 kg S 2 Schweinefleisch ohne Sehnen, mit maximal 5 % sichtbarem Fett, roh
32,0 kg S 8 Rückenspeck ohne Schwarte, roh

Gewürze und Zutaten je kg Masse
30,0 g Nitritpökelsalz
 1,0 g Starterkulturen
 2,0 g Pfeffer, weiß, gebrochen
 1,0 g Pfefferkörner, weiß
 0,25 g Piment
 1,0 g Rum

Därme: 50 Meter, Kaliber 46+, Rinderkranzdärme

Herstellung: Siehe 1421

Produktionsverlust: 30 %

Körnung: Das Rindfleisch und die Hälfte des Schweinefleisches werden feinst zerkleinert. Das restliche Schweinefleisch und der Speck sind grob gekörnt beizukuttern.

Würzung: Der gebrochene Pfeffer wird so spät wie möglich, also während der letzten drei bis fünf Runden, zugesetzt, damit er auch noch als grober Pfeffer erkennbar ist.

Rezept 1443

Thüringer Knackwurst 2.211.10

Material für 100 kg
30,0 kg R 2 Rindfleisch, entsehnt, mit maximal 5 % sichtbarem Fett, roh
20,0 kg S 2 Schweinefleisch ohne Sehnen, mit maximal 5 % sichtbarem Fett, roh
25,0 kg S 1 Schweinefleisch, fett- und sehnenfrei, roh
25,0 kg S 8 Rückenspeck ohne Schwarte, roh

Gewürze und Zutaten je kg Masse
30,0 g Nitritpökelsalz
 1,0 g Starterkulturen
 3,0 g Pfeffer
 2,0 g Kümmel, gemahlen
 0,5 g Muskat

Därme: 50 Meter, Kaliber 46+, Rinderkranzdärme

Herstellung: Siehe 1421

Produktionsverlust: 30%

Körnung: Das Rindfleisch und das Schweinefleisch S 2 werden feinst zerkleinert; das Schweinefleisch S 1 und der Speck werden grob beigekuttert.

Rezept 1444

Göttinger Blasenwurst 2.211.03

Material für 100 kg
32,0 kg R 2 Rindfleisch, entsehnt, mit maximal 5% sichtbarem Fett, roh
36,0 kg S 1 Schweinefleisch, fett- und sehnenfrei, roh
32,0 kg S 8 Rückenspeck ohne Schwarte, roh

Gewürze und Zutaten je kg Masse
30,0 g Nitritpökelsalz
 1,0 g Starterkulturen
 2,0 g Pfeffer, gebrochen
 1,0 g Pfeffer, ganz
 0,25 g Piment
 2,0 g Rum

Därme: Kalbsblasen

Herstellung: Siehe 1421

Produktionsverlust: 30%

Körnung: Das Rindfleisch wird feinst zerkleinert; das Schweinefleisch und der Speck werden grob beigekuttert.

Rezept 1445

**Göttinger Blasenwurst,
luftgetrocknet** 2.211.03

Herstellung
Siehe 1444. Ohne Räucheranweisung.

Gewürze und Zutaten je kg Masse
zusätzlich: Edelschimmel nach Herstelleranweisung

Weitere Behandlung: Unmittelbar nach dem Füllen der Würste sind diese in der Edelschimmelmasse zu tauchen. Beschreibung siehe „Künstlicher Schimmelbelag".

Rezept 1446

Lübecker Blasenwurst 2.211.10

Material für 100 kg
40,0 kg R 2 Rindfleisch, entsehnt, mit maximal 5% sichtbarem Fett, roh
20,0 kg R 2 Schweinefleisch ohne Sehnen, mit maximal 5% sichtbarem Fett, roh
40,0 kg S 4b Schweinebauch ohne Schwarte mit maximal 50% sichtbarem Fett, roh

Gewürze und Zutaten je kg Masse
30,0 g Nitritpökelsalz
 1,0 g Starterkulturen
 2,5 g Pfeffer

Därme: Kalbsblasen

Herstellung: Siehe 1421

Produktionsverlust: 30%

Körnung: Das Rindfleisch R 2 und das Schweinefleisch S 2 wird feinst zerkleinert; das Schweinefleisch S 4b wird grob beigekuttert.

Rezept 1447

Knoblauchwurst 2.211.15

Siehe 1431, Abweichung:

Gewürze und Zutaten je kg Masse
zusätzlich: 1,0 g Knoblauchmasse (4426)

Därme: 50 Meter, Kaliber 46+, Rinder-Kranzdärme

Produktionsverlust: 30%

Rezept 1448

Kasseler Knoblauchwurst 2.211.10

Material für 100 kg
20,0 kg R 2 Rindfleisch, entsehnt, mit maximal 5% sichtbarem Fett, roh
60,0 kg S 2 Schweinefleisch ohne Sehnen, mit maximal 5% sichtbarem Fett, roh
20,0 kg S 8 Rückenspeck ohne Schwarte, roh

Gewürze und Zutaten je kg Masse
30,0 g Nitritpökelsalz
 1,0 g Starterkulturen
 2,5 g Pfeffer
 0,5 g Knoblauchmasse (4426)

Därme: 50 Meter, Kaliber 46+, Rinder-Kranzdärme

Herstellung: Siehe 1401. Das R 1 und 10,0 kg des S 2 werden fein zerkleinert.

Produktionsverlust: 30 %

Rezept 1449

Thüringer Knoblauchwurst   2.211.10

Siehe 1443, Abweichung:

Gewürze und Zutaten je kg Masse
statt Kümmel: 0,5 g Knoblauchmasse (4426)

Rezept 1450

Knoblauchwurst, einfach   2.211.16

Material für 100 kg

51,0 kg	R 3	Rindfleisch, grob entsehnt, mit maximal 15 % sichtbarem Fett, roh
39,0 kg	S 8	Rückenspeck ohne Schwarte, roh
10,0 kg	S 14	Schwarten gekocht

oder

44,0 kg	R 2	Rindfleisch, entsehnt, mit maximal 5 % sichtbarem Fett, roh
7,0 kg	R 6	Fleischfett
39,0 kg	S 8	Rückenspeck ohne Schwarte, roh
10,0 kg	S 14	Schwarten, gekocht

Gewürze und Zutaten je kg Masse
30,0 g Nitritpökelsalz
1,0 g Starterkulturen
3,0 g Pfeffer
1,0 g Knoblauchmasse (4426)

Därme: 50 Meter, Kaliber 46+, Rinder-Kranzdärme

Herstellung: Siehe 1418

Produktionsverlust: 30 %

Körnung: Das Rinderfleischfett wird ebenfalls feinst zerkleinert.

Rezept 1451

Krakauer, roh   2.211.15

Material für 100 kg

33,0 kg	R 2	Rindfleisch, entsehnt, mit maximal 5 % sichtbarem Fett, roh
67,0 kg	S 5	Schweinebauch ohne Schwarte mit maximal 60 % sichtbarem Fett, roh

Gewürze und Zutaten je kg Masse
30,0 g Nitritpökelsalz
1,0 g Starterkulturen

3,0 g Pfeffer
0,5 g Knoblauchmasse (4426)

Därme: 50 Meter, Kaliber 46+, Kranzdärme

Herstellung: Siehe 1421

Produktionsverlust: 30 %

Körnung: Das Rindfleisch wird feinst zerkleinert, der Schweinebauch grob beigekuttert.

Rezept 1452

Landjägerwurst   2.211.18

Siehe 1817, Abweichung:

Därme: 90 Stück, Kaliber 50/60, Kunstdärme

Rezept 1453

Zigeunerwurst   2.211.05

Siehe 1431, Abweichung:

Gewürze und Zutaten je kg Masse
zusätzlich:
1,5 g Rosenpaprika
2,0 g Paprika, edelsüß

Rezept 1454

Kolbacz   2.211.15

Material für 100 kg

65,0 kg	S 2	Schweinefleisch ohne Sehnen, mit maximal 5 % sichtbarem Fett, roh
35,0 kg	S 8	Rückenspeck ohne Schwarte, roh

oder

30,0 kg	S 2	Schweinefleisch ohne Sehnen, mit maximal 5 % sichtbarem Fett, roh
70,0 kg	S 4b	Schweinebauch ohne Schwarte mit maximal 50 % sichtbarem Fett, roh

Gewürze und Zutaten je kg Masse
30,0 g Nitritpökelsalz
1,0 g Starterkulturen
2,0 g Pfeffer
0,5 g Knoblauchmasse
1,0 g Rosenpaprika
2,0 g Paprika, edelsüß

Därme: 90 Stück, Kaliber 60/50, Kunstdärme

Herstellung: Siehe 1421

Produktionsverlust: 30 %

Körnung: Die Hälfte des Schweinefleisches wird feinst zerkleinert. Die andere Hälfte und der Speck werden in ca. Bohnengröße beigekuttert.

Rezept 1455

Kümmelwurst

Material für 100 kg
20,0 kg R 2 Rindfleisch, entsehnt, mit maximal 5 % sichtbarem Fett, roh
40,0 kg S 2 Schweinefleisch ohne Sehnen, mit maximal 5 % sichtbarem Fett, roh
40,0 kg S 8 Rückenspeck ohne Schwarte, roh
oder
20,0 kg R 2 Rindfleisch, entsehnt, mit maximal 5 % sichtbarem Fett, roh
10,0 kg S 2 Schweinefleisch ohne Sehnen, mit maximal 5 % sichtbarem Fett, roh
70,0 kg S 5 Schweinebauch ohne Schwarte, mit maximal 60 % sichtbarem Fett, roh

Gewürze und Zutaten je kg Masse
30,0 g Nitritpökelsalz
 1,0 g Starterkulturen
 2,5 g Pfeffer, weiß
 0,3 g Kümmel, grob gestoßen
 0,5 g Knoblauchmasse (4426)

Därme: 50 Meter, Kaliber 46+, Rinder-Kranzdärme

Herstellung: Siehe 1421

Produktionsverlust: 30 %

Körnung: Das Rindfleisch R 2 und 10,0 kg des Schweinefleisches S 2 ist pulverfein zu kuttern, Schweinefleisch und Speck werden grob gekörnt beigekuttert.

Rezept 1456

Dürre Runde   2.211.15

Material für 100 kg
70,0 kg S 2 Schweinefleisch ohne Sehnen, mit maximal 5 % sichtbarem Fett, roh
30,0 kg S 8 Rückenspeck ohne Schwarte, roh
oder
100,0 kg S 4 Schweinebauch ohne Schwarte, mit maximal 30 % sichtbarem Fett, roh

Gewürze und Zutaten je kg Masse
30,0 g Nitritpökelsalz
 1,0 g Starterkulturen

 2,5 g Pfeffer, schwarz
 0,5 g Knoblauchmasse (4426)

Därme: 50 Meter, Kaliber 46+, Rinder-Kranzdärme

Herstellung: Siehe 1421

Produktionsverlust: 30 %

Körnung: An Stelle von Rindfleisch wird die Hälfte des mageren Schweinefleisches bis zur feinsten Körnung gekuttert.

Rezept 1457

Kasseler dürre Runde   2.211.15

Siehe 1456

Rezept 1458

Holsteiner Bauernwurst   2.211.05

Material für 100 kg
30,0 kg R 2 Rindfleisch, entsehnt, mit maximal 5 % sichtbarem Fett, roh
50,0 kg S 1 Schweinefleisch, fett- und sehnenfrei, roh
20,0 kg S 8 Rückenspeck ohne Schwarte, roh

Gewürze und Zutaten je kg Masse
30,0 g Nitritpökelsalz
 1,0 g Starterkulturen
 4,0 g Pfeffer

Därme: enge Butten oder Rinderspießdärme

Herstellung: Siehe 1415

Produktionsverlust: 25 %

Körnung: Das Rindfleisch R 2 wird fein zerkleinert. Das übrige Material wird grob beigekuttert.

Rezept 1459

Feldkieker   2.211.03

Material für 100 kg
70,0 kg S 2 Schweinefleisch ohne Sehnen, mit maximal 5 % sichtbarem Fett, roh
30,0 kg S 8 Rückenspeck ohne Schwarte, roh

Gewürze und Zutaten je kg Masse
30,0 g Nitritpökelsalz
 1,0 g Starterkulturen
 3,0 g Pfeffer, grob

2,0 g Himbeersaft
3,0 g Honig

Därme: 140 Stück, Kalbsblasen

Herstellung: Siehe 1421

Produktionsverlust: 28 % in 3 Wochen

Körnung: Das Schweinefleisch wird feinst zerkleinert; der Speck wird grob beigekuttert.

Rezept 1460

Touristenwurst 2.211.15

Material für 100 kg
15,0 kg R 2 Rindfleisch, entsehnt, mit maximal 5 % sichtbarem Fett, roh
52,0 kg S 2 Schweinefleisch ohne Sehnen, mit maximal 5 % sichtbarem Fett, roh
33,0 kg S 8 Rückenspeck ohne Schwarte, roh

Gewürze und Zutaten je kg Masse
30,0 g Nitritpökelsalz
 1,0 g Starterkulturen
 3,0 g Pfeffer
 4,0 g Madeira mit Knoblauch (4427)

Därme: 90 Stück, Kaliber 60/50, Kunstdärme

Herstellung: Siehe 1421

Produktionsverlust: 30 %

Körnung: Das Rindfleisch R 2 und 25,0 kg des Schweinefleisches S 2 werden feinstzerkleinert, das restliche Schweinefleisch und der Speck werden grob beigekuttert.

Rezept 1461

Touristenwurst, einfach 2.211.16

Material für 100 kg
33,0 kg R 3 Rindfleisch, grob entsehnt, mit maximal 15 % sichtbarem Fett, roh
25,0 kg S 2 Schweinefleisch ohne Sehnen, mit maximal 5 % sichtbarem Fett, roh
16,0 kg S 8 Rückenspeck ohne Schwarte, roh
10,0 kg S 14 Schwarten, gekocht
16,0 kg S 21 Flomen

Gewürze und Zutaten je kg Masse
30,0 g Nitritpökelsalz
 1,0 g Starterkulturen
 3,0 g Pfeffer
 4,0 g Madeira mit Knoblauch (4427)

Därme: ca. 90 Stück, Kaliber 60/50, Kunstdärme

Herstellung: Siehe 1421

Produktionsverlust: 30 %

Körnung: Das Rindfleisch, das Rinderfleischfett, die Schwarten und 10 kg des Schweinefleisches werden feinst zerkleinert, der Rest des Materials wird grob beigekuttert.

Hinweis: Die Flomen S 21 werden tiefgekühlt verarbeitet und wie Speck behandelt.

Rezept 1462

Feldgicker 2.211.03

Siehe 1459

Rezept 1463

Lothringer Mettwurst, luftgetrocknet 2.211.09

Material für 100 kg
80,0 kg S 2 Schweinefleisch ohne Sehnen, mit max. 5 % sichtbarem Fett, roh
20,0 kg S 4b Schweinebauch ohne Schwarte mit max. 50 % sichtbarem Fett, roh

Gewürze und Zutaten je kg Masse
30,0 g Nitritpökelsalz
 1,0 g Farbstabilisator
 1,0 g Glutamat
 2,5 g Pfeffer, gemahlen
 0,4 g Kardamom
 1,0 g Zwiebelpulver
 1,0 g Starterkulturen

Herstellung
1. Das Schweinefleisch wird vorgeschroten und mit der angegebenen Menge Gewürze und Zutaten vermengt.
2. Das gewürzte Material wird dann durch die 6-mm-Scheibe gewolft, noch etwas durchgemengt und gefüllt.

Därme: 5 m Mitteldärme, Kaliber 60/65

Reifezeit: 10–12 Tage bei 18–20 °C Raumtemperatur, 90–85 % Luftfeuchtigkeit

Produktionsverlust: 22 %

Rezept 1464

Lammfleisch-Salami i.S.v. 2.211.05

Material für 100 kg

15,0 kg L 1 Lammfleisch, fett- und sehnenfrei, roh
58,0 kg L 2 Lammfleisch, entsehnt, mit max. 5 % sichtbaren, Fett, roh
27,0 kg S 8 Rückenspeck ohne Schwarte, roh

Gewürze und Zutaten je kg Masse

30,0 g Nitritpökelsalz
 2,0 g Pfeffer, gemahlen
 1,0 g Pfefferkörner
 0,5 g Kardamom
 0,2 g Knoblauchmasse (4014)
 1,0 g Starterkulturen

Herstellung: Siehe 1401

Därme: 60 Stück Kunstdärme, Kaliber 75/50

Reifezeit: 4–6 Tage bei 18–20 °C Raumtemperatur, 90–85 % Luftfeuchtigkeit

Räuchern: kalt; 24 Stunden bei 22 °C maximal

Produktionsverlust: 30 %

Rezept 1465

Mecklenburger Knochenpeter 2.211.13

Material für 100 kg

35,0 kg R 4 Rindfleisch mit max. 20 % sichtbarem Fett, und ca. 5 % Sehnen, roh
40,0 kg S 4b Schweinebauch ohne Schwarten mit max. 50 % sichtbarem Fett, roh
25,0 kg S 2 Schweinefleisch ohne Sehnen, mit max. 5 % sichtbarem Fett, roh

Gewürze und Zutaten je kg Masse

30,0 g Nitritpökelsalz
 2,5 g Pfeffer, gemahlen
 0,5 g Piment
 2,0 g Senfkörner
 1,0 g Starterkulturen

Vorarbeiten

Das gesamte Material kommt tiefgekühlt zur Verarbeitung. Die Zusammenstellung erfolgt in Chargenmengen, die dem Fassungsvermögen des Kutters entsprechen.

Herstellung

1. Entsprechend dem Rezept werden die Gewürze und Zutaten zusammengestellt.

2. Das tiefgekühlte Material wird in faustgroße Stücke geteilt, so daß die Kuttermesser in der Lage sind, diese zu erfassen und zu verkleinern.
3. Das zerkleinerte Material ist für kurze Zeit im Kühlraum zu lagern.
4. Bei warmer Temperatur im Produktionsraum ist der Kutter auf den Gefrierpunkt herunterzukühlen.
5. Das gefrorene Rindfleisch wird in den Kutter gegeben, der dabei im langsamen Gang läuft.
6. Hat der Kutter das gesamte Rindfleisch aufgenommen, ist es im Schnellgang bis zur kleinsten Körnung laufen zu lassen.
7. Wenn das Rindfleisch pulverfein gekuttert ist, werden die beiden Schweinefleischsorten zugesetzt und bis zur gewünschten Körnung, etwa halbe Erbsengröße, weitergekuttert.
8. Nitritpökelsalz, Zutaten und Gewürze müssen so rechtzeitig zugesetzt werden, daß sie sich gut mit dem Wurstgut vermischen können. Die Senfkörner sollten erst während der letzten zwei Kutterumdrehungen, im langsamen Gang, beigeschüttet werden.
9. Am Ende des Kuttervorganges sollte die Wurstmasse leicht klumpen, damit sie sofort gefüllt werden kann.

Därme: 60 Stück Kunstdärme, Kaliber 75/50

Reifezeit: 4–6 Tage bei 18–20 °C Raumtemperatur, 90–85 % Luftfeuchtigkeit

Räuchern: kalt; 24 Stunden bei 22 °C maximal

Produktionsverlust: 30 %

Hinweis

Das Originalrezept für „Knochenpeter" sieht vor, daß das Wurstgut in sauber vorgerichtete Schweinemagen gefüllt wird. Diese Mägen werden nach dem Füllen mit Wurstgarn geschnürt, so daß sie eine feste und etwas längliche Form bekommen.
Die Bezeichnung „Knochenpeter" ist mit hoher Wahrscheinlichkeit eine regionale Bezeichnung für „Knochenputz". Aus diesem Grund wäre in der Materialzusammenstellung die Verwendung von Rindfleisch denkbar. Für diesen Fall muß das Fertigerzeugnis heißen: „Mecklenburger Knochenpeter, einfach". Die alleinige Verwendung von Knochenputz ist lebensmittelrechtlich keinesfalls vertretbar.

Rezept 1466

Kohlwurst

Material für 100 kg

20,0 kg	R 2 Rindfleisch, entsehnt, mit max. 5 % sichtbarem Fett, roh
47,0 kg	S 2 Schweinefleisch ohne Sehnen, max. 5 % sichtbarem Fett, roh
33,0 kg	S 8 Rückenspeck ohne Schwarte, roh

Gewürze und Zutaten je kg Masse
24,0 g Nitritpökelsalz
 4,0 g Pfeffer, gemahlen
 0,5 g Nelken
 1,0 g Starterkulturen

Herstellung
1. Das gut gekühlte Rind- und Schweinefleisch wird in wolfgerechte Stücke geschnitten, vorgeschroten, mit dem Pökelsalz, den Gewürzen und Zutaten vermengt und durch die 2-mm-Scheibe gewolft.
2. Unter das gewolfte Material wird der in Blättchen geschnittene Speck, der trocken und gut durchgekühlt sein soll, gemengt.
3. Das Ganze wird noch einmal durch die 4-mm-Scheibe getrieben.

Därme: 70 Meter Kranzdärme, Kaliber 37/40

Reifezeit: 2–3 Tage bei 18–20 °C Raumtemperatur, 90–85 % Luftfeuchtigkeit

Räuchern: kalt; 24 Stunden bei 22 °C, max.

Produktionsverlust: 30 %

Rezept 1467

Pommersche Mettwurst   2.211.13

Material für 100 kg

30,0 kg	R 2 Rindfleisch, entsehnt, mit max. 5 % sichtbarem Fett, roh
20,0 kg	S 2 Schweinefleisch ohne Sehnen, mit max. 5 % sichtbarem Fett, roh
30,0 kg	S 4b Schweinebauch ohne Schwarte mit max 50 % sichtbarem Fett, roh
20,0 kg	S 8 Rückenspeck ohne Schwarte, roh

Gewürze und Zutaten je kg Masse
30,0 g Nitritpökelsalz
 3,0 g Pfeffer, gemahlen
 1,0 g Starterkulturen

Herstellung: Siehe 1401

Därme: 50 Meter Kranzdärme, Kaliber 46+

Produktionsverlust: 30 %

Körnung: Das Rindfleisch R 2 und das Schweinefleisch S 2 werden fein zerkleinert. Das restliche Material wird grob gekörnt.

Rezept 1468

Ostpreußische grobe Mettwurst   2.2111.13

Siehe 1467

Rezept 1469

Rheinische Mettwurst   2.211.13

Siehe 1467

Rezept 1470

Westfälische Hausmacher
Mettwurst   2.211.13

Siehe 1467

Rezept 1471

Mennonitenwurst, Salamiart   2.211.09

Material für 100 kg

40,0 kg	S 2 Schweinefleisch ohne Sehnen, mit max. 5 % sichtbarem Fett, roh
30,0 kg	S 1 Schweinefleisch, fett- und sehnenfrei, roh
30,0 kg	S 8 Rückenspeck ohne Schwarte, roh

Gewürze und Zutaten je kg Masse
30,0 g Nitritpökelsalz
 1,0 g Starterkulturen
 3,0 g Pfeffer, weiß, gemahlen

Hinweis
In der Gegend von Tilsit wurde eine Dauerwurstsorte hergestellt, die auf ein altes Rezept der Mennonitenbrüder zurückgeht. Die besondere Charakteristik dieses Produktes liegt einmal in der Verwendung nur allerbester Rohmaterialien und zum anderen in einem besonderem Räucherverfahren.

Herstellung:
Siehe 1401. Die in obiger Materialzusammenstellung genannten 40,0 kg S 2 werden fein zerkleinert, das S 1 und das S 8 werden dem fein gekutterten Material in Reiskorngröße zugearbeitet.

Das Räuchern der Mennonitenwurst sollte in einer Räucherkammer mit indirekter Raucherzeugung geschehen. Das heißt, der in der Nebenkammer erzeugte Rauch soll über ein Rohr in die eigentliche Räucherkammer eingeführt werden.

Die Rauchmischung ist wie folgt zusammenzustellen:

Auf der einen Hälfte der Feuerungsstelle wird eine Lage Nadelholzsägemehl ausgebreitet. Auf der anderen Hälfte wird ein Nadelholzfeuer angelegt, das in regelmäßigen Abständen mit Wacholderreisig bestreut wird. Es soll sich ein starker Rauch entwickeln. Dieser Rauch soll durch das bereits beschriebene Rohr in die eigentliche Räucherkammer geleitet werden. Es ist ständig und sehr gewissenhaft darauf zu achten, daß die Temperatur in der Räucherkammer nicht zu hoch ist.

Je nachdem, welche Räucheranlage zur Verfügung steht, Mennonitenwurst auch im Sommer hergestellt werden. Das muß von Fall zu Fall in jedem einzelnen Betrieb entschieden werden.

Därme: Kranzdärme, Kaliber 43/46

Reifezeit: 4–6 Tage bei 18–20°C Raumtemperatur, 90–85% Luftfeuchtigkeit.

Räuchern: kalt, 24 Stunden bei 22°C, maximal

Produktionsverlust: 30%

Hinweis
Der Räucherungsprozeß ist abgeschlossen, wenn die Wurst dunkel geräuchert ist. Dieser Prozeß kann dadurch beschleunigt werden, daß die Rinderkranzdärme vor dem Füllen 6–12 Stunden in Rinderblut eingelegt werden. Diese Verfahrensweise verkürzt den Räucherungsprozeß wesentlich. Es wird dann auch eher möglich sein, diese Spezialität im Sommer herzustellen.

Rezept 1472

Berner Beinwurst, luftgetrocknet 2.211.13

Material für 100 kg
66,0 kg R 2 Rindfleisch, entsehnt, mit max. 5% sichtbarem Fett, roh
34,0 kg Rückenspeck ohne Schwarte, roh

Gewürze und Zutaten je kg Masse
30,0 g Nitritpökelsalz
 1,0 g Starterkulturen

 3,0 g Pfeffer
 2,0 g Weinbrand

Vorarbeiten
1. Die Materialzusammenstellung erfolgt in Chargenmengen, die dem Fassungsvermögen des Kutters entsprechen.
2. Das gesamte Material ist 48–72 Stunden vor der Herstellung der Beinwurst bei minus 25 °C durchzufrieren.

Herstellung
1. Entsprechend dem Rezept sind die Gewürze und Zutaten zusammenzustellen.
2. Das tiefgekühlte Material ist so zu bearbeiten, daß die Kuttermesser in der Lage sind, dieses zu erfassen und zu zerkleinern.
3. Das Material ist für kurze Zeit im Kühlraum zu lagern.
4. Bei warmer Temperatur im Produktionsraum ist der Kutter auf den Gefrierpunkt herunterzukühlen.
5. Das Rindfleisch wird in den Kutter gegeben, der bei langsamem Gang läuft.
6. Hat der Kutter das gesamte Material aufgenommen, ist die Masse im Schnellgang bis zur feinsten Körnung laufen zu lassen.
7. Spätestens kurz bevor das Material leicht anfängt zu klumpen, ist der Speck beizukuttern und bis auf die gewünschte Körnung zu bringen.
8. Die Masse wird sofort luftblasenfrei gefüllt.

Därme: 90 Stück Kunstdärme, Kaliber 60/50

Reifezeit: 72–96 Stunden bei max. 18 °C Raumtemperatur. 90–85% Luftfeuchtigkeit

Produktionsverlust: 30%

Hinweis: Die ausgereifte Wurst wird an der Luft langsam getrocknet, bis sie „beinhart" ist.

Rezept 1473

Französische Mettwurst 2.211.09

Material für 100 kg
100 kg S 2 Schweinefleisch ohne Sehnen, mit max. 5% sichtbarem Fett, roh

Gewürze und Zutaten je kg Masse
30,0 g Nitritpökelsalz
 1,0 g Starterkulturen
 3,0 g Pfeffer, weiß, gemahlen
 1,0 g Rum

Herstellung nach dem Originalrezept
1. Das Material wird in feine, dünne und längliche Streifen geschnitten.
2. Das geschnittene Fleisch wird mit den Gewürzen und Zutaten vermengt und gefüllt. Die Schweinedärme werden in kleinen Ringen abgebunden.

Herstellungsvariante 1
Das Fleisch kann auch anstatt in Nudelform geschnitten, durch die 8-mm-Scheibe gewolft werden. Dies geschieht dann, wenn es aus Kostengründen nicht möglich ist, das Material per Hand zu schneiden.

Herstellungsvariante 2
Es ist auch möglich, diese Spezialität so herzustellen, daß man etwa ein Drittel des Materials tiefkühlt, auf dem Kutter pulverfein zerkleinert und das übrige Material in geschnittener oder geschroteter Form beikuttert.

Därme: Schweinedärme, Kaliber 28/32

Reifezeit: 4–6 Tage bei 18–20 °C Raumtemperatur und 90–85 % Luftfeuchtigkeit.

Räuchern: kalt; 24 Stunden bei 22 °C max.

Produktionsverlust: 30 %

Rezept 1474

Spanische Dauerwurst, luftgetrocknet   2.211.11

Material für 100 kg
10,0 kg R 2 Rindfleisch, entsehnt, mit max. 5 % sichtbarem Fett, roh
50,0 kg S 2 Schweinefleisch ohne Sehnen, mit max. 5 % sichtbarem Fett, roh
40,0 kg S 21 Flomen

Gewürze und Zutaten je kg Masse
30,0 g Nitritpökelsalz
 1,0 g Starterkulturen

Herstellung
1. Das Rindfleisch wird durch die 2-mm-Scheibe gewolft.
2. Das Schweinefleisch und die Flomen werden in wolfgerechte Stücke geschnitten und sehr gut durchgekühlt.
3. Das gesamte Material, Rindfleisch, Schweinefleisch, Flomen, sowie Pökelsalz und Zutaten werden gleichmäßig miteinander ver-

mengt und anschließend durch die 5-mm-Scheibe gewolft.

Därme: Kunstdärme für luftgetrocknete Rohwurstsorten.

Reifen: 2–3 Tage bei 18–20 °C Raumtemperatur, bei 90–85 % Luftfeuchtigkeit.

Produktionsverlust: 30 %

Hinweis: Das Originalrezept sieht die Verwendung von Schweinefettenden ohne Krone vor.
Die besondere Eigenart des Produktes besteht darin, daß ihm nur Salz, aber keine Gewürze zugesetzt werden.

Rezept 1475

Salami, Kroatische Art   2.211.09

Material für 100 kg
40,0 kg S 2 Schweinefleisch ohne Sehnen, mit max. 5 % sichtbarem Fett, roh
40,0 kg S 1 Schweinefleisch, fett- und sehnenfrei, roh
20,0 kg S 8 Rückenspeck ohne Schwarte, roh

Gewürze und Zutaten je kg Masse
30,0 g Nitritpökelsalz
 3,0 g Pfeffer
 0,5 g Koriander
 2,0 g Weingeist mit Knoblauch (4423)
 4,0 g Rotwein
 1,0 g Starterkulturen

Herstellung
Die Materialzusammenstellung erfolgt in Chargenmengen, die dem Fassungsvermögen des Kutters entsprechen.
Das gesamte Material ist 48–72 Stunden vor der Herstellung der Salami bei minus 25 °C durchzufrieren.
Entsprechend dem Rezept sind die Gewürze und Zutaten zusammenzustellen. Das tiefgekühlte Material ist in faustgroße Stücke zu teilen, so daß die Kuttermesser in der Lage sind, diese zu erfassen und zu zerkleinern.
Das zerkleinerte Material ist für kurze Zeit im Kühlraum zu lagern. Bei warmer Temperatur im Produktionsraum ist der Kutter auf den Gefrierpunkt herunterzukühlen.
Das Schweinefleisch S 2 wird in den Kutter gegeben, der dabei im langsamen Gang läuft.
Hat der Kutter das Fleisch aufgenommen, ist es bis zur feinsten Körnung laufen zu lassen.

Wenn das Schweinefleisch pulverfein gekuttert ist, wird der Speck und das Schweinefleisch S 1 zugesetzt und bis zur gewünschten Körnung weitergekuttert.

Salz und Gewürze müssen zeitlich so zugesetzt werden, daß sie sich gut mit dem Wurstgut vermischen können.

Am Ende des Kuttervorganges sollte die Masse leicht klumpen, damit sie sofort gefüllt werden kann.

Därme: Kunstdärme, Kaliber 75/50

Reifen: 2–3 Tage bei 18–20 °C Raumtemperatur, 90–85 % Luftfeuchtigkeit

Räuchern: kalt, 24 Stunden bei 22 °C, max.

Produktionsverlust: 30 %

Rezept 1476

Kleinrussische Wurst 2.211.17

Material für 100 kg
15,0 kg   R 2 Rindfleisch, entsehnt, mit max. 5 % sichtbarem Fett, roh
45,0 kg   S 2 Schweinefleisch ohne Sehnen, mit max. 5 % sichtbarem Fett, roh
40,0 kg   S 5 Schweinebauch ohne Schwarte mit max. 60 % sichtbarem Fett, roh

Gewürze und Zutaten je kg Masse
30,0 g Nitritpökelsalz
 1,0 g Starterkulturen
 3,0 g Pfeffer, weiß, gemahlen
 0,5 g Ingwer
 0,2 g Kardamom

Herstellung: Siehe 1475, Abweichung: Das Schweinefleisch S 2 und das Rindfleisch R 2 werden pulverfein gekuttert.
Das Schweinefleisch S 5 wird so grob wie möglich der Masse beigekuttert.

Därme: Hammelkappen, gewickelt

Rezept 1477

Polnische Wurst 2.211.13

Material für 100 kg
60,0 kg   S 2 Schweinefleisch ohne Sehnen, mit max. 5 % sichtbarem Fett, roh
40,0 kg   S 8 Rückenspeck ohne Schwarte, roh

Gewürze und Zutaten je kg Masse
30,0 g Nitritpökelsalz
 1,0 g Starterkulturen nach Herstellerangaben
 2,5 g Pfeffer, gemahlen
 0,3 g Kümmel, gemahlen
 0,3 g Majoran, gemahlen
 0,5 g Knoblauchmasse (4426)

Herstellung: Siehe 1475

Därme: Schweinedärme, Kaliber 28/32

Füllgewicht: Pro Stück 120–140 g, paarweise abgedreht.

Körnung: Die Hälfte des Schweinefleisches S 2 wird fein zerkleinert.

Produktionsverlust: 30 %

Rezept 1478

Sommer-Salami 2.211.13

Material für 100 kg
31,0 kg   R 2 Rindfleisch, entsehnt, mit max. 5 % sichtbarem Fett, roh
31,0 kg   S 2 Schweinefleisch ohne Sehnen, mit max. 5 % sichtbarem Fett, roh
38,0 kg   S 5 Schweinebauch ohne Schwarte mit max. 60 % sichtbarem Fett, roh

Gewürze und Zutaten je kg Masse
30,0 g Nitritpökelsalz
 4,0 g Pfeffer, gemahlen
 1,0 g Koriander
 0,5 g Muskat
 1,0 g Starterkulturen
Die Würzung ist auf deutsche Verhältnisse abgestimmt.

Vorarbeiten
Die Materialzusammenstellung erfolgt in Chargenmengen, die dem Fassungsvermögen des Kutters entsprechen.
Das gesamte Material ist 48–72 Stunden vor Herstellung der Salami bei minus 25 °C durchzufrieren.

Herstellung
1. Entsprechend dem Rezept sind die Gewürze und Zutaten zusammenzustellen.
2. Das tiefgekühlte Material ist in faustgroße Stücke zu teilen, so daß die Kuttermesser in der Lage sind, diese zu zerkleinern.
3. Das zerkleinerte Material ist für kurze Zeit im Kühlraum zu lagern.

4. Bei warmer Temperatur im Produktionsraum ist der Kutter auf den Gefrierpunkt herunterzukühlen.
5. Das Rindfleisch R 2 und das Schweinefleisch S 2 wird in den Kutter gegeben, der dabei im langsamen Gang läuft.
6. Hat der Kutter das gesamte Fleisch aufgenommen, ist es bis zur feinsten Körnung laufen zu lassen.
7. Wenn das Rindfleisch pulverfein gekuttert ist, wird der Speck und das Schweinefleisch zugesetzt und bis zur gewünschten Körnung weitergekuttert.
8. Salz und Gewürze müssen zeitlich so zugesetzt werden, daß sie sich gut mit dem Wurstgut vermischen können.
9. Am Ende des Kuttervorganges sollte die Masse leicht klumpen, damit sie sofort gefüllt werden kann.

Därme: Kunstdärme, Kaliber 75/50

Reifen: 2−3 Tage bei 18−20 °C Raumtemperatur, 90−85 % Luftfeuchtigkeit

Rächern: kalt, 24 Stunden bei 22 °C, max.

Produktionsverlust: 30 %

Rezept 1479

Jägerwurst, Schweizer Art　　　2.211.08

Material für 100 kg
75,0 kg　S 2 Schweinefleisch ohne Sehnen, mit max. 5 % sichtbarem Fett, roh
25,0 kg　S 8 Rückenspeck ohne Schwarte, roh

Gewürze und Zutaten je kg Masse
30,0 g Nitritpökelsalz
　3,0 g Pfeffer, gemahlen
　1,2 g Ingwer
　1,0 g Starterkulturen

Herstellung
1. Die Materialzusammenstellung erfolgt in Chargenmengen, die dem Fassungsvermögen des Kutters entsprechen.
2. Das Schweinefleisch kommt tiefgekühlt in die Verarbeitung.
3. Entsprechend dem Rezept sind die Gewürze und Zutaten abzuwiegen.
4. Das tiefgekühlte Material ist so zu zerhakken, daß die Kuttermesser in der Lage sind, es zu erfassen und zu zerkleinern. Das Mate-

rial ist dann für kurze Zeit im Kühlraum zu lagern.
5. Bei warmer Temperatur im Produktionsraum, ist der Kutter auf den Gefrierpunkt herunterzukühlen.
6. 50,0 kg des Schweinefleisches S 2 werden in den Kutter gegeben, der dabei im langsamen Gang läuft.
7. Hat der Kutter das gesamte Material aufgenommen, soll die Masse bis zur feinsten Körnung laufen.
8. Kurz bevor das Material anfängt zu klumpen, sind das Salz und die Gewürze und Zutaten beizuschütten. Danach wird sofort das restliche Schweinefleisch und der Speck beigekuttert. Die Masse läuft im Schnellgang, bis ein regelmäßiges, grobkörniges Schnittbild erreicht ist. Am Ende des Kuttervorganges sollte die Masse leicht klumpen, damit sie sofort luftblasenfrei gefüllt werden kann.

Rezept 1480

Amerikanische Salami　　　2.211.10

Siehe 1478

Rezept 1481

Graubündener Dauerwurst, luftgetrocknet　　　2.211.003

Material für 100 kg
20,0 kg　R 2 Rindfleisch, entsehnt, mit max. 5 % sichtbarem Fett, roh
10,0 kg　S 2 Schweinefleisch ohne Sehnen, mit max 5 % sichtbaren Fett, roh
40,0 kg　S 1 Schweinefleisch, fett- und sehnenfrei, roh
30,0 kg　S 8 Rückenspeck ohne Schwarte, roh

Gewürze und Zutaten je kg Masse
30,0 g Nitritpökelsalz
　5,0 g Pfeffer
　5,0 g Rotwein
　1,0 g Starterkulturen
Edelschimmel nach Herstellerangabe

Herstellung: Siehe 1401

Därme: Mitteldärme, Kaliber 65+

Reifezeit: 4−6 Tage bei 18−20 °C Raumtemperatur, 90−85 % Luftfeuchtigkeit.

Körnung: Das Rindfleisch R 2 und das Schweinefleisch S 2 werden fein zerkleinert. Das übrige Material wird grob beigekuttert.

Produktionsverlust: 30 %

Rezept 1482

Norwegische Schafs-Rohwurst

Material für 100 kg
50,0 kg L 2 Lammfleisch, entsehnt, mit max. 5 % sichtbarem Fett, roh
48,0 kg R 2 Rindfleisch, entsehnt, mit max. 5 % sichtbarem Fett, roh
2,0 kg Lammfleischfett

Gewürze und Zutaten je kg Masse
30,0 g Nitritpökelsalz
1,0 g Starterkulturen

Vorarbeiten
Die Materialzusammenstellung erfolgt in Chargenmengen, die dem Fassungsvermögen des Kutters entsprechen.
Das gesamte Material wird 48–72 Stunden vor Herstellung der Spezialität bei minus 25 °C

Herstellung
1. Entsprechend dem Rezept sind die Gewürze und Zutaten zusammenzustellen.
2. Das tiefgekühlte Material ist in faustgroße Stücke zu teilen, so daß die Kuttermesser in der Lage sind, diese zu erfassen und zu zerkleinern.
3. Das zerkleinerte Material ist erforderlichenfalls für kurze Zeit im Kühlraum zu lagern.
4. Bei warmer Temperatur im Produktionsraum ist der Kutter auf den Gefrierpunkt herunterzukühlen.
5. Das Rindfleisch und das Schafsfleischfett wird in den Kutter gegeben, der dabei im langsamen Gang läuft.
6. Hat der Kutter das gesamte Fleisch aufgenommen, ist es bis zu feinster Körnung laufen zu lassen.
7. Wenn das Rindfleisch pulverfein ist, wird das Schafsfleisch grobkörnig beigekuttert.
8. Salz und Gewürze müssen zeitlich so zugesetzt werden, daß sie sich gut mit der Wurstmasse vermischen können.
9. Am Ende des Kuttervorganges sollte die Masse leicht klumpen, damit sie sofort gefüllt werden kann.

Därme: Naturin R 65/50

Reifezeit: 4–6 Tage, 18–20 °C Raumtemperatur, 90–85 % Luftfeuchtigkeit

Räuchern: kalt, 24–48 Stunden bei max. 22 °C tiefgekühlt.

Produktionsverlust: 30 %

Rezept 1483

Geldernsche Rookwurst 2.211.10

Material für 100 kg
67,0 kg S 2 Schweinefleisch ohne Sehnen, mit maximal 5 % sichtbarem Fett, roh
33,0 kg S 8 Rückenspeck ohne Schwarte, roh

Gewürze und Zutaten
28,0 g Nitritpökelsalz
1,0 g Starterkulturen
3,0 g Pfeffer, gemahlen
0,6 g Koriander

Herstellung
1. Das gesamte Material kommt sehr gut gekühlt zur Verarbeitung. Es wird vorgeschroten und mit der angegebenen Menge Gewürze und Zutaten vermengt.
2. Das gewürzte Fleisch und der kleingeschnittene Speck werden durch die 2-mm-Scheibe gewolft, kurz durchgestoßen und gefüllt.

Därme: Schweinebändel Kaliber 28/32

Produktionsdaten: Siehe 1401

Produktionsverlust: 30 %

Rezept 1484

Rentier-Rohwurst

Material für 100 kg
65,0 kg Rentierfleisch, fett- und sehnenfrei, roh
35,0 kg S 8 Rückenspeck ohne Schwarte, roh

Gewürze und Zutaten
30,0 g Nitritpökelsalz
3,0 g Pfeffer
2,0 g Piment
5,0 g schweren Rotwein
1,0 g Starterkulturen

Produktionsdaten: Siehe 1401

Rezept Nr. 1485

Schweinewurst, luftgetrocknet 2.211.15

Siehe 1456

Abweichung: Nicht geräuchert, sondern luftgetrocknet.

Rezept 1486

Hausmacher Mettwurst 2.211.15

Siehe 1456

Rezept 1487

Trockene Wurst 2.211.15

Siehe 1456

Rezept 1488

Stracke Ahle Worschd 2.211.15

Siehe 1456

Abweichung: Därme: Mitteldärme Kaliber
65+, oder Flomenhaut, oder Kunstdärme Kaliber 65/50

Produktionsverlust: 30%

Rezept 1489

Ahle Worschd 2.211.15

Siehe 1456

Rezept 1490

Dürre Hunde 2.211.15

Siehe 1456

Abweichung
Därme: Schweinedärme Kaliber 28/32, abgedreht auf 10–15 cm Länge

Produktionsverlust: 30%

Rohwurst
streichfähig, fein zerkleinert

Produktionsschema

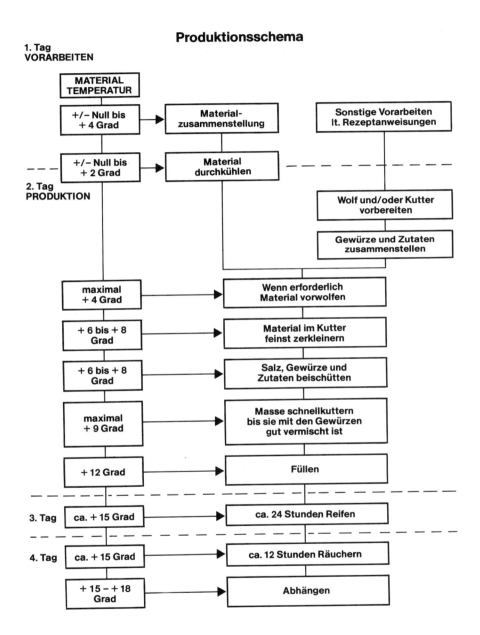

MATERIAL TEMPERATUR	
+/– Null bis + 4 Grad	Material-zusammenstellung
	Sonstige Vorarbeiten lt. Rezeptanweisungen
+/– Null bis + 2 Grad	Material durchkühlen

2. Tag PRODUKTION

	Wolf und/oder Kutter vorbereiten
	Gewürze und Zutaten zusammenstellen
maximal + 4 Grad	Wenn erforderlich Material vorwolfen
+ 6 bis + 8 Grad	Material im Kutter feinst zerkleinern
+ 6 bis + 8 Grad	Salz, Gewürze und Zutaten beischütten
maximal + 9 Grad	Masse schnellkuttern bis sie mit den Gewürzen gut vermischt ist
+ 12 Grad	Füllen
3. Tag ca. + 15 Grad	ca. 24 Stunden Reifen
4. Tag ca. + 15 Grad	ca. 12 Stunden Räuchern
+ 15 – + 18 Grad	Abhängen

Rezept 1501

Teewurst 2.212.1

Material für 100 kg

10,0 kg R 1 Rindfleisch, fett- und sehnenfrei, roh

20,0 kg S 2 Schweinefleisch ohne Sehnen, mit maximal 5 % sichtbarem Fett, roh

70,0 kg S 4 b Schweinebauch ohne Schwarte mit maximal 50 % sichtbarem Fett, roh

Gewürze und Zutaten je kg Masse

24,0 g Nitritpökelsalz

2,0 g Pfeffer

2,0 g Paprika, edelsüß

0,5 g Mazis

3,0 g Rum mit Wacholder (4425)

Herstellung

1. Die erforderlichen Gewürze werden abgewogen.
2. Das Fleischmaterial wird durch die 3-mm-Scheibe gewolft.
3. Das gesamte Material kommt in den Kutter und wird feinst zerkleinert.
4. Das Salz sollte gleich zu Beginn des Kutterns zugegeben werden, das Gewürz so rechtzeitig, daß es sich gut mit der Masse vermischen kann.

Därme: 190 Stück, Kaliber 45/40, Kunstdärme

Reifezeit: 24–48 Stunden bei 18 ° Raumtemperatur, maximal; 75 % Luftfeuchtigkeit

Räuchern: Kalt 12 Stunden bei 18°C, max.

Produktionsverlust: 12 %

Rezept 1502

Teewurst, Rügenwalder Art 2.212.1

Material für 100 kg

20,0 kg R 1 Rindfleisch, fett- und sehnenfrei, roh

54,0 kg S 2 Schweinefleisch ohne Sehnen, mit maximal 5 % sichtbarem Fett, roh

26,0 kg S 8 Rückenspeck ohne Schwarte, roh

Gewürze und Zutaten je kg Masse

24,0 g Nitritpökelsalz

2,0 g Pfeffer, weiß

1,0 g Paprika, edelsüß

0,2 g Kardamom

0,3 g Ingwer

5,0 g Bienenhonig

3,0 g Rum mit Wacholder (4425)

Vorarbeiten

Der frische, ungesalzene Speck wird einen Tag vor der Wurstherstellung 6–8 Stunden kalt geräuchert. Danach soll er wieder sehr gut durchkühlen.

Herstellung: Siehe 1501

Därme: 190 Stück, Kaliber 45/40, Kunstdärme

Produktionsverlust: 12 %

Rezept 1503

Teewurst, Göttinger Art 2.212.1

Material für 100 kg

20,0 kg R 2 Rindfleisch, entsehnt, mit maximal 5 % sichtbarem Fett, roh

45,0 kg S 2 Schweinefleisch ohne Sehnen, mit maximal 5 % sichtbarem Fett, roh

20,0 kg S 8 Rückenspeck ohne Schwarte, roh

10,0 kg S 8 Rückenspeck ohne Schwarte, frisch geräuchert

5,0 kg S 21 Flomen

Gewürze und Zutaten je kg Masse

24,0 g Nitritpökelsalz

2,5 g Pfeffer

0,1 g Kardamom

1,5 g Paprika, edelsüß

Därme: 190 Stück, Kaliber 45/40, Kunstdärme

Herstellung: Siehe 1501

Produktionsverlust: 12 %

Rezept 1504

Teewurst, Berliner Art 2.212.1

Material für 100 kg

20,0 kg R 2 Rindfleisch, entsehnt, mit maximal 5 % sichtbarem Fett, roh

50,0 kg S 2 Schweinefleisch ohne Sehnen, mit maximal 5 % sichtbarem Fett, roh

20,0 kg S 4 Schweinebauch ohne Schwarte mit maximal 30 % sichtbarem Fett, roh

10,0 kg S 8 Rückenspeck ohne Schwarte, roh

Gewürze und Zutaten je kg Masse

24,0 g Nitritpökelsalz

3,0 g Pfeffer, weiß

0,25 g Kardamom

124

0,5 g Piment
1,0 g Rum

Därme: 190 Stück, Kaliber 45/40, Kunstdärme

Herstellung: Siehe 1501

Produktionsverlust: 12 %

Rezept 1505

Mettwurst Ia	2.212.1

Siehe 1509

Rezept 1506

Streichmettwurst Ia	2.212.1

Siehe 1509

Rezept 1507

Mettwurst, streichfähig	2.212.2

Material für 100 kg
65,0 kg S 2 Schweinefleisch ohne Sehnen, mit maximal 5 % sichtbarem Fett, roh
35,0 kg S 8 Rückenspeck ohne Schwarte, roh

Gewürze und Zutaten je kg Masse
24,0 g Nitritpökelsalz
 2,0 g Pfeffer
 2,0 g Paprika, edelsüß
 0,3 g Mazisblüte
 1,0 g Weingeist mit Wacholder (4007)
 0,5 g Rosenpaprika

Därme: 190 Stück, Kaliber 45/40, Kunstdärme

Herstellung: Siehe 1501

Produktionsverlust: 12 %

Rezept 1508

Streichmettwurst	2.212.2

Siehe 1507

Rezept 1509

Braunschweiger Mettwurst	2.212.2

Material für 100 kg
60,0 kg S 2 Schweinefleisch ohne Sehnen, mit maximal 5 % sichtbarem Fett, roh
40,0 kg S 5 Schweinebauch ohne Schwarte mit maximal 60 % sichtbarem Fett, roh

Gewürze und Zutaten je kg Masse
26,0 g Nitritpökelsalz
 2,5 g Pfeffer, gemahlen
 0,5 g Rosenpaprika
 0,5 g Mazisblüte
 1,0 g Weingeist mit Wacholder (4007)

Därme: 190 Stück, Kaliber 45/40, Kunstdärme

Herstellung: Siehe 1501

Produktionsverlust: 12 %

Rezept 1510

Braunschweiger Mettwurst	2.212.2

Material für 100 kg
30,0 kg R 2 Rindfleisch, entsehnt, mit maximal 5 % sichtbarem Fett, roh
30,0 kg S 2 Schweinefleisch ohne Sehnen, mit maximal 5 % sichtbarem Fett, roh
40,0 kg S 5 Schweinebauch ohne Schwarte mit maximal 60 % sichtbarem Fett, roh

Herstellung: Siehe 1509

Rezept 1511

Mettwurst, Göttinger Art	2.212.2

Material für 100 kg
15,0 kg R 2 Rindfleisch, entsehnt, mit maximal 5 % sichtbarem Fett, roh
27,0 kg S 4 Schweinebauch ohne Schwarte mit maximal 30 % sichtbarem Fett, roh
25,0 kg S 4 b Schweinebauch ohne Schwarte mit maximal 50 % sichtbarem Fett, roh
30,0 kg Rückenspeck ohne Schwarte, roh
 3,0 kg S 21 Flomen

Gewürze und Zutaten je kg Masse
24,0 g Nitritpökelsalz
 2,0 g Pfeffer
 2,0 g Paprika, edelsüß

Därme: 120 Stück, Kaliber 53/50, Kunst-Kranzdärme

Herstellung: Siehe 1501

Produktionsverlust: 12 %

Rezept 1512

Schmierwurst, fettreich 2.212.04

Material für 100 kg

100,0 kg S 5 Schweinebauch ohne Schwarte mit maximal 60 % sichtbarem Fett, roh

oder

20,0 kg S 3 Schweinefleisch mit geringem Sehnenanteil und maximal 5 % sichtbarem Fett, roh

10,0 kg S 21 Flomen

70,0 kg S 4b Schweinebauch ohne Schwarte mit maximal 50 % sichtbarem Fett, roh

Gewürze und Zutaten je kg Masse

24,0 g Nitritpökelsalz

2,5 g Pfeffer

2,0 g Paprika, edelsüß

Därme: 190 Stück, Kaliber 45/40, Kunstdärme

Herstellung: Siehe 1501

Produktionsverlust: 12 %

Rezept 1513

Mettwurst, einfach 2.212.5

Material für 100 kg

10,0 kg S 3 Schweinefleisch mit geringem Sehnenanteil und maximal 5 % sichtbarem Fett, roh

80,0 kg S 5 Schweinebauch ohne Schwarte mit maximal 60 % sichtbarem Fett, roh

10,0 kg S 14 Schwarten, gekocht

Gewürze und Zutaten je kg Masse

30,0 g Nitritpökelsalz

3,0 g Pfeffer

4,0 g Paprika, edelsüß

Vorarbeiten

Die Schwarten werden mindestens einen Tag vor der Herstellung der Mettwurst total weichgekocht und auf dem Kutter zu Schwartenbrei gehackt. die Masse kommt in Mulden und wird im Kühlraum gut durchgekühlt.

Herstellung

1. Das Gewürz und die Zutaten werden entsprechend dem Rezept zusammengestellt.
2. Das Rohmaterial wird in Chargenmengen zusammengestellt.
3. Der Schwartenblock wird durch die 3-mm-Scheibe gewolft. Das Schweinefleisch und der

Speck können vorgeschroten werden, es ist jedoch nicht zwingend notwendig.

4. Das gesamte Material wird im Schnellgang feinst zerkleinert.
5. Gewürze und Zutaten müssen so rechtzeitig zugesetzt werden, daß sie sich gut mit der Masse vermischen können.
6. Die Masse kann unmittelbar nach dem Kuttern gefüllt werden.

Därme: 190 Stück, Kaliber 45/40, Kunstdärme

Reifezeit: 18–24 Stunden bei 18° Raumtemperatur, maximal; 75 % Luftfeuchtigkeit

Räuchern: Kalt, 12 Stunden bei 18 °C.

Produktionsverlust: 12 %

Rezept 1514

Mettwurst, einfach 2.212.5

Material für 100 kg

5,0 kg R 3 Rindfleisch, grob entsehnt, mit maximal 15 % sichtbarem Fett, roh

5,0 kg R 7 Bindegewebe, gekocht

10,0 kg S 3 Schweinefleisch mit geringem Sehnenanteil und maximal 5 % sichtbarem Fett, roh

60,0 kg S 5 Schweinebauch ohne Schwarte mit maximal 60 % sichtbarem Fett, roh

12,0 kg S 21 Flomen

8,0 kg S 14 Schwarten, gekocht

Körnung: Das Rinderfleischfett und das Kuhfleisch werden durch die 3-mm-Scheibe vorgewolft.

Gewürze und Zutaten, Därme, Produktionsdaten, Herstellungsanweisung: Siehe 1513

Rezept 1515

Fränkische Rindfleischwurst 2.212.2

Material für 100 kg

80,0 kg R 2 Rindfleisch, entsehnt, mit maximal 5 % sichtbarem Fett, roh

20,0 kg S 8 Rückenspeck ohne Schwarte, roh

Gewürze und Zutaten je kg Masse

24,0 g Nitritpökelsalz

2,0 g Pfeffer

Herstellung

1. Das gesamte Material wird in gut gekühltem Zustand durch die Schrotscheibe gewolft.

2. Salz und Gewürze werden dem geschroteten Fleisch beigemengt.
3. Zwischenzeitlich ist der Wolf mit folgendem Messersatz zu versehen: Vorschneider – Messer – Schrotscheibe – Messer – 3-mm-Scheibe
4. Das gesamte Material wird durch diese Scheiben des Wolfes gelassen
5. Die Masse ist luftblasenfrei und kompakt in den Füller zu geben und sofort zu füllen.

Därme: 120 Stück, Kaliber 43/50, runde Kunstdärme

Reifezeit: 12–24 Stunden bei 18° Raumtemperatur, 75 % Luftfeuchtigkeit

Räuchern: Kalt, 12 Stunden bei max. 18 °C.

Produktionsverlust: 12 %

Anmerkung: Wegen des geringen Salzgehaltes ist diese Wurstsorte nur begrenzt haltbar.

Rezept 1516

Fränkische Rindfleischwurst   2.211.15

Material
100,0 kg R 1 Rindfleisch, grob entsehnt, mit maximal 15 % sichtbarem Fett, roh

Herstellung: Siehe 1514

Rezept 1517

Pommersche Teewurst   2.212.2

Material für 100 kg
10,0 kg R 1 Rindfleisch, fett- und sehnenfrei, roh
20,0 kg S 2 Schweinefleisch ohne Sehnen, mit maximal 5 % sichtbarem Fett, roh
70,0 kg S 5 Schweinebauch ohne Schwarte mit maximal 60 % sichtbarem Fett, roh

Gewürze und Zutaten je kg Masse
24,0 g Nitritpökelsalz
 1,0 g Pfeffer, weiß, gemahlen
 1,0 g Rosenpaprika
 0,4 g Piment
 0,2 g Kardamom
 2,0 g Rum

Därme: 190 Stück, Kaliber 45/40, Kunstdärme

Herstellung: Siehe 1514

Hinweis
Das Originalrezept schreibt die Verwendung von engen Mitteldärmen, etwa im Kaliber 55/50 vor.
Hierbei gilt es zu bedenken, daß dieses Erzeugnis bei Herstellung im Mitteldarm einen hohen Produktionsverlust hat und außerdem schwieriger zu lagern ist, als bei der Herstellung im Kunstdarm.

Rezept 1518

Weiche Zervelatwurst   2.211.08

In Zeiten als es noch üblich, bzw. nicht anders möglich war, als die Rohwurst im Naturreifeverfahren herzustellen, war auch sehr häufig eine weiche Zervelatwurst mit im Angebot. Es handelte sich dabei überwiegend bis ausschließlich um solche Zervelatwurstprodukte, die, aus welchen Gründen auch immer, nicht die volle erwünschte Schnittfestigkeit erreichten. Im strengsten Sinne gesehen handelte es sich dabei um Fehlfabrikate. Weiche Zervelatwurst kommt heutzutage nahezu zwangsläufig durch die Herstellung von Rohwürsten mit GdL-Produkten ins Angebot. Bekannterweise sind diese Erzeugnisse in den ersten 6–8 Tagen nach dem Räuchern noch nicht voll schnittfest. Sie lassen sich daher recht gut als „Weiche Zervelatwurst" verkaufen.

Rohwurst
streichfähig, grob gekörnt

Produktionsschema

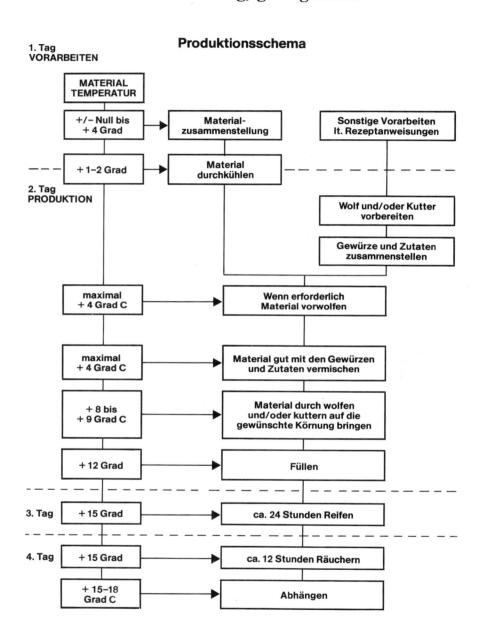

1. Tag
VORARBEITEN

MATERIAL TEMPERATUR

| +/− Null bis + 4 Grad | → | Material-zusammenstellung | | Sonstige Vorarbeiten lt. Rezeptanweisungen |

| + 1–2 Grad | → | Material durchkühlen |

2. Tag
PRODUKTION

Wolf und/oder Kutter vorbereiten

Gewürze und Zutaten zusammenstellen

| maximal + 4 Grad C | → | Wenn erforderlich Material vorwolfen |

| maximal + 4 Grad C | → | Material gut mit den Gewürzen und Zutaten vermischen |

| + 8 bis + 9 Grad C | → | Material durch wolfen und/oder kuttern auf die gewünschte Körnung bringen |

| + 12 Grad | → | Füllen |

| **3. Tag** + 15 Grad | → | ca. 24 Stunden Reifen |

| **4. Tag** + 15 Grad | → | ca. 12 Stunden Räuchern |

| + 15–18 Grad C | → | Abhängen |

128

Rezept 1601

Grobe Mettwurst 2.212.3

Material für 100 kg
100,0 kg S 4 b Schweinebauch ohne Schwarte
mit maximal 50 % sichtbarem Fett,
roh
oder
17,0 kg S 2 Schweinefleisch ohne Sehnen, mit
maximal 5 % sichtbarem Fett, roh
83,0 kg S 5 Schweinebauch ohne Schwarte mit
maximal 60 % sichtbarem Fett, roh

Gewürze und Zutaten je kg Masse
24,0 g Nitritpökelsalz
 2,5 g Pfeffer
 0,5 g Kümmel, gemahlen

Herstellung
1. Das gesamte Material wird in gut gekühltem
 Zustand durch die Schrotscheibe gewolft.
2. Salz und Gewürze werden dem geschroteten
 Fleisch beigemengt.
3. Zwischenzeitlich ist der Wolf mit folgendem
 Messersatz zu versehen: Vorschneider –
 Messer – Schrotscheibe – Messer – Erbsenscheibe
4. Das gesamte Material wird durch die Erbsenscheibe gewolft.
5. Die Masse ist luftblasenfrei und kompakt in
 den Füller zu geben und sofort zu füllen.

Därme: 120 Stück, Kaliber 43/50, runde Kunstdärme

Reifezeit: 12–24 Stunden bei 18 °C Raumtemperatur, 75 % Luftfeuchtigkeit

Räuchern: Kalt, 12 Stunden bei maximal 18°
Celsius

Produktionsverlust: 10 %

Rezept 1602

Grobe Mettwurst 2.212.3

Material für 100 kg
60,0 kg S 4 b Schweinebauch ohne Schwarte
mit maximal 50 % sichtbarem Fett, roh
40,0 kg S 2 Schweinefleisch ohne Sehnen, mit
maximal 5 % sichtbarem Fett, roh

Gewürze und Zutaten je kg Masse
24,0 g Nitritpökelsalz
 3,0 g Pfeffer
 4,0 g Rum

Därme: 120 Stück, Kaliber 43/50, runde Kunstdärme

Herstellung: Siehe 1601

Produktionsverlust: 5 %

Rezept 1603

Rheinische grobe Mettwurst 2.212.03

Material für 100 kg
65,0 kg S 1 Schweinefleisch, fett- und sehnenfrei, roh
35,0 kg S 5 Schweinebauch ohne Schwarte mit
maximal 60 % sichtbarem Fett, roh

Gewürze und Zutaten je kg Masse
24,0 g Nitritpökelsalz
 2,0 g Pfeffer
 0,5 g Mazis
 0,2 g Ingwer
 0,1 g Nelken

Därme: 120 Stück, Kaliber 43/50, runde Kunstdärme

Herstellung: Siehe 1601

Produktionsverlust: 5 %

Rezept 1604

Rheinische grobe Mettwurst 2.212.03

Material für 100 kg
20,0 kg R 1 Rindfleisch, fett- und sehnenfrei,
roh
40,0 kg S 1 Schweinefleisch, fett- und sehnenfrei, roh
40,0 kg S 4b Schweinebauch ohne Schwarte
mit maximal 50 % sichtbarem Fett, roh

Gewürze und Zutaten je kg Masse
24,0 g Nitritpökelsalz
 2,0 g Pfeffer
 0,5 g Mazis
 0,2 g Ingwer
 0,1 g Nelken

Därme: 120 Stück, Kaliber 43/50, runde Kunstdärme

Herstellung: Siehe 1601

Produktionsverlust: 5 %

Rezept 1605

Grobe Braunschweiger Mettwurst 2.212.3

Material für 100 kg
10,0 kg R 1 Rindfleisch, fett- und sehnenfrei, roh
20,0 kg S 1 Schweinefleisch, fett- und sehnenfrei, roh
70,0 kg S 4 Schweinebauch ohne Schwarte mit maximal 30 % sichtbarem Fett, roh

Gewürze und Zutaten je kg Masse
24,0 g Nitritpökelsalz
 2,0 g Pfeffer
 1,0 g Rum

Därme: 120 Stück, Kaliber 43/50, runde Kunstdärme

Herstellung: Siehe 1601

Produktionsverlust: 5 %

Körnung: Das Rindfleisch wird erst durch die 3-mm-Scheibe gewolft und dann mit dem Schweinefleisch weiterverarbeitet.

Rezept 1606

Westfälische grobe Mettwurst 2.212.3

Material für 100 kg
70,0 kg S 2 Schweinefleisch ohne Sehnen mit maximal 5 % sichtbarem Fett, roh
30,0 kg S 8 Rückenspeck ohne Schwarte, roh

Gewürze und Zutaten je kg Masse
24,0 g Nitritpökelsalz
 0,5 g Piment
 3,0 g Pfeffer

Därme: 120 Stück, Kaliber 43/50, runde Kunstdärme

Herstellung: Siehe 1601

Produktionsverlust: 5 %

Rezept 1607

Westfälische grobe Mettwurst, luftgetrocknet 2.212.3

Siehe 1606

Därme: 730 Stück, Kaliber 40/17, gelochte Kunstdärme

Anmerkung: Diese Wurstsorte kann nicht mit Edelschimmel beschichtet werden.

Rezept 1608

Sächsische grobe Mettwurst 2.212.3

Material für 100 kg
65,0 kg S 1 Schweinefleisch, fett- und sehnenfrei, roh
35,0 kg S 8 Rückenspeck ohne Schwarte, roh

Gewürze und Zutaten je kg Masse
24,0 g Nitritpökelsalz
 3,0 g Pfeffer
 1,0 g Kümmel
 1,0 g Cognac

Därme: 120 Stück, Kaliber 43/50, runde Kunstdärme

Herstellung: Siehe 1601

Produktionsverlust: 5 %

Rezept 1609

Berliner Mettwurst 2.212.3

Material für 100 kg
66,0 kg R 1 Rindfleisch, fett- und sehnenfrei, roh
34,0 kg S 5 Schweinebauch ohne Schwarte mit maximal 60 % sichtbarem Fett, roh

Gewürze und Zutaten je kg Masse
24,0 g Nitritpökelsalz
 2,0 g Pfeffer
 0,2 g Kümmel, gestoßen
 0,3 g Koriander
 0,5 g Knoblauchmasse (4426)

Därme: 120 Stück, Kaliber 43/50, runde Därme

Herstellung: Siehe 1601

Produktionsverlust: 5 %

Körnung: Das Rindfleisch wird erst durch die 3-mm-Scheibe gewolft und dann mit dem Schweinefleisch weiterverarbeitet.

Rezept 1610

Mettwurst, Königsberger Art   2.212.3

Material für 100 kg
33,0 kg   R 1 Rindfleisch, fett- und sehnenfrei, roh
67,0 kg   S 4 Schweinebauch ohne Schwarte mit maximal 30 % sichtbarem Fett, roh

Gewürze und Zutaten je kg Masse
24,0 g   Nitritpökelsalz
 2,0 g   Pfeffer
 3,0 g   Rum mit Knoblauch (4423)

Därme: 120 Stück, Kaliber 43/50, runde Kunstdärme

Herstellung: Siehe 1601

Produktionsverlust: 5 %

Körnung: Das Rindfleisch wird erst durch die 3-mm-Scheibe gewolft und dann mit dem Schweinefleisch weiterverarbeitet.

Rezept 1611

Mettwurst, fettreich   2.212.4

Material für 100 kg
17,0 kg   S 3 Schweinefleisch mit geringem Sehnenanteil und maximal 5 % sichtbarem Fett, roh
50,0 kg   S 4 b Schweinebauch ohne Schwarte mit maximal 50 % sichtbarem Fett, roh
30,0 kg   S 8 Rückenspeck ohne Schwarte, roh
 3,0 kg   S 21 Flomen

Gewürze und Zutaten je kg Masse
24,0 g   Nitritpökelsalz
 2,0 g   Pfeffer

Därme: 190 Stück, Kaliber 45/50, Kunstdärme

Herstellung: Siehe 1601

Produktionsverlust: 5 %

Körnung: Das Rindfleisch wird erst durch die 3-mm-Scheibe gewolft und dann mit dem Schweinefleisch weiterverarbeitet.

Rezept 1612

Grobe Teewurst   2.212.1

Material für 100 kg
10,0 kg   R 1 Rindfleisch, fett- und sehnenfrei, roh
90,0 kg   S 4 Schweinebauch ohne Schwarte mit maximal 30 % sichtbarem Fett, roh

Gewürze und Zutaten je kg Masse
24,0 g   Nitritpökelsalz
 2,0 g   Pfeffer
 2,0 g   Paprika, edelsüß
 2,0 g   Jamaikarum

Därme: 190 Stück, Kaliber 45/40, Kunstdärme

Herstellung: Siehe 1601

Produktionsverlust: 5 %

Körnung: Das Rindfleisch wird erst durch die 3-mm-Scheibe gewolft und dann mit dem Schweinefleisch weiterverarbeitet.

Rezept 1613

Grobe Teewurst, Rügenwalder Art 2.212.1

Material für 100 kg
20,0 kg   R 1 Rindfleisch, fett- und sehnenfrei, roh
54,0 kg   S 1 Schweinefleisch, fett- und sehnenfrei, roh
26,0 kg   S 8 Rückenspeck ohne Schwarte, roh

Gewürze und Zutaten je kg Masse
24,0 g   Nitritpökelsalz
 2,0 g   Pfeffer, weiß
 1,0 g   Paprika, edelsüß
 0,2 g   Kardamom
 0,3 g   Ingwer
 3,0 g   Bienenhonig
 2,0 g   Jamaika-Rum

Vorarbeiten
Der frische, ungesalzene Speck wird einen Tag vor der Wurstherstellung 6–8 Stunden kalt geräuchert. Danach soll er wieder sehr gut durchkühlen.

Herstellung
Das Material wird in faustgroße Stücke geschnitten, mit den Gewürzen und Zutaten vermengt und durch die 3-mm-Scheibe gewolft. Vor dem Füllen sollte die Masse gut durchgemengt werden.

Därme: 190 Stück, Kaliber 45/40, Kunstdärme

Reifezeit: 24–48 Stunden bei 18 °C Raumtemperatur, maximal; 75 % Luftfeuchtigkeit

Räuchern: 12 Stunden bei 18 °C maximal

Produktionsverlust: 10 %

Rezept 1614

Braunschweiger Knoblauchwurst   2.212.3

Material für 100 kg
80,0 kg   R 2 Rindfleisch, entsehnt, mit maximal 5 % sichtbarem Fett, roh
20,0 kg   S 8 Rückenspeck ohne Schwarte, roh

Gewürze und Zutaten je kg Masse
24,0 g Nitritpökelsalz
 2,0 g weißer Pfeffer
 1,0 g Knoblauchmasse (4426)

Därme: 190 Stück, Kaliber 45/40, Kunstdärme

Herstellung: Siehe 1601

Körnung: Das Rindfleisch wird erst durch die 3-mm-Scheibe gewolft und dann mit dem Schweinefleisch weiterverarbeitet.

Rezept 1615

Mettwurst in Flomenhaut   2.211.09/ 2.211.10

Für diese Spezialität kann jede beliebige grob zerkleinerte Mettwurstsorte verwendet werden.

Herstellung: Siehe 1317

Rezept 1616

Thüringer Grobe Mettwurst   2.211.09

Material für 100 kg
65,0 kg   S 1 Schweinefleisch, fett- und sehnenfrei, roh
35,0 kg   S 4 b Schweinebauch ohne Schwarte mit maximal 50 % sichtbarem Fett, roh

Gewürze und Zutaten je kg Masse
20,0 g Nitritpökelsalz
 2,0 g Pfeffer, weiß
 2,0 g Majoran, gemahlen

Herstellung
1. Das gesamte Fleischmaterial wird in gut gekühltem Zustand durch die Schrotscheibe gewolft.

2. Salz und Gewürze werden dem geschroteten Material beigemengt.
3. Daran anschließend wird die Wurstmasse noch einmal, diesmal durch die Erbsenscheibe, gewolft. Dazu sollte der Wolf wie folgt zusammengesetzt sein: Vorschneider – Messer – Schrotscheibe – Messer – Erbsenscheibe.

Därme: 120 Stück runde Kunstdärme, Kaliber 43/50

Produktionsverlust: 15 %

Rezept 1617

Hackepeter

Siehe 1618. Lebensmittelrecht: HVO beachten.

Rezept 1618

Thüringer Mett

Material für 100 kg
58,0 kg   S 1 Schweinefleisch, fett- und sehnenfrei, roh
30,0 kg   S 4 Schweinebauch ohne Schwarte mit max. 30 % sichtbarem Fett, roh
12,0 kg   Zwiebeln, Rohgewicht

Gewürze und Zutaten je kg Masse
20,0 g Kochsalz
 2,0 g Pfeffer
 2,0 g Majoran, gemahlen

Herstellung
1. Das gesamte Fleischmaterial wird in gut gekühltem Zustand durch die Schrotscheibe gewolft.
2. Salz und Gewürze werden dem geschroteten Fleisch beigemengt.
3. Daran anschließend wird das Mett durch die Erbsenscheibe gewolft. Dazu sollte der Wolf wie folgt zusammengesetzt sein: Vorschneider – Messer – Schrotscheibe – Messer – Erbsenscheibe.
4. Die Zwiebeln werden klein gewürfelt dem Mett beigemengt. Das fertige Mett wird auf einer Platte angerichtet.

Produktionsverlust: 5 %

Hinweis: Das Mett kann auch ohne Zwiebeln angerichtet werden. Es wird dann beim Anrichten mit einem Zwiebelkranz umlegt.

Lebensmittelrecht: Thüringer Mett ist im Sinne der Hackfleisch-VO als „zubereitetes Hackfleisch" anzusehen. Die einschlägigen Bestimmungen sind daher zu beachten.

Rezept 1619

Rheinische Mettwurst 2.211.10

Material für 100 kg
60,0 kg S 2 Schweinefleisch ohne Sehnen, mit maximal 5 % sichtbarem Fett, roh
40,0 kg S 4b Schweinebauch ohne Schwarte mit maximal 50 % sichtbarem Fett, roh

Gewürze und Zutaten je kg Masse
24,0 g Nitritpökelsalz
 1,0 g Farbstabilisator
 2,0 g Pfeffer, gemahlen
 0,5 g Mazis
 0,2 g Ingwer
 0,2 g Kardamom

Herstellung
1. Schweinefleisch und Schweinebauch werden vorgeschroten und mit dem Pökelsalz sowie den Gewürzen und Zutaten vermengt.
2. Der Wolf wird mit folgendem Messersatz zusammengestellt: Vorschneider – Messer – Schrotscheibe – Messer – 2-mm-Scheibe.
3. Das S 2 wird durch die 2-mm-Scheibe gewolft. Die Wolfzusammensetzung ist in Pos. 2 beschrieben.
Anschließend wird das gewolfte Material mit dem geschroteten S 4b vermengt und noch einmal durch die 3-mm-Scheibe gewolft.
4. Das Wurstgut ist sofort luftblasenfrei in den Füller zu geben und zu füllen.

Därme: Schweinedärme, Kaliber 34/36

Reifung: 12–24 Stunden bei 18 °C Raumtemperatur 80–75 % Luftfeuchtigkeit

Räuchern: kalt, 12 Stunden bei maximal 18 °C

Produktionsverlust: 15 %

Rezept 1620

Mettwurst, schwedische Art 2.211.10

Material für 100 kg
50,0 kg R 2 Rindfleisch, entsehnt, mit maximal 5 % sichtbarem Fett, roh
25,0 kg S 2 Schweinefleisch ohne Sehnen, mit maximal 5 % sichtbarem Fett, roh
25,0 kg S 8 Rückenspeck ohne Schwarte, roh

Gewürze und Zutaten je kg Masse
24,0 g Nitritpökelsalz
 3,0 g Pfeffer, weiß, gemahlen
 3,0 g Cognac

Herstellung
1. Das Rind- und Schweinefleisch wird in wolfgerechte Stücke geschnitten, mit Salz und Gewürzen vermengt und durch die 2-mm-Scheibe gewolft.
2. Das zerkleinerte Material kommt auf den Kutter. Der in etwa 2-cm-Würfel geschnittene Speck wird im langsamen Gang dem gewolften Material beigekuttert bis eine 2-mm-Körnung erreicht ist.

Därme: Mitteldärme, Kaliber 65/70

Reifezeit: 12–24 Stunden bei 18 °C Raumtemperatur und 75 % Luftfeuchtigkeit.

Räuchern: kalt, 12 Stunden bei maximal 18 °C

Produktionsverlust: 10 %

Variante: An Stelle von Mitteldärmen können auch Kunstdärme im Kaliber 45/40 verwendet werden.

Hinweis: Schwedische Mettwurst trocknet wegen des verhältnismäßig hohen Rindfleischanteils schnell aus. Sie sollte daher innerhalb 5–7 Tagen verkauft sein.

Rohwurst, Würstchen
fein zerkleinert

In der Unterkategorie 17 *Rohwurst, streichfähige Würstchen, fein zerkleinert* (Rezept-Nummern 1701 bis 1719) sind alle Wurstsorten der Unterkategorie 15 (Rezept-Nummern 1501 bis 1518) verwendbar. Der Unterschied liegt lediglich im Fassungsvermögen der zur Verwendung kommenden Därme. Es liegt in der Regel zwischen 80 und 250 g. Die Auswahl der Därme ist dem Wursthersteller überlassen. Es werden sowohl Natur-, als auch Kunstdärme verwendet. Die Produktions- und Lagerungsverluste liegen im allgemeinen genauso hoch wie bei länger geschnittenen Kunstdarmabschnitten gleicher Beschaffenheit.

Rezept 1701

Teewürstchen

Siehe 1501

Rezept 1702

Teewürstchen, Rügenwalder Art

Siehe 1502

Rezept 1703

Teewürstchen, Göttinger Art

Siehe 1503

Rezept 1704

Teewürstchen, Berliner Art

Siehe 1504

Rezept 1705

Mettwürstchen Ia

Siehe 1505

Rezept 1706

Streichmettwürstchen Ia

Siehe 1506

Rezept 1707

Mettwürstchen, streichfähig

Siehe 1507

Rezept 1708

Streichmettwürstchen

Siehe 1508

Rezept 1709

Braunschweiger Mettwürstchen

Siehe 1509

Rezept 1710

Braunschweiger Mettwürstchen

Siehe 1510

Rezept 1711

Mettwürstchen, Göttinger Art

Siehe 1511

Rezept 1712

Schmierwürstchen, fettreich

Siehe 1512

Rezept 1713

Mettwürstchen, einfach

Siehe 1513

Rezept 1714

Mettwürstchen, einfach

Siehe 1514

Rezept 1715

Fränkische Rindfleischwürstchen

Siehe 1515

Rezept 1716

Fränkische Rindfleischwürstchen

Siehe 1516

Rezept 1717

| **Leipziger Nipswürstchen** | 2.211.07 |

Siehe 1301

Abweichung: Därme: 260 Meter Saitlinge, Kaliber 24/26. Die Würstchen werden in einer Länge von ca. 5–6 cm in Ketten gedreht.

Produktionsverlust: 30 %

Herstellung: Siehe 1301

Hinweis: Die Verwendung von Weingeist mit Wacholder sollte evtl. unterbleiben.

Rezept 1718

| **Leipziger Weihnachtswürstchen** | 2.211.07 |

Siehe 1717

Rezept 1719

| **Dresdner Appetitwürstchen** | 2.211.10 |

Material für 100 kg

30,0 kg	R 2 Rindfleisch, entsehnt, mit maximal 5 % sichtbarem Fett, roh
20,0 kg	S 2 Schweinefleisch ohne Sehnen, mit maximal 5 % sichtbarem Fett, roh
30,0 kg	S 4 Schweinebauch ohne Schwarte mit maximal 30 % sichtbarem Fett, roh
20,0 kg	S 8 Rückenspeck ohne Schwarte, roh

Gewürze und Zutaten je kg Masse

30,0 g	Nitritpökelsalz
1,0 g	Starterkulturen
2,0 g	Pfeffer, weiß, gemahlen
0,5 g	Paprika, edelsüß
0,1 g	Kardamom

Herstellung: Siehe 1301

Därme: Schweinedärme, 175 Meter, Kaliber 28/32

Würstchengröße: 40 g, im Strang abgedreht.

Reifezeit: 2–3 Tage bei 18 °C Raumtemperatur und 90–85 % Luftfeuchtigkeit

Räuchern: kalt; 24 Stunden, bei 22 °C, maximal

Produktionsverlust: 22 %

135

Rohwurst, Würstchen
grob gekörnt

Rezept 1801

Bratwurst, geräuchert	2.211.17

Material für 100 kg

30,0 kg S 2 Schweinefleisch ohne Sehnen, mit maximal 5 % sichtbarem Fett, roh
70,0 kg S 4 Schweinebauch ohne Schwarte mit maximal 30 % sichtbarem Fett, roh

Gewürze und Zutaten je kg Masse
24,0 g Nitritpökelsalz
 2,5 g Pfeffer
 0,5 g Kümmel, gemahlen

Herstellung

1. Das gesamte Material wird in gut gekühltem Zustand durch die Schrotscheibe gewolft.
2. Salz und Gewürze werden dem geschroteten Fleisch beigemengt.
3. Zwischenzeitlich ist der Wolf mit folgendem Messersatz zu versehen: Vorschneider – Messer – Schrotscheibe – Messer – 3-mm-Scheibe
4. Das gesamte Material wird durch die 3-mm-Scheibe des Wolfes gelassen.
5. Die Masse ist luftblasenfrei und kompakt in den Füller zu geben und sofort zu füllen.

Stückgewicht: 100 g, im Strang abgedreht.

Därme: 175 Meter, Kaliber 28/32, Schweinedärme

Reifezeit: 12–24 Stunden bei 18 °C Raumtemperatur und 75 % Luftfeuchtigkeit

Räuchern: 12 Stunden bei maximal 18 °C

Produktionsverlust: 10 %

Rezept 1802

Westfälinger	2.211.17

Material für 100 kg

20,0 kg S 2 Schweinefleisch ohne Sehnen mit maximal 5 % sichtbarem Fett, roh
80,0 kg S 4 Schweinebauch ohne Schwarte mit maximal 30 % sichtbarem Fett, roh

Gewürze und Zutaten je kg Masse
24,0 g Nitritpökelsalz
 3,0 g Pfeffer
 0,25 g Kümmel

Därme: 175 Meter, Kaliber 28/32, Bratwurstdärme

Herstellung: Siehe 1801

Produktionsverlust: 10 %

Stückgewicht: 100 g, im Strang abgedreht

Rezept 1803

Bauernbratwurst	2.211.17

Siehe 1802

Rezept 1804

Bauernseufzer	2.211.17

Material für 100 kg

20,0 kg R 2 Rindfleisch, entsehnt, mit maximal 5 % sichtbarem Fett, roh
40,0 kg S 2 Schweinefleisch ohne Sehnen, mit maximal 5 % sichtbarem Fett, roh
40,0 kg S 8 Rückenspeck ohne Schwarte, roh

Gewürze und Zutaten je kg Masse
28,0 g Nitritpökelsalz
 1,0 g Starterkulturen
 2,0 g Pfeffer
 0,5 g Ingwer
 0,1 g Nelken
 2,0 g Rum mit Knoblauch (4423)

Vorarbeiten

1. Die Materialzusammenstellung erfolgt in Chargenmengen, die dem Fassungsvermögen des Kutters entsprechen.
2. Das Rind- und Schweinefleisch ist 48 bis 72 Stunden vor der Herstellung der bauernseufzer bei minus 25 °C durchzufrieren. Der Speck wird sehr gut gekühlt (ca. 0–1 °C) verarbeitet.

Herstellung

1. Entsprechend dem Rezept sind die Gewürze und Zutaten zusammenzustellen.
2. Das tiefgekühlte Material ist so zu zerhacken, daß die Kuttermesser in der Lage sind, es zu erfassen und zu zerkleinern. Das Material ist dann für kurze Zeit im Kühlraum zu lagern.
3. Bei warmer Temperatur im Produktionsraum ist der Kutter auf den Gefrierpunkt herunterzukühlen.
4. Das Rindfleisch und 10 kg des Schweinefleisches werden in den Kutter gegeben, der dabei im langsamen Gang läuft.
5. Hat der Kutter das Material aufgenommen, ist die Masse im Schnellgang bis zu feinster Körnung zu kuttern.
6. Spätestens bevor das Material anfängt leicht zu klumpen, sind das Salz sowie die Gewürze und Zutaten beizugeben.

Danach ist das restliche Schweinefleisch und der Speck beizukuttern. Die Masse läuft, bis ein gleichmäßiges, grobkörniges Schnittbild erreicht ist. am Ende des Kuttervorganges sollte die Masse leicht klumpen, damit sie sofort luftblasenfrei und kompakt in den Füller gegeben und gefüllt werden kann.
Stückgewicht 80 g.

Därme: 200 Meter, Kaliber 26/28, Schweinedärme

Reifezeit: 72–96 Stunden bei 18–20 °C Raumtemperatur, maximal; 90–85 % Luftfeuchtigkeit

Räuchern: kalt, ca. 24 Stunden bei 18 °C

Produktionsverlust: 12 %

Rezept 1805

| **Bauernstumpen** | 2.211.17 |

Siehe 1804

Rezept 1806

| **Schwarzwälder Bauernwürstle** | 2.211.17 |

Material für 100 kg
40,0 kg S 2 Schweinefleisch ohne Sehnen, mit maximal 5 % sichtbarem Fett, roh
40,0 kg S 4 Schweinebauch ohne Schwarte mit maximal 30 % sichtbarem Fett, roh
20,0 kg S 8 Rückenspeck ohne Schwarte, roh

Gewürze und Zutaten je kg Masse
28,0 g Nitritpökelsalz
 1,0 g Starterkulturen
 2,0 g Pfeffer
 0,25 g Muskatnuß

Därme: 175 Meter, Kaliber 28/32, Schweinedärme

Herstellung: Siehe 1804

Produktionsverlust: 22 %

Körnung: Das Schweinefleisch wird feinst zerkleinert, das übrige Fleischmaterial grob gekörnt.

Rezept 1807

| **Schinkenwürstchen** | 2.211.03 |

Material für 100 kg
30,0 kg S 2 Schweinefleisch ohne Sehnen, mit maximal 5 % sichtbarem Fett, roh
70,0 kg S 4 b Schweinebauch ohne Schwarte mit maximal 50 % sichtbarem Fett, roh

Gewürze und Zutaten je kg Masse
28,0 g Nitritpökelsalz
 1,0 g Starterkulturen
 2,0 g Pfeffer

Därme: 175 Meter, Kaliber 28/32, Schweinedärme

Herstellung: Siehe 1804

Produktionsverlust: 22 %

Körnung: Die Hälfte des Schweinefleisches S 2 wird feinst zerkleinert, die andere Hälfte und das übrige Material grob gekörnt.

Rezept 1808

| **Vesperwürstchen** | 2.212.3 |

Material für 100 kg
100,0 kg S 4 Schweinebauch ohne Schwarte mit maximal 30 % sichtbarem Fett, roh

Gewürze und Zutaten je kg Masse
24,0 g Nitritpökelsalz
 3,0 g Pfeffer

Därme: 580 Stück, Kaliber 42/20, gelochte Kunstdärme

Herstellung: Siehe 1801

Produktionsverlust: 5 %

Rezept 1809

Frühstückswürstchen, umrötet   2.212.3

Siehe 1808.

Rezept 1810

Berliner Knackwurst   2.211.17

Material für 100 kg
10,0 kg   R 2 Rindfleisch, entsehnt, mit maximal 5 % sichtbarem Fett, roh
30,0 kg   S 2 Schweinefleisch ohne Sehnen, mit maximal 5 % sichtbarem Fett, roh
60,0 kg   S 4 b Schweinebauch ohne Schwarte mit maximal 50 % sichtbarem Fett, roh

Gewürze und Zutaten je kg Masse
24,0 g Nitritpökelsalz
 3,0 g Pfeffer, weiß, gemahlen
 1,0 g Senfkörner

Herstellung
1. Das R 2 und 10,0 kg des S 2 werden durch die 2-mm-Scheibe gewolft.
2. Das restliche S 2 und das Schweinefleisch S 4b werden vorgeschroten.
3. Das fein gewolfte Material und das Schrotfleisch werden mit den Gewürzen und Zutaten vermengt und durch die 3-mm-Scheibe getrieben. Die Masse wird kurz durchgemengt und ist füllfertig.

Därme: 175 m Schweinedärme, Kaliber 28/322

Reifen und Räuchern: Nach 1804

Produktionsverlust: 22 %

Rezept 1811

Berliner Knacker   2.211.17

Siehe 1810

Rezept 1812

Sächsische Knackwurst   2.211.15

Material für 100 kg
50,0 kg   R 2 Rindfleisch, entsehnt, mit maximal 5 % sichtbarem Fett, roh
50,0 kg   S 5 Schweinebauch ohne Schwarte mit maximal 60 % sichtbarem Fett, roh

Gewürze und Zutaten je kg Masse
28,0 g Nitritpökelsalz
 1,0 g Starterkulturen
 3,0 g Pfeffer

Därme: 175 Meter, Kaliber 28/32, Schweinedärme

Herstellung: Siehe 1804

Produktionsverlust: 22 %

Rezept 1813

Thüringer Knackwurst   2.211.15

Material für 100 kg
40,0 kg   R 2 Rindfleisch, entsehnt, mit maximal 5 % sichtbarem Fett, roh
60,0 kg   S 5 Schweinebauch ohne Schwarte mit maximal 60 % sichtbarem Fett, roh

Gewürze und Zutaten je kg Masse
28,0 g Nitritpökelsalz
 1,0 g Starterkulturen
 2,5 g Pfeffer, weiß, gemahlen
 0,5 g Kümmel
 0,5 g Knoblauchmasse (4426)

Därme: 175 Meter, Kaliber 28/32, Schweinedärme

Herstellung: Siehe 1804

Produktionsverlust: 22 %

Rezept 1814

Thüringer Bauernknackwurst   2.211.15

Material für 100 kg
80,0 kg   S 2 Schweinefleisch ohne Sehnen, mit maximal 5 % sichtbarem Fett, roh
20,0 kg   S 8 Rückenspeck ohne Schwarte, roh

Gewürze und Zutaten je kg Masse
28,0 g Nitritpökelsalz
 1,0 g Starterkulturen
 2,5 g Pfeffer, gemahlen
 0,5 g Kümmel
 0,5 g Knoblauchmasse (4426)

Därme: 175 Meter, Kaliber 28/32, Schweinedärme

Herstellung: Siehe 1804

Produktionsverlust: 22 %

Körnung: Die Hälfte des S 2 wird feinst zerkleinert, die andere Hälfte und das übrige Material grob gekörnt.

Rezept 1815

Tiroler Touristenwurst	2.211.03

Siehe 1460

Abweichung: 175 Meter Schweinedärme, Kaliber 28/30

Produktionsverlust: 22%

Rezept 1816

Alpenkübler	2.211.3

Siehe 1815

Rezept 1817

Landjäger	2.211.18

Material für 100 kg
30,0 kg R 4 Rindfleisch mit maximal 20% sichtbarem Fett und ca. 5% sehnen, roh
70,0 kg S 4b Schweinebauch ohne Schwarte mit maximal 50% sichtbarem Fett, roh

Gewürze und Zutaten je kg Masse
30,0 g Nitritpökelsalz
 1,0 g Starterkulturen
 3,0 g Pfeffer, weiß, gemahlen
 0,5 g Kümmel, gestoßen

Vorarbeiten
1. Die Materialzusammenstellung erfolgt in Chargenmengen, die dem Fassungsvermögen des Kutters entsprechen.
2. Das Rind- und Schweinefleisch ist 48–72 Stunden vor der Herstellung der Landjäger bei minus 25 °C durchzufrieren. Die Schweinebäuche bzw. der Speck werden sehr gut gekühlt (ca. 0° bis +1 °C).

Herstellung
1. Entsprechend dem Rezept ist das Gewürz und die Zutaten zusammenzustellen.
2. Das tiefgekühlte Rindfleisch ist so zu zerhacken, daß die Kuttermesser in der Lage sind, es zu erfassen und zu zerkleinern.
3. Bei warmer Temperatur im Produktionsraum ist der Kutter auf den Gefrierpunkt herunterzukühlen.

4. Das Rindfleisch wird in den Kutter gegeben, der dabei im langsamen Gang läuft.
5. Hat der Kutter das Material aufgenommen, ist die Masse im Schnellgang bis zur feinsten Körnung zu kuttern.
6. Spätestens bevor das Material anfängt zu klumpen sind das Salz, die Gewürze und Zutaten zuzugeben. Anschließend wird das Schweinefleisch und/oder der Speck beigekuttert. Im allgemeinen haben Landjäger eine verhältnismäßig grobe Körnung, und zwar Erbsengröße.

Därme: 200 Meter, Kaliber 28/32, Schweinedärme

Reifezeit: 72–96 Stunden bei 18 °C Raumtemperatur, maximal; 90–75% Luftfeuchtigkeit

Räuchern: Kalt, ca. 24 Stunden bei 18 °C

Produktionsverlust: 30%

Füllen
Das Wurstgut wird in Schweinedärme Kaliber 28/32 gefüllt und paarweise abgedreht. Das Füllgewicht für ein Paar Landjäger beträgt 160–250 g.
Es ist unbedingt darauf zu achten, daß beim Abdrehen der Pärchen die beiden Darmenden in ausreichender Länge ungefüllt bleiben, damit beim späteren Pressen der Wurst kein Füllgut aus dem Darm gepreßt wird.
Nach dem Füllen werden die Pärchen in Kästen gesetzt und zwar nebeneinander möglichst so, daß die einzelnen Lagen auch seitlich begrenzt sind und nicht wegrutschen können. Die so geschichteten Würstchen werden mit einer glatten Platte abgedeckt und auf diese Platte kommt eine Beschwerung, so daß die Würstchen gepreßt werden. Die Landjäger bleiben ca. 1–2 Tage in dieser Presse. Danach werden sie auf Rauchspieße gehängt. Wenn die Würstchen abgetrocknet sind, das ist ca. 2 Tage später der Fall, dann können sie geräuchert werden.

Hinweis
Die althergebrachte Gepflogenheit, zur Herstellung von Landjägern überwiegend Rinderkopffleisch zu verwenden, ist lebensmittelrechtlich nicht mehr vertretbar.
Das insgesamt zur Verwendung kommende Rindfleisch muß mindestens die Charakteristiken von Sehnenreichem Rindfleisch aufweisen.
In diesem Zusammenhang wird empfohlen, die

Anmerkungen zu Sehnenreiches Rindfleisch innerhalb der Leitsätze für Fleisch und Fleisch- erzeugnisse zu beachten.

Rezept 1818

Landjäger	2.211.18

Material für 100 kg
70,0 kg R 4 Rindfleisch mit maximal 20 % sichtbarem Fett und ca. 5 % Sehnen, roh
30,0 kg S 8 Rückenspeck ohne Schwarte, roh

Herstellung: Siehe 1817

Rezept 1819

Jägerwürstchen	2.211.15

Material für 100 kg
20,0 kg R 3 Rindfleisch, grob entsehnt, mit maximal 15 % sichtbarem Fett, roh
40,0 kg S 3 Schweinefleisch mit geringem Seh- nenanteil und maximal 5 % sichtbarem Fett, roh
40,0 kg Rückenspeck ohne Schwarte, roh

Gewürze und Zutaten je kg Masse
28,0 g Nitritpökelsalz
 1,0 g Starterkulturen
 0,5 g Paprika, edelsüß
 2,0 g Pfeffer

Därme: 175 Meter, Kaliber 28/32, Schweine- därme

Herstellung: Siehe 1817

Produktionsverlust: 25 %

Rezept 1820

Schweizer Landjäger	2.211.15

Material für 100 kg
40,0 kg R 2 Rindfleisch, entsehnt, mit maxi- mal 5 % sichtbarem Fett, roh
30,0 kg S 2 Schweinefleisch ohne Sehnen, mit maximal 5 % sichtbarem Fett, roh
30,0 kg S 5 Schweinebauch ohne Schwarte mit maximal 60 % sichtbarem Fett, roh

Gewürze und Zutaten je kg Masse
30,0 g Nitritpökelsalz
 1,0 g Starterkulturen
 3,0 g Pfeffer
 1,0 g Senfkörner

Herstellung: Siehe 1817

Rezept 1821

Kolbac	2.211.15

Material für 100 kg
70,0 kg S 2 Schweinefleisch ohne Sehnen, mit maximal 5 % sichtbarem Fett, roh
30,0 kg S 8 Rückenspeck ohne Schwarte, roh

Gewürze und Zutaten je kg Masse
30,0 g Nitritpökelsalz
 1,0 g Starterkulturen
 1,0 g Knoblauchmasse (4426)
 2,0 g Pfeffer
 1,0 g Rosenpaprika
 3,0 g Paprika, edelsüß

Vorarbeiten
1. Die Materialzusammenstellung erfolgt in Chargenmengen, die dem Fassungsvermö- gen des Kutters entsprechen.
2. Das Schweinefleisch ist 48–72 Stunden vor der Herstellung der Kolbac bei minus 25 °C durchzufrieren. Der Speck wird sehr gut gekühlt (auf ca. 0° bis +1 °C).

Herstellung
1. Entsprechend dem Rezept sind die Gewürze und Zutaten zusammenzustellen.
2. Das tiefgekühlte Material ist so zu zerhacken, daß die Kuttermesser in der Lage sind, es zu erfassen und zu zerkleinern.
3. Bei warmer Temperatur im Produktionsraum ist der Kutter auf den Gefrierpunkt herunter- zukühlen.
4. Das Schweinefleisch wird zur Hälfte in den Kutter gegeben, der dabei im langsamen Gang läuft.
5. Hat der Kutter das Material aufgenommen, ist die Masse im Schnellgang bis zur feinsten Körnung zu kuttern.
6. Spätestens bevor das Material anfängt zu klumpen sind das Salz sowie die Gewürze und Zutaten zuzugeben. Anschließend wird das restliche Schweinefleisch und der Speck bei- gekuttert. Im allgemeinen haben Kolbac eine verhältnismäßig grobe Körnung und zwar in Erbsengröße.

Därme: 200 Meter, Kaliber 26/28, Schweine- därme

Reife- und Räucherdauer: Siehe 1817

Produktionsverlust: 30%

Rezept 1822

Kielbossa	2.211.15

Siehe 1821

Rezept 1823

Kiolbassa	2.211.15

Siehe 1821

Rezept 1824

Polnische Bratwurst	2.211.17

Siehe 1825

Rezept 1825

Rohpolnische Würstchen	2.211.17

Material für 100 kg
20,0 kg R 2 Rindfleisch, entsehnt, mit maximal 5% sichtbarem Fett, roh
50,0 kg S 2 Schweinefleisch ohne Sehnen, mit maximal 5% sichtbarem Fett, roh
30,0 kg S 8 Rückenspeck ohne Schwarte, roh

Gewürze und Zutaten je kg Masse
28,0 g Nitritpökelsalz
 1,0 g Starterkulturen
 2,0 g Pfeffer
 1,0 g Kümmel
 2,0 g Senfkörner
 0,5 g Majoran, gemahlen
 2,0 g Weingeist mit Knoblauch (44229)

Därme: 175 Meter, Kaliber 28/32, Schweinedärme

Herstellung: Siehe 1821

Produktionsverlust: 30%

Stückgewicht: 100 g, im Strang abgedreht.

Rezept 1826

Debrecziner, roh	2.211.17

Material für 100 kg
20,0 kg R 2 Rindfleisch, entsehnt, mit maximal 5% sichtbarem Fett, roh
10,0 kg S 2 Schweinefleisch ohne Sehnen, mit maximal 5% sichtbarem Fett, roh

70,0 kg S 4b Schweinebauch ohne Schwarte mit maximal 50% sichtbarem Fett, roh

Gewürze und Zutaten je kg Masse
28,0 g Nitritpökelsalz
 1,0 g Starterkulturen
 1,0 g Pfeffer
 2,0 g Rosenpaprika
 2,0 g Paprika, edelsüß
 1,0 g Knoblauchmasse (4426)

Därme: 175 Meter, Kaliber 28/32, Schweinedärme

Herstellung: Siehe 1821

Produktionsverlust: 30%

Stückgewicht: 100 g, im Strang abgedreht.

Rezept 1827

Cabanossi	2.211.15

Material für 100 kg
20,0 kg R 2 Rindfleisch, entsehnt, mit maximal 5% sichtbarem Fett, roh
80,0 kg S 4b Schweinebauch ohne Schwarte mit maximal 50% sichtbarem Fett, roh
oder
20,0 kg R 2 Rindfleisch, entsehnt, mit maximal 5% sichtbarem Fett, roh
80,0 kg S 4 Schweinebauch ohne Schwarte mit maximal 30% sichtbarem Fett, roh

Gewürze und Zutaten je kg Masse
28,0 g Nitritpökelsalz
 1,0 g Starterkulturen nach Herstellerangabe
 2,0 g Pfeffer, weiß
 1,5 g Rosenpaprika
 3,0 g Paprika, edelsüß

Därme: 175 Meter, Kaliber 28/32, Schweinedärme

Herstellung: Siehe 1821

Produktionsverlust: 22%

Rezept 1828

Peperoni	2.211.15

Siehe 1827

Rezept 1829

Zwiebelwurst 2.212.3

Siehe 1830

Gewürze und Zutaten je kg Masse
zusätzlich: 30,0 g Zwiebeln (Rohgewicht)

Rezept 1830

Hannoversche Bregenwurst 2.212.3

Material für 100 kg
30,0 kg S 2 Schweinefleisch ohne Sehnen, mit maximal 5 % sichtbarem Fett, roh
70,0 kg S 4b Schweinebauch ohne Schwarte mit maximal 50 % sichtbarem Fett, roh

Gewürze und Zutaten je kg Masse
24,0 g Nitritpökelsalz
2,0 g Pfeffer
0,5 g Piment

Herstellung
1. Das gesamte Material wird in gut gekühltem Zustand durch die Schrotscheibe gewolft.
2. Salz und Gewürze werden dem geschroteten Fleisch beigemengt.
3. Zwischenzeitlich ist der Wolf mit folgendem Messersatz zu versehen: Vorschneider – Messer – Schrotscheibe – Messer – 3-mm-Scheibe
4. Das gesamte Material wird durch die 3-mm-Scheibe des Wolfes gelassen.
5. Die Masse ist luftblasenfrei und kompakt in den Füller zu geben und sofort zu füllen.

Därme: 175 Meter, Kaliber 28/32, Schweinedärme

Räuchern: warm, 60 Minuten bei 22–24 °C

Garzeit: 30 Minuten bei 70 °C

Stückgewicht: 100 g.

Produktionsverlust: 15 %

Hinweis
1. Die Bezeichnung Hirnwurst ist im norddeutschen Raum nicht üblich; vielmehr findet hier nahezu ausschließlich die Bezeichnung Bregenwurst Verwendung.
2. Nach Ansicht regionaler Sachverständiger muß Bregenwurst nicht unbedingt Hirn enthalten.

Rezept 1831

Salametti 2.211.05

Siehe 1410

Stückgewicht: Salametti werden in Schweinedärme Kaliber 28/32 gefüllt und in Portionen zu 80 bis 120 g abgedreht.

Rezept 1832

Räucherenden 2.211.15

Siehe 1431

Därme: 375 Stück, Kaliber 43/20, halbrunde Kunstdärme

Rezept 1833

Räucherenden, einfach 2.211.16

Siehe 1450

Därme: 375 Stück, Kaliber 43/20, halbrunde Kunstdärme

Rezept 1834

Räucherenden, einfach 2.211.16

Siehe 1461

Därme: 375 Stück, Kaliber 43/20, halbrunde Kunstdärme

Rezept 1835

Lippische Kohlwurst, einfach 2.211.16

Material für 100 kg
20,0 kg R 4 Rindfleisch mit maximal 20 % sichtbarem Fett und ca. 5 % Sehnen, roh
30,0 kg S 3 Schweinefleisch mit geringem Sehnenanteil und maximal 5 % sichtbarem Fett, roh
40,0 kg S 4b Schweinebauch ohne Schwarte mit maximal 50 % sichtbarem Fett, roh
10,0 kg S 14 Schwarten, gekocht

Gewürze und Zutaten je kg Masse
22,0 g Nitritpökelsalz
1,0 g Starterkulturen
2,0 g Pfeffer
0,5 g Piment

Vorarbeiten

1. Die Materialzusammenstellung erfolgt in Chargenmengen, die dem Fassungsvermögen des Kutters entsprechen.
2. Das gesamte Fleischmaterial ist 48–72 Stunden vor der Herstellung der Kohlwurst bei –25 °C durchzufrieren.
3. Gut entfettete Schwarten werden sehr weich gekocht und im Kutter zu Brei gehackt. Der Schwartenbrei kommt in eine Schüssel und wird gut durchgekühlt (24 Stunden). Kurz vor der Herstellung der Kohlwurst wird die erforderliche Menge vorgewolft.

Herstellung

1. Entsprechend dem Rezept sind die Gewürze und Zutaten zusammenzustellen.
2. Das tiefgekühlte Material ist so zu zerkleinern, daß die Kuttermesser in der Lage sind, dies zu erfassen und zu zerkleinern.
3. Bei warmer Temperatur im Produktionsraum ist der Kutter auf den Gefrierpunkt herunterzukühlen.
4. Das Fleisch (Pos. 1 und 2) und die Schwarten werden in den Kutter gegeben, der dabei im langsamen Gang läuft.
5. Hat der Kutter das gesamte Material aufgenommen, ist die Masse im Schnellgang bis zur feinsten Körnung laufen zu lassen.
6. Spätestens kurz bevor das Material leicht anfängt zu klumpen, ist der Schweinebauch beizukuttern, und auf die gewünschte Körnung zu bringen. Salz sowie die Gewürze und Zutaten werden so beigekuttert, daß die Masse bei richtiger Körnung füllfertig ist.
7. Die Masse wird sofort luftblasenfrei in den Füller gegeben und gefüllt.

Därme: 175 Stück, Kaliber 28/32, Schweinedärme

Reifezeit: 72–96 Stunden bei max. 18 °C Raumtemperatur, 90–75 % Luftfeuchtigkeit

Räuchern: Kalt, ca. 24 Stunden bei 18 °C

Produktionsverlust: 22 %

Hinweis
Durch den verhältnismäßig niedrigen Salzgehalt des Produktes besteht eine geringe Haltbarkeit, die deutlich von der Norm abweicht. Das Produkt ist daher zum alsbaldigen Verzehr bestimmt.

In der warmen Jahreszeit wird empfohlen, den Salzgehalt auf 24 g je Kilo Masse zu erhöhen. Allerdings wird dadurch die geringe Haltbarkeit nicht aufgehoben.

Rezept 1836

Lippische Kohlwurst, einfach, luftgetrocknet 2.211.16

Siehe 1835

Hinweis
Soweit diese *Lippische Kohlwurst, einfach, luftgetrocknet,* in warmem Zustand verzehrt werden soll, darf sie *nicht* mit Edelschimmel beschichtet sein!
Für diesen Fall werden die Würste in der Klimakammer ohne Rauchzufuhr gereift und anschließend an der Luft getrocknet. Die so hergestellten Würste sollten innerhalb 5–7 Tagen verzehrt werden.

Rezept 1837

Schinkenwürstel 2.211.03

Siehe 1807

Rezept 1838

Ringelwurst 2.211.18

Landjägerbrät (1817) wird in Schweinedärme, Kaliber 28/32, gefüllt.
Die gefüllten Wurststränge werden nicht in Portionen abgedreht, sondern locker spiralförmig über die Rauchstöcke gelegt.
Die Produktionsdaten sind dem Rezept 1817 zu entnehmen.

Anmerkung
Ringelwurst wird zum Verkauf auf großen Platten übereinandergetürmt und stellt durch ihre starre, getrocknete und außergewöhnliche Form einen interessanten Blickfang dar. Diese Spezialität wird vorwiegend im fränkischen Raum angeboten.

Rezept 1839

Knacker 2.211.17

Siehe 1810

Rezept 1840

**Mecklenburger
Knochenpeter-Würstchen** 2.221.13

Siehe 1465

Därme: Bratwurstdärme, 175 Meter, Kaliber 28/32

Produktionsverlust: 15 %

Herstellung: Siehe 1465

Würstchengröße: ca. 80 bis 100 g.

Rezept 1841

Tiroler Landjäger 2.211.15

Siehe 1460

Därme: 175 Meter Schweinedärme, Kaliber 28/32

Produktionsverlust: 22 %

Rezept 1842

Kielbassa 2.223.1

Material für 100 kg
10,0 kg Rinderbrät-Grundmasse (2024)
70,0 kg S 4b Schweinebauch ohne Schwarte mit maximal 50 % sichtbarem Fett, roh
20,0 kg S 8 Rückenspeck ohne Schwarte, roh

Gewürze und Zutaten je kg Masse
18,0 g Nitritpökelsalz (nicht für Grundmasse)
 2,5 g Pfeffer, gemahlen
 0,1 g Kardamom
 0,2 g Knoblauchmasse (4426)

Herstellung
1. Die beiden Sortierungen Schweinefleisch werden durch die 3-mm-Scheibe gewolft, mit den Gewürzen und Zutaten vermengt und dann unter die Rinderbrät-Grundmasse gezogen.
2. Das Gemenge soll dann zwei Runden auf dem Kutter laufen.
3. Die Kielbassa wird entweder in Ringe gefüllt oder als längliche Würste abgedreht, die ca. 300–350 g wiegen sollen.

Därme: Schweinedärme, Kaliber 28/32

Reifen: 12 Stunden bei normaler Raumtemperatur

Räuchern: 6–12 Stunden im Kaltrauch

Produktionsverlust: 18 %

Rezept 1843

Schlesische Landwurst 2.223.1

Siehe 1842

Lebensmittelrecht: Im Originalrezept wird die Sortenbezeichnung „Schlesische Landbratwurst" verwendet.

Rezept 1844

Rauchpeitschen 2.211.18

Herstellung
Rohwurstsorten in der Zusammensetzung von *Landjägern* werden in Saitlinge Kaliber 26/28 gefüllt, paarweise oder im Strang, etwa 20 cm lang abgedreht. Reifen und Räuchern wie schnittfeste Rohwurstsorten.

Produktionsverlust: 40 %

Rohwurst, gegart

Westfälische Kochmettwurst 2.212.3

Material für 100 kg

32,0 kg R 2 Rindfleisch, entsehnt, mit maximal 5 % sichtbarem Fett, roh
34,0 kg S 2 Schweinefleisch ohne Sehnen, mit maximal 5 % sichtbarem Fett, roh
34,0 kg S 8 Rückenspeck ohne Schwarte, roh

Gewürze und Zutaten je kg Masse

22,0 g Nitritpökelsalz
3,0 g Pfeffer, gemahlen
0,3 g Piment

Herstellung

1. Das gesamte Material wird in gut gekühltem Zustand durch die Schrotscheibe gewolft.
2. Salz und Gewürze werden dem geschroteten Fleisch beigemengt.
3. Zwischenzeitlich ist der Wolf mit folgendem Messersatz zu versehen: Vorschneider − Messer − Schrotscheibe − Messer − 3-mm-Scheibe.
4. Das gesamte Material wird durch die Erbsenscheibe des Wolfes gelassen.
5. Die Masse ist luftblasenfrei und kompakt in den Füller zu geben und sofort zu füllen.

Därme: 65 m, Kaliber 43/46, Rinder-Kranzdärme

Reifezeit: 12 Stunden bei 15−18 °C Raumtemperatur, 85−90 % Luftfeuchtigkeit

Räuchern: kalt, zwei Stunden bei 16−18 °C

Garzeit: 40 Minuten bei 70° Celsius

Produktionsverlust: 15 %

Hinweis

Durch den verhältnismäßig niedrigen Salzgehalt des Produktes besteht eine Haltbarkeit, die deutlich von der Norm abweicht. Es ist daher üblich, dieses Produkt gegart in den Verkehr zu bringen. In der warmen Jahreszeit wird empfohlen, den Salzgehalt auf 24 g je Kilo Masse zu erhöhen. Allerdings wird dadurch die eingeschränkte Haltbarkeit nicht aufgehoben.

Hannoversche Weißwurst 2..212.4

Material für 100 kg

90,0 kg S 4b Schweinebauch ohne Schwarte mit maximal 50 % sichtbarem Fett, roh
10,0 kg S 6 Backen ohne Schwarte, roh

Gewürze und Zutaten je kg Masse

22,0 g Kochsalz
2,0 g Pfeffer, weiß
20,0 g Zwiebeln, roh
0,5 g Muskatblüte oder
0,5 g Nelken

Därme: 45 Meter, Kaliber 60/65, Mitteldärme

Räuchern: warm, 12 Stunden bei 20−22 °C

Garzeit: 60 Minuten bei 80 °C

Produktionsverlust: 12 %

Herstellung: Siehe 1901

Hannoversche Schmorwurst 2.212.4

Material für 100 kg

50,0 kg S 2 Schweinefleisch ohne Sehnen, mit maximal 5 % sichtbarem Fett, roh
50,0 kg S 5 Schweinebauch ohne Schwarte mit maximal 60 % sichtbarem Fett, roh

Gewürze und Zutaten je kg Masse

22,0 g Nitritpökelsalz
2,5 g Pfeffer
0,5 g Muskat
0,5 g Kümmel, gemahlen

Därme: 65 Meter, Kaliber 43/46, Kranzdärme

Herstellung: Siehe 1901

Rezept 1904

Bremer Kochmettwurst   2.212.4

Material für 100 kg
60,0 kg   R 2 Rindfleisch, entsehnt, mit maximal 5 % sichtbarem Fett, roh
40,0 kg   S 5 Schweinebauch ohne Schwarte mit maximal 60 % sichtbarem Fett, roh

Gewürze und Zutaten je kg Masse
22,0 g Nitritpökelsalz
 2,5 g Pfeffer, weiß
 1,0 g Mazis

Därme: 65 Meter, Kaliber 43/46, Rinder-Kranzdärme

Herstellung: Siehe 1901

Hinweis: Das vorangestellte Rezept beschreibt die klassische Herstellungsweise. Nach neuerer Verkehrsauffassung ist „Bremer Kochmettwurst" (auch: „Bremer Gekochte", „Gekochte") identisch mit „Fleischwurst", 2010.

Rezept 1905

Hamburger Kochmettwurst   2.212.4

Material
100,0 kg   S 4 Schweinebauch ohne Schwarte mit maximal 30 % sichtbarem Fett, roh

Gewürze und Zutaten je kg Masse
22,0 g Nitritpökelsalz
 2,5 g Pfeffer
 0,3 g Mazis

Därme: 45 Meter, Kaliber 60/65, Mitteldärme

Herstellung: Siehe 1901

Hinweis: Das vorangestellte Rezept beschreibt die klassische Herstellungsweise. Nach neuerer Verkehrsauffassung kann davon ausgegangen werden, daß diese Spezialität identisch ist mit „Fleischwurst", 2010.

Rezept 1906

Hannoversche Fleischwurst (Kochwurst)

Material
100,0 kg   S 5 Schweinebauch ohne Schwarte mit maximal 60 % sichtbarem Fett, roh

Gewürze und Zutaten je kg Masse
20,0 g Nitritpökelsalz
 2,0 g Pfeffer, gemahlen
 2,0 g Nelken
 1,0 g Muskat

Herstellung
1. Die Wammen werden leicht vorgegart, klein geschnitten, mit den Gewürzen und Zutaten vermengt und durch die 2-mm-Scheibe gewolft.
2. Das Wurstgut wird durchgemengt, gefüllt und gegart.
3. Nach dem Garen werden die Würste unter ständigem umrühren abgekühlt und anschließend leicht angeräuchert.

Därme: enge Schweinekrausen

Garzeit: 25 Minuten bei 80 °C

Rezept 1907

Hildesheimer Kochsalami   2.223.1

Siehe 1908

Rezept 1908

Göttinger Kochsalami   2.223.1

Material für 100 kg
52,0 kg   R 2 Rindfleisch, entsehnt, mit maximal 5 % sichtbarem Fett, roh
18,0 kg   S 2 Schweinefleisch ohne Sehnen, mit maximal 5 % sichtbarem Fett, roh
15,0 kg   Rinderbrät-Grundmasse (2024)
15,0 kg   S 8 Rückenspeck ohne Schwarte, roh

Gewürze und Zutaten je kg Masse
22,0 g Nitritpökelsalz (nicht für Rinderbrät-Grundmasse)
 3,0 g Pfeffer, gemahlen
 0,5 g Knoblauchmasse (4426)
 2,0 g Rum

Herstellung
1. Der Speck wird auf dem Kutter etwa in Erbsengröße unter die Rinderbrät-Grundmasse gekuttert.
2. Das Rindfleisch wird durch die Schrotscheibe, das Schweinefleisch durch die Erbsenscheibe gewolft.
3. Dieses grobe Material wird unter Zugabe der Gewürze und Zutaten miteinander vermengt.
4. Das Brät wird aus dem Kutter genommen und

im Mengtrog mit dem gewürzten Rind- und Schweinefleisch vermengt. Anschließend soll das Ganze noch einmal zwei Runden auf dem Kutter laufen.

5. Das Wurstgut wird sofort luftblasenfrei gefüllt.

Därme: 60 Stück sterile schwarze Kunstdärme, Kaliber 75/90

Garzeit: 90 Minuten bei 80 °C

Produktionsverlust: 5 %

Rezept 1909

Kielbassa 2.223.2

Material für 100 kg
70,0 kg S 4b Schweinebauch ohne Schwarte mit maximal 50 % sichtbarem Fett, roh
20,0 kg S 2 Schweinefleisch ohne Sehnen, mit maximal 5 % sichtbarem Fett, roh
10,0 kg Rinderbrät-Grundmasse (Rezept 2024)

Gewürze und Zutaten je kg Masse
18,0 g Nitritpökelsalz
 2,5 g Pfeffer, weiß, gemahlen
 0,1 g Kardamom
 0,2 g Knoblauchmasse (4426)

Herstellung
1. Das gesamte Schweinefleisch wird durch die 3-mm-Scheibe gewolft, mit den Gewürzen und Zutaten vermengt und dann unter die Rinderbrät-Grundmasse gezogen.
2. Wenn das Material gut vermengt ist, kann man es evtl. zwei Runden auf dem Kutter laufen lassen. Die Wurstmasse wird sofort gefüllt. die Kielbassa wird so abgedreht, entweder im Ring oder als längliche Würste, daß Portionen von 350 bis 400 Gramm entstehen. Sie werden im Warmrauch geräuchert, nachdem sie ca. 12 bis 24 Stunden durchkonservieren konnten.
3. Die Würste werden im rohen Zustand verkauft.

Därme: Schweinedärme, Kaliber 28/32

Produktionsverlust: 18 %

Rezept 1910

Schlesische Landbratwurst 2.223.2

Siehe 1909

Rezept 1911

**Gekochte Mettwurst
nach Schwedischer Art** 2.223.2

Material für 100 kg
26,0 kg R 2 Rindfleisch, entsehnt, mit maximal 5 % sichtbarem Fett, roh
48,0 kg S 2 Schweinefleisch ohne Sehnen, mit maximal 5 % sichtbarem Fett, roh
26,0 kg S 8 Rückenspeck ohne Schwarte, roh

Gewürze und Zutaten je kg Masse
24,0 g Nitritpökelsalz
 2,5 g Pfeffer, weiß, gemahlen
 0,4 g Ingwer
 1,2 g Muskat

Herstellung
Diese Spezialität wird einmal hergestellt mit Mettwurstcharakter. In diesem Fall wird das gesamte Material zunächst vorgeschroten, dann mit den Gewürzen und Zutaten vermengt und noch einmal durch die 2- oder 3-mm-Scheibe gewolft.
Es ist aber auch üblich, mittlerweile dürfte es sogar die Regel sein, daß dieses Produkt wie Fleischwurst, also mit Fremdwasserzusatz, hergestellt wird. Dazu ändert sich die Materialzusammenstellung wie folgt:
20,0 kg R 2 Rindfleisch
38,0 kg S 2 Schweinefleisch
22,0 kg S 8 Speck
20,0 kg Eisschnee
Herstellung wie 2045
Die Därme sind in der Regel, wie bereits oben angegeben, Schloßdärme. es ist aber auch möglich, einen entsprechend kalibrigen Kunstdarm zu verwenden.

Därme: Schloßdärme vom Rind (Spießdärme)

Produktionsverlust: 18 %

Rezept 1912

Salami, gegart, Böhmische Art 2.211.08

Material für 100 kg
24,0 kg R 2 Rindfleisch, entsehnt, mit maximal 5 % sichtbarem Fett, roh
42,0 kg S 2 Schweinefleisch ohne Sehnen, mit maximal 5 % sichtbarem Fett, roh
34,0 kg S 8 Rückenspeck ohne Schwarte, roh

Gewürze und Zutaten je kg Masse
22,0 g Nitritpökelsalz
 5,0 g Zucker
 4,0 g Pfeffer, weiß, gemahlen
 0,5 g Kümmel, gemahlen

Herstellung
1. Das Fleischmaterial wird sehr gut gekühlt, die Kerntemperatur soll +/− 0 °C betragen.
2. Das R 2 und das S 2 werden, jedes für sich, vorgeschroten und jeweils mit der Hälfte der Gewürze und Zutaten vermengt. Der Speck kommt ebenfalls gut gekühlt zur Verarbeitung.
3. Das gewürzte Rind- und Schweinefleisch wird durch die 2-mm-Scheibe gewolft und auf den Kutter gegeben. Dem Rindfleisch werden das Schweinefleisch und der Speck grobkörnig beigekuttert.

4. Das Wurstgut wird gefüllt und soll dann zum Durchröten in einen entsprechend temperierten Raum gehängt werden.
5. Wenn die Würste durchgerötet sind, werden sie bei 65−70 °C gegart.

Därme: Kunstdärme, atmungsaktiv, Kaliber 75/50

Garzeit: 120 Minuten bei 65−70 ° Celsius

Produktionsverlust: 30 %

Rezept 1913

Innviertler Salami, gegart 2.211.08

Siehe 1912

Brühwurst

Die Leitsätze für Fleisch und Fleischerzeugnisse haben in Pos. 2.2.2. eine klare Definition des Begriffes *Brühwurst*. Insgesamt wird dort nur zusammengefaßt, was seit langer Zeit guter handwerklicher Brauch ist. Mit dem Begriff *Brühwurstfabrikat* sind alle Produkte gemeint, die als rohe, ungebrühte Wurstwaren in den Verkehr kommen und die vor dem Verzehr durch Brühen, Backen, Braten oder auf andere Weise hitzebehandelt werden.

In die Kategorie Brühwurst gehören auch alle Bratwurstsorten, die ganz oder teilweise aus zerkleinertem Fleischmaterial bestehen, das in der oben beschriebenen Weise unter Zusatz von Fremdwasser bearbeitet wurde.

Lebensmittelrecht

Unter dem Begriff *Brühwurst* werden nach einer in den Leitsätzen für Fleisch und Fleischerzeugnisse (Gesamtwortlaut siehe Anlage) enthaltenen Definition alle Erzeugnisse zusammengefaßt, die durch Brühen, Backen, Braten oder auf andere Weise einer Hitzebehandlung unterzogen werden und bei denen das zerkleinerte rohe Fleisch mit Kochsalz (auch in Form von Nitritpökelsalz) und gegebenenfalls anderen Kuttersalzen meist nach Zusatz von Trinkwasser (oder Eis) ganz oder teilweise aufgeschlossen wurde. Das Muskeleiweiß koaguliert bei der Erhitzung mehr oder weniger zusammenhängend, und die Erzeugnisse bleiben deshalb auch bei einer nochmaligen Erhitzung schnittfest (Unterschied zur Kochwurst).

Die Menge an zugesetztem Fremdwasser (Trinkwasser oder Eis) ist bei den einzelnen Erzeugnissen unterschiedlich hoch. Zusammen mit dem verarbeiteten Fettgewebe darf es das für die einzelnen Sorten *herkömmliche Maß* nicht überschreiten. Durch die Forderung der Leitsätze nach einem ausreichenden Anteil an bindegewebseiweißfreiem Fleischeiweiß (BEFFE) ist die Summe aus Fremdwasser- und Fettgehalt zwar weitgehend begrenzt, es ist jedoch darauf hinzuweisen, daß auch bei ausreichendem absolutem und relativem BEFFE-Anteil eine erhöhte Fremdwasser- und Fettzugabe zu vermeiden ist.

Der für eine Brühwurst noch zulässige Fremdwasseranteil beträgt in verzehrfähigem Zustand höchstens etwa 20 Prozent, um hier nur einen Anhaltspunkt zu geben. Da einheitliche Festlegungen insbesondere auch über den Fettgehalt fehlen, empfiehlt es sich, die regionalen Bestimmungen zu beachten.

Die Herstellung von **Brühwürsten** erfolgt heute immer mehr aus nicht mehr schlachtwarmem Fleisch. Da aber nur schlachtwarmes Fleisch die zur Bindung notwendigen Eigenschaften besitzt, ist der Hersteller bei der Kaltfleischverarbeitung auf die Verwendung von Kutterhilfsmitteln angewiesen. Ein höherer Kochsalzzusatz eignet sich zwar ebenfalls als Kutterhilfsmittel, seiner Verwendung sind jedoch durch die bestehende Verbrauchererwartung nach einer mild gesalzenen Ware Grenzen gesetzt.

Die für die Herstellung von Brühwurst in Frage kommenden Kutterhilfsmittel sind in der Fleischverordnung benannt.

Hier soll nur nochmals auf die wesentlichsten Bestimmungen hingewiesen werden.

Alle Kutterhilfsmittel dürfen nur in einer Höchstmenge von 0,3%, bezogen auf die verarbeitete Fleisch- und Fettmenge, und nur zu nicht schlachtwarmem Fleisch zugesetzt werden.

Zugelassen sind die Natrium- und Kaliumverbindungen der Genußsäuren (Essigsäure, Milchsäure, Weinsäure und Zitronensäure) sowie die Natrium- und Kaliumverbindungen der Diphosphorsäure. Die erste Gruppe, deren Zusatz bei loser Ware nicht gekennzeichnet werden muß, steht hinsichtlich ihrer Wirkung allerdings den Diphosphaten nach, so daß diese vielfach vorgezogen werden. Zu beachten ist, daß der Zusatz von Phosphat mit dem Hinweis *‚mit Phosphat‘* Kennzeichnungspflichtig ist. Weitere für die Herstellung von Brühwurst zugelassene *Zusatz-*

stoffe, die der Erzielung einer stabilen Umrötung oder der Verhinderung des Fettabsatzes dienen, sind ebenfalls in der Fleischverordnung benannt. Alle diese Stoffe werden von der Zulieferindustrie unter vielfältigen Bezeichnungen angeboten. Bezüglich ihrer Kennzeichnung wird auf die gesetzlichen Bestimmungen, insbesondere der Fleischverordnung und auf die den Originalpackungen beigegebenen Vorschriften verwiesen.

Bratwürste stellen keine einheitliche Wurstart dar. Sie können sowohl zu den Roh- als auch zu den Brühwürsten und selten auch zu den Kochwürsten gerechnet werden.

Allen Bratwürsten gemeinsam ist lediglich die Tatsache, daß sie vor dem Verzehr einem Bratprozeß unterzogen und in der Regel warm verzehrt werden.

Rohe Bratwürste nach Brühwurstart unterliegen den Bestimmungen der Hackfleischverordnung. Dies bedeutet, daß das rohe zerkleinerte Schweinefleisch am Herstellungstag oder spätestens am darauffolgenden Tag zu Bratwurst verarbeitet werden muß und die verkaufsfertige Bratwurst nur am Herstellungstag oder spätestens am darauffolgenden Tag roh in den Verkehr gebracht werden darf (siehe Hackfleischverordnung in der zur Zeit gültigen Fassung).

Nach Ablauf der genannten Frist sind die Bratwürste einer Behandlung im Sinne der Hackfleisch-VO zu unterziehen. Als Behandlungsverfahren gilt Erhitzen oder Pökeln, für Bratwürste empfiehlt sich eine Erhitzung (brühen, braten). Einfrieren kann keinesfalls als zulässiges Behandlungsverfahren angesehen werden. Sofern rohe Bratwürste gefroren in den Verkehr gebracht werden sollen, müssen die Anforderungen der Hackfleischverordnung an die Gefriergeschwindigkeit (1 cm in der Stunde auf minus 18 °C), die Verpackung und die Kennzeichnung beachtet werden. Der Gefriervorgang muß außerdem sofort nach der Herstellung erfolgen. Kutterhilfsmittel dürfen Bratwürsten nur dann zugesetzt werden, wenn sie ganz oder teilweise aus fein zerkleinertem Brät mit Zusatz von Wasser oder Eis bestehen. Der Anteil an Kutterhilfsmitteln (0,3 %) bezieht sich stets nur auf das fein zerkleinerte Brät. Sofern Phosphat als Kutterhilfsmittel verwendet wird, muß die Kennzeichnung mit dem Hinweis *'mit Phosphat'* erfolgen. Bei Grober und Rheinischer Bratwurst gestattet die Fleischverordnung einen Volleizusatz bis zu

3 Prozent, der bei loser Abgabe der Bratwürste nicht kennzeichnungspflichtig ist.

Bei fein zerkleinerter Brühbratwurst ist ein Zusatz von Milch bis zu 5 Prozent gestattet. Dieser Zusatz muß jedoch mit dem Hinweis *unter Verwendung von Milch* gekennzeichnet werden (Anlage 3 der Fleischverordnung).

Rohstoffe zur Brühwurstherstellung

Bei der **Rohstoffauswahl zur Brühwurstherstellung** gibt es einige kategoriespezifische Besonderheiten zu beachten, die im Folgenden näher dargelegt werden sollen.

Dabei kommt nicht nur dem Rohstoff Fleisch, sondern auch allen in Frage kommenden Zusatz- und Hilfsstoffen große Bedeutung zu. Durch die Perfektionierung der Herstellungs-Technologien ist die Brühwurstherstellung ohne die erwähnten Zusatz- und Hilfsstoffe nicht mehr denkbar.

Es ist gleichgültig, ob ein Produkt der Spitzen-, Mittel- oder Einfachqualität hergestellt wird. In jedem Fall ist die Materialauswahl mit äußerster Gewissenhaftigkeit zu treffen. Auch ein Produkt der einfachen Qualität muß die Verbraucher ansprechen, da es sonst automatisch trotz günstiger Preislage zum Ladenhüter wird. Nicht nur die Herstellung von Spitzenqualität, auch die Produktion einfacher Wurstsorten bedarf also meisterlichen Geschickes.

Um ein einwandfrei emulgiertes, also völlig homogenes Brät zu erhalten, ist **gut bindige Skelettmuskulatur** Fleisch erforderlich. Unter diesem Begriff „gut bindig" versteht der Fleischer die Eigenschaft des Fleischmaterials, bei fachgemäßer Verarbeitung kochfest zu binden. Die gewünschte Beschaffenheit liefern vorwiegend jüngere Tiere, deren Fleisch einen besonders hohen Eiweißgehalt hat. Neben der Eiweißmenge spielt auch der Zustand der Eiweißstoffe eine ausschlaggebende Rolle.

Die Eiweißstoffe von jungem Fleisch sind stärker quellfähig, als das Fleisch älterer Tiere, das damit automatisch weniger gut für die Brühwurstherstellung geeignet ist. In der Regel ist das Fleisch vom Vorderviertel zur Brühwurstherstellung besser geeignet als das vom Hinterviertel. Damit ist keineswegs gesagt, daß Rinder-Vorderfleisch vorzugsweise zur Brühwurst-herstellung verwendet werden sollte. Die Frage, ob Rind- oder Schweinefleisch verarbeitet werden sollte, ist eine kalkulatorische Frage. Qualitativ ist zwischen Rind- und Schweinefleisch gleicher Beschaffenheit kein Unterschied. Auch nicht im Geschmack. Dieser Qualitätsvergleich spielt selbstverständlich dann keine Rolle, wenn eine Spezialität produktionsspezifisch Rindfleischverarbeitung erforderlich macht.

Es ist dem Fachmann bekannt, daß speziell das Fleisch von Hals und Schulter recht gut zu Brühwurst verarbeitet werden kann. Das gleiche gilt für alle sehnigen, bindegewebsreichen Fleischpartien, die allerdings je nach Qualitätsstufe der herzustellenden Brühwurstsorte mehr oder weniger entsehnt werden müssen. Es sei denn, das Material wird durch einen Trennsatz gewolft.

Die Eiweißquellfähigkeit des Fleisches ist schwankend. Unmittelbar nach dem Schlachten hat das Fleisch aller Schlachttierarten die beste Bindefähigkeit. Sie nimmt mit zunehmender Lagerzeit Zug um Zug ab. Der ursprünglich ideale pH-Wert sinkt dabei langsam durch den Abbau von Adenosintriphosphat in einen weniger günstigen pH-Bereich ab, was gleichbedeutend ist mit einer schlechteren Wasseraufnahmefähigkeit.

Dieser Veränderungsprozeß, der sich im Magerfleisch vollzieht, ist die Erklärung dafür, daß man in früheren Jahren häufig das zur Verarbeitung bestimmte Magerfleisch schlachtwarm ausbeinte und unter Zugabe von Salz und Fremdwasser einschrotete und ankutterte.

Das **Rindfleisch** für die Brühwurstherstellung muß also andere Eigenschaften besitzen als beispielsweise das Fleisch, das zur Rohwurstherstellung verwendet werden soll. Während das zur Rohwurstherstellung zu verarbeitende Fleisch trocken, fest und möglichst von kräftig roter Farbe sein soll, wird von Rindfleisch für die Brühwurstherstellung eine hellere Farbe verlangt. Das Fleisch soll möglichst von jungen und mageren Tieren stammen. Das Fleisch alter Tiere ist weniger geeignet.

Bei der Verarbeitung von Rindfleisch zu Brühwurstsorten sollte sich der Fachmann auch eines Kriteriums bewußt sein, das durch die Verarbeitung eines zu hohen Rindfleischanteils entstehen kann: Selbst wenn ausschließlich helles Rindfleisch zur Brühwurstherstellung verwendet wird, ist nicht zu vermeiden, daß das Fertigpro-

dukt eine etwas zu dunkle Farbe bekommt. Die eigentlich erwünschte hellrosafarbige Schnittfläche speziell bei Brühwurst-Aufschnittsorten mit grober Einlage läßt sich nur über die reine Schweinefleischverarbeitung erreichen.

Die Verwendung von **Kalbfleisch** zur Brühwurstherstellung ist üblich, sie kann jedoch zu einer wesentlichen Verteuerung des betreffenden Wurstproduktes führen.

Kalbfleischabschnitte, die nicht im Frischfleischverkauf abzusetzen sind, können durchaus in der Wurstfabrikation Verwendung finden. Dies gilt speziell auch dann, wenn Wurstprodukte in ihrer Sortenbezeichnung klar erkennen lassen, daß es sich um Kalbfleischprodukte handelt, oder daß diese Produkte überwiegend aus Kalbfleisch hergestellt sind. Beispiel: Kalbfleischwurst.

In den vorangestellten Ausführungen ist eigentlich schon verdeutlicht, daß die Brühwurstherstellung ohne mageres **Schweinefleisch** kaum denkbar ist, zumindest im Bereich der Spitzen- und Mittelqualitäten. Von Bedeutung ist auch die Frage, in welcher Form Schweinefleisch verarbeitet werden soll. Zur Herstellung von feinst zerkleinertem Brät läßt sich neben dem üblichen Schweinefleisch auch unter gewissen Voraussetzungen das Fleisch von Sauen und Altschneidern verarbeiten. Wenn aber mageres Schweinefleisch geschroten oder in grobe Würfel geschnitten dem feinst zerkleinerten Brät beigemengt werden soll, dann ist Sauen- und Altschneiderfleisch nicht zu empfehlen, da auch bei spezieller Vorbehandlung nicht auszuschließen ist, daß dieses Fleisch im Fertigprodukt zu hart im Biß ist.

Die Verarbeitung von **Lammfleisch** ist nach den Bestimmungen der Leitsätze für Fleisch und Fleischerzeugnisse nicht mehr ohne weiteres möglich. In Position 2.11. dieser Bestimmungen heißt es in Absatz 2, letzter Satz:

Schaffleischabschnitte sind, soweit sie bei der Herrichtung von Fleisch für den Frischfleischverkauf anfallen ohne besondere Kennzeichnung bis zu 5 Prozent gegen Rindfleisch austauschbar.

Werden allerdings Fleischerzeugnisse hergestellt, die in der Sortenbezeichnung klar erkennen lassen, daß es sich um Produkte handelt, die ganz oder zum überwiegenden Teil aus Hammelfleisch hergestellt sind, dann ist die oben zitierte Leitsatzbestimmung ohne Bedeutung.

Ein derartiges Produkt wäre zum Beispiel *Corned Mutton.*

Speck und Speckabschnitte, die für die Brühwurstherstellung verwendet werden sollen, müssen möglichst frisch, kernig und zäh sein. Als kernig wird solcher Speck bezeichnet, der einen relativ hohen Schmelzwert hat. Dieser wird vorwiegend auch wieder durch die Fütterung negativ oder positiv beeinflußt. Schlachtschweine, die mit verhältnismäßig viel Ölkuchen gefüttert wurden, haben einen Speck, der bereits bei niedrigen Temperaturen zu schmieren beginnt. Es wird also relativ früh der Punkt erreicht, bei dem das Fett von fester in flüssige Form übergeht. Diese unerwünschte Reaktion kann nur durch den rechtzeitigen Zusatz von Eisschnee vermieden werden. Der Schmelzpunkt wird durch die Reibungswärme der äußerst schnell greifenden Kuttermesser schneller erreicht, als man häufig annimmt. Fett, das einmal eine zu hohe Temperatur erreicht hat, ist nicht mehr emulgierfähig und setzt in jedem Fall im Fertigprodukt einen unerwünschten Fettrand ab.

All diese unangenehmen Herstellungseigenschaften werden weitgehend vermieden oder eingeschränkt, wenn kerniger Speck zur Verarbeitung kommt. Das heißt, wenn der Speck eine dichte Zellstruktur hat. Schweinebacken und Kammspeck sind aus dieser Sicht am besten für die Brühwurstherstellung geeignet. Alle anderen Arten von Speck und Speckabschnitten lassen sich zwar auch ohne weiteres zur Brühwurstherstellung verwenden, es ist dann lediglich zu beachten, daß durch schnelle Eisschneezugabe das Schmelzen des Speckes vermieden wird.

Wenn der Speck aus Gründen der besseren Lagerfähigkeit zwischen Zerlegung und Verarbeitung vorgesalzen werden muß, ist dies kein Nachteil, wenngleich frischer Speck für die Brühwurstherstellung vorgezogen werden sollte. Es ist selbstverständlich, daß die Lagerzeit für den vorgesalzenen Speck nicht zu lange sein sollte, da Speck – wie an anderer Stelle bereits ausgeführt – sehr schnell im Aussehen und vor allem im Geschmack abbaut und letztlich im Fertigprodukt zu unerwünschten Geschmacksabweichungen führen kann.

Es ist ebenso selbstverständlich, daß Speck und Speckabschnitte prinzipiell entschwartet sein müssen, auch wenn sie zur Herstellung von einfachen Qualitäten verarbeitet werden sollen. Die

Kutter sind bei entsprechender technischer Ausstattung zwar in der Lage, auch solchen Speck feinst zu zerkleinern, der noch mit mehr oder weniger dickem Schwartenzug behaftet ist, nur muß aus lebensmittelrechtlicher Sicht darauf hingewiesen werden, daß weniger gewissenhaft abgeschwarteter Speck sehr leicht zu einem unerlaubt hohen Anteil an kollagenen Substanzen führen kann. Es ist daher zu empfehlen, den Speck gewissenhaft und gut zu entschwarten und in den Sorten, in denen ein erhöhter Schwartenzusatz erlaubt ist (Einfachqualitäten), die entsprechende Menge Schwarten gesondert zuzusetzen, so wie es im Abschnitt *Schwartenverarbeitung zu Brühwurstsorten* dargelegt ist.

In der Regel dürfen Brühwürste aller Qualitätsstufen einen **Fremdwassergehalt** von 20 Prozent, bezogen auf das Fertigprodukt, enthalten. Es gibt einige Brühwurstsorten, die in Abweichung von dieser Allgemeinregel nur einen geringeren Fremdwasseranteil enthalten dürfen. In diesen Ausnahmefällen, z.B. bei Rindswurst, weichen die Auffassungen der zuständigen Behörden regional häufig erheblich voneinander ab.

Es ist heute nicht mehr so zwingend notwendig, junges, gut bindiges Magerfleisch für die Brühwurstherstellung zu verwenden. Man kann ohne Gefahr das Fleisch aller Tierarten und jeden Alters für die Herstellung von feinst zerkleinertem Brät verwenden. Sofern die Beschaffenheit des Materials in bezug auf seine **Bindefähigkeit** zu wünschen übrig läßt, stehen sogenannte Kutterhilfsmittel zur Verfügung, mit deren Hilfe erforderlichenfalls die nötige Bindefähigkeit erreicht werden kann. Einschränkungen sind hier nur bei sehr altem Kuhfleisch und bei sehr altem Sauen- und Altschneiderfleisch zu machen, insbesondere wenn letzteres in sich sehr verfettet ist.

Es kann also als Faustregel empfohlen werden, den Brühwurstsorten bis zu 20 Prozent Fremdwasser zuzusetzen. Dabei ist lediglich darauf zu achten, daß auch flüssige Würzen, z.B. Wein, die in verhältnismäßig hohen Mengen dem Brühwurstprodukt zugesetzt werden, als Fremdwasser anzusehen sind.

Nach den gesetzlichen Bestimmungen dürfen für einfache Brühwurstqualitäten bis zu 10 Prozent **Schwarten** zugesetzt werden. Diese müssen so unter das Brät gekuttert werden, daß sie möglichst optisch nicht erkennbar sind.

Um dieses Ziel zu erreichen, ist es sicher nicht der ideale Weg, vorgekochte und nach Erkalten zerkleinerte Schwarten dem Brät zuzusetzen. Als bessere technologische Möglichkeit bietet sich hier das Zerkleinern der Schwarten auf einer Kolloid-Mühle an. Bei diesem Zerkleinerungsverfahren wird den Schwarten Eisschnee im Verhältnis 1:1 zugesetzt. In dieser Mischung wirft diese Feinstzerkleinerungsmaschine einen rohen Schwartenbrei von weißer, breiighomogener Konsistenz aus. Dieser Schwartenbrei ist nur begrenzt haltbar und sollte erst kurz vor seiner Weiterverwendung hergestellt werden. Es ist zwar ein leichtes Ansalzen dieser Masse möglich, dennoch ist die Haltbarkeit nur sehr begrenzt. Beim Zusetzen dieses Schwartenbreis zu einfachen Brühwurstsorten gilt es zwei Dinge zu beachten:

1. Bei einer erlaubten Höchstmenge von anteilig 10 Prozent Schwarten darf einer Produktionsmenge von beispielsweise 100 kg/% 20 Kilo dieses Schwartenbreis zugesetzt werden, da diese Masse ja nur zu 50 Prozent aus Schwarten besteht.
2. Die genannte Zusatzmenge von 20 kg Schwartenbrei auf 100 kg Gesamtproduktionsmenge bedeutet aber auch, daß gleichzeitig auch 10 Prozent Fremdwasser der Gesamtproduktionsmenge zugesetzt werden. Bei der eigentlichen Schüttung dürfen dann also nur noch 10 Prozent Fremdwasser, bzw. Eisschnee zugesetzt werden, damit die Gesamtfremdwassermenge von maximal 20 Prozent nicht überschritten wird.

Speziell während der wärmeren Jahreszeit könnte es erforderlich sein, saß das Schwarten-Fremdwasser-Gemisch sehr kalt, um 0 °C, dem Brühwurstbrät zugesetzt wird, damit der Kälteeffekt ausreichend ist, um ein einwandfreies Brät herzustellen.

Abschließend muß noch auf die unterschiedliche Beschaffenheit der Schweineschwarten eingegangen werden. Untersuchungen haben ergeben, daß die Schwarten von schweren Schweinen, die meistens auch in sich stärker verfettet sind, zur Brühwurstverarbeitung weniger gut bis überhaupt nicht geeignet sind. Die Schwarten sehr alter, schwerer Schweine setzen erhebliche Mengen Fett ab, das unter Umständen die Kochfestigkeit eines Brühwurstproduktes negativ beeinflussen kann. Da der Sinn des Schwartenzusatzes logischerweise nicht darin liegt, einem Brühwurstprodukt erhöhte Fettmengen zuzusetzen, sondern „nur" der höchstmögliche Zusatz von Schwarten beabsichtigt ist, ist zu empfehlen, nur die Schwarten von jungen Schweinen zur Brühwurstherstellung zu verwenden.

Gewürze und Hilfsstoffe

Im ersten Teil, der allgemeinen Einführung zu diesem Buch, wurde bereits ausführlich über den Komplex Gewürze und Zusatzstoffe gesprochen. An dieser Stelle sollen lediglich einige kategoriespezifische Besonderheiten angesprochen werden. Sie beziehen sich speziell auf die Verarbeitung von Hilfsstoffen mit den unterschiedlichsten Wirkungsmechanismen, aber auch auf den Einsatz von Natur- und/oder Mischgewürzen.

Wie in allen Bereichen der Wurst- und Fleischwarenfabrikation vollzog sich auch in der Brühwurstherstellung in den letzten Jahren ein grundlegender Wandel. Das bezieht sich sowohl auf die Salzarten, als auch auf die Höhe der Zugabemengen. Mit Hilfe von umrötungsfördernden und umrötungsfestigenden Zusatzstoffen lassen sich Wurstprodukte mit rationell niedriger Menge Nitritpökelsalz ohne negative Qualitätsbeeinflussung herstellen.

Die **Salzzugabemenge** hat sich im allgemeinen bei 18 bis 20 Gramm je Kilogramm Wurstmasse eingependelt. Dabei bezieht sich diese Mengenangabe nur auf das Fleisch- und Speckmaterial, aber nicht auf die anteilige Menge Fremdwasser. Es darf angenommen werden, daß der Trend, so wenig Salz wie möglich zu verarbeiten, sich insoweit noch fortsetzt, als daß man prinzipiell nur noch 18 Gramm je Kilogramm Wurstmasse zusetzt.

Damit dürfte nach derzeitigem Wissen die unterste Grenze der erforderlichen Salzzugabemenge bei Brühwursterzeugnissen erreicht sein. Weitere Reduzierungen müßten zwangsläufig zur Folge haben, daß die Eiweißbindefähigkeit soweit negativ beeinflußt wird, daß ein homogenes kochfestes Brät nicht mehr herzustellen ist. Nicht selten wird versucht, Salzgeschmack durch Zuckerzugaben zu überdecken. Es darf angenommen werden, daß der überwiegende Teil der Fachleute derartige Geschmacksmanipulationen ablehnt. Dies insbesondere deshalb, weil derartige Verfahrensweisen das Gesamtgeschmacksbild durch unangenehm eigenartige Geschmacksabweichungen beeinflußt.

Die Verarbeitung von naturbelassenen **Brühwurstgewürzen,** als Einzelgewürze oder als Gewürzmischungen, wurde im einführenden Teil dieses Buches ausführlich besprochen. Ergänzend dazu seien hier lediglich einige im Zusammenhang mit der Brühwurstherstellung interessante Punkte angesprochen.

Die Verarbeitung von **entkeimten Gewürzen** ist für die Brühwurstherstellung zwar zu empfehlen, sie hat aber bei objektiver Betrachtung nicht die Bedeutung, die sie bei der Herstellung von Rohwurstsorten hat. Brühwürste werden fast ausnahmslos unmittelbar nach der Herstellung einem Räucher- und/oder Garprozeß ausgesetzt, der eine weitgehende Hemmung unerwünschter Bakterien zur Folge hat.

Wie bereits ebenfalls angesprochen, muß bei der Brühwurstherstellung auch beachtet werden, daß es bei der Verarbeitung von edelsüßem **Paprika** dann zu einer Verfälschung des Produktes kommt, wenn der Eindruck entsteht, daß dieser Paprika nicht als Würz-, sondern als Färbestoff zugesetzt wurde.

Sofern vorwiegend **Mischgewürze** verarbeitet werden, sollte der Hersteller von Wurstwaren bemüht sein, bei jeder Wurstsorte durch Zusatz spezieller Naturgewürze dem Produkt seine eigene Note zu geben. Daß derartige Zusätze mit fachlichem Fingerspitzengefühl erfolgen müssen, ist eigentlich selbstverständlich und bedarf keiner weiteren Vertiefung.

Durch die Vorschrift des Lebensmittelgesetzes und der Fleischverordnung wird die **Verwendung von Bindemittel** klar geregelt. Danach dürfen nach der Anlage 1 zu § 1 der Fleischverordnung unter anderem Kutterhilfsmittel bei der Herstellung von Brühwurst aus nicht schlachtwarmem Fleisch die Natriumverbindungen der Essigsäure, Milchsäure, Weinsäure und Zitronensäure in einer bestimmten Menge Verwendung finden. Diese Kutterhilfsmittel sind im Gegensatz zu den Phosphaten bei unverpackter Ware nicht deklarationspflichtig.

Es ist eine alte Erfahrung, daß Salz die Wasserbindung erhöht. Diese Wasserbindung steigt mit der Salzzugabemenge bis zu einer Zugabe von etwa 5 Prozent. Dieser Wert ist rein theoretisch ermittelt, da, wie bereits den vorangestellten Ausführungen zu entnehmen ist, eine Salzzu-

gabe über 2,0 Prozent vom Verbraucher nicht mehr akzeptiert wird.

Citrate haben, genau wie das Salz, die Eigenschaft, die Wasserbindefähigkeit des Fleisches zu erhöhen, ohne einen salzigen Geschmack zu verursachen. Durch den Zusatz von maximal 0,3 Prozent dieses Kutterhilfsmittels auf die Fleisch- und Fettmenge wird der gleiche Bindeeffekt erzielt, der bei einem Zusatz von 5 Prozent Salz entstehen würde.

Wenn das Verhältnis von Nitritpökelsalz zu Citrat-Kutterhilfsmittel ideal ausgewogen ist, dann spielt bei der Bindefähigkeit als weiterer Beeinflussungsfaktor die Kuttertemperatur eine ausschlaggebende Rolle. Sie sollte bei Beendigung des Kuttervorganges ca. 12 °C betragen. Laut Fleischverordnung in der zur Zeit gültigen Fassung werden außer den im vorangegangenen Kapitel genannten Kutterhilfsmitteln auch die Natrium- und Kaliumverbindungen der **Diphosphorsäure in einer Menge von höchstens 0,3%, bezogen auf die verwendete Fleisch- und Fettmenge bei der Herstellung von Brühwursterzeugnissen aus nicht schlachtwarmem Fleisch zugelassen.**

Die mit diesem Zusatzstoff hergestellten Wurstprodukte müssen durch Angabe *,mit Phosphat'* kenntlich gemacht werden.

Die Verwendung von **Phosphat** macht die Herstellung von Brühwurstprodukten weitgehend problemlos. Es ist heute allgemeine fachliche Ansicht, daß die Verarbeitung von Phosphaten auch und vornehmlich aus der Sicht des Verbrauchers weitaus mehr Vorteile als Nachteile bietet. Auch die anfänglich geäußerte Befürchtung, daß die Kennzeichnung *,mit Phosphat'* auf den Verbraucher abstoßend wirken könnte, hat sich nicht bestätigt. Aus dieser Gesamtsituation heraus ergibt sich für den wurstproduzierenden Fleischer kein akzeptables Argument mehr, auf die Verwendung dieses Zusatzstoffes zu verzichten. Allein schon aus kalkulatorischer Sicht muß die Verwendung von Phosphaten als Garant zur Herstellung gleichmäßiger Qualitäten mindestens als ständiger Hilfsstoff ins Auge gefaßt werden. Wenn man sich dann erst einmal anhand unbestechlichen Zahlenmaterials vor Augen geführt hat, wie sehr der Phosphatzusatz die Produktionsverluste durch Fehlfabrikate nahezu ausschließt, dann bleibt einem kostenbewußt arbeitenden Fleischermeister nichts anderes übrig, als sich der breiten Masse der Phosphatverarbeiter anzuschließen. Produktionstechnisch werden Phosphate dem Magerfleisch zu Beginn des Kuttervorganges zugesetzt. Nach Möglichkeit soll das Magerfleisch trocken mit dem Salz und dem Phosphat etwa drei bis fünf Runden auf dem Kutter laufen. Erst danach ist der Eisschnee, später der Speck Zug um Zug zuzusetzen.

Es ist nicht erlaubt dem groben Fleischmaterial, wie zum Beispiel Schrotfleisch oder gewürfeltem Schweinefleisch, ebenfalls Phosphate zuzusetzen.

Unabhängig von einer generellen Wertung des Warmbrätens sei an dieser Stelle zunächst nur darauf hingewiesen, daß die Verwendung von Phosphaten zur Warmbrätherstellung nicht gestattet ist.

Ascorbinsäurepräparate haben sich als vorzügliche Zusatzstoffe zur schnelleren Umrötung von Wurstprodukten und zur Farbstabilisierung der fertigen Produkte erwiesen. Häufig werden derartige **Umrötungsstoffe** von Gewürzherstellern als fertig portionierte Mischungen für eine bestimmte Produktionsmenge angeboten. Derartige Fabrikate sind der in Großpackungen im Handel befindlichen reinen Ascorbinsäure vorzuziehen.

Die Verarbeitung von **Farbstoffen und Konservierungsmitteln** ist untersagt. Lediglich zum Färben der Hülle für Gelbwurst darf ein Gelbfarbstoff verwendet werden.

Bezüglich eines eventuellen Mißbrauchs von Paprika, edelsüß, als Farbstoff, ist auf die Ausführungen unter der Überschrift *Brühwurstgewürze* hinzuweisen.

Den in § 4 der Fleischverordnung aufgeführten Fleischwaren dürfen auch exakt festgelegte Mengen aufgeschlossenes **Milcheiweiß und Trockenblutplasma** zugesetzt werden, wenn sich diese Erzeugnisse in luftdicht verschlossenen Behältnissen befinden. Die Höhe der erlaubten Zugabemengen und die Art in der zum Beispiel Trockenblutplasma zur Verarbeitung aufbereitet werden muß, ist in der Anlage 3 zum § 5 der Fleischverordnung in den Positionen 1 bis 3 erläutert.

Neben den genannten Zusatzstoffen sind ebenfalls unter bestimmten Voraussetzungen Milch, Sahneerzeugnisse, Semmeln, Grütze und andere Getreideerzeugnisse als Zusatz erlaubt.

In diesem Zusammenhang muß auch darauf hingewiesen werden, daß für die Beimengung anderer Einlagen, wie z.B. Oliven, Pilze, Gurken, Rosinen und so weiter, exakte Bestimmungen über die Verwendungsbedingungen und die Kenntlichmachung in dieser oben genannten Anlage 3 zum § 5 der Fleischverordnung zu finden sind. Es wird dringend empfohlen, zur Vermeidung von lebensmittelrechtlichen Schwierigkeiten, diese Vorschriften genau zu beachten.

Därme

Es gibt für die Herstellung von Brühwurstsorten jeder Art keinerlei Einschränkung, welche Därme im einzelnen verwendet werden können oder müssen.

Vorwiegend aus Gründen der rationellen Arbeitsweise fand in den letzten Jahren eine sehr weitgehende Umstellung der Produktion von Natur- auf Kunstdärme statt. Selbst wenn man berücksichtigt, daß durch diese Umstellungen ein beträchtlicher kalkulatorischer Effekt im Sinne einer Materialpreissenkung erzielt werden kann, muß der Objektivität wegen jedoch festgestellt werden, daß auch die Verwendung von Kunstdärmen ihre Grenzen hat. Das kommt nicht zuletzt dadurch zum Ausdruck, daß sich nach einer vorübergehenden starken Neigung zur Kunstdarmverwendung immer mehr eine Rückkehr zum klassischen Naturdarm ausbreitet.

Aus lebensmittelrechtlicher Sicht sei an dieser Stelle besonders darauf hingewiesen, daß zu den Brühwürsten einfacher Qualität nur Därme mit einem Kaliber von 32 mm und mehr verwendet werden dürfen. Därme mit kleinerem Kaliber dürfen also nicht zur Herstellung von einfachen Wurstsorten verwendet werden.

Technologie der Brühwurstherstellung

Die Herstellung von Brühwurstsorten wurde technologisch so perfektioniert, daß das Wolfen, Kuttern und Füllen weitgehend an Risiko verloren haben. Diese Tatsache bewirkt einen Umdenkungsprozeß unter den Fachleuten, der noch keineswegs als abgeschlossen angesehen werden kann. Entgegen den früheren Gegebenheiten sind die drei Arbeitsvorgänge Wolfen, Kuttern und Füllen heute durchaus von angelernten Hilfskräften zu erledigen. Weit wichtiger ist die Tätigkeit, die diesen Arbeitsgängen vorangestellt ist, nämlich die richtige Auswahl und Zusammenstellung des Produktionsmaterials. Fehler, die in dieser Herstellungsphase gemacht werden, können in den folgenden Tätigkeitsabläufen nicht mehr repariert werden. Besagte Materialzusammenstellungen auf den Kutter zu schütten und unter Zusatz von Gewürzen und Zusatzstoffen zu einer feinst zerkleinerten oder mehr oder weniger stark gekörnten Masse zu kuttern, ist eine durch physikalische Gesetze vorbestimmte Tätigkeit, die durch ständige Wiederholung in verhältnismäßig kurzer Zeit erlernt werden kann, ohne daß breitfundiertes fachliches Wissen vorhanden ist.

Bei der **Materialvorbereitung** ist es speziell im handwerklichen Bereich immer noch Übung, nach Gefühl zu arbeiten, also die einzelnen Materialien nicht zu wiegen. Zur Vermeidung von Fehlfabrikaten sollte grundsätzlich das gesamte Material einschließlich der Gewürze, Zutaten und des Fremdwassers gewogen werden.

Es wird häufig darüber diskutiert, ob man das Fleischmaterial zur Brühwurstherstellung **wolfen** oder direkt als grob geschnittene Fleischstücke auf den Kutter kommen sollte.

Im Streit der Meinungen gibt es da eigentlich eine ganz einfache Antwort: Schaden kann das Wolfen nicht! Sicher ist es sogar von Vorteil, wenn das Produktionsmaterial wenigstens vorgeschrotet ist.

Das **Kuttern**, die Zerkleinerung und Emulgierung des Fleisch- und Speckmaterials im Kutter, ist einer der wichtigsten, vielleicht sogar *der* wichtigste Abschnitt in der Brühwurstherstellung. Damit wird deutlich, daß die technische Ausstattung eines Kutters von ausschlaggebender Bedeutung für die Herstellung eines einwandfreien Brühwurstbrätes ist.

Während bei der Rohwurstherstellung das Wurstgut ohne Stauung durch die Messer laufen soll, wird bei der Brühwurstherstellung das Gegenteil erwartet, denn hier soll das Fleisch nicht nur feinst zerkleinert, sondern auch gut gemischt werden. Zur Ermöglichung dieser beiden Kutterverfahren gibt es verschiedene Kutterfabrikate, die auswechselbare Staubleche haben. Bei Kuttern, wo diese Stauwand nicht vom Deckel entfernt werden kann, ist sie so konstruiert, daß dennoch eine einwandfreie Brühwurstfabrikation möglich ist.

Von ausschlaggebender Bedeutung ist der Schliff, die Anreihung und der schüsselnahe Sitz der **Kuttermesser.** Der für die Materialzusammenstellung und die Gesamtproduktion verantwortliche Fachmann sollte stets überwachen, daß diese drei Aspekte gewährleistet sind. Stumpfe Kuttermesser beschleunigen die Erwärmung des Kuttermaterials, führen zur schnellen Erreichung des Schmelzpunktes im Kutterspeck und verursachen folglich in erhöhtem Maße Fehlfabrikate. Ähnliche Negativeffekte werden erreicht, wenn die Kuttermesser in der falschen Reihenfolge in den Kutter eingesetzt sind. Sie sollen von rechts nach links hintereinander laufen.

Die innere Form der Kutterschüssel entspricht einem Halbkreis, so daß die Kuttermesser in ihrer sichelartigen Form exakt an der Innenfläche der Kutterschüssel entlang laufen. Die Feineinstellung der Messer muß so erfolgen, daß zwischen Messer und Kutterschüssel nur ein minimaler Zwischenraum besteht. Das läßt sich durch geübtes Augenmaß sehr leicht bewerkstelligen, wenn man seitlich neben dem Messerkranz eine Lichtquelle stellt, durch die auf der anderen Seite des Messerkranzes an der Breite des Schattens erkennbar ist, ob die Kuttermesser so nahe wie nur irgend möglich an der Kutterschüssel entlangstreichen, ohne dieselbe zu berühren.

Um diese optimale Einstellung garantieren zu können, ist es erforderlich, daß die Kutterschüssel optimal zentriert ist. Dies wiederum läßt sich überprüfen, wenn man mit der einen Hand den Messerkopf und mit der anderen Hand die Kutterschüssel gleichmäßig dreht. Wenn die Kuttermesser bei dieser Probe an einer Stelle an die Kutterschüssel anschlagen, ist anzuraten, diesen Justierungsmangel durch einen Fachmann baldmöglichst beheben zu lassen.

Moderne Kutter haben eine sehr hohe Umdrehungszahl. Das bietet Gewähr dafür, daß ein optimal emulgiertes Brät hergestellt werden kann.

Das **Kaltbräten** ist mit Sicherheit die am häufigsten praktizierte Kuttermethode. Zur Herstellung eines feinst zerkleinerten Brätes werden im allgemeinen drei Verfahrensweisen angewendet, die im Folgenden dargestellt sind.

Verfahrensweise 1:

Das magere Fleisch für eine Wurstsorte wird mit zwei Dritteln des Eisschnees feinst gekuttert. Daran anschließend wird der Speck und der restliche Eisschnee dem Magerbrät beigekuttert. Die gesamte Masse läuft so lange, bis sich ein absolut homogenes Brät gebildet hat.

Verfahrensweise 2:

Das magere Material wird mit dem gesamten Eisschnee zu einem feinst zerkleinerten Brät gekuttert. Die Masse wird aus dem Kutter genommen und der Speck läuft dann zunächst fünf bis acht Runden allein im Kutter, bis er cremig fein wird. Während der Kutter dann im langsamen Gang läuft, wird das Magerbrät Zug um Zug zugesetzt und die gesamte Menge solange gekuttert, bis ein gleichmäßiges, gut bindendes Brät hergestellt ist.

Bei diesem Kutterverfahren besteht die Gefahr, daß der Speck, während er allein gekuttert wird, zu warm läuft und dadurch den Schmelzpunkt überschreitet. Das hätte zur Folge, daß das gekutterte Brät während des Brühens absetzt. Aus besagten Gründen ist dieses Kutterverfahren nur zu empfehlen, wenn die Gewähr geboten ist, daß das Ankuttern des Speckes nicht zu einer überhöhten Erwärmung dieses empfindlichen Rohmaterials führt.

Verfahrensweise 3:

Die rationellste und wohl auch sicherste Kuttermethode ist es, Fleisch, Salz und Kutterhilfsmittel im langsamen Gang innerhalb der ersten zwei Runden im Kutter grob zusammenzumengen und dann Eisschnee und Fett beizugeben, um die Masse im Schnellgang bis zur Feinstzerkleinerung zu kuttern. Am Ende dieses Arbeitsvorganges sollten die Gewürze und die übrigen Zutaten so rechtzeitig zugesetzt werden, daß sie sich noch gut mit dem Wurstgut vermengen können. Es gibt eine Reihe von Fachleuten, die den zu schnellen Eisschneezusatz zum Brühwurstbrät ablehnen. Es besteht die Meinung, daß dadurch das Fleisch **ersäuft** und durch diesen Effekt das fertige Brät nicht optimal kochfest wird. Dem ist engegenzuhalten, daß bei der Verwendung von sehr kaltem Eisschnee ein Ersaufen des Fleisches so gut wie ausgeschlossen ist, da durch den Kälteeffekt die Temperatur der Masse stark absinkt und die Eiskristalle nur Zug um Zug gebunden werden müssen. Diese Verfahrensweise erscheint immer noch risikoloser als die Methode, das Magerfleisch mit dem Speck möglichst lange im Kutter trokken laufen zu lassen und zur Gewährleistung einer besseren Wasseraufnahmefähigkeit den Eisschnee erst verzögert zuzusetzen. Hier besteht die Gefahr, daß der Schmelzpunkt des Speckes wieder überschritten wird und das Fertigprodukt während des Garens absetzt.

Wie bereits mehrfach erwähnt, ist die **Temperatur** des fertig gekutterten Brätes von ausschlaggebender Bedeutung für die Qualität eines Wurstproduktes. Für die Kontrolle bzw. das Erreichen der idealen Kuttertemperatur stehen Kutterthermometer zur Verfügung.

Es ist nicht zu vermeiden, daß sich während des Kutterns **im Brät Luftblasen** bilden. Es ist daher von großer Wichtigkeit, daß das Wurstgut während der letzten drei bis fünf Runden auf dem Kutter im langsamen Gang läuft, damit die Luftblasen durch die langsam schlagenden Kuttermesser aus dem Brät entfernt werden. Dadurch wird ein glattes, von späteren grauen Luftblasenrändern freies und sehr homogenes Brät hergestellt.

Das Problem Luftblasenbildung entsteht nicht, wenn ein Vakuumkutter zur Verfügung steht.

Brätherstellung

Die Herstellung von **feinst zerkleinertem Brühwurstbrät** ergibt sich rein technologisch aus den vorangestellten Ausführungen zum Thema Kuttern. Dem sind lediglich noch einige Anmerkungen zur Brätbeschaffenheit hinzuzufügen.

Fein zerkleinerte Brühwurst, die in großkalibrige Därme gefüllt wird, sollte eine hellrosafarbene Schnittfläche haben, insbesondere dann, wenn es sich um Spitzen- oder Mittelqualitäten handelt. Wie dieser wünschenswerte Effekt erreicht werden kann, wurde bereits eingehend unter der Überschrift *Magerfleisch* besprochen. Bei fein zerkleinerten Brühwurstsorten ist ein glattes, optimal homogenes Brät erwünscht. Zur Herstellung eines derart beschaffenen Wurstgutes stehen zwei Maschinenarten zur Verfügung, der Kutter und die Kolloidmühle.

Die Verwendung von **Aufschnittgrundbrät** als Basis für das Aufschnittsortiment ist allgemein eine praktische Übung.

Die ursprünglich oft geäußerten Bedenken, durch diese rationelle Verfahrensweise könnte es zu einer unerwünschten Uniformierung des Wurstsortimentes kommen, ist nicht haltbar. Aufschnittgrundbrät muß in Bindung und Farbe optimal sein. Die Würzung ist so anzulegen, daß Individualwürzungen bei den einzelnen aus Grundbrät und grobem und/oder anderem Material zusammengestellten Sorten weder kaschiert, noch überdeckt, noch entstellt werden. Das heißt, die Gewürzzusammenstellung für das Aufschnittgrundbrät, gleichgültig, ob Natur- oder Mischgewürze verwendet werden, sollte kein geschmacklich besonders hervorstechendes Gewürz, wie Kümmel, Majoran, Knoblauch oder ähnliches enthalten.

Derart würzintensive Geschmacksgeber eignen sich nur für ganz spezielle Wurstsorten, aber keinesfalls für das universell verwendbare Aufschnittgrundbrät.

Die Frage, ob es nicht besser wäre, auf das Würzen des Aufschnittgrundbrätes völlig zu verzichten und die anteilige Menge Gewürz erst beim Zusammenstellen der einzelnen Sorten, wie Bierschinken, Jagdwurst usw. beizumengen. Eine derartige Verfahrensweise ist nicht sinnvoll. Man darf nämlich nicht übersehen, daß das Grundbrät nicht nur für Wurstsorten mit groben Beimengungen verwendet wird, es dient auch zur Herstellung von ausschließlich aus fein zerkleinerter Masse hergestellter Sorten, wie Mortadella, Lyoner, Feine Schinkenwurst usw. Würde man das Grundbrät ungewürzt lassen, müßte man dann bei jeder fein zerkleinerten Sorte jedesmal von neuem das Würzen nachholen.

Diese fein zerkleinerten Aufschnittsorten enthalten in der Regel sogenannte milde Gewürze, die, werden sie bereits dem Grundbrät beigemengt, nichts verderben können. Zu diesen milden, unaufdringlichen Gewürzen gehören: Pfeffer, Mazis, Ingwer, Koriander, edelsüßer Paprika.

Bei Aufschnittsorten, denen grobes Material beigemengt wird, werden an die Konsistenz des Aufschnittgrundbrätes höchste Anforderungen gestellt. Das heißt, daß das zur Feinbrätherstellung verwendete Verarbeitungsmaterial beste Beschaffenheit haben muß. Die Konsistenz des Fertigproduktes wird zwar in der Regel durch die Zugabe von Phosphat gefördert, es wäre aber ein gravierender Irrtum anzunehmen, durch die Phosphatverarbeitung könnte mangelnde Fleischqualität generell aufgebessert

werden. Gerade beim Aufschnittgrundbrät könnte diese falsche Erwartung sehr nachteilige Folgen haben. Fehlerfreie, qualitativ hochwertige Aufschnittwaren sind nur herzustellen und zu verkaufen, wenn alle Kriterien, die die Qualität des Produktes bestimmen, zur Geltung kommen. Dazu gehört die optimale Fleischqualität genauso wie die Wirkung der Phosphate, die das Fleischeiweiß in bezug auf Wasserbindevermögen und Fettemulgierung positiv beeinflussen. Das für Aufschnittgrundbrät zur Verarbeitung kommende Fettgewebe soll kernig sein. Weiches oder schmalziges Fettgewebe ist nicht geeignet. Besonders gut lassen sich die Speckabschnitte aus der Schulter und der Keule verarbeiten; ebenso die Backen.

Backen stabilisieren das Aufschnittgrundbrät besonders gut. Allerdings sollte man sich hier vor Übertreibungen hüten. Ein zu hoher Backenanteil kann durchaus auch negative Wirkung auf die Bräteigenschaften haben. Wenn die anteilige Menge Fettgewebe im Aufschnittgrundbrät zu mehr als 50 Prozent aus Backen besteht, wird die Masse leicht zäh und trocken. Dadurch kann die Konsistenz bei Aufschnittsorten mit grobem Materialanteil sehr ungünstig beeinflußt werden, wenn es für die Beimischung von grobem Material verwendet wird. Nicht zuletzt könnte auch durch die Verarbeitung hoher Mengen Backen der Bindegewebsanteil im Brät in unerwünscht hohe Grenzbereiche geraten.

Nicht selten ist in Fachkreisen auch die Meinung zu hören, daß eine unter der zulässigen Höchstgrenze von 20 Prozent liegende Schüttung zur Stabilität des Brätes beitragen könnte. Dem muß widersprochen werden! Jedes Brühwurstbrät, insbesondere auch das Aufschnittgrundbrät, braucht für die durch das Phosphat geförderte Bindung von Eiweiß und Fettgewebe eine angemessene Menge Schüttung in Form von Eiswasser oder Eisschnee. Die praktische Erfahrung zeigt, daß eine 20prozentige Schüttung, bezogen auf die Gesamtproduktionsmenge, als ideal bezeichnet werden kann. Eine Ausnahme würde nur bei besonders nassem Fleisch gemacht werden müssen. Der erfahrene Wurstmacher wird aber, wenn er schon etwas zu nasses Fleisch verarbeiten muß, dieses nicht gerade für die Herstellung von Aufschnittgrundbrät, einer Spitzenqualität, verwenden.

Aufschnittgrundbrät soll im Fertigprodukt eine dem Schweinefleisch ähnliche helle Farbe haben. Es soll nicht dunkler, aber auch keinesfalls heller sein. Diese strenge Anforderung an die Brätfarbe ist besonders bei Aufschnittsorten mit groben Beimengungen von qualitätsbestimmender Bedeutung. Das grobe Material, zum Beispiel in Bierschinkenwürfel, oder Schrotfleisch für Jagdwurst und ähnlichen Sorten, kommt nicht so gut zur Geltung, wenn das fein zerkleinerte Brät zu dunkel ist. Andererseits sind ausschließlich aus fein zerkleinertem Brät hergestellte Sorten, wie Lyoner, Mortadella usw., optisch weniger ansprechend, wenn das Brät zu hell ist.

Es stellt sich folglich die Frage, wie das ideale rosafarbene Aufschnittgrundbrät zusammengestellt sein muß. Und genau bei diesem Punkt scheiden sich die Geister! Die eine Gruppe von Fachleuten glaubt das Ziel nur durch die Mitverarbeitung einer bestimmten Menge Rindfleisch erreichen zu können. Die andere Gruppe sieht in der Verarbeitung von Rindfleisch zu Aufschnittgrundbrät eine Qualitätsminderung und verarbeitet folglich nur Schweine- und/oder Sauenfleisch. Nachweisbar erreichen Letztere die erwünschte Farbqualität in hervorragender Weise. Für das reine Schweinefleisch-Aufschnittgrundbrät sprechen auch die traditionellen Produktionsgewohnheiten. In früheren Jahren gab es in vielen Regionen Deutschlands, so beispielsweise auch im Frankfurter Raum, nur Spezialfleischereien, also Ochsen- und Kalbsmetzger einerseits und Schweinemetzger andererseits. Sieht man von den reinen Rindfleisch-Wurstsorten, wie etwa „Frankfurter Rindswurst", ab, dann war es das Privileg der Schweinemetzger, das breite Sortiment der Wurstsorten herzustellen. Und bei einem Schweinemetzger war, vorsichtig formuliert, die Rindfleischverarbeitung nicht üblich.

Neben den feinbrätigen Brühwurstsorten unterscheidet man bei Brühwurst noch zwei weitere Gruppierungen,
1. Brühwurst mit grober Fleischeinlage und
2. Brühwurst, grob zerkleinert.
Hier soll zunächst die Rede sein von den Brühwürsten mit grober Fleischeinlage. Aus Gründen der rationellen Arbeitsweise, aber auch aus Gründen der besseren lebensmittelrechtlichen Überschaubarkeit verfährt man heute so, daß ein einheitliches **Aufschnitt-Grundbrät** hergestellt wird, dem dann verschiedenartig **grobes Material** beigemengt wird.

Die geschilderte Verfahrensweise hat keineswegs zur Folge, daß durch diese begrüßenswerte Rationalisierung eine unerwünschte Uniformierung oder Standardisierung der Brühwurstsorten verursacht wird. Bekanntlich wird die optische und geschmackliche Differenzierung unter den einzelnen Wurstsorten durch Art und der Gewürzmenge und Zusatzstoffe erreicht. Ein weiterer Geschmackseffekt entsteht durch die Verwendung unterschiedlich beschaffener und unterschiedlicher Därme, durch Natur- oder Kunstdärme. Die Bindung des jeweilig zur Verwendung kommenden groben Materials zu Feinbrät ergibt sich vorrangig aus der sachgemäßen Mast der Tiere, aus ihrem verhältnismäßig niedrigen Alter zum Zeitpunkt des Schlachtens und last not least aus der Art und Weise, in der das Fleischmaterial vorbehandelt wird.

Grobes Fleischmaterial, gleich in welcher Körnung oder Würfelung es dem feinst zerkleinerten Brät zugesetzt wird, muß so rechtzeitig angesalzen sein, daß es ausreichend lange durchpökeln kann. Unmittelbar vor Herstellung des Wurstgutes muß das Magerfleisch unter Beimischung der Gewürze und Zutaten intensiv manuell oder maschinell so lange gemengt, bzw. geknetet werden, bis es leimig-bindig ist. Je nach Alter und Eigenwassergehalt der Tiere bzw. des Materials kann dieser Mengprozeß mehr oder weniger lange dauern. Das gut bindende grobe Material ist dann dem Feinbrät beizumengen. Grobes und feines Material müssen gleichmäßig vermengt sein.

Die dritte, optisch wahrnehmbare Brühwurstvariante sind die Sorten, denen **grobes Material** meist in Erbsengröße **beigekuttert** wird. Im Grunde ist auch hier (Beispiel: Bierwurst) der chronologische Ablauf der Herstellung nicht anders als bei den beiden vorangestellten Wurstvarianten. Es wird zunächst ein Teil des Materials feinst zerkleinert und dann der übrige Teil mehr oder weniger grob gekörnt beigekuttert. Wichtig ist bei dieser Herstellungsweise nur, daß auch dieses Fertigbrät eine bestimmte Kuttertemperatur haben muß, wenn das Wurstprodukt einwandfrei stabil sein soll. Je nach Anteil des groben Materials ist es daher erforderlich, daß das feine Material nicht nur feinst zerkleinert wird, sondern daß es auch zum Zeitpunkt des Zusatzes von grobem Material bereits eine relativ hohe Kuttertemperatur hat, da das Beikuttern von grobem Material in der Regel zu einem mehr oder weniger starken Temperaturabfall führt. Zweifellos ist diese Herstellungsmethode die komplizierteste von allen drei dargestellten Methoden.

Die Herstellung von **Brühwürstchen,** gleich welchen Zerkleinerungsgrades, unterscheidet sich in keinem Punkt von der Herstellung anderer Brühwurstsorten. Der Unterschied besteht allein darin, daß Brühwürstchen in engkalibrige Därme gefüllt und portioniert werden.

Es ist lebensmittelrechtlich zu beachten, daß Brühwurstsorten mit Schwartenzusatz, also Einfachqualitäten, nur in Därme gefüllt werden dürfen, die *mindestens* ein Kaliber von 32 mm haben.

Bei einem großen Teil der folgenden Würstchenrezepte ist das Würstchengewicht angegeben. Dieses Gewicht bezieht sich immer auf ein Würstchen. Wenn es also heißt:

Würstchengröße 50 g, paarweise abgedreht,

dann bedeutet dies, daß das Pärchen 100 g wiegt. Selbstverständlich sind die angegebenen Würstchengewichte nur als Empfehlung zu verstehen. Es steht im Ermessen des Herstellers, ob er dieses oder ein anderes Gewicht wählt.

Die Leitsätze für Fleisch und Fleischerzeugnisse befassen sich in unter der Leitsatzposition 2.24 ausführlich mit dem Begriff **Bratwurst.** Danach ist der Begriff *Bratwurst* nicht einheitlich zu definieren, da er auch Erzeugnisse einschließt, die nicht unbedingt einem Bratprozeß unterzogen werden und unter Umständen mehr ungebraten zum Verzehr kommen können.

Technologisch können Bratwürste folgenden Leitsatzgruppen angehören:

1. Rohen und gereiften Rohwürsten (2.21)
2. Brühwürsten (2.22)
3. Kochstreichwürsten (2.231)
4. Hackfleischerzeugnissen.

An dieser Stelle ist besonders auf die Bratwursterzeugnisse hinzuweisen, die der Hackfleisch-VO in der zur Zeit gültigen Fassung unterliegen. Dort heißt es in § 5 (1) sinngemäß, daß „Rohe Bratwürste" nur am Tage ihrer Herstellung und am folgenden Tag in den Verkehr gebracht werden dürfen. § 5 (3) HFIV besagt weiterhin sinngemäß, daß nach Ablauf der festgesetzten Frist die Erzeugnisse unverzüglich in einen anderen Zustand zu versetzen sind. Das heißt, die Bratwürste sind durchzubrühen, zu pökeln oder zu vernichten.

Es wird dringend empfohlen, den genauen Wortlaut der Hackfleisch-Verordnung zu beachten.

Zu den Bestimmungen der Hackfleisch-VO sind folgende fachspezifischen Anmerkungen zu machen:

Frische Bratwurst ist im Sinne der Leitsätze für Fleisch und Fleischerzeugnisse ein Brühwurstfabrikat. Das sind Produkte nach Brühwurstart, die aus fein zerkleinertem Fleisch hergestellt werden, das unter Zusatz von Eisschnee, durch das hierbei aufgeschlossene Muskeleiweiß und in der Folge durch Hitzebehandlung zusammenhängend koagulieren. Dadurch entsteht ein schnittfestes Brühwurstprodukt im Sinne der Anlage 1 zu § 1 der Fleisch-Verordnung.

Die Frage, ob Bratwürste generell als Produkte im Sinne der oben zitierten Definition anzusehen sind und unter diesen Gegebenheiten generell mit dem Zusatz von Kutterhilfsmitteln (Citrate oder Phosphate) hergestellt werden dürfen, ist aus fachlicher Sicht folgendes anzumerken:

Soweit es sich um **fein zerkleinerte Bratwurst** handelt, die allein aus fein zerkleinertem Brät hergestellt wird, handelt es sich um ein Produkt im Sinne der Anlage 1 Nr. 4 und 5 zu § 1 der Fleisch-Verordnung.

Auch bei Bratwurstsorten, die neben grobem Material fein zerkleinertem Brät enthalten, handelt es sich um Brühwursthalbfabrikate im Sinne der Anlage 1 zu § 1 Nr. 5 der Fleisch-Verordnung. Das heißt, daß das fein zerkleinerte Brät mit Kutterhilfsmitteln (Citrate oder Phosphate) hergestellt werden darf, während dem groben Material keine Kutterhilfsmittel zugesetzt werden kann.

Grobe Bratwürste, die ausschließlich aus groben Material unter Zusatz von Gewürzen hergestellt werden, können nicht in die Gruppe der Brühwursthalbfabrikate eingereiht werden. Sie dürfen damit auch keine Art von Kutterhilfsmitteln enthalten. Wie bereits eingangs ausgeführt, unterliegen derartige Produkte den Bestimmungen der Hackfleisch-Verordnung.

Bratwürste dürfen keinen Zusatz von Innereien, Schwarten oder Sehnen enthalten. Zur Herstellung von Bratwurstprodukten wird vorwiegend Schweinefleisch verwendet, nur in seltenen Fällen Rindfleisch. Bratwürste werden in der Regel in Saitlinge, geschleimte Schweinedärme oder Schweinebändel gefüllt.

Preßkopfsorten können sowohl Brühwurst-, als auch Kochwurstprodukte (Sülzen) sein.

Wenn es sich um Sorten handelt, die aus fein *gekutterter* Grundmasse und Fleischeinlagen bestehen, und umgerötet sind, handelt es sich um Brühwurstsorten im Sinne der Leitsätze für Fleisch und Fleischerzeugnisse (2.224.3).

Füllen und Portionieren

Das Füllen von Brühwürsten jeder Art setzt selbstverständlich ein gewisses fachliches Geschick voraus. Bei Brühwürsten ist es wichtig, daß das Wurstgut ausreichend fest in die Därme gefüllt wird. Wenn auf diese Notwendigkeit zu wenig geachtet wird, dann kann dadurch ein Fehlfabrikat entstehen, das entweder unerwünscht viele Luftblasen mit grauem Rand oder eine runzelige Außenfläche hat.

Es ist also darauf zu achten, daß das Brühwurstbrät luftblasenfrei und kompakt in die Därme gefüllt wird. Vakuum-Füllmaschinen sind hier sehr zu empfehlen.

Reifen und Räuchern

Sofern Brühwurstsorten nicht in sterile und gefärbte Kunstdärme gefüllt werden, werden sie in der Regel im Räucherprozeß umgerötet und auf eine rotbraune Außenfarbe gebracht. Die überwiegenden Zahl der Sorten wird im Heißrauchverfahren hergestellt. Nur bei wenigen Wurstprodukten wird warm oder kalt geräuchert.

Beim Heißrauch liegt die Temperatur im Innenraum der Räucherkammer im allgemeinen zwischen 60 und 80 Grad Celsius. Bei der Regulierung dieser Temperatur sollte man sich nicht auf das Gefühl des für diese Arbeit zuständigen Mitarbeiters verlassen, es sollte vielmehr in jeder Räucherkammer ein Thermometer und ein Thermostat zur Regulierung der Rauchtemperatur vorhanden sein. Einen wesentlichen Einfluß auf den Räucherprozeß hat auch die Luftfeuchtigkeit in der Rauchkammer. Sie sollte ungefähr 70 bis 75 % betragen. Wird dieser Wert unterschritten, so besteht die Gefahr, daß das Wurstgut, bzw. die Därme zu schnell abtrocknen, glasig werden und nur schwer die erwünschte

rotbraune, äußere Räucherfarbe annehmen. Aus kalkulatorischer Sicht ergibt sich in solchen Fällen ein weiterer Negativaspekt, da durch das zu starke Austrocknen ein ungewöhnlich hoher Gewichtsverlust entsteht, der ein Wurstprodukt natürlich unterwünscht kostenseitig belastet.

Garen und Brühen

Es läßt sich schon von der Kategoriebezeichnung her erkennen, daß die hier angesprochenen Wurstprodukte nach dem Räuchern *gebrüht* werden. Dieses Brühen geschieht je nach Darmkaliber, in welches die Würste gefüllt werden, bei einer Temperatur von 70 bis 80° Celsius. Durch diesen Brühvorgang wird eine Gerinnung der Eiweißstoffe erreicht, wodurch das in seiner Konsistenz weiche Brät zu einem bißfesten, saftigen Wurstprodukt wird. Letztlich beeinflußt der Brühprozeß auch das Schnittbild eines Produktes positiv. Ein weiterer Effekt wird durch das Brühen insoweit erzielt, als das dadurch erhebliche Mengen Bakterien abgetötet werden, mindestens aber in ihrem Wachstum gehemmt werden. Es ist jedem Fachmann selbstverständlich, daß eine Brühtemperatur von 80 °C nicht ausreicht, alle Mikroorganismen abzutöten. Daraus ergibt sich die logische Schlußfolgerung, daß Brühwürste nur eine begrenzte Haltbarkeit haben. Eine gewisse Ausnahme ist lediglich bei den Sorten zu machen, die in sterile Kunstdärme gefüllt sind. Durch die besondere Beschaffenheit der Därme verlängert sich die Haltbarkeit der Würste etwa um das Doppelte der üblichen Zeit.

Der Eisschnee, der Brühwürsten zugesetzt wird, hat zwei Aufgaben:

Die Kälte des Eises soll das Gerinnen des Fleischeiweißes verhindern.

Das *Eiswasser* soll die optimale Eiweißquellung ermöglichen.

Ist also nicht genug Wasser zugesetzt, ist auch die Eiweißquellung, die zur Kochfestigkeit der Brühwurst erforderlich ist, nicht gut.

Doppelte Vorsicht ist in dieser Beziehung geboten, da man beim Fett- und Geleeabsatz in Brühwürstchen leicht einer Täuschung unterliegt. Die Tatsache, daß sich auch Gelee, also Wasser, mit abgesetzt hat, vermittelt unterbewußt den Eindruck, daß *zuviel* Wasser zugesetzt wurde. Dabei ist das Gegenteil der Fall. Es kann sein, daß das Brät zwischen Kuttern und Räuchern, bzw. Garen zu stark abkühlte. Das kann im Winter vorkommen; es kann aber auch sein, daß das Brät nach dem Kuttern fälschlicherweise zu lange ins Kühlhaus gestellt wurde.

Eiweiß kann Fett und Wasser nur binden, wenn eine gewisse Mindesttemperatur erreicht *und gehalten* wird. Je nachdem welches Kutterhilfsmittel verwendet wurde, sollte diese Temperatur zwischen 12 und 16 Grad Celsius liegen. Ist die Temperatur niedriger, ist Geleebildung unvermeidlich. Auch dann, wenn das Brät bei Fertigstellung die richtige Temperatur hatte, aber zwischen Kuttern und Garen zu stark abkühlte.

Brühwurst
fein zerkleinert

Produktionsschema

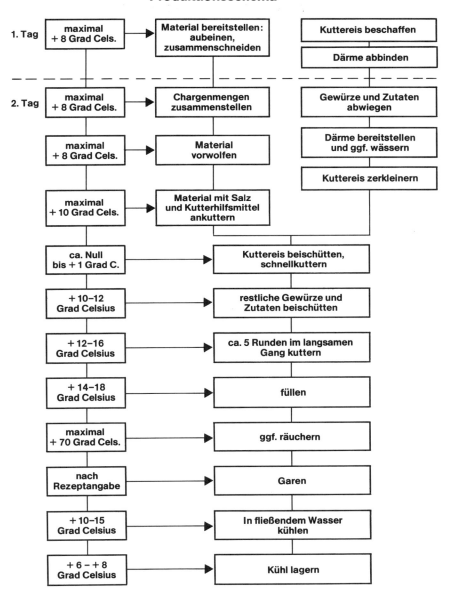

| 1. Tag | maximal + 8 Grad Cels. | → | Material bereitstellen: aubeinen, zusammenschneiden | | Kuttereis beschaffen |
| | | | | | Därme abbinden |

2. Tag	maximal + 8 Grad Cels.	→	Chargenmengen zusammenstellen		Gewürze und Zutaten abwiegen
	maximal + 8 Grad Cels.	→	Material vorwolfen		Därme bereitstellen und ggf. wässern
					Kuttereis zerkleinern
	maximal + 10 Grad Cels.	→	Material mit Salz und Kutterhilfsmittel ankuttern		
	ca. Null bis + 1 Grad C.	→	Kuttereis beischütten, schnellkuttern		
	+ 10–12 Grad Celsius	→	restliche Gewürze und Zutaten beischütten		
	+ 12–16 Grad Celsius	→	ca. 5 Runden im langsamen Gang kuttern		
	+ 14–18 Grad Celsius	→	füllen		
	maximal + 70 Grad Cels.	→	ggf. räuchern		
	nach Rezeptangabe	→	Garen		
	+ 10–15 Grad Celsius	→	In fließendem Wasser kühlen		
	+ 6 – + 8 Grad Celsius	→	Kühl lagern		

163

Rezept 2001

Aufschnittgrundbrät 2.222.1

Material für 100 kg
40,0 kg	S 3 Schweinefleisch mit geringem Sehnenanteil und maximal 5 % sichtbarem Fett, roh
20,0 kg	S 4b Schweinebauch ohne Schwarte mit maximal 50 % sichtbarem Fett, roh
10,0 kg	S 6 Backen ohne Schwarte, roh
10,0 kg	S 9 Speckabschnitte ohne Schwarte, roh
20,0 kg	Eisschnee

Gewürze und Zutaten je kg Masse
18,0 g	Nitritpökelsalz
3,0 g	Kutterhilfsmittel
1,0 g	Farbstabilisator
2,0 g	Pfeffer, gemahlen
0,5 g	Mazis
0,5 g	Koriander
0,3 g	Ingwer
0,2 g	Kardamom
0,2 g	Paprika
0,5 g	Glutamat

Herstellung
1. Das gesamte Material wird gewolft und in der Reihenfolge Magerfleisch – Speck gekuttert.
2. Während die Masse im langsamen Gang läuft, werden, sofern das Fleisch nicht vorgesalzen ist, Salz und Kutterhilfsmittel beigekuttert.
3. Danach wird der Eisschnee zugesetzt.
4. Die gesamte Masse wird zu einem feinst zerkleinerten Brät gekuttert.
5. Die Gewürze und die übrigen Zutaten sind so rechtzeitig der Masse beizugeben, da sie sich noch und klumpenfrei vermischen können. Bei Beendigung des Kuttervorganges sollte das Brät eine Temperatur haben, die je nach dem verwendeten Kutterhilfsmittel (Phosphat oder Citrat) zwischen 12 und 16 °C liegen sollte.
6. Bis zur weiteren Verwendung sollte das Brät bei 12 bis 16 °C Raumtemperatur gelagert werden. Die Lagerzeit sollte so kurz wie irgend möglich sein, keinesfalls über 2 bis 3 Stunden.

Produktionsverlust: 2 %

Anmerkung: Bei der Kalkulation von Aufschnittgrundbrät ist zu berücksichtigen, da kein Produktionsverlust entsteht.

Rezept 2002

Mortadella 2.222.1

Material
100 kg Aufschnittgrundbrät (Rezept 2001)

Gewürze und Zutaten je kg Masse, zusätzlich:
10,0 g Pistazien, geschält

Körnung: Die Pistazien werden klein gehackt unter die Masse gemengt.

Därme: 42 Stück sterile Kunstdärme, braun, Kaliber 90/50

Garzeit: 90 Minuten bei 80 °C

Produktionsverlust: 2 %

Rezept 2003

Mortadella, norddeutsch 2.222.1

Siehe 2002

Rezept 2004

Mortadella, süddeutsch 2.224.4

Material für 100 kg
91,0 kg	Aufschnittgrundbrät (Rezept 2001)
7,5 kg	S 17 Schweinezungen, geputzt, gepökelt, vorgegart
1,5 kg	S 8 Rückenspeck ohne Schwarte, roh

Gewürze und Zutaten je kg Masse, zusätzlich:
5,0 g Pistazien, geschält

Körnung: Zungen- und Speckwürfel sollen die Größe von Speckwürfeln haben, so wie sie für Speckblutwurst verwendet werden. Zungenwürfel siehe auch Rezept 1020.

Därme: 42 Stück sterile Kunstdärme, Kaliber 90/50

Herstellung: Siehe 2002

Rezept 2005

Paprikamortadella 2.222.1

Material
100,0 kg Aufschnittgrundbrät (2001)

Gewürze und Zutaten je kg Masse, zusätzlich:
10,0 g Paprika, rot, getrocknet
10,0 g Paprika, grün, getrocknet
10,0 g Rotwein

Herstellung
Der Rotwein wird dem Aufschnittgrundbrät gleichmäßig beigekuttert.
Zum Schluß dieses Arbeitsganges werden die beiden Sorten Paprika so rechtzeitig dem Wurstgut beigeschüttet, daß es sich noch gut und gleichmäßig vermengen kann.
Weitere Produktionsdaten: Siehe 2002

Rezept 2006

Pistazienwurst	2.222.1

Siehe 2002

Rezept 2007

Bunte Mortadella	2.222.1

Material für 100 kg
91,0 kg   Mortadella-Brät (2002), mit Pistazien
3,0 kg   gekochte Schinkenwürfel
6,0 kg   S 17 Schweinezungen, geputzt, gepökelt, vorgegart

Körnung: Die Würfel sollen die Größe von Speckwürfeln haben, wie sie bei Speckblutwurst verwendet werden.

Därme: 42 Stück sterile Kunstdärme, braun, Kaliber 90/50

Produktionsverlust: 2 %

Herstellung: Siehe 2002

Rezept 2008

Schinkenwurst fein zerkleinert	2.222.1

Material
100,0 kg   Aufschnittgrundbrät (Rezept 2001)

Gewürze und Zutaten je kg Masse, zusätzlich:
5,0 g Pistazien, enthäutet

Därme: 60 Stück sterile Kunstdärme, braun, Kaliber 75/50

Produktionsverlust: 2 %

Herstellung: Siehe 2002

Rezept 2009

Fleischwurst	2.222.2

Material für 100 kg
55,0 kg   S 3 Schweinefleisch mit geringem Sehnenanteil und maximal 5 % sichtbarem Fett, roh
10,0 kg   S 6 Backen ohne Schwarte, roh
15,0 kg   S 9 Speckabschnitte ohne Schwarte, roh
20,0 kg   Eisschnee

Gewürze und Zutaten je kg Masse
18,0 g   Nitritöpkelsalz
3,0 g   Kutterhilfsmittel
1,0 g   Farbstabilisator
2,0 g   Pfeffer
0,5 g   Mazis
0,5 g   Koriander
0,3 g   Ingwer
0,2 g   Kardamom
2,0 g   Paprika
0,5 g   Glutamat

Herstellung
1. Das gesamte Fleisch wird in der Reihenfolge Magerfleisch – Speck gekuttert.
2. Während die Masse im langsamen Gang läuft, werden Salz und Kutterhilfsmittel beigekuttert.
3. Danach wird der Eisschnee beigekuttert. Das muß flott geschehen, so schnell es der Kutter zuläßt.
4. Die gesamte Masse wird zu einem feinst zerkleinerten Brät gekuttert.
5. Die Gewürze und die übrigen Zutaten sind so rechtzeitig der Masse beizugeben, daß sie sich gut und klumpenfrei vermischen können.

Därme: 65 Meter Kranzdärme, Kaliber 40/43

Räuchern: Heiß, 60 Minuten bei 60–70 °C

Garzeit: 30 Minuten bei 70 °C

Produktionsverlust: 10 %

Alternative Därme: 60 Stück sterile Kranzdärme, braun, Kaliber 40/50

Garzeit: 45 Minuten bei 75 °C

Produktionsverlust: 2 %

Rezept 2010

Fleischwurst, einfach 2.222.3

Material für 100 kg
45,0 kg S 3 Schweinefleisch mit geringem Sehnenanteil und maximal 5 % sichtbarem Fett, roh
5,0 kg S 6 Backen ohne Schwarte, roh
25,0 kg S 9 Speckabschnitte ohne Schwarte, roh
5,0 kg S 14 Schwarten
20,0 kg Eisschnee

Gewürze und Zutaten je kg Masse
18,0 g Nitritpökelsalz
2,0 g Pfeffer
0,5 g Mazis
0,5 g Koriander
0,3 g Ingwer
2,0 g Paprika
0,5 g Glutamat
3,0 g Kutterhilfsmittel
1,0 g Farbstabilisator

Herstellung
1. Das gesamte Fleisch wird in der Reihenfolge Magerfleisch – Speck gekuttert.
2. Während die Masse im langsamen Gang läuft, werden Salz und Kutterhilfsmittel beigekuttert.
3. Danach wird der Eisschnee beigekuttert. Das muß flott geschehen, so schnell es der Kutter zuläßt.
4. Die gesamte Masse wird zu einem feinst zerkleinerten Brät gekuttert.
5. Die Gewürze und die übrigen Zutaten sind so rechtzeitig der Masse beizugeben, daß sie sich gut und klumpenfrei vermischen können.

Därme: 65 Meter Kranzdärme, Kaliber 40/43

Räuchern: Heiß, 60 Minuten bei 60–70 °C

Produktionsverlust: 10 %

Alternative: Siehe 2009

Rezept 2011

Fleischwurst 2.222.2

Material für 100 kg
3,0 kg R 2 Rindfleisch, entsehnt, mit maximal 5 % sichtbarem Fett, roh
45,0 kg S 3 Schweinefleisch mit geringem Sehnenanteil und maximal 5 % sichtbarem Fett, roh
32,0 kg S 9 Speckabschnitte ohne Schwarte, roh
20,0 kg Eisschnee

Gewürze und Zutaten je kg Masse
18,0 g Nitritpökelsalz
2,0 g Pfeffer
0,5 g Mazis
0,5 g Koriander
0,3 g Ingwer
0,5 g Glutamat
3,0 g Kutterhilfsmittel
1,0 g Farbstabilisator

Herstellung
1. Das gesamte Material wird in der Reihenfolge Magerfleisch – Speck gekuttert.
2. Während die Masse im langsamen Gang läuft, werden Salz und Kutterhilfsmittel beigekuttert.
3. Danach wird der Eisschnee beigekuttert. Das muß flott geschehen, so schnell es der Kutter zuläßt.
4. Die gesamte Masse wird zu einem feinst zerkleinerten Brät gekuttert.
5. Die Gewürze und die übrigen Zutaten sind so rechtzeitig der Masse beizugeben, daß sie sich gut und klumpenfrei vermischen können.
6. Die Masse kann sofort gefüllt werden.

Därme: 56 Meter Kranzdärme, Kaliber 40–43

Produktionsverlust.: 10 %

Herstellung: Siehe 2010

Alternative: Siehe 2009

Rezept 2012

Fleischwurst, einfach 2.222.3

Material für 100 kg
3,0 kg R 2b Rindfleisch mit höherem Sehnenanteil und maximal 5 % sichtbarem Fett, roh
40,0 kg S 3 Schweinefleisch mit geringem Sehnenanteil und maximal 5 % sichtbarem Fett, roh
5,0 kg S 14 Schwarten
32,0 kg S 9 Speckabschnitte ohne Schwarte, roh
20,0 kg Eisschnee

Gewürze und Zutaten je kg Masse
18,0 g Nitritpökelsalz
2,0 g Pfeffer
3,0 g Kutterhilfsmittel
0,5 g Glutamat
1,0 g Farbstabilisator

Därme: 145 Stück Kunst-Kranzdärme, Kaliber 43–50

Produktionsverlust: 10 %

Herstellung: Siehe 2011

Alternative: Siehe 2009

Rezept 2013

Fleischwurst, einfach 2.222.3

Material für 100 kg
44,0 kg S 3 Schweinefleisch mit geringem Sehnenanteil und maximal 5 % sichtbarem Fett, roh
31,0 kg S 9 Speckabschnitte ohne Schwarte, roh
7,0 kg Blutplasma, flüssig
18,0 kg Eisschnee

Gewürze und Zutaten je kg Masse
18,0 g Nitritpökelsalz
2,0 g Pfeffer, weiß
3,0 g Kutterhilfsmittel, keinesfalls Phosphat
0,5 g Glutamat
1,0 g Farbstabilisator

Därme: 145 Stück Kunst-Kranzdärme, atmungsaktiv, Kaliber 43/50

Produktionsverlust: 5 %

Herstellung: Siehe 2010

Rezept 2015

Rheinische Fleischwurst 2.222.1

Material für 100 kg
32,0 kg R 2 Rindfleisch, entsehnt, mit maximal 5 % sichtbarem Fett, roh*)
38,0 kg S 4 b Schweinebauch ohne Schwarte mit maximal 50 % sichtbarem Fett, roh
10,0 kg S 9 Speckabschnitte ohne Schwarte, roh
20,0 kg Eisschnee

*) *Hier:* Jungrindfleisch = Fresserartiges Kalbfleisch

Herstellung: Siehe 2010

Rezept 2016

Pommersche Fleischwurst 2.222.1

Material für 100 kg
40,0 kg R 3 Rindfleisch, grob entsehnt, mit maximal 15 % sichtbarem Fett, roh
40,0 kg S 4b Schweinebauch ohne Schwarte mit maximal 50 % sichtbarem Fett, roh
20,0 kg Eisschnee

Gewürze und Zutaten je kg Masse, zusätzlich:
1,0 g Knoblauchmasse (4426)

Herstellung: Siehe 2010

Rezept 2017

Pariser Fleischwurst 2.222.1

Siehe 2018

Rezept 2018

Lyoner Wurst 2.222.1

Material für 100 kg
50,0 kg S 3 Schweinefleisch mit geringem Sehnenanteil und maximal 5 % sichtbarem Fett, roh
15,0 kg S 6 Backen ohne Schwarte, roh
15,0 kg S 9 Speckabschnitte ohne Schwarte, roh
20,0 kg Eisschnee

Gewürze und Zutaten je kg Masse
18,0 g Nitritpökelsalz
3,0 g Kutterhilfsmittel
2,5 g Pfeffer
1,0 g Muskat
0,5 g Kardamom
0,05 g Zimt, gemahlen
1,0 g Farbstabilisator

Därme: 90 Stück sterile Kunstdärme, braun, Kaliber 60/50

Produktionsverlust: 2 %

Herstellung: Siehe 2010

Rezept 2019

Lyoner, weiß 2.222.7

Siehe 2018

Abweichung: An Stelle von Nitritpökelsalz wird Kochsalz verwendet.

Rezept 2020

Pfeffer-Lyoner 2.222.1

Siehe 2018

Abweichung: Gewürz: Zusätzlich 14 g grüner Pfeffer je Kilogramm Wurstmasse. Dem Brät wird die angegebene Menge grüner Pfeffer unzerkleinert beigemengt.

Rezept 2021

Lyoner mit Pistazien 2.222.1

Siehe 2018

Abweichung: Gewürze: Zusätzlich 5,0 g Pistazien, enthäutet, je Kilogramm Wurstmasse. Dem Brät wird die angegebene Menge Pistazien unzerkleinert beigemengt.

Rezept 2022

Paprikalyoner 2.222.1

Siehe 2018

Abweichung: Gewürze zusätzlich je Kilogramm Wurstmasse:
5,0 g Paprika, grün, getrocknet
5,0 g Paprika, rot, getrocknet
Dem Brät werden die angegebenen Mengen von rotem und grünem Paprika beigemengt.

Rezept 2023

Pariser Wurst 2.222.1

Siehe 2018

Rezept 2024

Rinderbrät Grundmasse 2.222.1

Material für 100 kg
40,0 kg R 2b Rindfleisch mit höherem Sehnenanteil und maximal 5 % sichtbarem Fett, roh

35,0 kg R 4 Rindfleisch mit maximal 20 % sichtbarem Fett und etwa 5 % Sehnen, roh
25,0 kg Eisschnee

Gewürze und Zutaten je kg Masse
18,0 g Nitritpökelsalz
 3,0 g Kutterhilfsmittel
 1,0 g Farbstabilisator

Verwendung: Rinderbrät Grundmasse wird zur Herstellung von Brühwurstsorten verwendet, denen grobes Material beigemengt oder beigekuttert wird und die außerdem eine überdurchschnittliche Haltbarkeit haben.

Anmerkung: Diese Masse ist ein Brühwursthalbfabrikat, das in der vorgegebenen Zusammensetzung ohne weitere Fleischbeimengungen nicht verkauft werden darf.

Rezept 2025

Sardellenwurst 2.222.1

Material
100,0 kg   Aufschnittgrundbrät (2001)

Gewürze und Zutaten je kg Masse, zusätzlich:
10,0 g Sardellen, sehr klein gewürfelt

Herstellung
Die Sardellen müssen ausreichend, etwa 4–6 Stunden gewässert werden.

Därme: 60 Stück sterile Kunstdärme, goldgefärbt, Kaliber 75/50

Garzeit: 90 Minuten bei 80 °C

Produktionsverlust: 2 %

Rezept 2026

Fleischsalat Grundmasse 2.222.5

Material für 100 kg
36,0 kg S 3b Schweinefleisch mit höherem Sehnenanteil und maximal 5 % sichtbarem Fett, roh
35,0 kg S 9 Speckabschnitte ohne Schwarte, roh
 5,0 kg S 14 Schwarten gekocht
 2,0 kg Milcheiweiß
22,0 kg Eisschnee

Gewürze und Zutaten je kg Masse
18,0 g Nitritpökelsalz
 3,0 g Kutterhilfsmittel, keinesfalls Phosphat
 2,0 g Pfeffer
 1,0 g Mazis
 1,0 g Farbstabilisator

Füllen: Wegen des minimalen Brühverlustes ist zu empfehlen, die Grundmasse in sterile Kunstdärme zu füllen. Sie ist dann auch ohne Qualitätsverlust länger haltbar.

Därme: 42 Stück sterile Kunstdärme, Kaliber 90/50

Garzeit: 120 Minuten bei 80 °C

Produktionsverlust: 2%

Rezept 2027

Gelbwurst 2.222.6

Material für 100 kg
20,0 kg S 3b Schweinefleisch mit höherem Sehnenanteil und maximal 5% sichtbarem Fett, roh
60,0 kg S 4b Schweinebauch ohne Schwarte mit maximal 50% sichtbarem Fett, roh
20,0 kg Eisschnee

Gewürze und Zutaten je kg Masse
18,0 g Kochsalz
 3,0 g Kutterhilfsmittel
 2,0 g Pfeffer
 1,0 g Mazis
 1,0 g Ingwer
 0,3 g Kardamom
 1,0 g Zitronenpulver

Herstellung
1. Das gesamte Material wird vorgewolft und in der Reihenfolge Magerfleisch – Speck gekuttert.
2. Während die Masse im langsamen Gang läuft, werden, sofern das Fleisch nicht vorgesalzen ist, Salz und Kutterhilfsmittel beigekuttert.
3. Danach wird der Eisschnee zugesetzt.
4. Die gesamte Masse wird zu einem feinst zerkleinerten Brät gekuttert.
5. Die Gewürze und die übrigen Zutaten sind so rechtzeitig der Masse beizugeben, daß sie sich noch gut und klumpenfrei vermischen können. Bei Beendigung des Kuttervorganges sollte das Brät eine Temperatur haben,

die je nach dem verwendeten Kutterhilfsmittel (Phosphat oder Citrat) zwischen 12 und 16 °C liegen sollte.

Därme: 90 Stück sterile Kunstdärme, gelb, Kaliber 60/50

Garzeit: 60 Minuten bei 80 °C

Produktionsverlust: 2%

Charakteristik
Gelbwurst soll nach dem Brühen eine strahlendweiße Anschnittfläche haben. Wenn das Schweinefleisch teilweise durch Rindfleisch gleicher Sortierung ersetzt wird, bekommt das Schnittbild je nach Höhe der Austauschmenge ein mehr oder weniger ausgeprägtes graues Aussehen.

Rezept 2028

Frankfurter Gelbwurst 2.222.6

Material für 100 kg
33,0 kg S 3b Schweinefleisch mit höherem Sehnenanteil und maximal 5% sichtbarem Fett, roh
20,0 kg S 9 Speckabschnitte ohne Schwarte, roh
15,0 kg S 6 Backen ohne Schwarte, roh
10,0 kg K 2b Kalbfleisch mit höherem Sehnenanteil und maximal 5% sichtbarem Fett, roh
22,0 kg Eisschnee

Gewürze und Zutaten je kg Masse
18,0 g Kochsalz
 3,0 g Kutterhilfsmittel
 2,0 g Pfeffer
 1,0 g Mazis
 1,0 g Ingwer
 0,3 g Kardamom
 1,0 g Zitronenpulver
 0,1 g Safran (zum Färben der Därme)

Herstellung
1. Das gesamte Material wird unter Zugabe von Salz, Kutterhilfsmittel und Eisschnee zu einer feinst zerkleinerten Masse gekuttert. Am Schluß des Arbeitsvorganges werden die Gewürze zugegeben.
2. Nach dem Brühen werden die Schweinefettenden in möglichst heißem Zustand mit dem in Wasser aufgelösten Safran gefärbt. Die Farbe sollte mit einem Schwämmchen dünn aufgetragen werden. Das Durchschlagen des

Safrans auf das Wurstgut ist zu vermeiden. Die Würste werden frei hängend, trocken ausgekühlt.

Därme: Schweinefettenden

Garen: Die Würste werden in den kochenden Kessel gegeben. Die Brühtemperatur muß sofort langsam und ohne Kaltwasserzugabe auf 75 bis 78 °C sinken können.

Garzeit: 60 Minuten bei 80 °C

Produktionsverlust: 2 %

Charakteristik
Frankfurter Gelbwurst enthält kein Rindfleisch, jedoch ist es üblich etwa 10 % Kalbfleisch zuzusetzen.
Der klassische Darm für diese Wurstsorte ist die Schweinefettende und deren weite Nachende. Gelbwurst im gefärbten Mitteldarm kann nicht als *Frankfurter Gelbwurst* bezeichnet werden.
Für *Frankfurter Gelbwurst* gilt, was für alle *weiße Sorten* zu beachten ist:
Die Wurst sollte das 12-Uhr-Läuten nicht erleben; mindestens nicht im Fleischerladen.

Rezept 2029

Weiße im Ring 2.222.7

Herstellung
Gelbwurst (2027) wird in Kranzdärme gefüllt und innerhalb 24 Stunden gebrüht verkauft.

Därme: 65 Meter Kranzdärme, Kaliber 43/46

Garzeit: 30 Minuten bei 70 °C

Produktionsverlust: 8 %

Rezept 2030

Hirnwurst 2.222.6

Siehe 2027

Rezept 2031

Hannoversche Hirnwurst 2.222.6

Siehe 2030

Abweichung
Gewürz zusätzlich je Kilogramm Wurstmasse: 30 g Zwiebeln, gewolft. Die Zwiebeln müssen von Anfang an mitgekuttert werden.

Hinweis
Nach Ansicht örtlicher, gewerblicher Sachverständiger ist
1. die Bezeichnung Hirn-Wurst im Norddeutschen Raum nicht üblich; vielmehr findet hier nahezu ausschließlich die Bezeichnung *Bregenwurst* Verwendung.
2. der Zusatz von Hirn in *Bregenwurst* nicht zwingend erforderlich. Demzufolge sind Bregen- oder Hirnwürste nach Hannoverscher Art ohne Hirnanteil keine irreführende Kennzeichnung im lebensmittelrechtlichen Sinn.

Rezept 2032

Herrnwurst 2.222.6

Siehe 2030

Rezept 2033

Münchner Weißwurst 2.221.09

Münchner Weißwurst, die nach Rezept 2401 hergestellt wurde, läßt sich in entsprechende Därme gefüllt recht gut auch als Aufschnittware verkaufen.

Därme: 90 Stück Sterildärme, transparent, Kaliber 60/50

Garzeit: 60 Minuten bei 80 °C

Produktionsverlust: 2 %

Rezept 2034

Kalbfleischwurst 2.222.1

Material für 100 kg
40,0 kg K 5 Kalbfleisch, grob entsehnt, mit maximal 30 % sichtbarem Fett, roh
20,0 kg S 3b Schweinefleisch mit höherem Sehnenanteil und maximal 5 % sichtbarem Fett, roh
20,0 kg S 9 Speckabschnitte ohne Schwarte, roh
20,0 kg Eisschnee

Gewürze und Zutaten je kg Masse
18,0 g Kochsalz
3,0 g Kutterhilfsmittel
2,0 g Pfeffer
1,0 g Mazis

Därme: 42 Stück Sterildärme, Kaliber 90/50

Produktionsverlust: 2 %

Herstellung: Rezept 2010

*) Hier: Jungrindfleisch = Fresserartiges Kalbfleisch

Rezept 2035

Stadtwurst	2.222.2

Siehe 2010

Rezept 2036

Stadtwurst, einfach	2.222.3

Siehe 2011

Rezept 2037

Straßburger Wurst	2.224.4

Material für 100 kg
95,0 kg Aufschnittgrundbrät (2001)
 5,0 kg S 8 Rückenspeck ohne Schwarte, vorgegart

Körnung: Die Speckwürfel (Blutwurstspeckgröße) werden angebrüht und mit dem Aufschnitt-Grundbrät vermengt.

Därme: 60 Meter Mitteldärme, Kaliber 55/60

Füllen: Das Brät wird in Mitteldarmstränge gefüllt und am Strang in Portionen von 250 bis 300 g abgebunden.

Räuchern: Heiß, 60 Minuten bei 70 °C

Garzeit: 60 Minuten bei 70 °C

Produktionsverlust: 10 %

Rezept 2038

Paprikaspeckwurst	2.224.6

Material für 100 kg
95,0 kg Aufschnittgrundbrät (2001)
 5,0 kg S 8 Rückenspeck ohne Schwarte, vorgegart

Gewürze und Zutaten je kg Masse
10,0 g Paprika, rot, getrocknet
10,0 g Paprika, grün, getrocknet

Körnung: Der Speck wird gewürfelt und mit dem Paprika dem Aufschnitt-Grundbrät beigemengt.

Garzeit: 90 Minuten bei 80 °C

Därme: 42 Stück sterile Kunstdärme, braun, Kaliber 90/50

Produktionsverlust: 2 %

Rezept 2039

Weißwurst	2.222.6

Siehe 2027

Abweichung
An Stelle von gefärbten Kunstdärmen kommen hier transparente Sterildärme zur Verwendung.

Rezept 2040

Weißwurst, einfach	2.222.3

Siehe 2013

Abweichung
1. An Stelle von Nitritpökelsalz wird Kochsalz verwendet.
2. Statt Kranzdärme können sterile Kunstdärme verwendet werden.

Produktionsverlust: Sterildärme 2 %; Naturdärme 6 %

Rezept 2041

Kümmelwurst	2.221.10

Material für 100 kg
30,0 kg R 4 Rindfleisch mit maximal 20 % sichtbarem Fett und ca. 5 % Sehnen, roh
12,0 kg S 3b Schweinefleisch mit höherem Sehnenanteil und maximal 5 % sichtbarem Fett, roh
29,0 kg S 9 Speckabschnitte ohne Schwarte, roh
 9,0 kg S 19 Schweinelunge, roh
20,0 kg Eisschnee

Gewürze und Zutaten je kg Masse
18,0 g Nitritpökelsalz
 2,0 g Pfeffer
 0,5 g Mazis
 0,5 g Koriander
 0,3 g Ingwer
 0,5 g Glutamat
 3,0 g Kutterhilfsmittel
 1,0 g Farbstabilisator
 1,0 g Kümmel, gemahlen

Därme: 65 Meter Kranzdärme, Kaliber 40/43

Herstellung: Siehe 2010

Rezept 2042

Breslauer Knoblauchwurst 2.222.3

Material für 100 kg
45,0 kg R 3 Rindfleisch, grob entsehnt, mit maximal 15 % sichtbarem Fett, roh
35,0 kg S 6 Backen ohne Schwarte, roh
20,0 kg Eisschnee

Gewürze und Zutaten je kg Masse
18,0 g Nitritpökelsalz
3,0 g Kutterhilfsmittel
1,0 g Farbstabilisator
3,0 g Pfeffer, gemahlen
1,2 g Koriander
1,2 g Kümmel, gemahlen
0,2 g Knoblauchmasse (4426)

Herstellung
1. Das gesamte Material wird in der Reihenfolge Magerfleisch – Backen in den Kutter eingebracht.
2. Während die Masse im langsamen Gang läuft, werden Salz und Kutterhilfsmittel beigegeben.
3. Danach wird der Eisschnee beigekuttert. Das muß flott geschehen, so schnell es der Kutter zuläßt.
4. Die gesamte Masse wird zu einem feinst zerkleinerten Brät gekuttert.
5. Die Gewürze und die übrigen Zutaten sind so rechtzeitig der Masse beizugeben, daß sie sich gut und klumpenfrei mit dem Wurstgut vermischen können.

Därme: 65 Meter Kranzdärme, Kaliber 40/43

Räuchern: Heiß, 60 Minuten bei 60 bis 70 °C

Garzeit: 30 Minuten bei 70 °C

Produktionsverlust: 10 %

Rezept 2043

Schweizer Schützenwurst, Jagdwurstart 2.223.2

Material für 100 kg
70,0 kg Aufschnittgrundbrät (2001)
30,0 kg S 1 Schweinefleisch, fett- und sehnenfrei, roh

Gewürze und Zutaten je kg Masse
zum Schweinefleisch:
18,0 g Nitritpökelsalz
1,0 g Farbstabilisator
2,0 g Pfeffer
0,5 g Mazis
0,5 g Ingwer
1,0 g Koriander
5,0 g Zwiebeln, Rohgewicht

Herstellung
1. Das Schweinefleisch wird durch die Schrotscheibe gewolft und mit den Gewürzen und den geriebenen Zwiebeln vermengt.
2. Gewürztes Schweinefleisch und Aufschnittgrundbrät werden zu einer gleichmäßigen Masse vermengt.

Därme: 60 Stück Sterildärme, Kaliber 75/50

Garzeit: 90 Minuten bei 80 °C

Produktionsverlust: 2 %

Rezept 2044

Lyoner Wurst französische Art 2.222.1

Material für 100 kg
50,0 kg S 3b Schweinefleisch mit höherem Sehnenanteil und maximal 5 % sichtbarem Fett, roh
30,0 kg S 6 Backen ohne Schwarte, roh
20,0 kg Eisschnee

Gewürze und Zutaten je kg Masse
18,0 g Nitritpökelsalz
3,0 g Kutterhilfsmittel
2,5 g Pfeffer
1,0 g Muskat
0,5 g Kardamom
0,05 g Zimt, gemahlen
1,0 g Farbstabilisator

Herstellung
1. Das gesamte Fleisch wird in der Reihenfolge Magerfleisch – Speck gekuttert.
2. Während das vorgewolfte Schweinefleisch im langsamen Gang läuft, werden Salz und Kutterhilfsmittel beigekuttert.
3. Danach wird der Eisschnee zugeschüttet. Das muß flott geschehen, so schnell es der Kutter zuläßt.
4. Die gesamte Masse wird zu einem feinst zerkleinerten Brät gekuttert.
5. Die Gewürze und Zutaten sind so rechtzeitig

zuzugeben, daß sie sich gut und klumpenfrei mit der Masse vermischen können.

Därme: Mitteldärme, Kaliber 60/65

Produktionsverlust: 8 %

Hinweis: In einigen Regionen Frankreichs ist es üblich, die gefüllten Därme, genau wie in der Schweiz, mit vorgesalzenem Blut zu bestreichen, so daß die Därme eine kräftig dunkelbraune Farbe bekommen.

Rezept 2045

Schwedische Medisterwurst   2.222.2

Material für 100 kg
 5,0 kg R 2 b Rindfleisch mit höherem Sehnenanteil und maximal 5 % sichtbarem Fett, roh
40,0 kg S 3 b Schweinefleisch mit höherem Sehnenanteil und maximal 5 % sichtbarem Fett, roh
35,0 kg S 9 Speckabschnitte ohne Schwarte, roh
20,0 kg Eisschnee

Gewürze und Zutaten je kg Masse
20,0 g Nitritpökelsalz
 3,0 g Pfeffer, weiß, gemahlen
 0,5 g Glutamat
 3,0 g Kutterhilfsmittel
 1,0 g Farbstabilisator

Herstellung
1. Das gesamte Fleisch wird in der Reihenfolge Magerfleisch – Speck gekuttert.
2. Während die Masse im langsamen Gang läuft, werden Salz und Kutterhilfsmittel beigekuttert.
3. Danach wird der Eisschnee beigekuttert, das muß flott geschehen, so schnell es der Kutter zuläßt.
4. Die gesamte Masse wird zu einem feinst zerkleinerten Brät gekuttert.
5. Die Gewürze und die übrigen Zutaten sind der Masse so rechtzeitig beizugeben, daß sie sich gut und klumpenfrei vermischen können.

Därme: Sterildärme, braun, Kaliber 90/50

Räuchern: Heiß; 60 bis 75 Minuten bei 60 bis 70 °C

Garzeit: 75–90 Minuten bei 78 °C

Produktionsverlust: 2 %

Rezept 2046

Schwedische Falnwurst   2.223.2

Siehe 1911

Abweichung
Zusätzlich 5,0 g Zwiebeln je kg Masse

Rezept 2047

Lyoner, Schweizer Art   2.222.1

Material für 100 kg
55,0 kg S 3b Schweinefleisch mit höherem Sehnenanteil und maximal 5 % sichtbarem Fett, roh
25,0 kg S 9 Speckabschnitte ohne Schwarte, roh
20,0 kg Eisschnee

Gewürze und Zutaten je kg Masse
20,0 g Nitritpökelsalz
 1,2 g Paprika, edelsüß
 3,0 g Pfeffer, weiß, gemahlen
 0,5 g Mazis
 0,8 g Ingwer
 3,0 g Kutterhilfsmittel
 1,0 g Farbstabilisator
 1,0 g Glutamat

Herstellung
1. Aus dem Fleischmaterial und dem Eisschnee wird unter Zugabe der Gewürze und Zutaten ein fein zerkleinertes Brät hergestellt.
2. Das Wurstgut wird in die Mitteldärme gefüllt.
3. Die Würste werden mit vorgesalzenem Blut bestrichen, so daß die Därme eine kräftig dunkelbraune Farbe bekommen.
4. Die Lyoner wird geräuchert und gegart wie jede andere Brühwurstsorte.

Därme: Mitteldärme, Kaliber 65/ +

Produktionsverlust: 10 %

Rezept 2048

Balron (Lyoner Art)   2.222.2

Siehe 2044

Abweichung
Gewürz zusätzlich je kg Masse: 0,1 g Knoblauchmasse (4426)

Därme: die Masse wird in Kalbsblasen oder Kalbsbutten gefüllt

Produktionsverlust: 8 %

Rezept 2049

Geldernsche Rookwurst (Fleischwurst) 2.222.2

Material für 100 kg
54,0 kg S 3b Schweinefleisch mit höherem Sehnenanteil und maximal 5 % sichtbarem Fett, roh
26,0 kg S 9 Speckabschnitte ohne Schwarte, roh
20,0 kg Eisschnee

Gewürze und Zutaten je kg Masse
18,0 g Nitritpökelsalz
2,0 g Pfeffer
0,5 g Mazis
0,5 g Koriander
0,3 g Ingwer
2,0 g Paprika
0,5 g Glutamat
3,0 g Kutterhilfsmittel
1,0 g Farbstabilisator

Herstellung
1. Das gesamte Fleisch wird in der Reihenfolge Magerfleisch – Speck gekuttert.
2. Während das Schweinefleisch im langsamen Gang läuft, werden Salz und Kutterhilfsmittel beigekuttert.
3. Danach wird der Eisschnee beigekuttert. Das muß flott geschehen, so schnell es der Kutter zuläßt.
4. Die gesamte Masse wird zu einem feinst zerkleinerten Brät gekuttert.
5. Die Gewürze und die übrigen Zutaten sind so rechtzeitig der Masse beizugeben, daß sie sich gut und klumpenfrei vermischen können.

Därme: 65 Meter Kranzdärme, Kaliber 40/43

Räuchern: Heiß, 60 Minuten bei 60–70 °C

Produktionsverlust: 10 %

Rezept 2050

Kasseler Kochwurst 2.222.1

Siehe 2014

Rezept 2051

Bremer Gekochte 2.222.2

Siehe 2010

Abweichung
Anstelle von Rinderkranzdärmen können mittelweite Mitteldärme, Kaliber 55/60 verwendet werden.

Rezept 2052

Gekochte 2.222.2

Siehe 2051

Rezept 2053

Bremer gekochte Mettwurst 2.222.2

Siehe 2051

Rezept 2054

Gekochte Mettwurst nach Bremer Art 2.222.2

Siehe 2051

Rezept 2055

Bremer Brühwurst 2.222.2

Siehe 2051

Rezept 2056

Bregenwurst

Material für 100 kg
26,0 kg S 3 b Schweinefleisch mit höherem Sehnenanteil und maximal 5 % sichtbarem Fett, roh
20,0 kg S 4 b Schweinebauch ohne Schwarte mit maximal 50 % sichtbarem Fett, roh
20,0 kg S 6 Backen ohne Schwarte, roh
15,0 kg S 18 Schweinehirn
19,0 kg Eisschnee

Gewürze und Zutaten je Kilogramm Masse
18,0 g Nitritpökelsalz
3,0 g Kutterhilfsmittel
1,0 g Farbstabilisator
1,5 g Pfeffer, weiß
0,5 g Ingwer
0,5 g Mazis
20,0 g Zwiebeln roh

174

Herstellung
Siehe 2010. Aus dem Fleisch- und Fettanteil wird unter Zugabe von Gewürzen, Zutaten und Schüttung ein fein zerkleinertes Brät nach Art der Fleischwurst (2010) hergestellt. Am Ende des Kuttervorgangs wird das Hirn beigekuttert.

Hinweis
Nach sachverständiger Meinung des „Landesinnungsverbandes des Fleischerhandwerks Niedersachsen-Bremen" kann „Bregenwurst" Hirn enthalten, „muß aber gleichwohl nicht mit Hirn hergestellt werden".

Rezept 2057

Fränkische Knoblauchwurst 2.222.2

Siehe 2010

Abweichung
Zusätzlich 0,3 g Knoblauchmasse (4014)

Brühwurst
fein zerkleinert, mit grober Fleischeinlage

Produktionsschema

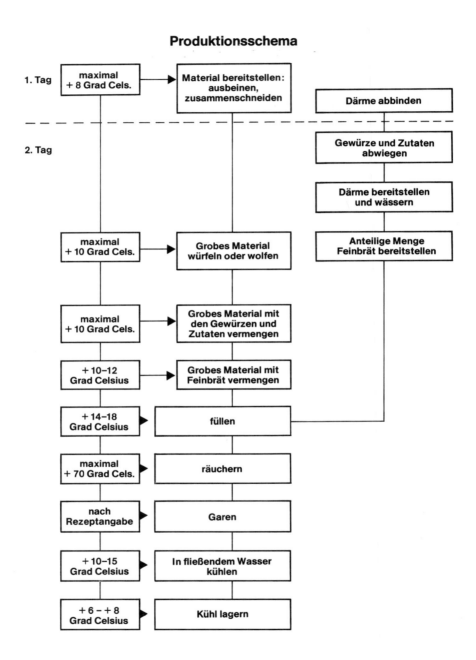

1. Tag

maximal + 8 Grad Cels. → Material bereitstellen: ausbeinen, zusammenschneiden

Därme abbinden

2. Tag

Gewürze und Zutaten abwiegen

Därme bereitstellen und wässern

maximal + 10 Grad Cels. → Grobes Material würfeln oder wolfen

Anteilige Menge Feinbrät bereitstellen

maximal + 10 Grad Cels. → Grobes Material mit den Gewürzen und Zutaten vermengen

+ 10–12 Grad Celsius → Grobes Material mit Feinbrät vermengen

+ 14–18 Grad Celsius → füllen

maximal + 70 Grad Cels. → räuchern

nach Rezeptangabe → Garen

+ 10–15 Grad Celsius → In fließendem Wasser kühlen

+ 6 – + 8 Grad Celsius → Kühl lagern

Rezept 2101

Bierschinken 2.224.1

Material für 100 kg
40,0 kg Aufschnittgrundbrät (2001)
60,0 kg S 1 Schweinefleisch, fett- und sehnenfrei, roh

Gewürze und Zutaten je kg Masse
für das Schweinefleisch:
18,0 g Nitritpökelsalz
1,0 g Farbstabilisator
2,0 g Pfeffer
0,5 g Mazis
0,3 g Ingwer

Herstellung
Das Schweinefleisch wird in walnußgroße Würfel geschnitten und mit Nitritpökelsalz angesalzen.
Bevor das fertige Gemenge hergestellt wird, ist das Schweinefleisch mit den Gewürzen solange durchzukneten, bis es gut leimig ist. Erst dann ist das Aufschnitt-Grundbrät dem Schweinefleisch beizumengen.

Hinweis: Wenn Bierschinken *mit Phosphat* hergestellt werden soll, darf die Phosphatmenge nur dem Aufschnittgrundbrät zugesetzt werden.

Därme: 42 Stück sterile Kunstdärme, braun, Kaliber 90/50

Garzeit: 120 Minuten bei 80 °C

Produktionsverlust: 2 %

Rezept 2102

Gefüllter Schinken 2.224.1

Siehe 2101

Material für 100 kg
20,0 kg Aufschnittgrundbrät (2001)
80,0 kg S 1 Schweinefleisch, fett- und sehnenfrei, roh

Rezept 2103

Käsebierschinken 2.224.1

Material für 100 kg
95,0 kg Bierschinkenbrät (2101)
5,0 kg Käse mit niedrigem Fettgehalt

Körnung: Der Käse wird in 5- bis 8-mm-Würfel geschnitten und mit dem Bierschinkenbrät vermengt.

Därme: 42 Stück sterile Kunstdärme, braun, Kaliber 90/50

Garzeit: 120 Minuten bei 80 °C

Produktionsverlust: 2 %

Rezept 2104

Bayerischer Bierschinken 2.224.1

Siehe 2101

Abweichung
Gewürz zusätzlich je Kilogramm Wurstmasse
1,5 g Senfkörner
4,0 g Pistazien, gehäutet und kleingehackt

Rezept 2105

Kaiserjagdwurst 2.223.2

Material für 100 kg
40,0 kg Aufschnittgrundbrät (2001)
30,0 kg S 1 Schweinefleisch, fett- und sehnenfrei, roh
30,0 kg S 4 b Schweinebauch ohne Schwarte mit maximal 50 % sichtbarem Fett, roh

Gewürze und Zutaten je kg Masse
zum Schweinefleisch:
18,0 g Nitritpökelsalz
1,0 g Farbstabilisator
2,0 g Pfeffer
0,5 g Mazis
0,5 g Ingwer

Herstellung
Das Schweinefleisch und die Schweinebäuche werden vorgeschroten und mit den Gewürzen und Zutaten vermischt. Das gewürzte Schweinefleisch und das Aufschnitt-Grundbrät werden gleichmäßig miteinander vermengt.

Därme: 60 Stück sterile Kunstdärme, braun, Kaliber 75/50

Garzeit: 90 Minuten bei 80 °C

Produktionsverlust: 2 %

Rezept 2106

Jagdwurst   2.223.2

Material für 100 kg
60,0 kg   Aufschnittgrundbrät (Rezept 2001)
30,0 kg   S 2 Schweinefleisch ohne Sehnen, mit
          maximal 5 % sichtbarem Fett, roh
10,0 kg   S 4 Schweinebauch ohne Schwarte mit
          maximal 30 % sichtbarem Fett, roh

Gewürze und Zutaten je kg Masse
zum Schweinefleisch
18,0 g Nitritpökelsalz
 1,0 g Farbstabilisator
 2,0 g Pfeffer
 0,5 g Mazis
 0,5 g Ingwer
 1,0 g Koriander

Därme: 60 Stück sterile Kunstdärme, braun,
Kaliber 75/50

Garzeit: 90 Minuten bei 80 °C

Produktionsverlust: 2 %

Herstellung: Siehe 2105

Rezept 2107

Jagdwurst, norddeutsche Art   2.223.2

Siehe 2106

Abweichung
Gewürz zusätzlich je Kilogramm Wurstmasse:
4,0 g Pistazien, gehäutet und kleingehackt.

Rezept 2108

Jagdwurst, süddeutsche Art   2.223.2

Siehe 2106

Abweichung
Gewürz zusätzlich je Kilogramm Wurstmasse:
1,5 g Senfkörner.

Rezept 2109

Schinkenwurst, grob   2.223.2

Siehe 2106

Rezept 2110

Käseschinkenwurst   2.223.2

Material für 100 kg
95,0 kg   Jagdwurst-Brät (2106)
 5,0 kg   Käse mit niedrigem Fettgehalt

Körnung: Der Käse wird in 5-mm-Würfel geschnitten und dem Jagdwurstbrät beigemengt.

Därme: 60 Stück sterile Kunstdärme, braun,
Kaliber 75/50

Garzeit: 90 Minuten bei 80 °C

Produktionsverlust: 2 %

Rezept 2111

Schinkenwurst mit Pistazien   2.223.2

Siehe 2107

Rezept 2112

Gekochte Schinkenwurst   2.223.2

Siehe 2107

Rezept 2113

Stuttgarter Schinkenwurst   2.223.2

Siehe 2107

Rezept 2114

Stuttgarter   2.223.2

Siehe 2107

Rezept 2115

Stadtwurst, grob   2.223.2

Material für 100 kg
60,0 kg   Aufschnittgrundbrät (2001)
20,0 kg   S 2 Schweinefleisch ohne Sehnen, mit
          maximal 5 % sichtbarem Fett, roh
20,0 kg   S 4b Schweinebauch ohne Schwarte
          mit maximal 50 % sichtbarem Fett,
          roh

Gewürze und Zutaten je kg Masse
zum Schweinefleisch und -bauch:
18,0 g Nitritpökelsalz
 1,0 g Farbstabilisator
 2,0 g Pfeffer
 1,0 g Koriander

0,5 g Mazis
0,3 g Ingwer
2,0 g Majoran, gerebbelt

Därme: 75 Meter Kranzdärme, Kaliber 40/43

Räuchern: Heiß, 30–60 Minuten bei 65–70 °C

Garzeit: 30 Minuten bei 70 °C

Produktionsverlust: 10 %

Herstellung: Siehe 2105

Alternative Därme: 60 Stück sterile Kunstdärme, braun, Kaliber 40/50

Garzeit: 45 Minuten bei 75–80 °C

Produktionsverlust: 2 %

Rezept 2116

Nürnberger Stadtwurst   2.223.2

Siehe 2115

Rezept 2117

Fleischwurst, grob   2.223.2

Siehe 2115

Abweichung
Fleischwurst, grob wird ohne Majoran hergestellt.

Rezept 2118

Lyoner, grob   2.223.2

Siehe 2115

Abweichung
Lyoner, grob wird ohne Majoran hergestellt.

Rezept 2119

Lyoner, grob, weiß   2.223.7

Siehe 2115

Abweichung
Statt Nitritpökelsalz ist Kochsalz zu verwenden; ohne Majoran.

Rezept 2120

Helle Zungenwurst   2.224.4

Material für 100 kg
80,0 kg   Aufschnitt-Grundbrät (Rezept 2001)
20,0 kg   S 17 Schweinezungen, geputzt, gepökelt, vorgegart

Gewürze und Zutaten je kg Masse
8,0 g Pistazien, geschält

Herstellung: Die gekochten Schweinezungen (1020) werden auf dem Kutter kleingehackt, zunächst auf die Größe von Schrotfleisch. Danach wird das Aufschnitt-Grundbrät zugesetzt. Die gesamte Masse wird im langsamen Gang solange gekuttert, bis die Schweinezungen Stecknadelkopfgröße haben. Während der letzten drei Runden werden die Pistazien zugesetzt.

Därme: 42 Sterildärme, transparent, Kaliber 90/50

Garzeit: 90 Minuten bei 80 °C

Produktionsverlust: 2 %

Rezept 2121

Herzwurst   2.224.4

Material für 100 kg
80,0 kg   Aufschnittgrundbrät (2001)
20,0 kg   S 16 Schweineherz, geputzt, gepökelt, vorgegart

Gewürze und Zutaten je kg Masse
8,0 g Pistazien, gehäutet und gehackt

Herstellung
Die angegarten Schweineherzen werden auf dem Kutter kleingehackt, zunächst auf die Größe von Schrotfleisch. Dann wird das Aufschnitt-Grundbrät zugesetzt. Die gesamte Masse wird im langsamen Gang solange gekuttert, bis die Schweineherzen Stecknadelkopfgröße haben. Während der letzten 3 Runden werden die Pistazien zugesetzt.

Därme: 42 Sterildärme, transparent Kaliber 90/50

Garzeit: 90 Minuten bei 80 °C

Produktionsverlust: 2 %

Rezept 2122

Schweinskopfwurst 2.223.2

Material für 100 kg
50,0 kg   Aufschnittgrundbrät (Rezept 2001)
50,0 kg   S 11 Kopf ohne Knochen, gekocht

Gewürze und Zutaten je kg Masse
für die Schweineköpfe:
2,0 g Pfeffer
0,5 g Mazis
0,2 g Ingwer

Herstellung
Die gekochten Schweineköpfe werden in grobe, ungleiche Würfel geschnitten, mit den Gewürzen und anschließend mit dem Aufschnitt-Grundbrät vermischt.

Därme: 42 braune Sterildärme, Kaliber 90/50

Garzeit: 120 Minuten bei 80 °C

Produktionsverlust: 2 %

Rezept 2123

Hamburger Sardellenwurst 2.223.2

Material für 100 kg
100,0 kg   Kaiserjagdwurstbrät (2105)

Gewürze und Zutaten je kg Masse zusätzlich:
10,0 g Sardellen, gewässert

Herstellung
Das Kaiserjagdwurstbrät kommt auf den Kutter und wird im langsamen Gang über 5–8 Runden auf eine kleinere Körnung gebracht. Dieser Masse werden die sehr gut gewässerten (4–8 Stunden), abgetrockneten und kleinstgewürfelten Sardellen beigemengt.

Därme: 60 Golddärme, steril, Kaliber 75/50

Garzeit: 90 Minuten bei 80 °C

Produktionsverlust: 2 %

Rezept 2124

Milzwurst 2.224.7

Material für 100 kg
65,0 kg   Weißwurstbrät (2401)
25,0 kg   S 4 Schweinebauch ohne Schwarte mit max. 30 % sichtbarem Fett, roh
10,0 kg   S 19 Schweinemilz, gegart

Gewürze und Zutaten je kg Masse
zum groben Material:
18,0 g Kochsalz
2,0 g Pfeffer
0,5 g Mazis
5,0 g Zwiebeln, gerieben (Rohgewicht)
0,5 g Zitronenpulver
3,0 g Petersilie, gehackt

Herstellung
Das S 4 wird vorgeschroten.
Die Milzen werden kurz angegart und dann in kleine Würfel geschnitten. Brät, Schrotfleisch und Milzwürfel werden gleichmäßig miteinander vermengt.

Vorkochverlust: Milz 18 %

Därme: 42 Sterildärme, Kaliber 90/50

Garzeit: 120 Minuten bei 80 °C

Produktionsverlust: 2 %

Rezept 2125

Hamburger Kochmettwurst 2.223.1

Material für 100 kg
30,0 kg   Aufschnittgrundbrät (2001)
50,0 kg   S 4b Schweinebauch ohne Schwarte mit max. 50 % sichtbarem, Fett, roh
20,0 kg   S 2 Schweinefleisch ohne Sehnen, mit max. 5 % sichtbarem Fett, roh

Gewürze und Zutaten je kg Masse
zum groben Material:
18,0 g Nitritpökelsalz
3,0 g Kutterhilfsmittel
2,0 g Pfeffer
1,0 g Mazis
0,5 g Koriander
1,0 g Farbstabilisator

Herstellung
Das S 4b und S 2 wird gewolft und mit dem Aufschnittgrundbrät vermengt.

Därme: 45 Meter Mitteldärme, Kaliber 60/65

Garzeit: 75 Minuten bei 75 °C

Produktionsverlust: 10 %

Rezept 2126

Norddeutsche Kochmettwurst 2.223.1

Material für 100 kg
30,0 kg Rinderbrät-Grundmasse (2024)
70,0 kg S 4 Schweinebauch ohne Schwarte mit
        max. 30 % sichtbarem Fett, roh

Gewürze und Zutaten je kg Masse
20,0 g Nitritpökelsalz (nur zum Schweinebauch)
 3,0 g Pfeffer
 0,3 g Koriander
 1,0 g Farbstabilisator

Herstellung
Das Schweinefleisch wird mit den Gewürzen und Zutaten vermengt durch die 5-mm-Scheibe gewolft und feinkörnig unter die Rinderbrät-Grundmasse gekuttert.

Därme: 75 Meter Kranzdärme; Kaliber 40/43

Garzeit: 45 Minuten bei 70 °C

Produktionsverlust: 10 %

Rezept 2127

Schützenwurst 2.223.2

Siehe 2106

Rezept 2128

Schlesische 2.223.2

Siehe 2115

Rezept 2129

Rinderbierschinken 2.224.2

Material für 100 kg
40,0 kg Aufschnittgrundbrät (2001)
60,0 kg Rindfleisch, fett-, sehnenfrei, roh

Gewürze und Zutaten je kg Masse
18,0 g Nitritpökelsalz
 1,0 g Farbstabilisator
 2,0 g Pfeffer
 0,5 g Mazis
 0,3 g Ingwer

Herstellung
Das Rindfleisch wird in nudelige Streifen geschnitten, die etwa die Größe von 8 mm Dicke und 4 cm Länge haben sollten. Das in dieser Weise geschnittene Material wird mit dem Nitritpökelsalz angesalzen.
Bevor das fertige Gemenge hergestellt wird, ist das Rindfleisch mit den Gewürzen so lange durchzukneten, bis es gut bindet. Erst dann ist das Aufschnittgrundbrät beizumengen.

Därme: 42 sterile, braune Kunstdärme, Kaliber 90/50

Garzeit: 150 Minuten bei 80 °C. Diese Garzeit ist in der Regel ausreichend, wenn das Rindfleisch in der beschriebene Weise nudelig geschnitten wurde. Werden größere Rindfleischstücke für die Herstellung der Spezialität verwendet, so muß die Garzeit entsprechend erhöht werden.

Produktionsverlust: 2 %

Hinweis
Wenn Rinderbierschinken „mit Phosphat" hergestellt werden soll, darf die Phosphatmenge nur dem Aufschnittgrundbrät, aber keinesfalls dem groben Rindfleisch, zugesetzt werden.

Rezept 2130

Westfälische Schinkenwurst 2.223.1

Siehe 1111

In jüngerer Zeit wird „Westfälische Schinkenwurst" auch wie folgt hergestellt:

Material für 100 kg
25,0 kg Aufschnittgrundbrät (2001)
75,0 kg S 1 Schweinefleisch, fett- und sehnen-
        frei, roh

Herstellung: Siehe 2201

Rezept 2131

Schlesischer Preßkopf 2.224.3

Material für 100 kg
48,0 kg Rinderbrät-Grundmasse (2024)
47,0 kg S 3b Schweinefleisch mit höherem
        Sehnenanteil und maximal 5 % sicht-
        barem Fett, roh
 5,0 kg Zwiebeln

Gewürze und Zutaten je kg Masse
 0,5 g Kümmel
 3,0 g Pfeffer, weiß, gemahlen
sämtliche Materialien sind vorgesalzen, bzw. gepökelt

Herstellung
1. Die gepökelten und dann gegarten Eisbeine werden in dünne ca. 2 x 2 cm große Scheiben geschnitten.
2. Die Zwiebeln werden fein gehackt.
3. Das gesamte Material, einschließlich der Gewürze und Zutaten, wird gut miteinander vermengt und gefüllt.
4. Die Magen werden gegart und anschließend gepreßt ausgekühlt.
5. Die ausgekühlten Preßköpfe werden im Kaltrauch goldgelb geräuchert.

Därme: Schweinemagen

Garzeit: 180 Minuten bei 80 °C

Produktionsverlust: 12 %

Rezept 2133

Hirnwurst 2.222.6

Material für 100 kg
60,0 kg Bratwurstgrundbrät (2601)
30,0 kg S 18 Schweinehirn
3,0 kg Zwiebeln
7,0 kg Champignons, frisch

Gewürze und Zutaten je kg Hirn
18,0 g Kochsalz
2,0 g Pfeffer
1,0 g Mazis
1,0 g Ingwer
0,3 g Kardamom
1,0 g Zitronenpulver
20,0 g Petersilie, gehackt
20,0 g Schnittlauch, gehackt

Herstellung
1. Die Hirne werden enthäutet, gut gewässert und dann, nachdem sie gut abgetropft sind, in grobe Stücke gehackt.
2. Petersilie, Schnittlauch, Zwiebeln und Champignons werden in einer Pfanne kurz angebräunt.
3. Das gesamte Material, außer dem Hirn, wird miteinander vermengt. Anschließend wird das Hirn vorsichtig unter die Masse gezogen.
4. Das Wurstgut wird gefüllt, abgedreht und gegart.

Därme: Gebändelte Schweinedärme

Würstchengröße: 80–100 g, im Strang abgedreht

Garzeit: 30 Minuten bei 70 °C

Produktionsverlust: 10 %

Rezept 2134

Zungenwurst 2.222.4

Material für 100 kg
60,0 kg Jagdwurst-Brät (2106)
40,0 kg S 17 Schweinezungen, geputzt, gepökelt, vorgegart

Herstellung
Die Schweinezungen werden grob gewürfelt unter das Jagdwurstbrät gemengt.
Die Zungenwurst wird in der weiteren Herstellung wie Bierschinken (2101) behandelt.

Därme: 42 Stück, Sterildärme, Kaliber 90/50

Rezept 2135

Fränkische Fleischwurst 2.224.3

Material für 100 kg
50,0 kg Aufschnittgrundbrät (2001)
50,0 kg S 11 Kopf ohne Knochen, gekocht

Gewürze und Zutaten je kg Masse
Für das grobe Material:
2,0 g Pfeffer
0,5 g Mazis
0,5 g Koriander
0,3 g Ingwer
0,5 g Glutamat
1,0 g Farbstabilisator

Herstellung
1. Das gekochte Schweinefleischmaterial, alles gepökelte Ware, wird auf dem Speckschneider durch das „Fleischsalatgatter" getrieben, so daß nudelige Fleischstreifen entstehen.
2. Das geschnittene Material wird heiß abgeschwenkt und soll dann gut abkühlen und abtrocknen.
3. Das getrocknete Material wird mit den Gewürzen und Zutaten vermengt und unter das Aufschnitt-Grundbrät gezogen. Die Masse wird solange geknetet bis sie sich innig miteinander verbunden hat.

Därme: Rinderkranzdärme, Kaliber 40/43.

Räuchern: Heiß; 60 Minuten bei 60–70 °C.

Garzeit: 30 Minuten bei 70 °C.

Produktionsverlust: 12 %

Rezept 2136

Gerauchte Schinkenwurst 2.223.2

Material für 100 kg
50,0 kg   Rinderbrät-Grundmasse (2024)
50,0 kg   S 4 Schweinebauch ohne Schwarte mit
maximal 30 % sichtbarem Fett, roh

Gewürze und Zutaten je kg Schweinebauch
18,0 g Nitritpökelsalz

Gewürze und Zutaten je kg Gesamtmasse
2,0 g Pfeffer, gemahlen
0,5 g Mazis
0,5 g Koriander
0,5 g Ingwer

Herstellung
1. Das Schweinefleisch wird mit der angegebenen Menge Nitritpökelsalz und den Gewürzen vermengt und durch die Erbsenscheibe
gewolft.
2. Rinderbrät und Schweinefleisch werden gleichmäßig miteinander vermengt. Auf Wunsch
kann das vermengte Wurstgut ein bis zwei
Runden im langsamen Gang auf dem Kutter
laufen.
3. Das Wurstgut wird gefüllt und gegart.

Därme: Sterile, braune oder schwarze Kunstdärme, Kaliber 65/50.

Garzeit: 75 Minuten bei 80 °C

Produktionsverlust: 2 %

Hinweis
Das Originalrezept sieht die Verwendung von
Mitteldärmen, Kal. 60/65 vor. Bei der Verwen-
dung dieser Darmart ist wie folgt zu verfahren:
Räuchern: Heiß; 60–75 Minuten bei 60–70 °C.

Garzeit: 75 Minuten bei 78–80 °C

Produktionsverlust: 18 %

Nachbehandlung
Im Mitteldarm wird das Wurstprodukt nach dem
Garen kurz in kaltem Wasser angekühlt und in
noch handwarmem Zustand zum Abtrocknen
durch Eigenwärme an die Luft gehängt.
Die Würste werden etwa 6–12 Stunden im
Kühlraum gelagert und daran anschließend im
Kaltrauch 6–12 Stunden nachgeräuchert.

Rezept 2137

Mannheimer 2.224.3

Siehe 2135

Rezept 2138

Pfeffer-Bierschinken 2.224.1

Siehe 2101, Abweichung:

Gewürze: Zusätzlich je Kilo Aufschnittgrundbrät 10,0 g Grüner Pfeffer.

Därme: 42 Stück Hautfaserdärme, Kaliber
90/50

Räuchern: Heißrauch

Produktionsverlust: 12 %

Rezept 2139

Ippensiller 2.224.4

Herstellung
Die gekochten Schweinezungen werden in 5 mm
große Würfel geschnitten und unter das Aufschnittbrät gemengt. Weitere Angaben siehe
2120.

Rezept 2140

Spanische Schinkenwurst 2.223.1

Material für 100 kg
20,0 kg   Aufschnittgrundbrät (2001)
80,0 kg   S 1 Schweinefleisch, fett- und sehnenfrei, roh

Gewürze und Zutaten je kg Masse
Für das Schweinefleisch:
20,0 g Nitritpökelsalz
1,0 g Pfeffer, gemahlen
1,0 g Pfefferkörner
6,0 g Paprika, edelsüß
2,0 g Senfkörner
1,0 g Mazis

Herstellung
1. Das Schweinefleisch wird in Würfel geschnitten. Sie sollen etwa 4 mm stark sein. Das
geschnittene Material wird mit der angege-
nen Menge Nitritpökelsalz vermengt und soll
dann etwa 3–4 Stunden durchpökeln.
2. Es ist eine Marinade in folgender Zusammensetzung herzustellen:

10,0 kg   Rotwein mit kräftigem Geschmack
 0,5 kg   Weinessig
          5 Lorbeerblätter
          5 Paprikaschoten, grob geschnitten
50,0 g   Basilikum
50,0 g   Knoblauchzehen, in grobe Stücke
          geschnitten
50,0 g   Thymian
50,0 g   Koriander

Diese Marinade reicht für etwa 80,0 kg Fleisch.

3. Das in Würfel geschnittene Schweinefleisch
   wird etwa 24–36 Stunden in die Marinade
   eingelegt. Es ist sinnvoll, das Fleisch während dieser Zeit im Kühlraum zu lagern.
4. Nach dem Beizen wird das Fleisch aus der
   Marinade genommen. Es soll gut abtropfen.
   Würzteile sind zu entfernen.
5. Das Fleisch wird mit den Gewürzen und Zutaten vermengt und unter das Aufschnitt-
   Grundbrät gezogen.

Därme: Hautfaserdärme, Kaliber 90/50 oder
120/50

Räuchern: 12 Stunden kalt, bei 20 °C Kammertemperatur

Garen: Je Millimeter Durchmesser 1,5 Minuten
bei 75–78 °C

Produktionsverlust: 10 %

Rezept 2141

Spanische Preßwurst   2.223.1

Material für 100 kg
33,0 kg   Rinderbrät-Grundmasse (2024)
37,0 kg   S 2 Schweinefleisch ohne Sehnen, mit
          max. 5 % sichtbarem Fett, roh
30,0 kg   S 8 Rückenspeck ohne Schwarte, roh

Gewürze und Zutaten je kg Masse
24,0 g Nitritpökelsalz (ohne Grundbrät)
 3,0 g Pfeffer, weiß, gemahlen
 1,0 g Farbstabilisator

Herstellung
1. Das Schweinefleisch und der Speck werden in
   wolfgerechte Stücke geschnitten, mit der anteiligen Menge Salz, dem Gewürz und den
   Zutaten vermischt und durch die 5-mm
   Scheibe gewolft.
2. Das Schrotfleisch wird mit dem Rinderbrät
   vermengt, die Masse wird anschließend
   gefüllt und gegart.

Därme: Schweinefettenden

Garzeit: 75–90 Minuten bei 80 °C.

Produktionsverlust: 10 %

Rezept 2142

Russischer Preßkopf   2.223.1

Material für 100 kg
20,0 kg   Aufschnittbrät (2001)
70,0 kg   S 4 Schweinebauch ohne Schwarte mit
          maximal 30 % sichtbarem Fett, roh.
10,0 kg   S 14 Schwarten, gekocht.

Gewürze und Zutaten je kg Masse ohne Schwarte
20,0 g   Nitritpökelsalz (für S 4)
 3,0 g   Pfeffer, gestoßen
 0,5 g   Muskat

Herstellung
1. Eine Pastetenform wird mit einer gepökelten
   Rückenspeckschwarte (S 14) ausgelegt. Die
   Schwarte muß sauber von Fett, bzw. Schwartenzug befreit sein und soll möglichst keine
   Beschädigung haben.
2. Die Schwarte (S 14) wird auf der Innenseite
   mit etwas Aufschnittgrundbrät eingerieben,
   damit sie sich später gut mit dem Auffüllbrät
   verbinden kann.
3. Der Schweinebauch, der in gepökeltem Zustand verarbeitet wird, ist in etwa 3 mm dicke
   Scheiben zu schneiden und mit dem Aufschnittgrundbrät reichlich einzureiben.
4. Die Schweinebauchscheiben werden in die
   Pastetenform gelegt. Es ist darauf zu achten,
   daß sich keine Hohlräume bilden.
   Zwischen jede zweite Lage Schweinebauch
   wird die anteilige Menge Pfefferkörner und
   Muskat gestreut.
5. Die Pastetenform ist randvoll zu packen.
   Dann werden die überhängenden Schwartenteile über dem Füllgut zusammengeschlagen.
   Sie sollen nicht übereinanderlappen.
6. Die Pastetenform wird verschlossen gegart.
   Behälter: Pastetenkasten 10/10/40.

Garzeit: Je Millimeter Durchmesser 1–1,5
Minuten, diagonal gemessen.

Produktionsverlust: 10 %

Rezept 2143

Hallauer Schinkenwurst 2.223.1

Siehe 2201

Rezept 2144

Weiße Zungenwurst, Spanische Art

Material für 100 kg

40,0 kg Aufschnittgrundbrät (2001)
60,0 kg S 17 Schweinezungen, geputzt, gepökelt, vorgegart

Gewürze und Zutaten je kg Aufschnitt-Grundbrät

2,0 g Pfeffer, weiß, gemahlen
0,3 g Kardamon
0,3 g Figaroblüte
1,0 g Mazis

Herstellung

Die Schweinezungen werden geputzt. Das heißt, die Zungenhäute und der Unterzungengrund sind sauber zu entfernen. Die Schweinezungen werden dann mit dem Aufschnitt-Grundbrät vermengt. Das Ganze wird in weite Sterildärme gefüllt.

Es ist aber auch üblich, für die Herstellung dieses Produktes eine Pastetenform zu verwenden. Letzteres bietet den Vorteil, daß die Zungen gleichmäßiger über den gesamten Füllraum verteilt werden können.

Därme: Sterildärme, Kal. 90/50, oder Pastetenkästen.

Garzeit: Je Millimeter Durchmesser 1,5 Minuten. Bei Pastetenform gilt deren Diagonale als Durchmesser.

Produktionsverlust: 2 %

Brühwurst, grob gekörnt

Produktionsschema

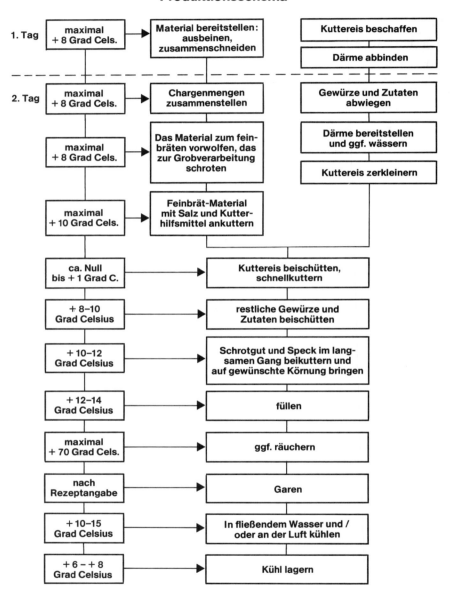

1. Tag | maximal + 8 Grad Cels. → Material bereitstellen: ausbeinen, zusammenschneiden | Kuttereis beschaffen | Därme abbinden

2. Tag | maximal + 8 Grad Cels. → Chargenmengen zusammenstellen | Gewürze und Zutaten abwiegen

maximal + 8 Grad Cels. → Das Material zum feinbräten vorwolfen, das zur Grobverarbeitung schroten | Därme bereitstellen und ggf. wässern | Kuttereis zerkleinern

maximal + 10 Grad Cels. → Feinbrät-Material mit Salz und Kutterhilfsmittel ankuttern

ca. Null bis + 1 Grad C. → Kuttereis beischütten, schnellkuttern

+ 8–10 Grad Celsius → restliche Gewürze und Zutaten beischütten

+ 10–12 Grad Celsius → Schrotgut und Speck im langsamen Gang beikuttern und auf gewünschte Körnung bringen

+ 12–14 Grad Celsius → füllen

maximal + 70 Grad Cels. → ggf. räuchern

nach Rezeptangabe → Garen

+ 10–15 Grad Celsius → In fließendem Wasser und / oder an der Luft kühlen

+ 6 – + 8 Grad Celsius → Kühl lagern

Rezept 2201

Tiroler Schinkenwurst   2.223.1

Material für 100 kg
30,0 kg Rinderbrät-Grundmasse (2024)
70,0 kg S 1 Schweinefleisch, fett- und sehnenfrei, roh.

Gewürze und Zutaten je kg Masse
18,0 g Nitritpökelsalz (nur für das Schweinefleisch)
 1,0 g Pfeffer, gemahlen
 1,5 g Pfeffer, ganz
 2,0 g Senfkörner
 0,5 g Glutamat
 1,0 g Farbstabilisator

Vorarbeiten
Das Schweinefleisch wird restlos von Sehnen und Speck befreit und in möglichst faustgroßen Stücken etwa 12 Stunden vorgesalzen.

Herstellung
Das Schweinefleisch wird mit den Gewürzen und Zutaten vermengt und läuft dann auf dem Kutter 2–3 Runden im langsamen Gang unter die Rinderbrät-Grundmasse.

Därme: 60 Stück Sterildärme, schwarz, Kaliber 75/50

Garzeit: 150 Minuten bei 80 °C

Produktionsverlust: 2 %

Rezept 2202

Tiroler   2.223.1

Herstellung
Siehe 2201

Hinweis
Die folgenden Blasen- und/oder Bierwürste wurden ursprünglich in genähte oder gewickelte Naturblasen gefüllt. Diese Praktik ist weitgehend der Tatsache zum Opfer gefallen, daß diese Sorten, in sterile, braun gefärbte Kunstdärme gefüllt, preiswerter verkauft werden können.
Sofern die folgenden Produkte nach der alten Methode hergestellt werden sollen, muß dies im Heißräucherverfahren geschehen.
Nach dem Garen werden die Würste in fließendem Wasser kalt abgeschreckt (5 Minuten) und an der Luft weiter ausgekühlt.

Rezept 2203

Bierwurst 1a   2.223.1

Material für 100 kg
40,0 kg Rinderbrät-Grundmasse (2024)
30,0 kg S 2 Schweinefleisch ohne Sehnen, mit max. 5 % sichtbarem Fett, roh
30,0 kg S 8 Rückenspeck ohne Schwarte, roh

Gewürze und Zutaten je kg Masse
18,0 g Nitritpökelsalz (f. Pos. 2 u. 3)
 2,0 g Pfeffer
 0,5 g Muskat
 0,5 g Koriander
 1,0 g Weingeist
 0,2 g Knoblauchmasse (4426)
 1,0 g Senfkörner
 1,0 g Farbstabilisator

Vorarbeiten
Der Speck ist in walnußgroße Stücke zu schneiden und auf +1 bis +/− 0 °C zu kühlen.

Herstellung
1. der Rinderbrät-Grundmasse wird der Speck und das vorgeschrotene Schweinefleisch so beigekuttert, daß der Speck deutlich und das Schrotfleisch nur noch schemenhaft im Schnittbild zu erkennen ist.
2. Die Gewürze sind während der in Position 1 genannten Arbeiten so rechtzeitig beizukuttern, daß sie sich gut und gleichmäßig im Brät verteilen können.

Därme: 42 Stück Sterildärme, braun, Kaliber 90/50

Garzeit: 120 Minuten bei 80 °C.

Produktionsverlust: 2 %

Alternative Därme: Rinder- oder Schweineblasen oder Cello-Blasen.

Räuchern: Heiß, 60 Minuten bei 60–70 °C

Garzeit: Je mm Durchmesser 1 Minute bei 75 °C

Rezept 2204

Bierwurst   2.223.2

Material für 100 kg
27,0 kg R 2b Rindfleisch mit höherem Sehnenanteil und maximal 5 % sichtbarem Fett, roh

10,0 kg S 3b Schweinefleisch mit höherem Sehnenanteil und maximal 5 % sichtbarem Fett, roh

20,0 kg Eisschnee

grob:

8,0 kg S 2 Schweinefleisch ohne Sehnen mit maximal 5 % sichtbarem Fett, roh

35,0 kg S 8 Rückenspeck ohne Schwarte, roh

Gewürze und Zutaten je kg Masse
Siehe 2203

Vorarbeiten
1. Der Speck ist in walnußgroße Stücke zu schneiden und auf +1 bis +/− 0 °C zu kühlen.

Herstellung
1. Das Rindfleisch und der Eisschnee werden zu einer feinst zerkleinerten Masse gekuttert.
2. Diesem Brät werden der Speck und das vorgeschrotene Schweinefleisch so beigekuttert, daß der Speck deutlich und das Schrotfleisch nur noch schemenhaft erkennbar ist.
3. Die Gewürze und Zutaten sind während der in Position 2 genannten Arbeiten so rechtzeitig beizukuttern, daß sie sich gut und gleichmäßig mit dem Brät vermischen können.

Därme: 42 Stück Sterildärme, braun, Kaliber 90/50

Garzeit: 120 Minuten bei 80 °C.

Produktionsverlust: 2 %

Hinweis: Die auf den ersten Blick sehr hoch anmutende Eisschneemenge ist unbedingt erforderlich, da sonst die gegarte Masse einen unerwünschten Geleerand mit Fetteinlagerung bildet.

Rezept 2205

Blasenwurst 2.223.1

Siehe 2204

Rezept 2206

Bayerische Bierwurst 2.223.1

Siehe 2203.

Abweichung: Bayerische Bierwurst wird ohne Senfkörner hergestellt. Es kann aber je Kilo Wurstmasse bis zu 0,5 Gramm Knoblauchmasse (4426) verarbeitet werden.

Rezept 2207

Göttinger Bierwurst 2.223.1

Material für 100 kg
28,0 kg R 2b Rindfleisch mit höherem Sehnenanteil und maximal 5 % sichtbarem Fett, roh

22,0 kg S 1 Schweinefleisch, fett- und sehnenfrei, roh

30,0 kg S 8 Rückenspeck ohne Schwarte, roh

20,0 kg Eisschnee

Gewürze und Zutaten je kg Masse
18,0 g Nitritpökelsalz
3,0 g Kutterhilfsmittel
2,0 g Pfeffer
0,5 g Muskat
0,5 g Koriander
0,3 g Kümmel
1,0 g Rum mit Knoblauch (4011)
1,0 g Farbstabilisator

Herstellung
1. Das magere Schweinefleisch wird mit je 18 g je Kilo vorgesalzen.
2. Gewürze und Zutaten werden entsprechend den Rezeptvorgaben zusammengestellt.
3. Das Rindfleisch wird durch die 3-mm-Scheibe gewolft, das Schweinefleisch durch die 8-mm-Scheibe geschrotet.
4. Das Rindfleisch wird mit dem restlichen Pökelsalz unter Zugabe von Kutterhilfsmitteln und Eisschnee zu einer homogenen Masse gekuttert.
5. Der Speck, der kernig und ausgekühlt sein sollte, wird beigekuttert. Die Körnung sollte im Endstadium halbe Erbsengröße haben (etwa 20−30 Runden).
6. Das magere geschrotete Schweinefleisch wird so beigekuttert, daß es im Schnittbild des Fertigproduktes noch sichtbar ist.

Därme: 42 Stück Sterildärme, braun, Kaliber 90/50

Garzeit: 120 Minuten bei 80 °C

Produktionsverlust: 2 %

Rezept 2208

Göttinger 2.223.1

Siehe 2207

Rezept 2209

Göttinger Blasenwurst 2.223.1

Siehe 2208

Rezept 2210

**Göttinger Blasenwurst
mit Emmentaler** 2.223.1

Material für 100 kg
95,0 kg Bierwurst-Brät (2207)
 5,0 kg Emmentaler Käse

Herstellung
Der Käse wird kleingewürfelt und gleichmäßig
unter das Brät gemengt. Würfelgröße: 0,5 cm

Därme: 42 Stück Sterildärme, braun, Kaliber
90/50

Garzeit: 120 Minuten bei 80 °C.

Produktionsverlust: 2 %

Rezept 2211

Kochsalami 2.223.1

Siehe 2207

Rezept 2212

Krakauer 2.223.1

Material für 100 kg
50,0 kg Rinderbrät-Grundmasse (2024)
40,0 kg S 4b Schweinebauch ohne Schwarte
         mit maximal 50 % sichtbarem Fett,
         roh
10,0 kg S 2 Schweinefleisch ohne Sehnen, mit
         maximal 5 % sichtbarem Fett, roh.

Gewürze und Zutaten je kg Masse
18,0 g Nitritpökelsalz (für S 4b u. S 2)
 2,0 g Pfeffer
 0,5 g Rosenpaprika
 1,0 g Paprika, edelsüß
 0,5 g Muskat
 0,5 g Knoblauchmasse (4426)
 3,0 g Kutterhilfsmittel
 1,0 g Farbstabilisator
 0,5 g Glutamat

Herstellung
Der Schweinebauch und das Schweinefleisch
werden durch die Erbsenscheibe gewolft. Die

erforderliche Menge Salz und Gewürze können
entweder vor oder nach dem Wolfen beigemengt
werden.
Rinderbrät-Grundmasse und grobes Material
werden innig miteinander vermengt.
Die Masse wird gefüllt, heißgeräuchert, gebrüht, 5 Minuten im kalten Wasser abgekühlt
und an der Luft trocken ausgekühlt. Die ausgetrockneten Würste werden etwa 6 Stunden kalt
nachgeräuchert.

Därme: 75 Meter Kranzdärme, Kaliber 43/46

Räuchern: Heiß, 60 Minuten bei 60–70 °C.

Garzeit: 30 Minuten bei 72 °C.

Produktionsverlust: 18 %

Rezept 2213

Kochpolnische 2.223.1

Siehe 2212

Rezept 2214

Touristenwurst 2.223.4

Material für 100 kg
20,0 kg Rinderbrät-Grundmasse (2024)
20,0 kg Aufschnittgrundbrät (2001)
60,0 kg S 4b Schweinebauch ohne Schwarte
         mit maximal 50 % sichtbarem Fett,
         roh

Herstellung
Das Schweinefleisch S 4b wird durch die Erb-
senscheibe gewolft, mit den Gewürzen und
Zutaten vermengt und unter die beiden Sorten
Grundbrät gezogen.

Würzen und Produktionsdaten: Siehe 2212.

Rezept 2215

Touristenwurst, einfach 2.223.5

Material für 100 kg
20,0 kg Rinderbrät-Grundmasse (2024)
20,0 kg Aufschnittgrundbrät (2001)
40,0 kg S 11 Kopf ohne Knochen, gekocht
20,0 kg S 4b Schweinebauch ohne Schwarte
         mit maximal 50 % sichtbarem Fett,
         roh

Herstellung
Siehe 2212. Die gepökelten Schweineköpfe werden gekocht und klein gewürfelt verarbeitet.

Vorkochverlust: Pos. 3 = 55%

Rezept 2216

Knoblauchwurst	2.223.4

Herstellung
Siehe 2212, Abweichung:

Gewürze und Zutaten je kg Produktionsmenge
18,0 g Nitritpökelsalz
3,0 g Kutterhilfsmittel
2,0 g Pfeffer
0,5 g Muskat
1,0 g Knoblauchmasse (4426)
1,0 g Kümmel
0,5 g Glutamat
1,0 g Farbstabilisator

Rezept 2217

Thüringer Knoblauchwurst	2.223.4

Siehe 2216

Rezept 2218

Breslauer Knoblauchwurst	2.223.4

Siehe 2212, Abweichung:

Gewürze und Zutaten je kg Produktionsmenge
18,0 g Nitritpökelsalz
3,0 g Kutterhilfsmittel
2,0 g Pfeffer
0,5 g Mazis
0,5 g Rosenpaprika
1,0 g Knoblauchmasse (4426)
1,0 g Farbstabilisator
0,5 g Glutamat

Rezept 2219

Cabanossi	2.223.1
	oder 2.221.04

Material für 100 kg
40,0 kg Rinderbrät-Grundmasse (2024)
60,0 kg S 4b Schweinebauch ohne Schwarte mit maximal 50% sichtbarem Fett, roh

Gewürze und Zutaten je kg Masse
zum Schweinebauch:
18,0 g Nitritpökelsalz
2,0 g Pfeffer
1,5 g Rosenpaprika
2,0 g Paprika, edelsüß
1,0 g Glutamat
1,0 g Farbstabilisator

Herstellung
1. Das vorgeschrotene Schweinefleisch wird mit den Gewürzen und Zutaten vermengt und unter die Rinderbrät-Grundmasse gekuttert.
2. Die Masse wird gefüllt, heiß geräuchert, gebrüht, 5 Minuten in kaltem Wasser und dann an der Luft trocken abgekühlt.
3. Nach dem Erkalten werden die Würste etwa 6 Stunden kalt geräuchert.

Därme: 135 Stück Hautfaserdärme, Kaliber 55/40

Räuchern: Heiß, 60 Minuten bei 70 °C

Garzeit: 60 Minuten bei 75 °C

Produktionsverlust: 15%

Rezept 2220

Kielbossa

Material für 100 kg
30,0 kg Rinderbrät-Grundmasse (2024)
60,0 kg S 4b Schweinebauch ohne Schwarte mit maximal 50% sichtbarem Fett, roh
10,0 kg S 2 Schweinefleisch ohne Sehnen, mit maximal 5% sichtbarem Fett, roh

Gewürze und Zutaten je kg Masse
zum Schweinefleisch:
18,0 g Nitritpökelsalz
zur Gesamtmasse:
2,0 g Pfeffer
0,3 g Knoblauchmasse (4426)
1,0 g Rosenpaprika
2,0 g Paprika, edelsüß

Därme: 135 Stück, Kaliber 55/40

Produktionsverlust: 15%

Herstellung: Siehe 2219

Rezept 2221

Harzer Schmorwurst   2.223.4

Siehe 2216

Abweichung: Harzer Schmorwurst wird ohne Knoblauch hergestellt.

Rezept 2222

Preßkopf   2.224.3

Material für 100 kg
40,0 kg Aufschnittgrundbrät (2001)
60,0 kg S 11 Kopf ohne Knochen, gekocht

Gewürze und Zutaten je kg Masse
für die Schweineköpfe:
2,0 g Pfeffer
0,5 g Muskat
1,0 g Koriander
0,5 g Kümmel, gemahlen
0,2 g Knoblauchmasse (4426)
1,0 g Farbstabilisator

Herstellung
Die gepökelten Schweineköpfe werden auf dem Speckschneider in 10- bis 15-mm-Würfel geschnitten, heiß abgeschwenkt und gut abgetrocknet unter das Aufschnitt-Grundbrät gemengt.
Die Wurstmasse könnte eventuell 2−3 Runden auf dem Kutter zerkleinert werden.

Därme: Rinderbutten, mittelweit

Garzeit: Je Millimeter Durchmesser 1,5 Minuten bei 80 °C

Nachräuchern: Kalt, 12 Stunden bei 18 °C

Produktionsverlust: 15 %

Rezept 2223

Anspacher Weißer Preßkopf   2.224.3

Material für 100 kg
 6,0 kg   Aufschnittgrundbrät (2001)
10,0 kg   S 14 Schwarten, gekocht
 1,0 kg   S 15 Schweineleber, roh
20,0 kg   S 4b Schweinebauch ohne Schwarte mit maximal 50 % sichtbaren Fett, roh
60,0 kg   S 11 Kopf ohne Knochen, gekocht
 3,0 kg   Brühe

Gewürze und Zutaten je kg Masse
soweit noch nicht vorgesalzen:
18,0 g Nitritpökelsalz
       für Schwarten, Leber, Schweinefleisch:
 1,5 g Pfeffer
 0,5 g Nelken
 0,5 g Mazis
 1,0 g Majoran
 0,5 g Kümmel
10,0 g Zwiebel
 0,5 g Glutamat
 1,0 g Farbstabilisator

Vorarbeiten
1. Die Schwarten werden gepökelt und weichgekocht.
2. Die Schweineköpfe werden gepökelt, gekocht und entbeint.
3. Die gekochten Schweineköpfe werden in 10-mm-Würfel geschnitten.

Herstellung
1. Die Schwarten und die Schweineleber werden durch die 2-mm-Scheibe, das S 4b durch die Erbsenscheibe (5 mm) gewolft.
2. Brät, Schwarten und Leber werden mit der angegebenen Menge Kesselbrühe gut vermengt.
3. Dieser Masse wird das S 4b beigemengt, das vorher mit den Gewürzen und Zutaten vermischt wurde.
4. Im letzten Arbeitsgang werden die gewürfelten Schweineköpfe beigemengt.

Vorkochverlust: Pos. 2 = 55 %; Pos. 6 = 55 %

Därme: Rinderbutten

Garzeit: Je mm Durchmesser 1,5 Minuten bei 80 °C

Nachräuchern: Kalt, 12 Stunden bei etwa 18 °C

Produktionsverlust: 15 %

Rezept 2224

Mainzer Preßkopf   2.224.3

Siehe 2223

Abweichung: Statt 60,0 kg Schweineköpfe gegart verwendet man bei Mainzer Preßkopf:
30,0 kg   Schweineköpfe, gegart und
30,0 kg   Schweinebacken, roh

Rezept 2225

Schlesischer Preßkopf 2.224.3

Material für 100 kg
20,0 kg Rinderbrät-Grundmasse (2024)
80,0 kg S 3b Schweinefleisch mit höherem Sehnenanteil und maximal 5 % sichtbarem Fett, vorgegart

Gewürze und Zutaten je kg Masse
2,0 g Pfeffer
1,0 g Kümmel, gemahlen
0,2 g Knoblauchmasse (4426)
10,0 g Zwiebel (Rohgewicht), gedünstet
1,0 g Farbstabilisator

Vorarbeiten
1. Die Eisbeine werden nach dem Pökeln (1007) gegart, bis sie sich leicht vom Knochen lösen lassen.
2. Fast erkaltet werden die Eisbeine in Streifen (etwa 2 x 1 cm) geschnitten.

Herstellung
1. Das grobe Material wird mit den Gewürzen und Zutaten vermengt.
2. Die gewürzten Eisbeine werden gleichmäßig mit der Rinderbrät-Grundmasse vermischt.

Därme: Rinderbutten

Vorkochverlust: Pos. 2 = 25 %

Garzeit: je mm Durchmesser 1,5 Minuten bei 80 °C

Nachräuchern: Kalt, 6 Stunden bei 18 °C

Produktionsverlust: 15 %

Rezept 2226

Straßburger Preßkopf 2.224.3

Material für 100 kg
50,0 kg Aufschnittgrundbrät (2001)
20,0 kg K 2 Kalbfleisch, entsehnt, mit maximal 5 % sichtbarem Fett, vorgegart
14,0 kg S 4 Schweinebauch ohne Schwarte mit maximal 30 % sichtbaren Fett, vorgegart
16,0 kg S 17 Schweinezungen, geputzt, gepökelt, vorgegart

Gewürze und Zutaten je kg Masse
zum groben Material:
3,0 g Pfeffer

5,0 g Pistazien, gehäutet
40,0 g Sardellen
3,0 g Cognac
1,0 g Farbstabilisator

Vorarbeiten
1. Kalbfleischabschnitte, Schweinekamm und Rinderzungen werden gepökelt, gegart und in 10-mm-Würfel geschnitten.
2. Die Sardellen werden 4–6 Stunden in reichlich Wasser gewässert und klein gehackt.

Herstellung
1. das grobe Material wird mit den Gewürzen und Zutaten vermischt.
2. Im weiteren Arbeitsgang wird das Aufschnitt-Grundbrät beigemengt.

Därme: Rinderbutten

Vorkochverlust: Pos. 2 = 20 %; Pos. 3 + 4 = 25 %

Garzeit: je Millimeter Durchmesser 1,5 Minuten bei 80 °C

Nachräuchern: Kalt, 12 Stunden bei 18 °C

Produktionsverlust: 15 %

Rezept 2227

Mainzer Fleischmagen 2.224.3

Siehe 2224

Rezept 2228

Kopfwurst 2.224.3

Siehe 2222

Rezept 2229

Schinkenkrakauer 2.223.1

Material für 100 kg
40,0 kg Rinderbrät-Grundmasse (2024)
30,0 kg S 1 Schweinefleisch, fett- und sehnenfrei, roh
30,0 kg S 8 Rückenspeck ohne Schwarte, roh

Gewürze und Zutaten je kg Masse
18,0 g Nitritpökelsalz
2,0 g Pfeffer
0,5 g Rosenpaprika
1,0 g Paprika, edelsüß
0,5 g Muskat
0,5 g Knoblauchmasse (4426)

3,0 g Farbstabilisator
0,5 g Glutamat

Herstellung
Das Schweinefleisch und der Speck werden durch die Erbsenscheibe gewolft und mit den Gewürzen und Zutaten vermengt.
Das grobe Material wird unter das Grundbrät gezogen.
Das Wurstgut wird gefüllt, heiß geräuchert, gebrüht, maximal 5 Minuten in kaltem Wasser abgekühlt und an der Luft trocken ausgekühlt. Die ausgetrockneten Würste werden etwa sechs Stunden kalt nachgeräuchert.

Därme: 75 Meter Kranzdärme, Kaliber 43/46

Räuchern: Heiß, 60 Minuten bei 60–70 °C

Garzeit: 30 Minuten bei 72 °C

Produktionsverlust: 18 %

Rezept 2230

Frühstücksfleisch 2.223.2

Material für 100 kg
50,0 kg Aufschnittgrundbrät (2001)
50,0 kg S 4 Schweinebauch ohne Schwarte mit maximal 30 % sichtbarem Fett, roh

Gewürze und Zutaten je kg Masse
für das grobe Material:
18,0 g Nitritpökelsalz
 1,0 g Farbstabilisator
 2,0 g Pfeffer
 0,5 g Mazis
 0,5 g Koriander
 0,3 g Ingwer
 0,2 g Kardamon
 2,0 g Paprika
 0,5 g Glutamat

Herstellung
1. Das Schweinefleisch wird durch die Erbsenscheibe und mit den Gewürzen und Zutaten vermengt.
2. Anschließend wird das grobe Material dem Aufschnitt-Grundbrät auf 3-mm-Körnung beigekuttert.

Behälter: Pastetenkästen

Garzeit: 120 Minuten bei 80 °C

Produktionsverlust: 15 %

Rezept 2231

Pariser Schinkenwurst 2.223.1

Material für 100 kg
100,0 kg S 4 Schweinebauch ohne Schwarte mit maximal 30 % sichtbarem Fett, roh
oder:
 70,0 kg S 2 Schweinefleisch ohne Sehnen. mit maximal 5 % sichtbarem Fett, roh
 30,0 kg Backen ohne Schwarte, roh

Gewürze und Zutaten je kg Masse
20,0 g Nitritpökelsalz
 2,0 g Pfeffer, gemahlen
 0,7 g Muskat
 0,1 g Zucker
 1,0 g Gekörnte Brühe
 0,1 g Knoblauchmasse (4426)
 1,0 g Farbstabilisator
 0,5 g Glutamat

Herstellung
1. Das sehr gut vorgekühlte (+1 °C), in faustgroße Stücke geschnittene Material wird mit den Gewürzen und Zutaten vermengt und durch die 8-mm-Scheibe gewolft.
2. Nachdem das Wurstgut noch einmal leicht durchgemengt wurde, wird es gefüllt.

Därme: 60 Stück Sterildärme, Kaliber 75/50

Reifezeit: 4 Stunden bei etwa 20 °C Raumtemperatur

Garzeit: 75 Minuten bei 80 °C

Produktionsverlust: 2 %

Rezept 2232

Preßsäckel 2.224.3

Material für 100 kg
30,0 kg Aufschnittbrät (2001)
35,0 kg Kopf ohne Knochen, gekocht
35,0 kg S 17 Schweinezungen geputzt, gepökelt, vorgegart

Gewürze und Zutaten je kg Einlage
3,0 g Pfeffer, gemahlen
0,4 g Ingwer
1,0 g Mazis
je kg Aufschnittgrundbrät
4,0 g Trüffeln

2,0 g Pistazien
2,0 g Gekörnte Brühe
1,0 g Farbstabilisator

Herstellung
1. Die Schweinsköpfe und die Schweinezungen werden nach den Beschreibungen in den Rezepten 1026 und 1020 zur weiteren Verarbeitung gepökelt, gegart und ausgelöst, bzw. enthäutet.
2. Das knorpelfreie Kopffleisch wird auf dem Speckschneider in etwa 1,0 cm große Würfel geschnitten. Die Schweinezungen werden durch das 5-mm-Gatter des Speckschneiders getrieben.
3. Die Trüffeln werden klein gehackt, die Pistazien halbiert.
4. Das gewürfelte Kopffleisch und die gewürfelten Zungen werden mit den Gewürzen und den Zutaten und daran anschließend mit den Pistazien und Trüffeln dem Aufschnitt-Grundbrät beigemengt.

Därme: Rinderbutten

Produktionsverlust: 15 %

Garzeit: Je Millimeter 1–1,5 Minuten

Hinweis
Das Wurstgut kann auch in Kunstdärme gefüllt werden, Kaliber 90 oder 120. Im Einzelnen ergeben sich folgende Bedarfsmengen:
42 Stück Sterildärme, Kaliber 90/50 oder
27 Stück Sterildärme, Kaliber 120/50.

Das Originalrezept sieht als Hülle die Verwendung von Rückenspeckschwarten vor. Dabei ist wie folgt zu verfahren:
Die Rückenspeckschwarte soll 40–50 cm lang sein und die übliche Breite von etwa 20 cm haben. Die Schwarte darf nicht beschädigt sein und muß sauber von noch anhaftendem Speck (Schwartenzug) befreit werden.
Die Schwarte wird etwa 24 Stunden in 10gradiger Lake gepökelt. Bei der Weiterverpackung wird die Schwarte mit der Speckseite nach oben auf den Arbeitstisch gelegt und mit einem Tuch gut abgetrocknet. Dann wird die Schwarte mit Aufschnitt-Grundbrät eingerieben, so daß sie sich gut mit dem Wurstbrät verbindet.
Im weiteren Arbeitsgang wird die Schwarte mit dem „Preßsäckelbrät" belegt. Das Ganze wird zusammengerollt, in ein Rouladentuch gewik-kelt und mit Wurstgarn gleichmäßig, wie eine Roulade, geschnürt.

Nachbehandlung
Die Preßsäckel-Rolle soll im Tuch abkühlen. Ein leichtes Nachwickeln kann erforderlich sein. Die ausgekühlten Würste können im Kaltrauch leicht goldgelb angeräuchert werden. Im Sommer ist dies sogar sehr zu empfehlen, da durch das Räuchern ein weiterer minimaler Konservierungseffekt erreicht werden kann.

Rezept 2233

Nierenwurst 2.221.10

Siehe 2538, Abweichungen:

Därme: 90 Stück Sterildärme, Kaliber 60/50

Produktionsverlust: 2 %

Hinweis: Nierenwurst ist in der vorgegebenen Zusammensetzung ein kalorien- bzw. joulearmes Wursterzeugnis.

Garzeit: 60 Minuten bei 80 °C

Rezept 2235

Weißer Preßkopf 2.224.3

Diese Spezialität wird auf Kochsalzbasis hergestellt.

Material für 100 kg
70,0 kg S 2 Schweinefleisch ohne Sehnen, mit maximal 5 % sichtbarem Fett, vorgegart
10,0 kg S 14 Schwarten, gekocht
15,0 kg Rinderbrät-Grundmasse (2024)
5,0 kg Brühe

Wichtiger Hinweis: Die Rinderbrät-Grundmasse wird mit Kochsalz hergestellt.

Gewürze und Zutaten je kg Masse
20,0 g Kochsalz (ohne Grundbrät)
2,0 g Pfeffer, gemahlen
1,0 g Kümmel
0,5 g Mazis
0,5 g Glutamat

Herstellung
1. Das Schweinefleisch wird vorgegart und in etwa 1 cm große Würfel geschnitten.
2. Die heißen Schwarten werden mit der Fleischbrühe fein gekuttert.

3. Das geschnittene Schweinefleisch wird heiß abgeschwenkt. Es soll etwas abtropfen und wird dann im Mengtrog mit den Gewürzen und Zutaten vermengt. Diesem gewürzten Material wird der Schwartenbrei und der Grundbrät untergezogen.
4. Das Wurstgut wird sofort gefüllt und gegart. Die fertigen Würste werden während des Abkühlens gut durchmassiert.

Därme: 27 Stück Sterildärme, transparent, Kaliber 120/50

Garzeit: Je Millimeter Durchmesser 1–1,5 Minuten bei 80 °C

Produktionsverlust: 2 %

Rezept 2236
___

Kochsalami 2.221.04

Material für 100 kg
15,0 kg Rinderbrät-Grundmasse (2024)
50,0 kg S 1 Schweinefleisch, fett- und sehnenfrei, roh
35,0 kg S 4 Schweinebauch ohne Schwarte mit maximal 30 % sichtbarem Fett, roh

Gewürze und Zutaten je kg Masse
24,0 g Nitritpökelsalz (ohne Grundbrät)
 1,5 g Pfeffer, gemahlen
 0,5 g Pfeffer, ganz
 2,0 g Senfkörner
 1,0 g Glutamat
 1,0 g Farbstabilisator
 0,1 g Knoblauchmasse (4426)

Herstellung
1. Das S 4 wird leicht angefroren und am Produktionstag auf eine Körnung von etwa 5 mm gekuttert.
2. Das S 1 wird durch die 12-mm-Scheibe gewolft. Messersatz: Vorschneider – Messer – Schrotscheibe.
3. Dem Schweinefleisch zu Pos. 2 werden alle Gewürze und Zutaten beigemengt. Das Ganze wird dann unter die Rinderbrät-Grundmasse gezogen.
4. Im weiteren Arbeitsgang wird das gekutterte Schweinefleisch beigemengt. Das Wurstgut kann auf dem Kutter im langsamen Gang auf die gewünschte Körnung zerkleinert werden.
5. Die Wurstmasse wird gefüllt und soll dann etwa 12 Stunden durchkonservieren.

6. Die Würste werden im Kaltrauch schwach geräuchert und anschließend gegart. Nach dem Garen soll die Kochsalami mit Eigenwärme abtrocknen. Sie soll Falten ziehen. Nachdem die Würste eine Nacht im Kühlhaus gelagert wurden, werden sie im Kaltrauch nachgeräuchert.

Därme: Hautfaserdarm R 2, Kaliber 80/50

Räuchern: im Heißrauch

Garzeit: 120 Minuten

Produktionsverlust: 15 %

Rezept 2237
___

Hessischer Preßkopf 2.224.3

Material für 100 kg
25,0 kg S 6 Backen ohne Schwarte, vorgegart
25,0 kg S 12 Masken, gekocht
30,0 kg S 3b Schweinefleisch mit höherem Sehnenanteil und maximal 5 % sichtbarem Fett, roh
20,0 kg Aufschnittgrundbrät (2001)

Gewürze und Zutaten je kg Schweinefleisch
20,0 g Nitritpökelsalz

Gewürze und Zutaten je kg Gesamtmasse ohne Aufschnittgrundbrät
2,0 g Pfeffer, weiß, gemahlen
0,5 g Koriander
0,5 g Kümmel, gemahlen
0,2 g Knoblauchmasse (4426)
1,0 g Farbstabilisator

Herstellung
1. Die Schweinemasken und die Backen werden gespritzt und sollen etwa 12 Stunden in 10gradiger Lake durchpökeln. Das Material wird dann vorgegart.
2. Das Schweinefleisch wird durch die 8-mm-Scheibe gewolft. Die Backen und die Masken werden in Streifen geschnitten.
3. Backen und Masken werden heiß abgeschwenkt und mit dem gewolften Schweinefleisch und den Gewürzen und Zutaten gleichmäßig vermengt. Das Ganze wird dann unter das Aufschnitt-Grundbrät gezogen. Soweit das Mengen manuell geschieht ist sorgfältig darauf zu achten, daß das Material gleichmäßig untereinandergearbeitet wird.
4. Das Wurstgut wird gefüllt und gegart. Nach

dem Erkalten wird der Preßkopf goldgelb im Kaltrauch angeräuchert.

Därme: Rinderbutten

Garzeit: Je mm Durchmesser 1–1,5 Minuten bei 78 °C

Produktionsverlust: 10 %

Rezept 2238

Spießbratenwurst 2.221.11

Material für 100 kg
40,0 kg Bratwurst-Grundbrät (2601)
60,0 kg S 1 Schweinefleisch, fett- und sehnen-frei, roh

Gewürze und Zutaten je kg Masse
20,0 g Kochsalz, für Schweinefleisch
 1,5 g Chillies
 1,2 g Kümmel, gemahlen
 2,6 g Muskat
 0,4 g Piment
 4,0 g Paprika, edelsüß
 3,3 g Zucker
 3,3 g Selleriepulver
 0,1 g Lorbeerblatt
 0,6 g Lauchpulver

Herstellung
1. Das Schweinefleisch wird in 1–1,5 cm große Würfel geschnitten, mit der angegebenen Menge Salz und Gewürzen vermengt und im Bräter leicht angebraten. Das Material soll dann abkühlen.
2. Das gebratene Fleisch und das Bratwurst-Grundbrät werden miteinander vermengt, gefüllt und gegart.

Därme: Sterildärme, schwarz oder braun, Kaliber 90/50

Garzeit: 120 Minuten bei 80 °C

Produktionsverlust: 2 %

Hinweis: Für diese Spezialität lassen sich auch bratfrische Anschnitte und Endstücke vom Schweinebraten verwenden.

Lebensmittelrecht: Spießbratenwurst kann nicht mit Nitritpökelsalz hergestellt werden.

Rezept 2239

Kosaken-Wurst 2.223.1

Material für 100 kg
12,0 kg Rinderbrät-Grundmasse (2024)
63,0 kg S 3 Schweinefleisch mit geringem Sehnenanteil und maximal 5 % sichtbarem Fett, roh
25,0 kg S 4b Schweinebauch ohne Schwarte mit maximal 50 % sichtbarem Fett, roh

Gewürze und Zutaten je kg Masse
22,0 g Nitritpökelsalz (ohne Grundbrät)
 6,0 g Rosenpaprika
 1,0 g Glutamat
 1,0 g Farbstabilisator
 0,1 g Knoblauchmasse (4426)

Herstellung
1. Das Schweinefleisch und die -bäuche werden etwa einen Tag vorgesalzen und kommen sehr gut gekühlt (etwa 0–1 °C) zur Verarbeitung.
2. Das Rinderbrät kommt auf den Kutter. Darüber werden Schweinefleisch und Schweinebäuche ausgebreitet. Das Ganze wird auf eine Körnung von etwa 2 mm gekuttert.
3. Die Masse wird gefüllt und gegart.

Därme: 60 Stück Sterildärme, schwarz, Kaliber 75/50

Garzeit: 120 Minuten bei 75 °C

Produktionsverlust: 2 %

Rezept 2240

Kurfürstenwurst 2.223.1

Siehe 2241

Rezept 2241

Jägerwurst, nach Krakauer Art 2.223.1

Material für 100 kg
18,0 kg Rinderbrät-Grundmasse (2024)
50,0 kg S 4 Schweinefleisch ohne Sehnen, mit maximal 5 % sichtbarem Fett, roh

Gewürze und Zutaten je kg Masse
20,0 g Nitritpökelsalz (ohne Grundbrät)
 2,0 g Pfeffer, gemahlen
 0,5 g Rosenpaprika
 1,0 g Paprika, edelsüß

0,5 g Muskat
0,2 g Knoblauchmasse (4426)
0,5 g Glutamat
1,0 g Farbstabilisator

Herstellung
1. Das Schweinefleisch wird in etwa 1,5–2 cm
   große Würfel geschnitten und mit der anteiligen Menge Nitritpökelsalz vermischt. Das
   Ganze soll etwa 3 Stunden lagern.
2. Die drüsenfreien Backen werden mit der
   anteiligen Menge Nitritpökelsalz durch die
   8-mm-Scheibe gewolft.
3. Rinderbrät-Grundmasse, Schweinefleisch und
   Backen, jeweils im beschriebenen Zustand,
   werden miteinander vermengt.
4. Das Wurstgut wird gefüllt, geräuchert und
   gegart.

Därme: 60 Stück Hautfaserdärme, Kaliber
75/50

Räuchern: heiß; bei 80–78 °C

Garzeit: 120 Minuten bei 78 °C

Produktionsverlust: 15 %

Rezept 2242

Badische Servelatwurst	2.221.03

Siehe 2402, Abweichung:

Material für 100 kg
95,0 kg Fleischwurst-Brät (2010)
 5,0 kg Speckwürfel, gebrüht

Rezept 2243

Stuttgarter Preßkopf	2.224.03

Material für 100 kg
20,0 kg Aufschnitt-Grundbrät (2001)
30,0 kg S 3b Schweinefleisch mit höherem
         Sehnenanteil und maximal 5 % sicht-
         barem Fett, roh
15,0 kg S 17 Schweinezungen, geputzt, gepö-
         kelt, vorgegart
35,0 kg S 11 Kopf ohne Knochen, gekocht

Gewürze und Zutaten je kg Masse
ohne Aufschnitt-Grundbrät
3,0 g Pfeffer
0,5 g Ingwer
0,5 g Mazis
4,0 g Suppengrün

0,5 g Glutamat
1,0 g Farbstabilisator

Herstellung
1. Das Schweinefleisch und die Schweinezungen
   werden gepökelt, gegart und anschließend in
   1,5 cm große Würfel geschnitten.
2. Die Schweineköpfe werden ebenfalls gepökelt
   und gegart. Nachdem sie etwas abgekühlt
   sind, werden sie ausgebeint. Dabei sollen
   neben den Knochen auch alle Knorpel und die
   harten Stirnschwarten entfernt werden. Das
   Material wird dann in 1,5 cm große Würfel
   geschnitten.
3. Das gesamte grobe Material wird im Durchschlag heiß abgebrüht. Es soll gut ablaufen
   und wird dann mit den Gewürzen und Zutaten
   vermengt.
4. Das gewürzte Material wird mit dem Aufschnittgrundbrät gleichmäßig vermengt.

Därme: Rinderbutten, mittelweit

Garzeit: Je Millimeter Durchmesser 1,5 Minuten bei 80 °C.

Nachräuchern: Nach dem Garen sollen die
Würste gut auskühlen. Sie werden dann im Kaltrauch nachgeräuchert.

Produktionsverlust: 20 %

Rezept 2244

Krakauer Schinkenwurst	2.223.01

Material für 100 kg
20,0 kg Rinderbrät-Grundmasse (2024)
80,0 kg S 2 Schweinefleisch ohne Sehnen, mit
         maximal 5 % sichtbarem Fett, roh

Gewürze und Zutaten je kg Masse
18,0 g Nitritpökelsalz (ohne Grundbrät)
 1,5 g Pfeffer. gemahlen
 0,5 g Pfeffer, ganz
 2,0 g Senfkörner
 0,5 g Glutamat
 1,0 g Farbstabilisator
 0,2 g Knoblauchmasse (4426)

Vorarbeiten
Das Schweinefleisch wird in möglichst faustgroßen Stücken einige Stunden vorgesalzen.

Herstellung
Das Schweinefleisch wird mit den Gewürzen
und Zutaten vermengt und läuft dann auf dem

Kutter 2–3 Runden im langsamen Gang unter die Rinderbrät-Grundmasse.

Därme: Mitteldärme, Kaliber 65+

Räuchern: Heißrauch

Garzeit: 120 Minuten bei 80 °C

Produktionsverlust: 18 %

Brühwurst, Fleisch- und Leberkäse

Rezept 2301

Fleischkäse	2.222.2

Material für 100 kg
100,0 kg Fleischwurstbrät (2010)

Herstellung
Die Masse wird in Leberkäsformen gefüllt und bei mittlerer Hitze durchgebacken.

Garzeit: 90 Minuten bei mittlerer Hitze

Produktionsverlust: 15 %

Rezept 2302

Gebackener Fleischkäse	2.222.2

Material für 100 kg
95,0 kg   Fleischwurstbrät (2010)
5,0 kg   Speckwürfel, gebrüht

Herstellung
Dem Fleischwurstbrät werden die abgebrühten Speckwürfel beigemengt.

Vorkochverlust: Pos. 2 = 22 %

Garzeit: 90 Minuten bei mittlerer Hitze

Produktionsverlust: 15 %

Rezept 2303

Fleischkäse, grob	2.223.2

Material
100,0 kg   Jagdwurst-Brät (2106)

Garzeit: 120 Minuten bei mittlerer Hitze

Produktionsverlust: 15 %

Rezept 2304

Fleischkäse, weiß	2.222.6

Material
100,0 kg   Bratwurst-Grundbrät (2601)

Garzeit: 90 Minuten bei mittlerer Hitze

Produktionsverlust: 15 %

Rezept 2305

Stuttgarter Fleischkäse	2.223.2

Material für 100 kg
50,0 kg   Bratwurst-Grundbrät (2601)
50,0 kg   S 4b Schweinebauch ohne Schwarte mit maximal 50 % sichtbarem Fett, roh

Gewürze und Zutaten je kg Masse
für den Schweinebauch:
18,0 g Nitritpökelsalz
 2,0 g Pfeffer
 1,0 g Mazis
 1,0 g Ingwer
 0,3 g Kardamon
 1,0 g Majoran

Herstellung
Der Schweinebauch wird grobkörnig unter das Grundbrät gekuttert.

Garzeit: 120 Minuten bei mittlerer Hitze

Produktionsverlust: 15 %

Rezept 2306

Fleischkäse, einfach 2.222.3

Material
100,0 kg Fleischwurstbrät, einfach (2011 oder 2012)

Garzeit: 90 Minuten bei mittlerer Hitze

Produktionsverlust: 15 %

Rezept 2307

Kalbskäse 2.222.6

Material
100,0 kg Hirnwurstbrät (2030)

Garzeit: 90 Minuten bei mittlerer Hitze

Produktionsverlust: 15 %

Rezept 2308

Kalbfleischkäse 2.222.1

Material
100,0 kg Kalbfleischwurstbrät (2034)

Garzeit: 90 Minuten bei mittlerer Hitze

Produktionsverlust: 15 %

Rezept 2309

Leberkäse 2.223.3

Material für 100 kg
90,0 kg Fleischwurstbrät (2010)
 5,0 kg S 15 Schweineleber, roh
 5,0 kg S 8 Rückenspeck ohne Schwarte, vorgegart

Gewürze und Zutaten je kg Masse
für Leber und Speck:
18,0 g Nitritpökelsalz
 2,0 g Pfeffer
 0,5 g Mazis
auf die Gesamtmenge:
 1,0 g Majoran, gemahlen

Herstellung
Die Schweineleber wird auf dem Kutter feingehackt und unter das Fleischwurstbrät gekuttert. Anschließend wird der gebrühte und abgekühlte Speck unter die Masse gemengt.

Vorkochverlust: Pos. 3 = 22 %

Garzeit: 90 Minuten bei mittlerer Hitze

Produktionsverlust: 15 %

Rezept 2310

Fränkischer Leberkäse 2.221.2

Material für 100 kg
95,0 kg Fleischwurstbrät (2010)
 5,0 kg S 15 Schweineleber, roh

Gewürze und Zutaten je kg Masse
zur Gesamtmenge:
 3,0 g Majoran, gerebbelt
Für die Leber:
18,0 g Nitritpökelsalz
 2,0 g Pfeffer
 0,5 g Mazis

Herstellung
Die Schweineleber wird auf dem Kutter feingehackt und mit dem Salz und den Gewürzen unter das Fleischwurstbrät gekuttert.

Garzeit: 90 Minuten bei mittlerer Hitze

Produktionsverlust: 15 %

Rezept 2311

Stuttgarter Leberkäse 2.223.2

Material für 100 kg
50,0 kg Bratwurst-Grundbrät (2601)
40,0 kg S 4b Schweinebauch ohne Schwarte mit maximal 50 % sichtbarem Fett, roh
10,0 kg S 15 Schweineleber, roh

Gewürze und Zutaten je kg Masse
für Schweinebauch und Leber:
18,0 g Nitritpökelsalz
 2,0 g Pfeffer
 1,0 g Mazis
 1,0 g Ingwer
 0,3 g Kardamom
 1,0 g Majoran
für die Gesamtmenge zusätzlich:
 2,0 g Majoran

Herstellung
Die Schweineleber wird auf dem Kutter feingehackt und mit dem Salz und den Gewürzen unter das Fleischwurstbrät gekuttert.

Garzeit: 120 Minuten beim mittlerer Hitze

Produktionsverlust: 15 %

Gemäß Erlaß des Baden-Württembergischen Ministeriums für Ernährung, Landwirtschaft und Umwelt vom 25.10.1976, GABI. 1976, Nr. 41, S. 1472, Pos. 3.2. muß Leberkäse in diesem Landesbereich mindestens 10 % Leber enthalten.

Rezept 2312

Schweinskäse	2.223.2

Siehe 2303. Der Schweinskäse sollte vor dem Backen mit einem Schweinenetzfett überzogen werden.

Rezept 2313

Schweinskäse, weiß	2.223.7

Material für 100 kg
60,0 kg   Bratwurst-Grundbrät (2601)
40,0 kg   S 2 Schweinefleisch ohne Sehnen, mit maximal 5 % sichtbarem Fett, roh

Gewürze und Zutaten je kg Masse
für das grobe Material:
18,0 g Kochsalz
2,0 g Pfeffer
1,0 g Mazis
1,0 g Ingwer
0,3 g Koriander
1,0 g Zitronenpulver

Herstellung
Das Schweinefleisch wird durch die Erbsenscheibe gewolft und mit dem Salz und den Gewürzen vermengt. Anschließend wird das grobe Material dem Bratwurstbrät beigekuttert (etwa 3–4 Runden). Der *Schweinskäse, weiß,* sollte vor dem Backen mit einem Schweinenetzfett überzogen werden.

Garzeit: 120 Minuten bei mittlerer Hitze

Produktionsverlust: 15 %

Rezept 2314

Italienischer Leberkäse	2.223.3

Material für 100 kg
70,0 kg   Aufschnittgrundbrät (2001)
30,0 kg   S 15 Schweineleber, roh

Gewürze und Zutaten je kg Leber
18,0 g Nitritpökelsalz
2,0 g Pfeffer

0,5 g Mazis
0,3 g Kardamom
   je 2 kg Gesamtmasse 1 Ei, roh
1,0 g Farbstabilisator

Herstellung
1. Die Lebern werden ohne Salz im Kutter gehackt, bis sie Blasen schlagen. Dann werden Salz, Gewürze und Zutaten beigegeben. Weitere 3 Runden später, wenn sich das Gewürz gleichmäßig mit den Lebern vermischt hat, wird die Aufschnitt-Grundmasse beigeschüttet und so lange gekuttert, bis die Masse homogen ist.
2. das Brät wird in Pastetenkästen gefüllt, die mit einem Cellobogen ausgeschlagen sind.

Garzeit: Je Millimeter Durchmesser 1 Minute. Als Durchmesser gilt die Diagonale der Pastetenform.

Produktionsverlust: 15 %.

Hinweis: Man kann die Pastete auch zunächst nur etwa die halbe Gesamtzeit garen. Anschließend ist für die restliche Garzeit der Deckel der Pastetenform abzunehmen, um die Pastete zu überbacken.

Rezept 2315

Pariser Fleischkäse	2.224.2

Material für 100 kg
22,0 kg   Aufschnittgrundbrät (2001)
68,0 kg   S 17 Schweinezungen, geputzt, gepökelt, vorgegart
10,0 kg   S 8 Rückenspeck ohne Schwarte, vorgegart

Herstellung
1. Eine Pastetenform wird mit einer gepökelten Rückenspeckschwarte ausgelegt. Die Schwarte muß sauber von Fett, bzw. Schwartenzug befreit sein.
2. Die Schwarte wird auf der Innenseite mit fein gehacktem Brät bestrichen, damit sie sich später gut mit dem Auffüllbrät verbinden kann.
3. Je zur Hälfte werden gepökelte und vorgegarte Schweinezungen und Eisbeine in die Pastetenform gefüllt. Beide Grobmaterialien sollen reichlich mit Aufschnitt-Grundbrät eingerieben sein, damit sich die Pastetenform vollständig und luftblasenfrei füllen kann.

4. Der überhängende Schwartenanteil wird über der Pastetenform zusammengeschlagen. Dabei sollen die Enden der Schwarte nicht übereinanderlappen, sondern bündig nebeneinander abschließen.
5. Die Pastetenform wird verschlossen und gegart.
6. Die fast ausgekühlte Pastete wird ausgestülpt. Anschließend wird die äußere Schwarte mit Paniermehl bestreut. Es ist aber auch möglich ein Gemenge aus Paniermehl und Aspikaufguß herzustellen, das auf die Außenseite der Schwarte gestrichen werden kann. Die Verfahrensweise hat den Vorteil, daß das Paniermehl an der Außenfläche des Fleischkäses besser haften bleibt.

Behälter: Pastetenkästen, die mit einem Cellobogen ausgelegt sind

Garzeit: Je Millimeter Durchmesser 1–1,25 Minuten, diagonal gemessen

Produktionsverlust: 10 %

Rezept 2316

Bayerischer Leberkäse 2.222.2

Siehe 2301
In den Leitsätzen für Fleisch und Fleischerzeugnisse sind folgende Besonderen Merkmale festgeschrieben:
… Leberkäse enthält in Bayern in der Regel keine Leber, außerhalb Bayerns wird in Bayern hergestellter Leberkäse als Bayerischer Leberkäse bezeichnet.

Brühwurst,
Würstchen, fein zerkleinert

Produktionsschema

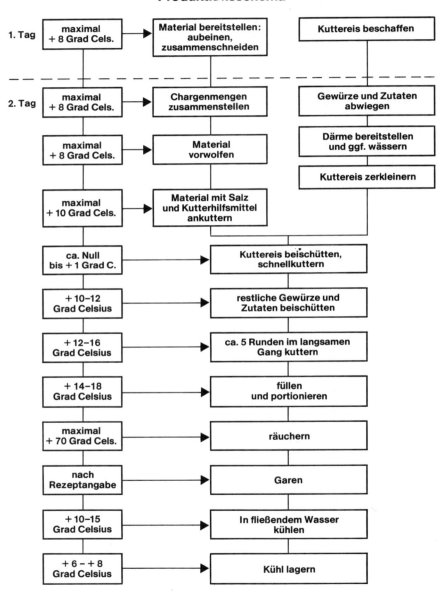

1. Tag maximal + 8 Grad Cels.	Material bereitstellen: aubeinen, zusammenschneiden	Kuttereis beschaffen
2. Tag maximal + 8 Grad Cels.	Chargenmengen zusammenstellen	Gewürze und Zutaten abwiegen
maximal + 8 Grad Cels.	Material vorwolfen	Därme bereitstellen und ggf. wässern
		Kuttereis zerkleinern
maximal + 10 Grad Cels.	Material mit Salz und Kutterhilfsmittel ankuttern	
ca. Null bis + 1 Grad C.	Kuttereis beischütten, schnellkuttern	
+ 10–12 Grad Celsius	restliche Gewürze und Zutaten beischütten	
+ 12–16 Grad Celsius	ca. 5 Runden im langsamen Gang kuttern	
+ 14–18 Grad Celsius	füllen und portionieren	
maximal + 70 Grad Cels.	räuchern	
nach Rezeptangabe	Garen	
+ 10–15 Grad Celsius	In fließendem Wasser kühlen	
+ 6 – + 8 Grad Celsius	Kühl lagern	

Rezept 2401

Münchner Weißwurst 2.221.09

Material für 100 kg

40,0 kg R 2 Rindfleisch, entsehnt, mit max 5 % sichtbarem Fett, roh (hier: Jung-rindfleisch = Fresserartiges Kalb-fleisch)

25,0 kg S 9 Speckabschnitte ohne Schwarte, roh

15,0 kg Kalbskopffleisch, gegart
20,0 kg Eisschnee

Gewürze und Zutaten je kg Masse
18,0 g Kochsalz
 3,0 g Kutterhilfsmittel
 2,0 g Pfeffer
 1,0 g Mazis
10,0 g Petersilie
 1,0 g Zitronenpulver

Herstellung
Jungrindfleisch, Speck und Eisschnee werden mit Salz und Kutterhilfsmittel zu einer fein zer-kleinerten Masse gekuttert. Dieser Masse wird das vorgewolfte Kalbskopffleisch beigekuttert.

Vorkochverlust: Pos. 3 = 65 %

Därme: 175 Meter, Kaliber 28/32, Schweine-därme

Stückgewicht: 80–100 g im Strang abgedreht.

Garzeit: 25 Minuten bei 70 °C

Produktionsverlust: 4 %

Hinweis
Münchner Weißwurst wird in der Regel warm zur Brotzeit verzehrt. Semmeln und süßer Senf sind die Beilagen. *Münchner Weißwurst* soll das 12-Uhr-Läuten nicht erleben, das heißt, sie soll-ten noch am Tag der Herstellung verzehrt wer-den.

Rezept 2402

Würstchen 2.221.03

Material
100,0 kg Fleischwurstbrät (2010)

Därme: 175 Meter, Kaliber 28/32

Räuchern: Heiß, bis zu 60 Minuten bei ca 60 °C

Garzeit: 20 Minuten bei 70 °C

Produktionsverlust: 10 %

Würstchengewicht: 80–120 g, im Strang abge-dreht

Rezept 2403

Appetitwürstchen 2.221.03

Material
100,0 kg Aufschnitt-Grundbrät (2001, 2002)

Gewürze und Zutaten je kg Masse zusätzlich:
15,0 g Sild

Herstellung
Der Sild, *eine eingelegte Fischart, wird kleinge-hackt dem Brät beigemengt.*

Därme: 245 Meter, Kaliber 24/26, Saitlinge

Produktionsverlust: 10 %

Produktionsdaten: Siehe 2403

Stückgewicht: 60 g, im Strang abgedreht.

Rezept 2404

Bouillon-Würstchen 2.221.03

Siehe 2001

Därme: 280 Meter, Kaliber 22/24, Saitlinge

Produktionsverlust: 10 %

Produktionsdaten: Siehe 2402

Abweichung
1. An Stelle von Eisschnee wird als Fremd-wasser tiefgekühlte Fleischbrühe verwendet.
2. Gegebenenfalls ist das Salz in der Fleisch-brühe zu berücksichtigen.

Rezept 2405

Cocktailwürstchen 2.221.03

Material
100,0 kg Fleischwurstbrät (2010)

Därme: 280 Meter, Kaliber 22/24, Saitlinge

Produktionsverlust: 10 %

Produktionsdaten: Siehe 2403

Stückgewicht: 20 g im Strang abgedreht

Rezept 2406

Curry-Würstchen   2.221.03

Siehe 2010

Würzung: Curry-Würstchen werden nur mit 1,0 g Pfeffer je kg Wurstmasse hergestellt. Zusätzlich werden 2,0 g Curry je kg Wurstmasse verarbeitet.

Därme: 175 Meter, Kaliber 28/32, Schweinedärme

Produktionsverlust: 10 %

Produktionsdaten: Siehe 2402

Würstchengewicht: 75 g, paarweise abgedreht

Rezept 2408

Delikateßwürstchen   2.221.02

Material für 100 kg
100,0 kg   Aufschnittgrundbrät (2001)

Därme: 175 Meter, Kaliber 28/32, Schweinedärme

Produktionsverlust: 10 %

Produktionsdaten: Siehe 2402

Stückgewicht: 100 g, im Strang abgedreht

Rezept 2409

Fleischwürstchen   2.221.03

Siehe 2402

Rezept 2410

Minzewürstchen   2.221.02

Siehe 2010

Abweichung: Gewürz je kg Produktionsmenge: 3,0 g Minze, fein gemahlen

Rezept 2411

Paprikawürstchen   2.221.02

Siehe 2002

Abweichung

Gewürz: zusätzlich je kg Masse
1,0 g Paprika, edelsüß
1,0 g Rosenpaprika

Därme: 245 Meter, Kaliber 24/26, Saitlinge

Produktionsverlust: 12 %

Würstchengewicht: 50 g, paarweise abgedreht

Rezept 2412

Saftwürstchen   2.221.03

Siehe 2404

Rezept 2413

Würstchen in der Fleischhaut   2.221.02

Herstellung
Aufschnitt-Grundbrät I (2001) wird in Cellophan-Schäldärme gefüllt und nach den Produktionsdaten in Rezept 2402 geräuchert und gebrüht. Bevor die Würstchen in den Verkehr gebracht werden, ist die Cellophanhaut zu entfernen.

Därme: Schäldärme, Kaliber 20

Produktionsverlust: 12 %

Würstchengewicht: 60–80 g

Rezept 2414

Würstchen im Schlafrock   2.221.02

Herstellung
Würstchen im Schlafrock sind in Blätterteig eingeschlagene Würstchen der unterschiedlichsten Zusammenstellung. In jedem Fall sollten die Würstchen ohne Darm, also in der Fleischhaut hergestellt sein (2413). Die *Schlafröcke,* Blätterteigrollen mit einem Hohlraum für die Würstchen, werden vorgefertigt. Soweit diese Zwischenprodukte nicht fertig gebacken vom Bäcker oder Konditor bezogen werden können, lassen sie sich am rationellsten aus tiefgekühltem Blätterteig herstellen.
Der gut und sehr dünn ausgewalgte Blätterteig wird in Rechtecke geschnitten, die die Länge eines Würstchens haben und diese rundum einhüllen können.

Diese Blätterteigportionen werden über ein Metallröhrchen gerollt, das dem Kaliber der Würstchen gleich sein muß. Diese Metallröhrchen sind im Bäcker- oder Konditorfachhandel erhältlich (siehe Branchenfernsprechbuch). Nach dem Backen und Erkalten werden die Röhrchen entfernt.

Die Würstchen werden kurz vor Bedarf in die Blätterteighüllen eingeschoben. *Würstchen im Schlafrock* werden bei mäßiger Hitze im Backofen oder auf dem Grill erhitzt und warm verzehrt.

Rezept 2415

Frankfurter Würstchen   2.221.01

Herstellung
Siehe 2001. Frankfurter Würstchen werden aus reinem Schweinefleisch hergestellt. Die spezielle Note wird durch das besondere Räucherverfahren erreicht.

Räuchern
Die Pärchen werden auf Dreikantrauchspieße gesetzt und sollen so in der Räucherkammer hängen, daß die unterste Reihe nicht zu nah über der Feuerstelle hängt. Die Frankfurter werden dann solange in der zirkulierenden Luft hängen gelassen, bis sie leicht angetrocknet sind. Diese Prozedur läßt sich auch außerhalb der Räucherkammer vollziehen.
Nachdem leichtes Abtrocknen feststellbar ist, werden die Würstchen mit Buchenholz bei einer maximalen Kammertemperatur von 35–40 °C weitergetrocknet und geräuchert, bis sie eine goldgelbe Farbe haben. Gegen Ende des Räucherprozesses läßt sich die goldgelbe Farbgebung dadurch intensivieren, daß die Frankfurter für kurze Zeit einem Naßrauch ausgesetzt werden: Über die Holzglut wird eine trockene Schicht Hartholz-Hobelspäne gestreut. Über diese Schicht kommt sofort eine weitere Schicht, mit heißem Wasser gut angefeuchtete Hobelspäne, die das gesamte Räuchermaterial am glimmen hält, aber keine Flamme mehr zuläßt. Diese Rauchbehandlung kann bei zu langer Dauer die Würstchen schnell abdunkeln, was unbedingt zu vermeiden ist. Sofern die Würstchen nicht in einem Turmrauch geräuchert werden können, müssen sie während des Räucherns eventuell mehrmals umgehängt werden; und zwar von unten nach oben und umgekehrt.

Nach dem Räuchern sollen die Frankfurter auf dem Rauchspieß leicht abkühlen. Aschenstaub wird durch kurzes Abschwenken mit heißem Wasser entfernt. Die Würste werden dann in Kästen neben- und untereinander geschichtet, mit Pergamentpapier gut abgedeckt und leicht gepreßt, so daß sie eine viereckige Form bekommen.

Därme: 245 Meter, Kaliber 24/26, Saitlinge

Würstchengewicht: 40–50 g, paarweise abgedreht.

Produktionsverlust: 18 %

Hinweis
Wenn diese Würstchensorte außerhalb des Wirtschaftsgebietes Frankfurt hergestellt wird, muß sie als *Würstchen nach Frankfurter Art* deklariert werden.

Rezept 2416

Altdeutsche Würstchen   2.221.03

Material für 100 kg
30,0 kg R 2b Rindfleisch mit höherem Sehnenanteil und max. 5 % sichtbarem Fett, roh
26,0 kg S 4b Schweinebauch ohne Schwarte mit max. 5 % sichtbarem Fett, roh
24,0 kg S 9 Speckabschnitte ohne Schwarte, roh
20,0 kg Eisschnee

Gewürze und Zutaten je kg Masse
18,0 g Nitritpökelsalz
3,0 g Kutterhilfsmittel
2,0 g Pfeffer
1,0 g Mazis
0,5 g Kümmel, gemahlen
4,0 g Zwiebeln, roh
2,0 g Farbstabilisator

Därme: 175 Meter Schweinedärme, Kaliber 28/32

Produktionsverlust: 10 %

Produktionsdaten: Siehe 2419

Würstchengröße: Das Brät wird in die auf Ringgröße abgebundenen Schweinedärme nicht zu fest eingefüllt. Die Ringe werden dann in Portionen zu ca. 80 g abgebunden.

Rezept 2417

Königsberger Würstchen 2.221.02

Siehe 2415

Abweichung: Königsberger Würstchen werden nach dem Räuchern gebrüht und nicht gepreßt

Rezept 2418

Rheinische Würstchen 2.221.01

Material für 100 kg
100,0 kg Aufschnitt-Grundbrät (2001)

Därme: 175 Meter Schweinedärme, Kaliber 28/32

Produktionsverlust: 10 %

Produktionsdaten: Siehe 2402

Stückgewicht: 100 g im Strang abgedreht.

Rezept 2419

Wiener Würstchen 2.221.03

Material für 100 kg
10,0 kg R 2b Rindfleisch mit höherem Sehnenanteil und max. 5 % sichtbarem Fett, roh
35,0 kg S 3b Schweinefleisch mit höherem Sehnenanteil und max. 5 % sichtbarem Fett, roh
25,0 kg S 9 Speckabschnitte ohne Schwarte, roh
10,0 kg S 6 Backen ohne Schwarte, roh
20,0 kg Eisschnee

Gewürze und Zutaten je kg Masse
18,0 g Nitritpökelsalz
2,0 g Pfeffer
0,5 g Muskatblüte
0,3 g Koriander
0,5 g Paprika
0,2 g Ingwer
3,0 g Kutterhilfsmittel
1,0 g Farbstabilisator

Herstellung
1. Die Gewürze und Zutaten sind in Chargenmengen abzuwiegen.
2. Die erforderliche Menge Eisschnee ist bereitzustellen.

3. Das ganze Material wird in Chargenmenge vorgewolft.
4. Das Material kommt auf den Kutter und wird im langsamen Gang unter Zugabe von Pökelsalz und Kutterhilfsmittel ca. 3 Runden angekuttert. Danach wird der Eisschnee beigekuttert. Die Masse wird im Schnellgang zu einer feinst zerkleinerten Masse gekuttert.
5. Das fertige Brät kann unmittelbar nach dem Kuttern gefüllt werden.

Därme: 280 Meter Saitlinge, Kaliber 22/24

Räuchern: 60 Minuten, bei 60–70 °C

Garzeit: 15 Minuten bei 70 °C

Produktionsverlust: 12 %

Stückgewicht: 40–50 g paarweise abgedreht

Rezept 2420

Halberstädter Würstchen 2.211.03

Siehe 2419

Rezept 2421

Schinkenwürstchen 2.221.01

Siehe 2415

Abweichung: Räuchern in normalem Heißrauch.

Produktionsdaten: Siehe 2419

Rezept 2422

Sardellenwürstchen 2.221.03

Siehe 2025

Abweichung

Därme: 175 Meter Schweinedärme, Kaliber 28/32

Produktionsverlust: 10 %

Stückgewicht: 80–100 g im Strang abgedreht.

Rezept 2423

Kümmelwürstchen 2.221.10

Siehe 2041

Abweichung

Därme: 140 Meter Schweinedärme, Kaliber 32/36

Produktionsverlust: 12 %

Stückgewicht: 110–120 g im Strang abgedreht

Rezept 2424

Knackwürstchen	2.221.03

Siehe 2402

Rezept 2425

Knacker, einfach	2.221.06

Siehe 2011

Abweichung

Därme: 140 Meter Schweinedärme, Kaliber 32/36

Stückgewicht: ca. 120 g im Strang abgedreht.

Rezept 2426

Mürbe Knacker	2.221.03

Material für 100 kg
100,0 kg Fleischwurstbrät (2010)

Gewürze und Zutaten je kg Masse
2,0 g Majoran, gerebbelt
2,0 g Kümmel, gemahlen

Därme: 200 Meter Saitlinge, Kaliber 26/28

Produktionsverlust: 12 %

Produktionsdaten: Siehe 2402

Stückgewicht: 80 g im Strang abgedreht.

Rezept 2427

Frankfurter Knackwürstchen	2.221.03

Siehe 2402

Rezept 2428

Hamburger Knackwurst	2.221.03

Siehe 2402

Rezept 2429

Saucischen	2.221.03

Siehe 2405

Rezept 2430

Gothaer Siedewürstchen	2.221.04

Material für 100 kg
25,0 kg R 2b Rindfleisch mit höherem Sehnenanteil und max. 5 % sichtbarem fett, roh
50,0 kg S 4b Schweinebauch ohne Schwarte mit max. 50 % sichtbarem Fett, roh
5,0 kg S 8 Rückenspeck ohne Schwarte, roh
20,0 kg Eisschnee

Gewürze und Zutaten je kg Masse
18,0 g Nitritpökelsalz
3,0 g Kutterhilfsmittel
2,0 g Pfeffer
0,7 g Mazis
0,3 g Kardamom
0,5 g Glutamat
1,0 g Farbstabilisator

Produktionshinweis: Der Speck wird vor der Verarbeitung ungesalzen leicht angeräuchert (Kaltrauch).

Därme: 175 Meter Bratwurstdärme, Kaliber 28/32

Produktionsverlust: 10 %

Produktionsdaten: Siehe 2419

Stückgewicht: 100 g im Strang abgedreht

Rezept 2431

Frankfurter Rindswurst	2.221.05

Material für 100 kg
80,0 kg R 5 Rindfleisch, grob entsehnt, mit max. 30 % sichtbarem Fett, roh
20,0 kg Eisschnee
oder:
60,0 kg R 2 Rindfleisch, entsehnt, mit max. 5 % sichtbarem Fett, roh
20,0 kg R 6 Fleischfett, roh
20,0 kg Eisschnee

Gewürze und Zutaten je kg Masse
18,0 g Nitritpökelsalz

3,0 g Kutterhilfsmittel
2,0 g Pfeffer, weiß
2,0 g Paprika
1,0 g Farbstabilisator

Herstellung
1. Die Gewürze und Zutaten sind zusammenzustellen:
   a) Nitritpökelsalz und Kutterhilfsmittel
   b) Die übrigen Gewürze und Zutaten
2. Das vorgewolfte Rindfleisch wird mit Salz
   und Kutterhilfsmittel trocken, ca. 2–3 Runden angekuttert, im langsamen Gang.
3. Bei gleicher Geschwindigkeit wird das Rind-
   fleischfett dem Rindfleisch beigegeben.
4. Unmittelbar danach ist Zug um Zug das Eis
   beizukuttern. Die Masse läuft im Schnellgang
   bis sie feinst zerkleinert ist.
5. Die Gewürze und Zutaten sind am Ende des
   Arbeitsvorganges beizukuttern, so daß sie
   sich gut mit der Masse vermischen können.

Därme: 175 Meter Schweinedärme, Kaliber
32/34

Räuchern: heiß, 60-90 Minuten bei 60–70 °C

Garzeit: 20 Minuten bei 70 °C

Produktionsverlust: 10 %

Stückgewicht: 100 g im Strang abgebunden

Hinweis
Das Originalrezept für *Frankfurter Rindswurst*
sieht die Verwendung von Rinderkranzdärmen
vor, die zur Portionierung abgebunden oder
abgeklippt werden müssen.

Rezept 2432

Rindswurst	2.221.05

Siehe 2431

Rezept 2433

Rote	2.221.05

Siehe 2431

Rezept 2434

Knoblinchen	2.221.03

Material für 100 kg
100,0 kg   Fleischwurstbrät (2010)

Gewürze und Zutaten je kg Masse zusätzlich:
1,0 g Knoblauchmasse (4426)

Därme: 280 Meter Saitlinge, Kaliber 22/24

Produktionsverlust: 12 %

Produktionsdaten: Siehe 2402

Stückgewicht: 30 g im Strang abgedreht

Rezept 2435

Knobländer	2.221.03

Siehe 2434

Rezept 2436

Thüringer Knoblauchwürstchen	2.221.03

Siehe 2434

Abweichung
Stückgewicht: 70 g im Strang abgedreht

Rezept 2437

Bockwurst	2.221.03

Siehe 2402

Abweichung
Gewürz zusätzlich je kg Masse: 0,5 g Knoblauchmasse (4426)

Rezept 2438

Berliner Bockwurst	2.221.03

Siehe 2402

Abweichung
Gewürz zusätzlich je kg Masse: 0,5 g Knoblauchmasse (4426)

Rezept 2439

Münchner Dampfwurst	2.221.03

Siehe 2010

Abweichung
Gewürz zusätzlich je kg Produktionsmenge
1,0 g Zitronenpulver
4,0 g Zwiebeln, roh

Därme: 175 Meter Schweinedärme, Kaliber 28/32

Produktionsverlust: 10 %

Stückgewicht: 100–120 g, im Strang abgedreht.

Rezept 2440

Servela   2.221.05

Siehe 2402

Rezept 2441

Servela, einfach   2.221.06

Siehe 2013

Abweichung
Därme: 140 Meter Schweinedärme, Kaliber 32/36

Produktionsverlust: 12 %

Stückgewicht: 100 g, im Strang gedreht.

Rezept 2442

Saitenwürstchen   2.221.03

Siehe 2419

Rezept 2443

Stuttgarter Saiten   2.221.03

Siehe 2419

Rezept 2444

Klöpfer   2.221.05

Siehe 2402

Rezept 2445

Klöpfer, einfach   2.221.06

Siehe 2425

Rezept 2446

Schüblinge   2.221.05

Siehe 2402

Rezept 2447

Schüblinge, einfach   2.221.06

Siehe 2425

Rezept 2448

Weißwürstchen   2.221.12

Siehe 2602

Rezept 2449

Knoblauchwürstchen   2.221.03

Siehe 2434

Abweichung
Das Brät wird locker in Kranzdarmringe gefüllt und in 4–5 cm lange Würstchen abgebunden.

Rezept 2450

Lungenwurst   2.221.10

Material für 100 kg
90,0 kg   Fleischwurstbrät (2010)
 2,0 kg   S 3b Schweinefleisch mit höherem Sehnenanteil und maximal 5 % sichtbarem Fett, roh
 4,0 kg   S 19 Schweinelunge, roh
 4,0 kg   S 16 Schweineherz, roh

Gewürze und Zutaten je kg Masse:
     zum groben Material:
18,0 g Nitritpökelsalz
 2,0 g Pfeffer
 0,5 g Mazis
 0,5 g Koriander
 0,3 g Ingwer
 2,0 g Paprika
 0,5 g Glutamat
 1,0 g Farbstabilisator

Herstellung
1. Die Innereien und das S 3b (Gelingefleisch) werden vorgeschroten, mit den Gewürzen

vermengt und anschließend durch die 3-mm-
Scheibe gewolft.
2. Dieses Material wird dem Fleischwurstbrät
grobkörnig beigekuttert.
3. Weitere Herstellung siehe 2419.

Därme: 140 Meter, Kaliber 32/36, Schweinedärme

Produktionsverlust: 10 %

Stückgewicht: 100 g, im Strang abgedreht.

Rezept 2451

Landbregenwurst	2.221.10

Material für 100 kg
80,0 kg Bratwurst-Grundbrät (2601)
10,0 kg S 14 Schwarten, gekocht
10,0 kg S 18 Schweinehirn

Gewürze und Zutaten je kg Masse
für Schwarten und Hirn:
20,0 g Kochsalz
 2,0 g Pfeffer
 0,5 g Muskat
für die Gesamtmenge:
10,0 g große Zwiebeln (Rohgewicht)

Herstellung
1. Die Schwarten werden sehr weich gekocht.
Nach dem Erkalten werden sie durch die
2-mm-Scheibe gewolft.
2. Die großen Zwiebeln werden auf dem Reibeisen gerieben.
3. Das Hirn wird gut gewässert, angegart und
gewürfelt.
4. Das Gelbwurstbrät und die gewolften Schwarten werden zu einer gleichmäßigen Masse
gekuttert, der die Gewürze und das Salz beigekuttert werden.
5. Dieser Masse wird vorsichtig das gewürfelte
Hirn beigemengt.
6. Die gefüllten Würste können als Portionswürste oder als Ringe abgebunden werden.

Vorkochverlust: Pos. 2 55 %

Därme: 175 Meter, Kaliber 28/32, Schweinedärme

Garzeit: 20 Minuten bei 70 °C

Produktionsverlust: 10 %

Rezept 2452

Süddeutsche Bregenwurst	2.221.10

Siehe 2451

Rezept 2453

Knacker	2.221.05

Siehe 2426

Rezept 2454

Puppenwürstchen	2.221.03

Puppenwürstchen werden fast ausschließlich
zur Weihnachtszeit angeboten. Sie werden für
die Kinder hergestellt, die mit ihrem Kaufladen
oder mit ihrer Puppenküche verkaufen bzw.
kochen wollen. Das heißt, die Puppenwürstchen
werden für den Gabentisch benötigt.
Die Herstellung dieser Spezialität ist identisch
mit Ragout-Saucischen, Rezept 2460.
Für Puppenwürstchen lassen sich alle Arten von
Brät verwenden. Dabei sollte jedoch beachtet
werden, daß diese Würstchen in Bezug auf ihre
Haltbarkeit stark strapaziert werden. Es ist
daher empfehlenswert nur solche Wurstprodukte zu verwenden, die mit Nitritpökelsalz hergestellt werden, damit der Konservierungseffekt
genutzt werden kann. Demzufolge sind also
Wurstprodukte, die auf Kochsalzbasis hergestellt werden nicht zu empfehlen.

Rezept 2455

Böhmische Krellwürstchen	2.221.03

Siehe 2419

Rezept 2456

Böhmische Krenwürstchen	2.221.03

Siehe 2419

Rezept 2457

Berliner Knoblauchwürstchen   2.221.03

Material für 100 kg
60,0 kg R 4 Rindfleisch mit maximal 20 % sichtbarem Fett und ca. 5 % Sehnen, roh
20,0 kg S 9 Speckabschnitte ohne Schwarte, roh
20,0 kg Eisschnee

Gewürze und Zutaten je kg Masse:
18,0 g Nitritpökelsalz
 3,0 g Pfeffer, weiß, gemahlen
 0,2 g Knoblauchmasse (4426)
 1,0 g Farbstabilisator
 3,0 g Kutterhilfsmittel

Herstellung
Siehe 2419

Därme: 175 Meter Saitlinge, Kaliber 28/32.

Produktionsverlust: 12 %

Stückgewicht: 40–50 g, im Strang abgedreht.

Rezept 2458

Gothaer Appetitwürstchen   2.221.04

Siehe 2430

Rezept 2459

Schweidnitzer Kellerwürstchen   2.221.03

Siehe 2457

Abweichung: Hier ohne Knoblauch.

Därme: 280 Meter Saitlinge, Kaliber 22/24.

Stückgewicht: 40–50 g, paarweise abgedreht, (80–100 g).

Räuchern: Heiß, 60 Minuten bei 60–70 °C.

Garzeit: 15 Minuten bei 70 °C.

Produktionsverlust: 12 %

Rezept 2460

Ragout-Saucischen   2.221.03

Siehe 2419

Herstellung
Das Brät wird lose in die Saitlinge gefüllt, so daß die Därme etwa zur Hälfte gefüllt sind.
Die Stränge werden doppelt nebeneinander gelegt. Von der Mitte aus beginnend werden kleine Kugeln gedreht.
1. doppelt nebeneinander gelegt und

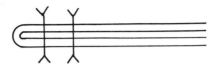

2. zu Kugeln abgedreht, bzw. abgebunden.

Weitere Bearbeitung siehe 2419.

Därme: 280 Meter Saitlinge, Kaliber 22/24

Rezept 2461

Pommersche Lungenwurst   2.221.10

Material für 100 kg
50,0 kg Bratwurst-Grundbrät (2601)
50,0 kg S 19 Schweinelunge, roh

Gewürze und Zutaten je kg Lungen:
20,0 g Kochsalz
 3,0 g Pfeffer
 1,0 g Majoran, gemahlen
 0,5 g Thymian

Herstellung
1. Die Lungen werden fein gewolft und nach Zugabe der Gewürze unter die Bratwurst-Grundmasse gemengt. Die Würstchen werden gegart wie Bratwurst.

Därme: Schweinedärme, Kaliber 28/32

Stückgewicht: 100 g

Hinweis: Die Lungenwürstchen haben, wie alle Weißwurstarten, nur eine sehr beschränkte Haltbarkeit.

Garzeit: 20 Minuten bei 70 °C.

Produktionsverlust: 10 %

Rezept 2462

Kawassy 2.223.1

Siehe 2212

Abweichung
An Stelle von 24,0 kg Schweinebauch werden die gleiche Menge Speckabschnitte verwendet.

Rezept 2463

Bayerische Bockwürstchen 2.221.04

Material
100,0 kg   Fleischwurst-Brät (2010)

Därme: Saitlinge, Kaliber 22/24

Würstchengröße: Paarweise abgedreht, 80–90 g

Räuchern: Heiß, 60 Minuten bei 60 °C

Garzeit: 20 Minuten bei 70 °C

Produktionsverlust: 10 %

Rezept 2464

Badische Fleischwürstchen 2.221.04

Material für 100 kg:
50,0 kg   Aufschnittgrundbrät (2001)
25,0 kg   S 4b Schweinebauch ohne Schwarte mit maximal 50 % sichtbarem Fett, roh
25,0 kg   S 2 Schweinefleisch ohne Sehnen, mit maximal 5 % sichtbarem fett, roh

Gewürze und Zutaten je kg Schweinebauch:
18,0 g Nitritpökelsalz
2,0 g Pfeffer
0,5 g Mazis
0,5 g Koriander
0,3 g Ingwer
0,2 g Kardamom
0,5 g Glutamat
0,1 g Nelken
0,1 g Knoblauchmasse (4426)
1,0 g Farbstabilisator

Herstellung
S 4b und S 2 wird durch die 3-mm-Scheibe gewolft und unter das Aufschnitt-Grundbrät gezogen. Im Bedarfsfall kann die Masse 2–3 Runden im langsamen Gang auf dem Kutter laufen.

Därme: Bratwurstdärme, Kaliber 26/28

Würstchengröße: 60–75 g, im Strang abgedreht

Räuchern, Garzeit, Produktionsverlust: Siehe 2419

Rezept 2465

Badische Bockwürstchen 2.221.03

Siehe 2463

Abweichung
Därme: Schweinedärme, Kaliber 28/32

Würstchengröße: 90 g im Strang abgedreht

Produktionsverlust: 15 %

Rezept 2466

Stuttgarter Knackwürstchen 2.222.1

Siehe 2468

Rezept 2467

Rote Wurst 2.222.1

Siehe 2433 oder 2468

Rezept 2468

Rote 2.222.1

Siehe 2015

Abweichung
Därme: Bratwurstdärme, Kaliber 28/32

Würstchengröße: 80 g, im Strang abgedreht

Garzeit: 30 Minuten bei 70 °C

Produktionsverlust: 10 %

Rezept 2469

Thüringer Knoblauchwürstchen 2.223.4

Siehe 2216

Abweichung
Därme: Schweinedärme, Kaliber 28/32

Würstchengröße: 70–80 g, im Strang abgedreht

Herstellung: Siehe 2402

Rezept 2470

Fuldaer Knobelinchen   2.223.4

Siehe 2469

Rezept 2471

Champagnerwurst   2.221.03

Material für 100 kg

45,0 kg	S 3b Schweinefleisch mit höherem Sehnenanteil und maximal 5 % sichtbarem Fett, roh
25,0 kg	S 4b Schweinebauch ohne Schwarte mit maximal 50 % sichtbarem Fett, roh
10,0 kg	S 9 Speckabschnitte ohne Schwarte, roh
10,0 kg	Eisschnee
10,0 kg	Champagner (eiskalt)

Gewürze und Zutaten je kg Masse:

18,0 g Nitritpökelsalz
 3,0 g Kutterhilfsmittel
 1,0 g Farbstabilisator
 2,0 g Pfeffer, weiß, gemahlen
 0,5 g Mazis
 0,5 g Koriander
 0,3 g Ingwer
 0,2 g Kardamom
 2,0 g Paprika
 0,5 g Glutamat
 5,0 g Zwiebeln, gedämpft
 2,0 g Petersilie
 2,0 g Trüffeln, fein gehackt

Herstellung
Siehe 2419. Beim Räuchern ist darauf zu achten, daß die Champagnerwürstchen nur ganz leicht rosafarben werden.

Produktionsverlust: 12 %.

Brühwurst,
Würstchen, grob

Produktionsschema

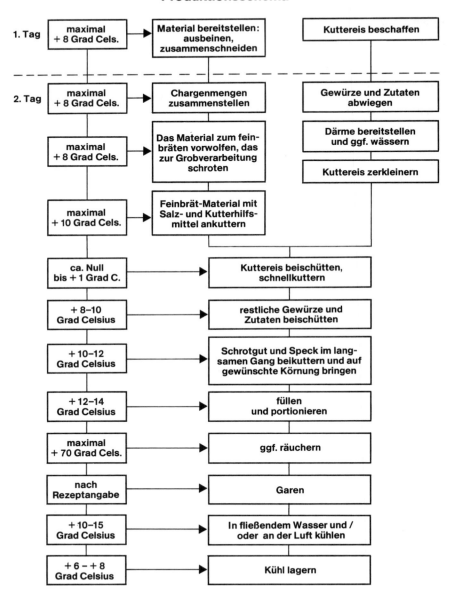

1. Tag | maximal + 8 Grad Cels. → Material bereitstellen: ausbeinen, zusammenschneiden | Kuttereis beschaffen

---

2. Tag | maximal + 8 Grad Cels. → Chargenmengen zusammenstellen | Gewürze und Zutaten abwiegen

maximal + 8 Grad Cels. → Das Material zum fein-bräten vorwolfen, das zur Grobverarbeitung schroten | Därme bereitstellen und ggf. wässern

Kuttereis zerkleinern

maximal + 10 Grad Cels. → Feinbrät-Material mit Salz- und Kutterhilfs-mittel ankuttern

ca. Null bis + 1 Grad C. → Kuttereis beischütten, schnellkuttern

+ 8–10 Grad Celsius → restliche Gewürze und Zutaten beischütten

+ 10–12 Grad Celsius → Schrotgut und Speck im lang-samen Gang beikuttern und auf gewünschte Körnung bringen

+ 12–14 Grad Celsius → füllen und portionieren

maximal + 70 Grad Cels. → ggf. räuchern

nach Rezeptangabe → Garen

+ 10–15 Grad Celsius → In fließendem Wasser und / oder an der Luft kühlen

+ 6 – + 8 Grad Celsius → Kühl lagern

Rezept 2501

Augsburger 2.221.04

Material für 100 kg

65,0 kg Aufschnittgrundbrät (2001)
25,0 kg S 2 Schweinefleisch ohne Sehnen, mit maximal 5 % sichtbarem Fett, roh
10,0 kg S 8 Rückenspeck ohne Schwarte, vorgegart

Gewürze und Zutaten je kg Masse
ohne Aufschnittgrundbrät

18,0 g Nitritpökelsalz
2,0 g Pfeffer
1,0 g Mazis
1,0 g Piment
1,0 g Farbstabilisator

Herstellung
1. Das Schweinefleisch wird durch die 5-mm-Scheibe gewolft.
2. Der Speck wird in ca. 5-mm-Würfel geschnitten.
3. Beides wird unter Zugabe der Gewürze und Zutaten untereinander vermischt.
4. Dem groben Material wird das Aufschnitt-Grundbrät beigekuttert. Das grobe Material soll Stecknadelkopfgröße haben.

Vorkochverlust: Pos. 3 22 %

Därme: 175 Meter, Kaliber 28/32, Schweinedärme

Räuchern: Heiß, 60 Minuten bei max. 70 °C

Garzeit: 20 Minuten bei 70 °C

Produktionsverlust: 10 %

Stückgewicht: 75 g, im Strang abgedreht.

Rezept 2502

Bergische Würstchen 2.221.04

Material für 100 kg

50,0 kg Aufschnittgrundbrät (2001)
50,0 kg S 4 Schweinebauch ohne Schwarte mit maximal 30 % sichtbarem fett, roh

Gewürze und Zutaten je kg Masse
zum Schweinebauch:

18,0 g Nitritpökelsalz
1,0 g Farbstabilisator
2,0 g Pfeffer

1,0 g Piment
0,1 g Nelken
1,0 g Mazis

Herstellung
1. Der Schweinebauch wird durch die 5-mm-Scheibe gewolft und mit den Gewürzen und Zutaten vermengt.
2. das grobe Material wird im langsam laufenden Kutter dem Aufschnitt-Grundbrät beigemengt. Dieser Arbeitsgang sollte nicht länger als 3–5 Runden dauern.
3. Weitere Herstellung siehe 2502.

Därme: 175 Meter, Kaliber 28/32, Schweinedärme

Produktionsverlust: 10 %

Stückgewicht: 100 g, im Strang abgedreht.

Rezept 2503

Debreziner Würstchen 2.221.04

Material für 100 kg

40,0 kg Rinderbrät-Grundmasse (2024)
60,0 kg S 4b Schweinebauch ohne Schwarte mit maximal 50 % sichtbarem Fett, roh

Gewürze und Zutaten je kg Masse
zum Schweinebauch:

18,0 g Nitritpökelsalz
1,0 g Farbstabilisator
1,0 g Pfeffer
0,6 g Knoblauchmasse (4426)
1,0 g Rosenpaprika
2,0 g Paprika, edelsüß
1,0 g Piment

Herstellung
1. Der Schweinebauch wird durch die 3-mm-Scheibe gewolft.
2. Diesem groben Material werden dann die Gewürze und Zutaten beigemengt.
3. Das gewürzte Material wird auf dem Kutter im langsamen Gang unter die Rinderbrät-Grundmasse gekuttert, maximal 3 Runden.
4. Die Debreziner werden kalt (22 °C) nachgeräuchert, bis sie eine kräftige rotbraune Farbe haben.

Därme: 245 Meter, Kaliber 24/26 Saitlinge

Räuchern: warm, 30–60 Minuten bei 50 °C, heiß abschwenken

Produktionsverlust: 12 %

Stückgewicht: 70 g, paarweise abgedreht.

Rezept 2504

Hofer Würstchen 2.221.04

Siehe 2501

Abweichung: Mazis und Piment für das grobe Schweinefleisch und den Speck entfallen.

Produktionsverlust: 10 %

Rezept 2505

Jauersche Würstchen 2.221.03

Material für 100 kg
95,0 kg   Aufschnitt-Grundbrät (2001)
 5,0 kg   S 8 Rückenspeck ohne Schwarte, vor-
           gegart

Herstellung
Siehe 2501. Die Speckgrieben werden heiß angeschwenkt, gut getrocknet und mit dem Brät vermengt.

Vorkochverlust: Pos. 2 22 %

Därme: 200 Meter, Kaliber 26/28, Saitlinge

Produktionsverlust: 15 %

Stückgewicht: 70 g, im Strang gedreht.

Rezept 2506

Krainer Würstchen 2.221.04

Material
100,0 kg Brät für Tiroler Schinkenwurst
(2201)

Herstellung
Siehe 2501. Das Brät der Tiroler Schinkenwurst (2201) wird auf dem Kutter auf 5-mm-Körnung gehackt und in Schweinedärme gefüllt.

Därme: 175 Meter, Kaliber 28/32, Schweinedärme

Produktionsverlust: 10 %

Stückgewicht: 100 g, im Strang abgedreht.

Rezept 2507

Krakauer Würstchen 2.223.1

Siehe 2212

Abweichung
Därme: 175 Meter Schweinedärme, Kaliber 28/32

Produktionsverlust: 10 %

Stückgewicht: 80–100 g, im Strang abgedreht.

Rezept 2508

Pfälzer Würstchen 2.221.04

Material für 100 kg
50,0 kg   Aufschnittgrundbrät (2001)
30,0 kg   S 4b Schweinebauch ohne Schwarte
           mit maximal 50 % sichtbarem Fett,
           roh
20,0 kg   S 2 Schweinefleisch ohne Sehnen, mit
           maximal 5 % sichtbarem Fett, roh

Gewürze und Zutaten je kg Masse
           zum groben Material
18,0 g   Nitritpökelsalz
 2,0 g   Pfeffer
 0,5 g   Zitronenpulver
 1,0 g   Mazis
 5,0 g   Zwiebeln, roh, gerieben
 1,0 g   Farbstabilisator

Herstellung
Das Schweinefleisch und der Schweinebauch werden durch die 5-mm-Scheibe gewolft, mit den Gewürzen und Zutaten vermengt und auf dem Kutter in 3–5 Runden unter das Aufschnitt-Grundbrät gehackt.

Därme: 175 Meter, Kaliber 28/32, Schweinedärme

Produktionsverlust: 10 %

Die Produktionsdaten sind dem Rezept 2501 zu entnehmen.

Stückgewicht: 100 g, im Strang abgedreht.

Rezept 2509

Ravensburger Würstchen 2.221.04

Siehe 2508

Abweichung
An Stelle von Aufschnitt-Grundbrät wird Rinderbrät-Grundmasse (2024) verwendet.

Rezept 2510

Rawitscher Würstchen 2.221.04

Siehe 2501

Abweichung
Rawitscher Würstchen werden ohne Piment hergestellt.

Rezept 2511

Regensburger Würstchen 2.221.04

Siehe 2508

Abweichung
Gewürze zusätzlich je kg Masse
1,0 g Zitronenpulver

Därme: 80 Meter Kranzdärme, Kaliber 37/40

Produktionsverlust: 10 %

Das Brät wird locker in Kranzdärme gefüllt und zu 4–5 cm langen Würstchen abgebunden. Garzeit etwas verlängern.

Rezept 2512

Touristen-Würstchen 2.223.4

Siehe 2213

Abweichung
Därme: 175 Meter Schweinedärme, Kaliber 28/32

Produktionsverlust: 10 %

Stückgewicht: 100 g, im Strang gedreht.

Rezept 2513

Jagdwürstchen 2.221.04

Siehe 2106

Abweichung
Därme: 175 Meter Schweinedärme, Kaliber 28/32

Produktionsverlust: 10 %

Stückgewicht: 100 g, im Strang abgedreht.

Rezept 2514

Stuttgarter Knackwurst 2.221.05

Material für 100 kg
25,0 kg Aufschnittgrundbrät (2001)
25,0 kg Rinderbrät-Grundmasse (2024)
50,0 kg S 4 Schweinebauch ohne Schwarte mit
         maximal 30 % sichtbarem Fett, roh

Gewürze und Zutaten je kg Masse
         zum groben Material:
18,0 g Nitritpökelsalz
         zum gesamten Material:
 2,0 g Pfeffer
 0,5 g Muskat
 0,5 g Piment
 1,0 g Farbstabilisator

Herstellung
Der Schweinebauch und der Speck werden durch die 5-mm-Scheibe gewolft, mit den Gewürzen und Zutaten vermengt und auf dem Kutter in 3–5 Runden unter die Grundmasse gehackt. Weitere Herstellung siehe 2502.

Därme: 175 Meter, Kaliber 28/32 Schweinedärme

Produktionsverlust: 10 %

Stückgewicht: 100 g, im Strang abgedreht.

Rezept 2515

Kräuterbockwürstchen 2.221.04

Siehe 2508

Abweichung
Gewürz: Statt Zwiebeln werden bei Kräuterbockwürstchen 3 g Majoran, gemahlen, je Kilo Wurstmasse verarbeitet.

Därme: 175 Meter Schweinedärme, Kaliber 28/32

Stückgewicht: 100 g, im Strang abgedreht.

Rezept 2516

Regensburger Bierwürstchen 2.223.1

Siehe 2203

Abweichung
Därme: 200 Meter Saitlinge, Kaliber 26/28

Produktionsverlust: 12 %

Stückgewicht: 60 g, paarweise abgedreht.

Rezept 2517

Münchner dünne geselchte Würste 2.221.04

Siehe 2508

Abweichung
Gewürz: Statt Zwiebeln 0,3 g Knoblauchmasse (4426) je Kilo.

Därme: Statt Schweinedärme hier Saitlinge, Kaliber 22/24, 280 Meter

Produktionsverlust: 12 %

Stückgewicht: 50 g, paarweise abgedreht (100 g).

Rezept 2518

Prager Knöpfe (Würstchen) 2.221.03

Siehe 2505

Abweichung
Därme: 280 Meter Saitlinge, Kaliber 22/24

Produktionsverlust: 12 %

Stückgewicht: 30 g, im Strang abgedreht.

Rezept 2519

Schüblinge, einfach 2.223.5

Siehe 2215

Abweichung
Gewürze: Zusätzlich je Kilogramm Produktionsmenge 10,0 g Zwiebeln, roh, fein zerkleinert

Därme: 175 Meter Schweinedärme, Kaliber 32/36

Stückgewicht: 100 g, im Strang abgedreht.

Rezept 2520

Stuttgarter Schützenwurst 2.221.04

Material für 100 kg
50,0 kg   Brät von Bouillonwürstchen (2024)
25,0 kg   S 2 Schweinefleisch ohne Sehnen, mit maximal 5 % sichtbarem Fett, roh

25,0 kg   S 4b Schweinebauch ohne Schwarte mit maximal 50 % sichtbarem Fett, roh

Gewürze und Zutaten je kg Masse
        zum groben Material:
18,0 g Nitritpökelsalz
 1,0 g Farbstabilisator
 2,0 g Pfeffer
 0,3 g Muskat
 0,5 g Senfkörner
 1,0 g Zwiebeln, roh, fein zerkleinert

Herstellung
Das Schweinefleisch und die Schweinebäuche werden durch die 5-mm-Scheibe gewolft, mit den Gewürzen und Zutaten vermengt und auf dem Kutter in 3–5 Runden unter das Brät gehackt. Weitere Herstellung siehe 2501.

Därme: 175 Meter, Kaliber 28/32, Schweinedärme

Produktionsverlust: 10 %

Stückgewicht: 80–100 g, im Strang abgedreht.

Rezept 2521

Tiroler Schützenwurst 2.221.03

Siehe 2505

Abweichung
Därme: 280 Meter Saitlinge, Kaliber 22/24

Stückgewicht: 40–45 g, im Strang abgedreht

Produktionsverlust: 12 %

Rezept 2522

Brühpolnische 2.223.1

Siehe 2212

Abweichung
Gewürz: zusätzlich je Kilogramm Produktionsmenge: 0,5 g Majoran, gerebbelt

Därme: 175 Meter Schweinedärme, Kaliber 28/32

Stückgewicht: 100–120 g, im Strang abgedreht.

Rezept 2523

Geselchte 2.221.04

Siehe 2508

Abweichung
Gewürz: Statt Zwiebeln hier 1,0 g Kümmel, ganz

Därme: 280 Meter Saitlinge, Kaliber 22/24

Stückgewicht: 70–80 g, paarweise abgedreht.

Produktionsverlust: 12 %

Rezept 2524

Peitschenstecken 2.221.04

Siehe 2508

Abweichung
Gewürz: Statt Zwiebeln hier 0,3 g Knoblauch-masse (4426), je Kilo Masse

Därme: 280 Meter Saitlinge, Kaliber 22/24

Stückgewicht: 90–100 g, paarweise abgedreht.

Rezept 2525

Feuerteufel 2.221.05

Material für 100 kg
65,0 kg Rindswurst-Brät (2432)
35,0 kg S 4b Schweinebauch ohne Schwarte mit maximal 50 % sichtbarem Fett, roh

Gewürze und Zutaten je kg Masse
        zum Schweinefleisch:
18,0 g Nitritpökelsalz
 2,0 g Pfeffer
 1,0 g Rosenpaprika
 1,0 g Farbstabilisator
        Tabasco nach Geschmack

Herstellung
1. Der Schweinebauch wird durch die 5-mm-Scheibe gewolft und mit den Gewürzen und Zutaten vermengt.
2. Das grobe Material wird im langsamen Gang dem Rindswurstbrät beigekuttert. Dieser Arbeitsgang soll nicht länger als 3–5 Runden dauern.
3. Weitere Herstellung siehe 2501.

Därme: 175 Meter, Kaliber 28/32 Schweine-därme

Produktionsverlust: 10 %

Stückgewicht: 100 g, im Strang abgedreht.

Rezept 2526

Cabanossi 2.223.4

Material für 100 kg
40,0 kg Rinderbrät-Grundmasse (2024)
60,0 kg S 4b Schweinebauch ohne Schwarte mit maximal 50 % sichtbarem Fett, roh

Gewürze und Zutaten je kg Masse
        für den Schweinebauch:
18,0 g Nitritpökelsalz
        für die Gesamtmasse:
 2,0 g Pfeffer
 1,0 g Rosenpaprika
 2,0 g Paprika, edelsüß
 1,0 g Knoblauchmasse (4426)
 1,0 g Farbstabilisator

Herstellung
Der Schweinebauch wird durch die 5-mm-Scheibe gewolft, mit den Gewürzen und Zutaten vermengt und auf dem Kutter in 3–5 Runden unter die Rinderbrät-Grundmasse gehackt. Weitere Herstellung siehe 2501.

Därme: 200 Meter, Kaliber 26/28, Schweine-därme

Produktionsverlust: 10 %

Stückgewicht: 100 g, im Strang abgedreht.

Rezept 2527

Bauernwürstchen 2.221.04

Siehe 2526

Abweichung
Rosenpaprika entfällt.

Rezept 2528

Bauernwürstchen 2.223.4

Siehe 2526

Rezept 2529

Badische Bauernwurst 2.221.05

Material für 100 kg
40,0 kg Rinderbrät-Grundmasse (2024)
60,0 kg S 4b Schweinebauch ohne Schwarte mit maximal 50 % sichtbarem Fett, roh

Gewürze und Zutaten je kg Masse
zum groben Material:
18,0 g Nitritpökelsalz
zur Gesamtmasse:
2,0 g Pfeffer
1,0 g Mazis
1,0 g Piment
2,0 g Senfkörner
1,0 g Farbstabilisator

Därme: 175 Meter, Kaliber 28/32, Schweinedärme

Produktionsverlust: 10 %

Herstellung: Siehe 2525

Stückgewicht: 100 g, im Strang abgedreht.

Rezept 2530

Stockwurst 2.221.10

Siehe 2042

Abweichung

Därme: 140 Meter Schweinedärme, Kaliber 32/36

Stückgewicht: 100 g, im Strang abgedreht

Produktionsverlust: 10 %

Rezept 2531

Münchner Stockwurst 2.221.08

Siehe 2530

Rezept 2532

Regensburger Knacker 2.221.04

Siehe 2511

Rezept 2533

Augsburger Knackwurst 2.221.04

Siehe 2501

Rezept 2534

Münchner Servilati 2.221.03

Siehe 2505

Hinweis
Das Originalrezept für „Münchner Servilati"
sieht die Verwendung von engen Rindsmittel-

därmen vor, die zu kleinen, fast runden Würstchen abgebunden werden. Die Würstchenringe bleiben an der Kette zusammen, werden geräuchert und kurz gebrüht.
Bei dieser Verfahrensweise darf nicht übersehen werden, daß beim Räuchern die Gefahr der Bildung weißer Flecke nur schwer zu vermeiden sein wird.

Rezept 2535

Hirnwürstchen 2.222.6

Material für 100 kg
60,0 kg Bratwurst-Grundbrät (2601)
30,0 kg Schweinehirn
 3,0 kg Zwiebeln, Rohgewicht
 7,0 kg Champignons, frisch

Gewürze und Zutaten je kg Hirn
18,0 g Kochsalz
 2,0 g Pfeffer
 1,0 g Mazis
 1,0 g Ingwer
 0,3 g Kardamom
 1,0 g Zitronenpulver

Herstellung
1. Das Hirn wird enthäutet, gut gewässert und dann, nachdem es gut abgetropft ist, in grobe Stücke gehackt.
2. Die Zwiebeln werden fein gehackt und goldbraun angebraten.
3. Die Zwiebeln und die Champignons werden mit dem Bratwurst-Grundbrät vermengt. Anschließend wird das Hirn vorsichtig unter die Brätmasse gezogen.

Därme: Schweinedärme, Kaliber 28/32

Garzeit: 20 Minuten bei 70 °C

Produktionsverlust: 10 % in 24 Stunden

Zubereitungshinweis: Die Hirnwürstchen können in Wasser erhitzt, oder wie Bratwurst gebraten, verzehrt werden.

Rezept 2536

Pfälzer Bauernseufzer 2.221.04

Material für 100 kg
20,0 kg Rinderbrät-Grundmasse (2024)
80,0 kg S 4b Schweinebauch ohne Schwarte mit maximal 50 % sichtbarem Fett, roh

Gewürze und Zutaten je kg Masse:
20,0 g Nitritpökelsalz (ohne Grundbrät)
 3,0 g Pfeffer, gemahlen
 1,0 g Majoran
 1,0 g Farbstabilisator
 0,5 g Glutamat

Herstellung
Das Schweinefleisch und der Speck werden durch die 5-mm-Scheibe gewolft, mit den Gewürzen und Zutaten vermengt und auf dem Kutter in 3−5 Runden unter die Rinderbrät-Grundmasse gehackt.

Därme: Mitteldärme, Kaliber 55/60

Portionierung: Die Mitteldärme werden so abgeklippt, bzw. abgebunden, daß kugelförmig aussehende Würstchen entstehen.

Garzeit: 20 Minuten bei 70 °C

Produktionsverlust: 12 %

Rezept 2537

Thüringer Halbgeräucherte   2.221.04

Material für 100 kg
20,0 kg   Rinderbrät-Grundmasse (2024)
80,0 kg   S 2 Schweinefleisch ohne Sehnen mit maximal 5 % sichtbarem Fett, roh

Gewürze und Zutaten je kg Schweinefleisch
20,0 g Nitritpökelsalz
 3,0 g Pfeffer, weiß, gemahlen
 0,5 g Kümmel, gemahlen
 0,5 g Majoran, gemahlen

Herstellung
Das Schweinefleisch wird durch die Erbsenscheibe gewolft, mit den Gewürzen und Zutaten vermengt und unter die Rinderbrät-Grundmasse geknetet.

Därme: Schweinedärme, Kaliber 28/32

Räuchern: Die „Thüringer Halbgeräucherten" werden nur ganz leicht, bei nicht zu hoher Räuchertemperatur, angeräuchert.

Garzeit: 30 Minuten bei 70 °C

Produktionsverlust: 10 %

Rezept 2538

Nierenwürstchen   2.221.10

Material für 100 kg:
70,0 kg   Bratwurst-Grundbrät (2601)
30,0 kg   S 22 Nieren, ohne Nierengänge, roh

Gewürze und Zutaten je kg Nieren:
18,0 g Kochsalz

Gewürze je kg Gesamtmasse zusätzlich:
 1,6 g Pfeffer, weiß, gemahlen
 1,0 g Piment
22,0 g Rotwein

Herstellung
1. Aus den Schweinenieren werden die Nierengänge sauber und rückstandslos herausgeschnitten. Die verbleibenden Nieren werden fein zerkleinert und mit den Gewürzen und Zutaten vermengt.
2. Die gewürzten Nieren und das Bratwurst-Brät werden gleichmäßig miteinander vermengt.

Därme: 175 Meter Schweinedärme, Kaliber 28/32

Stückgewicht: 80−100 g, im Strang abgedreht

Garzeit: 25 Minuten bei 70 °C

Produktionsverlust: 10 %

Hinweis
Nierenwurst soll genau wie Münchner Weißwurst das 12-Uhr-Läuten nicht erleben, das heißt, sie sollte am Tage der Herstellung verzehrt werden.

Rezept 2539

Grobe Frankfurter Würstchen

Material für 100 kg
20,0 kg   Aufschnittgrundbrät (2001)
80,0 kg   S 2 Schweinefleisch ohne Sehnen, mit maximal 5 % sichtbarem Fett, roh

Gewürze und Zutaten für das grobe Material
18,0 g Nitritpökelsalz
 1,0 g Farbstabilisator
 2,0 g Pfeffer, gemahlen
 0,5 g Koriander
 0,5 g Mazis
 0,3 g Ingwer

0,2 g Kardamom
2,0 g Paprika
0,5 g Glutamat

Herstellung

Das Schweinefleisch wird durch die Erbsenscheibe gewolft, mit den Gewürzen und Zutaten vermengt und unter das Aufschnitt-Grundbrät gezogen. Die Masse kann gefüllt werden.

Därme: 280 Meter. Kal. 22/24 Saitlinge

Räuchern: Heiß, 60 Minuten bei 60–70 °C

Garzeit: 15 Minuten bei 70 °C

Produktionsverlust: 12 %

Stückgewicht: 40–50 g, paarweise abgedreht (80–100 g)

Hinweis: Die Spezialität kommt aus dem Raum Frankfurt/Oder.

Brühwurst,
Bratwurst, fein zerkleinert

Produktionsschema

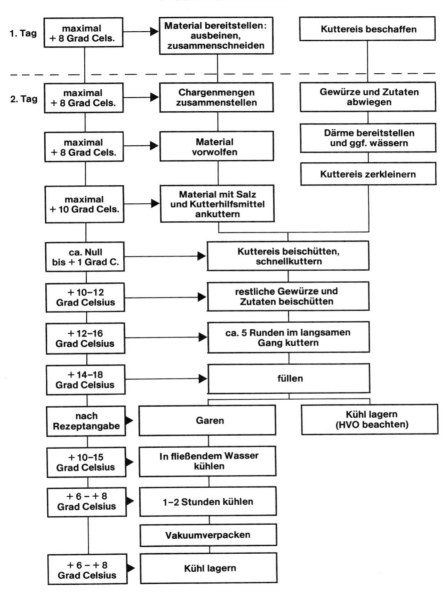

1. Tag

| maximal + 8 Grad Cels. | → | Material bereitstellen: ausbeinen, zusammenschneiden | | Kuttereis beschaffen |

2. Tag

maximal + 8 Grad Cels.	→	Chargenmengen zusammenstellen	Gewürze und Zutaten abwiegen
maximal + 8 Grad Cels.	→	Material vorwolfen	Därme bereitstellen und ggf. wässern
			Kuttereis zerkleinern
maximal + 10 Grad Cels.	→	Material mit Salz und Kutterhilfsmittel ankuttern	
ca. Null bis + 1 Grad C.	→	Kuttereis beischütten, schnellkuttern
+ 10–12 Grad Celsius	→	restliche Gewürze und Zutaten beischütten
+ 12–16 Grad Celsius	→	ca. 5 Runden im langsamen Gang kuttern
+ 14–18 Grad Celsius	→	füllen
nach Rezeptangabe	→	Garen	Kühl lagern (HVO beachten)
+ 10–15 Grad Celsius	→	In fließendem Wasser kühlen
+ 6 – + 8 Grad Celsius	→	1–2 Stunden kühlen
		Vakuumverpacken
+ 6 – + 8 Grad Celsius	→	Kühl lagern

Rezept 2601

Bratwurst-Grundbrät 2.221.12

Material für 100 kg

40,0 kg S 3b Schweinefleisch mit höherem Sehnenanteil und maximal 5 % sichtbarem fett, roh

20,0 kg S 4b Schweinebauch ohne Schwarte mit maximal 50 % sichtbarem Fett, roh

20,0 kg S 9 Speckabschnitte ohne Schwarte, roh

20,0 kg Eisschnee

Gewürze und Zutaten je kg Masse

18,0 g Kochsalz
3,0 g Kutterhilfsmittel
2,0 g Pfeffer
1,0 g Mazis
1,0 g Ingwer
0,3 g Kardamom
1,0 g Zitronenpulver

Herstellung

Das gesamte Material wird unter Zugabe von Salz, Kutterhilfsmittel und Eisschnee zu einer feinst zerkleinerten Masse gekuttert. Am Schluß dieses Arbeitsganges werden die Gewürze beigekuttert.

Rezept 2602

Bratwurst, fein zerkleinert 2.221.12

Siehe 2601

Stückgewicht: 80–120 g. Bei gebrühter Ware: im Strang abgedreht.

Bei roher Ware (frisch): einzeln abgedreht.

Därme: 200 Meter, Kaliber 26/28, Schweinedärme

Garzeit: 20 Minuten bei 70 °C

Produktionsverlust: 5 %

Rezept 2603

Rindsbratwurst 2.221.10

Siehe 2431

Abweichung

An Stelle von Nitritpökelsalz wird Kochsalz verwendet.

Rezept 2604

Gehirnwürstchen 2.222.6

Siehe 2030

Abweichung

Därme: 200 Meter Schweinedärme, Kaliber 26/28

Stückgewicht: 80–100 g, im Strang abgedreht

Garzeit: 20 Minuten bei 70 °C

Produktionsverlust: 5 %

Rezept 2605

Böhmische Weinbratwurst 2.221.12

Material für 100 kg

40,0 kg S 3b Schweinefleisch mit höherem Sehnenanteil und maximal 5 % sichtbarem Fett, roh

20,0 kg S 9 Speckabschnitte ohne Schwarte, roh

20,0 kg S 6 Backen ohne Schwarte, roh

17,0 kg Eisschnee

3,0 kg Weißwein, mittelherb

Gewürze und Zutaten je kg Masse

18,0 g Kochsalz
3,0 g Kutterhilfsmittel
2,0 g Pfeffer
1,0 g Mazis
1,0 g Ingwer
0,3 g Kardamom
1,0 g Zitronenpulver

Herstellung

1. Das gesamte Material wird in Chargenmengen, entsprechend dem Fassungsvermögen des Kutters, zusammengestellt.
2. Unter Zugabe von Kochsalz und Kutterhilfsmitteln soll die Masse ca. 3–5 Runden trocken anlaufen.
3. Anschließend wird der Eisschnee und der Weißwein beigegeben. Das Material ist im Schnellgang feinzukuttern.
4. Gegen Ende des Kuttervorgangs werden die Gewürze beigekuttert.

2. Variante: Es ist in der gleichen Weise zu arbeiten, wie in Pos. 1 beschrieben. Lediglich die Backen werden am Ende des Kuttervorganges grobkörnig beigekuttert. Dazu sollten die Backen vorgesalzen sein.

Därme: 175 Meter, Kaliber 28/32, Schweinedärme

Garzeit: 20 Minuten bei 70 °C

Produktionsverlust: 10 %

Stückgewicht: 100 g, im Strang abgedreht

Hinweis
Böhmische Weinbratwurst ist, wie es der Name
schon sagt, eine böhmische Spezialität. Sie
wurde speziell zu Weihnachten und zu Ostern
auf den Tisch gebracht. Sie ist heute auch eine
beliebte Grillspezialität.
Das Originalrezept sieht vor, daß Böhmische
Weinbratwurst in Saitlinge gefüllt und zu Spiralen von 200–250 Gramm gerollt werden. Diese
Spiralen werden quergespeilt.

Rezept 2606

Curry-Bratwurst	2.221.12

Siehe 2601

Abweichung
Gewürz: Nur 1 g Pfeffer, zusätzlich 2,0 g Curry

Därme: 175 Meter Schweinedärme, Kaliber
28/32

Stückgewicht: 100 g, im Strang abgedreht.

Produktionsverlust: 10 %

Rezept 2607

Wollwurst	2.221.08

Siehe 2601

Herstellung
Die Masse wird durch einen Spritzbeutel von
Hand direkt portionsweise in den Kessel
gedrückt, wodurch schmale, längliche Würstchen entstehen.

Garen: Die Siedezeit beträgt bei einer Kesseltemperatur von ca. 55 °C höchstens 10 Minuten.

Kühlen: Nach dem Garen muß die Ware in kaltem Wasser gekühlt werden.

Rezept 2608

Bayerische Geschwollenen	2.221.08

Siehe 2607

Rezept 2609

Bayerische Wollwurst	2.221.08

Siehe 2607

Rezept 2610

Münchner Geschwollene	2.221.08

Siehe 2607

Rezept 2611

Geschwollene	2.221.08

Siehe 2607

Rezept 2612

Berliner Dampfwurst	2.221.10

Siehe 2041

Abweichung
Därme: 140 Meter Schweinedärme, Kaliber
32/36

Würstchengröße: 100–120 g

Produktionsverlust: 12 %

Rezept 2613

Kalbsbratwurst	2.221.07

Siehe 2034

Abweichung
Därme: 175 Meter Schweinedärme, Kaliber
28/32

Würstchengröße: 100 g

Garzeit: 20 Minuten bei 70 °C

Produktionsverlust: 10 %

Rezept 2614

Waadtländer Bratwurst	2.221.11

Material für 100 kg
57,0 kg S 4 Schweinebauch ohne Schwarte mit
         maximal 30 % sichtbarem Fett, roh
40,0 kg S 1 Schweinefleisch, fett- und sehnen-
         frei, roh
 3,0 kg Weißwein, mittelherb

Gewürze und Zutaten je kg Masse
18,0 g Kochsalz
2,0 g Pfeffer
1,0 g Mazis
1,0 g Ingwer
0,3 g Kardamom
1,0 g Majoran, gemahlen

Herstellung
1. Das gesamte Material wird durch die 3-mm-Scheibe gewolft und mit den Gewürzen und dem Wein zu einer gut bindenden Masse vermengt.
2. Das Wurstgut wird locker in die Därme gefüllt und in Spiralen gerollt auf einer Platte feilgeboten. Die vom Kunden gewünschte Menge wird von der Spirale angeschnitten, nachdem das Brät an dieser Stelle weggedrückt wurde.

Därme: 200 Meter Schweinedärme, Kaliber 26/28

Produktionsverlust: 5 %

Lebensmittelrecht: Hackfleisch-VO beachten.

Rezept 2615

Elsässer Bratwurst 2.221.12

Siehe 2601

Abweichung
Zusätzlich je kg Masse
5,0 g Zwiebeln, Rohgewicht. Die Zwiebeln werden gerieben unter das Wurstgut gemengt.

Därme: Schweinedärme, Kaliber 28/32

Garzeit: 30 Minuten bei 70 °C

Produktionsverlust: 5 %

Rezept 2616

Rheinische Bratwurst 2.221.12

Siehe 2602

Abweichung
Bei loser Abgabe dieser Spezialität kann ohne Deklaration bis zu 3 % Flüssigei, Flüssigeigelb, Gefriervollei, Eigelb zugesetzt werden (siehe Anlage 2, Punkt 3 zur Fleisch-VO).

Brühwurst,
Bratwurst, grob

Produktionsschema

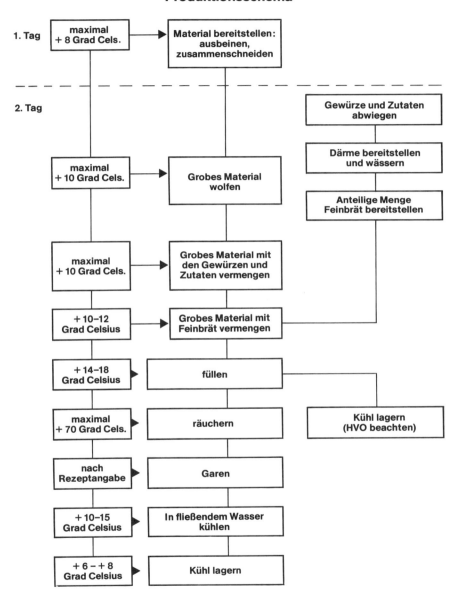

1. Tag — maximal + 8 Grad Cels. → Material bereitstellen: ausbeinen, zusammenschneiden

2. Tag

Gewürze und Zutaten abwiegen

Därme bereitstellen und wässern

Anteilige Menge Feinbrät bereitstellen

maximal + 10 Grad Cels. → Grobes Material wolfen

maximal + 10 Grad Cels. → Grobes Material mit den Gewürzen und Zutaten vermengen

+ 10–12 Grad Celsius → Grobes Material mit Feinbrät vermengen

+ 14–18 Grad Celsius ▶ füllen

maximal + 70 Grad Cels. ▶ räuchern

nach Rezeptangabe ▶ Garen

+ 10–15 Grad Celsius ▶ In fließendem Wasser kühlen

+ 6 – + 8 Grad Celsius ▶ Kühl lagern

Kühl lagern (HVO beachten)

Rezept 2701

Grobe Bratwurst 2.221.11

Material für 100 kg
40,0 kg S 2 Schweinefleisch ohne Sehnen,
mit maximal 5 % sichtbarem Fett,
roh
60,0 kg S 4b Schweinebauch ohne Schwarte
mit maximal 50 % sichtbarem Fett,
roh
oder:
100,0 kg S 4 Schweinebauch ohne Schwarte
mit maximal 30 % sichtbarem Fett,
roh

Gewürze und Zutaten je kg Masse
18,0 g Kochsalz
2,0 g Pfeffer
1,0 g Mazis
1,0 g Ingwer
0,3 g Kardamom
1,0 g Zitronenpulver

Herstellung
Das gesamte Material wird durch die Erbsenscheibe gewolft und mit den Gewürzen und Zutaten zu einer gut bindenden Masse geknetet.

Därme: 200 Meter, Kaliber 26/28, Schweinedärme

Garzeit: 15 Minuten bei 65 °C

Produktionsverlust: 5 %

Stückgewicht: 100 g, im Strang abgedreht.

Rezept 2702

Bratwurst, mittelgrob 2.221.11

Material für 100 kg
25,0 kg Bratwurst-Grundbrät (2601)
75,0 kg S 4 Schweinebauch ohne Schwarte mit
maximal 30 % sichtbarem Fett, roh
oder:
25,0 kg Bratwurst-Grundbrät (2601)
45,0 kg S 4b Schweinebauch ohne Schwarte
mit maximal 50 % sichtbarem Fett,
roh
30,0 kg S 2 Schweinefleisch ohne Sehnen, mit
maximal 5 % sichtbarem Fett, roh

Gewürze und Zutaten je kg Masse
zum groben Material:
18,0 g Kochsalz

2,0 g Pfeffer
1,0 g Mazis
1,0 g Ingwer
0,3 g Kardamom
1,0 g Zitronenpulver

Därme: 200 Meter, Kaliber 26/28, Schweinedärme

Garzeit: 15 Minuten bei 65 °C

Produktionsverlust: 5 %

Herstellung: Siehe 2703

Stückgewicht: 100 g, im Strang abgedreht.

Rezept 2703

Bratwurst, mittelgrob 2.221.11

Material für 100 kg
50,0 kg Bratwurst-Grundbrät (2601)
50,0 kg S 4 Schweinebauch ohne Schwarte mit
maximal 30 % sichtbarem Fett, roh
oder:
50,0 kg Bratwurst-Grundbrät (2601)
30,0 kg S 4b Schweinebauch ohne Schwarte
mit maximal 50 % sichtbarem Fett,
roh
20,0 kg S 2 Schweinefleisch ohne Sehnen, mit
maximal 5 % sichtbarem Fett, roh

Gewürze und Zutaten je kg Masse
zum groben Material:
18,0 g Kochsalz
2,0 g Pfeffer
1,0 g Mazis
1,0 g Ingwer
0,3 g Kardamom
1,0 g Zitronenpulver

Herstellung
1. Das grobe Material wird in faustgroße
Stücke geschnitten und mit den Gewürzen
und Zutaten vermischt.
2. Das Fleisch wird durch die Schrotscheibe
gewolft.
3. Schrotfleisch und Brät werden auf dem Kutter zu einer Masse gehackt, deren Körnung Erbsengröße haben sollte.

Därme: 200 Meter. Kaliber 26/28, Schweinedärme

Garzeit: 15 Minuten bei 65 °C

Produktionsverlust: 5 %

Stückgewicht: 100 g, im Strang abgedreht.

Rezept 2704

Sardellen-Bratwurst	2.221.11

Material für 100 kg
100,0 kg   Grobe Bratwurstmasse (2703)

Gewürze und Zutaten je kg Masse
   zusätzlich:
2,0 g Sardellen, 6–8 Stunden gewässert, fein
   gehackt

Därme: 200 Meter, Kaliber 26/28, Schweinedärme

Garzeit: 15 Minuten bei 65 °C

Produktionsverlust: 5 %

Stückgewicht: 100 g, im Strang abgedreht.

Rezept 2705

Rostbratwurst	2.221.11

Siehe 2701–2703

Rezept 2706

Fränkische Rostbratwurst	2.221.11

Siehe 2701–2703

Abweichung
Gewürze zusätzlich je kg Produktionsmenge
0,5 g Piment
2,0 g Majoran, gerebbelt.

Rezept 2707

Nordhäuser Rostbratwurst	2.221.11

Siehe 2701–2703

Abweichung
Gewürze zusätzlich je kg Produktionsmenge
1,0 g Kümmel
4,0 g Zwiebeln, roh, fein zerkleinert

Rezept 2708

Thüringer Rostbratwurst	2.221.11

Siehe 2701–2703

Abweichung
Gewürze zusätzlich je kg Produktionsmenge
1,5 g Kümmel, gemahlen
1,0 g Majoran, gerebbelt

Rezept 2709

Coburger Bratwurst	2.221.11

Siehe 2708

Rezept 2710

Hamburger Bratwurst	2.221.11

Siehe 2701

Rezept 2711

Hessische Bratwurst	2.221.11

Siehe 2701–2703

Abweichung
Gewürze zusätzlich je kg Wurstmasse
1,0 g Kümmel
2,0 g Zwiebeln, roh, fein zerkleinert

Rezept 2712

Münchner Bratwurst	2.221.11

Siehe 2702

Abweichung
Därme: 280 Meter Saitlinge, Kaliber 22/24

Stückgewicht: 40–50 g, im Strang angedreht

Rezept 2713

Norddeutsche Bratwurst	2.221.11

Siehe 2701

Rezept 2714

Nürnberger Bratwurst	2.221.11

Siehe 2701–2703

Abweichung
Därme: 280 Meter Saitlinge, Kaliber 22/24

Gewürz: zusätzlich je kg Produktionsmenge
1,0 g Majoran

Stückgewicht: 40 g, im Strang abgedreht

Produktionsverlust: 5 %

Rezept 2715

Fränkische Bratwurst   2.221.11

Siehe 2706

Rezept 2716

Oberbayerische Bratwurst   2.221.11

Siehe 2703

Abweichung
Därme: 280 Meter Saitlinge, Kaliber 22/24

Stückgewicht: 40–50 g, im Strang abgedreht.

Rezept 2717

Oberländer Bratwurst   2.221.11

Siehe 2605

Abweichung
Bei Oberländer Bratwurst werden maximal 20 g Weißwein je Kilogramm Produktionsmenge verarbeitet.
Die Backen werden zur Hälfte grob beigekuttert.

Rezept 2718

Grillbratwurst   2.221.11

Siehe 2701–2703

Hinweis
Grillbratwurst sollte kräftiger gewürzt sein als herkömmliche Bratwurstsorten. Das läßt sich erreichen durch eine Erhöhung des Pfeffergehaltes, durch Tabasco oder durch eine fertige Spezialwürze.

Rezept 2719

Getrüffelte Bratwurst   2.221.11

Siehe 2703

Abweichung
Dem Bratwurstbrät werden 20–40 g kleingehackte Trüffeln je Kilogramm Produktionsmenge beigemengt.

Rezept 2720

Pfälzer Bratwurst   2.221.11

Siehe 2714

Rezept 2721

Polnische Bratwurst   2.221.11

Siehe 2702

Abweichung
Gewürz zusätzlich je kg Produktionsmenge
0,3 g Knoblauchmasse (4014)
1,0 g Majoran, ganz oder gemahlen

Rezept 2722

Regensburger Bratwurst   2.221.11

Siehe 2703

Abweichung
Därme: 280 Meter Saitlinge, Kaliber 22/24
Stückgewicht: 40–50 g, im Strang, abgedreht.

Rezept 2723

Paprika-Bratwurst   2.221.11

Siehe 2737

Rezept 2724

Schlesische Bratwurst   2.221.12

Siehe 2723

Abweichung
Gewürz zusätzlich je kg Produktionsmenge
0,5 g Kümmel, gemahlen
2,0 g Zwiebeln, roh, fein zerkleinert

Rezept 2725

Schweinfurter Bratwurst   2.221.11

Siehe 2701

Abweichung
Därme: 245 Meter Saitlinge, Kaliber 24/26
Stückgewicht: 40 g, im Strang abgedreht.

Rezept 2726

Stuttgarter Bratwurst   2.221.12

Siehe 2723

Rezept 2727

Süddeutsche Bratwurst   2.221.12

Siehe 2723

Rezept 2728

Schweinswürstchen 2.221.11

Siehe 2702

Rezept 2729

Grillwurst 2.221.11

Herstellung: Alle Produkte, die herkömmlich als Bratwurst bezeichnet werden, können auch als Grillwurst in den Verkauf gebracht werden. Wenn der Bratwurstcharakter nicht mehr gegeben erscheint, muß ein Grillwurstprodukt zusätzlich in bezug auf seine Zusammensetzung erläutert werden.

Rezept 2730

Nürnberger Salvatorwürstchen 2.221.11

Siehe 2714

Abweichung
Därme: 245 Meter Saitlinge, Kaliber 24/26
Stückgewicht: 40 g, paarweise abgedreht (80 g).

Rezept 2731

Bratwurst in Bierbeize 2.221.11

Für diese Spezialität können alle Arten von Bratwürsten, grob oder fein zerkleinert, verwendet werden. Ausnahme: Bratwurstsorten mit Weinzusatz.

Herstellung
Die rohen, also ungebrühten Bratwürste, die im Strang oder einzeln abgedreht wurden, werden in eine Bierbeize eingelegt, die wie folgt zusammengesetzt ist:
1 Liter dunkles Bier (kein Malzbier)
1 großes Lorbeerblatt
4 Nelken
10–12 Stück Pfefferkörner, gestoßen
Das Bier wird in einen Topf gegeben. Die Gewürze und Zutaten werden der Flüssigkeit beigerührt. In diese Bierbeize werden die rohen Bratwürste ca.10–15 Minuten eingelegt. Dann werden Beize und Bratwürste langsam erhitzt, bis auf max. 70 °C. Diese Temperatur wird ca. 5 Minuten gehalten.
Der Topf wird vom Feuer genommen. Die Bratwürste sollen in der Bierbeize abkühlen.

Rezept 2732

Netz-Bratwurst 2.221.11

Siehe 2733

Rezept 2733

Bratwurst-Kroketten 2.221.11

Material für 100 kg
60,0 kg Brät von „Böhmische Weinbratwurst" (2605)
40,0 kg S 4 Schweinebauch ohne Schwarte mit maximal 30 % sichtbarem Fett, roh

Gewürze und Zutaten je kg Schweinefleisch
18,0 g Kochsalz
 2,0 g Pfeffer
 1,0 g Mazis
 1,0 g Ingwer
 0,3 g Kardamom
 1,0 g Zitronenpulver

Gewürze und Zutaten je kg Gesamtmasse
25,0 g Trüffeln
25,0 g Petersilie

Herstellung
1. Das Schweinefleisch wird klein geschnitten, mit den Gewürzen und Zutaten vermengt und durch die 3- oder 5-mm-Scheibe gewolft.
2. das zerkleinerte Schweinefleisch wird mit dem Brät vermengt.
3. Auf einem entsprechend groß geschnittenen Schweinenetz werden 125 g der groben Bratwurstmasse rechteckig flach ausgebreitet. In der Mitte werden 3 g kleingehackte Trüffeln gestreut.
4. Das Brät wird zusammengeschlagen, so daß die Trüffeln von Brät umgeben sind. Das ganze wird außen mit gehackter Petersilie bestreut, völlig in das Schweinenetz eingeschlagen und gut angedrückt. das Fertigprodukt soll Krokettenform haben.

Produktionsverlust: 5 %

Verkauf: Die Bratwurstkroketten können roh oder gebrüht angeboten werden.

Lebensmittelrecht: Hackfleisch-VO beachten.

Rezept 2734

Champagner-Bratwurst 2.221.12

Material für 100 kg
52,0 kg S 3b Schweinefleisch mit höherem Sehnenanteil und maximal 5 % sichtbarem
Fett, roh
21,0 kg S 9 Speckabschnitte ohne Schwarte, roh
10,0 kg S 6 Backen ohne Schwarte, roh
10,0 kg Eisschnee
7,0 kg Champagner, eiskalt

Gewürze und Zutaten je kg Masse
18,0 g Kochsalz
3,0 g Kutterhilfsmittel
2,0 g Pfeffer
1,0 g Mazis
0,1 g Zimt
0,1 g Thymian

Herstellung
1. Das gesamte Material wird in Chargenmengen, entsprechend dem Fassungsvermögen
des Kutters zusammengestellt.
2. Unter Zugabe von Kochsalz und Kutterhilfsmittel soll die Masse ca. 3–5 Runden
trocken anlaufen.
3. Anschließend wird der Eisschnee und der
Champagner beigegeben. Das Material ist
im Schnellgang feinzukuttern. Es ist selbstverständlich, daß der Champagner sehr kalt
verarbeitet werden muß.
4. Gegen Ende des Kuttervorganges werden die
Gewürze beigekuttert.

Därme: Saitlinge, Kaliber 22/24

Stückgewicht: 50 g, im Strang abgedreht

Garzeit: 20 Minuten bei 70 °C

Produktionsverlust: 5 %

Rezept 2735

Bratwurst mit Ei und Milch 2.221.12

Material für 100 kg
97,2 kg Bratwurst-Grundbrät (2701)
2,8 kg Eier, roh

Herstellung
Die Eier werden aufgeschlagen, mit dem
Schneebesen verrührt, und der Bratwurstmasse
beigemengt.

Produktionsverlust: 5 %

Rezept 2736

Calvados-Würstchen 2.221.11
2.221.12

Herstellung
Für Calvados-Würstchen werden rohe Brat-
würstchen jeder Art verwendet. Ausgenommen
sind nur solche Bratwurstsorten, denen bereits
ein anderer Alkoholischer Zusatz beigegeben
wurde, z.B. Weinbratwurst.
Die rohen Bratwürste werden zwei Stunden in
eine warme Calvados-Marinade (ca. 25 °C) eingelegt und anschließend in dieser Marinade bei
70 °C 20 Minuten durchgebrüht.

Marinade für ca. 1 kg Bratwurst
0,5 l Cidre (Apfelwein)
0,1 l Calvados (Apfelbranntwein)
3,0 g Pfeffer, weiß, gemahlen
Saft einer halben Zitrone

Herstellung der Marinade
Der Cidre wird bei großer Hitze etwas eingekocht, vom Feuer genommen und dann werden
Pfeffer, Zitronensaft und Calvados dem Cidre
beigegeben.
Das Ganze soll auf etwa 35 °C abkühlen. Dann
können die Bratwürste in die Marinade eingelegt
werden.

Rezept 2737

Spanische Rote Bratwurst 2.221.11

Material für 100 kg
50,0 kg S 2 Schweinefleisch ohne Sehnen, mit
maximal 55 % sichtbarem Fett, roh
50,0 kg S 4 Schweinebauch ohne Schwarte mit
maximal 30 % sichtbarem Fett, roh

Gewürze und Zutaten je kg Masse
18,0 g Kochsalz
5,0 g Paprika, edelsüß
1,0 g Rosenpaprika

Herstellung
1. Das Material wird in wolfgerechte Stücke
geschnitten, mit dem Salz und mit dem
Paprika vermengt und durch die 2-mm-
Scheibe gewolft.
2. Die Masse wird kurz durchgemengt und
gefüllt. Die Bratwürste werden paarweise
abgedreht und in der Regel roh zum Verkauf
angeboten.

Därme: Saitlinge, Kaliber 22/24

Produktionsverlust: 5%

Lebensmittelrecht
1. Hackfleisch-VO beachten
2. Die Bezeichnung „rot" bezieht sich auf den erhöhten Zusatz von Paprika.

Rezept 2738

Tiroler Bratwürstel

Siehe 2703

Abweichung
Gewürze und Zutaten zusätzlich je kg Masse
10,0 g Zwiebeln, roh, fein zerkleinert
10,0 g Petersilie, fein gehackt

Lebensmittelrecht: Bei roher Ware Hackfleisch-VO beachten.

Rezept 2739

Pariser Weißwurst   2.221.12

Material für 100 kg
100,0 kg Bratwurst-Brät (2735)

Gewürze und Zutaten je Kilo Masse zusätzlich
60,0 g Zwiebeln, roh
 8,0 g Orangensaft, natur
 0,5 g Kardamom

Herstellung
1. Die Zwiebeln werden sehr fein gewürfelt und glasig gedünstet. Sie sollen dann abkühlen.
2. Alle Gewürze, auch die Zwiebeln, werden dem Bratwurstbrät beigemengt. Die Masse wird gefüllt.

Därme: 175 Meter, Kaliber 28/32, Schweinedärme

Garzeit: 20 Minuten bei 70 °C

Produktionsverlust: 2%

Stückgewicht: 100 g, im Strang abgedreht.

Rezept 2740

Italienische Bratwurst

Material für 100 kg
30,0 kg Bratwurst-Grundbrät (2601)
35,0 kg S 4b Schweinebauch ohne Schwarte mit maximal 50% sichtbarem Fett, roh
35,0 kg S 2 Schweinefleisch ohne Sehnen, mit maximal 5% sichtbarem Fett, roh

Gewürze und Zutaten je Kilo Masse
Für das grobe Material:
20,0 g Kochsalz
 5,0 g Pfeffer, weiß, gemahlen
 5,0 g Fenchel

Herstellung
1. Der Schweinebauch und das Schweinefleisch werden vorgeschrotet und anschließend mit dem anteiligen Salz und Gewürzen vermengt.
2. Das gewürzte Material wird durch die 2-mm-Scheibe gewolft und mit dem Bratwurstbrät vermengt.
   Das gewürzte Material kann aber auch auf dem Kutter zusammen mit dem Bratwurstgrundbrät auf die gewünschte Körnung gekuttert werden.
3. Die Bratwurstmasse wird in Schweinedärme gefüllt und zu Würstchen von etwa 100 g Gewicht abgedreht.

Därme: Schweinedärme, Kaliber 28/32

Produktionsverlust: 5%

Kochwurst

Zur Kochwurst sind alle Wurstsorten zu rechnen, die in der Regel aus gebrühten oder gekochten Fleischteilen, Innereien, Speck, Schwarten, Leber und Blut hergestellt werden.

Man unterscheidet drei Hauptgruppen, und zwar die Leberwürste, die Blutwürste und als dritte Gruppe die Sülzwurstprodukte, wie Sülzwürste, Schwartenmagen, Preßsack usw.

Rohstoffauswahl zur Kochwurstherstellung

Kochwürste haben im Vergleich zu Roh- und Brühwürsten in der Regel einen etwas höheren Fettgehalt. Innereien haben bei Leber- und teilweise auch bei Blutwurstsorten einen bedeutenden Anteil. Im Hinblick darauf, daß die Herstellungsverfahren für Leberwurstsorten so weit wie möglich weg von der vorgegarten und hin zur rohen Verarbeitungsweise geht, muß der Rohstoffauswahl für diese Sorten besondere Aufmerksamkeit geschenkt werden.

Bei **Leberwurstsorten** *aller* Qualitätsstufen sollte der Leberanteil deutlich im Vordergrund stehen. Dabei sollten Spitzenqualitäten den höchsten Anteil haben, aber auch die einfachsten Sorten sollten dabei nicht vernachlässigt werden. Man kann von Fall zu Fall zwischen frischen und tiefgekühlten Lebern wählen. Letztere sind durch die Perfektionierung der Tiefkühlverfahren im Endprodukt von frischen Lebern kaum zu unterscheiden. Um allein mit Hilfe der Lebern das Absetzen von Fett und Geleemasse in den fertigen Leberwurstprodukten zu vermeiden, müssen mindestens 20 % Schweineleber zugesetzt werden.

Vor der **Verarbeitung der Lebern** sind die Adern, Gallengänge und Lymphknoten auszuschneiden und zu entfernen. Lebern sollten vor der Verarbeitung gründlich gewässert werden. Bei Schweinelebern reicht es, wenn sie in drei bis vier Stücke geschnitten wässern. Rinder- und Sauenlebern, also Lebern, die von Natur aus sehr dunkel sind, sollten in kleine, dünne Stücke geschnitten und ausreichend lange gewässert werden, damit sie so weit wie möglich durch Entzug der blutigen Flüssigkeit an Helle gewinnen. Diese Methode hat allerdings ihre natürlichen Grenzen. Trotz intensivem Wässerns werden Leberwurstsorten die mit derartigen Leberanteilen hergestellt werden, immer ein dunkles Schnittbild haben. Dieser Effekt zeigt sich bereits bei einer äußerst geringen Zugabemenge, man kann sagen, schon bei anteilig fünf Prozent.

Es ist nicht zu empfehlen, Lebern vor der Verarbeitung anzubrühen, es sei denn sie sollen dem Wurstgut gewürfelt beigemengt werden.

Allein durch Vorgaren ist bei Lebern kein geschmacklicher Effekt zu erzielen. Dagegen wäre der Preiseffekt infolge des Vorgarverlustes negativ. Das heißt, daß Vorgaren zu einer Verteuerung des Endproduktes führt.

Genau umgekehrt ist die Situation bei den anderen Innereianteilen, die zu Kochwurst verwendet werden sollen. Sie werden in der überwiegenden Zahl der Fälle gegart verarbeitet. Gelingefleisch, Lunge, Herz usw. sollten, aber prinzipiell nur angegart werden. Die dabei verwendete Gartemperatur sollte auf keinen Fall höher als 80 Grad Celsius sein.

In gleicher Weise sind Speck, Wammen, Backen und mehr oder weniger stark durchwachsene Fleischteile zu behandeln. Jedes Prozent Brühverlust, das eingespart werden kann, trägt zu einem materiell-kostenseitig günstigerem Produkt bei.

Blutwürste bestehen in der Regel aus einer Grundmasse von Blut und Schwarten, der in verschiedenen Fällen noch ein mehr oder weniger hoher Anteil an kleinen Speckwürfeln beigemengt ist. Dieser Grundmasse werden je nach Angaben in den einzelnen Blutwurstrezepten grob gewürfelte Fleisch-, Speck- und Innereien-Anteile beigemengt.

Zur rationellen Herstellung von Blutwurstsorten ist es ratsam, zu Beginn der Herstellung einzelner Sorten, erst die erforderliche Blutwurst-Grundmasse herzustellen.

234

Blut ist ein vorzüglicher Keimnährboden und bedarf daher besonderer Sorgfalt bei der Gewinnung, Lagerung und Verarbeitung. Saubere Stichmesser und einwandfrei gereinigte, sowie entkeimte Blutsatten sind die Grundvoraussetzung zur Gewinnung von keimarmem Blut.

Statt durch Rühren kann das Erstarren des Blutes unter Zugabe wie Natriumcitrat oder Calciumcitrat verhindert werden. Zugelassen sind 16 g Natriumcitrat auf einen Liter Blut. Möglichst bald nach der Gewinnung des Blutes sollte dieses mit 20 g Nitritpökelsalz je Kilo gesalzen werden.

Zu Blutwurstsorten sollte eigentlich nur noch **Schweineblut** verwendet werden, das Blut dieser Tiere ist am hellsten. Es dunkelt allerdings nach dem Salzen, bzw. während dem Lagerns bis zur Verarbeitung sehr stark ab. Würde man dieses Blut nach ein- bis zweitägiger Lagerung ohne weitere Bearbeitung zur Blutwurstherstellung verwenden, so würde das fertige Produkt eine unerwünscht dunkle, fast schwarze Anschnittfarbe haben. Das läßt sich vermeiden, wenn man das Blut vor der Vermengung mit den Schwarten entsprechend lange rührt, damit dem Blut wieder ausreichend Sauerstoff zugeführt wird, was ein Verfärben zurück in die natürliche Blutfarbe bewirkt.

Das Rühren oder Schlagen des Blutes muß nicht unbedingt manuell geschehen. Das läßt sich auch bewerkstelligen, wenn man das Blut auf dem Kutter so lange im langsamen Gang laufen läßt, bis es seine ursprüngliche Farbe wieder angenommen hat.

Blut wird prinzipiell gut handwarm verarbeitet. Die **Schwarten** werden zur Blutwurstherstellung gekocht verarbeitet. Sie sollten sauber entspeckt sein und müssen so gekocht werden, daß die Bindekraft erhalten bleibt. Als Faustregel kann gesagt werden, daß je weicher die Schwarten gekocht sind, um so geringer die Bindekraft wird. Schwarten werden prinzipiell heiß verarbeitet.

Der **Speck** der für die **Blutwurstgrundmasse** verwendet werden soll, wird auf dem Speckschneider in kleine Würfel geschnitten.

Daran anschließend wird er solange mit kochendem Wasser überbrüht, bis er von schmalzigem Fett befreit in einzelne kleine Würfel zerfällt und soweit durchgebrüht ist, daß später kein Blutfarbstoff mehr in den Speck eindringen kann. Speck wird prinzipiell heiß verarbeitet.

Sülzwurst, Schwartenmagen, Preßsack-Preßkopfsorten, sofern diese nicht mit Brühwurstbrät hergestellt werden, zählen ebenfalls zu den Kochwürsten und können frisch oder geräuchert und abgehangen als Frisch- oder Halbdauerware in den Verkehr kommen.

Für die Herstellung dieser Sülzwurstsorten verwendet man vorwiegend Schweinefleisch wie Schweineköpfe, Herzen, Gelingefleisch und Schwarten. Ein Großteil der zur Verwendung kommender Bestandteile wird in mild gepökeltem Zustand verwendet. Die Schwarten sollten fettfrei, leicht angepökelt und kurz angebrüht sein, damit sie möglichst fein zerkleinert werden können, ohne unnötig an Bindung zu verlieren.

Um den Sülzwürsten eine ausreichende Haltbarkeit und Schutz vor der gefürchteten Kernfäule zu geben, müssen sie je nach Hülle und Kaliberstärke genügend lange gebrüht werden. Nach dem Brühen legt man sie auf etwas schräggestellte Metalltische, die vorher mit kaltem Wasser befeuchtet werden. Zur Entfettung werden die Würste nochmals heiß abgesprüht und sollen dann langsam unter mehrmaligem Wenden bei normaler Raumtemperatur abkühlen.

Bei vielen Sülzwurstsorten ist es üblich, diese während des Kühlprozesses mit Leichtmetallplatten abzudecken, damit die Würste glatt gepreßte Oberflächen bekommen. Nach dem Abkühlen bei Raumtemperatur werden die Sülzwürste im Kühlraum über Nacht weiter durchgekühlt und können dann frisch verkauft werden oder man legt sie ein bis zwei Stunden in einen leichten Kaltrauch bei Temperaturen unter 18 °C und verkauft sie dann als Räucherware.

Es gibt eine geringe Anzahl von sonstigen **Kochwurstsorten**, die nicht in die drei Unterkategorien Leber-, Blut- und Sülzwürste eingereiht werden können. In der Regel handelt es sich dabei nahezu ausnahmslos um Sorten, die nur noch in regional eng begrenzten Gebieten hergestellt werden.

In den Bereich *Kochwurst* gehören auch die als **Zerealien-Wurstwaren** bezeichneten Wurstprodukte. Diese werden im allgemeinen unter Zusatz mehr oder weniger großer Mengen von Grütze, Weißbrot, Semmelmehl, Reis, Kartoffeln und ähnlicher Stoffe hergestellt.

Diese Wurstsorten sind in einer Zeit entstanden, in der Fleisch für weite Kreise der Bevölkerung ein Luxusartikel war, den man sich nur zu hohen Festtagen leisten konnte.

Die genannten Getreideerzeugnisse wurden den verschiedenen Wurstsorten praktisch als Streckmittel zugesetzt. Die größte Zahl der vorhandenen Rezepte stammen aus früheren deutschen Ostgebieten, z.B. Schlesien, Ostpreußen, Sudetenland usw.

Die zur Zeit gültigen lebensmittelrechtlichen Bestimmungen lassen auch heute noch die Herstellung derartiger Wurstsorten zu. In der Anlage 3 zu § 4 der Fleischverordnung ist klar geregelt, unter welchen Bedingungen Zerealienwurstsorten hergestellt werden dürfen. Eine entsprechende Rezeptauswahl ist in der folgenden Rezeptsammlung zu finden. Es handelt sich durchweg um Rezepte, die aus einer alten Tradition heraus entstanden sind. Sie bieten auch heute noch eine interessante Abwechslung im Spezialitätenangebot der Fleischereien.

Entgegen früheren Gewohnheiten werden auch Kochwurstsorten heute mit maximal 20 g Salz je Kilogramm Produktionsmenge hergestellt. Die breite Masse der Verbraucher empfindet heutzutage höhere **Salzzugaben** als ungenießbar. Diese Tatsache hat weit mehr als in früheren Jahren zur Folge, daß Kochwurstsorten besonders in der wärmeren Jahreszeit viel mehr der Gefahr unterliegen, schnell zu verderben. Um dieser Gefahr so weit wie irgend möglich zu entgehen, ist besonders darauf zu achten, daß die Kochwurstprodukte gleichmäßig gekühlt werden. Eine Temperatur von + 6 °C sollte während der Lager- und Verkaufszeit nicht überschritten werden.

Wie bereits erwähnt, sollten Lebern prinzipiell roh verarbeitet werden. Sie erreichen ein Optimum an Bindekraft, wenn sie mit möglichst viel Salz zusammen zerkleinert werden. Es ist daher sinnvoll die gesamte Salzmenge zu Beginn der Zerkleinerung den Lebern beizugeben.

Es gibt sehr unterschiedliche Ansichten, ob es sinnvoller ist nur **Naturgewürze zur Kochwurstherstellung** zu verwenden, oder ob es aus Gründen der rationellen Arbeitsweise besser ist Mischgewürze einzusetzen.

In vielen Fällen wird es wohl so sein, daß man das eine tut und das andere nicht läßt. Das heißt, in den meisten Betrieben wird man Mischgewürze verwenden, und zusätzlich durch Zugabe von bestimmten Naturgewürzen versuchen, den Wurstprodukten eine individuelle geschmackliche Note zu geben.

Auch bei Kochwurstsorten, sollten die Gewürze und Zutaten je Kilogramm Wurstmasse exakt abgewogen werden. Ein Würzen nach Geschmack, oder wie manche Kollegen sagen frei Hand ist nicht mehr modern und führt gerade im Kochwurstbereich zu kaum verkäuflichen Fehlfabrikaten. Dabei gehen diese von Unter- bis zur Überwirkung. Hier muß man bedenken, daß beispielsweise viele Kochwurstsorten warm verarbeitet werden. Wird dabei nun nach Geschmack gewürzt, so wird häufig übersehen, daß die Produkte kalt verzehrt werden und dann die Gewürze nicht mehr so markant erscheinen, wie dies während des Abschmeckens der warmen Masse der Fall war. Für die Kochwurstherstellung sind zwei Gewürzarten von besonderer Bedeutung, der *Majoran* und die *Zwiebeln*.

Je nach Anbaugebiet und je nachdem wie lange der *Majoran* nach der Ernte bereits lagerte, ist seine Würzintensität sehr unterschiedlich. Man kann den Majoran in seiner Würzkraft steigern, wenn man ihn kurz vor der Verarbeitung trocken erwärmt. Das kann ganz einfach dadurch geschehen, daß man den Majoran in einen Beutel oder anderen Behälter gibt und ihn auf eine Wärmeplatte legt. Der Majoran sollte bis zur Handwärme temperiert und dann sofort verarbeitet werden.

In gleicher Weise wie der Majoran, gibt die *Zwiebel* fast allen Kochwurstarten den sortenspezifischen Geschmack. Bei Zwiebeln hängt die Würzkraft in hohem Maße vom Anbaugebiet ab. Als Faustregel wird man sagen können, daß je größer die Zwiebel, desto geringer die Würzkraft ist. Die sogenannten *Metzgerzwiebeln* sind sehr große Früchte, die eben von den Metzgern deshalb gerne verarbeitet werden, weil sie sich sehr rationell schälen lassen. Diese Bezeichnung *Metzgerzwiebeln* sagt aber keinesfalls etwas über die Würzkraft dieser speziellen Früchte aus. In der Praxis heißt das also, daß man die erforderliche Zugabemenge für Zwiebeln nicht zu starr handhaben sollte. Je nachdem aus welchen Anbaugebieten die gerade angebotenen Rohzwiebeln kommen, sollte man die Zugabemenge je Kilogramm Produktionsmenge variieren.

Noch mehr als bei Roh- und Brühwürsten wird der Produktionsverlust bei Kochwürsten von der jeweiligen zur Verwendung kommenden **Darmsorte** beeinflußt. Es ist sowohl optisch, als auch geschmacklich und nicht zuletzt auch eine kalkulatorische Frage, ob man für eine Kochwurst-

236

sorte Natur- oder Kunstdärme verwenden soll. Dabei muß man natürlich bedenken, daß die Eigenschaft bestimmter Kochwurstsorten, speziell im Leber- und Blutwurstbereich, nur die Verwendung von Naturdärmen zuläßt. Diese besonderen Eigenschaften beziehen sich nicht nur auf den Darm allein, sondern vielmehr auf die Weiterbehandlungsmöglichkeiten, die der Naturdarm bietet. Das gilt speziell in bezug auf die Räuchermöglichkeiten.

Technologie der Kochwurstherstellung

Die Herstellungsverfahren für die einzelnen Kochwurstarten sind sehr unterschiedlich und bedürfen einer detaillierten Besprechung.

Vorgegartes Material, das zu **Leberwurstsorten** weiterverarbeitet werden soll, sollte nach dem Garen abgekühlt werden, mindestens auf ca. 10–12 °C. Speziell bei fein zerkleinerten Leberwurstsorten und bei solchen, denen teilweise fein gekutterte Leberwurstmasse zugesetzt wird, wird dadurch weitgehend vermieden, daß sich während des Garens der Würste ein Fettrand bildet. Die Verarbeitung von Flomen zu fein zerkleinerten Leberwurstsorten ist möglich. Dies läßt sich am problemlosesten bewerkstelligen, wenn die Flomen vorgebrüht sind und ebenfalls vor der Weiterverarbeitung gut gekühlt werden. Durch das Brühen werden die Flomen geschmeidiger und lassen sich so besser verarbeiten.

Fein zerkleinerte Leberwurstsorten sollten bei Beendigung des Kutterns eine Temperatur zwischen 22 und 24 °C haben. In diesem Temperaturbereich ist weitgehend gewährleistet, daß die Wurstmasse während des Garens im Darm nicht absetzt. Damit kein Fettrand entsteht, müßten Leberwürste, die in transparenten Kunstdärme gefüllt wurden, unbedingt *massiert* werden. Dabei wird durch streichen mit der Handkante über die Wursthülle das Fett wieder gleichmäßig im Wurstgut verteilt.

Sollen grobe Leberwurstsorten möglichst schnittfest sein, so kann das durch Rohverarbeitung sämtlicher für die jeweilige Wurstsorte notwendigen Materialien geschehen. Bei den in Frage kommenden im Folgenden vorzustellenden Rezepten wird näher darauf eingegangen.

Um die Produktion von **Blutwurstsorten** so rationell wie möglich gestalten zu können, ist die Herstellung der einzelnen Sorten optimal vorzubereiten. Das heißt, alle erforderlichen Materialien, angefangen beim Blut über den Speck, die Schwarten, bis hin zu den groben Materialien müssen rechtzeitig gepökelt, gesalzen, vorgegart und zerkleinert werden.

Nicht zuletzt ist zu empfehlen, eine sogenannte Blutwurst-Grundmasse herzustellen, die als Grundbestandteil für fast alle Blutwurstsorten verwendet werden kann.

Man kennt zwei verschiedene Sorten Blutwurst-Grundmasse. Die eine Sorte besteht aus Blut und Schwarten, die andere Sorte aus Blut, Schwarten und kleinen Speckwürfeln. Der jeweilige Anteil der einzelnen Bestandteile ist regional unterschiedlich.

Alle Blutwurstsorten werden prinzipiell so heiß wie möglich hergestellt. Wenn es das jeweilige Rezept vorschreibt, müssen die zur Verarbeitung kommenden Materialien geschnitten oder gewolft sein.

Das *Blut* soll bei Verarbeitung gut handwarm sein und muß anschließend in der bereits beschriebenen Weise durch Schlagen oder Kuttern wieder auf eine helle, natürliche Blutfarbe gebracht werden.

Schwarten werden gekocht, gewolft, unter Zugabe der erforderlichen Menge Zwiebeln zerkleinert verarbeitet.

Das zur Verwendung kommende gewürfelte *Fleisch- und/oder Speckmaterial* muß kochend heiß abgebrüht sein und wird so heiß wie nur irgend möglich weiterverarbeitet.

Blutwürste aller Art sollen eine hellrote Farbe haben. Dieses Ziel kann, wie bereits ausgeführt, durch Schlagen (Sauerstoffzufuhr) des Blutes erreicht werden. Eine zuverlässige Methode zur Farbstabilisierung kann der Zusatz von speziellen Farbstabilisatoren für Blut-wursterzeugnisse sein.

Dem *Garen* von Blutwürsten kommt besondere Bedeutung zu. Das Garen im Kochschrank ist nicht zu empfehlen, da sich an den Würsten leicht ein trockener, dunkelrot bis schwarzer Rand bilden kann.

Von größerer Wichtigkeit ist es auch, daß die Blutwürste während der gesamten Garzeit ohne Temperaturabfall gekocht werden. Die Temperatur soll gleichmäßig 80–82 °C betragen. Das Zulaufenlassen von kaltem Wasser, auch bei überhöhter Temperatur, wirkt schockartig auf die Kerntemperatur der Blutwürste und führt im Fertigprodukt zu weichem Kern mit Rotfärbung der Speckwürfel (siehe auch „Fehlfabrikate").

Für die Materialverarbeitung zu **Sülzwurstsorten** gilt im Prinzip genau dasselbe wie für die Blutwurstsorten. Sämtliche Materialien sind in der Regel heiß zu verarbeiten.

Sofern gargekochtes Material, also nicht vorgegartes Material, verwendet wird, ist es keine Seltenheit, daß diese Produkte nicht in Därme, sondern in sogenannte *Pastetenkästchen,* oder auch *Sülzformen* gefüllt werden.

Man gibt das grobe Material in die Formen und gießt mit der im Rezept angegebenen Menge Flüssigkeit auf, so daß das Material vollständig mit Brühe bedeckt ist.

Bei dieser Verfahrensweise ist darauf zu achten, daß die zur Verwendung kommenden Formen oder Behälter, bevor das Wurstgut hineingegeben wird, kalt ausgespült und anschließend nicht mehr ausgetrocknet werden. Dadurch läßt sich das erkaltete Sülzwurstprodukt besser aus der Form lösen.

Sülzwurstprodukte, in Natur- oder Kunstdärme gefüllt, werden in vielen Fällen nach dem Garen gepreßt. Das geschieht in folgender Weise:

Nach Entnahme aus dem Kochkessel oder Kochschrank werden die Würste kurz kalt abgespült und auf ein aluminiumblech gelegt. Die Würste sollen ca. 10–15 Minuten abkühlen. Daran anschließend werden sie mit einer Platte oder einem geraden Brett beschwert. Wenn das Gewicht dieser Platte zu gering ist, kann es durch ein über der Platte liegendes Gewicht (eventuell Wassereimer) zusätzlich beschwert werden. Mit dieser Belastung sollten die Würste mindestens auf eine Temperatur von +15 °C abkühlen, bevor die Preßbelastung entfernt wird. Anschließend ist ein weiteres Abkühlen auf +8 °C erforderlich.

Füllen

Leber- und Blutwurstsorten, die in *Naturdärme* gefüllt werden, müssen locker eingefüllt werden, damit eine ausreichende Wurstgutdehnungs- und Darmschrumpfungsmöglichkeit besteht.

Gleiche Produkte, die dagegen in *Kunstdärme* gefüllt werden, müssen prall eingefüllt sein.

Dies ist eine wesentliche Voraussetzung zur Vermeidung von Gelee- und Fettabsatz.

Kochen und Garen

Leberwurstsorten im Naturdarm sollten nicht unter +90 °C in den Kessel gegeben werden, der ohne Zugabe von kaltem Wasser, also von selbst, auf 80 °C zurück gehen sollte. Bei dieser Temperatur ist der Kessel bzw. das Wurstgut ebenfalls zu halten.

Leberwurstsorten, die ausschließlich aus rohem Material hergestellt wurden, und in Naturdärme gefüllt sind, kommen prinzipiell bei 100 (!) °C in den Kessel. Die Temperatur soll ohne Zugabe von kaltem Wasser ebenfalls auf 80 °C zurückgehen und in dieser Höhe über die gesamte Garzeit gehalten werden.

Insbesondere wegen des hohen Glykogengehaltes der Leber muß jede Leberwurstsorte ausreichend lange gegart werden, da sonst eine erhöhte Gefahr des Säuerns besteht.

Nach dem Garen werden Leberwurstsorten grundsätzlich in kaltem, fließendem Wasser abgekühlt. Dieses Abkühlen soll so schnell wie möglich geschehen, um die Entwicklung von Bakterien zu vermeiden. Das heißt also, die Leberwürste müssen nach dem Garen möglichst schnell auf eine Temperatur unter +20 °C gebracht und dann weiter gekühlt werden.

Blutwurstsorten im Schweinemagen werden prinzipiell zu Beginn der Garzeit ca. 15 Minuten wallend gekocht. Andere mit Blutwurstmasse gefüllte Naturdärme, ebenso die verschiedenen Kunstdarmarten sollen bei 100 °C in den Kessel kommen und ohne Zugabe von kaltem Wasser auf +80 °C zurückgehen und bei dieser Temperatur gehalten werden. Blutwürste müssen eine Kerntemperatur von mindestens +70 °C erreichen und diese über mindestens 8–10 Minuten halten, wenn sie mit zunehmender Lagerung keine Fehlfabrikation bilden sollen. Derartige Fehlprodukte lassen sich nach wenigen Tagen dadurch erkennen, daß sich vom Kern ausgehend der Speck blutig rot verfärbt und die Wurstmasse eine weiche, blutig wässrige Konsistenz annimmt.

Nach dem Garen werden die Blutwürste, die in Naturdärme gefüllt sind, kurz in kaltem Wasser abgespült und anschließend trocken ausgekühlt. Eine Ausnahme bilden die Würste, die nach dem Auskühlen kalt geräuchert werden. Diese Produkte werden in fließendem kalten Wasser auf mindestens 18–20 °C abgekühlt und dann erst zur weiteren Abkühlung an die Luft, bzw. in den Kühlraum gehängt. Würste im Kunstdarm werden prinzipiell auf +20 °C im kalten Wasser und dann auf dem Aluminiumtisch mit einer Platte beschwert und weiter bis zur Schnittfestigkeit abgekühlt.

Räuchern

Kochwurstsorten werden in der Regel nur kalt geräuchert. Dies geschieht am günstigsten nach völliger Auskühlung der Ware. Der Rauch-geschmack, den die Produkte dann noch annehmen, ist nach heutiger Verbrauchererwartung ausreichend.

Es soll jedoch in diesem Zusammenhang darauf hingewiesen werden, daß man früher die Würste noch am Tage der Herstellung 4–5 Stunden räucherte, da man davon ausging, daß in diesem Stadium die Würste einen intensiveren Rauch-geschmack annehmen. Es ist dabei jedoch nicht zu übersehen, daß besonders in der wärmeren Jahreszeit bei dieser Verfahrensweise die Gefahr groß ist, daß Fehlfabrikate entstehen. Diese erhöhte Gefahr besteht besonders seit es üblich ist, einer Kochwurstsorte maximal 20 g Salz je Kilogramm Produktionsmenge, oft noch weit weniger, zuzusetzen.

Leberwurst

Produktionsschema

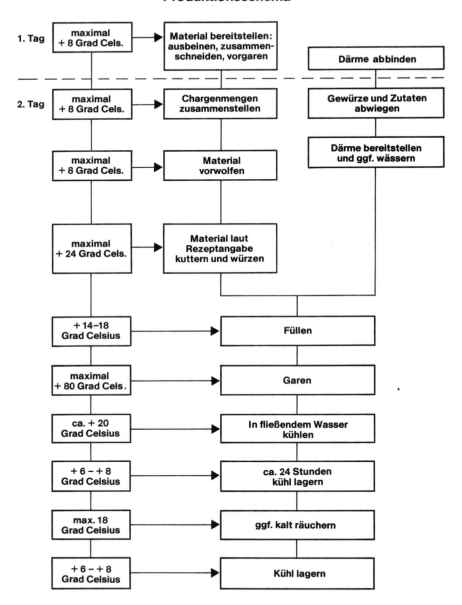

1. Tag	maximal + 8 Grad Cels. →	Material bereitstellen: ausbeinen, zusammenschneiden, vorgaren	Därme abbinden
2. Tag	maximal + 8 Grad Cels. →	Chargenmengen zusammenstellen	Gewürze und Zutaten abwiegen
	maximal + 8 Grad Cels. →	Material vorwolfen	Därme bereitstellen und ggf. wässern
	maximal + 24 Grad Cels. →	Material laut Rezeptangabe kuttern und würzen	
	+ 14–18 Grad Celsius →	Füllen	
	maximal + 80 Grad Cels. →	Garen	
	ca. + 20 Grad Celsius →	In fließendem Wasser kühlen	
	+ 6 – + 8 Grad Celsius →	ca. 24 Stunden kühl lagern	
	max. 18 Grad Celsius →	ggf. kalt räuchern	
	+ 6 – + 8 Grad Celsius →	Kühl lagern	

Rezept 2801

Delikateß-Leberwurst

Material für 100 kg
40,0 kg S 15 Schweineleber, roh
60,0 kg S 6 Wammen ohne Schwarte, mittelfett, roh, vorgesalzen

Gewürze und Zutaten je kg Masse
18,0 g Nitritpökelsalz
 2,0 g Pfeffer
 0,5 g Ingwer
 0,3 g Kardamom
 0,5 g Mazis
 0,1 g Vanille
 2,0 g Bienenhonig
 1,0 g Farbstabilisator
50,0 g Zwiebeln (Rohgewicht)

Vorarbeiten
1. Die Wammen sind bei 80 °C anzubrühen. Sie werden ausgekühlt weiterverarbeitet.
2. Die Zwiebeln werden mit reichlich Schmalz gedämpft. Die Farbe muß goldbraun sein.

Herstellung
1. Das gesamte Material kommt in den Kutter. Dazu kommen sofort alle Gewürze und Zutaten, mit Ausnahme des Farbstabilisators.
2. Die Masse ist solange zu kuttern, bis sie vollkommen homogen ist. Die Idealtemperatur der Masse beträgt bei völliger Zerkleinerung 23–24 °C. Gleichzeitige Feinstzerkleinerung und beste Homogenisierung ist nur zu erreichen, wenn Material, Gewürze, Zutaten und Zwiebeln gut gekühlt in den Kutter kommen.

Vorkochverlust: Pos. 2 = 18%:

Därme: Sterildärme 90 Stück, 60/50 Kaliber

Garzeit: 60 Minuten bei 80 °C

Produktionsverlust: 2%

Rezept 2802

Leberwurst 1a   2.2312.1

Siehe 2801

Abweichung
Därme: 45 Meter Mitteldärme, Kaliber 60/65.

Räuchern: 6–12 Stunden Kaltrauch

Produktionsverlust: 18%

Rezept 2803

Weiße Leberwurst   2.2312.1

Siehe 2801

Abweichung
Gewürz: An Stelle von Nitritpökelsalz wird Kochsalz verwendet.
Weiße Leberwurst wird ohne Bienenhonig hergestellt.

Rezept 2804

Feine Leberwurst   2.2312.1

Material für 100 kg
30,0 kg S 15 Schweineleber, roh
20,0 kg S 3b Schweinefleisch mit höherem Sehnenanteil und maximal 5% sichtbarem Fett, vorgesalzen und -gegart
30,0 kg S 4b Schweinebauch ohne Schwarte mit max. 50% sichtbarem Fett, vorgesalzen und -gegart
20,0 g S 10 Weiches Fett (Fettwamme), vorgegart

Gewürze und Zutaten je kg Masse
18,0 g Nitritpökelsalz
 2,0 g Pfeffer
 1,0 g Majoran, gemahlen
 0,5 g Piment
 0,5 g Mazis
 0,3 g Kardamom
 1,0 g Farbstabilisator
10,0 g Zwiebeln, Rohgewicht

Vorkochverlust: Pos. 2 = 25%; Pos. 3+4 = 18%

Därme: 45 Meter Mitteldärme Kaliber 60/65

Garzeit: 75 Minuten bei 80 °C

Produktionsverlust: 15%

Herstellung: Siehe 2801

Alternative: 90 Stück sterile Kunstdärme, Kal. 60/65

Garzeit: 60 Minuten bei 80 °C;

Produktionsverlust: 2%

Rezept 2805

Berliner feine Leberwurst 2.2312.2

Material für 100 kg
40,0 kg S 15 Schweineleber, roh
30,0 kg S 6 Wamme ohne Schwarte, mittelfett,
  vorgesalzen und gegart
15,0 kg Aufschnittgrundbrät (2001)
15,0 kg R 2 Rindfleisch, entsehnt, mit max. 5 %
  sichtbarem Fett, vorgesalzen und gegart

Gewürze und Zutaten je kg Masse
(ohne Aufschnittgrundbrät)
18,0 g Nitritpökelsalz
 3,0 g Pfeffer
 0,5 g Mazis
30,0 g Zwiebeln (Rohgewicht)
 1,0 g Farbstabilisator

Vorarbeiten
1. Das Rindfleisch und die Schweinebäuche
   sind bei 80 °C anzubrühen. Beide Teile werden ausgekühlt weiterverarbeitet.
2. Zwiebeln werden mit reichlich Schmalz
   gedämpft. Die Farbe muß goldbraun sein.

Herstellung
1. Das gesamte Material kommt in den Kutter.
   Dazu kommen sofort alle Gewürze und
   Zutaten.
   Die Masse ist solange zu kuttern, bis sie vollkommen homogen ist. Die Idealtemperatur
   der Masse beträgt bei völliger Zerkleinerung
   23–24 °C. Gleichzeitige Feinstzerklei-
   nerung- und beste Homogenisierung ist nur zu
   erreichen, wenn Material, Gewürze und
   Zutaten gut gekühlt in den Kutter kommen.

Vorkochverlust: Pos. 2 = 18 %, Pos. 4 = 25 %

Därme: Schweinefettenden

Garzeit: 75 Minuten bei 80 °C

Produktionsverlust: 15 %

Alternative: Siehe 2804

Rezept 2806

Kalbsleberwurst 2.2312.1

Material für 100 kg
40,0 kg S 15 Schweineleber, roh
50,0 kg S 6 Wammen ohne Schwarte, mittelfest,
  vorgesalzen, -gegart

10,0 kg K 2b Kalbfleisch mit höheren Sehnenanteil und max. 5 % sichtbarem Fett,
  vorgesalzen und -gegart

Gewürze und Zutaten je kg Masse
18,0 g Nitritpökelsalz
 2,0 g Pfeffer
 0,5 g Ingwer
 0,3 g Kardamom
 0,5 g Mazis
 0,1 g Vanille
 2,0 g Bienenhonig
 1,0 g Farbstabilisator
50,0 g Zwiebeln (Rohgewicht)

Vorarbeiten
1. Das Kalbfleisch und die Wammen sind bei
   80 °C anzubrühen. Beide Teile werden ausgekühlt weiterverarbeitet.
2. Die Zwiebeln werden mit reichlich Schmalz
   gedämpft. Die Farbe muß goldbraun sein.

Herstellung
1. Das gesamte Material kommt auf den Kutter.
   Dazu kommen sofort alle Gewürze und Zutaten, mit Ausnahme des Farbstabilisators.
2. Die Masse ist solange zu kuttern, bis sie vollkommen homogen ist. Die Idealtemperatur
   beträgt bei völliger Zerkleinerung 23 bis
   24 °C. Gleichzeitige Feinstzerkleinerung
   und beste Homogenisierung ist nur zu erreichen, wenn Material, Zutaten und Gewürze
   gut gekühlt verarbeitet werden.

Nachbehandlung
Kalbsleberwurst im Kunstdarm sollte im Gegensatz zu Delikateß-Leberwurst keinen Fettrand
haben. Sollten die fertigen Würste dennoch
einen Fettrand zeigen, so sind sie zu massieren.
Dies kann am besten geschehen, wenn die Würste halb ausgekühlt sind, also bei einer Temperatur von 30–40 °C.

Vorkochverlust: Pos. 2 = 20 %; Pos. 3 = 18 %

Därme: 45 Meter, Mitteldärme, Kal. 60/65

Garzeit: 75 Minuten bei 80 °C

Produktionsverlust: 12 %

Alternative: Siehe 2804

Rezept 2807

Leberfleischwurst   2.2312.3

Material für 100 kg
30,0 kg Leberwurstmasse (2801)
30,0 kg S 6 Wammen ohne Schwarte, mittelfest, vorgesalzen und gegart
20,0 kg S 17 Schweinezungen, geputzt, gepökelt, vorgegart
20,0 kg S 16 Schweineherz, geputzt, gepökelt, vorgegart

Gewürze und Zutaten je kg Masse
zum groben Material
18,0 g Nitritpökelsalz
 2,0 g Pfeffer
 1,0 g Mazis
 1,0 g Majoran, gerebbelt
 0,3 g Kardamom
 0,1 g Zimt
 0,1 g Thymian
 1,0 g Farbstabilisator
50,0 g Zwiebeln, Rohgewicht, gedünstet und feinzerkleinert

Herstellung
1. Bäuche, Zungen und Herzen werden gegart und erkaltet in 1-cm-Würfel geschnitten.
2. Diesem groben Material werden die Gewürze und anschließend die Leberwurstmasse beigemengt.

Vorkochverlust: Pos. 2 = 25 %, Pos. 3 und 4 = 30 %

Därme: Enge Schweinekappen oder weite Krausen

Garzeit: 90–120 Minuten bei 80 °C

Produktionsverlust: 12 %

Alternative: Siehe 2804

Rezept 2808

Leberfleischwurst   2.2312.3

Material für 100 kg
20,0 kg Leberwurstmasse (2801)
10,0 kg S 14 Schwarten, gekocht
15,0 kg S 6 Wammen ohne Schwarten, mittelfest, vorgegart
15,0 kg S 11 Kopf ohne Knochen, gekocht
15,0 kg S 17 Schweinezungen, geputzt, gepökelt, vorgegart
25,0 kg S 15 Schweineherz, geputzt, gepökelt, vorgegart

Gewürze und Zutaten je kg Masse
Für Schwarten und grobes Material
2,0 g Pfeffer
0,5 g Ingwer
0,3 g Kardamom
0,5 g Mazis
0,1 g Vanille
2,0 g Bienenhonig
1,0 g Farbstabilisator
50,0 g Zwiebeln (Rohgewicht)

Herstellung
1. Die gepökelten Bäuche, Köpfe, Zungen, und Herzen werden gegart und in erkaltetem Zustand in 1-cm-Würfel geschnitten.
2. Die gepökelten Schwarten werden weich gekocht und durch die feine Scheibe gewolft. Sie müssen warm verarbeitet werden.
3. Das grobe Material wird gewürfelt und zuerst mit den Gewürzen, dann mit den warmen Schwarten gleichmäßig vermengt.
4. Unter dieses Gemenge wird die Delikateß-Leberwurstmasse gerührt

Vorkochverlust: Pos. 3 = 25 %; Pos. 2 = 55 %; Pos. 5 und 6 = 30 %

Därme: 90 Stück, sterile Kunstdärme, Kal. 60/65

Garzeit: 60 Minuten bei 80 °C

Produktionsverlust: 2 %

Rezept 2809

Zungenleberwurst   2.2312.5

Material für 100 kg
70,0 kg Leberwurstmasse (2801)
15,0 kg S 17 Schweinezungen, geputzt, gepökelt, vorgegart
 5,0 kg Kalbsbries
 7,0 kg S 15 Schweineleber, vorgegart
 1,0 kg Champignons
 1,0 kg Pistazien
 1,0 kg Nüsse

Gewürze und Zutaten je kg Masse
zum groben Material
2,0 g Pfeffer
0,3 g Kardamom
0,5 g Ingwer
0,5 g Mazis
0,1 g Vanille

2,0 g Bienenhonig
1,0 g Farbstabilisator
50,0 g Zwiebeln (Rohgewicht)

Herstellung
1. Die gepökelten Zungen, Briese und Lebern werden angegart und in kleine Würfel geschnitten.
2. Champignons, Pistazien und Nüsse werden in Erbsengröße gehackt.
3. Das gesamte grobe Material wird mit den Gewürzen und Zutaten vermengt und unter die Delikateß-Leberwurstmasse gerührt.

Vorkochverlust: Pos. 2, 3, 4 = 30%

Därme: 90 Stück Sterildärme, Kal. 60/50

Garzeit: 60 Minuten bei 80 °C

Produktionsverlust: 2%

Anmerkung: Das Kalbsbries kann durch gewürfelten Speck ersetzt werden.

Rezept 2810

Berliner Zungenleberwurst　　　2.2312.5

Material für 100 kg
48,0 kg Leberwurstmasse (2801)
42,0 kg Aufschnittgrundbrät (2001)
10,0 kg S 17 Schweinezungen, geputzt, gepökelt, vorgegart

Gewürze und Zutaten je kg Masse, zusätzlich:
1,0 g Majoran, gemahlen

Herstellung
Die Schweinezungen werden grob gewürfelt und mit dem übrigen Material zu einer gleichmäßigen Masse vermengt.

Vorkochverlust: Pos. 3 = 30%

Därme: Schweinekappen

Garzeit: 90–120 Minuten bei 80 °C

Produktionsverlust: 10%

Alternative: Siehe 2804

Anmerkung
Die Schweinezungen werden nach dem Originalrezept im Ganzen in die Schweinekappen eingelegt. Der besseren Schnittfähigkeit wegen wird hier ein grobes Würfeln empfohlen.

Rezept 2811

Trüffelleberwurst　　　2.2312.1

Material für 100 kg
97,0 kg Leberwurstmasse (2801)
　3,0 kg Trüffeln

Herstellung
Die Trüffel werden klein gewürfelt der Delikateß-Leberwurstmasse beigemengt.

Därme: Fettenden, mittelweit

Garzeit: 75–90 Minuten bei 80 °C

Produktionsverlust: 10%

Alternative: Siehe 2804

Rezept 2812

Champignonleberwurst　　　2.2312.1

Material für 100 kg
90,0 kg Leberwurstmasse (2801)
10,0 kg Champignons

Herstellung
Die Champignon werden in Scheiben geschnitten oder gewürfelt der Delikateß-Leberwurstmasse beigemengt.

Därme: 90 Stück Sterile Kunstdärme, Kal. 60/50

Garzeit: 60 Minuten bei 80 °C

Produktionsverlust: 2%

Rezept 2813

Hausmacher Leberwurst　　　2.2312.5

Material für 100 kg
29,0 kg S 15 Schweineleber, roh
24,0 kg Wammen ohne Schwarte, mittelfett, vorgegart
22,0 kg S 10 Weiches Fett (Fettwamme), vorgegart
25,0 kg S 9 Speckabschnitte ohne Schwarte, vorgegart

Gewürze und Zutaten je kg Masse
18,0 g Nitritpökelsalz
　2,0 g Pfeffer
　1,0 g Majoran

0,5 g Piment
0,3 g Mazis
0,1 g Thymian
20,0 g Zwiebeln, gedünstet

Herstellung
Schweinefleisch und Wammen werden angegart und mit den rohen Schweinelebern und den gedünsteten Zwiebeln fein gekuttert.
Nach Zugabe der Gewürze wird der Masse der angebrühte Speck beigemengt.

Vorkochverlust: Pos. 2 = 25 %; Pos. 3 = 18 %; Pos 4 = 20 %

Garzeit: 60 Minuten bei 80 °C

Produktionsverlust: 12 %

Nachräuchern: kalt, ca. 6 Stunden

Därme: 45 Meter Mitteldärme; Kaliber 60/50

Rezept 2814

Bauernleberwurst 2.2312.6

Material für 100 kg
30,0 kg S 15 Schweineleber, vorgesalzen und -gegart
20,0 kg S 11 Kopf ohne Knochen, gepökelt, gekocht
50,0 kg S 6 Wammen ohne Schwarte, mittelfett, roh

Gewürze und Zutaten je kg Masse
18,0 g Nitritpökelsalz
3,0 g Pfeffer
1,0 g Majoran, gerebbelt
0,5 g Mazis
0,5 g Piment
0,5 g Ingwer

Herstellung
1. Die Schweinsköpfe werden in gekochtem Zustand mit den rohen Wammen durch die Schrotscheibe gewolft.
2. Die Hälfte der Schweineleber wird mit 80—90gradiger Kesselbrühe abgeschwenkt und anschließend ebenfalls durch die Schrotscheibe gewolft.
3. Der andere Teil der Lebern wird fein gekuttert. Wenn die Masse Blasen schlägt, werden die Gewürze und die Zutaten beigekuttert.

Vorkochverlust: Pos. 2 = 55 %

Därme: 45 Meter, Mitteldärme, Kal. 60/50

Garzeit: 75 Minuten bei 80 °C

Produktionsverlust: 12 %

Rezept 2815

Landleberwurst, grob 2.2312.6

Material für 100 kg
30,0 kg S 15 Schweineleber, roh
20,0 kg S 6 Backen ohne Schwarte, vorgesalzen und -gegart
40,0 kg Wammen ohne Schwarte, mittelfett, vorgesalzen und -gegart
10,0 kg Flomen, angegart

Gewürzen und Zutaten je kg Masse
18,0 g Nitritpökelsalz
2,0 g Pfeffer
0,5 g Ingwer
0,3 g Kardamom
0,5 g Mazis
0,1 g Vanille
2,0 g Bienenhonig
1,0 g Farbstabilisator
50,0 g Zwiebeln (Rohgewicht)

Herstellung
Backen und Wammen werden gegart und in erkaltetem Zustand in 1-cm-Würfel geschnitten. Die Leber und die angebrühten Flomen werden mit den Gewürzen und Zutaten auf den Kutter feinst zerkleinert und mit dem groben Material vermengt.

Vorkochverlust: Pos. 2, 3, 4 = 18 %

Därme: 45 Meter. Sterildärme 60/50, Kunstdärme, steril

Garzeit: 60 Minuten bei 80 °C

Produktionsverlust: 2 %

Rezept 2816

Leberwurst, einfach 2.2312.9

Material für 100 kg
21,0 kg S 15 Schweineleber, roh
11,0 kg Kopf ohne Knochen, gekocht
33,0 kg S 10 Weiches Fett (Fettwamme), vorgegart
10,0 kg S 14 Schwarten, gepökelt und gekocht
10,0 kg S 3b Gelingefleisch

10,0 kg S 19 Schweinelunge, vorgesalzen und gegart

5,0 kg S 16 Schweineherz, geputzt, gepökelt, vorgesalzen und -gegart

Gewürze und Zutaten je kg Masse
18,0 g Nitritpökelsalz
3,0 g Pfeffer
3,0 g Majoran
0,5 g Mazis
0,5 g Ingwer
40,0 g Zwiebeln, Rohgewicht

Vorarbeiten
1. Die gepökelten Schweineköpfe und Innereien werden gekocht und knochen- und knorpelfrei ausgelöst.
2. Die Schwarten werden weich gekocht und durch die 3-mm-Scheibe gewolft. Sie kommen in gut warmem Zustand zur Verarbeitung.

Herstellung
1. Die Innereien, die gekochten Köpfe und die Wammen werden in gut warmen Zustand durch die Erbsenscheibe (5 mm) gewolft.
2. Die rohen Lebern werden auf dem Kutter mit dem Salz und den Zwiebeln feinst zerkleinert.
3. Das vorgewolfte Material wird den Lebern beigekuttert und auf die gewünschte Körnung gebracht.
4. Das Gewürz ist so rechtzeitig beizugeben, daß es sich gut mit dem Wurstgut vermischen kann.
5. Diese Masse wird mit den gekochten Schwarten vermengt.
6. Das Wurstgut sollte unmittelbar nach Fertigstellung gefüllt werden.

Vorkochverlust: Pos. 2 + 4 18 %; Pos. 3 + 5 55 %

Därme: Schweinekrausen

Garzeit: 60 Minuten bei 80 °C

Produktionsverlust: 5 %

Alternative: Siehe 2804

Rezept 2817

Gutsleberwurst 2.2312.3

Material für 100 kg
40,0 kg Leberwurstmasse (2801)

15,0 kg S 15 Schweineleber, vorgesalzen und -gegart

45,0 kg S 4 Schweinebauch ohne Schwarte mit max. 30 % sichtbarem Fett, vorgesalzen und -gegart

Gewürze und Zutaten je kg Masse
18,0 g Nitritpökelsalz
2,0 g Pfeffer
0,5 g Ingwer
0,3 g Kardamom
0,5 g Mazis
0,1 g Vanille
2,0 g Bienenhonig
1,0 g Farbstabilisator
50,0 g Zwiebeln (Rohgewicht)

Herstellung
1. Die Lebern werden in grobe dicke Scheiben geschnitten und mit 80- bis 90gradiger Kesselbrühe abgeschwenkt. Anschließend wird die Leber gewürfelt.
2. Der Schweinebauch wird durch die Schrotscheibe gewolft.
3. Aus dem gesamten Material wird ein gleichmäßiges Gemenge hergestellt.

Därme: 90 Stück sterile Kunstdärme Kal. 60/50

Garzeit: 60 Minuten bei 80 °C

Produktionsverlust: 2 %

Rezept 2818

Pommersche Gutsleberwurst 2.2312.3

Siehe 2817

Rezept 2819

Kalbsleberwurst, grob 2.2312.1

Material für 100 kg
50,0 kg Leberwurstmasse (2801)
5,0 kg K 2 Kalbfleisch, entsehnt, mit max. 5 % sichtbarem Fett, vorgegart
45,0 kg S 4b Schweinebauch ohne Schwarte mit max. 50 % sichtbarem Fett, roh

Gewürze und Zutaten je kg Masse
für Kalbfleisch und Schweinebauch:
18,0 g Nitritpökelsalz
2,0 g Pfeffer
0,5 g Ingwer
0,3 g Kardamom

0,5 g Mazis
0,1 g Vanille
2,0 g Bienenhonig
1,0 g Farbstabilisator
50,0 g Zwiebeln (Rohgewicht)

Herstellung
1. Das Kalbfleisch wird durch die 3-mm-Scheibe gewolft.
2. Der Schweinebauch wird vorgeschroten.
3. Unter Zugabe der Gewürze wird das gesamte Material zu einer gleichmäßigen Masse vermengt.

Därme: 90 Stück, Sterile Kunstdärme Kal. 60/50

Garzeit: 60 Minuten bei 80 °C

Produktionsverlust: 2 %

Rezept 2820

Sardellenleberwurst 2.2312.1

Material für 100 kg
96,0 kg Leberwurstmasse (2801)
 4,0 kg Sardellen

Herstellung
Die Sardellen werden 6–8 Stunden (!) in reichlich kaltem Wasser gewässert, kleingehackt und mit der Leberwurstmasse vermengt.

Därme: 90 Stück sterile Kunstdärme, Kal. 60/50

Garzeit: 60 Minuten bei 80 °C

Produktionsverlust: 2 %

Rezept 2821

Braunschweiger 2.2312.1
Sardellenleberwurst

Siehe 2820

Rezept 2822

Kräuterleberwurst

Siehe 2813

Abweichung
Gewürze
2,0 g Majoran, 1,0 g Bohnenkraut, gerebbelt, und andere Kräuter nach Wunsch

Rezept 2823

Rosinenleberwurst 2.2312.1

Material für 100 kg
96,0 kg Leberwurstmasse (2801)
 3,0 kg Sultaninen
 1,0 kg süße Mandeln

Herstellung
1. Die Sultaninen werden gut gewässert.
2. Die Mandeln werden klein gehackt.
3. Beide Zutaten werden gleichmäßig unter die Leberwurstmasse gemengt.

Därme: 525 Stück Sterildärme, Kaliber 43/20

Garzeit: 45 Minuten bei 80 °C

Produktionsverlust: 2 %

Rezept 2824

Sahneleberwurst 2.2312.1

Material für 100 kg
95,0 kg Leberwurstmasse (2801)
 5,0 kg Süße Sahne

Herstellung
Die süße Sahne wird gleichmäßig unter die Leberwurstmasse gerührt.

Därme: 525 Stück, Sterildärme, Kaliber 43/20

Garzeit: 45 Minuten bei 80 °C;

Produktionsverlust: 2 %

Rezept 2825

Schalottenleberwurst 2.2312.5

Herstellung
Schalotten sind besonders kleine Zwiebeln mit intensivem Zwiebelgeschmack. Als Schalottenleberwurst kann jede Leberwurstsorte bezeichnet werden, die mit diesen Zwiebeln hergestellt wird, bzw. einen kräftigen Zwiebelgeschmack hat.

Rezept 2826

Tomatenleberwurst 2.2312.5

Material für 100 kg
90,0 kg Leberwurstmasse (2801)
10,0 kg Tomatenmark

Herstellung
Das Tomatenmark sollte kernfrei sein und mit der Leberwurstmasse gleichmäßig vermengt werden.

Därme: 525 Stück, Sterildärme Kal. 43/20

Garzeit: 45 Minuten bei 80 °C

Produktionsverlust: 2%

Rezept 2827

Bayerische Bierleberwurst 2.2312.5

Material für 100 kg
30,0 kg S 15 Schweineleber, roh
70,0 kg S 6 Wammen ohne Schwarte, mittelfett, vorgesalzen und -gegart

Gewürze und Zutaten je kg Masse
18,0 g Kochsalz
 2,5 g Pfeffer
 1,5 g Majoran
 0,5 g Mazis
 0,5 g Kardamom
 0,1 g Thymian
20,0 g Zwiebeln, gebraten

Herstellung
1. Die Wammen werden leicht angegart, mit den Gewürzen vermengt und dann mit den Lebern durch die 2-mm-Scheibe gewolft.
2. Das Wurstgut wird in Kranzdärme gefüllt. Die einzelnen Ringe werden in drei bis vier Portionen abgebunden.

Vorkochverlust: Pos. 2 = 25%

Därme: 80 Meter, Kranzdärme, Kaliber 37/40

Garzeit: 60 Minuten bei 75 °C

Produktionsverlust: 15%

Anmerkung: Bayerische Bierleberwurst wird frisch verzehrt.

Rezept 2828

Berliner Leberwurst 2.2312.2

Material für 100 kg
70,0 kg Leberwurstmasse (2801)
30,0 kg Aufschnittgrundbrät (2001)

Herstellung
Beide Massen werden im langsame Gang auf dem Kutter zu einem gleichmäßigen Brät gekuttert.

Därme: 90 Stück, Sterile Kunstdärme, 60/50

Garzeit: 60 Minuten bei 80 °C

Produktionsverlust: 2%

Rezept 2829

Braunschweiger Leberwurst 2.2312.5

Siehe 2801

Abweichung
Ohne Bienenhonig

Rezept 2830

Dresdner Leberwurst 2.2312.5

Material für 100 kg
30,0 kg S 15 Schweineleber, roh
28,0 kg S 6 Wammen ohne Schwarte, mittelfett, roh
28,0 kg S 11 Kopf ohne Knochen, gepökelt und gekocht
14,0 kg S 8 Rückenspeck ohne Schwarte, vorgegart

Gewürze und Zutaten je kg Masse
18,0 g Kochsalz
 3,0 g Pfeffer
 1,5 g Majoran
 0,5 g Piment
 0,1 g Nelken
30,0 g Zwiebeln, Rohgewicht

Herstellung
1. Die Schweinelebern werden mit dem Salz und den Gewürzen fein gekuttert.
2. Die vorgeschroteten Wammen und Schweineköpfe werden den Lebern grob beigekuttert.
3. Die abgebrühten Speckwürfel werden der Masse zum Schluß beigemengt.

Vorkochverlust: Pos. 3 = 55%; Pos. 4 = 20%

Därme: Schweinekrausen

Garzeit: 75 Minuten bei 80 °C

Produktionsverlust: 10%

Rezept 2831

Dunkle Fränkische Leberwurst   2.2312.5

Material für 100 kg
50,0 kg S 15 Schweineleber roh
50,0 kg S 8 Rückenspeck ohne Schwarte, vorgegart

Gewürze und Zutaten je kg Masse
18,0 g Kochsalz
 2,0 g Pfeffer
 0,2 g Nelken
10,0 g Zwiebeln, roh

Herstellung
Die Schweineleber wird mit Salz und Gewürzen zu einer feinen, blasentreibenden Masse gekuttert.
Der Speck wird abgebrüht und unter die Leber gemengt.

Vorkochverlust: Pos 2 = 20 %

Därme: 90 Stück, Sterildärme Kal. 60/50

Garzeit: 60 Minuten bei 80 °C

Produktionsverlust: 2 %

Rezept 2832

Lebergriller   2.2312.5

Material für 100 kg
85,0 kg Bratwurst-Grundbrät (2601)
15,0 kg S 15 Schweineleber, roh

Gewürze und Zutaten je kg Masse
    für die Schweineleber
20,0 g Kochsalz
 2,0 g Pfeffer
 0,5 g Ingwer
 0,3 g Kardamom
 0,5 g Mazis
 1,0 g Glutamat

Herstellung
Die Schweineleber wird unter Zugabe der Gewürze dem Bratwurst-Grundbrät beigekuttert.

Därme: 175 Meter Schweinedärme, Kaliber 28/32

Garzeit: 30 Minuten bei 70 °C

Produktionsverlust: 5 %

Stückgewicht: 100 g abgedreht

Rezept 2833

Frankfurter Leberwurst   2.2312.5

Material für 100 kg
33,0 kg S 15 Schweineleber, roh
67,0 kg S 6 Wammen ohne Schwarte, mittelfett, roh

Gewürze und Zutaten je kg Masse
20,0 g Kochsalz
 2,0 g Pfeffer
 4,0 g Majoran
 1,0 g Ingwer
 1,0 g Muskat
 0,1 g Rosmarin
 0,1 g Basilikum
 0,1 g Thymian
30,0 g Zwiebeln, roh

Herstellung
1. Das Material, die Gewürze und die Zutaten sind in Chargenmengen zusammenzustellen.
2. Die Schweinewammen werden vorgeschrotet.
3. Die Schweinelebern, die Zwiebeln und das Salz kommen auf den Kutter und werden zu einer feinst zerkleinerten Masse gehackt.
4. Den zerkleinerten Lebern werden die geschroteten Wammen beigekuttert und auf die gewünschte Körnung gebracht (in der Regel 3 mm).
5. Die Gewürze und Zutaten werden so rechtzeitig beigeschüttet, daß sie sich gut mit dem Wurstgut vermischen können.
6. Die gefüllten Würste werden bei 100 °C in den Kessel eingelegt. Die Brühtemperatur muß sofort langsam und ohne Kaltwasser-Zugabe auf 80 °C sinken können.

Därme: 45 Meter Mitteldärme, Kaliber 60/50

Garzeit: 75 Minuten bei 80 °C;

Produktionsverlust: 12 %

Rezept 2834

Frankfurter Leberwurst   2.2312.5

Material für 100 kg
33,0 kg S 15 Schweineleber roh
57,0 kg S 6 Wammen ohne Schwarte, mittelfest, roh
10,0 kg Bratwurst-Grundbrät (2601)

Herstellung
In dieser Materialzusammenstellung wird Frankfurter Leberwurst mit den gleichen Gewürzen in der gleichen Weise hergestellt wie in Rezept 2833.
Bevor die Schweinebäuche beigekuttert werden, wird die Schweineleber und das Bratwurst-Grundbrät auf dem Kutter im langsamen Gang vermengt.

Rezept 2835

Göttinger Leberwurst	2.2312.5

Siehe 2803

Abweichung
Därme: Kranzdärme, Kal. 40/43
Lagerung bis zum Verkauf in leichter Kochsalz-lake (3 °C).

Rezept 2836

Hallesche Leberwurst	2.2312.5

Siehe 2830

Rezept 2837

Hessische Leberwurst	2.2312.5

Material für 100 kg
30,0 kg S 15 Schweineleber, roh
15,0 kg S 11 Kopf ohne Knochen, gekocht
15,0 kg S 3b Schweinefleisch mit höherem Sehnenanteil und max. 5% sichtbarem Fett, vorgegart
30,0 kg S 10 Weiches Fett (Fettwamme), vorgegart
10,0 kg S 8 Rückenspeck ohne Schwarte, vorgegart

Gewürze und Zutaten je kg Masse
18,0 g Kochsalz
 2,0 g Pfeffer
 2,0 g Majoran
 1,0 g Mazis
 0,2 g Nelken
20,0 g Zwiebeln, roh

Herstellung
1. Die Schweineköpfe werden gekocht, das Gelingefleisch und die Wammen werden angegart verarbeitet.

2. Das gesamte Material, mit Ausnahme des Speck, wird kleingeschnitten, mit Salz und den Gewürzen vermengt und durch die 2-mm-Scheibe gewolft.
3. Die gewolfte Masse wird gleichmäßig mit dem gebrühten Speck vermengt.

Vorkochverlust: Pos. 2 55%; Pos. 3 + 4 18%; Pos. 5 20%

Därme: 9 Bund, Schweinekrausen

Garzeit: 60–90 Minuten bei 80 °C

Produktionsverlust: 12%

Rezept 2838

Hildesheimer Leberwurst	2.2312.1

Siehe 2804

Rezept 2839

Hildesheimer Leberwurst mit Kalbfleisch

Siehe 2806

Rezept 2840

Kasseler Leberwurst	2.2312.5

Material für 100 kg
30,0 kg Leberwurstmasse (2801)
30,0 kg S 11 Kopf ohne Knochen, gepökelt und gekocht
40,0 kg S 6 Wammen ohne Schwarte, mittelfett, roh

Gewürze und Zutaten je kg Masse
18,0 g Nitritpökelsalz
 2,0 g Pfeffer
 0,5 g Ingwer
 0,3 g Kardamom
 0,5 g Mazis
 0,1 g Vanille
 2,0 g Bienenhonig
 1,0 g Farbstabilisator
50,0 g Zwiebeln

Herstellung
Die Schweineköpfe werden gekocht und gewürfelt, die Wammen geschroten.
Die Schweineköpfe werden heiß abgeschwenkt mit den Wammen und den Gewürzen und Zutaten vermengt.

Die Delikateß-Leberwurstmasse und das grobe Material werden zu einer gleichmäßigen Masse verrührt.

Därme: 90 Stück Sterildärme 60/50

Garzeit: 60 Minuten bei 80 °C

Produktionsverlust: 2 %

Rezept 2841

Kölner Leberwurst   2.2312.5

Material für 100 kg
35,0 kg S 15 Schweineleber, roh
35,0 kg S 4b Schweinebauch ohne Schwarte mit max. 50 % sichtbarem Fett, vorgesalzen und -gegart
30,0 kg S 10 Weiches Fett (Fettwamme), vorgegart

Gewürze und Zutaten je kg Masse
18,0 g Nitritpökelsalz
 2,0 g Pfeffer
 0,5 g Ingwer
 0,3 g Kardamom
 0,5 g Mazis
 0,1 g Vanille
 2,0 g Bienenhonig
 1,0   Farbstabilisator
50,0 g Zwiebeln (Rohgewicht)

Vorarbeiten
1. Die Zwiebeln werden goldgelb gebraten.
2. Der Schweinebauch wird in walnußgroße Stücke geschnitten und angebraten.

Herstellung
Siehe 2806

Vorkochverlust: Pos. 2 = 25 %; Pos. 3 = 18 %

Därme: 90 Stück, Sterildärme, Kaliber 60/50

Garzeit: 60 Minuten bei 80 °C

Produktionsverlust: 2 %

Rezept 2842

Münchner Leberwurst   2.2312.5

Material für 100 kg
30,0 kg S 15 Schweineleber, roh
 5,0 kg S 19 Schweinelunge, roh
 5,0 kg S 16 Schweineherz, geputzt, gepökelt, roh

30,0 kg Kopf ohne Knochen, gekocht
30,0 kg S 9 Speckabschnitte ohne Schwarte, vorgegart

Gewürze und Zutaten je kg Masse
18,0 g Kochsalz
 3,0 g Pfeffer
 2,0 g Majoran, gerebbelt
 0,5 g Piment
40,0 g Zwiebeln (Rohgewicht)

Vorarbeiten
1. Die Zwiebeln werden goldgelb gebraten.
2. Außer den Lebern und den Herzen wird das gesamte Material angegart.

Herstellung
1. Die Lebern werden mit dem Salz und den Gewürzen fein zerkleinert.
2. Das übrige Material wird durch die Erbsenscheibe (5 mm) gewolft und grob unter die Leber gekuttert.

Vorkochverlust: Pos. 2–4 = 35 %; Pos. 5 = 55 %; Pos. 6 = 20 %

Därme: 75 Meter Kranzdärme, Kaliber 40/43

Garzeit: 45 Minuten bei 75 °C

Produktionsverlust: 22 %

Rezept 2843

Pariser Leberwurst   2.2312.1

Siehe 2801

Abweichung
Därme: Mitteldärme, Kal. 60/50

Produktionsverlust: 18 %

Rezept 2844

Pfälzer Leberwurst   2.2312.5

Material für 100 kg
30,0 kg S 15 Schweineleber, roh
70,0 kg S 11 Kopf ohne Knochen, gepökelt und gekocht

Gewürze und Zutaten je kg Masse
18,0 g Kochsalz
 2,0 g Pfeffer
 0,5 g Ingwer
 0,3 g Kardamom
 4,0 g Majoran

1,0 g Farbstabilisator
30,0 g Zwiebeln, roh

Herstellung
1. Die Lebern werden mit dem Salz und den Zwiebeln fein gekuttert. Am Ende des Kuttervorganges werden die restlichen Gewürze zugegeben.
2. Die Schweineköpfe, an denen vorher das aus Schwarten und Fett bestehende Stirnblatt entfernt wurde, werden vorgeschrotet und grob unter die Lebern gekuttert.

Vorkochverlust: Pos. 2 = 55%

Därme: Fettenden oder Mitteldärme

Garzeit: 75–90 Minuten bei 80 °C;

Produktionsverlust: 12%

Rezept 2845

Pfälzer Leberwurst

Material für 100 kg
30,0 kg S 15 Schweineleber, roh
50,0 kg S 4b Schweinebauch ohne Schwarte mit max. 50% sichtbarem Fett, vorgesalzen und gegart
20,0 kg S 10 Fettwamme, roh

Herstellung
In dieser Materialzusammenstellung wird die Sorte nach Rezept 2844 hergestellt. Schweinebäuche und Wammen werden wie die Schweineköpfe verarbeitet.

Vorkochverlust: Pos. 2 = 25%; Pos. 3 = 18%

Rezept 2846

Rheinische Leberwurst mit Sahne 2.2312.1

Material für 100 kg
98,0 kg Leberwurstmasse (2801)
 2,0 kg Sahne

Gewürze und Zutaten je kg Masse, zusätzlich
3,0 g Petersilie, gehackt

Därme: Fettenden, mittelweit

Garzeit: 75–90 Minuten bei 80 °C

Produktionsverlust: 12%

Rezept 2847

Sächsische Leberwurst 2.2312.5

Material für 100 kg
30,0 kg S 15 Schweineleber, roh
55,0 kg S 6 Wammen ohne Schwarte, mittelfett, vorgegart
15,0 kg S 9 Speckabschnitte ohne Schwarte, vorgegart

Gewürze und Zutaten je kg Masse
18,0 g Kochsalz
 3,0 g Pfeffer
 2,0 g Majoran, gemahlen
 0,2 g Piment
 0,1 g Nelken
50,0 g Zwiebeln (Rohgewicht)

Vorarbeiten
1. Die Zwiebeln werden goldbraun angebraten.
2. Die Wammen werden lang angegart

Herstellung
1. Die Lebern werden mit dem Salz und den Gewürzen fein zerkleinert.
2. Die Wammen werden den Lebern grobkörnig in halber Erbsengröße beigekuttert.
3. Der abgebrühte Speck wird ganz zum Schluß des Produktionsvorganges beigemengt.

Vorkochverlust: Pos. 2 = 18%; Pos. 3 = 20%

Därme: 45 Meter, Mitteldärme, Kaliber 60/50

Garzeit: 75 Minuten bei 80 °C

Produktionsverlust: 12%

Rezept 2848

Schlesische Leberwurst 2.2312.5

Siehe 2847

Rezept 2849

Stuttgarter Leberwurst 2.2312.1

Siehe 2804

Rezept 2850

Thüringer Leberwurst 2.2312.3

Siehe 2817

Rezept 2851

Wormser Leberwurst 2.2312.5

Siehe 2844 und 2845

Abweichung
Herstellung: Etwas feiner gekuttert

Därme: Fettenden

Produktionsverlust: 12 %

Rezept 2852

Leberpreßkopf 2.2312.3

Siehe 2807

Rezept 2853

Leberpreßsack 2.2312.5

Siehe 2827

Abweichung
Därme: Schweinekappen

Garzeit: 120–150 Minuten bei 80 °C

Räuchern: Kalt, ca. 6–8 Stunden

Produktionsverlust: 12 %

Rezept 2854

Leberpreßsack, einfach 2.2312.9

Material für 100 kg
90,0 kg Bayerische Bierleberwurst (2827)
10,0 kg S 14 Schwarten, gekocht

Gewürze und Zutaten je kg Masse
        für die Schwartenmenge:
18,0 g Kochsalz
 2,5 g Pfeffer
 1,5 g Majoran
 0,5 g Mazis
 0,5 g Kardamom
 0,1 g Thymian
20,0 g Zwiebeln, gebraten

Herstellung
Die Schwarten werden weichgekocht, durch die
2-mm-Scheibe gewolft und warm unter die
Wurstmasse gerührt. Sonst wie 2853.

Vorkochverlust: Pos. 2 = 25 %

Produktionsverlust: 12 %

Rezept 2855

Anspacher Leberpreßsack 2.2312.9

Siehe 2853

Rezept 2856

Leberwürstchen 2.2312.5

Herstellung
Leberwürstchen sind in der Regel zum warmen
Verzehr bestimmt. Derartige Würstchen sollten
in erwärmtem Zustand nicht zerlaufen. Das bietet zwei Vorteile:
1. Die Leberwürstchen lassen sich rationeller
   herstellen, da sie abgedreht und nicht doppelt
   abgebunden werden müssen.
2. Die Hausfrau kann diese Würstchen pro-
   blemloser erwärmen und servieren. Bei doppelt abgebundenen Würstchen ist nie ganz
   auszuschließen, daß sie bei zu weichem Füllgut nicht doch auslaufen, da die Abbindungen zwischen Produktion und Verbrauch oft
   nachgeben. Um eine möglichst feste Masse
   für die Herstellung von Leberwürstchen zu
   bekommen, gibt es folgende Möglichkeiten:
1. Man verwendet eine Leberwurstmasse, die
   ausschließlich aus rohem Material hergestellt wurde, z.B. Frankfurter Leberwurst.
2. Man verwendet jedes andere Leberwurstbrät
   und mengt bis zu 20 % nicht zu fetthaltiges
   Brühwurstbrät zu.

Därme: 175 Meter Schweinedärme, Kaliber
28/32

Produktionsverlust: 10 %

Rezept 2857

Oberfränkische Siedewurst 2.2312.5

Material für 100 kg
50,0 kg Dunkle Fränkische Leberwurstmasse
        (2831)
30,0 kg S 11 Kopf ohne Knochen, gekocht
10,0 kg S 3b Schweinefleisch mit höherem Seh-
        nenanteil und max. 5 % sichtbarem
        Fett, vorgegart
10,0 kg Aufschnittgrundbrät (2001)

Gewürze und Zutaten je kg Masse
        zum groben Material
10,0 g Kochsalz
 2,0 g Pfeffer

0,2 g Nelken
10,0 g Zwiebeln, roh

Herstellung
Die Schweineköpfe und das Gelingefleisch werden in gegartem Zustand verarbeitet.
Das Aufschnittgrundbrät wird gleichmäßig unter die Leberwurstmasse gemengt.
Die Schweineköpfe und das Gelingefleisch werden in gegartem Zustand vorgeschroten und auf dem Kutter unter die feine Masse gekuttert. Die Körnung sollte Stecknadelkopfgröße haben.

Vorkochverlust: Pos. 2 55 %; Pos. 3 35 %

Därme: 175 Meter, Schweinedärme, Kaliber 28/32

Garzeit: 45 Minuten bei 75 °C

Produktionsverlust: 10 %

Stückgewicht: 100 g

Rezept 2858

Leberrolle 2.2312.5

Material für 100 kg
33,0 kg S 11 Kopf ohne Knochen, gepökelt und gekocht
29,0 kg S 6 Backen ohne Schwarten, roh
29,0 kg S 15 Schweineleber, roh
 9,0 kg Rindergrundbrät (2024)

Gewürze und Zutaten je kg Masse
20,0 g Nitritpökelsalz (für Backen und Leber)
 2,0 g Pfeffer
 4,0 g Majoran
 1,0 g Ingwer
 1,0 g Muskat
 0,1 g Rosmarin
 0,1 g Basilikum
 0,1 g Thymian
30,0 g Zwiebeln, roh
 1,0 g Farbstabilisator

Herstellung
1. Die Schweineköpfe werden gepökelt, gegart und sauber ausgebeint.
2. Die rohen Backen und das Kopffleisch werden vorgeschroten und mit den Gewürzen und Zutaten vermengt. Die Schweineleber wird in wolfgerechte Stücke geschnitten.
3. Das geschrotete und gewürzte Material wird zusammen mit den Lebern durch die 3-mm-

Scheibe gewolft und unter die Rinderbrät-Grundmasse gezogen.

Därme: Sterile Kunstdärme, Kaliber 100/50

Produktionsverlust: 2 %

Garzeit: 120 Minuten bei 80 °C

Rezept 2859

Hannoversche Leberwurst 2.2312.5

Material für 100 kg
50,0 kg S 15 Schweineleber, roh
10,0 kg S 3b Schweinefleisch mit höherem Sehnenanteil und max. 5 % sichtbarem Fett, vorgesalzen und -gegart
40,0 kg S 10 Weiches Fett (Fettwamme) vorgegart

Gewürze und Zutaten je kg Masse
18,0 g Nitritpökelsalz
 1,0 g Zucker
 3,0 g Pfeffer, weiß, gemahlen
 0,2 g Mazis
 0,2 g Piment
 0,2 g Nelken
 0,5 g Majoran, gemahlen
 0,2 g Thymian
 0,2 g Ingwer
 0,1 g Kardamom
 0,1 g Zimt
20,0 g Zwiebeln (Rohgewicht)
 1,0 g Farbstabilisator

Herstellung
1. Das Schweinefleisch und die Wammen (Speckabschnitte) werden vorgesalzen und anschließend kurz angegart.
2. Die Zwiebeln werden mit reichlich Schmalz gedämpft. Die Farbe muß Goldbraun sein.
3. Das gesamte Material kommt in den Kutter, dazu kommen sofort alle Gewürze und Zutaten.
4. Die Masse ist solange zu kuttern, bis sie vollkommen homogen ist. Die Idealtemperatur der Masse beträgt bei völliger Zerkleinerung 23–24 °C. Gleichzeitige Feinstzerkleinerung und beste Homogenisierung ist nur zu erreichen, wenn Material, Gewürze und Zutaten gut gekühlt verarbeitet werden.

Vorkochverlust: Pos. 2 = 18 %; Pos. 3 = 20 %

Därme: Rindermitteldärme Kaliber 55/60, oder Sterildärme Kaliber 60/50

Garzeit: 60 Minuten bei 80 °C

Produktionsverlust: Mitteldärme 12 %; Kunstdärme 2 %

Rezept 2860

Braunschweiger grobe Leberwurst

Material für 100 kg
70,0 kg Leberwurstmasse (2801)
15,0 kg S 11 Kopf ohne Knochen, gekocht
15,0 kg S 3b Schweinefleisch mit höherem Sehnenanteil und max. 5 % sichtbarem Fett, vorgegart

Gewürze und Zutaten je kg Schweine- und Schweinekopffleisch
2,5 g Pfeffer, weiß, gemahlen
1,0 g Mazis
0,5 g Majoran
0,2 g Thymian
0,2 g Piment
1,5 g Farbstabilisator

Gewürze und Zutaten je kg Leberwurstmasse
0,5 g Pfeffer
0,5 g Mazis

Herstellung
1. Das Schweinefleisch und das Schweinekopffleisch, beides gepökelt und angegart bzw. gegart, werden durch die 5-mm-Scheibe gewolft.
2. Sämtliche Gewürze und Zutaten werden unter das grobe Material gemengt.
3. Das Leberwurstbrät und das grobe Material werden gleichmäßig miteinander vermengt. Im Bedarfsfall kann das Gemenge noch 1–2 Runden auf dem Kutter im langsamen Gang laufen.

Därme: Sterildärme Kaliber 60/50, oder Schweinekrausen, mittelweit

Garzeit: 70 Minuten bei 80 °C

Produktionsverlust: Kunstdärme 2 %; Schweinekrausen 12 %

Rezept 2861

Oberländer Leberwurst   2.2312.1

Siehe 2804

Rezept 2862

Zerbster Zwiebelwurst   2.2312.7

Material für 100 kg
20,0 kg S 15 Schweineleber, roh
40,0 kg S 10 Weiches Fett (Fettwamme), vorgegart
20,0 kg Zwiebeln, (Rohgewicht)
20,0 kg S 18 Hirn

Gewürze und Zutaten je kg Masse
20,0 g Nitritpökelsalz
3,0 g Pfeffer, weiß, gemahlen
0,3 g Piment
3,0 g Majoran, gemahlen

Herstellung
1. Die Wammen werden leicht angegart, die Zwiebeln werden goldbraun angebraten, Lebern und Hirn werden ausreichend gewässert, soweit erforderlich auch enthäutet.
2. Lebern, Wammen und Zwiebeln werden zu einer fein zerkleinerten Masse gekuttert, der das in grobe Stücke gehackte Hirn vorsichtig beigemengt wird.

Vorkochverlust: Wammen 18 %; Zwiebeln 70 %

Därme: Mitteldärme Kaliber 65/70

Garzeit: 60 Minuten bei 80 °C

Produktionsverlust: 12 %

Rezept 2863

Spezial-Leberwurst   2.2312.1

Material für 100 kg
24,0 kg S 15 Schweineleber, roh
15,0 kg S 3b Schweinefleisch mit höherem Sehnenanteil und max. 5 % sichtbarem Fett, vorgegart
8,0 kg S 4b Schweinebauch ohne Schwarte mit max. 50 % sichtbarem Fett, vorgegart
2,0 kg Fleischbrühe
51,0 kg S 10 Weiches Fett (Fettwamme), vorgegart

Gewürze und Zutaten je kg Masse
22,0 g Kochsalz
3,0 g Pfeffer, schwarz, gemahlen
0,25 g Kardamom
0,2 g Ingwer
0,2 g Mazis

1,0 g Majoran, gerebbelt
0,5 g Glutamat
1,0 g Piment
25,0 g Zwiebeln (Rohgewicht)

Herstellung
1. Das Schweinefleisch, die Wammen und die Zwiebeln werden 20 Minuten bei ca. 85 °C angegart.
2. Die Lebern werden in faustgroße Stücke geschnitten und gewässert. Anschließend werden sie zusammen mit dem gesamten Salz fein gekuttert. Der Leberbrei wird aus dem Kutter genommen.
3. Das Schweinekopffleisch, das Schweinefleisch und die Zwiebeln werden auf eine Körnung von 2–3 mm gekuttert. Die zerkleinerte Masse wird mit der gehackten Leber und allen Gewürzen vermischt. Die Masse wird im langsamen Gang zusammengekuttert. Zu Beginn dieses Arbeitsganges wird die Fleischbrühe der Masse beigeschüttet

Därme: Kranzdärme, Kaliber 43/46

Garzeit: 45 Minuten bei 76 °C

Produktionsverlust: 12 %

Hinweis: Die Spezialität wird frisch verkauft.

Rezept 2864

Kräuterleberwurst　　　　　2.2312.1

Material für 100 kg
30,0 kg S 15 Schweineleber, roh
30,0 kg S 4b Schweinebauch ohne Schwarte mit max. 50 % sichtbarem Fett vorgegart
30,0 kg S 4b Schweinebauch ohne Schwarte mit max 50 % sichtbarem Fett vorgesalzen und -gegart
5,0 kg Leberwurstmasse (2801)
5,0 kg Kesselbrühe

Gewürze und Zutaten je kg Masse
20,0 g Nitritpökelsalz
3,0 g Pfeffer
1,5 g Majoran
1,0 g Mazis
0,5 g Kardamom
0,5 g Nelken
1,0 g Glutamat
2,0 g verschiedene Kräuter

0,5 g Dillspitzen
50,0 g Zwiebeln, roh, gedämpft

Herstellung
1. Die Wammen und das Schweinefleisch werden gepökelt, in faustgroße Stücke geschnitten, angegart.
2. Die Lebern werden von Gallengängen befreit, klein geschnitten und gewässert.
3. Das gesamte Material, Lebern, Fleisch, Wammen und Zwiebeln werden durch die 5-mm-Scheibe gewolft.
4. Das Wurstgut wird mit den Gewürzen, der Fleischbrühe und der Delikateß-Leberwurstmasse vermengt.
5. Die Wurstmasse wird gefüllt und gegart. Nach dem Abkühlen werden die Würste leicht geräuchert.

Därme: Schweinefettenden

Garzeit: Je nach Kaliber der Würste 75–90 Minuten bei 85 °C

Produktionsverlust: 12 %

Rezept 2865

Kalbsleberwurst mit Kalbsbries und Trüffeln　　　　2.2312.1

Material für 100 kg
60,0 kg Kalbsleberwurstmasse (2806)
35,0 kg Kalbsbries
5,0 kg Trüffel

Herstellung
1. Die Kalbsbries werden gut gewässert und dann sauber enthäutet.
2. In einem kräftig gewürztem Fleischbrühkonzentrat werden die enthäuteten Briesstücke bei 80 °C durchgebrüht. Sie sollen dann etwas abkühlen.
3. Das Kalbsbries wird in etwa 0,5 Kubikzentimeter große Würfel geschnitten, die Trüffel sollen wesentlich kleiner gewürfelt sein.
4. Das gesamte Material wird gleichmäßig vermengt und ist füllfertig.

Därme: Sterildärme, gold oder neutral Kaliber 24/20

Produktionsverlust: 2 %

Blutwurst

Produktionsschema

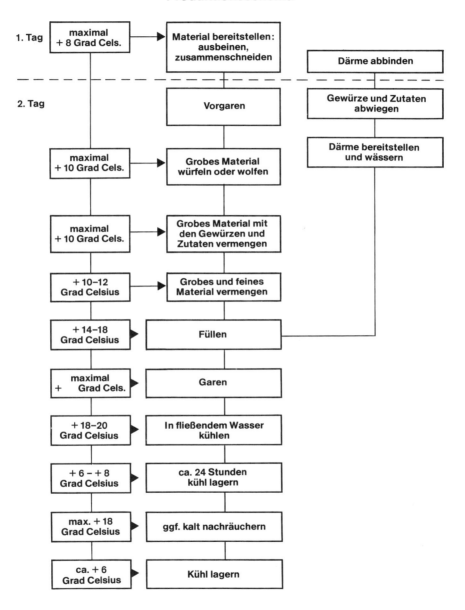

1. Tag — maximal + 8 Grad Cels. → Material bereitstellen: ausbeinen, zusammenschneiden

Därme abbinden

2. Tag — Vorgaren

Gewürze und Zutaten abwiegen

maximal + 10 Grad Cels. → Grobes Material würfeln oder wolfen

Därme bereitstellen und wässern

maximal + 10 Grad Cels. → Grobes Material mit den Gewürzen und Zutaten vermengen

+ 10–12 Grad Celsius → Grobes und feines Material vermengen

+ 14–18 Grad Celsius → Füllen

maximal + Grad Cels. → Garen

+ 18–20 Grad Celsius → In fließendem Wasser kühlen

+ 6 – + 8 Grad Celsius → ca. 24 Stunden kühl lagern

max. + 18 Grad Celsius → ggf. kalt nachräuchern

ca. + 6 Grad Celsius → Kühl lagern

257

Rezept 2901

Blutwurst-Grundmasse I

Material für 100 kg
60,0 kg S 14 Schwarten, gesalzen, gekocht
40,0 kg S 20 Schweineblut, gepökelt

Gewürze und Zutaten je kg Masse
18,0 g Nitritpökelsalz
 3,0 g Pfeffer
 1,0 g Nelken
 0,5 g Piment
 0,5 g Muskat
 3,0 g Majoran
40,0 g Zwiebeln, roh

Herstellung
Die Schwarten werden auf dem Kutter zusammen mit den Zwiebeln ca. 5-10 Runden angekuttert und dann mit dem Blut zu einem fein zerkleinerten Brei gehackt.
Am Ende des Kuttervorganges werden die Gewürze so rechtzeitig beigeschüttet, daß sie sich noch gut mit der Masse vermischen können.

Vorkochverlust: Pos. 1 = 55 %

Anmerkung: Es wird auf die einleitenden Ausführungen besonders hingewiesen.

Rezept 2902

Blutwurst-Grundmasse II

Material für 100 kg
40,0 kg S 8 Rückenspeck ohne Schwarte, vorgegart
35,0 kg S 14 Schwarten, gesalzen, gekocht
25,0 kg S 20 Schweineblut,gepökelt

Gewürze und Zutaten je kg Masse
18,0 g Nitritpökelsalz
 3,0 g Pfeffer
 1,0 g Nelken
 0,5 g Piment
 0,5 g Muskat
 3,0 g Majoran
40,0 g Zwiebeln, roh

Herstellung
Es ist ein Schwartenbrei nach der Beschreibung in Rezept 2901 herzustellen.
Diesem Gemenge wird der Speck beigemengt, der wie folgt zu behandeln ist:
Kerniger Speck, der mit dem Speckschneider in

Würfel von 0,5–0,6 cm Größe geschnitten wurde, kommt in den kochenden Kessel und wird unter ständigem Umrühren mit einem Rührholz durchgebrüht. Der durchgebrühte Speck wird mit einem Wurstheber in ein Sieb geschöpft und wird mit möglichst fettfreiem und kochendem Wasser abgeschwenkt. Das Wasser soll vollständig ablaufen.

Vorkochverlust: Pos. 1 = 22 %; Pos. 2 = 55 %

Rezept 2903

Hausmacher Blutwurst   2.232.10

Material für 100 kg
40,0 kg S 8 Rückenspeck ohne Schwarte, vorgegart
35,0 kg S 14 Schwarten, gesalzen, gekocht
25,0 kg S 20 Schweineblut, gepökelt

Gewürze und Zutaten je kg Masse
18,0 g Nitritpökelsalz
 3,0 g Pfeffer
 1,0 g Nelken
 0,5 g Piment
 0,5 g Muskat
 3,0 g Majoran
40,0 g Zwiebeln, roh

Vorkochverlust: Pos. 1 = 20 %; Pos. 2 = 55 %

Därme: 130 Meter, Kaliber 43/46, Kranzdärme

Garzeit: 45 Minuten bei 80 °C

Räuchern: 48 Stunden, kalt

Produktionsverlust: 22 %

Herstellung: Siehe 2902

Rezept 2904

Hausmacher Blutwurst   2.232.10

Material für 100 kg
75,0 kg Blutwurst-Grundmasse (2902)
25,0 kg Kopf ohne Knochen, gepökelt und gekocht

Gewürze und Zutaten je kg Masse
Für die Schweineköpfe:
 3,0 g Pfeffer
 1,0 g Nelken
 0,5 g Piment
 0,5 g Muskat

3,0 g Majoran
40,0 g Zwiebeln, roh

Herstellung
Die gekochten Schweineköpfe werden gleich groß wie die Speckwürfel geschnitten, mit den Gewürzen vermengt und der Blutwurst-Grundmasse beigemengt.

Vorkochverlust: Pos. 2 = 55 %

Därme: 65 Meter, Kranzdärme Kaliber 43/46

Garzeit: 45 Minuten bei 80 °C

Räuchern: 48 Stunden, kalt

Produktionsverlust: 22 %

Rezept 2905

Zungenblutwurst	2.232.2

Material für 100 kg
50,0 kg Blutwurst-Grundmasse (2902)
50,0 kg Schweinezungen, geputzt, gepökelt, vorgegart

Vorarbeiten:
Die Schweinezungen werden gepökelt verarbeitet. Sie sollen nicht länger als 24–48 Stunden nach dem Spritzen in einer 10gradigen Pökellake liegen.
Soweit es noch nicht geschehen ist, werden die Schweinezungen von der Zungenhaut befreit und anschließend am besten in Kochformen (glatte Schinkenformen oder Pastetenkästen) gegart. Je nach Größe der Form sollten die Zungen 2–3 Stunden bei 80–90 °C im Kessel bleiben. Nach dem Garen werden die Zungen aus der Form genommen, kurz kalt abgespült und noch einmal überprüft, ob die Zungenhäute auch restlos entfernt sind.

Herstellung
Die Zungenblutwurst wird in Schweinekappen gefüllt, die sauber entfettet und frei von unerwünschten Gerüchen sind. Die Därme werden etwa zu einem Fünftel bis zu einem Viertel mit Blutwurst-Grundmasse gefüllt. Danach werden die Schweinezungen in die Därme gestopft und zwar so, daß sie an der Darmspitze anstehen und ordentlich nebeneinander zu liegen kommen. Um ein möglichst gleichmäßiges Schnittbild zu bekommen, werden die Zungen wechselweise, das heißt einmal mit der Zungenspitze nach vorne und einmal mit der Zungenspitze nach hinten in die Därme eingelegt. Die Zungen werden in zwei oder drei Lagen hintereinander gelegt, bis der Darm gefüllt ist. Soweit erforderlich, wird mit Blutwurst-Grundmasse aufgefüllt. Es ist darauf zu achten, daß es sich bei diesem Produkt um eine Zungenblutwurst handelt. Die Betonung liegt also auf Zunge und dementsprechend sollte auch das Schnittbild des Produktes sein.

Vorkochverlust: Pos. 2 = 30 %

Därme: 27 Stück, Kaliber 120/50, sterile Kunstdärme

Garzeit: 180 Minuten bei 80 °C

Produktionsverlust: 2 %

Anmerkung
Der Zungenanteil in Zungenblutwürsten soll nach Ansicht verschiedener Fachautoren (u.a. Gemmer 1975) mindestens 35 % betragen.
Als Spitzenprodukt können jedoch nur solche Zusammenstellungen bezeichnet werden, die mindestens 50 % gekochte Schweinezungen oder Kalbszungen enthalten.

Lebensmittelrechtlicher Hinweis
Eine teilweise Verwendung von gepökelten Schweinefilets zu Zungenblutwurst ist nur möglich, wenn das Fertigprodukt in Zungen-Filetblutwurst umbenannt wird.

Rezept 2906

Gewürfelte Zungenwurst	2.232.2

Material für 100 kg
60,0 kg Blutwurst-Grundmasse (2902)
40,0 kg S 17 Schweinezungen, geputzt, gepökelt, vorgegart

Herstellung
Die gepökelten und gekochten Zungen werden in 3-cm-Würfel geschnitten und mit der Blutwurstgrundmasse vermengt.

Vorkochverlust: Pos. 2 = 30 %

Därme: 27 Stück, Kaliber 120/50, Kunstdärme, steril, transparent

Garzeit: 180 Minuten bei 80 °C

Produktionsverlust: 5 %

Lebensmittelrechtlicher Hinweis
Das Zungenmaterial kann nicht durch anderes Fleischmaterial, z.B. gepökelte Schweinefilets, ersetzt werden.

Rezept 2907

Filetblutwurst   2.232.2

Siehe 2905

Abweichung
An Stelle von Schweinezungen werden gepökelte und angegarte Schweinefilets verwendet.

Vorkochverlust: 20 %

Lebensmittelrechtlicher Hinweis
Eine teilweise Verwendung von gepökelten Schweinefilets zu Zungenblutwurst oder umgekehrt von Schweinezungen zu Filetblutwurst ist nur möglich, wenn das Fertigprodukt in Zungen-Filetblutwurst umbenannt wird.

Rezept 2908

Berliner Fleischwurst   2.232.2

Material für 100 kg
40,0 kg S 2 Schweinefleisch ohne Sehnen, mit max. 5 % sichtbarem Fett, vorgegart
40,0 kg S 4b Schweinebauch ohne Schwarte mit max. 50 % sichtbarem Fett, vorgegart
 4,0 kg S 15 Schweineleber, roh
16,0 kg Blutwurst-Grundmasse (2902)

Gewürze und Zutaten je kg Masse
Für die Schweinelebern:
18,0 g Nitritpökelsalz
Für Position 1–3:
 3,0 g Pfeffer
 0,5 g Piment
 0,5 g Muskat
 3,0 g Majoran
40,0 g Zwiebeln, roh

Vorarbeiten
Das Schweinefleisch und die Schweinebäuche werden gepökelt und gegart. In erkaltetem Zustand wird das Material in 1-cm-Würfel geschnitten.

Herstellung
1. Die Schweinelebern werden durch die 2-mm-Scheibe gewolft und mit der Blut-

wurst-Grundmasse vermengt. Das Gemenge soll gut handwarm sein.
2. Das grobe Material wird mit kochender Kesselbrühe abgeschwenkt, soll gut ablaufen und wird dann mit den Gewürzen vermengt.
3. Die feine und grobe Masse werden gleichmäßig miteinander vermengt.

Vorkochverlust: Pos. 1 + 2 = 25 %

Därme: Schweinekrausen

Garzeit: 75–90 Minuten bei 80 °C

Produktionsverlust: 12 %

Rezept 2909

Dresdner Fleischwurst   2.232.6

Material für 100 kg
50,0 kg S 2 Schweinefleisch ohne Sehnen, mit max. 5 % sichtbarem Fett, vorgegart
15,0 kg S 11 Kopf ohne Knochen, gekocht
10,0 kg S 16 Schweineherz, geputzt, gepökelt, vorgegart
 5,0 kg S 22 Schweinenieren, ohne Nierengänge, vorgegart
20,0 kg Blutwurst-Grundbrät (2902)

Gewürze und Zutaten je kg Masse
für das grobe Material:
 3,0 g Pfeffer
 1,0 g Nelken
 0,5 g Piment
 0,5 g Muskat
 3,0 g Majoran
40,0 g Zwiebeln, roh

Herstellung
Schweinefleisch, Schweineköpfe, Herzen und Nieren werden gepökelt und angegart.
In erkaltetem Zustand wird dieses Material in 2-cm-Würfel geschnitten, heiß abgeschwenkt und mit den Gewürzen und Zutaten vermengt. Abschließend wird diesem Gemenge die Blutwurst-Grundmasse beigerührt.

Vorkochverlust: Pos. 1 = 25 %; Pos. 2 = 55 %; Pos. 3 + 4 30 %

Därme: Schweinemagen

Garzeit: 15 Minuten bei 100 °C; 180 Minuten bei 80 °C

Produktionsverlust: 12 %

Rezept 2910

Gutsfleischwurst 2.232.4

Material für 100 kg
75,0 kg S 2 Schweinefleisch ohne Sehnen, mit
max. 5% sichtbarem Fett, vorgegart
5,0 kg S 15 Schweineleber, roh
10,0 kg Aufschnittgrundbrät (2001)
10,0 kg Blutwurst-Grundmasse (2902)

Gewürze und Zutaten je kg Masse
Für Fleisch und Leber:
18,0 g Nitritpökelsalz
3,0 g Pfeffer
1,0 g Nelken
0,5 g Piment
0,5 g Muskat
3,0 g Majoran
40,0 g Zwiebeln, roh

Vorarbeiten
1. Das Schweinefleisch wird gepökelt, gegart
und in 4-cm-Würfel geschnitten.
2. Die Schweineleber wird durch die 2-mm-
Scheibe gewolft.

Herstellung
1. Das Schweinefleisch wird heiß abgeschwenkt und mit den Gewürzen vermengt.
2. Schweineleber, Aufschnittgrundbrät und
Blutwurst-Grundmasse werden verrührt.
3. Aus dem gesamten Material wird ein gleichmäßiges Gemenge hergestellt.

Vorkochverlust: Pos. 1 = 25%

Därme: 42 Stück, Kaliber 90/50, Kunstdärme,
steril, transparent

Garzeit: 120 Minuten bei 80 °C

Produktionsverlust: 2%

Rezept 2911

Thüringer Fleischrotwurst 2.232.4

Material für 100 kg
50,0 kg S 2 Schweinefleisch ohne Sehnen, mit
max. 5% sichtbarem Fett, vorgegart
25,0 kg S 6 Backen ohne Schwarte, vorgegart
5,0 kg S 15 Schweinelebern, roh
10,0 kg Aufschnittgrundbrät (2001)
10,0 kg Blutwurstgrundmasse (2901)

Gewürze und Zutaten je kg Masse
Position 1–3:
18,0 g Nitritpökelsalz
3,0 g Pfeffer
1,0 g Nelken
0,5 g Piment
0,5 g Muskat
3,0 g Majoran
40,0 g Zwiebeln, roh

Vorarbeiten
1. Das Schweinefleisch und die Backen werden
gepökelt, gegart und in 4-cm-Würfel geschnitten.
2. Die Schweineleber wird durch die 2-mm-
Scheibe gewolft.

Herstellung
1. Das Schweinefleisch und die Backen werden
heiß abgeschwenkt und mit den Gewürzen
vermengt.
2. Schweineleber, Aufschnitt-Grundbrät und
Blutwurst-Grundmasse werden zu einer
gleichmäßigen Masse verrührt.
3. Aus den gesamten Materialien wird ein
gleichmäßiges Gemenge hergestellt.

Vorkochverlust: Pos. 1 = 25%; Pos. 2 = 25%

Därme: Schweinekappen

Garzeit: 75–90 Minuten bei 80 °C

Produktionsverlust: 12%

Rezept: 2912

Rotwurst 2.232.7

Material für 100 kg
75,0 kg S 11 Kopf ohne Knochen, gekocht
5,0 kg Aufschnittgrundbrät (2001)
20,0 kg Blutwurst-Grundmasse (2901)

Gewürze und Zutaten je kg Masse
Für die Schweineköpfe:
3,0 g Pfeffer
1,0 g Nelken
0,5 g Piment
0,5 g Muskat
3,0 g Majoran
40,0 g Zwiebeln, roh

Vorarbeiten
Die gepökelten Schweineköpfe werden gegart
und in 1-cm-Würfel geschnitten.

Herstellung

1. Blutwurst-Grundmasse und Aufschnitt-Grundbrät werden gleichmäßig vermengt.
2. Die Schweineköpfe werden heiß abgeschwenkt, mit den Gewürzen vermengt und der feinen Masse beigerührt.

Vorkochverlust: Pos. 1 = 55 %

Därme: 42 Stück, Kaliber 90/50, Kunstdärme, steril, transparent

Garzeit: 120 Minuten bei 80 °C

Produktionsverlust: 2 %

Rezept 2913

Fleischrotwurst 2.232.4

Siehe 2911

Rezept 2914

Braunschweiger Blutwurst 2.232.2

Siehe 2908

Abweichung
Das grobe Material wird in 2-cm-Würfel geschnitten

Rezept 2915

Dresdner Blutwurst 2.232.6

Siehe 2909

Abweichung
Därme: Schweinekrausen

Garzeit: 75−90 Minuten bei 80 °C

Produktionsverlust: 18 %

Rezept 2916

Frankfurter Blutwurst 2.232.10

Siehe 2903

Abweichung
Därme: 90 Meter sterile, transparente Kunstdärme, Kaliber 60/50

Garzeit: 60 Minuten bei 80 °C

Produktionsverlust: 2 %

Rezept 2917

Norddeutsche Blutwurst 2.232.10

Siehe 2901

Abweichung
Därme: 45 Meter Mitteldärme. Kaliber 60/65

Garzeit: 60 Minuten bei 80 °C

Produktionsverlust: 18 %

Rezept 2918

Sächsische Blutwurst 2.232.9

Siehe 2903

Abweichung
Därme: 50 Meter Kranzdärme, Kaliber 46

Garzeit: 60 Minuten bei 78 °C

Räuchern: 2 Tage, kalt

Produktionsverlust: 22 %

Rezept 2919

Schlesische Blutwurst 2.232.6

Siehe 2912

Abweichung
Därme: Schweinemägen

Garzeit: 30 Minuten bei 100 °C, 150 Minuten bei 80 °C. Die Sorte wird nach dem Kochen gepreßt.

Produktionsverlust: 12 %

Rezept 2920

Thüringer Rotwurst 2.232.6

Material für 100 kg
55,0 kg S 2 Schweinefleisch ohne Sehnen, mit max. 5 % sichtbarem Fett, vorgegart
25,0 kg S 6 Backen ohne Schwarte, vorgegart
5,0 kg S 15 Schweineleber, roh
7,5 kg S 20 Schweineblut. gepökelt
7,5 kg S 14 Schwarten gekocht

Gewürzen und Zutaten je kg Masse
Für die Leber:
18,0 g Nitritpökelsalz
Für das gesamte Material
3,0 g Pfeffer
3,0 g Majoran

1,0 g Piment
0,5 g Nelken
20,0 g Zwiebeln (Rohgewicht)

Vorarbeiten
1. Die Schweineschultern und die Backen werden mit 10gradiger Lake gespitzt und ca. 12 Stunden in eine ebenso starke Lake eingelegt.
2. Die Schweineschultern und die Backen werden bei einer Kesseltemperatur von 80 °C durchgebrüht, aber nicht weichgekocht.
3. Schweineschultern und Backen werden in ca. 1 cm große Würfel geschnitten.
4. Entsprechend der Chargenmenge werden die Gewürze abgewogen.
5. Die Schweineleber wird mit den Zwiebeln durch die 3-mm-Scheibe gewolft.

Herstellung
1. Die Fleisch- und Speckwürfel werden heiß abgeschwenkt und kommen in eine Mengmulde.
2. Die Gewürze und das Salz werden mit dem groben Material gleichmäßig vermengt.
3. Diesem Gemenge werden die restlichen Materialien in der Reihenfolge Leber-Schwarten-Blut beigemengt.
4. Die Masse wird nicht zu fest in die Schweinekappen gefüllt.

Vorkochverlust: Pos. 1 + 2 = 25 %

Därme: Schweinekappen

Garzeit: 15 Minuten bei 100 °C; 105 Minuten bei 80 °C

Produktionsverlust: 12 %

Rezept 2921

Fränkische Bauernblutwurst 2.232.10

Material für 100 kg
95,0 kg Blutwurst-Grundmasse (2902)
5,0 kg Milch, abgekocht

Herstellung
Das Gemenge aus Blutwurst-Grundmasse und Milch wird in Schweinedärme gefüllt und zu Portionen von 150–200 g abgebunden.
Die Würste werden nach dem Garen trocken ausgekühlt und kalt geräuchert.

Därme: 140 Meter, Kaliber 32/36, Schweinedärme

Räuchern: 6 Stunden bei max. 18 °C

Garzeit: 30 Minuten bei 70 °C

Produktionsverlust: 28 %

Rezept 2922

Preßwurst 2.232.8

Material für 100 kg
60,0 kg R 2 Rindfleisch, entsehnt, mit max. 5 % sichtbarem Fett, vorgesalzen und vorgegart
20,0 kg R 9 Rinderherz geputzt, gepökelt, vorgegart
20,0 kg Blutwurst-Grundmasse (2902)

Gewürze und Zutaten je kg Masse
20,0 g Nitritpökelsalz
3,0 g Pfeffer
1,0 g Nelken
0,5 g Piment
0,5 g Muskat
3,0 g Majoran
40,0 g Zwiebeln, roh

Vorarbeiten
Das Jungrindfleisch und die Rinderherzen werden gepökelt, gegart und nach dem Abkühlen in 4-cm-Würfel geschnitten.

Herstellung
Das grobe Material wird heiß abgeschwenkt und mit den Gewürzen vermengt. Anschließend ist die Blutwurst-Grundmasse gleichmäßig einzurühren. Nach dem Garen werden die Würste gepreßt.

Vorkochverlust: Pos. 1 = 25 %; Pos. 2 = 30 %

Därme: 27 Stück Kaliber 120/50, Kunstdärme, transparent, steril

Garzeit: 180 Minuten bei 80 °C

Produktionsverlust: 2 %

Rezept 2923

Berliner Preßwurst 2.232.8

Material für 100 kg
70,0 kg Speck mit Schwarte
30,0 kg Blutwurst-Grundmasse (2901)

Gewürze und Zutaten je kg Masse
für das grobe Material:
 3,0 g Pfeffer
 1,0 g Nelken
 0,5 g Piment
 0,5 g Muskat
 3,0 g Majoran
40,0 g Zwiebeln, roh

Vorarbeiten
Schwarten, auf denen eine 2–3 cm dicke Speckschicht belassen wurde, werden gepökelt, gegart
und nach dem Abkühlen in 1–2 cm große Würfel geschnitten.

Herstellung
Das grobe Material wird heiß abgeschwenkt und
mit den Gewürzen vermengt. Anschließend ist
die Blutwurst-Grundmasse gleichmäßig einzurühren. Nach dem Garen werden die Würste
gepreßt.

Vorkochverlust: Pos. 1 = 20 %

Därme: 42 Stück Kaliber 90/50 Kunstdärme,
steril, transparent

Garzeit: 120 Minuten bei 80 °C

Produktionsverlust: 2 %

Rezept 2924

Süddeutsche Preßwurst 2.232.8

Material für 100 kg
55,0 kg S 3 Schweinefleisch mit geringem Seh-
       nenanteil und max. 5 % sichtbarem
       Fett, vorgegart
25,0 kg S 6 Backen ohne Schwarte, vorgegart
20,0 kg Blutwurst-Grundmasse (2901)

Gewürze und Zutaten je kg Masse
zum groben Material:
 3,0 g Pfeffer
 1,0 g Nelken
 0,5 g Piment
 0,5 g Muskat
 3,0 g Majoran
40,0 g Zwiebeln, roh

Herstellung: Siehe 2920

Vorkochverlust: Pos. 1 = 25 %; Pos. 2 = 25 %

264

Rezept 2925

Norddeutsche Preßwurst 2.232.8

Siehe 2924

Abweichung
Die Fleisch- und Speckwürfel sollten etwa 2 cm
groß sein.

Rezept 2926

Blutpreßsack 2.232.8

Material für 100 kg
30,0 kg S 11 Kopf ohne Knochen, gekocht
25,0 kg S 6 Backen mit Schwarte
25,0 kg S 4b Schweinebauch mit Schwarte, mit
        max. 50 % sichtbarem Fett, vorgegart
20,0 kg Blutwurst-Grundmasse (2901)

Gewürze und Zutaten je kg Masse
zum groben Material:
 3,0 g Pfeffer
 1,0 g Nelken
 0,5 g Piment
 0,5 g Muskat
 3,0 g Majoran
40,0 g Zwiebeln, roh

Herstellung
Die gepökelten und gegarten Schweineköpfe,
-backen und -bäuche werden in längliche Streifen von ca 1 cm Stärke geschnitten, heiß abgeschwenkt und mit den Gewürzen vermengt.
Diesem gewürzten, groben Material wird die
Blutwurst-Grundmasse beigerührt.

Vorkochverlust: Pos. 1 = 55 %; Pos. 2 + 3 =
25 %

Därme: Schweinemägen

Garzeit: 30 Minuten bei 100 °C; 150 Minuten
bei 80 °C

Produktionsverlust: 12 %

Rezept 2927

Bayerischer Blutpreßsack 2.232.8

Siehe 2926

Rezept 2928

Kulmbacher roter Preßsack   2.232.8

Material für 100 kg
50,0 kg Rückenspeck mit Speck, vorgegart
20,0 kg S 11 Kopf ohne Knochen, gekocht
30,0 kg Blutwurst-Grundmasse (2901)

Gewürze und Zutaten je kg Masse
für das grobe Material
 3,0 g Pfeffer
 1,0 g Nelken
 0,5 g Piment
 0,5 g Muskat
 3,0 g Majoran
40,0 g Zwiebeln
 0,2 g Kümmel, gemahlen

Vorarbeiten
Schwarten, auf denen eine 2-3 cm dicke Speckschicht belassen wurde, werden gepökelt, gegart
und nach dem Abkühlen in Längsstreifen geschnitten, ebenso die Schweineköpfe.

Herstellung
Das grobe Material wird heiß abgeschwenkt und
mit den Gewürzen vermengt. Anschließend ist
die Blutwurst-Grundmasse gleichmäßig einzurühren. Nach dem Garen werden die Würste
gepreßt.

Vorkochverlust: Pos. 1 = 20 %; Pos. 2 = 55 %

Därme: Schweinemägen

Garzeit: 30 Minuten bei 100 °C; 150 Minuten
bei 80 °C; Die Temperatur soll von selbst abfallen, ohne Kaltwasserzugabe.

Produktionsverlust: 12 %

Rezept 2929

Blutpreßkopf   2.232.8

Material für 100 kg
85,0 kg S 2 Schweinefleisch ohne Sehnen, mit
            max. 5 % sichtbarem Fett, vorgegart
10,0 kg Blutwurst-Grundmasse (2901)
 5,0 kg S 14 Schwarten gepökelt und gekocht

Gewürze und Zutaten je kg Masse
 3,0 g Pfeffer
 1,0 g Nelken
 0,5 g Piment
 0,5 g Muskat

 3,0 g Majoran
40,0 g Zwiebeln, roh

Herstellung
1. Das Schweinefleisch wird gepökelt, gegart
   und in 4-cm-Würfel geschnitten.
2. Die Blutwurst-Grundmasse, die gekochten
   und gewolften Schwarten und die Gewürze
   werden gleichmäßig miteinander vermengt
   und anschließend unter das grobe Material
   gerührt. Eventuell nachwürzen.

Vorkochverlust: Pos. 1 = 25 %; Pos. 3 = 55 %

Därme: 27 Stück, Kaliber 120/50 Kunstdärme,
steril, transparent

Garzeit: 150 Minuten bei 80 °C

Produktionsverlust: 2 %

Rezept 2930

Roter Preßkopf   2.232.8

Material für 100 kg
70,0 kg S 11 Kopf ohne Knochen, gekocht
 5,0 kg S 17 Schweinezungen, geputzt, gepö-
          kelt, roh
 5,0 kg S 16 Schweineherz, geputzt, gepökelt,
          roh
20,0 kg Blutwurst-Grundmasse (2901)

Gewürze und Zutaten je kg Masse
für das grobe Material:
 3,0 g Pfeffer
 1,0 g Nelken
 0,5 g Piment
 0,5 g Muskat
 3,0 g Majoran
40,0 g Zwiebeln, roh

Herstellung
Die gepökelten und gegarten Schweineköpfe,
Zungen und Herzen werden in dickere, und
längliche Streifen geschnitten, heiß abge-
schwenkt und mit den Gewürzen vermengt.
Diesem groben Material wird die Blutwurst-
Grundmasse beigerührt.

Vorkochverlust: Pos. 1 = 55 %; Pos. 2 + 3 =
30 %

Därme: 27 Stück, Kaliber 120/50, Kunstdärme,
transparent

Garzeit: 150 Minuten bei 80 °C

Produktionsverlust: 2 %

Rezept 2931

Oberfränkische Speckwurst 2.232.9

Siehe 2918

Abweichung
Gewürz: Zusätzlich 0,2 g gemahlener Kümmel
je Kilogramm Wurstmasse

Rezept 2932

Rheinische Speckwurst 2.232.8

Siehe 2923

Abweichung
Körnung: Das grobe Material wird in Würfel
von ca. 1 cm Größe geschnitten.

Därme: 75 Meter Kranzdärme, Kaliber 40/43

Garzeit: 45 Minuten bei 75–78 °C

Produktionsverlust: 18 %

Rezept 2933

Fränkische Griebenwurst 2.232.8

Siehe 2926

Abweichung
Das grobe Material wird in 1-cm-Würfel geschnitten

Därme: 45 Meter Mitteldärme, Kaliber 60/65

Garzeit: 60 Minuten bei 80 °C

Produktionsverlust: 12 %

Rezept 2934

Nordhäuser Magenwurst 2.232.10

Material für 100 kg
35,0 kg S 4b Schweinebauch ohne Schwarte mit
max. 50 % sichtbarem Fett, vorgegart
35,0 kg S 6 Backen ohne Scharte, vorgegart
30,0 kg S 20 Schweineblut, gepökelt

Gewürze und Zutaten je kg Masse
3,0 g Pfeffer
1,0 g Nelken
0,5 g Muskat
0,5 g Piment
3,0 g Majoran
40,0 g Zwiebeln, roh

Vorarbeiten
1. Die gepökelten Schweinebäuche und
-backen werden gegart und nach dem Erkalten in kleine Würfel geschnitten (1 cm).
2. 25 kg des mit 20 g Nitritpökelsalz je Liter
angesalzenen Blutes wird zu einer festen
Masse gekocht und nach dem Erkalten durch
die 3-mm-Scheibe gewolft.

Herstellung
1. Das grobe Material wird heiß angeschwenkt
und mit den Gewürzen vermengt.
2. Diesem Gemenge wird das gekochte und das
flüssige Blut gleichmäßig beigemengt.

Vorkochverlust: Pos. 1 + 2 = 25 %

Därme: Schweinemägen:

Garzeit: 30 Minuten bei 100 °C; 150 Minuten
bei 80 °C

Produktionsverlust: 12 %

Rezept 2935

Blutwürstchen 2.232.11

Herstellung
Blutwürstchen zum Warmmachen können aus
allen Blutwurstsorten hergestellt werden, deren
grobes Material in 1-cm-Würfel geschnitten ist.

Därme: 175 Meter Schweinedärme, Kaliber
28/32

Produktionsverlust: 12 %

Rezept 2936

Leberrotwurst 2.232.3

Material für 100 kg
45,0 kg S 2 Schweinefleisch ohne Sehnen. mit
max. 5 % sichtbarem Fett, vorgegart
20,0 kg S 6 Backen ohne Schwarte, vorgegart
20,0 kg S 15 Schweineleber, roh
7,5 kg S 20 Schweineblut, gepökelt
7,5 kg S 14 Schwarten, gekocht

Gewürze und Zutaten je kg Masse
für die Leber
18,0 g Nitritpökelsalz
für das gesamte Material
3,0 g Pfeffer
3,0 g Majoran

1,0 g Piment
0,5 g Nelken
10,0 g Zwiebeln (Rohgewicht)

Herstellung
Siehe 2920. Die Lebern werden hier angegart und gewürfelt verarbeitet.

Vorkochverlust: Pos. 1, 2, 3 = 25 %; Pos. 5 = 55 %

Därme: Schweinekappen

Garzeit: 15 Minuten bei 100 °C; 105 Minuten bei 80 °C

Produktionsverlust: 12 %

Rezept 2937

Norddeutsche Zungenwurst   2.232.2

Siehe 2905

Rezept 2938

Fränkische Speckwurst   2.232.8

Siehe 2923

Abweichung
Därme: Kranzdärme, Kaliber 43/46

Garzeit: 69 Minuten bei 80 °C. Im Wasser abkühlen auf ca. 5 °C, dann an der Luft auf unter +18 °C weiter abkühlen.

Räuchern: Kalt, 12 Stunden bei 18 °C maximal

Produktionsverlust: 10 %

Rezept 2939

Bremerhavener Rotwurst   2.232.6

Material für 100 kg
50,0 kg S 2 Schweinefleisch ohne Sehnen, mit max. 5 % sichtbarem Fett, vorgegart
20,0 kg S 6 Backen ohne Schwarte, vorgegart
 8,0 kg S 15 Schweineleber, roh
 4,0 kg S 19 Schweinelunge, roh
18,0 kg Blutwurst-Grundmasse (2901)

Gewürze und Zutaten je kg Masse
18,0 g Nitritpökelsalz (nur für Leber und Lunge)
 3,0 g Pfeffer, gemahlen
 0,5 g Piment

0,4 g Nelken
3,0 g Majoran, gerebbelt
0,5 g Thymian
0,2 g Zimt
10,0 g Zwiebeln, roh

Vorarbeiten
1. Das Schweinefleisch und die Backen werden mit einer 10gradigen Lake gespritzt und etwa 12 Stunden in einer gleichstarken Lake gepökelt.
2. Beide Materialien werden dann bei 80 °C durchgebrüht, aber nicht weichgekocht und anschließend in 1 cm große Würfel geschnitten.
3. Die Schweinelebern und -lungen werden zusammen mit den Zwiebeln durch die 3-mm-Scheibe gewolft.

Herstellung
1. Das gewürfelte Material wird heiß abgeschwenkt und kommt in den Mengmulde. Die Gewürze werden beigegeben.
2. Dem gewürzten Material werden die restlichen Materialien in der Reihenfolge Leber – Lunge – Grundmasse untergezogen.
3. Das Wurstgut wird nicht zu fest in die vorgerichteten Därme gefüllt.

Därme: Schweinekrausen, mittelweit

Vorkochverlust: Pos. 1 + 2 = 25 %

Garzeit: 120 Minuten bei 80 °C

Produktionsverlust: 12 %

Hinweis: Bremerhavener Rotwurst kann auch in sterile Kunstdärme, Kal. 60/50 gefüllt werden.

Produktionsverlust: 2 %

Rezept 2940

Braunschweiger Blutwurst   2.232.10

Material für 100 kg
20,0 kg S 11 Kopf ohne Knochen, gekocht
25,0 kg S 6 Backen ohne Schwarte, vorgegart
30,0 kg S 6 Wammen ohne Schwarte, mittelfett, vorgegart
 4,0 kg S 19 Schweinelunge, roh
 5,0 kg S 15 Schweineleber, roh
16,0 kg Blutwurst-Grundmasse (2901)

Herstellung
Die Materialien in Position 1–3 werden gepökelt und gekocht, bzw. vorgegart. Alles wird in 1 cm Würfel geschnitten.

Produktionsdaten: Siehe 2939

Rezept 2941

Nürnberger Blutpreßsack 2.232.8

Siehe 2954

Rezept 2942

Schlesische Preßwurst 2.232.10

Material für 100 kg
50,0 kg S 3b Schweinefleisch mit höherem Sehnenanteil und max. 5 % sichtbarem Fett, vorgegart
6,0 kg S 16 Schweineherz, geputzt, gepökelt, vorgegart
6,0 kg S 15 Schweineleber, roh
20,0 kg S 4b Schweinebauch ohne Schwarte mit max. 50 % sichtbarem Fett, vorgegart
18,0 kg Blutwurst-Grundmasse (2901)

Gewürze und Zutaten je kg Masse
18,0 g Nitritpökelsalz (nur für die Leber)
Für alle Materialien außer Grundmasse:
3,0 g Pfeffer
2,0 g Piment
0,4 g Nelken
0,5 g Kümmel, gemahlen
3,0 g Majoran
0,2 g Thymian
40,0 g Zwiebeln, roh

Herstellung
1. Das Schweinekopffleisch, die Herzen und der Schweinebauch, alles gepökelt und vorgegart, werden in 1 cm große Würfel geschnitten.
2. Die Schweineleber wird durch die 2-mm-Scheibe gewolft, ebenso die Zwiebeln.
3. Das grobe Material wird mit den Gewürzen und Zutaten vermengt und dann unter das Leberhack und die Blutwurst-Grundmasse gezogen.

Därme: Schweinekappen, mittelweit

Garzeit: Je nach Kaliber pro Millimeter Durchmesser 1–1,5 Minuten

Produktionsverlust: 10 %

Rezept 2943

Oberländer Blutwurst 2.232.10

Material für 100 kg
88,0 kg Blutwurst-Grundmasse (2901)
7,0 kg S 3b Schweinefleisch mit höherem Sehnenanteil und max. 5 % sichtbarem Fett, vorgegart
5,0 kg K 2b Kalbfleisch mit höherem Sehnenanteil und max. 5 % sichtbarem Fett, vorgegart

Gewürze und Zutaten je kg Schweine- und Kalbfleisch
20,0 g Nitritpökelsalz (zum Vorpökeln)
3,0 g Pfeffer, weiß, gemahlen
1,0 g Piment
1,0 g Majoran
0,2 g Thymian
10,0 g Zwiebeln, roh

Herstellung
Das gepökelte und vorgegarte Schweine- und Kalbfleisch wird durch die 3-mm-Scheibe gewolft, ebenso die Zwiebeln. Das gewolfte Material und die Blutwurst-Grundmasse werden gleichmäßig miteinander vermengt. Gewürze und Zutaten sind am Ende des Mengvorganges zuzusetzen. Es ist darauf zu achten, daß sich Letzteres gleichmäßig verteilt.

Därme: Mitteldärme, Kal. 50/55

Garzeit: 60 Minuten bei 80 °C

Produktionsverlust: 12 %

Nachräuchern: Wenn dieses Blutwursterzeugnis länger als 2 Tage lagert, ist es ratsam, es im Kaltrauch leicht anzuräuchern.

Rezept 2944

Rosinen-Beutelwurst 2.232.10

Material für 100 kg
35,0 kg S 11 Kopf ohne Knochen, gepökelt und gekocht
30,0 kg S 9 Speckabschnitte ohne Schwarte, vorgegart

20,0 kg Rosinen (Sultaninen)
15,0 kg S 20 Schweineblut, gepökelt

Gewürze und Zutaten je kg Masse
20,0 g Nitritpökelsalz (nur für Speck und Blut)
 3,0 g Pfeffer
 1,0 g Piment
 0,5 g Mazis
 1,0 g Majoran
 0,1 g Thymian
 1,0 g Farbstabilisator

Herstellung
1. Das Schweinekopffleisch wird durch die 3-mm-Scheibe gewolft.
2. Die Speckabschnitte werden kurz angebrüht und dann auf dem Speckschneider in etwa 1 cm groß Würfel geschnitten. Anschließend wird der Speck heiß abgeschwenkt.
3. Das gute handwarme Blut wird mit dem Kopffleisch vermengt. In der Reihenfolge Speck – Rosinen werden die restlichen Materialien dem Wurstgut beigemengt.

Vorkochverlust: Pos. 1 = 55 %; Pos. 2 = 20 %

Därme: Sterile Kunstdärme, Kaliber 60/50

Garzeit: 60 Minuten bei 80 °C

Produktionsverlust: 2 %

Rezept 2945

Mainzer Schwartenmagen 2.232.10

Material für 100 kg
70,0 kg Rückenspeckschwarte mit ca. 1,5–2 cm Speckauflauf
 8,0 kg S 3b Schweinefleisch mit höherem Sehnenanteil und max. 5 % sichtbarem Fett, vorgegart
22,0 kg Blutwurst-Grundmasse (2901)

Gewürze und Zutaten je kg grobes Material
 3,0 g Pfeffer
 2,0 g Piment
 0,4 g Nelken
 0,4 g Thymian
20,0 g Zwiebeln, roh

Vorarbeiten
Rückenspeckschwarten, auf denen eine etwa 1,5–2 cm dicke Speckschicht belassen wurde, werden gepökelt, gegart und nachdem sie etwas abgekühlt sind, in Längsstreifen geschnitten.

Das Schweinefleisch wird in gleicher Weise hergerichtet.

Herstellung
Das grobe Material wird heiß abgeschwenkt und mit den Gewürzen vermengt. Das gewürzte Material wird dann mit der Blutwurst-Grundmasse vermengt.

Vorkochverlust: Speck: 20 %; Schweinefleisch: 25 %

Därme: Schweineblasen

Garzeit: Je Millimeter Durchmesser 1 Minute, bei 80 °C. Nach dem Garen werden die Würste gepreßt.

Produktionsverlust: 12 %

Rezept 2946

Blut-Bregenwurst 2.232.10

Material für 100 kg
35,0 kg S 3b Schweinefleisch mit höherem Sehnenanteil und max. 5 % sichtbarem Fett, vorgegart
10,0 kg S 16 Schweineherz, geputzt, gepökelt, vorgegart
10,0 kg S 19 Schweinelunge, gegart
15,0 kg Blutwurst-Grundmasse (2901)
30,0 kg S 18 Schweinehirn

Gewürze und Zutaten je kg Masse
18,0 g Nitritpökelsalz (nur für Lunge und Hirn)
 3,0 g Pfeffer, gemahlen
 1,0 g Piment
 0,2 g Nelken
 3,0 g Majoran, gerebbelt
 1,0 g Farbstabilisator

Herstellung
1. Schweinefleisch und Herzen werden gepökelt, angegart und in 7-mm-Würfel geschnitten.
2. Das Hirn wird in lauwarmem Wasser gewässert, enthäutet und in etwa 1,5 cm große Würfel geschnitten.
3. Schweinefleisch und Herzen werden heiß abgeschwenkt und sollen abtropfen. Die Lungen werden gegart und durch die 3-mm-Scheibe gewolft.
4. Die Gewürze und Zutaten werden mit dem groben Material vermengt. Anschließend wird die Blutwurst-Grundmasse und die

Lunge unter das gewürfelte Material gezogen. Die gewürfelten Bregen werden als Letztes vorsichtig dem Wurstgut beigemengt.

5. Die Blut-Bregenwurst wird mit einem weiten Füllhorn gefüllt.

Därme: Schweinemagen oder sterile Kunstdärme, Kaliber 75 = 50

Garzeit: Magen: 15 Minuten bei 100 °C, dann 150 Minuten bei 80 °C; Kunstdarm: 90 Minuten bei 80 °C

Produktionsverlust: Magen 12 %; Kunstdarm 2 %

Produktionshinweis: Die Schweinemägen werden nach dem Garen gepreßt und, nachdem sie über Nacht ausgekühlt sind, im Kaltrauch leicht angeräuchert.

Rezept 2947

Mannheimer roter Magen 2.232.10

Material für 100 kg
85,0 kg Blutwurst-Grundmasse (2902)
15,0 kg Schwarte mit ca. 1 cm Speckauflage, gepökelt

Gewürze und Zutaten je kg Fettschwarten
18,0 g Nitritpökelsalz
3,0 g Pfeffer
1,0 g Nelken
0,5 g Piment
0,5 g Muskat
3,0 g Majoran, gerebbelt
40,0 g Zwiebeln, roh
1,0 g Farbstabilisator

Herstellung
Die Fettschwarten werden angegart und in Würfel geschnitten. Die Größe dieser Würfel kann variiert werden, in der Regel sind sie aber nicht größer als der Speck der Blutwurst-Grundmasse. Die geschnittenen Fettschwarten werden mit den anteiligen Gewürzen und Zutaten vermengt und unter die Blutwurst-Grundmasse gezogen.

Därme: Rinderbutten, mittelweit

Garzeit: Je Millimeter Durchmesser 1,5 Minuten bei 80 °C

Produktionsverlust: 10 %

Nachbehandlung: Es ist ratsam, die Blutwürste, nachdem sie über Nacht ausgekühlt sind, im Kaltrauch leicht anzuräuchern.

Rezept 2948

Bayerische Bierblutwurst 2.232.10

Material für 100 kg
96,0 kg Blutwurst-Grundmasse (2902)
4,0 kg S 19 Schweinelunge gegart

Gewürze und Zutaten je kg Masse
Die Schweinelungen werden wie die Blutwurst-Grundmasse gewürzt. Die Gewürzzusammenstellung siehe Rezept 2902.

Herstellung
Die Lungen werden leicht angebrüht, durch die 2-mm-Scheibe gewolft und unter die Blutwurst-Grundmasse gezogen. Anschließend werden die restlichen Gewürze für die Lungen der Blutwurstmasse beigemengt.

Därme: Schweinedärme, Kal. 28/32

Würstchengröße: 60–80 g im Strang mit doppelter Abbindung.

Garzeit: 30 Minuten bei 75 °C

Produktionsverlust: 10 %

Rezept 2949

Oberländer Preßblutwurst 2.232.2

Siehe 2905

Rezept 2950

Feine Rotwurst 2.232.1

Material für 100 kg
35,0 kg S 3 Schweinefleisch mit geringem Sehnenanteil und max. 5 % sichtbarem Fett
20,0 kg S 6 Backen ohne Schwarte, vorgegart
30,0 kg S 17 Schweinezungen, geputzt, gepökelt, vorgegart
15,0 kg Blutwurst-Grundmasse (2901)

Gewürze und Zutaten je kg Masse
außer Grundmasse:
3,0 g Pfeffer
0,5 g Ingwer
3,0 g Majoran, gerebbelt
1,0 g Farbstabilisator
20,0 g Zwiebeln, roh

Vorarbeiten

1. Schweinefleisch, Schweinebacken und Schweinezungen werden mit einer 10gradigen Lake gespritzt und sollen etwa 12 Stunden durchpökeln. Sie werden anschließend angegart, aber nicht weichgekocht.
2. Das gesamte Material wird in 8−10 mm große Würfel geschnitten. Die Zwiebeln werden durch die 3-mm-Scheibe gewolft.

Herstellung

1. Das gewürfelte Material wird heiß abgeschwenkt, soll gut abtropfen und kommt dann in die Mengmulde.
2. Die Gewürze und Zutaten werden unter das grobe Material gemengt. Diesem Gemenge wird die Blutwurst-Grundmasse untergezogen.
   Das Wurstgut wird nicht zu fest in die Bereitliegenden Därme gefüllt.

Vorkochverlust: Pos. 1−3 = 25 %

Därme: Rinder-, Kalbs- oder Schweineblasen

Garzeit: 120 Minuten bei 80 °C

Produktionsverlust: 12 %

Variante

Das Originalrezept für Feine Rotwurst sieht die Verwendung von Rinder-, Kalbs-, Schweineblasen vor. Es ist aber auch jede andere Darmart als Wursthülle für diese Spezialität denkbar.

Rezept 2951

Feine rote Sülzwurst 2.232.1

Siehe 2950

Rezept 2952

Hausmacher Fleischblutwurst 2.232.6

Siehe 2920

Abweichung:

Anstelle von 25,0 kg Schweinebacken wird die gleiche Menge Schweinefleisch verwendet. Dieses Schweinefleisch wird behandelt wie es für das Schweinefleisch beschrieben ist.

Därme: Mitteldärme, Kal. 60/65 oder 65/+

Rezept 2953

Schwarzsauer 2.232.10

Material für 100 kg
10,0 kg Zwiebeln, Rohgewicht
50,0 kg Blutwurst-Grundmasse (2901)
40,0 kg Brühe

Gewürze und Zutaten je kg Knochenbrühe
18,0 g Nitritpökelsalz
3,0 g Pfeffer
1,0 g Piment
5,0 g Essig

Herstellung

1. Die Zwiebeln werden in Ringe oder Würfel geschnitten.
2. Die Zwiebeln werden in der Knochenbrühe aufgekocht. Dann wird unter stetem Rühren die Blutwurst-Grundmasse der Knochenbrühe beigerührt, der vorher die angegebenen Gewürze untergezogen wurden. Es ist also erforderlich, die Blutwurst-Grundmasse warm zu verarbeiten.
3. Die Wurstmasse wird in bereitgestellte Brätkästen gefüllt. Nach dem Erkalten wird das Schwarzsauer aus den Formen gestülpt und ist verkaufsfertig.

Verkauf

In der kalten Jahreszeit wird Schwarzsauer speziell in Norddeutschland verkauft. Die Hausfrau verdünnt das Schwarzsauer und kocht darin durchwachsenes Schweinefleisch am Stück oder in Würfeln. Es wird aber auch so wie es ist mit Kartoffeln als einfaches, aber schmackhaftes Gericht gegessen.

Rezept 2954

Nürnberger Bratwurst-Preßsack 2.232.8

Material für 100 kg
85,0 kg Blutpreßsack (2926)
15,0 kg Nürnberger Bratwurst (2714), aus dem Schäldarm

Herstellung

1. Ein Rouladenkasten wird mit einem Cello-Bogen ausgelegt und etwa zur Hälfte mit der Blutpreßsack-Masse gefüllt.
2. Drei Stränge Nürnberger Bratwurst, die möglichst die Länge eines Rouladenkastens haben sollten, werden ohne Darm diagonal

in dem Brätkasten möglichst gleichmäßig verteilt.

3. Der Kasten wird mit Blutpreßsack-Masse aufgefüllt, der Cellobogen oben übergeschlagen und der Kasten wird dann verschlossen und gegart.

Garzeit: 120 Minuten bei 80–85 °C

Produktionsverlust: 10 %

Rezept 2955

Stuttgarter Schwarze 2.232.10

Material für 100 kg
70,0 kg S 11 Kopf ohne Knochen, gekocht
30,0 kg Blutwurst-Grundmasse (2901)

Anstelle von Schweineköpfen können auch Schweinefleischan- und -abschnitte mit Schwarte verwendet werden. Das Material ist so zu behandeln wie die Schweineköpfe.

Gewürze und Zutaten je kg Schweineköpfe
1,5 g Pfeffer, weiß, gemahlen
2,0 g Pfeffer, weiß, gestoßen
1,0 g Nelken
0,5 g Piment
0,5 g Muskat
3,0 g Majoran, gerebbelt
40,0 g Zwiebeln, roh, gewolft

Herstellung
1. Die Schweineköpfe werden gepökelt, gegart und sauber ausgebeint. Das Material wird nach dem Auskühlen durch die Schrotscheibe gewolft.
2. Das grobe Material wird mit den Gewürzen und Zutaten vermengt und anschließend wird die Blutwurst-Grundmasse beigemengt.

Därme: Rinderkranzdärme, Kaliber 43/46

Garzeit: 50–60 Minuten bei 80 °C

Produktionsverlust: 15 %

Nachbehandlung
Die Blutwürste werden nach dem Garen aus dem Kessel genommen und an der Luft hängend abgekühlt und abgetrocknet. Am nächsten Tag werden die Würste im Kaltrauch, je nach Wunsch, mehr oder weniger stark nachgeräuchert. Es muß gewissenhaft darauf geachtet werden, daß die Temperatur in der Räucherkammer

so niedrig wie nur irgend möglich gehalten wird. Es besteht sonst die Gefahr, daß das Wurstgut weich wird und innerhalb kürzester Zeit verdirbt.

Rezept 2956

Pfefferwurst 2.232.10

Siehe 2955

Rezept 2957

Lungen-Blutwurst 2.232.10

Material für 100 kg
40,0 kg S 8 Rückenspeck ohne Schwarte, vorgegart
25,0 kg S 14 Schwarten, gepökelt, gekocht
15,0 kg S 20 Schweineblut, gepökelt
20,0 kg Schweinelungen, roh

Herstellung
Siehe 2903. Die Lungen werden fein zerkleinert verarbeitet.

Rezept 2958

Mannheimer roter Grobschnittmagen 2.232.10

Siehe 2945

Abweichung
Anstelle von Schweineblasen werden mittelweite Rinderbutten verwendet. Es können auch Kunstdärme im Kaliber 75 oder 90 mm verwendet werden.

Rezept 2959

Griebenblutwurst 2.232.10

Siehe 2945

Abweichung
Es werden nur 55,0 kg Fettschwarten verwendet, dafür werden dem Wurstgut 15,0 kg Schmalzgrieben beigemengt.

Därme: Rinderkranzdärme, Kaliber 43/46

Nachbehandlung: Nach dem Auskühlen werden die Würste, je nach Wunsch, mehr oder weniger lange im Kaltrauch nachgeräuchert.

Rezept 2960

Italienische Blutwurst 2.232.8

Material für 100 kg
70,0 kg S 4b Schweinebauch ohne Schwarte mit
 max. 50 % sichtbarem Fett, vorgegart,
 vorgesalzen
24,0 kg S 20 Schweineblut, gepökelt
 6,0 kg Weißwein

Gewürze und Zutaten je kg Masse
2,5 g Pfeffer, weiß, gemahlen
0,8 g Nelken
0,8 g Ingwer

Herstellung
1. Die Schweinebäuche werden angegart und durch die 3-mm-Scheibe gewolft.
2. Das gesamte Material einschließlich der Gewürze wird zu einer gleichmäßigen Masse vermengt.

Därme: Mitteldärme, Kaliber 60/65, oder Schweinekrausen

Garzeit: 60–75 Minuten bei 80 °C

Produktionsverlust: 12 %

Hinweis
Das italienische Originalrezept sieht die Verarbeitung von Schwarten nicht vor. Die Masse wird allein durch das gegarte Blut zusammengehalten.

Rezept 2961

Blutwurst mit Kürbis 2.232.6

Material für 100 kg
90,0 kg Thüringer Rotwurst (2920)
10,0 kg Kürbis in Würfeln

Gewürze und Zutaten je kg Masse
3,0 g Pfeffer
3,0 g Majoran
1,0 g Piment
0,5 g Nelken
20,0 g Zwiebeln, Rohgewicht
0,3 g Knoblauchmasse (4426)

Herstellung
Siehe 2920. Der Kürbis soll vor seiner Weiterverarbeitung gut abtropfen, damit er im Wurstgut gut bindet.

Därme: Sterile Kunstdärme, Kaliber 60/50

Garzeit: 60 Minuten bei 80 °C

Produktionsverlust: 2 %

Rezept 2962

Breite Blutwurst 2.232.10

Material für 100 kg
100,0 kg Blutwurst-Grundmasse (2902)

Herstellung
Die in der Magenspitze weichgeklopften Mägen werden nicht zu prall mit der Blutwurstmasse gefüllt und abgebunden. Die Abbindung muß so stabil sein, daß sie der mit einer hohen Hitzeeinwirkung verbundenen Belastung standhält. Vor dem Einlegen in das kochende Kesselwasser werden die Mägen noch einmal kräftig durchgegriffen.
Die Schweinemägen werden in den wallend kochenden Kessel eingelegt und 30 Minuten gekocht. Der Kessel soll so viel Wasser enthalten, daß sich die Schweinemägen während des Kochens gut bewegen können. Ein leichtes Rühren der Mägen mit einem großen Rührholz während der Kochzeit ist zu empfehlen.
Die Kochzeit der Mägen beträgt in der Regel 30 Minuten. Sie muß aber unbedingt solange anhalten bis alle in den Kessel eingelegten Mägen an der Wasseroberfläche schwimmen.
Wenn die Mägen an der Oberfläche schwimmen, werden sie mit einer Fleischgabel oder einer kräftigen Nadel gestippt, so daß die Luft, die sich im Inneren der Mägen angesammelt hat, entweichen kann.
Nach dem wallenden Kochen soll der Kessel von selbst durch kontinuierlichen Temperaturverlust auf 80–85 °C absinken. Eine Temperatursenkung durch Zugießen von kaltem Wasser ist unbedingt zu vermeiden! Das hätte nämlich zur Folge, daß die fertigen Blutmägen nach Abschnitt und etwa 15 Minuten Lagerung im Kern eine rote Speckfärbung zeigen würden.
Die gleiche Rotfärbung würde auftreten, wenn dem Kessel während der etwa 2,5 stündigen Garzeit bei 80–85 °C kaltes Wasser zugelassen würde. Selbst wenn die Temperatur während dieser Garzeit bei nicht automatisch gesteuerten Kesseln einmal über die Temperatur von 85 °C hinausgeht, gilt der Grundsatz, daß kaltes Wasser nicht zugelassen werden darf. Es ist dann besser, ein paar Platzer in Kauf zu nehmen, als die ganze Charge in Fehlfabrikation zu machen.

Därme: Schweinemägen. (Die Vorbehandlung der Schweinemägen wird unter der Überschrift „Schweinemagen als Wursthülle" besprochen.)

Garzeit: 30 Minuten bei 100 °C; 150 Minuten bei 80 °C

Produktionsverlust: 12 %

Rezept 2963

Hessische Landrotwurst 2.232.7

Material für 100 kg
40,0 kg S 3 Schweinefleisch mit geringem Sehnenanteil und max. 5 % sichtbarem Fett, vorgesalzen und -gegart
28,0 kg S 6 Backen ohne Schwarte, vorgesalzen und -gegart
12,0 kg S 11 Kopf ohne Knochen, gepökelt, gekocht
5,0 kg S 15 Schweineleber, roh
15,0 kg Blutwurst-Grundmasse (2901)

Gewürze und Zutaten für die Masse, außer Blutwurst-Grundmasse
18,0 g Nitritpökelsalz
3,0 g Pfeffer
1,0 g Nelken
0,5 g Piment
0,5 g Muskat
3,0 g Majoran
40,0 g Zwiebeln, roh

Herstellung:
1. Die gekochten Schweineköpfe werden mit der Blutwurstmasse und der Schweineleber fein gekuttert.
2. Schweinefleisch und Schweinebacken werden in 1-cm Würfel geschnitten.
3. Gewürze und Zutaten werden unter die Grundmasse gezogen und das grobe Material beigemengt.

Vorkochverlust: Pos. 1, 2 = 25 %; Pos. 3 = 55 %

Därme: Schweinekappen

Garzeit: 75—90 Minuten bei 80 °C

Produktionsverlust: 18 %

Rezept 2964

Französische Rotwurst 2.232.6

Siehe 2920

Abweichung
1. Anstelle von Backen wird Schweinefleisch verwendet.
2. Anstelle von Kappen werden Mitteldärme, Kaliber 65+ gefüllt.

Produktionsdaten: Siehe 2920

Rezept 2965

Italienische Blutwurst mit Rotwein 2.232.6

Material für 100 kg
80,0 kg S 4b Schweinebauch ohne Schwarte mit max. 50 % sichtbarem Fett, vorgegart
12,0 kg S 20 Schweineblut, gepökelt
8,0 kg Italienischer Rotwein

Gewürze und Zutaten je kg Masse
24,0 g Nitritpökelsalz
4,0 g gestoßener Pfeffer
1,0 g Nelken
1,0 g Ingwer

Herstellung
1. Die Schweinebäuche werden gepökelt, gegart und durch die 2-mm Scheibe gewolft.
2. Das zerkleinerte Material wird mit den Gewürzen und Zutaten vermengt.
3. Dem Ganzen wird das angewärmte Blut und der Rotwein untergezogen.

Därme: Rindermitteldärme, Kaliber 60/65

Produktionsverlust: 12 %

Rezept 2966

Braunschweiger Dauerblutwurst 2.232.10

Siehe 2940

Abweichung
Därme: Rinderbutten, eng

Räuchern: Kalt, ca. 6 Stunden

Sülzwurst

Produktionsschema

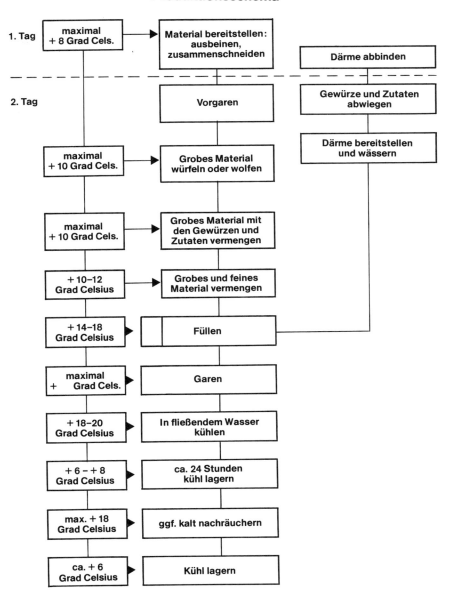

1. Tag

| maximal + 8 Grad Cels. | → | Material bereitstellen: ausbeinen, zusammenschneiden |

Därme abbinden

2. Tag

Vorgaren

Gewürze und Zutaten abwiegen

Därme bereitstellen und wässern

maximal + 10 Grad Cels. → Grobes Material würfeln oder wolfen

maximal + 10 Grad Cels. → Grobes Material mit den Gewürzen und Zutaten vermengen

+ 10–12 Grad Celsius → Grobes und feines Material vermengen

+ 14–18 Grad Celsius ▶ Füllen

maximal + Grad Cels. ▶ Garen

+ 18–20 Grad Celsius ▶ In fließendem Wasser kühlen

+ 6 – + 8 Grad Celsius ▶ ca. 24 Stunden kühl lagern

max. + 18 Grad Celsius ▶ ggf. kalt nachräuchern

ca. + 6 Grad Celsius ▶ Kühl lagern

Rezept 3001

Aspik, geschmacksneutral, natürliche Herstellung

Herstellung

Man verwendet frische, bestens entspeckte, angesalzene Schwarten, die etwa 8–10 Stunden gewässert, danach abgegossen und in kochendes Wasser gegeben werden. Man läßt das Material kurz aufwallen (etwa 3 Minuten), nimmt es aus dem Kessel, schwenkt den Sud ab, und setzt es dann in klarem Wasser wieder kalt auf. Dabei ist empfehlenswert, etwa 6 Teile Schwarten und 4 Teile Wasser anzusetzen. Das ganze soll dann bei 90 °C gekocht werden, bis sich eine feste breiige Masse ergibt, die im Bedarfsfall verdünnt werden kann. Der Schwartenbrei wird wieder auf 80–85 °C erhitzt und etwa 8 Stunden bei dieser Temperatur gehalten. Sowohl die Unterschreitung als auch eine Überschreitung der Temperatur führt zu einer Fehlfabrikation (Trübung, geringe Bindekraft).

Es muß unbedingt darauf geachtet werden, daß das Rohmaterial nicht anbrennen kann. Gegebenenfalls sollte das Ganze im Wasserbad erhitzt werden.

Nach der Kochzeit gießt man die Masse durch ein Haarsieb. Wenn die abgegossene Brühe nach dem Erkalten nicht starr genug wird, sollte sie mit 90 °C bis zur gewünschten Konsistenz eingedickt werden.

Zur Herstellung von Corned beef, Corned pork und Sülze ist es nicht erforderlich, die Masse zu klären.

Rezept 3002

Aspik, natürliche Herstellung, geklärt

Herstellung

Zur Verwendung der Gelatine zu Sülzkoteletten u. ä. ist es erforderlich, den Aspik (3001) zu klären.

Dazu läßt man die Brühe zunächst erkalten und hebt den Fettspiegel ab. Soweit noch nicht geschehen, muß dann der Brühe unbedingt 1 Prozent 80%ige Essigessenz zugegeben werden. Die Masse wird auf 80 °C erhitzt. Unter langsamen Rühren gibt man pro Liter Brühe 20 g Eiweiß (gefrorenes Hühnereiweiß oder Blutplasma) bei. Zu schwaches oder zu starkes Ansäuern, zu geringe oder zu starke Erhitzung führt zum wertlosen Fehlfabrikat.

Ist das Eiweiß geronnen und hat die Trübstoffe an sich gebunden, sind sie abzuschöpfen und die Brühe durch einen zylindrig genähten Leinenfilter zu geben. Es ist darauf zu achten, daß das Leinengewebe frei von Seifen- und Waschpulverresten ist.

Zur Klärung der Brühe ist auch die Verwendung einer Zentrifuge möglich.

Rezept 3003

Aspik, künstliche Herstellung

Herstellung

Künstlicher Aspik wird unter Verwendung von Aspikpulver hergestellt. Je nachdem welches Wurstprodukt produziert werden soll, kann klares Wasser oder Würzbrühe verwendet werden. Im Vergleich zur Herstellung von natürlichem Aspik ist die Herstellung von künstlichem Aspik mit geschmacksneutralem Aspikpulver die rationellere Herstellungsweise.

Rezept 3004

Aspik, Madeira

Material für 100 kg
40,0 kg Weißwein
20,0 kg Madeira
40,0 kg Kräuteraufgußbrühe (4470, 4471)

Gewürze und Zutaten je kg Masse
25,0 g Aspikpulver
 0,05 g Trüffeln

Herstellung

Die Flüssigkeiten werden vor der Weiterverarbeitung unter Zugabe der Trüffeln auf 80 °C erhitzt.

Die Trüffeln werden in der Regel nach dem Erhitzen wieder entfernt.

Rezept 3005

Garniersülze

Herstellung

Ganiersülze sollte geschmacklich so abgestimmt sein, daß sie zu dem Produkt paßt, das garniert werden soll.

Es ist auch wichtig zu wissen, daß Garniersülze zur Gewährleistung einer Mindesthaltbarkeit mit mindestens 10 Gramm Salz je Kilogramm Brühe gesalzen sein muß.

Kalte Platten, aber auch Portionsstücke im Thekenverkauf, können mit Garnieraspik sehr vielfältig garniert werden. Eine der am häufigsten verwendeten Möglichkeiten seien nachstehend aufgeführt:

1. *Imitierte Eiswürfel*

   Ein Block klaren Aspiks, dessen Würzung dem zu garnierenden Produkt angepaßt sein sollte, wird in 0,5-cm-Würfel geschnitten. Die Würfel werden lose auf eine Fläche gestreut und schillern wie Eiskristalle.

2. *Spritzaspik*

   Gut gekühlter Aspik wird kleingeschnitten, dann kleingehackt und in einen Spritzbeutel gefüllt. Durch eine etwa 3- bis 4-mm-Tülle kann der Aspik für alle beliebigen Spritzgarnierungen verwendet werden.

3. *Bunter Aspik*

   Durch entsprechende Färbung läßt sich der Aspik auch zur Herstellung von Garnierbildern verwenden, wie Blumen, Würfel u.v.a.m., wie sie beispielsweise für Sülzkotelettes benötigt werden. Auch hierbei ist zu beachten, daß der Aspik neben der Farbe einen entsprechenden Geschmack haben sollte.

4. *Roter Aspik*

   Hell- bis dunkelroter Aspik läßt sich mit Rotwein von kräftig dunkelroter Farbe herstellen.

   Für hellrot nimmt man einen in Frage kommenden Aufgußaspik und färbt ihn mit dem Rotwein, für den die anteilige Menge Aspik beigegeben werden muß, eventuell auch Gewürze.

   Je mehr der Rotweinanteil gesteigert wird, um so dunkler wird der Aspik. Das kann bis zur alleinigen Verwendung von Rotwein gehen.

5. *Weißer Aspik*

   Zur Herstellung von weißem Aspik verwendet man Milch, die man dem Aufgußaspik beigießt.

6. *Gelber Aspik*

   Mit einer Prise (!) Safran läßt sich schnell und einfach gelber Aspik herstellen.

7. *Grüner Aspik*

   Dafür verwendet man eingekochten Spinat- oder Petersiliensaft, da sonst keine zufriedenstellende Farbe erzielt werden kann.

Die bunten Aspike lassen sich selbstverständlich auch in der in Position 1 und 2 beschriebenen Weise verwenden.

Rezept 3006

Braunschweiger Schweinefleischsülze

Material für 100 kg

50,0 kg S 3 Schweinefleisch mit geringem Sehnenanteil und max. 5 % sichtbarem Fett, vorgegart

25,0 kg S 3b Schweinefleisch mit höherem Sehnenanteil und max. 5 % sichtbarem Fett, vorgegart

25,0 kg Knochenbrühe, hell (5101)

Gewürze und Zutaten je kg Masse

10,0 g Nitritpökelsalz (Brühe)
     für das gesamte Material:

 2,0 g Pfeffer

 0,7 g Piment

 0,5 g Ingwer

 0,5 g Kümmel

 0,5 g Zitronenpulver

25,0 g Aspikpulver (bezogen auf die Knochenbrühe)

Herstellung

1. Das Schweinefleisch wird gepökelt, gegart und in große Würfel geschnitten.
2. Der Knochenbrühe werden die Gewürze und das Aspik beigemengt.
3. Dieser Würzbrühe werden die Schweinefleischwürfel zugemengt.

Vorkochverlust: Pos. 1 = 25 %

Därme: 27 Stück, Kaliber 120/50, sterile Kunstdärme

Garzeit: 120 Minuten bei 80 °C

Produktionsverlust: 2 %

Rezept 3007

Feine weiße Sülze

Material für 100 kg

50,0 kg K 2 Kalbfleisch, entsehnt, mit max. 5 % sichtbarem Fett, vorgegart

30,0 kg Schweinebauch ohne Schwarte mit max. 30 % sichtbarem Fett, vorgegart

20,0 kg Kräuteraufgußbrühe (4470, 4471)

Gewürze und Zutaten je kg Masse
     zur Brühe:

10,0 g Nitritpökelsalz
     zum gesamten Material:

 1,0 g Pfeffer

0,2 g Ingwer
0,2 g Mazis
0,2 g Kümmel
25,0 g Aspikpulver, bezogen auf die Brühe

Herstellung
1. Das Kalbfleisch und das Bauchfleisch werden gepökelt, gegart und in große Würfel geschnitten.
2. Der Aufgußbrühe werden die Gewürze und der Aspik beigemegt.
3. Dieser Würzbrühe werden die Fleischwürfel zugemengt.

Vorkochverlust: Pos. 1 + 2 = 25 %

Därme: 27 Stück, Kaliber 120/50, Kunstdärme, steril

Garzeit: 120 Minuten bei 80 °C

Produktionsverlust: 2 %

Rezept 3008

Hausmacher Sülze

Material für 100 kg
80,0 kg S 11 Kopf ohne Knochen, gekocht
20,0 kg Kräuteraufgußbrühe (4470,4471)

Gewürze und Zutaten je kg Masse
10,0 g Nitritpökelsalz (zur Brühe)
　　　zum gesamten Material:
　2,0 g Pfeffer
　0,2 g Ingwer
　0,2 g Kümmel, gemahlen
25,0 g Aspikpulver (zur Aufgußbrühe)

Herstellung
1. Die gepökelten, gegarten und entbeinten Schweineköpfe werden in 1-cm- Würfel geschnitten.
2. Der Kräuterbrühe werden die Gewürze und der Aspik beigemengt.
3. Dieser Würzbrühe werden die Fleischwürfel zugemengt.

Vorkochverlust: Pos. 1 = 55 %

Därme: 42 Stück, Kaliber 90/50, sterile Kunstdärme

Garzeit: 90 Minuten bei 80 °C

Produktionsverlust: 2 %

Rezept 3009

Feine Weinsülze

Material für 100 kg
50,0 kg S 3 Schweinefleisch mit geringerem Sehnenanteil und max. 5 % sichtbarem Fett, vorgegart
25,0 kg S 3b Schweinefleisch mit höherem Sehnenanteil und max. 5 % sichtbarem Fett, vorgegart
10,0 kg Weißwein

Gewürze und Zutaten je kg Masse
10,0 g Nitritpökelsalz (zur Knochenbrühe)
　　　für das gesamte Material:
　1,0 g Pfeffer
　0,2 g Nelken
25,0 g Aspikpulver, zur Flüssigkeit

Herstellung
1. Das Schweinefleisch wird gepökelt, gegart und in kleine Würfel geschnitten.
2. Der Knochenbrühe und dem Weißwein werden die Gewürze und der Aspik beigemengt.
3. ieser Würzbrühe werden die Schweinefleischwürfel zugemengt.

Vorkochverlust: Pos. 1 = 25 %

Därme: 42 Stück, Kaliber 90/50, sterile Kunstdärme

Garzeit: 90 Minuten bei 80 °C

Produktionsverlust: 2 %

Rezept 3010

Kalbfleischsülze

Material für 100 kg
66,0 kg K 2 Kalbfleisch, entsehnt, mit max. 5 % sichtbarem Fett, vorgegart
34,0 kg Aufgußbrühe (4470)

Gewürze und Zutaten je kg Masse
　8.0 g Nitritpökelsalz, für das Fleisch
10,0 g Weißwein
　0,5 g Pfeffer
　0,5 g Glutamat
25,0 g Aspikpulver, pro kg Aufguß

Vorarbeiten:
1. Die Aufgußbrühe ist herzustellen.
2. Das Kalbfleisch wird in 2 cm große Würfel geschnitten und mit der angegebenen Menge Nitritpökelsalz angesalzen.

2. Das Fleisch kommt in einen Behälter und wird mit dem Weißwein übergossen. Das Ganze wird leicht vermengt und etwa 12 Stunden kühl gelagert.

Herstellung
1. In die gut erwärmte Aufgußbrühe (etwa 40 °C) wird die angegebene Menge Aspik klumpenfrei eingerührt.
2. Das Kalbfleisch wird aus der Weißweinmarinade genommen und kräftig heiß abgeschwenkt.
3. Das abgeschwenkte Kalbfleisch kommt in eine Mengmulde, wird unter Zugabe der Gewürze mit der Aufgußbrühe übergossen und gut vermengt. Soweit vorhanden wird die Weißweinmarinade mit beigemengt.
4. Die Masse kann gefüllt werden. Es ist darauf zu achten, daß alle Würste einen gleichmäßigen Anteil an Fleisch- und Aufgußmaterial haben.

Därme: 42 Stück, Kaliber 90/50, sterile Kunstdärme

Garzeit: 120 Minuten bei 80 °C

Produktionsverlust: 2 %

Hinweis
Das Fertigprodukt hat einen geringen Salzgehalt. Es besteht daher nur eine geringe Haltbarkeit

Anmerkung
Die Materialvorbereitung läßt sich rationeller bewältigen, wenn das Kalbfleisch mit 80 °C angebrüht und anschließend auf dem Speckschneider in 2-cm-Würfel zerkleinert wird. Bei dieser Verfahrensweise entsteht allerdings ein Vorkochverlust, der kalkulatorisch berücksichtigt werden muß.

Rezept 3011

Magensülze

Material für 100 kg
40,0 kg S 11 Kopf ohne Knochen, gekocht
40,0 kg S 3 Schweinefleisch mit geringem Sehnenanteil und ma. 5 % sichtbarem Fett, vorgegart
20,0 kg Aufgußbrühe (4470)

Gewürze und Zutaten je kg Masse
10,0 kg Nitritpökelsalz, für die Aufgußbrühe für die Gesamtmenge:
 1,0 g Pfeffer
 0,3 g Kümmel
10,0 g Zwiebeln, roh, gehackt
25,0 g Aspikpulver, für den Aufguß

Herstellung
1. Die Schweineköpfe und das Fleisch werden gepökelt, gegart und in große Würfel geschnitten.
2. Der Aufgußbrühe werden die Gewürze und der Aspik beigemengt.
3. Dieser Würzbrühe werden die Schweinefleischwürfel zugemengt.

Vorkochverlust: Pos.1 = 55 %: Pos. 2 = 25 %

Därme: Schweinemägen

Garzeit: 30 Minuten bei 100 °C; 150 Minuten bei 80 °C

Produktionsverlust: 12 %

Rezept 3012

Schweinskopfsülze

Siehe 3008

Rezept 3013

Thüringer Kümmelsülze

Material für 100 kg
50,0 kg S 11 Kopf ohne Knochen, gekocht
20,0 kg Kalbfleisch mit höherem Sehnenanteil und max. 5 % sichtbarem Fett, vorgegart
 7,0 kg S 16 Schweineherz, geputzt, gepökelt, vorgegart
 3,0 kg S 22 Nieren, ohne Nierengänge, gegart
20,0 kg Aspikpulver, für den Aufguß

Herstellung
1. Das grobe Material Pos. 1–4 wird gepökelt, gegart und nach Erkalten in 1-cm-Würfel geschnitten.
2. Dem gewürfelten Pökelgut werden die Gewürze beigemengt.
3. Abschließend wird die Aufgußbrühe und der Aspik eingerührt.

Vorkochverlust: Pos. 1 = 55 %; Pos. 2 = 25 %;
Pos. 3 + 4 3 30 %

Därme: 42 Stück, Kaliber 90/50, sterile Kunstdärme

Garzeit: 120 Minuten bei 80 °C

Produktionsverlust: 5 %

Rezept 3014

Thüringer Sülze

Siehe 3008

Abweichung
Thüringer Sülze wird an Stelle von Kümmel mit
1,0 g Zitronenpulver je kg Wurstmasse gewürzt.

Rezept 3015

Wurstsülze

Material für 100 kg
80,0 kg Wurstwürfel
20,0 kg Kräuterbrühe (4471)

Gewürze und Zutaten je kg Masse
10,0 g Nitritpökelsalz (für die Brühe)
      zur Gesamtmenge:
 1,0 g Zitronenpulver
25,0 g Aspikpulver (zur Brühe)

Herstellung
1. Zur Wurstsülze werden verschiedene Brühwurstsorten verwendet. Sorten mit Knoblauchgeschmack sind nicht geeignet.
   Die Würste werden sauber von Kunst- oder
   Naturdärmen befreit und in 0,5- bis 1-cm-
   Würfel geschnitten.
2. Der Kräuterbrühe werden das Gewürz und
   das Aspik beigemengt.
3. Dieser Würzbrühe werden die Wurstwürfel
   zugemengt.

Därme: 42 Stück, Kaliber 90/50, Sterildärme,
oder Plastikförmchen

Garzeit: 90 Minuten bei 80 °C

Produktionsverlust: 3 %

Anmerkung: Wurstsülze wird vorwiegend als
Portionssülze angeboten.

Rezept 3016

Sülzwurst

Material für 100 kg
50,0 kg S 3b Schweinefleisch mit höherem Seh-
            nenanteil und max. 5 % sichtbarem
            Fett, vorgegart
10,0 kg S 16 Schweineherz, geputzt, gepökelt,
            vorgegart
20,0 kg S 4b Schweinebauch ohne Schwarte mit
            max. 50 % sichtbarem Fett, vorgegart
20,0 kg Kräuteraufgußbrühe (4471)

Gewürze und Zutaten je kg Masse
10,0 g Nitritpökelsalz, zur Brühe
       zur gesamten Masse
 3,0 g Pfeffer
 0,5 g Ingwer
 0,5 g Mazis
 0,2 g Kümmel, gemahlen
25,0 g Aspik für den Aufguß

Herstellung
1. Das gesamte Material Pos. 1–3 wird gepökelt, gegart und ggf. ausgebeint. Nach dem
   Erkalten werden alle Teile in 1 cm dicke und
   4 cm lange Streifen geschnitten.
2. Der Kräuterbrühe werden die Gewürze und
   der Aspik beigemengt.
3. Dieser Würzbrühe werden die Fleischstreifen zugemengt.

Vorkochverlust: Pos. 1 = 55 %; Pos. 2 = 30 %;
Pos. 3 = 25 %

Därme: 42 Stück, Kaliber 90/50, sterile Kunstdärme

Garzeit: 120 Minuten bei 80 °C

Produktionsverlust: 2 %

Rezept 3017

Sülzwurst

Material für 100 kg
50,0 kg S 11 Kopf ohne Knochen, gekocht
20,0 kg S 4b Schweinebauch ohne Schwarte mit
            max. 50 % sichtbarem Fett, vorgegart
10,0 kg S 14 Schwarten gekocht
20,0 kg Kräuteraufgußbrühe (4471)

Herstellung
Die gepökelten und gekochten Schwarten werden heiß durch die 2-mm-Scheibe gewolft und

in die Kräuteraufgußbrühe eingerührt. Weitere Herstellung des Produktes nach Rezept 3016.

Vorkochverlust: Pos. 1 + 3 = 55 %; Pos. 2 = 25 %

Därme: 27 Stück, Kaliber 120/50, sterile Kunstdärme

Garzeit: 150 Minuten bei 80 °C

Produktionsverlust: 2 %

Rezept 3018

Berliner Sülzwurst

Material für 100 kg
25,0 kg S 3 Schweinefleisch mit geringem Sehnenanteil und max. 5 % sichtbarem Fett, vorgegart
25,0 kg S 4b Schweinebauch ohne Schwarte mit max. 50 % sichtbarem Fett, vorgegart
15,0 kg K 2 Kalbfleisch, entsehnt, mit max. 5 % sichtbarem Fett, vorgegart
15,0 kg S 17 Schweinezungen, geputzt, gepökelt, vorgegart
 4,0 kg Milch
16,0 kg Knochenbrühe, hell (5101)

Gewürze und Zutaten je kg Masse
10,0 g Nitritpökelsalz
25,0 g Aspik
    für das gesamte Material:
 3,0 g Pfeffer
 0,5 g Ingwer
 1,0 g Mazis
 1,0 g Kümmel, gemahlen
 6,0 g Zwiebeln, gerieben

Herstellung
1. Das gesamte Material Pos. 1–4 wird gepökelt, gegart und ausgekühlt.
2. Die Schweinezungen und das Kalbfleisch werden in 1-cm-Würfel, das übrige Material in längliche Streifen geschnitten.
3. Der Knochenbrühe werden die Gewürze und der Aspik beigemengt.
4. Dieser Würzbrühe wird das grobe Material zugemengt.

Vorkochverlust: Pos. 1–3 = 25 %; Pos. 4 = 30 %

Därme: Schweinemägen

Garzeit: 30 Minuten bei 100 °C; 150 Minuten bei 80 °C

Die Temperatur soll von selbst abfallen, ohne Kaltwasserzugabe

Produktionsverlust: 12 %

Rezept 3019

Norddeutsche Sülzwurst

Siehe 3017

Abweichung
Därme: Schweinemägen

Garzeit: 30 Minuten bei 100 °C, dann 150 Minuten bei 80 °C. Die Temperatur soll von selbst abfallen, ohne Kaltwasserzugabe.

Rezept 3020

Thüringer Sülzwurst

Material für 100 kg
50,0 kg S 11 Kopf ohne Knochen, gekocht
20,0 kg S 3b Schweinefleisch mit höherem Sehnenanteil und max. 5 % sichtbarem Fett, vorgegart
10,0 kg S 14 Schwarten, gekocht
20,0 kg Aufgußbrühe (4471)

Gewürze und Zutaten je kg Masse
    für die Brühe:
10,0 g Nitritpökelsalz
    zum gesamten Material:
 1,0 g Pfeffer
 0,2 g Ingwer
 0,2 g Mazis
 0,2 g Kümmel
25,0 g Aspikpulver, zur Brühe

Herstellung
Die gepökelten und gekochten Schwarten werden durch die 2-mm-Scheibe gewolft und in die Aufgußbrühe eingerührt.
Weitere Herstellung des Produktes nach Rezept 3016.

Vorkochverlust: Pos. 1 und 3 = 55 %; Pos. 2 = 25 %

Därme: 42 Stück, Kaliber 90/50 sterile Kunstdärme

Produktionsverlust: 2 %

Abweichung: Das grobe Material wird in 2-cm-Würfel geschnitten.

Rezept 3021

Schwartenmagen

Material für 100 kg
40,0 kg K 2 Kalbfleisch, entsehnt, mit max. 5 % sichtbarem Fett, vorgegart
34,0 kg S 3b Schweinefleisch mit höherem Sehnenanteil und max. 5 % sichtbarem Fett, vorgegart
6,0 kg S 14 Schwarten, gekocht
10,0 kg Knochenbrühe, hell (5101)
10,0 kg Weißwein

Gewürze und Zutaten je kg Masse
Für die Knochenbrühe:
10,0 g Nitritpökelsalz
für das gesamte Material:
3,0 g Pfeffer
0,5 g Muskat
0,5 g Piment
0,1 g Nelken
25,0 g Aspik, zur Brühe

Herstellung
1. Das Kalbfleisch und das Schweinefleisch werden gepökelt, gegart und ggf. ausgebeint. Nach Erkalten werden alle Teile in 3-cm-Würfel geschnitten.
2. Die gepökelten und gekochten Schwarten werden heiß durch die 2-mm-Scheibe gewolft und in die Aufgußbrühe eingerührt.
3. Das grobe Material wird mit den Gewürzen vermischt und in die Aufgußbrühe eingerührt.
4. Das Ganze wird mit dem Aspik überstreut und vermengt.
5. Die angegebene Menge Weißwein wird der Menge erst ganz zum Schluß beigemengt.

Vorkochverlust: Pos. 1 = 25 %; Pos. 2 = 25 %; Pos. 3 = 55 %

Därme: 27 Stück, Kaliber 120/50, sterile Kunstdärme

Garzeit: 180 Minuten bei 80 °C

Produktionsverlust: 2 %

Rezept 3022

Geleeschwartenmagen

Siehe 3016

Abweichung
Därme: Schweinemägen

Garzeit: 30 Minuten bei 100 °C; 150 Minuten bei 80 °C

Rezept 3023

Grauer Schwartenmagen

Material für 100 kg
20,0 kg R 2 Rindfleisch, entsehnt, mit max. 5 % sichtbarem Fett, vorgegart
25,0 kg S 3 Schweinefleisch mit geringem Sehnenanteil und max. 5 % sichtbarem Fett, vorgegart
25,0 kg S 4b Schweinebauch ohne Schwarte mit max. 50 % sichtbarem Fett, vorgegart
25,0 kg S 11 Kopf ohne Knochen, gekocht
5,0 kg Kesselbrühe

Gewürze und Zutaten je kg Masse
20,0 g Kochsalz
3,0 g Pfeffer
1,0 g Nelken
0,5 g Muskat

Herstellung
Rindfleisch, Schweinekämme und -bäuche werden leicht angegart. Das gesamte Material wird geschrotet und mit den Gewürzen vermengt. Dem Ganzen wird die Kesselbrühe untergezogen. Die Masse kann in Schweinebutten oder Schweineblasen gefüllt werden.

Vorkochverlust: Pos. 1–3 = 25 %; Pos. 4 = 55 %

Därme: Schweinebutten

Garzeit: 120 Minuten bei 80 °C

Produktionsverlust: 12 %

Rezept 3024

Kasseler Schwartenmagen

Material für 100 kg
20,0 kg R 2 Rindfleisch, entsehnt, mit max. 5 % sichtbarem Fett, vorgegart
oder:
20,0 kg K 2 Kalbfleisch, entsehnt, mit max. 5 % sichtbarem Fett, vorgegart
20,0 kg S 3 Schweinefleisch mit geringem Sehnenanteil und max. 5 % sichtbarem Fett, vorgegart
20,0 kg S 11 Kopf ohne Knochen, gekocht
20,0 kg Schweinezungen, geputzt, gepökelt, vorgegart

Gewürze und Zutaten je kg Masse
    zur Gesamtmenge
  3,0 g Pfeffer
  1,5 g Muskat
    zur Aufgußbrühe:
18,0 g Nitritpökelsalz
25,0 g Aspik

Herstellung
Die gepökelten und gekochten Schwarten werden heiß durch die 2-mm-Scheibe gewolft und mit der Kräuteraufgußbrühe vermengt.
Das gepökelte Material Pos. 1–4 wird gegart und in 2-cm-Würfel geschnitten.
Das grobe Material wird mit den Gewürzen vermischt und in die Aufgußbrühe eingerührt.

Vorkochverlust: Pos. 1 = 25 %; Pos. 3 = 30 %; Pos. 4 + 5 = 55 %

Därme: Rinderbutten

Garzeit: 180 Minuten bei 80 °C

Produktionsverlust: 12 %

Rezept 3025

Sülzpreßkopf

Material für 100 kg
45,0 kg S 3 Schweinefleisch mit geringem Sehnenanteil und max. 5 % sichtbarem fett, vorgegart
40,0 kg S 3b Schweinefleisch mit höherem Sehnenanteil und max. 5 % sichtbarem Fett, vorgegart
  1,0 kg Gelbwurstbrät (2027)
  5,0 kg große Zwiebeln, roh
  9,0 kg Knochenbrühe, hell (5101)

Gewürze und Zutaten je kg Masse
Zur Gesamtmenge:
  1,0 g Pfeffer
  0,5 g Mazis
  0,5 g Ingwer
  0,1 g Kardamom
  0,5 g Zitronenpulver
25,0 g Aspikpulver, berechnet auf die Brühe und die Zwiebeln
    Zur Brühe:
18,0 g Nitritpökelsalz

Herstellung
1. Beide Sorten Schweinefleisch werden gepökelt, angegart und anschließend in 2-cm-Würfel geschnitten.

2. Die großen, rohen Zwiebeln werden auf dem Reibeisen (!) gerieben und dann mit etwa einem Drittel der Knochenbrühe übergossen.
3. In dieser Zwiebelbrühe wird das rohe Brät eingerührt. Das Ganze muß eine möglichst gleichmäßige, breiartige Masse geben.
4. Diesem Gemenge werden die Gewürze (nicht der Aspik) beigemengt.
5. Das geschnittene Material wird gut heiß abgeschwenkt, mit der restlichen Menge Knochenbrühe und der gewürzten Zwiebelbrühe gleichmäßig vermengt.
6. Der Aspik wird ganz zum Schluß der Masse beigemengt.

Vorkochverlust: Pos. 1 + 2 = 25 %

Därme: 27 Stück, Kaliber 120/50, sterile Kunstdärme

Garzeit: 180 Minuten bei 80 °C

Produktionsverlust: 2 %

Rezept 3026

Hannoversche Weißwurst

Material für 100 kg
100 kg S 3b Schweinefleisch mit höherem Sehnenanteil und max. 5 % sichtbarem Fett, vorgegart

Gewürze und Zutaten je kg Masse
20,0 g Kochsalz
  2,0 g Pfeffer
  1,0 g Muskat
  0,5 g Piment
50,0 g Zwiebeln, roh

Herstellung
1. Die Bäuche werden angegart und mit den Zwiebeln zweimal durch die 3-mm-Scheibe gewolft.
2. Dieser Masse werden die Gewürze und das Salz beigemengt.

Vorkochverlust: Pos. 1 = 18 %

Därme: 90 Stück, Kaliber 60/50, sterile Kunstdärme

Garzeit: 60 Minuten bei 80 °C

Produktionsverlust: 2 %

Rezept 3027

Schwartenmagen, einfach

Material für 100 kg
10,0 kg S 3b Schweinefleisch mit höherem Sehnenanteil und max. 5 % sichtbarem
  Fett, vorgegart
50,0 kg S 11 Kopf ohne Knochen, gekocht
20,0 kg S 14 Schwarten gekocht
20,0 kg Knochenbrühe, hell (5101)

Gewürze und Zutaten je kg Masse
20,0 g Nitritpökelsalz
 3,0 g Pfeffer
 1,0 g Kümmel
 1,0 g Glutamat
 1,0 g Farbstabilisator

Herstellung
Die gepökelten und gekochten Schwarten werden heiß durch die 2-mm-Scheibe gewolft und
in die Knochenbrühe eingerührt.
Weitere Herstellung nach 3016.

Vorkochverlust: Pos. 1 = 35 %

Därme: Schweinemägen

Garzeit: 150 Minuten bei 80 °C

Produktionsverlust: 12 %

Hinweis: Die Bindekraft der Schwarten soll
nicht zu stark sein. Es wird daher empfohlen, sie
sehr weich zu kochen.

Rezept 3028

Weißer Schwartenmagen

Siehe 3021

Rezept 3029

Fuldaer Schwartenmagen

Material für 100 kg
10,0 kg R 2 Rindfleisch, entsehnt, mit max. 5 %
  sichtbarem Fett, vorgegart.
30,0 kg S 3 Schweinefleisch mit geringem Sehnenanteil und max. 5 % sichtbarem
  Fett, vorgegart
20,0 kg S 8 Rückenspeck ohne Schwarte, vorgegart
30,0 kg S 14 Schwarten, gekocht
10,0 kg Knochenbrühe, hell (5101)

Gewürze und Zutaten je kg Masse
20,0 g Nitritpökelsalz
  soweit noch erforderlich:
 2,0 g Pfeffer
 0,5 g Knoblauchmasse (4426)

Herstellung
1. Das Rind- und Schweinefleisch wird ca. 12
   Stunden vorgesalzen, dann angegart und
   gewürfelt. Der Speck wird in 6-mm-Würfel
   geschnitten und mit dem Rind- und Schweinefleisch heiß abgeschwenkt.
2. Diesem groben Material wird Gewürz beigemengt.
3. Die gesalzenen Schwarten werden sehr
   weich gekocht und zweimal durch die 2-mm-
   Scheibe gewolft.
4. In den Schwartenbrei wird die Knochenbrühe gerührt.
5. Das grobe Material wird gleichmäßig unter
   den Schwartenbrei gerührt.

Vorkochverlust: Pos. 1 + 2 = 25 %; Pos. 3 =
20 %; Pos. 4 = 55 %

Därme: Schweinemagen

Garzeit: 150 Minuten bei 80 °C

Produktionsverlust: 12 %

Rezept 3030

Fränkischer Fleischpreßsack

Material für 100 kg
80,0 kg S 11 Kopf ohne Knochen, gekocht
10,0 kg S 14 Schwarten, gekocht
10,0 kg Knochenbrühe, hell (5101)

Gewürze und Zutaten je kg Masse
 3,0 g Pfeffer
 1,5 g Kümmel, gemahlen
 0,5 g Zitronenpulver
20,0 g Zwiebeln, roh
  Zur Brühe ggf.:
18,0 g Nitritpökelsalz

Herstellung
1. Die Zwiebeln werden goldbraun gedünstet.
2. Die gepökelten Schwarten werden gut weichgekocht, mit den Zwiebeln zweimal durch
   die 3-mm-Scheibe gewolft und in die Kesselbrühe eingerührt.
3. Die gepökelten Schweineköpfe werden in

6-mm-Würfel geschnitten, heiß abgeschwenkt und mit den Gewürzen gleichmäßig vermengt.
4. Anschließend wird das grobe Material unter den Schwartenbrei gemengt.

Vorkochverlust: Pos. 1 + 2 = 55 %

Därme: Schweinebutten

Garzeit: 150 Minuten bei 80 °C

Produktionsverlust: 12 %

Rezept 3031

Preßkopf

Siehe 3016

Rezept 3032

Sächsischer Preßkopf

Material für 100 kg
80,0 kg S 1 Kopf ohne Knochen, gekocht
10,0 kg S 14 Schwarten, gekocht
10,0 kg Knochenbrühe, hell (5101)

Gewürze und Zutaten je kg Masse
für die Knochenbrühe:
18,0 g Nitritpökelsalz
für die Gesamtmenge:
 2,5 g Pfeffer
 1,0 g Kümmel, gemahlen
 0,5 g Piment
 0,5 g Muskatblüte
25,0 g Aspik, zur Brühe

Herstellung
Die gepökelten Schwarten werden gekocht und heiß durch die 2-mm-Scheibe gewolft. Der Schwartenbrei wird unter die Knochenbrühe gerührt.
Die gepökelten, gegarten und entbeinten Schweineköpfe werden geschrotet und mit den Gewürzen vermengt.
Das grobe Material wird gleichmäßig unter den Schwartenbrei gemengt.
Nach dem Garen werden die Mägen auf einen Tisch gelegt und bis zur völligen Auskühlung gepreßt.

Vorkochverlust: Pos. 1 + 2 = 55 %

Därme: Schweinemägen

Garzeit: 180 Minuten bei 80 °C

Produktionsverlust: 12 %

Rezept 3033

Hannoversche Kochmettwurst

Material für 100 kg
30,0 kg S 3 Schweinefleisch mit geringem Sehnenanteil und max. 5 % sichtbarem Fett, vorgegart
70,0 kg S 4b Schweinebauch ohne Schwarte mit max. 50 % sichtbarem Fett, vorgegart

Gewürze und Zutaten je kg Masse
18,0 g Kochsalz
 2,0 g Pfeffer
 0,5 g Mazis
30,0 g Zwiebeln, roh

Herstellung
1. Die Zwiebeln werden goldbraun gebraten.
2. Das Fleischmaterial wird angegart und mit den Gewürzen und Zutaten durch die 3-mm-Scheibe gewolft.

Vorkochverlust: Pos. 1 + 2 = 25 %

Därme: sterile Kunstdärme

Garzeit: 60 Minuten bei 80 °C

Produktionsverlust: 2 %

Rezept 3034

Göttinger Weißwurst

Siehe 3033

Abweichung
Därme: 75 Meter Rinderkranzdärme, Kaliber 40/43

Garzeit: 45 Minuten bei 75 °C

Produktionsverlust: 18 %

Rezept 3035

Hannoversche Bregenwurst

Siehe 3036

Abweichung
Gewürze je kg Masse
20,0 g Nitritpökelsalz
 2,0 g Pfeffer
 8,0 g Zwiebeln, roh fein zerkleinert

Rezept 3036

Harzer Weißwurst

Material für 100 kg
50,0 kg S 3 Schweinefleisch mit geringem Sehnenanteil und max. 5 % sichtbarem
Fett, vorgegart
50,0 kg S 4b Schweinebauch ohne Schwarte mit
max. 50 % sichtbarem Fett, vorgegart

Gewürze und Zutaten je kg Masse
22,0 g Kochsalz
 2,5 g Pfeffer
 1,0 g Kümmel, gemahlen
 0,5 g Mazis
 1,0 g Majoran, gerebbelt

Herstellung
Das Fleischmaterial wird in faustgroße Stücke
geschnitten, mit den Gewürzen und Zutaten vermischt und durch die 3-mm-Scheibe gewolft.
Die Ware wird warm geräuchert, gegart und
unter ständigem Wenden ausgekühlt.

Därme: 65 Meter, Kaliber 43/46, Rinderkranzdärme

Garzeit: 45 Minuten bei 75 °C

Produktionsverlust: 18 %

Rezept 3037

Braunschweiger Schweinssülze

Material für 100 kg
73,0 kg S 3b Schweinefleisch mit höherem Sehnenanteil und max. 5 % sichtbarem
Fett, vorgegart
 5,0 kg S 11 Kopf ohne Knochen, gekocht
12,0 kg S 14 Schwarten gekocht,
10,0 kg Kesselbrühe, heiß

Gewürze und Zutaten je kg Masse
3,0 g Pfeffer
0,2 g Piment
0,25 g Ingwer
0,25 g Mazis
0,25 g Kümmel, gemahlen
0,2 g Zitronenpulver

Herstellung
1. Das Schweinefleisch wird gepökelt und
   leicht angegart verarbeitet.
2. Die Schweineköpfe werden ebenfalls gepökelt, gegart, ausgebeint und dabei gewissenhaft von Knochen, Knorpeln und zu harten
   Kopfschwarten befreit.
3. Die Schwarten werden nach dem Pökeln gut
   weichgekocht.
4. Schweinefleisch und -köpfe werden in etwa
   1–1,5 cm große Würfel geschnitten, die
   Schwarten werden heiß durch die 2-mm-
   Scheibe gewolft und mit der heißen Kesselbrühe gekuttert.
5. Das grobe Material wird mit den Gewürzen
   und Zutaten vermengt. Diesem Gemenge
   wird die Schwartenbrühe beigerührt. Die
   fertige Masse wird sofort gefüllt und gegart.

Därme: Schweinemagen oder Sterildärme,
Kaliber 120/50

Garzeit: Je mm Durchmesser 1,5-2 Minuten, je
nachdem wie weich das Fleischmaterial vorgegart wurde, bei 80 °C

Produktionsverlust: Schweinemagen: 10 %;
Sterildärme: 2 %

Rezept 3038

Saure Rolle (Sülze)

Material für 100 kg
65,0 kg S 3 Schweinefleisch mit geringem Sehnenanteil und max. 5 % sichtbarem
Fett, vorgegart
20,0 kg S 9 Speckabschnitte ohne Schwarte, vorgegart
10,0 kg Kutteln
 3,5 kg S 14 Schwarten, gekocht
 1,5 kg Kesselbrühe, heiß

Gewürze und Zutaten je kg Masse
2,0 g Zucker
3,0 g Pfeffer, gemahlen

1,0 g Mazis
3,0 g Suppengewürz

Herstellung
1. Das Schweinefleisch und die Speckabschnitte werden vorgesalzen verarbeitet. Beide Materialien werden angegart und in nudelige Streifen geschnitten.
2. Die zur Verarbeitung kommenden Kutteln sollen sauber geputzt sein und eine hellgelbe bis weiße Farbe haben. Sie werden in Rechtecke geschnitten und über eine Längsseite zusammengeschlagen, so daß sie etwa die Länge und die Breite einer engen Rinderbutte haben. Die Kuttelstücke werden mit poliertem Wurstgarn in engen Stichen zusammengenäht, so daß auf einer Schmalseite ein Loch für das Füllhorn bleibt.
3. Diese Kuttelhüllen werden 2–3 Stunden zum durchpökeln in eine Lake eingelegt.
4. Die Schwarten werden weich gekocht verarbeitet. Sie werden heiß durch die 2-mm-Scheibe gewolft und mit der Kesselbrühe vermengt.
5. Das grobe Material wird heiß abgeschwenkt, soll gut abtropfen und wird dann mit den Gewürzen vermengt. Diesem Gemenge wird dann die heiße Schwartenbrühe untergezogen. Das Ganze wird in die Kutteldärme gefüllt, die an der Füllstelle zusammengenäht, in ein Tuch eingeschlagen und wie eine Roulade gerollt werden.

Garen
10 Minuten bei 100 °C, unter ständigem Umrühren der Würste, dann bei 86–84 °C, je mm Durchmesser 1–1,25 Minuten. Der Kessel soll von selbst, ohne die Zugabe von Kaltwasser von 100 °C auf 86 °C abfallen.

Nachbehandlung
Nach dem Garen werden die Würste in kaltem Wasser kurz abgekühlt. Sie kommen dann in das Kühlhaus zum vollständigen Durchkühlen.
In der Regel am darauf folgenden Tag werden die Würste aus dem Rouladentuch gerollt und in Essigbeize gelegt. Dazu werden die Würste in einen nicht zu großen Steinguttopf gelegt und mit einem qualitativ guten Essig übergossen. In die Beize kommen 1 Lorbeerblatt und einige in Ringe geschnittene Zwiebeln. Die Würste sollen je nach Dicke 2–4 Tage in der Essigbeize durchziehen.

Die Intensität des Essiggeschmackes kann über die Essigkonzentration gesteuert werden. Wenn der unverdünnte Essiggeschmack als zu stark empfunden wird, kann mit abgekochtem, kaltem Wasser verdünnt werden.

Verkauf
Die Saure Rolle sollte 24 Stunden nach der Herausnahme aus der Essigbeize verkauft sein.

Rezept 3039

Weiße Rollwurst (Sülze)

Material für 100 kg
64,0 kg S 3 Schweinefleisch mit geringem Sehnenanteil und max. 5 % sichtbarem Fett, vorgegart
24,0 kg S 9 Speckabschnitte ohne Schwarte, vorgegart
10,0 kg S 14 Schwarten, gekocht
 2,0 kg Kesselbrühe, heiß

Gewürze und Zutaten je kg Masse
3,0 g Pfeffer
1,0 g Mazis
1,0 g Ingwer
0,1 g Nelken
3,0 g Suppengewürz

Herstellung
1. Das Schweinefleisch und die Speckabschnitte werden mit Nitritpökelsalz vorgesalzen, bzw. vorgepökelt.
2. Beide Materialien werden angegart und in nudelige Streifen geschnitten, Größe ca. 2,0 x 0,5 cm
3. Die Schwarten werden gekocht verarbeitet. Sie werden heiß durch die 2-mm-Scheibe gewolft und mit der heißen Kesselbrühe vermengt.
4. das grobe Material wird zunächst mit den Gewürzen und dann mit dem Schwartenbrei vermengt. Das Wurstgut ist füllfertig.

Därme: Sterildärme, Kaliber 120/50

Garzeit: 120 Minuten bei 80–85 °C

Produktionsverlust: 2 %

Rezept 3040

Fränkische Fleischsülze

Material für 100 kg
80,0 kg S 11 Kopf ohne Knochen, gekocht
15,0 kg S 14 Schwarten, gepökelt, gekocht
 5,0 kg Kesselbrühe, heiß

Gewürze und Zutaten je kg Masse
3,0 g Pfeffer
0,5 g Ingwer
1,0 g Kümmel
0,2 g Zitronenpulver
4,0 g Zwiebeln
3,0 g Suppengewürz

Herstellung
1. Die Schweineköpfe werden gepökelt, gegart
   und ausgebeint, Knochen, Knorpeln und
   harte Schwartenteile müssen entfernt werden. Die ausgebeinten Köpfe werden in
   5-mm-Würfel geschnitten.
2. Das geschnittene Material wird heiß abgeschwenkt und mit den Gewürzen und Zutaten
   vermengt. Die Schwarten werden mit der
   heißen Kesselbrühe verrührt und unter das
   grobe Material gezogen. Die Masse wird
   sofort gefüllt und gegart.

Därme: Schweinemagen

Garzeit: 2,5 Stunden bei 80 °C

Produktionsverlust: 12 %

Rezept 3041

Norddeutscher Preßkopf

Siehe 3016

Abweichung
Gewürz je kg Masse, zusätzlich
10,0 g Zwiebeln, roh, gerieben

Därme: Schweinemagen

Garzeit: 2,5 Stunden bei 80 °C

Produktionsverlust: 12 %

Rezept 3042

Sülzwurst mit Rindfleischzusatz

Material für 100 kg
10,0 kg R 2 Rindfleisch entsehnt, mit max. 5 %
    sichtbarem Fett, vorgegart

41,0 kg S 3 Schweinefleisch mit geringem Seh-
    nenanteil und max. 5 % sichtbarem
    Fett, vorgegart
30,0 kg S 11 Kopf ohne Knochen, gekocht
15,0 kg S 14 Schwarten, gekocht
 4,0 kg Kesselbrühe, heiß

Gewürze und Zutaten je kg Masse
3,0 g Pfeffer
0,5 g Ingwer
1,0 g Mazis
10,0 g Zwiebeln
3,0 g Suppengewürz

Herstellung
1. Das Rindfleisch und das Schweinefleisch
   werden gepökelt, gegart und in nudelige
   Streifen geschnitten. Ebenso die Schweineköpfe, die nach dem Pökeln und Garen sauber von Knochen, Knorpeln und harten
   Stirnschwarten befreit sein sollen.
2. Die Schwarten werden ebenfalls gepökelt
   und gut weich gekocht. Sie werden heiß
   durch die 2-mm-Scheibe gewolft.
3. Das grobe Material wird mit den Gewürzen
   und Zutaten vermengt. Anschließend werden
   die Schwarten untergerührt, die vorher mit
   der heißen Kesselbrühe verrührt wurden.
4. Das Wurstgut wird gefüllt und gegart.

Därme: Rinderbutten, mittelweit

Garzeit: Je Millimeter Durchmesser 1 Minute
bei 80 °C

Produktionsverlust: 12 %

Rezept 3043

Rollpens (Sülze)

Material für 100 kg
64,0 kg R 2 Rindfleisch, entsehnt, mit max. 5 %
    sichtbarem Fett, vorgegart
21,0 kg S 6 Backen ohne Schwarte, vorgegart
10,0 kg Kutteln
 3,5 kg S 14 Schwarten, gekocht
 1,5 kg Kesselbrühe, heiß

Gewürze und Zutaten je kg Masse
1,0 g Zucker
3,0 g Pfeffer
1,0 g Piment
4,0 g Suppengewürz

Herstellung
Siehe 3038. Das Rindfleisch und die Backen werden wie Schweinefleisch vorbehandelt.

Rezept 3044

Rindfleisch-Sülze

Material für 100 kg
80,0 kg R 2 Rindfleisch, entsehnt, mit max. 5 %
    sichtbarem Fett, vorgegart
15,0 kg S 14 Schwarten, gekocht
  5,0 kg Kesselbrühe, heiß

Gewürze und Zutaten je kg Masse
  2,5 g Pfeffer
  1,0 g Mazis
  0,5 g Ingwer
  1,0 g Kümmel, gestoßen
20,0 g Zwiebeln, roh
  4,0 g Suppengewürz

Herstellung
1. Das Rindfleisch wird gepökelt, gegart und grob gewürfelt.
2. Die Schwarten werden gepökelt, gekocht und durch die 2-mm-Scheibe gewolft. Sie sollen sehr heiß verarbeitet werden
3. Das Rindfleisch wird mit den Gewürzen und Zutaten vermengt. Die Schwarten werden mit der Kesselbrühe verrührt und unter das grobe Material gezogen.
4. Die fertige Masse wird warm gefüllt und anschließend gegart.

Därme: Schweinemagen, oder sterile Kunstdärme, Kaliber 90/50

Garzeit: Je Millimeter Durchmesser etwa 1 Minute bei 80–85 °C. Die Garzeit ist davon abhängig wie lange, bzw. wie intensiv das Rindfleisch vorgegart wurde.

Produktionsverlust: Schweinemagen: 12 %; Sterildärme: 2 %

Rezept 3045

Sächsische Eisenbahnwurst (Sülze)

Material für 100 kg
40,0 kg S 3 Schweinefleisch mit geringem Sehnenanteil und max. 5 % sichtbarem Fett, vorgegart
10,0 kg S 11 Kopf ohne Knochen, gekocht

30,0 kg S 6 Backen ohne Schwarte, vorgegart
15,0 kg S 14 Schwarten, gekocht
  5,0 kg Kesselbrühe, heiß

Gewürze und Zutaten je kg Masse
3,0 g Pfeffer
0,4 g Ingwer
1,0 g Kümmel
1,0 g Koriander
3,0 g Suppengewürz (4025)
1,0 g Glutamat
1,0 g Farbstabilisator

Herstellung
1. Das Schweinefleisch und die Backen werden gepökelt und angegart.
2. Die Schweineköpfe werden ebenfalls gepökelt und gegart. Sie werden dann sauber aus den Knochen gelöst. Knorpel und zu harte Kopfschwarten werden entfernt.
3. Die Schwarten werden über Nacht gesalzen und dann weichgekocht.
4. Schweinefleisch und -köpfe werden in ca. 2 mm große Würfel geschnitten, die Backen sollen etwa 1 cm stark gewürfelt sein.
5. Das geschnittene Material wird heiß abgeschwenkt, soll gut abtropfen und wird dann mit den Gewürzen und Zutaten vermengt. Unter das gewürzte Fleischmaterial wird der Schwartenbrei gezogen, der vorher aus Schwarten und Kesselbrühe zusammengemengt wurde.

Därme: Sterildärme, Kaliber 120/50

Garzeit: 2,5 Stunden bei 80 °C

Produktionsverlust: 2 %

Rezept 3046

Zungen-Preßkopf

Material für 100 kg
40,0 kg S 11 Kopf ohne Knochen, gekocht
45,0 kg S 17 Schweinezungen, geputzt, gepökelt, vorgegart
10,0 kg S 14 Schwarten, gekocht
  5,0 kg Kesselbrühe

Gewürze und Zutaten je kg Masse
3,0 g Pfeffer
0,5 g Ingwer
0,5 g Mazis
1,0 g Kümmel, gemahlen

10,0 g Zwiebeln
1,0 g Glutamat
1,0 g Farbstabilisator

Herstellung
1. Die Schweineköpfe werden gepökelt, gegart und knochen- und knorpelfrei ausgebrochen.
2. Die Schweinezungen werden gepökelt und gegart verarbeitet.
3. Die Schwarten werden mit Nitritpökelsalz gesalzen, gut weichgekocht und gewolft.
4. Die Schweineköpfe werden in nicht zu große Nudeln geschnitten, heiß abgeschwenkt und mit den Gewürzen und Zutaten vermengt.
5. Die Schwarten werden mit der heißen Brühe vermengt.
6. Das geschnittene Schweinekopffleisch und die Schwarten werden zusammengemengt.
7. Ein Darm wird zur Hälfte mit Preßkopfmasse gefüllt und dann mit den Zungen, die nicht geschnitten werden, aufgefüllt. Die Zungen müssen gleichmäßig im Darm verteilt sein.

Därme: Sterildärme, Kaliber 120/50

Garzeit: 180 Minuten bei 80 °C

Produktionsverlust: 4 %

Rezept 3047

Mannheimer Preßsack

Material für 100 kg
10,0 kg S 3 Schweinefleisch mit geringem Sehnenanteil und max. 5 % sichtbarem Fett, vorgegart
5,0 kg K 2 Kalbfleisch, entsehnt, mit max. 5 % sichtbarem Fett, vorgegart
50,0 kg S 11 Kopf ohne Knochen, gekocht
25,0 kg S 17 Schweinezungen, geputzt, gepökelt, vorgegart
8,0 kg S 14 Schwarten, gekocht
2,0 kg Kesselbrühe, heiß

Gewürze und Zutaten je kg Masse
2,5 g Pfeffer
0,5 g Ingwer
0,5 g Mazis
0,2 g Koriander
3,0 g Suppengewürz
0,2 g getrocknete Petersilie

1,0 g Glutamat
1,0 g Farbstabilisator

Herstellung
1. Schweine- und Kalbfleisch werden gepökelt, gegart und in etwa 1,5–2 cm große Würfel geschnitten. Die gegarten Schweinezungen werden ebenfalls gewürfelt.
2. Die Schweineköpfe werden gepökelt, gegart und ausgebeint. Das Material soll knorpelfrei sein, die harten Kopfschwarten sind zu entfernen. Das Material wird dann in 1 cm große Würfel geschnitten.
3. Die Schwarten werden gepökelt, weich gekocht, gewolft und mit der heißen Brühe vermengt.
4. Das grobe Material wird heiß abgeschwenkt, soll gut ablaufen und wird dann mit den Gewürzen und Zutaten vermengt.
5. Die Schwartenbrühe wird unter das gewürzte Material gezogen. Die fertige Masse wird gefüllt.

Därme: Schweinemägen

Garzeit: 2,5 Stunden bei 80 °C

Produktionsverlust: 12 %

Rezept 3048

Schinkenpreßkopf

Material für 100 kg
40,0 kg S 1 Schweinefleisch, fett- und sehnenfrei, vorgegart
36,0 kg S 12 Masken, gekocht
13,0 kg S14 Schwarten, gekocht
4,0 kg S 6 Backen ohne Schwarte, vorgegart
7,0 kg Brühe, gesalzen

Gewürze und Zutaten je kg Masse
3,0 g Pfeffer, gemahlen
1,0 g Muskat
0,5 g Kümmel, gebrochen
0,5 g Ingwer
0,5 g gekörnte Brühe
1,0 g Glutamat
etwas Knoblauch

Herstellung
1. Das Schweinefleisch und die Schweinebacken werden gepökelt, gegart und in 1,5–2 cm große Würfel geschnitten.
Die Masken werden ebenfalls gewürfelt, etwa in der Größe 0,8–1,0 cm.

2. Die heißen Schwarten werden gewolft und auf dem Kutter mit der heißen Knochenbrühe vermengt.
3. Das grobe Material wird heiß abgeschwenkt, soll gut ablaufen und wird mit den Gewürzen und Zutaten vermengt. Dem Ganzen wird dann der heiße Schwartenbrei untergezogen. Das Wurstgut wird sofort gefüllt.

Därme: Schweinemägen oder Schweinebutten

Garzeit: Je Millimeter Durchmesser 1,5 Minuten bei 80 °C

Produktionsverlust: 12 %

Rezept 3049

Schweinekümmelmagen

Material für 100 kg
70,0 kg S 2 Schweinefleisch ohne Sehnen, mit max. 5 % sichtbarem Fett, vorgegart
25,0 kg S 14 Schwarten, gekocht
 5,0 kg Kesselbrühe, gesalzen (5101)

Gewürze und Zutaten je kg Masse
3,0 g Pfeffer, gemahlen
2,0 g Muskat
0,4 g Kardamom
3,0 g Kümmel, gebrochen

Herstellung
1. Das Schweinefleisch wird gepökelt, gegart und in 2,5 cm große Würfel geschnitten.
2. Die Schwarten werden ebenfalls gepökelt, weich gekocht, durch die 2-mm-Scheibe gewolft und auf dem Kutter mit der Knochenbrühe vermengt.
3. Das Schweinefleisch wird heiß abgeschwenkt und soll gut abtropfen. Es wird mit den Gewürzen vermengt. Dem gewürzten Material wird der Schwartenbrei untergezogen.

Därme: Schweinemägen

Garzeit: 15 Minuten bei 100 °C, dann 120–150 Minuten bei 80 °C, je nach Größe der Mägen

Produktionsverlust: 12 %

Hinweis: Das Wurstgut kann auch in sterile Kunstdärme Kal. 120/50 oder 90/50 gefüllt werden. Dadurch würde der Produktionsverlust auf 2 % sinken.

Rezept 3050

Gekochte Zwiebelwurst

Material für 100 kg
60 kg S 6 Wammen ohne Schwarte, mittelfett, vorgegart
40,0 kg S 3 Schweinefleisch mit geringem Sehnenanteil und max. 5 % sichtbarem Fett, vorgegart

Gewürze und Zutaten je kg Masse
30,0 g Zwiebeln, roh
 3,0 g Pfeffer, gemahlen
 0,5 g Mazis
 0,5 g Kümmel, gemahlen

Herstellung
Die Wammen und das Schweinefleisch werden gepökelt verarbeitet. Beide Materialien werden kurz angegart, in wolfgerechte Stücke geschnitten, mit den Gewürzen vermengt und durch die 3-mm-Scheibe gewolft. Die Zwiebeln können gewolft (2-mm-Scheibe) werden.

Därme: 90 Stück sterile Kunstdärme, Kal. 60/50

Garzeit: 60 Minuten bei 80 °C

Produktionsverlust: 2 %

Rezept 3051

Schwäbische Weiße Preßwurst

Siehe 3021

Abweichung
Gewürze und Zutaten je kg Masse
2,5 g Pfeffer, weiß, gemahlen
0,9 g Muskat
1,5 g Koriander
3,3 g Selleriepulver
0,1 g Lorbeerblatt, gemahlen
0,4 g Piment
1,3 g Kümmel, gemahlen

Rezept 3052

Weiße Preßwurst

Siehe 3021

Rezept 3053

Süddeutsche Preßsülze

Material für 100 kg
20,0 kg S 4b Schweinebauch ohne Schwarte mit max. 50 % sichtbarem fett, vorgegart
40,0 kg S 12 Schweinerüssel, gegart
12,0 kg S 17 Schweinezungen, geputzt, gepökelt, vorgegart
20,0 kg S 14 Schwarten, gekocht
 8,0 kg Fleischbrühe

Gewürze und Zutaten je kg Masse
20,0 g Nitritpökelsalz (für das Schweinefleisch)
 2,5 g Pfeffer, gemahlen
 0,4 g Muskat
 0,6 g Koriander
10,0 g Zwiebeln

Herstellung
1. Die Schweinerüssel, von gepökelten Schweineköpfen, werden in 15 mm große Würfel geschnitten. Ebenso die Schweinezungen.
2. Die gepökelten Schwarten werden gegart und heiß durch die 2-mm-Scheibe gewolft. Schwarten und Fleischbrühe werden zu einem Schwartenbrei verrührt. Die Zwiebeln werden fein gewolft.
3. Das Schweinefleisch wird in faustgroße Stücke geschnitten, mit dem Nitritpökelsalz vermengt und durch die Erbsenscheibe gewolft.
4. Die Schweinerüssel und die Zungen werden heiß abgeschwenkt und sollen gut abtropfen. Sie werden dann mit den Gewürzen vermengt. Dem gewürzten Material wird erst das Schweinefleisch und dann der Schwartenbrei beigemengt.

Därme: Schweinemägen, oder sterile Kunstdärme, 120/50

Garzeit: Je Millimeter Durchmesser 1,5 Minuten

Räuchern: Wenn das Produkt in Schweinemägen gefüllt wird, werden diese nach dem Garen gepreßt bis sie völlig durchgekühlt (+6 °C) sind. Anschließend werden sie im Kaltrauch goldgelb angeräuchert.

Produktionsverlust: Schweinemagen: 12 %; Sterildärme: 2 %

Rezept 3054

Stuttgarter Salvenatwurst

Material für 100 kg
10,0 kg S 3b Schweinefleisch mit höherem Sehnenanteil und max. 5 % sichtbarem Fett, vorgegart
15,0 kg S 16 Schweineherz, geputzt, gepökelt, vorgegart
50,0 kg S 11 Kopf ohne Knochen, gekocht
25,0 kg S 14 Schwarten, gekocht

Gewürze und Zutaten je kg Masse
20,0 g Nitritpökelsalz
 2,5 g Pfeffer, gemahlen
 1,0 g Nelken
 0,5 g Muskat

Herstellung
1. Das Schweinefleisch, die Schweineherzen und die Schwarten werden vorgesalzen. Die Schweineköpfe werden gespritzt und etwa 12 Stunden in 10gradiger Lake gepökelt.
2. Die Schweineköpfe werden gekocht und sauber ausgebeint. Das Schweinefleisch und die Herzen werden angegart, die Schwarten weich gekocht. Sie kommen heiß zur Verarbeitung.
3. Die Schweineköpfe werden in nudelige Streifen geschnitten. Das Schweinefleisch und die Herzen werden durch die Schrotscheibe und die Schwarten durch die 2-mm-Scheibe gewolft.
4. Das in Streifen geschnittene Material wird heiß abgeschwenkt, soll gut abtropfen und wird mit den Gewürzen vermengt. Dem Ganzen wird erst das gewolfte Material und dann die Schwarten beigemengt.

Därme: Kranzdärme, Kaliber 37/40

Garzeit: 45 Minuten bei 75–78 °C

Produktionsverlust: 12 %

Rezept 3055

Milzwurst

Material für 100 kg
60,0 kg S 19 Schweinemilz, roh
 8,0 kg S 18 Schweinehirn
 8,0 kg Kalbsbries, gebrüht
16,0 kg Bratwurst-Grundbrät (2601)
 8,0 kg Schweinenetzfett

Gewürze und Zutaten je kg Masse
20,0 g Kochsalz
 2,0 g Pfeffer, gemahlen
       etwas geriebene Zwiebel
20,0 g Lauch, klein gehackt
20,0 g Petersilie, klein gehackt
2 Eier. roh

Herstellung
1. Die Rindermilz wird 3 Stunden in Kochsalzwasser eingelegt.
2. Bries und Hirn werden gut gewässert. Das
   Hirn wird enthäutet. Beide Teile werden kurz
   angegart und dann in kleine Würfel
   geschnitten.
3. Hirn, Bries und Grundmasse werden unter
   Zugabe aller Gewürze und Zutaten miteinander vermengt.
4. Die Rindermilz wird von der dickeren
   Schmalseite aus so aufgeschnitten, daß eine
   Tasche entsteht.
   Die Milz wird gewendet und in die Öffnung
   wird vorsichtig die Füllung gestopft. Die
   Milz wird zugenäht oder verspeilt.
5. Die gefüllte Milz wird in das Schweinenetz
   eingeschlagen und in ein Rouladentuch
   gerollt.

Garzeit: Je Millimeter Durchmesser 1 Minute

Produktionsverlust: 10 % in

Zubereitung
Die abgekühlte Milzwurst wird aus dem Rouladentuch genommen, in daumendicke Scheiben
geschnitten und auf einer Platte angerichtet zum
Verkauf angeboten. Die Milzschnitten werden
angebräunt und warm verzehrt.

Rezept 3056

Milzwurst mit Lammfleisch

Siehe 3055

Abweichung
Anstelle von Hirn und Bries werden neben dem
Bratwurstbrät zu gleichen Teilen Kalbs-, Lamm-
und Schweinefleisch verwendet, das jeweils
durch die 2-mm-Scheibe gewolft wurde.

Hinweis
Bei der Verwendung von Lammfleisch muß in
der Sortenbezeichnung der Zusatz „mit . . .%
Lammfleisch" enthalten sein.

Rezept 3057

Milzwurst

Siehe 3055

Abweichung
Anstelle von Hirn wird die gleiche Menge fein
zerkleinerter Leber verwendet.

Rezept 3058

Schwedische Preßsülze

Material für 100 kg
50,0 kg S 11 Kopf ohne Knochen, gekocht
25,0 kg K 2 Kalbfleisch, entsehnt, mit max. 5 %
        sichtbarem Fett, vorgegart
15,0 kg Aspikaufguß (3003)
10,0 kg Rückenspeckschwarte, im Ganzen, vor-
        gegart

Gewürze und Zutaten je kg Masse
3,0 g Pfeffer, weiß, gemahlen
0,5 g Muskat

Herstellung
1. Das Schweinekopffleisch und das Kalbfleisch, beides vorher gepökelt und gegart,
   werden in etwa 1,5 cm große Würfel
   geschnitten.
2. Eine Pastetenform wird mit einer in entsprechender Größe vorgerichteten Rückenspeckschwarte ausgelegt, und zwar so, wie man
   eine Pastetenform mit einer Speckplatte aus-
   legt. Bevor die Schwarte in den Pastetenkasten eingelegt wird, sollte die Form erst mit
   einem Cellobogen belegt werden.
3. Die ausgelegte Pastetenform wird mit dem
   Gemisch der beiden Fleischarten gefüllt. Es
   ist darauf zu achten, daß möglichst wenig
   Platz für den Aufguß bleibt.
4. Die Kästen werden mit Aspikaufguß aufgefüllt, die Rückenspeckschwarte wird oben
   übergeschlagen und der Pastetenkasten wird
   geschlossen.

Hinweis
Ein Garen der fertig angerichteten Sülze ist in
der Regel nicht notwendig, wenn die Schwarte
vorher ausreichend durchgegart wurde. Sollte
das Produkt dennoch einem kurzen Garprozeß
unterzogen werden müssen, so ist es ratsam,
dies im Kochschrank zu erledigen, um ein Ein-

dringen von Kesselbrühe in den Pastetenkasten zu vermeiden.

Garzeit: Je Millimeter Durchmesser 1–1,5 Minuten bei 80 °C

Produktionsverlust: 12 %

Rezept 3059

Schwedische Kalbfleischsülze

Siehe 3058

Abweichung
Hier wird jedoch nur vorgegartes Kalbfleisch verwendet.
Gewürze und Zutaten je kg Masse
3.0 g Pfeffer, weiß, gemahlen
0,5 g Piment

Rezept 3060

Französischer Preßkopf

Material für 100 kg
60,0 kg S 11 Kopf ohne Knochen, gepökelt und gekocht
20,0 kg S 17 Schweinezungen, geputzt, gepökelt, vorgegart
20,0 kg Kesselbrühe

Gewürze und Zutaten je kg Masse
2,0 g Pfeffer
0,7 g Muskat
0,7 g Nelken
0,7 g Ingwer
1,0 g Farbstabilisator
30-50 g Aspikpulver für Kesselbrühe je kg

Grünzeug für den Sud
Zwiebeln, Mohrrüben, Lorbeerblatt, Thymian, Nelken

Herstellung
1. Die Schweineköpfe und -zungen werden in einem Sud mit den oben genannten Zutaten weich gekocht. Die Materialien werden entbeint bzw. von Häuten befreit, klein gewürfelt und heiß abgebrüht. Das Material soll gut abtropfen.
2. Das grobe Material wird mit den Gewürzen und Zutaten vermengt. Der Aspik wird mit unter die Brühe gezogen.

3. Das gewürzte Material wird in Pastetenkästen gefüllt, die vorher kalt ausgespült wurden.
4. Die Masse soll gut auskühlen. Der Preßkopf wird dann aus der Form gestülpt und ist verkaufsfertig.

Vorkochverlust: Pos. 1 = 55 %; Pos. 2 = 30 %

Produktionsverlust: 10 %

Rezept 3061

Amerikanische Frühstückswurst nach alter englischer Art

Material für 100 kg
50,0 kg S 3b Schweinefleisch mit höherem Sehnenanteil und max. 5 % sichtbarem fett, roh
50,0 kg S 4b Schweinebauch ohne Schwarte, mit max, 50 % sichtbarem Fett, roh

Gewürze und Zutaten je kg Masse
16,0 g Kochsalz
3,5 g Pfeffer
0,5 g Ingwer
0,5 g Majoran
0,3 g Kardamom
2,0 g Selleriesalz
1,0 g Zucker

Herstellung
Das Gesamte Material wird vorgeschroten, mit den Gewürzen und Zutaten vermengt und durch die 3-mm-Scheibe gewolft.

Därme: Sterildärme, Kaliber 90/50

Hinweis: Diese Wurstsorte wird nach Originalrezept als Konserve hergestellt.

294

Zerealienwurst

Mit Zusatz von Gertreide-Erzeugnissen

Nährmittelwurst (Zerealienwurst) hat eine alte Tradition. Die Herstellung ist in Anlage 3, Punkt 6 der Fleisch-Verordnung geregelt. Dort sind alle Stoffe genannt, die einem Wursterzeugnis zwar zugesetzt werden dürfen, aber **kenntlich zu machen sind.** Dazu heißt es in Anlage 3, Punkt 6:

„6. Semmel, Grütze und andere Getreideerzeugnisse zur Herstellung herkömmlicher-, ortsüblicher-, handelsüblicher Wurstwaren, wie Grütz-, Semmel-, Mehlwürste.

Kennzeichnung: Die Art der zugesetzten Stoffe muß aus der orts- oder handelsüblichen Bezeichnung hervorgehen, oder sie muß verbraucherbekannt sein."

Bei den Nährmittel-Wurstsorten wird allgemein in drei Qualitätsstufen unterteilt, in Spitzen-, Mittel- und Einfachqualität.

Das Kaufinteresse konzentriert sich weitestgehend auf die Spitzenqualitäten, ausgenommen einige Produkte, bei denen es traditionell üblich ist, sie nur in Mittelqualitäten, in noch selteneren Fällen als Einfach-Qualitäten, herzustellen. Dabei kann folgende Qualitätsabstufung als alter und guter Handwerksbrauch angesehen werden:

	Spitzen-Qualität	Mittel-Qualität	Einfach-Qualität
Produkte ohne Blut			
Fleisch- u. Fettgewebe, Mindestmenge	50 %	30 %	10 %
Innereien, ohne Leber*)	n. Wahl	n. Wahl	n. Wahl
Nährmittel, maximal	30 %	45 %	60 %
Leber, mindestens	10 %	5 %	2 %
Produkte mit Blut			
Fleisch u. Fettgewebe, Mindestmenge	50 %	30 %	10 %
Innereien, ohne Leber*)	n. Wahl	n. Wahl	n. Wahl
Blut, maximal	20 %	35 %	50 %
Nährmittel, max.	20 %	35 %	50 %

*) Die einzelnen Innereienarten sollen folgende Anteile am Fertigprodukt nicht überschreiten:

Lunge, maximal	30 %	n. Wahl	n. Wahl
Milz	0	10 %	20 %
Pansen	0	20 %	30 %
Nieren	n. Wahl	n. Wahl	n. Wahl
Herz	n. Wahl	n. Wahl	n. Wahl
Euter	0	20 %	30 %

Die Verarbeitung von Nährmitteln

Die in den einzelnen Rezepten angegebenen Nährmittelmengen beziehen sich auf eingeweichte oder aufgeschwemmte Gewichte.

Backwaren, wie Semmeln, Weißbrot usw. sollen grundsätzlich nicht in heißer Flüssigkeit, sondern in kaltem oder lauwarmem Wasser eingeweicht werden.

Wenn heißes Wasser verwendet wird, leidet die Konsistenz des Wurstproduktes. Das Erzeugnis wird weich und weniger ansehnlich. Außerdem würde ein deutlich hervortretender süßlicher Geschmack festzustellen sein.

Die zur Verarbeitung kommenden **Innereien** sind gewissenhaft vorzubereiten.

Bei Lungen sollen die knorpeligen Teile, bei Herzen die Herzpfeifen und die sehnigen Teile, bei Pansen sämtliche Fetteile (Talg) entfernt sein. Die Pansen sollen weiß bis hellgelb aussehen.

Die Nieren sind ohne die Nierengänge zu verarbeiten.

Kochwurst mit Nährmitteln

Produktionsschema

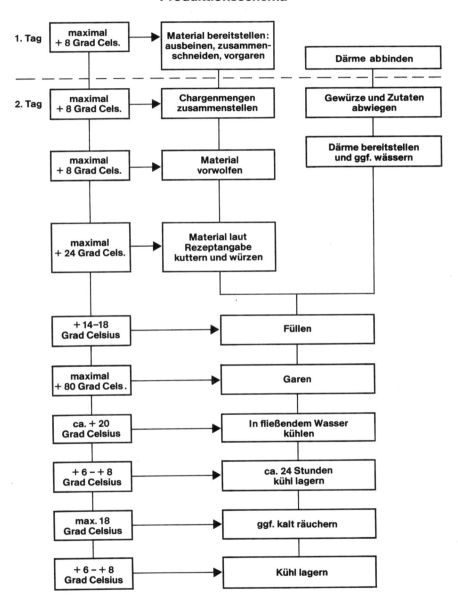

1. Tag maximal + 8 Grad Cels.	Material bereitstellen: ausbeinen, zusammenschneiden, vorgaren	Därme abbinden
2. Tag maximal + 8 Grad Cels.	Chargenmengen zusammenstellen	Gewürze und Zutaten abwiegen
maximal + 8 Grad Cels.	Material vorwolfen	Därme bereitstellen und ggf. wässern
maximal + 24 Grad Cels.	Material laut Rezeptangabe kuttern und würzen	
+ 14–18 Grad Celsius	Füllen	
maximal + 80 Grad Cels.	Garen	
ca. + 20 Grad Celsius	In fließendem Wasser kühlen	
+ 6 – + 8 Grad Celsius	ca. 24 Stunden kühl lagern	
max. 18 Grad Celsius	ggf. kalt räuchern	
+ 6 – + 8 Grad Celsius	Kühl lagern	

Rezept 3101

Berliner Blutwurst mit Schrippen 2.232.12

Material für 100 kg
55,0 kg S 11 Kopf ohne Knochen, gekocht
20,0 kg S 20 Schweineblut, gepökelt
20,0 kg Schrippen (Semmeln)
 5,0 kg S 19 rohe Schweinelunge

Gewürze und Zutaten je kg Masse
20,0 g Nitritpökelsalz
 2,0 g Pfeffer, weiß, gemahlen
 1,0 g Piment
 3,0 g Majoran
 0,4 g Zimt
30,0 g Zwiebeln, Rohgewicht
 0,3 g Nelken
 0,5 g Muskat
 1,0 g Zucker

Herstellung
1. Die Schweineköpfe werden gepökelt, gegart und knochen- und knorpelfrei ausgebeint. Das Material wird in ca. 1 cm große Würfel geschnitten.
2. Die Schrippen werden in Blut aufgeweicht.
3. Blut und Semmeln werden auf dem Kutter zu einer homogenen Masse gehackt. Die Lungen und die Zwiebeln werden durch die 2-mm-Scheibe gewolft.
4. Das geschnittene Fleisch wird in einem Sieb mit heißem Wasser übergossen und soll dann gut abtropfen. Das Material wird in die Mengmulde gegeben und erst mit den Gewürzen, dann mit dem Lunge-Zwiebel-Gemisch vermengt. Im letzten Arbeitsgang wird der Blutbrei hinzugemengt. Das Ganze soll eine gleichmäßige Masse ergeben.
5. Die Masse wird sofort gefüllt und gegart.

Vorkochverluste: Pos. 1 = 55 %; Pos. 4 = 20 %

Därme:
1. Kranzdärme, Kal. 43/46, im Ring abgebunden
2. Schweinedärme, Kal. 20/32, Würstchen á 100 g

Garzeit: Kranzdärme 45 Minuten bei 80 °C., Schweinedärme 30 Minuten bei 72 °C

Produktionsverlust: 10 %

Rezept 3102

Schlesische Wellwurst 2.232.11

Siehe 3101

Abweichung
Die Zugabe von Zucker entfällt.

Rezept 3103

Grützblutwurst 2.232.12

Material für 100 kg
45,0 kg S 11 Kopf ohne Knochen, gekocht
 7,0 kg S 19 Schweinelunge, roh
18,0 kg S 6 Backen ohne Schwarte, roh
15,0 kg S 20 Schweineblut, gepökelt
15,0 kg Hafergrütze

Gewürze und Zutaten je kg Masse
20,0 g Nitritpökelsalz
 2,0 g weißen, gemahlenen Pfeffer
 1,0 g Piment
 0,4 g Nelken
 3,0 g Majoran
30,0 g Zwiebeln
 4,0 g Suppengewürz

Herstellung
1. Die Schweineköpfe und die Backen werden gepökelt und gegart. Die Schweineköpfe werden sauber ausgebeint. Beide Materialien werden in ca. 1 cm große Würfel geschnitten.
2. Die Hafergrütze wird einige Stunden vor der Weiterverarbeitung in heißer Kesselbrühe aufgeschwemmt.
3. Die Lungen, eventuell ein Teil der Backen und die Zwiebeln werden durch die 2-mm-Scheibe gewolft. Die Hafergrütze soll etwa handwarm zur Verarbeitung kommen, ebenso das Blut.
4. Das geschnittene Material wird heiß abgeschwenkt und soll gut abtropfen. Dann werden die Gewürze beigemengt, anschließend Lungen, Zwiebeln und Hafergrütze. Das Ganze soll eine gleichmäßige Masse ergeben.
5. Das Wurstgut wird gefüllt gegart.

Vorkochverluste: Pos. 1 = 55 %; Pos. 2 = 20 %; Pos. 3 = 18 %

Därme: Sterile Kunstdärme, Kal. 60/50

Garzeit: 60 Minuten bei 80 °C

Produktionsverlust: 2 %

Rezept 3104

Holsteiner Grützblutwurst 2.232.12

Material für 100 kg
43,0 kg S 11 Kopf ohne Knochen, gekocht
 6,0 kg S 19 Schweinelunge, roh
 4,0 kg S 19 Schweinemilz, roh
 7,0 kg Kesselfett
20,0 kg S 20 Schweineblut, gepökelt
20,0 kg Hafergrütze

Gewürze und Zutaten je kg Masse
20,0 g Nitritpökelsalz
 2,0 g Pfeffer, gemahlen
 2,0 g Piment
 3,0 g Majoran
 0,4 g Zimt
10,0 g Zucker
20,0 g Korinthen
 0,2 g Nelken
 0,5 g Muskat

Herstellung
Siehe 3103

Därme: Rinderkranzdärme 40/43, in Ringen abgebunden; oder Schweinedärme 28/32 zu Würstchen gedreht

Garzeit: Kranzdärme 45 Minuten bei 72 °C, Schweinedärme 30 Minuten bei 70 °C

Produktionsverlust: 12 %

Rezept 3105

Hamburger Grützblutwurst 2.232.12

Siehe 3104

Rezept 3106

Schlesische Grützwurst 2.232.12

Material für 100 kg
36,0 kg S 11 Kopf ohne Knochen, gekocht
15,0 kg S 6 Backen ohne Schwarte, roh
 2,0 kg S 19 Schweinelunge, roh
 1,5 kg S 16 Schweineherz, geputzt, gepökelt, roh

 1,5 kg S 22 Schweinenieren, roh
 4,0 kg Kesselfett
20,0 kg S 20 Schweineblut, gepökelt
20,0 kg Hafer- oder Buchweizengrütze

Gewürze und Zutaten je kg Masse
20,0 g Nitritpökelsalz
 2,0 g Pfeffer, weiß, gemahlen
 1,0 g Piment
 3,0 g Majoran
 0,4 g Zimt
30,0 g Zwiebeln
 0,3 g Nelken
 0,5 g Muskat
 1,0 g Zucker

Herstellung
1. Die Schweineköpfe und die Backen werden gepökelt und gegart, die Schweineköpfe ausgebeint. Beide Materialien werden in ca. 1 cm große Würfel geschnitten.
2. Die Hafergrütze wird einige Stunden vor der Weiterverarbeitung in heißer Kesselbrühe aufgeschwemmt.
3. Die Innereien, eventuell ein Teil der Backen und die Zwiebeln werden durch die 2-mm-Scheibe gewolft. Die Hafergrütze soll etwa handwarm zur Weiterverarbeitung kommen, ebenso das Blut.
4. Das geschnittene Material wird in einem Sieb heiß übergossen und soll gut abtropfen. Dann werden die Gewürze beigemengt, anschließend Lunge, Zwiebeln und Hafergrütze.
5. Das Wurstgut wird gefüllt und gegart

Därme: Sterile Kunstdärme, Kaliber 60/50

Vorkochverlust: Pos. 1 = 55 %; Pos. 2 = 18 %: Pos. 3 = 20 %

Garzeit: 60 Minuten bei 80 °C

Produktionsverlust: 2 %

Rezept 3107

Lausitzer Grützblutwurst 2.232.12

Siehe 3106

Rezept 3108

Blutpudding, mit Grützezusatz   2.232.12

Material für 100 kg
50,0 kg S 6 Backen ohne Schwarte, vorgegart
20,0 kg S 20 Schweineblut, gepökelt
3,0 kg S 20 Kartoffelmehl
5,0 kg Zwiebeln, Rohgewicht
22,0 kg Gerstengrütze, Naßgewicht

Gewürze und Zutaten je kg Masse
20,0 g Nitritpökelsalz
5,0 g Pfeffer, gemahlen
0,5 g Muskat
0,1 g Zimt
0,2 g Nelken
0,2 g Thymian
0,2 g Piment
0,3 g Zitronenpulver
10,0 g Zucker
20,0 g Rosinen

Herstellung
1. Die Gerstengrütze wird mit Kesselbrühe aufgeschwemmt und in ca. 30 Minuten zu einer zähen Masse gekocht. Anschließend wird die angegebene Menge Blut dem Grützbrei beigemengt. Es soll ein dicker Brei entstehen, der nach dem Garen gut abkühlen soll.
2. Die Backen werden gegart und in 1 cm große Würfel geschnitten und mit ebenfalls gewürfelten Zwiebeln hellgelb angebraten.
3. Das angebratene Material wird mit den Gewürzen und Zutaten vermengt.
4. Der Blut-Grützebrei kommt in die Mengmulde. Ihm wird das Mehl und das grobe Material beigemengt. Alles zusammen ist zu einer gleichmäßigen Masse zu verrühren.
5. Der Blutpudding wird in Pastetenkästen gefüllt und gegart.

Vorkochverlust: Pos. 1 = 18 %
Behälter: Pastetenkästen, die mit einem Cellobogen ausgeschlagen sind.

Garzeit: Je Millimeter Durchmesser 1–1,25 Minuten, diagonal gemessen

Produktionsverlust: 10 %

Rezept 3109

Norddeutsche Tollatschen, mit Grütze   2.232.12

Siehe 3108

Abweichung
Aus der Wurstmasse werden Klöße im Gewicht von 90–125 g geformt, die sofort gegart werden.

Garzeit: 30–35 Minuten bei 85 °C

Produktionsverlust: 10 %

Rezept 3110

Schwarze Graupenwürstchen   2.232.12

Material für 100 kg
10,0 kg S 11 Kopf ohne Knochen, gekocht
20,0 kg S 9 Speckabschnitte ohne Schwarte, vorgegart
10,0 kg S 19 Schweinelunge, roh
5,0 kg S 19 Schweinemilz, roh
25,0 kg S 20 Schweineblut, gepökelt
30,0 kg Graupen

Gewürze und Zutaten je kg Masse
20,0 g Nitritpökelsalz
2,0 g weißen, gemahlenen Pfeffer
1,0 g Piment
3,0 g Majoran
30,0 g Zwiebeln
0,3 g Nelken
0,5 g Muskat

Herstellung
1. Die Graupen werden einen Tag vor der Herstellung des Wurstproduktes in kalter Knochenbrühe (5101) eingeweicht und sollen quellen. Am Tage der Herstellung werden die Graupen gekocht und wieder abgekühlt.
2. Die Schweineköpfe werden gepökelt, gegart und sauber ausgebeint. Der Speck wird in 5-mm-Würfel geschnitten. Lungen und Milzen werden angegart. Die Zwiebeln werden angebraten.
3. Lungen, Milzen, Zwiebeln und Schweineköpfe werden durch die 2-mm-Scheibe gewolft. Das Blut wird angewärmt.
4. Der Speck wird abgebrüht und mit den Gewürzen vermengt. Dann wird das gesamte Material zu einer gleichmäßigen Masse ver-

rührt. Das Ganze wird gefüllt und in 80-g-Würstchen abgebunden.

Vorkochverlust: Pos. 1 = 55 %; Pos. 2 = 20 %; Pos. 3 = 20 %

Därme: Schweinedärme, Kaliber 28/32

Garzeit: 30 Minuten bei 72 °C

Produktionsverlust: 12 %

Rezept 3111

Graupenblutwurst	2.232.12

Material für 100 kg
20,0 kg S 9 Speckabschnitte ohne Schwarte, vorgegart
10,0 kg S 19 Schweinelunge, roh
 5,0 kg S 19 Schweinemilz, roh
10,0 kg Kesselfett
25,0 kg S 20 Schweineblut, gepökelt
30,0 kg Graupen

Herstellung
Siehe 3110

Rezept 3112

Westfälische Beutelwurst	2.232.12

Material für 100 kg
30,0 kg S 8 Rückenspeck ohne Schwarte, vorgegart
35,0 kg S 20 Schweineblut, gepökelt
35,0 kg Roggenschrot

Gewürze und Zutaten je kg Masse
20,0 g Nitritpökelsalz
 2,0 g Pfeffer, weiß, gemahlen
 0,5 g Pfeffer, schwarz, gemahlen
 1,0 g Piment
 0,4 g Nelken
 0,5 g Muskat
 3,0 g Majoran
 0,2 g Zimt
10,0 g Zwiebeln, Rohgewicht

Herstellung
1. Der Roggenschrot wird in Kesselbrühe aufgeschwemmt und soll ausreichend lange quellen. Er wird kurz zum Kochen gebracht. Das Blut soll warm verarbeitet werden.
2. Roggenschrot und Blut werden im Kutter zu einer glatten, homogenen Masse gehackt. Die Zwiebeln werden mitgekuttert.

3. Der Speck wird abgebrüht, mit den Gewürzen vermengt und unter den Blutbrei gemengt. Das Kesselfett wird zum Schluß beigemengt.

Vorkochverlust: Pos. 1 = 20 %

Därme: Schweinebutten, oder Leinenbeutel

Garzeit: Je Millimeter Durchmesser 1 Minute, bei 80 °C

Produktionsverlust: 10 %

Rezept 3113

Hafergrützwurst	2.232.14

Siehe 3124

Rezept 3114

Weiße Graupenwurst	2.232.12

Material für 100 kg
25,0 kg S 11 Köpfe ohne Knochen, gekocht
15,0 kg S 10 Weiches Fett (Fettwammen), vorgegart
10,0 kg Kesselbrühe
20,0 kg S 19 Schweinelunge, gegart
30,0 kg Graupen

Gewürze und Zutaten je kg Masse
20,0 g Kochsalz
 2,0 g Pfeffer, weiß, gemahlen
 1,0 g Piment
 1,0 g Koriander
 3,0 g Majoran
25,0 g Zwiebeln
 0,5 g Muskat
 0,2 g Rosmarin
 0,2 g Basilikum

Herstellung
1. Die Schweineköpfe und das Fett werden gegart verarbeitet. Die Köpfe sollen ausgebeint und knorpelfrei sein.
2. Die Graupen werden am Tag vor der Wurstherstellung aufgeweicht und am Produktionstag in der angegebenen Menge Kesselbrühe (Knochenbrühe) bei ständigem Rühren weichgekocht und abgekühlt. Die Lungen werden angegart.
3. Die Lungen werden unter Zugabe der Zwiebeln und der Gewürze auf dem Kutter feinst zerkleinert. Die Schweineköpfe und das Fett werden durch die 2-mm-Scheibe gewolft.

4. Das gesamte Material wird zu einer gleich-mäßigen Masse zusammengemengt und gefüllt.

Vorkochverlust: Schweineköpfe 55 %; Weiches Fett 20 %; Lungen 20 %

Därme: Sterile Kunstdärme, Kaliber 60/50

Garzeit: 60 Minuten bei 80 °C

Produktionsverlust: 2 %

Rezept 3115

Westfälischer Panhas
(Mehlblutwurst) 2.232.12

Material für 100 kg
25,0 kg S 9 Rückenspeck ohne Schwarte, vorge-
      gart
40,0 kg S 20 Schweineblut, gepökelt
10,0 kg Knochenbrühe, hell (5101)
25,0 kg Buchweizenmehl

Gewürze und Zutaten je kg Masse
20,0 g Nitritpökelsalz
 2,0 g Piment
 2,0 g Pfeffer
 4,0 g Majoran
20,0 g Zwiebeln, Rohgewicht
 0,2 g Nelken
 0,5 g Muskat

Herstellung
1. Der Speck wird in 5-mm-Würfel geschnitten und heiß abgebrüht. Die Zwiebeln werden durch die 2-mm-Scheibe gewolft.
2. Die Knochenbrühe und das Blut werden unter ständigem Rühren auf dem Herd erhitzt. Dann wird das Mehl eingerührt, bis eine feste Masse entstanden ist. Kurz bevor die Masse die gewünschte Konsistenz erreicht hat, wird der abgebrühte Speck bei-gemengt, der vorher mit den Gewürzen ver-mischt wurde.
3. Die fertige Masse wird in Pastetenkästen gefüllt.

Vorkochverlust: Pos. 1 = 20 %
Behälter: Pastetenkästen, mit einem Cellobogen ausgelegt

Garzeit: keine

Produktionsverlust: 10 %

Rezept 3116

Berliner Semmelleberwurst 2.2312.11

Material für 100 kg
15,0 kg S 15 Schweineleber, roh
28,0 kg S 11 Köpfe ohne Knochen, gegart
25,0 kg S 6 Wammen ohne Schwarte, mittelfett,
      vorgegart
12,0 kg S 19 Schweinelunge, roh
20,0 kg Semmeln und/oder Weißbrot, einge-
      weicht gewogen

Gewürze und Zutaten je kg Masse
20,0 g Kochsalz
 2,0 g Pfeffer, weiß, gemahlen
 1,0 g Piment
 3,0 g Majoran
30,0 g Zwiebeln, Rohgewicht
 0,2 g Rosmarin
 0,2 g Basilikum

Herstellung
1. Die Semmeln werden in kalter Brühe einge-weicht.
2. Die Lebern, Lungen und Zwiebeln werden unter Zugabe der Gewürze auf dem Kutter fein zerhackt. Die Wammen und das Kopf-fleisch werden durch die 5-mm-Scheibe gewolft und mit dem feingekutterten Mate-rial 1-2 Runden lang zusammengekuttert. Auf Wunsch kann das grobe Material aber auch etwas feiner zerkleinert werden.
3. Das Wurstgut wird mit den eingeweichten Semmeln vermengt.

Vorkochverlust: Pos. 2 = 55 %; Pos. 3 = 20 %

Därme: Schweinedärme, Kaliber 28/32

Garzeit: 30 Minuten bei 70 °C

Produktionsverlust: 10 %

Rezept 3117

Schlesische Wellwurst 2.2312.11

Siehe 3116

Rezept 3118

Harzer Semmelwurst 2.2312.11

Material für 100 kg
50,0 kg S 6 Backen ohne Schwarte, vorgegart

10,0 kg S 15 Schweineleber, roh
10,0 kg S 19 Schweinelunge, roh
30,0 kg Semmeln

Gewürze und Zutaten je kg Masse
20,0 g Kochsalz
 2,0 g Pfeffer, weiß, gemahlen
 0,5 g Mazis
 0,1 g Zimt
20,0 g Zwiebeln
 0,5 g Ingwer
 0,3 g Vanillezucker
 0,3 g Kardamom
20,0 g Korinthen
14,0 g Mandelsplitter

Herstellung
Siehe 3116. Die Korinthen und die Mandeln werden dem Wurstgut am Ende des Produktionsganges unzerkleinert beigemengt.

Vorkochverlust: Pos. 2 = 20 %; Pos. 4 = 20 %

Därme: Schweinedärme 28/32, zu Würstchen abgebunden.

Garzeit: 30 Minuten bei 71 °C

Produktionsverlust: 10 %

Rezept 3119

Kasseler Weckewerk 2.2313.12

Material für 100 kg
30,0 kg S 4b Schweinebauch ohne Schwarte mit
max. 50 % sichtbarem Fett, vorgegart,
30,0 kg S 11 Köpfe ohne Knochen, gekocht
20,0 kg S 13 Schwartenzug, vorgegart
 8,0 kg Kesselbrühe
12,0 kg Semmeln

Gewürze und Zutaten je kg Masse
20,0 g Kochsalz
 2,0 g Pfeffer
 0,4 g Piment
 0,2 g Nelken
 3,0 g Majoran, gemahlen
30,0 g Zwiebeln, Rohgewicht
Ganze Nelken, Lorbeerblatt, Sellerie, Lauch, Mohrrüben.

Herstellung
1. Die Semmeln werden in lauwarmer Kesselbrühe eingeweicht. Die Zwiebeln werden goldgelb angebraten.

2. Das Schweinefleisch, die Schweineköpfe und die Fettschwarten werden in Brühe gegart, der ganze Nelken, Lorbeerblatt, Sellerie, Lauch und Mohrrüben zugesetzt sind.
3. Das gekochte Material wird aus dem Sud genommen, mit den Zwiebeln durch die 3-mm-Scheibe gewolft und mit den Gewürzen und den eingeweichten Semmeln vermengt. Die Masse soll ein gleichmäßiges Aussehen haben.
4. Das Wurstgut wird in Pastetenkästen gefüllt. Die Masse soll erkalten. Sie wird aus den Formen gestürzt und ist verkaufsfertig.

Vorkochverlust: Pos. 1 = 18 %; Pos. 2 = 55 %; Pos. 3 = 40 %

Behälter: Pastetenkästen, die mit Cellobogen ausgeschlagen sind.

Garzeit: Je Millimeter Durchmesser 1 Minute, diagonal gemessen.

Produktionsverlust: 10 %

Variante: Die Semmeln können teilweise durch gekochte Kartoffeln ausgetauscht werden.

Rezept 3120

Hessisches Weckewerk 2.2313.12

Siehe 3119

Rezept 3121

Oldenburger Rulken, mit Reis 2.2313.12

Material für 100 kg
90,0 kg Leberwurstmasse (2801)
10,0 kg Reis

Gewürze und Zutaten je kg Masse
16,0 g Kochsalz
 2,0 g Pfeffer
 1,0 g Zucker
 0,2 g Piment

Herstellung
1. Der Reis wird halbgar gekocht. Das Rindfleisch wird roh durch die 5-mm-Scheibe gewolft.
2. Das Rindfleisch wird mit den Gewürzen vermischt und anschließend unter den Reis gezogen.
3. Das Wurstgut wird in nicht zu weite Schweinemagen gefüllt und gegart.

4. Nach dem Garen und Auskühlen wird das Produkt 1–3 Tage in Buttermilch eingelegt. Es ist dann verkaufsfertig.

Därme: Enge Schweinemägen.

Anmerkung: Wenn man Schweinemägen weniger voll füllt verlieren sie beim Garen an Kaliber.

Garen: 15 Minuten bei 100 °C; dann weitere 1,5–2 Stunden bei 80 °C, je nach Kaliber

Produktionsverlust: 10 %

Zubereitungshinweis: Die Wurst wird in dicke Scheiben geschnitten, in Mehl gewendet und braun gebraten.

Rezept 3122

Grützleberwurst	2.2312.11

Material für 100 kg
24,0 kg S 15 Schweineleber, roh
46,0 kg S 6 Wammen ohne Schwarte, roh
30,0 kg Hafergrütze

Gewürze und Zutaten je kg Masse
20,0 g Kochsalz
 2,0 g Pfeffer, weiß
 4,0 g Majoran
 1,0 g Ingwer
 1,0 g Muskat
 0,1 g Rosmarin
 0,1 g Basilikum
 0,1 g Thymian
30,0 g Zwiebeln, roh

Herstellung
1. Die Hafergrütze wird in Knochenbrühe (5101) aufgeschwemmt und ca. 30 Minuten gekocht.
2. Die Wammen werden durch die 10-mm-Scheibe gewolft.
3. Die Schweinelebern, die Zwiebeln und das Salz kommen auf den Kutter und werden zu einer feinst zerkleinerten Masse gehackt. Zum Schluß wird die eingeweichte Hafergrütze beigekuttert.
4. Den zerkleinerten Lebern und Zutaten werden die Wammen beigekuttert und auf die gewünschte Körnung gebracht, in der Regel 3 mm.
5. Die Gewürze werden so rechtzeitig dem Wurstgut beigeschüttet, daß sie sich mit der Masse vermischen können.

6. Die gefüllten Würste werden bei 100 °C in den Kessel eingelegt. Die Brühtemperatur muß sofort langsam und ohne Kaltwasserzugabe auf 80 °C sinken können.

Därme: 45 Meter Mitteldärme, Kal. 60/65

Garzeit: 75 Minuten bei 80 °C

Produktionsverlust: 12 %

Rezept 3123

Westfälische Grützwurst	2.2312.11

Material für 100 kg
30,0 kg R 4 Rindfleisch mit max. 20 % sichtbarem Fett und ca. 5 % Sehnen, vorgegart
20,0 kg S 11 Köpfe ohne Knochen, gekocht
15,0 kg S 6 Backen ohne Schwarte, vorgegart
35,0 kg Grütze

Gewürze und Zutaten je kg Masse
20,0 g Kochsalz
 3,0 g Pfeffer
 1,0 g Piment
 0,2 g Nelken
 2,0 g Majoran
Zwiebeln nach Wunsch

Herstellung
1. Das Rindfleisch und die Schweineköpfe werden gegart verarbeitet. Die Backen werden angegart und in 5-mm-Würfel geschnitten.
2. Die Grütze wird in Knochenbrühe aufgeschwemmt und ca. 30 Minuten gekocht.
3. Das gegarte Rindfleisch und die Schweineköpfe werden durch die 3-mm-Scheibe gewolft.
4. Das gesamte Material wird unter Zugabe der Gewürze zu einer gleichmäßigen Masse vermengt.

Vorkochverlust: Pos. 1 = 25 %; Pos. 2 = 55 %; Pos. 3 = 18 %

Därme: Sterile Kunstdärme, Kal. 60/50; oder Rinderkranzdärme, Kal. 43/46

Garzeit: Sterildärme 60 Minuten bei 80 °C, Kranzdärme 45 Minuten bei 80 °C

Produktionsverlust: Sterildärme 2 %; Kranzdärme 12 %

Rezept 3124

Bremer Pinkel (Grützwurst) 2.2313.14

Material für 100 kg
50,0 kg S 6 Backen ohne Schwarte, vorgegart
10,0 kg Zwiebeln, Rohgewicht
40,0 kg Hafergrütze

Gewürze und Zutaten je kg Masse
22,0 g Kochsalz
 3,0 g Pfeffer
 0,5 g Piment
 0,2 g Nelken
 0,2 g Thymian
 4,0 g Suppengewürz

Herstellung
1. Die Hafergrütze wird aufgeschwemmt und ca. 30 Minuten aufgekocht.
2. Die Schweinebacken werden angegart und in 5-mm-Würfel geschnitten. Die Zwiebeln werden durch die 2-mm-Scheibe gewolft.
3. Das gesamte Material wird unter Zugabe der Gewürze zu einer gleichmäßigen Masse vermengt und gefüllt.

Vorkochverlust: Pos. 1 = 18 %

Därme: Rindermitteldarm, Kal. 60/65

Garzeit: 45–60 Minuten bei 80 °C.

Produktionsverlust: 12 %

Rezept 3125

Weiße Grützleberwurst 2.2312.11

Siehe 3122

Abweichung
Anstelle von 24,0 kg Leber werden verwendet:
14,0 kg Leber
10,0 kg Lungen
Die Lungen werden bei der Herstellung des Produktes wie Lebern behandelt.

Därme: Rinderkranzdärme Kal. 40/43.

Garzeit: 45 Minuten bei 80 °C.

Produktionsverlust: 10 %

Rezept 3126

Panhas 2.232.12

Material für 100 kg
40,0 kg Gebratenes Fleisch und Brühwurst
20,0 kg Wurstbrühe von Kochwürsten
40,0 kg Buchweizenmehl

Herstellung
1. Das Fleisch und die Brühwurst werden in 5-mm-Würfel geschnitten.
2. Die Wurstbrühe, die einen kräftigen Geschmack haben soll, wird erhitzt. Das geschnittene Material wird zugesetzt. Je nach Geschmack der Wurstbrühe wird mit Pfeffer, Piment und Nelken nachgewürzt.
3. Der kochenden Wurstbrühe wird langsam das Buchweizenmehl beigerührt. Es soll eine ziemlich feste Masse entstehen, die zum Schluß des Herstellungsvorgangs noch einmal kräftig aufkochen soll.
4. Die Masse wird in bereitgestellte Pastetenkästen gefüllt, die vorher mit einem Cellobogen ausgelegt wurden. Die Formen sollen gut auskühlen. Sie werden dann gestürzt und der Panhas wird in Scheiben geschnitten verkauft.

Produktionsverlust: 5 %

Rezept 3127

Reiswurst 2.2313.12

Material für 100 kg
17,0 kg R 3 Rindfleisch, grob entsehnt, mit maximal 15 % sichtbarem Fett, vorgegart
40,0 kg S 4 b Schweinebauch ohne Schwarte mit maximal 50 % sichtbarem Fett, vorgegart
20,0 kg S 10 Fettwammen
23,0 kg Reis

Gewürze und Zutaten je kg Masse
20,0 g Kochsalz
 2,0 g Pfeffer
 1,0 g Piment
 0,2 g Thymian
 0,2 g Zimt
 2,0 g Suppengewürz

Herstellung
1. Der Reis wird in Knochenbrühe (5101) weichgekocht.

2. Das vorgegarte Fleischmaterial wird durch die 2-mm-Scheibe gewolft und mit den Gewürzen vermengt.
3. Gewolftes Fleisch und Reis werden miteinander vermengt und gefüllt.

Vorkochverlust: Pos. 1 = 25 %, Pos. 2 = 20 %, Pos. 3 = 18 %

Därme: Rinderkranzdärme, Kal. 43/46

Garzeit: 30 Minuten bei 78 °C.

Produktionsverlust: 10 %

Rezept 3128

Kartoffelwurst	2.2313.2

Material für 100 kg
65,0 kg S 4 b Schweinebauch ohne Schwarte mit maximal 50 % sichtbarem Fett, roh
5,0 kg S 11 Kopf ohne Knochen, gekocht
30,0 kg Kartoffeln, geschält und gekocht

Gewürze und Zutaten je kg Masse
20,0 g Nitritpökelsalz (ohne Köpfe)
3,0 g Pfeffer, weiß, gemahlen
0,5 g Piment
0,5 g Mazis
20,0 g Zwiebeln, Rohgewicht

Herstellung
1. Die Zwiebeln werden klein geschnitten und goldgelb angebraten.
2. Die Schweineköpfe werden gepökelt und gegart verarbeitet.
3. Schweineköpfe, Schweinefleisch und Kartoffeln werden durch die 3-mm-Scheibe gewolft.
4. Das gesamte Material wird unter Zugabe der Gewürze zu einer gleichmäßigen Masse gemengt und gefüllt.

Vorkochverlust: Pos. 2 = 55 %

Därme: Sterile Kunstdärme, Kal. 60/50

Garzeit: 60 Minuten bei 80 °C.

Produktionsverlust: 2 %

Rezept 3129

Erbswurst	2.2313.12

Material für 100 kg
10,0 kg S 3 b Schweinefleisch mit höherem Seh-

nenanteil und maximal 5 % sichtbarem Fett, vorgegart
25,0 kg S 4 b Schweinebauch ohne Schwarte mit maximal 50 % sichtbarem Fett, vorgegart.
25,0 kg S 8 Rückenspeck ohne Schwarte, vorgegart
40,0 kg Erbsmehl

Gewürze und Zutaten je kg Masse
20,0 g Nitritpökelsalz (für Speck und Erbsmehl)
2,0 g Pfeffer
0,2 g Muskat
0,2 g Thymian
1,0 g Majoran, gemahlen
25,0 g Zwiebeln

Herstellung
1. Das Erbsmehl wird aufgeschwemmt und unter ständigem Rühren aufgekocht. Anschließend wird es durch ein Haarsieb gestrichen.
2. Die beiden Sorten Schweinefleisch werden gepökelt, geräuchert, gegart und in 5-mm-Würfel geschnitten.
3. Der Speck wird ebenfalls in 5-mm-Würfel geschnitten und angebraten. Die Zwiebel werden mit etwas Fett goldgelb gedünstet.
4. Das gewürfelte Material wird mit den Gewürzen vermengt und unter den Erbsbrei gezogen. Dabei soll das gesamte Material möglichst heiß verarbeitet werden, damit ein Erstarren der Masse vermieden wird.
   Ein Garen des Produktes ist nicht erforderlich. Aus diesem Grund ist darauf zu achten, daß das zur Verarbeitung kommende Material weich gegart ist.

Vorkochverlust: Pos. 1 = 20 %; Pos. 2 = 20 %

Därme: Sterile Kunstdärme, Kal. 40/20

Produktionsverlust: 2 %

Rezept 3130

Bohnenwurst	2.2313.12

Siehe 3129

Abweichung
1. An Stelle von Erbsmehl wird Bohnenmehl verwendet.
2. Die Verwendung von Zwiebeln ist meist nicht üblich.

Pfälzer Saumagen I 2.2313.5

Material für 100 kg
34,0 kg S 3 b Schweinefleisch mit höherem Sehnenanteil und maximal 5 % sichtbarem
   Fett, vorgegart
34,0 kg Kartoffeln, geschält
32,0 kg Aufschnittgrundbrät (2001)

Gewürze und Zutaten je kg Masse
Für Schweinefleisch und Kartoffeln:
18,0 g Nitritpökelsalz
 3,0 g Pfeffer, weiß, gemahlen
 0,5 g Piment
 0,5 g Mazis
 1,0 g Glutamat
 1,0 g Farbstabilisator

Für die Gesamtmenge:
20,0 g Zwiebeln, Rohgewicht

Herstellung
1. Die Zwiebeln werden klein geschnitten und
   goldgelb angebraten. Das Schweinefleisch
   wird gepökelt, gegart und in 1 cm große Würfel geschnitten.
2. Die Kartoffeln werden roh geschält, in ca.
   5-mm-Würfel geschnitten und in heißem
   Wasser kurz blanchiert.
3. Das geschnittene Schweinefleisch wird mit
   den Gewürzen, dem Salz und den Kartoffeln
   vermengt. Anschließend wird diesem
   Gemenge das Aufschnittgrundbrät untergezogen.

Därme: Schweinemägen, ersatzweise Sterildärme Kaliber 90/, oder 75/

Produktionsverlust: Schweinemägen: 10 %,
Sterildärme: 2 %

Hinweis
Pfälzer Saumagen wird in der Regel warm verzehrt. Man kann ihn heiß aufschneiden. Man
kann ihn aber auch zunächst abkühlen lassen,
bei Bedarf in daumendicke Scheiben schneiden
und beiderseits backen. Zu Pfälzer Saumagen
wird Sauerkraut serviert.

Möpkenbrot 2.232.12

Material für 100 kg
25,0 kg S 11 Köpfe ohne Knochen, gekocht
25,0 kg S 8 Rückenspeck ohne Schwarte, vorgegart
35,0 kg Weizenmehl
 6,0 kg Schwarten
 9,0 kg Blut

Gewürze und Zutaten
20,0 g Nitritpökelsalz
 3,0 g Pfeffer
 1,0 g Nelken
 0,5 g Piment
 0,5 g Muskat
 3,0 g Majoran
40,0 g Zwiebeln, Rohgewicht

Herstellung
1. Die Schweineköpfe werden gepökelt und
   gegart verarbeitet, ebenso die Schwarten.
   Der Speck wird klein gewürfelt und abgebrüht. Alle hier genannten Materialien werden heiß verarbeitet.
2. Aus Schweineköpfen, Schwarten, Blut und
   Zwiebeln wird ein fein zerkleinerter Schwartenbrei hergestellt.
3. Die Speckwürfel werden mit den Gewürzen
   und Zutaten vermengt und unter den Schwartenbrei gezogen. Dieser Masse wird Zug um
   Zug das Weizenmehl beigemengt.
4. Das fertige Gemenge wird zu Kugeln
   geformt, die das Aussehen eines Brotlaibes
   haben sollen.
5. Die Laibe kommen in kochendes Wasserbad.
   Der Kessel soll von selbst auf 80 °C zurückgehen und ist dann bei dieser Temperatur zu
   halten. Wenn die Laibe an der Wasseroberfläche schwimmen, werden sie aus dem Kessel genommen, in kaltem Wasser kurz abgeschreckt und zum Auskühlen auf eine Platte
   gelegt.

Produktionsverlust: 12 %

Pinkelwurst 2.2313.14

Material für 100 kg
25,0 kg S 5 Schweinebauch ohne Schwarte mit
   maximal 60 % sichtbarem Fett, roh

12,5 kg S 21 Flomen
12,5 kg Rindernierenfett
35,0 kg Hafergrütze
15,0 kg Zwiebeln, Rohgewicht

Gewürze und Zutaten je kg Masse
20,0 g Kochsalz
 3,0 g Pfeffer
 1,0 g Nelken
 0,5 g Piment

Herstellung
1. Die Hafergrütze soll in heißem Wasser ca. 30 Minuten quellen.
2. Der Schweinebauch, die Flomen und das Nierenfett werden klein geschnitten und mit den Gewürzen und Zutaten vermengt. Die Zwiebeln werden ebenfalls wolfgerecht geschnitten.
3. Das gesamte Material wird durch die 3-mm-Scheibe gewolft und dann zu einer gleichmäßigen Masse gemengt.

Därme: Mitteldärme, Kal. 60/65

Garzeit: 45–60 Minuten bei 80 Grad.

Produktionsverlust: 15 %

Rezept 3134

Oldenburger Fleischpinkel   2.2313.14

Siehe 3133

Abweichung
Anstelle von 25,0 kg Schweinebauch, fett, werden verwendet:
20,0 kg Schweinebauch, fett
 5,0 kg S 3 Schweinefleisch

Rezept 3135

Hausmacher Pinkel   2.2313.14

Siehe 3133

Rezept 3136

Oldenburger Pinkel   2.2313.14

Siehe 3133

Rezept 3137

Pfälzer Saumagen II   2.2313.5

Material für 100 kg
30,0 kg S 3 Schweinefleisch mit geringem Sehnenanteil und maximal 5 % sichtbarem Fett, vorgegart
30,0 kg S 3b Schweinefleisch mit höherem Sehnenanteil und maximal 5 % sichtbarem Fett, vorgegart
30,0 kg Kartoffeln, roh
10,0 kg Aufschnittgrundbrät (2001)

Gewürze und Zutaten
18,0 g Nitritpökelsalz
 2,0 g Pfeffer
 1,0 g Mazis
 1,0 g Thymian

Herstellung
1. Die Kartoffeln werden geschält, in kleine (6–8 mm) Würfel geschnitten und blanchiert.
2. Das Schweinefleisch wird angegart und in etwa 10 mm Würfel geschnitten.
3. Das Schweinefleisch wird durch die 3-mm-Scheibe gewolft und mit den Gewürzen und Zutaten vermengt. Dem Gemenge werden die Kartoffeln, das grobe Schweinefleisch und das Aufschnittgrundbrät beigegeben.

Därme: Schweinemägen; ersatzweise Sterildärme, Kaliber 90/ oder 75/

Produktionsverlust: Schweinemagen: 10 %, Sterildärme: 5 %

Hinweis
Pfälzer Saumagen wird in der Regel warm verzehrt. Man kann ihn heiß aufschneiden. Man kann ihn aber auch zunächst abkühlen lassen, bei Bedarf in daumendicke Scheiben schneiden und beiderseits backen. Zu Pfälzer Saumagen wird Sauerkraut serviert.

Rezept 3138

**Berliner Schüsselwurst
(Grützleberwurst)**   2.2312.11

Siehe 3122

Pinkelwurst 2.2313.14

Material für 100 kg
45,0 kg S 8 Rückenspeck ohne Schwarte, roh
13,0 kg R 6 Rinderfleischfett
13,0 kg Hafergrütze
18,0 kg Zwiebeln, roh
11,0 kg Fleischbrühe

Herstellung
Siehe 3133

Aufschnitt-Rouladen und -Pasteten

Rouladen und Pasteten sind klassischer Bestandteil deutscher Wurstherstellung. Bei der überwiegenden Zahl der Sorten handelt es sich um Spitzen-, in wenigen Fällen um Mittel-, aber nie um Einfach-Qualitäten.

Pasteten und Terrinen

Pasteten sind aus stückigen Fleischeinlagen und/oder Innereien (Zungen, Leber, Bries u.ä.) und/oder Brät hergestellte Erzeugnisse, die in einer Kastenform angerichtet und gegart werden. Die Pasteten werden von dünnen Rückenspeck- oder Brätscheiben verschiedener Art und Herrichtung umhüllt. Nach deutschem Lebensmittelrecht kann es sich dabei um Brühwurst- oder Kochwurstpasteten handeln.

Produkte dieser Art nennt man im westeuropäischen Ausland „Terrinen". Der Hersteller solcher Produkte ist (z.B. in Frankreich) der „Charcutier". Diese Berufsbezeichnung ist abgeleitet aus verschiedenen Begriffen: Char = Chair = Fleisch; cuterie = cuire = kochen, also zu deutsch, „Fleischkocher".

Würde man die Sortenbezeichnungen der für Deutschland klassischen Fleisch- und Wurstpasteten dem internationalen fachlichen Sprachgebrauch anpassen, dann müßte man sie beispielsweise anstatt „Schweinezungenpastete" in Zukunft „Schweinezungenterrine" nennen, denn im internationalen Fachverständnis versteht man unter „Pasteten" Produkte, die in einer Teighülle hergestellt werden.

Bei der Herstellung von Rouladen und Pasteten ist dem Ideenreichtum keine Grenze gesetzt.

Lebensmittelrecht

Die Bezeichnungen Pastete, Roulade und Galantine sowie Wortbezeichnungen hieraus gelten als hervorhebende Hinweise im Sinne der Leitsätze für Fleisch und Fleischerzeugnisse, Pos. 2.12. Sie erfordern daher eine besondere Auswahl des betreffenden Ausgangsmaterials und besondere hohe Anforderungen an die Herrichtung und Aufmachung dieser Erzeugnisse.

Für alle Produkte dieser Art, die ganz oder teilweise aus Wildfleisch hergestellt werden, genügt beispielsweise nicht die Kennzeichnung „Wildpastete". Es muß vielmehr auch die Tierart, von der das Fleisch stammt, angegeben werden (§ 3 der Fleisch-VO). Beispiel: „Wildbretpastete (Hirschfleisch)".

Für die Auswahl der Zusatzstoffe sind, wie bei allen Fleischerzeugnissen, die Bestimmungen der Fleischverordnung zu beachten, sowie sie in der folgenden Auflistung dargestellt wird.

Zusatzstoff	Zugelassenen für Erzeugnis	Höchstmenge	Bedingung	Kennzeichnung bei loser Ware
Flüssigei, flüssiges Eigelb, Gefriervollei, Gefriereigelb	Leberpastete Wild- und Geflügelpastete	5 %	keine besonderen Bedingungen	nicht erforderlich
Flüssigei, flüssiges Eigelb, Gefriervollei, Gefriereigelb	Pasteten nach Brühwurstart	3 %	Erzeugnis muß einem Brüh-, Brat- oder Sterilationsprozeß unterzogen worden sein	nicht erforderlich

Zusatzstoff	Zugelassenen für Erzeugnis	Höchstmenge	Bedingung	Kennzeichnung bei loser Ware
Pistatienkerne	Pasteten, Rouladen nach Brühwurstart, Leberpasteten	nicht festgelegt	keine besonderen Bedingungen	nicht erforderlich
Trüffel	Leberpastete, Wild- und Geflügelpasteten Wild und Geflügelpasteten n. Brühwurstart	nicht festgelegt	keine besonderen Bedingungen	nicht erforderlich
aufgeschlossenes Milcheiweiß	Pasteten und Rouladen nach Brühwurstart, Wild- und Geflügelpasteten	2 %	Erhitzung auf Kerntemperatur von mindestens 80 °C in luftdichtverschlossenen Behältnissen	„Mit Milcheiweiß"
Trockenblutplasma	Pasteten und Rouladen nach Brühwurstart	2 %	Erhitzung auf Kerntemperatur von mindestens 80 °C in luftdichtverschlossenen Behältnissen	nicht erforderlich
flüssiges Blutplasma, Blutserum		10 %		
Sahneerzeugnisse	Leberpastete, Wild- und Geflügelpastete	5 %	keine besonderen Bedingungen	„Unter Verwendung von Sahne"
Paprikaschoten, Pepperoni, Tomaten, Oliven, Edelpilze, Gurken und ähnliche Einlagen	Pasteten nach Brühwurstart	15 %	keine besonderen Bedingungen	Aus Kennzeichnung muß Einlage hervorgehen, oder Einlage muß getrennt kenntlich gemacht werden
Edelpilze, Rosinen, Mandeln	Leberpasteten	15 %	keine besonderen Bedingungen	Aus Kennzeichnung muß Einlage hervorgehen, oder Einlage muß getrennt kenntlich gemacht werden
Hartkäse, hart gekochte Eier	Pasteten und Rouladen nach Brühwurstart	25 % Bei Verwendung anderer stückiger Einlagen verringert sich die Menge entsprechend	keine besonderen Bedingungen	Aus Kennzeichnung muß Einlage hervorgehen, oder Einlage muß getrennt kenntlich gemacht werden

Rohstoffe für Rouladen und Pasteten

Neben ganzen und portionierten Fleischstücken werden für die Rouladen- und Pastetenherstellung auch rohes und gebrühtes Brät verwendet. Bei der jeweiligen Materialauswahl ist zu beachten, daß es sich hier um Spitzenprodukte handelt. In der Regel wird man dazu eines der in den Rezepten 2001 oder 2002 beschriebenen Aufschnittgrundbräte verwenden. Sie müssen in der Lage sein, die Bindung zwischen Brät und Fleischeinlagen einwandfrei zu gewährleisten. Die für die Rouladen und Pasteten erforderlichen Zutaten müssen am Tag vor der eigentlichen Herstellung bereits griffbereit vorgerichtet werden. Rohmaterialien, wie Zungen, Rüssel, Schweinekämme und -bäuche, Kalbsbrust usw., müssen bis zum Tage der Verarbeitung durchgesalzen sein. Trocken gesalzene Pökelwaren müssen ausreichend lange gewässert werden können, da Rouladen und Pasteten grundsätzlich mild gesalzene Spezialitäten sind.

Wie bereits erwähnt, ist es wichtig, daß sich das Fleisch- und/oder Brätmaterial gut miteinander verbindet und als Endprodukt gut aufgeschnitten werden kann. Um dies zu gewährleisten ist es ratsam, das zur Verarbeitung kommende Fleisch heiß abzuschwenken, so daß es einen angebrühten Außenrand bekommt. Es ist dann vor der Weiterverarbeitung an der Luft abzutrocknen. Sofern ganze Fleischstücke, z.B. Kalbsbrüste, verarbeitet und dabei gerollt werden sollen, müssen sie vor dem Rollen entweder mit rohem Brät eingerieben, oder mit Aspikpulver bestreut werden. Durch das Rollen allein werden derartige Fleischstücke nicht schnittfest.

Pasteten ohne Teighülle

Rouladen und Pasteten haben fast immer eine äußere Umhüllung in Form eines Darmes oder einer Folie.

Die einfachste Art der Umhüllung ist die Speckhülle. Durch die Mitverwendung unterschiedlich gefärbter Brätplatten kann diese Umhüllung optisch schöner gestaltet werden.

Das Innere der Rouladen und Pasteten ist – wie eingangs schon erwähnt – aus den verschiedensten rohen und/oder gekochten Materialien hergestellt. Für die bekanntesten und vor allem auch für die am rationellsten herstellbaren Arten von Umhüllungen werden in der Folge Rezept- und Arbeitsanweisungen gegeben.

Gefärbte Brätblöcke

Wenn man Rouladen und Pasteten mit Würfelumrandungen oder mit Rauten- und Würfelmustern herstellen will, dann muß man zunächst Brätblöcke herstellen, die unterschiedliche Farben haben. Im allgemeinen werden drei verschiedene Farben verwendet. Als Ausgangsmasse verwendet man Aufschnittgrundbrät (2001 oder 2002), das für die erste Farbe unverändert gebrüht wird (3201). Für die zweite Farbe wird das Aufschnittgrundbrät mit 3–5 Prozent frischem, gepökeltem Schweineblut (3202) und für die dritte Farbe mit 15 Prozent frischem, gepökelten Schweineblut (3203) gefärbt wird. Speziell bei der dunkelsten Färbung sollte nicht vergessen werden das Brät nachzuwürzen, damit ein geschmacklich ansprechendes Endprodukt erreicht wird.

Das Brät wird in Pastetenkästen (20–22 cm Länge) gefüllt, deren Längsseiten mit einem Cellophanbogen ausgelegt werden, damit das Brät nach dem Brühen und Erkalten besser aus der Form gestürzt werden kann.

Speckhülle

Rouladen und Pasteten sollten in der Regel eine Umrandung haben. Die einfachste Form ist die Speckumrandung. Sie sollte so dünn wie nur irgend möglich sein.

Zu diesem Zweck verwendet man frischen Rückenspeck, der zwar fest, aber nicht zu abgehängt sein soll. Dieser Rückenspeck wird in Tafeln von ca. 20 x 10 cm geschnitten und mit der Flachseite des Kotelettspalters plan geschlagen. Diese Platten werden großflächig auf der Aufschnittmaschine in maximal 2 mm dicke Scheiben geschnitten.

Die Speckplatten werden dann auf einem Cellophanbogen (Größe: DIN A4) ausgebreitet. Diese Cellobogen werden im Verkauf verwendet und müssen meist nicht extra angeschafft werden. Wenn Pergamentersatz zur Verfügung steht, dann können auch diese Bogen verwendet werden.

Die Bogen werden mit den Speckscheiben belegt und zwar so, daß zwischen den Speckscheiben keine freie Stelle entsteht, die Speckscheiben aber auch nicht überlappen.

Der Speckbogen wird mit rohem Brät dünn bestrichen und in den Pastetenkasten, mit der Papierseite nach außen, eingelegt. Das Papier wird erst wieder nach dem Auskühlen der fertigen Roulade entfernt.

Das Bestreichen des Specks mit rohem Brät ist erforderlich, damit er sich besser in der Form mit dem Füllgut verbindet und sich nicht beim späteren Aufschneiden vom Brät löst.

Wenn die Speckplatte in der beschriebenen Weise in den Pastetenkasten eingelegt ist, kann die eigentliche Pastete angerichtet werden. Detaillierte Arbeitsanweisungen sind in den einzelnen Rezepten zu finden.

Soll statt einer Pastete eine Roulade gefertigt werden, so legt man den Speckbogen flach auf den Tisch, richtet die Roulade darauf an und schlägt die Speckplatte um die Roulade herum.

Die beschriebene Speckhülle ist auch immer die Grundlage für die Anfertigung komplizierterer Umhüllungsplatten, die in den folgenden Rezepten beschrieben werden.

Speckhülle
mit einfarbiger Brätauflage

Eine weitere, verhältnismäßig einfach herstellbare Umhüllung für Rouladen und Pasteten ist ein einfarbiger Brätmantel.

Man verwendet dazu mittel- oder dunkelfarbigen Brätblock, je nachdem welcher Farbkontrast besser zur Rouladenmasse paßt. Von den Brätblöcken werden 2-3 mm starke Längsscheiben mit der Aufschnittmaschine geschnitten. Als Grundlage wird ein Speckbogen (siehe Beschreibung oben) verwendet, den man mit rohem Brät bestreicht. Darauf werden die ebenfalls mit rohem Brät bestrichenen Brätplatten bündig nebeneinander gelegt und fest angedrückt. Die Oberseite der Brätplatte muß dann ebenfalls mit Brät bestrichen werden. Das Ganze wird vorsichtig in den Pastetenkasten eingelegt, bzw. für das Einschlagen von Rouladen verwendet. Die Pastete kann dann angerichtet werden.

Speckhülle
mit Mosaik-Brätumrandung

Die Umhüllung einer Roulade oder Pastete kann man optisch schöner gestalten, wenn man eine Mosaik-Brätumrandung herstellt.

Dazu nimmt man Brätblöcke in zwei verschiedenen Farben, hell und dunkel. Von diesen Blöcken werden ca. 4 mm dicke Längsscheiben abgeschnitten. Diese Scheiben werden auf der Vorder- und Rückseite mit rohem Aufschnitt grundbrät bestrichen und abwechselnd, einmal hell, einmal dunkel, aufeinandergelegt. Es ist die gleiche Anzahl helle und dunkle Brätplatten zu verwenden. Man stellt also einen neuen Brätblock mit Zebrastreifen her, der fest zusammengepreßt werden muß, damit sich die Scheiben gut miteinander verbinden können.

Dieser Zebrablock wird wieder in 4 mm starke Längsscheiben geschnitten und man erhält so zweifarbige, durch rohes Brät aneinander gebundene Längsstreifen, die nebeneinander wieder auf einen DIN-A4-Bogen (Cello) gelegt werden.

Dieser Bogen mit Zebramuster wird nun wieder mit rohem Brät bestrichen. Darüber wird ebenfalls wieder ein mit rohem Brät bestrichener Speckbogen gelegt und fest angepreßt. Das Ganze dreht man auf den Rücken, so daß das Streifenbrät wieder obenauf liegt. Den oberen Cellobogen zieht man vorsichtig ab. Die frei gewordene Fläche des Streifenbrätes wird nun auch mit rohem Brät bestrichen.

Der komplette Bogen kann in den Pastetenkasten eingelegt werden. Bei der Verwendung der Umrandung für eine Roulade wird diese wie ein einfacher Speckbogen verwendet.

Rauten, Rhomben und Würfel

Sogenannte Mosaikrouladen werden zwar nur noch äußerst selten hergestellt, die Nostalgiewelle der letzten Jahre wird eines Tages auch wieder zu diesen alten Spezialitäten zurückführen. Man denke nur an die Rückkehr vom Kunst- zum Naturdarm. Es ist also sicher kein Fehler, wenn man sich der Herstellung derartiger Spezialitäten wieder erinnert.

Noch ein Wort zu den Begriffen Raute und Rhombus: Beide Worte bedeuten das Gleiche, nämlich ein schiefwinkliges, gleichseitiges Viereck. Das deutsche Wort dafür ist Raute. Rhombus ist gleichbedeutend aus dem Griechischen abgeleitet.

Herstellung
von Rauten und Würfeln

Ausgangspunkt sind wieder die Brätblöcke in den drei verschiedenen Farben: Hell, Mittel und Dunkel.

Wenn aus diesen Brätblöcken längsseitig Rauten und Würfel geschnitten werden, um dann wieder zu verschiedenen Gebilden zusammengestellt zu werden, dann müssen diese exakt gleichmäßig geschnitten sein. Selbst bei langjähriger Übung ist dies mit Augenmaß allein nicht machbar. Man braucht und gebraucht dazu eine Schneideschablone, die im Fachhandel nur schwer erhältlich ist (siehe auch folgende Ausführungen). Mit dieser Schneideschablone lassen sich fünf verschiedene Rauten- oder Würfelgebilde herstellen.

Wenn diese Schneideschablonen nicht im Handel zu bekommen sind, ist im Anhang dieses Buches eine Produktionsbezeichnung zu finden, anhand derer eine derartige Schablone hergestellt werden kann.

Außer dem Gerät wird zur Herstellung und Weiterverarbeitung ein scharfes, dünnes und möglichst langes Aufschnittmesser benötigt.

Brätplatten und Würfel

Der Brätblock wird in die Schablone eingelegt und entlang der in die Holzschablone eingekerbten Kante ca. 15–16 mm dicke Brätplatten geschnitten.

Will man aus den Brätplatten eine Schachbrett-Pastete herstellen, so werden die Brätplatten hochkant in die Schablone gelegt und Zug um Zug in quadratische Würfel geschnitten.

Rauten

Viel variationsreicher als die Würfel sind die Rauten. Aus ihnen können dreidimensionale Würfel, Sterne und andere Gebilde hergestellt werden. Entsprechende Rezepte folgen.

314

Mit der Schablone können die Rauten auch längsseitig halbiert und geviertelt werden.

Die Rautenteile müssen vor ihrer Weiterverarbeitung mit rohem Brät bestrichen werden, genau in der gleichen Weise, wie dies bei den Rouladen- und Pastetenumrandungen bereits beschrieben wurde. Bei rationeller Arbeitsweise legt man die einzelnen Rautenteile wieder wie die ursprüngliche Brätplatte nebeneinander und bestreicht sie mit rohem Brät.

Mit gekonntem Griff dreht man die aus den einzelnen Rauten bestehende Platte von unten nach oben und bestreicht auch hier die Fläche mit rohem Brät.

Nun werden die Rauten um eine viertel Drehung gewendet. Die neu entstandene Fläche wird wieder bestrichen und ebenso deren Rückseite.

Um einen Rautenwürfel herzustellen, werden Rautenstreifen in drei verschiedenen Farben benötigt, die wie folgt zusammengesetzt werden.

Abb. 1

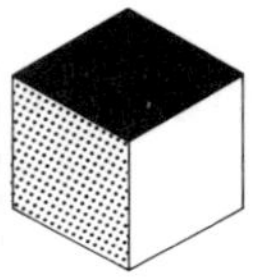

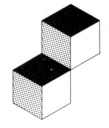

Die einzelnen Teile müssen kantenexakt anliegen (Abb. 1). Für eine Würfelroulade werden sieben solcher Würfel benötigt, außerdem in den drei verschiedenen Farben je eine längsseitig in zwei Hälften geteilte Raute.

Um den ersten, in der Mitte liegenden Würfel werden die anderen sechs Würfel herumgelegt. Die am äußeren Kranz entstehenden Kerben werden mit den halbierten Rauten ausgefüllt; und zwar so, daß beispielsweise eine helle Hälfte zwischen einem mittelfarbigen und dunklen Würfelteil oder zwischen zwei dunklen Würfelteilen zu liegen kommt.

Die folgenden Abbildungen 2-8 zeigen die Reihenfolge, in der die Würfelroulade zusammengesetzt werden muß:

Abb. 2

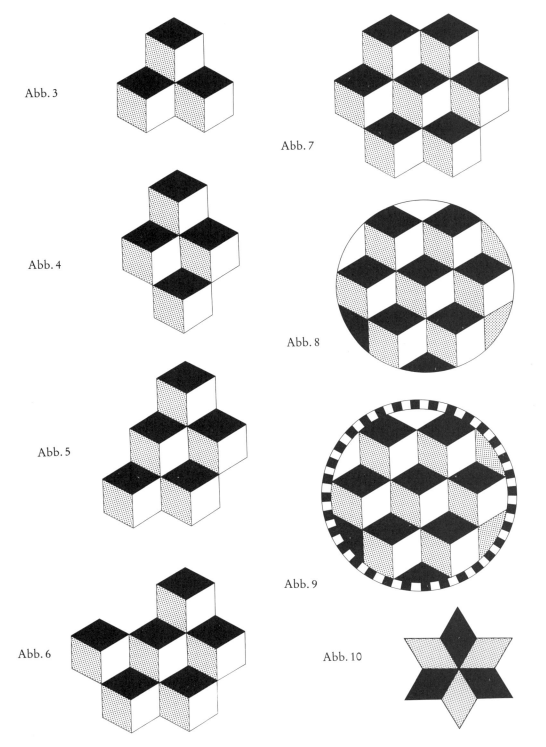

Abb. 3

Abb. 4

Abb. 5

Abb. 6

Abb. 7

Abb. 8

Abb. 9

Abb. 10

315

Die so entstandene Rolle wird mit einer zweifarbigen Umrandung (Abb. 9) umhüllt und in ein Tuch gewickelt. Die Roulade ist dann noch zu rollen. Eine genaue Arbeitsbeschreibung ist dazu in den folgenden Ausführungen zu finden. Wer die Herstellung einer Würfelroulade beherrscht, hat keine Schwierigkeiten, auch andere Gebilde, wie etwa einen **Rautenstern** (Abb. 10) herzustellen. Bei diesem Stern müssen die halben Rauten, die zur Abrundung des Gebildes bereitliegen sollen, immer von der gleichen Brätfarbe sein wie das Brät, das zum Auffüllen der Pastetenform verwendet wird. Weitere Einzelheiten dazu in den einzelnen Rezepten.

Terrinen

Die klassische Terrine wird in einer feuerfesten Form, in einer Art Auflaufform (irdenes Gefäß) mit Deckel, hergestellt. Diese Formen sind meistens oval, sie können aber auch rechteckig sein. Die deutsche Variante der Terrine wird, wie bereits erwähnt, in sogenannten Pastetenkästen angerichtet. Das Erzeugnis ist von einem Speckmantel umschlossen. In Deutschland werden für die Umhüllungen häufig zusätzlich noch Brät-, bzw. Mosaikumrandungen verwendet.

Galantinen

Die Bezeichnung „Galantine" ist mit großer Sicherheit französischen Ursprungs. Das Wort kommt von „galant" und bedeutet „fein, ritterlich".
Die klassische Galantine besteht aus dem Fleisch eines ganzen Tieres, z.B. einer Ente, oder aus Fleischteilstücken, z.B. Kalbsbrust. Diese Portionen, ganze Tiere oder Teilstücke ohne Knochen, werden mit einer Fleischfüllung versehen und gegart. Dabei soll eigentlich die ursprüngliche Form des Tieres oder des Teilstückes soweit wie nur möglich erhalten bleiben.
Im Laufe der Zeit wurde diese Herstellungsweise aber so abgewandelt, daß zwar die verschiedensten Teile in einem Stück gefüllt, aber dieses gefüllte Fleisch dann möglichst gleichmäßig dick in ein Tuch eingerollt wurde. Damit war die qualitativ hochstehende „Roulade" ent-

standen. Die „Roulade", ist die moderne Form der Galantine.

Rouladen

Die Ausführungen zum Thema „Pasteten" können auch weitgehend auf die Herstellung von Rouladen übertragen werden. Allerdings sind dazu dann noch einige spezielle Anmerkungen zu machen.
Bei der Herstellung von Rouladen lassen sich optisch weniger gut verkäufliche Teile, wie Schweinerüssel, Kalbsbrüste u.v.a.m. recht gut in veredelter Form absetzen. Der in den kommenden Jahren zu erwartende Trend zu immer mehr Sortimentsbreite und Sortimentswechsel wird der Rouladen- und Pastetenfabrikation sicher neue Impulse und damit neuen Auftrieb geben.
In diesem Zusammenhang muß auch die Möglichkeit gesehen werden, daß man herkömmlichen Wurstsorten durch eine optisch veränderte Gestaltung Rouladen- oder Pastetencharakter geben kann. Das hebt nicht nur insgesamt das Sortimentsniveau, es kann auch interessante und vorteilhafte kalkulatorische Auswirkungen haben.

Rollen

Ob eine Roulade als gelungen und demzufolge als gut schnittfest bezeichnet werden kann, hängt ganz wesentlich vom richtigen **Rollen der Roulade** ab. Eine Roulade muß fest gerollt sein und soll über die ganze Länge gleichmäßiges Kaliber haben. Um diese Beschaffenheit optimal zu erreichen, ist das manuelle Rollen immer noch die zuverlässigste Methode.
Die Rouladen werden zunächst in Tücher eingeschlagen. Dazu eignen sich am besten Mulltücher, die in jeder Drogerie im Zuschnitt zwischen 40 x 40 cm, bzw. 50 x 50 cm erhältlich und verhältnismäßig preiswert sind. Durch ihre Geschmeidigkeit lassen sich diese Mulltücher leichter verwenden als beispielsweise Leinentücher u.ä.
Sind die Rouladen in diese Tücher eingeschlagen, Faltenbildung ist zu vermeiden, werden die Tuchenden fest abgebunden. Diese Abbindungen müssen stabil sein, damit sie beim Rollen

nicht durch den Preßeffekt wegrutschen können. Auf einer Seite der Abbindungen ist eine Schlaufe zum späteren Aufhängen anzubringen. Für das Rollen wird die Wurstgarnschlaufe auf der einen Seite der Roulade angesetzt. Das Wurstgarn wird dann gleichmäßig, etwa fingerbreit, über die Roulade zum Ende hin gerollt. Die Kordel soll stramm anliegend sein, vorwiegend ist jedoch zunächst darauf zu achten, daß beim Rollen ein gleichmäßiges Kaliber gehalten wird. Ist man mit dem Rollen am Ende der Roulade, wird das Wurstgarn in einer zweiten Lage wieder an den Ausgangspunkt zurückgerollt, ebenfalls fingerbreit. Bei diesem Zurückrollen muß dann in erster Linie auf Festigkeit gearbeitet werden. Die Kordel ist also so stramm wie nur irgend möglich zu führen. Zum Schluß wird das Wurstgarn gut verknotet, damit es beim Garen nicht nachgeben kann.

Eine fachmännisch gerollte Roulade muß prall sein wie eine Brühwurst im sterilen Kunstdarm. Die beschriebene Technik des Rollens bietet den Vorteil, daß Rouladen nach dem Garen nicht mehr nachgerollt werden müssen. Die Rouladen dürfen aber anschließend nicht höher als +80 Grad Celsius erhitzt werden.

Garen und Kühlen

Durch die sehr unterschiedlichen Materialien, die für die Herstellung von Rouladen und Pasteten verwendet werden, gibt es auch sehr unterschiedliche Garzeiten. Als Faustregel kann auch hier gelten, daß pro Millimeter Durchmesser, mit einer Minute Garzeit bei 80 Grad Celsius zu rechnen ist. Wurden jedoch größere Fleischstücke als Einlagen verwendet, dann sollte die Garzeit verlängert werden.

Bei viereckigen, meist quadratischen Pastetenformen ist der diagonale Durchmesser für die Berechnung der Garzeit zugrunde zu legen. Es ist peinlichst genau darauf zu achten, daß Rouladen und Pasteten nicht über 80 Grad Celsius erhitzt werden.

Weiterhin ist es wichtig, daß diese Produkte, solange sie nicht vollkommen ausgekühlt sind, nicht aufgerollt oder geöffnet werden.

Es ist auch nicht ratsam, die Rouladen nachzurollen. Wenn sie vor dem Garen vorschriftsmäßig hergestellt und, wie oben beschrieben, gewickelt wurden, ist dies ohnehin nicht nötig.

Mit Nachrollen macht man mehr kaputt als gut. Vor allem würde dabei durch Auspressen des warmen Fleischsaftes ein weiterer, in zweifacher Hinsicht negativer Verlust entstehen. Einmal ist es ein Gewichtsverlust, der unnötig kalkulatorisch zu Buche schlägt; und zum anderen entsteht ein zu trockenes Endprodukt.

Die gleichen Negativaspekte zeigen sich, wenn Pasteten nachgepreßt werden.

Verkaufsfertiges Herrichten

Sind Rouladen und Pasteten ausreichend ausgekühlt, etwa 12–18 Stunden, dann werden sie aufgerollt, bzw. aus der Pastetenform genommen. Das ist dann immer die Stunde der Wahrheit, in der sich zeigt, ob exakt gearbeitet und ein ansprechendes Produkt gefertigt wurde. Nach einiger Übung auf diesem sehr diffizilen Fachgebiet wird dies der Fall sein, wenngleich auch hier eine hundertprozentige Sicherheit bei der Herstellung nie erreichbar sein wird, genau wie in anderen Bereichen der Produktion auch. Von der ausgepackten Roulade oder Pastete wird zunächst vorsichtig die Cellohaut entfernt. Sowohl aus optischen, aber in gleichem Maße auch aus hygienischen Gründen sollten Rouladen und Pasteten in Hüllen aus natürlichem oder künstlichem Material eingeschlagen werden. Dazu ergeben sich verschiedene Möglichkeiten. Die klassische Darmhülle für Rouladen und Pasteten ist das **Goldschlägerhäutchen.** Dies ist eine dünne, verhältnismäßig stabile Darmschicht der Rinderkappe, die unmittelbar nach dem Schlachten auf der Fettseite (Innenseite) des Darmes abgezogen werden muß.

Goldschlägerhäutchen sind im Fachhandel erhältlich. Sie werden kurz vor Gebrauch gewässert, leicht ausgestreift und über die Rouladen und Pasteten gespannt. Es ist darauf zu achten, daß dieser Darm straff am Wurstgut anliegt. Er soll auch nicht überlappen. Das heißt, es soll keine Darmhautfläche über einer anderen liegen.

Nach dem Einschlagen in Goldschlägerhäutchen sollen die Rouladen und Pasteten 15–20 Minuten (!) kalt, bei maximal 18 Grad Celsius geräuchert werden. Die Fertigprodukte müssen möglichst frei liegend ausgekühlt und gelagert werden.

Ein sehr leicht verwendbarer Rouladen- und

Pastetendarm ist die **Schrumpffolie,** die als Klarsichthülle im Handel ist. Gebrauchsanweisungen liefern die Hersteller generell mit.

Eine weitere Möglichkeit, Rouladen und Pasteten einzuhüllen, besteht in der **Vakuumfolie.** Ein reiches, allerdings oft auch sehr unterschiedliches Folienmaterial bietet vielfältige Verwendungsmöglichkeiten. Auch hier sollte man sich an die Arbeits- und Verwendungsanweisungen der Herstellerfirmen halten.

Eine interessante Hülle für die hier angesprochenen Zwecke ist auch die **Alu-Folie,** besonders dann, wenn die Produkte zunächst als Dekorationsstücke verwendet werden sollen.

Die Verarbeitung der Alufolie ist denkbar einfach und bedarf daher keiner tiefgreifenden Beschreibung. Rouladen und Pasteten in diesen Folien sollten nicht allzulange gelagert werden.

Einlagen für Rouladen und Pasteten

Rezept 3201

Brätblock hell,
zur Rouladenherstellung   2.222.4

Material für 100 kg
100,0 kg   Aufschnittgrundbrät (2001)

Herstellung
Das Brät wird in Pastetenkästen gefüllt, die mit einem Cellobogen ausgeschlagen sind.

Garzeit: 120 Minuten bei 80 °C

Produktionsverlust: 4 %

Rezept 3202

Brätblock mittel,
zur Rouladenherstellung   2.222.4

Material für 100 kg
95,0 kg   Aufschnittgrundbrät (2001)
 5,0 kg   S 20 Schweineblut gepökelt

Gewürze und Zutaten je kg Masse
Für die Blutmenge:
2,0 g Pfeffer
0,5 g Mazis
0,5 g Koriander
0,2 g Kardamom
0,3 g Ingwer
2,0 g Paprika
1,0 g Farbstabilisator

Herstellung
Das Brät wird in Pastetenkästen gefüllt, die mit einem Cellobogen ausgeschlagen sind.

Garzeit: 120 Minuten bei 80 °C

Produktionsverlust: 4 %

Rezept 3203

Brätblock dunkel,
zur Rouladenherstellung   2.222.4

Material für 100 kg
85,0 kg   Aufschnittgrundbrät (2001)
15,0 kg   S 20; Schweineblut, gepökelt

Gewürze und Zutaten je kg Masse
Für die Blutmenge:
2,0 g Pfeffer
0,5 g Mazis
0,5 g Koriander
0,3 g Ingwer
0,2 g Kardamom
2,0 g Paprika
1,0 g Farbstabilisator

Herstellung
Das Brät wird in Pastetenkästen gefüllt, die mit einem Cellobogen ausgeschlagen sind.

Garzeit: 120 Minuten bei 80 °C

Produktionsverlust: 4 %

Rezept 3204

Mosaikumrandung   2.222.4

Material für 100 kg
50,0 kg   Brätblock (3202)
50,0 kg   Brätblock (3201)

Herstellung

Die Herstellung einer Mosaikumrandung ist der einleitenden Beschreibung zu entnehmen. Ersatzweise für das helle Brät kann dazu auch Speck verwendet werden. In gleicher Weise kann das dunkel gefärbte Brät durch Blutwurstgrundmasse (2901) ersetzt werden.

Rezept 3205

Zungenrolle   1.5

Herstellung

Zwei gepökelte Schweinezungen werden lang gezogen, mit Aspik bestreut und jeweils mit dem dicken Teil nach außen liegend wie eine Roulade in ein Tuch gerollt.

Die Zungenrollen werden 30 Minuten bei 80 °C angegart und sollen dann im Kühlraum hängend mindestens 12 Stunden auskühlen.

Kurz vor der Weiterverwendung werden die Zungen vorsichtig aus dem Tuch gerollt und entsprechend der jeweiligen Rezeptbeschreibung weiterbehandelt.

Wenn die Zungen beim Herausrollen aus dem Tuch auseinanderfallen, so kann man sie trockentupfen und mit rohem Brät einreiben. Auf diese Weise wird wieder erreicht, daß beim Garen des Rouladen- oder Pastetenproduktes die Zungen wieder schnittfeste Bindung bekommen.

Rezept 3206

Blutwurst als Rouladeneinlage

Herstellung

Hausmacher Blutwurstmasse (2903) wird in Schäldärme, Kaliber 22/24 gefüllt. Die Stränge sollen eine Länge von ca. 50 cm haben. Die Würste werden 15 Minuten bei 70 °C gebrüht und in kaltem Wasser abgekühlt. Dabei müssen sie absolut gerade hängen. Die Weiterverwendung sollte innerhalb 24–48 Stunden erfolgen.

Rezept 3207

Grobe Mettwurst
als Rouladeneinlage   2.212.3

Herstellung

Grobe Mettwurstmasse (1601) wird in Saitlinge, Kaliber 22/24, gefüllt und in der üblichen Weise gereift und geräuchert.

Die Stranglänge soll ca. 50 cm betragen; die Würste müssen absolut gerade sein.

Die Saitlingmettwurst sollte innerhalb 24–48 Stunden nach Fertigstellung weiterverwertet werden.

Rezept 3208

Eierrolle

Herstellung

Gekochte Eier sind eine abwechslungsreiche Rouladen- und Pasteteneinlage. Sie in ihrer natürlichen Form jedoch wenig für die Verwendung geeignet, da sie kein durchgehendes Dotter/Eiweißschnittbild ermöglichen. Durch die Herstellung einer Eierrolle läßt sich ein gleichmäßiges Schnittbild erreichen:

Sechs bis acht Eier werden aufgeschlagen und der Dotter vom Eiweiß getrennt.

Aus den acht Dottern, einem Eßlöffel Dosenmilch, einem Teelöffel Aspik und etwas Salz wird eine gleichmäßige Masse geschlagen, die sofort in einen 22/26er Schäldarm gefüllt und 10–15 Minuten bei 60 °C gebrüht wird. Der Saitling wird kurz kalt abgeschreckt und soll frei und gerade hängend etwas auskühlen.

In einen Kunstdarm, Kaliber 45/40 wird etwa zur Hälfte des Fassungsvermögens das Eiweiß gefüllt. In diesen Darm wird der Eidotter ohne Schäldarm gesteckt, der möglichst in der Mitte liegen soll. Der Kunstdarm wird abgebunden und sofort bei 70 °C 20–30 Minuten gegart. Wenn die Eierrolle erkaltet ist, wird der Kunstdarm abgezogen, und die Eierrolle kann als Rouladeneinlage verwendet werden.

Rezept 3209

Schweine-Filetrolle

Siehe 3205

Rezept 3210

Kalbs-Filetrolle   1.5

Siehe 3205

Abweichung: Garzeit der Filetgröße anpassen

Aufschnitt-Rouladen

Rezept 3211

Mosaikroulade	2.222.4

Material für 100 kg
27,0 kg Brätblock, hell (3201)
27,0 kg Brätblock, mittel (3202)
28,0 kg Brätblock, dunkel (3203)
18,0 kg Mosaikumrandung (3204)

Herstellung
Mosaikroulade ist eine andere Bezeichnung für *Würfelroulade,* deren Herstellung beschrieben wurde (siehe Thema „Rautenwürfel").

Rezept 3212

Delikateß-Roulade	2.224.2

Material für 100 kg
50,0 kg S 4; Schweinebauch ohne Schwarte mit maximal 30 % sichtbarem Fett, roh
50,0 kg Jagdwurstbrät (2106)

Gewürze und Zutaten je kg Masse
Zum Jagdwurstbrät:
 5,0 g Trüffeln
10,0 g Pistazien, geschält

Herstellung
Ein mild gepökelter, ausgebeinter und abgeschwarteter Schweinebauch wird ein bis zwei Stunden zum Trocknen an die Luft gehängt. Falls erforderlich wird der Schweinebauch plan geschlagen. Mit einem Aufschnittmesser wird von dem Schweinebauch eine ca. 2 cm dicke Platte horizontal abgehoben. Diese Platte wird noch einmal mit dem Aufschnittmesser auf eine Dicke von einem Zentimeter geteilt und zwar so, daß die beiden Schweinebauchplatten auf einer Längsseite miteinander verbunden bleiben.
Die Vorder- und Rückseite der Fleischplatte werden gut mit rohem Aufschnittgrundbrät bestrichen.
Die im Rezept angegebene Menge Jagdwurst wird mit den fein gehackten Trüffeln und Pistazien gut vermengt und auf die Schweinebauchplatte gleichmäßig hoch aufgetragen. Das gesamte Material wird anschließend spiralför-
mig zu einer Roulade gerollt, um die das Rouladentuch gewickelt wird.
Die fertig hergestellte Roulade wird in der beschriebenen Weise gerollt und gegart (s. einleitende Beschreibung).

Garzeit: Je Millimeter Durchmesser 1–1,5 Minuten bei 80 °C

Därme: 50 Stück, Kaliber 120/50, Schrumpfdärme

Produktionsverlust: 12 %

Rezept 3213

Mainzer Roulade	2.224.3

Material für 100 kg
54,5 kg Schweinerüssel und Kopfbäckchen, gepökelt und gegart
27,5 kg Aufschnittgrundbrät (2001)
18,0 kg Mosaikumrandung (3204)

Gewürze und Zutaten je kg Masse
Zur Aufschnittgrundbrätmenge:
10,0 g Pistazienkerne
 5,0 g Madeira

Herstellung
Für Mainzer Roulade werden gepökelte, weich gekochte Schweinerüssel und die mageren Kopf-Bäckchen verwendet. Ausgebeint und von Knorpeln befreit werden die Rüssel in zwei Längsstreifen geteilt. Es ist sinnvoll, auch die mageren Bäckchen in zwei Teile zu zerschneiden. Das Aufschnittgrundbrät wird mit den Pistazienkernen und dem Madeira vermengt. Mit dem gleichen Brät werden die groben Materialteile gut eingerieben. Auf einem Cellobogen, auf dem eine Mosaikumrandung angerichtet ist, wird ein 1 cm starker Brätsockel gelegt, der etwa die Größe eines Pastetenkastens hat. In diesen Brätsockel werden die Rüssel- und Bäckchenstreifen eingedrückt. Darauf kommt wieder ein 1 cm starker Brätsockel, darauf wieder Rüssel und Bäckchen usw., bis ein quadratischer Block entstanden ist. Um diesen Rouladenblock wird die Umrandung geschlagen und das Ganze mit den flachen Händen in Rollenform gebracht.

Die Roulade wird in der bereits beschriebenen Form gerollt und gegart.

Produktionsdaten: Siehe 3212.

Rezept 3214

Pariser Roulade	2.224.3

Material für 100 kg
45,0 kg S 4 Schweinebauch ohne Schwarte mit maximal 30 % sichtbarem Fett, roh
23,0 kg Jagdwurstbrät (2106)
23,0 kg Zungenrollen (3205)
 9,0 kg Brätblock, mittel (3202)

Herstellung
Die Pariser Roulade wird genauso angerichtet wie Delikateß-Roulade 3212. Lediglich in der Mitte der Roulade werden die Zungenrollen eingelegt. Es wird einfarbige Brätumrandung verwendet.

Produktionsdaten: Siehe 3212.

Rezept 3215

Schinkenroulade	2.224.2

Material für 100 kg
50,0 kg S 4 Schweinebauch ohne Schwarte mit maximal 30 % sichtbarem Fett, roh
50,0 kg Bierschinkenbrät (2101)

Gewürze und Zutaten je kg Masse
zum Bierschinkenbrät:
12,0 g Pistazien, gehackt

Herstellung
Das Bierschinkenbrät, dessen Würfel nicht zu groß geschnitten sein sollten, wird ca. 1 cm dick auf die Schweinebauchplatte aufgetragen. Die Roulade wird wie in der Einleitung beschrieben gerollt und gegart.

Produktionsdaten: Siehe 3212.

Rezept 3216

Schweinefleischroulade	2.224.2

Material für 100 kg
70,0 kg S 3 Schweinefleisch mit geringem Sehnenanteil und maximal 5 % sichtbarem Fett, roh
30,0 kg Aufschnittgrundbrät (2001)

Gewürze und Zutaten je kg Masse
zum Aufschnitt-Grundbrät:
 5,0 g Pistazien, gehackt

Herstellung
Gepökelter Schweinekamm wird in eine ca. 1–1,5 cm dicke, zusammenhängende Platte geschnitten und vorsichtig plan geklopft.
Die Nackenplatte wird beiderseits mit rohem Brät bestrichen.
Das Aufschnitt-Grundbrät wird mit den Pistazien vermengt und ca. 0,5 cm dick auf die Nackenplatte aufgetragen. Das Ganze wird gerollt und gegart.

Produktionsdaten: Siehe 3212.

Rezept 3217

Schweineroulade	2.224.2

Material für 100 kg
50,0 kg S 4 Schweinebauch ohne Schwarte mit maximal 30 % sichtbarem Fett, roh
25,0 kg Aufschnittgrundbrät (2001)
25,0 kg Zungenrolle (3205)

Gewürze und Zutaten je kg Masse
zum Aufschnitt-Grundbrät:
10,0 g Pistazien, gehackt

Herstellung
Siehe 3216. In der Mitte der Roulade wird die Zungenrolle eingelegt.

Produktionsdaten: Siehe 3212.

Rezept 3218

Dresdner Schweineroulade	2.224.2

Material für 100 kg
95,0 kg Schweinebauchplatte
 5,0 kg Aufschnitt-Grundbrät (2001)

Herstellung
Diese Roulade besteht ausschließlich aus einer gepökelten Schweinebauchplatte, deren Herstellung in Rezept-Nummer 3212 beschrieben wurde.
Es ist wichtig, diese Schweinebauchplatte mit rohem Brät beiderseits dünn zu bestreichen, damit die Dresdner Schweineroulade eine gute Bindung hat.

Produktionsdaten: Siehe 3212.

Rezept 3219

Schweinsroulade mit Zunge 2.224.2

Siehe 3217

Rezept 3220

Filetroulade 2.224.2

Material für 100 kg
62,0 kg Schweinefilets
20,0 kg Aufschnittgrundbrät (2001)
18,0 kg Mosaikumrandung (3204)

Gewürze und Zutaten je kg Masse
zum Aufschnitt-Grundbrät:
5,0 g Pistazien, gehackt

Herstellung
Die Schweinefilets werden 10 Minuten bei 80 °C angegart und anschließend ausgekühlt.
Die gut an der Außenfläche abgetrockneten Filets werden etwa 2 mm dick mit rohem Aufschnittgrundbrät eingerieben und in den gehackten Pistazien gerollt.
Die Schweinefilets werden dann zu einer gleichkalibrigen Roulade zusammengesetzt. Die Hohlräume werden mit Aufschnitt-Grundbrät ausgefüllt. Der Anteil des Brätes sollte nicht höher als 25 Prozent sein. Die Roulade wird in Mosaikumrandung eingeschlagen und nach Vorschrift gerollt und gegart.

Produktionsdaten: Siehe 3212.

Rezept 3221

Schweinenackenroulade 2.224.2

Siehe 3216

Rezept 3222

Schweinebrust, gerollt 2.224.2

Siehe 3212

Rezept 3223

Schweinekopfroulade 2.224.3

Siehe 3213

Abweichung: Anstatt Aufschnitt-Grundbrät wird Jagdwurstbrät, (2106) verwendet.

Rezept 3224

Schweinekopfroulade 2.224.3

Material für 100 kg
41,0 kg Schweinerüssel und Kopfbäckchen
20,5 kg Zungen-Rolle (3205)
20,5 kg Aufschnitt-Grundbrät (2001)
18,0 kg Mosaikumrandung (3204)

Gewürze und Zutaten je kg Masse
zum Aufschnitt-Grundbrät:
10,0 g Pistazienkerne

Herstellung
Siehe 3213

Abweichung: In die Mitte dieser Roulade wird eine Zungenrolle oder eine Doppelreihe lose, gekochte Schweinezungen eingelegt.

Produktionsdaten: Siehe 3213.

Rezept 3225

Holländer Schweinskäse 2.223.2

Material für 100 kg
75,0 kg Jagdwurstbrät (2106)
17,0 kg Aufschnitt-Grundbrät (2001)
 8,0 kg Edamer Käse

Herstellung
Der Edamer Käse wird kleingewürfelt und mit den beiden Bräts zu einer gleichmäßigen Masse vermengt.

Produktionsdaten: Siehe 2105.

Rezept 3226

Kalbsroulade 2.224.2

Material für 100 kg
65,0 kg Kalbsbrust
35,0 kg Mortadellabrät (2002)

Herstellung
Eine gepökelte und knorpelfrei entbeinte Kalbsbrust wird beiderseits gut getrocknet und mit rohem Mortadellabrät eingerieben. Dann wird die Kalbsbrust längsseitig übereinandergeschlagen und auf der Längs- und einer Schmalseite zusammengenäht. Der Hohlraum wird mit Mortadellabrät (2002) gefüllt. Die gefüllte Roulade wird an der zweiten Schmalseite vernäht, in ein Tuch gerollt und gegart.

Produktionsdaten: Siehe 3212.

Rezept 3227

Kalbsroulade mit Zungeneinlage 2.224.2

Material für 100 kg
65,0 kg Kalbsbrust
15,0 kg Zungenrolle (3205)
20,0 kg Mortadellabrät (2002)

Herstellung
In die, in Rezept 3226 beschriebene Kalbsroulade wird exakt in die Mitte eine Zungenroulade eingeschoben.

Produktionsdaten: Siehe 3212.

Rezept 3228

Gerollte Kalbsbrust
mit Zungeneinlage 2.224.2

Material für 100 kg
78,0 kg Kalbsbrust
15,0 kg Zungen, gepökelt, gegart
 7,0 kg Aufschnitt-Grundbrät (2001)

Gewürze und Zutaten je kg Masse
für die Kalbsbrust:
0,5 g Pfeffer
0,2 g Glutamat

Herstellung
Eine gepökelte und knorpelfreie entbeinte Kalbsbrust wird beiderseits gut getrocknet und mit rohem Aufschnitt-Grundbrät eingerieben. Die Brust wird auf einer Längsseite mit angegarten Schweinezungen belegt, die ebenfalls gut getrocknet und mit Aufschnitt-Grundbrät eingerieben wurden. Auf der Zungenseite beginnend wird die Kalbsbrust zu einer Roulade gerollt.

Produktionsdaten: Siehe 3212.

Rezept 3229

Kalbsroulade mit Lachsschinken 2.224.2

Material für 100 kg
80,0 kg Kalbsbrust
10,0 kg Nußschinken
10,0 kg Aufschnitt-Grundbrät (2001)

Gewürze und Zutaten je kg Masse
zum Aufschnitt-Grundbrät:
 5,0 g Pistazien, gehackt

Herstellung
Das Aufschnitt-Grundbrät wird mit den Pistazien vermengt. Eine gepökelte, knorpelfreie ausgebeinte Kalbsbrust wird gut abgetrocknet und mit rohem Aufschnitt-Grundbrät beiderseits bestrichen.
Auf die Kalbsbrust wird ein Sockel Pistazienbrät (5 mm) gestrichen. Darauf kommt eine Lage dünn geschnittener Nußschinken (2 mm), der ebenfalls beiderseits gut im Aufschnitt-Grundbrät eingerieben wurde. Das Ganze wird spiralförmig gerollt, in ein Rouladentuch eingeschlagen, gewickelt und gegart.

Produktionsdaten: Siehe 3212.

Rezept 3230

Kalbsbriesroulade 2.224.2

Material für 100 kg
66,0 kg Helles Zungenwurstbrät (2120)
16,0 kg Kalbsbries
18,0 kg Mosaikumrandung (3204)

Herstellung
Die Kalbsbriese werden sauber geputzt und reichlich gewässert. Anschließend werden sie in kalter Fleischbrühe ca. 6 Stunden mariniert und anschließend in dieser Brühe 10 Minuten bei maximal 70 °C gegart. Die Brühe muß gesalzen sein! Die Briese sollen auskühlen.
Auf einer Mosaikumrandung wird mit dem Brät „Helle Zungenwurst" eine Roulade (Durchmesser 90 cm) hergestellt, in die die Kalbsbriese eingelegt werden, die vorher mit rohem Aufschnitt-Grundbrät eingerieben wurden.

Produktionsdaten: Siehe 3212.

Rezept 3231

Preßsäckel 2.224.3

Material für 100 kg
10,0 kg Rückenschwarten
90,0 kg Jagdwurstbrät (2106)

Herstellung
Rückenspeckschwarten werden auf eine Länge von 35 cm und 30 cm Breite geschnitten und gepökelt. Danach wird die Schwarte diagonal eingeritzt, längsseitig überschlagen und an den Seiten zusammengenäht. Es entsteht eine darmartige Hülle mit einer Öffnung für das Füllhörnchen. In die Schwartenhülle wird Jagdwurstmasse nicht zu stramm gefüllt und die Öffnung zugenäht. Das Produkt wird in ein

Rouladentuch eingeschlagen, gerollt und gegart.

Diese Roulade kann kurz vor dem völligen Erkalten aus dem Tuch gerollt und bei mäßiger Hitze überbacken werden. Ansonsten kühlt der Pressäkkel aus und wird nach völligem Erkalten aus dem Tuch genommen.

Produktionsdaten: Siehe 3212.

Rezept 3232

Schweinekammroulade mit Zungen 2.224.2

Material für 100 kg
50,0 kg   Schweinekammplatte
25,0 kg   Aufschnitt-Grundbrät (2001)
25,0 kg   Zungenrolle (3205)

Gewürze und Zutaten je kg Masse
zum Aufschnitt-Grundbrät:
5,0 g Pistazien, gehackt

Herstellung
In der Mitte der Roulade wird die Zungenrolle eingelegt.

Produktionsdaten: Siehe 3212

Aufschnitt-Pasteten

Rezept 3301

Schachbrettpastete   2.222.4

Material für 100 kg
41,0 kg   Brätblock, hell (3201)
41,0 kg   Brätblock, dunkel (3203)
18,0 kg   Mosaikumrandung (3204)

Herstellung
Wie einleitend beschrieben, werden für die Schachbrettpastete die Würfelstreifen geschnitten, die auf allen vier Seiten mit rohem Aufschnitt-Grundbrät bestrichen werden.

In den Pastetenkasten wird eine Mosaikumrandung eingelegt und anschließend das Schachbrett zusammengesetzt.

Es ist darauf zu achten, daß die einzelnen Teile von Anfang an kräftig in die Form gedrückt werden.

Därme: 50 Stück Cellobogen und 50 Stück Schrumpfdärme, Kaliber 120/50.

Garzeit: Je Millimeter Durchmesser 1–1,5 Minuten bei 80 °C

Produktionsverlust: 15 %

Rezept 3302

Sternpastete   2.222.4

Material für 100 kg
62,0 kg   Brätblock, hell (3201) und Aufschnitt-
          grundbrät (2001)
10,0 kg   Brätblock, mittel (3202)
10,0 kg   Brätblock, dunkel (3203)
18,0 kg   Mosaikumrandung (3204)

Herstellung
1. In den Pastetenkasten wird eine Mosaikumrandung eingelegt.
2. Die Form wird zur Hälfte mit rohem Aufschnitt-Grundbrät gefüllt.
3. In das rohe Brät wird die „Sternrolle" eingedrückt, so daß sie genau in der Mitte der
   Pastetenform liegt.
4. Der verbliebene Raum im Pastetenkasten
   wird mit rohem Aufschnitt-Grundbrät aufgefüllt, die Mosaikumrandung übergeschlagen
   und verschlossen.

Der Stern wird aus mittlerem (3202) und aus
dunklem (3203) Brätblock hergestellt. Die zur
Abrundung notwendigen halben Rauten bestehen alle aus hellem Brätblock (3201).

Produktionsdaten: Siehe 3301.

Rezept 3304

Würfelpastete   2.222.4

Material für 100 kg
10,0 kg   Brätblock, mittel (3202)
10,0 kg   Brätblock, dunkel (3203)
 3,0 kg   Blutwurstsaitling (3206)
 3,0 kg   Grobe Mettwurst im Saitling (3207)
18,0 kg   Mosaikumrandung (3204)
56,0 kg   Aufschnittgrundbrät (2001)

Herstellung
Siehe 3303.
An Stelle des Sterns wird der Würfelblock in die
Mitte der Pastete eingelegt, und zwar diagonal
je 2 Blutwurstrollen (3206) und zwei grobe
Mettwurstrollen (3207).

Produktionsdaten: Siehe 3301.

Rezept 3303

Sternpastete mit bunten Ringen   2.222.4

Material für 100 kg
10,0 kg   Brätblock, mittel (3202)
10,0 kg   Brätblock, dunkel (3203)
 6,0 kg   Blutwurstsaitling (3206)
18,0 kg   Mosaikumrandung (3204)
56,0 kg   Aufschnittgrundbrät (2001)

Herstellung
Siehe 3302. Zusätzlich wird in die vier Winkel
der Pastete je eine Blutwurstrolle gelegt.

Produktionsdaten: Siehe 3301.

325

Rezept 3305

Kronenpastete 2.222.4

Material für 100 kg
  6,0 kg Brätblock, mittel (3202)
  3,0 kg Brätblock, dunkel (3203)
  6,0 kg Blutwurstsaitling (3206)
67,0 kg Aufschnitt-Grundbrät (2001)
18,0 kg Mosaikumrandung (3204)

Herstellung
Diese Pastete wird wie Stern-Pastete mit bunten
Ringen (3303) hergestellt.
An Stelle des Sterns wird die Krone in die Mitte
der Pastete eingelegt.

Produktionsdaten: Siehe 3301

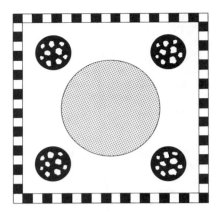

Rezept 3306

Zungenpastete 2.224.2

Material für 100 kg
20,0 kg Zungenrolle (3205)
  8,0 kg Blutwurstsaitlinge (3206)
18,0 kg Mosaikumrandung (3204)
54,0 kg Aufschnitt-Grundbrät (2001)

Herstellung: Siehe 3303
An Stelle des Sterns wird die Zungenrolle in die
Mitte der Pastete eingelegt.

Produktionsdaten: Siehe 3301

Rezept 3307

**Schwedische Leberpastete
mit Sardellen** 2.2312.1

Material für 100 kg
70,0 kg Kalbsleberwurstmasse (2806)
30,0 kg Aufschnitt-Grundbrät (2001)

Gewürze und Zutaten je kg Masse
10,0 g Sardellen
 3,0 g Pfeffer, weiß, gemahlen
 6,0 g Anchovis
14,0 g Zwiebeln, gedämpft
 1,0 g Ingwer
 5,0 g Trüffeln, klein gehackt

Herstellung
1. Die Sardellen werden i.d.R. 4–5 Stunden
   gewässert. Die Wassermenge soll reichlich
   bemessen sein.
2. Die Sardellen, die Anchovis und die Zwiebeln werden klein gehackt. Letztere werden
   goldbraun angebraten.
3. Die Kalbsleberwurstmasse und das Aufschnitt-Grundbrät werden unter Beigabe der
   Gewürze und Zutaten zu einer gleichmäßigen Masse vermengt.
4. Ein Pastetenkasten wird mit einer Speckplatte ausgelegt, die vorher mit der Pastetenmasse eingerieben wurde, damit sich Speckplatte und Pastetenbrät gut miteinander
   verbinden.

Die Pastetenform wird plan gefüllt. Die Speckplatte wird übergeschlagen und die Pastetenform
wird anschließend verschlossen und gegart.

Garzeit: Je Millimeter Durchmesser 1–1,5 Minuten bei 80 °C. Als Durchmesser gilt die Diagonale des Pastetenkastens.

Produktionsverlust: 15 %

Hinweis: Die fertige Leberpastete kann in einen Schrumpfdarm eingezogen werden.

Rezept 3308

Trüffelmosaikpastete   2.222.4

Material für 100 kg
62,0 kg   Aufschnitt-Grundbrät I (2001)
20,0 kg   Zungenrolle (3205)
18,0 kg   Mosaikumrandung (3204)

Gewürze und Zutaten je kg Masse
zum Aufschnitt-Grundbrät: 40,0 g Trüffeln

Herstellung
Die Trüffeln werden in kleinste, möglichst quadratische Würfel geschnitten und mit dem Aufschnitt-Grundbrät vermengt. Eine Pastetenform wird mit einer Mosaikumrandung ausgelegt und mit dem Trüffelbrät halb gefüllt. Die Zungenrolle wird in die Mitte eingelegt und das restliche Trüffelbrät aufgefüllt.

Produktionsdaten: Siehe 3301

Rezept 3309

Champignonpastete   2.222.4

Material für 100 kg
67,0 kg   Aufschnitt-Grundbrät I (2001)
15,0 kg   Champignons
18,0 kg   Mosaikumrandung (3204)

Herstellung
Die Champignons werden heiß abgeschwenkt und müssen gut abtrocknen. Sie werden gleichmäßig mit dem Aufschnittgrundbrät vermengt. Die Pastetenform sollte mit einer Mosaikumrandung ausgelegt sein.

Produktionsdaten: Siehe 3301.

Rezept 3310

Olivenpastete   2.222.4

Material für 100 kg
67,0 kg   Aufschnittgrundbrät I (2001)
15,0 kg   Oliven, gefüllt
18,0 kg   Mosaikumrandung (3204)

Herstellung
Die Oliven werden gut abgetrocknet unter das Aufschnitt-Grundbrät gemengt. Die Masse wird in eine Pastetenform gefüllt, die mit einer Mosaikumrandung ausgelegt ist.

Produktionsdaten: Siehe 3301.

Rezept 3311

Frühlingspastete   2.222.4

Material für 100 kg
67,0 kg   Aufschnitt-Grundbrät (2001)
6,0 kg   Cornichons
9,0 kg   Champignons
18,0 kg   Mosaikumrandung (3204)

Gewürze und Zutaten je kg Masse
5,0 kg Paprikachips, rot, getrocknet
5,0 kg Paprikachips, grün, getrocknet

Herstellung
Die Cornichons und die Champignons werden kleingehackt und mit den Chips dem Aufschnitt-Grundbrät beigemengt. Die Masse wird in eine Pastetenform gefüllt, die mit einer einfarbigen, dunklen Brätumrandung ausgelegt ist.

Produktionsdaten: Siehe 3301.

Rezept 3312

Mainzer Pastete   2.224.3

Siehe 3203

Abweichung: Im Pastetenkasten anrichten

Rezept 3313

Zungenblutwurst in Pastetenform   2.232.2

Material für 100 kg
40,0 kg   Blutwurstgrundmasse (2902)
60,0 kg   Zungenrollen (3205)

Herstellung
Die Zungenrollen sollen nicht zu dick sein. Die Pastetenform wird mit einem Cello-Speckbogen ausgelegt und mit etwa 800 gramm gut warmer Blutwurst-Grundmasse gefüllt. In diese Masse werden je nach Größe vier bis fünf Zungenrollen eingelegt. Sie sollen symmetrisch verteilt sein.

Produktionsdaten: Siehe 3301.

Rezept 3314

Schinken-Käsepastete 2.224.2

Material für 100 kg
37,0 kg   Aufschnitt-Grundbrät (2001)
30,0 kg   S 2 Schweinefleisch ohne Sehnen, mit
          maximal 5 % sichtbarem Fett, gegart
15,0 kg   Edamer-Käse
18,0 kg   Mosaikumrandung (3204)

Herstellung
Das gepökelte und gegarte Schweinefleisch, eventuell Anschnitte und Endstücke von gekochtem Schinken, wird in 1-cm-Würfel geschnitten. Beides, Schweinefleisch und Edamer, wird mit Aufschnitt-Grundbrät vermengt und in Pastetenkästen mit Mosaikumrandung gefüllt.

Produktionsdaten: Siehe 3301.

Rezept 3315

Schinkenbombe 2.224.2

Material für 100 kg
31,0 kg   Aufschnittgrundbrät (2001)
60,0 kg   S 2 Schweinefleisch ohne Sehnen, mit
          maximal 5 % sichtbarem Fett, roh
 9,0 kg   Dörrfleisch

Herstellung
Das gepökelte und gegarte Schweinefleisch, eventuell Anschnitte und/oder Endstücke von gekochtem Schinken, werden in 1-cm-Würfel geschnitten und mit dem Aufschnitt-Grundbrät vermengt. Eine runde Form wird vom Mittelpunkt zum Rand hin mit dünnen entschwarteten Dörrfleischscheiben ausgelegt, die vorher mit rohem Aufschnitt-Grundbrät wurde. Die Form wird dann mit dem angemengten Brät randvoll gefüllt und bei maximal 150 °C gebacken. Nach dem Erkalten wird die Form gestürzt und mit Glasieraspik (3004) bestrichen.
Auf die gewölbte Oberseite der Schinkenbombe wird ein Kranz mit geachtelten Ananasscheiben gelegt, die mit Aspik angeheftet werden.
Die Schinkenbombe wird wie eine Torte portioniert.

Produktionsdaten: Siehe 3301.

Rezept 3316

Karrépastete 2.222.4

Siehe 3301

Rezept 3317

Eisbeinpastete 2.224.3

Material für 100 kg
57,0 kg   Eisbein, gerollt
25,0 kg   Aufschnitt-Grundbrät (2001)
18,0 kg   Mosaikumrandung (3204)

Gewürze und Zutaten je kg Masse
zum Aufschnitt-Grundbrät:
5,0 g Pistazien

Vorarbeiten
Gepökelte Vordereisbeine (mit Schwarten) werden ausgebeint und von groben Sehnen befreit. Aus jedem ausgebeinten Eisbein wird eine gleichmäßig starke, gegarte Fleischrolle hergestellt. Dazu wird das Eisbein auf der flachen Seite mit Magerfleisch vom Hintereisbein ausgefüllt. Alle Teile werden mit Aspik bestreut und wie eine Zungenrolle in einem Multuch gerollt, gegart und 12−14 Stunden ausgekühlt. Die Eisbeinschwarte ist die äußere Umhüllung.

Herstellung
Das Aufschnitt-Grundbrät wird mit den gehackten Pistazien vermengt. Eine Pastetenform wird mit einer Mosaikumrandung ausgelegt und wird ca. 2 cm hoch mit dem Aufschnitt-Grundbrät gefüllt. Dann wird in die Mitte der Form die erkaltete Eisbeinrolle eingelegt und der verbliebene Freiraum mit Pistazienbrät aufgefüllt. Die Mosaikumrandung ist umzuschlagen und die Form zu verschließen.

Produktionsdaten: Siehe 3301.

Rezept 3318

Rüsselpastete 2.224.3

Material für 100 kg
29,0 kg   Aufschnitt-Grundbrät (2001)
53,0 kg   Schweinerüssel und magere Kieferbäckchen
18,0 kg   Mosaikumrandung (3204)

Herstellung
Die Schweinerüssel und die Kieferbäckchen werden roh aus den Schweineköpfen geschnitten

und 24–48 Stunden gepökelt. Anschließend werden die Teile mit kaltem Wasser abgewaschen und weitere 24 Stunden in Rotwein mit etwas Lorbeerblättern mariniert.
Die Teile werden dann angegart und gut ausgekühlt.

Herstellung: Siehe 3213.

Produktionsdaten: Siehe 3301.

Rezept 3319

Schweinekopfpastete 2.224.3

Herstellung: Siehe 3318

Abweichung
An Stelle von Rüsseln und Kieferbäckchen werden komplette, ausgebeinte Schweinemasken verwendet, an denen das harte Stirnblatt entfernt wurde.

Rezept 3320

Wildpastete (Hasenfleisch) 2.224.2

Material für 100 kg
55,0 kg   Hasenfleisch
36,0 kg   Aufschnittgrundbrät (2001)
 9,0 kg   Brätumrandung, dunkel (3203)

Gewürze und Zutaten je kg Masse
zum Hasenfleisch:
18,0 g Nitritpökelsalz
 2,0 g Pfeffer

Herstellung
Das entbeinte Hasenfleisch wird 24 Stunden in Marinade für Wildfleisch (4440) eingelegt. Danach wird das Fleisch gut getrocknet und in Würfel geschnitten, bzw. die kleinen Stücke und alles mit Salz und Pfeffer vermengt.
Unter dieses grobe Material wird das Aufschnittgrundbrät gezogen. Die fertige Masse wird in Pastetenformen gefüllt, die mit einer einfarbigen dunklen Brätumrandung ausgelegt sind.

Produktionsdaten: Siehe 3301.

Rezept 3321

Wildschweinpastete, imitiert 2.224.2

Material für 100 kg
50,0 kg   S 1 Schweinefleisch, fett- und sehnenfrei, roh

32,0 kg   Aufschnittgrundbrät (2001)
18,0 kg   Mosaikumrandung (3204)

Gewürze und Zutaten je kg Masse
zum Aufschnitt-Grundbrät:
 5,0 g Pistazien
zum Schweinefleisch:
18,0 g Nitritpökelsalz
 2,0 g Pfeffer
 0,5 g Mazis

Herstellung
Das rohe Schweinefleisch wird in gleichmäßig große Würfel von maximal 1 cm geschnitten und mit dem Salz und den Gewürzen vermengt.
Das Schweinefleisch kommt dann in einen Behälter und wird mit gepökeltem Schweineblut verrührt, so daß das Schweinefleisch vollkommen unter Blut liegt. Das Gemenge wird im Wasserbad auf ca. 80 °C erhitzt, bis das Blut vollkommen gestockt ist. Das gebrühte Schweinefleisch-Blut-Gemenge wird dann solange kalt abgespült, bis das geronnene Blut vollkommen entfernt ist.
Es bleiben die Schweinefleischwürfel mit einer Blutkruste, die durch das Brühen in die Fleischränder eingezogen ist. Das Fleisch soll auf ca. 8–10 °C abkühlen und dabei abtrocknen.
Zunächst wird das Aufschnitt-Grundbrät mit den gehackten Pistazien und dann das Pistazienbrät mit den Schweinefleischwürfeln vermengt. Das fertige Gemenge kommt in Pastetenformen mit Mosaikumrandung.

Produktionsdaten: Siehe 3301.

Rezept 3322

Wildbretpastete (Hirschfleisch) 2.224.2

Herstellung: Siehe 3320

Abweichung
An Stelle von Hasenfleisch wird Hirschfleisch verwendet.

Rezept 3323

Kalbfleischpastete 2.224.2

Material für 100 kg
50,0 kg   K 1 Kalbfleisch, fett- und sehnenfrei, roh
32,0 kg   Aufschnittgrundbrät (2001)
18,0 kg   Mosaikumrandung (3204)

Gewürze und Zutaten je kg Masse
zum Kalbfleisch:
18,0 g Nitritpökelsalz
 2,0 g Pfeffer, gemahlen
 0,5 g Mazis
 0,5 g Koriander
 0,3 g Ingwer
 0,2 g Kardamom
 2,0 g Paprika
 0,5 g Glutamat
 5,0 g Pistazien

Herstellung
Das Kalbfleisch wird in 1-cm-Würfel geschnitten, angesalzen und gewürzt. Nachdem das Fleisch durchgesalzen ist, wird es mit dem Aufschnittgrundbrät und den gehackten Pistazien vermengt. Die Masse wird in Pastetenkästen gefüllt, die mit einer Mosaikumrandung ausgelegt sind.

Produktionsdaten: Siehe 3301.

Rezept 3324

Kalbspastete   2.224.2

Herstellung: Siehe 3323

Abweichungen
1. Variante: Das Aufschnitt-Grundbrät wird mit gehackten Pistazien angemengt (5 g je Kilo Masse).
2. Variante: Das Aufschnitt-Grundbrät wird mit Champignons angemengt. Zusammenstellung: 34,0 kg Aufschnitt-Grundbrät; 6,0 kg Champignons

Rezept 3325

Kalbsbriespastete   2.224.2

Siehe 3223

Rezept 3326

Leberpastete   2.224.2

Material für 100 kg
70,0 kg   Kalbsleberwurstmasse (2806)
30,0 kg   Aufschnittgrundbrät (2001)

Herstellung
Die beiden Bräts werden auf dem Kutter zu einer gleichmäßigen Masse mit einer Endtemperatur von 14–16 °C gekuttert. Die Leberpastete wird

in Pastetenkästen gefüllt, die mit einer Speckumrandung ausgelegt sind.

Produktionsdaten: Siehe 3301.

Rezept 3327

Leberpastete   2.224.2

Material für 100 kg
70,0 kg   Aufschnittgrundbrät (2001)
30,0 kg   S 15 Schweineleber, roh

Gewürze und Zutaten je kg Masse
Für die Leber:
18,0 g Nitritpökelsalz
 2,0 g Pfeffer
 0,5 g Ingwer
 0,3 g Kardamom
 0,5 g Mazis
 0,1 g Vanille
 2,0 g Bienenhonig
 1,0 g Farbstabilisator
50,0 g Zwiebeln (Rohgewicht)

Herstellung
1. Die Zwiebeln werden goldgelb angebraten.
2. Die Leber wird ohne Salz im Kutter kleingehackt, bis sie Blasen schlägt. Dann werden Salz, Gewürze und Zutaten beigegeben. Weitere drei Runden später wird die Aufschnitt-Grundmasse beigeschüttet und solange gekuttert, bis die Masse homogen ist.

Produktionsdaten: Siehe 3301.

Rezept 3328

Leberpastete, gebacken, schnittfest 2.222.4

Gewürze und Zutaten je kg Masse
2,0 g Pfeffer, grün
2,0 g Trüffeln, gehackt

Herstellung
Leberpastete, (3326) wird mit den Pfefferkörnern und den gehackten Trüffeln vermengt.
Die Masse wird in rechteckige Backformen gefüllt und bei max. 150–180 °C gebacken.
Halb erkaltet kann die Leberpastete auf der offenen Seite mit Bratenjus bestrichen werden, die mit Aspik gebunden wurde.

Produktionsdaten: Siehe 3301.

Rezept 3329

Leberpastete, gebacken   2.222.4

Diese Pastete wird mit der Masse aus Rezept 3327 hergestellt. Weitere Herstellung: Siehe 3328.

Produktionsdaten: Siehe 3301.

Rezept 3330

Trüffelleberpastete   2.222.4

Herstellung
Leberpastetenmasse nach den Rezepten 3326 und 3327 wird mit 10,0 g Trüffeln je Kilogramm Produktionsmenge vermengt. Weitere Bearbeitung wie Beschreibungen.

Rezept 3331

Leberpastete mit Champignons   2.222.4

Material für 100 kg
85,0 kg   Leberpastete (3326 oder 3327)
15,0 kg   Champignons

Herstellung
Die gut getrockneten Champignons werden unter die Leberpastete gemengt. Weitere Herstellung nach Rezept 3326.

Produktionsdaten: Siehe 3301.

Rezept 3332

**Schweineleberpastete
mit Parmesankäse**   2.222.4

Material für 100 kg
94,0 kg   Leberpastete (3326 oder 3327)
5,0 kg   Parmesankäse, kleingewürfelt
1,0 kg   Hühnereier, klein gehackt

Herstellung
Das gesamte Material wird zu einer gleichmäßigen Masse vermengt.
Die Leberpastete wird in Pastetenkästen gefüllt, die mit einer Speckumrandung ausgelegt sind.

Produktionsdaten: Siehe 3301.

Rezept 3333

Schweineleberpastete   2.222.4

Herstellung: Siehe 3332

Produktionsdaten: Siehe 3301

Rezept 3334

Sardellen-Leberpastete   2.222.4

Material für 100 kg
97,0 kg   Leberpastete (3326 oder 3327)
3,0 kg   Sardellen

Herstellung
Das Produkt wird 6–8 Stunden (!) gewässert und kleingehackt der Leberpastetenmasse beigemengt.
Die Sardellenleberpastete wird in Pastetenkästen gefüllt, die mit einer Speckumrandung ausgelegt sind.

Produktionsdaten: Siehe 3301.

Rezept 3335

Haselnußpastete   2.224.2

Material für 100 kg
74,0 kg   Jagdwurstbrät (2106)
8,0 kg   Haselnüsse, ganz
18,0 kg   Mosaikumrandung (3204)

Herstellung
Die Haselnußkerne werden trocken dem Jagdwurstbrät beigemengt. Die Masse wird in Pastetenkästen gefüllt, die mit einer Mosaikumrandung ausgelegt sind.

Produktionsdaten: Siehe 3301.

Rezept 3336

Champignonpastete   2.222.4

Material für 100 kg
50,0 kg   Jagdwurstbrät (2106)
24,0 kg   Aufschnitt-Grundbrät (2001)
8,0 kg   Champignons
18,0 kg   Mosaikumrandung (3204)

Herstellung
Die Champignons werden heiß abgeschwenkt und kommen sehr gut getrocknet zur Verarbeitung. Aus dem gesamten Material wird ein gleichmäßiges Gemenge hergestellt, das man anschließend noch 2–3 Runden im langsamen Gang auf dem Kutter laufen lassen kann.

Gestaltung: Pastetenkasten in Hufeisenform, mit Mosaikumrandung.

Produktionsdaten: Siehe 3301.

Rezept 3337

Eierpastete 2.222.4

Material für 100 kg
72,0 kg Aufschnitt-Grundbrät (2001)
10,0 kg Eierrolle (3208)
18,0 kg Mosaikumrandung (3204)

Gewürze und Zutaten je kg
Aufschnitt-Grundbrät
10,0 g Pistazien
  5,0 g rote, nicht zu grobe Paprikachips

Herstellung
Die Pistazien und die Chips werden dem Aufschnitt-Grundbrät beigemengt.
In eine Pastetenform wird eine Mosaikumrandung eingelegt. Die Form wird zu einem Drittel mit Pistazienbrät gefüllt und die Eierrolle in die Mitte eingelegt. Danach wird der restliche Freiraum mit Pistazienbrät gefüllt.

Produktionsdaten: Siehe 3301.

Rezept 3338

Schweinekopfpastete 2.224.3

Material für 100 kg
41,0 kg Schweinerüssel, gepökelt, gegart
15,0 kg Zungenrolle (3205)
26,0 kg Aufschnitt-Grundbrät (2001)
18,0 kg Mosaikumrandung (3204)

Herstellung
Die Schweinerüssel werden sauber von Knorpeln befreit und mit rohem Aufschnitt-Grundbrät reichlich eingerieben.
Die Zungenrolle wird ebenfalls mit rohem Aufschnitt-Grundbrät eingerieben und in gehackten Pistazien gerollt.
Die Schweinerüssel werden um die Zungenrolle herum in eine Pastetenform gelegt, die mit einer Mosaikumrandung ausgelegt ist.

Produktionsdaten: Siehe 3301.

Rezept 3339

Lachsschinkenpastete 2.224.2

Material für 100 kg
41,0 kg Schweinelachsfleisch
41,0 kg Aufschnitt-Grundbrät (2001)
18,0 kg Mosaikumrandung (3204)

Gewürze und Zutaten je kg Masse
zum Aufschnitt-Grundbrät:
10,0 g Pistazien

Herstellung
Ein ausgebeintes Kotelettstück in einer Länge von ca. 20 cm wird sauber von Sehnen und Fett befreit und 3 Tage gepökelt.
Danach wird dieser „Lachs" in 20 cm lange Platten von 0,5 cm Stärke geschnitten.
Ein Pastetenkasten wird mit einer Mosaikumrandung ausgelegt. Darin wird die Lachspastete angerichtet; und zwar wechselweise mit einer Lage Pistazienbrät (0,5 cm) und einer Lage Lachsscheibe, die gut mit rohem Brät eingerieben sein muß.

Produktionsdaten: Siehe 3301.

Rezept 3340

Imitierte Auerhahnpastete 2.224.2

Material für 100 kg
50,0 kg Aufschnittgrundbrät (2001)
25,0 kg K 1 Kalbfleisch, fett- und sehnenfrei, roh
12,5 kg R 10 Rinderzunge, geputzt, gepökelt, vorgegart
  7,5 kg S 8 Rückenspeck ohne Schwarte, vorgegart
  2,5 kg Pistazien, gehäutet
  2,5 kg Trüffeln

Gewürze und Zutaten je kg Masse
15,0 g Nitritpökelsalz (für Kalbfleisch und Speck)
  2,0 g Pfeffer, gemahlen
  0,3 g Mazis
  2,0 g Vanillezucker

Herstellung
1. Das Kalbfleisch wird in 10–15 mm große Würfel geschnitten und mit der anteiligen Menge Pökelsalz vermengt. Das Material soll etwa eine Stunde durchpökeln. Dann wird das Material im Durchschlag kräftig mit kochendem Wasser abgebrüht. Das Fleisch soll abkühlen.
2. Die Rinderzungen und der Speck werden in 5 mm große Würfel geschnitten. Sie werden heiß abgeschwenkt und kommen ebenfalls abgekühlt zur Verarbeitung.
3. Die gehäuteten Pistazien und die Trüffeln werden sehr kleingehackt, bzw. gewürfelt.

4. Das geschnittene Material, die Pistazien, die Trüffeln und die Gewürze werden miteinander vermengt und unter das Aufschnittgrundbrät gezogen.
5. In einen bereitgestellten Pastetenkasten wird eine Mosaikumrandung (3204) eingelegt. Der Kasten wird mit der Auerhahnpastete randvoll aufgefüllt. Die Umrandung wird übergeschlagen. Der Pastetenkasten wird verschlossen und gegart.

Garzeit: Je Millimeter Durchmesser 1 Minute, bei 80 °C

Produktionsverlust: 12 %

Rezept 3341

Schinken-Brät-Terrine 2.224.2

Material für 100 kg
25,0 kg   Gelbwurst (2027), gewürfelt
25,0 kg   Jagdwurst (2106), gewürfelt
25,0 kg   Schinkenwürfel von gekochtem Schinken
 5,0 kg   Rahm
 5,0 kg   Madeira
 5,0 kg   Weißwein
 0,5 kg   Zitronensaft
 1,5 kg   Petersilie, gehackt
 1   Prise Sambal olek
 5,0 kg   Gurken, klein gewürfelt
 1,5 kg   Pistazien, gehäutet, gehackt
 1,5 kg   Peperoni, gehackt

Herstellung
1. Das gesamte Material, außer den flüssigen Bestandteilen, wird miteinander vermengt.
2. Eine bereitgestellte Auflaufform wird eingefettet, und mit dem gewürfelten und gehackten Gemenge gefüllt.
3. Rahm, Madeira, Weißwein und Zitronensaft werden miteinander verrührt, so daß es eine glatte Masse gibt, die über das grobe Material gegossen wird.
4. Die Terrine wird mit einer Alufolie abgedeckt und im Backofen gegart.
5. Nach dem Garen soll das Ganze gut abkühlen. Es wird aus der Form gestürzt und ist verkaufsfertig.

Garzeit: 60–120 Minuten, je nach Größe der Form, bei 180 °C

Produktionsverlust: 25 %

Rezept 3342

Paté Paris (Pastete fein zerkleinert)

Material für 100 kg
40,0 kg   S 15 Schweineleber, roh
60,0 kg   S 6 Backen ohne Schwarte, roh

Gewürze und Zutaten je kg Masse
20,0 g   Nitritpökelsalz
 2,0 g   Pfeffer
 0,5 g   Kardamom
 0,1 g   Nelken
 0,1 g   Zimt
 1,0 g   Farbstabilisator
10,0 g   Zwiebeln

Vorarbeiten
1. Die Schweinebacken sind bei 80 °C anzubrühen. Beide Teile werden ausgekühlt weiterverarbeitet.
2. Die Zwiebeln werden mit reichlich Schmalz gedämpft. Die Farbe muß goldbraun sein.

Herstellung
1. Das gesamte Material kommt auf den Kutter. Dazu kommen sofort alle Gewürze und Zutaten, mit Ausnahme des Farbstabilisators.
2. Die Masse ist so lange zu kuttern, bis sie vollkommen homogen ist. Die Idealtemperatur beträgt bei völliger Zerkleinerung 23–24 °C. Gleichzeitige Feinstzerkleinerung und beste Homogenisierung ist nur zu erreichen, wenn das Material gut gekühlt verarbeitet wird.
3. Die Pastetenmasse wird in eine Backform gefüllt, die vorher mit einem Schweinenetz ausgelegt wurde. Das Netz wird über der eingefüllten Masse gespannt.
4. Die Pastete wird gebacken und soll dann auf ca. 40 °C abkühlen. Die Risse und Hohlräume, die sich beim Backen gebildet haben, werden mit „Dunkler Bratensoße" (5206), der Aspikpulver beigegeben ist, aufgegossen. Die Pastete muß dann weiter abkühlen auf +1 °C.

Garzeit: Je mm Durchmesser 1,5 Minuten. Als Durchmesser gilt die Diagonale der Backform.

Produktionsverlust: 18 %

Rezept 3343

Französische Schweinefleisch-Terrine 2.224.4

Material für 100 kg
95,0 kg Bratwurstbrät, halbgrob (2702)
 5,0 kg Petersilie und Schnittlauch
     Schweinenetzfett

Gewürze und Zutaten je kg Masse
1,0 g Thymian
    Lorbeerblätter

Herstellung
1. Die Bratwurstmasse wird mit der gehackten Petersilie und dem gehackten Schnittlauch, sowie dem Thymian vermengt und in eine feuerfeste Form gefüllt.
2. Die Brätmasse wird an der Oberfläche mit halbierten Lorbeerblättern belegt und dann mit dem Schweinenetzfett überspannt.
3. Die Terrine wird gebacken. Die dabei entstehenden Risse und Vertiefungen werden nach dem Erkalten der Terrine mit gelierter „Dunkler Bratensoße" (5206) aufgegossen und garniert.

Garzeit: je nach Größe, etwa 2 Stunden bei 200 °C im Backofen

Produktionsverlust: 10 %

Rezept 3344

Paté Campagne (Grobe Leberpastete) 2.222.4

Material für 100 kg
46,0 kg S 15 Schweineleber, roh
50,0 kg S 6 Backen ohne Schwarte, roh
 4,0 kg Lauch

Gewürze und Zutaten je kg Masse
18,0 g Nitritpökelsalz
 2,0 g Pfeffer
 1,0 g Pfeffer, gestoßen
 1,0 g Zucker
 1,5 g Majoran, gerebbelt
 0,4 g Muskat
 0,1 g Piment
 0,1 g Nelken
 0,1 g Zimt
 0,4 g Kardamom
 1,0 g Farbstabilisator

Herstellung
1. Das gesamte Material, außer dem Netzfett, wird klein geschnitten und mit den Gewürzen und Zutaten vermengt.
2. Das Gemenge wird durch die 8-mm-Scheibe gewolft. Auf Wunsch kann das Wurstgut anschließend noch 1–2 Runden im langsamen Gang auf dem Kutter laufen. Die grobe Struktur der Masse sollte aber in jedem Fall erhalten bleiben.
3. Die Pastetenmasse wird in eine Backform gefüllt, die vorher eingefettet und mit dem Netzfett ausgeschlagen wurde. Das Netzfett wird auch über die Oberfläche der gefüllten Form gespannt.
4. Die Pastete wird gebacken und soll dann auf etwa 40 °C abkühlen.
5. Die Risse und Hohlräume, die sich beim Backen gebildet haben werden mit „Dunkler Bratensoße" (5206), der Aspikpulver beigegeben ist, aufgefüllt.

Garzeit: Je nach Größe der Backform

Produktionsverlust: 12 %

Rezept 3345

Bauernpastete, mit Anchovis

Material für 100 kg
44,0 kg S 4 b Schweinebauch ohne Schwarte mit max. 50 % sichtbarem Fett, roh
26,0 kg S 15 Schweineleber, roh
15,0 kg Dörrfleisch ohne Schwarte und Knorpel
11,0 kg Rotwein
 4,0 kg Anchovisfilets

Gewürze und Zutaten je kg Masse
16,0 g Nitritpökelsalz
 5,0 g Wacholderbeeren
 3,0 g Pfeffer, schwarz, gestoßen
20,0 g Kräuter der Provence
 0,1 g Knoblauchpaste (2426)

Herstellung
1. Das Schweinefleisch wird mit der anteiligen Menge Salz durch die 3-mm-Scheibe gewolft. Die Schweineleber wird auf dem Kutter fein gehackt; wenn nicht anders möglich, kann sie auch mitgewolft werden.
2. Die Anchovis werden fein geschnitten und mit der Knoblauchpaste und den Gewürzen zu einer gleichmäßigen Masse vermengt.

3. Wenn die Bauernpastete portioniert verkauft werden soll, werden Aluformen, wenn die Pastete für den Ausschnitt bestimmt ist, die üblichen Steingutterrinen, verwendet.
Die Formen werden jeweils mit dem in dünne Scheiben geschnittenen Dörrfleisch ausgelegt und dann mit der Pastete aufgefüllt.
4. Die Pasteten in den Großterrinen werden nach dem Erkalten mit gelierter „Dunkler Bratensoße" (5206) plan gegossen und garniert.

Garzeit:
1. Für die großen Terrinen: 2 Stunden bei 150 °C im Backofen.
2. 500-g-Aluformen: 45 Minuten bei 150 °C im Backofen.

Rezept 3346

Hirnpastete	2.222.4

Herstellung: Siehe 2535.

Abweichung: Die fertige Brätmasse wird in Pastetenkästen gefüllt, die vorher mit einem Cellobogen ausgeschlagen wurden.

Garzeit: 150 Minuten bei 80 °C
Produktionsverlust: 10 %

Verwendungshinweis: Hirnpastete kann als Aufschnittware angeboten, sie kann aber auch als Portionsware zum Warmverzehr mit einer Soße gereicht werden.

Rezept 3347

Schwedische Sardellen-Leberpastete	2.222.4

Material für 100 kg
70,0 kg Kalbsleberwurst-Masse (2806)
30,0 kg Aufschnitt-Grundbrät (2001)

Gewürze und Zutaten je kg Masse
10,0 g Sardellen
 6,0 g Anchovis
 3,0 g Pfeffer
 1,0 g Ingwer
14,0 g Zwiebeln, gedämpft
 5,0 g Trüffeln, klein gehackt

Herstellung
1. Die Sardellen werden 4–5 Stunden, eventuell auch länger, in reichlich kaltem Wasser gewässert. Sie werden dann klein gehackt, gleiches geschieht mit den Anchovis.
2. Die Trüffeln und die Zwiebeln werden ebenfalls klein gehackt. Die Zwiebeln werden goldbraun angebraten.
3. Die Kalbsleberwurstmasse und das Aufschnitt-Grundbrät werden unter Beigabe der Gewürze und Zutaten zu einer gleichmäßigen Masse vermengt.
4. Ein Pastetenkasten wird mit einer Speckplatte ausgelegt, die vorher mit dem Brät der Leberpastete eingerieben wurde.
5. Die Form wird mit dem Brät plan aufgefüllt, der Speck wird übergeschlagen, der Pastetenkasten verschlossen und gegart.

Garzeit: Je mm Durchmesser 1–1,5 Minuten bei 80 °C. Als Durchmesser gilt die Diagonale des Pastetenkastens.

Produktionsverlust: 12 %

Hinweis: Die fertige Leberpastete kann in einen Kunstdarm (Schrumpfdarm) eingezogen werden.

Rezept 3348

Italienische Pastete	2.222.4

Material für 100 kg
67,0 kg Kalbsleberwurstmasse (2806)
30,0 kg Aufschnittgrundbrät (2001)
 3,0 kg Sardellen

Herstellung
Das gesamte Material wird zu einer gleichmäßigen Masse vermengt. Die Leberpastete wird in Pastetenkästen gefüllt, die mit einer Speckumrandung ausgelegt sind.

Produktionsdaten: Siehe 3301.

Fleischwaren in Aspik

Zum klassischen Repertoire der deutschen Fleisch- und Wurstwarenherstellung gehören auch Fleischwaren, die nur schwerlich in die bisher behandelten Kategorien eingeordnet werden können. Sie werden daher in dieser eigenen Gruppe „Fleischwaren in Aspik" zusammengefaßt. Es gehören dazu

Galantinen
Gefüllte Fleischwaren
Kalte Braten
Aspikspezialitäten

Wenn sich die Tendenz der letzten Jahre weiter fortsetzt, ist zu erwarten, daß ein großer Teil der Spitzenprodukte dieser Gruppe, genau wie die Rouladen und Pasteten, wieder mehr in den Vordergrund der Nachfrage kommt.

Die Produkt-Vielfalt

Der Ausdruck **Galantinen** stammt aus der Zeit, in der es beliebt war, fremdsprachliche Ausdrücke in die feine Küche, wie überhaupt für die Feinkostherstellung, zu übernehmen. Dieses Wort bedeutet nichts anderes als ein kaltes Fleisch- oder Geflügelgericht in Scheiben oder Stücken, das durch rohes Brät miteinander verbunden wurde. Der Anteil der Bindemasse ist dabei so niedrig wie irgend möglich zu halten. Man spricht dabei von „farcierten Galantinen", Feinkostgerichten aus unterschiedlichen Fleischarten. Auch hier ist, genau wie bei den Rouladen und Pasteten, dem Erfindergeist des Herstellers keine Grenze gesetzt, wenn die Produkte unter Berücksichtigung der lebensmittelrechtlichen Bestimmungen hergestellt werden. Die zur Verwendung kommenden Fleischstücke und/oder -scheiben sollen soweit wie möglich von Fett befreit sein. Wenn es sich um vorgesalzene Ware handelt, sollte sie mild gesalzen sein, mit maximal 10 °C. Als Bindemasse sollte nur erstklassiges Brühwurstbrät verwendet werden; zu empfehlen wäre hier Aufschnittgrundbrät (2001 oder 2002).

Gefüllte Fleischwaren gehören im weiteren Sinne zu den Rouladen. Da es sich jedoch bei gefüllten Fleischwaren durchweg um Produkte handelt, die auch als Warmgerichte gereicht werden können, wurden sie in einer gesonderten Gruppe zusammengefaßt.

Die Herstellung von **Fleischwaren in Aspik** ist der Herstellung von Sülzwürsten sehr ähnlich. Nur kann man diese Produkte, die hier zu besprechen sind, nicht als „Würste" oder „Wurstprodukte" im althergebrachten Sinne bezeichnen.

Fleischwaren in Aspik werden in der Regel an der Oberfläche mit einer Garnierung versehen. Diese Garnierungen werden produktionstechnisch immer am Boden einer Form angerichtet, da dieser nach dem Ausstürzen des fertigen Produktes die Oberseite darstellt.

Die Garnierungen sollen nicht höher als 2−3 mm sein, damit das eigentliche Füllgut ausreichend Platz hat. Als Garniereinlagen kommen in Frage: Salz-, Gewürz- und Essiggurken, Eischeiben, Tomaten, Tomatenpaprika, Pistazien, Mohrrüben, Kapern, Trüffeln, Oliven, Pilze und Bratenjus, das durch Zuckercouleur nachgedunkelt wurde.

Als Fleischgarnierungen verwendet man dünn geschnittene Kalbs-, Rinder- und Schweinezungen, Braten jeder Art, Roh- und Brühwürste, sowie Lachs und Sardellen.

Zum Garnieren lassen sich auch geometrische Formen verwenden. Ebenso können Figuren, wie Blätter, Ranken, Blüten, Buchstaben, Muscheln usw. verwendet werden. Die Herstellung solcher Gebilde geschieht auf folgende Weise:

Bunt gefärbter Aspik (3005) wird ca. 2−3 mm hoch auf einer mit kaltem Wasser befeuchteten Platte ausgegossen und soll erkalten.

Aus den entstandenen Aspikplatten können mit Hilfe von Förmchen, die im Fach- oder Haushaltshandel (Plätzchenformen) erhältlich sind, Sterne, Ringe, Blätter usw. ausgestochen werden.

Die so hergestellten Gebilde werden in einer

Form, die mit einem Aspikspiegel ausgegossen ist, schön angeordnet, mit Aspiktupfer angeklebt und plan gegossen. Nach Erkalten kann das Füllgut entsprechend der Rezeptbeschreibung aufgefüllt werden.

Technologie

Da Fleischwaren sehr unterschiedlich angerichtet werden und darüber hinaus teils als Aufschnitt- und teils als Portionsware hergestellt werden, gibt es wenige allgemeine Hinweise zur Technologie.

Hier ist lediglich einiges zur Beschaffenheit und Vorbereitung der zur Verwendung kommenden Formen zu sagen.

Handelt es sich um Formen, die mehrfach verwendet werden, z.B. Alu- und Plastikkästen, so sollten diese eine glatte Oberflächen haben. Jede kleine Unebenheit, wie Dellen und breite Kratzer, überträgt sich als Verformung auf das Aspikprodukt.

Werden Einwegformen verwendet, z.B. Plastikförmchen, so ist darauf zu achten, daß das Plastikmaterial keine unerwünschten Geschmacksabweichungen verursacht. Das kann insbesondere dann passieren, wenn die Aspikprodukte nicht unmittelbar nach Erkalten aus der Form gestürzt werden.

Es ist weiterhin wichtig, daß alle Formen glatte Oberflächen haben sollen und vor dem Füllen mit kaltem Wasser befeuchtet werden müssen. Geschieht dies nicht, klebt der Aspik wie Kitt an der Formenwand und das schönste Produkt ist nur in unansehnlichen Brocken aus dem Behälter zu bekommen.

Die **Garniermuster,** die für die verschiedensten Zusammenstellungen von Fleischwaren in Aspik anzufertigen sind, sollen schön und appetitlich aussehen. Sie müssen aber auch rationell herstellbar sein. Das heißt, der Arbeitsaufwand muß in der richtigen Relation zum erzielbaren Verkaufspreis stehen.

Um dieses Ziel zu erreichen, ist es ratsam, sich auf sechs bis acht Einzelteile zur Herstellung von Garniermustern zu beschränken. Dazu ein praktisches Beispiel: Wenn man die folgenden acht Einzelteile bereit hat, lassen sich eine Vielzahl von Garniermuster erstellen, von denen nur wenige Varianten nachstehend aufgezeigt werden sollen:

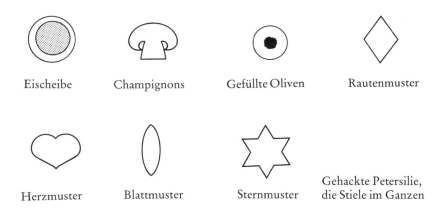

Eischeibe   Champignons   Gefüllte Oliven   Rautenmuster

Herzmuster   Blattmuster   Sternmuster   Gehackte Petersilie, die Stiele im Ganzen

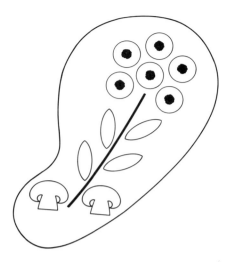

Sülzkotelett
Material:
6 Scheiben gefüllte Oliven
4 Balätter, aus buntem Aspik ausgestochen
2 Scheiben Champignong
1 Petersilienstiel

Sülzkotelett
Material:
7 Scheiben gefüllt Oliven
2 Scheiben Champignons
1 Scheibe Ei
2 Blätter, aus buntem Aspik ausgestochen

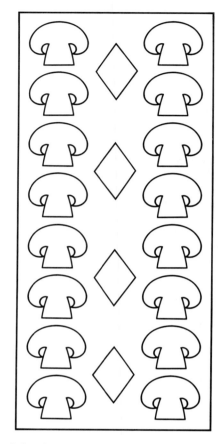

Sülzenform:
Material:
16 Scheiben Champignons
 4 Rauten, aus buntem Aspik ausgestochen

Bei der Herstellung von Geleetorten sollte die
Tortengröße so bemessen sein, daß eine Torte in
einem, höchstens zwei Tagen verkauft ist. Am
interessantesten sind daher Torten, bzw. Torten-
formen mit ca. 20 cm Durchmesser und einer
Höhe von ca. 5 cm. Sie ergeben acht Portionen
à 150–200 g.

338

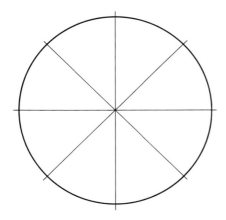

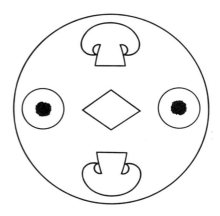

Beim Anrichten der Garnierung für eine solche Geleetorte sollte man die Schnittlinien für diese Achtel vor Augen haben und den Belag entsprechend ausrichten.

Portionssülze
Material:
1 Scheibe gefüllt Oliven
4 Blätter, aus buntem Aspik ausgestochen

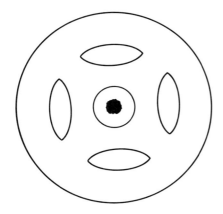

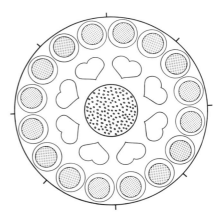

Portionssülze
Material:
2 Scheiben Champignons
2 Scheiben gefüllt Oliven
1 Raute, aus buntem Aspik ausgestochen

Aspiktorte
Material:
16 Scheiben Ei
 8 Herzen, aus rotem Aspik ausgestochen
   Innenkranz aus gehackter Petersilie

Aspiktorte
Material:
16 Scheiben Champignons
 4 Scheiben Ei
 4 Sterne, aus buntem Aspik ausgestochen
   Innenkranz aus rund geschnittenem Tomatenpaprika

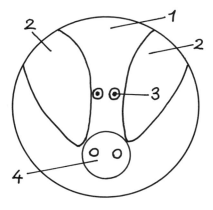

Schweinekopfmuster

Für Sülztorten, ebenso wie für Sülzen, die in länglichen Kästen angerichtet werden und für Sülztörtchen eignet sich das Schweinekopfmuster recht gut.

Herstellung
1. Der Schweinekopf wird zunächst außerhalb der Sülzformen zusammengebaut. Die Grundlage bildet eine Scheibe Mortadella (1), die 1 mm dick sein soll. Für kleinere Formen eignet sich besser eine Scheibe LYONER, die kleinkalibriger ist.

2. Aus einer oder zwei Scheiben fein gekörnter Zervelatwurst werden die Schweineohren zurechtgeschnitten (2). Sie werden dann auf die Mortadella geklebt. Als Klebemittel wird Aspik verwendet.
3. Zwischen die beiden Ohren werden die Augen gesetzt (3). Sie bestehen aus zwei dünnen Scheiben gefüllter Oliven. Die Augen werden auch mit Aspik auf die Mortadellascheibe geklebt.
4. Der Rüssel besteht ebenfalls aus fein gekörnter Zervelatwurst. Dazu wird eine runde nicht zu große Scheibe verwendet, aus der die beiden Nasenlöcher ausgestochen werden (4). Der Rüssel wird mit Aspik auf die Mortadellascheibe geheftet.
5. Wenn der als Haftmittel verwendete Aspik gut abgekühlt ist, wird der stilisierte Schweinekopf mit dem Gesicht nach unten in die Sülzform eingelegt. Der Boden der Sülzform muß vorher mit einem Aspikteppich ausgegossen werden, der auch gut abgekühlt sein muß, bevor der Schweinekopf eingelegt wird.
6. Wenn der stilisierte Schweinekopf in die Form eingebracht ist, wird wieder mit fast erkaltetem Aspik aufgegossen, so daß der Kopf Halt bekommt und nicht mehr wegrutschen kann.

Rezept 3401

Tellersülze

Herstellung
Frische Schweinefleischteile, wie Bauch, magere Kieferbäckchen, Eisbeine, Leiterchen etc., werden in Kochsalzwasser unter Zugabe von etwas Pfeffer und Lorbeerblatt gegart, ausgebeint und nach dem Ausbeinen und Auskühlen in flache Scheiben, bzw. Portionen geschnitten. Tiefe Suppenteller oder ähnliche Behältnissse werden 2–3 mm mit Aufguß für Sülzen (4472) ausgegossen. nach Erkalten wird die Aspikdecke mit Garnierungen belegt und mit Aspiktupfern an die untere Aspikdecke gebunden. Ist auch diese Lage abgekühlt und fest, wird das Ganze plan aufgegossen. Auf diese Garnierung werden die beschriebenen Schweinefleischteile gelegt und mit Aspikaufguß so bedeckt, daß sie vollkommen in Gelee liegen.

Nach dem Erkalten werden die Teller gestürzt und die Sülze kann zum Verkauf angeboten werden.

Rezept 3402

Schüsselsülze

Siehe 3401

Rezept 3403

Geleetorte

Herstellung
Eine Geleetorte wird in einer Springform angerichtet. Dabei ist zu beachten, daß die Herstellung dieser Spezialität so geschieht, daß der bei der Produktion als Bodengarnierung geltende Teil im Fertigprodukt das Oberteil der Geleetorte ist. Von hellem Brätblock (3201) werden ca. 0,5–1 cm dicke Platten geschnitten und nebeneinander gelegt, so daß sie die Fläche einer Springform vollständig belegen könnten. Mit dem Boden der Springform als Schablone, werden die Brätplatten rund geschnitten. Sie dienen später als Tortenboden.
Die Springform wird zusammengesetzt, mit kaltem Wasser ausgespült und nicht ausgetrocknet. In die Form wird lauwarmer Aspikaufguß (4473) geschüttet, mit dem durch ständiges Drehen der Springform der Boden und der Rand mit einem 2–3 mm dicken Aspikspiegel überzogen.
Auf den Aspikspiegel wird eine schöne Garnierung angebracht, die mit Aspiktupfern angeklebt wird. Wenn diese Tupfer gut abgekühlt sind, wird die Fläche mit fast erkaltetem Aspik-Aufguß plangegossen. Der Aspik muß dabei gerade noch fließen können, mehr nicht. Ist er zu warm besteht die Gefahr, daß er die Garnierung wieder aufweicht und alles fließt durcheinander.
Der verbliebene Raum in der Springform wird mit gewürfeltem Fleischmaterial gefüllt. Dazu kann man alles verwenden, was gepökelt und gegart und knochenfrei ist, wie Zungen, Schinken, Rippchen, Eisbeine, aber auch Wurstwaren.
Der Freiraum zwischen dem aufgefüllten Fleischmaterial wird mit Aufgußaspik aufgefüllt. Es muß in der Springform noch soviel Raum bleiben, daß die Form mit der ausgeschnittenen Brätplatte abgedeckt werden kann. Dies muß geschehen, wenn der aufgefüllte Aspik noch leimig ist und die Brätplatte gut bin-

den kann. Sie bildet beim fertigen Produkt den Boden der Geleetorte und gibt dem Produkt etwas mehr Stabilität.
Die fertige Geleetorte wird zum Erkalten eine Nacht in den Kühlraum gestellt und am folgenden Tag aus der Form gestürzt.
Die Geleetorte wird wie Tortenstücke aufgeschnitten.

Rezept 3404

Rinderzunge in Aspik

Herstellung
Eine Form wird mit einem Aspikspiegel ausgegossen und soll erkalten. Auf dem Aspikspiegel wird eine Dekoration angerichtet und mit Aspikaufguß angeheftet. Die Form wird dann scheibenweise mit Pökel-Rinderzunge ausgelegt. Dabei sollen sich immer eine Schicht Aspikaufguß und eine Schicht Rinderzunge abwechseln.
Als Füllstoff wird Aspikaufguß (4473) verwendet.

Rezept 3405

Rinderzunge in Rotweinaspik

Siehe 3604. Als Füllstoff wird Aspikaufguß (4474) verwendet.

Rezept 3406

Rinderbrust in Weißweinaspik

Material für 100 kg
70,0 kg   Pökelbrust, gekocht
28,0 kg   Aspikaufguß (4473)
 2,0 kg   Garnierung

Herstellung
Diese Spezialität wird als Portionsware hergestellt. Dazu werden Formen etwa in der Größe von Aluformen für Portionsleberkäse verwendet (Größe ca. 15 x 7 cm).
Die Formen werden kalt ausgespült und ca. 3–5 mm hoch mit Weißweinaspik (4473) gefüllt. Darauf kommt die Garnierung. Sie besteht aus Gurkenscheiben, die Zwischenräume werden mit geriebenem Meerrettich ausgestreut.
Die Garnierung wird mit Aspik an den unteren Aspik-Spiegel gebunden und soll erkalten. Darauf wird eine Scheibe gekochte Pökelbrust (1016) gelegt. Das Ganze wird mit Weißwein-

aspik aufgefüllt, so daß die Pökelbrust mit Aspik (4473) vollständig bedeckt ist. Nach dem Erkalten wird die Form gestürzt.

Rezept 3407

Ochsenmaulsülze

Material für 100 kg
70,0 kg   Ochsenmaul, gekocht
30,0 kg   Aspikaufguß (4472)

Gewürze und Zutaten je kg Masse
2,0 g   Pfeffer
0,5 g   Ingwer
0,5 g   Mazis

Herstellung
Die gepökelten und gekochten Ochsenmäuler werden in schmale Streifen geschnitten, dann mit Pfeffer, Ingwer und Mazis gewürzt und mit einem klaren, pikant gewürzten und gesäuerten Aspik plan gegossen.
Ochsenmaulsülze sollte als Portionsware hergestellt werden. Es eignen sich längliche Formen. Eine Garnierung der Form ist nicht erforderlich. Die Portionen werden nach dem Erkalten mit Zwiebelringen belegt und/oder mit Zwiebel- und Gurkenwürfel bestreut.

Rezept 3408

Gesülzter Hackbraten

Material für 100 kg
70,0 kg   Hacksteak (4005, 4006)
28,0 kg   Aspikaufguß (4474)
 2,0 kg   Garnierung

Herstellung
Aus dem Material für „Hacksteak" wird ein Hackbraten hergestellt, der nach dem Erkalten in entsprechende Portionen geschnitten wird. Portionsformen in gewünschter Größe werden in der in Rezept-Nr. 3406 beschriebenen Weise vorbereitet und garniert. Die Garnierung kann aus Eischeiben und Senfgurken bestehen. Die Hackbratenportion wird mit dem Aspikaufguß aufgefüllt und soll vollständig von Aspik eingeschlossen sein.

Rezept 3409

Kalbfleisch-Sülzpastete

Herstellung
Gepökeltes und fertig gegartes Kalbfleisch wird in 0,5-cm-Würfel geschnitten.
Mit dem gewürfelten Kalbfleisch werden Blätterteigpastetchen locker gefüllt und mit dem Aspikaufguß (4475) ausgegossen.
Kurz bevor die Pasteten ausgekühlt sind, werden die Blätterteighütchen aufgesetzt.

Rezept 3410

Kalbfleischrolle in Aspik

Material für 100 kg
75,0 kg   Kalbsschinken (1019, 1023)
10,0 kg   Champignons
15,0 kg   Aspikaufguß (4473)

Gewürze und Zutaten je kg Masse
10,0 g   Trüffeln

Herstellung
Kalbsschinken (1023) wird in Scheiben geschnitten, die ein möglichst gleiches Gewicht haben sollten.
Eine Schinkenscheibe wird mit flüssigem Aspik bestrichen und mit klein gehackten Trüffeln bestreut. Das ganze wird gerollt und mit einem Faden zusammengehalten. Nach Erkalten der Röllchen wird der Faden entfernt.
Die Kalbfleischröllchen werden in kleine Portionsformen gesetzt, die mit Aspikaufguß (4473) gefüllt werden.
Um den Anteil an Aufguß so gering wie möglich zu halten, wird der Freiraum zwischen den Kalbfleischröllchen mit ganzen Champignons aufgefüllt.

Rezept 3411

Kalbsbrust in Aspik

Material für 100 kg
70,0 kg   Kalbsroulade (3226)
28,0 kg   Aspikaufguß (4473)
 2,0 kg   Garnierung

Herstellung
Kalbsroulade (3226) wird in formengerechte Portionen geschnitten und als Portionssülze angerichtet. Weitere Herstellung siehe 3406.

Aufguß: Weißweinaspik (4473)

Garnierung: Ei, eventuell gehackte Petersilie

Rezept 3412

Kalbszunge in Weißweinaspik

Material für 100 kg

70,0 kg	Kalbszungen (1021)
28,0 kg	Aspikaufguß (4473)
2,0 kg	Garnierung

Herstellung

Eine gegarte Kalbszunge (1021) wird längsseitig in Portionen geschnitten und in einer länglichen Form angerichtet. Arbeitsablauf siehe 3406.

Garnierung: Ei, Gurke, Karotten.

Rezept 3413

Schweinefleischsülze

Material für 100 kg

70,0 kg	S 2 Schweinefleisch ohne Sehnen, mit maximal 5 % sichtbarem Fett, vorgegart
28,0 kg	Aspikaufguß (4472)
2,0 kg	Garnierung

Herstellung

Auf den Boden einer Kastenform kommt eine 3-mm-Schicht Aspikaufguß. Nach Erkalten wird darauf eine Garnierung angerichtet und plan gegossen. Ist diese Schicht erkaltet, wird kleingewürfeltes, wenig durchwachsenes Schweinefleisch in die Form gegeben, dem Gurkenwürfel beigemengt sein können. Das Fleisch wird mit Aspikaufguß übergossen und soll auskühlen.
Schweinefleischsülze wird portionsweise verkauft.

Rezept 3414

Schinkenröllchen in Aspik

Material für 100 kg

65,0 kg	gekochter Schinken
20,0 kg	Garnierung
15,0 kg	Aspikaufguß

Herstellung

Die Portionsformen werden mit einem Aspikspiegel ausgegossen und mit einer Garnierung versehen. Das Ganze wird plan gegossen.

Der gekochte Schinken wird in Scheiben geschnitten, mit einer der unten beschriebenen Füllungen versehen und gerollt.
Die gefüllten Schinkenröllchen werden in die Portionsformen gelegt und mit Aspikaufguß plan gegossen.

Füllungen

Schinkenröllchen in Aspik werden mit den verschiedensten Füllungen hergestellt. Folgende sind am gebräuchlichsten:

1. In eine Schinkenrolle werden zwei bis drei Stangen Spargel, deren Spitzen aus den Schinkenrollen herausschauen, eingerollt. Über die Mitte der Schinkenrolle wird ein dünner Streifen roter Tomatenpaprika gelegt.
2. In eine Schinkenrolle werden Cornichons eingerollt und mit Eischeiben abgedeckt.
3. Es ist eine Schinkenrolle mit zwei bis drei Stangen Spargel herzustellen. Die Außenseite der Schinkenrolle wird mit fein gehackter Petersilie bestreut.

Rezept 3415

Filet-Geleetorte

Die Materialzusammenstellung richtet sich nach der Größe der Tortenform.

Herstellung

Eine Filetrolle (3209) aus Kalbs- oder Schweinelendchen wird in 2 cm dicke Portionen aufgeschnitten. Eine Kranzform, ca. 7 cm Durchmesser wird ca. 0,5–1 cm hoch mit Aspikaufguß ausgegossen, dem kleine Gurkenwürfelchen beigemengt sind. Nach Erkalten stellt man in die Form hochkantig die Filetrollen. Zwischen den Rollen soll ein Zwischenraum von 0,5 cm sein. Der Zwischenraum wird mit Weißweinaspik aufgefüllt.
Eine interessante Variante ist es auch, entlang dem Außenrand Spargelspitzen einzulegen.

Aufguß: Weißweinaspik (4472)

Garnierungsmöglichkeiten: Gurke, Spargelspitzen, Cornichons, Tomatenpaprika, Ei, grüner Pfeffer, Champignons.

Rezept 3416

Gefüllte Röllchen in Aspik

Für gefüllte Röllchen wird gekochter Pökel-kamm, oder Kasseler oder anderes Pökelfleisch vom Schwein, ohne Knochen verwendet.

Herstellung: Siehe 3414.

Rezept 3417

Mecklenburger Sülzentörtchen

Siehe 3413

Abweichung
1. Anrichten als Portionssülze mit reichlicher Garnierung.
2. Das Fleischmaterial kann teilweise aus Zungenwürfeln bestehen.

Rezept 3418

Spanferkel in Gelee

Material für 100 kg
70,0 kg Spanferkel (5357), ohne Füllung
28,0 kg Aspikaufguß (4474)
 2,0 kg Garnierung

Herstellung
Kaltes Spanferkel wird in Portionen geschnitten und in runden Förmchen mit Garnierung ange-richtet.

Garnierung: Ei, Petersilie

Rezept 3419

Sülzkotelett

Material für 100 kg
65,0 kg Pökelrippchen (1013)
33,0 kg Aspikaufguß (4473)
 2,0 kg Garnierung

Herstellung
Ausgebeinter, gepökelter und gegarter Schwei-nerücken (Pökelrippchen, 1013) wird in Portio-nen geschnitten.
Sülzkotelettformen werden mit Aspikaufguß ausgegossen mit einer Garnierung belegt, auf die nach Erkalten eine Scheibe Pökelrippchen gelegt wird. Der Freiraum wird mit Aufguß-aspik aufgefüllt.

Rezept 3420

Schweinebauch in Aspik

Material für 100 kg
70,0 kg Pökelbauch, gekocht
28,0 kg Aspikaufguß (4473)
 2,0 kg Garnierung

Herstellung
Schweinebauch in Aspik wird als Portionsware angerichtet.

Garnierung: Grüner Pfeffer, Ei, Gurke.

Rezept 3421

Eisbeinsülze

Material für 100 kg
60,0 kg Eisbein, gekocht
10,0 kg Gurke, klein gewürfelt
28,0 kg Aspikaufguß (4472)
 2,0 kg Garnierung

Herstellung
Die Eisbeine werden mild gepökelt, mäßig gegart und entbeint. Nach vollständiger Aus-kühlung schneidet man sie in 0,5 cm große Wür-fel. Dazu mischt man, je nach Geschmack, kleingewürfelte feste Gewürzgurken hinzu.
Den Boden der Form gießt man mit etwas Aspik aus, garniert den Aspikspiegel mit Ei und Gurke und gibt wieder etwas Aspik darüber. Die Gar-nierungen sollen bedeckt sein und dann ausküh-len. Anschließend gibt man die gewürfelte Masse auf den Spiegel und füllt mit möglichst kühlem Aspikaufguß soweit auf, daß die Würfel bedeckt sind. Nach dem Auskühlen stürzt man die Masse aus der Form.

Rezept 3422

Delikateß-Eisbein

Material für 100 kg
72,0 kg Eisbeinrolle
20,0 kg Aspikaufguß (4472)
 8,0 kg Garnierung

Herstellung
Gepökelte Vordereisbeine (mit Schwarten) wer-den ausgelöst und von groben Sehnen befreit. Aus jedem ausgebeinten Eisbein wird eine gleichmäßig starke Fleischrolle hergestellt. Dazu wird das Eisbein auf der flachen Seite mit Magerfleisch vom Hintereisbein aufgefüllt. Alle

344

Teile werden mit Aspik bestreut und wie eine Zungenrolle gerollt. Die Eisbeinschwarte ist äußere Umhüllung.

Das ganze wird gegart. Nach Erkalten wird die Eisbeinrolle in 2 cm dicke Scheiben geschnitten und als Portionsware angerichtet.

Garnierung: Cornichons in Längsscheiben geschnitten und Eischeibe.

Rezept 3423

Schweinskopf in Aspik

Material für 100 kg
70,0 kg S 11 Kopf ohne Knochen, gekocht
28,0 kg Aspikaufguß (4473)
 2,0 kg Garnierung

Herstellung
Gepökelte, gekochte und in 1-cm-Würfel geschnittene Schweineköpfe ohne Stirnblatt kommen zur Verarbeitung.
Eine Pastetenform wird zu einem Drittel mit den gewürfelten Schweineköpfen gefüllt und mit Aspikaufguß aufgefüllt. Wenn diese Lage erkaltet ist, wird eine Eirolle (3208) in die Mitte gelegt und der restliche Raum wieder mit Schweinekopfwürfeln gefüllt. Zum Schluß wird das Ganze mit Aspikaufguß plan gegossen.

Rezept 3424

Schweinskopf in Gelee

Material für 100 kg
85,0 kg S 11 Kopf ohne Knochen, gekocht
15,0 kg Aspikaufguß (4475)

Herstellung
Gepökelte, gekochte Schweineköpfe werden sauber ausgebeint. Die Knorpeln und das harte Stirnblatt werden entfernt. Die Masken werden der Länge nach geteilt und eng in eine längliche Form gelegt. Sie sollten ca. 1 cm über den Rand der Form hinausgehen.
Das Ganze wird mit Aspikaufguß aufgefüllt.
Auf die Form kommt ein Deckel der beschwert wird, damit die Masken vollkommen in die Form gepreßt werden und nicht zuviel Aspikaufguß das Ganze verbindet.
Nach Erkalten wird die Form gestürzt.

Rezept 3425

Schweinskopf in Aspik

Material für 100 kg
80,0 kg S 11 Kopf ohne Knochen, gekocht
18,0 kg Aspikaufguß (4473)
 2,0 kg Garnierung

Herstellung
Der in Rezept 3423 beschriebenen Schweinskopf in Aspik kann auch als Portionsware hergestellt werden.
Dazu entfällt die Eierrolle und die Portionsformen werden mit Eischeiben garniert.

Rezept 3426

Schweinezungensülze

Material für 100 kg
70,0 kg S 17 Schweinezungen, geputzt, gepökelt, vorgegart
28,0 kg Aspikaufguß (4474)
 2,0 kg Garnierung

Herstellung
Die Sülze wird in Schüsseln angerichtet.
Bei Herstellung von Formsülzen müssen die Formen gut ausgespült werden, damit die darin eingelegten Fleischwaren durch den Aspik-Spiegel vollständig von der Form getrennt sind. Das verleiht dem Fertigprodukt ein glänzendes, glattes Aussehen.
Dieses Aussülzen geschieht in folgender Weise:
Man gibt Aspik in die zum Aussülzen bestimmte Form, die man nach allen Richtungen dreht, bis der Aspik sich angesetzt hat und abgekühlt ist. Dieses Verfahren wiederholt man noch ein- oder zweimal, dann muß sich eine messerrücken-dicke, feste Aspikschicht gebildet haben.
In diese ausgesülzte Schüsseln kommen nun die Garnierungen. Der verbliebene Freiraum wird mit klein gewürfelten Schweinezungen gefüllt und mit Rotweinaspik aufgefüllt. Nach dem Erkalten werden die Formen gestürzt.

Rezept 3427

Feinkost-Weinsulz

Siehe 3414

Rezept 3428

Schinkentorte

Material für 100 kg

55,0 kg	Gekochter Schinken
2,0 kg	Dill, gehackt
5,0 kg	Petersilie, gehackt
12,0 kg	Saure Sahne
3,0 kg	Senf
6,0 kg	Sherry
12,0 kg	Fleischbrühe
5,0 kg	Aspik 1a

Gewürze je kg Masse
Pfeffer nach Geschmack

Herstellung

1. Der gekochte Schinken wird klein gewürfelt. Dill und Petersilie werden klein gehackt. Diese Materialien werden miteinander vermengt und in eine bereitgestellte Ringform gefüllt.
2. Die Sahne wird cremig geschlagen und dann Senf und Sherry untergezogen.
3. Der Aspik wird in der Fleischbrühe aufgelöst und mit dem Gemenge in Position 2 verrührt. Das Ganze wird über den Schinken gegossen.
4. Die Schinkentorte muß erkalten. Die sich nach dem Erkalten an der Oberfläche bildende Fettschicht ist abzuheben.
5. Die erkaltete Schinkentorte wird aus der Springform genommen und wie eine Torte portioniert zum Verkauf angeboten.

Produktionsverlust: 10 %

Rezept 3429

Ochsenschwanz in Gelee

Material für 100 kg

80,0 kg	Fleisch von Ochsenschwänzen
20,0 kg	Aspik, Madeira (3004)

Gewürze und Zutaten: Pfeffer

Herstellung

1. Die Ochsenschwänze werden in Knochenbrühe weich gekocht, so daß sich das Fleisch leicht auslösen läßt.
2. Soweit nötig, werden die gekochten Fleischstücke etwas kleingeschnitten.
3. Der Ochsenschwanz in Gelee wird in Portionsformen angerichtet. Diese Formen kön-

nen, wie bei anderen Sülzwurstprodukten, mit Aspik ausgegossen und garniert werden, bevor die Ochsenschwanzstücke eingelegt und mit weiterem Aspikaufguß plan gegossen werden.

Rezept 3430

Schinken-Käse-Sülze

Material für 100 kg

52,0 kg	gekochter Schinken und/oder gekochtes Kasseler
10,0 kg	Gouda oder Edamer
8,0 kg	Mixed pickles
5,0 kg	hart gekochte Eier
25,0 kg	Aufgußbrühe (4473)

Herstellung

1. Eine bereitgestellte Kastenform wird mit kaltem Wasser ausgespült. Dann wird der Boden der Form mit Aspikaufguß ca. 2 mm hoch ausgegossen.
2. Der Aspikboden wird garniert. Dazu werden Gurkenscheiben, Ei und Käsescheiben verwendet. Für die Käsescheiben wird der Gouda oder der Edamer in ca. 2 mm dicke Scheiben geschnitten.
   Aus diesen Scheiben werden mit kleinen Förmchen Muster ausgestochen, z.B. Herzen, Rauten usw.
3. Der restliche Käse wird gewürfelt, ebenso das gekochte Schinken- und Kasselerfleisch. Die Mixed pickles werden klein gehackt.
4. Wenn die Garnierung aufgetragen ist, wird sie zunächst mit etwas Aspik an den Boden geheftet, damit die Garnierung nicht verrutschen kann. Das Ganze soll abkühlen.
5. Im nächsten Arbeitsgang wird die Form mit dem Gemenge aus Fleisch- und Käsewürfeln und den kleingeschnittenen Mixed pickles aufgefüllt. Das Ganze wird mit dem Aufguß-Aspik plangegossen. Es ist darauf zu achten, daß das Material völlig mit Flüssigkeit bedeckt ist.

Produktionsverlust: 1 %

Hinweis: Diese Spezialität kann auch in kleinen Portionsformen angerichtet werden.

Rezept 3431

Burgunder Schinken in Aspik

Material für 100 kg
79,0 kg S 1 Schweinefleisch, fett- und sehnenfrei, vorgegart
20,0 kg Aspikaufguß (3003)
1,0 kg Petersilie, fein gehackt

Herstellung
1. Der Aspik soll in Knochenbrühe (5101) angesetzt werden. Er kann mit etwas Pfeffer und
Glutamat abgeschmeckt werden.
2. Das Schweinefleisch wird gepökelt und
anschließend etwa 4 Stunden kalt geräuchert.
Das Fleisch wird dann in 2 cm große Würfel
geschnitten und in Burgunder-Marinade
(4441) gar gekocht.
3. Das geschnittene Fleisch wird unter den
erwärmten Aspik gezogen, dem vorher die
Petersilie beigemengt wurde. Die Masse
wird gefüllt und kurz gegart.

Därme: Sterile Kunstdärme, Kaliber 120/50

Variante
3. Das geschnittene Fleisch wird mit der Petersilie vermengt und in bereitgestellte Pastetenkästen gefüllt, die mit dem Aspik (3003) plan
gegossen werden. Die Formen sollen gut auskühlen und werden dann gestürzt.

Garzeit: Sterildärme: 30 Minuten bei 80 °C

Produktionsverlust: Sterildärme: 2 %

Dekorative Fett- und Aspikarbeiten

Die Herstellung dekorativer Fleisch-, Aspik-
und Fettarbeiten war einmal mehr, einmal weniger als Garnierungsmöglichkeit gebräuchlich.
Sie erfordert ein erhebliches Maß an gestalteri-
schem Geschick.
Bei besonderen Anlässen, z.B. Weihnachten,
Ostern, Jubiläen usw. machen sich Schaufen-
stergestaltungen in der oben geschilderten Form
sehr gut und dekorativ.
Bei kalten Büfetts lassen sich die hier angesprochenen Garnierungen gut verwenden. Speckrosen, Butterrosen, imitierte Eiswürfel und
andere Aspikgarnierungen bilden interessante
Abwechslungen und Blickfänge.
Es ist nicht möglich, auf diesem Gebiet mit

rezeptähnlichen Arbeitsanleitungen die Herstellung dieser Spezialitäten darzulegen. Hier muß
sich die Anleitung auf technologische Hinweise
beschränken, die unter Berücksichtigung des
lebensmittelrechtlich Zulässigen angewendet
werden können.

Zulässige Farbstoffe

Speziell bei Garnierungen in Aspik, aber auch
bei Fettmalereien spielen unterschiedliche Farben eine wesentliche Rolle. Die lebensmittelrechtlichen Bestimmungen in der Bundesrepublik Deutschland lassen hier nur sogenannte
„natürliche Farben" zu. Das heißt, es können
nur Farben von verflüssigten Gewürzen, farbge-
bende Flüssigkeiten (Rotwein usw.) und andere
aus Lebensmitteln gewonnene Farben verwendet werden. Nachfolgend eine Aufstellung der
zulässigen Möglichkeiten:

weiß	Milch, Mehl
gelb	Ingwer, Safran
grün	Spinatbrühe, gemahlener Majo-ran, gehackte Petersilie
rot	Blut, Rotwein, Paprika
weinrot	Saft von roten Beeten
grau	Pfeffer
schwarz	gemahlene Wacholderbeeren
rotbraun	Piment
fahlgrün	Thymian

Rezept 3451

Imitierte Eiswürfel

Aspik beliebiger Zubereitung soll erkalten und
wird dann in kleine, etwa 5 mm große Würfel
geschnitten. Diese Würfel werden als Garnierung um eine Spezialität gelegt, z.B. Gekochte
Rinderzunge. Durch ihr Glitzern haben die
Aspikwürfel das Aussehen von Eiswürfeln.
In einer gekühlten Fleischtheke kann der Fri-
scheeffekt durch die Garnierung bestimmter
Produkte mit imitierten Eiswürfeln noch besonders hervorgehoben werden.

Rezept 3452

Imitierter Eisschnee

Gut abgekühlter Aspik wird mit dem Messer
klein geschnitten, bzw. klein gehackt. Das zer-

kleinerte Material kommt in einen Spritzbeutel, der mit einer Tülle versehen ist. Mit dem Spritzbeutel wird der Aspik um das Dekorationsstück gespritzt.

Rezept 3453

Regenbogen

Mit unterschiedlichen gefärbtem Aspik läßt sich mit Hilfe eines Spritzbeutels, siehe 3452, recht gut ein Regenbogen herstellen.

Rezept 3454

Scherenschnitte

Mit Milchaspik lassen sich sehr gut Scherenschnitte herstellen. Der Milchaspik wird in der gewünschten Größe, etwa auf einer Aufschnittplatte, ca. 2–3 mm hoch aufgegossen. Die Masse muß sehr gut abkühlen. Mit einem spitzen, handwarm gehaltenen Messer werden die Figuren ausgeschnitten, z.B. Wappen, Büsten usw. Dabei können entweder die Konturen in Art eines Scherenschnittes in Milchaspik gehalten sein, oder aus der Platte mit Förmchen herausgestochen werden.

Rezept 3455

Speckrose

Für die Herstellung von Speckrosen wird Rückenspeck ohne Schwarte verwendet. Er soll gleichmäßig ca. 4–5 cm hoch und von trockener und fester Konsistenz sein.
Die Speckstücke werden auf 20 cm Länge und 4 cm Breite zurechtgeschnitten. Die Ecken werden abgerundet (Abb.1)

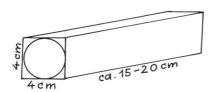

Die so entstandenen Speckriegel werden auf der Aufschnittmaschine in Scheiben von 1–1,5 mm geschnitten. Nach dem Aufschneiden soll sich der Speck bei Zimmertemperatur erwärmen können, so daß er schön geschmeidig wird. Dann werden die Speckrosen geformt.

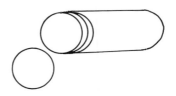

Dazu wird die erste Speckscheibe kegelförmig zusammengerollt (Abb.).

Die nächsten Scheiben werden, jeweils versetzt, um die erste Scheibe gerollt. Es ist darauf zu achten, daß die Rose an der Oberseite aufgefächerte Blätter zeigt. Das läßt sich mit etwas Fingerspitzengefühl gut modellieren, indem jedes einzelne Blatt an der Oberseite etwas nach außen gebogen wird. Die Rose wird an der Unterseite gut zusammengedrückt, damit sie ausreichenden Halt bekommt. Die fertig geformte Rose wird mit edelsüßem Paprika bestäubt. Dazu gibt man etwas Paprika in ein Haarsieb (Kaffeesieb) und streut es vorsichtig und in ganz schwacher Tönung über die Rosen (Puderzuckermethode).

Rezept 3456

Butterkugeln

Von einem Stück Butter werden 1 cm große quadratische Würfel geschnitten, die in bereitgestelltes Eiswasser gelegt werden. Die Würfel müssen zur weiteren Verarbeitung gut gekühlt sein. Mit speziell angefertigten Brettchen, die mit Längsrillen versehen sind (Fachhandel), werden die Butterwürfel zwischen zwei solcher Brettchen in gegeneinander kreisender Bewegung zu Kugeln gerollt. Durch die gerillten Brettchen bekommen die Kugeln ein aufgerauhtes Aussehen.

Rezept 3457

Butterrosen

In Eis eingelegte, also gut gekühlte Butterkugeln (3456) werden zwischen ein mit viel Wasser angefeuchtetes Tuch gelegt und mit einem flachen Gegenstand platt gedrückt, etwa 1–1,5 mm dick. Es entstehen runde Plättchen, die genau wie Speckscheiben (3455) zu Rosen geformt werden können.

Rezept 3458

Trüffelmalerei

Trüffelzeichnungen werden in Aspik eingebettet hergestellt. Es sind Strichzeichnungen, die Bleistiftzeichnungen ähnlich sind. Zur Herstellung dieser Bilder gehört Geschick und Ausdauer. Auf einen entsprechend großen Zeichenbogen wird zunächst eine Schablone gezeichnet. Diese Zeichnung wird unter eine Glasplatte gelegt, die gleichzeitig als Untergrund für die Trüffelzeichnung dient. Die Glasplatte wird gleichmäßig hoch, etwa 2–3 mm, mit Aspik überzogen. Dazu muß klarer Aspik verwendet werden, damit die Schablone erkennbar bleibt.
Die Trüffeln werden aus der Dose genommen und sollen gut abtrocknen. Sie werden dann in dünne Fäden geschnitten und entsprechend der Schablone auf die Aspikschicht aufgelegt und mit Aspiktupfern festgehalten.
Nach Beendigung der Einlegearbeit wird das Bild noch einmal mit einer dünnen, gerade noch flüssigen Aspikschicht überzogen.
Soll das Bild auf ein Fleisch-, oder Wurstprodukt aufgelegt werden, muß es nach gründlicher Abkühlung vorsichtig von der Glasplatte genommen und auf das Produkt gelegt werden.

Rezept 3459

Talgdekorationen

Talgdekorationen sind ein interessanter Blickfang. Ihre Herstellung erfordert ein gutes gestalterisches Geschick.
Es gibt drei Möglichkeiten Talgstücke herzustellen. Jede dieser drei Möglichkeiten verlangt besondere Techniken, die nachfolgend besprochen werden sollen.
Zunächst noch eine Anmerkung zum Verarbeitungsmaterial TALG, oder besser gesagt RINDERFETT.
Reiner Talg, also das besonders spröde Nierenfett der Großtiere ist nach dem Auslassen und Erkalten sehr schwer zu bearbeiten, da es sehr leicht zerbröckelt. Dadurch besteht die Gefahr, daß beim Modellieren mehr Substanz abbröckelt, als mit dem Modelliermesser eigentlich abgenommen werden soll. Es empfiehlt sich daher für die Herstellung von Talgstücken zum späteren Modellieren eine Mischung aus Talg und Fleischfett zu verwenden. Das ist besonders dann ratsam, wenn mit dem Modelliermesser gearbeitet werden soll.

1. Methode

Es wird ein Fettblock hergestellt, der in Höhe, Breite und Tiefe den Umfang des zur Herstellung ins Auge gefaßten Stückes hat. Mit Schnitz-, bzw. Modelliermessern unterschiedlicher Größe wird das Modell aus dem Talgblock herausgearbeitet. Unterläuft an einer Stelle ein Modellierfehler, so kann mit knetbarem Talg (siehe 2. Methode) aufgefüllt und nachgearbeitet werden.

2. Methode

Der ausgelassene Talg wird einige Zeit bei Zimmertemperatur gelagert, damit er nicht zu starr ist, aber auch nicht anfängt zu zergehen. Dann wird das Fett in Stücke geschnitten, in ein Gefäß gegeben und mit den Händen so lange geknetet bis es so geschmeidig ist, daß man es leicht formen kann.
Es werden die einzelnen Teile für das Gesamtmodell geformt und zusammengebaut. Es ist zweckmäßig dabei nach einer vorher angefertigten Zeichnung zu arbeiten.
Die Zuhilfenahme eines Modelliermessers und vor allem einer Garnierspritze oder eines Garnierbeutels ist zu empfehlen. Beide Geräte bieten eine schöne Variationsbreite in der Gestaltung der Modelle.

3. Methode

Bei dieser dritten Verfahrensmöglichkeit wird das Modell zunächst in dünnem Sperrholz oder in fester Pappe hergestellt. Dieses Modell wird mit einem Pinsel, der in flüssiges, aber nicht zu warmes Rinderfett getaucht wird, bestrichen, bis das Holz- oder Pappmodell nicht mehr sichtbar ist. Verzierungen werden mit der Ganier-spritze aufgetragen, oder mit der Hand geformt und dann mit der Eigenwärme des Fettes an das Grundmodell angeheftet.

Beliebte Motive sind historische Gebäude, das eigene Geschäftshaus, Brunnen; aber auch Blumenkörbe, Vasen oder Auto- und Schiffs-modelle.

Rezept 3460

Pilze

Auch Pilze sind dekorative Blickfänge. Man nimmt als Stiel ein hart gekochtes Ei, kappt die eine Schmalseite, damit der Pilz gut stehen kann. Über das Ei wird eine halbe ausgehöhlte Tomate gesetzt. Sie soll so groß sein, daß sie im Durchmesser gerade über den Kopf des Eies paßt. Den Pilzkopf kann man mit Mayonnaise-tupfern belegen, so daß der Pilz das Aussehen eines Fliegenpilzes hat.

Rezept 3461

Wurstäpfel

Zur Herstellung von Wurstäpfeln werden ge-trocknete Hammelblasen verwendet. Diese Blasen haben Kugelform. Sie werden mit fein zerkleinerter Leberwurstmasse gefüllt, die mit Nitritpökelsalz hergestellt wurde.

Die gefüllten Bläschen werden wie andere Wurstsorten gegart und in kaltem Wasser abge-kühlt.

Nach dem Erkalten werden sie mit Farben, wie sie eingangs beschrieben wurden, gefärbt. Die Abbindung gilt als Apfelstiel. Auf der gegen-überliegenden Seite des Stiels wird eine ganze Gewürznelke eingesteckt. Beide Seiten, Stiel und Wurzel, werden naturgetreu etwas nach innen gedrückt.

Wurstäpfel werden speziell in der kühleren Jah-reszeit angeboten.

Garzeit: Je nach Dicke, 60 Minuten bei 80 °C.

Kühlen: In kaltem Wasser, unter ständigem wenden.

Produktionsverlust: 18 %

Rezept 3462

Modellierter Kalbskopf

Ein Kalbskopf mit Schwarte wird sauber gebrüht und gehärt. Aus dem Kopf wird vorsichtig die Zunge herausgeschnitten. Dann wird der Schä-del gespalten, und zwar so, daß die Kopfhaut unverletzt bleibt. Das Hirn wird entfernt, der Kopf wieder zusammengeklappt und an der Unterseite mit poliertem Wurstgarn so zusam-mengenäht, daß er wieder seine natürliche Form bekommt, ohne auseinanderklappen zu können. Der Kopf wird auf eine Platte gesetzt und mit Talg eingepinselt, bis der ganze Schädel etwa 2 mm dick mit Talg beschichtet ist.

Frischfleisch-Spezialitäten

Der klassische Frischfleischverkauf hat in den Jahren nach dem zweiten Weltkrieg und dem in Folge entstandenen Wohlstand beträchtlich an Bedeutung verloren. Dabei spielen für den Fleischer zwei Kriterien eine wichtige Rolle:

1. Es gibt heute weit weniger Nur-Hausfrauen. Immer mehr Frauen üben einen Beruf aus und versuchen dadurch ihre Arbeit im Haushalt, also auch das „Kochen", mit einem Minimum an Zeitaufwand zu bewältigen.
2. Die Verbraucher suchen, weit mehr als früher, „Abwechslung im Küchenzettel", also u.a. auch Fleischerzeugnisse mit immer mehr Herrichtungsaufwand. Um auch hierbei wieder Zeit zu sparen kaufen diese Konsumenten sehr gerne in den Fleischereien ein, die nicht nur das jeweilige Frischfleisch, sondern auch gleichzeitig die zubereitungsfertige Herrichtung der Spezialitäten mitverkaufen.

Dieser Wandel vom klassischen Frischfleischverkauf hin zum Frischfleisch-Spezialitätenverkauf erfordert erheblichen Produktionsaufwand, hat aber auch den Vorteil, bestimmte optisch weniger gut aussehende Frischfleischteilstücke so zu veredeln, daß sie für den Verbraucher ebenso optisch wie geschmacklich und qualitativ ansprechend sind.

Insgesamt läßt sich also sagen, daß der Verkauf von Frischfleischerzeugnissen in vielfacher Hinsicht eine interessante Sache ist. Um dieses Sortiment rentabel gestalten zu können, bedarf es einer ausreichenden Vorbereitungszeit für Rezeptzusammenstellungen bzw. -auswahl, Probeproduktionen, Verkaufstests u.ä.

Sortimentsrahmen

Die Tatsache, daß es auch in diesem Sortimentsbereich bereits eine Vielzahl Rezepte für koch- und bratfertige Frischfleischerzeugnisse gibt, kann natürlich nicht Veranlassung sein, alles in das Herstellungsprogramm eines Betriebes aufzunehmen. Das wäre genauso unsinnig, als

wenn ein Fleschereibetrieb alle ca. 1300 Wurstsorten herstellen würde, die insgesamt in den einzelnen Regionen der Bundesrepublik angeboten werden. Es muß vielmehr aus der breiten Palette möglicher Spezialitäten ein für den Betrieb in Art und Umfang angemessenes Sortiment zusammengestellt werden. Dabei kann die Angebotspalette durchaus flexibel und variationsreich gestaltet werden. Hier bieten sich verschiedene Wege an:

1. Regelmäßiges, ständig verfügbares, aber in der Sortimentsbreite eingeschränktes Standardangebot.
2. Zusätzliches Sortiment, das ganzjährig auf Vorbestellung angefertigt wird.
3. Zusätzliches Sortiment, das saisonal begrenzt im Angebot ist, z.B. Ostern, Pfingsten, Weihnachten, Kommunion- und Konfirmationszeit, Grillzeit usw.

Jede dieser Möglichkeiten erfordert ganz bestimmte werbliche Aktivitäten, die ebenfalls eine gewissenhafte Vorausplanung erforderlich machen.

Rezepterstellung

Der erste Schritt bei der Fassung eines Sortimentsrahmens für das koch- und bratfertig zubereitete Frischfleischangebot ist die Zusammenstellung von Rezepten. Sie bilden die Grundlage für das Produktionsprogramm in der Testphase und sind später, wenn sie in das endgültige Herstellungsprogramm aufgenommen sind, der Garant für gleichmäßige Produktion. Nicht zuletzt bilden die Rezepte auch die Grundlage für die Materialkalkulation. Dieses Buch, das neben allgemeinen Ausführungen auch eine große Zahl von Rezepten anbietet, ist kein Ersatz für eine betriebseigene Rezeptsammlung. Es ist vielmehr die Vorstufe dazu! Im Fachbuch werden fachliche Anregungen gegeben, die, wenn sie aufgegriffen werden, in die Praxis umgesetzt werden müssen. Dazu ist als erster Schritt die Erstellung des betriebseigenen Rezeptes erforderlich. Dabei sind geringfügige Abweichungen zum vorgeschlagenen Rezept denkbar. Schließlich gilt es, auf die regionalen Verbrauchererwartungen einzugehen. Die Erfahrung hat beispielsweise gezeigt, daß bestimmte Gewürzzusammenstellungen in einer Region besser als in einer anderen ankommen. Bei der Zusammenstellung betriebseigener Rezepte sind diese Kriterien folglich zu berücksichtigen.

Bei der Herstellung von Frischfleischerzeugnissen entstehen in unterschiedlichster Art **Produktionsverluste.**

Produktionstechnisch handelt es sich bei koch- bzw. bratfertig zubereiteten Frischfleischerzeugnissen um Halbfertigprodukte. Das erfordert das Wissen, wie diese Erzeugnisse weiterbehandelt werden müssen, bis sie tafelfertig zubereitet sind.

Für die Herstellung von Frischfleischerzeugnissen werden teilweise Materialien benötigt, die nicht tierischer Herkunft sind. Typische Beispiele sind hier die verschiedenen Teigsorten wie Blätterteig, Mürbeteig usw., aber auch Zerealien bzw. Vegetabilien. Letztere können im Roh- oder Frischzustand oder verarbeitungsfertige Halbfertigprodukte eingekauft werden. Wenn man den Preis für diese verarbeitungsfertigen Produkte und ihre rationelle Verfügbarkeit dem Aufwand gegenüberstellt, der für die Bearbeitung der Rohprodukte entsteht, dann wird in der überwiegenden Zahl der Fälle der Zukauf dieser verarbeitungsfertigen Erzeugnisse die günstigere Lösung sein.

Würzpalette

Frischfleischerzeugnisse erhalten zu einem großen Teil ihre besondere Note durch ganz spezielle Gewürze, die nicht immer zum selbstverständlichen Gewürzvorrat einer Fleischerei gehören. Umfassendes Fachwissen in Gewürzkunde kann hier sehr hilfreich sein.

Rindfleisch-Spezialitäten

Rezept 3501

Gefüllter Rinderrollbraten   2.510.11

Material für 100 kg
65,0 kg Rindfleisch, großflächig, flach
 3,0 kg Senf
10,0 kg Räucherbauch, ohne Schwarte und Knorpel
10,0 kg Zwiebeln, Rohgewicht
10,0 kg Champignons
 2,0 kg Petersilie

Herstellung
1. Die Zwiebeln werden goldbraun gebraten und sollten erkalten. Die Petersilie wird gehackt.
2. Das Rindfleisch wird mit der angegebenen Menge Senf bestrichen und mit dünn geschnittenen Dörrfleischscheiben belegt.
3. Zwiebeln, Champignons und Petersilie werden gleichmäßig über das Dörrfleisch verteilt.
4. Das Ganze wird zusammengerollt und mit poliertem Wurstgarn umwickelt.

Zubereitungshinweis: Salzen und würzen bei Zubereitung, Bratzeit wie Rinderbraten.

Rezept 3502

Familienroulade   2.510.11

Material für 100 kg
65,0 kg Rindfleisch
35,0 kg Grobes Bratwurstbrät (2702)

Gewürze und Zutaten je kg Masse:
1,0 g Paprikaschoten, gehackt
0,1 g Bratzwiebelextrakt

Herstellung
Zu flache Rindfleischstücke, die nur schwer im Frischfleischverkauf absetzbar sind, können zu einer Familienroulade verarbeitet werden:
1. Die Fleischstücke sollten nicht dicker als zwei Zentimeter sein. Erforderlichenfalls wird das Fleisch ein- bis zweimal gesteakt.
2. Die Rindfleischscheibe wird mit der Bratwurstmasse bestrichen, der vorher die Paprikaschoten und Bratzwiebelextrakt beigemengt wurde. Das Ganze wird gerollt.

3. Die Familienroulade wird entweder mit poliertem Wurstgarn oder mit Holzspießen zusammengehalten.

Zubereitungshinweis: Kurz vor der Zubereitung salzen und würzen.

Lebensmittelrecht: Hackfleisch-VO beachten.

Rezept 3503

Rinder-Spiralbraten   2.510.11

Material für 100 kg
80,0 kg Rindfleisch
15,0 kg Räucherbauch, ohne Schwarte und Knorpel
5,0 kg Paprikaschoten, blanchiert

Herstellung
Flache Rindfleischstücke, die nur schwer im Rindfleischverkauf absetzbar sind, können zu Spiralbraten verarbeitet werden. Die Fleischstücke sollten nicht dicker als 2 cm sein. Erforderlichenfalls wird das Fleisch ein- bis zweimal gesteakt.
Das Rindfleisch wird flach ausgebreitet und mit dem dünn geschnittenen Dörrfleisch belegt. Auf dem Dörrfleisch werden die Paprikaschoten ausgebreitet. Sie sollten in schmale Streifen geschnitten sein. Das Ganze wird gerollt und gespeilt oder mit poliertem Wurstgarn gewickelt.

Zubereitungshinweis: Kurz vor oder während der Zubereitung vorsichtig salzen und normal würzen.

Rezept 3504

Rindfleisch-Schaschlik   2.511.4

Material für 100 kg
35,0 kg Rindfleisch
20,0 kg Dörrfleisch
10,0 kg Leber
5,0 kg Nieren
15,0 kg Zwiebeln
15,0 kg Paprika, rot und/oder grün

Herstellung
Das Rindfleisch, die Leber und die Nieren werden in 3 cm große Würfel geschnitten. Das Dörrfleisch, die Zwiebeln und den Paprika schneidet man in etwa gleichgroße Scheiben. Gleichmäßig

verteilt werden alle Materialien auf Spieße gesteckt.

Zubereitungshinweis: Salzen und würzen vor oder während der Zubereitung.

Lebensmittelrecht: Hackfleisch-VO beachten.

Rezept 3505

Porterhouse-Steak   2.506

Material für 100 kg
100,0 kg Roastbeef, wie gewachsen

Herstellung
Ein Porterhouse-Steak ist eine Scheibe Roastbeef mit Knochen und Filet. Die Portionstücke sollen unabhängig vom Gewicht ca. 2 cm dick sein. In der Regel reicht eine Portion für zwei Personen.

Rezept 3506

T-Bone-Steak   2.506

Material für 100 kg
100,0 kg Roastbeef, wie gewachsen, ohne Filet

Herstellung
Ein T-Bone-Steak ist eine Scheibe Roastbeef mit Knochen, aber ohne Filet. Die Portionsstücke sollen unabhängig vom Gewicht ca. 2 cm dick sein. In der Regel reicht eine Portion für zwei Personen.

Rezept 3507

Club-Steak   2.506

Siehe 3506

Rezept 3508

Gefülltes Rindersteak   2.506

Material für 100 kg
62,5 kg Rindersteak
12,5 kg Lauch
15,0 kg Champignons
10,0 kg Paprikaschoten

Herstellung
1. Die Rindersteaks werden großflächig geschnitten, ähnlich wie Rouladen.
2. Der Lauch und die Paprikaschoten werden geputzt, kleingeschnitten und mit den Cham-

pignons über eine Hälfte der Rindersteaks verteilt.
3. Die freie Hälfte des Rindersteaks wird über die Füllung geschlagen und verspeilt.

Zubereitungshinweis
1. Diese Spezialität wird wie Rouladen zubereitet.
2. Salzen und würzen kurz vor oder während der Zubereitung.

Rezept 3509

Marinierter Rinderbraten (Bruststück)   2.506

Material für 100 kg
92,5 kg Rinderbrust, mager
 7,5 kg Speck, geräuchert

Gewürze und Zutaten je kg Masse
1 Liter dunkles Starkbier, kein Malzbier

Herstellung
Die Rinderbrust, die nicht zu stark durchwachsen sein soll, wird mit dem Speck gespickt und etwa 2 Tage in der angegebenen Menge Dunkelbier mariniert und dann zubereitet.

Rezept 3510

Pfeffersteak   2.501

Material für 100 kg
100,0 kg Rinderfilet

Gewürze und Zutaten je kg Masse
20–30 g gebrochener Pfeffer

Herstellung
Das in 200-g-Portionen geschnittene Fleisch wird mit weißem und schwarzem Pfeffer bestreut, der im Mörser kleingestoßen wurde („Gebrochener Pfeffer").
Es ist auch üblich, ausschließlich oder teilweise grünen Pfeffer zu verwenden.

Hinweis: Für „Pfeffersteaks" werden Scheiben vom Rinderfilet verwendet. Bei der Verwendung anderer Fleischstücke muß aus der Bezeichnung des Produktes hervorgehen, welches Fleischteilstück verwendet wurde, z.B.: Pfeffer-Rumpsteak oder Pfeffer-Hüftsteak.

Rezept 3511

Pikanter Leberspieß

Material für 100 kg
67,0 kg Rinderleber
11,0 kg Äpfel, geschält
11,0 kg Zwiebeln, roh
11,0 kg Dörrfleisch

Herstellung
Das gesamte Material wird in spießgerechte Würfel oder Scheiben geschnitten und gleichmäßig verteilt auf bereitgelegte Spieße gesteckt.

Zubereitungshinweis: Salz und Gewürz kurz vor oder während der Zubereitung.

Lebensmittelrecht: Hackfleisch-VO beachten.

Rezept 3512

Rinder-Spickbraten   2.510.1

Material für 100 kg
90,0 kg Rinderbraten
 0,0 kg Speck, ohne Schwarte, geräuchert

Herstellung
Der geräucherte Speck wird in dünne Scheiben geschnitten und mit einer Spicknadel in den Rinderbraten eingezogen.

Rezept 3513

Rinderbraten mit Pflaumen   2.510.1

Material für 100 kg
85,0 kg Rinderbraten
15,0 kg getrocknete Pflaumen

Gewürze und Zutaten je kg Masse
250 g Rotwein
 40 g Zucker
  2 g Zimt
  5 g Pfeffer

Herstellung
1. Die getrockneten Pflaumen werden etwa 12 Stunden in die angegebene Menge Rotwein gelegt.
2. Nach dieser Zeit werden die Pflaumen mit dem Zucker und Zimt verrührt. In dieser Brühe werden die Pflaumen ca. 15 Minuten gekocht. Die Früchte sollen danach abkühlen und werden entkernt.
3. In den Rinderbraten, der möglichst länglichflach sein soll, wird eine Tasche geschnitten.

Der Braten wird innen mit Pfeffer eingerieben und mit den entkernten Pflaumen gefüllt. Die Tasche wird verspeilt.

Zubereitungshinweis: Kurz vor der Zubereitung salzen und auf Wunsch noch etwas pfeffern.

Rezept 3514

Sauerbraten 2.510.1

Material für 100 kg
100,0 kg Rinderbraten

Gewürze und Zutaten je kg Masse
500,0 g Marinade für Sauerbraten (4449)

Herstellung
1. Der Rinderbraten wird 24–48 Stunden in die Marinade eingelegt.
2. Die Marinade wird mit dem Sauerbraten mitverkauft. Sie kann in Fleischsalatbecher aus Plastik aufgefüllt werden. Es sei denn der Sauerbraten wird mit der Marinade, beides in Vakuum-Folie verpackt, verkauft.

Produktionsverlust: 3 %

Rezept 3515

Rindersteak 2.506

Rindersteaks sollten nur aus solchen Teilstücken geschnitten werden, die auch die Garantie bieten, daß das Steak beim Verzehr saftig und zart ist. Dazu können die Teilstücke Filet, Tafelspitz, Hüfte, Oberschale und Roastbeef verwendet werden.
Alle anderen Teilstücke wie Unterschale, Rolle Nuß usw. bieten nicht die Gewähr dafür, daß sie ausreichend zart werden; das trifft auch häufig für das Fleisch der Oberschale zu.

Lebensmittelrecht: Hackfleisch-VO beachten, wenn das Fleisch gesteakt wird.

Rezept 3516

Hüftsteak 2.506

Hüftsteak werden nur aus dem Kernstück der Hüfte geschnitten. Dazu wird die Hüfte fett- und sehnenfrei pariert.

Rezept 3517

Entrecôte 2.502

Entrecôte wird aus der Hochrippe bzw. aus dem Zwischenrippenstück des Rindes (Jungbulle, Färse) geschnitten.
Dieses Stück wird etwa 2 cm dick portioniert. Es soll außen fettfrei sein; typische Charakteristik sind die „Fettaugen" im Inneren des Steaks.

Rezept 3518

Geschnetzeltes vom Rind 2.508.2

Geschnetzeltes vom Rind wird aus völlig fett- und sehnenfreiem Rindfleisch (R 1) hergestellt.
Das Fleisch wird in kleine, sehr dünne Nudeln geschnitten, genau wie Geschnetzeltes vom Kalb.
Beim Rindfleisch ist es aber von größerer Wichtigkeit, daß jeweils nur Rindfleischstücke geschnetzelt werden, die eine gleiche Garzeit haben. Es besteht sonst die Gefahr, daß dieses Gericht dadurch mißlingt, daß es teils weich und teils hart, oder teils weich und teils zerfallen ist.

Lebensmittelrecht: Hackfleisch-VO beachten.

Rezept 3519

Rouladen-Spieß 2.511.4

Material für 100 kg
50,0 kg Rouladen, kleinere Scheiben
30,0 kg Schweine- oder Kalbsschnitzel
 8,0 kg Paprikaschoten
12,0 kg roher Schinken

Gewürz und Zutaten je kg Masse
300,0 g Marinade (4451)

Herstellung
Das Fleisch wird 24 Stunden in die Rouladen marinade eingelegt, dann abgetrocknet, gerollt und in 2–3 cm breite Röllchen geschnitten.
Das Kalbfleisch wird ebenfalls abgetrocknet, mit einer Scheibe rohem Schinken belegt, gerollt und in 2–3 cm breite Röllchen portioniert. Die Paprikaschoten werden geputzt und geblättert.
Das gesamte Material wird gleichmäßig verteilt auf Spieße gesteckt und mit der verbliebenen Marinade bepinselt.

Lebensmittelrecht: Hackfleisch-VO beachten.

Rezept 3520

Rindfleisch-Spieß 2.511.4

Material für 100 kg
75,0 kg   Rindfleisch (Steakfleisch)
25,0 kg   Champignons

Gewürz und Zutaten je kg Masse
Marinade für Rindfleisch (4452)

Herstellung
Das Rindfleisch wird in spießgerechte Würfel geschnitten und ca. 24 Stunden in die Marinade eingelegt.
Die Rindfleischwürfel und die Champignons werden gleichmäßig verteilt auf die Spieße gesteckt.

Lebensmittelrecht: Hackfleisch-VO beachten.

Rezept 3521

Gefüllte Rinderlende 2.501

Material für 100 kg
75,0 kg   Rinderlende
15,0 kg   Gänseleberwurstmasse mit Trüffeln
10,0 kg   Aufschnittgrundbrät (2001)

Herstellung
In die Rinderlende wird vom Kopfstück her eine Tasche geschnitten. Die Gänseleberwurstmasse wird mit dem Aufschnittgrundbrät vermengt und in die Tasche gefüllt. Die Taschenöffnung wird zugenäht oder verspeilt.

Zubereitungshinweis: Das gefüllte Filet wird durchgebraten. Diese Spezialität kann sowohl heiß als auch kalt serviert werden.

Rezept 3522

Chateaubriand 2.501

Chateaubriand ist ein doppeltes Filetstück. Es ist mindestens 5 cm dick und wird aus dem Kopf oder dem Mittelstück eines Rinderfilets geschnitten.

Kalbfleisch-Spezialitäten

Rezept 3601

Ossobuco 2.510.1

Material für 100 kg
100,0 kg   Kalbshaxen, ohne Gelenkknochen

Herstellung
An frischen Kalbshaxen werden die Gelenkknochen abgesägt. Das verbleibende Fleisch mit dem eingewachsenen Röhrenknochen wird in ca. 3 cm dicke Scheiben geschnitten.

Hinweis
Wenn die Scheiben zu dünn geschnitten sind, dann verformen sie sich beim Braten und werden tafelfertig sehr unansehnlich.

Rezept 3602

Cordon bleu 2.508.1

Material für 100 kg
50,0 kg   Kalbsschnitzel
25,0 kg   Kochschinken
15,0 kg   Käse
10,0 kg   Panade

Herstellung
Sehr dünn geschnittene, großflächige Kalbsschnitzel werden mit dem Kochschinken und dem Käse belegt. Das Ganze wird übereinandergeschlagen, mit einem Holzspieß geheftet und paniert.

Lebensmittelrecht: Cordon bleu besteht aus zwei gleichgroßen Schnitzeln (evtl. in Form einer Tasche), dazwischen Schinken und Käse, vielfach paniert. Ohne Angabe der Tierart handelt es sich um Kalbsschnitzel. Die Schinkeneinlage besteht in der Regel aus gekochtem Schinken.

Rezept 3603

Kalbsbrustschnitte 2.501

Material für 100 kg
100,0 kg Kalbsbrust wie gewachsen

Herstellung
Kalbsbrust wird zwischen den Rippen portioniert. Jede Rippe wird ein Stück eingeschnitten, das Fleisch von der Rippe abgezogen und, wie bei einem Kalbskotelett, wieder über die Rippe geschoben. Auf das fleischfreie Rippenstück wird eine Kotelettmanschette gesteckt.

Variante: Aus der Kalbsbrust werden zunächst die Rippen entfernt, dann wird die Brust in der beschriebenen Weise portioniert. Die Portionsstücke werden zusammengeklappt und in ein Netz gezogen. Zwischen die beiden Fleischenden wird ein Rippchenknochen gesteckt.

Rezept 3604

Geschnetzeltes 2.508.2

Material für 100 kg
100,0 kg K 1 Kalbfleisch

Herstellung
Fett- und sehnenfreies Kalbfleisch wird in Streifen von ca. 3 cm Länge und maximal 5 mm Dicke geschnitten.
Das geschnittene Kalbfleisch wird 2–3 Stunden in eine Marinade gelegt und wird dann in der Regel ohne Flüssigkeit verarbeitet.

Hinweis: Für „Geschnetzeltes" ist grundsätzlich Kalbfleisch zu verwenden.
Geschnetzeltes aus anderen Fleischarten (Rind, Schwein) muß den Zusatz „Geschnetzeltes vom Schwein" haben.

Verkauf: Es ist durchaus denkbar, daß das Geschnetzelte in der Marinade liegend angeboten wird.
Häufig ist es jedoch auch so, daß das rohe Fleisch zwar klein geschnitten, aber noch nicht mariniert feilgehalten wird.

Lebensmittelrecht: Hackfleisch-VO beachten.

Rezept 3605

Wiener Schnitzel 2.508.1

Material für 100 kg
85,0 kg Kalbsschnitzel
8,0 kg Paniermehl
2,0 kg Mehl
5,0 kg Eier

Herstellung
Die sehr dünn geschnittenen Kalbsschnitzel werden in Mehl, geschlagenem Ei und Paniermehl gewendet. Die Panade soll gut angedrückt werden.

Lebensmittelrecht
1. Wiener Schnitzel werden aus Kalbfleisch hergestellt. Wenn andere Fleischarten zur Verwendung kommen, so sind die Schnitzel zu kennzeichnen, z.B. „Panierte Schweineschnitzel".
2. Der zulässige Anteil an Panade ist in den Leitsätzen für Fleisch und Fleischerzeugnisse mit maximal 20 % festgelegt. Als „Panade" wird die Verbindung aus Paniermehl, Mehl und geschlagenem Ei bezeichnet.

Zubereitungshinweis: Wiener Schnitzel werden dünn geklopft, in eine Panade gehüllt und in Fett schwimmend herausgebacken. Ein richtiges „Wiener Schnitzel" soll nach dem Backen auf Fließpapier gelegt werden, um es soweit wie möglich vom Bratfett zu befreien. Bei richtiger Zubereitung bleibt das Fleisch zart, wohlschmeckend und saftig.

Rezept 3606

Kalbsbrust, gefüllt 2.367

Material für 100 kg
67,0 kg Kalbsbrust ohne Rippen
8,0 kg Bratwurst-Grundbrät, fein zerkleinert
8,0 kg Champignons
4,0 kg Karotten
3,0 kg Paprikaschoten
3,0 kg Eier
3,0 kg Petersilie
4,0 kg Kochschinken

Herstellung
1. Die Kalbsbrust wird zum Füllen vorbereitet: Knochenhäute und dicke Fleischfettanlagerungen werden entfernt. In die Kalbsbrust wird eine Tasche geschnitten.

2. Die Karotten und die Paprikaschoten werden geputzt und weich gekocht. Die Eier werden hart gekocht.
3. Die Karotten und die Paprikaschoten werden klein gewürfelt, die Eier werden grob gehackt.
4. Kochschinken, Champignons und Petersilie werden sehr fein gehackt.
5. Die Materialien zu Pos. 2–4 werden gleichmäßig unter das Bratwurst-Grundbrät gemengt.
6. Die fertige Füllung wird in die Kalbsbrust gefüllt. Die Öffnung der Kalbsbrust wird vernäht oder verspeilt.

Die Kalbsbrust sollte nicht zu prall gefüllt sein, da sonst die Gefahr besteht, daß sie beim Braten aufplatzt.

Lebensmittelrecht: Hackfleisch-VO beachten.

Rezept 3607

**Kalbsrollbraten,
mit Schinken und Ei gefüllt** 2.367

Material für 100 kg
75,0 kg Kalbsbrust ohne Knochen
15,0 kg Gekochter Schinken in Scheiben
10,0 kg Eier

Gewürze und Zutaten je kg Masse
8,0 g Kochsalz
1,0 g Pfeffer, weiß

Herstellung
1. Die Eier werden mit der angegebenen Menge Salz und Pfeffer schaumig geschlagen und mit etwas Fett gebraten.
Das Eieromelett sollte möglichst großflächig, aber nicht zu dick sein. Es sollte vor der Weiterverwendung auskühlen.
2. Die Kalbsbrust wird sauber von Knorpeln, Knochenhäuten und dicken Fleischfetteinlagerungen befreit und mit den Schinkenscheiben belegt. Als dritte Lage wird das ausgekühlte Eieromelett aufgelegt.
3. Das Ganze wird zu einem Rollbraten gerollt und mit poliertem weißen Wurstgarn gleichmäßig dick gewickelt.

Rezept 3608

Kalbsnierenbraten 2.510.1

Material für 100 kg
80,0 kg Kalbslappen o. Kn.
20,0 kg Kalbsnieren

Herstellung
1. Aus den Nieren werden die Nierengänge sauber entfernt. Das Kalbfleisch soll sauber ausgebeint und frei von Knorpeln und Sehnen sein.
2. Die Nieren werden in der Mitte des Bratens gelegt. Die anteilige Menge Niere soll so über den Braten verteilt sein, daß sich beim späteren Aufschneiden im Schnittbild immer ein Nierenanteil zeigt.
3. Der Braten wird zusammengerollt und mit poliertem Wurstgarn fest und gleichmäßig dick gewickelt. Es ist wichtig, daß diese Arbeit gewissenhaft ausgeführt wird. Nur so wird der Braten bei der Zubereitung gleichmäßig gar und gut portionierbar sein.

Zubereitungshinweis: Salzen und würzen bei Zubereitung.

Rezept 3609

Kalbsbrust zum Füllen 2.510.1

Kalbsbrust zum Füllen ist nur dann ein gefragter Artikel, wenn dieses Spezialstück in Länge und Breite so portioniert ist, daß man die fertige Kalbsbrust nach der Zubereitung in nicht zu großflächige Scheiben schneiden kann. Das heißt, eine „Kalbsbrust zu Füllen" sollte nicht breiter als 12–15 cm sein. Bei dem recht hohen Schlachtgewicht der Kälber ist es daher nötig, die anfallenden Kalbsbrust entsprechend zu beschneiden.
Zum Füllen eignet sich besonders gut das Brustkernstück. Es wird in entsprechender Breite abgeschnitten. Der Brustknochen und alle dicken Fettanlagerungen an den Außenseiten werden abgetrennt. Zum Schluß wird die gewünschte Tasche in die Kalbsbrust geschnitten.

Lammfleisch-Spezialitäten

Rezept 3650

Hammelfleisch-Schaschlik 2.511.4

Material für 100 kg
50,0 kg Hammelfleisch
25,0 kg Hammelnieren
25,0 kg Zwiebeln

Herstellung
1. Die Nieren werden von den Nierengängen befreit und gewässert.
2. Das Hammelfleisch und die Hammelnieren werden in gleichmäßig große Würfel geschnitten. Die Zwiebeln werden beblättert. Die gesamten Materialien werden gleichmäßig verteilt auf Spieße gesteckt. Vor der Zubereitung sollen die Spieße reichlich mit Öl bestrichen werden.

Rezept 3651

Lammspieße 2.511.4

Material für 100 kg
23,0 kg Zucchinis
67,0 kg Lammfleisch
10,0 kg Paprikaschoten, rot

Gewürze
   Thymian
   Rosmarin
   Pfeffer
   Olivenöl

Herstellung
1. Die Zucchinis werden gewaschen, in 2 cm breite Scheiben geschnitten und ausgehöhlt.
2. In die ausgehöhlten Zucchinistücke werden die in entsprechend große Würfel geschnittene Lammfleischstücke gestopft.
3. Die gefüllten Zucchinischeiben werden abwechselnd mit einer Scheibe Paprikaschote auf bereitgelegte Spieße gesteckt. Das Fleisch wird mit Olivenöl eingepinselt und mit den Gewürzen bestreut.

Zubereitungshinweis: 12 Minuten im Grill braten; die Spieße werden kurz vor der Zubereitung gesalzen.

Lebensmittelrecht: Hackfleisch-VO beachten.

Rezept 3652

Gefüllte Lammkeule 2.510.1

Material für 100 kg
70,0 kg Lammkeule
30,0 kg Füllung (4309)

Herstellung
1. Eine Lammkeule wird ausgebeint. Dabei wird die Mittelröhre hohl ausgelöst. Diese Tasche kann zur Hüfte hin durch einen Schnitt mit einem dünnen Messer vergrößert werden.
2. In die Tasche wird die Füllung gestopft. Alle Öffnungen müssen gut verspeilt werden.

Lebensmittelrecht: Hackfleisch-VO beachten.

Rezept 3653

Lammrollbraten 2.510.1

Material für 100 kg
75,0 kg Lammschulter, o. Kn.
10,0 kg Leberpastete
15,0 kg Champignons,

Gewürze und Zutaten je Kilo Lammschulter
2,0 g Pfeffer
Gewürze und Zutaten je kg Masse
10,0 g Petersilie
40,0 g Butter

Herstellung
1. Die Petersilie wird fein gehackt.
2. Die Champignons werden mit der Petersilie in der angegebenen Menge Butter angebraten und sollen gut abkühlen.
3. Die Lammschulter wird entsehnt, gepfeffert und mit der schaumig geschlagenen Leberpastete bestrichen.
4. Über die Leberpastete werden die angeschmorten Champignons verteilt.
5. Die Lammschulter wird zusammengerollt und mit poliertem Wurstgarn gewickelt.

Rezept 3654

Marinierter Hammelbraten 2.510.1

Material für 100 kg
100,0 kg Hammelfleisch

Herstellung

Der Hammelbraten wird ca. 12 Stunden in die Marinade Rezept 4447 eingelegt. Der eingelegte Braten wird mit der Marinade an den Kunden abgegeben. Man verfährt hier wie mit dem Verkauf von Sauerbraten.

Rezept 3655

Hammelragout   2.511.2

Hammelbrust ist ein Problemstück, mit dem der Fleischer oft seine liebe Not hat. Mit intensiver Werbung und ansprechendem Rezept-Service ist aber auch die Hammelbrust abzusetzen.

Rezept 3656

Lammhaxe   2.510.1

Lammhaxe ist eine vorzügliche Spezialität, die nicht sehr bekannt ist. Es kann eine willkommene Abwechslung im Speisenplan darstellen. Die Zubereitung der Lammhaxe sollte unter Verwendung deftiger Gewürze erfolgen. Dazu gehört Knoblauch höchstens in kleinsten Mengen.

Schweinefleisch-Spezialitäten

Rezept 3701

Schweinerückensteak Saltimbocca   2.506

Material für 100 kg

75,0 kg   Schweinerücken, ohne Knochen
15,0 kg   Schinken, roh
10,0 kg   Petersilie und Salbeiblätter, gehackt

Herstellung

Der ausgebeinte, möglichst großflächige Schweinerücken wird in 100-g-Portionen geschnitten. Die anteiligen Mengen Petersilie und Salbeiblätter (20 g) werden über die Fleischportion verteilt. Die Würzkräuter werden mit einer Scheibe rohem Schinken (20 g) abgedeckt.

Anmerkung

An Stelle von Schweinerücken kann ersatzweise auch Schweinekamm verwendet werden. Die Bezeichnung muß dann heißen: „Schweinekamm Saltimbocca".

Rezept 3702

**Schweinekotelett
mit Schinken-Paprika-Füllung**   2.504

Material für 100 kg

80,0 kg   Kotelett (Mittelstück)
10,0 kg   Paprikastreifen, gedämpft
10,0 kg   Schinken, roh

Herstellung

1. Aus dem Kotelettstück „wie gewachsen"

werden etwa 160-g-Portionen gehackt, in die Taschen geschnitten werden.
2. Die rohen Paprikastreifen werden kurz blanchiert und in eine Scheibe rohen Schinken gerollt. Diese Schinkenrolle wird in die Kotelettasche eingelegt. Das Ganze wird mit einem Holzspeil verschlossen.

Zubereitungshinweis: Salzen und würzen kurz vor der Zubereitung.

Rezept 3703

**Schweinekotelett
mit Schinken-Champignon-Füllung**   2.504

Siehe 3702

Abweichung: An Stelle von gedämpften Paprikaschoten werden Champignons verwendet.

Rezept 3704

Schweineschnitzel, gefüllt   2.508.1

Siehe 3602

Rezept 3705

Schwedenbraten vom Schwein   2.510.1

Material für 100 kg

92,0 kg   Schweinekamm
 8,0 kg   Pflaumen, getrocknet

Herstellung
1. Die getrockneten Pflaumen werden 6 Stunden in kaltem Wasser eingeweicht. Anschließend werden sie entkernt.
2. Mit einer Früchtespicknadel werden die Pflaumen in den Schweinekamm eingezogen.

Wenn keine Früchtespicknadel zur Verfügung steht, dann kann man mit einem schmalen Messer horizontal einige Löcher in den Schweinekamm stechen und mit den Pflaumen ausfüllen.

Rezept 3706

Husarenspieß vom Schweinebauch 2.511.4

Material für 100 kg
65,0 kg Schweinebauch
20,0 kg Steckzwiebeln, roh
15,0 kg Dörrfleisch

Herstellung
Möglichst breit liegender Schweinebauch, ohne Knochen, Knorpel und Schwarte, wird in 2 cm dicke Scheiben geschnitten.
Die Bauchscheiben werden in S-Form auf einen Spieß gesteckt. Zwischen die Biegung der Bauchscheibe wird je ein Würfel Dörrfleisch und Zwiebeln gesteckt.
Wenn die notwendigen Kleinstzwiebeln (Steckzwiebeln) nicht zu bekommen sind, dann können auch Zwiebelscheiben verwendet werden.
Lebensmittelrecht: Hackfleisch-VO beachten

Rezept 3707

Hausfrauenspieß 2.511.0

Material für 100 kg
25,0 kg Schweinebauch, mager
25,0 kg Schweinefleisch
30,0 kg Nürnberger Bratwurst
20,0 kg Steckzwiebeln

Herstellung
1. Der Schweinebauch wird ausgebeint und entschwartet.
2. Schweinebauch und -fleisch werden in 3 cm große Würfel geschnitten.
3. Das gesamte Material wird gleichmäßig verteilt auf bereitgelegte Spieße gesteckt.

Lebensmittelrecht: Hackfleisch-VO beachten.

Rezept 3708

Balkanspieß vom Schweinebauch 2.511.4

Material für 100 kg
50,0 kg Schweinebauch
20,0 kg Dörrfleisch
10,0 kg Zwiebeln, roh
10,0 kg Paprikaschoten, rot
10,0 kg Paprikaschoten, grün

Herstellung: Siehe 3707.

Lebensmittelrecht: Hackfleisch-VO beachten.

Rezept 3709

Schweine-Aschebraten I 2.342.1

Material für 100 kg
50,0 kg Pökelkamm, ohne Knochen
50,0 kg Zwiebeln

Gewürz: Pfeffer

Herstellung
Der gepökelte Schweinekamm wird in Portionen von 250 g geschnitten und mit der gleichen Menge in Scheiben geschnittener Zwiebeln auf einen ausreichend großen Bogen Aluminiumfolie gelegt.
Fleisch und Zwiebeln werden so in Alufolie eingeschlagen, daß der Bratensaft nicht ausfließen kann. Die Fleischportionen werden in Holzkohlenglut, können aber auch in der Bratröhre gegart werden.

Rezept 3710

Schweine-Aschebraten II 2.342.1

Material für 100 kg
65,0 kg Schweinekamm, frisch, ohne Knochen
35,0 kg Zwiebeln

Gewürze: Salz und Pfeffer

Herstellung: Siehe 3709.

Abweichung
1. Die Zwiebeln werden vor ihrer Weiterverarbeitung gesalzen, um einen deftigen Würzeffekt zu erreichen.
2. Der Schweinekamm wird gesalzen und gepfeffert.

Rezept 3711

Werktagskotelett (vom Schweinebauch) 2.510.1

Material für 100 kg
100,0 kg Schweinebauch

Herstellung
Magerer und breit liegender Schweinebauch wird ausgebeint und entschwartet. Es werden Portionen von ca. 150 g geschnitten, U-förmig zusammengelegt und dann an den Endstücken mit poliertem Wurstgarn zusammengebunden. das „Werktagskotelett" kann aber auch in ein Netz eingezogen werden.
Das Ganze wird vor der Zubereitung leicht geklopft und paniert.

Rezept 3712

Delikate Schweinerippen 2.510.1

Material für 100 kg
90,0 kg Schweinebrustspitzen
10,0 kg Honigmarinade (4444)

Herstellung
1. Von den zur Verwendung kommenden Schweinebrustspitzen wird die Schwarte abgehoben. Es werden Portionsstücke geschnitten, die in der Regel Rippenstärke haben.
2. Die Portionsstücke werden ca. 6 Stunden in die Honigmarinade eingelegt.

Verkauf: Diese Spezialität wird in der Marinade liegend in der Fleischtheke angeboten.

Zubereitung: Die Schweinerippen werden kurz vor der Zubereitung gesalzen und sollen während des Grillens häufig mit Marinade bestrichen werden.

Rezept 3713

Mandelkotelett 2.504

Material für 100 kg
60,0 kg Kotelett
 7,5 kg Eier
10,0 kg Paniermehl
20,0 kg Salzmandeln
 2,5 kg Mehl

Gewürze: Kochsalz, Pfeffer

Herstellung
1. Die Salzmandeln werden zerstoßen und mit dem Paniermehl vermengt. Die Eier werden geschlagen.
2. Die Koteletts werden gesalzen, gepfeffert und in der Reihenfolge Mehl-Ei-Paniermehl/Mandeln in diesen Materialien gewendet. Die Panade sollte gut angedrückt werden.

Rezept 3714

Gefüllter Schweinebauch 2.510.14

Material für 100 kg
66,7 kg Schweinebauch
33,3 kg Füllung für Schweinebraten (4304)

Herstellung
1. Der Schweinebauch sollte ohne Rippen sein. Die Schwarte wird rautenförmig eingeschnitten, in den Schweinebauch wird eine Tasche geschnitten.
2. In diese Tasche wird die Füllung gestopft. Die Öffnung wird verspeilt.

Lebensmittelrecht: Hackfleisch-VO beachten.

Rezept 3715

Gefülltes Schweinefilet 2.501

Material für 100 kg
70,0 kg Schweinefilets
17,5 kg Backpflaumen
12,5 kg Äpfel

Herstellung
1. Die Äpfel werden geschält, entkernt und in backpflaumengroße Stücke geschnitten.
2. Für eine Portion werden zwei Filets benötigt. Jedes Filet wird der Länge nach auf-, aber nicht durchgeschnitten. Das Filet wird dann vorsichtig plangeklopft.
3. Auf die innere Seite des einen Filets werden die Backpflaumen und die Apfelstücke verteilt und das zweite Filet wird ebenfalls mit der Innenseite, auf dem Backpflaumen und Äpfel liegend, darüber gelegt.
4. Das Ganze wird mit poliertem Wurstgarn gleichmäßig dick gerollt.

Variation
In der gleichen Weise lassen sich auch dünnfleischige, ausgebeinte Kotelettstücke verwenden.

Rezept 3716

Gefüllter Schweinerücken   2.510.14

Material für 100 kg
67,0 kg   Schweinerücken
33,0 kg   Füllung (4305)

Herstellung
In den Schweinerücken wird eine Tasche geschnitten, in die die Füllung gestopft wird. Die Tasche wird verspeilt.

Lebensmittelrecht: Hackfleisch-VO beachten.

Rezept 3717

Überraschungskotelett   2.504

Material für 100 kg
68,0 kg   Kotelett
10,0 kg   Zwiebeln, Rohgewicht
10,0 kg   Champignons
 4,0 kg   Petersilie und Schnittlauch
 8,0 kg   Eier

Herstellung
1. Die Zwiebeln und die Champignons werden sehr klein gewürfelt oder gehackt, ebenso Petersilie und Schnittlauch.
2. Das gesamte Material wird mit den geschlagenen Eiern vermengt.
3. In das möglichst großflächige Kotelett wird eine Tasche geschnitten, in die das in Pos. 1 beschriebene Gemenge gefüllt wird. Die Tasche wird verspeilt.

Rezept 3718

Schweineroulade   2.508.1

Material für 100 kg
67,5 kg   Schweineschnitzel
 5,0 kg   Schinken, roh
 2,5 kg   Senf
20,0 kg   Eier, hart gekocht
 5,0 kg   Gewürzgurken

Herstellung
1. Die dünn und großflächig geschnittenen Schweineschnitzel werden mit Senf bestrichen und mit dem rohen Schinken belegt.
2. Die hart gekochten Eier werden geschält und mit einem dünnen Streifen Gurke auf den rohen Schinken gelegt.
3. Das Ganze wird gerollt und mit einem Speil zusammengehalten.

Rezept 3719

**Falsches Kotelett
vom Schweinebauch**   2.510.1

Siehe 3711

Rezept 3720

Schwalbennester   2.508.1

Material für 100 kg
55,0 kg   Schnitzel vom Schwein oder Kalb
10,0 kg   Schinken, gekocht
10,0 kg   Scheiblettenkäse
11,0 kg   Ei, gekocht
 4,0 kg   Tomatenmark
 2,0 kg   Ei, geschlagen
 4,0 kg   Paniermehl
 4,0 kg   Käse, gerieben

Gewürz: Pfeffer

Herstellung
1. Die großflächig geschnitten Schnitzel werden geklopft, gepfeffert und dünn mit Tomatenmark bestrichen.
2. Das Schnitzel wird mit einer Scheibe Schinken belegt, die wieder mit Tomatenmark bestrichen wird. Darauf kommt dann die Scheibe Käse.
3. Das Ganze wird mit einem hartgekochten Ei belegt, zu einer Roulade zusammengerollt und mit einem Baumwollfaden gebunden.
4. Das „Schwalbennest" wird in dem geschlagenen Ei und dann in dem Gemenge aus Paniermehl und geriebenem Käse gewendet und gebacken.

Lebensmittelrecht: Es ist selbstverständlich nicht zulässig, diese Spezialität einfach nur als „Schwalbennest" anzubieten. Es muß die jeweils verwendete Fleischart in der Bezeichnung erkennbar sein, also z.B. „Schwalbennest aus Kalbsschnitzel" usw.

Rezept 3721

Schweinekamm, gefüllt   2.510.1

Material für 100 kg
72,0 kg   Schweinekamm, ohne Knochen
16,0 kg   Füllung für Schweinebraten (4305)
 4,5 kg   Saure Sahne
 2,5 kg   Petersilie
 5,0 kg   Champignons

Gewürze und Zutaten je kg Masse
5,0 g Salbei
2,5 g Thymian
      Peperoni nach Wunsch

Herstellung
1. Der Füllung für Schweinebraten werden die Saure Sahne, die gehackten Petersilie und die gehackten Champignons begemengt, ebenso die Gewürze.
2. Die fertige Füllung wird in den mit einer Tasche versehenen Schweinekamm gefüllt.

Lebensmittelrecht: Hackfleisch-VO beachten.

Rezept 3722

Schweinefilet im Teigmantel   2.501

Material für 100 kg
60,0 kg	Schweinefilet
10,0 kg	Schafskäse, gesalzen
5,0 kg	Gekochter Schinken
15,0 kg	Mürbeteig (4501, 4502)
2,0 kg	Sahne
4,0 kg	Basilikumblätter, ersatzweise Spinatblätter
4,0 kg	Butter

Gewürze und Zutaten
     Salz
     Pfeffer
     Knoblauch

Herstellung
1. Die Basilikumblätter werden gewaschen und kurz blanchiert. Aus Schafskäse, Butter, Knoblauch und Pfeffer wird ein Gemenge hergestellt, dem zum Schluß die Sahne beigerührt wird. Alles zusammen soll eine glatte Masse ergeben.
2. Das Filet wird mit der Käsemasse bestrichen und soll dann einige Zeit ruhen.
3. Der Mürbeteig wird ausgewalkt, mit Öl bestrichen und mit einer Gabel mehrmals eingestochen.
4. Das Filet wird mit den Basilikumblättern umlegt und dann in die Schinkenscheiben eingerollt.
5. Das Ganze wird in den Mürbeteig eingeschlagen, dessen Enden gut zusammengedrückt werden müssen. Aus Teigresten können Streifen und Muster geschnitten werden, die mit geschlagenem Ei auf die Außenseite des Teiges geheftet werden.
6. Die gesamte Oberfläche des Teiges wird dann ebenfalls mit geschlagenem Ei bestrichen. Die Pastete soll vor dem Backen ca. 15 Minuten ruhen.

Wurstspezialitäten

Rezept 3801

Gefüllte Würstchen

Material für 100 kg
75,0 kg	Schäldarm-Würstchen (Kaliber ca. 38/32)
10,0 kg	Käse, in Scheiben
15,0 kg	Dörrfleisch, ohne Schwarte und Knorpel

Herstellung
Die Würstchen werden längs aufgeschnitten, die eine Hälfte wird mit einer Scheibe Käse belegt, die nur wenig über den Würstchenrand überstehen sollte. Die andere Hälfte des Würstchens wird wieder aufgelegt und das Ganze mit dünn geschnittenem Dörrfleisch umwickelt. Die fertige Portion kann mit zwei halben Holzspießchen zusammengesteckt werden.

Rezept 3802

Regensburger Wurstspieß

Material für 100 kg
70,0 kg	Regensburger (2511)
17,0 kg	Dörrfleisch
7,0 kg	Zwiebeln
6,0 kg	Paprika, grün, roh

Herstellung
Die Würstchen werden in 50-g-Portionen geschnitten (halbiert) und an den Enden über Kreuz eingeschnitten. Dörrfleisch und Zwiebeln, sowie die rohen Paprika werden in ent-

sprechender Größe geblättelt. Die Materialien werden in der Reihenfolge Würstchen – Dörrfleisch – Zwiebeln – Paprika auf die bereitliegenden Spieße gesteckt.

Rezept 3803

Gefüllter Fleischkäse

Material für 100 kg
35,0 kg	Fleischkäse (2301)
7,5 kg	Senf
35,0 kg	Zwiebeln, in Ringen
7,5 kg	Tomatenketchup
15,0 kg	Scheiblettenkäse

Herstellung
1. Der Fleischkäse wird in Scheiben à 35 Gramm geschnitten.
2. Die Zwiebeln werden goldbraun angebraten.
3. Der gefüllte Fleischkäse wird wie folgt zusammengestellt:
3.1 Eine Scheibe Fleischkäse mit Senf bestreichen und mit Zwiebeln belegen;
3.2 Eine Scheibe Fleischkäse beiderseits mit Ketchup bestreichen und auf die Zwiebeln legen
3.3 Eine Scheiblette als Abschluß darüberlegen.

Variante: Die Scheibe Käse zwischen die beiden Scheiben Fleischkäse gelegt.

Rezept 3804

Würstchen im Dörrfleischmantel

Material für 100 kg
67,0 kg	Würstchen in der Eigenhaut
33,0 kg	Dörrfleisch ohne Schwarte und Knorpel

Herstellung
Die Würstchen werden in das Dörrfleisch gewickelt, das mit einem kurzen Speil festgehalten wird. Die Spezialität wird auf dem Rost gebraten.

Rezept 3805

Fleischkäse zum Selbstbacken

Fleischkäse (2301) wird in Alu-Portions-Formen gefüllt und gebacken feilgehalten.
Fleischkäse zum Selbstbacken ist eine beliebte Spezialität geworden. Er ist nicht nur für den Mittagstisch eine willkommene Abwechslung, sondern er bietet sich auch als schnelles gut zubereitbares Gericht für besondere Gelegenheiten an, z.B. für den Skatabend.
Die Käufer dieser Spezialität müssen unbedingt darauf aufmerksam gemacht werden, daß roher Fleischkäse am Tag der Herstellung auch gebacken werden sollte.
Besonders gut schmeckt der Fleischkäse, wenn er mit gestoßenen Nüssen bestreut wird.
Hackfleisch-VO beachten.

Rezept 3806

Leberkäse zum Selbstbacken

Herstellung wie 3809
Bei der Herstellung von Leberkäse sind die Bestimmungen der Leitsätze für Fleisch und Fleischerzeugnisse und die Hackfleisch-VO zu beachten.

Rezept 3807

Bratwurst-Brötchen

Material für 100 kg
40,0 kg	Bratwurstbrät, halbgrob
55,0 kg	Hefeteig, TK-Ware
5,0 kg	Eier, roh

Herstellung
1. Der Teig wird dünn ausgewalkt und in rechteckige Portionen geschnitten.
2. Die anteilige Menge Bratwurstbrät wird auf ein Teigrechteck gelegt. Das Ganze wird in Hörnchenform gerollt, mit der Naht nach unten gelegt und mit geschlagenem Ei bestrichen.

Zubereitungshinweis: Die Spezialität kann warm oder kalt serviert werden.

Garzeit: 30 Minuten bei 200–220 °C.

Lebensmittelrecht: Hackfleisch-VO beachten.

Rezept 3808

Würstebrötchen

Siehe 3807

Rezept 3809

Saure Bratwurst

Material für 100 kg
100,0 kg   Bratwurst (2703)

Gewürze und Zutaten je kg Masse
100,0 g Essig
100,0 g Wasser
100,0 g kleine Zwiebelringe
     1 kleines Lorbeerblatt
     1 Nelke
     1 Prise Zucker
     Salz

Herstellung
1. Die Gewürze und Zutaten, außer den Zwiebelringen, werden in einen Topf gegeben und verrührt (Ausgangstemperatur ca. 25 °C).
2. Die Bratwurst wird unter Zugabe der Zwiebelringe in der Brühe langsam erhitzt und soll ca. 20 Minuten bei 70 °C ziehen.

Zubereitungshinweis: Die Bratwurst wird heiß serviert. Die Zwiebelringe werden als Beilage mitgereicht.

Rezept 3810

Blaue Zipfel

Siehe 3809

Hackfleisch-Spezialitäten

Rinderhackfleisch

Rezept 4001

Hamburger   2.507.2

Material für 100 kg
50,0 kg   Kuhfleisch
50,0 kg   Rindfleisch

Gewürze je kg Masse
16,0 g Kochsalz
 4,0 g Paprika
30,0 g Zwiebeln, Rohgewicht
 3,0 g Petersilie, klein gehackt

Herstellung
Die Zwiebeln werden klein gehackt und goldbraun gedämpft. Das Fleischmaterial wird vorgeschrotet, mit den Gewürzen und Zutaten vermengt und anschließend durch die 5-mm-Scheibe gewolft. Mit einer Spezialpresse werden Portionen geformt, die beiderseits mit Cellophan abgedeckt sind.

Produktionsverlust: 3%

Lebensmittelrecht: Hackfleisch-VO beachten.

Rezept 4002

Cevapcici   2.507.2

Material für 100 kg
50,0 kg   Kuhhackfleisch
50,0 kg   Schweinehackfleisch

Gewürze je kg Masse
16,0 g Salz
 2,0 g Pfeffer
 1,0 g Muskat
 1,0 g Knoblauchmasse

Herstellung
Das gesamte Fleischmaterial wird mit den Gewürzen zu einer gut bindigen Masse geknetet. Aus diesem Fleischbrät werden daumengroße Würstchen geformt.

Anmerkung
Das Originalrezept sieht an Stelle von Rindfleisch Hammelfleisch und die doppelte Menge Knoblauch vor.

Produktionsverlust: 3%

Lebensmittelrecht: Hackfleisch-VO beachten.

Rezept 4003

Versteckte Eier

Material für 100 kg
75,0 kg   Hacksteakmasse (4006)
20,0 kg   Eier
 5,0 kg   Paniermehl

Herstellung
1. Die erforderliche Menge Eier wird hart gekocht und geschält. Sie werden gut abgekühlt weiterverarbeitet.
2. Die Hacksteakmasse wird portioniert, flach gedrückt und um die gut abgetrockneten Eier geschlagen.
3. Die Kugeln werden rundum in Paniermehl gewendet.

Produktionsverlust: 3%

Lebensmittelrecht: Hackfleisch-VO beachten.

Rezept 4004

Hackfleischpastete

Material für 100 kg Masse
50,0 kg   Hacksteakmasse (4005)
 4,0 kg   Tomatenmark
 6,0 kg   Eier
40,0 kg   Mürbeteig (4501, 4502)

Gewürze und Zutaten je kg Masse
 2,0 g Paprika, edelsüß
Außerdem für den Blätterteig
10,0 g Ei, geschlagen

Herstellung
1. Die Hacksteakmasse wird mit dem Tomatenmark und den in der Materialzusammenstellung aufgeführten Eiern vermengt. Die Paprika wird ebenfalls beigemengt.

2. Der Mürbeteig wird sehr dünn ausgewalkt und in Quadrate von ca. 10 x 10 cm geschnitten.
3. Auf die eine Hälfte einer Mürbeteigportion wird die anteilige Menge Hacksteakmasse geschlagen. Die Ränder des Teiges werden fest zusammengedrückt.
4. Die Außenseite der Teigportionen wird mit dem geschlagenen Ei bepinselt.

Produktionsverlust: 3 %

Lebensmittelrecht: Hackfleisch-VO beachten.

Rezept 4005

Hacksteak 2.507.1

Material für 100 kg
40,0 kg Rinderhackfleisch
40,0 kg Schweinehackfleisch
 4,0 kg Vollei
16,0 kg Zwiebeln

Gewürze und Zutaten je kg Masse
16,0 g Kochsalz
 2,0 g Pfeffer
 0,5 g Glutamat

Herstellung
1. Die Zwiebeln werden klein gewürfelt.
2. Aus dem gesamten Material wird unter Zugabe der Gewürze eine gut bindende Masse hergestellt.
3. Es werden Portionen von 100–125 Gramm Rohgewicht geformt, die plattgedrückt werden.

Hinweis
Wenn diese Spezialität zum Grillen verwendet werden soll, müssen die Hacksteaks kurz vor dem Grillen mit Öl eingepinselt werden.

Produktionsverlust: 2 %

Lebensmittelrecht: Hackfleisch-VO beachten.

Rezept 4006

Hacksteak 2.507.1

Material für 100 kg
47,5 kg Rinderhackfleisch
47,5 kg Schweinehackfleisch
 5,0 kg Vollei

Herstellung
Siehe 4005

Rezept 4007

Senfburger 2.507.1

Material für 100 kg
82,5 kg Hacksteakmasse (4005)
10,0 kg Senf
 7,5 kg Rosinen

Herstellung
Das gesamte Material wird unter Zugabe des Gewürzes zu einer gleichmäßigen Masse vermengt und portioniert.

Produktionsverlust: 3 %

Lebensmittelrecht: Hackfleisch-VO beachten.

Rezept 4008

Hackfleischspieß 2.511.4

Material für 100 kg
66,5 kg Hacksteakmasse (4006)
33,5 kg kleine Zwiebeln

Herstellung
1. Aus der Hacksteakmasse werden kleine, möglichst der Größe der Zwiebeln entsprechende Bällchen geformt.
2. Die Zwiebeln werden geschält und, je nach Größe eventuell noch gehälftet oder geviertelt.
3. Die Hackfleischbällchen und die Zwiebeln werden abwechselnd auf bereitgelegte Holzspieße gesteckt.

Produktionsverlust: 3 %

Lebensmittelrecht: Hackfleisch-VO beachten.

Rezept 4009

Gefüllte Paprika

Material für 100 kg
40,0 kg Paprika, ganze Früchte
60,0 kg Hacksteakmasse (4005, 4006)

Herstellung
1. Die Paprikafrüchte werden gewaschen. Von jeder Frucht wird der Deckel abgeschnitten. Er soll so groß sein, daß die Frucht entkernt und gut gefüllt werden kann.
2. Die Früchte werden nach dem Entkernen ausgespült, sollen gut abtropfen und werden dann mit der Hacksteakmasse gefüllt. Die Hacksteakmasse soll etwa 2 mm über dem

Fruchtrand stehen. Der Fruchtdeckel wird dem Ganzen wieder aufgesetzt.

Produktionsverlust: 3 %

Lebensmittelrecht: Hackfleisch-VO beachten

Rezept 4010

Gefüllte Gurken

Material für 100 kg
50,0 kg   Salatgurke
45,0 kg   Hacksteakmasse (4006)
 5,0 kg   Champignons

Herstellung
1. Die Salatgurke wird gewaschen und längsseitig halbiert.
2. Die Gurkenhälften werden ausgehöhlt und mit der Hacksteakmasse gefüllt.
3. Die so entstandenen Gurkenschiffchen werden mit den ganzen Champignons belegt.

Produktionsverlust: 3 %

Lebensmittelrecht: Hackfleisch-VO beachten.

Rezept 4011

Hackfleischstrudel

Material für 100 kg
33,0 kg   Rinderhackfleisch
10,0 kg   Zwiebeln
 4,0 kg   Öl
 3,0 kg   Petersilie
 5,0 kg   Pinienkerne
 4,0 kg   Tomatenmark
16,0 kg   Magerquark
25,0 kg   Mürbeteig (4501, 4502, 4504)

Gewürze je kg Masse
1   kleine Zehe Knoblauch
      Pfeffer
      Cayennepfeffer
      Salz
1   kleine Dose Weinblätter
1   Eiweiß
25,0 g Dosenmilch

Herstellung
1. Das Hackfleisch wird mit den fein gehackten Zwiebeln in der angegebenen Menge Öl angebraten. Petersilie, Pinienkerne, Tomatenmark und Magerquark werden beigerührt. Ebenso die zerdrückte Knoblauch-

zehe, das Salz und die Gewürze. Die Masse soll abkühlen.
2. Der Teig wird auf mit Mehl bestreuter Unterfläche dünn und rechteckig ausgerollt, mit den abgetropften Weinblättern belegt und darüber wird die Hackfleischmischung gleichmäßig hoch ausgebreitet.
3. Das Ganze wird zu einem Strudel gerollt. Das Eiweiß und die Dosenmilch werden miteinander verrührt und mit dem Pinsel über die Außenseite des Strudels gestrichen.

Garzeit: 40 Minuten bei 200–220 °C.

Produktionsverlust: 3 %

Lebensmittelrecht: Hackfleisch-VO beachten.

Rezept 4012

Kohlroulade

Material für 100 kg
83,0 kg   Weißkohl
15,5 kg   Hacksteakmasse (4005)
 1,5 kg   Ei, roh

Herstellung
1. Der Kohl wird geputzt, gewaschen und in einem Stück etwa 10–15 Minuten in Salzwasser gegart.
2. Der Kohl wird aus der Brühe genommen. Nachdem er etwas abgekühlt ist, werden die verwendbaren Blätter abgelöst. Die Rippen der Blätter werden flach abgeschnitten.
3. Hacksteakmasse und Ei werden miteinander vermengt.
4. Es werden jeweils zwei Kohlblätter übereinander gelegt und mit der anteiligen Brätmasse gefüllt. Das Ganze wird zusammengerollt und verspeilt.

Garzeit: 90 Minuten schmoren

Produktionsverlust: Für den Kohl 50 %, insgesamt 3 %

Lebensmittelrecht: Hackfleisch-VO beachten.

Rezept 4013

Cannelloni

Material für 100 kg
22,0 kg   Hacksteakmasse (4005)
22,0 kg   Grobe Mettwurstmasse (1601)
 9,0 kg   Roher Schinken

17,0 kg Tomatenmark
22,0 kg Cannelloni-Teig (Fertigware)
4,0 kg Quark
4,0 kg geriebener Käse

Gewürze je kg Masse
10,0 g Oregano
2,0 g Thymian
3,0 g Basilikum
0,1 g Knoblauchmasse (4426)

Herstellung
1. Der rohe Schinken wird gewürfelt und mit der Hacksteakmasse und dem Knoblauch in etwas Öl angedünstet. Danach soll die Masse erkalten.
2. Die abgekühlte Bratenmasse wird mit dem Quark, 2/3 des Tomatenmarks und den zusätzlichen Gewürzen vermengt.
3. Es werden flache Alu-Formen bereitgestellt und mit Fett eingerieben.
4. Die Nudeln werden mit dem Fleischteig gefüllt und in die Alu-Formen, i.d.R. paarweise, gelegt. Das Ganze wird mit dem restlichen Tomatenmark begossen und mit dem geriebenen Käse sowie mit Fettflöckchen überstreut.

Produktionsverlust: 3 %

Zubereitunghinweis
Backen, zugedeckt 45 Minuten bei 200 °C. Anschließend Deckel abnehmen und 5 Minuten überkrusten lassen.

Lebensmittelrecht: Hackfleisch-VO beachten.

Rezept 4014

Schwäbische Laubfröschle

Material für 100 kg
60,0 kg Hacksteakmasse (4005)
5,0 kg Petersilie, gehackt
35,0 kg Blattspinat

Gewürze
  Pfeffer
  Muskat

Herstellung
1. Die gehackte Petersilie wird unter die Hacksteakmasse gemengt. Aus dem Gemenge werden längliche Hacksteaks geformt.
2. Der Blattspinat wird mit kochendem Wasser abgebrüht und um die Hacksteaks gewickelt.

Produktionsverlust: 3 %

Zubereitungshinweis: ca. 15 Minuten bei mittlerer Hitze im Backofen.

Lebensmittelrecht: Hackfleisch-VO beachten.

Rezept 4015

Gefüllte Tomaten

Material für 100 kg
65,0 kg Tomaten
25,0 kg Hacksteakmasse (4005)
7,0 kg Champignons,
3,0 kg Perlzwiebeln

Herstellung
1. Die Tomaten werden gewaschen. Dann wird von dem oberen Teil der Deckel abgeschnitten und die Tomaten vorsichtig ausgehöhlt. Die Perlzwiebeln und die Champignons werden kleingehackt.
2. Die Hacksteakmasse wird mit der Hälfte des beim Aushöhlen angefallenen Tomatenfleisches und den gehackten Champignons und Perlzwiebeln zu einer gleichmäßigen Masse vermengt.
3. Die Tomaten werden mit der Hacksteakmasse gefüllt. Zum Schluß werden die Tomatendeckel wieder vorsichtig auf die Tomaten gesetzt.

Produktionsverlust: 1 %

Lebensmittelrecht: Hackfleisch-VO beachten.

Rezept 4016

Falscher Hase

Material für 100 kg
72,0 kg Hacksteakmasse (4005)
10,0 kg Paniermehl
10,0 kg Eier
3,0 kg Petersilie, gehackt
5,0 kg Räucherspeck, ohne Schwarte

Gewürze
  Salz
  Pfeffer
  Muskat

Herstellung
1. Hacksteakmasse, Paniermehl, Eier und Petersilie werden zu einer gleichmäßigen Masse vermengt.

2. Das Brät wird zu einem länglichen Laib geformt.
3. Der Räucherspeck wird in Scheiben, die Scheiben werden in Streifen geschnitten. Die Speckscheiben werden über Kreuz diagonal über den Hackbratenlaib gelegt.

Produktionsverlust: 2 %

Garzeit: 90 Minuten bei 180 °C.

Lebensmittelrecht: Hackfleisch-VO beachten.

Rezept 4017

Igel-Hackbraten

Ein länglich-oval geformter Hackbraten wird mit schmalen Streifen geräuchertem Speck „gespickt". Die Speckstreifen werden in den Hackbraten eingedrückt, so daß sie wie Igelstachel aussehen.

Lebensmittelrecht: Hackfleisch-VO beachten.

Rezept 4018

Hackfleischpastetchen

Material für 100 kg
70,0 kg Hackfleisch
 7,0 kg Zwiebeln, Rohgewicht, kleingehackt
19,0 kg Teig (4501, 4502)
 4,0 kg Petersilie, gehackt

Gewürze
Salz, Zimt, Muskat, Nelken

Herstellung
1. Das Hackfleisch wird unter Zugabe der Zwiebeln und der Gewürze angebraten und soll dann nach Beigabe von etwas Brühe 30 Minuten köcheln. Die Masse soll gut abgekühlt sein.
2. Der Teig wird nicht zu dünn ausgewalkt, ca. 2 cm dick. Aus dem Teig werden runde Scheiben mit einem Zick-Zack-Roller geschnitten. Sie sollen etwas 10 cm Durchmesser haben.
3. Jede Scheibe wird auf der einen Teighälfte mit zwei Eßlöffeln Hackfleischmischung belegt, die freie Hälfte wird überschlagen und fest angedrückt.

Produktionsverlust: 3 %

Zubereitungshinweis: Fritieren in Erdnußöl

Lebensmittelrecht: Hackfleisch-VO beachten.

Kalbshackfleisch

Rezept 4019

Gehacktes Kalbskotelett

Material für 100 kg
100,0 kg   Kalbshackfleisch

Gehackte Kalbskoteletts werden vorzugsweise von Kunden gekauft, die Diät-, Schon- oder Reduktionskost verordnet bekommen haben. Aus diesem Grund wird diese Spezialität weder gesalzen noch gewürzt. Das soll in diesem Fall dem Kunden überlassen werden.

Herstellung
Das Kalbshackfleisch wird in Portionen von 100–125 Gramm abgewogen und wie Koteletts geformt. Die beiden Oberflächen werden mit einem Messer diagonal angeritzt. An entsprechender Stelle wird ein Stück Rippenknochen in das Steak eingedrückt.

Lebensmittelrecht: Hackfleisch-VO beachten.

Rezept 4020

Hackbraten nach italienischer Art

Material für 100 kg
60,0 kg   Kalbshackfleisch
20,0 kg   Kalbsbries
 5,0 kg   Margarine

 5,0 kg   Ei
 5,0 kg   Pistazien
 5,0 kg   Petersilie

Gewürze je kg Masse
10,0 g Kochsalz
 3,0 g Pfeffer
 0,5 g Muskat
 1,0 g Majoran
 0,5 g Thymian

Herstellung
1. Das Kalbsbries wird gewässert, enthäutet, 10 Minuten in Salzwasser gekocht und in der angegebenen Menge Margarine gebräunt. Wenn das Bries abgekühlt ist, wird es klein gewürfelt.
2. Die Pistazien werden geschält und klein gehackt; ebenso die Petersilie.
3. Aus dem gesamten Material und den Gewürzen wird eine gleichmäßige Masse geknetet.
4. Der Kalbshackbraten wird in bereitgestellte Portionformen aus Aluminium gefüllt.

Produktionsverlust: 1,5 %

Lebensmittelrecht: Hackfleisch-VO beachten.

Schweinehackfleisch

Rezept 4101

Hackfleischkugeln, paniert (Rind- und Schweinefleisch)

Material für 100 kg
50,0 kg   Schweinefleisch
30,0 kg   Rindfleisch
20,0 kg   Dörrfleisch, ohne Knorpel und Schwarte

Gewürze
16,0 g Kochsalz
 1,5 g Pfeffer
 1,0 g Oregano
50,0 g Zwiebeln, Rohgewicht

20,0 g Kirschwasser
10,0 g Paniermehl

Herstellung
Das Schweine- und Rindfleisch wird klein geschnitten, mit dem Salz und den Gewürzen vermengt durch die 3-mm-Scheibe gewolft. Das zerkleinerte Material wird zu einer gut bindigen Masse geknetet und in 100 g schwere Kugeln geformt. Diese werden über Kreuz mit zwei dünn geschnittenen Scheiben Dörrfleisch umwickelt und paniert.

Lebensmittelrecht: Hackfleisch-VO beachten.

Rezept 4102

Netzbratlinge vom Schwein

Material für 100 kg
60,0 kg Schweinebauch
30,0 kg Schweinefleisch
 5,0 kg Schweinenetzfett
 5,0 kg Zwiebeln, roh

Gewürze je kg Masse
16,0 g Kochsalz
 1,5 g Pfeffer
 1,0 g Oregano
 0,1 g Knoblauchmasse (4426)
        Zitronensaft nach Geschmack

Herstellung
1. Die Zwiebeln werden klein gewürfelt.
2. Das Schweinefleisch wird vorgeschrotet, dann mit Salz und Gewürzen vermengt und durch die 3-mm-Scheibe gewolft.
3. Dem zerkleinerten Fleisch werden die Zwiebeln beigemengt und dann 190-g-Portionen geformt. Diese werden in das Schweinenetz eingeschlagen.
4. Die Netzbratlinge werden im Kaltrauch leicht goldgelb geräuchert.

Hinweis: Netzbratlinge werden roh oder gegart verkauft.

Produktionsverlust: Roh 2%, gegart 20%

Lebensmittelrecht: Hackfleisch-VO beachten.

Rezept 4103

Hackepeter   2.507.22

Siehe 4104

Rezept 4104

Thüringer Mett   2.507.22

Material für 100 kg
40,0 kg S 2 Schweinefleisch
48,0 kg S 4 Schweinefleisch
12,0 kg Zwiebeln, roh

Gewürze je kg Masse
20,0 g Kochsalz
 2,0 g Pfeffer
 2,0 g Majoran, gemahlen

Herstellung
1. Das gesamte Fleischmaterial wird in gut abgekühltem Zustand durch die Schrotscheibe gewolft.
2. Salz und Gewürze werden dem geschroteten Fleisch beigemengt.
3. Das Mett noch einmal, diesmal durch die Erbsenscheibe gewolft. Dazu sollte der Wolf wie folgt zusammengesetzt sein: Vorschneider – Messer – Schrotscheibe (10 mm) – Messer – Erbsenscheibe (5 mm).
4. Die Zwiebeln werden klein gewürfelt dem Mett beigemengt. Das fertige Mett wird auf einer Platte angerichtet.

Produktionsverlust: 1%

Hinweis
Das Mett kann auch ohne Zwiebeln angerichtet werden. Es wird dann beim Anrichten mit einem Zwiebelkranz umlegt.

Lebensmittelrecht: Thüringer Mett ist im Sinne der Hackfleisch-VO als „zubereitetes Hackfleisch" anzusehen. Die einschlägigen Bestimmungen sind zu beachten.

Lammhackfleisch

Rezept 4201

Falsches Lammkotelett

Material für 100 kg
100,0 kg Hammelfleisch

Gewürze
18,0 g Kochsalz
1,0 g Majoran
0,5 g Oregano
1,0 g Pfeffer
5,0 g Petersilie
0,4 g Knoblauchmasse (4426)

Herstellung
Das Hammelfleisch wird vorgeschrotet, mit Salz und Gewürzen vermengt und durch die 3-mm-Scheibe gewolft. Die Masse wird gut bindig geknetet und in ovale, flache Portionen geformt. Seitlich wird ein Stück Hammelrippe eingedrückt.

Lebensmittelrecht: Hackfleisch-VO beachten.

Rezept 4202

Lammburger

Material für 100 kg
80,0 kg Lammhackfleisch
14,0 kg Zwiebeln
6,0 kg Tomatenpürree

Gewürze je kg Masse
10,0 g Kochsalz
2,0 g Pfeffer
0,3 g Knoblauchmasse (4426)

Herstellung
1. Die Zwiebeln werden sehr klein gewürfelt.
2. Das gesamte Material wird mit dem Salz und den Gewürzen zu einer gleichmäßigen Masse geknetet.

3. Aus der Hackmasse werden flache Portionen geformt, die der Form nach „Hamburgern" gleich sind.

Produktionsverlust: 3 %

Lebensmittelrecht: Hackfleisch-VO beachten.

Rezept 4203

Lamm-Hackbraten   2.510.2

Material für 100 kg
55,0 kg Lammhackfleisch
10,0 kg Dörrfleisch, ohne Schwarte und Knorpel
12,0 kg Sahne
10,0 kg Eier
6,5 kg Zwiebeln
6,5 kg Gehackte Kräuter

Gewürze für die Masse, außer Dörrfleisch, je Kilo
12,0 g Kochsalz
2,0 g Pfeffer
0,2 g Thymian
0,1 g Knoblauchmasse (4426)

Herstellung
1. Die Zwiebeln werden angedünstet und sollen erkalten.
2. Das gesamte Material, außer Dörrfleisch, wird unter Zugabe von Salz und Gewürzen miteinander vermengt.
3. Eine bereitgestellte Alu-Einwegform wird mit Fett ausgerieben und mit dem in Scheiben geschnittenen Dörrfleisch ausgelegt.
4. Die Hackmasse wird in die Form gefüllt und mit den restlichen Dörrfleischscheiben abgedeckt.

Produktionsverlust: 1 %

Lebensmittelrecht: Hackfleisch-VO beachten.

Füllungen, Marinaden, Aufgüsse

Füllungen

Rezept 4301

Füllung für Spanferkel

Material für 100 kg
30,0 kg S 15 Schweineleber, vorgegart
 7,0 kg S 17 Schweinezungen, geputzt, gepökelt, vorgegart
 7,0 kg S 16 Schweineherz, geputzt, gepökelt, vorgegart
26,0 kg S 4b Schweinebauch ohne Schwarte mit maximal 50 % sichtbarem Fett, vorgegart
30,0 kg Kartoffeln

Gewürze und Zutaten je kg Masse
12,0 g Kochsalz
 2,0 g Pfeffer
 4,0 g Majoran
 1,0 g Ingwer
 1,0 g Muskat
 0,1 g Rosmarin
 0,1 g Basilikum
 0,1 g Thymian
30,0 g Zwiebeln, roh

Herstellung
1. Die Innereien und der Schweinebauch werden leicht angegart und anschließend ausgekühlt. Innereien und Bauch werden in 5-mm-Würfel geschnitten.
2. Die Zwiebeln werden in 1-cm-Würfel, die Kartoffeln in 5-mm-Würfel geschnitten und getrennt goldbraun gebraten. Die Kartoffelwürfel sollten fast durchgebraten sein.
3. Das gesamte Material wird mit den Gewürzen vorsichtig zu einer gleichmäßigen Masse vermengt.

Hinweis: In rohem Zustand unterliegt das Erzeugnis der Hackfleisch-VO.

Rezept 4302

Füllung für Kalbsbrust

Material für 100 kg
23,0 kg R 3 Rindfleisch, grob entsehnt, mit maximal 15 % sichtbarem Fett, roh

23,0 kg S 4b Schweinebauch ohne Schwarte mit maximal 50 % sichtbarem Fett, roh
 5,0 kg Butter
15,0 kg Eier
 9,0 kg Semmeln, trocken
25,0 kg Knochenbrühe, hell (5101)

Gewürze und Zutaten je kg Masse
12,0 g Kochsalz
 2,0 g Pfeffer
 0,5 g Muskat
 5,0 g Petersilie, gehackt
 5,0 g Zwiebeln, gehackt

Herstellung
1. Das Fleisch wird durch die 3-mm-Scheibe gewolft.
2. Das gesamte Material wird zu einer gleichmäßigen Masse verknetet.

Rezept 4303

Füllung für Rouladen

Material für 100 kg
60,0 kg Dörrfleisch, ohne Schwarte und Knorpel
20,0 kg Bratwurst-Grundbrät (2601)
10,0 kg Gurken
10,0 kg Zwiebeln

Herstellung
1. Das Dörrfleisch und die Gurken werden in Streifen geschnitten, die Zwiebeln gewürfelt.
2. Das gesamte grobe Material wird mit den Gewürzen gleichmäßig unter das Bratwurst-Grundbrät gemengt.

Rezept 4304

Füllung für Schweinebraten

Material für 100 kg
60,0 kg Hackfleisch, gemischt
 9,0 kg Eier
 2,0 kg Oregano

3,0 kg   Orangenmarmelade
1,0 kg   Worcestersauce
5,0 kg   Semmelbrösel
20,0 kg   Champignons

Herstellung
Die Champignons werden klein gehackt und mit dem übrigen Material unter Zugabe von Salz und Pfeffer zu einer gleichmäßigen Masse vermengt.

Lebensmittelrecht: Hackfleisch-VO beachten.

Rezept 4305

Füllung für Schweinebraten

Material für 100 kg
70,0 kg   Lauch
25,0 kg   Käse, gerieben
5,0 kg   Butter

Herstellung
1. Der Lauch wird geputzt, gewaschen und in ca. 1 cm breite Ringe geschnitten.
2. Der Lauch wird mit der Butter leicht angedünstet, aus der Pfanne genommen und mit dem geriebenen Käse vermischt.

Rezept 4306

Füllung für Kalbsbrust „da angelo"

Material für 100 kg
30,0 kg   Kalbshackfleisch
30,0 kg   Schweinehackfleisch
20,0 kg   Kalbsbries
5,0 kg   Margarine
5,0 kg   Eier
5,0 kg   Pistazien
5,0 kg   Petersilie

Gewürze und Zutaten je Kilo Masse
10,0 g   Kochsalz
3,0 g   Pfeffer
1,0 g   Majoran
0,5 g   Thymian
0,1 g   Knoblauchmasse (4426)

Herstellung
1. Das Kalbsbries wird gewässert, enthäutet, 10 Minuten in Fleischbrühe gekocht und in der angegebenen Menge Margarine gebräunt. Wenn das Bries abgekühlt ist, wird es klein gewürfelt.

2. Die Pistazien werden geschält und klein gehackt; ebenfalls die Petersilie.
3. Aus dem gesamten Material und den Gewürzen wird eine gleichmäßige Masse geknetet.

Lebensmittelrecht: Hackfleisch-VO beachten.

Rezept 4307

Schweineleber-Füllung

Material für 100 kg
45,0 kg   Schweineleber
15,0 kg   Kalbshackfleisch
15,0 kg   Zwiebeln, klein gehackt
15,0 kg   Parmesankäse, gerieben
5,0 kg   Süße Sahne
5,0 kg   Eier

Gewürze
10,0 g   Kochsalz
2,0 g   Pfeffer
2,0 g   Oregano
0,1 g   Knoblauchmasse (4426)

Herstellung
1. Die Zwiebeln werden geschält, klein gewürfelt und angedünstet.
2. Die Schweineleber wird ebenfalls gewürfelt und in etwas Margarine angedünstet. Zwiebeln und Schweineleber sollen gut abkühlen.
3. Das gesamte Material wird zu einer gleichmäßigen Masse vermengt.

Lebensmittelrecht: Hackfleisch-VO beachten.

Rezept 4308

Füllung für Schweinefilet

Material für 100 kg
35,0 kg   Hackfleisch, gemischt
30,0 kg   Champignons
12,0 kg   Zunge, gekocht
12,0 kg   Pistazien
3,5 kg   Petersilie
7,5 kg   Eier

Gewürze je kg Masse
10,0 g   Kochsalz
2,0 g   Pfeffer

Herstellung
1. Die gekochte Zunge wird klein gewürfelt, die Pistazien und die Petersilie werden klein gehackt.

2. Die Champignons sollen gut abgetrocknet sein.
3. Das gesamte Material wird unter Zugabe von Salz und Gewürzen zu einer gleichmäßigen Masse verknetet.

Lebensmittelrecht: Hackfleisch-VO beachten.

Rezept 4309

Füllung für Lammbraten

Material für 100 kg
70,0 kg Lammhackfleisch
10,0 kg Petersilie
10,0 kg Zwiebeln, Rohgewicht
 5,0 kg Paniermehl
 5,0 kg Weißwein

Gewürze je kg Masse
8,0 g Kochsalz
0,3 g Knoblauchmasse (4426)
1,0 g Majoran
2,0 g Pfeffer

Herstellung
1. Die Petersilie wird fein gehackt, die Zwiebeln sehr klein gewürfelt.
2. Das gesamte Material wird unter Zugabe von Salz und Gewürzen zu einer gleichmäßigen Masse vermengt.

Lebensmittelrecht: Hackfleisch-VO beachten.

Rezept 4310

Füllung für Lammrouladen

Material für 100 kg
80,0 kg Hacksteakmasse (4005)
10,0 kg Rosinen
10,0 kg Mandeln

Herstellung
Das gesamte Material wird gleichmäßig miteinander vermengt.

Lebensmittelrecht: Hackfleisch-VO beachten.

Rezept 4311

Füllung für Rouladen

Material für 100 kg
60,0 kg Dörrfleisch, ohne Schwarte und Knorpel
20,0 kg Bratwurstgrundbrät

10,0 kg Gewürzgurken
10,0 kg Zwiebeln, roh

Gewürze und Zutaten je kg Masse
5,0 g Senf
1,0 g Pfeffer

Herstellung
1. Das Dörrfleisch und die Gurken werden in Streifen geschnitten, die Zwiebeln gewürfelt.
2. Das gesamte Material wird gleichmäßig unter das Bratwurstgrundbrät gemengt.

Lebensmittelrecht: Hackfleisch-VO beachten

Rezept 4312

Hähnchen-Füllung

Material für 100 kg
38,0 kg Schweineleber
19,0 kg Zwiebeln
10,0 kg Speck, ohne Schwarte, geräuchert
28,0 kg Birnen
 5,0 kg Ingwer, kandiert

Gewürz je kg Masse
 5,0 g Thymian
Für die Leber
10,0 g Kochsalz

Herstellung
1. Schweineleber, Zwiebeln und Speck werden klein gewürfelt. Der Speck wird angebraten. Zum Schluß des Bratvorgangs kommen Schweineleber und Zwiebeln etwa 3 Minuten zum Mitdünsten dazu.
2. Die Birnen werden geschält, entkernt und gewürfelt. Der kandierte Ingwer wird in Scheiben geschnitten.
3. Wenn die gedünsteten bzw. gebratenen Materialien abgekühlt sind, werden sie mit den anderen Zutaten, einschließlich Thymian, vermengt.

Lebensmittelrecht: Hackfleisch-VO beachten.

Laken

Rezept 4401

Gewürzlake

Gewürze und Zutaten je kg Masse
Je Liter Lake werden folgende Gewürze zugesetzt:
1,0 g Pfeffer, gemahlen
2,0 g Wacholder, gestoßen
1,0 g Majoran, gemahlen

Herstellung
Die Gewürze werden mit etwas Lake kurz aufgekocht (2 Minuten wallend), abgefiltert und der Gesamtlake beigerührt.

Rezept 4402

Gewürzelake

Gewürze und Zutaten je kg Masse
Je Liter Lake werden folgende Gewürze zugesetzt:
  1,0 g Pfeffer
40,0 g Rotwein, herb-würzig

Herstellung
Die Gewürze werden mit etwas Lake, aber ohne Rotwein, kurz aufgekocht (2 Minuten wallend). Dann wird der Rotwein beigeschüttet und mit der Lake verrührt, abgefiltert und der Gesamtlake beigerührt.

Rezept 4403

Gewürzlake

Gewürze und Zutaten
Je Liter Lake werden folgende Gewürze zugesetzt:
1,0 g Pfeffer
2,0 g Wacholder, gestoßen
0,3 g Piment, gemahlen
0,1 g Zimt, gemahlen
0,3 g Ingwer, gemahlen
        etwas Lorbeerblatt,
        auf Wunsch:
0,2 g Knoblauchmasse (4426)

Herstellung
Die Gewürze werden mit etwas Lake kurz aufgekocht (2 Minuten wallend) abgefiltert und der Gesamtlake beigerührt.

Rezept 4404

Gewürzlake

Gewürze und Zutaten
Je Liter Lake werden folgende Gewürze zugesetzt:
2,0 g Pfeffer, gestoßen
2,0 g Wacholderbeeren, gestoßen
1,0 g Ingwer, gemahlen

Herstellung
Die Gewürze werden mit etwas Lake kurz aufgekocht (2 Minuten wallend), abgefiltert und der Gesamtlake beigerührt.

Rezept 4405

Rotweinlake

Gewürze und Zutaten
Je Liter Lake werden folgende Gewürze zugesetzt:
    1,0 g Pfeffer, gestoßen
100,0 g schwerer Rotwein

Herstellung
Der Rotwein und der Pfeffer werden in die Lake gerührt. Ein vorheriges Aufkochen der Gewürze mit etwas Lake, aber ohne Rotwein, ist nicht unbedingt erforderlich.

Rezept 4406

Gewürzlake

Gewürze und Zutaten
Je Liter Lake werden folgende Gewürze zugesetzt:
2,0 g Pfefferkörner, gestoßen
1,0 g Koriander, gemahlen
4,0 g Zucker
        reichlich Lorbeerblätter

Herstellung
Die Gewürze werden mit etwas Lake kurz aufgekocht (2 Minuten wallend), abgefiltert und der Gesamtlake beigerührt.

Rezepte 4407–4419 nicht besetzt

Würzende Stoffe

Rezept 4420

Weingeist in Wacholder

Herstellung

In einer guten Sorte französischem Cognac werden je Liter 25 g gestoßene Wacholderbeeren eingelegt.

Der Cognac kann über längere Zeit verwendet werden.

Die Wacholderbeeren werden zur Rohwurstherstellung nicht verwendet.

Rezept 4421

Rum mit Kümmel

Herstellung

Erstklassigem Rum werden je Liter 10 g gestoßener Kümmel beigesetzt.

Wenn nur gemahlener oder ganzer Kümmel zu Verfügung steht, können beide ersatzweise verwendet werden. Jedoch sind bei gemahlenem Kümmel 5 g und bei ganzem Kümmel 12 g zuzusetzen.

Gestoßener oder ganzer Kümmel werden nicht weiterverarbeitet, sondern kurz vor der Verwendung zur Rohwurstherstellung abgefiltert.

Rezept 4422

Weingeist in Knoblauch

Herstellung

Einem Spitzenprodukt deutschen Weinbrandes wird ganzer oder geriebener Knoblauch zugesetzt. Vor der Verwendung dieses Gemisches sollte es ca. 6–12 Stunden ziehen. Folgende Knoblauchmengen werden je Liter Weinbrand empfohlen:

1. Ganze Knoblauchzehe: Je Liter 5 mittlere Zehen, die jeweils in 4 Teile geschnitten werden. Kurz vor der Verwendung des Weinbrandes wird der Knoblauch abgefiltert.
2. Geriebener Knoblauch: 2 Zehen, mit dem Messerrücken gehackt und zerrieben.
3. Knoblauchmasse (4426): 4 g je Liter.

Rezept 4423

Rum mit Knoblauch

Herstellung

Einer erstklassigen Rumsorte wird ganzer oder geriebener Knoblauch zugesetzt.

Vor der Verwendung dieses Gemisches sollte es ca. 6–12 Stunden ziehen. Folgende Knoblauchmengen werden je Liter Rum empfohlen:

1. Ganze Knoblauchzehe: Je Liter 5 mittlere Zehen, die jeweils in 4 Teile geschnitten werden. Vor der Verwendung des Rums wird der Knoblauch abgesiebt.
2. Geriebener Knoblauch: 2 Zehen, mit dem Messerrücken gehackt und gerieben.
3. Knoblauchmasse (4426): 4 g je Liter Rum.

Rezept 4424

Rotwein mit Knoblauch

Herstellung

Diese Mischung paßt nur in ganz wenigen Fällen als Würzzugabe für Wurstsorten, da die Kombination geschmacklich als sehr außergewöhnlich bezeichnet werden kann. Zur Herstellung dieser Mischung sollte ein vollmundiger Rotwein verwendet werden, der von dem strengen Knoblauchgeschmack nicht so leicht überdeckt werden kann.

Es wird dann folgende Mischung je Liter Rotwein empfohlen:

1. Ganze Knoblauchzehe: 2 mittlere Zehen, die jeweils in 4 Teile geschnitten werden.
2. Geriebener Knoblauch: 1 Zehe, mit dem Messerrücken zerhackt und zerrieben.
3. Knoblauchmasse (4426): 2 g je Liter.

Rezept 4425

Rum mit Wacholder

Herstellung

Diese Mischung wird im gleichen Verhältnis hergestellt, wie in Rezept 4420 beschrieben.

Rezept 4426

Knoblauchmasse

Herstellung

Knoblauch zu schälen und zu reiben, ist eine zeitraubende Sache, besonders dann, wenn man immer nur kleine Mengen für einen Tagesbedarf herstellt.

Es gibt verschiedene Möglichkeiten, rationeller zu verfahren. Eine davon ist die Herstellung einer lange lagerfähigen Knoblauchpaste. Sie ist sehr lange lagerfähig, ohne daß sich der Geschmack verändert. Dazu wird der Knoblauch geschält und manuell oder maschinell feinst zerkleinert. Dem Knoblauch wird die gleiche Menge Kochsalz beigemengt, also

50,0 kg Knoblauch
50,0 kg Kochsalz

Lagerung

Die Paste wird in verschraubbaren Gläsern gelagert. Diese Kochsalz-/Knoblauchmischung entwickelt einen äußerst intensiven Knoblauchgeschmack, so daß 0,25 g je Kilo Masse für eine leichte Knoblauchwürzung ausreichen.

Bereits mit 0,5–1 Gramm Zugabemenge je Kilo Wurstmasse wird ein deutlich hervortretender Knoblauchgeschmack erzielt.

Rezept 4427

Madeira mit Knoblauch

Herstellung

Madeira ist ein portugiesischer Süßwein, der in der Kombination mit Knoblauch einen außergewöhnlichen Geschmack entwickelt, der sehr schnell abstoßend wirken kann, wenn der Knoblauch überdosiert ist.

Es wird folgende Zusammensetzung empfohlen:

1. Ganze Knoblauchzehe: Je Liter 2 kleine Zehen, die jeweils in 4 Teile geschnitten werden.
2. Geriebener Knoblauch: 1/2 Zehe, mit dem Messerrücken gehackt und dann zerrieben.
3. Knoblauchmasse (4426): 1g je Liter.

Rezept 4428

Suppengewürz

Mischung

	Gesamt-menge 2,5 kg	Gesamt-menge 10,0 kg
Pfeffer, schwarz	935 g	3740 g
Pfeffer, weiß	315 g	1250 g
Muskat	155 g	625 g
Lorbeerblatt, gemahlen	5 g	10 g
Thymian	155 g	625 g
Nelken	155 g	625 g
Ingwer	625 g	2500 g
Mazis	155 g	625 g
	2500 g	10000 g

Herstellung

Die Gewürze werden abgewogen und miteinander vermischt. Die fertige Mischung wird in einem geschlossenen Behältnis aufbewahrt. Lichteinwirkung während der Lagerung ist zu vermeiden. Lagerung bei normaler Zimmertemperatur.

Zugabemenge: Je Liter Wasser, oder je Kilo Masse 4–6 Gramm Suppengewürz

Rezepte 4429–4439 nicht besetzt

Marinaden

Rezept 4440

Beize für Wildfleisch

Material für 100 kg
25,0 kg Cognac
25,0 kg Essig
25,0 kg Wasser
25,0 kg Zwiebelringe

Gewürze und Zutaten je kg Masse
1,0 g Thymian
0,5 g Wacholderbeeren, gestoßen
        Lorbeerblätter, gerebbelt

Rezept 4441

Burgunder-Marinade

Material für 100 kg
50,0 kg Knochenbrühe, hell (5101)
50,0 kg Burgunder Rotwein

Gewürze und Zutaten
        Nelken
        Thymian
        Lorbeerblatt

Herstellung
Knochenbrühe und Burgunder werden verrührt
und erhitzt. Während des Erhitzens wird ein
Leinenbeutel mit den Gewürzen mitgekocht.
Dieser Gewürzbeutel bleibt in dem Sud, wäh-
rend das Fleisch mariniert, bzw. gart.

Rezept 4442

Marinade für Schweinebraten

Material für 100 kg
55,0 kg Rotwein
25,0 kg Weinessig
20,0 kg Zwiebeln, gerieben

Gewürze und Zutaten
2 Lorbeerblätter
2 Nelken, ganz

Rezept 4443

Senfmarinade

Material für 100 kg
44,0 kg Senf
 1,5 kg Cayennepfeffer

1,2 kg Curry
0,8 kg Glutamat
1,5 kg Kochsalz
51,0 kg Öl

Herstellung
Das gesamte Material wird zu einer gleichmäßigen Masse verrührt.

Rezept 4444

Honigmarinade

Material für 100 kg
25,0 kg Zwiebeln, Rohgewicht
30,0 kg Weißwein
10,0 kg Honig
 4,0 kg Pfeffer, grün
 8,0 kg Senf
20,0 kg Ketchup
 3,0 kg Essig

Herstellung
1. Die Zwiebeln werden klein geschnitten und
   mit dem Honig und dem Wein ca. 10 Minuten
   erhitzt.
2. In den Sud werden die übrigen Zutaten eingerührt. Das Ganze soll eine zähflüssige Soße
   ergeben. Sollte dieser Zustand nicht befrie-
   digend erreicht worden sein, dann kann die
   Marinade mit geriebenem Apfel etwas fester
   eingedickt werden.

Rezept 4445

Marinade für Geschnetzeltes

Material für 100 kg
87,5 kg Öl, neutral
 2,5 kg Pfeffer
10,0 kg Pfefferminze, gemahlen

Herstellung
Die Gewürze werden gleichmäßig unter das Öl
gerührt.

Rezept 4446

Rotwein-Marinade

Material für 100 kg
75,0 kg Rotwein

20,0 kg Johannisbeergelee
5,0 kg Wachholderbeeren

Herstellung
Das gesamte Material wird miteinander vermengt.

Rezept 4447

Lammfleisch-Marinade

Material für 100 kg
80,0 kg Olivenöl
4,0 kg Knoblauchmasse (4426)
4,0 kg Kochsalz
4,0 kg Pfeffer, gebrochen
4,0 kg Minze, gemahlen
4,0 kg Petersilie, gehackt

Herstellung
1. Die Petersilie wird fein gehackt.
2. Das gesamte Material wird miteinander verquirlt.

Variante: Das Olivenöl kann durch Buttermilch ersetzt werden.

Rezept 4448

Marinade für Schaschlikfleisch

Material für 100 kg
90,0 kg Weißwein
10,0 kg Zwiebeln

Gewürze
0,2 g Knoblauchmasse (4426)
Saft einer halben Zitrone

Herstellung
1. Die Zwiebeln werden geschält und in Scheiben geschnitten.
2. Die Knoblauchmasse wird mit dem Saft der halben Zitrone in den Wein eingerührt.
3. In diese Marinade wird das Fleisch eingelegt und mit den Zwiebelringen und dem Lorbeerblatt abgedeckt.

Rezept 4449

Marinade für Sauerbraten

Material für 100 kg
20,0 kg Essig
60,0 kg Wasser
8,0 kg Zwiebeln in Scheiben
5,0 kg Mohrrüben

4,0 kg Sellerie
1,0 kg Kochsalz
2,0 kg Pfeffer, gestoßen
1 Lorbeerblatt

Rezept 4450

Lammfleisch-Marinade

Material für 100 kg
85,0 kg Rotwein
12,0 kg Weinessig
3,0 kg Pfefferkörner, gebrochen

Gewürze
1 Lorbeerblatt
1 Zehe Knoblauch

Herstellung
Das gesamte Material wird aufgekocht und soll vor der Weiterverarbeitung wieder gut abkühlen.

Rezept 4451

Marinade für Rouladen

Material für 100 kg
20,0 kg Petersilie, gehackt
5,0 kg Schnittlauch
10,0 kg Grüner Pfeffer
20,0 kg Öl
45,0 kg Rotwein, trocken

Herstellung
Das gesamte Material wird miteinander vermischt und soll vor der Weiterverwendung ca. 10–15 Minuten ziehen.

Rezept 4452

Marinade für Rindfleisch

Material für 100 kg
50,0 kg Apfelwein
7,5 kg Worchestersauce
3,0 kg Brauner Zucker
7,5 kg Öl
15,0 kg Essig
14,0 kg Zwiebeln, gewürfelt
3,0 kg Rosmarin

Herstellung
Das gesamte Material wird verührt und soll ca. 10–15 Minuten ziehen.

Rezepte 4453–4469 nicht besetzt

Aufgüsse mit und ohne Aspik

Rezept 4470

Kräuteraufgußbrühe I

Material für 100 kg
10,0 kg   Zwiebeln
 5,0 kg   Sellerie
 2,5 kg   Karotten
 2,5 kg   Lauch
          2 Lorbeerblätter
80,0 kg   Wasser

Herstellung
Das Wurzelwerk und die Lorbeerblätter werden in einen Stoffsack (Leinen o.ä.) gesteckt und in der angegebenen Menge Wasser gekocht.
Wenn die Gartenprodukte total zerkocht sind, wird der Stoffsack aus dem Wasser genommen und ausgepreßt. Das geschieht am besten mit einer Griebenpresse. Der ausgepreßte Extrakt wird der Brühe wieder beigegeben.
Die durch Verdunsten reduzierte Flüssigkeit kann wieder auf 80 Liter aufgefüllt werden, um einen gleichmäßigen Geschmack zu gewährleisten.

Rezept 4471

Kräuteraufgußbrühe II

Material für 100 kg
20,0 kg   Suppenknochen
 5,0 kg   Sellerie
10,0 kg   Karotten
 5,0 kg   Lauch
          2 Lorbeerblätter
60,0 kg   Wasser

Herstellung
Die Brühe wird, wie in gleichnamigen Rezept 4470 beschrieben, hergestellt.
Die Aufgußbrühe wird durch ein Leinentuch gefiltert. Ein Haarsieb reicht dazu nicht aus, es wäre zu grobmaschig. Die satz- und sudfreie Brühe wird mit der angegebenen Menge Salz vermengt.

Rezept 4472

Aspikaufguß

Material für 100 kg
62,0 kg   Knochenbrühe, hell (5101)

30,0 kg   Weißwein, herb
 2,0 kg   Weinessig
 6,0 kg   Aspikpulver, Ia

Gewürze und Zutaten je kg Masse
10,0 g Kochsalz

Herstellung
Das Aspikpulver wird in der Knochenbrühe aufgeschwemmt und unter ständigem Rühren auf maximal 80 °C erhitzt.
Wenn sich das Aspikpulver völlig aufgelöst hat, wird der Weißwein und Essig beigeschüttet und kräftig verrührt.

Rezept 4473

Aspikaufguß

Material für 100 kg
62,0 kg   Knochenbrühe (5101)
32,0 kg   Weißwein, herb
 6,0 kg   Aspikpulver, Ia

Gewürze und Zutaten je kg Masse
10,0 g Kochsalz
       Zitronenextrakt nach Geschmack

Herstellung
Das Aspikpulver wird in der Knochenbrühe aufgeschwemmt und unter ständigem Rühren auf maximal 80 °C erhitzt.
Wenn sich das Aspikpulver völlig gelöst hat, wird der Weißwein beigeschüttet und kräftig verrührt.

Rezept 4474

Aspikaufguß

Material für 100 kg
62,0 kg   Knochenbrühe, hell (5101)
32,0 kg   schwerer Rotwein
 6,0 kg   Aspikpulver

Gewürze und Zutaten je kg Masse
10,0 g Kochsalz

Herstellung
Das Aspikpulver wird in der Knochenbrühe aufgeschwemmt und unter ständigem Rühren auf maximal 80 °C erhitzt.
Wenn sich das Aspikpulver völlig aufgelöst hat,

wird der Rotwein beigeschüttet und kräftig verrührt.

Rezept 4475

Aspikaufguß

Material für 100 kg
89,0 kg   Kräuteraufgußbrühe (4470 oder 4471)
 5,0 kg   Weißwein, herb
 6,0 kg   Aspikpulver

Gewürze und Zutaten je kg Masse
10,0 g Kochsalz
 1,0 g Pfeffer

Herstellung
Das Aspikpulver wird in der Knochenbrühe aufgeschwemmt und unter ständigem Rühren auf maximal 80 °C erhitzt.
Wenn sich das Aspikpulver völlig aufgelöst hat, werden Weißwein, Salz und Gewürze beigeschüttet und kräftig verrührt.

Rezept 4476

Sherry-Aspik

Diese Spezialität wird hergestellt wie Aspik-Aufguß (4474). An Stelle von Rotwein wird die gleiche Menge Sherry verwendet.

Rezept 4477

Portwein-Aspik

Siehe 4474. An Stelle von Rotwein wird die gleich Menge Portwein verwendet.

Die Rezept-Nummern 4478–4484 sind nicht besetzt.

Sonstiges

Rezept 4485

Schwarten für die Wurstherstellung

Herstellung
Gut entfettete Schwarten werden sehr weich gekocht und im Kutter zu Brei gehackt. Der Schwartenbrei kommt in eine Schüssel und wird gut durchgekühlt (24 Stunden) und kann dann zu einfachen Roh- und Brühwurstsorten weiterverarbeitet werden. Kurz vor der Herstellung des Wursterzeugnisses wird die erforderliche Menge gewolft.

Rezept 4486

Schwarten für die Brühwurstherstellung

Herstellung
Frische gut entfettete Schwarten werden auf dem Wolf vorzerkleinert (zwei Vorschneider), und mit der gleichen Menge Eisschnee durch die Kolloidmühle getrieben.
Wegen seiner leichten Verderblichkeit sollte der Schwartenbrei am Tage der Herstellung weiterverarbeitet und in einen gegarten Zustand versetzt werden.

Rezept 4487

Überzugsmasse, klar

Material für 100 kg
75,0 kg   Wasser
 3,0 kg   Glycerin
20,0 kg   Gelatine
 2,0 kg   Benzoesäure zu Konservierung

Herstellung
Die Gelatine wird in der angegebenen Menge Wasser aufgelöst und auf 80 °C erhitzt. Im weiteren Arbeitsgang wird Glycerin und Benzoesäure zugesetzt.

Hinweis
Bei der angegebenen Menge Benzoesäure handelt es sich um die höchstzulässige Zugabemenge. Die mit dieser Überzugsmasse beschichteten Produkte müssen den Kennzeichnungshinweis „mit Konservierungsstoff Benzoesäure" enthalten.

Rezept 4488

Überzugsmasse, weiß

Herstellung
Diese Überzugsmasse, die vorwiegend zur Beschichtung weißer Salami verwendet wird, wird wie Überzugsmasse, klar (4487) hergestellt.

Abweichung
Im letzten Arbeitsgang wird neben Glycerin noch Calzium-Sulfat zur Erlangung der weißen Farbe zugesetzt.

Hinweis
Zur Vermeidung von Schimmelbildung in der Überzugsmasse kann Kaliumsorbat zugesetzt werden, das nach Anlage 1 der Fleisch-VO in der zur Zeit gültigen Fassung „zur Behandlung der Oberfläche von ganzen Rohwürsten und Rohschinken zu Hemmung von Schimmelwachstum" zugelassen ist.

Folgendes ist dabei zu beobachten:
Der Gehalt an Kaliumsorbat darf nicht mehr als 1500 mg auf ein Kilogramm Probenmaterial betragen, das nicht mehr als 15 mm von der Oberfläche entfernt aus der betreffenden Wurst genommen wurde.
Der Zusatz ist außerdem kenntlich zu machen mit dem Hinweis: „Oberfläche mit Sorbat behandelt".

Teige

Rezept 4501

Mürbeteig

Material für 100 kg
55,0 kg   Mehl
15,0 kg   Wasser
 3,0 kg   Eier
27,0 kg   Butter

Gewürze und Zutaten je kg Masse
20,0 g Kochsalz

Herstellung
Das Mehl wird auf den Tisch geschüttet und in der Mitte eine Vertiefung gedrückt. In dieser Vertiefung kommt die anteilige Menge Salz und ein Teil des Wassers. Das Ganze wird unter Zugabe des restlichen Wassers zu einem Teig geknetet, dem dann die Eier und die Butter beigegeben werden. Alles zusammen muß einen gut walkbaren, gleichmäßigen Teig ergeben.

Rezept 4502

Mürbeteig

Material für 100 kg
56,0 kg   Mehl
22,5 kg   Schmalz
 1,0 kg   Salz
16,5 kg   Wasser
 4,0 kg   Eier, roh

Herstellung
Das Mehl wird auf den Tisch geschüttet und in der Mitte eine Vertiefung gedrückt. In diese Vertiefung kommt die anteilige Menge Salz und ein Teil des Wassers. Das Ganze wird unter Zugabe des restlichen Wassers zu einem Teig geknetet, dem dann die Eier und das Schmalz beigegeben wird. Alles zusammen muß einen gut walkbaren Teig geben.

Rezept 4503

Bierteig

Material für 100 kg
55,0 kg   Mehl
20,0 kg   Butter
10,0 kg   Ei
 7,5 kg   Öl
 7,5 kg   Petersilie, gehackt

Gewürze und Zutaten
 Salz

Herstellung
Das Ganze wird zu einem Teig verrührt und soll vor seiner Weiterverarbeitung ca. 30 Minuten ruhen.

Rezept 4504

Mürbeteig

Material für 100 kg
55,0 kg Mehl
15,0 kg Wasser
 3,0 kg Eier
27,0 kg Margarine

Gewürze und Zutaten
20,0 g Kochsalz

Herstellung
Das Mehl wird auf den Tisch geschüttet und in die Mitte eine Vertiefung gedrückt. In diese Vertiefung kommt die anteilige Menge Salz und ein Teil des Wassers. Das Ganze wird unter Zugabe des übrigen Wassers zu einem Teig geknetet, dem dann die Eier und die Margarine beigegeben werden. Alles zusammen muß einen gut walkbaren, gleichmäßigen Teig ergeben.

Fleisch- und Wurstkonserven

Aufgabe der Konservenherstellung ist es, haltbare Ware herzustellen, die möglichst die Eigenschaften einer Frischware besitzen oder ihr nahe kommen und in möglichst gebrauchs- und tischfertiger Form dem Käufer angeboten werden können. Die lebensnotwendigen Eiweiße, Kohlenhydrate, Fette, Vitamine und Salze in der Fleisch- oder Wurstkonserve müssen dabei möglichst vollwertig erhalten bleiben.

Nahezu jede Fleisch- oder Wurstware kann als Dosenware hergestellt werden. Bei Mischkonserven sollten vor allem Spezialgerichte oder Delikatessen angeboten werden. Bei der Konservenherstellung ist peinlichste Reinlichkeit und saubere, sorgfältige Arbeit oberstes Gebot.

Lebensmittelrecht

Bei der Herstellung von Konserven sind neben den bisher behandelten lebensmittelrechtlichen Bestimmungen einige weitere Verordnungen und Richtlinien zu beachten, die im Anhang dieses Buches zu finden sind.

Rohstoffe

Der **Rohstoffauswahl** für die Konservenherstellung ist größte Aufmerksamkeit zu schenken. Konserven sind Produkte, die aus Gründen der Haltbarmachung einer extremen Hitzebehandlung unterzogen werden. Dies hat zur Folge, daß die zur Verwendung kommenden Rohstoffe Reaktionen zeigen, die sich negativ auf Geschmack und Konsistenz der Produkte auswirken können. Zu lange abgehangenes Fleisch ist daher zur Konservenherstellung völlig ungeeignet.

Die richtige **Salzzugabe** ist eine wesentliche Voraussetzung, um Konserven jeder Art haltbar zu machen. Die Herstellung von Leichtkost in Dosen ist möglich, jedoch nur dann, wenn hohe F-Werte angewendet werden.

Gewürze verlieren bei Erhitzung über 100 °C erheblich an Würzkraft, das haben Untersuchungsergebnisse bestätigt. Bei Konservierungstemperaturen um 120 °C ist es sogar möglich, daß verschiedene Gewürze im Geschmack unangenehm werden.

Sehr umfangreiche Untersuchungen wie sich einzelne **Gewürze bei hoher Hitzeeinwirkung** verhalten, haben zu den folgenden Ergebnissen geführt:

Pfeffer weiß, Zugabe 2 g/kg: Das Aroma wird durch Erhitzung abgebaut, die Schärfe wird nach der Hocherhitzung als verstärkt empfunden. Das Extraktgewürz reagiert wie das Naturgewürz.

Pfeffer schwarz, Zugabe 2 g/kg: Das Ergebnis war ähnlich wie bei weißem Pfeffer.

Muskatnuß, Zugabe 2 g/kg: Bei Erhitzung trat ein unangenehmer Bittergeschmack auf. Beim Extrakt war diese Bitternote nicht bemerkbar, es trat jedoch ein starker Aromaabbau ein.

Mazis, Zugabe 2 g/kg: Obgleich man auf Grund der botanischen Verwandtschaft gleiches Hitzeverhalten wie bei Muskatnuß vermuten würde, verhalten sich beide Gewürze verschieden. Mazis erwies sich als bedeutend hitzestabiler. Im Gegensatz zu Muskatnuß traten keine unangenehmen Geschmacksrichtungen auf. Es war nur ein Abbau des Aroma bemerkbar. Der Extrakt verhält sich ähnlich wie das Rohgewürz.

Paprika, edelsüß, Zugabe 2 g/kg: Hier war ein starker geschmacklicher Abbau festzustellen, auch die Farbe blieb nicht stabil.

Kümmel, Zugabe 2 g/kg: Das Aroma wurde leicht abgebaut. Die Aromaverluste beim Extrakt waren wesentlich größer.

Koriander, Zugabe 2 g/kg: Beim Naturgewürz leichter Geschmackabbau feststellbar, beim Extrakt war der Abbau noch geringer.

Nelken, Zugabe 1,5 g/kg: Durch die Erhitzung ist ein geschmacklicher Abbau zu bemerken, die Bitternote wird durch die Erhitzung erhöht.

Piment, Zugabe 1,5 g/kg: Es ist eine leichte geschmackliche Abweichung erkennbar, die Bitternote wird erhöht. Der Extrakt verhält sich ähnlich wie das Naturgewürz.

Knoblauchpulver, Zugabe 1,5 g/kg: Es ist ein geschmacklicher Abbau feststellbar.

Zwiebelpulver, Zugabe 2 g/kg: Brandig, stark abwegiger Geschmack. Der unangenehme Hocherhitzungsgeschmack wird dadurch verstärkt.

Kardamom, Zugabe 2 g/kg: Es sind eine geschmackliche Veränderung und ein Abbau zu bemerken. Der Abbau ist beim Extrakt und beim Rohgewürz gleich.

Ingwer, Zugabe 2 g/kg: Nur sehr geringe Abweichungen, sowohl beim Naturgewürz als auch beim Extrakt.

Bohnenkraut, Zugabe 1 g/kg: Sehr starke Abweichungen, ungeeignet.

Chillies, Zugabe 0,5 g/kg: Kein Abbau der Schärfe bemerkbar.

Liebstock, Zugabe 1 g/kg: Starke geschmackliche Veränderung.

Petersilienwurzeln, Zugabe 3 g/kg: Starke geschmackliche Abweichung, nicht geeignet.

Zimt, Zugabe 2 g/kg: Unangenehmer Nebengeschmack bei Erhitzung. Dieser Effekt war nur beim Naturgewürz zu beobachten, der Extrakt war auch nach Erhitzung einwandfrei.

Majoran, Zugabe 3 g/kg: Es war ein heuartiger, abweichender Geschmack bei der Erhitzung zu bemerken. Das Extraktgewürz verhält sich besser, verlor jedoch stark an Aroma.

Kurkuma, Zugabe 2 g/kg: Abbau des Aromas, ungeeignet.

Sellerieblätter, Zugabe 2 g/kg: Starker Heugeschmack, nicht verwendbar.

Sellerieknollenpulver, Zugabe 2 g/kg: Starke Geschmacksabweichungen, nicht verwendbar.

Thymian: Ein heuartiger, strohiger Geschmack beim Rohgewürz, nicht verwendbar. Der Extrakt ist besser, zeigt jedoch auch eine Geschmacksabweichung.

Lorbeerblätter: Sehr starker Geschmacksabbau bei der Hocherhitzung.

Meerrettichpulver, Zugabe 2 g/kg: bringt zwiebeligen Geschmack, der nach der Hocherhitzung noch stärker wird.

Senfmehl, Zugabe 4 g/kg: Leichter nußartiger Geschmack, ohne Abweichung.

Glutamat, Zugabe 0,5 g/kg: Kann den Hocherhitzungsgeschmack nicht korrigieren. Bringt keinen Fremdgeschmack in das Brät ein.

Milchzucker, Zugabe 1 g, 2 g, 3 g/kg: Bringt schon in diesen geringen Mengen einen leicht verstärkten Brandgeschmack, der sich bei der Anwendung einer noch höheren Dosis verstärken dürfte.

Dextrose, Zugabe 1 g, 2 g, 3 g/kg: Bei dieser Zugabemenge konnten keine Nachteile nach der Hocherhitzung festgestellt werden.

Milcheiweiß, Zugabe 10 g, 15 g/kg: Schon ab 10 g Zugabe konnte ein abweichender Geschmack festgestellt werden.

Kristallzucker, Zugabe 6 g, 10 g, 20 g/kg: Mit der Zugabemenge ansteigender Brandgeschmack, völlig ungeeignet.

Die Zusammenstellung wurde von der Fa. Raps & Co. zur Verfügung gestellt.

Därme
für die Konservenherstellung

Bei Brühwurstkonserven im Darm handelt es sich fast ausnahmslos um Würstchenprodukte. Dabei bieten sich verschiedene Darmarten an:
1. Naturdärme
2. Eßbare Kunstdärme
3. Schälbare Kunstdärme

Je nach Charakteristik einer Würstchensorte werden entweder **Schweinedünndärme (Bratwurstdärme),** oder **Hammeldünndärme (Saitlinge)** verwendet. Diese Därme müssen von einwandfreier Beschaffenheit sein, sowohl im Geschmack, als auch in der Brühfestigkeit.

Eßbare Kunstdärme, bzw. **Kunstsaitlinge** sind eine Alternative zum Naturdarm. Sie haben Vorteile in bezug auf Konfektionierung, Kaliber und Füllfestigkeit.

Schäldärme können als eine echte Bereicherung in der Palette geeigneter Därme für Dosenwürstchen bezeichnet werden. Gegenüber den anderen Darmarten bieten sie den Vorteil, daß sie beim Räuchern keine bakterienanfälligen Auflagestellen bilden, was die Bombagegefahr ganz beträchtlich vermindert.

Schäldarmwürstchen bilden während des Räucherns und Brühens unter der Cellophanhaut eine Eigenhaut, die es ermöglicht, den Cellophandarm vor dem Eindosen einfach und rationell abzuziehen.

Die Eigenhaut der Würstchen ist zart und verändert sich durch das Konservieren nicht.

Von allen genannten Darmarten vertragen Würstchen in der Eigenhaut die höchsten Sterilisationstemperaturen, nämlich mindestens 115 °C.

Suppen, Soßen, Aufgüsse

Zur rationellen Herstellung von Suppen, Soßen und Aufgüssen werden zwei verschiedene Sorten von Fleisch- und Knochenbrühe benötigt, eine helle und eine dunkle. Sie bilden die Grundlage jeder Variation von Suppen und Soßen.
Vorwiegend für Würstchen- und Pökelfleischkonserven wird Aufgußbrühe verwendet. Es handelt sich dabei entweder um Lake oder Fleischbrühe mit oder ohne Würzung. Häufig wird diesen Aufgüssen Aspikpulver beigemengt.

Sonstige Zusatzstoffe

Aufgeschlossenes Milcheiweiß darf nur unter den in der Fleisch-Verordnung aufgeführten Bedingungen in einer Höchstmenge bis zu 2 Prozent und unter Kennzeichnung verarbeitet werden.
Unter **Blutplasma** wird die Flüssigkeit verstanden, die nach Zusatz von gerinnungshemmenden Stoffen und entfernen (zentrifugieren) der zelligen Bestandteile (Blutkörperchen) aus dem Blut von Rindern (ausgenommen Kälber) und Schweinen gewonnen wird.
Bei der Gewinnung von **Blutserum** erfolgt kein Zusatz von gerinnungshemmenden Stoffen. Dadurch enthält das nach dem Zentrifugieren gewonnene Endprodukt kein Fibrin mehr. Es besitzt auch keine so günstige Bindefähigkeit wie Blutplasma, das auch in getrockneter Form, als **Trockenblutplasma,** verwendet werden kann.
Der Zusatz der genannten Stoffe ist in der Anlage 2 Nr. 4 und 5 Der Fleisch-VO geregelt:

Trockenblutplasma
Zusatz zu Brühwurstpasteten und -rouladen Leberwurst, Leberpasteten- Lebercremes, Leberpasteten, Leberparfaits, Wild- und Geflügelpasteten
tafelfertige Zubereitung (z.B. Gulasch)
Fleischklopse
Fleischfüllungen
Frikassee

Ragout fin
Schmalzfleisch
Voraussetzung:
Die Erzeugnisse müssen in luftdicht verschlossenen Behältnissen auf eine Kerntemperatur von mindestens 80 °C erhitzt werden.
Zusatzmenge: bis 2 %

Blutplasma, Blutserum und 1 : 10 in Trinkwasser aufgelöstes Trockenblutplasma

Zusatz zu Brühwurstpasteten und -rouladen
Zusatzmenge: bis 10 %
Der Zusatz aller genannten Stoffe braucht bei loser Abgabe nicht kenntlich gemacht werden.

Leberverarbeitung zur Konservenherstellung

Ähnlich wie bei einer Reihe von Gewürzen ist auch bei der Leberverarbeitung eine Geschmacksabweichung infolge hoher Erhitzung festzustellen. Wenngleich diese Geschmacksveränderung bei allen Fleischarten mehr oder weniger gegeben ist, tritt sie bei Lebern am deutlichsten hervor.
Lebern nehmen bei einer Erhitzung auf Temperaturen von ca. 112 °C aufwärts einen brandigen Geschmack an, der als sehr qualitätsmindernd zu bezeichnen ist. Es ist daher zu empfehlen, Leberwurstkonserven, bzw. alle Konserven, die einen Leberanteil haben, mit höchstens 110 °C zu sterilisieren.

Technologie

Bei zahlreichen Konservenarten ist das Vorgaren des Fleischmaterials vor dem Eindosen erforderlich, vornehmlich bei größeren Fleischstücken. Das hat den Vorteil, daß die spätere Erhitzungszeit der Dosen kürzer sein kann.
Beim Vorbraten entstehen außerdem wichtige Aromastoffe, die sich auf den Geschmack der Konserven günstig auswirken.
Das Vorbehandeln durch Hitze kann aber auch gewisse Nachteile haben; z.B. kann das Fleisch leicht trocken, zäh und faserig werden. Es muß daher nur mäßig vorgekocht oder vorgebraten werden. Das Fleisch soll so beim Sterilisieren nicht zu weich und zu trocken werden. Bei

Gemüsen ist das Vorgaren (Blanchieren) unentbehrlich.

Der Vorteil von roh in die Dosen gebrachtem Fleisch ist zumeist eine größere Saftigkeit.

Bei Vorgaren ist dem Fleisch die Saftigkeit, die gute Konsistenz und der volle Geschmack zu erhalten. Das Material sollte in kochendem Wasser zugesetzt oder in sehr heißem Fett angebraten werden. Zum Anbraten ist die Verwendung von Fritiergeräten möglich.

Beim Vorgaren gerinnen die äußeren Eiweißpartien, die Muskelfasern schrumpfen und verhindern dadurch teilweise den Austritt des Fleischsaftes. Wird das Fleisch dann im weiteren Garprozeß mit mäßiger Hitze behandelt, bleibt es saftig und wohlschmeckend. Das Vorgaren (Ankochen und Anbraten) sollte nicht zu lange erfolgen. Auf den Dosen muß das Frischgewicht des Füllgutes angegeben werden. Die Gewichtsverluste sind daher genau zu errechnen. Die Koch- und Bratverluste durch Austritt von Fleischsaft während der Erhitzung betragen bei magerem Fleisch insgesamt etwa 40 Prozent, wobei beim Vorgaren in der Regel etwa 20–25 Prozent und der Rest von ca. 15 Prozent beim Erhitzen in der Dose verloren geht.

Die Herstellung der **Füllmasse** muß, genau wie in der übrigen Wurstfabrikation, nach genauen Rezepten erfolgen. Nur so kann eine gleichbleibende Ware produziert werden, die geschmacklich und optisch allen Anforderungen entspricht.

Das **Füllen** der Wurstwaren sollte möglichst mit der Füllmaschine geschehen. Bei einiger Übung ist es auf diese Weise einfach, das Wurstgut luftblasenfrei in die Dosen zu bringen.

Es ist darauf zu achten, daß die Dosen nicht zu voll gefüllt werden. Es könnten sonst fehlerhafte Verschlüsse oder sogenannte Flatterdeckel entstehen. Ebenso wäre es falsch, die Dosen nur mangelhaft zu füllen. Es würde ein luftgefüllter Hohlraum entstehen. Der eingeschlossene Sauerstoff würde Verfärbungen an den Oberflächen des Füllgutes verursachen. Mit Vakuumfüllmaschinen kann dieser Fehler vermieden werden.

Die **Konservendosen** sind aus Weißblech hergestellt, verzinnt und auf der Innenseite meist mit einer Lackschicht überzogen.

Vor dem Füllen sind die Dosen einzeln zu überprüfen, ob sie keine Roststellen aufweisen. Unmittelbar vor ihrer Verwendung werden die Dosen gespült und an der Luft leicht getrocknet. Es gibt noch eine spezielle Dosenart, die **Dauer- oder Patentdose.** Sie ist meist aus stabilem Aluminium gefertigt. Diese Dosen haben einen Gummiverschluß, der mehrfach verwendbar ist und vor dem Verschließen in den Deckel eingelegt werden muß. Der Dosendeckel wird mit einem Patentverschluß auf die Dose gepreßt. Diese Dosenart eignet sich nur in Einzelfällen für die gewerbsmäßige Nutzung, z.B. bei der Herstellung von Dosenschinken.

Beim **Prägen** (Stempeln) der Dosendeckel ist darauf zu achten, daß der **Prägestempel** den Deckel nicht durchschlägt.

Für die Herstellung von Würstchenkonserven eignen sich auch Konservengläser. Sie haben gegenüber den Blechdosen den Vorteil, daß das Füllgut optisch sichtbar ist.

Für die Herstellung kleiner Konservenmengen, bzw. für nur gelegentliche Konservenfabrikation genügt eventuell eine **halbautomatische Verschlußmaschine.** Sie wird mit Motorkraft betrieben, die Verschlußrollen werden per Handhebel geführt.

Die meistens verwendete Verschlußmaschine ist die **vollautomatisch verschließende Maschine,** in die mittels Fußhebel die Dosen eingespannt werden, wobei der Spannungsdruck auch gleichzeitig den Verschlußmechanismus in Bewegung setzt.

In der Weiterentwicklung dieses Grundtypes sind für die industrielle Konservenherstellung hochperfektionierte Geräte entwickelt worden, die die Dosen mit einem hohen Grad an Sicherheit verschließen und die Herstellung von Vollkonserven optimal gewährleisten. Um einen richtigen **Dosenverschluß** zu erzielen, ist vor allem die richtige Einstellung der Verschließmaschine notwendig. Beim System des Rollenverschlusses unterscheidet man die Vorfalz- und die Abdrückrolle.

Die **Vorfalzrolle** muß zum Verschließen der Dosen so eingestellt sein, daß der obere Rand der Hohlfläche dem Verschlußkopffalzrand so nahe kommt, daß etwa eine Blechstärke Zwischenraum bleibt. Ferner muß die untere Kante der Hohlfläche der Rolle in knapper Blechstärke seitlich vom Falzrand des Verschlußkopfes eingestellt sein. Der Vorfalz soll rund sein, darf keinerlei Schärfen besitzen und die Bördelung soll den Rumpf der Dose nur knapp berühren. In der Bördelung dürfen keinerlei Zacken entstehen.

Sie können entstehen, wenn die vertikale Einspannung der Dose zu schwach ist. Zacken in der Bördelung können aber auch durch ungleichmäßige Blechstärken hervorgerufen werden. Beim Einstellen der Verschließmaschine sollte bereits der richtige Lauf der Vorfalzrolle an einigen leeren Dosen sorgfältig geprüft werden.

Die zweite Rolle, die **Andrückrolle,** hat das Andrücken des gebördelten Dosenfalzes an den Dosenrumpf zu vollziehen. Sie muß den Falz scharf an die Dosenwand andrücken, damit kein Hohlraum zwischen Vorfalz und Dosenwand entsteht. Das geübte Ohr des Verschließers erkennt die richtige Einstellung der Andrückrolle schon an dem „brummenden", nicht hohl klingenden Geräusch.

Der Falz der Dose soll keine Verletzungen aufweisen. Ein eventueller Fehler wäre zumeist bei der Andrückrolle zu suchen. Weiterhin kann ein „hohles" Andrücken des Vorfalzes auf eine fehlerhafte Andrückrolle zurückzuführen sein.

Um richtigen Verschluß der Dosen zu gewährleisten, muß auch der **Verschließkopf** (die obere Deckelführung) in Ordnung sein. Er muß die genaue Größe des Deckels haben, und der Verschließkopfrand darf nicht höher oder niedriger sein, als die Stanzung des Deckels. Der Verschließkopfrand darf auch weder Einkerbungen noch irgendwelche andere Beschädigungen aufweisen.

Die konische, in der Maschine vertikal angebrachte Gewindewelle, auf die der Verschließkopf aufgeschraubt ist, soll durch den Druck nach oben einen kaum merkbaren Spielraum haben, damit die Welle nicht warmläuft.

Die **Spannung der Dose** zwischen Kopf und Teller soll nicht federnd sein, jedoch derart, daß die gestanzte Deckelvertiefung vollständig in den Dosenmund ein- oder aufgedrückt ist.

Die verschlossene Dose darf höchstens einen Millimeter höher geworden sein als im unverschlossenen Zustand.

Die Stell- und Klemmschrauben der Verschlußmaschine müssen vor Arbeitsbeginn einer genauen Prüfung unterzogen werden, denn durch eine nicht bemerkte Selbstverstellung der Verschlußmaschine können vielerlei Fabrikationsfehler entstehen. Da die Verschlußmaschine häufig mit Salzlake benetzt wird, empfiehlt es sich, sie einer gründlichen Reinigung zu unterziehen. Alle Lager müssen auseinandergenommen werden. Ein gründliches Abreiben der Maschinenteile mit Benzin ist ratsam.

Die Dosendeckel sollten erst unmittelbar vor dem Verschließen auf die gefüllten Dosen gelegt werden, damit die hochempfindlichen Gummidichtungen in den Dosendeckeln nicht angegriffen, bzw. aufgeweicht werden.

Räuchern

Das Thema Räuchern hat im Zusammenhang mit der Konservenherstellung nur in bezug auf Dosen-Würstchen Bedeutung, da allerdings eine ganz erhebliche. Problemfaktor Nr. 1 sind hier die Auflagestellen der Würstchen auf den Rauchstöcken. Wenn diese Auflagestellen nicht durch ein- oder mehrmaliges Umhängen lange genug dem Rauch ausgesetzt sind, dann bleiben diese hellen Darmstellen sehr bakterienanfällig und führen zu erhöhter Bombagegefahr.

Diese Gefahr ist bei der Verwendung von Schäldärmen weitgehendst ausgeschlossen.

Die **Haltbarmachung** von Fleisch- und Wurstwaren erfolgt neben der Sterilisation in Dosen oder Gläsern durch Kälte, Salzen, Pökeln, Räuchern usw., vorzugsweise durch Erhitzung unter Luftabschluß in einem verschlossenen Behältnis. Dieses Verfahren wird häufig als die eigentliche „Fleischkonservierung" bezeichnet, und derart haltbar gemachte Fleisch- und Wurstwaren nennt man „Fleischwaren in Dosen" oder „Dosenware". Diesen handelsüblichen Bezeichnungen steht die Benennung „Fleisch- und Wurstwaren in luftdicht verschlossenen Behältnissen" in der Gesetzgebung gegenüber.

Unter Konserven im engeren Sinne versteht man demnach Lebensmittel, die in einem verschlossenen Behältnis (Blechdosen, Aluminiumdosen, Gläser) durch Erhitzung haltbar gemacht wurden. Das Verfahren wurde erstmals Anfang des 19. Jahrhunderts von dem französischen Koch Appért angewandt und hat seither zunehmend an Bedeutung gewonnen. Durch die Hitzeeinwirkung sollen die im Füllgut vorhandenen Verderbniserreger abgetötet und durch den luftdichten Abschluß soll eine erneute Infektion der Ware bis zum Verbrauch verhindert werden.

Konservenarten

Man unterscheidet im allgemeinen drei Konservenarten:

1. Halbkonserven
2. Dreiviertelkonserven
3. Vollkonserven

Halbkonserven sind nur einem schonenden Erhitzungsverfahren bei Temperaturen von ca. 70 °C unterzogen.

Sie sind auch bei kühler Lagerung nur begrenzt haltbar, da bei der Erhitzung eine mehr oder weniger große Anzahl Bakterien nicht abgetötet wurde und auch bei kühler Lagerung den Inhalt der Konserven zersetzen kann.

Die Haltbarkeit bei kühler Lagerung sollte nicht mit über drei Monaten angegeben werden.

Dreiviertelkonserven wurden bei Temperaturen von ca. 100 °C sterilisiert. Ihre Lagerfähigkeit liegt bei etwa 6 Monaten.

Vollkonserven müssen auch unter ungünstigen Bedingungen mindestens 18 Monate haltbar sein. Bei ihrer Herstellung sind daher Verfahren anzuwenden, die mit Sicherheit alle Bakterien abtöten, auch die sehr widerstandsfähigen Sporenbildner.

Die Herstellung von Vollkonserven ist daher ohne Autoklav nicht möglich.

Zur Kennzeichnung von Konserven ist auf die Erläuterung über die Kennzeichnungs-VO zu verweisen (siehe Anhang).

Die Problematik der Hitzekonservierung von Fleisch- und Wurstwaren liegt in der Empfindlichkeit des Muskeleiweißes gegenüber höheren Temperaturen. Ohne die Hitzeempfindlichkeit des Muskeleiweißes wäre es ein leichtes, alle Fleischkonserven so lange und bei so hohen Temperaturen zu sterilisieren, bis auch der letzte Keim sicher abgetötet ist. Dies würde jedoch den Charakter und Genußwert vieler Fleisch- und Wurstwaren derart nachteilig verändern und mindern, daß Produkte hergestellt würden, die der Konsument nicht akzeptieren würde. Die Erhitzungstemperatur und -zeit ist also von großem Einfluß auf Qualität, Geruch, Geschmack, Konsistenz, Aussehen, Farbe und Homogenität des Produktes.

Es gibt drei **Wärmekonservierungsverfahren,** nämlich die **Pasteurisation,** die **Kochung** und die eigentliche **Sterilisation.**

Als Pasteurisation wird das Erhitzungsverfahren bei Temperaturen unter 100 °C, im allgemeinen zwischen 75 °C und 85 °C bezeichnet.

Die Kochung wird bei der Siedetemperatur des Wassers und die Sterilisation im engeren Sinne bei Temperaturen über 100 °C durchgeführt. Während die Pasteurisation und die Kochung im offenen Kessel möglich sind, erfordert die Sterilisation einen Druckkessel bzw. Autoklaven.

Die meisten **Mikroorganismen im Füllgut** sterben bei Wärmeeinwirkung um 65 °C bis 80 °C ab, andere Keimarten überleben bis etwa 100 °C und wieder andere Keimarten, die widerstandsfähige Sporen bilden können, sind erst bei Temperaturen über 100 °C nach einiger Zeit abzutöten. Die sogenannten hitzeresistenten Sporen vertragen sogar Temperaturen um 120 °C einige Minuten, bevor auch sie unschädlich zu machen sind.

Das **Kochen und Pasteurisieren** von Fleisch- und Wurstwaren geschieht im offenen Kessel oder auch im Dampf- oder Luftkochschrank, wo jeweils nur Temperaturen bis 100 °C zu erreichen sind. Durch das Kochen oder Pasteurisieren der Ware sind nur Halbkonserven herzustellen, deren Haltbarkeit begrenzt ist und die bis zum Verbrauch unbedingt kühl zu lagern sind. Bezüglich der Kennzeichnung ist auf die Bestimmungen der Lebensmittelkennzeichnungs-Verordnung zu achten. Fehlt in einem Betrieb der Autoklav, so kann die Kochung der Dosen im offenen Kessel vorgenommen werden. Die hierbei üblichen Temperaturen liegen (ausgenommen Dosenschinken) bei ca. 90 °C bis 100 °C. Auch hier gilt nur diejenige Zeit als Kochzeit, während der das Kesselwasser die vorgesehene Kochtemperatur aufweist. Da die Temperatur des Kesselwassers nach dem Einbringen der Dosen in den Kessel erst wieder eine gewisse Zeit fällt, bis die Kochtemperatur wieder erreicht wird, zählt die Kochzeit erst ab diesem Zeitpunkt.

Beim Konservenkochen im offenen Kessel besteht die Möglichkeit, die **Siedetemperatur** des Wassers durch die Zugabe von Kochsalz über 100 °C hinaus zu **erhöhen.** Das ist zwar keine Idealmethode, wenn jedoch einerseits höher als 100 °C erhitzt werden muß, andererseits aber kein Autoklav zur Verfügung steht, dann wäre das „Salz-Kochwasser" eine mögliche Alternative; es lassen sich Temperaturen bis 112 °C erreichen. Die folgende Aufstellung zeigt, welche Kochsalzmengen erforderlich sind, um Temperaturen über 100 °C zu erreichen:

Temperatur	Salzzugabe
103 °C	6 %
106 °C	10 %
108 °C	14 %
112 °C	18 %

Mit dieser Methode kann man beispielsweise „Dreiviertelkonserven" durch Erhitzung auf 103 °C resistenter gegen Bakterienbildung machen.

In diesem Zusammenhang soll noch auf zwei wichtige Dinge hingewiesen werden: Kessel, in denen in der beschriebenen Weise Konserven gekocht werden sollen, sollten einen gut verschließenden Kesseldeckel haben. Weiterhin ist wichtig, daß die in Kochsalz gekochten Dosen unmittelbar nach dem Abkühlen getrocknet und eingefettet werden, da sonst ein schnelles Rosten eintreten würde.

Bei den geschilderten Arbeitsweisen zur Haltbarmachung von Dosenwaren handelt es sich durchweg um Methoden, die nur dann angewendet werden sollten, wenn die Anschaffung eines Kleinautoklaven wirtschaftlich nicht vertretbar ist.

Unter der **fraktionierten Sterilisation** versteht man die stufenweise oder unterbrochene Erhitzung von Konserven. Sie kann auch dort angewandt werden, wo kein Autoklav zur Verfügung steht, da sie im offenen Kessel erfolgen kann. Das Konservengut wird am ersten Tag nach Rezeptvorschrift erhitzt und anschließend für einen bis zwei Tage in einem Raum bei 20 °C bis 25 °C gelagert. In dieser Zeit sollen die hitzewiderstandsfähigen Bakteriensporen auskeimen. Am zweiten oder dritten Tag erfolgt eine zweite Erhitzung der Dosen, wiederum im offenen Kessel, in der halben Sterilisationszeit, die im Rezept angegeben ist. Hierbei sollen die ausgekeimten Bakteriensporen vernichtet werden. Die fraktionierte Sterilisation führt besonders bei Dosenwürstchen zu recht gutem Erfolg.

Zur Herstellung haltbarer Konserven ist eine **Sterilisation im Autoklaven** erforderlich. Der Autoklav ist ein Druckkessel, dessen Deckel durch Bügel, Mittelschrauben oder Randschrauben druckfest verschlossen werden kann. Die Beheizung erfolgt durch Gas, Dampf oder Strom. Die zu sterilisierenden Konserven werden in großen Einsätzen (Körbe, Käfige) in den

Autoklaven gebracht. Dabei sollen die Dosen locker gestapelt sein, damit das Wasser gut zirkulieren kann.

Wenn das Wasser siedet, wird der Deckel geschlossen und die Temperatur kann über 100 °C gesteigert werden. Dabei steigt gleichzeitig der Druck im Autoklaven an. Teilweise wird auch ausschließlich mit Dampf erhitzt, wobei der Dampf von einem Dampferzeuger in den Autoklaven geleitet wird. Um eine Bildung von Luftinseln (Luftpolster) im Autoklavenraum zu vermeiden, bleibt ein Ventil im Deckel so lange geöffnet, bis die Luft durch überhitzten Dampf ausgetrieben ist. Moderne Autoklaven ermöglichen es, durch Zuleitung von Druckluft zusätzlichen Druck im Autoklavenraum zu erreichen. Damit kann dem während der Erhitzung in der Dose entstehenden Druck besser entgegengewirkt werden. Nach Beendigung der Sterilisation werden Dampf und Heißwasser abgelassen und gleichzeitig Kaltwasser zur Kühlung der Konserven in den Autoklaven geleitet. Es empfiehlt sich, bei Beendigung der Sterilisation den Druck im Autoklaven nur langsam abfallen zu lassen und dem zugeführten Kaltwasser unter Ausnutzung des Wasserdrucks die Druckverhältnisse im Autoklavenraum anfangs zu erhalten, bis auch der Druck in den Dosen durch Abkühlung vermindert ist. Bei zu raschem Abfallen des Druckes im Autoklaven kann es zu Verformungen und Undichtigkeiten der Dosen kommen, da der Druck in den Dosen dann größer ist als im Kessel. Der Deckel des Autoklaven darf natürlich erst geöffnet werden, wenn die Temperatur im Autoklaven unter 100 °C gefallen ist und im Kessel kein Überdruck mehr herrscht. Bei Dosenwürstchen sollte man darauf achten, daß noch heiße Dosen beim Herausnehmen aus dem Kessel vor starken Erschütterungen bewahrt bleiben, um dem Platzen der Wursthüllen vorzubeugen.

Die bei der Angabe von **Sterilisationsdaten** im Autoklaven üblichen Bezeichnungen bedeuten:
1. Die Zeit, die zum Ansteigen der Temperatur im Autoklaven bis zum Erreichen der gewünschten Endtemperatur notwendig ist, nennt man **Steigezeit** („steigen" oder „auf").
2. Die Zeit der eigentlichen Sterilisation bei dieser Temperatur wird als **Haltezeit** („halten") bezeichnet.
3. Die Zeit des Abfallens der Temperatur nach

erfolgter Sterilisation (Kühlung) wird **Fall-zeit** („fallen" oder „ab") genannt.

Die in den nachfolgenden Tabellen aufgeführten **Erhitzungszeiten** und -temperaturen können lediglich Richtzahlen sein. Schon wegen der Vielzahl von Rezepturen für einzelne Wurstwaren (man denke z.B. an Leberwurst) ist es auch bei Verwendung gleichen Dosenformates nicht möglich, genaue Sterilisationszeiten und -temperaturen zu nennen. Hängt doch der Wärmegang, also die Ausbreitung der Wärme in der Dose, im wesentlichen vom Flüssigkeits- und Fettanteil sowie vom Zerkleinerungsgrad des Konservengutes ab. So ist beim Schweinefleisch wegen des in der Regel höheren Fettgehaltes eine Sterilisation mit größeren Zeit- und Temperaturwerten als beim Rindfleisch erforderlich, um den gleichen Sterilisationseffekt zu erreichen. Ein hoher Flüssigkeitsanteil in der Konserve (Tunke, Lake) wird durch die Strömung der Flüssigkeit während der Erhitzung eine raschere Wärmedurchdringung bedingen als bei vorwiegend festen Bestandteilen eines Füllgutes. Die Zerkleinerung des Konservengutes spielt insofern eine Rolle, als der Wärmegang mit der stärkeren Zerkleinerung des mageren Fleisches verschlechtert, beim Fett jedoch verbessert wird. Aber auch noch andere Faktoren sind bei der Sterilisation der Fleischkonserven von Bedeutung. So ist für die Verkürzung der Sterilisationszeit von Braten, Fertiggerichten und vorgekochtem Material wichtig, wie lange das Konservengut vorgebraten, oder vorgekocht wurde. Bei Waren, die unter Verwendung von Essig hergestellt werden (Sauerbraten, manche Sülzen), ist die Gefahr der Bombage geringer, so daß man die Ware etwas schonender erhitzen kann.
Die sehr hitzeempfindlichen **Gelee- und Aspikwaren** sind vorsichtig zu sterilisieren, weil die Bindung des Aspiks leicht verlorengehen kann. Jedoch kann man bei der Stabilisierung der Gallerte durch Verwendung einer größeren Gelatinemenge einen Ausgleich schaffen und so beim Endprodukt einen Gelee (Aspik) von festerer Konsistenz erhalten. Entsprechendes gilt für fertige Gerichte mit bindiger Soße.
Konsistenz und Farbe von **Gemüse** können bei der Verwendung in Konserven leiden. Besonders die hitzeempfindlichen Gemüsearten, wie die meisten Kohlarten und Gurken.
Im Wurstgut enthaltene Aromastoffe, wie z.B.

der spezifische Lebergeschmack, können unter der Hitzeeinwirkung erhebliche Veränderungen erfahren (stark brandiger Geschmack, Braunfärbung des Wurstgutes). Allgemein ist bekannt, daß nicht selten ein mehr oder minder ausgeprägter brandiger Geschmack und Geruch (sog. Konservengeschmack und -geruch) bei allen Konserven auftritt, die einer hohen und langen Sterilisation unterzogen worden sind. Ähnliche Nachteile kann die Konsistenz (Schnittfestigkeit) der Konserven erleiden. Diese Qualitätsminderungen können durch schonende Sterilisation vermieden werden. Dies hat allerdings stets eine Minderung der Haltbarkeit zur Folge. Aus diesen Gründen kann bei der Herstellung von Konserven nur in seltenen Fällen das Idealziel der Konservenfabrikation, nämlich eine im Geschmack optimale und dabei haltbare Ware, erzielt werden. Erhöhte Sicherheit durch intensivere Sterilisation geht fast immer mit einem mehr oder minder starken Qualitätsverlust einher. So ist der Hersteller, der noch von anderen wichtigen Faktoren bei der Konservenherstellung abhängig ist (Garantiezeiten, Herstellung und Lagerung in verschiedenen Jahreszeiten, Kühlmöglichkeiten, Leistungsfähigkeit der Autoklaven, u.a.), häufig gezwungen, einen Mittelweg zwischen der Haltbarkeit und der Qualität der Konserven zu wählen. Das heißt, es ergibt sich vielfach die Notwendigkeit, auf eine lange Sterilisation bei hohen Temperaturen zu verzichten. Bei entsprechender Lagerung können die so hergestellten Konserven „handelsüblich steril" sein, sie weisen eine die Praxis befriedigende Haltbarkeit auf.

Die **Rotationssterilisation** ist heute die Methode der Wahl. Bei diesem Verfahren werden die Dosen während der Sterilisation und Kühlung in rotierender Bewegung gehalten. Dadurch kommt es bei Konserven, die flüssig sind oder flüssige Bestandteile während der Erhitzung enthalten, infolge des Durchmischens des Füllgutes und der Flüssigkeitsströmung zu einer wesentlich schnelleren Hitzedurchdringung des Konservengutes. Die Verkürzung der Sterilisationszeiten kann bis zu 75 Prozent betragen (z.B. Bratenkonserven, Leberwurst). Bei dieser bedeutenden Verkürzung der Sterilisationszeiten ist eine Schädigung der Fleischerzeugnisse in Farbe, Konsistenz, Bindung, Geruch und Geschmack nur gering oder sie fehlt sogar ganz.

Auch das Dosenmaterial (Innenwandung) wird zumeist weniger angegriffen.

Das Verfahren eignet sich nicht für feste zusammenhängend koagulierende Füllgüter wie Brühwurst, Lucheon-Meat und Blutwurst.

Die gleichmäßige Ausbreitung der Hitze in der Dose kann durch das Vorhandensein von Luftblasen gestört werden. Aus diesen und anderen Gründen der Qualitätserhaltung ist auf eine luftfreie Füllung der Dosen zu achten.

Bei der Sterilisation von Würstchen in Därmen muß man die Beschaffenheit der Därme berücksichtigen. Würstchen mit feinen Därmen werden häufig nur bei 90 °C bis 100 °C sterilisiert, also ohne Gegendruck. Würstchenkonserven, für die längere Lagerzeit und auch höhere Lagertemperaturen zu erwarten sind, müssen jedoch im Überdruckautoklaven unter 1,5 bis 2,0 atü Gegendruck bei 105 °C bis 110 °C sterilisiert werden. Dafür sind entsprechende Därme zu verwenden. Das Platzen der Würstchendärme ist aber nicht immer auf eine unsachgemäße Sterilisation zurückzuführen. Es kann auch durch zu strammes Einfüllen der Würstchen in die Dosen oder durch zu starke Erschütterung während und nach der Sterilisation hervorgerufen werden.

Schließlich sei erwähnt, daß bei einem **Tropenversand** von Dosenwaren eine erhebliche Belastung der Konserven zu erwarten ist, z.B. länger dauernde Temperatureinwirkungen von etwa 30 °C und mehr. Für solche Konserven gilt daher die Regel: Sicherheit vor allem! Daher sind die Waren bei hohen Sterilisationstemperaturen (mindestens 117 °C) entsprechend lange zu sterilisieren. Es empfiehlt sich, stichprobenweise Bebrütungen durchzuführen (10 Tage bei 37 °C). Dabei dürfen keine wahrnehmbaren Veränderungen des Füllgutes im Geruch und Geschmack eintreten.

Bei der **Standsterilisation** sollen die Dosen in einen Metallkorb geschichtet werden, der in den Kochkessel eingehängt werden kann und der es problemlos zuläßt, die Dosen schnell und schonend in heißem Zustand aus dem Kessel zu nehmen und abzukühlen.

Die Dosen müssen so in den Korb geschichtet werden, daß sie im Kessel ausreichend hitzebehandelt werden können.

Im Autoklav ist der Korb serienmäßiger Bestandteil des Gerätes.

Wie lange und bei welcher Temperatur ein Dosenfüllgut erhitzt werden muß, um auch im Kern der Dose den gewünschten Sterilisationseffekt zu erzielen, ist vor allem vom Wärmeleitvermögen des Füllgutes abhängig. Auch der Zerkleinerungsgrad und die Konsistenz der Füllmasse sind von größtem Einfluß auf die Erhitzungszeit. Ist z.B. das Füllgut pastös und gerinnt bei der Erhitzung, wie Brühwurst oder Blutwurst, so kann die Wärmeübertragung in dieser festen Masse nur vorwiegend durch direkte Leitung von Partikel zu Partikel vom Dosenrand zum Kern erfolgen und es wird relativ lange dauern, bis auch im Inneren der Dose die erforderliche Temperatur erreicht ist. Sind im Füllgut dagegen flüssige Bestandteile vorhanden, wie etwa bei Fleischgerichten mit Tunke, oder entstehen diese während der Erhitzung in ausreichender Menge durch Verflüssigung von Fett und aus dem Fleisch austretendem Saft (z.B. Leberwurst, Rind- und Schweinefleisch im eigenen Saft), so bilden sich zwischen den festen Bestandteilen wärmeübertragende Strömungsbahnen, die zu einem relativ raschen Temperaturanstieg im Doseninnern führen.

Das Strömen der Flüssigkeit im Füllgut macht man sich im Rotationsautoklaven zunutze. Indem die Dosen während der Erhitzung bewegt werden, wird die Strömung stark beschleunigt und damit die höhere Temperatur zum Kern des Füllgutes rasch übertragen. Damit sind erheblich kürzere Erhitzungszeiten und damit Qualitätsverbesserungen des Füllgutes vor allem bei Füllgütern mit hohem Flüssigkeitsanteil (Würstchenkonserven, Bratenkonserven) zu erzielen. Auch dort, wo diese Flüssigkeit bei der Erhitzung entsteht (Verflüssigung des Fettes z.B. bei Leberwurst), bringt die Sterilisation im Rotationsautoklaven erhebliche Vorteile.

Bei der **Sterilisation in Gläsern** kommen Gläser mit Glasdeckel, vor allem aber weithalsige sogenannte Industriegläser mit Blechdeckel zum Einsatz. Ein Vorteil der Glaskonserve ist es, daß praktisch keine nachteiligen, wechselseitigen Beeinflussungen zwischen dem Füllgut und Behälter, wie Korrosion, Lackgeschmack usw., auftreten können. Als Nachteil der Gläser sind die leichte Zerbrechlichkeit und die Lichtdurchlässigkeit (Farbveränderungen des Füllgutes, Ranzigwerden der Fette) zu nennen. Zum Sterilisieren bringt man die Gläser in Wasser von 30 ° C bis 40 ° C und läßt die Temperatur langsam ansteigen. Kommen die Gläser in sehr heißes Wasser, können sie springen.

Die Kochzeiten der verschiedenen Gläsergrößen entsprechen denen der entsprechenden Blechdosenkonserven. Zur Vermeidung von überflüssigem Bruch muß bei Glaskonserven sehr vorsichtig hantiert werden und auch bei der Kühlung nach der Erhitzung darf der Temperaturabfall nicht zu plötzlich erfolgen.

Die **Sterilisationszeiten** und **-temperaturen** richten sich nach Art, Zerkleinerungsgrad und Fettgehalt einer Konserve. Je nachdem welche Maschinen und Geräte zur Verfügung stehen, kann die Sterilisation auf zwei Arten durchgeführt werden. Entweder durch die Standsterilisation oder durch die Rotationssterilisation.

Die **Standsterilisation** ist die häufigste Form der Haltbarmachung. Für die **Rotationssterilisation** sind Rotationsautoklaven notwendig, deren Anschaffung sich nur bei Herstellung von großen Konservenmengen lohnt. Weitere Details können dem Fachbuch „Richtwerte der Fleischtechnologie", Deutscher Fachverlag, entnommen werden.

Bei beiden Sterilisationsarten ist bei der Kochdauer prinzipiell immer die sogenannte „Auf- und Abzeit" zu berücksichtigen. Das heißt, als Kochdauer gilt immer nur die Zeit, in der die in den Sterilisationstabellen angegebenen Hitzetemperaturen erreicht sind. Es muß also die „Auf- und Abzeit" beachtet werden. Die Zeit in der die Temperatur erreicht und gehalten wird, nennt man die „Haltezeit".

Bei der **Sterilisation im Kochkessel,** also bei der Konservierung von Halbkonserven, ist zu beachten, daß die Kesseltemperatur beim Einlegen der Dosen oft unter die vorgeschriebene Temperatur abfällt. Die Sterilisationszeit beginnt erst dann, wenn die vorgeschriebene Temperatur wieder erreicht ist.

Sterilisationstabelle

Zeichen: H = Halbkonserve, F = Fraktionierte Sterilisation
D = Dreiviertelkonserve, V = Vollkonserve

Rez.-Nr.	Konserve	Sterilisationsmethode	Temp. °C	Füllgewicht in Gramm				
				200	250	500	1000	2000
				Sterilisationszeit in Minuten:				
4601	Deutsches Corned Beef	HF	100	50	55	80	105	180
		D	110	40	50	65	80	150
4602	Rindfleisch in Gelee	V	120	40	55	85	120	150
4611	Ragout fin	HF	100	—	60	75	100	—
		D	110	—	70	85	110	—
		V	120	—	75	100	140	—
4621	Schweinefleisch im eigenen Saft	HF	100	—	55	80	115	—
		D	110	—	40	90	90	—
		V	120	—	50	105	120	—
4622	Schmalzfleisch	HF	100	—	75	110	160	—
		D	112	—	60	95	140	—

Rez.-Nr.	Konserve	Sterilisations-methode	Temp. °C	Füllgewicht in Gramm				
				200	250	500	1000	2000
				Sterilisationszeit in Minuten:				
4623	Eisbein in Aspik	HF	100	—	50	70	—	—
4624	Eisbein in Aspik							
4625	Schweinenacken in Aspik	HF	100	—	55	75	100	—
		D	110	—	40	60	80	—
4626	Sülzkotelett	HF	100	—	50	70	—	—
4627	Corned pork	HF	100	—	50	70	95	125
		D	110	—	40	60	80	100
4641	Corned mitton	HF	100	—	65	80	95	115
		D	110	—	50	60	85	100

Rotationssterilisation

Zeichenerklärung: V = Vollkonserve

Bei Rotationssterilisation ergeben sich folgende Richtwerte:

Konserve	Sterilisations-methode	Temp. °C	350-g-Dosen, ⌀ 99 mm Minuten:
Schweinefleisch	V	120	70
Gulasch	V	120	30
Suppen, Soßen, klar	V	120	10
Suppen, Soßen, gebunden	V	120	45

Bei Brühwurst- und Kochwurstkonserven ist keine Verkürzung der Sterilisationszeit im Vergleich zur Standsterilisation möglich.

Bei der **Sterilisation von Würstchen** ist nicht die Würstchenmenge, sondern das Fassungsvermögen der zur Verwendung kommenden Konservendosen maßgebend. Allein danach richtet sich die Sterilisationszeit. Bei der Herstellung von Halbkonserven kommen die Dosen bei 100 °C in den Kessel und sollten ohne Zugabe von kaltem Wasser auf 90 °C zurückgehen und bei dieser Temperatur gehalten werden.

Es ist zweckmäßig, die Würstchendosen in einen Korb zu setzen, der in den Kessel gestellt wird und nach der Sterilisation problemlos herausgehoben werden kann.

Die **Bombage-Prüfung** des Doseninhaltes auf Haltbarkeit kann durch Einstellen der Dosen in einen Brutschrank erfolgen, in dem die Dosen bei einer gleichbleibenden Temperatur von 37 °C einige Tage bebrütet werden. Die Bebrütungszeit richtet sich nach der Art der Konserve und der zu erwartenden Temperaturanforderung bei der Lagerung und beim Verkauf. Bei handelsüblichen Konserven ist eine 5 tägige Bebrütung bei 37 °C üblich. Zeigen sich nach der Bebrütung und Wiederabkühlung der Dosen Vorwölbungen von Deckel und Boden (Bombagen), die durch einen mangelhaften Verschluß der betreffenden Dosen oder durch eine unzureichende Sterilisation verursacht sein können, ist die notwendige Haltbarkeit nicht gegeben. Ein Nachsterilisieren der geprüften Charge ist nicht zu empfehlen. Vielmehr sollte man die Dosen dem baldigen Verbrauch zuführen oder sie sofort öffnen.

Es gibt **Zusatzstoffe** und Gewürze, die für die Konservenherstellung **nicht zu verwenden sind**, da sie Bombagen fördern oder verursachen. Es sind dies Mehl, rohe Zwiebeln und Pistazien.

Mehl muß durch Kartoffelmehl ersetzt werden, das keine Bombagen verursacht.

Zwiebeln können nur in gegartem Zustand verarbeitet werden. Sie müssen also gedünstet oder gebraten werden.

Pistazien können grundsätzlich nicht verarbeitet werden.

Zu empfehlen ist weiterhin die sensorische Prüfung einiger Doseninhalte jeder Charge. Dadurch wird ausgeschlossen, daß Dosen in den Verkehr gelangen, deren Inhalt trotz vorhandener Keimfreiheit durch ausreichende Sterilisation nicht mehr zum Verzehr geeignet sind.

Dies kann vorkommen, wenn während der Herstellung nicht kontinuierlich gearbeitet wurde und die Behältnisse nach dem Verschließen vor der Sterilisation zu lange ohne ausreichende Kühlung aufbewahrt wurden. Besonders im Sommer kann dann der Inhalt durch Säuerung (besonders bei Leberwurst) in Zersetzung übergehen. Da die anschließende Sterilisation alle Keime abtötet, kommt es zu keiner Bombage. Trotzdem ist der Doseninhalt nicht mehr zum Verzehr geeignet.

Konservenkennzeichnung

Bezüglich der Kennzeichnung jeglicher Art von Konserven wird auf die „Lebensmittelkennzeichnungsverordnung" (Anhang) verwiesen.

Wurstkonserven

Bei Wurstkonserven unterscheidet man Waren, bei denen das Füllgut unmittelbar in die Dosen eingefüllt wird und andere, deren Brät erst in einem Darm abgefüllt und dann eingedost wird. Als Wurstkonserven sind vor allem die verschiedenen Koch- und Brühwurstarten, Sülzen und Brühwürstchen bekannt. Die Herstellung des Wurstgutes unterscheidet sich kaum von der Fertigung frischer, in Därme abgefüllter Ware. Das Füllgut für **Wurstkonserven ohne Darm** soll möglichst in einem geschlossenen Arbeitsablauf bei niederen Temperaturen gefertigt und sofort nach der Herstellung in sorgfältig gereinigte, möglichst mit Dampf sterilisierte Dosen abgefüllt werden. Für die Haltbarkeit der Wurstkonserven ist es von entscheidender Bedeutung, daß die Erhitzung unmittelbar nach dem Verschließen der Dosen durchgeführt wird. Bei längerer Verzögerung vor der Erhitzung der verschlossenen Dosen kommt es zu einer starken Keimvermehrung im Brät und unter Umständen zur Säuerung oder Zersetzung des Füllgutes.

Die bekanntesten Wurstkonserven, die Würste im Darm enthalten, sind die **Brühwürstchen in Dosen.** Man verwendet als Darmhülle Hammel- und Schweinedünndärme, aber auch Schäldärme. Das Brät wird hierbei in die Kunstdärme angefüllt, die nach der Fertigstellung wieder „abgeschält" werden. Durch die vorherige Heißräucherung koaguliert die Oberfläche der Würstchen und es bildet sich eine feste Eigenhaut.

Bei der Herstellung von Dosenwürstchen sind die Bestimmungen der **Leitsätze für Fleisch- und Fleischerzeugnisse, sowie** der **Qualitätsrichtlinien** zu beachten. Brühwürste einfacher Qualitäten können nur im Kaliber 32 mm und stärker abgefüllt werden. Würstchenarten sind zur Eindosung geeignet, wenn folgende Voraussetzungen gegeben sind:

1. Kräftige Farbgebung des Wurstgutes durch richtige Anwendung der Rötestoffe,
2. Vorbereitung der Naturdärme durch Wässern und eventuell durch Vorbehandlung mit fünfprozentiger Wein- oder Milchsäurelösung bzw. handelsüblichen Darmbehandlungspräparaten,
3. Kräftige, sattelstellenfreie Räucherung der Würste.

Die **Aufgußlake** soll nicht unter 2 Prozent Kochsalzgehalt liegen. Die Salzung der Füllmasse sollte ebenfalls nicht unter 20 g Salzgehalt je 1 kg Masse vorgenommen werden.

Vor dem Eindosen ist darauf zu achten, daß die

Dosen sorgfältig vor ihrer Verwendung gereinigt und mit Dampf entkeimt werden. Die Aufgußlake kann mit Kochsalz oder Nitritpökelsalz hergestellt werden. Bei Verwendung von Nitritpökelsalz bekommt man eine intensivere Farbe der Würstchen und schützt sie weitgehend vor unerwünschten Vergrauungen. Die Lake muß unbedingt vor ihrer Verwendung abgekocht sein und soll möglichst heiß aufgegossen werden. Unmittelbar nach dem Verschluß ist die Erhitzung der Dose vorzunehmen.

Ein **zu enges Packen** der Würstchen in der Dose erhöht die Gefahr des Platzens, behindert darüber hinaus den Wärmegang und beeinflußt somit auch die Haltbarkeit der Dosenware. Dies gilt besonders für Halbkonserven, die bei Temperaturen unter 100 °C erhitzt werden. Es läßt sich verhältnismäßig einfach feststellen, ob Würstchen locker genug in der Dose liegen, bzw. stehen. Man macht die Rutschprobe:

Dazu nimmt man die Dose mit den eingesetzten Würstchen in die eine Hand und hält die andere Hand vor die Öffnung der Dose. Wenn die Würstchen beim Kippen der Dose sofort gegen die flache Hand rutschen, dann sitzen sie locker genug, um während des Sterilisierens nicht zu platzen. Diese Probe muß natürlich mit jeder Dose durchgeführt werden!

Die ganze Rutschprobe wäre umsonst, wenn die Würstchen zwar leicht rutschen, aber zu lang für die zur Verwendung kommenden Dosen wären. Dabei spielen bereits 1–2 mm Überlänge eine entscheidende Rolle. Die Würstchen bekommen in solchen Fällen durch den Deckel Druck und damit Spannung. Spätestens beim Erhitzen, wenn der Würstchendarm Platz benötigt, um sich strecken zu können, entsteht Überspannung und der Darm platzt.

Man kann auch lagerfähige Dosenwürstchen herstellen, sofern man über einen Überdruckautoklaven verfügt. Bei relativ hoher Erhitzung ist besonders auf den richtigen Gegendruck beim Sterilisieren und beim Kühlen zu achten. Die Sterilisationstemperaturen liegen gewöhnlich bei 100 °C bis 108 °C, doch können bei Anwendung moderner Verfahren durchaus auch höhere Temperaturen Anwendung finden (Rotationssterilisation). Maßgebend für die Berechnung der Kochzeiten sind bei Würstchen in erster Linie die Dosengrößen, die Kaliberstärke der Würstchen und schließlich der Auskutterungsgrad der Füllmasse.

Während des Sterilisierens und auch unmittelbar danach, solange die Würstchendosen noch eine Temperatur über ca. 40 °C haben, sollen sie nicht ruckartig auf- oder angestoßen werden, da sonst die unter starker Spannung stehenden Würstchendärme aufreißen würden. Nach dem Erhitzen werden die Dosen gut gekühlt. Nach dem Trocknen, Putzen, Einfetten sowie Etikettieren müssen die Dosen, die nicht hocherhitzt sind, in Kühlräumen bei Lagertemperaturen von nicht mehr als 10 °C gelagert werden. Frostlagerungen sind schädlich.

An Stelle von Dosen können auch Gläser mit Patentverschlüssen zur Würstchenherstellung Verwendung finden. Es empfiehlt sich diese Gläser im Überdruckautoklaven zu sterilisieren, da bei Gegendruck die Verschlußdichtigkeit der Deckel gewahrt bleibt.

Bei **Schinkenkonserven** unterscheidet man zwischen den unter Kühlung zu lagernden *Halbkonserven* und vollsteriler Ware. Erstere werden nur milde erhitzt und haben eine beschränkte Haltbarkeit. Kleine Teilschinken mit einem Gewicht zwischen 450 und 500 g müssen als vollsterile Ware im Autoklaven erhitzt werden. Dosenschinken als Halbkonserven werden im Handel auch als *Saftschinken* bezeichnet. Ihnen wird keine Aufgußlake zugesetzt. Man gibt lediglich, je nach Größe des Schinkens, 30–50 g Gelatinepulver zur besseren Gelierung des Fleischsaftes hinzu. Ein Dosenschinken muß eine fünftägige Bebrütung bei 37 °C schadlos aushalten. Die Zuschneidemethoden für Saftschinken richten sich ganz nach den Verbraucherwünschen.

Zur Herstellung von *Saftschinken* nur das Rohmaterial von nicht zu jungen und zu schweren, hellfleischigen Tieren. Das gewährleistet die spätere Schnittfestigkeit der Schinken.

Die vollständig ausgekühlten Rohschinken werden mittels des **Aderspritzverfahrens** gespritzt. Die in das Gefäßsystem des Schinkens einzuspritzende Lakemenge soll bei 6 Prozent, berechnet auf das Rohgewicht des Schinkens, liegen. Nach dem Aderspritzverfahren, das eventuell noch durch zusätzliches Nadelspritzen, vor allen Dingen in die Unterschale, unterstützt wird, werden die Schinken in sauberen Pökelbottichen 2 Tage lang in eine 10gradige Lake bei einer Pökelraumtemperatur von 5–8 °C eingelegt. Nach Fertigstellung soll der Pökelsalzgehalt in der Muskulatur des Schinkens nicht unter 2,6 Prozent und nicht über 3,1 Prozent betragen. Beim Zuschneiden des Schinkenmaterials ist das Sternfett möglichst weitgehend zu entfernen und bei nicht entspeckter Ware sind blutige Fettpartien abzutranchieren. Schinken mit ausgedehnten Muskelblutungen oder Blutpunkten können nicht zur Eindosung verwendet werden, da sie eine sinnfällige Veränderung der Ware bewirken und sie dadurch unbrauchbar machen.

Die Leerdosen sind vor der Füllung sorgfältig zu waschen und unter Dampf zu sterilisieren.

Alle Dosenschinken sollen sorgfältig entsehnt und entfettet sein. Zusätzliches Pressen beim Packen und Füllen der Dosen ist von Vorteil. Grobe Sehnen und angetrocknete braune Fleischoberflächen sind bereits bei der Zurichtung abzutranchieren und zu entfernen. Nach der Zugabe von keimarmem und sporenfreiem Gelatinepulver, das gleichmäßig über die Oberfläche zu verteilen ist, werden die Deckel auf die Dosen gebördelt und unter Vakuumdruck luftdicht verschlossen.

Die Erhitzung bei *Halbkonserven* erfolgt bei 100 °C für die Zeit von 20–30 Minuten. Dann wird die Temperatur auf 80–82 °C gesenkt und fertig sterilisiert. Die Erhitzungsdauer richtet sich nach der Dosengröße und beträgt 3–7 Stunden bzw. je kg 53–55 Minuten. Die Kochung kann auch in einer vorgeheizten Heißluftkochanlage bei starker Luftumwälzung und einer Temperatur von 78 °C sowie hundertprozentiger relativer Luftfeuchtigkeit vorgenommen werden. Kochvorschriften mit niederen Temperaturen können leicht zu Fehlfabrikaten führen. Der beim Erhitzen austretende Fleischsaft soll sich in mäßigen Grenzen bewegen, weil er unverwertbar ist. Ein gut ausgesuchter, sorgfältig gepökelter, sowie ausreichend erhitzter Schinken soll nicht mehr als 12–15 Prozent Gelee in der Dose aufweisen. Die Kühlung der Dosen erfolgt mindestens 12 Stunden im fließenden kalten Leitungs- oder in Eiswasser, bis der Schinken im Kern auf etwa 15 °C abgekühlt ist.

Die Schinkendosen werden anschließend sorgfältig geputzt und eingefettet und nach dem Kühlen einige Tage im Kühlraum bei Temperaturen von nicht mehr als +4 °C eingelagert, damit der Schinken, sofern er nicht bewegt wird, seine notwendige Festigkeit bekommt. Die weitere Lagerung geschieht am zweckmäßigsten in Räumen mit Temperaturen von +8 bis +10 °C und 60 Prozent Luftfeuchtigkeit.

Insbesondere als Campingware, aber auch für den Export, werden kleinere **Portionsschinken** in Dosen hergestellt, die als Vollkonserve auch unter ungünstigen Lagerbedingungen haltbar bleiben. Es handelt sich da bei um 0,5 bis 1,5 kg schwere Konserven, die aus geteilten Schinken oder Schinkenecken, genauso wie halbsterile Dosenschinken, hergestellt werden. Die Erhitzung erfolgt bei Temperaturen von 112 °C und muß bei 1 kg mindestens 130 Minuten betragen. Die durch Hocherhitzung entstandenen höheren Geleeanteile, bis zu 30 % und darüber, sind nicht zu vermeiden und müssen in Kauf genommen werden.

Mischkonserven sind Fertiggerichte, die als Camping-Konserven oder tischfertige Gerichte zunehmend gefragt sind. Mischkonserven sollen ein Vollgericht darstellen, das vor dem Verzehr nur noch erwärmt werden muß. Küchenfertige Gerichte dagegen sind reine Fleischkonserven, für die eine Gemüsebeilage als Zukost gesondert hergestellt werden muß. Es empfiehlt sich, Mischkonserven nach sogenannter Hausfrauenart zuzubereiten und dem Verbraucher eine gute Qualität zu liefern. Im allgemeinen besteht der Inhalt aus zwei Teilen Gemüse und einem Teil Fleisch. Bei der Würzung derartiger tischfertiger Gerichte soll man Salz und Gewürze vorsichtig dosieren, da nicht jedermann scharf gewürzte Speisen liebt und verträgt und eine Nachwürzung leicht möglich ist. Die Herstellung von tischfertigen Mischkonserven erfordert gute Kenntnis der bürgerlichen Küche. Sehr wichtig ist die richtige Auswahl und Vorbehandlung der Gemüse. Am schmackhaftesten wird das Gemüse durch dünsten im eigenen Saft vorbereitet. Das Vorkochen oder Blanchieren der Gemüse soll nicht zu stark erfolgen, da die anschließende Konservierung in der Regel den eigentlichen Garprozeß vollzieht. Tischfertige Gerichte sollten nach Möglichkeit als Vollkonserven hergestellt werden. Da der Keim- und Sporengehalt am Gemüse erfahrungsgemäß hoch ist, darf man auf keinen Fall die Sterilisationszeiten und Sterilisationstemperaturen zu niedrig ansetzen. Weiter ist es empfehlenswert, sich während der laufenden Produktion regelmäßig durch Proben, die man 5 bis 10 Tage bei 30 °C bis 37 °C bebrütet, davon zu überzeugen, daß die Sterilisation für die erwünschte Haltbarkeit ausreicht. Fast alle Mischkonserven lassen sich erheblich zeitverkürzt durch eine Rotationssterilisation mit 30 bis 50 Umdrehungen je Minute haltbar sterilisieren, ohne daß die Ware zu weich gekocht wird oder andere Hocherhitzungsschäden erleidet.

Rindfleisch-Konserven

Rezept 4601

Deutsches Corned beef

Material für 100 kg
80,0 kg R 1 Rindfleisch, fett- und sehnenfrei, roh
20,0 kg S 14 Schwarten, gekocht
Aufgußbrühe (4016) zum Ausgleich des Garverlustes

Gewürze und Zutaten je kg Masse
18,0 g Nitritpökelsalz
 3,0 g Pfeffer
 5,0 g gekörnte Brühe
20,0 g Aspikpulver

Vorarbeiten
2 Tage vor der Produktion:
Die erforderliche Menge gut entfetteter Schwarten wird 12 bis 24 Stunden in eine 10gradige Lake gelegt.
Einen Tag vor der Herstellung:
1. Die Schwarten werden sehr weichgekocht und in kaltem Wasser gekühlt.
2. Das Fleisch wird in faustgroße Stücke geteilt und mit der erforderlichen Menge Nitritpökelsalz angesalzen.
Am Tag der Herstellung:
1. In den Messerkopf des Kutters wird ein Kuttermesser eingesetzt, *und zwar verkehrt herum.* Zwischen Messer und Kutterschüssel soll ein Zwischenraum von etwa 5 mm entstehen.
2. Die Aufgußbrühe (Rezept 4016) wird zum Kochen gebracht. Je nach Kesselgröße wird das Fleisch auf einmal, oder in mehreren Etappen der kochenden Brühe zugesetzt. Durch die Fleischzugabe reduziert sich die Kesseltemperatur. Sowie die Brühe wieder anfängt zu kochen, wird das angegarte Fleisch aus dem Kessel genommen.
3. Das angegarte Fleisch wird kurz kalt abgeduscht und kommt in den Kutter. Dort wird es im langsamen Gang mit dem umgedrehten Kuttermesser zerrissen. Die Zerkleinerung sollte etwa der von geschrotenem Frischfleisch entsprechen.
4. Die Schwarten werden zweimal durch die 3-mm-Scheibe gewolft.

Herstellung
1. Das zerrissene Fleisch und die gewolften Schwarten werden gut miteinander vermengt.
2. Über dieses Gemenge wird der Pfeffer und die gekörnte Brühe gestreut. Das Ganze wird mit der anteiligen Menge Aufgußbrühe gefüllt.
Nach dem Kochen werden die Dosen unter ständigem Wenden abgekühlt.

Sterilisation: Siehe Tabelle

Dosen: 50 Stück, 99/333
Vierkantdosen oder Weißblechdosen

Anmerkung
Nach geltendem Recht darf *Deutschen Corned beef* nur soviel Fremdwasser zugesetzt werden, wie beim Vorgaren des Rindfleisches an Eigenwasser verloren geht. Im Regelfall kann ein Vorgarverlust von 30 % angenommen werden.
Um zu hohe Schüttung zu vermeiden, sollte das zur Verwendung kommende Rindfleisch jeweils roh und vorgegart gewogen werden. Die Differenz zwischen beiden Gewichten ergibt die Schüttungsmenge.

Rezept 4602

Rindfleisch in Gelee

Material für 100 kg
50,0 kg R 1 Rindfleisch, fett- und sehnenfrei, vorgegart
46,0 kg Aufgußbrühe (4301)
 4,0 kg Aspikpulver 1a

Gewürze und Zutaten je kg Masse
Siehe 4601

Vorarbeiten

1. In den Messerkopf des Kutters wird ein Kuttermesser eingesetzt und zwar verkehrt herum. Zwischen Messer und Kutterschüssel soll ein Zwischenraum von etwa 5 mm entstehen.
2. Die Aufgußbrühe wird zum Kochen gebracht. Je nach Kesselgröße wird das Fleisch auf einmal, oder in mehreren Etappen der kochenden Brühe beigefügt. Durch die Fleischzugabe reduziert sich zunächst die Kesseltemperatur. Sowie das Fleisch wieder anfängt zu kochen, wird es sofort aus dem Kessel genommen. Es soll durchgebrüht, aber nicht halb weichgekocht sein.
3. Das abgebrühte Fleisch wird kurz kalt abgeduscht und kommt auf den Kutter. Dort wird es im langsamen Gang mit dem umgedrehten Kuttermesser zerrissen. Die Zerkleinerung sollte etwa der von geschrotenem Frischfleisch entsprechen.

Herstellung

1. Der gut handwarmen Aufgußbrühe wird der Aspik und die Gewürze beigemengt.
2. Aus diesem Gemenge und dem zerrissenen Rindfleisch wird eine gleichmäßige Masse hergestellt, die sofort füllfertig ist.

Vorkochverlust: Pos. 1 = 30 %

Dosen: 50 Stück. 99/333 und Vierkantdosen oder Runddosen.

Weiterbehandlung: Siehe 3026

Sterilisation: Siehe Tabelle

Die Rezept-Nummern 4603–4610 sind nicht belegt.

Kalbfleisch-Konserven

Rezept 4611

Ragout fin

Material für 100 kg

30,0 kg	K 1 Kalbfleisch, fett- und sehnenfrei, vorgegart
30,0 kg	Hühnerfleisch
10,0 kg	S 17 Schweinezungen, geputzt, gepökelt, vorgegart
30,0 kg	Sauce Hollandaise (4405)

Gewürze und Zutaten je kg Masse
Für das Kalbfleisch:
10,0 g Kochsalz
Für Kalbfleisch, Zunge, Hühnerfleisch:
 1,0 g Pfeffer
 0,5 g Muskat
 0,2 g Ingwer
 0,1 g Kardamom

 2,0 g Cognac
 0,2 g Zitronenpulver
  Worcestersauce nach Geschmack

Herstellung
Das Hühnerfleisch wird mit der nötigen Menge Salz gekocht, entbeint und in 5-mm-Würfel geschnitten.
Das Kalbfleisch und die Zungen werden unter Zugabe der Gewürze gegart und ebenfalls in 5-mm-Würfel geschnitten. Das Material wird in der anteiligen Menge in die Dosen gefüllt und mit der Soße aufgefüllt.

Sterilisation: Siehe Tabelle.

Die Rezept-Nummern 4612–4620 sind nicht belegt.

Schweinefleisch-Konserven

Rezept 4621

Schweinefleisch im eigenen Saft

Material für 100 kg
95,0 kg S 2 Schweinefleisch ohne Sehnen, mit maximal 5 % sichtbarem Fett, vorgegart
5,0 kg Knochenbrühe (4301)

Gewürze und Zutaten je kg Masse
10,0 g Nitritpökelsalz
2,0 g Pfeffer
1,0 g Mazis

Vorarbeiten
Das Schweinefleisch wird einige Stunden vor der Verarbeitung angesalzen und angewürzt.

Herstellung
Das Schweinefleisch wird durch 2 Vorschneider gewolft und in die bereitstehenden Dosen gefüllt.
Das Material muß fest eingefüllt werden, damit möglichst wenig Hohlstellen entstehen. Eventuell verbleibende Hohlstellen müssen mit der angegebenen Menge Knochenbrühe aufgefüllt werden.

Sterilisation: Siehe Tabelle

Rezept 4622

Schmalzfleisch

Material für 100 kg
40,0 kg S 6 Wammen ohne Schwarte, mittelfett, roh
25,0 kg S 6 Backen ohne Schwarte, roh
25,0 kg S 9 Speckabschnitte ohne Schwarte, roh
10,0 kg S 10 Weiches Fett (Fettwamme), roh

Gewürze und Zutaten je kg Masse
14,0 g Nitritpökelsalz
1,5 g Pfeffer
0,5 g Mazis
0,6 g Zitronenpulver
0,4 g Ingwer
0,5 g Glutamat

Herstellung
1. Das Material wird zusammengestellt und vorgeschrotet.
2. Die Gewürze und Zutaten sind zusammenzustellen.
3. Material, Gewürze und Zutaten werden miteinander vermengt.
4. Das Gemenge ist durch die 3-mm-Scheibe zu wolfen und in die bereitgestellten Dosen zu füllen.

Sterilisation: Siehe Tabelle

Rezept 4623

Eisbein in Aspik

Material für 100 kg
80,0 kg Eisbein ohne Knochen
20,0 kg Aspikaufguß (4020)

Vorarbeiten
Frische Eisbeine werden mit 10gradiger Lake gespritzt und 24 bis 36 Stunden in gleichstarke Lake eingelegt.

Herstellung:
1. Es werden Konservendosen mit 250 g Gesamtfassungsvermögen vorbereitet.
2. Die Eisbeine werden aus der Lake genommen, kalt abgespült und ausgebeint.
3. Die Eisbeine werden quer in Portionen geschnitten, die ihrer Höhe nach die Dose bis ca. 3 bis 5 mm unter dem Rand ausfüllen können.
4. Diese Portionen werden so in die Dosen gesetzt, daß die Schwarte rundum am äußeren Rand der Dose liegt und die Mitte mit Muskelfleisch und anteilig geringen Mengen Fettgewebe ausgefüllt ist. Wenn das Magerfleisch der Portionsstücke nicht ausreicht, dann kann mit anderen Magerfleischteilen aus dem Eisbein ergänzt werden. Durch diese Verfahrensweise läßt sich das Füllgewicht der Dose, im vorliegenden Fall „180 g Fleischeinwaage", genau erreichen. Die einzelnen Stücke der Gesamtfleischportion werden dann durch den erstarrten Aspikaufguß zusammengehalten.
5. Auf jede Dose wird ein Stück Lorbeerblatt (ca. Pfenniggröße) gelegt und mit Aspikaufguß aufgegossen.

Sterilisation: Siehe Tabelle

Rezept 4624

Eisbein in Aspik

Material für 100 kg
70,0 kg Eisbein ohne Knochen
 5,0 kg Gurkenwürfel
25,0 kg Aspikaufguß (4021)

Herstellung
Siehe 4713

Abweichung
Die in 5-mm-Würfel geschnittenen Gurken werden über die Eisbein-Portionen gestreut und dann der Aspikaufguß aufgefüllt.

Sterilisation: Siehe Tabelle

Rezept 4625

Schweinenacken in Aspik

Material für 100 kg
80,0 kg Schweinenacken
20,0 kg Aspikaufguß

Vorarbeiten
Frische Schweinenacken werden mit 10gradiger Lake gespritzt und 24–36 Stunden in eine gleichstarke Lake gelegt.

Herstellung
1. Die Schweinenacken werden aus der Lake genommen und kalt abgespült.
2. Die Nacken werden portioniert und in vorbereitete Dosen eingelegt.
3. Weitere Verarbeitung siehe 4713.

Sterilisation: Siehe Tabelle.

Rezept 4626

Sülzkotelett

Material für 100 kg
60.0 kg Kotelett, ohne Knochen, gepökelt, gegart
10,0 kg Champignons
30,0 kg Aspikaufguß (4021)

Herstellung
Für Sülzkotelett in Dosen sollten Dosen vom Durchmesser 99 mm verwendet werden, die ein Fassungsvermögen von ca. 250 g haben.
Ausgebeinte und gepökelte Kotelettstücke werden gerollt. Sie sollten einen Durchmesser von 90 bis 95 mm haben.

Die Pökelrollen werden 10 bis 15 Minuten bei 80 Grad C gegart und sollen vollkommen auskühlen.
Aus dem erkalteten Fleisch werden die Portionsstücke geschnitten, ca. 150 g.
Die Dosen werden kalt ausgeschwenkt und auf dem Boden mit 3 mm dicken Champignonscheiben ausgelegt. Darauf wird das Sülzkotelett gelegt und mit Aspikaufguß aufgefüllt.
Die Dosen sollen auf dem Deckel liegend auskühlen.

Sterilisation: Siehe Tabelle

Rezept 4627

Corned pork (mit Gelee)

Material für 100 kg
20,0 kg S 3 Schweinefleisch mit geringem Sehnenanteil und maximal 55 % sichtbarem Fett, roh
20,0 kg S 3b Schweinefleisch mit höherem Sehnenanteil und maximal 50 % sichtbarem Fett, roh
55,0 kg S 4b Schweinebauch ohne Schwarte mit maximal 50 % sichtbarem Fett, roh
 5,0 kg S 14 Schwarten, gekocht
Aufgußbrühe (4301) zum Ausgleich des Garverlustes von Schweinefleisch und -bauch

Gewürze und Zutaten je kg Masse
18,0 g Nitritpökelsalz
 1,0 g Mazis
 0,1 g Kardamom
 1,0 g Ingwer
 0,9 g Zitronenpulver
 5,0 g Aspikpulver
 0,2 g gekörnte Brühe

Vorarbeiten:
Zwei Tage vor der Produktion:
Die erforderliche Menge gut entfetteter Schwarten wird 12 bis 24 Stunden in eine 10gradige Lake gelegt.
Einen Tag vor der Herstellung:
1. Die Schwarten werden sehr weichgekocht und in kaltem Wasser abgekühlt.
2. Das Schweinefleisch und der Schweinebauch werden in faustgroße Stücke geteilt und mit der erforderlichen Menge Nitritpökelsalz angesalzen.

Am Tag der Herstellung:
1. Die Aufgußbrühe (4301) wird zum Kochen gebracht. Je nach Kesselgröße wird das Fleisch auf einmal oder in mehreren Etappen der kochenden Brühe zugesetzt. Durch das Fleisch reduziert sich die Kesseltemperatur. Sowie die Brühe wieder anfängt zu kochen, wird das gegarte Fleisch aus dem Kessel genommen.
2. Das angegarte Fleischmaterial wird durch die Erbsenscheibe gewolft.
3. Die kalten Schwarten werden zweimal durch die 3-mm-Scheibe gewolft.

Herstellung
1. Das zerkleinerte Fleisch und die gewolften Schwarten werden gut miteinander vermengt.

2. Über dieses Gemenge werden der Pfeffer und die gekörnte Brühe gestreut. Das Ganze wird mit der zulässigen Menge Aufgußbrühe übergossen.
3. Alles wird gleichmäßig miteinander vermengt.

Dosen: 50 Stück, Kaliber 99/333 Weißblechdosen

Sterilisation: Siehe Tabelle

Die Rezept-Nummern 4628–4640 sind nicht belegt.

Hammelfleisch-Konserven

Rezept 4641

Corned mutton

Material für 100 kg
80,0 kg L 1 Lammfleisch, fett- und sehnenfrei, roh
20,0 kg S 14 Schwarten, gekocht
Aufgußbrühe (4016) zum Ausgleich des Vorkochverlustes

Herstellung
Siehe 4601

Vorkochverlust: Pos. 1 = 30 %; Pos. 2 = 55 %

Dosen: 50 Stück, Kaliber 99/333, Weißblechdosen

Geflügel- und Wildspezialitäten

Geflügel-Fleischerzeugnisse

Geflügelfleisch und besonders die Geflügellebern sind in der Fabrikation feiner Fleisch- und Wurstwaren geschätzte Rohprodukte. Im nachfolgenden Kapitel sind die wichtigsten Rezepte aufgeführt, die entweder nur aus Geflügelfleisch oder unter der Verwendung von Geflügelfleisch und Geflügellebern hergestellt werden.

Die Verwendung von Geflügelfleisch erfolgt hauptsächlich in der feinen Hotelküche oder in Spezialbetrieben. Die Rezepte die speziell in der Hotellerie verwendet werden, bleiben hier unberücksichtigt. Das gilt hauptsächlich für Erzeugnisse, die warm verspeist werden. Es wird hier nur von Rezepten die Rede sein, die sich für den Kaltverkauf eignen. Bei der Verarbeitung jeder Art von Geflügelfleisch sollte man besonders hygienebewußt vorgehen, weil Geflügelfleisch mit Salmonellen infiziert sein könnte.

Grundmasse

Zu den bekanntesten und meistgekauften Geflügelspezialitäten gehören die Geflügelleberwurstsorten.

Auch bei der Herstellung dieser Geflügelprodukte ist rationelles Arbeiten erforderlich. Aus diesem Grunde wird auch hier heutzutage mit sogenannten Grundmassen gearbeitet, die in entsprechender Menge zu Verfügung stehen sollten, wenn das Spezialitätenprogramm Geflügelwurstwaren abgewickelt werden soll.

Bei der Herstellung von schnittfester Ware ist die Verarbeitung von Brühwurstbrät notwendig. Es empfiehlt sich Nr. 2001 oder 2002 zu verwenden. Bei der Fabrikation von streichfähigen Geflügelleberwürsten wird ausschließlich fein gekuttertes Leberwurstbrät verwendet; bei den bereits angesprochenen schnittfesten Geflügelleberwurst-Sorten wird sowohl Leberwurst- als auch Aufschnittgrundbrät verwendet. In beiden Fällen bietet es sich an, Delikateß-Leberwurstmasse (2801) zu verwenden.

Garen

Da Geflügelprodukte teilweise erheblichen Nachfrageschwankungen unterliegen, ist es ratsam sie als Portionswürste herzustellen. Gekocht wird die Wurst je nach Stärke in 45 bis 60 Minuten bei 80 °C. Sie wird danach langsam abgekühlt; und zwar in fließendem Wasser. Wenn die Würste fast ausgekühlt sind, werden sie zweckmäßigerweise nachgebunden, damit sie schön prall werden.

Rezept 4701

Geflügelmortadella (Hähnchenfleisch)

Material für 100 kg
50,0 kg   Geflügelfleisch
20,0 kg   K 2 Kalbfleisch, entsehnt, mit maximal 5 % sichtbarem Fett, roh
10,0 kg   S 6 Backen ohne Schwarte, roh
20,0 kg   Eisschnee

Gewürze und Zutaten je kg Masse
18,0 g   Nitritpökelsalz
 3,0 g   Kutterhilfsmittel
 1,0 g   Farbfestiger
 2,0 g   Pfeffer, gemahlen
 0,5 g   Mazis
 0,5 g   Koriander
 0,3 g   Ingwer
 0,2 g   Kardamom
 2,0 g   Paprika
 0,5 g   Glutamat

Herstellung
1. Das gesamte Material wird vorgewolft und kommt in der Reihenfolge Magerfleisch-Backen auf den Kutter.
2. Während die Masse im langsamen Gang läuft, werden, sofern das Fleisch nicht vorgesalzen ist, Salz und Kutterhilfsmittel beigekuttert.
3. Danach wird der Eisschnee zugesetzt. Das muß schnell gehen, so schnell es der Kutter zuläßt.
4. Die gesamte Masse wird zu einem feinst zerkleinerten Brät gekuttert.

5. Die Gewürze und die übrigen Zutaten sind so rechtzeitig der Masse beizugeben, daß sie sich noch gut und klumpenfrei vermischen können. Es darf aber nicht übersehen werden, daß dieses Brät durch den hohen Anteil an Magerfleisch Konsistenzmängel aufweisen kann. Es ist daher zu prüfen, ob diese Spezialität im Hochsalzungsverfahren hergestellt werden sollte. Siehe Thema „Hochsalzung".

Garzeit: 120 Minuten bei 80 °C

Därme: 42 Stück, 90/50, Kunstdärme, steril
Bei Anwendung des Hochsalzungsverfahrens werden Naturdärme verwendet.

Anmerkung
Durch die Mitverwendung von Kalbfleisch und Backen wird das Brät geschmeidiger und eleganter im Biß.

Rezept 4702

Gänseleberkäse, getrüffelt

Material für 100 kg
45 kg   Aufschnitt-Grundbrät (2001)
55 kg   Gänseleber

Gewürze und Zutaten je kg Masse
Zum Aufschnitt-Grundbrät:
 5,0 g Trüffeln
Für die Gänseleber:
18,0 g Nitritpökelsalz
 2,0 g Pfeffer
 0,5 g Ingwer
 0,3 g Kardamom
 0,5 g Mazis
 0,1 g Vanille
 1,0 g Farbfestiger

Herstellung
Die rohen Gänselebern werden gesalzen, gewürzt und sollen so 4–6 Stunden ziehen.
Die Gänselebern werden dann angegart und in 1-cm-Würfel geschnitten. Die kleingehackten Trüffeln werden unter das Aufschnitt-Grundbrät gemengt, dem anschließend die Gänseleberwürfel ebenfalls beigemengt werden. Die Masse wird in Pastetenformen gefüllt, die mit einem Cellobogen ausgelegt sind.
Nach der Garzeit wird die Pastetenform aus dem Kessel genommen, der Deckel entfernt und der Cellobogen aufgeschlagen.

Mit einem scharfen Messer wird das Brät ca. 5 mm tief in der Mitte der Länge nach eingeritzt und sofort die angegebene Zeit gebacken.
Nach dem Erkalten wird der Geflügelleberkäse aus der Form gestürzt.

Garzeit: 60 Minuten bei 80 °C

Backzeit: 30 Minuten bei mittlerer Hitze

Rezept 4703

Gänseleberwurst mit Trüffeln

Material für 100 kg
45,0 kg   Delikateß-Leberwurstmasse (2801)
35,0 kg   Gänseleberwürfel

Gewürze und Zutaten je kg Masse
zusätzlich:
10,0 g Trüffeln
zur Gänseleber:
18,0 g Nitritpökelsalz
 2,0 g Pfeffer, gemahlen
 0,5 g Ingwer
 0,3 g Kardamom
 0,5 g Mazis
 0,1 g Vanille
 1,0 g Farbfestiger
50,0 g Zwiebeln (Rohgewicht)

Herstellung
1. Die Gänselebern werden roh ca. 6 Stunden in Madeira gelegt und anschließend mit Nitritpökelsalz gesalzen.
2. Die Gänseleber wird angequellt und in 5-mm-Würfel, die Trüffeln werden in kleinste Würfel geschnitten.
3. Die Leberwürfel werden mit den Gewürzen vermengt und unter die Delikateß-Leberwurstmasse gerührt.

Garzeit: 90 Minuten bei 80 °C

Därme: 90 Stück, 60/50, Kunstdärme, gold gefärbt

Rezept 4704

Straßburger Gänseleberwurst

Material für 100 kg
39,0 kg   Leberwurstmasse (Rezept 2801)
55,0 kg   Gänseleber
 6,0 kg   S 17 Schweinezungen, geputzt, gepökelt, vorgegart

Herstellung
Diese Spezialität wird wie *Gänseleberwurst* (4703) hergestellt.
Die Zungen werden in der gleichen Größe wie die Gänselebern gewürfelt.

Därme: Schweinefettenden

Garzeit: 90 Minuten bei 80 °C

Produktionsverlust: 12 % in 1 Woche

Rezept 4705

Gänseleberwurst

Siehe 4703

Abweichung
Statt Trüffeln, je Kilo Masse 15 g grüne Pfefferkörner, aber nur 0,5 g Pfeffer, gemahlen.

Rezept 4706

Gänseleberwurst mit Trüffeln und Zunge

Siehe 4704

Abweichung

Därme: 90 Stück, 60/50, sterile Kunstdärme

Garzeit: 75 Minuten bei 80 °C

Rezept 4707

Gänsegriebenwurst mit Sardellen

Material für 100 kg
40,0 kg S 15 Schweineleber, roh
20,0 kg S 3 Schweinefleisch mit geringem Sehnenanteil und maximal 5 % sichtbarem Fett, vorgegart
40,0 kg Gänsegrieben

Gewürze und Zutaten je kg Masse
18,0 g Nitritpökelsalz
 2,0 g Pfeffer
 0,5 g Ingwer
 0,3 g Kardamom
 0,5 g Mazis
 0,1 g Vanille
 2,0 g Bienenhonig
 1,0 g Farbfestiger
50,0 g Zwiebeln (Rohgewicht)
20,0 g Sardellen

Herstellung
Die Sardellen werden ca. 6 Stunden gewässert

und mit den übrigen Gewürzen, der Schweineleber und dem angegarten Schweinefleisch zu einer feinst zerkleinerten Masse gehackt.
Die Gänsegrieben werden zum Schluß des Arbeitsvorganges beigekuttert. Die Laufzeit sollte maximal 3 Runden betragen. Wenn die Grieben dann noch nicht gleichmäßig verteilt sind, so ist dies durch weiteres Mengen herbeizuführen.

Därme: 90 Stück, 60/50, Kunstdärme, steril

Garzeit: 60 Minuten bei 80 °C

Rezept 4708

Gänseleberpastete

Siehe 4704

Abweichung
Statt Trüffeln, je kg Masse
5,0 g Petersilienblätter, in Butter gedünstet.
Die Masse wird in Pastetenkästen gefüllt, die mit einer Speckumrandung ausgelegt sind.

Rezept 4709

Straßburger Gänseleberpastete

Siehe 4704

Abweichung
Die Masse wird in Pastetenkästen gefüllt, die mit einer Speckumrandung ausgelegt sind.

Rezept 4710

Gänseleberkäse

Material für 100 kg
12,0 kg Gänseleberrolle (4032)
87,0 kg Gänseleberkäse (4702)
 1,0 kg Speckhülle

Herstellung
1. Ein Pastetenkasten wird mit einem Speckbogen ausgelegt (Beschreibung siehe Rouladen-Pasteten).
2. Die Form wird etwa zur Hälfte mit Brätmasse (3702) gefüllt. Dann wird die Gänseleberrolle in die Mitte der Form gedrückt. Die Rolle soll vorher mit Brät eingerieben werden, damit sie sich gut mit dem umschließenden Brät im Pastetenkasten verbinden kann. Der Kasten wird mit Brät (3702) randvoll aufgefüllt.

3. Der Cellobogen wird übergeschlagen. Der Pastetenkasten wird verschlossen und 30 Minuten bei 80 °C gegart.
Nach dieser Zeit wird der Pastetenkasten geöffnet. Der Cellobogen wird an der Oberfläche aufgeklappt und am Rand links und rechts abgeschnitten. Mit einem Messer wird das Brät längsseitig in der Mitte ca. 5 mm tief eingeschnitten. Dann kommt der Pastetenkasten in den Backofen. Je nach Größe des Kastens wird der Gänse-Leberkäse etwa weitere 45 bis 60 Minuten gebacken.

Därme: 50 Stück Cellobogen, 50 Stück Schrumpfdärme, Kal. 120/50

Produktionsverlust: 15 % in 7 Tagen

Rezept 4711

Geräucherte Gänsekeule

Material für 100 kg
100,0 kg Gänsekeulen, wie gew.

Herstellung
Die Gänsekeulen werden 24 Stunden in 10gradiger Lake gepökelt und im Kaltrauch ca. 3 bis 6 Stunden bei 18 °C goldgelb geräuchert.

Rezept 4712

Gänsebrust, geräuchert

Material für 100 kg
100,0 kg Gänsebrüste, w. gew.

Herstellung
Von gut gemästeten Gänsen werden die Brüste ausgelöst, die Knochen behutsam entfernt und die überhängenden oder vorstehenden Fettränder beseitigt. Nun werden die Brüste 24 bis 36 Stunden in 10gradiger Lake gepökelt. Hierauf die Brüste kalt abwaschen, mit einem Tuch sorgfältig abtrocknen und mit Fäden gleichmäßig zunähen. Mit Aufhängeschlaufen versehen, werden die Brüste an der Luft etwas vorgetrocknet, sodann im Kaltrauch goldgelb geräuchert.

Rezept 4713

Gänseleber-Geleetorte

Herstellung
Diese Spezialität wird hergestellt wie Gelee-Torte (3603).

Hier werden ausschließlich Gänselebern verwendet. Diese werden ca. 12 Stunden in Rotwein gebeizt, gegart und nach Erkalten in 1-cm-Würfel geschnitten.

Rezept 4714

Geflügelfüllung

Material für 100 kg
50,0 kg Geflügelklein ohne Knochen
50,0 kg S 3
　　　　　Schweinefleisch mit geringem Sehnenanteil und maximal 5 % sichtbarem Fett, roh

Gewürze und Zutaten je kg Masse
18,0 g Kochsalz
2,0 g Pfeffer
1,0 g Curry
0,2 g Ingwer
1,0 g Majoran, gemahlen
0,1 g Thymian
2,0 g Zwiebeln, roh, gerieben
5,0 g gehackte Petersilie
5,0 g Weißwein
5,0 g Pistazien, gehackt
2,0 g gehackte Mandeln
2　　　 Eier

Herstellung
Das Geflügelklein, außer dem Magen, wird mit den Lebern gargekocht und gegebenenfalls entbeint.
Das Ganze wird durch die 3-mm-Scheibe gewolft und mit dem Salz, den Gewürzen und dem Schweinehackfleisch zu einem gleichmäßigen Teig geknetet.

Rezept 4715

Gänsefüllung

Herstellung
Diese Füllung wird wie *Geflügelfüllung* (3721) hergestellt. Hier wird nur Gänsefleisch mit Schweinehackfleisch verwendet.

Rezept 4716

Gänse-Zervelatwurst　　　i.S.v.2.211.07

Material für 100 kg
35,0 kg Gänsefleisch ohne Haut
40,0 kg S 1 Schweinefleisch, fett- und sehnenfrei, roh

25,0 kg   S 8 Rückenspeck ohne Schwarte, roh

Gewürze und Zutaten je kg Masse
30,0 g Nitritpökelsalz
 1,0 g Farbfestiger
 1,0 g Glutamat
        Starterkulturen nach Herstellerangabe
 3,0 g Pfeffer, weiß, gemahlen
 0,5 g Ingwer
 0,2 g Kardamom

Herstellung
1. Das gesamte Material kommt tiefgekühlt zur Verarbeitung.
2. Gänsefleisch und Sauenfleisch werden pulverfein gekuttert. Der Speck wird in Stecknadelkopfgröße beigekuttert.
Im übrigen wird diese Spezialität wie *Salami Ia* (1401) hergestellt.

Därme: Schweinefettenden

Rezept 4717

Huhn in Currysoße

Material für 100 kg
70,0 kg gekochtes Hühnerfleisch daumengroße Stücke
30,0 kg Helle Soße (4403)

Gewürze und Zutaten je kg Masse
Zusätzlich zur Soße:
15,0 g Curry

Herstellung
Das Hühnerfleisch soll in Kochsalzwasser gekocht sein und ist sauber zu entbeinen.
Unter die Helle Soße wird die angegebene Menge Curry gezogen. Die bereitgestellten Dosen werden mit dem gekochten Hühnerfleisch gefüllt und mit der Soße aufgegossen.

Sterilisation: Siehe Tabelle.

Rezept 4718

Hähnchen im Schlafrock

Material für 100 kg
50,0 kg   gebratenes Hähnchen
20,0 kg   Mürbeteig (5803, 5821)
30,0 kg   Hähnchenfüllung (5823)

Gewürze und Zutaten je kg Masse
1,5 g Sesamsamen
1,5 g Kondensmilch
1   Ei

Herstellung
1. Das gebratene Hähnchen wird mit der Füllung ausgestopft.
2. Der Mürbeteig wird zu einer dünnen Platte ausgewalkt und auf die Hälfte zusammengelegt. Die Teigplatte soll dann so großflächig sein, daß sie das Hähnchen umschließen kann.
3. Das Ei und die Kondensmilch werden verquirlt. Mit diesem Gemenge werden die Teigränder bepinselt.
4. Das gebratene Hähnchen wird in den Mürbeteig eingeschlagen und rundum mit Ei bepinselt. Zum Schluß wird die Außenfläche des Teiges mit Sesamsamen bestreut.

Garzeit: Backen, 35 Minuten bei 200 °C im Elektroofen; Gas Stufe 3.

Lebensmittelrecht: Hackfleisch-VO beachten.

Wild-Spezialitäten

Rezept 4719

Reh-Schinken

Rehkeulen werden in klarem Wasser abgewaschen und zum Pökeln hergerichtet. Die Keulen werden ausgebeint, Häute und Blutgerinsel sind sauber zu entfernen. Die Stücke werden, soweit erforderlich, beschnitten und dann trocken gesalzen. Dabei werden die Reh-Schinken wie andere Pökelware behandelt.

Während der Pökelzeit sollen die Reh-Keulen vollständig mit Lake bedeckt sein. Sofern die Eigenlake dazu nicht ausreicht, kann mit 18gradiger Lake aufgefüllt werden.
Nach den ersten 8 Tagen Pökelzeit werden die Reh-Schinken umgepackt. Danach pökeln die Schinken je nach Gewicht weitere 8–10 Tage. Sie werden mindestens 1–2 Stunden gewässert und dann geräuchert. Die Räucherzeit für diese Rohware beträgt 6–8 Tage im Kaltrauch.

Wenn die Reh-Schinken gekocht werden sollen, beträgt die Räucherzeit ca. 12 Stunden im Kaltrauch. Die Garzeit ist entsprechend der Schinkengröße zu bemessen.

Hinweis
Die zur Verwendung kommende Wildfleischart muß in der Sortenbezeichnung mit angegeben werden, z. B. „Rehschinken".

Rezept 4720

Hirsch-Salami   i.S.v.2.211.05

Material für 100 kg
60,0 kg Hirschfleisch
20,0 kg S 2 Schweinefleisch ohne Sehnen, mit maximal 5 % sichtbarem Fett, roh
20,0 kg S 8 Rückenspeck ohne Schwarte, roh

Gewürze und Zutaten je kg Masse
30,0 g Nitritpökelsalz
 1,0 g Farbfestiger
 1,0 g Glutamat
 3,0 g Pfeffer, gemahlen
       Starterkulturen nach Herstellerangabe

Herstellung
Das Hirschfleisch und das Sauenfleisch werden feinst zerkleinert verarbeitet.
Im übrigen sind die Verarbeitungsanweisung und die Produktionsdaten dem Rezept Nr. 1401 zu entnehmen.

Därme: Rindermitteldärme, Kaliber 65+

Reifung: 4−6 Tage, 18−20 °C Raumtemperatur, 90−85 % Luftfeuchtigkeit

Räuchern: Kalt, 12−24 Stunden bei maximal 20 °C Kammertemperatur

Produktionsverlust: 30 % in 28 Tagen

Rezept 4721

Wildbretkäse   i.S.v.2.223.3

Material für 100 kg
50,0 kg Aufschnitt-Grundbrät (2001)
50,0 kg Wildfleisch

Gewürze und Zutaten je kg Masse
12,0 g Trüffeln
 6,0 g Pistazien, gehäutet
Für das Wildfleisch:
20,0 g Nitritpökelsalz
 3,0 g Pfeffer
 1,0 g Mazis
 0,3 g Kardamom

Herstellung
1. Das Wildfleisch wird vorgesalzen und durch die 3-mm-Scheibe gewolft.
2. Die Trüffeln und die Pistazien werden klein gehackt.
3. Die Gewürze, die Trüffeln und die Pistazien werden mit dem gewolften Wildfleisch vermengt. Das Ganze wird unter das Aufschnittgrundbrät gezogen, so daß sich eine gleichmäßig aussehende Masse ergibt.
4. Die Masse wird in geeignete Kästen gefüllt und gebacken.

Produktionsverlust: 15 % in 3 Tagen.

Lebensmittelrecht
In der Sortenbezeichnung ist stets die Wildart mit zu benennen, die für die Herstellung des Produktes verwendet wurde, also z. B. „Wildbretkäse mit Rehfleisch" usw.

Rezept 4722

Reh-Zervelatwurst   2.211.08

Siehe 4720

Abweichung
An Stelle von Hirschfleisch wird hier nur Rehfleisch verwendet.

Rezept 4723

Hirschwurst   2.211.09

Siehe 4720

411

Fleisch-Feinkost
Salate, Dips und kalte Speisen

Das Fleisch-Feinkost-Sortiment eines Fleischerfachgeschäftes gehört zu den vorrangigen Umsatzträgern innerhalb des umfangreichen Gesamtsortiments der Branche. Der Marktanteil ist weiter wachsend.

Welchen Umfang dieser Gesamtbereich Fleisch-Feinkost angenommen hat, läßt sich recht gut erkennen, wenn man sich die Vielzahl der Produktgruppen, die zu diesem Spezialprogramm gehören, in einer Zusammenstellung vor Augen führt.

In diesen Bereich gehören:
- Küchenfertiges Frischfleisch-Sortiment
- Tafelfertige Zubereitungen, kalt
- Schnittchen, Canapees, kalte Platten
- Tafelfertige Braten, heiß oder kalt
- Imbiß-Betrieb
- Menü-Geschäft
- Salate auf Fleischbasis
- Salate auf Wurst-Basis
- Salate auf Gemüse-Basis
- Party-Service in allen Variationen

Genau wie Roh-, Brüh- und Kochwurstsorten sind **Fleisch-Feinkost-Spezialitäten** dem Oberbegriff „Fleischerzeugnisse" zuzuordnen. Es bleibt also zunächst festzustellen, daß das Fleisch-Feinkost-Sortiment ein gleichbedeutender Umsatzträger neben dem klassischen Wurstsortiment (Roh-, Brüh- und Kochwurst) ist.

Sortiment im Wandel der Verbrauchererwartung

Je höher der Wohlstand breiter Bevölkerungskreise ist, um so größer wird das Verlangen dieser Verbraucher nach neuen Eß-Ideen. Genau dieser Kundenerwartung steht das Fleischergewerbe gegenüber und ist gefordert, entsprechende Warenangebote zu bringen. Ein gut geführtes Fleischerfachgeschäft muß bemüht sein, sich möglichst schnell und unkompliziert an dieser Entwicklung zu orientieren. Nur so kann die Attraktivität eines Betriebes dauerhaft

gesichert werden. Dabei genügt es also nicht, sich allein auf das klassische Sortiment zu beschränken. Es muß vielmehr auch ein qualitativ gepflegtes Spezialitäten-Sortiment angeboten werden, das in Fachkreisen, wie bereits ausgeführt, allgemein als „Feinkost-Sortiment" bezeichnet wird. Dazu gehören vorrangig:
1. Schnittchen, Snacks, Canapées und ähnliche Häppchen
2. Salate, Tunken, Dips und kalte Soßen
3. Vorspeisen und Zwischengerichte
4. Tafelfertige kalte und heiße Braten
5. Spezielle Suppen
6. Kulinarische Grillspezialitäten
7. Komplette Menüs der gehobenen Qualität
8. Kalte Schinken-, Braten- und Aufschnittplatten
9. Ein variationsreicher Partyservice

Sicher ist es auch wichtig an dieser Stelle darauf hinzuweisen, daß der Herrichtungsaufwand für all diese „Neuen" Spezialitäten ganz beträchtlich ist. Das heißt, hier muß in der Regel mit dem Abverkauf dieser Spezialitäten ein großer Anteil an Dienstleistungskosten (Überwiegend Personalkosten) erbracht werden, dessen kalkulatorische Bedeutung gar nicht oft genug herausgehoben werden kann. Dabei werden sich aus heutiger Sicht noch völlig neue Absatzwege eröffnen, z.B. durch die Nutzung von Mikrowellenherden in den Haushalten. Hier könnte beispielsweise der Schlüssel für eine neue Belebung des Wochenendbedarfs liegen, speziell für das Mittagessen am Sonntag.

Bei all den Dingen die im Bereich Fleisch-Feinkost heute schon zu beachten sind und denen, die in absehbarer Zeit noch hinzukommen werden, wäre es keine Lösung, auf das neue Sortiment nur deswegen zu verzichten, weil es mit einem außerordentlichen Dienstleistungsaufwand verbunden ist. Ein auf Existenzsicherung orientierter Betrieb, der besagte Dienstleistungen künftig nicht uneingeschränkt bietet, wird in der Regel mittelfristig nicht mehr existenzfähig sein. Das ist für viele Unternehmer eine harte Erkenntnis, aber bereits jetzt ist voll absehbar, daß der Trend, immer mehr und immer schneller ins Dienstleistungsgeschäft gehen zu müssen, unumgänglich ist.

Dienstleistung und Kundenstruktur

In welchem Umfang und mit welchem Dienstleistungsaufwand das neue Spezialitätensortiment angeboten werden muß, hängt in erheblichem Maße von der Kundenstruktur ab. Sie ist bekanntlich von Betrieb zu Betrieb, mindestens jedoch von Ort zu Ort, sehr unterschiedlich. Fest steht, daß der Dienstleistungsaufwand immer mehr und immer variationsreicher den Lebensmittelabverkauf beeinflussen wird. Es läßt sich heute schon erkennen, daß Betriebe, die sich dieser voraussehbarem Entwicklung verschließen, immer mehr an Kunden und damit an Umsatz und Betriebsrentabilität verlieren werden. Diese Feststellung trifft dann auch für das klassische Sortiment der Fleischerei zu. Speziell der Verbraucher der gehobenen Mittel- und der Oberschicht erwartet heute von einem Fleischerfachgeschäft das übliche Vollsortiment. Dort wo er es nicht geboten bekommt, wird er künftig nicht mehr einkaufen und sich ein anderes Fleischerfachgeschäft suchen, das ihm durchgehend das bietet, was er erwartet.

Das Genußerlebnis steht im Vordergrund

Zurück zur reinen sortimentspezifischen Betrachtung. Wie bereits zum Ausdruck gebracht wurde, ist Nahrungsaufnahme heute überwiegend als Genußerlebnis zu sehen. Nahrungsaufnahme zur Erhaltung der körperlichen Existenz hat nur noch untergeordnete Bedeutung. Das hat zur Folge, daß die Quantität der Nahrungsaufnahme zugunsten der Qualität sinkt. Und Qualität kostet immer mehr als quantitativ viel „Futter", z.B. Mittel- und Einfachprodukte.
Mit der Einführung und werblichen Herausstellung des Feinkostsortiments hat die Branche ein Umsatzfeld erschlossen, das in erheblichem Maße zur Existenzsicherung beiträgt. Erstaunlich schnell konnten hier beachtliche Umsatz-

teile gewonnen werden, weitere beträchtliche Zuwächse sind zu erwarten. Die Begründung für diese erfreuliche Entwicklung dürfte sicher in der Tatsache zu suchen sein, daß gerade das handwerkliche Fleischergewerbe in weiten Bevölkerungskreisen Garant für Frische, hohes Qualitätsniveau, Gestaltungsvielfalt, umfassenden Service und nicht zuletzt für erstklassige Beratung ist. Das ist eine geradezu ideale Voraussetzung dafür, auch im Feinkostbereich beste Erfolge zu erzielen. Das gilt es zu nutzen, zu pflegen und auszubauen.

Fachliche Qualifikation

Von der produktionstechnischen und gestalterischen Seite aus gesehen braucht eine Fachkraft für die Herstellung, Präsentation und den Verkauf dieser Fleischfeinkostspezialitäten eine gediegene Fachausbildung als Fleischer(in) oder Fleischverkäufer(in). Hier ist überdurchschnittlich gutes Können in der Herstellung und im Anrichten von Fleischspezialitäten erforderlich. Die Beschreibung der erforderlichen Qualifikation hört sich im ersten Moment eventuell so an, als ob nur wenige besonders begabte Mitarbeiter in der Branche für die Herstellung der Fleischfeinkostspezialitäten geeignet seien. Hierzu kann mit Sicherheit gesagt werden, daß das beschriebene Tätigkeitsfeld keineswegs nur Sache weniger Topkräfte ist. Die herkömmliche Ausbildung der Fachkräfte im Fleischereigewerbe umfaßt alle im Vorangegangenen angesprochenen Voraussetzungen. Es handelt sich also hier um selbstverständliche Anforderungen innerhalb der zwei- bis dreijährigen Grundausbildung in einem der Fleischerberufe und der sich anschließenden Weiterbildungsmaßnahmen.

Umfang des Angebotes und Werbung

Die Sortimentsbreite im Feinkostbereich hat erheblichen Umfang. Ein gut organisierter Fleischereibetrieb muß für die Herstellung dieses Sortiments spezielle Arbeitsräume haben, die man als „Service-Küche" bezeichnet.
Eine Service-Küche muß so ausgestattet sein, daß beispielsweise vom Leberknödel bis hin zu Spezialitäten der absoluten Spitzenklasse alles

produziert und/oder verkaufsfertig hergerichtet werden kann. Es bedarf sicher keiner tiefer greifenden Erläuterung, daß die Einrichtung einer Serviceküche mit erheblichen Investitionen verbunden ist.

Salate für alle Anlässe

Die Herstellung und der Verkauf von Salaten gehört, mindestens was das Grundsortiment betrifft, eigentlich in den klassischen Produktionsbereich eines Fleischerfachgeschäftes. Fleischsalat, Wurstsalat, Rindfleischsalat und Ochsenmaulsalat sind die Sorten, die schon seit Jahren und Jahrzehnten das Sortiment bereichern. Und, man höre und staune, der gute alte Heringssalat ist mindestens seit Beginn des 20. Jahrhunderts schon in Fleischereien zu finden.

Das neuere und reichhaltigere Salatsortiment ist vielseitiger, abwechslungsreicher und, im Rahmen des lebensmittelrechtlich Zulässigen, nicht mehr auf solche Sorten beschränkt, die ausschließlich oder überwiegend aus Fleisch und/oder Fleischerzeugnissen gefertigt sind. Diese Entwicklung hat nicht nur in der Herstellungsvielfalt manches Neue mit sich gebracht. Sie hat nahezu zwangsläufig auch völlig neue Überlegungen hinsichtlich der Verkehrsfähigkeit eines Salaterzeugnisses notwendig werden lassen. Nämlich dadurch, daß jede rechtliche Reglementierung und sicher mehr unbewußt als bewußt nach Art der Hackfleischverordnung ein Qualitätskodex für Salate entstanden ist. In der Hackfleischverordnung kennt man den Begriff der zeitlich begrenzten Verkehrsfähigkeit für in rohem Zustand belassene Erzeugnisse aufgrund der begrenzten gesundheitlichen Genußtauglichkeit. Mindestens bei einem Teil der angebotenen Salate spielt die gesundheitliche und optische Tauglichkeit eine ganz herausragende Rolle. Das heißt, es gibt eine große Zahl von Salaten, die im lebensmittelrechtlichen Sinne durchaus noch verkehrsfähig sein können, die aber aufgrund ihres optisch nicht mehr ansprechenden Aussehens beim Verbraucher schon nicht mehr „ankommen". Dazu gehören beispielsweise Salate, die einen hohen Anteil von Vegetabilien, wie Gurken, Radieschen usw. enthalten. Gurken und Radieschen sind aus lebensmittelrechtlicher Sicht wesentlich länger genußtauglich als optisch

ansprechend. Und eben diese Gegebenheit muß die logische Konsequenz nach sich ziehen, daß die Frage, ob eine Salatsorte noch weiter feilgehalten werden soll oder nicht, nicht nur über die Frage der Genußtauglichkeit, sondern auch über die Beurteilung des optischen Aussehens entschieden werden muß. Es muß alles vermieden werden, was beim Kunden den Eindruck erwecken könnte, das Salatsortiment insgesamt sei mehr oder weniger regelmäßig überlagert. Wenn sich beim Verbraucher dieser Eindruck erst einmal durchgesetzt hat, ob er dann berechtigt ist oder nicht ist zweitrangig, dann ist der Salatumsatz so gut wie gestorben.

Lebensmittelrecht bei Salaten

Die Herstellung von Salaten ist durch eine Reihe von Gesetzen, Verordnungen, Richtlinien und Leitsätze geregelt.

Hier sind in erster Linie die Bestimmungen des Lebensmittel- und Bedarfsgegenständegesetzes in der zur Zeit gültigen Fassung zu nennen.

Soweit es sich um Salatsorten mit mehr oder weniger hohem Anteil an Fleisch und Fleischerzeugnissen handelt, sind selbstverständlich alle für das Fleischergewerbe wichtigen Vorschriften des Gesetzgebers zu beachten.

Spezielle Leitsätze für Salate, bzw. Feinkost-Erzeugnisse zum Deutschen Lebensmittelbuch gibt es noch nicht. Es gibt jedoch „Freiwillige Leitsätze" für eine Reihe von Feinkosterzeugnissen, die der Bundesverband der Feinkostindustrie e.V. herausgegeben hat. Diese freiwilligen Leitsätze bilden bundesweit die fachliche Grundlage in allen Rechtsentscheidungen. Diese Tatsache ist Veranlassung diese Leitsätze nachfolgend vorzustellen.

Begriffsdefinition „Feinkost"
Der Verband gibt zunächst eine Definition des Begriffes „Feinkost". Sie lautet:
Feinkosterzeugnisse sind Lebensmittel, die nach Art, Beschaffenheit, Geschmack und Qualität dazu bestimmt sind, besonderen Ansprüchen bzw. verfeinerten Eßgewohnheiten zu dienen. Bei Rohstoffauswahl, Herstellung und Vertrieb der Erzeugnisse wird eine besondere Sorgfalt angewendet.

Herstellungsablauf

In der Regel ist die Herstellung von Salaten in den Betrieben Sache des Verkaufspersonals. Selbst in Fleischereien, in denen für die Herstellung von Fleischfeinkosterzeugnissen eine oder mehrere spezielle Fachkräfte beschäftigt werden, kann auf die Mitarbeit des Verkaufspersonals meist nicht völlig verzichtet werden. Da dieses Arbeitsgebiet ohnehin zur Berufsausbildung einer Fleischereiverkäuferin gehört, gibt es bei der Abwicklung besagter Arbeiten auch keinerlei Schwierigkeiten. Ein organisatorisches Problem kann allerdings entstehen, wenn für die erforderlichen Zerkleinerungsarbeiten der Verkaufsraum zur Salatküche umfunktioniert wird. In dem rein kaufmännisch durchaus erstrebenswerten Bemühen, alle Arbeitskräfte so optimal wie nur irgend möglich zu nutzen, ist es naheliegend, die für die Salatherstellung erforderlichen Schneidearbeiten, sei es nun das Schneiden auf der im Laden stehenden Aufschnittmaschine oder nur das Schneiden per Hand, zwischen dem Bedienen der Kunden zu erledigen. Diesem aus betriebswirtschaftlicher Sicht verständlichen Bemühen, Leerlaufzeiten im Verkauf möglichst zu vermeiden, steht in diesem Fall der fachliche Grundsatz entgegen, daß jede Form der Be- und Verarbeitung vor den Augen der Kunden tunlichst zu unterlassen ist. Das heißt, die Herstellung von Fleischfeinkosterzeugnissen aller Art, also auch der Salate, sollte nicht im Verkaufsraum, sondern in einem geeigneten Raum im übrigen Geschäftsbereich geschehen. Nur in wirklich unumgänglichen Ausnahmefällen kann dieser Grundsatz durchbrochen werden. Die Begründung für die konsequente Beachtung dieses Prinzips liegt ganz einfach in der Tatsache, daß die breite Masse der Verbraucher als fachliche Laien sehr eigene Vorstellungen haben, wie die gewerbsmäßige Herstellung von Salaten und ähnlichem im wahrsten Sinne des Wortes zu „handhaben" ist. Daß diese Vorstellung sehr oft fern jeder Realität ist, findet der aufmerksame Fachmann fast täglich erneut bestätigt. Um hier überflüssige Diskussionen und noch mehr überflüssiges Gerede unter den Kunden zu vermeiden, sollte man dem Ganzen dadurch aus dem Weg gehen, daß man es vermeidet vor den Augen der Kunden zu „produzieren".

Bei der Herstellung von Salaten und anderen Erzeugnissen für das kalte und warme Buffet muß vor allem darauf geachtet werden, daß dabei keine Verunreinigung mit gefährlichen Mikroben erfolgen kann.

Da Frischfleisch kein keimfreies Lebensmittel ist und besonders Geflügel- aber auch Schweinefleisch nicht selten mit Salmonellen verunreinigt (kontaminiert) sind, besteht die erhöhte Gefahr, daß andere Lebensmittel, die mit rohem Fleisch in Berührung kommen, ebenfalls mit Salmonellen oder anderen gefährlichen Keimen verunreinigt werden.

Erkrankungen durch den Genuß von Kartoffelsalat, der durch unachtsame Behandlungs- und Herstellungspraktiken mit Salmonellen kontaminiert wurde, haben sich in der Vergangenheit nicht gerade selten ereignet und sind oft deshalb so spektakulär, weil fast immer ein größerer Personenkreis davon betroffen war.

Die Gefahr wird umso größer, wenn in dem verunreinigten Lebensmittel die Krankheitserreger Gelegenheit zur Vermehrung haben, wobei insbesondere mangelhafte Kühlung Vorschub leistet. Es ist daher bei der Herstellung von Salaten und anderen das Sortiment ergänzenden Zubereitungen unbedingt darauf zu achten, daß derartige Kontaminationen verhindert werden.

Die Lebensmittelhygiene-Verordnungen der Bundesländer enthalten im Übrigen entsprechende Vorschriften, nach denen Lebensmittel nachteiligen Behandlungsverfahren nicht unterworfen werden dürfen. Grundsätzlich wird daher auch für die Herstellung von Salaten und ähnlichen Speisen ein separater Raum gefordert, der den notwendigen hygienischen Anforderungen entspricht. Neben einer peinlichen Sauberkeit bei der Zubereitung ist insbesondere eine Kühlung nach der Fertigstellung bis zur Abgabe an den Verbraucher oberstes Gebot.

Das Salatsortiment

Salate sind in Ihrer Zusammensetzung vielseitig und lassen sich auch vielseitig verwenden.

Da gibt es einmal die Beilagensalate, die zu den verschiedensten Hauptgerichten gereicht werden. Hier sind die Blatt- und Gemüsesalate einzuordnen, die in rohem Zustand auch als Rohkostsalate bezeichnet werden können. Nicht zuletzt gibt es dann die Gruppe der Party-Salate, die überwiegend in jüngerer Zeit kreiertwurden und in ihrer fein abgestuften Zusammensetzung zu den bevorzugten Delikatessen gezählt werden können. Ausgesuchtes Material bester Rohstoffe kommen hier zur Verwendung. Das heißt, bei der Herstellung von Salaten geht es immer nur um erste Qualitäten. Abstufungen sind hier in der Regel nicht üblich.

Fachwissen für die Salatherstellung

Für die Herstellung hochwertiger Salate, Dips und Dressings sind umfassende spezielle Kenntnisse unbedingt erforderlich. Dabei ist zu beachten, daß es nicht genügt, „nur" in Fragen der Fleischbe- und -verarbeitung bewandert zu sein.

Die Ausgangsmaterialien für die Salatherstellung gehen weit über den üblichen Sortimentsumfang eines gut geführten Fleischereibetriebes hinaus. Neben Rind-, Kalb- und Schweinefleisch und der aus diesen Materialien hergestellten Fleischerzeugnisse werden für die Salatherstellung auch Geflügel, Wild, Fisch, Schalentiere, Eier, Käse in verschiedenen Sorten und Zubereitungen, Obst, Blattsalate und eine ganze Reihe weiterer Gemüsesorten verwendet.

Über jede Materialart gibt es wissenswertes, das man als Fachkraft im Fleischerfachgeschäft kennen muß, wenn man in dem hier angesprochenen Sortimentsbereich auf hohem Qualitätsniveau arbeiten will.

Fleisch und Fleischerzeugnisse

Bei Fachleuten aus dem Fleischergewerbe wird man voraussetzen können, daß gut fundierte Fachkenntnisse in allen Fragen, die Fleisch und Fleischerzeugnisse betreffen, vorhanden sind. Darüber hinaus erscheint es doch sinnvoll, auf die produktspezifischen Feinheiten bestimmter Materialien einzugehen, die nicht dem Oberbegriff „Fleisch" zuzuordnen sind.

Wie bereits ausgeführt, sind daher Salate jeder Art Erzeugnisse der Spitzenqualität. Es ist daher nicht mehr als selbstverständlich, daß für deren Herstellung generell nur bestes Material verwendet wird. Wer annimmt, mit der Herstellung von Salaten eröffne sich eine ausgezeichnete Möglichkeit, überlagerte oder nicht ansehnliche An- und Abschnitte aus dem Fleisch-

und Wurstsortiment unterbringen zu können, der wird mit Sicherheit eine herbe Umsatzenttäuschung erleben. Salate sind qualitativ nicht anders zu sehen, als alle anderen zubereitungsfertigen Frischfleischerzeugnisse auch. Sie sind nicht dazu da, mit zweitklassigem Material erstklassige Verkaufspreise zu erzielen.

Um hier Mißverständnisse erst gar nicht entstehen zu lassen, soll im Folgenden auf das Stichwort „Verarbeitung von An- und Abschnitten" etwas näher eingegangen werden. Es ist beispielsweise durchaus in Ordnung, Schinkenanschnitte oder ein Schinkenende für die Herstellung eines Salates zu verwenden. Hier handelt es sich um qualitativ einwandfreies Material, das nur den einen „Nachteil" hat, daß es nach heutiger Verbrauchererwartung optisch „nichts hergibt" und folglich anderweitig, optisch ansehnlicher gestaltet, besser verwendet werden muß.

Verwendung solcher und ähnlicher Materialien ginge jedoch nicht mehr in Ordnung, wenn diese Stücke einen unvertretbar hohen Anteil an Kollagenen und fetten Bestandteilen hätten, oder wenn bereits tagelang bei eventuell auch noch sehr schwankenden Temperaturen in der Verkaufstheke oder im Kühlraum herumgelegen hätten, ehe sie verarbeitet werden. Bei solchen Stücken wäre davon auszugehen, daß deren bakterielle Beeinflussung schon so weit fortgeschritten ist, daß kurzfristig geschmackliche Beeinträchtigungen des Fertigproduktes bestehen, die sich verhältnismäßig schnell bis zur Genußuntauglichkeit weiterentwickeln könnten.

Kein Qualitätsroulett

Wer in Verkennung der Folgen solche Risiken leichtfertig eingeht, kann einen Salat, der mit solch zweifelhaften Materialien hergestellt wurde, eventuell verkaufen. Ob der Kunde dieses Produkt auch noch verzehren kann, muß dann in Frage gestellt werden. Das hat sicher auch in sogenannten Grenzfällen seine Berechtigung, weil man davon ausgehen muß das der Salat einerseits ein hochempfindliches Produkt ist und häufig auch noch bis zu seinem völligen Verzehr beim Kunden 24 Stunden und länger im Haushaltskühlschrank gelagert wird. Wenn dieser Salat dann aus den dargelegten Gründen sehr verderbnisanfällig ist, wird er diese 24 Stunden nicht überstehen.

In der Salatherstellung muß also, genau wie in anderen Bereichen der Fleischbe- und -verarbeitung auch, Frische oberstes Gebot sein.

Weiteres Salatmaterial

Die gleichen Grundsätze, die für die klassischen Fleischarten und Fleischerzeugnisse zur Salatherstellung gelten, sind auch für die Verwendung von **Wild- und Geflügelfleisch** zu beachten. Gerade bei Geflügel ist das Frischeprinzip äußerst wichtig, da Geflügelfleisch bekanntlich besonders schnell verderben kann. Man denke hier nur an die Salmonellengefahr. Insbesondere in der warmen Jahreszeit verderben auch **Fische und Schalentiere** besonders schnell. Folglich ist auch hier dafür Sorge zu tragen, daß nur frische Ware zur Verarbeitung kommt.

Die Behandlung und die Verwendungsmöglichkeiten von **Käsespezialitäten,** einem weiteren wichtigen Rohstoff für die Salatherstellung, sind fast schon eine Wissenschaft für sich. Hier ist es sehr dienlich, mit dem vermeintlich unempfindlichen Rohstoff „Käse" richtig umzugehen, denn so robust, wie oft fälschlicherweise angenommen wird, ist die Haltbarkeit von Käse nicht. Kenntnisse in der Käseverarbeitung sollten daher deutlich über das allgemeine Laienwissen hinausgehen. Es ist zu empfehlen entsprechende Fachliteratur zu lesen und in Fachseminaren das praktische Arbeiten mit Käse zu erlernen bzw. zu vertiefen.

Ein weiteres, sehr empfindliches Material sind **Blattsalate.** Es wäre ein Irrtum, wenn man sagen würde, daß diese Blattsalate, nur weil man sie auch unter dem Oberbegriff „Vegetarische Salate" einordnen könnte, in einem Fleischereibetrieb nichts zu suchen haben. Bei der Herstellung kalter Buffets, mehr noch bei Menüs, sind Blattsalate als Vorspeise oder Beigabe zum Hauptgericht, oder auch nur als Dekorationsmittel, eine willkommene Bereicherung. Zu den einzelnen vegetarischen Salaten im Folgenden einige Erläuterungen:

Bei **Chicorée** sollten nur feste, geschlossene Stauden verwendet werden. Die Frische läßt sich daran erkennen, daß die Stauden in den äußeren Blättern weiß, in den Spitzen leicht gelblich sind. Bei grüner Farbe in den Spitzen

handelt es sich um alte Ware. Dieses Grün geht nach längerer und unsachgemäßer Lagerung in bräunliche Farbe über, die Fäulnis setzt ein.

Kopfsalat soll eine frische grüne bis hellgrüne Farbe haben. Die Blätter sollen fest, trocken und geschlossen sein.

Chinakohl ist eine Salatsorte, die sich ständig wachsender Beliebtheit erfreut. Die etwas länglichen Stauden werden in der Regel in bester Frische angeboten.

Be- und Verarbeitung von Gemüse

Die Gemüsearten, die für die Salatherstellung geeignet sind, können ihrer unterschiedlichen Sorten nach kaum aufgezählt werden, so groß ist ihre Zahl. Hier sind in der Verwendung dieser Gemüsearten dem Ideenreichtum und der Verwendungsvielfalt keine Grenzen gesetzt. Die Gemüsearten sind auch deshalb für die Salatherstellung interessant, weil sie ganzjährig zu weitgehend gleichbleibenden Preisen zur Verfügung stehen. Je nach Jahreszeit kann man Frischware, Konserven oder Tiefkühlwaren verarbeiten. Bei allen drei Beschaffenheitsformen läßt die Qualität in der Regel nichts zu wünschen übrig, vorausgesetzt, man verwendet nur Spitzenerzeugnisse. Es ist empfehlenswert, **Artischocken** nur als Konservenware zu verwenden. Man bekommt so immer eine gleichbleibende Qualität und erspart sich ein sehr zeitaufwendiges Herrichten der Frischware und erhebliche Anteile an Putzverlusten.

Avokados sind die Früchte des Avokadobaumes. Es ist eine der ältesten Pflanzen der Erde.

Reife Avokadofrüchte fühlen sich leicht weich an. Die Haut am Stielende muß sich leicht abziehen lasen. Zum Füllen und/oder Würfeln eignen sich am besten nicht zu reife Früchte. Zum Füllen werden die Avokados längs rundum bis zum Kern aufgeschnitten. Die Frucht läßt sich dann aufklappen, der Kern wird herausgelöst. Das Kernbett wird für das Einlegen des Füllgutes verwendet.

Um das schnelle Abdunkeln der Schnittflächen von Avokados zu vermeiden, werden sie mit Zitronensaft beträufelt und mit Klarsichtfolie abgedeckt.

Frische **Champignons** sind fast weiß, und zeigen keinerlei Anzeichen von Austrocknung. Letzteres insbesondere nicht an der Schnittflächen der Stiele. Sehr oft besteht die Neigung Champignons als Dosenware zu verarbeiten, weil man das Putzen der frischen Pilze scheut. Es steht aber außer Zweifel, daß frische Champignons um Klassen besser schmecken als Dosenware. Das heißt, es müßte schon fast als Qualitätsabfall bezeichnet werden, wenn Dosenchampignons anstelle von frischen Champignons verarbeitet werden. Es sei denn, es ist jahreszeitlich bedingt keine frische Ware zu bekommen. Das Putzen der frischen Pilze läßt sich wie folgt recht gut und rationell erledigen:

Die Stiele werden dünn abgeschnitten. Dann werden die Pilze in eine ausreichend große Schüssel gegeben. Pro Kilogramm Ware kommen vier bis fünf Eßlöffel möglichst grobes Kochsalz und der Saft von vier kräftigen Zitronen hinzu. Das Ganze wird in der Schüssel vorsichtig so lange gewendet, bis sich die Häute der Pilze lösen. Die Pilze werden dann mehrmals mit immer wieder frischem, kaltem Wasser abgespült, und mit einem Sieblöffel aus dem Wasser geholt, damit der an den Pilzen haftende Sand und Schmutz auf dem Schüsselboden liegen bleibt.

Wenn die Pilze keinen Sand abgeben, können sie gut abgetropft weiterverarbeitet werden.

Gewürzgurken kommen logischerweise als Konserven zur Verarbeitung. Man verwendet für Gewürzgurken, je nach Größe, verschiedene Namen. Da gibt es zunächst die **Cornichons.** Sie sind sehr klein, und werden in der üblichen Gewürzmarinade konserviert.

Den Cornichons ähnlich sind die Pfeffergurken. Sie unterscheiden sich gegenüber den Cornichons, daß die Marinade kräftig gepfeffert ist. Das überträgt sich selbstverständlich auf die in der Marinade liegenden kleinen Gurken.

Den größten Marktanteil unter den Gewürzgurken haben die großen Früchte. Sie werden in unterschiedlichen Beschaffenheiten angeboten. Soweit sie als Großgebinde im Zehnlitereimer eingekauft werden, sind sie nach Größe sortiert. Die gängigsten Größen sind 55/60 und 60/65. Diese Angaben beziehen sich auf die Länge der Gewürzgurken in Millimeter. Bei den Gewürzgurken wird weiterhin in der äußeren Beschaffenheit der Produkte unterschieden. Den höchsten Preis, weil angeblich am gefragtesten, haben die geraden Gurken, das heißt, diese Gurken dürfen nur eine leicht (natürliche) Krümmung haben. Alle anders geformten Gurken werden als „Krüppelgurken" angeboten und sind entsprechend preisgünstiger. Den niedrigsten Preis haben die in Scheiben geschnittenen Gurken.

Die Preisunterschiede bei den verschiedenen Gewürzgurken entstehen aufgrund der unterschiedlichen äußeren Beschaffenheit. Je nachdem, wie die Gewürzgurken weiterverwendet werden sollen, kann also durchaus die eine oder andere preiswertere Handelsform eingekauft werden. Qualitativ und geschmacklich besteht zwischen allen Sortierungen kein Unterschied.

Bei den **Kartoffeln** gibt es im Handel sogenannte **Salat-Kartoffeln,** also Ware, die, wie der Name schon sagt, für die Herstellung von Kartoffelsalat besonders geeignet ist. Es ist trotzdem ratsam, bei diesen Spezialsorten deren Eignung für die Salatherstellung kritisch zu prüfen. Salatkartoffeln sollen eine leicht gelbe Farbe haben und nicht mehlig sondern festkochend sein. Die Kartoffeln nehmen das Würzaroma der Salatsoßen besonders gut an, wenn sie, die Kartoffeln, warm verarbeitet bzw. angerichtet werden. Die Kartoffeln müssen nach dem Kochen deshalb nur so weit abkühlen, daß sie angefaßt und geschält werden können. Danach werden sie sofort geblättert und angerichtet. Wenn es nicht zu vermeiden ist, daß die Kartoffeln erst in erkaltetem Zustand weiterverarbeitet werden können, dann sollte die Salatsoße angewärmt verwendet werden.

Die Qualität von **Paprikaschoten** läßt sich leicht beurteilen. Paprikaschoten müssen eine glatte Haut haben und sind in den drei Farben rot, grün und gelb gleich gut. Will man die Schärfe der Schoten voll zur Geltung kommen lassen, muß man frische Ware verarbeiten. Wenn es mehr um die farbliche Dekoration geht, lassen sich auch recht gut die roten Paprikaschoten in Gläsern verwenden.

Zwiebeln, die in Fleischereien verwendet werden, sind überwiegend die sogenannten **Metzgerzwiebeln.** Das sind große Früchte, die sich rationell schälen und zerkleinern lassen. In bezug auf die Salatherstellung muß man hier bedenken, daß diese Metzgerzwiebeln nicht unbedingt auch für die Herstellung dieser Spezialitäten geeignet sind, da Zwiebeln mit zunehmender Größe an Würzkraft verlieren. Diese Würzkraft ist nur zurückzugewinnen, wenn die Zwiebeln zu einem Produkt verarbeitet werden, dem auch Salz zugesetzt wird.

Die Verarbeitung von Obstmaterial

Ähnlich wie bei den Gemüsesorten gibt es auch beim Obst ein breites, ganzjähriges Warenangebot. Es ist sicher unnötig auch hier noch einmal darauf hinzuweisen, daß nur Früchte bester Qualität verarbeitet werden sollten.

Äpfel kommen bei verschiedenen Spezialitäten zur Verarbeitung. Am besten eignen sich hier die Sorten Boskop, Cox Orange und Golden Delicious. In Scheiben geschnittene oder gewürfelte Äpfel müssen sofort in kaltes Zitronen- oder Essigwasser eingelegt werden, damit sie sich nicht braun verfärben. Bei der Herstellung der Salate werden Äpfel stets zuletzt dem Gemenge beigegeben.

Ananas ist für die Salatherstellung sehr beliebt und auch bestens geeignet. Sie läßt sich am einfachsten als Dosenware in Scheiben oder gewürfelt verarbeiten. Sie steht den frischen Früchten qualitativ und geschmacklich in nichts nach. Wichtig ist nur, daß die Dosenware vor ihrer Weiterverarbeitung lange genug abtropfen konnte. Bei Ananas ist auch zu beachten, daß frische Ware in der Regel, besonders in Verbindung mit Mayonnaise schon am zweiten Tag nach Herstellung der Spezialität anfängt zu gären.

Bananen, die für die Salatherstellung verwendet werden sollen, müssen fest und reif sein. In diesem Stadium haben Bananen eine kräftig gelbe Farbe ohne erkennbare Braunfärbung. Sowie auf der Bananenschale braune Flecken oder braune Stipse erkennbar werden, ist das das Zeichen dafür, daß die Früchte überreif sind. Das Fruchtfleisch ist dann für die Salatherstellung zu weich, also nicht mehr verwendbar. Es sollten aber auch keine zu wenig gereiften Bananen, also solche mit noch erkennbarer Grünfärbung an der Schale verarbeitet werden. Ihnen fehlt noch das typische Fruchtaroma. Genau wie Äpfel werden Bananenscheiben sehr schnell braun und unansehnlich. Das läßt sich vermeiden wenn die Scheiben mit Zitronensaft beträufelt werden.

Birnen sollten bei der Verarbeitung zwar reif, aber nicht überreif sein, da sie sonst zu weich sind und zu viel Fruchtsaft absondern. Auch Birnenscheiben werden kurz mit Zitronensaft beträufelt oder in Essigwasser eingelegt.

Citrusfrüchte, wie **Orangen, Mandarinen, Zitronen und Grapefruits** sollen zart im Fruchtfleisch und saftig aber auch nicht überreif sein.

All diese Nahrungsmittel, die erst in jüngerer Zeit in den Fleischereibetrieben eine so große Bedeutung als Verarbeitungsmaterial gewonnen haben, bedürfen, wie schon erwähnt, der materialspezifischen kalkulatorischen Behandlung. Dies sei hier zunächst nur erwähnt.

Kühlen und Verkaufen

Die fertig hergestellten Salate werden in Behältern gelagert, die sich leicht abdecken lassen, ohne luftdicht zu verschließen. Für die Präsentation der Salate in der Verkaufstheke sollte eine Batterie Salatschüsseln mit passenden Bestekken in verschiedenen Größen und gleichem Dekor zur Verfügung stehen.

Das Salatsortiment sollte in der Theke einen festen Platz haben. Die Salatschüsseln mit ihrem Inhalt können keinesfalls Lückenstopfer sein, die überall dort in der Theke plaziert sind, wo sich weder Wurst- noch Fleischwaren unterbringen lassen.

Die Salatabteilung muß so gestaltet sein, daß auch die Bestimmungen der einschlägigen Hygienevorschriften und der Preisauszeichnungs-Verordnung beachtet und eingehalten werden können.

Salatrezepte als Qualitätsgarant

Es gibt mehrere Gründe, die dafür sprechen, daß die Rezepte für die verschiedenen Salate schriftlich vorliegen. Das kann in Form eines Rezeptbuches sein. Es gibt jedoch auch eigene Spezialitäten, die im Betrieb kreiert wurden. Für diese Eigenbausalate sollten ebenfalls schriftliche Rezepte vorliegen. Dafür verwendet man am besten Rezeptvordrucke, die auffindbar geordnet in einer Sammelmappe anzulegen sind.

Recht häufig hört man von erfahrenen Fachkollegen/innen: „Was soll ein schriftliches Rezept mit Produktbeschreibung und allen wissenswerten Produktionsdaten? Ich weiß doch auswendig, wie es gemacht wird".

Im ersten Moment mag der Eindruck entstehen, daß dies ausreicht. Bei näherer Betrachtung ist jedoch nicht zu übersehen, daß die Herstellung aller Frischfleischerzeugnisse nur aus dem

Gedächtnis ein Risiko ist. Genaues Arbeiten nach Rezeptur gewährleistet zunächst einmal ständig gleichbleibende Produktbeschaffenheit. Das trifft für den Geschmack wie für das Aussehen zu. Die schriftliche Rezeptur bringt den weiteren Vorteil, daß die Salatherstellung nicht nur auf eine Person konzentriert werden muß. Es ist in den meisten Betrieben so, daß eine ganz bestimmte Person für die Produktion des Feinkostsortiments verantwortlich ist. Sowie diese Person aus welchen Gründen auch immer ausfällt, ist die Salatbeschaffenheit, so wie sie der Kunde kennt und schätzt mindestens in Frage gestellt.

Dadurch, daß plötzlich eine andere Person die Herstellung übernehmen muß und nicht auf bisherige Rezepte mit der Materialzusammenstellung zurückgreifen kann, entsteht zwangsläufig ein mehr oder weniger verändertes Produkt, welches unter Umständen den Umsatz ins Stocken bringt. Das veränderte Erzeugnis muß gar nicht schlechter sein als das Ursprüngliche. Hier genügt schon eine Geschmacksänderung, die der Kunde nicht gewohnt ist und schon leidet die Abverkaufsmenge.

Tunken, Dips und kalte Soßen

Rezept 4801

Salatsoße

Material für 100 kg
35,0 kg Essig
38,0 kg Salatöl
6,0 kg Kochsalz
2,0 kg Pfeffer
12,0 kg Zitronensaft
7,0 kg Zucker

Herstellung
Das gesamte Material wird zu einer gleichmäßigen Masse verquirlt.

Hinweis
Dünnflüssige Salatsoßen bleiben häufig als unverkäuflicher Rückstand in der Salatschüssel. Aus diesem Grund wird das hier dargestellte Zwischenprodukt in der Kalkulation nur seinem Wert nach, aber nicht mit dem Gewicht, berücksichtigt

Rezept 4802

Kräuter-Salatsoße

Material für 100 kg
25,0 kg Eier, hart gekocht
12,0 kg Weinessig
3,0 kg Wasser
2,0 kg Zucker
23,0 kg Joghurt
30,0 kg Kräuter, fein gehackt

2,0 kg Kochsalz
2,0 kg Paprika, edelsüß

Als Kräuter können verwendet werden:
Petersilie, Schnittlauch, Melisse, Kerbel, Dill, Estragon.

Herstellung
Die hart gekochten Eier werden klein gehackt und mit dem übrigen Material zu einer gleichmäßigen Soße verquirlt.

Rezept 4803

Teufelsoße

Material für 100 kg
40,0 kg Mayonnaise
40,0 kg Tomatenketchup
20,0 kg Meerrettichsenf

Gewürze und Zutaten je kg Masse
Tabasco

Herstellung
Das gesamte Material wird zu einer gleichmäßigen Masse verrührt. Das Ganze wird mit Tabasco abgeschmeckt.

Rezept 4804

Salatsoße „Spezial"

Material für 100 kg
41,0 kg Mayonnaise
41,0 kg Joghurt

8,0 kg   Weinessig
5,0 kg   Zucker
5,0 kg   Paprika, edelsüß

Herstellung

Das gesamte Material wird zu einer gleichmäßigen Masse verrührt.

Rezept 4805

Gourmet-Salatsoße

Material für 100 kg

33,0 kg   Salatöl
33,0 kg   Eier, hart gekocht
3,0 kg   Kochsalz
1,0 kg   Pfeffer
3,0 kg   Meerrettichsenf
20,0 kg   Weinessig
1,0 kg   Zitronensaft
6,0 kg   Zucker

Herstellung

Die Eier werden klein gewürfelt und mit dem übrigen Material zu einer gleichmäßigen Masse verquirlt.

Rezept 4806

Remouladensoße

Material für 100 kg

44,0 kg   Mayonnaise
3,0 kg   Sardellen
29,0 kg   Eier, hart gekocht
9,0 kg   Gewürzgurken
6,0 kg   Kapern
3,0 kg   Zwiebeln, roh
6,0 kg   Kräuter (Dill, Estragon, Schnittlauch, Petersilie)

Gewürze und Zutaten je kg Masse
     Kochsalz
     Senf

Herstellung

1. Die Sardellen werden sehr gut gewässert.
2. Sardellen, Eier, Gewürzgurken, Kapern, Zwiebeln, Kräuter werden klein gehackt und im Mixer zu einer glatten Masse gerührt. Diesem Gemenge wird die Mayonnaise beigerührt.

Hinweis

Anstelle von Mayonnaise kann auch Quark-Mayonnaise (4809) oder Joghurt-Mayonnaise (4808) verwendet werden.

Rezept 4807

Cumberland-Soße

Material für 100 kg

30,0 kg   Johannisbeergelee
10,0 kg   Zwiebeln, roh
15,0 kg   Senf
45,0 kg   Rotwein

Gewürze und Zutaten je kg Masse
     Kochsalz
     Zitronensaft
     Orangensaft

Herstellung

1. Die Zwiebeln werden sehr klein gehackt.
2. Das gesamte Material wird miteinander vermengt und mit den Gewürzen und Zutaten abgeschmeckt.
3. Auf Wunsch kann die Soße mit geriebenem Apfel eingedickt werden.

Rezept 4808

Joghurt-Mayonnaise

Material für 100 kg

65,0 kg   Mayonnaise
35,0 kg   Joghurt

Gewürze und Zutaten je kg Masse
     Kochsalz
     Zitronensaft

Herstellung

1. Dem Joghurt wird Kochsalz und Zitronensaft nach Geschmack beigemengt.
2. Im weiteren Arbeitsgang werden Mayonnaise und Joghurt miteinander vermengt.

Hinweis

Die herkömmlichen Mayonnaisen werden immer häufiger als zu schwer verdaulich empfunden. Der Kaloriengehalt ist hoch. Beide Negativaspekte lassen sich auf ein vertretbares Maß reduzieren, wenn der Mayonnaise Joghurt beigemengt wird.

Rezept 4809

Quark-Mayonnaise

Material für 100 kg

65,0 kg   Mayonnaise
35,0 kg   Quark

Gewürze und Zutaten je kg Masse
    Kochsalz
    Zitronensaft

Herstellung
Der Quark wird mit Kochsalz und Zitronensaft
abgeschmeckt und mit der Mayonnaise verrührt.

Rezept 4810

Apfelkren

Material für 100 kg
33,3 kg   Äpfel
33,4 kg   Meerrettich, gerieben
33,3 kg   Saure Sahne

Gewürze und Zutaten je kg Masse
    Salz
    Zucker
    Zitronensaft

Herstellung
1. Die Äpfel werden geschält, entkernt und
   gerieben.
2. Die Sahne wird geschlagen.
3. Die drei Materialien werden miteinander
   vermengt und mit den Gewürzen und Zutaten
   abgeschmeckt.

Rezept 4811

Kräuter-Salatsoße

Material für 100 kg
20,0 kg   Joghurt
20,0 kg   Mayonnaise
20,0 kg   Kräuter, gehackt (Dill, Estragon, Pe-
          tersilie)
20,0 kg   Eier, hart gekocht
20,0 kg   Zwiebeln

Gewürze und Zutaten je kg Masse
    Salz
    Pfeffer
    Essig

Herstellung
1. Die Kräuter werden fein gehackt. Falls getrocknete Kräuter verwendet werden müssen, ist die anteilige Menge zu reduzieren.
2. Die hartgekochten Eier werden fein gehackt,
   die Zwiebeln werden klein gewürfelt.
3. Das gesamte Material wird zu einer gleichmäßigen Masse verrührt.

Rezept 4812

Worcestershire-Soße

Material für 100 kg
13,5 kg   Tarragona-Wein
10,0 kg   Tamarindenmus
 0,2 kg   Taraxacum-Extrakt
 4,0 kg   Zitronen
 0,5 kg   Sardellen
 0,1 kg   Zuckercoleur (Zuckereinbrenn)
 3,5 kg   Walnußsoße, fertige Ware
10,0 kg   Champignonsoße (4819)
 0,3 kg   Paprika, edelsüß
 0,6 kg   Curry
16,2 kg   Tomatenpüree, Dosenware
 0,1 kg   Muskatöl
 7,0 kg   Meerrettich-Essig
 7,0 kg   Knoblauch-Essig
 7,0 kg   Estragon-Essig
20,0 kg   Malz-Essig

Herstellung
1. Das Tamarindenmus und der Taraxacum-
   Extrakt werden aufgelöst. Dazu werden
   diese Materialien in die angegebene Menge
   Tarragonawein, eine spanische Spezialität
   bester Qualität, eingelegt.
2. Die Sardellen werden ausreichend lange
   gewässert und dann fein gehackt oder
   püriert.
3. Die Zitronen werden ausgepreßt.
4. Aus dem Zucker wird ein Zuckercoleur hergestellt.
5. Dem Weingemenge werden dann Tomatenpüree, Walnuß- und Champignonsoße, Muskatöl, Zuckercoleur, Curry, Paprika, Zitronensaft und Sardellen zugegeben. Das Ganze
   wird vermischt. Anschließend werden die
   genannten Essigsorten dazugerührt.
6. Die fertig angerührte Soße soll in einem
   Behälter ca. 3 Wochen ruhen, damit sich die
   Zutaten innig vermischen. Während dieser
   Zeit ist die Soße häufig umzurühren.
7. Nach drei Wochen wird das Gemenge abgefiltert und in Flaschen gefüllt. Die Haltbarkeit wird durch die konservierende Wirkung
   der Essigsorten gewährleistet.
8. Die Flaschen können 75 Minuten bei 85 Grad
   C erhitzt werden.

Rezept 4813

Apfel-Dressing

Material für 100 kg
28,0 kg   Äpfel
 5,0 kg   Zitronensaft
28,0 kg   Zwiebeln, roh
20,0 kg   Pflanzenöl
 2,0 kg   Curry
17,0 kg   Mango-Chutney

Gewürze und Zutaten je kg Masse
    Salz
    Zucker
    Tabasco

Herstellung
1. Die Äpfel werden geschält, entkernt und gerieben. Sie werden sofort mit dem Zitronensaft verrührt, damit sie nicht braun werden.
2. Die Zwiebeln werden sehr fein gehackt oder gerieben.
3. Das gesamte Material wird zu einer gleichmäßigen Masse verrührt.

Rezept 4814

Salatsoße für Meeresfrüchte

Material für 100 kg
50,0 kg   Eier, hart gekocht
12,5 kg   Kräuteressig
30,0 kg   Wasser
 2,5 kg   Schnittlauch
 2,5 kg   Dillspitzen
 2,5 kg   frische Petersilie

Gewürze und Zutaten je kg Masse
    Salz, Zucker, Pfeffer

Herstellung
Eier, Schnittlauch, Dillspitzen und Petersilie werden fein gehackt, mit den übrigen Materialien gleichmäßig vermengt und mit den Gewürzen und Zutaten abgeschmeckt.

Rezept 4815

Remouladen-Salatsoße

Material für 100 kg
60,0 kg   Remouladensoße (4806)
10,0 kg   Meerrettichsenf
30,0 kg   Saure Sahne

Herstellung
Das gesamte Material wird miteinander vermengt.

Rezept 4816

Salatsoße mit Rotweinessig

Material für 100 kg
25,0 kg   Rotweinessig
30,0 kg   Fleischbrühe, hell
30,0 kg   Salatöl
 5,0 kg   Meerrettichsenf
10,0 kg   Kapern

Gewürze und Zutaten je kg Masse
    Salz
    Pfeffer

Herstellung
Das gesamte Material wird miteinander vermischt.

Rezept 4817

Meerrettichsoße

Material für 100 kg
10,0 kg   Weißbrot oder Semmeln ohne Rinden
30,0 kg   Knochenbrühe, hell, (5101)
30,0 kg   Süße Sahne
30,0 kg   geriebenen Meerrettich

Herstellung
1. Das Weißbrot wird in der Knochenbrühe eingeweicht und aufgekocht.
2. Unter diese Masse werden die Sahne und der Meerrettich untergezogen. Eventuell mit etwas Salz abschmecken.

Rezept 4818

Eier-Dressing

Material für 100 kg
42,0 kg   Eier, hart gekocht
 5,0 kg   Meerrettichsenf
 9,0 kg   Essig
27,0 kg   Salatöl
 4,5 kg   Kapern
 2,5 kg   Sardellen
 9,0 kg   frische Kräuter (Dill, Petersilie)
 1,0 kg   Estragon

Herstellung
1. Die Eier werden hart gekocht, geschält und klein gehackt.

2. Die Sardellen werden ausreichend lange gewässert und dann ebenfalls klein gehackt.
3. Das Ganze wird zu einer gleichmäßigen Masse verrührt. Mixer benutzen.

Hinweis
Wenn anstatt frischer Kräuter getrocknete Ware verwendet werden muß, sollte die anteilige Menge etwas reduziert werden.

Rezept 4819

Champignonsoße

Material für 100 kg
25,0 kg   Champignons
20,0 kg   Gewürzgurken
30,0 kg   Holländische Soße, fertige Ware

Herstellung
1. Die Champignons werden geputzt und dann in dünne Scheiben geschnitten.
   Ersatzweise kann auch Dosenware verwendet werden.
2. Die Gewürzgurken werden klein gehackt.
3. Das gesamte Material wird zu einer gleichmäßigen Masse verrührt.

Rezept 4820

Sardellen-Mayonnaise

Material für 100 kg
90,0 kg   Mayonnaise
10,0 kg   Sardellenfilets

Herstellung
1. Die Sardellen werden ausreichend gewässert und dann püriert.
2. Mayonnaise und Sardellenpüree werden zu einer Masse gerührt. Das Ganze kann mit Pfeffer abgeschmeckt werden.

Rezept 4821

Frankfurter Grüne Soße

Material für 100 kg
16,0 kg   Kräuterbündel, geputzt; bestehend aus: Petersilie, Schnittlauch, Sauerampfer, Borasch, Kerbel, Pimpernelle, Kresse
30,0 kg   Quark
12,0 kg   Saure Sahne
12,0 kg   Salatmayonnaise
27,0 kg   Eier, hart gekocht

1,0 kg   Essig
1,5 kg   Senf, mittlere Schärfe

Gewürze und Zutaten je kg Masse
Salz
Pfeffer

Herstellung
1. Die geputzten Kräuter werden kleingehackt, (Mixer), ebenso die hartgekochten Eier.
2. Das gesamte Material wird zu einer gleichmäßigen Masse verrührt.

Verwendung
Grüne Soße wird im Frankfurter Raum zu gekochtem Rindfleisch gereicht. Dabei ist es gleichgültig, ob das Rindfleisch kalt (Tellerfleisch) oder warm serviert wird.

Rezept 4822

Gourmet-Dressing

Material für 100 kg
12,5 kg   Mayonnaise
25,0 kg   Joghurt
25,0 kg   Tomatenketchup
12,5 kg   Pfefferschoten
17,5 kg   Eier, hart gekocht
 7,5 kg   Petersilie, gehackt

Gewürze und Zutaten je kg Masse
Chillies
Zitronensaft

Herstellung
1. Die Pfefferschoten, die Eier und die Petersilie werden fein gehackt.
2. Das gesamte Material wird miteinander vermengt und mit den Gewürzen abgeschmeckt.

Rezept 4823

Käse-Dressing

Material für 100 kg
18,0 kg   Mayonnaise
54,0 kg   Joghurt
28,0 kg   Parmesankäse, gerieben

Gewürze und Zutaten je kg Masse
Salz
Paprika
Selleriepulver

Herstellung
1. Alle Materialien werden zu einer glatten Masse verrührt.

2. Die Masse wird mit den angegebenen Gewürzen abgeschmeckt.

Hinweis
1. Der Käsegeschmack kann durch Erhöhung des Käseanteils intensiviert werden.
2. Das Dressing kann durch Zugabe von gut warmem Wasser verdünnt (leicht gemacht) werden.

Rezept 4824

Gurken-Dressing

Material für 100 kg
45,0 kg   Eier, hart gekocht
20,0 kg   Gewürzgurken
 9,0 kg   Kräuter (Petersilie, Dill)
 4,0 kg   Zitronensaft
21,0 kg   Salat-Mayonnaise
 1,0 kg   Worchestershire-Soße

Herstellung
1. Die Eier werden hart gekocht und geschält. Das Eigelb wird zerdrückt und das Eiweiß fein gehackt. Die Gewürzgurken werden klein gewürfelt.
2. Das gesamte Material wird zu einer gleichmäßigen Masse verrührt.

Rezept 4825

Paprika-Dressing

Material für 100 kg
24,0 kg   Paprikaschoten, rot und grün
18,0 kg   Gewürzgurken
12,0 kg   Tomatenmark
24,0 kg   Zwiebeln, roh
 5,0 kg   Weinessig
10,0 kg   Salatöl
 7,0 kg   Senf

Gewürze und Zutaten je kg Masse
    Salz
    Pfeffer
    Knoblauch

Herstellung
1. Die Paprika werden geputzt und klein gewürfelt, ebenso die Gewürzgurken und Zwiebeln.
2. Das gesamte Material wird zu einer gleichmäßigen Masse verrührt.

Rezept 4826

Senf-Dressing

Material für 100 kg
60,0 kg   Delikateß-Senf
16,0 kg   Salatöl
 8,0 kg   Essig
16,0 kg   Kräuter (Dill, Petersilie, Schnittlauch)

Herstellung
1. Die Kräuter werden fein gehackt.
2. Das gesamte Material wird miteinander vermischt.

Rezept 4827

Fischcocktail-Dressing

Material für 100 kg
37,0 kg   Salat-Mayonnaise
30,0 kg   Saure Sahne oder Joghurt
12,0 kg   Senf, mittelscharf
 9,0 kg   Kapern
 3,0 kg   Schnittlauch
 9,0 kg   Petersilie, Kresse

Herstellung
1. Saure Sahne, Senf und Kapern werden miteinander vermengt.
2. Der Schnittlauch wird in kleine Röllchen geschnitten, Petersilie und Kresse gehackt. Alle Kräuter werden unter die Salatsoße gezogen. Ein Teil der Kresse kann zum Garnieren verwendet werden.

Rezept 4828

Geflügel-Dressing

Material für 100 kg
30,0 kg   Salatmayonnaise
30,0 kg   Joghurt
25,0 kg   Zwiebeln
15,0 kg   Petersilie

Gewürze und Zutaten je kg Masse
    Salz
    Pfeffer
    Essig

Herstellung
1. Die Zwiebeln werden klein gewürfelt, die Petersilie gehackt.
2. Aus dem gesamten Material wird eine gleichmäßige Masse hergestellt.

Rezept 4829

Dressing für Heringssalat

Material für 100 kg
27,0 kg   Eidotter, hart gekocht
11,0 kg   Salatöl
 4,0 kg   Weinessig
11,0 kg   Senf, mittelscharf
18,0 kg   Zwiebeln, gerieben
18,0 kg   Preiselbeerkompott
11,0 kg   Kapern

Gewürze und Zutate je kg Masse
   Salz
   Pfeffer

Herstellung
Die Eidotter werden zerdrückt und mit dem gesamten Material zu einer gleichmäßigen Masse verrührt.

Rezept 4830

Schaschlik-Soße

Material für 100 kg
100,0 kg   Essigpflaumen

Gewürze und Zutaten je kg Masse
   Salz, Cayenne-Pfeffer, Koriander,
   Basilikum, Zucker, Rotwein, Knoblauch

Herstellung
1. Die Pflaumen werden entkernt, in wenig Rotwein sehr weich gekocht und dann durch ein Haarsieb getrieben.
2. Das Püree wird mit den angegebenen Gewürzen kräftig abgeschmeckt.

Hinweis
Die Schaschlik-Soße wird kalt gereicht.

Salate auf Fleischbasis

Rezept 4901

Rindfleischsalat

Material für 100 kg
80,0 kg   Rindfleisch, gekocht
10,0 kg   Zwiebeln
10,0 kg   Gewürzgurken

Gewürze und Zutaten je kg Masse
   Kochsalz, Pfeffer, Essig, Öl

Herstellung
1. Das Rindfleisch wird weich gekocht und nach dem Erkalten in Nudeln geschnitten, ebenso die Gurken.
2. Die Zwiebeln werden klein gewürfelt.
3. Aus Essig, Öl und den Gewürzen wird eine Salatsoße angerichtet.
4. Das gesamte Material wird gleichmäßig miteinander vermengt und unter die Salatsoße gezogen.

Rezept 4902

Ochsenmaulsalat

Material für 100 kg
90,0 kg   Ochsenmaul, gekocht
10,0 kg   Zwiebeln, in Ringen

Gewürze und Zutaten je kg Masse
   Essig, Öl, Pfeffer

Herstellung
1. Das Ochsenmaul wird pökelfertig hergerichtet.
2. Es wird dann etwa 5 Tage in eine 10 Bé-Grade starke Lake eingelegt und soll durchpökeln. Vor der Weiterverarbeitung wird das Ochsenmaul kurz gewässert.
3. Das Ochsenmaul wird in Solperbrühe weichgekocht und dann in eine Schinken- oder Pastetenform gepreßt. Das Kochgut soll in der Form gut auskühlen (+2 bis +4 °C). Beim Kochen des Ochsenmauls ist zu beachten, daß es sich durch das Auskühlen strukturell wieder festigt und dann im Biß zu fest werden kann, wenn es vorher nicht weich genug gekocht wurde. Diese Feststellung bezieht sich hier insbesondere auch auf den „Schwartenanteil" am Ochsenmaul.
4. Das gekochte und ausgekühlte Ochsenmaul wird auf der Aufschnittmaschine in dünne Scheiben geschnitten. Erforderlichenfalls werden die Scheiben noch einmal oder zweimal quergeteilt.

5. Die Zwiebeln werden, ebenfalls auf der Aufschnittmaschine in Ringe geschnitten.
6. Ochsenmaul und Zwiebeln werden mit Essig und Öl übergossen und vorsichtig vermengt.

Rezept 4903

Geflügelsalat Hawaii

Material für 100 kg

50,0 kg	Hühnerfleisch, entbeint
5,0 kg	Sellerie, in Scheiben, Dosenware
25,0 kg	Ananas in Würfeln, Dosenware
20,0 kg	Salatmayonnaise

Herstellung
1. Das sauber entbeinte Hühnerfleisch wird in ein bis zwei Zentimeter große Würfel geschnitten.
2. Die Ananas sollen sehr gut abtropfen und werden dann noch etwas kleiner gewürfelt als das Hühnerfleisch.
3. Die Selleriescheiben werden in sehr kleine Würfel geschnitten.
4. Das gesamte Material wird gleichmäßig miteinander vermengt. Im weiteren Arbeitsgang wird dem groben Material die Salatmayonnaise untergezogen.

Rezept 4904

Schinkensalat

Material für 100 kg

50,0 kg	Schinken, gekocht
10,0 kg	Eier, hart gekocht
10,0 kg	Tomatenfleisch, ohne Haut
20,0 kg	Kräutersalatsoße (4811)

Herstellung
1. Der gekochte Schinken wird in Blättchen geschnitten. Die hart gekochten Eier werden mit dem Eischneider in Scheiben geschnitten.
2. Es kann Tomatenfleisch aus der Dose verarbeitet werden. Sollen frische Tomaten zur Verwendung kommen, dann werden sie an der stillosen Seite mit einem Messer über Kreuz eingeritzt und mit heißem Wasser übergossen. Die Tomaten lassen sich dann recht gut schälen. Das Tomatenfleisch wird von Kernen und Flüssigkeit befreit und in grobe Stücke geschnitten.
3. Das zerkleinerte Material wird vorsichtig

vermischt und unter die Kräutersalatsoße gezogen.

Rezept 4905

Teufelsalat

Material für 100 kg

45,0 kg	Gekochtes Fleisch (Rind- oder Kalboder Schweinefleisch)
20,0 kg	Brühwurst, ohne Knoblauchgeschmack
10,0 kg	Blutwurst
10,0 kg	Gewürzgurken
15,0 kg	Teufelsoße (4803)

Herstellung
1. Das gekochte Fleisch und die Wurstwaren werden in 1 cm große Würfel geschnitten. Die Blutwurst sollte von fester Konsistenz sein.
2. Die Gurken werden ebenfalls gewürfelt, aber deutlich kleiner als die Fleischerzeugnisse.
3. Das gesamte Material wird mit der Teufelsoße vermengt.

Rezept 4906

Polnischer Salat

Material für 100 kg

36,0 kg	Gekochter Schinken
26,0 kg	Brühwurst
10,0 kg	Gewürzgurken
6,0 kg	Sellerie in Scheiben, Dosenware
6,0 kg	Rote Beete in Scheiben, Dosenware
12,0 kg	Teufelsoße (4803)
4,0 kg	Salatsoße „Spezial" (4804)

Herstellung
1. Der gekochte Schinken und die Brühwurst, es können verschiedene Sorten sein, werden in 2 cm große Würfel geschnitten.
2. Gurken, Sellerie und Rote Beete werden ebenfalls gewürfelt. Größe etwa 1 cm.
3. Das gesamte Material wird mit den beiden Soßen gleichmäßig vermengt.

Rezept 4907

Eier-Salat

Material für 100 kg

65,0 kg	Eier, hart gekocht
10,0 kg	Champignons
15,0 kg	Gekochter Schinken
10,0 kg	Salatmayonnaise

Herstellung

1. Die Eier werden hart gekocht und mit dem Eierschneider in Scheiben geschnitten.
2. Der gekochte Schinken wird in etwa 0,5 bis 1 cm große Würfel geschnitten.
3. Sofern frische Champignons verarbeitet werden, werden sie wie folgt bearbeitet: Die Stiele werden dünn abgeschnitten. Dann werden die Champignons in eine ausreichend große Schüssel gegeben. Pro Kilo Ware kommen vier bis fünf gehäufte Eßlöffel möglichst grobes Kochsalz und der Saft von vier kräftigen Zitronen hinzu. Das Ganze wird in der Schüssel solange gewendet bis sich die Häute der Pilze lösen. Die Champignons werden dann ebenfalls mit einem Sieblöffel aus dem Wasser gehoben, damit der an den Pilzen anhaftende Sand und ähnliches auf dem Schüsselboden liegen bleiben. Wenn die Champignons sauber sind, können sie gut abgetropft weiterverarbeitet werden.
4. Das gesamte Material wird gleichmäßig mit der Mayonnaise vermengt.

Produktionsverlust: 20 Prozent

Rezept 4908

Champignonsalat

55,0 kg Champignons
32,0 kg Pökelzunge, gekocht
 7,0 kg Salat-Mayonnaise
 6,0 kg Saure Sahne

Gewürze und Zutaten je kg Masse
5,0 g Dillblätter, gehackt

Herstellung

1. Die Champignons werden geputzt und gegart.
2. Die Pökelzunge wird in Streifen geschnitten, die Dillblätter werden fein gehackt.
3. Die saure Sahne wird unter die Mayonnaise gerührt. Das Gemenge soll nicht zu starr sein. Gegebenenfalls kann etwas Fleischbrühe beigerührt werden.
4. In die Sahnemayonnaise werden die Champignons, die Pökelzunge und die gehackten Dillblätter eingerührt.

Rezept 4909

Schinken-Käse-Salat

Material für 100 kg
28,0 kg Gekochter Schinken
15,0 kg Schafskäse
10,0 kg Kleine Zwiebelringe
14,0 kg Grüne Paprika
 5,0 kg Schwarze Oliven
14,0 kg Salatgurken
14,0 kg Kräutersalatsoße (4802)

Herstellung

1. Gekochter Schinken und Schafskäse werden gewürfelt, beides nicht zu klein.
2. Die Zwiebeln werden in Ringe und die grüne Paprika nach dem Entkernen in Streifen geschnitten.
3. Die schwarzen Oliven werden halbiert, die Salatgurke wird ungeschält in Scheiben geschnitten.
4. Das gesamte Material wird miteinander vermengt. Dem Ganzen wird die Kräutersalatsoße untergezogen.

Rezept 4910

Hähnchen-Salat

Material für 100 kg
60,0 kg Hähnchenfleisch, gebraten und entbeint
15,0 kg Ananas, in Würfeln, Dosenware
10,0 kg Lauchstangen
15,0 kg Salat Mayonnaise

Gewürze und Zutaten je kg Masse
Für die Mayonnaise:
90,0 g Curry

Herstellung

1. Der Curry wird unter die Salatmayonnaise gerührt. Es soll eine glatte gleichfarbige Masse ergeben.
2. Der Lauch wird von den Wurzeln und welken Blättern befreit und in feine Ringe geschnitten. Er wird dann gewaschen und kann gut abgetropft weiterverarbeitet werden.
3. Das gebratene, entbeinte und gut abgekühlte Hähnchenfleisch wird klein geschnitten. Gleiches geschieht mit der Ananas. Beides soll etwas kleiner gewürfelt sein als das Hähnchenfleisch.

4. Das grobe Material wird miteinander vermengt. Dem Ganzen wird die gewürzte Mayonnaise untergezogen.

Rezept 4911

Kasseler-Salat mit Früchten und Nüssen

Material für 100 kg

60,0 kg	Kasseler ohne Knochen, gekocht
7,0 kg	Ananas in Würfeln, Gläserware
7,0 kg	Äpfel, geschält
6,0 kg	Walnüsse
20,0 kg	Mayonnaise

Gewürze und Zusatzstoffe
90,0 g Curry je kg Mayonnaise

Herstellung
1. Das Kasseler wird gewürfelt. Die Äpfel werden geschält, entkernt und in Streifen geschnitten. Die Ananas wird etwas kleiner gewürfelt als das Kasseler.
2. Die groben Materialien werden miteinander vermengt. Dem Ganzen wird die Curry-Mayonnaise untergezogen.

Rezept 4912

Geflügelsalat mit Orangen

Material für 100 kg

57,5 kg	Geflügelfleisch, ohne Knochen
25,0 kg	Orangen
2,5 kg	Sellerie in Scheiben, Gläserware
15,0 kg	Salatmayonnaise

Herstellung
1. Das Geflügelfleisch wird in Stücke geschnitten. Die Größe der Stücke richtet sich nach der Art, in der die tafelfertige Spezialität gereicht werden soll. Das heißt, für den Verkauf in der Salattheke wird das Geflügelfleisch in etwa 1,5–2 cm große Würfel geschnitten. Soll der Geflügelsalat in Cocktailschalen angerichtet werden, sollten die Würfel etwas größer sein.
2. Die Orangen sind von Schale und Schalenhäuten zu befreien. Sie werden in Schnitze geteilt und sollen dann etwa die Größe des gewürfelten Geflügelfleisches haben.
3. Der Sellerie wird sehr klein gewürfelt.
4. Das gesamte Material wird gleichmäßig miteinander vermengt.

Rezept 4913

Fleischermeisters Nudelsalat

Material für 100 kg

9,5 kg	Hörnchennudeln, Naßgewicht
20,0 kg	Rohwurst, ohne Knoblauchgeschmack
20,0 kg	Gekochte Zunge
10,0 kg	Rote Beete
20,0 kg	Champignons
20,0 kg	Teufelsoße (4803)

Gewürze und Zutaten
Pfefferkörner, gebrochen

Herstellung
1. Die Champignons werden geputzt und gegart. Sie sollen abgekühlt weiterverarbeitet werden.
2. Die Nudeln werden in Salzwasser unter Zugabe von etwas Öl gegart. Sie werden gut abgekühlt und trocken weiterverarbeitet.
3. Die Rohwurst, die gekochte Zunge und die Rote Beete werden in Streifen geschnitten, die Champignons halbiert.
4. Sämtliche Materialien werden locker vermischt. Dem Ganzen werden die Salatsoße und die gebrochenen Pfefferkörner untergezogen.

Salate auf Wurstbasis

Rezept 5001

Fleischsalat

Material für 100 kg
45,0 kg Fleischsalat-Grundmasse (2026)
15,0 kg Gewürzgurken
40,0 kg Salatmayonnaise

Herstellung
1. Der Brätblock wird ebenso die Gewürzgurken in nudelige Streifen geschnitten.
2. Das gesamte Material wird miteinander vermengt.

Lebensmittelrecht
Sofern zur Herstellung des Produktes Materialien verwendet werden, die unter Zugabe fremder Stoffe gegen mikrobiellen Verderb geschützt wurden, sind die Bestimmungen der Konservierungsstoff-Verordnung zu beachten.
Nach den „Leitsätzen für Feinkostsalate" muß Fleischsalat 25 Prozent Fleischgrundlage, 40 Prozent Mayonnaise oder Salatmayonnaise enthalten. Der Anteil der würzenden Beigaben darf höchstens 20 Prozent betragen.
Nach einem Erlaß des Hessischen Fachministers vom 10.8.1981 gilt für das Land Hessen bis zum Vorliegen bundeseinheitlicher Bestimmungen folgendes:
Ein Mindestanteil an Mayonnaise, wie ihn die Leitsätze für Feinkostsalate vorschreiben, wird nicht gefordert. Dies gilt sowohl für die Kennzeichnung „Fleischsalat" als auch für Erzeugnisse, die mit hervorhebenden Betzeichnungen wie „fein", „Delikateß" o.ä. gekennzeichnet werden.
Die Regelung hat den Vorteil, daß in der Rezeptur auch ein höherer Anteil an Fleischsalatgrundlage verwendet werden kann, als es nach den Vorschriften der Leitsätze für Feinkostsalate möglich ist. Hier wird die Fleischgrundlage durch den Mindestanteil an Mayonnaise (40 %) limitiert. Im übrigen gelten die Vorschriften der Leitsätze für Feinkostsalate auch im Land Hessen.

Rezept 5002

Wurstsalat

Material für 100 kg
70,0 kg Brühwurstsorten, ohne Knoblauchgeschmack
20,0 kg Blutwurst, feste Konsistenz
10,0 kg Zwiebeln, roh

Gewürze und Zutaten je kg Masse
Essig, Öl

Herstellung
1. Die Brüh- und Blutwurst werden in Nudeln geschnitten. Die Zwiebeln werden klein gewürfelt.
2. Das gesamte Material wird innig miteinander vermengt und unter die Salatsoße aus Essig und Öl gezogen.

Rezept 5003

Schweizer Salat

Material für 100 kg
45,0 kg Brühwurst,
         ohne Knoblauchgeschmack
20,0 kg Emmentaler Käse
10,0 kg Gewürzgurken
 5,0 kg Perlzwiebeln
20,0 kg Salatsoße „Spezial" (4804)

Herstellung
1. Die Brühwurst, der Käse und die Gurken werden in nicht zu große Würfel geschnitten. Die Perlzwiebeln werden je nach Größe halbiert oder geviertelt.
2. Das gesamte Material wird gleichmäßig unter die Salatsoße gezogen.

Rezept 5004

Fränkischer Wurstsalat

Material für 100 kg
20,0 kg Pellkartoffeln
20,0 kg Blutpreßsack
20,0 kg Brühwurst, grob
15,0 kg Gewürzgurken
 5,0 kg Paprika, eingelegt
20,0 kg Salatsoße (4801)

Gewürze und Zutaten je kg Masse
 Salz, Essig, Öl, Pfeffer, Senf

Herstellung
1. Die Pellkartoffeln werden klein gewürfelt und in etwas Öl knusprig gebraten. Sie werden gesalzen und gepfeffert. Die gebratenen Kartoffelwürfel sollen gut abkühlen.
2. Der Blutpreßsack und die Brühwurst werden in Streifen geschnitten, ebenso die Gurken und die Paprika.
3. Das geschnittene Material wird untereinander vermengt. Dem Ganzen wird die Salatsoße untergezogen.
4. Der fertige Salat wird in einer Salatschüssel angerichtet.

Rezept 5005

Nürnberger Wurstsalat

Material für 100 kg
30,0 kg Weißer Preßsack
30,0 kg Schwarzer Preßsack
30,0 kg Nürnberger Stadtwurst
10,0 kg Zwiebeln, roh

Gewürze und Zutaten je kg Masse
 Salatsoße (4801)

Herstellung
1. Die Wurstwaren werden enthäutet, die Zwiebeln geschält.
2. Die Preßsacksorten werden gewürfelt, die Nürnberger Stadtwurst in Streifen geschnitten. Die Zwiebeln werden klein gewürfelt.
3. Das grobe Material wird miteinander vermengt, mit der Salatsoße übergossen und nochmals vermischt.

Rezept 5006

Russischer Salat

Material für 100 kg
25,0 kg Gebratenes Fleisch, verschiedene Sorten
25,0 kg Rohwurst, ohne Knoblauch
25,0 kg Brühwurst, grob, ohne Knoblauch
10,0 kg Pfeffergurken
 2,0 kg Kapern
 5,0 kg Perlzwiebeln
 8,0 kg Salatsoße (4801)

Gewürze und Zutaten je kg Masse
 Salz, Pfeffer

Herstellung
1. Das Fleisch und die Wurstwaren werden in nudelige Streifen geschnitten. Die Pfeffergurken werden gewürfelt, die Kapern gehackt. Die Perlzwiebeln werden halbiert.
2. Das gesamte Material wird vorsichtig miteinander vermischt. Diesem Gemenge wird die Salatsoße untergezogen.

Rezept 5007

Fleischwurst-Salat

Material für 100 kg
60,0 kg Fleischwurst, geschnetzelt
 7,5 kg Ananas in Würfel
 7,5 kg Äpfel, in Streifen
 5,0 kg Fruchtcocktail, Dosenware
10,0 kg Mayonnaise
10,0 kg Gewürz-Ketchup

Gewürze und Zutaten je kg Masse
 Tabasco für die Salatsoße

Herstellung
1. Aus Mayonnaise und Gewürz-Ketchup wird eine gleichmäßige Soße hergestellt, die auf Wunsch mit Tabasco abgeschmeckt werden kann.
2. Die Fleischwurst wird in Streifen, die Ananas in nicht zu große Würfel geschnitten. Die Äpfel werden geschält, entkernt und ebenfalls in Streifen geschnitten. Sie werden kurz in Zitronenwasser gelegt, damit sie sich nicht braun färben.
3. Das gesamte grobe Material wird zusammengemengt. Dem Ganzen wird die Salatsoße untergezogen.

Rezept 5008

Wurstsalat mit Trauben

Material für 100 kg
48,0 kg Fleischwurst
 5,0 kg Paprika, grün und rot
28,0 kg Trauben
 5,0 kg Zwiebeln
14,0 kg Teufelsoße (4803)

Herstellung
1. Die Fleischwurst wird enthäutet und in Streifen geschnitten, ebenso die Paprika.
2. Die Trauben werden gewaschen und halbiert. Die Kerne sind zu entfernen.

3. Die Zwiebeln werden geschält und in dünne Ringe geschnitten.
4. Das grobe Material wird vorsichtig miteinander vermischt und unter die Teufelsoße gezogen.

Salate auf Gemüsebasis

Rezept 5050

Kartoffelsalat

Material für 100 kg
90,0 kg   Salatkartoffeln, geschält
10,0 kg   Zwiebeln, Rohgewicht

Gewürze und Zutaten je kg Masse
Kochsalz, Essig, Öl

Herstellung
1. Die Kartoffeln werden gekocht und sollen dann handwarm abkühlen. Sie werden dann geschält und in Scheiben geschnitten.
2. Die Zwiebeln werden klein gewürfelt.
3. Unter Zugabe von Salz, Essig und Öl werden die geschnittenen Kartoffeln und die Zwiebeln miteinander vermengt.

Rezept 5051

Kartoffelsalat mit Mayonnaise

Material für 100 kg
90,0 kg   Kartoffelsalat (5050)
10,0 kg   Mayonnaise

Herstellung
Die Mayonnaise wird vorsichtig unter den Kartoffelsalat gezogen.

Variation
Der Spezialität können 5 % (5,0 kg) gewürfelte Gewürzgurken zugesetzt werden. Die anteilige Menge Kartoffelsalat wird in diesem Fall auf 85,0 kg/% zurückgenommen.

Rezept 5052

Pikanter Champignonsalat

Material für 100 kg
45,0 kg   Champignons
15,0 kg   Äpfel, geschält

25,0 kg   Eier, hart gekocht
15,0 kg   Salatsoße (4801)

Herstellung
1. Sofern frische Champignons verwendet werden, werden sie wie folgt bearbeitet:
Die Stiele werden dünn abgeschnitten. Dann werden die Champignons in eine ausreichend große Schüssel gegeben. Pro Kilo Ware kommen vier bis fünf gehäufte Eßlöffel möglichst grobes Salz und der Saft von vier kräftigen Zitronen hinzu. Das Ganze wird in der Schüssel solange gewendet, bis sich die Häute der Pilze lösen. Die Champignons werden dann mehrmals mit immer wieder neuem kaltem Wasser abgespült und jedesmal mit einem Schaumlöffel aus dem Wasser gehoben, damit die an den Pilzen haftenden Abfälle auf dem Schüsselboden liegen bleiben. Wenn die Champignons sauber sind, können sie gut abgetropft weiterverarbeitet werden.
2. Die Äpfel werden geschält, entkernt und klein gewürfelt.
3. Die Eier werden hart gekocht und mit dem Eierschneider in Scheiben geschnitten.
4. Das gesamte Material wird vorsichtig unter die Salatsoße gezogen.

Rezept 5053

Spargelsalat

Material für 100 kg
50,0 kg   Spargel
30,0 kg   Eier, hartgekocht
20,0 kg   Joghurt-Mayonnaise (4808)

Herstellung
1. Die Spargel werden in Stücke von ca. 5 cm Länge geschnitten. Die Eier werden hartgekocht und mit dem Eierschneider in Scheiben geschnitten.

2. Beide Materialien werden vorsichtig unter die Joghurt-Mayonnaise gezogen.

Rezept 5054

Selleriesalat, amerikanische Art

Material für 100 kg
45,0 kg Sellerie, geraspelt
20,0 kg Rohen Schinken
 9,0 kg Walnüsse, grob gehackt
 9,0 kg Äpfel, geraspelt
 2,0 kg Kapern
15,0 kg Salat-Mayonnaise

Herstellung
1. Der rohe Schinken wird in Scheiben mittlerer Dicke geschnitten und dann, je nach Größe der Scheiben, geviertelt oder gesechstelt.
2. Die in der Materialzusammenstellung beschriebenen Bestandteile werden miteinander vermengt und unter die Salatmayonnaise gezogen.

Rezept 5055

Käsesalat

Material für 100 kg
47,0 kg Käse, verschiedene Sorten
30,0 kg Salatgurken
10,0 kg Gewürzgurken
 8,0 kg Zwiebeln
 5,0 kg Basilikum, frische Ware

Gewürze und Zutaten je kg Masse
  Salatsoße (4801)

Herstellung
1. Die Käsesorten werden in 1–2 cm große Würfel geschnitten; ebenso die Salatgurken, die vorher geschält wurden.
2. Die Gewürzgurken und die Zwiebeln werden kleingewürfelt, das Basilikum wird fein gehackt.
3. Das gesamte Material wird miteinander vermengt. Anschließend wird die Salatsoße untergezogen.

Tafelfertige Fleischgerichte

Ein gut geführter Fleischereibetrieb muß stets möglichst schnell, unkompliziert und individuell auf sich ständig wandelnde Verbraucherwünsche eingehen. Nur so kann der Betrieb seine Attraktivität dauerhaft erhalten. Dabei reicht es nicht aus, sich allein auf das klassische Sortiment zu konzentrieren. Es muß vielmehr auch in gleichem Maße ein qualitativ gepflegtes, tafelfertiges Spezialitätensortiment angeboten werden, das in Fachkreisen auch als das „neue Sortiment" bezeichnet wird. Dazu gehören in erster Linie Salate, Dressings, Dips und andere kalte Soßen; aber auch Vorspeisen, Zwischengerichte, tafelfertige kalte und heiße Braten, spezielle Suppen, Schnittchen, Snacks und Canapés. Die Absatzwege für dieses Sortiment gehen in hohem Maße über die Einzelhandelstheke und nicht zuletzt auch über den Party-Service in Form von kalten, heißen und kombinierten Buffets und kulinarischen Grillspezialitäten mit allen dazugehörenden Ausstattungsangeboten.

In welchem Umfang dieses neuere Sortiment geführt werden muß, hängt in erheblichem Maße von der Kundenstruktur ab, die den jeweiligen Fleischereibetrieb tangiert. Sie kann sehr unterschiedlich sein. Generell wird man jedoch davon ausgehen können, daß die Verbrauchererwartungen auf dem hier angesprochenen Gebiet allgemein sehr hoch sind. Das heißt, gerade wenn es um die Versorgung bzw. Ausstattung besonderer Feste oder Ereignisse mit kulinarischen Köstlichkeiten geht, sind die Ansprüche recht hoch, auch bei Verbrauchern, die sonst „nicht aus dem Vollen" schöpfen können. So gesehen ist die Zahl der Betriebe nicht sehr groß, die auf das sogenannte neuere Sortiment verzichten können, ohne mittel- bis langfristig einen Image- und Umsatzverlust in Kauf nehmen zu müssen.

Die folgenden Rezepte sollen Anregung und Ergänzung über den Rahmen des klassischen Sortimentes hinaus sein. Sie sollen sowohl im fachlichen als auch im technologischen Bereich Denkanstöße geben, damit weitere interessante Neuerungen eingeführt oder durch eigenen Ideenreichtum sinnvoll variiert werden können. Damit können beträchtliche Marktanteile gewonnen und ausgebaut werden.

Suppen und Suppeneinlagen

Rezept 5101

Knochenbrühe, hell

Material für 100 kg
20,0 kg   Rinderknochen
80,0 kg   Wasser

Herstellung
Die Knochen sollen frisch sein. Sie werden zerkleinert, gewaschen und in der angegebenen Menge Wasser, unter Zugabe von „Suppengrün" (Lauch, Mohrrüben, Sellerie, Lorbeerblatt, Zwiebel, Pfefferkörner, Neugewürz) gekocht.

Nach dem Kochen wird die Brühe abgefiltert und soll dann erkalten. Vor Weiterverwendung ist an der erkalteten Brühe der Fettspiegel abzuheben.

Rezept 5102

Fleischbrühe, hell

Material für 100 kg
20,0 kg   R 5 Rindfleisch, grob entsehnt, mit maximal 30 % sichtbarem Fett, vorgegart
80,0 kg   Wasser

Herstellung

Das Fleisch wird unter Zugabe von „Suppengrün" (Lauch, Mohrrüben, Sellerie, Lorbeerblatt, Zwiebel, Pfefferkörner, Neugewürz) zerkocht. Nach dem Kochen wird die Brühe abgefiltert und soll dann erkalten. Vor Weiterverarbeitung ist an der erkalteten Brühe der Fettspiegel abzuheben.

Rezept 5103

Knochenbrühe, dunkel

Material für 100 kg

27,0 kg	Schweine- und Kalbsknochen
3,0 kg	Fett
70,0 kg	Wasser

Herstellung

Die Knochen sollen frisch sein. Sie werden zerkleinert, gewaschen und mit dem Fett angebraten. Danach werden sie etwa 4 Stunden geschmort. Die Knochen sollen dabei stets mit Wasser aufgegossen werden, so daß sie vollständig mit Wasser bedeckt sind.

Die Brühe wird abgefiltert und durch Zugabe von Wasser wieder auf etwa 70 Liter gebracht. Von der Brühe ist nach Erkalten der Fettspiegel abzuheben.

Rezept 5104

Ochsenschwanzsuppe, gebunden

Material für 100 kg

37,0 kg	Knochenbrühe, dunkel, mit Suppenkräutern hergestellt (5103)
15,0 kg	Zwiebeln
8,0 kg	Tomaten, geschält
3,0 kg	Madeira
37,0 kg	R 2 und R 3, gewürfelt
	Mehl für Mehlschwitze

Gewürze und Zutaten je kg Masse

0,5 g Thymian
0,5 g Koriander
1,5 g Chillies
1,0 g Muskat
0,4 g Piment
0,1 g Lorbeerblatt, gemahlen

Herstellung

1. Das Rindfleisch wird mit den Zwiebeln gegart und in kleine Würfel geschnitten.
2. Die Knochenbrühe wird durch ein Sieb gegossen. Die Zwiebeln und die Tomaten werden püriert.
3. Aus dem Mehl wird eine Mehlschwitze hergestellt und unter die Knochenbrühe gezogen. Gleiches geschieht mit den pürierten Zwiebeln und Tomaten. Zum Schluß wird das gewürfelte Rindfleisch beigegeben.
4. Gegebenenfalls muß die Ochsenschwanzsuppe noch etwas eingekocht werden, bis sie die richtige zähflüssige Bindung hat.

Rezept 5105

Beef-tea

Von erkalteter Fleischbrühe (5102) wird der Fettspiegel restlos abgehoben.

Die fettfreie Fleischbrühe wird auf höchstens 50 % der Menge eingekocht. Es entsteht so eine kräftige Brühe, die früher ein sehr geschätztes Hausmittel zur Stärkung von Rekonvaleszenten war. Heute ist Beef-tea ein beliebtes Zwischengericht, mit dem Party-Gäste zu später Stunde wieder mobilisiert werden.

Rezept 5106

Französische Zwiebelsuppe

Material für 100 kg

39,0 kg	Knochenbrühe, hell (5101)
47,0 kg	Zwiebeln, Rohgewicht
3,0 kg	Butter
7,0 kg	Toastbrotscheiben
4,0 kg	Parmesan-Käse, gerieben

Gewürze und Zutaten

Salz
Pfeffer
Chillies
Worchester-Sauce

Herstellung

1. Die Zwiebeln werden in Scheiben geschnitten und in der angegebenen Menge Butter goldbraun gedünstet. Sie werden dann vom Feuer genommen, mit den angegebenen Gewürzen kräftig abgeschmeckt und der Knochenbrühe beigegeben.

Das Ganze soll aufkochen und dann noch etwas weiter köcheln.

2. Die Französische Zwiebelsuppe wird in Suppentassen gegeben, mit einer Scheibe Toastbrot abgedeckt, mit geriebenem Parmesan-

käse bestreut und in der Backröhre kurz
überbacken.

Rezept 5107

Schwäbische Wurstsuppe

Material für 100 kg
45,0 kg   Wurstsuppe
25,0 kg   Kartoffeln
 7,5 kg   Blutwurst
 7,5 kg   Hausmacher Leberwurst
10,0 kg   Zwiebeln, Rohgewicht
 5,0 kg   Weißbrot

Herstellung
1. Die Kartoffeln und Zwiebeln werden klein
   gewürfelt und in der Wurstsuppe ca. 10–15
   Minuten gekocht.
2. Das Weißbrot wird ebenfalls klein gewürfelt
   und hellbraun geröstet.
3. Die Blutwurst und die Hausmacher Leberwurst werden in 5-mm-Würfel geschnitten
   und mit dem Weißbrot kurz vor dem Servieren in die sehr heiße Suppe gegeben.

Rezept 5108

Hühnersuppe

Material für 100 kg
60,0 kg   Hühnerbrühe
25,0 kg   gekochtes Fleisch vom Suppenhuhn
 5,0 kg   Karotten
 6,0 kg   Lauch
 4,0 kg   Fadennudeln (Trockengewicht)

Gewürze und Zutaten
      Salz
      Pfeffer

Herstellung
1. Das gekochte Hühnerfleisch wird in nudelige Streifen geschnitten.
2. Karotten und Lauch werden in Röllchen
   geschnitten und in der Hühnerbrühe weichgekocht.
3. Das Hühnerfleisch wird der Suppe beigegeben, ebenso die Fadennudeln. Das Ganze
   soll aufkochen und dann noch solange wei-
   terköcheln bis die Nudeln weich sind.

Rezept 5109

Gulaschsuppe

Material für 100 kg
29,0 kg   R 2 Rindfleisch
15,0 kg   Zwiebeln, Rohgewicht
 3,0 kg   Schweineschmalz
 3,0 kg   Tomaten, geschält
15,0 kg   Kartoffeln
35,0 kg   Knochenbrühe, dunkel (5103)

Gewürze und Zutaten je kg Material
15,0 g   Paprika, edelsüß
 1,0 g   Chillies
 1,0 g   Kümmel
 1,0 g   Majoran
      etwas Knoblauch

Herstellung
1. Das Rindfleisch wird in nicht zu große
   Gulaschwürfel geschnitten, mit den Gewürzen für das gesamte Material vermengt und
   gut braun angebraten. Gleiches geschieht mit
   den Zwiebeln.
2. Die Kartoffeln werden roh gewürfelt.
3. Die Knochenbrühe wird mit Mehl gebunden, so daß sie sämig bindet.
4. Das Gulasch, die Zwiebeln, die Kartoffeln
   und die Tomaten werden in die Knochenbrühe gegeben und aufgekocht. Das Ganze
   soll solange köcheln, bis alle Materialien gar
   sind.

Rezept 5110

Markklößchen

Material für 100 kg
30,0 kg   Mark
30,0 kg   Paniermehl
40,0 kg   Eier, roh

Gewürze und Zutaten je kg Masse
10,0 g   Kochsalz
 2,0 g   Pfeffer
20,0 g   Petersilie
 0,5 g   Muskat

Garzeit
10–15 Minuten bei 100 °C

Vorarbeiten
Röhrenknochen vom Rind und/oder Kalb
und/oder Schwein werden gut kalt abgewaschen
und ausgekocht. Kochzeit 30–60 Minuten.

Die Röhrenknochen werden aus der Brühe entfernt. Das Mark wird durch ein Haarsieb getrieben und soll erkalten. Das ausgelassene Mark wird von der Flüssigkeit abgehoben und kann zur Herstellung der Markklößchen verwendet werden.

Herstellung
1. Die Eier werden aufgeschlagen.
2. Das Mark wird schaumig gerührt und unter die Eier gezogen. Diesem Gemenge wird das Paniermehl beigerührt und verknetet.
3. Es werden Klößchen geformt, Gewicht 10–30 Gramm.
4. Die Klößchen werden etwa 5–10 Minuten in „Knochenbrühe, hell" gekocht.

Anmerkung
Das Mark kann bis zu 50 % durch Butter ersetzt werden.

Rezept 5111

Markklößchensuppe

Material für 100 kg
70,0 kg   Knochenbrühe, hell (5101)
30,0 kg   Markklößchen (5110)

Herstellung
Die Knochenbrühe wird erhitzt. Die Markklößchen sind so rechtzeitig in die Brühe einzulegen, daß die komplette Suppe richtig heiß serviert werden kann.

Rezept 5112

Leberknödel

Material für 100 kg
23,0 kg   S 15 Schweineleber, roh
13,0 kg   Speck, geräuchert
11,0 kg   S 4 b Schweinebauch ohne Schwarte mit maximal 50 % sichtbarem Fett, roh
 6,0 kg   Eier
16,5 kg   Semmeln, trocken
20,5 kg   Knochenbrühe, hell (5101)
10,0 kg   Zwiebeln, Rohgewicht

Gewürze und Zutaten je kg Masse
10,0 g   Kochsalz
 4,0 g   Majoran
 1,0 g   Pfeffer

Herstellung
1. Die Brötchen werden in der Knochenbrühe eingeweicht. Sie nehmen die Flüssigkeit vollständig auf.
2. Die Zwiebeln werden kleingeschnitten und goldbraun angebraten.
3. Lebern, Speck und Schweinebauch werden kleingeschnitten, mit Salz und Gewürzen vermengt und durch die 3-mm-Scheibe gewolft.
4. Der zerkleinerten Masse werden die Eier beigemengt.
5. Die fertige Masse wird zu Knödeln geformt, die in Knochenbrühe, hell (5101) gekocht werden.

Knödelgewicht: 75 g.
Garzeit: 10 Minuten bei 100 °C.

Rezept 5113

Leberknödelsuppe

Material für 100 kg
60,0 kg   Leberknödelsud, evtl. mit Knochenbrühe (5101) angereichert
40,0 kg   Leberknödeln

Herstellung
Der Leberknödelsud wird erhitzt. Die Leberknödeln sind so rechtzeitig in den Sud einzulegen, daß die komplette Suppe heiß serviert werden kann.

Rezept 5114

Hamburger Labskaus

Material für 100 kg
44,0 kg   R 2 Rindfleisch, entsehnt, mit maximal 5 % sichtbarem Fett, vorgegart.
12,0 kg   Zwiebeln, Rohgewicht
44,0 kg   Kartoffeln, geschält

Gewürze und Zutaten
Salz, Pfeffer

Herstellung
1. Das gepökelte Rindfleisch wird etwa 45–60 Minuten angegart. Die Kartoffeln werden wie Salzkartoffeln gekocht. Die Zwiebeln werden geschält, gewürfelt und in etwas Fett angebraten.
2. Das Rindfleisch wird durch die 3-mm-Scheibe gewolft, die Kartoffeln werden zerstampft.

3. Zwiebeln, Fleisch und Kartoffeln werden miteinander vermengt und mit etwas Knochenbrühe angereichert.

Soßen

Rezept 5201

Tomatensoße

Material für 100 kg

7,5 kg	Dörrfleisch, ohne Schwarte
7,0 kg	Zwiebeln, Rohgewicht
2,0 kg	Weizenmehl
3,0 kg	Margarine
7,0 kg	Tomato-Fix
72,0 kg	Knochenbrühe, hell (5101)
1,5 kg	Zucker

Gewürze und Zutaten
Salz
Pfeffer,
etwas Créme fraiche

Herstellung
1. Das Dörrfleisch wird klein gewürfelt und in einer Kasserolle angedünstet. Die Margarine wird dazugegeben und ausgelassen. Dann werden die gewürfelten Zwiebeln in das Fett geschüttet und glasig gedünstet. Das Ganze wird mit Mehl bestäubt und soll kurz anschwitzen.
2. Die Kasserolle wird vom Herd genommen. Dem gedünsteten Material wird das Tomato-Fix beigerührt und mit der Knochenbrühe aufgegossen. Die Soße soll unter ständigem Rühren aufkochen. Zum Schluß wird die angegebene Menge Zucker dazugerührt und mit Salz und Pfeffer abgeschmeckt.
Nach Belieben kann der Soße noch Cremé fraiche beigegeben werden.

Rezept 5202

Teufelsoße

Material für 100 kg

25,0 kg	Weißwein
1,0 kg	Pfeffer, weiß, gestoßen
20,0 kg	Zwiebeln, Rohgewicht
6,0 kg	Tomatenmark
10,0 kg	Bratensoßen-Pulver
38,0 kg	Knochenbrühe (5101)

Gewürze und Zutaten
Cayennepfeffer

Herstellung
1. Die Zwiebeln werden klein gewürfelt.
2. Der Weißwein, der Pfeffer und die gewürfelten Zwiebeln werden miteinander verrührt. Das Ganze soll stark einkochen.
3. Das Tomatenmark wird mit der Knochenbrühe und dem Bratensoßenpulver verrührt und in den Weinsud gegeben. Die Teufelsoße soll aufkochen und kann dann mit Cayennepfeffer abgeschmeckt werden.

Rezept 5203

Meerrettichsoße

Material für 100 kg

10,0 kg	Butter
5,0 kg	Mehl
42,0 kg	Fleischbrühe (5102)
43,0 kg	Meerrettich, gerieben

Gewürze und Zutaten
Salz
Pfeffer
Muskat
Zucker
Weinessig

Herstellung
In die zerlassene Butter wird das Mehl eingerührt. Dem Ganzen wird nach und nach die Fleischbrühe zugesetzt bis eine zähflüssige Konsistenz erreicht ist. Zum Schluß ist der Meerrettich unterzuziehen und die Soße abzuschmecken.

Rezept 5204

Roquefort-Gemüse-Soße

Material für 100 kg

35,0 kg	Kohlrabi
20,0 kg	Roquefort-Käse
10,0 kg	Süße Sahne
35,0 kg	Hühnerbrühe

Gewürze und Zutaten
    Salz
    Pfeffer
    Liebstöckel

Herstellung
1. Die Kohlrabi werden geviertelt, in feine Scheiben geschnitten und in der Hühnerbrühe weichgekocht. Das Ganze wird mit dem Pfeffer und Liebstöckel gewürzt.
2. Die garen Kohlrabi werden aus der Brühe genommen, püriert und kommen wieder in die Brühe zurück.
3. Der Roquefort wird in kleine Stücke gebrochen oder geschnitten und in die Gemüsesoße eingerührt. Zuletzt wird die Sahne untergezogen und mit Salz abgeschmeckt.

Verwendung
Zu Schweinefleisch und Geflügel

Rezept 5205

Dunkle Bratensoße

Material für 100 kg
15,0 kg   Zwiebeln
 3,0 kg   Karotten, gerieben
 2,0 kg   Sellerie, gerieben
 1,5 kg   Schmalz
 5,0 kg   Kartoffelmehl
73,5 kg   Knochenbrühe, dunkel (5103)

Gewürze und Zutaten je kg Masse
10,0 g Kochsalz
 5,0 g gehackte Petersilie
 1,0 g Kümmel, gemahlen
 0,3 g Koriander
Zur Gesamtmenge: 1–3 Lorbeerblätter, Tabasco nach Geschmack

Herstellung
1. Die Zwiebeln werden mit dem Schmalz goldgelb angebraten.
2. In der Knochenbrühe werden die Kartoffeln und der Sellerie gekocht. Dann werden die Zwiebeln eingerührt und mit dem Kartoffelmehl eingedickt. Gegebenenfalls wird mit Zuckereinbrenne nachgedunkelt.

Rezept 5206

Hellbraune Bratensoße

Material für 100 kg
60,0 kg   Bratensoße, dunkel (5205)

40,0 kg   Knochenbrühe, hell (5101)

Gewürze und Zutaten je kg Masse
siehe 5204

Herstellung
siehe 5204

Rezept 5207

Helle Soße

Material für 100 kg
87,0 kg   Knochenbrühe, hell (5101)
 7,0 kg   Kartoffelmehl
 6,0 kg   Butter

Gewürze und Zutaten je kg Masse
10,0 g Salz
 1,0 g Pfeffer
 0,1 g Thymian
 0,1 g Estragon
 0,2 g Muskat

Herstellung
Die Butter soll in einem Gefäß zerlaufen. Das Mehl wird beigefügt und mäßig erhitzt.
Diese Schwitze wird unter die kochende Brühe gezogen, so daß sich eine dickflüssige Soße bildet. Am Schluß des Arbeitsvorganges werden Salz und Gewürze beigegeben.

Rezept 5208

Béchamelsoße

Siehe 5207

Rezept 5209

Sauce Hollandaise

Material für 100 kg
91,0 kg   Helle Soße (5207)
 9,0 kg   Eigelb

Gewürze und Zutaten je kg Masse
zusätzlich:
5,0 g Kapern
0,1 g Kardamom
0,2 g Ingwer
      Fertige Worcestersauce nach Geschmack

Herstellung
Die geschlagenen Eigelb (oder Vollei) werden mit den Gewürzen unter die Helle Soße gezogen.

Rindfleisch-Spezialitäten

Rezept 5301

Rinderrouladen

Material für 100 kg
47,0 kg   Rouladen, geschnitten
23,0 kg   Füllung für Rouladen (4311)
30,0 kg   Dunkle Soße (5205)

Herstellung
Das Rouladenfleisch wird in Scheiben à 100 g geschnitten und mit je 50 g *Füllung für Rouladen* gerollt und gespeilt.
Die Rouladen werden kräftig angebraten, aufgegossen und gargeschmort.

Rezept 5302

Rindergulasch

Material für 100 kg
70,0 kg   R 2 Rindfleisch, entsehnt, mit max. 5 % sichtbarem Fett, roh
30,0 kg   Dunkle Soße (5205)

Gewürze und Zutaten je kg Masse
Für das Fleisch:
10,0 g Salz
 2,0 g Pfeffer
 4,0 g Paprika, edelsüß

Herstellung
1. Das Rindfleisch wird in Gulaschwürfel geschnitten, mit dem Salz und den Gewürzen vermengt und ca. 1 bis 2 Stunden ziehen lassen.
2. Das Gulaschfleisch wird kräftig angebraten und in der Soße gargeschmort.

Rezept 5303

Wiener Gulasch

Siehe 5302

Gewürze und Zutaten je kg Masse zusätzlich:
2,0 g Majoran
2,0 g Thymian
2,0 g Kümmel

Rezept 5304

Gefüllte Zunge

Material für 100 kg
65,0 kg   R 10 Rinderzunge, geputzt, gepökelt, roh
25,0 kg   S 1 Schweinefleisch, fett- und sehnenfrei, roh
10,0 kg   Aufschnittgrundbrät (2001)

Gewürze und Zutaten je kg Masse
für das Schweinefleisch:
18,0 g Nitritpökelsalz
 2,0 g Pfeffer
 0,3 g Muskat
      Madeira

Herstellung
Eine durchgesalzene Rinderzunge wird am dicken Ende bis zur Spitze ausgehöhlt, so daß sie rundherum einen Zentimeter stark bleibt. Das herausgeschnittene Fleisch wird mit der gleichen Menge Schweinefleisch recht fein geschnitten, mit etwas Madeira, Pfeffer und Muskat gewürzt und mit wenig Aufschnittgrundbrät gebunden. Die Masse wird in die Zunge gefüllt, vernäht und gerollt.
Die Kochzeit beträgt je nach Größe vier bis fünf Stunden bei 90 °C. Die Zunge wird 10–15 Minuten in kaltes Wasser gelegt. Dann werden die Binden entfernt, die weiße Haut sorgfältig von der Zunge abgeschält.
Garzeit: Je Millimeter Durchmesser 1–1,5 Minuten bei 80 °C.

Rezept 5305

Roastbeef, gebraten

Herstellung
Gut abgehangenes Roastbeef, das nach DFV-Schnittführung sauber zugeschnitten ist, wird mit Salz und Pfeffer eingerieben und mit etwas Fett rundum angebraten, so daß sich die Poren des Fleisches schnell schließen.
Anschließend wird das Roastbeef gebraten. Es soll „englisch" oder „medium" gebraten sein. „Englisch" bedeutet, es soll im Kern fast noch roh sein. „Medium ist der Garzustand zwischen „englisch" und „durchgebraten".

Ein Roastbeef richtig „englisch" oder „medium" zu braten ist eine Kunst für sich. Manche sagen es sei auch Glückssache. Es ist wohl beides.

Als Faustregel gilt für Roastbeef „medium": Je Zentimeter Höhe 10 Minuten Garzeit. Es gibt noch eine weitere Methode den Garstand während des Bratens zu messen:

Man drückt mit einem Gabel- oder Löffelrücken auf die Oberseite des Roastbeefs. Wenn sich das Fleisch gerade noch etwas eindrücken läßt, dann ist der „medium"-Grad erreicht.

Für diese Methode ist ausreichend Übung und das vielzitierte fachliche Fingerspitzengefühl erforderlich. Im besagten Fall erreicht man dies, wenn zunächst Methode 1 praktiziert und man sich dabei das nötige Gefühl für den beschriebenen Gabeltest aneignet.

Einfacher und zuverlässiger lassen sich für den Gartest Stichthermometer verwenden, die im Fachhandel erhältlich sind.

Rezept 5306

Rostbraten

Herstellung
Für Rostbraten werden sauber geputzte Hüftstücke vom Rind verwendet, die „medium" gebraten werden.
Die Behandlung der Fleischstücke erfolgt wie 5305.

Rezept 5307

Wiener Bruckfleisch

Material für 100 kg
16,0 kg	R 2 Rindfleisch, entsehnt, mit max. 5% sichtbarem Fett, roh
10,0 kg	S 15 Schweineleber, roh
10,0 kg	L 2 Lammfleisch, entsehnt, mit max. 5% sichtbarem Fett, roh
10,0 kg	R 9 Rinderherz, geputzt, roh
5,0 kg	S 19 Schweinemilz, roh
2,0 kg	Karotten, gewürfelt
2,0 kg	Sellerie, gewürfelt
10,0 kg	Tomatenmark
35,0 kg	Hellbraune Soße (5206)

Gewürze und Zutaten je kg Masse
10,0 g Kochsalz
2,0 g Pfeffer
4,0 g Paprika, edelsüß
1,0 g Kümmel

Herstellung
Die hellbraune Soße und das Tomatenmark werden zusammen mit den gewürfelten Karotten, dem gewürfelten Sellerie, sowie Salz und Gewürzen aufgekocht.
Das Fleisch und die Innereien werden getrennt gehalten und gewürfelt. Das Ganze wird in der Soße gegart.

Rezept 5308

Frikadellen

Material für 100 kg
15,0 kg	R 2b Rindfleisch mit höherem Sehnenanteil und maximal 5% sichtbarem Fett, roh
33,0 kg	S 3b Schweinefleisch mit höherem Sehnenanteil und maximal 5% sichtbarem Fett, roh
22,0 kg	S 4b Schweinebauch ohne Schwarte mit maximal 50% sichtbarem Fett, roh
18,0 kg	Brötchen, eingeweicht und ausgedrückt
3,0 kg	Vollei
9,0 kg	Zwiebeln, Rohgewicht

Gewürze und Zutaten je kg Masse
10,0 g Kochsalz
2,0 g Pfeffer
5,0 g Petersilie

Herstellung
1. Die Brötchen werden eingeweicht und fest ausgedrückt.
2. Das Fleischmaterial und die Brötchen werden mit dem Salz und den Gewürzen durch die 3-mm-scheibe gewolft.
3. Dieser Masse werden die Eier beigeknetet.
4. Es werden Portionen von 75–150 g zu Kugeln geformt, plattgedrückt und knusprig braun gebraten.

Hinweis
Die Materialzusammenstellung bezieht sich auf die Rohmasse.

Rezept 5309

Hacksteak

Material für 100 kg
40,0 kg R 2 Rindfleisch, entsehnt, mit maximal 5 % sichtbarem Fett, roh
40,0 kg S 2 Schweinefleisch ohne Sehnen, mit maximal 5 % sichtbarem Fett, roh
 4,0 kg Vollei
16,0 kg Zwiebeln, Rohgewicht

Gewürze und Zutaten je kg Masse
18,0 g Kochsalz
 0,5 g Glutamat
 1,5 g Pfeffer, gemahlen

Herstellung
1. Die Zwiebeln werden klein gewürfelt, das Fleischmaterial gewolft.
2. Aus dem übrigen Material wird unter Zugabe von Salz, Glutamat und gemahlenem Pfeffer eine gut bindige Masse geknetet.
3. Es werden Portionen von 125 g geformt, die platt gedrückt und knusprig braun gebraten werden.

Hinweis
Wenn diese Spezialität zum Grillen verwendet werden soll, müssen die Hacksteaks kurz vor dem Grillen mit Öl eingepinselt werden.

Rezept 5310

Ochs am Spieß

Material
Für Ochs am Spieß werden in der Regel nicht allzu schwere Tiere verwendet, damit der Garprozeß nicht zu sehr in die Länge gezogen werden muß. Tiere mit einem Schlachtgewicht von etwa 200 Kilo lassen sich für diese Spezialität am günstigsten verwenden.
Der Hals und die Beine (Waden), werden in der Regel nicht mitgebraten.
Beim Schlachten der Tiere darf der Brustknochen nicht aufgesägt werden. Außerdem wird der Hüftknochen zwischen den Keulen nicht gespalten. Blase, Mastdarm und Lunge lassen sich auch ohne Öffnung dieser beiden Knochen entfernen.

Gewürze
Das zum Braten vorbereitete Tier wird pro Kilogramm Gewicht wie folgt gesalzen und gewürzt:

20,0 g Kochsalz
 2,0 g Pfeffer, weiß, gemahlen

Der Tierkörper wird innen und außen kräftig mit der angegebenen Menge Salz und Pfeffer eingerieben.

Brateinrichtung
Die Ochsbrateinrichtung besteht
1. aus einem eisernen, horizontalen Bratspießgestell, das durch eine Zahnrädervorrichtung, den Bratwender, gedreht wird,
2. aus einer Auffangvorrichtung für das abtropfende Fett und für den Fleischsaft,
3. aus eisernen, auf Füßen stehenden Kästen für die Holzkohle.

Die Brateneinrichtung läßt sich, sofern sie nicht betriebsbereit bezogen oder geliefert werden kann, nach Anleitung durch einen Schlossermeister herstellen. Benötigt werden zwei starke Dreifüße in einer Höhe von etwa 1,5 m mit Lagern zum Drehen des etwa 3,5 m langen Bratspießes. Dieser Bratspieß ist aus einem massiven Stahlrohre gefertigt. Es muß stark genug sein, das ganze Gewicht des Tieres zu tragen. Am einen Ende ist das auf dem kräftigen Dreifuß liegende Stahlrohr mit einer Handkurbeleinrichtung zu versehen, damit das Rohr und das daran hängende Tier während des Bratens gedreht werden können. Außerdem erhält das Stahlrohr sechs bis acht in gleichen Abständen verteilte Löcher, durch die dann etwa 1,5 m lange und zwei bis drei Zentimeter dicke eiserne Spieße (Quer-Spieße) gesteckt werden können. Diese sechs bis acht Löcher im Stahlrohr dürfen nicht in die gleiche Richtung laufen. Sie müssen spiralförmig über das Rohr verteilt werden.
Die Befestigung des Tieres auf dem Stahlrohr geschieht in folgender Weise:
Das Stahlrohr wird in ganzer Länge des Tieres zwischen den Becken- und Brustknochen hindurchgeschoben. Damit sich das Tier beim Braten drehen läßt, sticht man mit einem spitzen Messer zwischen den Rippen oder in das Fleisch kleine Löcher. Durch diese Löcher werden die Querspieße gesteckt, die in der Mitte durch die Öffnungen im quer liegenden dicken Stahlrohr laufen und so ein kontinuierliches Wenden des Tieres während des Bratens ermöglichen. Diese Querspieße werden mit rostfreiem Draht am Tierkörper befestigt, damit sie während des Bratens nicht verrutschen können.

Garen

Zwei große, flache Eisenkörbe werden mit Holzkohle gefüllt, die eine gleichmäßige Hitze während der ganzen Bratzeit entwickeln soll.

Von Beginn des Feuers an muß das Tier am Spieß langsam und gleichmäßig gedreht werden. Gleichzeitig muß die Außenseite des Tierkörpers regelmäßig mit Wasser bestrichen werden, damit die Unterhaut (Fleischhaut) nicht zu früh aufreißt. Dazu verwendet man am besten eine Weißbinderbürste, die an einen etwa zwei Meter langen Stiel angebunden ist. Die Garzeit beträgt pro 50 kg Tiergewicht 1,5–2 Stunden.

Portionieren

Das gebratene Fleisch wird vom Spieß weg in Portionsscheiben geschnitten. Dabei beginnt man an den flachen Teilen. Die dicken Teile, wie Schulter und Keule, haben eine längere Garzeit. Es ist zweckmäßig bei diesen Teilstücken außen mit dem Abschneiden flacher Portionen zu beginnen und dann nach und nach bei ständigem Weiterbraten immer tiefer abzuschneiden.

Um das Portionieren des Fleisches rationell und fachgerecht durchführen zu können, sind entsprechende Werkzeuge und Geräte bereitzuhalten, z. B. große eiserne Gabeln, große Tranchiermesser, Beile, Schneidbretter usw.

Für das Unterhalten des Feuers ist ein Blasebalg erforderlich und selbstverständlich eine ausreichende Menge Holzkohle. Man rechnet durchschnittlich pro Kilo Fleisch zwei Kilo Holzkohle.

Bei der Herstellung von „Ochs am Spieß" sind die Anforderungen der jeweiligen Hygiene-VO zu beachten.

Die Rezept-Nummern 5311 bis 5325 sind nicht belegt.

Kalbfleisch-Spezialitäten

Rezept 5326

Gefüllte Delikateß-Kalbsbrust	2.224.2

Material für 100 kg
65,0 kg Kalbsbrust
35,0 kg Jagdwurstbrät (2106)

Gewürze und Zutaten je kg Masse
Zur Jagdwurst:
10,0 g Pistazien

Herstellung
Eine ausgebeinte, sehnen- und knorpelfreie Kalbsbrust wird gepökelt und gut getrocknet weiterverarbeitet.
In die Brust wird eine Tasche geschnitten. Das Jagdwurstbrät und die Pistazien werden miteinander vermengt. Dann wird die Füllung in die Kalbsbrust gestopft. Das Ganze soll nicht höher als 5 bis 7 cm sein. Die Kalbsbrust wird an der Füllöffnung verschlossen, in ein Tuch eingeschlagen und verschnürt.

Garzeit: Je Millimeter Durchmesser 1–1,5 Minuten bei 80 °C.

Rezept 5327

Gefüllte Kalbsbrust	2.224.2

Material für 100 kg
65,0 kg Kalbsbrust
35,0 kg Aufschnittgrundbrät (2001)

Gewürze und Zutaten je kg Masse
Zum Aufschnittgrundbrät:
10,0 g Pistazien

Herstellung
Wenn die in 5326 beschriebene Kalbsbrust zu flach ist, um eine Tasche hineinschneiden zu können, so empfiehlt sich folgende Verarbeitung:
Die Kalbsbrust wird nach dem Pökeln gut abgetrocknet und auf der Innen- und Außenseite mit rohem Aufschnittgrundbrät eingerieben.
Die Innenseite wird dann mit einer 5-mm-Schicht Aufschnitt-Grundbrät belegt, in die reichlich Pistazienkerne eingedrückt werden.
Die Brust wird in ein Tuch gerollt und wie in Rezept 5326 beschrieben, gegart.

Garzeit: Je Millimeter Durchmesser 1–1,5 Minuten bei 80 °C.

Rezept 5328

Gefüllte gebratene Kalbsbrust   2.224.2

Herstellung
Die im Rezept 5326 beschriebene Kalbsbrust wird nach der halben Garzeit aus dem Kessel genommen, aus dem Tuch geholt und weiter gebraten bis sie durchgebraten ist.

Rezept 5329

Kalbsroulade mit Zungen   2.224.2

Material für 100 kg
50,0 kg   Kalbsbrust
15,0 kg   Zungenrolle (3205)
35,0 kg   Aufschnittgrundbrät (2001)

Gewürze und Zutaten je kg Masse
Zum Aufschnittgrundbrät:
10,0 g Pistazien

Herstellung
In die in Rezept 5327 beschriebene flache Kalbsbrust wird eine Zungenrolle (3205) eingerollt. Weitere Herstellung siehe 5327.

Rezept 5330

Kalbfleisch-Galantine   2.224.2

Material für 100 kg
97,0 kg   K 1 Kalbfleisch, fett- und sehnenfrei, roh
 3,0 kg   Aufschnittgrundbrät (2001)

Gewürze und Zutaten je kg Masse
Für das Kalbfleisch:
18,0 g Nitritpökelsalz
 0,5 g Pfeffer
 0,3 g Glutamat

Herstellung
Kalbfleischstücke und -abschnitte, die vom Frischfleischverkauf in die Produktion zurückkommen, werden mit 18,0 g Nitritpökelsalz je Kilo angesalzen. Je nach Geschmack können dem Fleisch auch ein paar Spritzer Zitronensaft beigegeben werden.
Wenn das Kalbfleisch durchgesalzen ist, wird es mir rohem Aufschnittgrundbrät (2001) eingerieben und in eine Pastetenform gepreßt, die mit einem Cellobogen ausgelegt ist.
Es ist darauf zu achten, daß sich keine Hohlräume bilden.

Därme: Cellobogen und 120/50 Schrumpfdärme.

Garzeit: Je Millimeter Durchmesser, diagonal gemessen 1–1,5 Minuten bei 80 °C.

Rezept 5331

Kalbfleisch-Galantine   2.224.2

Material für 100 kg
48,0 kg   K 2 Kalbfleisch, mit maximal 5 % sichtbarem Fett, roh
40,0 kg   K 10 Kalbszunge, geputzt, vorgegart
12,0 kg   Eisschnee

Gewürze und Zutaten je kg Masse
Für das Kalbsbrät:
18,0 g Nitritpökelsalz
 3,0 g Kutterhilfsmittel
 2,5 g Pfeffer
 1,0 g Mazis
 1,0 g Farbstabilisator
 5,0 g Pistazien
 2,0 g Trüffeln

Herstellung
1. Das Kalbfleisch wird mit dem Eisschnee zu einer feinst zerkleinerten Masse gekuttert, der die Gewürze und Zutaten beigegeben werden.
2. Die Zungen werden in 1-cm-Würfel geschnitten, die Pistazien und die Trüffeln kleingehackt.
3. Das Kalbfleisch wird mit den Zungen, Pistazien und Trüffeln zu einer gleichmäßigen Masse vermengt.
4. Die fertige Masse wird in Pastetenkästen gefüllt, die mit einem Cellobogen ausgelegt sind.
Die Produktionsdaten sind dem Rezept 5326 zu entnehmen.

Rezept 5332

Königsberger Klopse

Material für 100 kg
15,0 kg   R 3 Rindfleisch, grob entsehnt, mit maximal 15 % sichtbarem Fett, roh
15,0 kg   K 3 Kalbfleisch, grob entsehnt, mit maximal 15 % sichtbarem Fett, roh
20,0 kg   Kalbfleischwurstbrät
50,0 kg   Helle Soße (5207)

Gewürze und Zutaten je kg Masse
Für das Hackfleisch:
10,0 g Kochsalz
 2,0 g Pfeffer
 0,5 g Muskat
Für die Soße:
 5,0 g Kapern
 0,5 g Zitronenpulver

Herstellung
Rind- und Kalbfleisch werden durch die 3-mm-Scheibe gewolft.

Aus dem Rinder- und Kalbshackfleisch sowie dem Brät wird unter Zugabe von Salz und Gewürzen eine gleichmäßige Masse hergestellt. Aus dieser Masse werden die Klopse geformt, in der Regel 50–75 g groß.
Die Klopse werden in Knochenbrühe, hell (5101) ca. 5–10 Minuten bei 90 bis 100 °C. angegart, sofort danach in die Portionsdosen gesetzt und mit Heller Soße (5207) aufgefüllt.

Die Rezept-Nummern 5333 bis 5350 sind nicht belegt.

Schweinefleisch-Spezialitäten

Rezept 5351

Schweinegulasch

Material für 100 kg
70,0 kg   S 2 Schweinefleisch ohne Sehnen, mit maximal 5 % sichtbarem Fett, vorgegart
30,0 kg   Dunkle Soße (5205)

Gewürze und Zutaten je kg Masse
Für das Fleisch:
10,0 g Salz
 2,0 g Pfeffer
 4,0 g Paprika

Herstellung
1. Das Schweinefleisch wird in Gulaschwürfel geschnitten, mit dem Salz und den Gewürzen vermengt und 1 bis 2 Stunden beizen lassen.

Zubereitung: Siehe 5302

Rezept 5352

Schweinebauch, gefüllt

Material für 100 kg
65,0 kg   Delikateß-Roulade (3212) ohne Pistazien
10,0 kg   Champignons
25,0 kg   Dunkle Soße (5205)

Herstellung
Die Roulade wird portioniert und mit den Champignons in der Soße erhitzt.

Rezept 5353

Kasseler Kamm

Material für 100 kg
70,0 kg   Kasseler Kamm, ohne Knochen (1121)
30,0 kg   Dunkle Soße (5205)

Herstellung
Der Kasseler Kamm wird roh portioniert, in der Soße erhitzt.

Rezept 5354

Kasseler Rippenspeer

Material für 100 kg
65,0 kg   Kasseler, ohne Knochen (1120)
10,0 kg   Champignons
25,0 kg   Hellbraune Soße (5206)

Herstellung: Siehe 5353

Rezept 5355

Schweinezungen in pikanter Soße

Material für 100 kg
65,0 kg   S 17 Schweinezungen, geputzt, gepökelt, vorgegart
10,0 kg   Champignons
25,0 kg   Dunkle Soße (5205)

Herstellung
Frische Schweinezungen werden mit 7gradigem Kochsalzwasser gespritzt und soll etwa 6 Stunden beizen. Die Zungenhäute sind restlos zu entfernen.

Dann werden die Zungen in 2–4 Längsscheiben geschnitten, und mit den Champignons in der Soße erhitzt.

Rezept 5356

Schweinepfeffer

Material für 100 kg
45,0 kg	S 3 Schweinefleisch mit geringem Sehnenanteil und maximal 5 % sichtbarem Fett, roh
6,0 kg	Dörrfleisch ohne Schwarte und Knorpel
9,0 kg	Zwiebeln, Rohgewicht
40,0 kg	Dunkle Soße (5205)

Gewürze und Zutaten je kg Masse
10,0 g	Kochsalz
2,0 g	Pfeffer, weiß, gemahlen
2,0 g	Pfeffer, weiß, gestoßen
4,0 g	Paprika, edelsüß

Herstellung
1. Das Schweinefleisch wird in Gulaschwürfel geschnitten, mit dem Salz und den Gewürzen vermengt und soll etwa 1 Stunde beizen.
2. Das Gulaschfleisch wird in der Soße erhitzt.

Rezept 5357

Gefülltes Spanferkel

Herstellung
Das Spanferkel wird in der üblichen Weise vorbereitet, und innen mit Kochsalz eingerieben. In die Bauch- und Brusthöhle kommt die in Rezept 4301 beschriebene Füllung. Die Bauchöffnung ist zu vernähen oder zu verspeilen.
Die Schwarte wird dann mit Öl bestrichen und das Spanferkel kommt sofort in den Ofen und wird gebraten. Während der Bratzeit muß das Spanferkel häufig begossen werden.
Das Ferkel sollte in einem großen Bräter auf den Füßen sitzend gebraten werden.
Das Spanferkel wird so portioniert, daß eine Portion immer aus Fleisch und Füllung besteht.

Garzeit: Je Millimeter Durchmesser 1–1,5 Minuten bei mittlerer Hitze.

Pasteten und Terrinen im Teig

Frankreich und die Schweiz sind die klassischen Länder der „Pasteten im Teig". In beiden Ländern, aber auch in Italien und England, wurde und wird die Herstellung von Pasteten intensiv gepflegt. Deutschland schickt sich an, der Herstellung von Pasteten im Teig mehr Bedeutung zuzumessen.

Werkzeuge und Geräte

Um bei der Herstellung von Teigpasteten und Terrinen rationell und technologisch hochrangig arbeiten zu können, bedarf es neben praktischer Erfahrung einer ausreichenden Ausstattung mit Geräten und Werkzeug. Zur Mindestausstattung der Pastetenküche sollte Folgendes gehören:
1. Ein Kessel- und ein Stechthermometer zur exakten Messung der Kerntemperaturen.
2. Koch- und Backgeräte, die sich möglichst einfach auf gleichbleibende Gartemperaturen einstellen lassen.
3. Verschiedene Siebe. Zunächst ein Holzrahmensieb zum Durchsieben von Mehl und Farcen. Weiter ein Spitzsieb zum Durchstreichen von Aufgüssen, Soßen u.ä.
4. Eine Küchenmaschine, als Rühr-, Pürier-, Meng- und Mixgerät.
5. Schüsseln unterschiedlicher Größe zur Herstellung von Teigen, Farcen, Marinaden, Soßen usw.
6. Ausstechförmchen in verschiedenen Größen und Ausführungen. Das reicht vom Kaminstecher bis zu den verschiedensten Garnier- und/oder Pastetenförmchen.
7. Pastetenformen verschiedener Art, z.B. Formen mit quadratischem Schnittbild, Fünfeckformen, Dachrinnenformen, gerippte Formen, Pasteten- und Tortelettenformen; aber auch sogenannte Kuchenformen, wie

Gugelhupf, Springformen, flache Tortenbodenbleche, Steingut-Terrinen, offene und geschlossene Steingutformen, Glaserrinen und vieles andere mehr.

8. Allerlei Kleinwerkzeuge, wie Teigschaber, Gummispachtel, Metallschaber, Teigrädchen unterschiedlicher Ausführung, Backpinsel usw.

9. Nicht zuletzt sollten bei der Herstellung von Teigpasteten und speziell auch von Terrinen ganz spezielle Formen zur Verfügung stehen. Dazu gehören Terrinen mit Wild- und Geflügelmotiven ebenso wie Gefäße und Behälter mit Tieren nachgebildeten Formen.

Bouchées

Bouchées sind die in Deutschland als Blätterteigpastetchen bekannten Produkte. Ursprünglich kannte man Bouchées (bouche = Mund, Boucheé = sinngemäß „mundvoll") als kleine, mundgerechte, mit verschiedenen Farcen gefüllte Pastetchen. Diese Kleinstpastetchen gibt es in der feinen Küche auch heute noch, aber die größeren Portionspastetchen sind in weit höherem Maße bekannt und beliebt.

Diese Teigpastetchen, in der Regel aus Blätterteig, werden als Blindpasteten hergestellt und feilgehalten. Blindpasteten werden solche Teighüllen genannt, die zunächst ohne Füllung gebacken werden. Bei Weiterverwendung werden diese Blindpasteten wieder erhitzt, mit Farce gefüllt und heiß serviert.

Krustaden

Krustaden sind Pastetchen, die ursprünglich aus Mürbeteig hergestellt wurden. Heute dagegen werden sie überwiegend aus Blätterteig gefertigt.

Pastetenteige

Für die Herstellung von Pasteten wird vorwiegend Mürbeteig, in seltenen Fällen auch Blätterteig, Hefeteig und einigen Fällen sogar auch Nudel- und Kartoffelteig verwendet.

In den folgenden Ausführungen soll der Mürbeteig den Vorrang haben. Einmal ist er als Pastetenkruste sehr beliebt und zum anderen ist er in seiner Verarbeitung weniger kompliziert.

Man kann die verschiedenen Teige natürlich selbst herstellen. Man kann sie aber auch als Fertigware zukaufen. Im Bestreben möglichst rationell zu arbeiten wird sich die Herstellung der Teige nur dann lohnen, wenn ein entsprechender Bedarf besteht. Ansonsten dürfte der Zukauf der kalkulatorisch interessantere Weg sein, zumal die Fertigangebote der verschiedenen Teige in der Regel von bester Qualität sind.

Wie an anderer Stelle bereits hervorgehoben, ist der **Mürbeteig** die am häufigsten verwendete Teigart für die Herstellung von Pasteten und ähnlichen Produkten.

Unter der Nummer 4501 steht ein Rezept für „Mürbeteig". Neben dieser allgemein üblichen Zusammensetzung kann aber auch eine durchaus gleichwertige Zusammenstellung für Mürbeteig unter Verwendung von Schweineschmalz verwendet werden. Ein entsprechendes Rezept ist unter der Nummer 4502 zu finden.

Zur Herstellung der verschiedenen Pastetenprodukte muß der Teig gleichmäßig dick ausgewalkt werden. Für Pasteten soll er etwa 3–4 Millimeter dick sein. Für Bouchées darf die Teigdicke 5–6 Millimeter betragen.

Im allgemeinen genügt das Augenmaß für das Ausrollen einer gleichmäßig dicken Teigplatte in der erwünschten Stärke. Wer ganz gewissenhaft arbeiten will, oder wer noch nicht die nötige Übung hat, kann sich zweier Holzleisten bedienen, die drei, bzw. sechs Millimeter stark sind. Der Teig wird dann zwischen diesen Leisten ausgewalkt, und zwar so, daß das Walkholz links und rechts über die Leisten rollt.

Bei der Herstellung des Mürbeteiges sollte noch folgendes beachtet werden: Nach der Herstellung des Teiges, also vor dem sich anschließenden Ausrollen, sollte der Mürbeteig etwa 1–1,5 Stunden ausruhen. Dabei sollte er kühl lagern, etwa bei 5–8 °C. Durch das Lagern wird der Teig etwas weicher als er es bei der Herstellung ist, was bereits bei der Herstellung beachtet werden sollte.

Andere Teige als Mürbeteige sollten für die Herstellung von Pasteten und ähnlichem aus den bereits erwähnten Gründen als Fertigprodukte zugekauft werden. Dort wo dies, aus welchen Gründen ist nebensächlich, nicht erwünscht, oder nicht möglich ist, sollte man sich der aus

Kochbüchern bekannten Teigherstellung bedienen.

Brät für Pasteten im Teig

Mit der Frage nach dem richtigen Brät, oder der richtigen Farce, für die Herstellung von Pasteten im Teig, stellt sich zunächst auch die Frage nach Art und Umfang des Pastetensortimentes.

Der Umfang des Sortimentes an Pasteten im Teig sollte auf vier bis fünf Pastetensorten beschränkt sein. Das Sortiment an Pasteten besteht aus stückigen Fleischeinlagen, die mit feingekuttertem Brät gebunden und denen Einlagen im Sinne der Anlagen 2 und 3 der Fleisch-Verordnung beigegeben sein können. Gemenge dieser Art sind im Fleischereibetrieb regelmäßig greifbar. Sie garantieren eine weitgehend rationelle Herstellung der Pasteten im Teig.

Als Farcen für die Herstellung von Pasteten im Teig eignen sich Aufschnittgrundbrät (2001, 2002) oder Bratwurstgrundbrät (2601). Aber auch grobe Bräte, wie Jagdwurstbrät, oder das Brät von Imitierter Wildschweinpastete lassen sich gut verwenden. Auf der Grundlage dieser und ähnlicher Farcen ergibt sich eine beachtliche Variationsbreite für die Herstellung von Pasteten im Teig.

Technologie
der Pastetenherstellung

Für Teigpasteten sollten nur Spezial-Pastetenkästen verwendet werden, deren Seitenwände aufgeklappt werden können. Diese Formen haben den Vorteil, daß beim Herausnehmen der fertigen Pastete keine Beschädigungen an der Teighülle verursacht werden können.

Die 3–4 Millimeter dick ausgewalkte Teigplatte muß so großflächig sein, daß der Boden, die beiden Längsseiten und die beiden Schmalseiten der Pastetenform ausgekleidet werden können. Außerdem soll ein überlappender Randteil von etwa 2 cm Breite rundum vorhanden sein.

Die Pastetenform wird zunächst dünn mit Butter eingefettet. Das ist bei Mürbeteig zwar nicht notwendig, er würde auch ohne einbuttern nicht anbacken, es hat aber den Vorteil, daß der Teig beim **Auskleiden der Pastetenform** besser an den Seitenwänden anhaftet.

Die Oberfläche der in der oben beschriebenen Weise zurechtgeschnittenen Teigplatte wird

leicht mit Mehl bestreut. Dann werden die beiden Seitenteile vorsichtig über das Bodenteil geschlagen. Es entsteht eine Dreifachlage, die vorsichtig auf den Boden der Pastetenform gelegt wird. Die beiden Seitenteile werden hochgeklappt und vorsichtig an die Seitenwände der Form angedrückt. Die überlappenden 2 cm des Teiges werden vorläufig nach außen umgeschlagen. Die Teigplatte muß in ihrer Länge so geschnitten sein, daß die Seitenwände und der Boden vollständig mit Teig bedeckt sind. Der Teig muß aber auch über die Flächen der schmalen Seitenwände reichen und wird mit dem Daumen vorsichtig in die Ecken der Pastetenform gedrückt. Dabei ist darauf zu achten, daß die Teigdicke von 3–4 Millimeter eingehalten wird. Überschüssiger Teig, der beim Ausdrücken der Ecken entsteht, wird nach oben weggedrückt und später bei der Begradigung des überlappenden Teigrandes weggeschnitten. In der Pastetenform muß ein Teigbett entstehen, das nahtfrei und vollständig geschlossen ist. Auf keinen Fall dürfen später Fleischsaft und/oder Fett durch die Teigwand nach außen dringen.

Wenn die Form vorschriftsmäßig ausgekleidet ist, sollte der überlappende Teigrand auf gleichmäßig 2 cm Breite beschnitten werden.

Noch ein Tip: Es gilt der Grundsatz, daß je fetthaltiger die Fleischfüllung der Pastete, um so dicker die Teighülle sein soll. Dabei ist es selbstverständlich, daß der Fettgehalt der Pastetenfüllung das lebensmittelrechtlich zulässige Maß nicht überschreiten darf.

Nach dem Auslegen der Pastetenform mit Teig wird die **Fleischfarce** aufgefüllt. Wie und in welcher Reihenfolge dies zu geschehen hat wird in den einzelnen Rezepten beschrieben.

Es ist darauf zu achten, daß im Inneren der Pastete keine Hohlräume entstehen und die Ecken der Form gut mit Farce gefüllt sind.

Die Pastetenform wird bis etwa 0,5–1 cm unter dem Rand mit Farce gefüllt. Dann werden die Teigränder übergeschlagen und angedrückt. Über die teigfreie Oberfläche wird ein entsprechend großer Teigstreifen gelegt und ebenfalls gut angedrückt. Über diese Abdeckung kommt der eigentliche Teigdeckel. Damit sich dieser gut mit der darunter liegenden Teigdecke verbindet, werden beide gegeneinander liegenden Teigflächen mit geschlagenem Ei bestrichen. Der Teigdeckel wird aufgelegt und vorsichtig auf die untere Teigschicht gedrückt.

In den Teigdeckel werden zwei **Schlote** gestochen, damit beim Backen der sich im Inneren der Pastete bildende Dampf abziehen kann. Diese Schlote werden entweder mit einem spitzen Messer rund und etwa 1,5–2 cm dick herausgeschnitten, oder mit einem Ausstecher herausgestochen. Die Teigoberfläche wird verziert. Man kann Muster in die Oberfläche drücken oder die Oberfläche mit ausgestochenen Teigverzierungen versehen. Sie werden mit Eigelb als Haftmittel auf der Oberfläche des Teigdeckels befestigt.

In die Schlote muß ein Stück gerollte Alufolie gesteckt werden, damit aus dem Inneren der Pastete kein Fleischsaft und kein Fett nach außen dringen kann. Das würde dem Aussehen der Pastete nicht dienlich sein.

In den nachfolgenden Rezepten für Pasteten im Teig und ähnliche Produkte werden die Backzeiten jeweils angegeben. Zur Sicherheit, daß die Pastete nicht zu lange, aber auch nicht zu kurz gebacken wird, kann mit einem Stechthermometer die Kerntemperatur der Pastete gemessen werden. Sie soll 65–70 °C betragen. Ist diese Temperatur erreicht, kann die Pastete als durchgegart angesehen werden. Das Messen der Kerntemperatur sollte *nicht* durch den Schlot erfolgen, sondern durch den Teig.

Verkaufsfertiges Herrichten

Nach dem Backen sollen die Pasteten auf Zimmertemperatur, etwa 12–15 °C abgekühlt werden. Sie werden dann im oberen Teil der Pastete mit Gelee ausgegossen. Durch den Garverlust, der während des Backens bei der Fleischfüllung entsteht, bildet sich etwa im oberen Fünftel des Pasteteninnern ein Hohlraum; und dieser Hohlraum muß mit Gelee aufgefüllt werden. Dazu werden die verschiedensten Geschmacksnuancen verwendet. Sie werden in den einzelnen Rezepten in ihrer Zusammensetzung beschrieben.

Die Gelees werden durch den Schlot in das Pasteteninnere gefüllt. Dazu soll die Pastete, wie bereits erwähnt, auf etwa 12–15 °C heruntergekühlt sein. Der Gelee sollte beim Auffüllen gerade noch Fließeigenschaften haben. Die so fertiggestellte Pastete soll dann auf 3–5 °C gekühlt werden und ist verkaufsfertig.

Sollte die Teighülle im oberen Teil etwas rissig geworden sein, können diese Risse, vor dem Auffüllen des Gelees, mit etwas Butter abgedichtet werden.

Nach dem Auskühlen wird die Pastete aus der Form genommen und in Scheiben von ca. 1,5–2 cm Stärke geschnitten. Die Scheiben werden auf eine Platte, möglichst aus Metall, gelegt und mit Aspik glasiert. Wenn die Pastetenscheiben dann noch mit etwas Garnierung (Imitierte Eiswürfel, etwas Kräuter) versehen werden, kann das Kaufinteresse der Kunden besonders angeregt werden.

Teig-Pasteten ohne Pastetenform

Die Herstellung von Teigpasteten ohne Pastetenform wird meist dann gewählt, wenn ganze Fleischstücke, z. B. ein Stück Kasseler, oder ein Filet in der Teighülle, zubereitet werden soll. In dieser Zubereitungsweise lassen sich aber auch Füllungen aus grobem Material und Farce in Teig einschlagen und auf dem Backblech backen.

Diese Arten von Pasteten werden nach dem Backen genauso weiterbehandelt wie Pasteten in der Pastetenform.

Bratenstücke aller Tierarten sind eine besondere Delikatesse, wenn sie in einer Teighülle zubereitet werden. Dabei muß beachtet werden, daß das Fleisch unter dem Teig nicht das gewünschte Brataroma annehmen kann. Es ist daher sinnvoll die Bratenstücke vor dem Einschlagen in den Teig anzubraten. Die Fleischstücke sollen danach kurz abkühlen und werden dann in den Teigmantel eingeschlagen.

Rezept 5401

Schweinerückenpastete

Material für 100 kg
84,0 kg Schweinerücken
16,0 kg Mürbeteig (4501, 4502)

Gewürze und Zutaten für 1 Portion
75,0 g Ananassaft
20,0 g Öl
20,0 g Rum
20,0 g Honig
     Piment, Koriander, Zimt, Nelken, Salz

Herstellung
1. Der Schweinerücken wird angebraten und soll dann gut abkühlen. Öl und Honig werden unter Zugabe aller Gewürze bei kleiner Hitze erwärmt. Das Gemenge wird vom Feuer genommen und der Rum beigerührt. Die Flüssigkeit wird vollständig auf den Schweinerücken gepinselt.
2. Der Mürbeteig wird ausgewalkt. Das Fleisch, das zwischenzeitlich etwas ausgekühlt wurde, wird in den Teig eingeschlagen. Die Ränder werden fest zusammengedrückt. Der Teig wird mit geschlagenem Ei bestrichen. Aus den Teigresten können Streifen und Muster geschnitten werden, die dekorativ auf der Pastete angeordnet werden. Als Haftmittel dient das geschlagene Ei.
3. Der Teig wird mit einer Gabel gleichmäßig und intensiv durchgestippt. In die Mitte der Pastete wird eine Öffnung von etwa 2 cm Durchmesser (Schlot) geschnitten, damit der beim Garen entstehende Dampf abziehen kann. Kurz vor Ende der Garzeit wird die Teigaußenfläche mit Rum eingepinselt. Dem Rum sollte ein Kaffeelöffel Zucker beigerührt sein.
4. Die Pastete soll nach dem Backen völlig abkühlen. Aus Ananassaft, etwas Rum und etwas Zitrone wird unter Zugabe von Aspik ein Aufguß hergestellt, der, nachdem er etwas abgekühlt ist, in den Schlot der abgekühlten Pastete gegossen wird.
Die Pastete kann angeschnitten werden, wenn der Aufguß völlig abgekühlt und erstarrt ist.

Produktionsverlust: Ohne Garverlust 3 %; mit Garverlust 25 %

Garzeit: 45–60 Minuten bei 180–200 °C. Die Garzeit ist von der Dicke des Schweinerückens abhängig; Garprobe mit dem Stechthermometer.

Rezept 5402

Getrüffelte Zungenpastete   2.222.4

Material für 100 kg
60,0 kg Aufschnittgrundbrät (2001)
24,0 kg Zungenrolle (3205)
16,0 kg Mürbeteig (4501, 4502, 4504)

Gewürze und Zutaten je kg Masse
zum Aufschnittgrundbrät:
40,0 g Trüffeln, klein gewürfelt

Herstellung
1. Die Trüffeln werden in kleinste, möglichst quadratische Würfel geschnitten und mit dem Aufschnittgrundbrät vermengt.
2. Eine Pastetenform wird entsprechend der einleitenden Beschreibung mit einem Teigmantel ausgekleidet und mit dem Trüffelbrät etwa zur Hälfte gefüllt. Die Zungenrolle wird in die Mitte der Pastetenform eingelegt und dann wird das restliche Trüffelbrät aufgefüllt. Den Schlot nicht vergessen!
3. Die Teigpastete wird in der eingangs beschriebenen Weise mit einer Teigplatte abgedeckt, verziert und gebacken.
4. Nachdem die Pastete abgekühlt ist, wird sie mit Sherry-Aspik (4476) aufgefüllt. Sie soll dann gut durchkühlen.

Backzeit: Insgesamt 50 Minuten; davon 15 Minuten bei 200 °C, restliche Zeit bei 180 °C.

Produktionsverlust: 25 %, ohne Berücksichtigung der Anfangs- und Endstücke.

Rezept 5403

Getrüffelte Zungenpastete
mit Champignons   2.222.4

Material für 100 kg
45,0 kg Aufschnittgrundbrät (2001)
24,0 kg Zungenrolle (3205)
15,0 kg Champignons
16,0 kg Mürbeteig (4501, 4502, 4504)

Gewürze und Zutaten je kg Masse
Zum Aufschnittgrundbrät:
40,0 kg Trüffeln, klein gewürfelt

Herstellung

1. Die Champignons werden heiß abgebraust und müssen gut abtrocknen. Die Trüffel werden klein gewürfelt. Beide Zutaten werden unter das Aufschnittgrundbrät gemengt.
2. Weitere Verarbeitung siehe 5402.

Rezept 5404

Pastete im Brotteig   2.224.2

Material für 100 kg

82,0 kg   Brät von Imitierter Wildschwein-Pastete (3321)
10,0 kg   Schinkenmus
8,0 kg   Brotteig

Herstellung

1. Eine Pastetenform wird mit einem Teigmantel aus Brotteig ausgelegt.
2. Die Freiraum der Form wird mit dem Brät der Imitierten Wildschwein-Pastete (3321) ausgefüllt.
   Diese Pastete erhält keinen Teigdeckel. Der überlappende Teigrand ist exakt abzuschneiden.
3. Die Brotpastete wird dann bei mittlerer Hitze gebacken und soll vollständig auskühlen (5 °C).
4. Die Pastete wird dann aus der Form genommen und auf der Oberseite mit Schinkenmus, aufgefüllt, so daß sich eine glatte Oberfläche ergibt. Das restliche Schinkenmus wird mit dem Spritzbeutel als Garnierung auf die glatte Oberfläche gespritzt.

Backzeit: 40 Minuten bei 180 °C; Probe mit dem Stechthermometer.

Produktionsverlust: 25 %

Rezept 5405

Hühner-Pastete

Material für 100 kg

67,0 kg   Geflügelfleisch, ohne Knochen, gebraten
17,0 kg   Aufschnittgrundbrät (2001)
16,0 kg   Mürbeteig (4501, 4502, 4504)

Gewürze und Zutaten
     gehackte Pistazien

Herstellung

1. Das gebratene Geflügelfleisch wird entbeint, von groben Sehnen befreit und mit Aufschnittgrundbrät eingerieben.
2. Eine Pastetenform wird entsprechend der einleitenden Beschreibung mit einem Teigmantel ausgekleidet und mit etwas Aufschnittgrundbrät gefüllt. Dann werden die Geflügelteile in die Form gedrückt und mit Pistazien bestreut. In dieser Weise wird die Form Lage um Lage, Geflügelfleisch – Brät – Pistazien, gefüllt.
3. Die Teigpastete wird, wie eingangs beschrieben, mit einer Teigplatte abgedeckt, verziert und gebacken. Den Schlot nicht vergessen!
4. Nachdem die Pastete abgekühlt ist, wird sie mit Aspikaufguß (4472) aufgefüllt. Sie soll dann gut durchkühlen.

Backzeit: 40 Minuten bei 180 °C; Garprobe mit dem Stechthermometer

Produktionsverlust: 25 %

Rezept 5406

Getrüffelte Gänseleberpastete in der Kruste

Material für 100 kg

84,0 kg   Gänseleberwurstmasse mit Trüffeln (4703)
16,0 kg   Mürbeteig (4501, 4502, 4504)

Herstellung

1. Entsprechend den einleitenden Beschreibungen wird eine Pastetenform mit einem Teigmantel ausgekleidet.
2. Die Gänseleberwurstmasse wird in die Form gefüllt.
3. Die Teigpastete wird mit einer Teigplatte abgedeckt, verziert und gebacken. Den Schlot nicht vergessen!
4. Nachdem die Pastete abgekühlt ist, wird sie mit Aspikaufguß (4472) aufgefüllt.

Produktionsverlust: 25 %

Rezept 5407

Jagdwurst-Pastete   2.223.2

Material für 100 kg

84,0 kg   Jagdwurstbrät (2106)
16,0 kg   Mürbeteig (4501, 4502, 4504)

Gewürze und Zutaten je kg Masse
Für das Jagdwurstbrät:
40,0 g Trüffel

Herstellung
1. Die Trüffel werden klein gewürfelt und unter das Jagdwurstbrät gemengt.
2. Eine Pastetenform wird mit einem Teigmantel ausgekleidet und mit dem Jagdwurstbrät aufgefüllt.
3. Die Teigpastete wird mit einem oder zwei Schloten versehen, verziert und gebacken.
4. Nachdem die Pastete abgekühlt ist, wird sie mit Sherry-Aspik (4476) aufgefüllt. Sie soll dann gut durchkühlen.

Backzeit: 50 Minuten bei 200 °C; Garprobe mit dem Stechthermometer.

Produktionsverlust: 25 %

Rezept 5408

Delikateß-Pastete 2.224.2

Material für 100 kg
42,0 kg Schweinebauchplatten, gepökelt
35,0 kg Jagdwurstbrät (2106)
7,0 kg Aufschnittgrundbrät (2001)
16,0 kg Mürbeteig (4501, 4502, 4504)

Gewürze und Zutaten je kg Masse
Für das Jagdwurstbrät
5,0 g Trüffeln
10,0 g Pistazien, gehäutet

Herstellung
1. Von einem mild gepökelten, ausgebeinten Schweinebauch wird eine 2 cm dicke Fleischplatte abgehoben. Diese Fleischplatte wird noch einmal mit einem dünnen Messer horizontal gespalten, so daß beide Fleischplattenteile auf einer Längsseite miteinander verbunden bleiben. Die Oberflächen der Fleischplatte werden gut abgetrocknet.
2. Vorder- und Rückseite der Fleischplatte werden mit Aufschnittgrundbrät eingerieben.
3. Die im Rezept angegebene Menge Jagdwurstbrät wird mit den fein gehackten Trüffeln und Pistazien vermengt und auf die Schweinebauchplatte gleichmäßig hoch aufgetragen. Das Ganze wird zu einer Roulade zusammengerollt und in den auf ca. 3–4 Millimeter Stärke ausgewalkten Mürbeteig

eingeschlagen, so daß die Fleischroulade allseits nahtfrei von Teig umschlossen ist.
4. In den Teig werden zwei Schlote gestochen, mit einer Gabel gleichmäßig und intensiv durchgestippt, auf ein Backblech gesetzt und gebacken.
5. Nachdem die Pastete abgekühlt ist, wird sie mit Sherry-Aspik (4476) aufgefüllt.

Backzeit: Je Millimeter Durchmesser 1/2 Minute; Garprobe mit dem Stechthermometer.

Produktionsverlust: 25 %

Rezept 5409

Pariser Pastete 2.224.3

Material für 100 kg
43,0 kg Schweinebauch
18,0 kg Jagdwurst-Brät (2106)
23,0 kg Zungenrolle (3205)
16,0 kg Mürbeteig (4501, 4502, 4504)

Herstellung
Die Pariser Pastete wird genauso hergerichtet wie die Delikateß-Pastete (5408).
Die Zungenrolle wird so auf die Schweinebauchplatte gelegt, daß sie in der Mitte der gerollten Pastete liegt.
Die weitere Herstellung der Pariser Pastete ist identisch mit den Produktionsanweisungen in Rezept Nummer 5408. Gleiches gilt für Backzeit und Produktionsverlust.

Rezept 5410

Bierschinken-Pastete 2.224.2

Material für 100 kg
42,0 kg Schweinebauchplatte, gepökelt
42,0 kg Bierschinkenmasse (2101)
16,0 kg Mürbeteig (4501, 4502, 4504)

Gewürze und Zutaten je kg Masse
Zum Bierschinkenbrät:
12,0 g Pistazien, gehäutet und kleingehackt

Herstellung
1. Das Bierschinkenbrät wird mit den gehackten Pistazien vermengt.
2. Von einem mild gepökelten, ausgebeinten Schweinebauch wird eine 2 cm dicke Fleischplatte abgehoben. Diese Fleischplatte wird noch einmal mit einem dünnen Messer horizontal gespalten und zwar so, daß beide

Fleischplatten auf einer Längsseite miteinander verbunden bleiben. Die Oberfläche der Fleischplatten werden gut abgetrocknet.

3. Das Bierschinkenbrät wird gleichmäßig hoch auf die Schweinebauchplatte verteilt. Das ganze wird zu einer Roulade zusammengerollt und in den auf etwa 4 Millimeter Stärke ausgewalkten Mürbeteig eingerollt. Die Fleischroulade soll abseits nahtfrei von Teig umschlossen sein.

4. In den Teig werden zwei Schlote gestochen. Der Teig wird mit einer Gabel gleichmäßig und intensiv durchgestippt, auf ein Backblech gesetzt und gebacken.

5. Nachdem die Pastete abgekühlt ist wird sie mit dem Sherry-Aspik (4476) aufgefüllt.

Backzeit: Je mm Durchmesser ca. 0,5 Minuten, Garprobe mit dem Stechthermometer.

Produktionsverlust: 25 %

Rezept 5411

Schweinekamm-Pastete 2.224.2

Material für 100 kg
59,0 kg   Schweinekamm, gepökelt
25,0 kg   Aufschnittgrundbrät (2001)
16,0 kg   Mürbeteig (4501, 4502, 4504)

Gewürze und Zutaten je kg Masse
5,0 g Pistazien, gehackt

Herstellung
1. Die Pistazien werde kleingehackt und unter das Aufschnittgrundbrät gemengt.
2. Der gepökelte Schweinekamm wird in eine ca. 1,5 cm dicke, zusammenhängende Platte geschnitten und vorsichtig plangeklopft.
3. Die weiteren Produktionsanweisungen sind identisch mit denen in Rezept 5410.

Rezept 5412

Schweinefilet-Pastete mit Schafskäse 2.224.2

Material für 100 kg
60,0 kg   Schweinefilet
10,0 kg   Schafskäse, gesalzen
 5,0 kg   Gekochter Schinken, in Scheiben
 2,0 kg   Sahne
 3,0 kg   Butter
 4,0 kg   Basilikumblätter, ersatzweise Spinatblätter
16,0 kg   Mürbeteig (4501, 4502, 4504)

Gewürze und Zutaten je kg Masse
Salz, Pfeffer, Knoblauch

Herstellung
1. Die Basilikumblätter werden gewaschen und kurz blanchiert. Das Filet wird angebraten und soll dann abkühlen.
2. Aus Schafskäse, Butter, Knoblauch und Pfeffer wird ein Gemenge hergestellt, dem zum Schluß die Sahne beigerührt wird. Alles zusammen soll eine glatte Masse ergeben.
3. Das Filet wird mit der Käsemasse bestrichen und soll einige Zeit ruhen.
4. Der ausgewalkte Mürbeteig wird mit Öl eingepinselt und mit einer Gabel intensiv gestippt.
5. Das Filet wird mit den Basilikumblättern umlegt und dann in die Schinkenscheiben eingerollt.
6. Das Ganze wird so in den Teig eingeschlagen, daß das Fleisch allseits nahtlos von Teig umschlossen ist.
7. In den Teig werden ein bis zwei Schlote gestochen. Die Pastete wird auf ein Backblech gesetzt, mit schöngeformten Teigresten garniert und gebacken.
8. Nachdem die Pastete ausgekühlt ist, wird sie mit Sherry-Aspik (4476) aufgefüllt.

Backzeit: Je Millimeter Durchmesser 0,5 Minuten; Garprobe mit dem Stechthermometer.

Produktionsverlust: 25 %

Rezept 5413

Kalbsbries-Pastete mit Krabben 2.224.2

Material für 100 kg
45,0 kg   Kalbsbries
15,0 kg   Krabben
10,0 kg   Zwiebeln, Rohgewicht
14,0 kg   Aufschnittgrundbrät (2001)
16,0 kg   Mürbeteig (4501, 4502, 4504)

Gewürze und Zutaten
Salz, Pfeffer, Weißwein, Ei

Herstellung
1. Das Kalbsbries wird in Salzwasser gewässert und anschließend in Weißwein etwa 10 Minuten pochiert. Dem Wein wird der Pfeffer beigegeben.
Danach soll das Bries abkühlen.

2. Die Zwiebeln werden gewürfelt und angedünstet. Die Krabben werden je nach Größe
halbiert oder gedrittelt. Das Bries wird in Würfel geschnitten, Größe etwa zwei Zentimeter.
3. Wenn auch die Zwiebeln abgekühlt sind,
wird das gesamte Fleischmaterial und die
Zwiebeln mit dem Aufschnittgrundbrät vermengt.
4. Eine Pastetenform wird mit einem Teigmantel ausgekleidet und mit dem Kalbsbriesbrät
gefüllt.
5. Die Teigpastete wird in der eingangs beschriebenen Weise mit einer Teigplatte abgedeckt, verziert und gebacken. Die Schlote
nicht vergessen!
6. Nachdem die Pastete abgekühlt ist, wird sie
mit Portwein-Aspik (4477) aufgefüllt.

*Backzeit: 50 Minuten bei 200 °C; Garprobe mit
dem Stechthermometer.*

Produktionsverlust: 25 %

Rezept 5414

Eisbein-Pastete 2.224.3

Material für 100 kg
59,0 kg Eisbein ohne Schwarte und Fett, gepökelt
25,0 kg Aufschnittgrundbrät (2001)
16,0 kg Mürbeteig (4501, 4502, 4504)

Gewürze und Zutaten je kg Masse
Zum Aufschnittgrundbrät:
5,0 g Pistazien, gehäutet

Herstellung
1. Die Pistazien werden klein gehackt und unter
das Aufschnittgrundbrät gemengt.
2. Eine Pastetenform wird mit einem Teigmantel ausgekleidet und mit etwas Aufschnitt-
grundbrät gefüllt. Dann werden die rohen
Eisbeinstücke, etwa in Hühnereigröße, die
etwas mit Brät eingerieben wurden, Lage um
Lage in das Brät gedrückt.
3. Die Teigpastete wird mit einer Teigplatte
abgedeckt, mit ein bis zwei Schloten versehen, verziert und gebacken.
4. Nachdem die Pastete abgekühlt ist wird sie
mit Sherry-Aspik (4476) aufgefüllt. Sie soll
dann gut durchkühlen.

*Backzeit: 60 Minuten bei 210 °C; Garprobe mit
dem Stechthermometer.*

Produktionsverlust: 25 %

Rezept 5415

Schinkentorte 2.224.2

Material für 100 kg
54,0 kg Schweinefleisch, gepökelt und gegart
30,0 kg Aufschnittgrundbrät (2001)
16,0 kg Mürbeteig (4501, 4502, 4504)

Gewürze und Zutaten
Für das Aufschnittgrundbrät:
5,0 g Trüffeln
5,0 g Pistazien, gehäutet

Herstellung
1. Die Trüffeln werden klein gewürfelt. Die
Pistazien werden kleingehackt.
2. Das gepökelte und gegarte Schweinefleisch,
eventuell Anschnitte und Endstücke von
gekochtem Schinken, wird in 1 cm große
Würfel geschnitten.
Trüffeln, Pistazien und Schweinefleischwürfel werden unter das Aufschnittgrundbrät
gemengt.
3. Eine Pastetenform wird mit einem Teigmantel ausgekleidet und mit dem Brät gefüllt.
4. Die Teigpastete wird mit einer Teigplatte
abgedeckt, verziert und gebacken. Die
Schlote nicht vergessen!
5. Nachdem die Pastete abgekühlt ist, wird sie
mit dem Portwein-Aspik (4477) aufgefüllt.
Sie soll dann gut durchkühlen.

*Backzeit: 45 Minuten bei 200 °C; Garprobe mit
dem Stechthermometer.*

Produktionsverlust: 25 %

Rezept 5416

Pastete von Hasenfleisch 2.224.2

Material für 100 kg
55,0 kg Hasenfleisch
29,0 kg Aufschnittgrundbrät (2001)
16,0 kg Mürbeteig (4501, 4502, 4504)

Gewürze und Zutaten je kg Masse
Zum Hasenfleisch:
18,0 g Nitritpökelsalz
 2,0 g Pfeffer

Herstellung
1. Das entbeinte Hasenfleisch wird 24 Stunden
in Marinade eingelegt. Danach wird das

Fleisch gut abgetrocknet und in etwa 1,5 cm große Stücke geschnitten. Die kleineren Stücke werden durch die Schrotscheibe gewolft. Das gesamte Material wird mit der angegebenen Menge Salz und Pfeffer vermengt und soll dann gut durchsalzen.

2. Unter das Material wird das Aufschnittgrundbrät gezogen.
3. Eine Pastetenform wird mit einem Teigmantel ausgekleidet und mit dem Brät gefüllt.
4. Die Pastete wird mit einer Teigplatte angedeckt, verziert und gebacken. Die Schlote nicht vergessen!
5. Nachdem die Pastete abgekühlt ist, wird sie mit Sherry-Aspik (4476) aufgefüllt. Sie soll dann gut durchkühlen.

Backzeit: 50 Minuten bei 200 °C; Garprobe mit dem Stechthermometer.

Produktionsverlust: 25 %

Rezept 5417

Imitierte Wildschweinpastete	2.224.2

Material für 100 kg
84,0 kg   Brät von Imitierter Wildschweinpastete (3321)
16,0 kg   Mürbeteig (4501, 4502, 4504)

Herstellung
1. Eine Pastetenform wird entsprechend der einleitenden Beschreibung mit einem Teigmantel ausgekleidet und mit dem Brät gefüllt.
2. Die Teigpastete wird in der eingangs beschriebenen Weise mit einer Teigplatte abgedeckt, mit zwei Schloten versehen, verziert und gebacken.
3. Nachdem die Pastete abgekühlt ist, wird sie mit dem Sherry-Aspik (4476) aufgefüllt.

Backzeit: 45 Minuten bei 200 °C; Garprobe mit dem Stechthermometer.

Produktionsverlust: 25 %

Rezept 5418

Kalbfleisch-Pastete	2.224.2

Material für 100 kg
52,0 kg   K 1 Kalbfleisch, fett- und sehnenfrei, roh

32,0 kg   Aufschnittgrundbrät (2001)
16,0 kg   Mürbeteig (4501, 4502, 4504)

Gewürze und Zutaten je kg Masse
Für das Kalbfleisch:
18,0 g   Nitritpökelsalz
 2,0 g   Pfeffer, gemahlen
 0,5 g   Mazis
 0,5 g   Koriander
 0,3 g   Ingwer
 0,2 g   Kardamom
 2,0 g   Paprika
 5,0 g   Pistazien, gehäutet

Herstellung
1. Das Kalbfleisch wird in 1 cm große Würfel geschnitten, angesalzen und gewürzt.
2. Wenn das Fleisch durchgesalzen ist, wird es mit dem Aufschnittgrundbrät und den gehackten Pistazien vermengt.
3. Die weitere Herstellung kann dem Rezept 5417 entnommen werden. Ebenso die Produktionsdaten.

Rezept 5419

Haselnuß-Pastete	2.224.2

Material für 100 kg
74,0 kg   Jagdwurstbrät (2106)
10,0 kg   Haselnüsse, ganz
16,0 kg   Mürbeteig (4501, 4502, 4504)

Herstellung
1. Die Haselnüsse werden dem Jagdwurstbrät beigemengt.
2. Die weitere Herstellung kann dem Rezept 5417 entnommen werden. Ebenso die Produktionsdaten.

Rezept 5420

Champignon-Pastete	2.222.4

Material für 100 kg
50,0 kg   Jagdwurstbrät (2106)
26,0 kg   Aufschnittgrundbrät (2001)
 8,0 kg   Champignons
16,0 kg   Mürbeteig (4501, 4502, 4504)

Herstellung
1. Die Champignons werden heiß abgebraust und kommen sehr gut abgetrocknet zur Verarbeitung.
2. Aus den beiden Sorten Brät und den Champignons wird ein gleichmäßiges Gemenge her-

gestellt, das noch zwei bis drei Runden auf dem Kutter laufen kann.
3. Die weitere Herstellung kann dem Rezept 5417 entnommen werden. Ebenso die Produktionsdaten.

Rezept 5421

Enten-Pastete 2.224.2

Material für 100 kg
56,0 kg Entenfleisch, gebraten
28,0 kg Aufschnittgrundbrät (2001)
16,0 kg Mürbeteig (4501,4502,4504)

Gewürze und Zutaten
  Salz, Sellerie, Butter oder Margarine, Pfeffer, Muskat, Zwiebeln.

Herstellung
1. Die Ente wird in einer Kasserolle mit Wasser, unter Zugabe von Salz, Pfeffer, Sellerie und Zwiebeln gegart.
2. Die etwas abgekühlte Ente wird ausgebeint, die Haut wird entfernt. Das Entenfleisch wird in mittelgroße Stücke geschnitten und dann in einem Schmortopf mit Butter und Zwiebeln gedünstet. Anschließend soll das Ganze abkühlen.
3. Eine Pastetenform wird mit einem Teigmantel ausgekleidet und mit etwas Aufschnittgrundbrät gefüllt. Dann werden die Entenfleischstücke, die etwas mit Brät eingerieben wurden, Lage um Lage in das Brät gedrückt.
4. Die Teigpastete wird mit einer Teigplatte abgedeckt, mit ein bis zwei Schloten versehen, verziert und gebacken.
5. Nachdem die Pastete abgekühlt ist, wird sie mit Portwein-Aspik (4477) aufgegossen. Sie soll dann gut abkühlen.

Backzeit: 40 Minuten bei 200 °C; Garprobe mit dem Stechthermometer.

Produktionsverlust: 25 %

Rezept 5422

Fleischwurst in Blätterteig 2.222.2

Material für 100 kg
65,0 kg Fleischwurst (2010)
25,0 kg Blätterteig (4501, 4502, 4504)
10,0 kg Roher Schinken

Gewürze und Zutaten
  Senf, Meerrettich, Fondue relish.

Herstellung
1. Der Blätterteig wird ausgewalkt. Die Fleischwurst wird enthäutet.
2. Die Fleischwurst wird mit einem Gemenge aus Senf und Fondue relish, bestrichen, in den rohen Schinken eingerollt und mit Meerrettich bestrichen.
3. Das Ganze wird in Blätterteig eingerollt, die Teigenden müssen gut zusammengedrückt und mit einer Gabel reichlich oft gestippt werden.
4. Die Blätterteigrolle wird auf ein Backblech gesetzt.

Backzeit: Je nach Kaliber der Fleischwurst 20 bis 25 Minuten bei 200 °C.

Produktionsverlust: 15 %

Rezept 5423

Kümmel-Bratwurst in Blätterteig 2.221.1

Material für 100 kg
70,0 kg Bratwurst, roh (2703)
30,0 kg Blätterteig (4501, 4502, 4504)

Gewürze und Zutaten
  Kümmel, Rosenpaprika, Eigelb.

Herstellung
1. Der Blätterteig wird ausgerollt und so portioniert, daß darin ein Bratwurst vollständig eingerollt werden kann.
2. Die rohe Bratwurst wird 5 Minuten in kaltes Wasser gelegt und dann vorsichtig gehäutet.
3. Die Bratwurst wird auf den Blätterteig gelegt, mit Kümmel und Rosenpaprika bestreut und in den Blätterteig eingerollt. Das Ganze wird mit Eigelb bestrichen und auf ein Backblech gesetzt.

Backzeit: 20 Minuten bei 180 °C.

Produktionsverlust: 15 %

Rezept 5424

Fleischkäse im Teigmantel 2.222.2

Material für 100 kg
80,0 kg Fleischkäse (2301)
20,0 kg Bierteig (4503)

Herstellung

Der Fleischkäse wird in Bierteig getaucht und schwimmend in der Friteuse herausgebacken.

Rezept 5425

Wurstkuchen

Material für 100 kg

40,0 kg	Brühwurstsorten
4,0 kg	Zervelatwurst, in Scheiben
9,0 kg	Käse, gerieben
10,0 kg	Eier
2,5 kg	Dosenmilch
2,5 kg	Sherry
32,0 kg	Mürbeteig (4501, 4502, 4504)

Gewürze und Zutaten

   Eigelb, Butter oder Margarine, Pfeffer, Muskat.

Für die Herstellung dieser Spezialität können verschiedene Brühwurstsorten verwendet werden, sofern sie ohne Knoblauch hergestellt wurden. Einfache Qualitäten dürfen nicht verarbeitet werden.

Herstellung

1. Die Brühwurst wird gehäutet und in etwa 5 Millimeter dicke Scheiben geschnitten. Großkalibrige Würste werden vor dem Aufschneiden erst längs geteilt oder längs geviertelt, damit sich die Scheiben schöner, ähnlich wie bei einem Apfelkuchen, auf dem Teig ausbreiten lassen.
2. Ein Rundblech wird eingebuttert und mit dem 2 Millimeter dick ausgewalkten Teig ausgelegt. Der Rand des Backbleches soll etwa 2 cm hoch mit Teig belegt sein.
3. Die Teigfläche wird mit den Brühwurstscheiben ausgelegt.
4. Eier, Dosenmilch, Sherry und Gewürze werden miteinander verrührt und über die Brühwurstscheiben gegossen. Das Ganze wird mit den Zervelatwurstscheiben abgedeckt.
5. Aus dem restlichen Teig wird ein Teigdeckel geformt, er soll ebenfalls etwa 2 Millimeter dick sein. Dieser Teigdeckel wird über den Wurstkuchen gelegt und rundum mit dem Teigrand gut zusammengedrückt. Als Haftmittel kann geschlagenes Ei verwendet werden. In den Teigdeckel müssen, je nach Größe des Rundbleches 2–3 Schlote gestochen werden. Die Teigoberfläche wird verziert und mit geschlagenem Ei bestrichen.

Backzeit: 45 Minuten bei 200 °C.

Produktionsverlust: 15 %

Rezept 5426

Lammrücken im Teigmantel

Material für 100 kg

50,0 kg	Lammrücken, ohne Knochen
33,3 kg	Mangoldblätter
16,7 kg	Strudelteig

Gewürze und Zutaten

   Salz und Pfeffer

Herstellung

1. Die Mangoldblätter werden gewaschen, die Stiele entfernt und in Salzwasser drei Minuten blanchiert. Die Mangoldblätter sollen abkühlen und abtropfen.
2. Der Lammrücken wird gesalzen, gepfeffert und reichlich lange angebraten.
3. Der Strudelteig wird ausgewalkt und in zwei gleichmäßige Stücke geteilt. Die erste Hälfte wird mit Öl eingepinselt und mit der Hälfte der Mangoldblätter belegt. Darüber wird die zweite Hälfte des Strudelteigs gelegt, wieder mit Öl eingestrichen und mit den restlichen Mangoldblättern belegt. Über das Ganze kommt der Lammrücken.
4. Das Ganze wird gerollt, die Endstücke mit Eigelb bepinselt und fest angedrückt. Aus den Teigresten können Streifen und Verzierungen geschnitten werden, die auf den Teig gelegt werden. Als Haftmittel wird geschlagenes Ei verwendet. Die gesamte Außenfläche wird ebenfalls mit Eigelb bestrichen.

Produktionsverlust: 1 %

Backzeit: 30 Minuten bei 220 °C.

Fondues und Flambiertes

Fondues

Vorzugsweise für kleinere Gesellschaften sind Fondues der unterschiedlichsten Art und Zusammenstellung eine beliebte Sache. Sie können regelrecht zu kulinarischem Ritual hochstilisiert werden.

Dem Gestaltungsreichtum ist bei Fondues nahezu keine Grenze gesetzt. Das werden auch die folgenden Rezepte zeigen. Da gibt es das Fleischfondue, das Käsefondue, aber auch das Wein-Fondue und als besonderen Gag das Kalte Fondue. Letzteres kann eigentlich nur mit größtem Wohlwollen als Fondue bezeichnet werden. Es handelt sich um das Einlegen von bereits gegarten Fleischstücken und Fleischerzeugnissen in marinierende Würzsoßen, wobei die mundgerecht geschnittenen Stücke dann mit einer Fonduegabel aus den Würzsoßen gespießt und mit allerlei Beilagen verzehrt werden. Aber es hat sich halt nun mal eingebürgert, daß auch solche kulinarischen Spezies als Fondue bezeichnet werden. Sei's drum:

Fonduegeräte gibt es in den verschiedensten Ausführungen, je nach dem für welche Zubereitungen sie vorzugsweise verwendet werden sollen. Metalltöpfe eignen sich beispielsweise weniger für das Käse-Fondue, da der Käse rasch und stark am Metall anklebt.

Flambieren

Flambieren hat zwei Effekte. Zum einen werden die Speisen durch das Übergießen mit speziellen Alkoholika veredelt und zum Anderen wird eine Kulinarische Schau abgezogen. Und da das Auge bekanntlich überall mitißt, hat diese Schau durchaus ihre gute Berechtigung als nette Abwechslung im Ritual des gehobenen Speisenverzehrs.

Zum flambieren braucht man ein Rechaud, einen Spiritusbrenner. Dieser muß so beschaffen sein, daß man Fleischgerichte auf ihm zubereiten kann. Besonders geeignet sind Kupferpfannen, die innen verzinkt sind. Aber eine normale Eisenpfanne kann auch verwendet werden.

Die Schau ist das Entzünden des Alkohols, der über das Fleisch gegossen wird. Dabei ist es wichtig den richtigen Alkohol zu wählen. Ein süßer Likör zum Hüftsteak wäre beispielsweise nicht das Richtige. Zum Entzünden des Alkohols wird kein Streichholz verwendet, sondern nachdem der Alkohol in die Pfanne gegossen wird, wird diese leicht schräg gehalten, damit die Spiritusflamme über den Pfannenrand den Alkohol erreichen kann.

Wie bereits erwähnt, sollten die richtigen Alkohole zum richtigen Fleisch verwendet werden. Sie sollten mindestens 40 % Alkoholvolumen haben. Besonders geeignet sind Rum, Kirsch- oder Zwetschgenwasser, Cognac, Whisky und Gin, um nur einige Sorten zu nennen.

Die Alkohole werden zunächst in einer Schöpfkelle über dem Rechaud auf mindestens 30–40 °C erhitzt, damit sie sich gut und wirkungsvoll entzünden können.

Beim Entzünden des Alkohols solle der Speiseraum nur mäßig beleuchtet sein, damit das Flambieren voll zur Wirkung kommt und eine echte Schau daraus wird.

Rezept 5501

Fleisch-Fondue (Fondue bourguignonne)

Material für 100 kg

80,0 kg	Roastbeef und/oder Schweinekeulenfleisch
20,0 kg	Würstchen verschiedener Sorten
	Speiseöle

Herstellung

1. Das Fleisch wird in 20-g-Würfel, die Würstchen in ca. 2-cm-Stücke geschnitten.
2. Bei Tisch wird das Fleisch und die Würstchen in heißem Öl gegart, das in einem vorgeheizten Fonduetopf in der Mitte der Tafel steht.

Beilagen

Weißbrot, diverse Würzsoßen (4801–4830) nach Wahl.

Rezept 5502

Fondue chinoise

Material für 100 kg
Roastbeef, Kalbfleisch, Schweinefleisch

Gewürze und Zutaten
    Cognac, Weißwein, Salz

Herstellung
1. Die verschiedenen Fleischarten werden, soweit erforderlich, entsehnt, entfettet und in nicht zu große Scheiben geschnitten. Die Fleischscheibchen werden zu kleinen Röllchen gewickelt. Das Ganze wird auf einer Fleischplatte nett angerichtet.
2. Kräftige Fleischbrühe (5102) oder Beef-tea (5105) werden in einen Fonduetopf gegeben und auf dem Herd zum kochen gebracht. Die Fleischbrühe wird mit Cognac und Weißwein abgeschmeckt. Auf der Tafel wird ein Rechaud (Spirituskocher, Bestandteil einer Fonduegarnitur) gestellt, auf den der Funduetopf mit der heißen Fleischbrühe kommt. In dieser Brühe werden die Fleischröllchen gegart.

Beilagen
Weißbrot, Spezialbrötchen, diverse Würzsoßen (4801 und folgende nach Wahl)

Rezept 5503

Wein-Fondue (fondue baccus)

Eine besondere Delikatesse ist ein üppiges Wein-Fondue. Verwendet wird dazu trockener Weißwein, etwa 0,75–1,5 Liter, der im Fonduetopf erhitzt und ständig am köcheln gehalten wird. Im Wein wird ein Würzbeutel mitgekocht. Dazu kann fertiges Glühweingewürz oder ein selbst zusammengestellter Glühweinbeutel verwendet werden, der aus Wacholderbeeren, gestoßenen Pfefferkörnern und Nelken besteht. Die Gewürze lassen sich gut in einem Tee-Ei in den Fonduetopf hängen.
Als Fonduefleisch eignen sich alle Fleischsorten und Innereien, wie Nieren, Leber, Herz, Zunge. Als Dips können verschiedene Würzsoßen unterschiedlicher Zusammensetzung und Würzstärke verwendet werden. Zum Fleisch wird getoastetes Weißbrot gereicht. Zum Schluß wird der übriggebliebene Weinfond in Suppentassen

gefüllt. Dazu können als Einlage kräftig gebräunte Toastbrotwürfel gereicht werden.

Rezept 5504

Fondue bouillé boeuf

Material für 100 kg
100,0 kg   Suppenfleisch

Herstellung
In einer würzigen Fleischbrühe (5102) oder Beef-tea (5105) werden in 2-cm-Würfel geschnittene Suppenfleischstücke gekocht.
Das Ganze wird im Fonduetopf serviert. Die Stücke werden bei Tisch mit dem Fonduebesteck aus dem Topf gespeist. Zu diesem Fondue werden verschiedene Soßen gereicht.

Rezept 5505

Fondue orientale

Material für 100 kg

40,0 kg	Hammelfleisch
30,0 kg	Geflügelfleisch
10,0 kg	Dörrfleisch
20,0 kg	Kalbsnieren

Herstellung
Das gesamte Material wird in dünne Scheiben geschnitten. Die Zubereitung erfolgt, wie in Rezept 5501 „Fleisch-Fondue" beschrieben.

Rezept 5506

Käse-Fondue

Eine Kasserolle wird mit einer Knoblauchzehe ausgerieben und mit einem Liter Weißwein aufgefüllt.
Dazu kommen 500 Gramm Emmentaler Käse, klein geschnitten.
Das Ganze wird im Wasserbad erhitzt, so daß der Käse verläuft und es wird mit Pfeffer, etwas Mazis und Cognac gewürzt.
Die Kasserolle wird bei Tisch auf ein Rechaud gestellt und das Essen kann beginnen.

Dips
Als Dips werden jeweils, sofern erforderlich, gewürfelt oder klein geschnitten verwendet:
Franzosenbrot
gekochter Schinken
gewürfelte Brüh- oder Rohwurstsorten

Trauben
Cocktailkirschen
Apfelscheiben (mit Zitrone beträufelt)
Bananenscheiben
Braten verschiedener Art

Rezept 5507

Kaltes Fondue

Verwendet werden Würzsoßen unterschiedlicher Geschmacksrichtungen entsprechend dem Rezept 4801 und folgende.
Zum Dippen werden gewürfelte Braten, Wurstsorten, Käse, alles schön auf einer Fleischplatte angerichtet, verwendet.

Beilagen
Weißbrot, verschiedene Brotspezialitäten

Fette und Fettmixprodukte

Besonders in der kühlen Jahreszeit finden spezielle Fettzubereitungen beim Verbraucher reges Interesse. Dabei ist weniger an des ausgelassene Fett wie Schmalz, Wurstfett usw. zu denken, sondern an Spezialität wie Griebenschmalz, Schinkenschmalz, aber auch an Schinkenbutter und vieles andere mehr.

Auch für diesen Sortimentsbereich gilt der Grundsatz, daß durch Veredelung des Produktes durchaus das Kaufinteresse gefördert und erhalten werden kann. Dazu in den nachfolgenden Ausführungen und Rezeptbeispielen einige Anregungen.

Butter

Butter ist das aus Milch, Sahne (Rahm) oder Molkensahne (Molkenrahm), süß oder gesäuert, gegebenenfalls unter Verwendung von spezifischen Milchsäurebakterienkulturen, Wasser und Kochsalz gewonnene plastische Gemisch, aus dem beim Erwärmen auf 45 °C überwiegend eine klare Milchfettschicht und im geringen Maße eine Wasser und Milchbestandteile enthaltende Schicht abgeschieden werden.

Butter ist als gesalzen anzusehen, wenn sie in 100 Gewichtsteilen mehr als 0,1 Gewichtsteile Kochsalz enthält.

In Molkereien hergestellte inländische Butter darf nur unter den nachstehenden Handelsklassen in den Verkehr gebracht werden:
1. Deutsche Markenbutter
2. Deutsche Molkereibutter
3. Deutsche Kochbutter

Inländische Butter ist Deutsche Markenbutter, wenn sie aus Sahne (Rahm) hergestellt ist. Sie wird als Deutsche Molkereibutter bezeichnet, wenn sie aus Sahne (Rahm) oder Molkensahne (Molkenrahm) hergestellt wurde. Außerdem gibt es die Deutsche Kochbutter, die aus Milch, Sahne (Rahm) oder Molkensahne (Molkenrahm) hergestellt wird und einem Erhitzungsverfahren unterzogen wurde.

Inländische Butter ist gekennzeichnet. Diese Kennzeichnungen ist auf den Packungen, Behältnissen oder Umhüllungen, in denen die Butter enthalten ist, in deutlich sichtbarer, haltbarer Weise und in leicht lesbarer Schrift angebracht.

Die Kennzeichnung von in Molkereien hergestellter inländischer Butter muß enthalten:
1. Die Handelsklasse,
2. das Gewicht,
3. die Kontrollnummer oder den Namen der Molkerei,
4. bei gesalzener Butter den Zusatz „gesalzen".

Butterspezialitäten

Butter ist nach wie vor ein beliebtes Molkereiprodukt, das trotz großer Anfeindungen und großer artähnlicher Konkurrenz seinen Marktanteil doch recht gut behaupten konnte. Diese Tatsache ist für das Fleischer-Gewerbe in verschiedener Hinsicht interessant, da sich hier die eine oder andere Nutzungsmöglichkeit ergibt, die wiederum in den Bereich „Exklusivsortiment" gehört. Als Beispiel sei hier die Kräuterbutter genannt, die als Service-Leistung beim Steak-Angebot einfach dazugehört. Ein „Rumpsteak mit Kräuterbutter" ist nicht mehr das alleinige Privileg der Gastronomen. Neben der guten Hausmannskost will die Hausfrau heute auch „exklusiv" kochen können; und dazu gehört das entsprechende Angebot des Fleischers. Ähnlich ist es mit anderen Buttermixprodukten, die als Frühstücks-, Vesper- oder Abendbrotvarianten durchaus interessant sind.

Schmalz- und Butterspezialitäten

Rezept 5601

Schweineschmalz

Zur Gewinnung von Schweineschmalz verwendet man das Bauchwandfett (Flomen, Liesen, Schmer). Der Fettgehalt liegt etwa bei 92 Prozent. Vorbedingung für die Gewinnung eines einwandfreien Schmalzes ist der Zustand des Ausgangsmaterials. Da tierische Fettgewebe sehr rasch verderben, müssen sie frisch verarbeitet werden. Noch körperwarme Teile sollen allerdings erst gut abkühlen und abtrocknen. Die Gewinnung der tierischen Fette erfolgt durch Ausschmelzen bei höheren Temperaturen. Das Ausschmelzen erfolgt dabei entweder in Gefäßen über direktem Feuer oder in doppelwandigen Gefäßen, die mit Heißwasser oder mit Dampf beheizt werden.

Die auszuschmelzenden Fettgewebe werden durch den Wolf gegeben oder in Würfel geschnitten. Das so vorbereitete Fettgewebe wird in den Kessel eingebracht.

Ein Anbrennen der Grieben in direkt beheizten Kesseln (Kohlekesseln) ist leicht möglich und daher nicht empfehlenswert. Die gleichen Ergebnisse treten aber auch auf, wenn beim Ausschmelzen längere Zeit überhitzt wird. Die Ausschmelztemperatur bestimmt die Qualität des Schmalzes.

Nach genügendem Absetzen der Grieben wird das Schmalz von den Grieben getrennt. Die Trennung erfolgt durch Filtration. Dazu verwendet man entsprechende Filtertücher.

Schweineschmalz hat eine weiße Farbe, ist weich, streichfähig und besitzt einen schwachen Geruch. Die Oberfläche des erstarrten, erkalteten Schmalzes zeigt typisch wulstige Formen.

Rezept 5602

Griebenschmalz

Material für 100 kg
65,0 kg Schmalz
15,0 kg Grieben
15,0 kg Zwiebeln, Rohgewicht
 5,0 kg Äpfel

Gewürze und Zutaten je kg Masse
10,0 g Kochsalz
 1,0 g Pfeffer

Herstellung
Die Zwiebeln werden kleingewürfelt, kräftig goldbraun gebraten und sollen erkalten.
Die Äpfel werden geschält und klein gewürfelt.
Aus dem gesamten Material wird unter Zugabe von Salz und Pfeffer ein gleichmäßiges Gemenge hergestellt.

Rezept 5603

Schinkenschmalz

Material für 100 kg
45,0 kg Schmalz
35,0 kg Zwiebeln, Rohgewicht
20,0 kg Schinkenenden, gekocht

Gewürze und Zutaten je kg Masse
Für das Schmalz:
10,0 g Kochsalz
Für die Gesamtmenge:
 1,0 g Pfeffer
 0,3 g Ingwer
 0,1 g Kardamom
 0,2 g Mazis
 0,05 g Vanille

Herstellung
Die Zwiebeln werden kleingeschnitten, goldbraun angebraten und sollen erkalten.
Die Schinkenenden werden mit dem Salz und den Gewürzen durch die 2-mm-Scheibe gewolft.
Aus dem gesamten Material wird unter Zugabe der Gewürze ein gleichmäßiges Gemenge hergestellt.

Rezept 5604

Leberschmalz

Material für 100 kg
45,0 kg Schmalz
10,0 kg Grieben
10,0 kg S 8 Rückenspeck ohne Schwarte, vorgegart
20,0 kg S 15 Schweineleber, vorgegart
15,0 kg Zwiebeln, Rohgewicht

Gewürze und Zutaten je kg Masse
10,0 g Kochsalz
 1,0 g Pfeffer
 1,0 g Majoran, gemahlen

Herstellung
Die Lebern und der Speck werden in kleine Würfel geschnitten und zusammen mit den Zwiebeln angebraten, bis die Zwiebeln goldbraun sind. Das Bratmaterial soll erkalten.
Aus dem erkalteten Material wird unter Zugabe der Gewürze ein gleichmäßiges Gemenge hergestellt.

Rezept 5605

Gänseschmalz (mit 30% Schweineschmalz)

Material für 100 kg
70,0 kg   Gänseflomen
30,0 kg   Schweineschmalz

Gewürze und Zutaten je kg Masse
10,0 g Kochsalz

Herstellung
Die Gänseflomen werden klein gewürfelt oder durch die Erbsenscheibe gewolft und sehr vorsichtig bei nicht zu starker Hitze ausgelassen. Wenn das Schmalz klar ist, werden die Grieben abgefiltert.
Dem fast erkalteten Gänseschmalz wird das Schmalz und das Salz beigegeben und verrührt.

Anmerkung
Gänseschmalz allein wird nur schwer fest und streichfähig ohne zu zerlaufen. Durch die Zugabe von Schweineschmalz bekommt die Masse die gewünschte Festigkeit.

Rezept 5606

Kräuterbutter

Material für 100 kg
100,0 kg   Butter

Gewürze und Zutaten je kg Masse
 8,0 g Kochsalz
 2,0 g Pfeffer
 4,0 g Kresse
10,0 g Petersilie, gehackt
 3,0 g Majoran, gerebbelt
 2,0 g Borretsch

Herstellung
Das Salz und die Gewürze werden der Butter beigemengt. Das geschieht am günstigsten mit einem elektrischen Rührwerk.
Die „Kräuterbutter" wird in einen Kunstdarm Kaliber 45 mm gefüllt, abgebunden und soll gut gekühlt gelagert werden. Der Vorrat sollte einen Wochenbedarf nicht überschreiten.
Die Kräuterbutter wird portionsweise verkauft.

Rezept 5607

Zungenbutter

Material für 100 kg
60,0 kg   S 17 Schweinezungen, geputzt, gepökelt, vorgegart und/oder
          R 10 Rinderzunge, geputzt, gepökelt, vorgegart und/oder
          K 10 Kalbszunge, geputzt, vorgegart
40,0 kg   Butter

Gewürze und Zutaten je kg Masse
 1,0 g Pfeffer

Herstellung
Zungenstücke werden durch die 2-mm-Scheibe gewolft und mit dem Pfeffer unter die Butter gerührt.

Anmerkung
Zungenbutter eignet sich als Aufstrich für Partyhäppchen (z.B. auf Pumpernickel).

Rezept 5608

Schinkenbutter

Material für 100 kg
60,0 kg   Schinkenenden, gek.
40,0 kg   Butter

Gewürze und Zutaten je kg Masse
 1,0 g Pfeffer

Herstellung
Schinkenenden werden durch die 2-mm-Scheibe gewolft und mit dem Pfeffer unter die Butter gerührt.

Anmerkung
Schinkenbutter eignet sich als Brotaufstrich auf Partyhäppchen (z.B. auf Pumpernickel).

Rezept 5609

Kräuterbutter

Material für 100 kg
65,0 kg Butter
30,0 kg Kräuter (Borretsch, Dill, Kerbel, Petersilie, Basilikum, Estragon, Majoran, Pimpinelle, Rosmarin)
 5,0 kg Zwiebeln, Rohgewicht, zerdrückt

Gewürze und Zutaten je kg Masse
2,0 g Zitronenpulver
0,1 g Knoblauchmasse (4426)

Herstellung
1. Die Butter wird nach Zugabe von Zitronenpulver und Knoblauch schaumig geschlagen.
2. Die Kräuter und die Zwiebeln werden beigemengt.
3. Die fertige Kräuterbutter kann in Cello-Därme, Kaliber 40, eingefüllt werden.

Rezept 5610

Petersilienbutter

Material für 100 kg
67,5 kg Butter
32,5 kg Petersilie

Gewürze je kg Masse
1,0 g Zitronenpulver

Herstellung
1. Die Butter wird nach Zugabe des Zitronenpulvers schaumig gerührt. Dann wird die Petersilie beigemengt.
2. Die fertige Petersilienbutter wird geformt und in Cellodärme gefüllt.

Fehlfabrikate im klassischen Sortiment

Fleisch ist ein außerordentlich empfindlicher Rohstoff. Während der Aufzucht der Schlachttiere und der Be- und Verarbeitung der Schlachttierkörper ergeben sich Beeinflussungsfaktoren, die geeignet sind, das Frischfleisch und die daraus gewonnenen Erzeugnisse in Konsistenz, Farbe, Geschmack und Aussehen ungünstig zu verändern. Im Extremfall kann dies bis zur Genußuntauglichkeit verlaufen.

Bei der Unterbindung verdorbener Lebensmittel spielt in erster Linie das Verhinderungsbestreben eine wichtige Rolle, um das zu schnelle entstehen von Fäulnisbakterien zu vermeiden.

Das Unangenehmste an dieser ganzen Problematik ist, daß der Verderb von Frischfleisch und Fleischerzeugnissen oft erst bei der Zubereitung und/oder dem Verzehr sichtbar werden kann und sich dann geschäftsschädigend auswirkt.

Aus der gegebenen Sachlage heraus ist jedem, auf gutes Image bedachtem Fleischermeister zu empfehlen, alles in seinen Kräften stehende zu tun, um verdorbene oder im unmittelbaren Vorstadium des Verderbs stehende Lebensmittel nicht in die Hände des Kunden gelangen zu lassen.

Ursachen

Der mikrobielle Verderb von Lebensmittel wird durch Bakterien, Hefen und Schimmelpilze herbeigeführt.

Bei Frischfleisch tritt in diesem Prozeß, in dem sich die Keimzahl immer schneller vermehrt, zunächst eine Verfärbung der Fleischoberfläche ein. Das Fleisch wird „schmierig". Diese Entwicklung setzt sich fort, wenn das Fleisch dann in Fäulnis übergeht.

Bei Wursterzeugnissen, die mit Nitritpökelsalz hergestellt wurden, wird der Verderbnisprozeß meist an einer Grünfärbung im Kern des Wurstproduktes erkennbar.

Die Beschreibung dieser Vorgänge ist eigentlich jedem Fleischer geläufig. Ihm ist in der Regel auch bewußt, daß es zu seinen vorrangigsten Aufgaben gehört, alles daranzusetzen, daß es erst gar nicht zu solchen Problemen kommt.

Dieses Bestreben hat Erfolg, wenn man den Gewinnungs-, sowie den Be- und Verarbeitungsweg der Schlachttiere voll unter Kontrolle hat. Dies ist jedoch immer schwerer realisierbar, da die Totvermarktung immer weiter fortschreitet und infolgedessen der Schlachttierkörper bis zum Endverbraucher relativ viel Zeit erfordernde Wege durchläuft, als dies früher der Fall war.

Hygiene

Die richtige Behandlung des Fleisches beginnt bereits mit dem Abtrieb der Schlachttiere aus der gewohnten Umgebung des Stalles, in dem sie gehalten wurden. Wissenschaftliche Untersuchungen haben ergeben, daß Schlachttiere, die zwischen Stall und Schlachtstelle zu sehr gehetzt wurden, eine deutlich erhöhte Bakterienbildung im Inneren des Fleisches haben können. Damit wird bereits in diesem Stadium eine Entwicklung eingeleitet, die sehr rasch zu einer negativen Fleischbeschaffenheit führen kann.

Die Fleischforschung hat in den vergangenen Jahrzehnten durch intensive Untersuchungen wesentlich dazu beigetragen, eine große Zahl fütterungs-, verarbeitungs-, produktions- und lagerungsbedingter Fehlerquellen zu ermitteln. Durch die Empfehlung geeigneter Maßnahmen wurden die Voraussetzungen geschaffen, eine große Zahl von Fehlern, speziell im Produktionsbereich, zu vermeiden. Der Praktiker vor Ort weiß dies sehr zu schätzen. Schließlich werden dadurch hohe Verluste vermieden, die einem Betrieb erhebliche finanzielle Einbußen infolge Fehlchargenproduktion ersparen.

Trotz dieser umfangreichen Aufklärungsarbeit besteht jedoch weiterhin die Gefahr, bei der Be- und Verarbeitung von Fleisch Fehlfabrikate zu produzieren.

Aus Gründen des besseren Verständnisses für den Praktiker vor Ort, aber auch der besseren und schnelleren Überschaubarkeit wegen, soll im Folgenden eine Kurzzusammenfassung der Fehlerquellen vorgestellt werden, die entstehen können wenn unsach- und unfachgerecht produziert wird. Der Fleischer soll schnell nachschlagen können, welche herstellungsbedingten Ursachen zu einem Fehlfabrikat geführt haben könnten. Ihn interessiert erst in zweiter Linie die biochemischen Vorgänge der Negativentwicklung. Dazu ein Beispiel:

Wenn ein Lachsschinken plötzlich einen stickig-alten Geschmack hat, der durch Schmierbelag zwischen Lachsfleisch und Speckumhüllung entstanden ist, dann ist es für den Fleischer in erster Linie wichtig zu wissen, was er bei der Herstellung falsch gemacht hat. Erst in zweiter Linie will er wissen, welche biochemischen Vorgänge sich nach seinem Fehler entwickelt haben, die zum Verderben des Erzeugnisses geführt haben.

Im vorliegenden Fall war es der Fehler des Fleischers, daß er das Lachsfleisch nicht genügend abgetrocknet hatte, bevor er es in die Speckhülle eingeschlagen hat. Das war die Ursache für den sich daraus entwickelnden biochemischen Vorgang, der darin bestand, daß die Feuchtigkeit im Lachsschinken durch mangelhafte Sauerstoffzufuhr die Bildung von Fäulnisbakterien ermöglichte.

Fehlfabrikate lebensmittelrechtlich

Im Lebensmittel- und Bedarfsgegenständegesetz (LMBG) in der zur Zeit gültigen Fassung ist unter anderem auch geregelt, wie mit Fehlfabrikaten zu verfahren ist. Dabei ist berücksichtigt, daß es sowohl Fehlfabrikate gibt, die nicht mehr genußfähig sind, und solche, die unter bestimmten Voraussetzungen noch zum Verkauf angeboten werden können.

Neben dem § 8 LMBG, der die Lagerung und das Inverkehrbringen gesundheitsschädlicher Lebensmittel unter Strafe stellt, ist im angesprochenen Sachzusammenhang für den Hersteller von Fleischerzeugnissen besonders der §17 LMBG von Bedeutung.

Hier werden allgemeine Verbote ausgesprochen, die nicht nur das **Inverkehrbringen** „nicht mehr für den Verzehr geeigneter" Lebensmittel beinhaltet, sondern auch die Verfälschung von Lebensmitteln oder deren irreführende Kennzeichnung.

Wesentlich ist auch die Fassung des § 17 (1) Nr. 2b, die vorschreibt, daß ein Lebensmittel, dessen Wert erheblich von der Norm abweicht, nicht ohne ausreichende Kennzeichnung in den Verkehr gebracht werden darf.

Das LMBG läßt offen, wann eine erhebliche Abweichung vorliegt. Hierüber geben mehrere Kommentare Hinweise.

Im Rohstoff begründete Fehlerquelle

Die erfreulichen Entwicklungen in der Schlachtvieherzeugung, die insgesamt zu einer weitgehenden Beseitigung von Fütterungsfehlern führte, hat die Gefahr von Fehlfabrikaten auf Grund von Aufzucht-, bzw. Fütterungsfehlern in ganz erheblichem Maße eingeschränkt. Fischmehlfütterung, beispielsweise mit Mais oder Speiseabfällen, sind kaum noch festzustellen. Etwas anders liegt es mit den ungewöhnlichen Fleischbeschaffenheiten, die unter der Bezeichnung **DFD- und PSE-Fleisch** bekannt sind. Hierzu wird auf die Ausführungen eingangs dieses Buches hingewiesen.

Pökel-Räucher-Waren

Sieht man einmal von den bereits erwähnten fütterungsbedingten Ursachen als mögliche Fehlerquellen ab, so bleiben bei den Pökel-Räucher-Waren vorwiegend die möglichen **Fehler beim Pökeln und Räuchern.** In Einzelfällen kommen noch Fehler durch **falsches Lagern** oder durch mangelhafte Beschaffenheit der Arbeitsräume und -geräte in Betracht. In geographisch ungünstigen Lagen können auch klimabedingte Schäden eine unerfreuliche Rolle spielen.

Weiche Konsistenz bei Pökel-Räucher-Waren sind auf folgende Hauptursachen zurückzuführen:

1. Es wurde zuviel Lake in das Fleisch eingespritzt.
2. Ungenügende Abhänge- und Räucherzeit nach dem Pökeln.

3. Es wurde zu junges Fleisch verwendet.
4. Es wurde PSE- oder DFD-Fleisch verwendet.

Ein **trockener, harter Außenrand** ist in den meisten Fällen auf eine zu geringe Luftfeuchtigkeit während des Räucherns zurückzuführen. In der Folge können weitere Mängel im Kern der Räucherprodukte auftreten, z.B. weiche Kernkonsistenz, grauer Kern und muffiger Geruch.

Trockene Konsistenz bei Kochschinken kann durch Nachpressen der gekochten Ware entstehen. Es ist aber auch möglich, daß der Schinken zu heiß gegart wurde.

Kochschinken, die offen oder in einem nicht luftdicht verschlossenen Behältnis gegart werden, sollten zu keiner Zeit des Garens die Temperatur von 85 Grad Celsius überschreiten.

Leimigkeit bei Pökel-Räucher-Waren ist auf rauschige Schweine zurückzuführen. Bei etwas Aufmerksamkeit sind leimige Fleischteilstücke schon beim Ausbeinen und Zuschneiden zu erkennen. Sie sollten dort schon von der Verwendung für Räucherprodukte ausgeschlossen werden.

Schmieransatz, der meist erst nach Fertigstellung der Räucherprodukte festgestellt wird, hat seinen Ursprung in der Regel darin, daß die Räucherung der betreffenden Stücke nicht sorgfältig genug erfolgte. Zu kurze Räucherzeit, aber auch das Aneinanderhängen bzw. zu enges Beieinanderhängen der Räucherwaren führt zu ungleichmäßiger Rauchzufuhr, was in der Folge zu nassen Stellen an der Außenseite der Räucherprodukte führt. Sie sind die Grundlage für die Bildung von Schmierbelag. Typisches Beispiel: Lachsschinken, die vor dem Einschlagen in die Speckhülle nicht genügend abgetrocknet wurden. Gleiche Probleme können bei **Blasenschinken** entstehen.

Bei **mangelhafter Schnittfestigkeit** ist zunächst zu prüfen, ob die Kriterien, die unter dem Stichwort „Konsistenzmängel" genannt wurden, als Ursache in Frage kommen. Darüber hinaus können als weitere Gründe folgende Fakten eine Rolle spielen:
1. Die Räucherwaren sind zu locker gewickelt.
2. Die Pökelwaren wurden zu locker in die Kochformen gepreßt.
3. Die in Formen gegarten Produkte wurden zu heiß gegart.

Bei Mängeln, die durch zu leichtes Pressen entstehen, ist es keine Lösung, die Erzeugnisse unmittelbar nach dem Garen nachzupressen. Dadurch würde unerwünscht viel Fleischsaft ausgepreßt und die Pökelprodukte würden im Biß trocken und strohig.

Schwammige Konsistenz ist meist auf **PSE-Fleisch** zurückzuführen. Es ist aber auch möglich, daß das Fleisch zu stark gespritzt wurde und zwischen Spritzen und Räuchern eine zu kurze Pökelzeit war, so daß sich Lake und Muskelfleisch nicht wieder in ausreichender Weise trennen konnten.

Schimmelbildung an der Außenfläche von Pökel-Räucher-Waren ist auf schlecht belüftete Lagerräume zurückzuführen, die oft auch noch zusätzlich eine hohe Luftfeuchtigkeit haben.

Ein Lagerraum für geräucherte Fleischerzeugnisse muß in erster Linie ausreichend belüftet sein. Die Luftfeuchtigkeit regelt sich dann meist von selbst in einen günstigen Bereich. Ausreichende Belüftung darf aber nicht mit Zugluft verwechselt werden. Damit würde zwar die Gefahr der Schimmelbildung weitgehend ausgeschlossen, aber man würde gleichzeitig ein neues Problem schaffen, nämlich eine zu starke Austrocknung der Fleischerzeugnisse, die wiederum sowohl qualitativ als auch kalkulatorisch nicht erwünscht ist.

Insekten- oder Milbenbefall ist nie ganz auszuschließen. Am besten schützt man Pökel-Räucher-Waren vor diesem Übel, wenn man sie vakuumverpackt oder, wenn möglich, in Cellodärme einzieht.

Graufärbung kann an einer nicht ausreichenden Durchpökelung liegen. Es kann aber auch sein, daß die Fleischstücke in einer zu alten Lake eingelegt wurden. Eine weitere Ursache kann sein, daß irrtümlich ein zu hoher Salpeteranteil zugesetzt wurde.

Die Graufärbung kann auch auf eine **zu niedrige Temperatur im Pökelraum** zurückzuführen sein. Wenn die gebotene Mindesttemperatur von ca. 6–8 Grad Celsius nicht erreicht wird, dann kann sich die mit der Konservierung verbundene Farbbildung nicht optimal entwickeln.

Grünfärbung ist in der Regel nur bei gegarten Pökelwaren, z.B. bei Kochschinken, festzustellen. Dieser Mangel ist meistens im Kern eines Produktes erkennbar. Er breitet sich schnell zum Außenrand hin aus.

Die Ursache für Grünfärbung ist ein **zu kurzes und/oder zu laues Garen.**

Schon beim Auftreten kaum erkennbarer leichter Grünfärbung im Kern eines Pökelproduktes sollte man dieses aus dem Verkehr ziehen. Mit zunehmender Lagerungszeit gewinnt nämlich diese Grünfärbung an Intensität. Es ist ein Irrtum anzunehmen, man könne Fehler bei der Gartemperatur durch entsprechend erhöhte Temperaturen in der noch verbleibenden Garzeit wieder ausgleichen. Das ist zwar denkbar, es würde aber zwangsläufig zu einer strohigtrockenen Ware führen. Es ist besser, die Zeit der Untertemperatur durch entsprechende Verlängerung der „normalen" Gesamtgarzeit auszugleichen.

Nach neueren Erkenntnissen kann die zu hohe Zugabemenge von Ascorbinsäure-Präparaten (Umrötern) zu einer Grünfärbung an der Außenfläche umgeröteter Fleischerzeugnisse führen. Diese Beobachtung wurde hauptsächlich an Produkten mit hohem Rindfleischanteil gemacht, z.B. Rindswürstchen nach Frankfurter Art.

Blauschwarze Fleckenbildung kann in ihrer Ursache nur vermutet werden. Möglicherweise bilden sich diese blau-schwarzen Flecken an Pökelstücken, die in neuen oder fast neuen Eichenbottichen eingelegt wurden. Der Einfluß von Salpeter auf Eichenholz ruft vermutlich die geschilderte Reaktion hervor.

Man kann diesen Mangel meistens dadurch ausschließen, daß man solche Fässer mit starken Reinigungsmitteln bearbeitet und sie danach mindestens eine Woche in sauberem, mehrmals zu wechselndem Wasser wässert.

Graufärbung mit Grünflecken entsteht während des Pökelns und sind fast ausnahmslos auf unreine Pökelgeräte zurückzuführen.

Gelbfärbung der Pökelwaren ist meist dann festzustellen, wenn das Pökelgut während des Pökelns längere Zeit dem Tageslicht ausgesetzt war. Die Gelbfärbung kann aber auch ein Anzeichen beginnender Ranzigkeit sein.

Rotbraune Verfärbung ist meistens ein Zeichen von Überpökelung. Es kann aber auch auf einseitige Fütterung oder mangelnde Schlachtreife der Schlachtschweine zurückzuführen sein.

Geschmacksmängel sind eine sehr tückische Form von Fabrikationsfehlern. Sie sind optisch nicht wahrnehmbar, es sei denn, sie gehen mit Farbmängeln einher. Typisches Beispiel ist hier der Karbolgeschmack.

Es ist möglich, daß man auf solche Fehlfabrikate erst durch Kunden aufmerksam gemacht wird. Schließlich kann man nicht jedes Räucherstück verkosten.

Wenn bei einer Charge von Räucherwaren ein geschmackliche Abweichung vermutet wird, oder wenn man Proben zur Mängelkontrolle machen möchte, dann kann man Stichproben mit einem Holzspieß machen. Zu diesem Zweck wird der Holzspieß in das Kernstück des Räucherproduktes gestoßen und nach kurzer Zeit wieder herausgezogen. Das Holz nimmt in der Regel eventuelle Geschmacksabweichungen am Fleisch schnell an und bietet so eine gute Prüfmöglichkeit. Abartiger Geschmack im Räucherprodukt läßt sich also durch Geruchsprobe am Holzspieß feststellen.

Salzausschlag entsteht durch Überpökelung, bzw. ungenügendes Wässern nach dem Pökeln. Dieser Mangel kann durch Abwaschen der Räucherstücke mit gut handwarmem Wasser beseitigt werden. Gegebenenfalls sollten die Räucherstücke im Kaltrauch abgetrocknet bzw. in angemessener Zeit nachgeräuchert werden.

Stickigkeit kann durch folgende Ursachen hervorgerufen worden sein:

1. Mangelhafte Durchkühlung des Fleisches vor dem Pökeln.
2. Zu milde Pökelung.
3. Zu langes Wässern nach dem Pökeln.
4. Bei Knochenschinken: Zu langsames Durchpökeln im Bereich der Knochenpartien.
5. Zu langes Lagern vor dem Pökeln.
6. Überlagerte Lake.
7. Äußerlich zunächst nicht erkennbare Blutergüsse.
8. Leimiges Fleisch.

Ranzigkeit wird durch Zersetzung der Fettpartien an einem Pökel-Räucher-Produkt hervorgerufen. Mögliche Ursachen sind **zu langsames Durchpökeln** oder Überlagerung während der Pökel- und/oder Lagerzeit.

Eine weitere Ursache für die Ranzigkeit kann auch zu warme Temperatur im Pökelraum oder unzureichende Pökelung sein.

Pökelstücke, die vor dem Einsalzen nicht ausreichend durchgekühlt wurden, sind ebenfalls sehr anfällig für Ranzigkeit.

Zu warmes Räuchern ist geeignet, bei zuvor

bereits schon falsch behandelten Pökelwaren Ranzigkeit zu fördern bzw. zu beschleunigen. Ranzige Fleischerzeugnisse sind als verdorben zu bezeichnen und aus dem Verkehr zu ziehen.

Karbolgeschmack entsteht, wenn Räuchermaterialien, speziell **Sägemehl** und Hobelspäne, **feucht** werden und einige Tage in diesem Zustand verbleiben.

Karbolgeschmack kann aber auch durch **tierische Exkremente** hervorgerufen werden, wenn Haustiere (vorwiegend Katzen oder Ungeziefer) Zugang zum Lagerraum für Sägemehl oder Hobelspäne haben. **Achtung:** Dieser Zugang könnte auch schon in den Lagerräumen des Hobelspäne und Sägemehl produzierenten Schreinereibetriebes bestanden haben.

Der unerwünschte Karbolgeschmack kann auch auftreten, wenn entgegen den lebensmittelrechtlichen Bestimmungen **gebeiztes Räuchermaterial** verwendet wird.

Bittergeschmack entsteht in der Regel dann, wenn Pökelwaren zu heiß und/oder zu lange geräuchert wurden. Es kann aber auch sein, daß Sägemehl von weichen Hölzern verwendet wurde.

Unspezifischer Beigeschmack entsteht, wenn nicht gewissenhaft genug gespülte oder ausgespülte Pökelbehälter, Belastungssteine oder -deckel verwendet werden.

Traniger Geschmack ist häufig auf Fütterungsfehler zurückzuführen. Es handelt sich meist um Tiere, die mit Fischmehl und/oder Speiseabfällen gefüttert wurden. Werden Mängel dieser Art erkennbar, sollte sofort die Lebensmittelüberwachungsbehörde eingeschaltet und aufgefordert werden, über die Geschmacksabweichung eine amtstierärztliche Bescheinigung zu erstellen. Dieses Attest wäre die Grundlage für Schadensersatzansprüche an den Schweinezüchter

Geruchsabweichungen sind in der Regel auch geschmacklich wahrnehmbar. Das schließt nicht aus, daß ein Fehlfabrikat zunächst nur am Geruch und erst in der Folgezeit auch geschmacklich erkennbar wird.

Rohwurst

Fehler in der Herstellung von Rohwursterzeugnissen unterliegen den gleichen Prämissen wie die Fehlerquellen in der Herstellung von Pökel-/Räucherwaren.

Die Technologie der Rohwurstherstellung ist in den letzten Jahrzehnten sehr stark weiterentwickelt worden. Die Quote der Fehlfabrikate ist dadurch erheblich gesunken. Dennoch ist die Herstellung aller Rohwurstarten nach wie vor in hohem Maße fehleranfällig. Mehr als bei jeder anderen Wurstart ist die erstklassige Beschaffenheit des zur Verarbeitung kommenden Rohmaterials eine wesentliche Voraussetzung zum Gelingen einer Rohwurstsorte. Ein weiterer bedeutender Beeinflussungsfaktor sind die Witterungsverhältnisse in der Region des Herstellerbetriebes. Warmes und/oder schwüles Wetter sind nicht gerade als die besten Voraussetzungen für die Fabrikation von schnittfesten Rohwurstsorten zu bezeichnen. Es sei denn, es wird in klimatisierten Arbeitsräumen produziert.

Durch stumpfe, oder falsch eingesetzte Kuttermesser und/oder Wolfmesser wird das Fleischmaterial gequetscht, es entsteht ein verwischtes Schnittbild.

Dies kann auch durch zu langes Mengen des Wurstgutes, oder durch mangelhafte Durchkühlung des Materials vor der Wurstherstellung entstehen.

In den meisten Fällen ist **starke Faltenbildung** an der Wursthülle auf zu warmes Räuchern zurückzuführen. Ob dieser Mangel vorliegt, läßt sich sehr leicht am unteren Wurstzipfel feststellen. Wenn man ihn zwischen zwei Fingern zusammendrückt, tritt in gegebenen Fällen, also bei zu heiß geräucherten Rohwurstprodukten, schmalziges Fett aus.

Wenn zu heißes Räuchern ausgeschlossen werden kann, dann könnte der Fehler auch an zu nassem Fleischmaterial liegen, das zur Verwendung kam.

Nicht zuletzt kann die Ursache für faltige Wurstwaren in zu lockerem Füllen des Wurstgutes liegen.

Schwitzwasseraustritt, der meist bei bereits geräucherten Rohwurstsorten festzustellen ist, geht häufig mit beißigem Geschmack einher. Die Ursache dieses Fehlers liegt vorwiegend bei zu hoher Erwärmung des Wurstgutes während der Herstellung. Es kann aber auch am zu geringen Salzgehalt liegen.

Durch die mit dem Schwitzen verbundene **Beißigkeit** ist man im ersten Moment zu schnell bereit, dieses als Übersalzung zu deklarieren, was sich aber bei näherer Betrachtung als Irrtum herausstellt.

Nasses Fleisch oder das Fleisch rauschiger Schweine sind häufige Ursache für **weiche Konsistenz** bei schnittfesten Rohwürsten. Es kann aber auch an mangelhafter Durchkühlung des Fleischmaterials vor der Verarbeitung, oder an schlecht arbeitenden Maschinen liegen, die das Wurstgut während der Produktion unerwünscht schnell erwärmen.

Wenn sich die **Wurstfüllung vom Darm löst**, kann dies verschiedene Ursachen haben. Analog zum Produktionsablauf gibt es folgende Fehlermöglichkeiten:

1. Die zur Verwendung kommenden Därme waren nicht richtig ausgestreift und folglich zu naß.

2. Im Reiferaum war zu starke Luftbewegung, die das Wurstgut zu schnell schrumpfen ließ, was neben anderen Folgemängeln zum Lösen des Darmes führte.

Hohle Stellen in Rohwursterzeugnissen sind fast ausschließlich auf einen mangelhaften Reifeprozeß zurückzuführen. Durch **zu schnelles Abtrocknen** reift eine Wurstsorte nicht kontinuierlich vom Kern nach außen, sondern mehr von außen nach innen. Dies führt neben anderen Mängeln dazu, daß das Wurstgut meist im Kern rissig wird.

Eine Ursache für die **Schimmelbildung** an der Außenfläche von Rohwürsten kann die mangelhafte Beschaffenheit der zur Verwendung kommenden Därme sein. Das betrifft weniger die Kunst-, sondern mehr die Naturdärme.

Wenn Naturdärme zu frisch, also zu wenig durchgesalzen, oder nach zu langem Wässern zur Rohwurstherstellung verwendet werden, besteht die Gefahr, daß sie während des Reifens, spätestens einige Tage nach dem Räuchern, Schimmel ansetzen.

Eine weitere Ursache für die Schimmelbildung kann **mangelhafte Luftzufuhr** während der Abhängezeit nach dem Räuchern sein. Gleiches ist auch bei Rohwurstsorten feststellbar, die bald nach dem Räuchern in Kartons zum Versand kommen. Auch hier kann als Ursache für unerwünschte Schimmelbildung mangelnde Luftzirkulation angenommen werden.

Eine seltener auftretende Ursache für Schimmelbildung an Rohwürsten sind die Bildung von Schimmelpilzen an Wänden, Decken und Böden von Reife- und Lagerräumen. Diese Bakterienstämme übertragen sich in verschiedenster Art auf das Wurstgut. In solchen Fällen ist Abhilfe zu schaffen durch neuen Verputz oder neuen Anstrich nach vorheriger gründlicher Desinfektion.

Wenn sich **Überzugsmassen** schon bald nach dem Auftragen wieder von der Darmhülle **lösen und abplatzen,** dann hat das seinen Grund darin, daß die Wursthülle einen mehr oder weniger **starken Fettbelag** hatte. Man kann diesen Mangel ausschließen, wenn man die Würste vor der Beschichtung kurz (ca. 2–3 Sekunden) in heißes Wasser taucht und an der Luft trocknen läßt.

Der geschilderte Fettbelag an der Außenseite der Wursthülle kann sich in manchen Fällen auch erst nach der Beschichtung mit einer Überzugsmasse bilden. Dies ist meist dann der Fall, wenn Rohwürste nach der Fertigstellung **in zu warmen** oder **zu trockenen Räumen** gelagert werden.

Mangelhafte Rauchfarbe ist in der Regel auf verfettete Außenseiten der Därme zurückzuführen. Bei Naturdärmen kann die Ursache bei zu kalt gewässerten Därmen liegen, wenn das zum Wässern verwendete Wasser auch gleichzeitig stark fettig ist. Eine weitere Ursache für den unerwünschten Fettbelag an Darmaußenwänden kann die zu warme Reifelagerung sein, was speziell im Sommer eine erhebliche Gefahr darstellt.

Die **zu feste Konsistenz** bei streichfähigen Rohwurstsorten ist auf einen zu hohen Rindfleischanteil zurückzuführen. Der Rindfleischgehalt in solchen Sorten sollte im Sommer 15 Prozent und im Winter 10 Prozent keinesfalls unterschreiten.

Es kann sein, daß trotz verhältnismäßig hohen Magerfleischanteiles bei der Materialzusammenstellung für ein Rohwurstprodukt, das verkaufsfertige Erzeugnis bereits nach kurzer Hängezeit ein **zu fettiges Schnittbild** hat. Die Ursache liegt meist in der Verwendung von zu nassem Fleischmaterial, das während der Reife- und Lagerzeit den zu hohen Wassergehalt relativ rasch abgibt, womit der Fettgehalt optisch ebenso schnell zunimmt.

Rohwurstsorten, die im Anschnitt, speziell im Aufschnitt, auseinander**bröckeln,** haben einen zu hohen Anteil an zu grobem Material, speziell an grob gekuttertem Speck.

In solchen Fällen sollte das Rohwurstrezept geändert werden. Grobe Rohwurstsorten sollten mindestens 25−33 Prozent fein zerkleinertes Material enthalten, damit eine gute Verbindung der unterschiedlich beschaffenen Materialien gewährleistet ist.

Ein hoher Anteil von Fehlfabrikaten ist auf **Farbfehler** zurückzuführen. Sie entstehen fast ausschließlich **durch Überwärmung oder Unterkühlung** während der Herstellung oder der Reifung, in seltenen Fällen auch während der Lagerung.

Innerhalb der möglichen Farbfehler ist die **Graufärbung** sicher die häufigste. Der Grund dafür liegt in der Tatsache, daß es eine große Zahl von Beeinflussungsfaktoren für die Entstehung dieses Mangels gibt. Gerade in diesem Bereich reicht es aus, wenn die Fehlerquellen stichpunktartig aufgezählt werden. Jeder halbwegs erfahrene Fachmann erkennt beim Prüfen der einzelnen Positionen, wo er ansetzen muß, um aufgetretene Mängel abzustellen.

Mögliche **Ursache für Graufärbung:**

1. **Schlecht ausgestreifte Därme,** die durch das anhaftende Wasser die Graufärbung verursachen.
2. **Feuchte Hände** beim Einfüllen des Wurstgutes.
3. Versehentlich **mit Wasser benetztes Wurstgut,** z.B. auf dem Fülltisch liegende Platzer. Dieser Fehler ist dann in Betracht zu ziehen, wenn die Graufärbung innerhalb einer Charge nur bei einzelnen Würsten feststellbar ist.
4. **Zu hohe Luftfeuchtigkeit** oder **zu kalte Temperatur** während des Reifeprozesses.
5. **Zu hohe Luftfeuchtigkeit** oder **zu kalte Temperatur** im Abhängeraum.
6. Falsch behandelte Naturdärme mit **unerlaubten Bleichmitteln.**
7. Zu schnelles **Abtrocknen der Außenränder.** In solchen Fällen konnte die mit der Konservierung einhergehende Rötung nicht kontinuierlich von innen nach außen fortschreiten. Bei noch nicht geräucherten Rohwürsten kann der Mangel eventuell durch Wässern in lauwarmem Wasser beseitigt werden.
8. **Zu starke Erwärmung des Speckmaterials** während der Herstellung. Durch die sich dabei bildenden schmalzigen Fetteile, die sich beim Füllen an der Darmwand festsetzen, wird der Sauerstoffaustausch und so die Atmungsfähigkeit eingeschränkt.
9. **Mangelhafte Durchkühlung des Fleisch- und des Speckmaterials** vor der Verarbeitung. Gemeint ist hier die Kühlung vor dem Tiefkühlen des Rohmaterials.
10. **Zu geringe Salzzugabe.** Die Salzzugabe bei schnittfesten Rohwurstsorten soll im Sommer 30 g, im Winter 28 g pro Kilo Wurstgut nicht unterschreiten. Bei streichfähigen Sorten liegt die Untergrenze bei 24 g je Kilogramm Fleisch- und Speckmaterial.
11. **Zu hoher Zuckergehalt** (siehe einleitende Ausführungen zur Rohwurstherstellung).
12. **Ungenügende Verteilung von Salz,** Gewürzen und Zutaten im Wurstgut, insbesondere mangelhafte Verteilung der Rötestoffe kann zu einer Graufärbung führen.
13. Zu junges und/oder **zu nasses Fleischmaterial** ist ebenfalls ein ungünstiger Rohstoff. In diesem Zusammenhang sind auch die Ausführungen zu PSE-Fleisch von Bedeutung.

Die **graugrüne Verfärbung** von Rohwürsten ist als die fortgeschrittene Stufe der Graufärbung anzusehen (siehe vorangestelltes Thema). In dieser Phase muß davon ausgegangen werden, daß zunächst nur rein optisch beeinträchtigte Produkte bei zusätzlicher Grünfärbung in Verderbnis übergegangen sind und aus dem Verkehr gezogen werden müssen.

Eine **unnatürliche braune Farbe** bei Rohwurstsorten kann auf zu langes oder zu warmes Räuchern zurückzuführen sein. Meist ist dieser Falschbehandlung eine zu kurze Reifungszeit vorausgegangen.

Bei fein zerkleinerten Rohwurstsorten, speziell bei den streichfähigen, bilden sich an der Darmwand während der Reife- und/oder Räucherzeit dunkelbraune Punkte. Dies ist darauf zurückzuführen, daß das Salz entweder geklumpt hatte und sich nicht richtig verteilen konnte, oder das Salz konnte sich vor dem Einfüllen der Würste in die Därme nicht ausreichend lange auflösen.

Bläulich-violette Anschnittflächen bei Rohwürsten sind in der Regel auf einen zu hohen Rindfleischanteil zurückzuführen. Dieser unerwünschte Effekt wird ggf. dadurch verstärkt, daß das Fleisch von sehr alten Kühen oder Bullen verwendet wurde. Diese Feststellung hebt den Grundsatz, daß für die Herstellung von Rohwurst möglichst trockenes und mageres Rindfleisch zu verwenden ist, nicht auf. Man darf hier nur nicht die Kriterien „trocken" und „mager" mit „sehr alt" (Tieralter) gleichsetzen. Zur Vermeidung des Mangels sollte ein ausgewogenes Mischungsverhältnis zwischen dem Fleisch älterer und jüngerer Tiere beachtet werden.

Zunehmende Blässe, die meist mit der Hängezeit verstärkt vom Außenrand her zum Kern hin sichtbar ist, ist vorwiegend auf zu schnelles Abtrocknen des Außenrandes der Würste während der Reifung zurückzuführen. Der hier angesprochene Mangel ist oft nur deshalb nicht gleich als Reifemangel erkannt worden, weil er nur verhältnismäßig kurze Zeit bestand und beispielsweise durch turnusmäßiges Wässern während der Reifezeit (Naturreifung) wieder behoben wurde. Der Schaden hatte aber ausgereicht, um das Produkt mit zunehmender Hängezeit zum Fehlfabrikat werden zu lassen.

Für **schnell verblassende Anschnitte** können die Kriterien, die unter der Position „Graufärbung" genannt wurden, ausnahmslos als Fehlerquelle in Frage kommen. Es sollte jedoch grundsätzlich geprüft werden, ob der Fehler eventuell auch in einer zu kurzen Abhängezeit nach dem Räuchern zu suchen sein könnte.

Ein möglicher weiterer Fehler für schnelles Abblassen der Schnittflächen könnte auch durch überlagertes Pökelsalz, das seine Rötefähigkeit teilweise verloren hat, entstanden sein.

Eine Tücke sind die Fabrikationsfehler in der Rohwurstherstellung, die „nur" – oder „zunächst nur" – als geschmacklicher Mangel auftreten. Nicht selten kommt der optisch erkennbare Mangel erst in der zweiten Phase der Fehlentwicklung zum Vorschein.

Säuerlicher Geschmack in Rohwursterzeugnissen kann in erster Linie eine zu geringe Salzmenge zur Ursache haben. Es kann aber auch eine mangelhafte Fleischbeschaffenheit sein, z. B. bei der Verwendung von rauschigen Schweinen.

Zu geringer Salzgehalt führt sehr schnell zum Verderben der Ware. In solchen Fällen haben nämlich schädliche Bakterien eine gute Ausbreitungsmöglichkeit und das führt zu einem unerwünscht schnellen Abfall des pH-Wertes.

Bei streichfähigen Rohwurstsorten ist der säuerliche Geschmack oft auf nicht vollständig entferntes Drüsenmaterial im Wurstgut zurückzuführen, zum Beispiel bei der Verwendung von Schweinebacken.

Eine weitere Ursache für säuerlichen Geschmack können schlecht vorbereitete Naturdärme sein, wenn z. B. noch stark mit Darmfett behaftete Därme verwendet werden. Genauso gefährlich ist eine zu hohe Zuckerzugabe im Rohwurstprodukt. Dieser Mangel tritt dann auf, wenn für die Rohwurstherstellung keine fertigen Gewürzmischungen verwendet werden (siehe auch die Ausführungen zum Thema Rohwurstherstellung).

Zu hoher GdL- Zusatz kann ebenfalls zu einer Übersäuerung führen.

Beißiger Geschmack entsteht in Rohwurstsorten fast ausschließlich durch zu geringe Salzzugabe. Die Geschmacksabweichung ist säuerlich beißend.

Speziell bei gewolften Rohwursterzeugnissen kann sich in Folge zu stark angezogener und sich dadurch reibender Wolfmesser ein brandiger **Eisengeschmack** bilden.

Uringeschmack in Wurstsorten ist auf die Verwendung von Binneneberfleisch zurückzuführen. Im allgemeinen wird der abartige Geschmack schon beim Zerlegen des Fleisches bemerkt. Man sollte dann auf gar keinen Fall das Fleisch verarbeiten, auch nicht in kleinsten Beimischungen.

Stickiger Geruch eines Rohwursterzeugnisses ist meist die Folge mangelnder Luftzirkulation während der Reife- und/oder Lagerzeit. dabei entwickelt sich dann auch meist eine Abweichung in Farbe und/oder Konsistenz.

Brühwurst

Brühwurstfehlfabrikate sind im Vergleich zu Pökel-Räucherwaren und Rohwursterzeugnissen weit seltener. Das ist nicht zuletzt auf die Perfektionierung der Herstellungsverfahren zurückzuführen. Dennoch ist auch im Bereich Brühwurst die Gefahr von Fehlfabrikationen grundsätzlich nicht auszuschließen.

Bei **Geleebildung** am Brühwurstrand gibt es dafür vorwiegend zwei Ursachen:

1. Es wurde Fleisch verwendet, das aufgrund mangelnder Bindekraft die zur Herstellung einer Brühwurstsorte erforderlichen Mengen Eiswasser nicht aufnehmen konnte. Das ist in erster Linie bei Fleisch alter Kühe der Fall, aber auch bei altem Sauen- und Altschneiderfleisch kann man unangenehme Überraschungen erleben.

2. Wenn einer Brühwurst zuviel Fremdwasser zugesetzt wird, führt dies unter anderem zur Geleebildung. Die Brühwurst nimmt aber auch dieselbe Fehlentwicklung, wenn ihr zuwenig Fremdwasser zugesetzt wurde. Diese Feststellung ist besonders bei Brühwurstsorten zu machen, denen grobes Material beigekuttert wird, zum Beispiel bei Bierwürsten.

Dabei ist zu sehen, daß der Eisschnee, der Brühwürsten zugesetzt wird, zwei Aufgaben hat. Einmal soll die Kälte des Eises das Gerinnen des Fleischeiweißes verhindern. Außerdem soll das Eiswasser die optimale Eiweißquellung ermöglichen.

Ist also nicht genug Eiswasser zugesetzt, ist auch die Eiweißquellung, die zur Kochfestigkeit der Brühwurstsorten erforderlich ist, nicht optimal. Beim Fett- und Geleeabsatz unterliegt man leicht einer Täuschung. Nämlich dann, wenn man fälschlicherweise annimmt, daß bei Geleeabsatz **zuviel** Wasser zugesetzt wurde. Dabei ist nämlich das Gegenteil der Fall. Es wurde in der Regel zuwenig Wasser zugesetzt. Wenn das Brät zwischen Kuttern und Räuchern, bzw. Garen zu stark abkühlt, kommt es zu einer starken Beeinträchtigung der Bindefähigkeit. Das kann speziell im Winter vorkommen. Es kann aber auch sein, daß das Brät nach dem Kuttern und vor dem Füllen fälschlicherweise zu lange im Kühlraum gelagert wurde.

Eiweiß kann Fett und Wasser nur binden, wenn eine gewisse Mindesttemperatur erreicht **und gehalten** wird. Je nachdem welches Kutterhilfsmittel verwendet wurde, sollte diese Temperatur zwischen 12 und 16 °C liegen.

Wenn der Magerfleischanteil aus zuviel Rindfleisch und demzufolge aus zuwenig Schweinefleisch besteht, dann hat das Fertigprodukt neben anderen weniger gravierenden Mängeln eine **trockene Konsistenz.** Die gleichen qualitätsmindernden Eigenschaften zeigen sich auch, wenn der Fettgehalt in einer Brühwurst zu niedrig gehalten wird.

Strohige Beschaffenheit bei Brüwursterzeugnissen ist meistens auf unzureichende Zugabemengen an Salz und/oder Kutterhilfsmitteln und/oder Eisschnee zurückzuführen. Brühwurst besteht aus Skelettmuskulatur, Speck und Fremdwasser. Durch die Zugabe von Salz, Kutterhilfsmitteln und Fremdwasser wird aus dem Muskelfleisch und dem Speck ein homogenes Brät hergestellt, das durch Hitzebehandlung eine schnittfeste Konsistenz annimmt.

Wenn bei diesem Herstellungsverfahren die Zugabe von Salz, Kutterhilfsmitteln oder Fremdwasser unter der erforderlichen Mindestzugabemenge liegt, dann ist das Muskeleiweiß nicht in der Lage, in der gewünschten Weise zu koagulieren. Die so entstehenden Fehlfabrikate bekommen ein mattes, grieseliges Aussehen und schmecken strohig trocken.

Fettaustritt entsteht, wenn die Masse zu warm gekuttert wurde. Das Kutterfett verliert infolge der zu hohen Erwärmung über den Schmelzpunkt hinaus die Bindung. Das schmalzige Fett setzt sich während des Garens zwischen Darm und Wurstgut oder im Wurstgut selbst ab.

Besonders bei Würstchensorten, bei denen es üblich ist, den Darm mitzuessen, kann es sehr qualitätsmindernd sein, wenn der **Darm im Biß zu zäh** ist. Das kann folgende Ursachen haben:

1. Die Därme wurden nicht lange genug gewässert.
2. Es handelte sich um überlagerte Därme.
3. Die Därme wurden zu kalt verarbeitet und konnten infolgedessen ihren optimalen Dehnungspunkt nicht erreichen.
4. Die Würstchen wurden zu intensiv oder zu lange geräuchert.

Ausbröckelnde Einlagen wurden nicht genügend mit dem anteiligen Feinbrät vermengt. Es ist aber auch möglich, daß das grobe Material vor dem Vermengen mit dem Feinbrät nicht intensiv genug mit der anteiligen Menge Salz vermengt wurde und infolgedessen in sich keine Bindung hatte.

Brühwurstsorten, die im Anschnitt **mangelhafte Bindung** des feingekutterten Materials zeigen, oder die beim Erwärmen „laufen", sind in der Regel als bedingt verkäufliche Fehlfabrikate zu bezeichnen.

Die mangelnde Bindung der Masse kann auf folgende Ursachen zurückzuführen sein:

1. Es wurde zu wenig oder gar kein Salz zugesetzt.
2. Es wurde kein Kutterhilfsmittel zugesetzt.
3. Es wurde irrtümlich zuviel Fremdwasser zugesetzt.
4. Es wurde irrtümlich zuviel Kutterspeck beigekuttert.

Diese Mängel können sowohl einzeln, als auch im Verbund die Ursache für die angesprochenen Fehler sein.

Sorten, die eine **schwammige Konsistenz** haben, wurde in der überwiegenden Zahl der Fälle zuviel Fremdwasser zugesetzt. Es kann aber auch sein, daß das Fleischmaterial einen ungewöhlich hohen Eigenwassergehalt hatte, der dann in Verbindung mit dem Fremdwasser die qualitätsmindernde schwammige Konsistenz verursachte.

Unter den **Brühwurst**fehlfabrikaten haben die **Farbmängel** einen sehr hohen Anteil. Diese Tatsache ist deshalb so erstaunlich, weil die bundesdeutsche Gewürzindustrie eine Fülle erstklassiger Hilfsstoffe auf dem Markt hat, mit deren Hilfe solche Mängel zu vermeiden sind. Es liegt die Vermutung nahe, daß diese Farbmängel auf die unsachgemäße Anwendung dieser Hilfsstoffe zurückzuführen ist. Insbesondere die immer noch weit verbreitete Angewohnheit, diese Zusatzstoffe nicht abzuwiegen, sondern aus der Hand zu dosieren, dürfte der Hauptgrund sein. Diese Unart sollte man sich ggf. schnellstens abgewöhnen. Bei vorschriftsmäßiger Verwendung der sogenannten Rötestoffe ist mangelnde Farbfestigkeit vermeidbar.

Ein zu dunkles, bzw. ein nach dem Anschnitt immer **dunkler werdendes Schnittbild** ist auf einen zu hohen Rindfleischanteil zurückzuführen.

Brühwürste können trotz richtiger Durchrötung eine mattrosa bis **blasse Farbe** haben. Das kann auf verschiedene Ursachen zurückgeführt werden. Es kann sein, daß ein hoher Anteil hellfarbiges Schweinefleisch verarbeitet wurde, was zu dieser matten Anschnittfarbe führte. Es kann aber auch sein, daß eine zu geringe Menge Farbstabilisator zugesetzt wurde, die zwar ausreichte eine gerade noch sichtbare, aber nicht optimale Umrötung herbeizuführen.

Brühwürste **mit grauem Kern** wurden zu kurz und/oder zu kalt geräuchert und hatten insgesamt zu wenig Zeit um Durchkonservieren.

Zeigt sich ein grauer und nach kurzer Anschnittzeit ins **grünliche übergehender Kern,** dann ist dies auf eine zu geringe Garzeit zurückzuführen. Dabei kann dieser Kern unterschiedlich groß sein, in der Regel dehnt er sich mit zunehmender Anschnittzeit des Wurstproduktes zum Außenrand hin aus. Man kann versuchen, durch Nachgaren den Mangel zu beseitigen. Wenn überhaupt, dann kann dies nur durch eine Garzeit über die volle Länge erreicht werden. Das heißt, wenn eine Brühwurst im Kaliber von 90 mm eine reguläre Garzeit von 120 Minuten bei 80 °C hat, dann muß beim Nachgaren die volle Länge und die volle Temperatur gefahren werden. Nur so ist es möglich, die zunächst zu niedrige oder zu kurze Garzeit zu überdecken. Inwieweit das Brühwurstprodukt einen zweiten Garprozeß ohne andere qualitätsmindernde Eigenschaften zu entwickeln überstehen kann, muß dahingestellt bleiben.

Die Verwendung eines hohen Anteils sehr mageren Bullenfleisches alter Tiere gibt einer Brühwurst eine **blauschimmernde Anschnittfläche.** Bei der Materialzusammenstellung sollte darauf geachtet werden, daß eine ausreichende Menge Schweinefleisch verwendet wird, um diese unangenehme Erscheinung weitestgehend zu vermeiden.

Bei Brühwürsten gibt es einige Arten von **Geschmacksmängeln,** die nicht gleichzeitig auch mit einer Farb- und/oder Konsistenzänderung bzw. -abweichung einhergehen. Hier sind folgende Auffälligkeiten zu sehen:

Bei **Säuerung** von Brühwursterzeugnissen ist es meist sehr schwer, den wahren Fehler auszumachen. Es ist daher intensiv darauf zu achten, daß alle denkbaren Fehlerquellen von Anfang an ausgeschlossen werden. Als Hauptfehlerquellen sind folgende Kriterien zu sehen:

1. Die Ware wurde, speziell in der warmen Jahreszeit, zu lange geräuchert.
2. Es wurde mit Untertemperatur gegart.
3. Es wurde überlagerter Speck verarbeitet.
4. Es wurde nicht entsäuerter Muskat verarbeitet, speziell in der warmen Jahreszeit.
5. Das Fleischmaterial war vor der Verarbeitung über längere Zeit zu warm gelagert.

Wenn der **Fleischgeschmack nicht in der gewünschten Weise vorhanden** ist, liegt es in der Regel daran, daß das Material zu lange gepökelt oder vorgesalzen war. Es handelt sich also um einen Überlagerungsfehler.

Altgeschmack ist meistens auf überlagertes Fleischmaterial zurückzuführen. Es kann aber auch an ebenfalls überlagerten Zutaten liegen. Es ist ein Irrtum, wenn man annimmt, man könnte den Altgeschmack im Fleisch durch besonders intensive oder spezielle Würzung (Knoblauch) überdecken.

Temperaturfehler beim Kuttern mindern die Konsistenz eines Brühwurstbrätes. Bereits Abweichungen um wenige Grade von den Idealwerten führen mindestens zu Halbfehlfabrikaten und zu erheblichen Verlusten. Konsistenzmängel können sich bilden, wenn die Beschaffenheit und die Anordnung der Kuttermesser zu einer zu schnellen und zu hohen Erwärmung des Brätes führt.

Es wurden Untersuchungen angestellt, in welcher Weise sich das Kuttern auf die Erwärmung des Brätes auswirkt. Dabei ist man zu folgenden Feststellungen gekommen:

1. Je dickflüssiger und zäher ein Brät war, um so schneller erwärmte es sich infolge zunehmender Reibung der Messer bei der Schneidebewegung.
2. Versuche mit unterschiedlich hohen Beschickungsmengen ergaben bei niedrigster Beschickung und Hochkutterns bis etwa zum Erreichen der Geräte- und Raumtemperatur den schnellsten Temperaturanstieg. Nach Übersteigen der Geräte- und Raumtemperatur stellte man den langsamsten Temperaturanstieg im Brät fest. Umgekehrt stieg bei höchster Schüsselfüllung die Brättemperatur zunächst am langsamsten und etwa nach Übersteigen der Geräte- und Raumtemperatur am schnellsten. Dabei dürfte der Unterschied in der Reibung der Messer bei verschieden hoher

Schüsselfüllung kaum Unterschiede im Temperaturverhalten hervorgerufen haben, da bei größerer Reibung infolge höherer Schüsselfüllung auch eine größere Brätmenge erwärmt werden muß.

3. Versuche mit unterschiedlicher Umdrehungsgeschwindigkeit der Kutterschüssel ergaben ein schnelleres Ansteigen der Brättemperatur bei höherer Kutterschüsselgeschwindigkeit. Diese Beobachtung wurde sowohl bei schnellerem als auch bei langsamerem Messerumlauf gemacht. Die Ursache dieser Erscheinung dürfte in der erhöhten Stauung des Brätes im Schneidebereich der Kuttermesser zu suchen sein.
4. Vergleichskuttern mit höherer und niedrigerer Messergeschwindigkeit erwärmte das Brät im ersten Fall deutlich schneller. Andererseits verkürzte sich durch eine erhöhte Messergeschwindigkeit die zur Erreichung eines bestimmten Zerkleinerungsgrades erforderliche Kutterzeit. Insgesamt ist festzustellen, daß mit höherer Messergeschwindigkeit gekuttertes Brät stets eine geringere Erwärmung aufwies als das im Langsamgang gekutterte.
5. Vergleichskuttern mit sechs breiten und sechs schmalen Kuttermessern zeigte, daß sich das Brät schneller erwärmte, wenn breitere Messer verwendet werden.
6. Die Verwendung von drei oder sechs Kuttermessern ergaben wiederum unterschiedliche Ergebnisse. Das Brät erwärmte sich schneller, wenn drei Messer verwendet wurden. Diese im ersten Moment etwas verwundernde Feststellung erklärt sich so, daß die unterschiedliche Förderwirkung der Messer die Ursache für diese Gegebenheit ist. Drei Messer fördern das Brät weniger intensiv weiter als dies sechs Messer tun, so daß sich im ersten Fall mehr Brät vor den Kuttermessern anstaut und dadurch die Reibwirkung von drei Messern vergrößert wird.
7. Unterschiedliche Messeranordnungen in den Messerköpfen verursachen ebenfalls eine unterschiedlich gute Förderwirkung und infolgedessen eine unterschiedlich schnelle Bräterwärmung. Die Untersuchungen ergaben, daß eine Messeranordnung schraubenförmig, in Richtung der Schüsselbewegung, die Bräterwärmung am geringsten beeinflußt.

8. Eine weitere interessante Erkenntnis ergab sich aus dem unterschiedlichen Messerschliff der Kuttermesser.

Es wurden Messer, die in Richtung der Schüsselbewegung angeschliffen waren, mit solchen, die gegen die Richtung der Schüsselbewegung geschliffen waren, verglichen. Bei den in Richtung der Schüsselbewegung angeschliffenen Messern war die Erwärmung des Brätes geringer. Durch die Abschrägung des Messeranschliffes in Richtung der Schüsselbewegung wird das Brät offensichtlich besser weiterbefördert. Dagegen ist bei Messern, die gegen die Schüsselbewegung angeschliffen sind, eine deutlich größere Stauung des Brätes im Messerbereich festzustellen. Das führt infolge größerer Reibung zu einer schnelleren Erwärmung des Brätes.

Diese Untersuchungsergebnisse sind sicher sehr gut geeignet, dem interessierten Praktiker Aufschluß darüber zu liefern, welche Technologie am besten dazu geeignet ist, ein stabiles homogenes Brät herzustellen. Diese Feststellung bezieht sich insbesondere auch auf solche Brätarten, denen im weiteren Verarbeitungsablauf grob geschnittenes oder grob gekörntes Material beigemengt wird.

Kochwurst, Leberwurst

Kochwürste unterliegen in besonderem Maße der Gefahr einer Fehlentwicklung. Das hat seine Ursache u. a. in dem mehr oder weniger hohen Anteil an Innereien. Diese reagieren auf die verschiedenartigen Einflüsse, denen sie ausgesetzt sein können, empfindlicher als Skelettmuskulatur und Speck.

Leberwurstsorten mit **trockener Konsistenz** haben in der Regel einen zu hohen Anteil an Leber- und/oder Magerfleisch. Dabei führt die Leber am wenigsten eine negative Beschaffenheit herbei. Eher sind Teile wie Skelettmuskulatur, Herz, Gelinge, Fleisch usw. an dieser unerwünschten Konsistenz beteiligt.

Skelettmuskulatur von Großviehinnereien kann schon in geringer anteiliger Menge das Fertigprodukt als zu trocken erscheinen lassen.

Leberwurstsorten nehmen nach dem Garen eine **weiche Konsistenz** an, wenn sie zu warm geräuchert wurden. Ist die weiche Konsistenz schon nach dem Garen festzustellen, ist die häufigste Ursache ein Fettgehalt im höchst möglichen Bereich, verbunden mit einem sehr niedrigen Salzgehalt.

Mangelnde Schnittfestigkeit kann auf die Ursachen in der vorangestellten Position „weiche Konsistenz" zurückzuführen sein. Es ist aber auch möglich, daß zu schmalziges Fett verarbeitet wurde, oder der Fettanteil irrtümlich falsch (zu hoch) berechnet wurde. Das zeigt sich fast immer schon während der Herstellung. Die Leberwurstmasse ist dann fast flüssig. In solchen Fällen kann dadurch Abhilfe geschaffen werden, daß der Leberwurstmasse rohes, fein zerkleinertes Bratwurstgrundbrät beigemengt wird.

Mangelnde Streichfähigkeit ist meist auf einen zu geringen Fettgehalt zurückzuführen. Allerdings sollte man auch wissen, daß die Art der Vorbehandlung der zur Verwendung kommenden Materialien einen erheblichen Einfluß auf die Konsistenz und damit die Schnittfestigkeit der Fertigprodukte hat. Wenn beispielsweise Lebern vorgebrüht werden, wird dadurch das Leberwursterzeugnis fester und in der Folge auch weniger streichfähig. Ähnliche Effekte werden erreicht, wenn viel vorgegartes Magerfleisch verwendet wird.

Wenn Leberwursterzeugnisse **dunkle Farbflecken** zeigen, dann kann dies an der zu mageren Materialzusammenstellung liegen. Es kann aber auch sein, daß die Leberwürste zu warm oder im Luftzug gelagert wurden.

Ein **graugrüner Kern** in Leberwurstprodukten hat in den meisten Fällen seine Ursache in einer ganz oder teilweise zu niedrigen Gartemperatur oder -zeit. Der Mangel kann eventuell durch Nachgaren bei voller Garzeit und -temperatur beseitigt werden. Abgesehen davon, daß ein Wurstprodukt durch das Nachgaren qualitativ leidet, ist es gerade bei Leberwurstsorten die Frage, ob die kurze Zeit zwischen falschem Garprozeß und dem Erkennen dieses Garfehlers nicht schon ausreichte, um den Säuerungsprozeß einzuleiten. In solchen Fällen ist dann der Versuch, das Verderben der Ware durch Nachgaren aufzuhalten, zwecklos.

Ein **rötlicher Kern** ist bei Leberwurstsorten meistens dann festzustellen, wenn überwiegend oder ausschließlich rohes Fleisch- und/oder Innereienmaterial verarbeitet wurde. In gegebenen Fällen wurde dabei übersehen, daß rohverarbeitetes Material eine längere Garzeit braucht. Wird dies nicht beachtet, bildet sich ein roter Kern, der in seltenen Extremfällen in Grünfärbung übergehen kann.

Bei **fadem Leberwurstgeschmack** wurde meistens das vorgegarte Material in kaltem Wasser zugesetzt oder nach dem Garen zu lange in kaltem Wasser abgekühlt.

Leberwurstsorten können sehr schnell **sauer** werden. Folgende Beeinflussungsfaktoren spielen hier eine wesentliche Rolle:

1. Wenn die zur Leberwurstherstellung bestimmte Leber zwischen Schlachten und Verarbeitung zu warm gelagert wurde, ist das ein großer Risikofaktor.
2. Schleppende, zu langsame Arbeitsweise während der Leberwurstherstellung, speziell bei schwüler Witterung, kann das Säuern des Wurstgutes zur Folge haben.
3. Eine weitere Gefahr ist zu heißes Nachräuchern der Erzeugnisse.
4. Wird ein Kessel oder Kochschrank mit einer zu großen Menge Wurstgut beschickt, besteht ebenfalls die Gefahr, daß die notwendige Gartemperatur in der Mitte des Gerätes nicht erreicht wird und dadurch ein Teil des

Wurstgutes infolge Untertemperatur in Säuerung übergeht.

5. Auch überlagerte Naturdärme können eine Säuerungsursache sein, besonders dann, wenn sie nicht vollständig vom Darmfett befreit wurden und längere Zeit bis zur Verarbeitung gelagert wurden.

Kochwurst, Blutwurst

Wenn Blutwürste ein mattes Schnittbild haben, also **keinen Glanz** zeigen, wurden entweder zu weich gekochte, oder überlagerte und vor dem Garen zuwenig gewässerte Schwarten verwendet.

Blutiger Speck ist ein Fehler, der in verschiedener Form sichtbar wird und auch verschiedene Ursachen haben kann:

1. Wenn der Speck vor der Weiterverarbeitung nicht richtig durchgebrüht wurde, saugt er in der Blutwurstmasse Blut auf. Der Speck wird rötlich.
2. Zu langsames Durchkühlen der Blutwurstprodukte bzw. zu warmes Lagern nach dem Garen, kann ebenfalls zur Folge haben, daß sich die Speckwürfel voll Blut saugen.
3. Der gleiche Fehler entsteht, wenn die Würste mit Untertemperatur gegart und/oder zu kurz angekocht wurden.
4. Eine Rotfärbung im Kern der Blutwurstprodukte tritt ein, wenn man während der Garzeit kaltes Wasser in den Kessel zulaufen läßt. Der Fehler tritt auch dann ein, wenn mit kaltem Wasser die Kesseltemperatur geregelt wird. In diesem Zusammenhang ist auf die Ausführungen in Rezept 2962 „Breite Blutwurst" zu verweisen.

Wenn **Fleisch- oder Innereieneinlagen** in Blutwursterzeugnissen **ausbröckeln,** kann das an der mangelhaften Bindekraft der Schwarten liegen. Es kann aber auch sein, daß das Einlagenmaterial vor der Weiterverarbeitung nicht genügend abgetrocknet war und daher keine richtige Bindung mit der Blut-Schwarten-Masse eingehen konnte.

Wenn Blutwürste eine **tiefrote bis fast schwarze Anschnittfläche** haben, können bei der Verarbeitung des Blutes folgende Fehler begangen worden sein:

1. Es wurde abgestandenes Blut verwendet.
2. Das Blut wurde zu kalt verarbeitet.
3. Es wurde teilweise oder ausschließlich Rinderblut verwendet.

Wenn Zungeneinlagen ganz generell, hier im speziellen in Zungenblutwürsten, eine leichte bis starke **Grünfärbung** annehmen, dann ist dies meist auf eine zu kurze Pökelzeit zurückzuführen.

Ein **stumpfer Altgeschmack** bei Blutwurstsorten hat seine Ursache fast ausnahmslos in überlagerten Schwarten und/oder Blut. Scheiden beide Möglichkeiten aus, können überlagerte oder schlecht gesalzene Naturdärme eine andere oder verstärkende Ursache sein.

Kochwurst, Sülzwurst

Mangelhafte Schnittfestigkeit bei Sülzwürsten kann auf folgende Ursachen zurückzuführen sein:

1. Es ist möglich, daß das Fleischmaterial zu weich vorgegart wurde und demzufolge keine zur Schnittfestigkeit ausreichende Beschaffenheit mehr annehmen konnte.
2. Eine weitere Ursache kann es sein, daß der Schwartenanteil zu gering bemessen wurde und nicht ausreichte, die Bindung der einzelnen Materialien zu gewährleisten.
3. Bei der Verwendung von Aspik kann mangelhafte Bindung an einer zu geringen Qualität des Aspiks liegen.
4. Kann Qualitätsmangel ausgeschlossen werden, könnte das Sülzwurstprodukt zu stark erhitzt worden sein (über 80 °C). Die Gelierwirkung auch bester Aspikprodukte würde dadurch ungünstig beeinflußt.

Ist ein Sülzwursterzeugnis **im Biß zu zäh,** kann davon ausgegangen werden, daß zu harte Schwarten verarbeitet wurden.

Fehlerquellen in Konserven

Die fortschreitende Perfektionierung der Verfahren zur Herstellung von Fleisch- und Wurstkonserven, speziell auch in bezug auf die erforderlichen Maschinen und Geräte, hat für handwerkliche Fleischereibetriebe die Voraussetzung geschaffen, Vollkonserven zu einem kalkulatorisch annehmbaren Preis herzustellen. Die **Fehlfabrikate in der Konservenherstellung** sind trotz deutlicher Verbesserung der Technologien nach wie vor erheblich. Bei aller Sorgfalt wird es zwar nie ganz zu vermeiden sein, daß hier Fehlfabrikate entstehen können. Bei exakter Anwendung der Herstellungsverfahren kann diese Fehlerquote jedoch in sehr engen Grenzen gehalten werden.

In der Regel sind Konservenfehlfabrikate durch Wölbung der Dosendeckel nach außen (Bombage) erkennbar. Einige Fehler und Ursachen, durch die Bombagen entstehen können, sind im Folgenden beschrieben:

1. Verwendung von zu lange gelagertem Fleisch oder Verwendung von Fleisch kranker Tiere, die durch fehlerhafte tierärztliche Untersuchung in den Produktionsbetrieb gelangt sind.
2. Schlechte Pökelung.
3. Verwendung nicht entkeimter oder überlagerter Zutaten.
4. Starke Keimanreicherung im Doseninhalt durch zu langes Stehenlassen der Dosen vor der Sterilisation, vor allem durch Stehenlassen in warmen Räumen.
5. Unsaubere Gefäße, Geräte und Maschinen.
6. Unsaubere Dosen.
7. Fehlerhaftes Dosenblech mit feinsten Rissen, nicht einwandfrei geschlossener Seitenfalz, ungleiche Blechstärken von Dosenwand und Deckel, fehlerhaft arbeitende Dosenverschließmaschinen, nicht hitzebeständige oder fehlerhafte Gummierung der Dosendeckel.
8. Unzureichende Sterilisationszeit oder zu niedrige Sterilisationstemperatur.
9. Zu rascher Druckabfall im Autoklav beim Kühlen.
10. Unsachgemäße Kühlung und Transport, sowie Aufbewahrung der Konserven bei hohen Temperaturen.
11. Mechanische Beschädigung der Dosen.
12. Korrosionen an den Dosen durch Salze des Füllgutes, wenn eine Lackierung nicht vorhanden oder unzureichend ist.

Verdorbene Konserven sind unabhängig von einer Bebrütung an folgenden Merkmalen **erkennbar:**

1. Der Deckel und Boden sind vorgewölbt, lassen sich nicht zurückdrücken oder springen nach dem Eindrücken sofort wieder heraus (bakterielle oder chemische Bombage).
2. Dose zeigt bei festem Füllgut Schüttelgeräusche. Durch bakterielle Zersetzungsvorgänge wurden feste Bestandteile des Füllgutes verflüssigt (bakterielle Bombage).
3. Äußere Verunreinigung der Dosen mit Füllgut (Undichtigkeit, zumeist im Zusammenhang mit bakterieller Bombage).
   Bei bakteriellen Bombagen ist der Inhalt immer verdorben und genußuntauglich.

Bombagen bei Würstchendosen gehen meistens von denjenigen Stellen der Würstchen aus, die zu wenig geräuchert wurden und dadurch hell bleiben (Sattelstellen), weil der Rauch die auf den Räucherspießen aufliegenden Teile des Würstchens nicht erreicht. Moderne Rauchanlagen oder geeignete Räucherspieße können diese Mängel jedoch weitgehend verhindern.

Qualitätsfehler im Fleisch

Es gibt einige **Qualitätsfehler im Fleisch,** die den Wert des jeweiligen Schlachttierkörpers erheblich negativ beeinflussen können. Die häufigsten Fehler werden nachfolgend genannt und beschrieben.

Stickiger Geschmack entsteht, wenn

1. Fleisch unmittelbar nach dem Schlachten zu langsam ausgekühlt wurde,
2. Fleisch während des gesamten Kühlprozesses zu lange gelagert wurde,
3. die Kühltemperatur nach dem Schlachten bei zu geringer Luftbewegung gehalten wird und dabei zu nahe an 0 °C heruntergekühlt wird. In der Folge kühlen die Außenschichten der Fleischpartien zu rasch ab und verhindern das kontinuierliche Auskühlen der Kernstücke,
4. unausgekühltes Fleisch zu eng aufeinandergestapelt wird.

Diese Fehler können vermieden werden, wenn das schlachtwarme Fleisch in den ersten 24 bis 36 Stunden in einem Kühlraum mit 0 bis +2 °C und einer durch Ventilatoren erzeugten Luftbewegung von 2 m/s gekühlt wird.

Muffiger Geruch des Fleisches kann folgende Ursachen haben:

1. Beim Kühlen des Fleisches hat die Kühlanlage nicht in befriedigender Weise gekühlt.
2. Bei schadhafter Kork- oder Glasfaserisolierung bildet sich in diesem Material ein muffigfauler Geruch, der sich sehr schnell auf das gelagerte Fleischmaterial legt.

Fette

Fette in naturbelassenem oder geschmolzenem Zustand sind äußerst empfindlich gegen jede Art von Behandlung. Der Spielraum zwischen qualitätserhaltender und qualitätsmindernder Bearbeitung ist sehr klein.

Wenn ausgelassenes **Schmalz** nach dem Erkalten keine kräftig weiße, sondern eine leicht bis starke **bräunliche Farbe** annimmt, wurde das Schmalz zu scharf ausgebraten. Dieser Mangel kann dadurch noch intensiviert worden sein, daß mit dem Schmalz Mickerfett ausgelassen wurde. Zu langsam abgekühltes **Fett** wird **grieselig** und sieht im Extremfall aus, als würde es sich zersetzen.

Wenn Flomen zu langsam ausgekühlt werden, oder wenn sie zu lange vor dem Ausbraten gelagert wurden, nehmen sie einen **stichigen Geschmack** an, der durch das Ausbraten noch verstärkt hervortritt.

Fehlfabrikate bei Därmen

Einwandfreie Naturdärme sind eine wesentliche Voraussetzung für das gute Gelingen und das qualitativ hochwertige Niveau von Wursterzeugnissen.

Bei der Besprechung möglicher Naturdarmmängel darf nicht übersehen werden, daß immer noch ein erheblicher Teil der zur Verarbeitung kommenden Naturdärme der Eigenbearbeitung des Produktionsbetriebe entstammt. Allein aus diesem Grund schon scheint es angebracht, an dieser Stelle mögliche Mängel der Naturdärme aufzuzeigen.

Roter Hund ist ein roter Belag (mit leichtem Violettstich) auf Naturdärmen. Es handelt sich um einen Bakterienbefall, der im Anfangsstadium durch Wässern in klarem, kaltem Wasser und mehrmaligem Ausspülen in Kochsalzwasser beseitigt werden kann. Wenn der „rote Hund" zufriedenstellend zu entfernen ist, sollten die Därme unverzüglich verarbeitet werden. Naturdärme nehmen eine **blaue Verfärbung** an, wenn sie mit Salz behandelt wurden, das zum Zwecke der Denaturierung mit Soda angereichert wurde.

Rostflecken an Därmen entstehen durch Berührung mit Eisen. Das kann dann passieren, wenn die Därme in alten Holzfässern gelagert wurden oder in Holzkisten, die der besseren Haltbarkeit und Stabilität wegen mit Eisenringen zusammengehalten werden. Mit Rostflecken behaftete Darmstücke sind nicht mehr verwendbar.

Ranzig riechende Därme entstehen, wenn bei

der Darmbearbeitung das Darmfett nicht ordnungsgemäß entfernt wurde. Der abartige Geruch kann eventuell dadurch beseitigt werden, daß die Därme nachentfettet werden.

Graues Aussehen von Naturdärmen läßt in der Regel auf unsachgemäße oder zu lange Lagerung schließen. Diese Därme haben dann meist erheblich an Flüssigkeit eingebüßt.

Gelbe Verfärbung der Därme ist meist auf zu lange und zu trockene Lagerung zurückzuführen. Es ist zu prüfen, ob die Ursache der Gelbfärbung auf die Bildung von Fäulnisbakterien zurückzuführen ist. Ist letzteres der Fall, muß versucht werden, die Ware durch Wässern und Ausspülen in Kochsalzwasser wieder gebrauchsfähig zu machen. Wenn die mit der Bildung von Fäulnisbakterien einhergehende geschmackliche Veränderung der Därme (stickig, faul) nicht mehr beseitigt werden kann, sollten die Därme nicht mehr verarbeitet werden.

Nach der Gelbfärbung gehen Naturdärme in **grünliche Verfärbung** über, wenn diesem fortschreitenden Bakterienbefall kein Einhalt geboten wird. Im Stadium der Grünfärbung sollten Naturdärme nicht mehr verarbeitet werden.

Mehr oder weniger große **schwarze Flecken an den Naturdärmen** sind in der Regel auf zu langes Liegenlassen zwischen Schlachten und Schleimen zurückzuführen. Diese Flecken sind durch keine Art von Behandlung zu beseitigen. Die schwarzen Stellen sind vor der Weiterverarbeitung herauszuschneiden.

Sonstige Fehlerquellen

Rückstände von Reinigungsmitteln an Maschinen, Wannen und sonstigen Arbeitsgeräten können in allen Arten von Wurstsorten einen abartigen Geschmack hervorrufen, der eine ganze Charge zum Fehlfabrikat machen kann.

In gleicher Weise können geruchsintensive Farben, mit denen Decken und Wände in den Arbeitsräumen gestrichen wurden, den strengen Farbgeruch auf gelagertes oder zur Weiterverarbeitung anstehendes Fleischmaterial übertragen und es geschmacklich so verändern, daß es genußuntauglich wird.

Gesetze – Verordnungen – Richtlinien

Zum Zeitpunkt der Drucklegung dieses Fachbuchs befindet sich das in der Bundesrepublik gültige Lebensmittelrecht im Umbruch. Der mit Beginn des Jahres 1993 geplante Gemeinsame Europäische Markt hat eine Reihe von EWG-Richtlinien beschert, die teilweise bereits in innerstaatliches Recht überführt wurden. So sind die fleischhygienischen Vorschriften geändert worden. Für die Herstellung von Hackfleisch wurde eine Richtlinie geschaffen, die im innergemeinschaftlichen Handel bereits jetzt gilt und eine Reihe von Anforderungen enthält, die von einem Handwerksbetrieb normaler Größe nicht zu erfüllen sind.

Noch gravierender wird sich möglicherweise die EG-Gesetzgebung auf das Sortiment der Fleischerzeugnisse auswirken. Das in der Bundesrepublik bisher bestehende Verbot der Verarbeitung von fleischfremden Zusätzen in Form von pflanzlichen Eiweißkonzentraten (z.B. Soja) wird von der europäischen Rechtsprechung nicht geteilt.

In mehreren einschlägigen Urteilen, die sich nicht nur mit der Rezeptur von Fleischerzeugnissen sondern auch anderer Lebensmittel (Bier, Nudeln u.a.) befaßten, hat der Europäische Gerichtshof klar gemacht, daß nur dann Gründe für eine Beanstandung geltend gemacht werden können, wenn gesundheitliche Bedenken bestehen.

Noch ist nicht klar, ob die in der Bundesrepublik handelsüblichen, nach althergebrachten Rezepturen produzierten Fleischerzeugnisse, wie sie die „Leitsätze für Fleisch und Fleischerzeugnisse" beschreiben, erhalten bleiben.

Die bisher als sicher geltende Forderung nach einer ausreichenden Kennzeichnung wird zwar bei verpackten Lebensmitteln den Verbraucher in etwa auf abweichende Rezepturen aufmerksam machen, bei loser Abgabe entfällt jedoch diese Möglichkeit weitgehend.

Zumindest dürfen jedoch Erzeugnisse, die sich durch einen hohen Anteil an Nichtfleischsubstanzen auszeichnen, nicht mit herkömmlichen Bezeichnungen, die auf eine besondere Qualität schließen lassen, in den Verkehr gebracht werden. Dies ist im übrigen auch eine Forderung anderer europäischer Länder, die für ihre eigenen Erzeugnisse ebenfalls einen ihnen gebührenden Schutz verlangen.

Gleichzeitig sind, nicht zuletzt durch Verbraucherforderungen initiiert, Überlegungen im Gange, die Anzahl der durch die Fleisch-Verordnung (Fleisch-VO) zugelassenen Zusatzstoffe zu verringern. Die Liste dieser Zusatzstoffe ist in der Bundesrepublik schon immer restriktiv behandelt worden und die Verwendung wurde nur bei Erfüllung der beiden Voraussetzungen – keine gesundheitliche Gefährdung und Nachweis der technologischen Notwendigkeit – gestattet.

Bei einer kritischen Durchsicht der Zusatzstoffliste für Fleischerzeugnisse muß man allerdings feststellen, daß eine Anzahl dieser Stoffe technologisch nicht unbedingt notwendig ist. So kann zum Beispiel auf die Verwendung von Emulgatoren bei genügendem Einsatz von Fleischeiweiß, besonders bei der Herstellung von Leberwurst verzichtet werden. Auch der Zusatz von Milcheiweiß zur Fettemulgierung oder von Frischhaltemitteln wie Salze der Genußsäuren sind nicht unbedingt notwendig.

Im Hinblick auf eine in der gesamten Öffentlichkeit zu erkennende Abneigung gegen die Verwendung von Zusatzstoffen auch im Zusammenhang mit einer ernst zu nehmenden Entstehung von Allergien, wäre es sehr ratsam auch bei Fleischerzeugnissen die Verwendung von Zusatzstoffen auf ein unbedingt notwendiges Minimum zu reduzieren. Fleisch an sich ist ein durch und durch natürliches Produkt. Bei seiner Weiterverarbeitung sollte außer einer Würzung und der Haltbarkeit dienender Verfahren auf den Zusatz von unnötigen Stoffen verzichtet werden.

Trotz der oben erwähnten erwarteten Rechtsreform sollen nachfolgend die wichtigsten lebensmittelrechtlichen Vorschriften, die für die Herstellung und Inverkehrgabe von Fleischerzeugnissen gelten, aufgeführt werden. Vereinzelt wurden Kürzungen vorgenommen, wo eine Bedeutung für Fleischerzeugnisse nicht vorliegt.

Lebensmittelgesetz

Wie alle Lebensmittel, unterliegen auch Fleischerzeugnisse lebensmittelrechtlichen Bestimmungen, in erster Linie dem Lebensmittel- und Bedarfsgegenständegesetz (LMBG) in der zur Zeit gültigen Fassung. Während das LMBG selbst nur allgemeinverbindliche Feststellungen enthält, sind für die einzelnen Lebensmittel eine Vielzahl von Verordnungen erlassen worden, in denen spezielle Anforderungen an die Produktion und Zusammensetzung der betreffenden Lebensmittel gestellt werden.

Da Fleischerzeugnisse zu den wichtigsten Nahrungsmitteln gehören, ist es nicht verwunderlich, daß für sie alleine eine ganze Reihe von Verordnungen gelten, deren Inhalt der Fleischer kennen muß, um nicht mit den Überwachungsbehörden in Konflikt zu geraten.

Alle lebensmittelrechtlichen Bestimmungen verfolgen im wesentlichen die folgenden Ziele: In erster Linie sollen die Lebensmittel gesundheitlich unbenklich sein, sie sollen weiterhin weder verfälscht noch irreführend gekennzeichnet dem Verbraucher angeboten werden und schließlich hat die amtliche Kontrolle die Einhaltung der genannten Anforderungen sicherzustellen, was gleichzeitig der Verhinderung von Wettbewerbsverzerrungen dient.

Neben dem § 8 LMBG, der die Behandlung und das Inverkehrbringen gesundheitsschädlicher Lebensmittel unter Strafe stellt, ist für den Hersteller von Fleischwaren besonders der § 17 LMBG von Bedeutung.

Hier werden allgemeine Verbote ausgesprochen, die nicht nur das Inverkehrbringen von nicht mehr zum Verzehr geeigneten Lebensmitteln beinhaltet, sondern auch die Verfälschung von Lebensmitteln oder deren irreführende Kennzeichnung. Wesentlich ist auch die Fassung des § 17 (1) Nr. 2b, die vorschreibt, daß ein Lebensmittel, dessen Wert erheblich von der Norm abweicht, nicht ohne ausreichende Kenntlichmachung in den Verkehr gebracht werden darf.

Das LMBG läßt offen, wann eine erhebliche Abweichung vorliegt. Hierüber geben Verordnungen nähere Hinweise, insbesondere ist hier die Fleischverordnung maßgebend, die dem Prinzip unseres Lebensmittelrechtes folgend, den Zusatz einer Reihe von Stoffen zu Fleischerzeugnissen unter bestimmten Bedingungen gestattet, während hier nichtgenannte Stoffe nicht zugelassen sind. Der Hersteller von Fleischerzeugnissen wird daher stets zu prüfen haben, ob die von ihm verwendeten Zusatzstoffe auch lebensmittelrechtlich zugelassen sind.

Im allgemeinen wird ihm der Lieferant hierüber Auskunft geben können. Er der Hersteller, ist jedoch verpflichtet, eine besonders strenge Prüfung solcher Stoffe vorzunehmen, deren Zusatz ihm nicht durch gesicherte Information unbedenklich erscheint.

Fleischverordnung

Die Fleischverordnung vom 21. Januar 1982 (BGBl. I S. 393) in der zur Zeit gültigen Fassung wird nachfolgend ihren wesentlichen Punkten auszugsweise aufgeführt.

§ 1

(1) Die in Anlage 1 aufgeführten Zusatzstoffe werden für die in Spalte 4 der Anlage bezeichneten Verwendungszwecke unter den dort bezeichneten Verwendungsbedingungen als Zusatz beim Herstellen und Behandeln der dort bezeichneten Erzeugnisse zugelassen. Der Gehalt an den Zusatzstoffen in den Erzeugnissen darf die in Spalte 5 der Anlage angegebenen Höchstmengen nicht überschreiten.

(2) Außerdem wird frisch entwickelter Rauch aus naturbelassenen Hölzern und Zweigen, Heidekraut und Nadelholzsamenständen, auch unter Mitverwendung von Gewürzen, zur äußerlichen Anwendung bei Fleisch- und Fleisch-

erzeugnissen zugelassen; so geräuchertes Fleisch und so geräucherte Fleischerzeugnisse dürfen anderen Fleischerzeugnissen bei der Herstellung zugesetzt werden. Bei der Herstellung von Fleischerzeugnissen dürfen auch andere geräucherte Lebensmittel zugesetzt werden; der Zusatz von Rauchbestandteilen zu Fleisch oder Fleischerzeugnissen darf jedoch nicht über Nitritpökelsalz oder mitverwendete Anteile an Wasser, wäßrigen Lösungen, Speiseöl oder anderen Flüssigkeiten und daraus hergestellten Produkten erfolgen. Der durchschnittliche Gehalt von geräuchertem Fleisch, geräucherten Fleischerzeugnissen oder Fleischerzeugnissen mit einem Anteil an geräucherten Lebensmitteln an Benz(a)pyren (3,4-Benzpyren) darf ein Mykrogramm auf ein Kilogramm (1 ppb) nicht überschreiten.

(3) Die in Anlage 1 aufgeführten Zusatzstoffe werden auch zugelassen als Zusatz zu Lebensmitteln, die zur Herstellung von Fleischerzeugnissen bestimmt sind, denen sie zugesetzt werden dürfen.

Werden beim Herstellen von Fleischerzeugnissen Lebensmittel verwendet, die für Fleischerzeugnisse nicht zugelassene Zusatzstoffe beinhalten, so darf der Gehalt an diesen Zusatzstoffen in den verwendeten Lebensmitteln die Beschaffenheit der Fleischerzeugnisse nicht wirksam beeinflussen.

§ 2

(1) Bei Fleisch, Fleischerzeugnissen und Lebensmitteln mit einem Zusatz von Fleisch oder Fleischerzeugnissen ist ein Gehalt an den in Anlage 1 aufgeführten Zusatzstoffen mit der in Spalte 6 vorgesehenen Angabe kenntlich zu machen, sofern dort für bestimmte Zusatzstoffe eine solche Angabe vorgesehen ist. Einer Kenntlichmachung des Gehaltes an Kaliumsorbat (Anlage 1 Nr. 4) bedarf es nicht, wenn die behandelte Oberfläche des Lebensmittels vollständig entfernt worden ist. Der Kenntlichmachung nach Satz 1 bedarf es ferner nicht bei Lebensmitteln in Fertigpackungen, die nach der Lebensmittel-Kennzeichnungsverordnung mit einem Verzeichnis der Zutaten gekennzeichnet sind. Für die Art und Weise der Kenntlichmachung mach Satz 1 gilt § 8 Abs. 2 der Zusatzstoff-Zulassungsverordnung entsprechend.

(2) Soweit eine Kenntlichmachung nach Absatz 1 nicht vorgeschrieben ist, besteht abweichend von § 16 Abs. 1 Satz 1 des Lebensmittel- und Bedarfsgegenständegesetzes nicht die Verpflichtung, den Gehalt an den durch diese Verordnung zugelassenen Zusatzstoffen kenntlich zu machen. Die Vorschriften der Lebensmittel-Kennzeichnungsverordnung über das Verzeichnis der Zutaten bleiben unberührt.

§ 3

(1) Bei Fleisch, Fleischerzeugnissen und Lebensmitteln mit einem Zusatz von Fleisch oder Fleischerzeugnissen in Fertigpackungen, die nach der Lebenmittel-Kennzeichnungsverordnung zu kennzeichnen sind, sind im Verzeichnis der Zutaten die vom Tier stammenden Zutaten getrennt nach Fleisch, Speck, Innereien oder Innereienart und gegebenenfalls weiteren vom Tier stammenden Zutaten aufzuführen. Die Innereienart ist anzugeben, wenn die Innereien wesentliche Zutat des Lebensmittels sind. Bei Fleisch und Innereien, deren Art anzugeben ist, ist außerdem die Tierart anzugeben, von der diese Zutaten stammen. § 6 Abs. 4 Nr. 1 der Lebensmittel-Kennzeichnungsverordnung bleibt unberührt. Sofern die Angabe eines Verzeichnisses der Zutaten nicht erforderlich ist, ist die Angabe der Tierart in Verbindung mit der Verkehrsbezeichnung vorzunehmen, soweit sich die Tierart nicht bereits aus der Verkehrsbezeichnung ergibt. Zusätze von Zuckern einschließlich der in § 3 Abs. 1 Nr. 5 Buchstabe a genannten Stärkeverzuckerungserzeugnisse können im Verzeichnis der Zutaten insgesamt mit der Bezeichnung „Zuckerstoffe" angegeben werden.

(2) Zusätzlich zu den Vorschriften der Lebensmittel-Kennzeichnungsverordnung ist ferner bei Fleisch und Fleischerzeugnissen, die außer den vom Tier stammenden Zutaten einschließlich Fleischbrät andere Bestandteile enthalten, sowie bei Lebensmitteln mit einem Zusatz von Fleisch und Fleischerzeugnissen der Anteil der vom Tier stammenden Zutaten einschließlich des Fleischbrätes insgesamt nach Gewicht zur Zeit der Abpackung oder Abfüllung anzugeben, soweit dieser Anteil nicht nur der Garnierung dient; dies gilt nicht bei Sülzen, Corned Beef und Deutschem Corned Beef. Wird das Lebens-

mittel nach der Abpackung oder Abfüllung in die Fertigpackung einer Behandlung unterworfen, durch die der Anteil an vom Tier stammenden Zutaten oder Fleischbrät an Gewicht verliert, so ist dies unter Angabe der Behandlungsart mit dem Hinweis „Gewichtsverlust durch…" kenntlich zu machen. Der Angaben nach den Sätzen 1 und 2 bedarf es nicht bei Lebensmitteln, bei denen der Anteil an vom Tier stammenden Zutaten einschließlich Fleischbrät aus dem nach Maßangabe eichrechtlichen Vorschriften anzugebenden Abtropfgewicht hervorgeht. Enthält ein Lebensmittel eines aus der Verkehrsbezeichnung nicht hervorgehenden oder infolge der Verpackung nicht deutlich erkennbaren Anteil an Knochen, so ist ein Hinweis hierauf erforderlich.

(3) Für die Art und Weise der Kennzeichnung nach den Absätzen 1 und 2 gilt § 3 Abs. 3 und 4 der Lebensmittel-Kennzeichnungsverordnung entsprechend.

§ 4

(1) Fleischerzeugnisse dürfen vorbehaltlich des Abssatzes 2 und des § 5 gewerbsmäßig nicht in den Verkehr gebracht werden, wenn bei ihrer Herstellung nachstehende Stoffe verwendet worden sind:

1. Emulgierter Talg, emulgiertes Knochenfett, Blutplasma, Blutserum,

2. aus Tierteilen gewonnene Trockenprodukte wie Fleischpulver, Schwartenpulver, Trockenblutplasma, Gelantine und Frischeiweiß, ausgenommen gefriergetrocknetes Fleisch, das unter Erhaltung der Faserstruktur den Zerkleinerungsgrad von Hackfleisch nicht überschreitet,

3. Milch und Milcherzeugnisse, ausgenommen Milchzucker,

4. Eier und Eiprodukte,

5. eiweiß-, stärke- und dextrinhaltige Stoffe pflanzlicher Herkunft sowie Eiweißhydrolysate einschließlich eiweißfreier Extrakte und Würzen, ausgenommen

a) durch Hydrolyse von Stärke gewonnene Gemische aus Glukose, Olisacchariden und höhermolekularen Sacchariden mit einem Dextroseäquivalent von mindestens 20 von Hundert (Stärkeverzuckerungserzeugnisse), sofern sie keine Stär-

ke und kein hochmolekulares Saccharid enthalten;

b) Gewürze, Auszüge oder Destillate aus Gewürzen (Essenzen) einschließlich der Zubereitungen nach Anlage 1 Nr. 16;

c) Würzen, die zum unmittelbaren Verzehr bestimmt sind (gebrauchsfertige Speisewürzen), sofern sie nicht mehr als 4,5 vom Hundert Gesamtstickstoff, davon mindestens die Hälfte Aminosäurestickstoff, enthalten.

(2) Absatz 1 gilt nicht für Fleischerzeugnisse, bei deren Herstellung in Anlage 2 aufgeführte Stoffe unter den dort genannten Voraussetzungen verwendet worden sind.

§ 5

(1) Abweichend von § 3 Abs. 1 sind Fleischerzeugnisse, denen nach Maßgabe der Anlage 3 dort aufgeführten Stoffe unter den dort genannten Verwendungsbedingungen zugesetzt worden sind, nicht vom Verkehr ausgeschlossen.

1. bei Angabe in Fertigpackungen, die nach der Lebensmittel-Kennzeichnungsverordnung zu kennzeichnen sind, wenn die Stoffe im Verzeichnis der Zutaten genannt und bei Angabe im Versandhandel außerdem die in Anlage 3 vorgeschriebenen Angaben und Hinweise in den Angebotslisten gemacht werden.

2. bei loser Abgabe oder Abgabe im Fertigpackungen im Sinne des § 1 Abs. 2 der Lebensmittel-Kennzeichnungsverordnung, wenn sie durch die in Anlage 3 vorgeschriebenen Angaben oder Hinweise kenntlich gemacht sind.

(2) Die Kenntlichmachung nach Absatz 1 Nr. 2 ist deutlich sichtbar und in leicht lesbarer Schrift auf einem Schild auf oder neben der Ware anzubringen. Bei Abgaben in Gaststätten oder Einrichtungen zur Gemeinschaftsverpflegung ist die Kenntlichmachung auf den Speisekarten oder in Preisverzeichnissen oder, soweit keine solchen ausgelegt oder ausgehängt sind, in einem sonstigen Aushang oder schriftlichen Mitteilung vorzunehmen. Bei der Abgabe der Erzeugnisse in Einrichtungen, in denen die Verpflegung ärztlicher Überwachung unterliegt, sowie bei der Abgabe als Truppen- oder Lazarettverpflegung der Bundeswehr oder als Gemeinschaftsverpflegung

des Bundesgrenzschutzes genügt die Kenntlichmachung in Aufzeichnungen, in die der verantwortliche Arzt und auf Verlangen auch der Verpflegungsteilnehmer Einblick nehmen kann.

§ 6

(1) Fleischerzeugnisse dürfen mit den Bezeichnungen fein oder feinst nur in den Verkehr gebracht werden, wenn sich diese Bezeichnung auf eine qualitativ besonders gute Zusammensetzung dieser Erzeugnisse beziehen oder sie in Wortverbindungen wie fein zerkleinert oder fein gehackt verwendet werden.

(2) Bei Fleisch, Fleischerzeugnissen und Lebensmitteln mit einem Zusatz von Fleisch- oder Fleischerzeugnissen, die nach ihrer Herstellung gefroren oder tiefgefroren worden sind, ist der Hinweis „Aufgetaut – sofort verbrauchen" erforderlich, wenn sie in ganz oder teilweise aufgetautem Zustand an den Verbraucher abgegebene werden; dies gilt nicht für die Abgabe von Speisen zum Verzehr in Gaststätten oder Einrichtungen zur Gemeinschaftsverpflegung.

Anlage 1 zur Fleisch-VO

Zugelassene Zusatzstoffe

Nr.	Stoff	EWG-Nummer	Verwendungszweck Verwendungsbedingungen	Höchstmengen
1	2	3	5	
1	Nitritpökelsalz	E 251	zum Pökeln von Fleisch und Fleischerzeugnissen, ausgenommen – Brühwursterzeugnisse, aus deren Bezeichnung hervorgeht, daß es sich um Bratwürste, Rostbratwürste oder Grillwürste handelt – Weißwürste sowie andere Brühwursterzeugnisse, aus deren Bezeichnung hervorgeht, daß es sich um weiße Ware handelt – Wollwurst, Geschwollene, Treuchtlinger, Schweinswürstchen, Stockwurst, Lungenwurst, Gelbwurst, Hirnwurst, Milzwurst und Kalbskäse – Fleischkäse, Fleischklopse, Frikadellen, Bouletten, Fleischfüllungen und ähnliche Erzeugnisse aus zerkleinertem Fleisch	Gesamtgehalt an Nitrit und Nitrat im Fertigerzeugnis (berechnet als $NaNO_2$): – Rohschinken, ausgenommen Nußschinken, Lachsschinken und andere nur aus einem Teilstück bestehende Rohschinken, nicht mehr als 150 Milligramm auf ein Kilogramm Fleisch- und Fettmenge – andere Fleischerzeugnisse nicht mehr als 100 Milligramm auf ein Kilogramm Fleisch- und Fettmenge oder Fleischbräti Diese Höchstmengen gelten nicht für Fleischerzeugnisse, denen neben Nitritpökelsalz Salpeter gemäß Buchstabe c zugesetzt worden ist

Nr.	Stoff	EWG-Nummer	Verwendungszweck Verwendungsbedingungen	Höchstmengen
1	2	3	5	
	Kaliumnitrat (Salpeter)	E 252	a) zum Pökeln von Rohschinken, ausgenommen Nußschinken, Lachsschinken und andere nur aus einem Teilstück bestehende Rohschinken. Die gleichzeitige Verwendung von Nitritpökelsalz ist nicht zulässig	a) Zusatzmenge: nicht mehr als 600 Milligramm auf ein Kilogramm Fleisch- und Fettmenge Gesamtgehalt an Nitrit und Nitrat im Fertigerzeugnis (berechnet als KNO_3): nicht mehr als 600 Milligramm auf ein Kilogramm Fleisch- und Fettmenge
			b) zum Pökeln von Rohwürsten, die vor dem Inverkehrbringen mindestens vier Wochen gereift worden sind. Die gleichzeitige Verwendung von Nitritpökelsalz ist nicht zulässig	b) Zusatzmenge: mehr als 300 Milligramm auf ein Kilogramm Fleisch- und Fettmenge Gesamtgehalt an Nitrit und Nitrat im Fertigerzeugnis (berechnet als KNO_3): nicht mehr als 100 Milligramm auf ein Kilogramm Fleisch- und Fettmenge
			c) zur Verwendung neben Nitritpökelsalz beim Pökeln von Rohschinken, ausgenommen Nußschinken, Lachsschinken und andere nur aus einem Teilstück bestehende Rohschinken	c) Zusatzmenge: wie b Gesamtgehalt an Nitrit und Nitrat im Fertigerzeugnis (berechnet als KNO_3): wie a

Nr.	Stoff	EWG-Nummer	Verwendungszweck Verwendungsbedingungen	Höchstmengen
1	2	3	5	
2	Natrium-L-ascorbat Kalium-L-ascorbat	E 301 –	als Pökel- und Umrötehilfsmittel bei der Herstellung von Fleischerzeugnissen	
3	Gluconsäure-delta-lacton	–	als Pökel- und Umrötehilfsmittel bei der Herstellung von Rohwürsten, Brühwürsten und brühwurstartigen Erzeugnissen einschließlich Pasteten und Rouladen nach Art der Brühwurst	
4	Natriumacetat Natriumdiacetat Kaliumacetat Calciumacetat Natriumlactat Kaliumlactat Calciumlactat Natriumtartrate Kaliumtartrate Kalium-Natriumtartrat Natriumcitrate	– E 262 E 261 E 263 E 325 E 326 E 327 E 335 E 336 E 337 E 331	a) Natrium-, Kalium- und Calciumverbindungen der Essigsäure, Milchsäure, Weinsäure und Citronensäure: zur Herstellung von Sülzen und zur Behandlung von Därmen b) Natrium- und Kaliumverbindungen der Essigsäure, Milchsäure, Weinsäure und Citronensäure: als Kutterhilfsmittel bei nicht schlachtwarmem Fleisch, das unter Zusatz von	b) die Stoffe oder ihre Vermischungen dürfen in einer Menge von höchstens 0,3 vom Hundert, bezogen auf die verwendete Fleisch- und Fettmenge, zugesetzt werden

489

Nr.	Stoff	EWG-Nummer	Verwendungszweck Verwendungsbedingungen	Höchstmengen
1	2	3	5	5
	Kaliumcitrate Calciumcitrate	E 332 E 333	Trinkwasser oder Eis fein zerkleinert wird und bei dem das hierbei aufgeschlossene Muskeleiweiß bei Hitzebehandlung zusammenhängend koaguliert und den damit hergestellten Erzeugnissen Schnittfestigkeit verleiht; der pH-Wert der Stoffe oder ihrer Vermischungen, gemessen in einer 0,5 prozentigen wäßrigen Lösung, darf 7,3 nicht übersteigen c) Natrium- und Kaliumverbindungen der Citronensäure: zur Verhinderung der Gerinnung des Blutes von Rindern und Schweinen	c) Zusatzmenge: bis zu 16 Gramm auf ein Liter Blut
5	Natriumdiphosphate Kaliumdiphosphate	E 450a E 450a	als Kutterhilfsmittel bei nicht schlachtwarmem Fleisch, das unter Zusatz von Trinkwasser oder Eis fein zerkleinert wird und bei dem das hierbei aufgeschlossene Muskeleiweiß bei Hitzebehandlung zusammenhängend koaguliert und den damit hergestellten Erzeugnissen Schnittfestigkeit verleiht;	Zusatz, auch in Vermischung untereinander, in einer Menge von höchstens 0,3 vom Hundert bezogen auf die verwendete Fleisch- und Fettmenge

Nr.	Stoff	EWG-Nummer	Verwendungszweck Verwendungsbedingungen	Höchstmengen
1	2	3	5	
			der pH-Wert der Stoffe, auch als Bestandteil ihrer Vermischung, darf 7,3, gemessen in einer 0,5prozentigen wäßrigen Lösung, nicht übersteigen. Die zugelassenen Verbindungen der Diphosphorsäure dürfen nicht zusammen mit den in Nummer 4 aufgeführten Kutterhilfsmitteln, Stoffen der Anlage 2 Nr. 2 bis 4 oder Stoffen der Anlage 3 Nr. 1 und 2 verwendet werden	**Kenntlichmachung: Angabe: „mit Phosphat"**
6–13		–	–	–
14	Kaliumsorbat	E 202	zur Behandlung der Oberfläche von ganzen Rohwürsten und Rohschinken zur Hemmung von Schimmelpilzwachstum	der Gehalt an Kaliumsorbat, berechnet als Sorbinsäure, darf nicht mehr als 1500 Milligramm auf ein Kilogramm (ppm) in Proben von nicht mehr als 15 Millimeter Oberflächentiefe betragen **Kenntlichmachung: Angabe: „Oberfläche mit Sorbat behandelt"**
15	Talcum	–	zur Oberflächenbehandlung der Hüllen luftgetrockneter ausgereifter Rohwürste	–
16	–	–	–	–

Nr.	Stoff	EWG-Nummer	Verwendungszweck Verwendungsbedingungen	Höchstmengen
1	2	3	5	
17	L-Glutaminsäure Natriumglutamat	– –	als Geschmacksverstärker bei der Herstellung von Fleischerzeugnissen	Zusatzmenge: bis zu ein Gramm auf ein Kilogramm der verwendeten Fleisch- und Fettmenge, einzeln oder insgesamt
	Kaliumglutamat	–		
18	Inosinat (Dinatriumverbindung der Inosin-5'-monophosphorsäure)	–	wie Nummer 17	Zusatzmenge: bis zu 500 Milligramm auf ein Kilogramm der verwendeten Fleisch- und Fettmenge, einzeln oder insgesamt
	Guanylat (Dinatriumverbindung der Guanosin-5'-monophosphorsäure)	–		
19	Sauerstoff	–	als Bestandteil von Gasgemischen zum Verpacken von Fleisch und Fleischerzeugnissen, sofern die Temparatur beim Aufbewahren, Lagern und Befördern dieser Lebensmittel +5 °C nicht überschreitet	
20	Agar-Agar	E 406	bei in luftdicht verschlossenen Packungen oder Behältnissen erhitzten, tafelfertig zubereiteten Fleischerzeugnissen zum Gelieren	Zusatzmenge: nicht mehr als 10 Gramm auf ein Kilogramm Fleisch

Anlage 2 zur Fleischverordnung

Nr.	Stoff	Verwendungsbereich
1	Speisegelatine	a) bei Sülzen, Sülzwurst, Fleischerzeugnissen in oder mit Gelee oder Aspik, Corned Beef mit Gelee
		b) bei in luftdicht verschlossenen Packungen oder Behältnissen erhitzten Fleischerzeugnissen wie Kochschinken und Zunge zum Gelieren des austretenden Fleischsaftes
		c) zum Glasieren oder Garnieren von Fleischerzeugnissen

Nr.	Stoff	Verwendungsbereich
2	Aufgeschlossenes Milcheiweiß oder Stärke	Brät für die Herstellung von Fleischsalatgrundlage, jedoch nur in einer Menge von jeweils höchstens 2 vom Hundert, bezogen auf die verwendete Fleisch- und Fettmenge
3	Flüssigei (Eiauslauf), flüssiges Eigelb, gefrorenes Vollei (Gefriervollei), gefrorenes Eigelb (Gefriereigelb)	a) Leberwurst, Leberpasteten, Leberparfaits, Leberpasten, Lebercremes, Wild- und Geflügelpasteten bis zu 5 vom Hundert, bezogen auf die verwendete Fleisch- und Fettmenge
		b) Pasteten und Rouladen nach Art der Brühwurst, sofern sie bei ihrer Herstellung einem Erhitzungsprozeß durch Brühen, Braten, Pasteurisieren oder Sterilisieren unterzogen werden, bis zu 3 vom Hundert, bezogen auf die verwendete Fleisch- und Fettmenge
		c) Grobe Bratwurst, Rheinische Bratwurst bis zu 3 vom Hundert, bezogen auf die verwendete Fleisch- und Fettmenge
		Werden die bezeichneten Eiprodukte in eingedickter Form verwendet, so verringern sich die unter Buchstabe a, b und c genannten Vomhundertteile entsprechend der Menge des den Eiprodukten entzogenen Wasseranteils
	Trüffeln	Leberwurst, Leberpasteten, Leberparfaits, Leberpasten, Lebercremes, Wild- und Geflügelpasteten, Pasteten und Rouladen nach Art der Brühwurst, Galantinen
	Gurken, Karotten, Erbsen, Bohnen, Paprikaschoten, Pepperoni, Tomaten, Oliven, Edelpilze, Mais, Spargel, Blumenkohl, hartgekochte Eier	Sülzwurst, Sülzen
	Kartoffeln	Pfälzer Saumagen, Kartoffelwurst
	Gekochtes Weißkraut	Fränkische Krautleberwurst
	außer den vorstehend genannten Zutaten auch Zutaten wie Milch, Sahne, Butter, Butterschmalz, Käse, Eier, Eiprodukte, Stärke, Semmel, Getreideerzeugnisse, Teigwaren, Obst und Gemüse mit Ausnahme von Soja und Sojaerzeugnissen	küchenfertig vorbereitete Fleischerzeugnisse oder tafelfertig zubereitete Fleischerzeugnisse, ausgenommen Kochschinken, Fleisch im eigenen Saft, Schmalzfleisch, Corned Beef, Corned Beef mit Gelee

Nr.	Stoff	Verwendungsbereich
4*)	Trockenblutplasma	bis zu 2 vom Hundert, bezogen auf die verwendete Fleisch- und Fettmenge, für die nachstehend bezeichneten Erzeugnisse, die durch Erhitzen auf eine Kerntemperatur von mindestens 80°C in luftdicht verschlossenen Packungen oder Behältnissen haltbar gemacht werden:
		a) Brühwürste und brühwurstartige Erzeugnisse einschließlich Pasteten und Rouladen nach Art der Brühwurst
		b) Leberwurst, Leberpasteten, Leberparfaits, Leberpasten, Lebercremes, Wild- und Geflügelpasteten
		c) tafelfertig zubereitete Fleischerzeugnisse wie Gulasch, Fleischrouladen, Fleischklopse, Füllungen aus zerkleinertem Fleisch, Frikassee, Ragout fin, Schmalzfleisch, ausgenommen Kochschinken, Fleisch im eigenen Saft, Corned Beef mit Gelee
5*)	Blutplasma, Blutserum, im Verhältnis 1:10 aufgelöstes Trockenblutplasma	Brühwürste und brühwurstartige Erzeugnisse einschließlich Pasteten und Rouladen nach Art der Brühwurst
		bis zu 10 vom Hundert, bezogen auf die verwendete Fleisch- und Fettmenge
6	Spezielle Zutaten: Pistazienkerne Trüffeln	Brühwürste und brühwurstartige Erzeugnisse einschließlich Pasteten und Rouladen nach Art der Brühwurst, Galantinen, Leberwurst, Leberpasteten, Leberparfaits, Leberpasten, Lebercremes Leberwurst, Leberpasteten, Leberparfaits, Leberpasten, Lebercremes, Wild- und Geflügelpasteten, Pasteten und Rouladen nach Art der Brühwurst, Galantinen
	Gurken, Karotten, Erbsen, Bohnen, Paprikaschoten, Pepperoni, Tomaten, Oliven, Edelpilze, Mais, Spargel, Blumenkohl, hartgekochte Eier	Sülzwurst, Sülzen
	Kartoffeln	Pfälzer Saumage, Kartoffelwurst

*) Die sich aus der Fußnote zur Anlage 3 ergebenden Verwendungsbeschränkungen sind zu beachten.

Nr.	Stoff	Verwendungsbereich
	Gekochtes Weißkraut außer den vorstehend genannten Zutaten auch Zutaten wie Milch, Sahne, Butter, Butterschmalz, Käse, Eier, Eiprodukte, Stärke, Semmel, Getreideerzeugnisse, Teigwaren, Obst und Gemüse mit Ausnahme von Soja und Sojaerzeugnissen	Fränkische Krautleberwurst küchenfertig vorbereitete Fleischerzeugnisse oder tafelfertig zubereitete Fleischerzeugnisse, ausgenommen Kochschinken, Fleisch im eigenen Saft, Schmalzfleisch, Corned Beef, Corned Beef mit Gelee

Anlage 3 zur Fleischverordnung

Nr.	Stoff	Erzeugnis	Verwendungsbedingungen	Kenntlichmachung
1*	Aufgeschlossenes Milcheiweiß	Brühwürste und brühwurstartige Erzeugnisse einschließlich Pasteten und Rouladen nach Art der Brühwurst Kochstreichwürste einschließlich Leberpasteten, Leberparfaits, Leberpasten, Lebercremes, Wild- und Geflügelpasteten tafelfertig zubereitete Fleischerzeugnisse wie Gulasch, Fleischrouladen, Fleischklopse, Füllungen aus zerkleinertem Fleisch, Frikassee, Ragout fin, Schmalzfleisch, ausgenommen Kochschinken, Fleisch im eigenen Saft, Corned Beef, Corned Beef mit Gelee	Nur bei Erzeugnissen, die durch Erhitzen auf eine Kerntemperatur von mindestens 80 °C in luftdicht verschlossenen Packungen oder Behältnissen haltbar gemacht werden; der Gehalt an aufgeschlossenem Milcheiweiß darf höchstens 2 vom Hundert, bezogen auf die verwendete Fleisch- und Fettmenge, betragen	Die Erzeugnisse sind durch die Angabe „mit Milcheiweiß" kenntlich zu machen

Nr.	Stoff	Erzeugnis	Verwendungsbedingungen	Kenntlichmachung
2*	Flüssiges Eiweiß (Eiklar), gefrorenes Eiweiß (Gefriereiklar)	Brühwürste und brühwurstartige Erzeugnisse, sofern sie bei ihrer Herstellung einem Erhitzungsprozeß durch Brühen, Braten, Pasteurisieren oder Sterilisieren unterzogen werden; ausgenommen Pasteten und Rouladen nach Art der Brühwurst, Galantine	Der Gehalt an Eiklar darf höchstens 3 vom Hundert, bezogen auf die verwendete Fleisch- und Fettmenge, betragen; wird Eiklar in eingedickter Form verwendet, so verringert sich der Vomhundertteil für den Eiklargehalt entsprechend der Menge des dem Eiklar entzogenen Wasseranteils	Die Erzeugnisse sind durch die Angabe „mit Eiklar" kenntlich zu machen
3*	Milch, entrahmte oder teilentrahmte Milch, auch haltbar gemacht	Zum Braten bestimmte ungeräucherte Würste, deren Brät fein zerkleinert ist, Blutwurst, Sülzen und Sülzwurst	Zu Nummern 3, und 5: Der Anteil an Milch oder den aufgeführten Milcherzeugnissen darf in diesen Fleischerzeugnissen insgesamt nicht mehr als 5 vom Hundert, bezogen auf die verwendete Fleisch- und Fettmenge, betragen; bei Blutwürsten kann, soweit dies herkömmlich oder ortsüblich ist, die zuzusetzende Kesselbrühe bis zu 50 vom Hundert durch Milch ersetzt werden	Zu Nummern 3, 4 und 5: Die Erzeugnisse sind durch die Angabe „unter Verwendung von Milch" oder, wenn der Anteil ausschließlich aus Sahneerzeugnissen oder haltbar gemachten Sahneerzeugnissen besteht, durch die Angabe „unter Verwendung von Sahne" kenntlich zu machen, sofern die Verwendung dieser Stoffe nicht aus der Bezeichnung des Erzeugnisses deutlich hervorgeht
4*	Sahneerzeugnisse, auch haltbar gemacht, Kondensmilcherzeugnisse sowie in Nummer 3 genannte Milchsorten	Leberwurst, Leberpasten, Lebercremes		
5*	Sahneerzeugnisse, auch haltbar gemacht	Leberpasten, Leberperfaits, Wild- und Geflügelpasteten		
6	Semmel, Grütze und andere Getreideerzeugnisse	Wurstwaren, die herkömmlicherweise orts- oder handelsüblich unter Verwendung dieser Stoffe hergestellt werden, wie Grütz-, Semmel- oder Mehlwürste		Die Art der verwendeten Stoffe muß aus der orts- oder handelsüblichen Bezeichnung hervorgehen oder dem Verbraucher bekannt sein

Nr.	Stoff	Erzeugnis	Verwendungsbedingungen	Kenntlichmachung
7	Stückige Einlagen in Fleischerzeugnissen: Paprikaschoten, Pepperoni, Tomaten, Oliven, Edelpilze (Trüffeln siehe Ablage 2), Gurken, Rosinen, Mandeln, Nüsse und ähnliche Einlagen	Brühwürste und brühwurstartige Erzeugnisse einschließlich Pasteten und Rouladen nach Art der Brühwurst, ausgenommen tafelfertiges Frühstücksfleisch; Leberwurst, Leberpasteten, Leberparfaits, Leberpasten, Lebercremes, Blutwurst	Die stückigen Einlagen müssen in einer im Erscheinungsbild des Erzeugnisses deutlich wahrnehmbaren Menge enthalten sein; die Gesamtmenge der Einlagen im Fertigerzeugnis darf jedoch 15 vom Hundert nicht überschreiten	Die Art der Einlagen muß kenntlich gemacht werden oder aus der Bezeichnung der Erzeugnisse deutlich hervorgehen
	Hartkäse, Schnittkäse, hartgekochte Eier	Brühwürste und brühwurstartige Erzeugnisse einschließlich Pasteten und Rouladen nach Art der Brühwurst, ausgenommen tafelfertiges Frühstücksfleisch	Die stückigen Einlagen müssen in einer im Erscheinungsbild des Erzeugnisses deutlich wahrnehmbaren Menge enthalten sein; die Gesamtmenge der Einlagen im Fertigerzeugnis darf jedoch 25 vom Hundert nicht überschreiten. Werden neben Käse oder Eiern andere stückige Einlagen verwendet, so vermindert sich die für Käse und Eier festgesetzte Höchstmenge von 25 vom Hundert um soviel Vomhundertteile, wie von den anderen stückigen Einlagen zugesetzt werden	Die Art der Einlagen muß kenntlich gemacht werden oder aus der Bezeichnung der Erzeugnisse deutlich hervorgehen

* Die in den Nummern 1 bis 5 dieser Anlage sowie in den Nummern 4 und 5 der Anlage 2 bezeichneten Stoffe oder Stoffgruppen dürfen den dort aufgeführten Fleischerzeugnissen nur in der Weise zugesetzt werden, daß sich ihre Verwendung auf jeweils in einer Nummer aufgeführte Stoffe oder Stoffgruppen unter den dort genannten Verwendungsbedingungen beschränkt. Die Stoffe der Stoffgruppen dürfen ferner nicht so verwendet werden, daß die fertig hergestellten Erzeugnisse einen über das herkömmliche Maß hinausgehenden Fett- und Fremdwassergehalt aufweisen.

Verordnung über die Kenntlichmachung von Lebensmitteln (Lebensmittel-Kennzeichnungsverordnung – LMKV) (Auszug)

§ 1 Anwendungsbereich

(1) Diese VO gilt für die Kennzeichnung von Lebensmitteln in Fertigpackungen im Sinne des § 14 Abs. 1 des Eichgesetzes, die dazu bestimmt sind, an den Verbraucher (§ 6 des LMBG) abgegeben zu werden.

(2) Diese VO gilt nicht für die Kennzeichnung von Lebensmitteln in Fertigpackungen, die in der Verkaufsstätte zur alsbaldigen Abgabe an den Verbraucher hergestellt und dort, jedoch nicht zur Selbstbedienung, abgegeben werden.

(3) Die Vorschriften dieser VO gelten ferner nicht für die Kennzeichnung von

1. Kakao, Kakaoerzeugnisse,
2. Kaffee-Extrakten und Zichorienextrakten,
3. Zuckerarten im Sinne der Zuckerarten-VO
4. Honig
5. (gestrichen)
6. Perlwein, Perlwein mit zugesetzter Kohlensäure, Likörwein, weinhaltigen Getränken, Schaumwein, Schaumwein mit zugesetzter Kohlensäure, Branntwein aus Wein, Weinessig,
7. Aromen
8. Stoffe, die in Anlage 2 der Zusatzstoffverkehrs-VO aufgeführt sind,
9. Lebensmittel, soweit deren Kennzeichnung in Verordnungen des Rates oder der Kommission der Europäischen Gemeinschaft geregelt ist. Für Milcherzeugnisse, die in der Butter-VO, Käse-VO oder VO über Milcherzeugnisse geregelt sind, sowie für Konsummilch im Sinne der Konsummilch-Kennzeichnungs-VO gilt diese VO nur, soweit Vorschriften der genannten Verordnungen sie für anwendbar erklären.

§ 2 Unberührtheitsklausel

Rechtsvorschriften, die für bestimmte Lebensmittel in Fertigpackungen eine von den Vorschriften dieser VO abweichende oder zusätzliche Kennzeichnung vorschreiben, bleiben unberührt.

§ 3 Kennzeichnungselemente

(1) Lebensmittel in Fertigpackungen dürfen gewerbsmäßig nur in den Verkehr gebracht werden, wenn angegeben sind:

1. die Verkehrsbezeichnung nach Maßgabe des § 4
2. der Name oder die Firma und die Anschrift des Herstellers, des Verpackers oder eines in der Europäischen Wirtschaftsgemeinschaft niedergelassenen Verkäufers,
3. das Verzeichnis der Zutaten nach Maßgabe der §§ 5 und 6
4. das Mindesthaltbarkeitsdatum nach Maßgabe des § 7

(2) Die Angaben nach Abs. 1 Nr. 2 und 3 können entfallen

1. bei einzeln abgegebenen figürlichen Zuckerwaren,
2. bei Fertigpackungen, deren größte Einzelfläche weniger als 10 cm^2 beträgt,
3. bei Fertigpackungen, deren größte Einzelfläche weniger als 35 cm^2 beträgt und die dazu bestimmt sind, als Portionspackungen im Rahmen einer Mahlzeit in Gaststätten oder Einrichtungen für Gemeinschaftsverpflegung (GV) zum unmittelbaren Verzehr an Ort und Stelle abgegeben zu werden,
4. bei Fertigpackungen, die verschiedenen Mahlzeiten oder Teile von Mahlzeiten in vollständig gekennzeichneten Fertigpackungen enthalten und zu karitativen Zwecken abgegeben werden.

(3) Die Angaben nach Abs. 1 sind auf der Fertigpackung oder einem mit ihr verbundenen Etikett an einer in die Augen fallenden Stelle in deutscher Sprache leicht verständlich, deutlich sichtbar, leicht lesbar und unverwischbar anzubringen. Sie dürfen nicht durch andere Angaben oder Bildzeichen verdeckt oder getrennt werden; die Angaben nach Abs. 1 Nr. 1, 4 und 5 und die Mengenkennzeichnung nach § 16 Abs. 1 des Eichgesetzes sind im gleichen Sichtfeld anzubringen.

(4) Abweichend von Abs. 3 können
1. die Angaben nach Abs. 1 bei
   a) tafelfertig zubereiteten, portionierten Gerichten, die zur Abgabe an Einrichtungen zur GV zum Verzehr an Ort und Stelle bestimmt sind,
   b) Fertigpackungen, die unter dem Namen oder der Firma eines in der EG niedergelassenen Verkäufers in den Verkehr gebracht werden sollen, bei der Abgabe an diesen,
2. a) die Angaben nach Abs. 1 bei Fleisch in Reife- und Transportpackungen,
   b) die Angaben nach Abs. 1 Nr. 3 bei Lebensmitteln in sonstigen Fertigpackungen, die zur Abgabe an Verbraucher im Sinne des § 6 Abs. 2 des Lebensmittel- und Bedarfsgegenständegesetzes (LMBG) bestimmt sind, in einem den Fertigpackungen beigefügten Begleitpapier enthalten sein.
Im Falle von Nr. 1 a) kann die Angabe nach Abs. 1 Nr. 3 (Zutatenverzeichnis) entfallen.

(5) Die Angaben nach Abs. 1 können entfallen bei
1. Lebensmitteln, die kurz vor der Abgabe zubereitet und verzehrsfertig hergerichtet
   a) in Gaststätten und Einrichtungen zur GV im Rahmen der Selbstbedienung oder
   b) zu karitativen Zwecken zum unmittelbaren Verzehr abgegeben werden,
2. Dauerbackwaren und Süßwaren, die in der Verkaufsstätte zur alsbaldigen Abgabe an den Verbraucher verpackt werden, sofern die Unterrichtung des Verbrauchers über die Angaben nach Abs. 1 auf andere Weise gewährleistet ist.

(6) Abweichend von Abs. 3 können die Angaben nach Abs. 1 bei Brötchen auf einem Schild auf oder neben der Ware angebracht werden.

§ 4 Verkehrsbezeichnung

Die Verkehrsbezeichnung eines Lebensmittels ist die in Rechtsvorschriften festgelegte Bezeichnung, bei deren Fehlen
1. die nach allgemeiner Verkehrsauffassung übliche Bezeichnung oder
2. eine Beschreibung des Lebensmittels und erforderlichenfalls seiner Verwendung, die

es dem Verbraucher ermöglicht, die Art des Lebensmittels zu erkennen und es von verwechselbaren Erzeugnissen zu unterscheiden. Hersteller- oder Handelsnamen oder Fantasienamen können die Verkehrsbezeichnung nicht ersetzen.

§ 5 Begriffsbestimmung der Zutaten

(1) Zutat ist jeder Stoff, einschließlich der Zusatzstoffe, der bei der Herstellung eines Lebensmittel verwendet wird und unverändert oder verändert im Enderzeugnis vorhanden ist. Besteht eine Zutat eines Lebensmittels aus mehreren Zutaten (zusammengesetzte Zutat), so gelten diese als Zutaten des Lebensmittels.

(2) Als Zutaten gelten nicht:
1. Bestandteile einer Zutat, die während der Herstellung vorübergehend entfernt und dem Lebensmittel wieder zugefügt werden, ohne daß sie mengenmäßig ihren ursprünglichen Anteil überschreiten.
2. Stoffe der Anlage 2 der Zusatzstoffverkehrs-VO, Aromen, Enzyme und Mikrorganismenkulturen, die in einer oder mehreren Zutaten eines Lebensmittels enthalten waren, sofern sie im Enderzeugnis keine technologische Wirkung ausüben,
3. Zusatzstoffe im Sinne von § 11 Abs. 2 Nr. 1 des LMBG
4. Lösungsmittel und Trägerstoffe für Stoffe der Anlage 2 der Zusatzstoffverkehrs-VO, Aromen Enzyme und Mikroorganismenkulturen, sofern sie in nicht mehr als technologisch erforderlichen Mengen verwendet werden.

§ 6 Verzeichnis der Zutaten

(1) Das Verzeichnis der Zutaten besteht aus einer Aufzählung der Zutaten des Lebensmittels in absteigender Reihenfolge ihres Gewichtsanteils zum Zeitpunkt ihrer Verwendung bei der Herstellung des Lebensmittels. Der Aufzählung ist ein geeigneter Hinweis voranzustellen, in dem das Wort „Zutaten" erscheint.

(2) Abweichend von Abs. 1
1. sind zugefügtes Wasser und flüchtige Zutaten nach Maßgabe ihres Gewichtsanteils am

Enderzeugnis anzugeben, wobei der Anteil des zugefügten Wassers durch Abzug der Summe der Gewichtsanteile aller anderen verwendeten Zutaten von der Gesamtmenge des Enderzeugnisses ermittelt wird; die Angabe kann entfallen, sofern der errechnete Anteil nicht mehr als 5 % beträgt;

2. können die in konzentrierter oder getrockneter Form verwendeten und bei der Herstellung des Lebensmittels in ihrem ursprünglichen Zustand zurückgeführten Zutaten nach Maßgabe ihres Gewichtsanteils vor der Eindickung oder vor dem Trocknen im Verzeichnis angegeben werden; dabei kann die Angabe des lediglich zur Rückverdünnung zugesetzten Wassers entfallen;

3. kann die Angabe des Zusatzes von Wasser bei Aufgußflüssigkeiten, die üblicherweise nicht mitverzehrt werden, entfallen;

4. können bei konzentrierten oder getrockneten Lebensmitteln, bei deren bestimmungsgemäßen Gebrauch Wasser zuzusetzen ist, die Zutaten in der Reihenfolge ihres Anteils an dem in seinem ursprünglichen Zustand zurückgeführten Erzeugnis angegeben werden, sofern das Verzeichnis der Zutaten eine Angabe wie „Zutaten des gebrauchsfertigen Erzeugnisses" enthält;

5. können bei Obst- oder Gemüsemischungen die Obst- oder Gemüsearten sowie bei Gewürzmischungen oder Gewürzzubereitungen die Gewürzarten in anderer Reihenfolge angegeben werden, sofern sich die Obst-, Gemüse- oder Gewürzarten in ihrem Gewichtsanteil nicht wesentlich unterscheiden und im Verzeichnis der Zutaten ein Hinweis wie „in veränderlichen Gewichtsanteilen" erfolgt;

6. kann eine zusammengesetzte Zutat (§ 5 Abs. 1 Satz 2) nach Maßgabe ihres Gewichtsanteils angegeben werden, sofern für sie eine Verkehrsbezeichnung durch Rechtsverordnung festgelegt oder nach allgemeiner Verkehrsauffassung üblich ist und ihr eine Aufzählung ihrer Zutaten in absteigender Reihenfolge des Gewichtsanteils zum Zeitpunkt der Verwendung bei ihrer Herstellung unmittelbar folgt; diese Aufzählung ist nicht erforderlich wenn

a) die zusammengesetzte Zutat ein Lebensmittel ist, für das ein Verzeichnis der Zutaten nicht vorgeschrieben ist oder

b) der Anteil der zusammengesetzten Zutat weniger als 25 % des Enderzeugnisses beträgt; in diesem Fall sind jedoch in ihr enthaltene Stoffe der Anlage 2 der Zusatzstoffverkehrs-VO, Enzyme und Mikroorganismen anzugeben.
Absatz 5 bleibt unberührt.

7. können Farbstoffe in beliebiger Reihenfolge angegeben werden.

(3) Die Zutaten sind mit ihrer Verkehrsbezeichnung nach Maßgabe des § 4 anzugeben. Bei in Anlage 2 der Zusatzstoffverkehrs-VO aufgeführten Stoffen genügt die Angabe der dort in Spalte 6 vorgesehenen Bezeichnung als Verkehrsbezeichnung.

(4) Abweichend von Abs. 3
1. kann bei Zutaten, die zu einer der in Anlage 1 aufgeführten Klassen gehören, der Name dieser Klasse angegeben werden

2. müssen Stoffe der Anlage 2 der Zusatzstoffverkehrsverordnung, die zu einer der in Anlage 2 aufgeführten Klassen gehören, ausgenommen physikalisch oder enzymatisch modifizierte Stärken, mit dem Namen dieser Klasse, gefolgt von der Verkehrsbezeichnung oder der EWG-Nummer angegeben werden; gehört eine Zutat zu mehreren Klassen, so ist die Klasse anzugeben, der die Zutat auf Grund ihrer hauptsächlichen Wirkung für das betreffende Lebensmittel zuzuordnen ist; bei Emulgatoren, Verdickungsmitteln, Geliermitteln, Stabilisatoren, Geschmacksverstärkern, Säuerungsmitteln, Säureregulatoren, chemisch modifizierten Stärken, Backtriebmitteln, Schaumverhütern und Schmelzsalzen genügt die Angabe des Klassennamens, sofern es sich nicht um Phosphorsäure oder Phosphate handelt.

(5) Bei Verwendung von Aromen ist im Verzeichnis der Zutaten die Art der im Aroma enthaltenen Aromastoffe entsprechend § 4 Abs. 1 Nr. 1 Buchstabe b der Aromen-VO anzugeben; die geschmacksbeeinflussenden Stoffe (Anlage 2 Nr. 2 der Aromen-VO) brauchen nicht angegeben zu werden. Gewürzextrakte können statt dessen nach Maßgabe der Anlage 1 mit dem Namen ihrer Klasse angegeben werden.

(6) Die Angabe des Verzeichnisses der Zutaten ist nicht erforderlich bei
1. frischem Obst, frischem Gemüse und Kar-

toffeln, nicht geschält, geschnitten oder ähnlich behandelt,
2. Getränken mit einem Alkoholgehalt von mehr als 1.2 Volumenprozent,
3. Erzeugnissen aus nur einer Zutat.

§ 7 Mindesthaltbarkeitsdatum

(1) Das Mindesthaltbarkeitsdatum eines Lebensmittels ist das Datum, bis zu dem dieses Lebensmittel unter angemessenen Aufbewahrungsbedingungen seine spezifischen Eigenschaften behält.

(2) Das Mindesthaltbarkeitsdatum ist unverschlüsselt mit den Worten ,,mindestens haltbar bis . . .`` unter Angabe von Tag, Monat und Jahr in dieser Reihenfolge anzugeben. Die Angabe von Tag Monat und Jahr kann auch an anderer Stelle erfolgen, wenn in Verbindung mit Satz 1 auf diese Stelle hingewiesen wird.

(3) Abweichend von Absatz 2 kann bei Lebensmitteln,
1. deren Mindesthaltbarkeit nicht mehr als 3 Monate beträgt, die Angabe des Jahres entfallen,
2. a) deren Mindesthaltbarkeit mehr als 3 Monate beträgt, der Tag,
   b) deren Mindesthaltbarkeit mehr als 18 Monate beträgt der Tag und der Monat entfallen, wenn das Mindesthaltbarkeitsdatum unverschlüsselt mit den Worten ,,mindestens haltbar bis Ende . . .`` angegeben wird.

(4) Abweichend von Abs. 2 kann bei Bier das Abfülldatum nach Tag, Monat und Jahr mit der Dauer der Mindesthaltbarkeit mit den Worten ,,abgefüllt am . . . danach mindestens haltbar . . .`` angegeben werden.

(5) Ist die angegebene Mindesthaltbarkeit nur bei Einhaltung bestimmter Temperaturen oder sonstiger Bedingungen gewährleistet, so ist ein entsprechender Hinweis in Verbindung mit der Angabe nach den Absätzen 2 bis 4 anzubringen.

(6) Die Angabe des Mindesthaltbarkeitsdatums ist nicht erforderlich bei:
1. frischem Obst, frischem Gemüse und Kartoffeln, nicht geschält, geschnitten oder ähnlich behandelt,
2. Getränken mit einem Alkoholgehalt über 10 Vol. %,
3. Getränken in Behältnissen von mehr als 5 Liter, die zur Angabe an Verbraucher im Sinne des § 6 Abs. 2 des LMBG (Gaststätten) bestimmt sind.
4. Röstkaffee, Tee und teeähnliche Erzeugnisse, die zur Abgabe an Verbraucher im Sinne des § 6 Abs. 2 des LMBG bestimmt sind.
5. Backwaren, die ihrer Art nach normalerweise innerhalb 24 Stunden nach ihrer Herstellung verzehrt werden,
6. Speisesalz, ausgenommen jodiertes Speisesalz,
7. Zucker in fester Form,
8. Zuckerwaren, die außer Zuckerarten keine anderen Zutaten als Geruchs- oder Geschmacksstoffe oder Farbstoffe enthalten.

§ 7a Vorhandener Alkoholgehalt

(1) Der Angabe des vorhandenen Alkoholgehaltes ist der bei 20 °C bestimmte Akoholgehalt zugrunde zu legen.
(2) der vorhandene Alkoholgehalt ist in Volumenprozenten bis auf höchstens eine Dezimalstelle anzugeben. Dieser Angabe ist das Symbol ,,% vol`` anzufügen. Der Angabe kann das Wort ,,Alkohol`` oder die Abkürzung ,,alc`` vorangestellt werden.
(3) Für die Angabe des Alkoholgehaltes sind die in Anlage 3 aufgeführten Abweichungen zulässig. Die Abweichungen gelten unbeschadet der Toleranzen, die sich aus der für die Bestimmungen des Alkoholgehaltes verwendeten Analysemethoden ergeben.

§ 8 Hervorhebung von Zutaten

(1) Werden eine oder mehrere Zutaten, die für die Merkmale des Lebensmittels wichtig sind, besonders hervorgehoben, ist die Mindestmenge, bei entsprechender Hervorhebung eines geringen Gehaltes die Höchstmenge der verwendeten Zutaten in Gewichtshundertteilen anzugeben.

(2) Die Angabe nach Abs. 1 ist in unmittelbarer Nähe der Verkehrsbezeichnung oder bei der

Angabe der hervorgehobenen Zutat im Verzeichnis der Zutaten anzubringen. Im übrigen gilt § 3 Abs. 3 und 4 entsprechend.

(3) Absatz 1 gilt nicht für
1. die Angabe der Verkehrsbezeichnung nach § 4
2. durch Rechtsvorschrift zwingend vorgeschriebene Angaben;
3. Zutaten, die in geringer Menge ausschließlich zur Geschmacksgebung verwendet werden.

§ 9 Fische und sonstige wechselwarme Tiere, Krusten-, Schalen-, Weichtiere

(1) Bei Lebensmitteln, die außer Fischen, sonstigen wechselwarmen Tieren, Krusten-, Schalen-, Weichtieren oder Erzeugnissen aus diesen Tieren andere Bestandteile enthalten, ist der Anteil dieser Tiere oder Tiererzeugnisse insgesamt nach Gewicht zur Zeit der Abpackung oder Abfüllung der Fertigpackung anzugeben, soweit dieser Anteil nicht nur der Garnierung dient. Wird das Lebensmittel nach der Abpackung oder Abfüllung in die Fertigpackung einer Behandlung unterworfen, durch die der Anteil an Tieren oder Tiererzeugnissen an Gewicht verliert, so ist dies unter Angabe der Behandlungsart mit dem Hinweis „Gewichtsverlust durch . . ." kenntlich zu machen. Der Angabe nach den Sätzen 1 und 2 bedarf es nicht bei Lebensmitteln, bei denen der Anteil an Tieren oder Tiererzeugnissen aus dem nach Maßgabe eichrechtlicher Vorschriften anzugebenden Abtropfgewicht hervorgeht.

(2) § 3 Abs. 3 und 4 gilt entsprechend.

§ 10 Ordnungswidrigkeiten

§ 10a Übergangsregelungen

(1) Mehr als 12 Monate haltbare alkoholfreie Erfrischungsgetränke in Dauerbrandflaschen dürfen noch bis zum 31. Dezember 1996 ohne Angabe des Mindesthaltbarkeitsdatums in den Verkehr gebracht werden.

(2) Lebensmittel, deren Mindesthaltbarkeitsdauer länger als 18 Monate beträgt, tiefgefrorene Lebensmittel, Speiseeis sowie Kaugummi und ähnliche Erzeugnisse zum Kauen dürfen hinsichtlich der Datumskennzeichnung noch bis zum 30. Juni 1992 nach den bis zum 30. Juni 1981 geltenden Vorschriften in den Verkehr gebracht werden.

(3) Alkoholische Getränke, die vor dem 1. Mai 1989 ohne Angabe des Alkoholgehaltes erstmals in den Verkehr gebracht worden sind, dürfen ohne diese Angabe weiter in den Verkehr gebracht werden.

Erleichterungen für die Kennzeichnung von Fertigpackungen

Erzeugnis	Art der Kennzeichnung	Entfällt
Einzeln abgegebene figürliche Zuckerwaren		Adresse und Zutatenliste
Fertigpackungen deren größte Einzelfläche weniger als 10 cm² beträgt		Adresse und Zutatenliste
Portionspackungen, deren größte Einfläche weniger als 35 cm² beträgt und die in Gaststätten oder Einrichtungen zur GV(*) zum unmittelbaren Verzehr abgegeben werden		Adresse und Zutatenliste
Fertigpackungen, die verschiedene Mahlzeiten oder Teile von Mahlzeiten in vollständig gekennzeichneten Fertigpackungen enthalten und zu karitativen Zwecken abgegeben werden		Adresse und Zutatenliste
Tafelfertig zubereitete, portionierte Gerichte zur Abgabe an Einrichtungen zur GV(*) zum Verkehr an Ort und Stelle	Angaben auf Begleitpapier	Zutatenliste
Fertigpackungen bei Abgabe an EG-zugelassene Wiederverkäufer	Angaben auf Begleitpapier	
Fleisch in Reife- und Transportpackungen	Angaben auf Begleitpapier	
Fertigpackungen für Gaststätten und andere Verbraucher nach Paragraph 6 (2) LMBG	Angaben auf Begleitpapier	
Lebensmittel, die kurz vor Abgabe zubereitet und verzehrsfertig hergerichtet worden sind in Gaststätten und Einrichtungen zur GV(*) im Rahmen der Selbstbedienung oder zu karitativen Zwecken und zum unmittelbaren Verzehr bestimmt sind	keine	alle Angaben
Dauerbackwaren und Süßwaren in der Verkaufstheke zur alsbaldigen Abgabe an Verbraucher verpackt	Kennzeichnung auf „andere Weise" möglich	
Brötchen	Angaben auf Schild auf oder neben der Ware	

(*) GV = „Gemeinschaftsverpflegung"

Verordnung über Hackfleisch, Schabefleisch und anderes zerkleinertes Fleisch (Hackfleisch-Verordnung – HFlV)

(in der zum Zeitpunkt der Drucklegung vorliegenden Fassung)

§ 1 Anwendungsbereich

(1) Diese Verordnung gilt für das gewerbsmäßige Herstellen, Behandeln und Inverkehrbringen nachstehend bezeichneter Erzeugnisse aus zerkleinertem Fleisch von geschlachteten oder erlegten, warmblütigen Tieren, sofern sich diese Erzeugnisse ganz oder teilweise in rohem Zustand befinden:
1. Zerkleinertes Fleisch wie Hackfleisch und Schabefleisch, auch zubereitet, geschnetzeltes Fleisch,
2. Erzeugnisse aus zerkleinertem Fleisch wie Fleischklöße, Fleischklopse, Frikadellen, Bouletten, Fleischfüllungen,
3. Bratwürste, sowie zur Abgabe an Verbraucher bestimmte Rohwurst- und Brühwursthalbfabrikate und Fleischbräte,
4. zerkleinerte Innereien wie Leberhack sowie Erzeugnisse, die unter Verwendung von zerkleinerten Innereien hergestellt sind,
5. Fleischzuschnitte wie Steaks, Filets, Schnitzel, die mit Mürbeschneidern oder Geräten ähnlicher Wirkung behandelt worden sind,
6. Schaschlik und in ähnlicher Weise hergestellte Erzeugnisse aus gestückeltem Fleisch oder gestückelten Innereien auf Spießen.
Erzeugnisse, die in den Nummern 1 bis 6 genannte, ganz oder teilweise rohe Erzeugnisse als Anteile enthalten, stehen diesen Erzeugnissen gleich.

(2) Diese Verordnung gilt auch für das gewerbsmäßige Herstellen, Behandeln und Inverkehrbringen folgender Vor- oder Zwischenprodukte:
1. Gewürzeltes Fleisch oder in ähnlicher Weise gestückeltes Fleisch zur Herstellung von Hackfleisch und Schabefleisch, auch in zubereiteter Form,
2. zerkleinertes Fleisch zur Herstellung von Fleischklößen, Fleischklopsen, Frikadellen, Bouletten, Fleischfüllungen und ähnlichen Erzeugnissen,
3. zerkleinertes Fleisch zur Herstellung von Bratwürsten.

Auf andere Vor- oder Zwischenprodukte der Verarbeitungen von Fleisch zu Fleischerzeugnissen ist diese Verordnung nicht anzuwenden.

(3) Als nicht mehr roh im Sinne dieser Verordnung sind anzusehen:
1. Erzeugnisse, die einer Hitzebehandlung unterworfen worden sind, die eine vollständige Eiweißkoagulierung in allen Teilen bewirkt hat (Durcherhitzung);
2. Erzeugnisse, die einem abgeschlossenen Pökelungsverfahren mit Umrötung, auch in Verbindung mit Trocknung oder Räucherung, bei Rohwursterzeugnissen mit Fermentation (Reifung) unterworfen worden sind;
3. Erzeugnisse, die einer Trocknung oder Räucherung unterworfen worden sind und deren Wasseraktivität (aw-Wert) 0,90 nicht überschreitet;
4. zerkleinertes Fleisch, das zur Verlängerung der Haltbarkeit in saure gewürzhaltige Aufgüsse (Beizen) eingelegt worden ist.

§ 2 Verbote zum Schutze der Gesundheit

(1) Erzeugnisse nach § 1, denen Nitritpökelsalz zugesetzt worden ist, dürfen mit Ausnahme von Brühwursthalbfabrikaten nicht in den Verkehr gebracht werden.

(2) Hackfleisch und zubereitetes Hackfleisch aus Geflügel- oder Wildfleisch dürfen nicht an Verbraucher abgegeben werden. Die sonstigen Erzeugnisse nach § 1, die ganz oder teilweise aus Geflügelfleisch oder Wildfleisch hergestellt worden sind, dürfen nur in den Verkehr gebracht werden, wenn sie unmittelbar nach der Herstellung nach § 3 tiefgefroren worden sind.

§ 3 Tiefgefrorene Erzeugnisse

(1) Erzeugnisse nach § 1 dürfen in tiefgefrorenem Zustand nur in den Verkehr gebracht werden, wenn sie unmittelbar nach ihrer Herstellung mit einer mittleren Geschwindigkeit von mindestens einem Zentimeter in der Stunde auf eine Kerntemperatur von mindestens −18 °C tiefgefroren und vor oder unmittelbar nach dem Tiefgefrieren in hygienisch einwandfreie Pakkungen abgefüllt worden sind. Die Packungen müssen, gegebenenfalls unter Evakuierung, allseits fest verschlossen sein. Das Material der Packungen muß ausreichend widerstandsfähig gegen mechanische Einwirkungen und weitgehend wasserdampf- und luftundurchlässig sein und eine Kälteverträglichkeit bis zu −40 °C aufweisen.

(2) Hackfleisch und Schabefleisch, auch zubereitet, das aus ganz oder teilweise aufgetautem Fleisch hergestellt worden ist, darf tiefgefroren nicht in den Verkehr gebracht werden.

§ 4 Temperaturanforderungen

(1) Erzeugnisse nach § 1 dürfen nur in Räumen und Einrichtungen gelagert und befördert werden, deren Innentemperatur +4 °C nicht überschreitet. Hiervon abweichend darf eine zur alsbaldigen Abgabe an den Verbraucher bereitgestellte Menge dieser Erzeugnisse in Verkaufseinrichtungen, deren Innentemperatur +7 °C nicht überschreitet, aufbewahrt werden.

(2) Tiefgefrorene Erzeugnisse dürfen nur so gelagert und befördert werden, daß ihre Temperatur −18 °C nicht überschreitet. Beim Be- und Entladen von Transportmitteln und beim Vorrätighalten zum Verkauf darf kurzfristig eine Temperaturerhöhung bis auf −15 °C eintreten.

§ 5 Fristen
für das Inverkehrbringen

(1) Erzeugnissen nach § 1 Abs. 1 dürfen nur am Tage ihrer Herstellung, Bratwurst und Erzeugnisse nach § 1 Abs. 1 Nr. 6 auch am folgenden Tag, in den Verkehr gebracht werden. Vor- und Zwischenprodukte nach § 1 Abs. 2 Satz 1 müs-

sen am Tag ihrer Herstellung oder am folgenden Tag verarbeitet werden. Für Gaststätten und Einrichtungen für Gemeinschaftsverpflegung mit einer über 24 Stunden hinausgehenden Geschäftszeit enden die festgesetzten Fristen mit dem Ablauf dieser Geschäftszeit.

(2) Absatz 1 gilt nicht für Erzeugnisse, die nach § 3 tiefgefroren sind. Die Frist für das Inverkehrbringen dieser Erzeugnisse darf 3 Monate vom Tag der Herstellung an nicht überschreiten.

(3) Nach Ablauf der in den Absätzen 1 und 2 festgesetzten Fristen sind die dort genannten Erzeugnisse unverzüglich einer Behandlung nach § 1 Abs. 3 Nr. 1 oder 2 zu unterwerfen oder zum Genuß für Menschen unbrauchbar zu machen. Satz 1 gilt auch für Erzeugnisse, bei deren Lagerung und Beförderung die in § 4 genannten Temperaturanforderungen nicht eingehalten worden sind. Tiefgefrorene Erzeugnisse, die ganz oder teilweise aus Geflügelfleisch oder Wildfleisch hergestellt worden sind, dürfen nur einer Behandlung nach § 1 Abs. 3 Nr. 1 unterworfen werden.

§ 6 Anforderungen
an die Herstellung
und Zusammensetzung

(1) Zur Herstellung von Hackfleisch (Gehacktes, Gewiegtes, Mett) darf nur sehnenarmes oder grob entsehntes Skelettmuskelfleisch ohne jeden Zusatz verwendet werden, das außer Kälteanwendung keinem Behandlungsverfahren unterworfen worden ist. Zubereitetes Hackfleisch wie Hackepeter oder Thüringer Mett darf außer Speisesalz, Zwiebeln und Gewürzen keine Zusätze enthalten. Der Fettgehalt darf bei Rinderhackfleisch nicht mehr als 20 vom Hundert, bei Schweinehackfleisch nicht mehr als 35 vom Hundert und bei Mischungen von Schweinehackfleisch und Rinderhackfleisch nicht mehr als 30 vom Hundert betragen.

(2) Zur Herstellung von Schabefleisch (Beefsteakhack, Tatar) darf nur sehnen- und fettgewebsarmes (schieres) Skelettmuskelfleisch von Rindern ohne jeden Zusatz verwendet werden, das außer Kälteanwendung keinem Behandlungsverfahren unterworfen worden ist. Der Fettge-

halt von Schabefleisch darf nicht mehr als 6 vom Hundert betragen.

(3) Kopffleisch, Beinfleisch, Fleisch von Schnittstellen zwischen Kopf und Hals sowie der Stichstelle, Zwerchfellmuskulatur, Bauchmuskulatur, Knochenputz oder mittels Separatoren von Knochen oder Sehnen abgetrenntes Fleisch dürfen zur Herstellung von Hackfleisch und Schabefleisch, auch zubereitet nicht verwendet werden. Knochenputz oder mittels Separatoren von Knochen abgetrenntes Fleisch darf auch zur Herstellung von sonstigen Erzeugnissen nach § 1 nicht verwendet werden.

(4) Der Fleischanteil von Fleischklößen, Fleischklopsen, Frikadellen, Bouletten, Fleischfüllungen und ähnlichen Erzeugnissen nach § 1 Abs. 1 Satz 1 Nr. 2 muß, sofern er nicht aus Hackfleisch oder Schabefleisch, auch zubereitet, besteht, in der geweblichen Zusammensetzung grob entsehntem Skelettmuskelfleisch entsprechen. Bei ausreichender Kenntlichmachung dürfen zur Herstellung dieser Erzeugnisse auch geräuchertes oder wie Brühwurstbrät feinzerkleinertes Fleisch verwendet werden.

(5) Erzeugnisse, deren Zusammensetzung nicht den Anforderungen der Absätze 1 bis 4 entspricht, dürfen unter den dort aufgeführten oder gleichsinnigen Bezeichnungen nicht, in den Fällen des Absatzes 4 Satz 2 nicht ohne ausreichende Kenntlichmachung in den Verkehr gebracht werden.

§ 7 Kennzeichnung

(1) Bei Erzeugnissen nach § 1 Abs. 1 in Fertigpackungen, die nach der Lebensmittelkennzeichnungsverordnung zu kennzeichnen sind, sind im Verzeichnis der Zutaten die vom Tier stammenden Zutaten getrennt nach Fleisch, Speck, Innereien und gegebenenfalls weiteren vom Tier stammenden Zutaten aufzuführen. Die Innereienart ist anzugeben, wenn die Innereien wesentliche Zutat des Lebensmittels sind. Bei Fleisch und Innereien, deren Art anzugeben ist, ist außerdem die Tierart anzugeben, von der die Zutaten stammen. § 6 der Lebensmittel-Kennzeichnungsverordnung bleibt unberührt. Sofern die Angabe eines Verzeichnisses der Zutaten nicht erforderlich ist, ist die vorgeschriebene

Angabe der Tierart in Verbindung mit der Verkehrsbezeichnung vorzunehmen, soweit sich die Tierart nicht bereits aus der Verkehrsbezeichnung ergibt. Zusätze von Zucker einschließlich der in § 3 Abs. 1 Nr. 5 Buchstabe a der Fleisch-Verordnung genannten Stärkeverzuckerungserzeugnisse können im Verzeichnis der Zutaten insgesamt mit der Bezeichnung „Zuckerstoffe" angegeben werden; ferner können Zusätze von Blutplasma, Trockenblutplasma oder Blutserum im Verzeichnis der Zutaten insgesamt mit der Bezeichnung „Bluteiweiß" angegeben werden.

(2) Zusätzlich zu den Vorschriften der Lebensmittel-Kennzeichnungsverordnung ist ferner bei Erzeugnissen nach § 1 Abs. 1, die außer vom Tier stammenden Zutaten einschließlich Feinbrät andere Bestandteile enthalten, der Anteil der vom Tier stammenden Zutaten einschließlich Fleischbrät insgesamt nach Gewicht zur Zeit der Abpackung oder Abfüllung anzugeben, soweit dieser Anteil nicht nur der Garnierung dient. Enthält ein Erzeugnis einen aus der Verkehrsbezeichnung nicht hervorgehenden oder infolge der Verpackung nicht deutlich erkennbaren Anteil an Knochen, so ist ein Hinweis hierauf erforderlich.

(3) Abweichend von § 3 Abs. 1 Nr. 4 der Lebensmittel-Kennzeichnungsverordnung sind Erzeugnisse nach § 1 Abs. 1 in zur Abgabe an den Verbraucher bestimmten Fertigpackungen unverschlüsselt mit dem Zeitpunkt, bis zu dem sie spätestens zu verbrauchen sind, durch die Angabe „verbrauchen bis spätestens . . ." zu kennzeichnen. Das späteste Verbrauchsdatum darf die in § 5 festgesetzten Fristen für das Inverkehrbringen nicht überschreiten. Die Datumsangabe ist bei nicht tiefgefrorenen Erzeugnissen nach Tag und Monat und bei tiefgefrorenen Erzeugnissen nach Tag, Monat und Jahr vorzunehmen. In Verbindung mit der Angabe nach Satz 1 kann anstelle des Datums die Stelle bezeichnet werden, an der das Datum auf der Fertigpackung angegeben ist.

(4) In Verbindung mit der Kennzeichnung nach Absatz 3 ist die Temperatur anzugeben, die gemäß § 4 beim Aufbewahren, Lagern und Befördern des Erzeugnisses einzuhalten ist, um die Haltbarkeit des Erzeugnisses bis zum Ablauf des angegebenen spätesten Verbrauchsdatums

zu gewährleisten. Bei tiefgefrorenen Erzeugnissen ist außerdem in Verbindung mit der Kennzeichnung nach Abastz 3 der Hinweis „Nach dem Auftauen sofort verbrauchen" anzubringen.

(5) Für die Art der Kennzeichnung nach den Absätzen 1 bis 4 gilt § 3 Abs. 3 und 4 der Lebensmittel-Kennzeichnungsverordnung entsprechend.

(6) Die Vorschriften der Lebensmittel-Kennzeichnungsverordnung gelten nicht für Erzeugnisse nach § 1 Abs. 1, die als zubereitete Speisen von Gaststätten oder Einrichtungen für Gemeinschaftverpflegung nach Maßgabe des § 14 Abs. 1 zweiter Halbsatz im Rahmen der Selbstbedienung verzehrsfertig abgegeben werden.

(7) Werden Erzeugnisse nach § 1 Abs. 1 lose oder in Fertigpackungen im Sinne des § 1 Abs. 2 der Lebensmittel-Kennzeichnungsverordnung oder als zubereitete Speisen verzehrsfertig hergerichtet nach Maßgabe des § 14 Abs. 1 zweiter Halbsatz in Umhüllung in den Verkehr gebracht, so ist auf Schildern, auch Preisschildern, die neben der Ware aufzustellen oder anzubringen sind, die Verkehrsbezeichnung des Erzeugnisses anzugeben. Wird ein Erzeugnis unter einer Fantasiebezeichnung in den Verkehr gebracht, so sind die Art des Erzeugnisses und die Tierart anzugeben, von der das verwendete Fleisch oder die verwendeten Innereien stammen.

(8) Vor- oder Zwischenprodukte nach § 1 Abs. 2 sind auf den Packungen, Behältnissen oder sonstigen Umhüllungen oder auf einem zu den Produkten gehörenden Begleitpapier zu kennzeichnen. Die Kennzeichnung muß enthalten:
1. die Bezeichnung des Vor- oder Zwischenproduktes; außerdem die Tierart, von der das verwendete Fleisch stammt, soweit sich diese nicht aus der Bezeichnung ergibt;
2. das unverschlüsselte Datum, bis zu dem die Vor- oder Zwischenprodukte spätestens zu verarbeiten sind, bei nicht tiefgefrorenen Produkten nach Tag und Monat, bei tiefgefrorenen Produkten nach Tag, Monat und Jahr durch die Angabe „verarbeiten bis spätestens . . .";
3. den Namen oder die Firma und die Anschrift des Herstellers oder desjenigen, unter dessen Namen oder Firma das Produkt in den Verkehr gebracht wird.

§ 8 Reinigung der Geräte

Zur Herstellung von Erzeugnissen nach § 1 verwendete Zerkleinerungsvorrichtungen und sonstige Geräte müssen täglich mittags und abends, bei kontinuierlicher Benutzung nach jeder Betriebszeit, gründlich gereinigt werden. Zur Reinigung dieser Geräte muß heißes Trinkwasser verwendet werden. Nach Anwendung von Reinigungs- und Desinfektionsmitteln müssen die Geräte vor ihrer Wiederverwendung sorgfältig mit Trinkwasser nachgespült werden.

§ 9 Herstellerbetriebe

(1) Erzeugnisse nach § 1 dürfen vorbehaltlich des Absatzes 2 und der §§ 12 bis 15 nur hergestellt, behandelt und in den Verkehr gebracht werden in
1. Fleischereibetrieben, Fleischwarenfabriken und ähnlichen fleischverarbeitenden Betrieben,
2. Zweigniederlassungen und unselbständigen Zweigstellen der in Nummer 1 genannten Betriebe,
3. Einzelhandelsbetrieben oder deren Zweigniederlassungen und unselbständigen Zweigstellen, sofern das Herstellen, Behandeln oder Inverkehrbringen unter den in § 10 genannten Voraussetzungen erfolgt und die Anforderungen nach § 11 erfüllt sind.

(2) Tiefgefrorene Erzeugnisse dürfen auch in anderen als in Absatz 1 genannten Lebensmittelbetrieben gelagert, befördert und in den Verkehr gebracht werden.

§ 10 Personelle Voraussetzungen

(1) In Betrieben nach § 9 Abs. 1 dürfen Erzeugnisse nach § 1 nur unter der Aufsicht einer in dem Betrieb hauptberuflich tätigen sachkundigen Person hergestellt, behandelt und in den Verkehr gebracht werden. Als sachkundig sind anzusehen
1. Meister im Fleischerhandwerk;
   Personen, die die Voraussetzungen für die Erteilung einer Ausnahmebewilligung nach § 8 der Handwerksordnung im Fleischerhandwerk erfüllen;

3. Personen mit einer abgeschlossenen Ausbildung als Fleischer, die in mindestens dreijähriger Gesellen- oder gleichwertiger praktischer Tätigkeit in einem Betrieb nach § 9 Abs. 1 zumindest mit der Herstellung und Behandlung der in § 1 Abs. 1 Satz 1 Nr. 1 bis 3 bezeichneten Erzeugnisse beschäftigt gewesen sind.

(2) Der Aufsicht durch die sachkundige Person bedarf es nicht für das Behandeln oder die Abgabe von Erzeugnissen nach § 1 Abs. 1 durch folgende Personen mit abgeschlossener Ausbildung:
1. Fleischer
2. Verkäufer oder Verkäuferinnen im Fleischerhandwerk
3. Verkäufer oder Verkäuferinnen im sonstigen Lebensmittelhandwerk, die eine mindestens dreijährige Berufserfahrung im Umgang mit rohem Fleisch erworben haben.
Im Land Berlin stehen den im Satz 1 Nr. 2 genannten Personen Gewerbegehilfen oder Gewerbehilfinnen im Fleischerhandwerk, den in Satz 1 Nr. 3 genannten Personen Gewerbegehilfen oder Gewerbehilfinnen im sonstigen Lebensmittelhandwerk gleich.

(3) Der Aufsicht durch eine sachkundige Person bedarf es außerdem nicht für das Herstellen von
1. Hackfleisch und Schabefleisch, auch zubereitet, oder Geschnetzeltem aus hierfür bestimmten Fleisch, das in einem Betrieb nach § 9 Abs. 1 unter der Aufsicht einer dort hauptberuflich tätigen sachkundigen Person ausgewählt worden ist,
2. Fleischzuschnitten nach § 1 Abs. 1 Satz 1 Nr. 5 und
3. Schaschlik und ähnlichen Erzeugnissen nach § 1 Abs. 1 Satz 1 Nr. 6
zur unmittelbaren Abgabe an Verbraucher, sofern die Herstellung nach Absatz 2 Nr. 1 vorgenommen wird. Diesen stehen Personen nach Absatz 2 Nr. 2 und 3 gleich, die gegenüber der zuständigen Behörde den Nachweis erbracht haben, daß sie die erforderlichen Kenntnisse im Umgang mit rohem Fleisch erworben haben und mit den Vorschriften vertraut sind, die bei der Herstellung und Behandlung der in Satz 1 Nr. 1 bis 3 bezeichneten Erzeugnissen zu beachten sind.

§ 11 Anforderungen an Räume und Einrichtungen

In den in § 9 Abs. 1 Nr. 3 genannten Betriebe dürfen Erzeugnisse nach § 1 nur in einer räumlich abgesonderten Frischfleischabteilung hergestellt, behandelt und in den Verkehr gebracht werden; das gleiche gilt für die in § 9 Abs. 1 Nr. 1 und 2 genannten Betriebe, wenn in diesen Betrieben neben Frischfleisch und Fleischerzeugnissen unverpackt auch andere Lebensmittel oder Waren in den Verkehr gebracht werden, die Fleisch oder Fleischerzeugnisse nachteilig beeinflussen können. Als räumlich abgesondert gelten Abteilungen, die vom übrigen Verkaufsraum durch Trennwände oder mit in ihrer Wirksamkeit gleichwertigen Anlagen, Einrichtungen oder Vorkehrungen abgeteilt sowie mit Überdruckanlagen, oder hygienisch gleichwertiger Luftführung ausgestattet sind. Abweichend hiervon dürfen Erzeugnisse zur Selbstbedienung auch aus Verkaufskühlmöbeln abgegeben werden; für die Herstellung und Behandlung von Erzeugnissen, die zur Abgabe in dieser Form bestimmt sind, genügt ein vom Verkaufsraum abgesonderter, hierfür sachgemäß eingerichteter Raum. Der Voraussetzungen nach den Sätzen 1 bis 3 bedarf es nicht für das Inverkehrbringen von tiefgefrorenen Erzeugnissen. Dieser Voraussetzung bedarf es ferner nicht, wenn ein Betrieb nach § 9 Abs. 1 Nr. 1 zur Selbstbedienung bestimmte Erzeugnisse abgabefertig verpackt an seine Zweigniederlassungen oder unselbständige Zweigstellen oder vertraglich gebundene Einzelhandelsgeschäfte liefert und durch ihn sichergestellt ist, daß innerhalb der in § 5 Abs. 1 und 2 festgesetzten Fristen nicht abgegebene Erzeugnisse unverzüglich zur Durchführung einer Behandlung nach Maßgabe des § 5 Abs. 3 in den Betrieb zurückbefördert werden.

§ 12 Herstellung und Abgabe durch Gaststätten

(1) In Gaststätten und Einrichtungen zur Gemeinschaftsverpflegung dürfen Erzeugnisse nach § 1 nur zum Zwecke der Abgabe als verzehrsfertig hergerichtete Speisen hergestellt und behandelt werden. Die Betriebe und Einrichtun-

gen müssen über einen Gastraum und eine räumlich abgetrennte, dem Publikumsverkehr nicht zugängliche Kochküche verfügen, deren Einrichtung eine sachgerechte Behandlung der Erzeugnisse nach den Vorschriften dieser Verordnung gewährleistet.

(2) In Gaststätten und Einrichtungen zur Gemeinschaftsverpflegung, die die Voraussetzung nach Absatz 1 Satz 2 nicht erfüllen, dürfen Erzeugnisse nach § 1 nicht hergestellt, behandelt und in den Verkehr gebracht werden. Dies gilt nicht für das Behandeln und Inverkehrbringen von Fleischklopsen, Bouletten, Frikadellen, Bratwürsten und Erzeugnissen nach § 1 Abs. 1 Satz 1 Nr. 5 und 6, sofern diese Erzeugnisse vor der Abgabe zum Verzehr nach Maßgabe des § 1 Abs. 3 Nr. 1 durcherhitzt werden und entsprechende Einrichtungen eine sachgemäße Behandlung der Erzeugnisse gewährleisten; die Erzeugnisse müssen von einem nach § 9 Abs. 1 genannten Betrieb, tiefgefrorene Erzeugnisse können auch von anderen Betrieben bezogen worden sein.

§ 13 Voraussetzungen für das Inverkehrbringen auf Märkten

(1) Erzeugnisse nach § 1 dürfen in Markthallen, auf Märkten aller Art, Messen, Ausstellungen, Volksfesten und ähnlichen Veranstaltungen, auf Straßen und öffentlichen Plätzen nicht hergestellt, behandelt und in den Verkehr gebracht werden. Das Verbot gilt nicht für das Behandeln und Inverkehrbringen von tiefgefrorenen Erzeugnissen sowie für Gaststätten und Einrichtungen für Gemeinschaftsverpflegung; § 12 bleibt unberührt.

(2) Abweichend von Absatz 1 Satz 1 dürfen in Betrieben des Reise- und Marktgewerbes die in § 12 Abs. 2 Satz 2 bezeichneten Erzeugnisse unter den dort genannten Bedingungen behandelt und in den Verkehr gebracht werden, sofern die Abgabe aus Verkaufsständen, Verkaufswagen oder Verkaufsanhängern erfolgt, deren Einrichtungen eine sachgerechte Behandlung der Erzeugnisse gewährleistet. Dies gilt auch für Verkaufseinrichtungen, die von Betrieben nach § 9 Abs. 1 und § 12 Abs. 1 zum Inverkehrbringen der nach § 12 Abs. 2 Satz 2 bezeichneten Erzeug-

nisse eigener Herstellung aus Anlaß von Volksfesten vorübergehend betrieben werden.

(3) Die nach Landesrecht zuständige Behörde kann für Gaststätten und Einrichtungen für Gemeinschaftsverpflegung, die die Voraussetzungen des § 12 Abs. 1 Satz 2 nicht erfüllen, sowie für Betriebe des Reise- und Marktgewerbes im Einzelfall für das Herstellen von Erzeugnissen, die in diesen Betrieben abgegeben werden dürfen, auf Antrag Ausnahmen von dem Verbot in Absatz 1 zulassen, soweit gesundheitliche und hygienische Bedenken nicht entgegenstehen. Die Zulassung setzt voraus, daß

1. die Erzeugnisse unmittelbar nach ihrer Herstellung durcherhitzt werden,
2. die Herstellung unter Aufsicht einer nach § 10 Abs. 1 sachkundigen, in dem Betrieb hauptamtlich tätigen Person erfolgt,
3. der Betrieb über einen räumlich abgetrennten Herstellungsraum und über einen dem Publikumsverkehr nicht zugänglichen Raum für das Erhitzen der Erzeugnisse verfügt und
4. die Einrichtung dieser Räume eine sachgerechte Behandlung der Erzeugnisse von der Herstellung bis zur Abgabe gewährleistet.

Die Zulassung kann von der Erfüllung weiterer Bedingungen abhängig gemacht und mit Auflagen verbunden werden, soweit dies zum Schutz der Gesundheit oder aus hygienischen Gründen erforderlich ist. Die Zulassung ist zurückzunehmen, wenn eine zu ihrer Erteilung erforderliche Voraussetzung nicht vorgelegen hat. Sie ist zu widerrufen, wenn eine dieser Voraussetzungen nachträglich weggefallen oder eine mit ihr verbundene Auflage nicht eingehalten ist und diesem Mangel nicht innerhalb einer von der zuständigen Behörde zu setzenden angemessenen Frist abgeholfen wird.

§ 14 Abgabe im Rahmen der Selbstbedienung

(1) Im Rahmen der Selbstbedienung dürfen Erzeugnisse nach § 1 Abs. 1 nur in Packungen oder Behältnissen abgegeben werden, die einen ausreichenden Schutz vor einer nachteiligen Beeinflussung gewährleisten; abweichend davon dürfen verzehrsfertig hergerichtete Erzeugnisse im Rahmen der von Gaststätten oder Einrichtungen zur Gemeinschaftsverpflegung zur

Selbstbedienung angebotenen zubereiteten Speisen auch in Umhüllungen abgegeben werden, die diesen Anforderungen genügen.

(2) Erzeugnisse nach § 1 dürfen nicht über Warenautomaten in den Verkehr gebracht werden.

§ 15 Besondere Abgabebeschränkungen

In nach § 2 Abs. 1 der Freibank-Fleischverordnung vom 30. Juli 1970 (Bundesgesetzbl. I S. 1178) zugelassenen Betrieben oder Einrichtungen dürfen nur nach § 1 Abs. 1 Satz 1 Nr. 5 und 6 bezeichnete Erzeugnisse hergestellt, behandelt und in den Verkehr gebracht werden.

§ 16 Straftaten

Verstöße gegen die §§ 2 bis 5 sind immer Straftaten, Verstöße gegen den § 6 sind nur dann Straftaten, wenn sie vorsätzlich begangen wurden, sonst werden sie als Ordnungswidrigkeiten geahndet.

§ 17 Ordnungwidrigkeiten

(Verstöße gegen die §§ 7 bis 15 sind immer Ordnungswidrigkeiten.)

Richtlinie des Rates vom 14. Dezember 1988
zur Festlegung der für die Herstellung und den Handelsverkehr geltenden Anforderungen an Hackfleisch, Fleisch in Stücken von weniger als 100 g und Fleischzubereitungen sowie zur Änderung der Richtlinien 64/633/EWG, 71/118/EWG und 72/462/EWG (88/657/EWG)

Artikel 1

Diese Richtlinie legt die Anforderungen fest, die für Hackfleisch, Fleisch in Stücken von weniger als 100 g und für Fleischzubereitungen bei der Herstellung und beim innergemeinschaftlichen Handelsverkehr einzuhalten sind, soweit diese zum direkten menschlichen Verzehr oder für die Industrie bestimmt sind.

Artikel 2

Für die Zwecke der vorliegenden Richtlinie
1. finden, soweit erforderlich, die Begriffsbestimmungen in Artikel 2 der Richtlinie 64/433/EWG, in Artikel 2 der Richtlinie 72/462/EWG und in den Artikeln 1 und 2 der Richtlinie 71/118/EWG Anwendung;
2. gelten folgende Begriffsbestimmungen:
   a) Hackfleisch: Zubereitungen aus zerkleinertem frischem Fleisch im Sinne der Richtlinie 64/433/EWG. In der Kolloidmühle gemahlenes Fleisch gilt ebenfalls als Hackfleisch
   b) Fleisch in Stücken von weniger als 100 g: frisches Fleisch im Sinne der Richtlinie 64/433/EWG, das in Stücken von weniger als 100 g zerteilt ist
   c) Fleischzubereitung: eine Zubereitung, die vollständig oder teilweise aus frischem Fleisch, Hackfleisch oder Fleisch in Stücken von weniger als 100 g hergestellt wird, das
   – entweder einer anderen als der in Artikel 2 Buchstabe a) und D) der Richtlinie 77/99/EWG festgelegten Behandlung unterzogen wurde
   – oder durch Zugabe von Lebensmitteln, Würzstoffen oder Zusatzstoffen zubereitet wurde

– oder mehreren der vorstehenden Behandlungen unterzogen wurde.
Die Zubereitung muß so beschaffen sein, daß die Zellstruktur des Fleisches nicht beeinträchtigt ist und sich keine Knochensplitter in dem Enderzeugnis befinden.
Hackfleisch, Fleisch in Stücken von weniger als 100 g, das lediglich einer Kältebehandlung unterzogen worden ist, gilt jedoch nicht als Fleischzubereitung;
   d) Würzstoffe: Kochsalz, Senf, Gewürze und Gewürzextrakte, Küchenkräuter und ihre Extrakte
   e) Lebensmittel: jedes Erzeugnis, tierischen oder pflanzlichen Ursprungs, das anerkanntermaßen als für den menschlichen Verzehr geeignet ist
   f) Herstellungsbetrieb: Zerlegungsbetrieb oder Betrieb zur Herstellung von Hackfleisch und Fleisch in Stücken von weniger als 100 g, die den Anforderungen des Anhangs I Kapitel I dieser Richtlinie entsprechen, sowie jeder Fleischzubereitungsbetrieb, der den Anforderungen des Anhangs A Kapitel I der Richtlinie 77/99/EWG entspricht
   g) eigenständige Produktionseinheit: Herstellungsbetrieb, der sich weder in den Räumlichkeiten eines gemäß den Richtlinien 64/433/EWG oder 77/99/EWG zugelassenen Betriebs befindet noch in einem räumlichen Zusammenhang mit diesem steht und der den Anforderungen des Anhangs I Kapitel I der vorliegenden Richtlinie entspricht.
3. Erzeugnisse, die einer der in Artikel 2 Buchstabe d) der Richtlinie 77/99/EWG vorgesehenen Behandlungen unterzogen wurden und nicht mehr die Merkmale von frischem Fleisch aufweisen, gelten nicht als Hackfleisch oder Fleisch in Stücken von weniger

als 100 g oder als Fleischzubereitung im Sinne der vorliegenden Richtlinie, sondern als Fleischerzeugnis.

Artikel 3

(1) Jeder Mitgliedstaat sorgt dafür, daß aus seinem Gebiet in das Gebiet eines anderen Mitgliedstaats nur Fleisch und Fleischzubereitungen im Sinne des Artikels 2 Nummer 2 versandt werden, die folgenden Bedingungen entsprechen:

a) Sie müssen aus frischem Fleisch hergestellt worden sein, das entweder
   i) der Richtlinie 64/433/EWG oder der Richtlinie 71/118/EWG entspricht oder
   ii) der Richtlinie 72/462/EWG entspricht und entweder unmittelbar oder über einen anderen Mitgliedstaat aus einem Drittland eingeführt wurde. Handelts es sich um frisches Schweinefleisch, so muß es eine Untersuchung auf Trichinen gemäß Artikel 2 der Richtlinie 77/96/EWG unterzogen worden sein

b) Sie müssen in einem Betrieb hergestellt worden sein
   i) der den Anforderungen des Anhang I Kapitel I dieser Richtlinie entspricht, unabhängig davon, ob es sich um eine eigenständige Produktionseinheit oder um eine in räumlichem Zusammenhang mit einem gemäß den Richtlinien 64/433/EWG oder 77/99/EWG zugelassenen Betrieb stehende Betriebseinheit handelt
   ii) der zugelassen ist und der in dem Verzeichnis bzw. den Verzeichnissen gemäß Artikel 7 Absatz 1 aufgeführt ist

c) Sie müssen entsprechend den Bestimmungen des Anhangs I Kapitel II, III und IV hergestellt, verpackt und gelagert worden sein

d) Sie müssen entsprechend den Bestimmungen des Anhangs I Kapitel V und VI kontrolliert worden sein

e) Sie müssen entsprechend den Bestimmungen des Anhangs I Kapitel VII mit einem Stempel gekennzeichnet sein

f) Sie müssen entsprechend den Bestimmungen des Anhangs I Kapitel VIII befördert werden

g) Sie müssen während des Versands in das Bestimmungsland von einer Genußtauglichkeitsbescheinigung begleitet sein, die den Anforderungen des Anhangs I Kapitel XII der Richtlinie 64/433/EWG genügt und in der zusätzlich folgendes bescheinigt wird: „Der unterzeichnete Tierarzt bescheinigt hiermit, daß das/die oben bezeichnete Hackfleisch, Fleisch in Stücken von weniger als 100 g, Fleischzubereitung (a) hergestellt ist unter den Herstellungs- und Überwachungsbedingungen gemäß der Richtlinie 88/657/EWG zur Festlegung der für die Herstellung und den Handelsverkehr geltenden Anforderungen an Hackfleisch, Fleisch in Stücken von weniger als 100 g und Fleischzubereitungen sowie zur Änderung der Richtlinie 64/433/EWG, 71/118/EWG und 72/462/EWG

(a) Nichtzutreffendes streichen

h) Die Bezeichnung „mageres Hackfleisch" oder „Hackfleisch" gegebenenfalls in Verbindung mit der Bezeichnung der Tierart, von der das Fleisch stammt, muß denjenigen für den Endverbraucher bestimmten Erzeugnissen vorbehalten bleiben, die – zusätzlich zu den allgemeinen Bedingungen im Anhang I Kapitel III – den Anforderungen des Anhangs II Abschnitt I genügen.

(2) Die Mitgliedstaaten sorgen dafür, Hackfleisch, Fleisch in Stücken von weniger als 100 g, das für den innergemeinschaftlichen Handel bestimmt ist, sowie für den innergemeinschaftlichen Handel bestimmte Fleischzubereitungen, soweit diese solches Fleisch enthalten, zusätzlich zu den allgemeinen Bedingungen in Absatz 1 folgenden Anforderungen entsprechen:

a) Sie müssen – unbeschadet des Artikels 4 – aus frischem Fleisch von Schlachttieren hergestellt worden sein, und zwar:
   i) bei gefrorenem oder tiefgekühltem entbeintem Fleisch innerhalb von höchstens 18 Monaten bei Rindfleisch, 12 Monaten bei Schaffleisch und von 6 Monaten bei Schweinefleisch nach dem Einfrieren bzw. Tiefkühlen in einem gemäß Artikel 9 der Richtlinie 64/433/EWG zugelassenen Kühlhaus
   ii) bei sonstigem frischem Fleisch innerhalb von höchstens 6 Tagen nach der Schlachtung der Tiere, von denen das Fleisch stammt; die Einhaltung dieser Anforde-

rung wird durch ein von der zuständigen Behörde vorzuschreibendes Identifikationsverfahren gewährleistet

b) Sie müssen binnen höchstens einer Stunde nach Portionierung und Umhüllung kältebehandelt worden sein, es sei denn, es gelangen Verfahren zum Einsatz, die eine Absenkung der Innentemperatur des Fleisches während der Zubereitung erfordern

c) Fleisch und Fleischerzeugnisse, die vermarktet werden sollen, und zwar
   – in gekühlter Form in Endverbraucherpackungen, müssen ausschließlich aus Fleisch im Sinne von Buchstabe a) Ziffer ii) hergestellt sein und müssen spätestens nach einer Stunde eine Kerntemperatur von weniger als +2 °C erreicht haben:
   – in tiefgekühlter Form in Endverbraucherpackungen müssen aus Fleisch im Sinne von Buchstabe a) Ziffer ii) hergestellt sein, oder – unbeschadet des in Artikel 6 Absatz 1 Unterabsatz 1 enthaltenen Verbots – aus Fleisch im Sinne von Buchstabe a) Ziffer i), und müssen spätestens nach 4 Stunden eine Kerntemperatur von weniger als –18 °C erreicht haben
   – in gefrorener Form, dürfen aus Fleisch im Sinne von Buchstabe a) Ziffer i) oder ii) hergestellt sein und müssen spätestens nach 12 Stunden eine Kerntemperatur von weniger als –12 °C erreicht haben. Dieses Fleisch darf als Umhüllung keine für den Endverbraucher bestimmte Verpackung erhalten

d) Sie dürfen nicht mit ionisierenden oder ultravioletten Strahlen behandelt worden sein

e) Bei Fleischzubereitungen darf der Anteil an Gewürzen im Endprodukt nicht mehr als 3 v.H. betragen, wenn die Gewürze in getrocknetem Zustand beigemischt werden, und nicht mehr als 10 v.H., wenn die Gewürze in einem anderen Zustand beigemischt werden.

Artikel 4

Die Mitgliedstaaten sorgen dafür, daß – unbeschadet des Artikels 6 – von ihrem Gebiet in das Gebiet eines anderen Mitgliedstaates folgende Fleischsorten nicht versandt werden:

a) Hackfleisch von Einhufern oder Fleisch von Einhufern in Stücken von weniger als 100 g

b) Fleisch, das Schlachtabfälle enthält

c) Hackfleisch, Fleisch in Stücken von weniger als 100 g oder Fleischzubereitungen, die aus oder unter Verwenung von Separatorenfleisch hergestellt worden sind

d) Geflügelhackfleisch.

Artikel 5

(1) Die Bestimmungsländer können unter Beachtung der allgemeinen Bestimmungen des Vertrages einem oder mehreren Versandländern allgemeine oder auf bestimmte Fälle begrenzte Genehmigungen erteilen, wonach folgende Erzeugnisse in ihr Gebiet eingeführt werden dürfen:

i) Fleisch oder Zubereitungen im Sinne von Artikel 2 Nummer 2, die nicht den Normen von Artikel 3 Absatz 1 Buchstabe h) und Absatz 2 Buchstabe a Ziffer i) und Buchstabe c) oder den Normen des Anhangs I Kapitel VI entsprechen

ii) Fleisch oder Zubereitungen im Sinne von Artikel IV.

Der Versand dieses Fleisches oder dieser Zubereitungen darf nur gemäß Artikel 3 erfolgen.

(2) Erteilt ein Bestimmungsland eine Genehmigung nach Absatz 1, so hat es die Kommission und die anderen Mitgliedstaaten im Rahmen des Ständigen Veterinärausschusses hiervon zu unterrichten.

(3) Die Versandländer treffen die erforderlichen Maßnahmen, damit auf der Genußtauglichkeitsbescheinigung gemäß Artikel 3 Absatz 1 Buchstabe g) angegeben wird, daß von den Möglichkeiten nach Absatz 1 des vorliegenden Artikels Gebrauch gemacht wurde.

Artikel 6

(1) Die Mitgliedstaaten, die die Verwendung von Fleisch im Sinne von Artikel 3 Absatz 1 Buchstabe a) Ziffer i) bei der Herstellung von tiefgekühlten Fleischzubereitungen in Endverbraucherpackungen und die Beförderung von Hackfleisch, von Fleisch in Stücken von weniger als 100 g oder von Fleischzubereitungen, die

nicht gefroren oder tiefgekühlt sind, in ihrem Gebiet untersagen, können die Verbringung von solchem Fleisch bzw. solchen Fleischzubereitungen aus anderen Mitgliedstaaten in ihr Gebiet untersagen oder beschränken.

Der Mitgliedstaat, der diese Möglichkeit in Anspruch zu nehmen wünscht, unterrichtet zuvor die Kommission und die Mitgliedstaaten im Rahmen des Ständigen Veterinärausschusses.

(2) Die Mitgliedstaaten, die in ihrem Gebiet die Herstellung oder die Vermarktung erlauben von

— Hackfleisch mit Würzstoffen, das aus Nebenprodukten der Schlachtung hergestellt worden ist, oder Fleischzubereitungen, die aus Nebenprodukten der Schlachtung hergestellt worden sind

— Hackfleisch, das hergestellt worden ist aus oder unter Verwendung von frischem Fleisch von Einhufern, die als Haustiere gehalten werden, oder aus oder unter Verwendung von frischem Geflügelfleisch, das für die Verarbeitungsindustrie bestimmt ist,

dürfen das Verbringen von Hackfleisch, das in einem anderen Mitgliedstaat unter ähnlichen Bedingungen hergestellt wurde, bzw. von ebensolchen Fleischzubereitungen in ihr Gebiet nicht untersagen oder beschränken.

Beim Handel mit dem in Unterabsatz 1 genannten Hackfleisch und den dort genannten Fleischzubereitungen sind die Bedingungen dieser Richtlinie einzuhalten.

Der Versand dieses Hackfleisches und dieser Fleischzubereitungen darf nur gemäß Artikel 3 Absatz 2 erfolgen; handelt es sich um Fleisch mit Beimengung von frischem Geflügelfleisch, so muß dieses den Erfordernissen der Richtlinie 71/118/EWG entsprechen.

Artikel 6 Absätze 2 und 3 der Richtlinie 64/433/EWG findet im Rahmen des vorliegenden Artikels entsprechende Anwendung.

(3) Der Rat befindet auf Vorschlag der Kommission vor dem 31. Dezember 1991 darüber, unter welchen Bedingungen die Auflagen dieser Richtlinie, insbesondere unter Berücksichtigung der nach Artikel 13 Abasatz 2 zu fassenden Beschlüsse, auf die in den vorstehenden Absätzen genannten Erzeugnisse ausgedehnt werden können.

Artikel 7

(1) Jeder Mitgliedstaat stellt ein Verzeichnis der Betriebe auf, die Fleisch im Sinne von Artikel 2 Nummer 2 Buchstaben a), b), c) herstellen.

Er übermittelt dieses Verzeichnis den übrigen Mitgliedstaaten und der Kommission; er gibt an, ob es sich um Herstellungsbetriebe oder um eigenständige Produktionsbetriebe handelt.

Er erteilt jedem Betrieb eine Kontrollnummer, bei der es sich im erstgenannten Fall um die Kontrollnummer des zugelassenen Betriebs handelt, wobei darauf hingewiesen wird, daß er zur Herstellung von Fleisch und Fleischerzeugnissen im Sinne von Artikel 2 zugelassen ist.

Die so zugelassenen Betriebe werden in eine besondere Rubrik des Verzeichnisses der Betriebe nach Artikel 8 der Richtlinie 64/433/ EWG oder des Verzeichnisses nach Artikel 6 der Richtlinie 77/99/EWG, bzw. im Fall von eigenständigen Produktionseinheiten in ein besonderes Verzeichnis, das nach den gleichen Kriterien erstellt wurde, aufgenommen.

(2) Ein Mitgliedstaat führt einen Herstellungsbetrieb oder eine eigenständige Produktionseinheit in einem der im Absatz 1 genannten Verzeichnisse nur dann auf, wenn er sich vergewissert hat, daß dieser Betrieb den Anforderungen dieser Richtlinie entspricht. Der Mitgliedstaat entzieht diese Kennzeichnung, wenn die Voraussetzungen hierfür nicht vorliegen.

(3) Der betreffende Mitgliedstaat berücksichtigt die Ergebnisse einer etwaigen Kontrolle gemäß Artikel 9 der Richtlinie 64/433/EWG. Die übrigen Mitgliedstaaten und die Kommission werden über den Entzug der Kennzeichnung gemäß Absatz 1 unterrichtet.

Artikel 8

(1) Die Mitgliedstaaten sorgen dafür, daß die Herstellungsbetriebe und die eigenständigen Produktionseinheiten hinsichtlich der Einhaltung der Hygienevorschriften für die Herstellung amtlich kontrolliert werden.

Wird bei Kontrollen nach Unterabsatz 1 und nach Absatz 2 ein Verstoß gegen die Hygienevorschriften festgestellt, so trifft der amtliche Tierarzt die erforderlichen Maßnahmen.

(2) Die Mitgliedstaaten sorgen dafür, daß Fleisch in Stücken von weniger als 100 g, Hackfleisch und Fleischzubereitungen unter Aufsicht, Kontrolle und Verantwortung des amtlichen Tierarztes einer von den Verarbeitungsbetrieben vorzunehmenden Bakteriologischen Kontrolle unterzogen werden, damit gewährleistet ist, daß dieses Fleisch den Anforderungen dieser Richtlinie entspricht.

(3) Die Mitgliedstaaten sorgen ferner dafür, daß regelmäßige mikrobiologische Untersuchungen auf aerobe mesophile Keime, Salmonellen, Staphylokokken, Kolibakterien und sulfitreduzierende Anaerobier unter den in Anhang I Kapitel VI festgelegten Bedingungen durchgeführt werden.

(4) Die Mitgliedstaaten sorgen dafür, daß die in Anhang II Abschnitt II dieser Richtlinie vorgesehenen Normen und Bewertungsmethoden auf ihre gesamte Erzeugung von Fleisch und Fleischzubereitungen im Sinne von Artikel 2 Nummer 2 angewendet werden; ausgenommen sind jedoch Fleisch und Fleischzubereitungen, die auf Verlangen des Käufers unmittelbar bzw. in Betrieben hergestellt werden, die direkt an den Verbraucher verkaufen, ohne daß eine Beförderung oder ein Vorverpackung erfolgt.
Es ist den Mitgliedstaaten jedoch gestattet, diese Anwendung bis zur Durchführung der in Artikel 13 vorgesehenen Beschlüsse zurückzustellen.
Sie unterrichten davon die Kommission und die übrigen Mitgliedstaaten im Ständigen Veterinärausschuß.
Die Mitgliedstaaten, die von der in Unterabsatz 2 vorgesehenen Möglichkeit keinen Gebrauch machen, können das Verbringen von Fleisch und Fleischzubereitungen im Sinne von Artikel 2 Nummer 2 in ihr Gebiet davon abhängig machen, daß diese nachweislich aus Betrieben stammen, die den in Anhang II vorgesehenen Normen entsprechen.

(5) Die mikrobiologischen Untersuchungen sind nach Verfahren durchzuführen, die wissenschaftlich anerkannt und praktische erprobt sind, insbeondere solchen, die in Gemeinschaftsrichtlinien oder in sonstigen internationalen Normen niedergelegt sind.
Die Ergebnisse der mikrobiologischen Untersuchungen sind nach den in Anhang II festgelegten Bewertungsnormen auszuwerten.

Bei Streitfällen im Handelsverkehr erkennen die Mitgliedstaaten die ISO-Analysemethoden als Referenzmethoden an.

(6) Für die Kontrolle der Herstellungsbetriebe wird von der Kommission nach Stellungnahme des Ständigen Veterinärausschusses ein allgemeiner Hygienekodex ausgearbeitet, in dem die allgemeinen hygienischen Bedingungen für die Herstellungsbetriebe und die eigenständigen Produktionseinheiten, insbesondere die Bedingungen für die Instandhaltung der Räumlichkeiten, festgelegt werden. Die Kommission sorgt für die Veröffentlichung dieses Kodex.

(7) Besteht begründeter Verdacht, daß den Anforderungen dieser Richtlinie nicht genügt wird, so führt der amtliche Tierarzt die erforderlichen Kontrollen durch; falls sich der Verdacht bestätigt, ergreift er die entsprechenden Maßnahmen, zu denen insbesondere die Empfehlung an die zuständigen Behörden gehört, die Zulassung vorübergehend zu entziehen.

Artikel 9 (Überwachung)

Artikel 10 (Streitigkeiten)

Artikel 11 (Änderung anderer Richtlinien)

Artikel 12 (Viehseuchenrechtliche Vorschriften)

Artikel 13

(1) Die Mitgliedstaaten sorgen dafür, daß spätestens zu dem für die Durchführung der Beschlüsse gemäß Artikel 5 Absatz 1 der Richtlinie 88/409/EWG festzulegenden Datum alles Fleisch und Fleischzubereitungen im Sinne von Artikel 2 Nummer 2, die in ihrem Gebiet hergestellt werden und dort vermarktet werden sollen – vorbehaltlich des Unterabsatzes 2 des vorliegenden Absatzes – den Anforderungen der vorliegenden Richtlinie entsprechen, es sei denn, daß der Rat 1. Januar 1992 im Zusammenhang mit dem Beschluß gemäß Absatz 2 Ausnahme-

regelungen – insbesondere von Artikel 3 Absatz 2 Buchstabe c) – beschließt.

Von Unterabsatz 1 nicht betroffen sind Fleisch und Fleischerzeugnissen gemäß Artikel 4 sowie Fleisch und Fleischzubereitungen, die auf Verlangen des Käufers sofort zubereitet werden bzw. in Betrieben hergestellt werden, die sie direkt an den Verbraucher verkaufen, ohne daß eine Beförderung oder ein Vorverpackung erfolgt.

(2) Der Rat legt auf Vorschlag der Kommission vor dem 1. Januar 1992 die Minimalregeln fest, die von einem Betrieb einzuhalten sind, der seine Erzeugung auf den örtlichen Markt beschränken will; er überprüft dabei auch Artikel 6.

Artikel 14
(Änderung der Richtlinie durch technische Entwicklung)

Artikel 15 (Zusatzstoffe)

Artikel 16

Die Mitgliedstaaten setzen die erforderlichen Rechts- und Verwaltungsvorschriften in Kraft, um dieser Richtlinie spätestens am 1.Januar 1992 nachzukommen. Sie setzen die Kommissionen hiervon unverzüglich in Kenntnis.

Artikel 17

Diese Richtlinie ist an die Mitgliedstaaten gerichtet.

Anhang 1

Kapitel I

Besondere Bedingungen für die Zulassung von Betrieben, die Fleisch im Sinne von Artikel 2 Nummer 2 herstellen

1. Unabhängig von den in Anhang 1 Nummern 1 bis 12 und 14, 15 und 16 der Richtlinie 64/433/EWG und in Anhang A Kapitel I der Richtlinie 77/99/EWG festgelegten allgemeinen Anforderungen müssen die Herstellungsbetriebe oder eigenständige Produktionseinheiten im Sinne von Artikel 2 Nummer 2 der vorliegenden Richtlinie mindestens über folgendes verfügen:
   a) einen vom Zerlegungsraum abgetrennten Raum für die Zerkleinerung, die Umhüllung und die Hinzufügung anderer Lebensmittel, der mit einem Registrierthermometer oder mit einem Registrierfernthermometer ausgestattet sein muß
   b) einen Verpackungsraum, es sei denn, die Bedingungen gemäß Anhang I Kapitel XI Nummer 62 der Richtlinie 64/433/EWG sind erfüllt
   c) einen Raum zur Lagerung der Würzstoffe und anderer sauberer und gebrauchsfertiger Lebensmittel
   d) Kühlanlagen, die die Einhaltung der in der vorliegenden Richtlinie vorgesehenen Temperaturen gewährleisten.

   Die Betriebe, die Fleischzubereitungen herstellen, müssen darüber hinaus den einschlägigen Anforderungen des Anhangs B Kapitel I der Richtlinie 77/99/EWG entsprechen.

2. Die in Anhang I Kapitel IV der Richtlinie 64/433/EWG vorgeschriebenen Hygienevorschriften für Personal, Räume und Einrichtungsgegenstände in den Betrieben sind anwendbar.

Bei Zubereitungen von Hand müssen die mit der Herstellung von Hackfleisch beschäftigten Personen ferner eine Mund- und Nasenmaske sowie Handschuhe der Art, wie sie von Chirurgen gebraucht werden, tragen.

Kapitel II

Bedingungen für die Herstellung von Fleisch in Stücken von weniger als 100 g

3. Das Fleisch wird vor der Zerlegung untersucht. Alle verunreinigten oder nicht einwandfreien Teile werden vor der Zerlegung des Fleisches entfernt und sichergestellt.

4. Fleisch in Stücken von weniger als 100 g darf weder aus Abfällen, die beim Zerlegen und Zerschneiden anfallen, noch aus Innereien hergestellt werden.

   Für die Zwecke der vorliegenden Richtlinie gelten jedoch unter hygienisch zufriedenstellenden Bedingungen gewonnene, in Scheiben zerlegte Innereien als Fleisch in Stücken von weniger als 100 g.

5. Wenn die Arbeitsvorgänge zwischen dem Eintreffen des Fleisches in den in Kapitel I Nummer 1 Buchstabe a) genannten Räumen und dem Zeitpunkt, zu dem das Endprodukt einem Kühl-, Tiefkühl- oder Gefrierverfahren unterzogen wird, innerhalb höchstens einer Stunde abgeschlossen werden, darf die Kerntemperatur des Fleisches höchstens +7 °C und die Temperatur der Herstellungsräume höchstens +12 °C betragen. Die zuständige Behörde kann für Einzelfälle, in denen die Hinzufügung von Würzstoffen oder Lebensmitteln technisch begründet ist, einen längeren Zeitraum zulassen, sofern die Einhaltung der Hygienevorschriften durch diese Abweichung nicht beeinträchtigt wird.

   Wenn diese Arbeitsvorgänge länger als eine Stunde oder länger als der von der zuständigen Behörde gemäß dem vorstehenden Absatz zugelassene Zeitraum dauern, kann das Frischfleisch erst verwendet werden, nachdem die Kerntemperatur dieses Fleisches höchstens +4 °C gesenkt wurde.

6. Unmittelbar nach der Herstellung muß das Fleisch in Stücken von weniger als 100 g hygienisch umhüllt und verpackt und bei einer Höchsttemperatur von +2 °C für Kühlfleisch, von −18 °C für Tiefkühlfleisch bzw. −12 °C für Gefrierfleisch gelagert werden.

Kapitel III

Bedingungen für die Herstellung von Hackfleisch

7. Das Fleisch wird vor der Zerlegung untersucht. Alle verunreinigten oder nicht einwandfreien Teile werden vor der Zerlegung des Fleisches entfernt und sichergestellt.

8. Hackfleisch darf nicht aus Abfall, der beim Zerlegen und Zuschneiden anfällt, hergestellt werden.

   Insbesondere darf es nicht aus Fleisch hergestellt werden, das von folgenden Teilen von Rind, Schwein, Schaf oder Ziege stammt: Kopffleisch, Beinfleisch, Stichstellen, Diaphragma, Bauchlappen, sowie Knochenputz. Sie dürfen keinerlei Knochensplitter enthalten.

   Die unter Nummer 5 für Fleisch in Stücken von weniger als 100 g vorgesehenen Vorschriften gelten entsprechend für die Herstellung von Hackfleisch.

9. Unmittelbar nach der Herstellung muß das Hackfleisch hygienisch umhüllt und verpackt und bei den in Artikel 3 Absatz 2 Buchstabe c) vorgesehenen Temperaturen gelagert werden.

Artikel IV

Besondere Vorschriften für die Herstellung von Fleischzubereitungen

10. Unabhängig von den allgemeinen Bedingungen des Kapitel I gelten je nach Produktionsart folgende Vorschriften:

    a) Die Herstellung von Fleischzubereitungen muß unter kontrollierten Temperaturbedingungen erfolgen. Sobald die Herstellung beendet ist, müssen die Fleischzubereitungen unverzüglich auf die in Artikel 3 Absatz 2 Buchstabe c) vorgesehenen Temperaturen gebracht werden

    b) Zubereitungen aus gehacktem Fleisch gemäß Artikel 2 Nummer 2 Buchstabe c) dürfen nur unter folgenden Bedingungen versandt werden:
       − Sie müssen mit einer Gefriergeschwindigkeit von 1 cm/Stunde eingefroren worden sein

– sie müssen in Ladeeinheiten abgepackt werden.
Diese Zubereitungen müssen binnen
höchstens sechs Monaten vermarktet
werden.

c) Andere als die unter Buchstabe b)
genannten Fleischzubereitungen müssen, wenn sie für den Direktverkauf an
den Endverbraucher bestimmt sind, in
unteilbare Handelsportionen umhüllt
werden

d) Das erneute Einfrieren von Fleischzubereitungen ist verboten.

Kapitel V

Kontrollen

11. Die Betriebe, in denen Fleisch im Sinne von
Artikel 2 Nummer 2 hergestellt wird, unterliegen der Kontrolle der amtlichen Stelle.
Der amtliche Tierarzt muß bei der Herstellung des Fleisches oder der Fleischzubereitungen im Sinne von Artikel 2 zugegen sein.
Der amtliche Tierarzt darf sich zur Durchführung dieser Kontrolle von ihm unter-
stellten Hilfskräften unterstützen lassen.
Die Art und Weise dieser Unterstützung
wird, soweit erforderlich, nach dem Verfahren des Artikels 19 der Richtlinie
77/99/EWG geregelt.
Die Einzelheiten der fachlichen Anforderungen an die in dieser Nummer genannten
Hilfskräfte sowie der von ihnen wahrzuneh-
menden Tätigkeiten werden vom Rat auf
Vorschlag der Kommission geregelt.

12. Die Kontrolle des amtlichen Tierarztes
umfaßt folgende Aufgaben:
– Überwachung der Eingänge von frischem Fleisch
– Überwachung der Ausgänge des Fleisches im Sinne von Artikel 2 Nummer 2
– Überwachung der Einhaltung der
Hygienevorschriften für die Räume,
Einrichtungsgegenstände und Arbeits-
geräte
– Entnahme aller erforderlichen Proben,
insbesondere für die in Kapitel VI vorgesehenen mikrobiologischen Untersuchungen.

Kapitel VI

Mikrobiologische Untersuchungen

13. Die Herstellung von Hackfleisch, Fleisch
in Stücken von weniger als 100 g und
Fleischzubereitungen muß durch tägliche
mikrobiologische Untersuchungen im Herstellungsbetrieb oder in einem zugelassenen Laboratorium überwacht werden.
Zu diesem Zweck ist der Betriebsinhaber
bzw. Betriebseigentümer oder sein Vertre-
ter verpflichtet, die allgemeine Hygiene
der Produktionsbedingungen in seinem
Betrieb, insbesondere durch mikrobiologische Kontrollen, regelmäßig überwachen
zu lassen.
Die Kontrollen müssen sich auf die Arbeits-
geräte, Einrichtungsgegenstände und Maschinen auf allen Produktionsstufen, sowie
entsprechend der jeweiligen Produktionsart, auf die Erzeugnisse erstrecken.
Der Betriebsinhaber bzw. Betriebseigentümer muß in der Lage sein, auf Verlangen der
amtlichen Stelle der zuständigen Behörde
oder den Veterinärsachverständigen der
Kommission die Art, Häufigkeit und das
Ergebnis der zu diesem Zweck durchge-
führten Kontrollen sowie erforderlichenfalls den Namen des mit der Kontrolle
beauftragten Labors mitzuteilen.
Die zuständige Behörde analysiert in regelmäßigen Abständen die Ergebnisse der
Kontrollen gemäß dem ersten Absatz. Je
nach dem Ergebnis dieser Analysen kann
sie ergänzende mikrobiologische Prüfun-
gen auf allen Produktionsstufen oder an den
Erzeugnissen vornehmen.
Das Ergebnis dieser Analysen wird in
einem Bericht niedergelegt, dessen Schluß-
folgerungen oder Empfehlungen dem Betriebsinhaber zur Kenntnis gebracht werden, der dafür Sorge trägt, daß festgestellte
Mängel im Hinblick auf die Verbesserung
der Hygienebedingungen behoben werden.

14. Die für die Analyse entnommene Probe
muß aus fünf Einheiten von jeweils 100 g
bestehen. Handelt es sich bei der Herstellung um für Endverbraucher bestimmte
Hackfleischportionen, so wird die Probe
dem bereits verpackten Hackfleisch entnommen. Die Proben müssen repräsentativ
für die Tagesproduktion sein.

15. Die Proben sind – je nach der betreffenden Herstellungsart – täglich auf aerobe mesophile Keime und Salmonellen und wöchentlich auf Staphylokokken, Kolibakterien und sulfitreduzierende Anaerobier zu untersuchen.

Jedoch kann die zuständige Behörde
   – bei Einhaltung der für Salmonellen vorgesehenen Normen während eines Zeitraums von 3 Monaten eine wöchentliche Untersuchung zulassen,
   – bei Erzeugnissen, die dazu bestimmt sind in gefrorenem oder tiefgefrorenem Zustand in den Verkehr gebracht zu werden, von einer Untersuchung auf Staphylokokken absehen.

16. Bei den von den Herstellungsbetrieben oder eigenständigen Produktionseinheiten vorgenommenen Stichprobenkontrollen muß die Herstellung von Fleisch und Fleischzubereitungen im Sinne des Artikels 2 Nummer 2 unter Berücksichtigung der verwendeten Fleischsorten den in Anhang II Abschnitt II vorgesehenen Normen entsprechen.

17. Das Ergebnis der mikrobiologischen Untersuchungen muß dem amtlichen Tierarzt zur Verfügung stehen.

Der Betrieb unterrichtet den amtlichen Tierarzt, wenn die in Anhang II Abschnitt II festgelegten Normen erreicht sind. Dieser trifft die geeigneten Maßnahmen.

Werden bei den aus dem Herstellungsbetrieb oder der eigenständigen Produktionseinheit stammenden Erzeugnissen nach Ablauf einer vom Tag der Probenahme an zu rechnenden Frist von 15 Tagen die vorgeschriebenen Normen nicht eingehalten, so müssen die Erzeugnisse dieser Betriebe vom innergemeinschaftlichen Handelsverkehr und nach Beginn der Anwendung der Normen gemäß Artikel 8 Absatz 4 Unterabsatz 1 auch vom innerstaatlichen Handelsverkehr ausgeschlossen werden.

Kapitel VII

Stempelung und Kennzeichnung

18. Das Fleisch und die Fleischzubereitungen sind auf der Verpackung mit dem Genußtauglichkeitsstempel des Betriebes entsprechend Anhang I Kapitel X der Richtlinie 64/433/EWG bzw. Anhang A Kapitel VIII der Richtlinie 77/99/EWG zu kennzeichnen.

Fleisch und Fleischzubereitungen im Sinne von Artikel 2 Nummer 2 der vorliegenden Richtlinie, die in den Betrieben gemäß Artikel 3 Absatz 1 Buchstabe b) derselben Richtlinie hergestellt worden sind, sind auf der Verpackung mit dem Genußtauglichkeitsstempel des Betriebs entsprechend Anhang A Kapitel VIII der Richtlinie 64/433/EWG zu kennzeichnen.

19. Sofern diese Angabe nicht bereits in der Richtlinie 79/112/EWG vorgesehen sind, muß der Hersteller zum Zweck der Kontrolle außerdem folgende Angaben sichtbar und in gut leserlicher Form auf der Umhüllung von Hackfleisch und Fleisch in Stücken von weniger als 100 g sowie Fleischzubereitungen anbringen:
   – sofern dies nicht eindeutig aus der Verkaufsbezeichnung des Erzeugnisses hervorgeht, die Tierart oder Tierarten, von der/denen das Fleisch stammt, und bei Mischungen den prozentualen Anteil jeder Tierart
   – das Herstellungsdatum
   – eine Aufstellung der Würzstoffe und gegebenenfalls eine Aufstellung der übrigen Lebensmittel
   – die Angabe ,,Fettgehalt weniger als . . .‘‘
   – die Angabe: ,,Verhältnis zwischen Kollagen und Fleischeiweiß weniger als . . .‘‘.

20. Ist das Fleisch im Sinne von Artikel 2 Nummer 2 der vorliegenden Richtlinie in für den Direktverkauf an den Verbraucher bestimmten handelsüblichen Portionen abgepackt, so ist unbeschadet der Nummern 18 und 19 auf der Umhüllung oder auf einem an der Umhüllung befestigten Etikett ein Abdruck des in Nummer 18 vorgesehenen Stempels anzubringen. Der Stempelaufdruck muß die Zulassungsnummer des Betriebs enthalten. Die in den Richtlinien Richtlinie 64/433/EWG und 77/99/EWG vorgeschriebenen Maße gelten nicht für die unter dieser Nummer vorgesehene Stempelmarkierung, sofern die vorgesehenen Angaben lesbar bleiben.

Kapitel VIII

Beförderung

21. Das Fleisch im Sinne von Artikel 2 Nummer 2 muß so versandt werden, daß es während der Beförderung unter Berücksichtigung der Dauer, der Bedingungen und der Beförderungsmittel vor Einflüssen geschützt ist, die das Fleisch kontaminieren oder die sich ungünstig auf seine Beschaffenheit auswirken können. Insbesondere müssen Fahrzeuge für die Beförderung von Fleisch im Sinne von Artikel 2 Nummer 2 so ausgestattet sein, daß die in dieser Richtlinie vorgeschriebenen Temperaturen nicht überschritten werden; beim innergemeinschaftlichen Handelsverkehr über weite Entfernungen müssen sie mit einem Registrierthermometer ausgerüstet sein, das die Einhaltung der letztgenannten Anforderung gewährleistet.

I. Normen in Bezug auf die Zusammensetzung

	Fettgehalt	Verhältnis zwischen Kollagen und Fleisch Fleischeiweiß
— mageres Hackfleisch	$< = 7\%$	$< = 12$
— reines Rinderhackfleisch	$< = 20\%$	$< = 15$
— Hackfleisch mit Schweinefleischanteil	$< = 30\%$	$< = 18$
— Hackfleisch anderer Tierarten	$< = 25\%$	$< = 15$

II. Mikrobiologische Normen

Die Herstellungsbetriebe oder die eigenständigen Produktionseinheiten müssen dafür sorgen, daß gemäß Anhang I Kapitel VI und in Übereinstimmung mit dem nachstehenden Bewertungsmethoden Hackfleisch und Fleisch in Stücken von weniger als 100 g, das dazu bestimmt ist, ohne weitere Verarbeitung oder als Bestandteil von Fleischzubereitungen vermarktet zu werden, den folgenden Normen entspricht:

	$M^{(1)}$	$m^{(1)}$
Aerobe mesophile Keime $n^{(3)} = 5 \qquad c^{(4)} = 2$	$5 \times 10^6/g$	$5 \times 10^5/g$
Kolibakterien $n = 5 \qquad c = 2$	$5 \times 10^2/g$	$50 /g$
Sulfitreduzierende Anaerobier $n = 5 \qquad c = 1$	$10^2/g$	$10 /g$
Staphylokokken $n = 5 \qquad c = 1$	$5 \times 10^2/g$	$50 /g$
Salmonellen $n = 5 \qquad c = 0$	nicht feststellbar in 25 g	

[1] M = annehmbarer Grenzwert; darüber liegende Ergebnisse gelten nicht mehr als zufriedenstellend, wobei folgendes gilt:
M = 10 m bei Zählung im festen Medium und
M = 30 bei Zählung im flüssigen Medium.
[2] m = Grenzwert, unter dem alle Ergebnisse als zufriedenstellend gelten
[3] Zahl der Einheiten der Probe.
[4] Zahl der Einheiten der Probe, die Werte zwischen m und M ergeben.

Die Ergebnisse der mikrobiologischen Analysen sind wie folgt zu bewerten:

A. Bei aeroben mesophilen Keimen, sulfitreduzierenden Anaerobiern und Staphylokokken nach einem Schema mit 3 Verseuchungsklassen, und zwar
- einer Klasse bis zum Kriterium m,
- einer Klasse zwischen dem Kriterium m und dem Grenzwert M,
- einer Klasse über dem Grenzwert M.

1. Die Qualität der Partie gilt als
   a) zufriedenstellend, wenn alle festgestellten Werte 3 m bei einem festen Medium oder 10 m bei einem flüssigen Medium betragen;
   b) annehmbar, wenn die festgestellten Werte zwischen
      i) 3 m und 10 m (= M) bei einem festen Medium,
      ii) 10 m und 30 M (= M) bei einem flüssigen Medium liegen und c/n 2/5 beträgt, wenn n = 5 und c = 2 ist, oder bei einem anderen gleichwertigen oder höheren Wirksamkeitsgrad, der vom Rat in Beschlußfassung mit qualifizierter Mehrheit auf Vorschlag der Kommission anzuerkennen ist.

2. Die Qualität gilt als nicht zufriedenstellend,
   - in allen Fällen, in denen höhere Werte als M festgestellt werden,
   - wenn c/n 2/5 beträgt.

Wenn jedoch letztere Schwelle bei aerobe Mikroorganismen bei 30 °C überschritten wird, während die übrigen Kriterien eingehalten sind, bedarf die Überschreitung dieser Schwelle vor allem bei rohen Erzeugnissen einer zusätzlichen Bewertung.

Auf jeden Fall ist das Erzeugnis als toxisch oder verdorben anzusehen, wenn die Verseuchung den Mikrobengrenzwert S erreicht, der im allgemeinen auf m x 103 festgesetzt ist. Bei dem Staphylokokkus aureus darf dieser Wert zu keinem Zeitpunkt 5 x 104 überschreiten.

Die mit den Analyseverfahren zusammenhängenden Toleranzen gelten nicht für die Werte M und S.

B. Bei Salmonellen nach einem Schema mit zwei Verseuchungsklassen, bei denen es keine Toleranz gibt und wie folgt festgelegt sind:
- „nicht feststellbar in": das Ergebnis gilt als zufriedenstellend,
- „vorhanden in": das Ergebnis gilt als nicht zufriedenstellend.

Leitsätze für Fleisch und Fleischerzeugnisse

vom 27./28. November 1974
In der Fassung zum Zeitpunkt der Drucklegung

I.	**Allgemeine Begriffsbestimmungen und Beurteilungsmerkmale**
1.	Fleisch sind alle Teile von geschlachteten oder erlegten warmblütigen Tieren, die zum Genuß für Menschen bestimmt sind[1].
1.1	Bei der gewerbsmäßigen Herstellung von Fleischerzeugnissen wird unter Fleisch nur Skelettmuskulatur mit anhaftendem oder eingelagertem Fett- und Bindegewebe sowie eingelagerten Lymphknoten, Nerven, Gefäßen und Schweinespeicheldrüsen verstanden. Bei Fleischerzeugnissen, die auch im Verbraucherhaushalt zubereitet werden (z.B. Kotelett), und bei Fleischerzeugnissen im Stück (z.B. Knochenschinken) schließt die Bezeichnung Fleisch auch einen entsprechenden Anteil an eingewachsenen Knochen und Knorpeln ein, Schweinefleisch auch Schwarte, im allgemeinen jedoch nur bei Teilen aus dem Bereich von Schlegel (Keule), Schulter, Brust und Bauch sowie beim Rückenspeck. Für die Herstellung der verschiedenen Fleischerzeugnisse wird im allgemeinen Fleisch von unterschiedlichen Bindegewebe- und Fettgewebeanteilen verwendet. Bei Erzeugnissen, die im Einzelfall aus binde- oder fettgewebeärmerem Fleisch hergestellt werden, als dies nach den besonderen Beurteilungsmerkmalen beschrieben ist, kann mit sehnenreichem (1.113) oder fettgewebereichem (1.123) Fleisch, Bindegewebe (1.31) oder Fettgewebe (1.21) ausgeglichen werden.
1.11	Bei der Verarbeitung von Rindfleisch (einschließlich Kalbfleisch[2]) werden unterschieden:
1.111	Sehnen- und fettgewebsarmes Rindfleisch: Skelettmuskulatur des Rindes, die von Natur aus nur sehr wenig Bindegewebe und Fettgewebe enthält (z.B. Oberschale) oder deren Gehalt an diesen Geweben durch Ausschneiden (Entsehnen) entsprechend verringert worden ist (z.B. entsehntes Bugstück).
1.112	Grob entsehntes Rindfleisch: Rindfleisch mit Bindegewebe- und Fettgewebegehalten, wie sie bei der Verarbeitung von nicht übermäßig muskelarmen Rinderhälften ohne Filet, Lende und Oberschale nach Entfernung der groben Sehnen und größeren Fettgewebeansammlungen zu erwarten sind. Fleisch mit höheren Bindegewebe- und Fettgewebegehalten wird entsprechend ausgeschnitten.
1.113	Sehnenreiches Rindfleisch: Rindfleisch mit einem Bindegewebegehalt, der höher ist als bei grob entsehntem Rindfleisch, jedoch niedriger als bei ausschließlicher Verwendung von Beinfleisch, Fleisch, das von grob ausgelösten Knochen abgetrennt wird (Knochenputz), und Kopffleisch. Rindfleisch der Schnittstelle zwischen Kopf und Hals sowie der Stichstelle wird als sehnenreich gewertet und nur für Brühwürste und Kochwürste verwendet. Maschinell von grob ausgelösten Knochen abgetrenntes Fleisch (Hartseparatorenfleisch) und manuell von grob ausgelösten Knochen abgetrenntes Fleisch werden als sehnenreich gewertet und nicht für schnittfeste Rohwurst verwendet. An Kopf- und Röhrenknochen haftendes Fleisch wird nur manuell abgetrennt.
1.12	Bei der Verarbeitung von Schweinefleisch werden unterschieden:
1.121	Fettgewebs- und sehnenarmes Schweinefleisch: Skelettmuskelfleisch des Schweines, die von Natur aus nur wenig Fettgewebe und Sehnen enthält oder deren Gehalt an Fettgewebe und Sehnen durch Ausschneiden entsprechend verringert worden ist.
1.122	Grob entfettetes Schweinefleisch: Schweinefleisch mit einem Fettgewebeanteil, wie er bei nicht übermäßig fetten Schweinehälften nach grober Entfernung von Backen-, Kamm-, Rücken- und Bauchspeck sowie Flomen zu erwarten ist.
1.123	Fettgewebereiches Schweinefleisch: Schweinefleisch mit einem Fettgewebeanteil, wie er bei nicht übermäßig fettem Bauchspeck zu erwarten ist. Schweinefleisch der Stichstelle wird als fettgewebereich gewertet 2a und nur für Brüh- und Kochwürste verwendet. Maschinell von grob ausgelösten Knochen abgetrenntes Fleisch (Hartseparatorenfleisch) und manuell von grob ausgelösten Knochen abgetrenntes Fleisch werden als fettgewebereich

gewertet und nicht für schnittfeste Rohwürste verwendet. An Kopf- und Röhrenknochen haftendes Fleisch wird nur manuell abgetrennt.

1.13 Bei Geflügelfleisch werden unterschieden:

1.131 Sehnen- und fettgewebearmes Geflügelfleisch: Skelettmuskulatur (Geflügelfleisch ohne Haut) von Geflügel, die von Natur aus nur wenig Bindegewebe oder Fettgewebe enthält (z.B. Brust) oder deren Gehalt an diesen Geweben entsprechend verringert worden ist.

1.132 Grob entsehntes Geflügelfleisch: Geflügelfleisch mit Bindegewebsgehalten, wie sie bei der Verarbeitung von ganzem Geflügel ohne Brust nach Entfernung von groben Sehnen und der Flügel zu erwarten ist. Bei Mitverwendung von Geflügelhaut ist das übrige Fleisch bindegewebsärmer, und die Mindestanteile an bindegewebseiweißfreiem Fleischeiweiß (1.72; II. Abs. 3) liegen dann in den Enderzeugnissen absolut um 1 % (z.B. 9 % statt 8 %), bezogen auf Fleischeiweiß um 5 % (z.B. 75 % statt 70 %) höher.

1.133 Sehnenreiches Geflügelfleisch: Geflügelfleisch mit anhaftender Haut, dessen Bindegewebeanteile höher liegen als bei „grob entsehntem Fleisch". Manuell oder maschinell von grob ausgelösten Knochen abgetrenntes Geflügelfleisch wird als sehnenreich gewertet und nur für Brüh- und Kochwürste verwendet. An Röhrenknochen haftendes Fleisch wird nur manuell abgetrennt.

1.21 Fettgewebe ist überwiegend Fett enthaltendes Gewebe, das vom Fleisch abgetrennt worden ist oder aus dem Bereich der Körperhöhlen, jedoch nicht vom Darm oder Gekröse stammt.

1.211 Flomen ist das beim Schwein zwischen Bauchfell und innerer Bauchmuskulatur liegende Fettgewebe.

1.212 Speck ist das unter der Haut des Schweines liegende Fettgewebe ohne Schwarte, auch mit Resten von Skelettmuskulatur. Backenspeck schließt eingelagerte Speicheldrüsen, Bauchspeck die Brust- und Bauchmuskulatur sowie nicht laktierende Milchdrüsen ein. An Speck, der frisch oder behandelt im Stück an den Verbraucher abgegeben wird, haftet zumeist Schwarte.

1.213 Rinderfleischfett ist Fettgewebe des Rindes, mit Ausnahme der Fettgewebeansammlungen in den Körperhöhlen.

1.22 Fett ist der von Wasser und Eiweiß befreite, durch Erhitzen, Abpressen oder Zentrifugieren gewonnene Anteil des Fettgewebes vom Schwein (Schweinefett, Schweineschmalz) oder Rind (Rinderfett, Talg). Schweinefett ist bei Kochstreichwurst dem Fettgewebe gleichgestellt. Kesselfett ist das beim Kochen von fettgewebshaltigen Tierkörperteilen austretende, gesondert erfaßte Fett. Kesselfett von schlachtfrischen Teilen ist bei Kochstreichwürsten dem Fettgewebe gleichgestellt. Knochenfett ist das in fleischverarbeitenden Betrieben von Tieren aus eigenen Schlachtungen durch Behandlung von frischen und unverdorbenen Knochen im Vakuum bei Temperaturen unter 100 °C und nachfolgendes Abklären gewonnene Fett[3]. Es ist bei Kochstreichwürsten dem Fettgewebe gleichgestellt.

1.31 Bindegewebe ist Gewebe, dessen Eiweißanteil überwiegend aus Bindegewebseiweiß (Kollagen, Elastin) besteht; es umschließt straffes und lockeres Bindegewebe, ausgenommen Fettgewebe.

1.311 Sehnen sind straffes Bindegewebe (Sehnen einschließlich Sehnenscheiden, Sehnenplatten, Bindegewebshäute und Bänder mit Ausnahme des Nackenbandes des Rindes). Ansammlungen von lockerem sowie elastischem Bindegewebe, die beim Ausschneiden von Fleisch anfallen, sind den Sehnen gleichgestellt.

1.312 Schwarten sind Teile der gebrühten und enthaarten Haut des Schweines. Gebrühte und enthaarte Fußhaut sowie Flotzmaul (Ochsenmaul) des Rindes sind der Schwarte gleichgestellt.

1.313 Schwartenzug ist bindegewebsreicher Speck unter der Schwarte.

1.314 Grieben sind die beim Ablassen (Erhitzen) von Fettgewebe zurückbleibenden Bindegewebeanteile.

1.32 Eisbeine (Schweinshaxen) sind die Teile der Extremitäten des Schweines, zwischen Knie bzw. Ellbogengelenk und den Fußwurzelgelenken. Ihr knochenfreier Anteil wird für die Verarbeitung in der Regel entschwartet. Ausgenommen sind Erzeugnisse, bei denen die

Verarbeitung von Schwarten üblich ist oder bei denen die Verwendung von nicht entschwartetem Eisbein ausdrücklich vorgesehen ist.

1.33 Schweinemasken sind Kopfschwarten des Schweines mit anhaftendem Fett-, Binde- und Muskelgewebe.

1.41 Blut ist die beim Schlachten von Rindern (ausgenommen Kälber) und Schweinen aus den Blutgefäßen gewonnene, zellige Bestandteile enthaltende Flüssigkeit, sowohl nach Zusatz von gerinnungshemmenden Stoffen[4] als auch nach Entfernung des Fibrins.

1.42 Blutplasma ist die Flüssigkeit, die nach Zusatz von gerinnungshemmenden Stoffen[4] und Entfernen der zelligen Bestandteile aus dem Blut von Rindern (ausgenommen Kälber) und Schweinen[5] gewonnen wird. Die abgesonderten zelligen Teile werden als Dickblut bezeichnet. Als Blutplasma gilt auch getrocknetes Blutplasma das im Verhältnis 1:10 in Trinkwasser aufgelöst ist.

1.43 Blutserum ist die Flüssigkeit, die nach Entfernen des Fibrins und der zelligen Bestandteile aus dem nicht mit gerinnungshemmenden Stoffen versetzten Blut gewonnen wird.

1.5 Innereien für die Verarbeitung sind Leber, Niere, Herz, Zunge ohne Schleimhaut, Magen und Vormägen ohne Schleimhaut bei Kälbern unter 100 kg Lebendgewicht, Labmagen auch mit Schleimhaut, Gekröse von Kälbern unter 100 kg Lebendgewicht[7], Schweinemicker, Euter einschließlich ausgebildetem Schweinegesäuge, Milz, aus dem Fleisch entfernte Lymphknoten, Hirn, Rückenmark, Bauchspeicheldrüsen und Bries; ferner große Gefäße von Kälbern, Schweinen und Schafen, von Kopffleisch abzutrennende Speicheldrüsen des Rindes (ausgenommen Kälber). Innereien werden grundsätzlich nur zu Fleischerzeugnissen verarbeitet, die hitzebehandelt in den Verkehr gelangen. Bei Brüh- und Kochwürsten sind Zungen ohne Schleimhaut dem Fleisch gleichgestellt, manuell abgetrennte muskulöse Teile von Speiseröhren und Herzmuskulatur nur dem sehnenreichen (1.113) oder fettgewebereichen (1.123) Fleisch, und zwar – abgesehen von Erzeugnissen, in denen die Verwendung von Innereien üblich ist – nur in Mengen bis zu 1 % des Fertigerzeugnisses.

1.61 Folgende Tierkörperteile werden nicht in Fleischerzeugnissen verarbeitet[8]: Haut von Wiederkäuern (ausgenommen Fußhäute und Flotzmaul von Rindern sowie Kopfhäute von Kälbern)[10]; Nackenband und große Gefäßstämme von Rindern; Knochen, sofern sie nicht üblicherweise Bestandteile des Erzeugnisses sind, z.B. Knochenschinken; Knorpel einschließlich Luftröhre, große Luftröhrenäste und Kehlkopf (ausgenommen Ohren von Schwein und Kalb sowie technisch nicht vermeidbare Knorpelreste); Darm (ausgenommen Gekröse von Kälbern unter 100 kg Lebendgewicht) Harnblase einschließlich Harnröhre, Gekröse von Rindern (ausgenommen Kälbern); Fibrin, das vom Blut abgetrennt worden ist; Dickblut, das bei der Blutplasmaherstellung anfällt; Kesselfett und Knochenfett, das nicht nach 1.22 dem Fettgewebe gleichgestellt ist.

1.62 Als Hüllen für Fleischerzeugnisse[11] werden neben künstlichen Hüllen und unbeschränkt verarbeitungsfähigen Tierkörperteilen folgende, im übrigen nicht (1.6) oder nur beschränkt (1.5) verarbeitungsfähige Tierkörperteile verwendet:
vom Rind: Speiseröhre (ohne Muskulatur, gewendet); Pansenwand (ohne Schleimhaut, gewendet) für saure Rolle usw.;
Dünndarm (ohne Schleimhaut, gewendet) als Kranzdarm;
Blinddarm und der Übergang zum Grimmdarm (ohne Schleimhaut, gewendet) als „Butte";
Serosa des Blinddarms als Goldschlägerhäutchen;
Grimmdarm (ohne Schleimhaut) als Mitteldarm;
Mastdarm (ohne Schleimhaut, gewendet);
Harnblase (mit Schleimhaut, gewendet);
Rinderspalthäute[10] zur Herstellung von Hautfaserdärmen (einschließlich eßbarer Hautfasersaitling) werden Spalthäute von Rindern verwendet (Anlage 1 Nr. 10–13 der Fleisch-Verordnung i.d.f.d.B. vom 4. Juli 1978 – BGBl. I S. 1003)
vom Kalb: Blinddarm (ohne Schleimhaut, gewendet) als Kalbsbutte;
Dünndarm (ohne Schleimhaut, gewendet) von älteren Kälbern;

Harnblase (mit Schleimhaut, gewendet);

vom Schwein: Magen (mit Schleimhaut, gewendet); Dünndarm

a) ohne Schleimhaut, ohne Muskelschicht, nicht gewendet als Schweinedünndarm oder Schweinesaitling;

b) gewendet (mit Schleimhaut) für Leberwürstchen;

c) ohne Schleimhaut, ohne Submucosa (nur Muskelschicht und Serosa) als Bändel für bestimmte Bratwürste; Blinddarm (mit Schleimhaut, gewendet) als Säckchen oder Schweinekappe;

Grimmdarm (mit Schleimhaut, gewendet) als Krausdarm, Übergang zum Mastdarm als sog. Nachende;

Mastdarm (mit Schleimhaut, gewendet) als Fettende oder Schlacke;

Harnblase (mit Schleimhaut, gewendet);

vom Schaf: Dünndarm (ohne Schleimhaut, ohne Muskelschicht, ohne Serosa, nicht gewendet) als Schafsaitling;

Blinddarm (ohne Schleimhaut, gewendet) als Hammelkappe;

Harnblase (mit Schleimhaut, gewendet);

vom Pferd: Dünndarm (ohne Schleimhaut, gewendet) als P-Darm.

1.7 Als Gesamteiweiß gilt die Summe der Stickstoffverbindungen. Sie ergibt sich aus dem Vergleich des Gehaltes an Rohprotein (Stickstoff X 6.25) mit dem Gehalt an organischem Nichtfett (= Differenz zwischen 100 und der Summe aus den Prozenten an Wasser, Fett und Asche). Sofern sich die Gehalte an Rohprotein und organischem Nichtfett decken, ist dieser Wert für den Gehalt an Gesamteiweiß repräsentativ. Wenn sich die Werte nicht decken, gilt der niedrigere Wert als Gesamteiweiß. Gleiches gilt auch dann, wenn der Wert von organischem Nichtfett abzüglich etwa vorhandener Kohlenhydrate und anderer nichtstickstoffhaltiger organischer Substanzen niedriger liegt als der Rohproteingehalt.

1.71 Als Fleischeiweiß gelten die von geschlachteten warmblütigen Tieren (1.) stammenden Stickstoffverbindungen. Sie ergeben sich aus der Differenz zwischen Gesamteiweiß und der Summe aus Fremdeiweiß und fremden Nichteiweißstickstoffverbindungen.

1.72 Als bindegewebseiweißfreies Fleischeiweiß (BEFFE) gilt die Differenz zwischen Gesamteiweiß und der Summe aus Fremdeiweiß, fremden Nichteiweißstickstoffverbindungen und Bindegewebseiweiß. Eine Differenzierung der Stickstoffverbindungen erübrigt sich, wenn ein gefordertes Minimum an bindegewebseiweißfreiem Fleischeiweiß schon vom undifferenzierten Anteil nicht erreicht wird.

1.73 „Muskeltrockensubstanz" ist die durch Kochen in Phosphat-Puffer-Lösung nicht extrahierbare, getrocknete, weitestgehend kollagenfreie Substanz[12a].

1.74 „Bindegewebseiweiß" sind die aus Bindegewebe stammenden Eiweißstoffe (chemisch: Hydroxiprolin mal 8; histologisch: kollagenes und elastisches Bindegewebe).

1.75 Fremdeiweiß ist Eiweiß, das nicht von Schlachttierteilen (1.) stammt (z.B. Eiklar, Milcheiweiß, Sojaeiweiß, Weizeneiweiß).

1.76 Fremde Nichteiweißstickstoffverbindungen stammen nicht von Schlachttierteilen. Sie werden bevorzugt durch Eiweißhydrolye gewonnen und haben teilweise höhere Stickstoffgehalte als Eiweiß.

1.8 Zusätze: Die Verwendung von Zusätzen bei Fleischerzeugnissen muß geschmacklich und/oder technologisch begründet sein: sie richtet sich, soweit in Rechtsvorschriften keine besonderen Regelungen vorhanden sind, nach der allgemeinen Verkehrsauffassung[13]. So beschränkt sich z.B. die Verwendung von Zuckern[14], auch wenn diese geschmacksneutral sind – soweit in den Leitsätzen nicht ausdrücklich etwas anderes vermerkt ist – auf insgesamt 1 %. Bei der Herstellung von Fleischerzeugnissen, die als „umgerötet" beschrieben werden, werden Pökelstoffe (Nitritpökelsalz und/oder Kaliumnitrat) unter den in Anlage 1 Fleischverordnung genannten Bedingungen verwendet.

1.9 Behandlungsverfahren (wird später ergänzt).

2. Fleischerzeugnisse sind Erzeugnisse die ausschließlich oder überwiegend aus Fleisch (1.)

bestehen. Bei Erzeugnissen mit einem Zusatz von Fleisch oder Fleischerzeugnissen beziehen sich die Leitsätze auf den Anteil an Fleisch oder Fleischerzeugnissen. Erzeugnisse mit einem Zusatz von Fleisch oder Fleischerzeugnissen sowie fleischlose Erzeugnisse unterscheiden sich in Bezeichnung und Aufmachung eindeutig von Fleischerzeugnissen.

2.1 Allgemeines über Bezeichnungen, Angaben, Aufmachungen.

2.11 Fleischerzeugnisse und Erzeugnisse mit einem Zusatz von Fleisch oder Fleischerzeugnissen, in deren Bezeichnung nicht auf eine besondere Tierart hingewiesen wird, werden aus Teilen von Rindern und/oder Schweinen hergestellt. Rindfleisch und Schweinefleisch sind gegeneinander austauschbar, soweit sich aus den Leitsätzen nichts Gegenteiliges ergibt. Eine örtlich abweichende Verkehrsauffassung bleibt zu beachten. Die ausschließliche oder teilweise Verwendung von Teilen anderer Tiere als vom Rind (einschließlich Kalb) und Schwein wird in der Verkehrsbezeichnung angegeben, z.B. Geflügelfleischwurst, Hirschsalami[16]. Schaffleischabschnitte sind, soweit sie bei der Herrichtung von Fleisch für den Frischfleischverkauf anfallen, ohne Kenntlichmachung bis zu 5% des Fleischanteils gegen Rindfleisch austauschbar. Bei Wurstwaren, in deren Verkehrsbezeichnung der Begriff „Kalb" enthalten ist, bestehen mindestens 15% des Fleischanteils aus Kalb- und/oder Jungrindfleisch[16a].

Fleischerzeugnisse, in deren Verkehrsbezeichnung als Wortbestandteil der Name einer Tierart verwendet wird, enthalten − sofern sich aus den Leitsätzen nichts Gegenteiliges ergibt − charakterbestimmende Mengen an Teilen der genannten Tierart (z.B. 40% Hirschfleisch in einer Hirschsalami oder 2% Sardellen in einer Sardellenleberwurst, jeweils bezogen auf den Fleischanteil). Bei Fleischerzeugnissen, die eine bestimmte Menge von Teilen an einer nicht üblichen Tierart in nicht charakterbestimmenden Mengen enthalten wird in unmittelbarer Verbindung mit der Verkehrsbezeichnung auf die Mitverwendung von Teilen dieser Tierart hingewiesen (z.B. „Salami mit 5% Hirschfleisch", „Fleischwurst mit 5% Geflügelfleisch").

2.12 Fleischerzeugnisse mit hervorhebenden Hinweisen wie Delikateß-, Feinkost-, Gold-, prima, extra, spezial, fein[17], Ia, ff oder dgl. oder in besonders hervorhebender Aufmachung (z.B. goldfarbene Hülle) unterscheiden sich von den unter der betreffenden Bezeichnung sonst üblichen Fleischerzeugnissen, abgesehen von hohem Genußwert, durch besondere Auswahl des Ausgangsmaterials, insbesondere höherer Anteil an Skelettmuskulatur. Hervorhebende Hinweise sind auch die Bezeichnungen Pastete, Roulade und Galantine. Sofern in den Leitsätzen keine besonderen Feststellungen getroffen sind, liegt der Anteil an bindegewebseiweißfreiem Fleischeiweiß in diesen Fällen (2.12) absolut um ein Zehntel (z.B. 11 statt 10%), bezogen auf Fleischeiweiß histometrisch um 10% (z.B. 80 statt 70 Vol.-%), chemisch um 5% (z.B. 75 statt 70%) höher. Bei Erzeugnissen, bei deren Herstellung gemäß der Bezeichnung üblicherweise schon bestes Ausgangsmaterial verwendet wird, stellen hervorhebende Zusatzbezeichnungen einen verstärkten Hinweis darauf dar, daß diese Erzeugnisse aus bestem Ausgangsmaterial hergestellt sind.

2.13 Bei Fleischerzeugnissen, die üblicherweise sowohl grob als auch feinzerkleinert in den Verkehr kommen, z.B. bei streichfähiger Mettwurst oder Leberwurst, wird der Zerkleinerungsgrad notwendigenfalls nur bei grober Zerkleinerung mit grob, grobzerkleinert oder dergleichen deklariert. Sofern eine Kennzeichnung der feinen Zerkleinerung notwendig ist, erfolgt dies mit Wortverbindungen wie fein zerkleinert, feingekörnt oder feingehackt[17].

2.14 Bei Fleischerzeugnissen ist die zusätzliche Angabe „einfach" nur für bestimmte, in den Leitsätzen ausdrücklich genannte Sorten üblich. Sie ist Teil der Verkehrsbezeichnung und stellt keine ausreichende Kenntlichmachung einer wertgeminderten Beschaffenheit im Sinne des § 17 Abs. 1 Nr. 2 Buchstabe b LMBG dar.

2.15 Geografische Bezeichnungen sind in der Regel echte Herkunftsangaben[18]. In manchen Fällen können sie, auch soweit sie in den Leitsätzen ausdrücklich genannt werden, aber auch nur Hinweise auf eine bestimmte Zusammensetzung und Herstellungsweise sein. In Verbindung mit den Worten Original oder Echt weisen geografische Bezeichnungen in jedem Fall auf die Herkunft hin. Fleischerzeugnisse mit geografischen Bezeichnungen, die in den Leitsätzen nicht besonders genannt sind, liegen in der Regel über, in keinem Fall unter den Anforderungen, die in diesen Leitsätzen für entsprechende Erzeugnisse ohne geografische Bezeichnung festgestellt sind: andernfalls wird gemäß § 17 Abs. 1 Nr. 2 des Lebensmittel- und Bedarfsgegenständegesetzes auf die Abweichung hingewiesen. Dies gilt auch für eingeführte Erzeugnisse.

2.16 Fleischerzeugnisse mit Hinweisen auf eine bestimmte Herstellung (z.B. Hausmacher, Bauern-, Guts- altes Familienrezept, oder bestimmte Personengruppen (z.B. Gutsherren, Schlemmer), die in den Leitsätzen nicht genannt sind, liegen auf keinen Fall unter den Anforderungen, die in den Leitsätzen für entsprechende Erzeugnisse ohne solche Hinweise festgestellt sind; andernfalls wird gemäß § 17 Abs. 1 Nr. 2 des Lebensmittel- und Bedarfsgegenständegesetz auf die Abweichung hingewiesen.

2.17 Phantasiebezeichnungen und isoliert gebrauchte geografische Angaben, die in den Leitsätzen nicht genannt sind, werden durch die übliche Verkehrsbezeichnung oder eine Beschreibung des Erzeugnisses[18a] ergänzt, aus der die Art des Lebensmittels erkennbar ist und von verwechselbaren Erzeugnissen unterschieden werden kann, z.B. *Senatorenwurst, Jagdwurst geräuchert mit grünem Pfeffer.*

2.18 Fleischerzeugnisse werden nur dann zu anderen Fleischerzeugnissen oder Erzeugnissen mit einem Zusatz von Fleisch oder Fleischerzeugnissen umgearbeitet, wenn sie
   − nicht wertgemindert sind und
   − in der Herstellungsstätte verblieben oder aus der Verkaufsstätte von wertgeminderter Ware streng getrennt und unbeeinträchtigt zurückgeliefert worden sind,
   − im Enderzeugnis keine Wertminderung des Nähr- oder Genußwertes bedingen und
   − von Hüllen befreit worden sind. Geräucherte Würstchen in Schafsaitlingen, Schweinesaitlingen oder Hautfasersaitlingen werden mit Hüllen nur zu solchen Erzeugnissen verarbeitet, die dem Verbraucher als geringwertig bekannt zu sein pflegen, und nur in Mengen bis zu 2 %.

2.19 Formfleischerzeugnisse werden aus Fleischstücken nach mechanischer Vorbehandlung zur Freisetzung von Muskeleiweiß an den Oberflächen unter gleichzeitiger Auflockerung der Struktur (z.B. Poltern oder Tumbeln) auch unter Verwendung von Kochsalz oder Nitritpökelsalz hergestellt. Sie werden zu einer größeren Einheit (Stückware) zusammengefügt; sie behalten durch Hitze- oder Gefrierbehandlung ihre neue Form. Der Gewebeverband der verwendeten Fleischstücke bleibt im wesentlichen erhalten. Formfleischerzeugnisse weisen unbeschadet des bei der Herstellung erforderlichen Salzgehaltes die gleiche Zusammensetzung auf wie Erzeugnisse aus gewachsenem Fleisch, denen sie nachgebildet sind. Der bei der Herstellung auftretende Muskelabrieb (aus freigesetztem Muskeleiweiß entstehende brätartige Substanz) übersteigt, soweit in den Leitsätzen nichts anderes angegeben wird, nicht den Wert von 5 Vol.- % (bei Geflügelfleischerzeugnissen von 10 Vol.- %) im verzehrsfertigen zusammengefügten Fleischanteil. Bei der Herstellung wird kein gewolftes, gekuttertes oder in ähnlicher Weise zerkleinertes Fleisch verwendet. Zur Vermeidung einer Verwechslung von Formfleischerzeugnissen mit vergleichbaren Erzeugnissen aus gewachsenem Fleisch wird in der Verkehrsbezeichnung das Wort „Formfleisch-" vorangestellt und außerdem in unmittelbarer Verbindung mit der Verkehrsbezeichnung in gleicher Schriftgröße darauf hingewiesen, daß Fleischstücke zusammengesetzt sind (z.B. Formfleisch-Schinken, aus Schinkenstücken zusammengefügt, Formfleisch-Roulade, aus Fleischstücken zusammengefügt, Formfleisch-Gulasch, aus Fleischstücken zusammengefügt)[18b].

2.2 Wurstwaren (Würste und wurstartige Erzeugnisse) sind bestimmte, unter Verwendung von geschmacksgebenden und/oder technologisch begründeten Zutaten[19] zubereitete schnittfeste oder streichfähige Gemenge aus zerkleinertem Fleisch (1.1), Fettgewebe (1.21) sowie sortenbezogen auch andere zum menschlichen Genuß bestimmten Tierkörperteilen (1.5) Wurstwaren gelangen geräuchert oder ungeräuchert, in Hüllen oder Behältnissen oder auch ohne Hüllen in den Verkehr. Fleischerzeugnisse, die als Pasteten, Rouladen oder Galantinen bezeichnet sind, sind nur dann Wurstwaren im Sinne dieser Leitsätze, wenn sie die Merkmale von Brühwürsten (2.22) oder Kochwürsten (2.23) aufweisen. Küchenfertig vorbereitete oder tafelfertig zubereitete Fleischerzeugnisse wie Fleischklopse, Küchenpasteten gelten nicht als Wurstwaren[20].

2.21   Rohwürste sind umgerötete, ungekühlt (über +10 °C) lagerfähige, in der Regel roh zum Verzehr gelangende Wurstwaren, die streichfähig, oder nach einer mit Austrocknung verbundenen Reifung schnittfest geworden sind. Zucker[14] werden in einer Menge von nicht mehr als 2 % zugesetzt.

2.22   Brühwürste sind durch Brühen, Backen, Braten oder auf andere Weise hitzebehandelte Wurstwaren, bei denen zerkleinertes rohes Fleisch mit Kochsalz (auch in Form von Nitritpökelsalz soweit zugelassen[21] und ggf. anderen Kutterhilfsmitteln[22] meist unter Zusatz von Trinkwasser (oder Eis) ganz oder teilweise aufgeschlossen wurde und deren Muskeleiweiß bei der Hitzebehandlung mehr oder weniger zusammenhängend koaguliert ist, so daß die Erzeugnisse bei etwaigem erneutem Erhitzen schnittfest bleiben. Die Menge des verwendeten Trinkwassers ist bei den einzelnen Wurstsorten verschieden. Bezogen auf Fleisch und Fett wird anstelle von Trinkwasser teilweise bis zu 10 % Blutplasma[23] oder Blutserum zugesetzt: der Ersatz von Trinkwasser durch 5 % Milch ist auf zum Braten bestimmte ungeräucherte Würste, deren Brät fein zerkleinert ist, beschränkt[24]. Brät ist
– das unter Zusatz von Trinkwasser und Salzen zerkleinerte rohe Fleisch,
– die für die Brühwurstherstellung zum Abfüllen fertiggestellte Rohmasse.
Würste, die roh in den Verkehr kommen, aber dazu bestimmt sind, vor dem Verzehr durch Brühen, Backen, Braten oder auf andere Weise hitzebehandelt zu werden und dabei schnittfest werden (z.B. rohe Bratwürste und rohe Schweinswürstel zum Selbstbraten, rohe Weißwürste zum Selbstbrühen und roher Leberkäse zum Selbstbacken) sind Brühwursthalbfabrikate.

2.23   Kochwürste sind hitzebehandelte Wurstwaren, die vorwiegend aus gekochtem Ausgangsmaterial hergestellt werden. Nur beim Überwiegen von Blut, Leber und Fettgewebe kann der Anteil an rohem Ausgangsmaterial vorherrschen. Kochwürste sind in der Regel nur in erkaltetem Zustand schnittfähig.

2.231   Kochstreichwürste sind Kochwürste, deren Konsistenz im erkalteten Zustand von erstarrtem Fett oder zusammenhängend koaguliertem Lebereiweiß bestimmt ist. Sofern Kochstreichwürste über 10 % Leber enthalten, handelt es sich um Leberwürste.

2.233   Sülzwürste sind Kochwürste, deren Schnittfähigkeit im erkalteten Zustand durch erstarrte Gallertmasse (Aspik oder Schwartenbrei) zustande kommt.

2.24   Bratwürste. Die Verkehrsauffassung, die sich mit dem Begriff „Bratwurst" verbindet, ist regional unterschiedlich. Erzeugnisse, die unter dieser Bezeichnung in den Verkehr gebracht werden, sind demgemäß entweder

a) Rohprodukte im Sinne von § 1 Abs. 1 Nr. 3 der HFlV; durch nachfolgende Erhitzung gewinnen diese Halbfabrikate den Charakter der unter c) genannten Erzeugnisse, oder

b) Rohwürste (2.21), soweit sie in unerhitztem Zustand und gereift in den Verkehr kommen, oder

c) Brühwürste (2.22), soweit ihr Muskeleiweiß durch Hitzeeinwirkung zusammenhängend koaguliert ist, so daß die Erzeugnisse bei etwaigem erneuten Erhitzen schnittfest bleiben, oder

d) Kochwürste (2.23).

Als „Bratwursthack", „Bratwurstbrät" o.ä. bezeichnete Gemenge sind Rohprodukte im Sinne von Buchstabe a und unterliegen den in dieser Verordnung angegebenen Verkehrsbeschränkungen.

II.   **Besondere Beurteilungsmerkmale für einzelne Erzeugnisse**

Die nachstehend beschriebenen Erzeugnisse und auch deren Verkehrsbezeichnungen stellen keine erschöpfende Aufzählung dar; erfaßt sind nur Erzeugnisse und Verkehrsbezeichnungen mit einer gewissen Marktbedeutung. Soweit unter einer Position mehrere Erzeugnisse genannt sind, handelt es sich dabei um regional unterschiedliche Bezeichnungen für ein und dasselbe Erzeugnis oder um eine Zusammenfassung von Erzeugnissen, die sich in Würzung, Zerkleinerungsgrad oder dergleichen unterscheiden, hinsichtlich des Ausgangsmaterials und der Analysenwerte aber gleich sind.

Die Reihenfolge der bei den einzelnen Erzeugnissen als Ausgangsmaterial angegebenen Tierkörperteile richtet sich nach der Systematik dieser Leitsätze. Sie enthält im allgemeinen keine Aussage über Anteile; nur wenn von der Systematik abgewichen wird, überwiegt Fleisch der zuerst genannten Tierart (z.B. 2.11.03 Schinkenplockwurst).

Wertbestimmend ist bei Fleischerzeugnissen in erster Linie der absolute Anteil an binde- und fettgewebefreiem Fleisch und dessen relativer Anteil am Gesamtfleisch. Als ausreichend sind diese Anteile anzusehen, wenn die nachfolgend bei den einzelnen Erzeugnissen angeführten Analysenwerte für das bindegewebseiweißfreie Fleischeiweiß im Gesamterzeugnis und im Fleischeiweiß in jeder einzelnen Probe nicht unterschritten sind. Diese Werte sind Mindestwerte. Streuungen, die sich auch bei gleichbleibender Rezeptur aus den Herstellungsbedingungen oder aus der Untersuchungsmethode ergeben können, sind berücksichtigt, weitere Toleranzen also nicht erforderlich.

Der Hersteller kann die Mindestwerte dann in jedem Fall einhalten, wenn er bei der Herstellung dem redlichen Gewerbebrauch entsprechend hinreichende Sicherheitsspannen berücksichtigt.

Durch die Feststellung der Mindestgehalte für bindegewebseiweißfreies Fleischeiweiß ist zwar die Summe der Fett- und Wassergehalte bereits limitiert. Jedoch gehen auch bei ausreichendem Anteil an bindegewebseiweißfreiem Fleischeiweiß sowohl der Fett- als auch der Wassergehalt nicht über das herkömmliche Maß hinaus.

Die als Verkehrsbezeichnungen anzusehenden Bezeichnungen sind im folgenden kursiv gedruckt.

2.211   Schnittfeste Rohwürste

Besondere Merkmale:
gereift; unangeschnitten ohne Kühlung lagerfähig; an die Oberfläche der Fleischteilchen ausgetretenes Muskeleiweiß hat im Verlauf der Reifung Fleisch- und Fettgewebeteilchen miteinander verbunden; bei grober Körnung Fettgewebe zu erkennen; bei luftgetrockneten und schwach geräucherten Erzeugnissen auf dem Darm zuweilen weißliche Beläge von Mikroorganismen, die durch Stärke ergänzt sein können. Bei schnittfesten Rohwürsten (ausgenommen 2.211.0, 2.211.0 und 2.211.0) mit Belägen von Mikroorganismen, in weißer Tauchmasse oder in Hüllen mit Pigmentanteilen liegen die absoluten Gehalte für das bindegewebseiweißfreie Fleischeiweiß um ein Zehntel, bei solchen mit Hinweisen auf einen besonders hohen Reifegrad (z.B. Dauer-, ausgereift oder hartgereift) um zwei Zehntel höher als bei den einzelnen Sorten angegeben.

2.211.01   *Salami ungarischer Art*

Ausgangsmaterial:
fettgewebs- und sehnenarmes Schweinefleisch (1.121)
grob entfettetes Schweinefleisch (1.122)
sehnen- und fettgewebsarmes Rindfleisch (1.111)
Speck (1.212)

Besondere Merkmale:
besonders schnittfest; mittelkörnig, der weißliche Belag von Mikroorganismen auf der Oberfläche kann durch Stärke ergänzt sein.

Analysenwerte:
bindegewebseiweißfreies Fleischeiweiß nicht unter 14 %
bindegewebseiweißfreies Fleischeiweiß im Fleischeiweiß
histometrisch
nicht unter 75 Vol.-%
chemisch
nicht unter 85 %

2.211.03   *Schinkenplockwurst, Rohe Schinkenwurst*

Ausgangsmaterial:
fettgewebs- und sehnenarmes Schweinefleisch (1.121)
sehnen- und fettgewebsarmes Rindfleisch (1.111)
Speck (1.212)

Besondere Merkmale:
grobkörnig

Analysenwerte:
bindegewebseiweißfreies Fleischeiweiß nicht unter 13.5 %
bindegewebseiweißfreies Fleischeiweiß im Fleischeiweiß
histometrisch
nicht unter 75 Vol.-%
chemisch
nicht unter 85 %

2.211.04   *Salami Ia, Salami, fein*

Ausgangsmaterial:
sehnen- und fettgewebsarmes Rindfleisch (1.111)
grob entfettetes Schweinefleisch (1.122)
Speck (1.212)

Besondere Merkmale:
mittelkörnig

Analysenwerte:
bindegewebseiweißfreies Fleischeiweiß nicht unter 14 %
bindegewebseiweißfreies Fleischeiweiß im Fleischeiweiß
histometrisch
nicht unter 75 Vol.-%
chemisch
nicht unter 85 %

2.211.05   *Salami, Katenrauchwurst, Mettwurst, Salametti*

Ausgangsmaterial:
sehnen- und fettgewebsarmes Rindfleisch (1.111)
grob entsehntes Rindfleisch (1.112)
grob entfettetes Schweinefleisch (1.122)
Speck (1.212)

530

Besondere Merkmale:
mittelkörnig

Analysenwerte:
bindegewebseiweißfreies Fleischeiweiß nicht unter 12 %
(bei Kaliber über 70 mm nicht unter 11.5 %)
bindegewebseiweißfreies Fleischeiweiß im Fleischeiweiß
histometrisch
nicht unter 70 Vol-%
chemisch
nicht unter 80 %

2.211.0 *Schlackwurst*

Ausgangsmaterial:
sehnen- und fettgewebsarmes Rindfleisch (1.111)
fettgewebs- und sehnenarmes Schweinefleisch (1.121)
Speck (1.212)

Besondere Merkmale:
besonders feinkörnig; vorzugsweise in Fettenden

Analysenwerte:
bindegewebseiweißfreies Fleischeiweiß nicht unter 12,5 %
(bei Kaliber über 70 mm nicht unter 12 %
bindegewebseiweißfreies Fleischeiweiß im Fleischeiweiß
histometrisch
nicht unter 75 Vol.-%
chemisch
nicht unter 85 %

2.211.07 *Cervelatwurst Ia, Cervelatwurst fein*

Ausgangsmaterial:
sehnen- und fettgewebsarmes Rindfleisch (1.111)
fettgewebs- und sehnenarmes Schweinefleisch (1.121)
Speck (1.212)

Besondere Merkmale:
feinkörnig

Analysenwerte:
bindegewebseiweißfreies Fleischeiweiß nicht unter 12 %
bindegewebseiweißfreies Fleischeiweiß im Fleischeiweiß
histometrisch
nicht unter 75 Vol.-%
chemisch
nicht unter 85 %

2.211.08 *Cervelatwurst*

Ausgangsmaterial:
sehnen- und fettgewebsarmes Rindfleisch (1.111)
grob entsehntes Rindfleisch (1.112)
grob entfettetes Schweinefleisch (1.122)
Speck (1.212)

Besondere Merkmale:
feinkörnig

Analysenwerte:
bindegewebseiweißfreies Fleischeiweiß nicht unter 11.5 %
(bei Kaliber über 70 mm nicht unter 11 %)
bindegewebseiweißfreies Fleischeiweiß im Fleischeiweiß
histometrisch
nicht unter 70 Vol.-%
chemisch
nicht unter 80 %

2.211.0   *Schinkenmettwurst, Feldkieker (Feldgicker)*

Ausgangsmaterial:
fettgewebs- und sehnenarmes Schweinefleisch (1.121)
grob entsehntes Rindfleisch (1.112) bei Feldkieker (Feldgicker)
Speck (1.212)

Besondere Merkmale:
grobkörnig

Analysenwerte:
bindegewebseiweißfreies Fleischeiweiß nicht unter 12.5 %
bindegewebseiweißfreies Fleischeiweiß im Fleischeiweiß
histometrisch
nicht unter 70 Vol.-%
chemisch
nicht unter 80 %

2.211.10   *Westfälische grobe Mettwurst*

Ausgangsmaterial:
grob entfettetes Schweinefleisch (1.122)
fettgewebereiches Schweinefleisch (1.123)
grob entsehntes Rindfleisch (1.112)
Speck (1.212)

Besondere Merkmale:
grobkörnig

Analysenwerte:
bindegewebseiweißfreies Fleischeiweiß nicht unter 12 %
bindegewebseiweißfreies Fleischeiweiß im Fleischeiweiß
histometrisch
nicht unter 65 Vol.-%
chemisch
nicht unter 75 %

2.211.11   *Luftgetrocknete Mettwurst*

Ausgangsmaterial:
grob entfettetes Schweinefleisch (1.122)
fettgewebereiches Schweinefleisch (1.123)
grob entsehntes Rindfleisch (1.112)
Speck (1.212)

Besondere Merkmale:
grob- mittelkörnig; in der Regel in Schweinedünndarm

Analysenwerte:
bindegewebseiweißfreies Fleischeiweiß nicht unter 12 %
bindegewebseiweißfreies Fleischeiweiß im Fleischeiweiß
histometrisch
nicht unter 65 Vol.-%
chemisch
nicht unter 75 %

2.211.1 *Aalrauchmettwurst*

Ausgangsmaterial:
fettgewebereiches Schweinefleisch (1.123)
Besondere Merkmale:
mittelkörnig; besonders fettreich

Analysenwerte:
bindegewebseiweißfreies Fleischeiweiß nicht unter 10 %
bindegewebseiweißfreies Fleischeiweiß im Fleischeiweiß
histometrisch
nicht unter 60 Vol.-%
chemisch
nicht unter 75 %

2.211.13 *Plockwurst*

Ausgangsmaterial:
grob entsehntes Rindfleisch (1.112)
fettgewebsreiches Schweinefleisch (1.123)
Fettgewebe (1.21)

Besondere Merkmale:
grob- bis mittelkörnig

Analysenwerte:
bindegewebseiweißfreies Fleischeiweiß nicht unter 11 %
bindegewebseiweißfreies Fleischeiweiß im Fleischeiweiß
histometrisch
nicht unter 65 Vol.-%
chemisch
nicht unter 75 %

2.211.14 *Plockwurst einfach*

Ausgangsmaterial:
grob entsehntes Rindfleisch (1.112)
sehnenreiches Rindfleisch (1.1113)
fettgewebsreiches Schweinefleisch (1.123)
Fettgewebe (1.21)
evtl. bis 10 Prozent Bindegewebe (1.31)

Besondere Merkmale:
bindegewebseiweißfreies Fleischeiweiß nicht unter 10 %
bindegewebseiweißfreies Fleischeiweiß im Fleischeiweiß

histometrisch
nicht unter 50 Vol.-%
chemisch
nicht unter 65 %

2.211.1 *Rohe Knoblauchwurst, Rohe Krakauer, Touristenwurst, Mettwurst in Enden, (Mettenden), Räucherenden, Colbassa*

Ausgangsmaterial:
grob entsehntes Rindfleisch (1.112)
sehnenreiches Rindfleisch (1.113)
fettgewebsreiches Schweinefleisch (1.123)
Fettgewebe (1.21)

Besondere Merkmale:
mittel- bis feinkörnig; in der Regel in Kranzdärmen

Analysenwerte:
bindegewebseiweißfreies Fleischeiweiß nicht unter 10 %
bindegewebseiweißfreies Fleischeiweiß im Fleischeiweiß
histometrisch
nicht unter 60 Vol.-%
chemisch
nicht unter 75 %

2.211.16 *Knoblauchwurst einfach, Touristenwurst einfach, Räucherenden einfach, Mettwurst in Enden einfach, (Mettenden einfach)*

Ausgangsmaterial:
grob entsehntes Rindfleisch (1.112)
sehnenreiches Rindfleisch (1.113)
fettgewebsreiches Schweinefleisch (1.123)
Fettgewebe (1.21)
evtl. bis 10 % Bindegewebe (1.31)

Besondere Merkmale:
mittel- bis feinkörnig; in der Regel in Kranzdärmen

Analysenwerte:
bindegewebseiweißfreies Fleischeiweiß nicht unter 9 %
bindegewebseiweißfreies Fleischeiweiß im Fleischeiweiß
histometrisch
nicht unter 50 Vol.-%
chemisch
nicht unter 65 %

2.211.17 *Polnische, Berliner Knacker, Bauernbratwurst, Bauernseufzer, Geräucherte Bratwurst, Debreziner, roh*

Ausgangsmaterial:
fettgewebsreiches Schweinefleisch (1.123)
grob entsehntes Rindfleisch (1.112)

Besondere Merkmale:
mittelkörnig; in der Regel in Schweinedünndärmen oder Schafsaitlingen

Analysenwerte:
bindegewebseiweißfreies Fleischeiweiß nicht unter 12 %
bindegewebseiweißfreies Fleischeiweiß im Fleischeiweiß
histometrisch
nicht unter 65 Vol.-%
chemisch
nicht unter 75 %

2.211.18 *Landjäger, Peperoni*

Ausgangsmaterial:
sehnenreiches Rindfleisch (1.113)
fettgewebereiches Schweinefleisch (1.123)
Fettgewebe (1.21)

Besondere Merkmale:
mittel- bis feinkörnig; Landjäger in der Regel in Schweinedünndärmen, flach gepreßt;
Peperoni in der Regel in engkalibrigen Schäldärmen, Abgabe an Verbraucher jedoch ohne
Hülle

Analysenwerte:
bindegewebseiweißfreies Fleischeiweiß nicht unter 10 %
bindegewebseiweißfreies Fleischeiweiß im Fleischeiweiß
histometrisch
nicht unter 55 Vol.-%
chemisch
nicht unter 65 %

2.212 **Streichfähige Rohwurst**

Besondere Merkmale:
sortenabhängig gereift, umgerötet, jedoch nur gering abgetrocknet, nicht zur längeren Lagerung bestimmt. Aus zerkleinertem Fettgewebe freigesetztes Fett umhüllt Fleischteilchen und
bewirkt Streichfähigkeit, die bei feinzerkleinerter Ware am ausgeprägtesten ist.

2.212.1 *Teewurst, Teewurst Rügenwalder Art, Grobe Teewurst, Mettwurst Ia, Streichmettwurst Ia*

Ausgangsmaterial:
fettgewebs- und sehnenarmes Schweinefleisch (1.121)
grob entfettetes Schweinefleisch (1.122)
sehnen- und fettgewebsarmes Rindfleisch (1.111)
Fettgewebe (1.21)

Besondere Merkmale:
fein zerkleinert oder grobkörnig

Analysenwerte:
bindegewebseiweißfreies Fleischeiweiß
fein zerkleinert nicht unter 10 %
grob nicht unter 11 %
bindegewebseiweißfreies Fleischeiweiß im Fleischeiweiß
histometrisch
nicht unter 75 Vol.-%
chemisch
nicht unter 85 %

2.212.2   *Mettwurst , Streichmettwurst, Braunschweiger Mettwurst, Braunschweiger Bregenwurst*

Ausgangsmaterial:
grob entfettetes Schweinefleisch (1.122)
fettgewebsreiches Schweinefleisch (1.123)
grob entsehntes Rindfleisch (1.112)
Fettgewebe (1.21)

Besondere Merkmale:
fein zerkleinert; Bregenwurst wird mit oder ohne Hirn (Bregen, Brägen) hergestellt

Analysenwerte:
bindegewebseiweißfreies Fleischeiweiß nicht unter 7,5 %
bindegewebseiweißfreies Fleischeiweiß im Fleischeiweiß
histometrisch
nicht unter 60 Vol.-%
chemisch
nicht unter 75 %

2.212.3   *Grobe Mettwurst, Zwiebelmettwurst, Zwiebelwurst, Frische Mettwurst, Vesperwurst*

Ausgangsmaterial:
grob entfettetes Schweinefleisch (1.122)
fettgewebsreiches Schweinefleisch (1.123)
grob entsehntes Rindfleisch (1.112)

Besondere Merkmale:
grobkörnig; Zwiebelwurst, Frische Mettwurst und Vesperwurst ungeräuchert, zum alsbaldigen Verzehr bestimmt

Analysenwerte:
bindegewebseiweißfreies Fleischeiweiß nicht unter 8,5 %
bindegewebseiweißfreies Fleischeiweiß im Fleischeiweiß
histometrisch
nicht unter 65 Vol.-%
chemisch
nicht unter 75 %

2.212.4   *Schmierwurst, fette Mettwurst*

Ausgangsmaterial:
fettgewebsreiches Schweinefleisch (1.123)
grob entsehntes Rindfleisch (1.112)
Fettgewebe (1.21)

Besondere Merkmale:
fein zerkleinert

Analysenwerte:
bindegewebseiweißfreies Fleischeiweiß nicht unter 6,5 %
bindegewebseiweißfreies Fleischeiweiß im Fleischeiweiß
histometrisch
nicht unter 55 Vol.-%
chemisch
nicht unter 70 %

2.212.5 *Mettwurst einfach, Streichmettwurst einfach*

Ausgangsmaterial:
fettgewebsreiches Schweinefleisch (1.123)
sehnenreiches Rindfleisch (1.113)
evtl. bis 10% Bindegewebe (1.21)

Besondere Merkmale:
fein zerkeinert

Analysenwerte:
bindegewebseiweißfreies Fleischeiweiß nicht unter 7%
bindegewebseiweißfreies Fleischeiweiß im Fleischeiweiß
histometrisch
nicht unter 50 Vol.-%
chemisch
nicht unter 70%

2.221 Brühwürstchen

Besondere Merkmale:
meist für den Warmverzehr bestimmt; lose kühlbedürftig und zum alsbaldigen Verbrauch bestimmt; der Ausdruck „in Eigenhaut" weist darauf hin, daß die Ware vor der Abgabe von der Hülle befreit wurde. Die angegebenen absoluten Gehalte für das bindegewebseiweißfreie Fleischeiweiß liegen bei Würstchen, die in Behältnissen mit Lake haltbar gemacht wurden und sich noch in diesen Behältnissen befinden oder die lose z.B. als Dosenware deklariert sind, angesichts der in solchen Behältnissen möglichen Austauschvorgänge um jeweils 0,5% niedriger (z.B. 7,5 statt 8%).

2.221.01 *Würstchen nach Frankfurter Art, Schinkenwürstchen*

Ausgangsmaterial:
grob entfettetes Schweinefleisch (1.122)
fettgewebsreiches Schweinefleisch (1.123)

Besondere Merkmale:
kein Rindfleisch; der roh als haltbares Halbfabrikat zum Selbstbrühen in den Verkehr gelangenden Variante ist Wasser entzogen; fein zerkleinert; Schinkenwürstchen auch grob; eng kalibrig; umgerötet

Analysenwerte:
bindegewebseiweißfreies Fleischeiweiß im rohen haltbaren Halbfabrikat nicht unter 9%
gebrüht nicht unter 8%
bindegewebseiweißfreies Fleischeiweiß im Fleischeiweiß
histometrisch
roh nicht unter 75 Vol.-%
erhitzt nicht unter 70 Vol.-%
chemisch
nicht unter 75%

2.221.02 *Delikateß-Würstchen*

Ausgangsmaterial:
sehnen- und fettgewebsarmes Rindfleisch (1.111)
grob entsehntes Rindfleisch (1.112)

fettgewebsreiches Schweinefleisch (1.123)
Speck (1.212)

Besondere Merkmale:
fein zerkleinert; umgerötet, engkalibrig

Analysenwerte:
bindegewebseiweißfreies Fleischeiweiß nicht unter 9%
bindegewebseiweißfreies Fleischeiweiß im Fleischeiweiß
histometrisch
nicht unter 75 Vol.-%
chemisch
nicht unter 82%

2.221.03 *Wiener, Bockwurst, Würstchen, Saftwürstchen, Cocktailwürstchen, Halberstädter Würst-*
chen, Dünne, Münchner Dampfwurst, Saitenwürstchen, Bouillonwürstchen, Fleischwürst-
chen, Jauersche

Ausgangsmaterial:
grob entsehntes Rindfleisch (1.112)
fettgewebsreiches Schweinefleisch (1.123)
Speck (1.212)

Besondere Merkmale:
fein zerkleinert; Bouillonwürstchen und Jauersche teilweise etwas gröber; umgerötet; engkalibrig; der Ausdruck „in Eigenhaut" weist darauf hin, daß die Ware vor der Abgabe von
der Hülle befreit wurde

Analysenwerte:
bindegewebseiweißfreies Fleischeiweiß nicht unter 8%
bindegewebseiweißfreies Fleischeiweiß im Fleischeiweiß
histometrisch
nicht unter 70 Vol.-%
chemisch
nicht unter 75%

2.221.04 *Pfälzer, Augsburger, Regensburger, Debreziner, Jagdwürstchen, Brühpolnische, Bauern-*
würstchen, Bauernwurst, Bauernseufzer

Besondere Merkmale:
fein zerkleinerte Grundmasse, im übrigen bis erbsengroße Körnung; umgerötet; in der Regel
in Schweinedünndärmen, Jagdwürstchen, Bauernwürstchen und Debreziner in der Regel
in Schafsaitlingen; Augsburger in der Regel zum Braten bestimmt; Debreziner zum Teil
als geräuchertes, ungekühlt lagerfähiges Halbfabrikat roh im Verkehr

Analysenwerte:
bindegewebseiweißfreies Fleischeiweiß nicht unter 8%
bindegewebseiweißfreies Fleischeiweiß im Fleischeiweiß
histometrisch
nicht unter 65 Vol.-%
chemisch
nicht unter 75%

2.221.05 *Dicke, Knackwurst, Rote, Servela, Klöpfer, Knacker, Rindswurst, Schüblinge*

Ausgangsmaterial:
sehnenreiches Rindfleisch (1.113)
fettgewebsreiches Schweinefleisch (1.123)
Fettgewebe (1.21)

Besondere Merkmale:
in der Regel fein zerkleinert; in der Regel in Schweinedärmen oder Rinderkranzdärmen:
Rindswurst enthält nur Rindfleisch (1.112, 1.113) und Rinderfleischfett (1.213)

Analysenwerte:
bindegewebseiweißfreies Fleischeiweiß nicht unter 7,5 %
bindegewebseiweißfreies Fleischeiweiß im Fleischeiweiß
histometrisch
nicht unter 65 Vol.-%
chemisch
nicht unter 75 %

2.221.06 *Knacker einfach, Schüblinge einfach, Servela einfach, Klöpfer einfach, Rote einfach*

Ausgangsmaterial:
sehnenreiches Rindfleisch (1.113)
fettgewebsreiches Schweinefleisch (1.123)
Fettgewebe (1.21)
5 % bis 10 % zusätzliches Bindegewebe (1.31)

Besondere Merkmale:
in der Regel fein zerkleinert; in der Regel in Schweinedünndärmen oder Rinderkranzdärmen; nicht in Schafsaitlingen und nicht in Därmen mit einem Kaliber unter 32 mm

Analysenwerte:
bindegewebseiweißfreies Fleischeiweiß nicht unter 6,5 %
bindegewebseiweißfreies Fleischeiweiß im Fleischeiweiß
histometrisch
nicht unter
chemisch 50 Vol.-%
nicht unter 60 %

2.221.07 *Kalbsbratwurst, Weißwurst 25)*

Ausgangsmaterial:
sehnen- und fettgewebsarmes Jungrindfleisch (1.111)
grob entsehntes Kalb- und Jungrindfleisch (1.112)
fettgewebsreiches Schweinefleisch (1.123)
Speck (1.212)

Besondere Merkmale:
fein zerkleinert; nicht umgerötet; Kalbsbratwurst in der Regel in Schafsaitlingen oder
Schweinedünndärmen, Weißwurst in Schweinedünndärmen; Kalbsbratwurst wird teilweise
gebraten; geringe Haltbarkeit; vereinzelt roh im Verkehr, dann zum umgehenden im gebrühten Zustand bestimmt

Analysenwerte:
bindegewebseiweißfreies Fleischeiweiß nicht unter 7,5 %
bindegewebseiweißfreies Fleischeiweiß im Fleischeiweiß

histometrisch
nicht unter 65 Vol.-%
chemisch
nicht unter 80%

2.221.08 *Wollwurst, Geschwollene*

Ausgangsmaterial:
grob entsehntes Kalb oder Jungrindfleisch (1.112)
fettgewebsreiches Schweinefleisch (1.123)
Speck (1.212)

Besondere Merkmale:
fein zerkleinert; nicht umgerötet; ohne Hülle; in der Regel zum Braten bestimmt; geringe
Haltbarkeit

Analysenwerte:
bindegewebseiweißfreies Fleischeiweiß nicht unter 6,5%
bindegewebseiweißfreies Fleischeiweiß im Fleischeiweiß
histometrisch
nicht unter 70 Vol.-%
chemisch
nicht unter 80%

2.221.09 *Münchner Weißwurst*

Ausgangsmaterial:
sehnen- und fettgewebsarmes Jungrindfleisch (1.111)
grob entsehntes Kalb- und Jungrindfleisch (1.112)
fettgewebsreiches Schweinefleisch (1.123)
Speck (1.212)
5% bis 15% zusätzliches Bindegewebe (1.31) vor allem in Form von besonders gekochten
Schwarten oder Kalbskopfhäuten

Besondere Merkmale:
fein zerkleinerte Grundmasse; Bindegewebsanteile bis reiskorngroß; nicht umgerötet; in
der Regel in Schweinesaitlingen: geringe Haltbarkeit; vereinzelt roh im Verkehr, dann zum
umgehenden Verkehr im gebrühten Zustand bestimmt

Analysenwerte:
bindegewebseiweißfreies Fleischeiweiß nicht unter 6,5%
bindegewebseiweißfreies Fleischeiweiß im Fleischeiweiß
histometrisch
nicht unter 60 Vol.-%
chemisch
nicht unter 70%

2.221.10 *Stockwurst, Weißwurst einfach, Lungenwurst, Berliner Dampfwurst, Kümmelwurst*

Ausgangsmaterial:
grob entsehntes Rindfleisch (1.112)
sehnenreiches Rindfleisch (1.113)
fettgewebsreiches Schweinefleisch (1.123)
Fettgewebe (1.21)
10% bis 15% Bindegewebe (1.31) bei Lungenwurst, Berliner Dampfwurst und Kümmelwurst
kann Bindegewebe bis zu 10% durch Innereien (1.5) ersetzt sein

Besondere Merkmale:
fein zerkleinert; vereinzelt bindegewebige Anteile bis reiskorngroß; mit Ausnahme der Berliner Dampfwurst und der Kümmelwurst nicht umgerötet; in der Regel in Schweinedünndärmen oder Rinderkranzdärmen; nicht in Schafsaitlingen und nicht in Därmen mit einem Kaliber unter 32 mm; geringe Haltbarkeit

Analysenwerte:
bindegewebseiweißfreies Fleischeiweiß nicht unter 6 %
bindegewebseiweißfreies Fleischeiweiß im Fleischeiweiß
histometrisch
nicht unter 50 Vol.-%
chemisch
nicht unter 65 %

2.221.11 *Grobe Bratwurst, Schweinsbratwürstchen, Schweinswürstchen, Fränkische Bratwurst, Pfälzer Bratwurst, Hessische Bratwurst, Rostbratwurst, Nürnberger Rostbratwurst, Treuchtlinger, Rheinischen Bratwurst, grob, Thüringer Bratwurst 25)*

Ausgangsmaterial:
grob entfettetes Schweinefleisch (1.122)
fettgewebsreiches Schweinefleisch (1.123)
wenn Grundbrät verwendet wird, evtl. auch grob entsehntes Kalb- oder Rindfleisch (1.112)

Besondere Merkmale:
bis erbsengroße Körnung; nicht umgerötet; in der Regel in Schafsaitlingen oder Schweinedünndärmen; vielfach roh im Verkehr, dann zum unmittelbaren Verzehr im gebratenen oder gebrühten Zustand bestimmt

Analysenwerte:
bindegewebseiweißfreies Fleischeiweiß nicht unter 8,5 %
bindegewebseiweißfreies Fleischeiweiß im Fleischeiweiß
histometrisch
nicht unter 65 Vol.-%
chemisch
nicht unter 75 %

2.221.12 *Bratwurst, Rheinische Bratwurst, Schlesische Bratwurst, Rostbratwurst, fein zerkleinert 25)*

Ausgangsmaterial:
grob entsehntes Kalb- oder Rindfleisch (1.112)
grob entfettetes Schweinefleisch (1.122)
fettgewebsreiches Schweinefleisch (1.123)
Speck (1.212)

Besondere Merkmale:
fein zerkleinert, nicht umgerötet; in der Regel in Schweinedünndärmen; geringe Haltbarkeit; teilweise roh im Verkehr, dann zum unmittelbaren Verzehr im gebratenen oder gebrühten Zustand bestimmt

Analysenwerte:
bindegewebseiweißfreies Fleischeiweiß nicht unter 8 %
bindegewebseiweißfreies Fleischeiweiß im Fleischeiweiß
histometrisch
nicht unter 65 Vol.-%
chemisch
nicht unter 75 %

2.222 Brühwürste, fein zerkleinert

2.222.1 *Lyoner, Schinkenwurst, Norddeutsche Mortadella, Pariser Fleischwurst, Rheinische Fleischwurst, Frankfurter Fleischwurst, Kalbfleischwurst, Kalbfleischkäse, Breslauer*

Ausgangsmaterial:
grob entsehntes Rindfleisch (1.112)
grob entfettetes Schweinefleisch (1.122)
fettgewebsreiches Schweinefleisch (1.123)
Speck (1.212)

Besondere Merkmale:
umgerötet; in Hüllen mit größerem oder mittelgroßem Kaliber

Analysenwerte:
bindegewebseiweißfreies Fleischeiweiß nicht unter 8 %
bindegewebseiweißfreies Fleischeiweiß im Fleischeiweiß
histometrisch
nicht unter 65 Vol.-%
chemisch
nicht unter 75 %

2.222.2 *Fleischwurst, Stadtwurst, Bremer Gekochte, Fleischkäse, Leberkäs(e), Schnittfeste Leberwurst, Leberrolle*

Ausgangsmaterial:
grob entsehntes Rindfleisch (1.112)
sehnenreiches Rindfleisch (1.113)
fettgewebsreiches Schweinefleisch (1.123)
Fettgewebe (1.21)
Leber (1.5) bei Leberkäs(e), schnittfester Leberwurst und Leberrolle

Besondere Merkmale:
umgerötet; Fleisch- und Stadtwurst in Kranzdärmen oder in anderen Hüllen mit mittelgroßem Kaliber; Leberkäse enthält in Bayern in der Regel keine Leber, außerhalb Bayerns wird in Bayern hergestellter Leberkäse als Bayerischer Leberkäse bezeichnet; Leberkäse und Fleischkäse gebacken oder in Formen gebrüht

Analysenwerte:
bindegewebseiweißfreies Fleischeiweiß nicht unter 7,5 %
bindegewebseiweißfreies Fleischeiweiß im Fleischeiweiß
histometrisch
nicht unter 65 Vol.-%
chemisch
nicht unter 75 %

2.222.3 *Fleischwurst einfach, Stadtwurst einfach, Fleischkäse einfach*

Ausgangsmaterial:
sehnenreiches Rindfleisch (1.113)
fettgewebsreiches Schweinefleisch (1.123)
Fettgewebe (1.21)
evtl. bis 10 % Bindegewebe (1.31)

Besondere Merkmale:
umgerötet; Fleischwurst einfach und Stadtwurst einfach in Kranzdärmen oder anderen Hüllen mit mittelgroßem Kaliber; Fleischkäse einfach gebacken oder in Formen gebrüht

Analysenwerte:
bindegewebseiweißfreies Fleischeiweiß nicht unter 6,5 %
bindegewebseiweißfreies Fleischeiweiß im Fleischeiweiß
histometrisch
nicht unter 50 %
chemisch
nicht unter 65 %

2.222.4 *Mosaikpastete, Schachbrettpastete, schnittfeste Leberpastete und andere Brühwurstpasteten und -rouladen ohne grobe Fleischeinlagen sowie fein zerkleinerte Grundmasse für Brühwurstpasteten und -rouladen mit groben Fleischeinlagen*[26] *(z. B. Zungenpastete, Filetpastete)*

Ausgangsmaterial:
sehnen- und fettgewebsarmes Rindfleisch (1.111)
grob entsehntes Rindfleisch (1.112)
grob entfettetes Schweinefleisch (1.122)
Speck (1.212)
für dunkles Kontrastbrät Blut (1.41)
Leber (1.5)

Analysenwerte:
bindegewebseiweißfreies Fleischeiweiß nicht unter 8,5 %
bindegewebseiweißfreies Fleischeiweiß im Fleischeiweiß
histometrisch
nicht unter 75 Vol.-%
chemisch
nicht unter 82 %

2.222.5 *Fleischsalatgrundlage*

Ausgangsmaterial:
sehnenreiches Rindfleisch (1.113)
fettgewebsreiches Schweinefleisch (1.123)
Fettgewebe (1.21)
2 % bis 5 % Bindegewebe (1.31)
2 % Stärke oder aufgeschlossenes Milcheiweiß 27)

Besondere Merkmale:
umgerötet; ungeräuchert; meist in Formen oder Hüllen mit weitem Kaliber gebrüht

Analysenwerte:
bindegewebseiweißfreies Fleischeiweiß nicht unter 7 %
bindegewebseiweißfreies Fleischeiweiß im Fleischeiweiß
histometrisch
nicht unter 60 Vol.-%
chemisch
nicht unter 70 %

2.222.6 *Gelbwurst, Hirnwurst, Kalbskäse, Weißer Fleischkäse*

Ausgangsmaterial:
sehnen- und fettgewebsarmes Jungrindfleisch (1.111)
grob entsehntes Kalb- oder Jungrindfleisch (1.112)
oder grob entfettetes Schweinefleisch (1.122)
Speck (1.212)
bei Hirnwurst Hirn (1.5)

Besondere Merkmale:
fein zerkleinert; in der Regel nicht umgerötet; Gelbwurst und Hirnwurst in der Regel in
gefärbten Hüllen 28) oder gelbpigmentierten Kunstdärmen mit mittelgroßem Kaliber;
Kalbskäse und weißer Fleischkäse gebacken oder in Formen gebrüht

Analysenwerte:
bindegewebseiweißfreies Fleischeiweiß nicht unter 7,5 %
bindegewebseiweißfreies Fleischeiweiß im Fleischeiweiß
histometrisch
nicht unter 65 Vol.-%
chemisch
nicht unter 80 %

2.222.7 *Weiße im Ring, Weiße Lyoner*

Ausgangsmaterial:
grob entsehntes Rindfleisch (1.112)
sehnenreiches Rindfleisch (1.113)
fettgewebsreiches Schweinefleisch (1.123)
Fettgewebe (1.21)

Besondere Merkmale:
fein zerkleinert; nicht umgerötet; in der Regel in Kranzdärmen

Analysenwerte:
bindegewebseiweißfreies Fleischeiweiß nicht unter 7 %
bindegewebseiweißfreies Fleischeiweiß im Fleischeiweiß
histometrisch
nicht unter 70 %
chemisch
nicht unter 80 %

2.223 **Grobe Brühwurst**

Besondere Merkmale:
Bei groben Brühwürsten im Darm mit Hinweisen auf eine besondere Austrocknung oder
eine damit zusammenhängende Lagerfähigkeit in ungekühltem Zustand (z.B. „Dauer-" oder
„lagerfähig") liegen die absoluten Gehalte für das bindegewebseiweißfreie Fleischeiweiß
um ein Zehntel des Wertes höher als bei den einzelnen Sorten angegeben.

2.223.1 *Bierwurst Ia, Bayerische Bierwurst, Göttinger, Blasenwurst, Kochsalami, Tiroler, Kra-*
kauer, Jagdwurst (süddeutsche Art)

Ausgangsmaterial:
grob entsehntes Rindfleisch (1.112)
Grob entfettetes Schweinefleisch (1.122)
Speck (1.212)

Besondere Merkmale:
bis erbsengroße Körnung, bei Krakauer und Jagdwurst (süddeutsche Art) teilweise kirschgroße Fleischstücke; umgerötet; insbesondere nachgeräuchert sind sie auch als Dauerware
im Verkehr; Bierwurst, Göttinger, Blasenwurst in der Regel in Blasen, die übrigen in Hüllen
mit mittelgroßem Kaliber; Tiroler in schwarz pigmentierten Kunstdärmen, mit Blut behandelten Naturdärmen oder schwarz geräuchert.

Analysenwerte:
bindegewebseiweißfreies Fleischeiweiß nicht unter 9,5 %
bindegewebseiweißfreiem Fleischeiweiß im Fleischeiweiß
histometrisch
nicht unter 70 Vol.-%
chemisch
nicht unter 80 %

2.223.2   *Jagdwurst norddeutsche Art, Grobe Schinkenwurst, Gefüllte Schweinsbrust, Gefüllter
Schweinsfuß, Gefüllter Schweinskopf, Grobe Lyoner, Stuttgarter Bierwurst, Hildesheimer
Grobe Stadtwurst, Nürnberger Stadtwurst; Frühstücksfleisch, Schweinskäse, Stuttgarter
Leberkäs(e), Römerbraten, Wiener Braten*

Ausgangsmaterial:
grob entsehntes Rindfleisch (1.112)
Grob entfettetes Schweinefleisch (1.122)
Speck (1.212)
in Stuttgarter Leberkäse nicht unter 5 % Leber (1.5)

Besondere Merkmale:
fein zerkleinerte Grundmasse, bis erbsengroße Körnung, Jagdwurst und grobe Schinkenwurst teilweise kirschgroße Fleischteile; umgerötet; Nürnberger Stadtwurst meist in
Schweinedünndärmen, Stuttgarter Schweinskäse oder wie Frühstücksfleisch in Formen
gebrüht, gefüllte Schweinsbrust in Brustmuskulatur (ohne Knochen meist mit Knorpel),
Schweinsfuß und Schweinskopf meist in genähter Schwarte, die übrigen Hüllen mit mittelgroßem oder größerem Kaliber.

Analysenwerte:
bindegewebseiweißfreies Fleischeiweiß nicht unter 8 %
bindegewebseiweißfreies Fleischeiweiß im Fleischeiweiß
histometrisch
nicht unter 70 Vol.-%
chemisch
nicht unter 80 %

2.223.3   *Leberkäse, Grober Fleischkäse, Roter Fleischkäse, Grobe Fleischwurst*

Ausgangsmaterial:
grob entsehntes Rindfleisch (1.112)
sehnenreiches Rindfleisch (1.113)
fettgewebsreiches Schweinefleisch (1.123
Fettgewebe (1.21)
bei Leberkäse 5 % Leber (1.5)

Besondere Merkmale:
Fein gekutterte Grundmasse, meist reiskorngroße Körnung; meist umgerötet; Grobe
Fleischwurst in der Regel in Kranzdärmen; Leberkäse enthält in Bayern in der Regel keine

Leber, außerhalb Bayerns wird in Bayern hergestellter Leberkäse als Bayerischer Leberkäse bezeichnet; Leberkäse und Fleischkäse gebacken oder in Formen gebrüht

Analysenwerte:
bindegewebseiweißfreies Fleischeiweiß nicht unter 8 %
bindegewebseiweißfreies Fleischeiweiß im Fleischeiweiß
histometrisch
nicht unter 65 Vol.-%
chemisch
nicht unter 75 %

2.223.4   *Gebrühte Knoblauchwurst, Gebrühte Krakauer, Cabanossi, Gebrühte Touristenwurst*

Ausgangsmateiral:
sehnenreiches Rindfleisch (1.113)
fettgewebsreiches Schweinefleisch (1.123)
Fettgewebe (1.21)

Besondere Merkmale:
fein gekutterte Grundmasse, bis erbsengroße Körnung; umgerötet; in der Regel in Kranzdärmen

Analysenwerte:
bindegewebseiweißfreies Fleischeiweiß nicht unter 8 %
bindegewebseiweißfreies Fleischeiweiß im Fleischeiweiß
histometrisch
nicht unter 70 Vol.-%
chemisch
nicht unter 60 %

2.223.5   *Touristenwurst einfach, Gebrühte Krakauer einfach*

Ausgangsmaterial:
sehnenreiches Rindfleisch (1.123)
fettgewebsreiches Schweinefleisch (1.123)
Fettgewebe (1.21)
evtl. bis 10 % Bindegewebe (1.31)

Besondere Merkmale:
fein gekutterte Grundmasse, bis erbsengroße Körnung; umgerötet; in der Regel in Kranzdärmen

Analysenwerte:
bindegewebseiweißfreies Fleischeiweiß nicht unter 6,5 %
bindegewebseiweißfreies Fleischeiweiß im Fleischeiweiß
histometrisch
nicht unter 50 Vol.-%
chemisch
nicht unter 65 %

2.223.6   *Schweinskopfwurst*

Ausgangsmaterial:
grob entsehntes Rindfleisch (1.112)
sehnenreiches Rindfleisch (1.123)

Fettgewebe (1.21)
Schweinemasken (1.33)

Besondere Merkmale:
fein gekutterte Grundmasse, würfelförmige Speckeinlagerungen; umgerötet; in Hüllen mit großem Kaliber

Analysenwerte:
bindegewebseiweißfreies Fleischeiweiß nicht unter 9 %
bindegewebseiweißfreies Fleischeiweiß im Fleischeiweiß
histometrisch
ohne Innereien nicht unter 70 Vol.-%
mit Innereien nicht unter 60 Vol.-%
chemisch
ohne Innereien nicht unter 80 %
mit Innereien nicht unter 70 %

2.223.7   *Weißer Schweinskäse, Weiße grobe Lyoner*

Ausgangsmaterial:
sehnen- und fettgewebsarmes Jungrindfleisch (1.111)
grob entsehntes Kalb- und Jungrindfleisch (1.112)
Grob entfettetes Schweinefleisch (1.122)
Speck (1.212)

Besondere Merkmale:
fein gekutterte Grundmasse; reiskorngroße Körnung; nicht umgerötet; Weiße grobe Lyoner in der Regel in Kranzdärmen; Weißer Schweinskäse gebacken oder in Formen gebrüht

Analysenwerte:
bindegewebseiweißfreies Fleischeiweiß nicht unter 6 %
bindegewebseiweißfreies Fleischeiweiß im Fleischeiweiß
histometrisch
nicht unter 70 Vol.-%
chemisch
nicht unter 80 %

2.224   **Brühwurst mit Einlagen**

Besondere Merkmale:
angegebene Analysenwerte beziehen sich auf Gesamtmasse

2.224.1   *Bierschinken, Rinder-Bierschinken, Geflügel-Bierschinken, Schinkenpastete*

Ausgangsmaterial:
sehnen- und fettgewebsarmes Rindfleisch (1.111)
grob entsehntes Rindfleisch (1.112)
fettgewebs- und sehnenarmes Schweinefleisch (1.121)
Speck (1.212)
Bei Geflügelbierschinken: auch sehnen- und fettgewebsarmes Geflügelfleisch (1.131)

Besondere Merkmale:
fein zerkleinerte Grundmasse, mit groben, sehnen- und fettgewebsarmen Fleischeinlagen; sofern als Einlage kein Schweinefleisch verwendet wird, wird auf die Tierart hingewiesen;

überwiegend kirsch- bis walnußgroße Einlagen, bei Rinderbierschinken auch geschnetzelt; umgerötet; meist in Hüllen mit großem Kaliber

Analysenwerte:
bindegewebseiweißfreies Fleischeiweiß nicht unter 13 %
bindegewebseiweißfreies Fleischeiweiß im Fleischeiweiß
histometrisch
nicht unter 80 Vol.-%
chemisch
nicht unter 88 %, bei einer Gesamtprobenmenge über 600 g grobe Fleischeinlagen nicht unter 50 %

2.224.2　*Filetpastete, Imitierte Wildschweinpastete und andere Brühwurstpasteten und -rouladen mit bindegewebsarmen Fleischeinlagen*

Ausgangsmaterial:
sehnen- und fettgewebsarmes Rindfleisch (1.111)
Grob entfettetes Schweinefleisch (1.122); bei Imitierter Wildschweinpastete grobe Stücke in Blut (1.41) vorgekocht
Speck (1.212)

Besondere Merkmale:
fein gekutterte Grundmasse, meist bis walnußgroße Fleischeinlagen; bei Imitierter Wildschweinpastete zeigen Fleischstücke im Anschnitt dunkelroten Rand; umgerötet; in der Regel in Formen mit Speckumhüllung gebrüht

Analysenwerte:
bindegewebseiweißfreies Fleischeiweiß nicht unter 9 %
bindegewebseiweißfreies Fleischeiweiß im Fleischeiweiß
histometrisch
nicht unter 75 Vol.-%
chemisch
nicht unter 82 %

2.224.3　*Preßkopf, Eisbeinpastete und andere Brühwurstpasteten und -rouladen mit deklarierten bindegewebsreichen Fleischeinlagen*

Ausgangsmaterial:
grob entsehntes Rindfleisch (1.112)
fettgewebsreiches Schweinefleisch (1.123)
Speck (1.212)
Eisbein mit Schwarten (1.32)
bei Preßkopf auch Schweinemasken (1.33)

Besondere Merkmale:
fein gekutterte Grundmasse; schwartenhaltige Schweinefleischeinlagen; umgerötet; in Hüllen mit großem Kaliber

Analysenwerte:
bindegewebseiweißfreies Fleischeiweiß nicht unter 7,5 %
bindegewebseiweißfreies Fleischeiweiß im Fleischeiweiß
histometrisch
nicht unter 55 Vol.-%
chemisch
nicht unter 65 %

2.224.4 *Süddeutsche Mortadella, Zungenwurst, Zungenpastete, Zungenroulade, Herzwurst*

Ausgangsmaterial:
grob entsehntes Rindfleisch (1.112)
Grob entfettetes Schweinefleisch (1.122)
Speck (1.212)
bei Zungenwurst, Zungenpastete und Zungenroulade vorgekochte Zungen (1.5); bei Herzwurst vorgekochte Herzmuskulatur (1.5); bei süddeutscher Mortadella Herzmuskulatur und/oder Zungen (1.5) oder bluthaltiges erhitztes Brät (2.222.4)

Besondere Merkmale:
fein gekutterte Grundmasse; würfelförmige Einlagerungen von Herz, Zunge oder vorerhitztem Brät sowie teilweise auch Speck; umgerötet; in Hüllen mit großem Kaliber

Analysenwerte:
bindegewebseiweißfreies Fleischeiweiß nicht unter 8 %
bindegewebseiweißfreies Fleischeiweiß im Fleischeiweiß
histometrisch
nicht unter 70 Vol.-%
chemisch
nicht unter 80 %

2.224.5 *Italienische Mortadella [28], Mortadella italienischer Art*

Ausgangsmaterial:
grob entsehntes Rindfleisch (1.112)
sehnenreiches Rindfleisch (1.113)
Speck (1.212)
bei Ware, die besonders gekennzeichnet ist (z.B. „mit Innereien", Pansen und/oder Euter (1.5) in fein zerkleinerter Form

Besondere Merkmale:
fein gekutterte Grundmasse, würfelförmige Speckeinlagerungen; umgerötet; in Hüllen mit großem Kaliber

Analysenwerte:
bindegewebseiweißfreies Fleischeiweiß nicht unter 9 %
bindegewebseiweißfreies Fleischeiweiß im Fleischeiweiß
histometrisch
ohne Innereien nicht unter 70 Vol.-%
mit Innereien nicht unter 60 Vol.-%
chemisch
ohne Innereien nicht unter 80 %
mit Innereien nicht unter 70 %

2.224.6 *Zigeunerwurst, Paprikaspeckwurst*

Ausgangsmaterial:
grob entsehntes Rindfleisch (1.112)
sehnenreiches Rindfleisch (1.113)
Backenspeck (1.212)

Besondere Merkmale:
fein gekutterte Grundmasse mit würfelförmigen Paprikaspeckeinlagerungen; umgerötet; in Hüllen mit mittelgroßem Kaliber; ungekühlt lagerfähig

Analysenwerte:
bindegewebseiweißfreies Fleischeiweiß nicht unter 12%
bindegewebseiweißfreies Fleischeiweiß im Fleischeiweiß
histometrisch
nicht unter 65 Vol.-%
chemisch
nicht unter 75%

2.224.7   *Milzwurst*

Ausgangsmaterial:
sehnen- und fettgewebsarmes Jungrindfleisch (1.111)
grob entsehntes Kalb- und Jungrindfleisch (1.112)
Kopffleisch von Kälbern (1.113)
Speck (1.212)
Milz und evtl. Bries (1.5)

Besondere Merkmale:
fein gekutterte Grundmasse, bis kirschgroße Einlagerungen von Milz, Bries und Kalbskopffleisch; nicht umgerötet; in Hüllen mit großem Kaliber

Analysenwerte:
bindegewebseiweißfreies Fleischeiweiß nicht unter 8%
bindegewebseiweißfreies Fleischeiweiß im Fleischeiweiß
histometrisch
nicht unter 70 Vol.-%
chemisch
nicht unter 80%

2.231   **Kochstreichwürste**

In Leberwürsten und Leberpasteten beträgt der Leberanteil je nach Ausgangsmaterial und
Herstellungsverfahren zwischen 10% (vgl. Abschnitt I Nr. 2.231) und 30%. In einzelnen
Fällen kann der Leberanteil auch höher liegen.

2.2311   Pasteten

Besondere Merkmale:
Besondere Auswahl des Ausgangsmaterials, Verwendung hochwertiger Zutaten, spezielle
Herrichtung und typische äußere Aufmachung (z.B. Form, Teigrand, gold- oder silber-
farbene Folie, Terrine oder ähnliches Behältnis). Der Anteil zum Mitverzehr bestimmter
Umhüllungen übersteigt nicht das technologisch erforderliche Maß.

2.2311.1   *Leberpasteten, Leberparfait*

Ausgangsmaterial:
Schweine- und/oder Kalbsleber (1.5)
fettgewebs- und sehenenarmes Schweinefleisch (1.121)
und/oder sehnenarmes Kalbfleisch (1.111)
Flomen (1.211)
Speck (1.212).

Besondere Merkmale:
Fein zerkleinerte Grundmasse, auch mit groben Bestandteilen.

Analysenwerte:
Bindegewebsfreies Fleischeiweiß nicht unter 10,5 %
Bindegewebsfreies Fleischeiweiß mit Fleischeiweiß
chemisch nicht unter 82 %.

2.2311.2 *Gänseleberpastete*

Ausgangsmaterial:
Gänseleber (1.5)
fettgewebs- und sehnenarmes Schweinefleisch (1.121)
Schweine- und/oder Gänsefett (1.22)
auch grob entsehntes Gänsefleisch (1.132).

Besondere Merkmale:
Teilweise auch ohne Fleisch (1.121); fein zerkleinerte Grundmasse, auch mit groben Bestandteilen; bei Straßburger Gänseleberpastete bestehet das Ausgangsmaterial nur aus Gänseleber.

Analysenwerte:
Bindegewebsfreies Fleischeiweiß nicht unter 12 %
Bindegewebsfreies Fleischeiweiß mit Fleischeiweiß
chemisch nicht unter 82 %.

2.2311.3 *Geflügelleberpastete*

Ausgangsmaterial:
Geflügelleber (1.5)
fettgewebs- und sehnenarmes Schweinefleisch (1.121)
grob entsehntes Geflügelfleisch (1.132)
Flomen (1.211)
Speck (1.212)
Schweineleber (1.5).

Besondere Merkmale:
Fein zerkleinerte Grundmasse, auch mit groben Bestandteilen.

Analysenwerte:
Bindegewebsfreies Fleischeiweiß nicht unter 11 %
bindegewebsfreies Fleischeiweiß mit Fleischeiweiß
chemisch nicht unter 82 %.

2.2311.4 *Geflügelpastete, Wildpastete*

Ausgangsmaterial:
Grob entsehntes Geflügelfleisch (1.132) oder grob entsehntes Wildfleisch
fettgewebs- und sehnenarmes Schweinefleisch (1.121)
Speck (1.212).

Besondere Merkmale:
Bei Grobfleischeinlage stammen die Einlagen von der Tierart, nach der die Pastete benannt
ist; zur Geschmackabrundung sind auch geringe Leberanteile üblich.

Analysenwerte:
Bindegewebsfreies Fleischeiweß nicht unter 10 %
bindegewebsfreies Fleischeiweiß im Fleischeiweiß
chemisch nicht unter 80 %.

2.2311.5 *Briespastete, Filetpastete, Zungenpastete und andere Kochstreichwurstpasteten*

Ausgangsmaterial:
Sehnen- und fettgewebsarmes Rindfleisch (1.111)
und/oder fettgewebs- und sehnenarmes Schweinefleisch (1.121)
grob entsehntes Rindfleisch (1.112) und/oder
grob entfettetes Schweinefleisch (1.122)
Flomen (1.211)
Speck (1.212).

Besondere Merkmale:
Bei Grobfleischeinlage stammen die Einlagen von der Tierart/Teilstück, nach der die Pastete benannt ist; bei Briespasteten Einlagen von Kalbsbries (1 %); zur Geschmacksabrundung sind auch geringe Leberanteile üblich.

Analysenwerte:
Bindegewebsfreies Fleischeiweiß nicht unter 10 %
Bindegewebsfreies Fleischeiweiß im Fleischeiweiß
chemisch nicht unter 80 %

2.2312 **Leberwürste**

2.2312.1 *Delikateßleberwurst, Leberwurst Ia, feine Leberwurst, Kalbsleberwurst, Trüffelleberwurst, Champignonleberwurst, Hildesheimer Leberwurst, Sahneleberwurst Ia, Sardellenleberwurst Ia.*

Ausgangsmaterial:
Grob entfettetes Schweinefleisch (1.122)
fettgewebereiches Schweinefleisch (1.123) *)
grob entfettetes Kalb- oder Jungrindfleisch (1.122)
bei Kalbsleberwurst
Flomen (1.211)
Speck (1.212)
Leber (1.5)
grob entsehntes Rindfleisch (1.122), wenn zur Sicherung einer gewissen Schnittfestigkeit Brät zugesetzt wird.

Besondere Merkmale:
Fein zerkleinert bis grobe Körnung

Analysenwerte:
Bindegewebseiweißfreies Fleischeiweiß nicht unter 10 %
Bindegewebseiweißfreies Fleischeiweiß im Fleischeiweiß
chemisch nicht unter 80 %.

2.2312.2 *Aachener Leberwurst, Berliner feine Leberwurst, Kölner Leberwurst*

Ausgangsmaterial:
Fettgewebsfreies Schweinefleisch (1.123) *)
Flomen (1.211)
Speck (1.212)
Schweinemasken (1.33)

*) die Verwendung von maschinell entbeintem Fleisch (Hartseparatorenfleisch) oder manuell gewonnenem Knochenputz ist nicht üblich.

552

Leber (1.5)

grob entsehntes Rindfleisch (1.112), wenn zur Sicherung einer gewissen Schnittfähigkeit Brät zugesetzt wird.

Besondere Merkmale:
Fein zerkleinert bis grobe Körnung.

Analysenwerte:
Bindegewebseiweißfreies Fleischeiweiß nicht unter 10 %
bindegewebseiweißfreies Fleischeiweiß im Fleischeiweiß
chemisch nicht unter 75 %.

2.2312.3 *Fleisch-Leberwurst, Grobe Leberwurst Ia, Gutsleberwurst Ia, Schinkenleberwurst, Thüringer Leberwurst Ia*

Ausgangsmaterial:
Grob entfettetes Schweinefleiash (1.122)
fettgewebsreiches Schweinefleisch (1.123) *)
Speck (1.212)
Leber (1.5)
auch grob entsehntes Rindfleisch (1.112), wenn zur Sicherung einer gewissen Schnittfähigkeit Brät zugesetzt wird.

Besondere Merkmale:
Einlage von Fleisch und/oder Leber.

Analysenwerte:
Bindegewebseiweißfreies Fleischeiweiß nicht unter 10 %
Bindegewebseiweißfreies Fleischeiweiß im Fleischeiweiß
chemisch nicht unter 80 %.

2.2312.4 *Gänsleberwurst, Pommersche Gänseleberwurst*

Ausgangsmaterial:
Grob entfettetes Schweinefleisch (1.122)
fettgewebereiches Schweinefleisch (1.123) *)
Fettgewebe (1.21)
Gänseleber (1.5)
Schweineleber (1.5)
auch Gänsefleisch (1.12).

Besondere Merkmale:
Bis walnußgroße Gänseleberstücke.

Analysenwerte:
Bindegewebseiweißfreies Fleischeiweiß nicht unter 10 %
Bindegewebseiweißfreies Fleischeiweiß im Fleischeiweiß
chemisch nicht unter 82 %

*) die Verwendung von maschinell entbeintem Fleisch (Hartseparatorenfleisch) oder manuell gewonnenem Knochenputz ist nicht üblich.

2.2312.5 *Leberwurst, Gutsleberwurst*), Streichleberwurst, Braunschweiger Leberwurst, Frankfurter Leberwurst, Fränkische Leberwurst, Hallesche Leberwurst, Hamburger Leberwurst, Hannoversche Leberwurst, Hessische Leberwurst, Holsteiner Leberwurst, Kasseler Leberwurst, Pommersche Leberwurst, Pfälzer (Hausmacher) Leberwurst*), Rheinische Leberwurst, Sächsische Leberwurst, Schlesische Leberwurst, Schwäbische Leberwurst, Schwarzwälder Leberwurst, Thüringer Leberwurst*), Westfälische Leberwurst, Kräuterleberwurst, Sahneleberwurst, Sardellenleberwurst, Schalottenleberwurst, Tomatenleberwurst*

Ausgangsmaterial:
Fettgewebereiches Schweinefleisch (1.123)
Fettgewebe (1.21)
Bindegewebe (1.31)
Schweinemasken (1.33)
Leber (1.5)
andere Innereien (1.5)
auch grob entsehntes Rindfleisch (1.112), wenn zur Sicherung einer gewissen Schnittfestigkeit Brät zugesetzt wird.

Besondere Merkmale:
Grobe Körnung, aber auch fein zerkleinert; Gutsleberwurst, Thüringer Leberwurst und Pfälzer (Hausmacher) Leberwurst ohne andere Innereien. Pfälzer (Hausmacher) Leberwurst in der Regel nicht umgerötet.

Analysenwerte:
Bindegewebseiweißfreies Fleischeiweiß nicht unter 8 %
Bindegewebseiweißfreies Fleischeiweiß im Fleischeiweiß
chemisch nicht unter 75 %

2.2312.6 *Hausmacherleberwurst*), Bauernleberwurst*), Landleberwurst*), Griebenleberwurst, Zwiebelleberwurst*

Ausgangsmaterial:
Fettgewebereiches Schweinefeisch (1.123)
Fettgewebe (1.21)
Bindegewebe (1.31)
Schweinemasken (1.33)
Leber (1.5)
andere Innereien (1.5).

Besondere Merkmale:
Grobe Körnung, Zwiebelleberwurst auch fein zerkleinert.

Analysenwerte:
Bindegewebseiweißfreies Fleischeiweiß nicht unter 7,5 %
Bindegewebseiweißfreies Fleischeiweiß im Fleischeiweiß
chemisch nicht unter 70 %.

2.2312.7 *Geflügelleberwurst, Putenleberwurst*

Ausgangsmaterial:
Fettgewebsreiches Schweinefleisch (1.123)
grob entsehntes Geflügelfleisch (1.132)

*) die Verwendung von maschinell entbeintem Fleisch (Hartseparatorenfleisch) oder manuell gewonnenem Knochenputz ist nicht üblich.

sehnenreiches Geflügelfleisch (1.133)
Fettgewebe (1.21)
Geflügelleber (1.5)
Schweineleber (1.5)
Geflügelherz, Geflügelmagen ohne verhornte Schleimhaut (1.5).

Besondere Merkmale:
Grobe Körnung, aber auch fein zerkleinert.

Analysenwerte:
Bindegewebseiweißfreies Fleischeiweiß nicht unter 8,5 %
Bindegewebseiweßfreies Fleischeiweiß im Fleischeiweiß
chemisch nicht unter 70 %.

2.2312.8 *Lebercreme*

Ausgangsmaterial:
Fettgewebsreiches Schweinefleisch (1.123)
Flomen (1.211)
Speck (1.212)
Leber (1.5).

Besondere Merkmale:
Fein zerkleinert, cremig.

Analysenwerte:
Bindegweebseiweißfreies Fleischeiweiß nicht unter 8 %
Bindegewebseiweißfreies Fleischeiweiß im Fleischeiweiß
chemisch nicht unter 75 %

2.2312.9 *Leberwurst, einfach, Lippische Leberwurst*

Ausgangsmaterial:
Sehnenreiches Rindfleisch (1.113)
fettgewebsreiches Schweinefleisch (1.123)
Fettgewebe (1.21)
Bindegewebe (1.31)
Schweinemasken (1.33)
Leber (1.5)
andere Innereien (1.5)

Besondere Merkmale:
Lippische Leberwurst weniger als 10 % Leber.

Analysenwerte:
Bindegewebseiweißfreies Fleischeiweiß nicht unter 6,5 %
Bindegewebseiweißfreies Fleischeiweiß im Fleischeiweiß
chemisch nicht unter 65 %.

2.2312.10 *Leberwürstchen, frische Leberwürstchen, Schlachtschüssel-Leberwurst, Siedleberwurst*

Ausgangsmaterial:
Fettgewebereiches Schweinefleisch (1.123)
Fettgewebe (1.21)
Bindegewebe (1.31)
Schweinemasken (1.33)

Leber (1.5)
andere Innereien (1.5)

Besondere Merkmale:
Zum Warmverzehr bestimmt; Verkauf auch ohne Hülle.

Analysenwerte:
Bindegewebseiweißfreies Fleischeiweiß nicht unter 7 %
Bindegewebseiweißfreies Fleischeiweiß
chemisch nicht unter 65 %

2.2312.11 *Berliner Frische Leberwurst, Schüsselwurst, Wellwurst, weiße Schlesische Wellwurst, Semmelleberwurst, Semmelwurst, Grützleberwurst, Grützwurst, Krautleberwurst, Mehlleberwurst, (Mehlpiepen)*

Ausgangsmaterial:
fettgewebereiches Schweinefleisch (1.123)
Fettgewebe (1.21)
Bindegewebe (1.31)
Schweinemasken (1.33)
Leber (1.5)
andere Innereien (1.5).

Besondere Merkmale:
Zum Warmverzehr bestimmt; Verkauf auch ohne Hülle; einige Sorten werden auch ohne Fleisch (1.123) und Leber hergestellt; Berliner Frische Leberwurst, Schüsselwurst, Wellwurst, weiße Schlesische Wellwurst, Semmelleberwurst, Semmelwurst, Grützleberwurst mit Grütze, Graupen oder Semmel; Krautleberwurst mit gekochtem Weißkraut und/oder Semmel; Mehlleberwurst (Mehlpiepen) mit Mehl.

Analysenwerte:
Bindegewebseiweißfreies Fleischeiweiß nicht unter 5 %
Bindegewebseiweißfreies Fleischeiweiß im Fleischeiweiß
chemisch nicht unter 65 %

2.2313 **Kochmettwürste**

2.2313.1 *Schinkencreme*

Ausgangsmaterial:
grob entfettetes Schweinefleisch (1.122)
fettgewebsreiches Schweinefleisch (1.123)*⁾
Flomen (1.211)
Speck (1.212)

Besondere Merkmale:
fein zerkleinert, cremig; gewöhnlich in Behältnissen abgegeben; zur Geschmacksabrundung sind auch geringe Leberanteile üblich

Analysenwerte:
bindgewebseiweißfreies Fleischeiweiß nicht unter 10 %
bindegewebseiweißfreies Fleischeiweiß im Fleischeiweiß

*⁾ die Verwendung von maschinell entbeintem Fleisch (Hartseparatorenfleisch) oder manuell gewonnenem Knochenputz ist nicht üblich.

histometrisch
nicht unter 75 Vol.-%
chemisch
nicht unter 75 %

2.2313.2 *Gekochte Mettwurst, Westfälisch gekochte Mettwurst, Kochmettwurst, Hamburger Ge-*
kochte, Hessische Kartoffelwurst

Ausgangsmaterial:
grob entfettetes Schweinefleisch (1.122)
fettgewebsreiches Schweinefleisch (1.123)
Flomen (1.211)
Speck (1.212)
grob entsehntes Rindfleisch (1.112), wenn zur Sicherung einer gewissen Schnittfähigkeit Brät
zugestzt wird

Besondere Merkmale:
grobe Körnung; Hessische Kartoffelwurst mit Kartoffeln, auch als Halbfabrikat zum Warmverzehr bestimmt, Verkauf auch ohne Hülle

Analysenwerte:
bindegwebseiweißfreies Fleischeiweiß nicht unter 8 %
bindegewebseiweißfreies Fleischeiweiß im Fleischeiweiß
histometrisch
nicht unter 70 Vol.-%
chemisch
nicht unter 75 %

2.2313.3 *Gekochte Mettwurst mit Schnauze*

Ausgangsmaterial:
grob entfettetes Schweinefleisch (1.122)
fettgewebsreiches Schweinefleisch (1.123)
Schweinemasken (1.33)

Besondere Merkmale:
grobstückige Einlagen von Schweinemaske

Analysenwerte:
bindegwebseiweißfreies Fleischeiweiß nicht unter 8,5 %
bindegewebseiweißfreies Fleischeiweiß im Fleischeiweiß
histometrisch
nicht unter 65 Vol.-%
chemisch
nicht unter 70 %

2.2313.4 *Gekochte Zwiebelmettwurst, Zwiebelwurst, Kohlwurst, Schmorwurst*

Ausgangsmaterial:
grob entfettetes Schweinefleisch (1.122)
fettgewebsreiches Schweinefleisch (1.123)
Fettgewebe (1.21)
grob entsehntes Rindfleisch (1.112), wenn zur Sicherung einer gewissen Schnittfähigkeit Brät
zugesetzt wird

Besondere Merkmale:
grobe Körnung; Kohl- und Schmorwurst als Halbfabrikat zum Warmverzehr bestimmt

Analysenwerte:
bindegwebseiweißfreies Fleischeiweiß nicht unter 7,5 %
bindegewebseiweißfreies Fleischeiweiß im Fleischeiweiß
histometrisch
nicht unter 70 Vol.-%
chemisch
nicht unter 75 %

2.2313.5 *Pfälzer Saumagen*

Ausgangsmaterial:
grob entfettetes Schweinefleisch (1.122)
Speck (1.212)
grob entsehntes Rindfleisch (1.112),wenn zur Sicherung einer gewissen Schnittfähigkeit Brät zugesetzt wird

Besondere Merkmale:
zum Warmverzehr bestimmt; Einlagen von Kartoffelstücken (Kartoffelanteil nicht über 40 %); zur Geschmacksabrundung sind auch geringe Leberanteile üblich; bei nicht schnittfähigen Erzeugnissen auch Semmel, Lauch, Karotten

Analysenwerte des Fleischanteils:
bindegewebseiweißfreies Fleischeiweiß nicht unter 7 %
bindegewebseiweißfreies Fleischeiweiß im Fleischeiweiß
histometrisch
nicht unter 75 Vol.-%
chemisch
nicht unter 80 %

2.2313.6 *Hannoversche Bregenwurst, Norddeutsche Bregenwurst*

Ausgangsmaterial:
grob entfettetes Schweinefleisch (1.122)
fettgewebsreiches Schweinefleisch (1.123)
grob entsehntes Rindfleisch (1.112)
Fettgewebe (1.21)
Schweinemasken (1.33)

Besondere Merkmale:
als Halbfabrikat mit oder ohne Hirn (Bregen, Brägen) zum Warmverzehr abgegeben

Analysenwerte:
bindegewebseiweißfreies Fleischeiweiß nicht unter 7 %
bindegewebseiweißfreies Fleischeiweiß im Fleischeiweiß
histometrisch
nicht unter 60 %
chemisch
nicht unter 65 %

2.2313.7 *Gekochte Zwiebelwurst, Zwiebelwurst*

Ausgangsmaterial:
fettgewebsreiches Schweinefleisch (1.123)

Fettgewebe (1.21)
Bindegewebe (1.31)

Besondere Merkmale:
grobe Körnung; zur Geschmacksabrundung auch geringe Leberanteile üblich

Analysenwerte:
bindegwebseiweißfreies Fleischeiweiß nicht unter 6,5 %
bindegewebseiweißfreies Fleischeiweiß im Fleischeiweiß
histometrisch
nicht unter 60 Vol.-%
chemisch
nicht unter 65 %

2.2313.8 *Rinderwurst*

Ausgangsmaterial:
sehnenreiches Rindfleisch (1.113)
Fettgewebe (1.21)
Fett (1.22)
Schweinemasken (1.33)
Innereien (1.5)

Besondere Merkmale:
auch unter Verwendung von Graupen, Grütze oder anderen Cerealien (Getreideerzeugnissen), Butter, Westfälische Rinderwurst wird ausschließlich aus sehnenreichem Rindfleisch,
Rinderfleischfett, Gemüse, Cerealien und Butter hergestellt

Analysenwerte:
bindegwebseiweißfreies Fleischeiweiß nicht unter 7,5 %
bindegewebseiweißfreies Fleischeiweiß im Fleischeiweiß
histometrisch
nicht unter 60 Vol.-%
chemisch
nicht unter 65 %

2.2313.9 *Schmalzfleisch*

Ausgangsmaterial:
fettgewebsreiches Schweinefleisch (1.123)
Flomen (1.211)
Speck (1.212)
Bindegewebe (1.31)

Besondere Merkmale:
meist in Behältnissen

Analysenwerte:
bindegwebseiweißfreies Fleischeiweiß nicht unter 5 %
bindegewebseiweißfreies Fleischeiweiß im Fleischeiweiß
histometrisch
nicht unter 60 Vol.-%
chemisch
nicht unter 65 %

2.2313.10 *Norddeutsche Fleischwurst*

Ausgangsmaterial:
fettgewebsreiches Schweinefleisch (1.123)
Flomen (1.211)
Speck (1.212)
Bindegewebe (1.31)
Innereien (1.5)

Besondere Merkmale:
nicht umgerötet

Analysenwerte:
bindegwebseiweißfreies Fleischeiweiß nicht unter 5 %
bindegewebseiweißfreies Fleischeiweiß im Fleischeiweiß
histometrisch
nicht unter 60 Vol.-%
chemisch
nicht unter 65 %

2.2313.11 *Knappwurst, Knackwurst*

Ausgangsmaterial:
fettgewebsreiches Schweinefleisch (1.123)
Fettgewebe (1.21)
Bindegewebe (1.31)
Innereien (1.5)

Besondere Merkmale:
nicht umgerötet; auch unter Verwendung von Grütze, Haferflocken

Analysenwerte:
bindegwebseiweißfreies Fleischeiweiß nicht unter 4,5 %
bindegewebseiweißfreies Fleischeiweiß im Fleischeiweiß
histometrisch
nicht unter 60 Vol.-%
chemisch
nicht unter 65 %

2.2313.12 *Weiße Graupenwurst, Westfälische Grützwurst, Kartoffelwurst, Knipp, Pfannenschlag, Semmelwürstchen, Semmelwurst, Weckewerk, Wurstebrei*

Ausgangsmaterial:
sehnenreiches Rindfleisch
fettgewebsreiches Schweinefleisch (1.123)
Fettgewebe (1.21)
Fett (1.22)
Bindegewebe (1.31)
Schweinemasken (1.33)
Innereien (1.5)

Besondere Merkmale:
zum Warmverzehr bestimmt; Verkauf auch ohne Hülle; Kartoffel-, Semmelwürstchen, Semmelwurst, Weckewurst nicht umgerötet; der Bezeichnung entsprechende Verwendung von Graupen, Grütze, (auch Knipp, Pfannenschlag, Wurstebrei), Kartoffeln, Semmel (auch Weckewerk)

560

Analysenwerte:
bindegwebseiweißfreies Fleischeiweiß nicht unter 3 %
bindegewebseiweißfreies Fleischeiweiß im Fleischeiweiß
histometrisch
nicht unter 55 Vol.-%
chemisch
nicht unter 60 %

2.2313.13 *Hannoversche Weißwurst, Hannoversche Weiße, Hannoversche Weißgekochte, Harzer Weiße*

Ausgangsmaterial:
fettgewebsreiches Schweinefleisch (1.123)
Flomen (1.211)
Schweinemicker (1.5)

Besondere Merkmale:
nicht umgerötet

Analysenwerte:
bindegwebseiweißfreies Fleischeiweiß nicht unter 2,5 %
bindegewebseiweißfreies Fleischeiweiß im Fleischeiweiß
histometrisch
nicht unter 55 Vol.-%
chemisch
nicht unter 60 %

2.2313.14 *Pinkel*

Ausgangsmaterial:
Fettgewebe (1.21)
fettgewebsreiches Schweinefleisch (1.123) bei Fleischpinkel, Oldenburger Pinkel

Besondere Merkmale:
Oldenburger Pinkel auch als Halbfabrikat, zum Warmverzehr bestimmt

Analysenwerte:
bindegwebseiweißfreies Fleischeiweiß nicht unter 2 %
bindegewebseiweißfreies Fleischeiweiß im Fleischeiweiß
histometrisch
nicht unter 55 Vol.-%
chemisch
nicht unter 60 %

2.232 Blutwürste

2.232.1 *Filet-Rotwurst, Böhmische Rotwurst, Schlegelwurst, Blutwurst mit Einlage*

Ausgangsmaterial:
fettgewebs- und sehnenarmes Schweinefleisch (1.121)
Speck (1.212)
Schwarten (1.312)
Blut (1.41)

Besondere Merkmale:
in zum Teil auch mit feinzerkleinerter Leber versetzter Blut-Schwarten-Grundmasse

stückige Einlagen von Fleisch sowie Speck; bei Blutwurst mit Einlage zusätzlich auch Zunge. Die Verwendung von Formfleisch ist nicht üblich.

Analysenwerte:*⁾
Muskelfleisch-**⁾ nicht unter 35 %

2.232.2 *Zungenrotwurst, Zungenblutwurst, Zungenwurst, Berliner Zungenwurst, Zungenpastete*

Ausgangsmaterial:
Speck (1.212)
Schwarten (1.312)
Blut (1.41)
Zunge (1.5)

Besondere Merkmale:
in zum Teil auch mit feinzerkleinerter Leber (1.5) versetzter Blut-Schwarten-Grundmasse stückige Einlagen von Zungen sowie Speck; Zungenpastete zeichnet sich durch ein besonders ansprechendes Erscheinungsbild aus.

Analysenwerte:*⁾
Zungeneinlagen nicht unter 35 %

2.232.3 *Delikateß-Rotwurst, Thüringer Rotwurst Ia, Thüringer Blutwurst Ia, Leberrotwurst, Schinkenrotwurst*

Ausgangsmaterial:
grob entfettetes Schweinefleisch (1.122)
fettgewebereiches Schweinefleisch (1.123)
Speck (1.212)
Schwarten (1.312)
Blut (1.41)
Leber (1.5) bei Leberrotwurst

Besondere Merkmale:
in zum Teil auch mit feinzerkleinerter Leber versetzter Blut-Schwarten-Grundmasse würfelförmige Einlagen von Fleisch und Speck, teilweise zusätzlich auch mit Zunge, Leber und Herz (1.5); bei Leberrotwurst können Fleischeinlagen durch Leber ersetzt werden.

Analysenwerte:*⁾
Muskelfleischeinlagen**⁾ nicht unter 35 %

2.232.4 *Gutsrotwurst, Gutsfleischwurst, Fleischrotwurst, Thüringer Fleischrotwurst, Berliner Fleischwurst, Pariser Blutwurst, Fleischmagen, Fleischblutmagen*

Ausgangsmaterial:
grob entfettetes Schweinefleisch (1.122)
fettgewebereiches Schweinefleisch (1.123)
Speck (1.212)
Schwarten (1.312)
Blut (1.41)

Besondere Merkmale:
in zum Teil auch mit feinzerkleinerter Leber (1.5) versetzter Blut-Schwarten-Grundmasse

---

*⁾ bei einer Gesamtprobenmenge über 600 g
**⁾ von groben Fett- und Bindegewebsanteilen befreit

würfelförmige Einlagen von Fleisch und Speck, teilweise zusätzlich auch Zunge, Leber und Herz (1.5)

Analysenwerte: *)
Muskelfleischeinlagen **) nicht unter 30 %

2.232.5 *Rotgelegter, Fränkischer Rotgelegter, Würzburger Rotgelegter*

Ausgangsmaterial:
grob entsehntes Schweinefleisch (1.122)
fettgewebereiches Schweinefleisch (1.123)
Schweinemasken (1.33)
Speck (1.212)
Schwarten (1.312)
Blut (1.41)

Besondere Merkmale:
in zum Teil auch mit feinzerkleinerter Leber (1.5) versetzter Blut-Schwarten-Grundmasse gelegte Schweineköpfe, zum Teil auch gewürfelt

Analysenwerte: *)
Muskelfleischeinlagen **) nicht unter 30 %

2.232.6 *Thüringer Rotwurst, Thüringer Blutwurst, Dresdner Blutwurst, Schlesische Blutwurst*

Ausgangsmaterial:
grob entfettetes Schweinefleisch (1.122)
fettgewebereiches Schweinefleisch (1.123)
Speck (1.212)
Schwarten (1.312)
Blut (1.41)

Besondere Merkmale:
in zum Teil auch mit feinzerkleinerter Leber (1.5) versetzter Blut-Schwarten-Grundmasse würfelförmige Einlagen von Fleisch und Speck, teilweise zusätzlich auch mit Leber und Herz (1.5).

Analysenwerte: *)
Muskelfleischeinlagen **) nicht unter 25 %

2.232.7 *Rotwurst, Calenberger Rotwurst, Bauernrotwurst, Hausmacher Rotwurst, Landrotwurst*

Ausgangsmaterial:
fettgewebereiches Schweinefleisch (1.123)
Speck (1.212)
Schwarten (1.312)
Blut (1.41)

Besondere Merkmale:
in zum Teil auch mit feinzerkleinerter Leber und Innereien (1.5) versetzter Blut-Schwarten-Grundmasse würfelförmige Einlagen von Fleisch und Speck mit teilweise anhaftender

   *) bei einer Gesamtprobenmenge über 600 g
  **) von groben Fett- und Bindegewebsanteilen befreit

Schwarte, teilweise zusätzlich auch mit Schweinemasken (1.312), Herz, Leber oder Zunge (1.5); Calenberger Rotwurst mit Getreideerzeugnissen.

Analysenwerte: *)
Muskelfleischeinlagen **) nicht unter 15 %

2.232.8 *Roter Schwartenmagen, Blutpressack, Roter Pressack, Schwarzer Preßsack, Blutpreßkopf, Roter Preßkopf, Preßwurst, Berliner Preßwurst*

Ausgangsmaterial:
fettgewebereiches Schweinefleisch (1.123.)
Speck (1.212)
Schwarten (1.312)
Schweinemasken (1.33)
Blut (1.41)
Herz (1.5)

Besondere Merkmale:
in zum Teil auch mit zerkleinerten Innereien (1.5) versetzter Blut-Schwarten-Grundmasse würfel- oder streifenförmige Einlagen von Fleisch, Schweinemasken, Speck mit teilweise anhaftender Schwarte und Herz; Preßsack und Schwartenmagen auch ohne Einlagen von Fleisch

Analysenwerte *)
Muskelfleischeinlagen **) nicht unter 10 %

2.232.9 *Blutwurst, Rheinische Blutwurst, Sächsische Blutwurst, Bauernblutwurst, Landblutwurst, Speckwurst, Speckblutwurst, frisch, Touristenwurst, Griebenwurst, Pfefferwurst, Blunzen, Plunzen, Flönz, Schwarzwurst*

Ausgangsmaterial:
Speck (1.212)
Schwarten (1.312)
Schweinemasken (1.33)
Blut (1.41)

Besondere Merkmale:
in zum Teil auch mit zerkleinerten Innereien (1.5) versetzter Blut-Schwarten-Grundmasse würfelförmige Einlagen von Schweinemasken und/oder Speck mit anhaftender Schwarte, einige Sorten auch mit Fleisch (1.123); Blutwurst, Blunzen, Plunzen, Flönz regional auch nur aus Blut.

Analysenwerte: *)
Einlagen, sofern vorhanden nicht unter 20 %

2.232.10 *Hausmacher Blutwurst*

Ausgangsmaterial:
Speck (1.212)
Schwarten (1.312)
Schweinemasken (1.33)
Blut (1.4)

*) bei einer Gesamtprobenmenge über 600 g
**) von groben Fett- und Bindegewebsanteilen befreit

Besondere Merkmale:
in zum Teil auch mit zerkleinerten Innereien versetzter Blut-Schwarten-Grundmasse gewolfte Schweinemasken und Speck mit anhaftender Schwarte, teilweise auch Fleisch (1.123), Speck teilweise auch gewürfelt

Analysenwerte:
bindegewebseiweißfreies Fleischeiweiß nicht unter 7,0 %
Einlagen, sofern vorhanden, nicht unter 20,0 %

2.232.11 *frische Blutwürstchen, frische Blutwurst*

Ausgangsmaterial:
Speck (1.212)
Schwarten (1.312)
Schweinemasken (1.33)
Blut (1.41)

Besondere Merkmale
Blut-Schwarten-Grundmasse, in der Blut überwiegt und die zum Teil auch zerkleinertes Schweinefleisch (1.123) und/oder Innereien (1.5) enthalten kann, mit Speck, Schwarten und/oder Fleischwürfeln (1.123); auch zum Warmverzehr bestimmt; Verkauf teilweise ohne Hülle

Analysenwerte:
bindegewebseiweißfreies Fleischeiweiß nicht unter 5,0 %

2.232.12 *Berliner frische Blutwurst, Frische Blutwurst mit Semmeln, Beutelwurst, Boudin, Schwarze Graupenwürstchen, Grützblutwurst, rote Grützwurst, Möpkenbrot, Panhas, Tiegelblutwurst, Tollatschen, Rote Wellwurst, Wurstebrot*

Ausgangsmaterial:
Speck (1.212)
Schwarten (1.312)
Schweinemasken (1.33)
Blut (1.41)

Besondere Merkmale:
Blut-Schwarten-Grundmasse, in der Blut überwiegt und die zum Teil auch zerkleinertes Schweinefleisch (1.123) und/oder Innereien (1.5) enthalten kann, mit Speck-, Schwarten- und/oder Fleischwürfeln (1.123); der Bezeichnung entsprechende Verwendung von Graupen oder Grütze; frische Berliner Blutwurst und Wellwurst mit Semmel, Boudin mit Semmel und Weißkraut; Beutelwurst und Möpkenbrot mit Roggenschrot, Panhas mit Buchweizenmehl, Tiegelblutwurst, Tollatschen und Wurstebrot mit Grütze und Mehl; auch zum Warmverzehr bestimmt; Verkauf teilweise ohne Hülle

2.232.13 *Mengwurst, Mischwurst*

Ausgangsmaterial:
fettgewebereiches Schweinefleisch (1.123)
Fettgewebe (1.21)
Bindegewebe (1.31)
Blut (1.41)
Leber (1.5)

Besondere Merkmale:
in Blut-Schwarten-Grundmasse zerkleinertes Fleisch, Fettgewebe und Leber, zum Teil auch andere Innereien (1.5) bei Fleisch-Mengwurst auch Einlagen von Schweinefleisch (1.122), Zunge, Herz und Niere

Analysenwerte:
bindegewebseiweißfreies Fleischeiweiß nicht unter 7,0 %

2.3 Gegarte Pökelfleischerzeugnisse

2.30 „Gekochtes Pökelfleisch" („Kochpökelwaren", „Gekochte Pökelfleischwaren") sind umgerötete[28a)] und gegarte, meist geräucherte Fleischerzeugnisse, denen kein Brät (2.22, Abs.2) zugesetzt ist, soweit dieses nicht zur Bindung großer Fleischteile dient (z.B. bei „Kaiserfleisch", 2.342.4).

2.31 Bei Bezeichnungen ohne Hinweis auf die Tierart *(Schinken, Geräuchertes, gegart, Geselchtes, gegart, Schwarzgeräuchertes, Pökelfleisch, gegart, Gekochtes Surfleisch, Pökelbraten usw.)* handelt es sich – soweit in den Leitsätzen nichts Gegenteiliges angegeben ist – um Teile von Schweinen; im übrigen wird auf die Tierart hingewiesen *(Gekochter Rinderschinken, Gekochtes Rinderpökelfleisch, Gekochter Kalbsschinken, Gekochte Kalbskarbonade usw.).* Gekochtes Rauchfleisch wird entweder aus Schweinefleisch oder aus sehnenarmem Rindfleisch hergestellt.

2.321 Von Knochen, Schwarte (1.312) und etwaiger Gallerte sowie aufliegendem Fettgewebe (1.21) befreite Kochpökelwaren von Schweinen enthalten im fettfreien Anteil mindestens 19 % Fleischeiweiß (1.71), Kochpökelwaren von Rindern und Kälbern im fettfreien Anteil mindestens 18.5 % Fleischeiweiß[28b)].

2.322 Rohes gepökeltes Fleisch, das für ein Einfüllen in Behältnisse vorgesehen oder erkennbar für ein Erhitzen im Haushalt bestimmt ist, also Halbfabrikat einer Kochpökelware ist (z.B. *Rohkasseler zum Selbstkochen oder Surfleisch),* enthält nach Präparation gem. 2.321 im fettfreien Anteil mindestens 17 % Fleischeiweiß.

2.33 Bei Kochpökelwaren am Stück oder in Scheiben, die in Gallerte in den Verkehr kommen, ist die Bezeichnung entsprechend ergänzt (z.B. *Eisbein in Gelee, Schinken in Aspik, Sülzkotelett).*
Die Zugehörigkeit zur Gruppe der Sülzen wird durch die Bezeichnungen wie. . .-Sülze oder mit Hinweisen auf den Zerkleinerungsgrad (z.B. *Schweinskopf gewürfelt in Aspik, Eisbein gewürfelt in Aspik, Schinken gewürfelt in Aspik, Putenfleisch gewürfelt in Aspik)* ausgewiesen. Sofern Geleeanteile im Gewicht eingeschlossen sind, liegt der Fleischanteil im Fertigerzeugnis nicht unter 50 %.

2.341 Die Bezeichnung *Schinken* wird auch in Wortverbindungen nur für Kochpökelwaren von gehobener Qualität verwendet. Der Schinken, der nicht zerlegt worden ist , enthält in den von Schwarten und etwa vorhandenen Gallertanteilen sowie aufliegendem Fettgewebe befreiten Anteilen mindestens 85 % BEFFE (1.72) im Fleischeiweiß[28b), 28c)].

2.341.1 Bei Bezeichnungen ohne Hinweis auf einen Tierkörperteil handelt es sich – soweit in den Leitsätzen nichts Gegenteiliges angegeben ist – um Teile der Hinterextremität *(Hinterschinken, Schlegel, Keule).*

2.341.2 Schinken aus der Vorderextremität wird als *Vorderschinken (Schulterschinken)* bezeichnet.

2.341.3 *Schäufele* am Stück ist das Schulterblatt einschließlich der entsprechenden Hälfte der Schulter mit bis zu 1–2 cm dicker Speckauflage ohne Schwarte und einem Knochenanteil unter 40 %. Auf etwaige Schwartenteile wird in der Bezeichnung hingewiesen.

2.341.4 Bei Kochpökelwaren, die in der Bezeichnung das Wort *Schinken* enthalten, wird auf das Vorliegen von Knochen hingewiesen (z.B. *Beinschinken, Prager Schinken mit Knochen).* *Nußschinken,* gegart am Stück schließt die Kniescheibe ein.

| 2.341.5 | Sind etwaige Speck- und Schwartenanteile (1.212, 1.312) nicht sichtbar, z.B. bei Dosenschinken, so betragen diese zusammen weniger als 20% des Gesamtgewichts. |
| 2.341.6 | Muskeln und Muskelgruppen, die aus dem Zusammenhang gelöst worden sind und auch isoliert als Schinken verkehrsfähig wären, können ohne besonderen Hinweis zu größeren Schinken zusammengefügt sein. |

Erzeugnisse, die ganz oder teilweise aus kleineren als den in Absatz 1 genannten Muskelstücken oder Formfleisch hergestellt sind (2.19), werden in Verbindung mit der Verkehrsbezeichnung ausreichend kenntlich gemacht (z.B. *Formfleisch-Schinken*, aus Schinkenteilen zusammengefügt). Die in Abastz 1 und Absatz 2 beschriebenen Erzeugnisse enthalten mindestens 90% Beffe (1.72) im Fleischeiweiß.

| 2.342.1 | *Gekochter Pökelkamm, (Nacken-Kasseler, Kasseler Kamm)* wird aus Schweinenacken mit oder ohne Knochen hergestellt, |
| 2.342.2 | Die Bezeichnung *Kasseler (Kaßler)* wird bei Kochpökelwaren des Schweines, soweit nicht der Kotelettstrang ohne Kamm (Karree, Karbonadenstück) zugrundeliegt, nur in Verbindung mit der entsprechenden Teilstückbezeichnung verwendet (z.B. *Nacken-Kasseler, Kasseler Kamm, Kasseler Bauch*). Entsprechend behandelte Teilstücke anderer Tierarten werden . . . nach Kasseler Art bezeichnet. |

Kasseler (Kasseler Rippenspeer, Kasseler Rippchen, Pökelrippchen, Gekochtes Ripperl, Gekochte Pökelkarbonade usw.) wird aus dem Kotelettstrang hergestellt (2.504); zu Kasseler Bauch siehe 2.364.

Filet-Kasseler (Lummer-Kasseler) ist Kasseler aus dem Lendenteil des Kotelettstranges einschließlich Filet (2.504).

2.342.3	*Gekochter Lachsschinken* wird aus dem entsehnten „Auge" von Kotelettsträngen hergestellt.
2.342.4	*Kaiserfleisch* besteht aus einem oder mehreren zusammengefügten knochenfreien, weitgehend von Fettgewebe befreiten Kotelettsträngen.
2.363	*Gepökelte Schälrippchen* sind gepökelte Rippen sowie Brust- Wirbelsäulenknochen mit zwischengelagerter Muskulatur (2.510.1). Das gleiche gilt für *gepökeltes Kleinfleisch*, das auch *Schweineschwänzchen* einschließt. *Gepökelte Fleischrippchen* sind Schälrippchen mit mindestens 1 cm Fleischabdeckung; *Gepökelte Brustspitze (Gepökelte dicke Rippen)* hat eine dickere Abdeckung.
2.364	*Gekochter Bauchspeck (Gekochter Frühstücksspeck, Kasseler Bauch, Gegarter Pökelbauch, Gekochtes Pökelwammerl* usw.) wird aus von Rippen und Brustknochen befreiter, meist noch Knorpel und Schwarten enthaltender Schweinsbrust einschließlich magerer Bauchanteile hergestellt. (1.212).
2.365	*Eisbein, gepökelt (Schweinshaxe, gepökelt, Gekochte Pökelhaxe, Surhaxe, Gekochte Räucherhaxe)* wird aus schwarten- und knochenhaltigem Unterschenkel oder Unterarm des Schweines hergestellt (1.32), von dem das Spitzbein *(Schweinspfote)* einschließlich des Gelenks abgesetzt ist. Bei *Eisbein in Gelee* (oder . . . *in Aspik*) in Behältnissen wird auf einen etwaigen Knochenanteil hingewiesen.
2.366	*Gekochtes Hamburger Rauchfleisch wird wie Gekochter Rinderschinken* aus sehnenarmem Rindfleisch (1.111) hergestellt.
2.367	*Pökelbrust (Gepökelte Rindsbrust)* wird aus Brustmuskeln von Rindern mit anhaftendem Fettgewebe hergestellt. *Gerollte Kalbsbrust, gepökelt (Gepökelte Kalbsbrust, gerollt)* wird aus Brust- sowie Bauchmuskeln von Kälbern ohne gelbe Bauchhaut hergestellt.
2.368	*Pökelzunge (Gepökelte Rinderzunge, Gekochte Pökelzunge, Pariser Zunge)* wird aus Rinderzunge hergestellt, die vor dem Kehldeckel abgesetzt und – abgesehen von technisch nicht immer vermeidbaren Resten – von Schleimhaut (1.5 und 1.61), Speicheldrüsen (1.61) und Zungenbein- sowie Kehlgangsmuskulatur befreit ist. Pökelzungen von anderen Tieren werden nach der Tierart gekennzeichnet.

2.4 Rohe Pökelfleischerzeugnisse

2.40   Rohe Pökelfleischerzeugnisse oder Rohpökelware, Rohschinken, Rauchfleisch, Dörr-fleisch, süddeutsch auch Speck, Geräuchertes, Geselchtes sind durch Pökeln (Salzen mit oder ohne Nitritpökelsalz und/oder Salpeter[21]) haltbar gemachte, rohe, abgetrocknete, geräucherte oder ungeräucherte Fleischstücke von stabiler Farbe, typischem Aroma und von einer Konsistenz, die das Anfertigen dünner Scheiben ermöglicht.

2.40.1 Die Angaben „naturgesalzen" oder „naturgereift" werden nur bei Trockensalzung (ein-schließlich der Salzung mit Eigenlake) unter ausschließlicher Verwendung von Kochsalz, Zuckerstoffen und Gewürzen verwendet.

2.40.2 Erzeugnisse, bei denen eine Aromatisierung und Stabilisierung durch Rauch nicht stattge-funden hat, können als luftgereift, luftgetrocknet oder schimmelpilzgereift bezeichnet werden.

2.40.3 Bezeichnungen in Verbindung mit *Kate-, Tenne-, Diele-* (auch *Deele-*) werden bei Anwen-dung von Reifeverfahren mit langsamer Abtrocknung und unterbrochener Zufuhr schwa-chen Rauches verwendet. Die Zusatzbezeichnung „Original" oder „echt" setzt voraus, daß die Reifung in einer Kate oder dem benannten Ort erfolgt ist.

2.40.4 Bezeichnungen in Verbindung mit *Katenrauch-, Landrauch-* o.ä. werden bei einer speziellen Räucherung (z.B. Art des verwendeten Räuchermaterials) verwendet.

2.41   Rohschinken

2.411   *Rohschinken, Rohschneider* werden aus der Beckengliedmaße des Schweines (Schlegel) oder Teilen davon hergestellt. Vielfach haften ihnen noch die Schwarte an. Isoliert hergestell-tes Eisbein wird nicht als Schinken bezeichnet.
Die Herstellung aus den entsprechenden Teilen anderer Tierarten wird entsprechend gekennzeichnet (z.B. *Rinder-, Wildschwein-, Renschinken*).
Werden Schinken nach der Herstellung aufgeteilt, so tragen die einzelnen Stücke die Bezeichnung der noch nicht portionierten Schinken. *Blasenschinken* werden stets in Hüllen hergestellt.

2.411.1 *Knochenschinken* sind Schinken (Unter-, Oberschale, Nuß, Hüfte), deren Knochen (Röhre) frühestens nach der Salzung entfernt wurden. Beim „Langschnitt" haften den Knochen-schinken noch Spitz- und/oder Eisbein an.

2.411.2 *Spaltschinken* werden vor der Salzung von Knochen befreit und weisen gegenüber den Knochenschinken eine flache Form auf. Sie bestehen aus Unterschale, Nuß und Hüfte, ver-einzelt auch mit Oberschale oder Teile davon.

2.411.3 *Kernschinken, Kronenschinken, Papenschinken* werden aus der Unter- und Oberschale her-gestellt; dies gilt auch für Rollschinken.

2.411.4 *Bauernschinken, Landschinken* werden aus einem Teilstück oder aus mehreren Teilstücken des Schinkens geschnitten; dies gilt auch für *Frühstücksschinken*.

2.411.5 *Nußschinken* besteht aus dem von den Muskeln des Kniestreckers gebildeten Teilstück (Nuß, Maus, Kugel), dem noch die Kniescheibe (Nüßle) anhaften kann.

2.411.6 *Schinkenspeck, Schinkenecke, Eckschinken* werden aus der Hüfte gefertigt.

2.412   *Rinderrauchfleisch, Neuenahrer, Rauchfleisch, Hamburger Rauchfleisch, Nagelholz* wer-den aus der Oberschale oder dem Schwanzstück oder der Blume des Rindes hergestellt.

2.413.1 *Lachsschinken* wird aus dem „Auge" (M. longissimus dorsi) von Kotelettsträngen geschnit-ten. Ihm können noch die dünnen („Silberhaut"), nicht jedoch die groben Teile der Sehnen-platte (Fascia lumbodorsalis) anhaften. Ist Lachsschinken von einer dünnen Speckscheibe umhüllt, wird auch die Bezeichnung Pariser Lachsschinken verwendet.

2.413.2 *Truthahn-Lachsschinken* wird aus der Brustmuskulatur (ohne Haut) eines Truthahns herge-stellt.

2.413.3 *Lachsfleisch, Karbonadenschinken* besteht aus weitgehend von Fettgewebe befreiten Kote-lettsträngen.

2.414   Von Knochen, Schwarte (1.321) und sichtbarem Fettgewebe (1.21) befreite Rohschinken

(2.41) enthalten selbst im weichsten (zentralen) Magerfleischanteil[28d] Wasseranteile von nicht mehr als

- 65 % bei Knochenschinken (ausgenommen Katen-, Tennen-, Dielen- (Deelen-)schinken, Katenrauchschinken), Rinderrauchfleisch, Schwarzwälder Schinken[28e], Neuenahrer Rauchfleisch, Hamburger Rauchfleisch, Nagelholz,
- 68 % bei Rohschinken, Rohschneidern, Katenschinken, Spaltschinken, Kern-, Bauern-,/ Landschinken unbd Frühstücksschinken, Kronen-, Papen-, Katen-, Tennen, Dielen- (Deelen-)schinken, Katenrauchschinken, Landrauchschinken, Schwarzwälder Schinken mit Oberschale[28e].
- 70 % bei Roll- oder Nußschinken, Blasenschinken, Karbonadenschinken, Schinken-speck, Schinkenecken, Eckschinken.
- 72 % bei Lachsschinken sowie Lachsfleisch.

Bei rohen Erzeugnissen mit hervorhebenden Hinweisen wie luftgereift, luftgetrocknet, langgereift, naturgereift u. ä. verringert sich der jeweilige Wasseranteil um 3 % absolut (z.B. bei *Delikateßlachsschinken* 69 %, bei *Knochenschinken, langgereift* 62 %).

2.42   Sonstige Rohpökelwaren

2.421   Bei aus anderen Fleischteilen des Schweines hergestellten rohen Pökelfleischerzeugnissen wird auf das verwendete Teilstück hingewiesen (z.B. *Schulterspeck, Räucher-Nacken, Karbonaden-Rauchfleisch, geräuchertes Eisbein*). Die Verwendung von Fleischteilen anderer Tierarten wird gekennzeichnet (z.B. *geräuchertes Rinderfilet, gepökelte Gänsebrust, gepökelte Truthahnoberkeule*).

2.421.1   *Breitseite* oder *Ganze Seite* bestehen aus der von Knochen befreiten Schweinehälfte ohne Kopf, überwiegend ohne Bug und Schlegel.

2.421.2   *Bauchspeck, Früstücksspeck, Dörrfleisch* werden aus von Rippen und Brustknochen befreitem, meist noch Knorpel und Schwarte enthaltenden Schweinebauch hergestellt. Bei *Delikateß-Bauchspeck, Delikateß-Früstücksspeck* beträgt das sichtbare Fettgewebe nicht mehr als 50 %, und die Knorpel sind bis auf technologisch unvermeidbare Reste entfernt worden.

2.5   Spezielle Fleischteilstücke und spezielle Fleischgerichte

2.501   *Filet, Lende, Lungenbraten, Schlachtbraten*, beim Schwein auch Lummel, Lummer sind bei warmblütigen Tieren mit Ausnahme des Geflügels die von Knochen abgetrennte und von größeren Fettgewebsauflagerungen befreite innere Lendenmuskulatur (innere Hüftmuskulatur, Psoasmuskulatur, Rückenbeugemuskulatur; M.iliopsoas und M.psoas minor). – Beim Geflügel ist „-filet" von Haut befreite („filetierte") Brustmuskulatur (z.B. *Truthahnfilet*).[29]

Sofern die Tierart nicht angegeben ist, handelt es sich um Filet eines Rindes. Filet vom Kalb sowie anderen Tierarten wird entsprechend gekennzeichnet (z.B. *Kalbsfilet, Schweinefilet, [Schweinsfilet], Hirschfilet, Putenfilet*).

Filetkopf ist der beckenseitige, stumpfe Teil des Filets.

Filetspitze ist der brustseitige, spitze Teil des Filets. *Filet mignons* sind Scheiben aus der Filetspitze.

Filets medaillons sind Scheiben Kalbsfilet.

Chateaubriand Doppeltes Filetstück, Doppeltes Lendenstück ist eine etwa 5 cm dicke Scheibe aus dem Kopf oder dem Mittelstück eines Rinderfilets.

Filetsteak, Tournedo, Tenderloin-Steak ist eine Scheibe Filet (s. auch 2.506)

Filet STROGANOFF besteht ebenso wie *Filetgulasch STROGANOFF* aus Rinderfiletstücken. Für *Boeuf STROGANOFF* wird zartes, sehnenarmes Rindfleisch verwendet.

Falsches Filet, Bugfilet, Schulterfilet ist der kopfwärts auf der äußeren Seite des Schulterblattes befindliche Muskel (M. supra spinatus) des Rindes.

2.502 *Roastbeef, flaches Roastbeef, Lende, Rostbraten, Contre-Filet* ist die von den Lendenwirbeln und den letzten vier Brustwirbeln gelöste äußere Lendenmuskulatur (hintere rückenseitige Rückenstreckmuskulatur, in erster Linie M. longissimus dorsi) des Rindes.
Rundes Roastbeef ist beim Rind der im Bereich der Hochrippe liegende, freipräparierte Teil des langen Rückenstreckers (M. longissimus dorsi), das „Auge" einer Hochrippe. – *Rib-Eye, Hochrippen-Medaillon, Rib-Eye-Steak, Delmonico-Steak* ist eine Scheibe rundes Roastbeef (s. auch 2.506).
Lendenschnitte, Lendensteak ist eine Scheibe flaches oder rundes Roastbeef oder Rinderfilet (Rindsfilet), (s. auch 2.506).
Entrecôte ist eine dicke Scheibe flaches oder rundes Roastbeef.
Rumpsteak, Sirloin-Steak ist eine Scheibe aus dem Roastbeef oder dem unmittelbar anschließenden Teil einer Hüfte (s. auch 2.506).
Club-Steak ist eine Scheibe aus dem vorderen Teil eines Roastbeefs oder dem hinteren Teil einer Hochrippe (s. auch 2.506).

2.503 *Große Lende, Schoß, Nierenstück* ist die gesamte Lende (innere und äußere Lendenmuskulatur des Rindes – Filet und Roastbeef – mit Knochen).
T-Bone-Steak und *Porterhause-Steak* sind knochenhaltige Scheiben einer Großen Lende (stets Filet einschließend), (s. auch 2.506).

2.504 *Kotelett* ist eine knochenhaltige Scheibe aus der rückenseitigen Stamm-Muskulatur, dem Kotelettstrang (beim Rind aus dem hinteren Brustwirbelbereich, der Hochrippe [6.-10. Rippe], bei Kalb, Schaf und Schwein aus dem Lenden- und dem Brustwirbelbereich, beim Schwein auch aus dem Halsbereich)[30]. Bei nur als „Kotelett" bezeichnetem Fleisch herrscht der lange Rückenstrecker (M. longissimus dorsi), das „Auge" des Koteletts vor; Scheiben, in denen mehrere Muskeln das Bild beherrschen, werden beim Schwein (Hals- und vordere Brustwirbelbereich bis zur 3. Rippe) als *Kammkotelett, Nackenkotelett, Hals(grat)kotelett,* bei Kalb und Schaf (vorderer Brustwirbelbereich) unter gleichzeitiger Angabe der Tierart als *Halskotelett* bezeichnet. Als *Herz-, Rippen-, Mittel-* und *Stielkotelett, Karree, Karbonade* werden Scheiben aus dem Kotelettstrang des Brustbereiches ab 3. Rippe bezeichnet, als *Filet-, Lummer-* oder *Lendenkotelett* – soweit Filet eingeschlossen ist – Scheiben aus dem Lendenbereich des Kotelettstrangs.
Zum Kotelett zählen beim Schwein nicht Fettgewebsauflagerungen über 1,0 cm und Schwarten sowie Rippen und Fleisch- sowie Fettgewebsanteile, die das Kotelett-„Auge" um mehr als 5 cm überragen.
Sofern die Tierart nicht angegeben ist, handelt es sich um *Schweinekotelett (Schweinskotelett).* Koteletts von anderen Tieren werden in jedem Fall entsprechend gekennzeichnet, z.B. *Kalbskotelett, Rinderkotelett, Rindskotelett, Rib-Steak, Lammkotelett, Halskotelett vom Hammel, Hirschkotelett, Rinderlendenkotelett* (s. auch 2.506)
Côte de boef, Rib of Beef am Stück ist die *Hochrippe* mit Rippen, jedoch ohne Wirbelkörper und Dornfortsätze.
Lamp Chops sind Lammkoteletts oder andere sehnenarme Lammfleischscheiben (z.B. Keule).
Falsches Kotelett ist eine Scheibe Schweinebauch[30].

2.505 *Hüfte, Huft, Spitze, kurzes Schweifstück, Rosenspitz, Mürbschoß, Mürbbraten* ist die bei Rindern an das Roastbeef anschließende, an der Außenfläche des Beckenknochens liegende und zum Kreuzbein reichende äußere Hüftmuskulatur. Die Spitze der in die Hüfte reichenden Unterschale (proximaler Teil des M. glutaeobiceps) wird als Tafelspitz bezeichnet.
Hüftsteak, Huftsteak, Point-Steak ist eine Scheibe aus einer Hüfte (s. auch 2.506).

2.506 *Steak* ist eine zum Kurzbraten oder Grillen geeignete (mürbe), nicht zu dünne, in der Regel quer zu den Fasern geschnittene Scheibe aus in natürlichem Zusammenhang belassenem, sehnenarmem Fleisch, meist mit anhaftendem Fettgewebe, ohne Knochen, ausgenommen *Porterhouse-Steak* und *T-Bone-Steak*, zum Teil auch *Rib-Eye-Steak, Club-Steak* und *Sirloin-Steak.*

Sofern die Tierart nicht angegeben ist, handelt es sich wie bei *Beefsteak, Rinderstück, Rindsstück* und *Rindersteak (Rindssteak)* um Steaks eines Rindes. Steaks von anderen Tieren werden in jedem Fall entsprechend gekennzeichnet (z.B. *Hirschsteak, Kalbssteak, Schweinesteak (Schweinssteak), Hammelsteak, Putensteak)*. Dies gilt auch bei Hinweisen auf Zubereitung und Würzung sowie bei Fantasiebezeichnungen (z.B. *Paprikasteak, Kalb; Jägersteak, Schwein)*.

Bezeichnungen wie *Filetsteak* (2.501), *Rumpsteak* (2.502) *Lendensteak* (2.502), *Rückensteak; Rib-Eye-Steak* (2.502), *Hüftsteak* (2.505) und *Kluftsteak* (2.505) weisen auf die Verwendung bestimmter Fleischteile des Rindes hin.

Schweinenackensteak (Schweinsnackensteak) ist eine Scheibe aus dem Schweinenacken.

2.507   Erzeugnisse aus gewolftem oder ähnlich zerkleinertem Fleisch

2.507.1   Für geformt portionierte Erzeugnisse aus gewolftem oder ähnlich zerkleinertem Fleisch wird die Angabe „Steak" nur dann in Wortverbindungen gebraucht, wenn sie – abgesehen vom *Beefsteak Tatar* – zum Kurzbraten oder Grillen bestimmt sind und sich aus der Angabe zweifelsfrei ergibt, daß zerkleinertes Fleisch vorliegt (z.B. *Hacksteak)*. Bei *Deutschem Beefsteak* (2.507.1) und bei *Beefsteak Tatar* (2.507.1) ist die Verwendung von zerkleinertem Fleisch allgemein bekannt.

2.507.11 *Hacksteak*

Ausgangsmaterial:
sehnenarmes Rindfleisch (1.111)
grob entfettetes Schweinefleisch (1.122)
Binde- und Auflockerungsmittel, jedoch mindestens 80 % Fleisch in der fertig gewürzten und ggf. mit Zwiebeln versetzten Rohmasse

Analysenwerte:
bindegewebseiweißfreies Fleischeiweiß im zubereiteten Zustand
nicht unter 11.5 %
bindegewebseiweißfreies Fleischeiweiß im Fleischeiweiß
histometrisch nicht unter 70 %
chemisch nicht unter 80 %

2.507.12 *Deutsches Beefsteak, Hackbeefsteak*

Ausgangsmaterial:
sehnenarmes Rindfleisch (1.111)
grob entsehntes Rindfleisch (1.112)
Binde- und Auflockerungsmittel, jedoch mindestens 80 % Fleisch in der fertig gewürzten und ggf. mit Zwiebeln versetzten Rohmasse

Analysenwerte:
bindegewebseiweißfreies Fleischeiweiß in der zubereiteten Rohmasse
nicht unter 14 %
bindegewebseiweißfreies Fleischeiweiß im Fleischeiweiß
histometrisch nicht unter 75 Vol-%
chemisch nicht unter 85 %

2.507.13 *Schabefleisch, Beefsteakhack, Tatar*[31)]

Ausgangsmaterial:
sehnen- und fettgewebsarmes Rindfleisch (1.111)

571

Besondere Merkmale:
Zum Rohverzehr bestimmt; bei „zubereitetem" Schabefleisch (Beefsteak-Tatar, Beefsteak-hack) wird außer würzenden Zutaten nur Eigelb verwendet.

Analysenwerte:
bindegewebseiweißfreies Fleischeiweiß nicht unter 18 %
bindegewebseiweißfreies Fleischeiweiß im Fleischeiweiß
histometrisch nicht unter 85 Vol-%
chemisch nicht unter 90 %

2.507.2   *Hamburger, Beefburger*

Ausgangsmaterial:
grob entsehntes Rindfleisch (1.112)

Analysenwerte:
bindegewebseiweißfreies Fleischeiweiß in der zubereiteten Rohmasse
nicht unter 13.5 %
bindegewebseiweißfreies Fleischeiweiß im Fleischeiweiß
histometrisch nicht unter 65 Vol-%
chemisch nicht unter 75 %

2.507.21   *Rinderhackfleisch, Rindergehacktes, Rindergewiegtes[31]*

Ausgangsmaterial:
grob entsehntes Rindfleisch (1.112)

Besondere Merkmale:
Vielfach zum Rohverzehr bestimmt; bei „zubereitetem" Rinderhackfleisch werden nur Salz, Zwiebeln und Gewürze verwendet

Analysenwerte:
bindegewebseiweißfreies Fleischeiweiß nicht unter 14,0 %
bindegewebseiweißfreies Fleischeiweiß im Fleischeiweiß
histometrisch nicht unter 65 Vol-%
chemisch nicht unter 75 %

2.507.22   *Schweinehackfleisch, Schweinemett, Schweinegehacktes, Schweinegewiegtes[31]*

Ausgangsmaterial:
grob entfettetes Schweinefleisch (1.122)

Besondere Merkmale:
Vielfach zum Rohverzehr bestimmt; bei „zubereitetem" Schweinehackfleisch (Hackepeter, Thüringer Mett) werden nur Salz, Zwiebeln und Gewürze verwendet

Analysenwerte:
bindegewebseiweißfreies Fleischeiweiß nicht unter 11,5 %
bindegewebseiweißfreies Fleischeiweiß im Fleischeiweiß
histometrisch nicht unter 65 Vol.-%
chemisch nicht unter 75 %

2.507.23   *Gemischtes Hackfleisch, Halb und Halb[31]*

Ausgangsmaterial:
grob entfettetes Schweinefleisch (1.122)
grob entsehntes Rindfleisch (1.112)

Besondere Merkmale:
Vielfach zum Rohverzehr bestimmt; bei „zubereitetem", gemischtem Hackfleisch werden nur Salz, Zwiebeln und Gewürze verwendet

Analysenwerte:
bindegewebseiweißfreies Fleischeiweiß nicht unter 12,5 %
bindegewebseiweißfreies Fleischeiweiß im Fleischeiweiß
histometrisch nicht unter 65 Vol.-%
chemisch nicht unter 75 %

2.508.1 *Schnitzel* ist bei warmblütigen Tieren eine zum Kurzbraten oder Grillen geeignete Scheibe von in natürlichem Zusammenhang belassenem sehnen- und fettgewebsarmem Fleisch (1.111, 1.121). Scheiben aus dem Schweinenacken werden auch als *Nackenschnitzel* bezeichnet.
Sofern die Tierart nicht angegeben oder auf andere Weise erkennbar ist, handelt es sich um Schweinefleischscheiben. Schnitzel von anderen Tieren werden entsprechend gekennzeichnet (z.B. *Kalbsschnitzel, Rinderschnitzel, (Rindsschnitzel), Rehschnitzel, Putenschnitzel*).
Wiener Schnitzel ist paniertes[32] Kalbsschnitzel. *Schnitzel à la Holstein* ist unpaniertes Kalbsschnitzel mit Garnierung (Sardellen usw.) und Spiegeleiauflage.
Rahmschnitzel stammt ebenfalls vom Kalb.
Cordon bleu besteht aus zwei gleich großen Schnitzeln (evtl. in Form einer Tasche), dazwischen Schinken und Käse, meist paniert[32]. Ohne Angabe der Tierart handelt es sich um Kalbsschnitzel.
Medaillons sind kleine, aus sehnenarmem Fleisch quer zu den Fasern geschnittenen, zum Kurzbraten geeignete Scheiben; die Tierart wird angegeben, z.B. *Kalbsmedaillon, Kalbsnüßchen, Rindermedaillons (Rindsmedaillons), Putenmedaillons*.

2.508.2 *Geschnetzeltes, Schnetzel, Schnitzelchen, Geschnitzeltes* sind ohne Angabe der Tierart kleine dünne, quer zu den Fasern geschnittene Scheiben oder Streifen aus sehnen- oder fettgewebsarmem Kalbfleisch (1.111).

2.509 *Rouladen, Fleischröllchen, Fleischvögel* sind dünne zusammenhängende, unter Einschluß von Füllung gerollte, zum Braten geeignete Scheiben aus sehnen- und fettgewebsarmem Fleisch (1.111, 1.121). Sofern die Tierart nicht angegeben ist, handelt es sich um Rindfleisch. Die Füllung besteht in der Regel aus Speckstreifen, Gurkenstreifen, Zwiebeln, Pilzen, Schinkenstreifen oder anderen geschmackgebenden Zutaten, zum Teil wird zum Füllen auch Brät oder gewolftes Fleisch verwendet, das in der Qualität der Grundlage für Hacksteak (2.507.1) entspricht. *Kalbsrouladen, Kalbsvögel* werden nicht nur aus Kalbfleisch hergestellt, sondern auch vorwiegend mit Kalbsbrät (2.221.0) und gekochtem Ei gefüllt.

2.510.1 „Braten" sind zum Braten geeignete, in natürlichem Zusammenhang belassene, bratfertig zugeschnittene Fleischteile, auch in gebratenem oder gegrilltem Zustand. Die Verwendung von fettgewebereichem Schweinefleisch (1.123) wird entsprechend kenntlich gemacht (z.B. Gebratener Schweinebauch) Ohne Angabe der Tierart wird bei *Sauerbraten, Schmorbraten, Rostbraten, Burgunderbraten* und *Zwiebelbraten Rindfleisch*, bei *Rahmbraten Kalbfleisch*, bei *Szegediner Braten* Schweinefleisch erwartet. In den übrigen Fällen wird die Tierart angegeben (z.B. *Schweinebraten (Schweinsbraten), Hasenbraten, Rahmbraten (Schwein), Burgunderbraten (Schwein)*.
Pökelbraten ist gepökelter Schweinebraten.
Zigeunerbraten ist speziell gewürzter, auch gepökelter Schweine- oder Rinderbraten.

2.510.1 *Rollbraten* ist im Zusammenhang belassenes, gerolltes oder von einem Netz umgebenes Fleisch; die Tierart wird angegeben (z.B. *Schweinerollbraten (Schweinsrollbraten)*.
Nierenbraten (Kalbsnierenbraten) ist gerolltes Kalbfleisch ohne grobe Sehnen und ohne gelbe Bauchhaut, mit Kalbsniere.

Schweinenierenbraten (Schweinsnierenbraten) ist entschwarteter, gerollter Schweinebauch mit Schweineniere.

Putenrollbraten ist gerolltes, gewachsenes Putenbrustfleisch mit nicht mehr als 10 % anhaftender Haut und nicht mehr als 40 % Einlagen von gewachsener Brust- und/oder Oberschenkelmuskulatur ohne Haut.

Putenoberschenkelrollbraten ist gewickeltes, im natürlichen Zusammenhang belassenes Putenoberkeulenfleisch, dem maximal 15 % Haut anhaftet.

2.510.1 Bei folgenden Bratenstücken wird nicht ausdrücklich auf das Vorhandensein von Knochen und/oder Knorpeln hingewiesen:
Kotelettstrang, Brust und Bauch, *Schäuferl (Schäuferle), Nuß* sowie *Haxe (Hesse)* am Stück (bei Kalb und Schwein) oder in Scheiben (beim Rind *Beinfleisch oder Beinscheibe,* beim Kalb *Ossobuco).* Das gleiche gilt für Geflügel (z.B. *Gänsebraten (Gansbraten).* In den übrigen Fällen wird auf den Anteil an Knochen hingewiesen, z.B. ,,mit Knochen'' oder ,,mit Bein'', sofern die Knochen in das Gewicht mit einbezogen sind[33].
Kleinfleisch sind neben *Spitzbein, Schnauze, Rüssel* und *Ohren* fleischtragende Brustknochen und Rippen *(Schälrippchen, Bratenrippchen, Spareribs, Brustspitz)* sowie Wirbelknochen des Schweines einschließlich Schwanz. Beim Rind werden fleischtragende Knochen als *Fleischknochen,* beim Kalb auch als *Kalbskleinfleisch* bezeichnet.
Tenderons sind um einen Rippenknochen gelegte Fleischstreifen aus Kalbsbrust oder Schweinebauch (mit oder ohne Schwarte). Die Tierart wird angegeben (z.B. *Schweinetenderons).*

2.510.1 Bei Braten aus Schweinehaxen (1.32), Schweinebrust und Schweinebauch (1.212) sowie Schlegel- und Schulterteilen sind Schwarten ohne besonderen Hinweis einbezogen.

2.510.1 *Gefüllte Kalbsbrust* ist von Rippen und Brustbein, gelegentlich auch von Brustknorpeln befreite, taschenartig präparierte Kalbsbrust, die als Küchengericht vorwiegend mit einer Masse aus Weißbrot (,,Semmelknödelteig'') oder aus zerkleinertem, grob entsehntem Fleisch und Weißbrot, mit Lyonerbrät (2.222.1) oder Jagdwurstbrät (2.223.1) gefüllt ist. Für *Gefüllte Schweinebrust (Gefüllte Schweinsbrust), (Gefüllten Schweinebauch)* gilt vorstehendes entsprechend.

2.510.2 Für Erzeugnisse aus zerkleinertem Fleisch wird die Angabe ,,Braten'' nur dann in Wortverbindungen gebraucht, wenn sich aus der Bezeichnung zweifelsfrei ergibt, daß kein in natürlichem Zusammenhang belassenes Fleisch vorliegt. (z.B. bei Erzeugnissen im Sinne von 2.507.1 und gleichartigen Erzeugnissen am Stück, z.B. *Hackbraten,* auch *Falscher Hase),* oder bei bestimmten Groben Brühwürsten, sofern der Charakter des Erzeugnisses erkennbar ist, z.B. *Römerbraten, Wienerbraten* (2.223.2).

2.511 Erzeugnisse aus gestückeltem Fleisch.

2.511.1 Frikassee enthält Stücke von gegartem Skelettmuskelfleisch von Kalb und/oder Geflügel und evtl. auch Kalbsbries sowie weitere stückige Zutaten wie Spargel und Champignons in einer hellen, mild gewürzten Soße. Sofern nicht sehnenarmes Formfleisch (2.19) verwendet wird, können zur Sicherung der Saftigkeit Fleischeinlagen bei Kenntlichmachung bis zu einem Viertel aus einer sehnenarmen Farce (z.B. in Form von Klößchen) bestehen. Wird auf eine Tierart hingewiesen (z.B. Hühnerfrikassee), so ist nur Fleisch dieser Tierart verwendet worden. Die Mitverwendung von Geflügelhaut ist nicht üblich.
Frikassee-Fertigerzeugnisse enthalten gegarte Fleischeinlagen in folgenden Mengen:
a) bei ,,Frikassee'' ohne Hinweis auf Gemüseeinlagen in der Bezeichnung mindestens 30 %
b) bei ,,Frikassee'' mit einem Hinweis auf Gemüseeinlagen in der Bezeichnung (z.B. Hühnerfrikassee mit Spargel oder Champignons oder Kalbsfrikassee mit Gemüseeinlagen) mindestens 25 %.
Bei Verwendung von Formfleisch oder Mitverwendung von Farce ist jeweils der Mindestwert um 5 % absolut höher.

2.511.2 Ragout (...pfeffer) besteht aus gebratenen Fleischstücken in einer gewürzten Soße und weiteren Zutaten, wie Gemüse oder Pilzen. Wird auf eine Tierart hingewiesen (z.B. Schweine-

574

ragout, Kalbsragout, Hasenpfeffer), so ist nur das Fleisch dieser Tierart verwendet worden. Auf die Verwendung von Innereien wird hingewiesen (z. B. Zungenragout, Nierenragout).

2.511.2 Ragout fin ist ein Ragout aus Kalbfleisch (2.112) auch mit einem Zusatz Geflügelfleisches (Brust, Keule ohne Haut), teilweise auch Kalbsbries und Kalbszunge. Sofern kein Formfleisch (2.19) verwendet wird, kann der Fleischanteil bis zu 40 % aus einer sehnenarmen Farce bestehen, die unter Verwendung von Sahne und Hühnerei bzw. -eigelb aus Kalbfleisch und Geflügelfleisch (auch mit anteilmäßiger Haut) hergestellt wird. Als Zutaten werden Champignons verwendet. Bei „Ragout fin", bei dem in der Bezeichnung auf die Verwendung von Geflügelfleisch hingewiesen wird, überwiegt der Geflügelfleischanteil. Der Fleischanteil beträgt im Fertigerzeugnis 35 %. Eine Verwendung von Formfleisch oder von Farce wird nicht kenntlich gemacht.

2.511.3 Gulaschkonserven enthalten in gewürzter Soße Fleisch, das von groben Sehnen und Sehnenplatten, größeren Ansammlungen von Fettgeweben und lockerem Bindegewebe sowie gelber Bauchhaut befreit worden ist. Das Fleisch darf zur Sicherung der Saftigkeit von Sehnen durchzogen sein. Knochenputzfleisch, Kopffleisch und Innereien werden nicht verwendet. Als Gulasch bezeichnete Konserven enthalten nur Rindfleisch; die ausschließliche oder teilweise Verwendung von Fleisch anderer Tierarten wird in unmittelbarer Wortverbindung mit der Bezeichnung „Gulasch" angegeben, z. B. Kalbsgulasch. Das Fleisch kann vorbehandelt, z. B. angeschmort oder roh eingedost sein.
Die Frischfleischeinwaage beträgt über 50 % des Nettoinhalts[1].
Bei Konserven, die das Wort Gulasch als Bestandteil der Bezeichnung enthalten, werden Zusätze, z. B. Kartoffelstücke, Sauerkraut, in Verbindung mit der Bezeichnung angegeben; im Übrigen werden die Merkmale der Absätze 1 bis 4 erfüllt.
Szegediner Gulasch oder Szekler Gulasch ist eine überwiegend aus Sauerkraut hergestelltes Erzeugnis mit einem Zusatz an fettem Schweinefleisch; die Frischfleischeinwaage beträgt über 30 % des Nettoinhalts.[1] Angesichts der Schwankungen beim Einfüllen wird für eine Frischfleischeinwaage von über 50 % eine Einwaage von 55 % empfohlen.

2.511.4 *Fleischspieße, Zigeunerspieße, Dragonerspieße, Jägerspieße* enthalten Stücke grob entsehnten Rindfleisches (1.112) und/oder grob entfetteten Schweinefleisches (1.122) sowie würzende Beigaben (z. B. Zwiebeln, Paprikaschoten, Gurken). Für den Fleischanteil von *Filetspießen* werden nur Teile aus dem Filet (2.501) verwendet.
In rohem Zustand bestehen die Spieße mindestens aus zwei Dritteln Fleisch im übrigen aus würzenden Beigaben.
Geflügelfleisch- und *Wildfleischspieße* bestehen in rohem Zustand mindestens zu zwei Dritteln aus Geflügel- bzw. Wildfleisch, im übrigen aus Speck und würzenden Beigaben.
Schaschlik enthält neben Stücken grob entsehnten Rindfleisches (1.112) und/oder grob entfetteten Schweinefleisches (1.122) auch fettgewebereiches Schweinefleisch (1.123) oder Speck (1.212), (meist umgerötet), würzende Beigaben, zum Teil auch Leber und Nieren.
In rohem Zustand enthält Schaschlik einen Anteil an grob entsehntem Rindfleisch und/oder grob entfettetem Schweinefleisch von mindetsens 30 %, Speck sowie würzenden Beigaben, ggf. Leber und/oder Nieren.

2.511.5 *Rindfleisch im eigenen Saft* – Konserven enthalten nicht umgerötetes grob entsehntes Rindfleisch (1.112), dem zur Bindung des während der Erhitzung austretenden Fleischsaftes Sehnen (1.311) und/oder Schwarten (1.312) zugesetzt werden können.

Analysenwerte:
bindegewebseiweißfreies Fleischeiweiß nicht unter 12 %
oder Muskeltrockensubstanz[12a] nicht unter 9,5 %

2.511.6   *Schweinefleisch im eigenen Saft* – Konserven enthalten grob entfettetes Schweinefleisch (1.122), dem zur Bindung des während der Erhitzung austretenden Fleischsaftes Sehnen (1.312) zugesetzt werden können.

Analysenwerte:
bindegewebseiweißfreies Fleischeiweiß nicht unter 11 %
oder Muskeltrockensubstanz[12a] nicht unter 8 %

Fußnoten zu den Leitsätzen für Fleisch und Fleischerzeugnisse

[1]   gestrichen

[2]   Bezüglich Kalbfleisch, Jungrindfleisch und Jungbullenfleisch wird auf Anlage 2 der Verordnung über gesetzliche Handelsklassen für Rindfleisch vom 25. April 1969 (BGBl. I S.338) in der jeweils geltenden Fassung hingewiesen.

[2a]   gestrichen

[3]   gestrichen

[4]   Anlage 1 Nr. 4 Spalte 4 Buchst. c) zu § 1 der Fleisch-Verordnung in der jeweils geltenden Fassung.

[5]   Anlage 2 Kapitel X der Fleischhygiene-Verordnung vom 30. Oktober 1986 (BGBl. I. S. 1678) in der jeweils geltenden Fassung.

[6]   gestrichen

[7]   Zum Gekröse gehört beim Kalb auch der anhängende, aufgeschlitzte und gesäuberte Darm.

[8]   Auf Anlage 1 Kapitel IV Nummer 11 der Fleischhygiene-Verordnung wird hingewiesen.

[9]   gestrichen

[10]   Zur Herstellung von Hautfaserdärmen (einschließlich eßbarer Hautfasersaitling) werden Spalthäute von Rindern verwendet (Vgl. Anlage 1 Nr. 10 bis 13 Spalte 4 der Fleisch-Verordnung.

[11]   Hüllen von Fleischerzeugnissen sind nur dann Lebensmittel, wenn sie dazu bestimmt sind, mitverzehrt zu werden oder bei denen der Mitverzehr vorauszusehen ist (§ 1 Abs. 2 LMBG); im anderen Fall sind sie Bedarfsgegenstände im Sinne des § 5 Abs. 1. Nr. 1 LMBG.

[12a]   s. Bundesgesundheitsbl. 1971, Nr. 1/2, S. 9

[13]   Auf § 17 Abs. 1 Nr. 2 Buchstabe b LMBG wird hingewiesen.

[14]   Vgl. § 4 Abs. 1 Nr. 5 Buchstabe a der Fleisch-Verordnung

[15]   gestrichen

[15a]   gestrichen

[16]   Auf § 4 Satz 1 Nr. 1 LMKV wird hingewiesen.

[16a]   Auf Anlage 2 der Verordnung über gesetzliche Handelsklassen für Rindfleisch vom 25. April 1969 (BGBl.I S. 338) in der jeweils geltenden Fassung wird hingewiesen.

[17]   Vgl. § 6 Abs. 1 der Fleisch-Verordnung

[18]   So ist z.B. die Verwendung bestimmter geografischer Begriffe durch deutsche Hersteller im internationalen Abkommen ausdrücklich ausgeschlossen (z.B. ,,Italienische Salami" durch ein Deutsch-Italienisches Abkommen – vgl. Fußnote[25]).

[18a]   Bei Ragout fin und stückigen Einlagen von Kochwurst wird eine Verwendung von Formfleischerzeugnissen nicht kenntlich gemacht.

[18a]   Fragen einer Kenntlichmachung von stark zerkleinert weiterverarbeiteten Formfleischerzeugnissen werden, soweit in den Leitsätzen nicht spezielle Beschreibungen erfolgt sind (z.B. unter 2.511.2 für Ragout fin), in zukünftigen Beratungen behandelt.

[19]   Unter Berücksichtigung lebensmittelrechtlicher Vorschriften u.a. der Fleisch-Verordnung i.d.F.d.B. vom 4. Juli 1987 (BGBl. S. 1003).

[20]   Anlage 2 Nr. 6 zu § 4 Abs. 2 der Fleisch-Verordnung

[21]   Vgl. Anlage 1 Nr. 1 der Fleisch-Verordnung

[22]   Vgl. Anlage 1 Nr. 4 Spalte 4 Buchst. b und Nr. 5 der Fleisch- Verordnung

[23]   Vgl. Anlage 2 Nr. 5 der Fleisch- Verordnung

[24]   Anlage 3 Nr. 3 der Fleisch-Verordnung

[25]   Bezeichnungen wie Grillwurst oder Grillere sind Synonyme zur Bezeichnung Bratwurst. Siehe Abschnitt 2.221.0 (lt. Bek. vom 1.8.1987)

[26]   Die nicht schnittfesten Erzeugnisse werden bei den Kochwürsten beschrieben.

[26a]   Zur Herstellung von Fleischsalat können Brühwurst, Kochpökelwaren und Braten sowie die beschriebene Fleischsalatgrundlage verwendet werden.

[27]   Anlage 2 Nr. 2 der Fleisch-Verordnung.

[28]   Vgl. Anlage 6 Liste B Nr. 16 zu § 16 der Zusatzstoff-Zulassungsverordnung vom 22.12.1981 (BGBl. I S. 1633), in der jeweils geltenden Fassung.

[28a]   Als Pökelstoff wird nur Nitritpökelsalz verwendet (vgl. Nr. 1 der Anlage 1 der Fleisch-Verordnung in der Fassung der Bekanntmachung vom 21. Januar 1982 (BGBl. I S. 89) in der jeweils geltenden Fassung.

576

28b) Proben werden möglichst aus verschiedenen Stellen im Gewicht von insgesamt mindestens 400 g entnommen. Um auszuschließen, daß erhöhte Anteile an bindegewebe- und damit stickstoffreichem Begleitgewebe hohe absolute Fleischeiweißanteile vortäuschen, werden vor chemischen Analysen neben Knochen auch Schwarten und etwaige Gallertanteile sowie aufliegendes Fettgewebe entfernt. Für die Errechnung der Fleischeiweißprozente wird analytisch ermitteltes Fett abgezogen, so daß sich ein Bezug auf die Summe aus organischem Nichtfett, Wasser und Asche ergibt (z. B. 62 % Wasser, 2 % Asche, 1 % Zucker, 17 % Fleischeiweiß, 18 % Fett; 100-18 = 82; 17:0.82 = 20.7 % Fleischeiweiß im fettfreien Anteil; Fleischeiweiß-Wasser-Verhältnis 1:3.6).

28c) Wegen „Bierschinken" siehe Abschnitt 2.224.1.

28d) Vor der Wasserbestimmung wird der äußere Rand des Magerfleisches in einer Stärke von mindestens 1 cm entfernt.

28e) Es handels sich um eine Herkunftsangabe.

29) Wegen der Definition „Fischfilet" siehe Leitsätze für Fische, Krusten-, Schalen- und Weichtiere und Erzeugnissen daraus (Abschnitt I A Nr. 7 Buchstabe b).

30) Bei etwaigem Panieren werden höchstens 20 % Panade, bezogen aus das Gesamtgewicht, aufgetragen. Im erhitzten Fertigerzeugnis sind dies nicht mehr als 35 % Panade.

31) Siehe auch § 6 Abs. 1, 2 und 3 der Hackfleisch-Verordnung vom 10. Mai 1976 (BGBl. I S. 1186) in der jeweils geltenden Fassung.

32) In den Fällen, in denen die Panade im Gewicht eingeschlossen ist, werden höchstens 20 % (bezogen auf das Gesamtgewicht) aufgetragen. Siehe im übrigen Fußnote 30).

33) Bei den kennzeichnungspflichtigen Fertigpackungen, ist ein Hinweis auf den Knochenanteil erforderlich, wenn er nicht aus der Verkehrsbezeichnung hervorgeht oder infolge der Verpackung nicht deutlich erkennbar ist (§ 3 Abs. 2 letzter Satz der Fleisch-Verordnung).

Leitsätze für Feinkostsalate

1. Abgrenzung

a) Zu den „Feinkostsalaten gehören alle verzehrfertigen Zubereitungen von Fleisch- und Fischteilen, von Ei, ferner von Gemüse-, Pilz- und Obstzubereitungen, einschließlich Kartoffelsalat, die mit Mayonnaise oder Salat-Mayonnaise oder einer anderen würzenden Soße oder mit Öl und/oder Essig und würzenden Zutaten aufgemacht sind. Die Herstellung und Zusammensetzung ist verschiedenartig, so daß auch bei gleichnamigen Erzeugnissen Abweichungen der Zutaten vorhanden sein können. Hiervon sind diejenigen Feinkostsalate ausgenommen, für die nachstehend bestimmte Inhaltsstoffe fixiert sind.

b) Feinkostsalate bestehen aus festen sowie flüssigen und/oder pastösen Bestandteilen. Bei der Herstellung werden diese Bestandteile miteinander vermischt. Bei den „Feststellungen im einzelnen" (Abschnitt II) wird bei jeder Art der Feinkostsalate aufgeführt, welche Bestandteile sie enthält oder enthalten kann. Durch Zusatz von würzenden Zutaten oder anderen Geschmacksträgern wie Wein, Sahne, Speisesenf erhalten die Salate eine charakteristische Note.

2. Bezeichnungen

Feinkostsalate werden entweder unmittelbar mit den in Abschnitt II in den einzelnen Nummern aufgeführten Bezeichnungen benannt oder mit Phantasiebezeichnungen in Verbindung mit erläuternden Hinweisen. Im allgemeinen wird hierdurch bei verpackten Feinkostsalaten der Bestimmung der Lebensmittelbezeichnungs-Verordnung genügt, wo eine „handelsübliche Bezeichnung" vorgeschrieben ist. Enthält ein Feinkostsalat besondere Zutaten, z.B. Teigwaren, Spezialgewürze, die organoleptisch erkennbar, jedoch nicht verkehrsüblich sind, so muß dies ausreichend kenntlich gemacht werden.

Feststellungen im einzelnen

Bei den Feinkostsalaten zu I 1a, II 1a, 1c und 1e ist die Aufzählung der Bestandteile erschöpfend. Bei den anderen Feinkostsalaten sind die Inhaltsstoffe nur insoweit aufgeführt, als dies zur Abgrenzung der einzelnen Arten erforderlich ist.

I. Salate aus dem Fleisch warmblütiger Tiere

1. a) Fleischsalate

Fleischsalate ist eine Zubereitung aus einer Fleischgrundlage mit Mayonnaise oder Salat-Mayonnaise, zerkleinerten Gurken, Gewürzen und anderen Würzstoffen.

Fleischsalat enthält:
>   mindestens 25 v.H. Fleischgrundlage
>   mindestens 40 v.H. oder Salatmayonnaise
>   Gurken und würzende Beigaben, höchstens jedoch 25 v.H.

Die Fleischgrundlage besteht aus Rind-, Kalb- oder Schweinefleisch, gekuttert oder ungekuttert, auch in Mischungen untereinander. Die gekutterte Fleischgrundlage kann bis zu 5 % Schwarten enthalten. Stärke oder aufgeschlossenes Milcheiweiß kann der Fleischgrundlage in einer Menge von höchstens 2 v.H., bezogen auf die verwendete Fleisch- und Fettmenge, zugesetzt sein. Die Fleischgrundlage enthält keine Innereien, insbesondere keine Pansen, Euter, Lungen und keine zugesetzten Sehnen. Fleischsalat enthält keine Rüben- oder Kohlarten, ferner außer Gurken kein Gemüse, insbesondere keinen Sellerie und keine Tomaten, ebenso keine Kartoffeln, Kürbis oder Äpfel. Handelsüblich ist die Bezeichnung „Fleischsalat". Wird bei Fleischsalat auf eine besonders gute Qualität durch Angabe wie „fein" hingewiesen, so enthält dieser Fleischsalat:
>   mindestens 33 1/3 v.H. Fleischgrundlage
>   mindestens 40 v.H. Mayonnaise oder Salat-Mayonnaise
>   höchstens 16 2/3 v.H. Gurken und würzende Bestandteile.

Salat-Mayonnaise bei diesem Fleischsalat hat mindestens 65 v.H. Fettgehalt. Wird bei Fleischsalaten ausdrücklich auf Mayonnaise hingewiesen, z.B. durch die Bezeichnung „Fleischsalat mit Mayonnaise", so wird Salat-Mayonnaise nicht verwendet.

Wird ein Teil der Gurken durch andere Gemüsearten und/oder andere Zutaten bei sonst gleicher Zusammensetzung wie Fleischsalat ersetzt, wird handelsüblich die Bezeichnung „Italienischer Salat" verwendet.

b) Rindfleischsalat

Rindfleischsalat wird hergestellt aus gekochtem, gegartem oder anderweitig behandeltem und geschnittenen Rindfleisch mit verschiedenen Beigaben. Der Fleischanteil beträgt mindestens 20 v.H.

Dieses Produkt kann mit Mayonnaise oder Salat-Mayonnaise oder einer anderen würzenden Sauce oder mit Öl und/oder Essig und würzenden Zutaten angerichtet werden.

c) Ochsenmaulsalat

Ochsenmaulsalat wird aus Streifen oder Scheiben von gepökeltem, gekochtem und geschnittenem Rindermaul hergestellt. Dieser Anteil an der Gesamtmenge beträgt mindestens 50 v.H.

Er kann mit Essig, Öl, Zwiebeln, Gewürzen und anderen Würzstoffen angerichtet werden.

d) Geflügelsalat

Geflügelsalat wird hergestellt aus gekochtem, gegartem, oder anderweitig behandeltem und geschnittenem Geflügelfleisch, gegebenenfalls mit anhaftenden Hautteilen. Außerdem enthält diese Salat-Mayonnaise oder Mayonnaise oder eine andere würzende Sauce oder Öl und/oder Essig und andere würzende Zutaten. Beigaben an Ei, Pilzen, Obst- und Gemüseteilen sind möglich. Der Fleischanteil an Geflügelfleisch beträgt mindestens 20 v.H.

e) Wildsalat

Wildsalat wird hergestellt auf einer Grundlage von Fleisch von Rehen, Hasen, Rebhühnern, Fasanen oder anderen Wildarten, das geschnitten, gekocht, gegart oder anderweitig behandelt worden ist. Es wird auch gelegentlich Kasseler, Schinkenfleisch oder anderes Fleisch beigegeben. Der Wildfleischanteil beträgt mindestens 20 v.H. Wildsalat wird mit oder ohne Mayonnaise oder Salat-Mayonnaise oder einer anderen würzenden Sauce oder mit Öl und/oder Essig und würzenden Zutaten angerichtet.

2. **Sonstige Salate** mit einem Zusatz von Fleisch einschließlich Fleisch von Geflügel oder Wild Werden andere als die unter 1 a) bis e) genannten Salate mit einem Zusatz von Fleisch in den Verkehr gebracht, so ist die Zusammensetzung und Bezeichnung dem Hersteller überlassen. Wird in der Namensgebung auf einen Zusatz von Fleisch hingewiesen, so enthalten diese Salate einen Fleisch- oder Fleischbrätanteil von mindestens 10 v.H.

Diese Salate werden mit Mayonnaise oder Salatmayonnaise oder einer anderen würzenden Sauce oder mit Öl und/oder Essig und würzenden Zutaten angerichtet. Phantasiebezeichnungen mit erläuternden Hinweisen sind möglich.

II. Salate aus dem Fleisch von Fischen, Krusten-, Schalen- oder Weichtieren

1. a) Fischsalat

Fischsalat jeder Art, außer Heringssalat, wird hergestellt aus mindestens 20 v.H. zerkleinertem Fischfleisch unter Zugabe von Mayonnaise oder Salatmayonnaise oder einer anderen würzenden Sauce oder mit Öl und/oder Essig und anderen würzenden Zutaten sowie wahlweise Gurken, rote Rüben, weiße Rüben (Bete) – ausgenommen Steck-/Kohlrüben, Zwiebeln, Sellerie, Tomaten, Paprikaschoten, Obst, Kapern, Gewürzen oder aus Vermengungen dieser Stoffe.

b) Heringssalat

Heringssalat ist eine Zubereitung aus geschnittenen, entgräteten, gesalzenen und/oder gesäuerten Heringen mit Mayonnaise oder Salat-Mayonnaise oder Öl und wahlweise Essig sowie insbesondere Gurken, rote oder weiße Rüben (Beete) ausgenommen Kohl-/Steckrüben, Kartoffeln, Tomaten, Paprikaschoten, Zwiebeln, Sellerie, Äpfeln, Nüssen, Kapern, Gewürzen oder aus Vermengungen dieser Stoffe.

Heringssalat enthält mindestens 20 v.H. Heringe und gegebenenfalls mindestens 25 v.H. Mayonnaise oder Salat-Mayonnaise.

Wird bei Heringssalat auf eine besonders gute Qualität durch Angaben wie „fein" oder „Delikateß" hingewiesen, so enthält dieser Heringssalat mindestens 25 v.H. enthäutete und zerkleinerte Heringe, gegebenenfalls mindestens 30 v.H. Mayonnaise oder Salat-Mayonnaise.

Salat-Mayonnaise bei diesem Heringssalat hat mindetens 65 v.H. Fettgehalt.

c) Matjessalat

Matjessalat besteht aus mindestens 50 v.H. enthäuteten, geschnittenen Filets von Matjes- oder matjesartigen mildgesalzenen Heringen und geringen Mengen Speiseöl, Essig, Gurken, Zwiebeln, Sellerie, Tomaten, Kapern und Gewürzen, die wahlweise beigegeben werden.

d) Salat aus Fleisch von Krusten-, Schalen- oder Weichtieren

Salate aus dem Fleisch von Krusten-, Schalen- oder Weichtieren enthält mit Ausnahmen von Krabbensalat einen Fleischanteil von mindestens 20 v.H.

e) Krabbensalat

Krabbensalat wird aus dem Fleisch von Krabben mit Mayonnaise oder Salatmayonnaise, Gewürzen und anderen würzenden Stoffen hergestellt. Der Anteil von Krabbenfleisch beträgt mindestens 40 v.H.

2. Sonstige Salate mit einem Zusatz von Fleisch von Fischen, Krusten-, Schalen- oder Weichtieren

Werden andere als die unter 1. a) bis e) genannten Salate in den Verkehr gebracht, so ist die Zusammenstellung und Bezeichnung dem Hersteller zu überlassen. Wird bei der Namensgebung auf einen der obigen Zusätze hingewiesen, so enthalten diese Salate mindestens 10 v.H. Fleisch von Fischen, Krusten-, Schalen- oder Weichtieren.

Diese Salate werden mit Mayonnaise oder Salat-Mayonnaise oder einer anderen würzenden Sauce oder mit Öl und/oder Essig und würzenden Zutaten angerichtet. Phantasiebezeichnungen mit erläuternden Hinweisen sind möglich.

III. Salate auf Gemüse-, Pilz- und Obstgrundlage

Hinsichtlich der Zusammenssetzung und Bezeichnung dieser Feinkostsalate können keine Normen aufgestellt werden, jedoch sollen mindestens 40 v.H. feste Bestandteile enthalten sein.

Die Zusammensetzung und Bezeichnung bleibt dem Hersteller überlassen. Wird auf eine bestimmte Gemüse-, Pilz- oder Obstgrundlage hingewiesen, so sind von deren Erzeugnissen mindetens 20 v.H. enthalten.

Weitere Hinweise

Erzeugnisse, die den vorstehenden Mindestanforderungen entsprechen, gelten als Feinkostsalate.

Lebensmittel, die obigen Beschreibungen nicht entsprechen, gelten als irreführend im Sinne des Lebensmittel- und Bedarfsgegenstände-gesetzes, falls sie unter den Bezeichnungen „Feinkostsalate" in den Verkehr gebracht werden.

Salate, die nicht die Zusammensetzung der unter Abschnitt II beschriebenen Feinkostsalate besitzen, jedoch mit ihnen verwechselbar sind, werden als Lebensmittel besonderer Art bezeichnet, wobei zur Vermeidung der Irreführung Wortbildungen mit den genannten Bezeichnungen ausgeschaltet sind, so sind diese in geschmacklich maßgebender Menge in ihnen enthalten.

Die Leitsätze beziehen sich auch auf Lebensmittel, die von gewerblichen Herstellern zum Verzehr an Ort und Stelle abgegeben werden.

Die Verwendung der Angaben „echt" oder „rein" in Verbindung mit der Warenbezeichnung entspricht nicht der Verkehrsanschaung. Alle Mengen und Prozentsätze beziehen sich auf die Zeit der Herstellung.

Leitsätze für Mayonnaise, Salat-Mayonnaise und Remouladen

A. Mayonnaise und Salat-Mayonnaise

1. Begriffsbestimmmung und Herstellung
a) Mayonnaise besteht aus Hühnereigelb und Speiseöl pflanzlicher Herkunft. Außerdem kann sie Kochsalz, Zuckerarten, Gewürze, andere Würzstoffe, Essig, genußsäuren sowie Hühnereiklar enthalten. Sie enthält Eigelb[1] in einer Mindestmenge von 7,5 v.H. vom Fettgehalt, jedoch keine Verdickungsmittel der Mindestfettgehalt beträgt 30 v.H.
b) Salat-Mayonnaise besteht aus Speiseöl pflanzlicher Herkunft und daneben aus Hühnereigelb, außerdem kann sie Hühnereiklar, Milcheiweiß, Pflanzeneiweiß oder Vermengungen dieser Stoffe, Kochsalz, Zuckerarten, Gewürze, andere Würzstoffe, Essig, Genußsäuren und Verdickungmittel enthalten. Der Mindestfettgehalt beträgt 50 v.H.
Beträgt der Eigelbanteil mindestens 7,5 v.H. vom Fettgehalt, so kann darauf hingewiesen werden.
c) Als Verdickungsmittel im Sinne des vorstehenden Abschnittes (A 1. b) werden nur folgende Stoffe verwendet: Weizenmehl, Stärkearten, Gelatine sowie die zugelassenen Verdickungsmittel[2].
d) Der Zusatz gelbfärbender nichtfremder Stoffe zum Zwecke der Färbung ist nicht verkehrsüblich[3]. Es werden zum Beispiel Curcumar, Paprika und andere Gewürze zum Zwecke der Geschmackgebung zugefügt.

2. Bezeichnung
a) Wird bei Mayonnaise oder Salat-Mayonnaise auf die Verwendung von frischen Eiern oder frischem Eigelb hingewiesen, so enthalten diese Erzeugnisse ausschließlich Ei-Inhaltsstoffe (Hühnereigelb und Hühnereiklar), die unmittelbar vor ihrer Verarbeitung durch Aufschlagen von Frischen Hühnereiern gewonnen werden.
b) Frische Hühnereier im Sinne dieser Leitsätze sind Eier, die nicht älter als 10 Tage und nicht konserviert oder geölt sind.
c) Soweit die in Abschnitt 1. a) und b) aufgeführten Erzeugnisse nicht als Zusatz oder zur Zubereitung von Lebensmitteln verwendet worden sind, wird der Fettgehalt in Verbindung mit der Bezeichnung auf der Verpackung und bei der Abgabe von loser Ware im Handel an den Verbraucher auf Schildern angegeben.

B. Remouladen

1. Begriffsbestimmung und Herstellung
Remouladen entspricht den Bestimmungen für Mayonnaise und Salat-Mayonnaise nach Abschnitt A. Sie enthält Kräuter und/oder zerkleinerte würzende Pflanzenteile.

2. Bezeichnung
Soweit Remouladen nicht als Zutat oder Zubereitung von Lebensmitteln verwendet worden ist, wird der Fettgehalt in Verbindung mit der Bezeichnung auf der Verpackung und bei der Abgabe von loser Ware im Handel an den Verbraucher auf Schildern abgegeben.

Richtlinien zur Bezeichnung und Zusammensetzung von Ragout fin und Geflügel-Ragout fin

a) Ragout fin

Ragout fin, das unter dieser Bezeichnung oder als „Kalbfleisch-Ragout fin" oder als „Ragout fin aus Kalbfleisch" oder einer gleichsinnigen Bezeichnung in den Verkehr gebracht wird, enthält sehnenarmes Kalbfleisch, alleine oder mit einem geringen Zusatz von Geflügelfleisch oder Kalbsbries, nicht jedoch Zusätze von Innereien oder Sehnen. Der Fleischanteil zur Zeit der Abpackung oder Abfüllung beträgt mindetens 40 v.H. des Fertigerzeugnisses.

Dieser Fleischnateil kann bis zu 40 % durch eine Farce ersetzt werden, sofern diese aus gekuttertem Kalbfleisch, alleine oder mit einem geringem Zusatz von Geflügelfleisch, hergestellt ist. Die Farce enthält zur Bindung und Qualitätsverbesserung Sahne und Hühnerei oder Hühnereigelb. Eine Beigabe von Champignons ist gewerbeüblich, jedoch nicht von Gemüse und Obst.

Außer der Fleischeinwaage und der Farce enthält Ragout fin eine pikant abgestimmte Soße.

Ragout fin wird mindestens in dieser Qualität hergestellt.

b) **Geflügel-Ragout fin**

Wird ein Ragout fin unter der Bezeichnung „Geflügel-Ragout fin" oder als „Ragout fin aus Geflügel" oder einer gleichsinnigen Bezeichnung in den Verkehr gebracht, enthält es Fleisch von Hühnern und/oder Puten mit oder ohne Zusatz von Kalbfleisch, nicht jedoch von Innereien, Sehnen oder Haut. Geringe Teile Haut können nur in der Farce verarbeitet werden. Als Geflügelfleisch wird nur das Fleisch aus der Brust und/oder den Keulen verwendet. Im übrigen ist die Zusammensetzung sinngemäß die gleiche wie bei Ragout fin im allgemeinen.

c) Ragoutartige Zubereitung, die eine andere Zusammensetzung wie die oben aufgeführte aufweisen, sind als Ragout fin − auch in einer Wortzusammensetzung − irreführend bezeichnet.

Begriffsbestimmungen für Würzsoßen

Würzsoßen im Sinne von Anlagen 3 A Ziffer 3 e zur Fertigpackungs-Verordnung sind fließfähige Zubereitungen mit ausgeprägt würzendem Geschmack aus zerkleinerten und/oder flüssigen Bestandteilen vorwiegend pflanzlicher, teilweise auch tierischer Herkunft. Konsistenz und Struktur werden durch die Zugabe von Wasser und lebensmittelrechtlich zugelassenen Dickungsmitteln und Stabilisatoren beeinflußt.

Würzsoßen enthalten nur insoweit Fett, als es zur Bildung und Bindung von Geschmack und Aroma erforderlich ist. Würzsoßen sind hauptsächlich dazu bestimmt, verkehrsfähigen Speisen zur besonderen Würzung und zur Erhöhung der Schmackhaftigkeit beigegeben zu werden. Sie können teilweise auch schon bei der Zubereitung von Speisen mitverwendet werden. Würzsoßen sind in kaltem Zustand verwendungsfähig, eine Erwärmung vor der Verwendung ist fallweise möglich.

Begriffsbestimmungen und Beschaffenheitsmerkmale für Gulaschkonserven (I.d.F. vom 10. 4. 1984)

(1) Gulaschkonserven enthalten in gewürzter Soße Fleisch, das von groben Sehnen und Sehnenplatten, größeren Ansammlungen von Fettgeweben und lockerem Bindegebwebe sowie gelber Bauchhaut befreit worden ist. Das Fleisch darf zur Sicherung der Saftigkeit von Sehnen durchzogen sein, Knochenputzfleisch, Kopffleisch und Innereien werden nicht verwendet.

(2) Als Gulasch bezeichnete Konserven enthalten nur Rindfleisch; die ausschließliche oder teilweise Verwendung von Fleisch anderer Tierarten wird in unmittelbarer Wortverbindung mit der Bezeichnung „Gulasch" angegeben, z.B. Kalbsgulasch.

(3) Das Fleich kann vorbehandelt, z.B. angeschmort, oder roh eingedost sein.

(4) Die Frischfleischeinwaage beträgt über 50% des Nettoinhalts[1].

(5) Bei Konserven, die das Wort Gulasch als Bestandteil der Bezeichnung enthalten, werden Zusätze, z.B. Kartoffelstücke, Sauerkraut in Verbindung mit der Bezeichnung angegeben; im übrigen werden die Merkmale 1 bis 4 erfüllt.

(6) Szegediner Gulasch oder Szekler Gulasch ist ein überwiegend aus Sauerkraut hergestelltes Erzeugnis mit einem Zusatz von fettem Schweinefleisch, die Frischfleischeinwaage beträgt über 30% des Nettoinhalts.

---

1) Angesichts der Schwankungen beim Einfüllen wird für eine Frischfleischeinwaage von über 50% eine Einwaage von 55% empfohlen.

Begriffsbestimmungen und Beschaffenheitsmerkmale für Corned Beef mit Gelee oder Deutsches Corned Beef

Corned Beef oder Deutsches Corned Beef ist ein erhitztes, schnittfestes, fettarmes Fleischerzeugnis. Es besteht aus von groben Sehnen befreitem, zerkleinertem, umgerötetem Rindfleisch in einer gelatinösen Grundmasse.

Die Frischfleischeinwaage entspricht dem Nettogewicht des Fertigerzeugnisses, z.B. werden aus 100 kg Rohfleisch nicht mehr als 100 kg Corned Beef mit Gelee oder Deutsches Corned Beef hergestellt. Der bei der Vorbehandlung des Fleisches entstehende Gewichtsverlust wird durch einen Aufguß an Kochbrühe ausgeglichen, dem zur Sicherung der Schnittfestigkeit zerkleinerte Schwarten, Sehnen und/oder Speisegelatine zugesetzt werden.

1) Eigelb ist technisch reines Eigelb (Eidotter); technisch reines Eigelb enthält mindestens 80 v.H. analytisch bestimmbares Eigelb. Eigelb wird auch in Form von Eiprodukten in entsprechenden Gewichtsmengen verwendet.

2) Es wird hingewiesen auf § 2 Abs. 1 Nr. 7 der „Verordnung über die Zulassung fremder Stoffe als Zusatz zu Lebensmitteln …" in der jeweils zur Zeit gültigen Fassung.

3) Es wird hingewiesen auf die „Verordnung über färbende Stoffe" in der zur Zeit gültigen Fassung.

Alphabetisches Verzeichnis der Fleisch- und Wurstwaren

Bratwurst, Norddeutsche 2713
Bratwurst, Nordhäuser Rost- 2707
Bratwurst, Nürnberger 2714
Bratwurst, Oberbayerische 2716
Bratwurst, Oberländer 2717
Bratwurst, Paprika- 2723
Bratwurst, Pfälzer 2720
Bratwurst, Polnische 1824 2721
Bratwurst, Regensburger 2722
Bratwurst, Rheinische 2616
Bratwurst, Rinds- 2603
Bratwurst, Rost- 2705
Bratwurst, rot, Spanische 2737
Bratwurst, Sardellen- 2704
Bratwurst, Saure 3809
Bratwurst, Schlesische 2724
Bratwurst, Schlesische Land- 1910
Bratwurst, Schweinfurter 2725
Bratwurst, Stuttgarter 2726
Bratwurst, Süddeutsche 2727
Bratwurst, Thüringer Rost- 2708
Bratwurst, Waardtländer 2614
Bratwurst-Brötchen 3807
Bratwurst-Grundbrät 2601
Bratwurst-Kroketten 2733
Bratwurst-Preßsack, Nürnberger 2954
Bratwürstl, Tiroler 2738
Braunschweiger Blutwurst 2914 2940
Braunschweiger Dauerblutwurst 2966
Braunschweiger grobe Leberwurst 2860
Braunschweiger grobe Mettwurst 1605
Braunschweiger Knoblauchwurst 1614
Braunschweiger Leberwurst 2829
Braunschweiger Mettwurst 1509 1510
Braunschweiger Mettwürstchen 1709 1710
Braunschweiger Salami 1406
Braunschweiger Sardellenleberwurst 2821
Braunschweiger Schlackwurst 1310
Braunschweiger Schweinefleischsülze 3006
Braunschweiger Schweinesülze 3037
Braunschweiger Zervelatwurst 1304
Brätblock, dunkel, zur Rouladenherstellung 3203
Brätblock, hell, zur Rouladenherstellung 3201
Brätblock, mittel, zur Rouladenherstellung 3202
Bregenwurst 2056
Bregenwurst, Blut- 2946
Bregenwurst, Hannoversche 1830 3035
Bregenwurst, Land- 2451
Bregenwurst, Süddeutsche 2452
Breite Blutwurst 2962
Bremer Brühwurst 2055
Bremer Gekochte 2051

Bremer gekochte Mettwurst 2053
Bremer Kochmettwurst 1904
Bremer Pinkel (Grützwurst) 3124
Bremer Rauchfleisch 1213
Bremerhavener Jagdwurst 2132
Bremerhavener Rotwurst 2939
Breslauer Knoblauchwurst 2042 2218
Brotteig, Pastete im 5404
Brotteig, Schinken im 1206
Bruckfleisch, Wiener 5307
Brust, Kalbs-, in Aspik 3411
Brust, Kalbs-, mit Zungeneinlage, gerollt 3228
Brust, Kalbs-, zum Füllen 3609
Brust, Pökel- 1010
Brust, Rinder-, geräuchert 1137
Brust, Rinder-, in Weißweinaspik 3406
Brust, Schweine-, gerollt 3222
Brustschnitte, Kalbs- 3603
Brustspitze, geräuchert 1128
Brustspitzen, Schweine-, Schweinebrust, Stich 1001
Brühe, Fleisch-, hell 5102
Brühe, Knochen-, dunkel 5103
Brühe, Knochen-, hell 5101
Brühe, Kräuteraufguß- 4470 4471
Brühpolnische 2522
Brühwurst, Bremer 2055
Bunte Mortadella 2008
Burgunder Schinken in Aspik 3431
Burgunder-Marinade 4441
Burgunder-Schinken 1152
Butter, Kräuter- 5606 5609
Butter, Petersilien- 5610
Butter, Schinken- 5608
Butter, Zungen- 5607
Butterkugeln 3456
Butterrosen 3457

C

Cabanossi 1827 2219 2526
Calvados-Würstchen 2736
Cannelloni 4013
Cevapcici 4002
Chamignonsalat 4908
Champagner-Bratwurst 2734
Champagner-Würstchen 2471
Champignon-Pastete 3309 3336
Champignon-Pastete 5420
Champignonleberwurst 2812
Champignonsalat, pikant 5052
Champignonsoße 4819

Hackepeter 1617 4103
Hackfleischkugeln, paniert (Rind- und Schweine-
fleisch) 4101
Hackfleischpastetchen 4018
Hackfleischpastete 4004
Hackfleischspieß 4008
Hackfleischstrudel 4011
Hacksteak 4005 4006 5309
Hafergrützwurst 3113
Halberstädter Würstchen 2420
Halbgeräucherte, Thüringer 2537
Hallauer Schinkenwurst 2143
Hallesche Leberwurst 2836
Hamburger 4001
Hamburger Bratwurst 2710
Hamburger grobe Mettwurst 1435
Hamburger Grützblutwurst 3105
Hamburger Knackwurst 2428
Hamburger Kochmettwurst 1905 2125
Hamburger Kochschinken 1202
Hamburger Labskaus 5114
Hamburger Pökelfleisch 1203
Hamburger Rauchfleisch 1133
Hamburger Rauchfleisch, gekocht 1210
Hamburger Rohschneideschinken 1103
Hamburger Saftpökelfleisch 1209
Hamburger Sardellenwurst 2123
Hammelbraten, mariniert 3654
Hammelfleisch-Schaschlik 3650
Hammelragout 3655
Hannoversche Bregenwurst 1830 3035
Hannoversche Fleischwurst 1906
Hannoversche Hirnwurst 2031
Hannoversche Kochmettwurst 3033
Hannoversche Leberwurst 2859
Hannoversche Schmorwurst 1903
Hannoversche Weißwurst 1902 3026
Harte Mettwurst 1433
Harzer Schmorwurst 2221
Harzer Semmelwurst 3118
Harzer Weißwurst 3036
Hase, Falscher 4016
Haselnuß-Pastete 3335
Haselnuß-Pastete 5419
Haspel, Eisbein 1003
Hausfrauenspieß 3707
Hausmacher Blutwurst 2903 2904
Hausmacher Fleischblutwurst 2952
Hausmacher Leberwurst 2813
Hausmacher Mettwurst 1486
Hausmacher Mettwurst, Westfälische 1470
Hausmacher Pinke 3135

Hausmacher Sülze 3008
Haxe, Lamm- 3656
Hähnchen im Schlafrock 4718
Hähnchen-Füllung 4312
Hähnchen-Salat 4910
Hellbraune Bratensoße 5206
Helle Soße 5207
Helle Zungenwurst 2120
Heringsalat, Dressing für 4829
Herrnwurst 2032
Herzschinken 1153
Herzwurst 2121
Hessische Bratwurst 2711
Hessische Landrotwurst 2963
Hessische Leberwurst 2837
Hessischer Preßkopf 2237
Hessisches Weckewerk 3120
Hildesheimer Kochsalami 1907
Hildesheimer Leberwurst 2838
Hildesheimer Leberwurst mit Kalbfleisch 2839
Hirnpastete 3346
Hirnwurst 2030 2133
Hirnwurst, Hannoversche 2031
Hirnwürstchen 2535
Hirsch-Salami 4720
Hirschwurst 4723
Hirtensalami 1414
Hirtenwurst, nach Bierwurstart 2234
Hofer Würstchen 2504
Hollandaise, Sauce 5209
Holländer Schweinskäse 3225
Holsteiner Bauernwurst 1458
Holsteiner Grützblutwurst 3104
Holsteiner Katenrauchwurst 1416
Holsteiner Katenschinken 1105
Holsteiner Mettwurst 1437
Holsteiner Salami 1407
Holsteiner Schinkenmettwurst 1430
Holsteiner Zervelatwurst 1308
Honigmarinade 4444
Huhn in Currysoße 4717
Husarenspieß vom Schweinebauch 3706
Hüftsteak 3516
Hühner-Pastete 5405
Hühnersuppe 5108

I

Igel-Hackbraten 4017
Imitierte Auerhahnpastete 3340
Imitierte Eiswürfel 3451

Imitierte Wildschweinpastete 5417
Imitierter Eisschnee 3452
Innviertler Salami, gegart 1913
Ippensiller 2139
Italienische Blutwurst 2960
Italienische Bratwurst 2740
Italienische Pastete 3348
Italienische Rotwurst 2965
Italienische Salami 1409
Italienischer Leberkäse 2314

J

Jagdwurst 2106
Jagdwurst, Bremerhavener 2132
Jagdwurst, Kaiser- 2105
Jagdwurst, norddeutsche Art 2107
Jagdwurst, süddeutsche Art 2108
Jagdwurstpastete 5407
Jagdwürstchen 2513
Jauersche Würstchen 2505
Jägerwurst, nach Krakauer Art 2241
Jägerwurst, Schweizer Art 1479
Jägerwürstchen 1819
Joghurt-Mayonnaise 4808

K

Kaiserfleisch 1216
Kaiserjagdwurst 2105
Kalbfleisch-Galantine 5330 5331
Kalbfleisch-Pastete 5418
Kalbfleisch-Sülzpastete 3409
Kalbfleischkäse 2308
Kalbfleischpastete 3323
Kalbfleischrolle in Aspik 3410
Kalbfleischsülze 3010
Kalbfleischsülze, Schwedische 3059
Kalbfleischwurst 2034
Kalbs-Filetrolle 3210
Kalbs-Pastete 3324
Kalbsbratwurst 2613
Kalbsbries-Pastete 3325
Kalbsbries-Pastete mit Krabben 5413
Kalbsbriesroulade 3230
Kalbsbrust „da angelo", Füllung für 4306
Kalbsbrust in Aspik 3411
Kalbsbrust mit Zungeneinlage, gerollt 3228
Kalbsbrust zum Füllen 3609
Kalbsbrust, Füllung für 4302

Kalbsbrust, gefüllt 3606 5327
Kalbsbrust, gefüllt, gebraten 5328
Kalbsbrust, Gefüllte Delikateß- 5326
Kalbsbrustschnitte 3603
Kalbskäse 2307
Kalbskopf, modelliert 3462
Kalbskotelett, gehackt 4019
Kalbsleberwurst 2806
Kalbsleberwurst, grob 2819
Kalbsnierenbraten 3608
Kalbsoberschale, gepökelt 1012
Kalbsrollbraten, gefüllt mit Schinken und Ei 3607
Kalbsroulade 3226
Kalbsroulade mit Lachsschinken 3229
Kalbsroulade mit Zungen 5329
Kalbsroulade mit Zungeneinlage 3227
Kalbsschinken 1016
Kalbszunge in Weißweinaspik 3412
Kaltes Fondue 5507
Kamm, Geräucherter Schweine- 1148
Kamm, Kasseler 1121 5353
Karrépastete 3316
Kartoffelsalat 5050
Kartoffelsalat mit Mayonnaise 5051
Kartoffelwurst 3128
Kasseler Dürre Runde 1457
Kasseler Kamm 1121 5353
Kasseler Knoblauchwurst 1448
Kasseler Kochwurst 2050
Kasseler Leberwurst 2840
Kasseler mit Knochen 1118
Kasseler ohne Knochen 1120
Kasseler ohne Knochen, gekocht 1211
Kasseler Rippenspeer 1119 5354
Kasseler Salat mit Früchten und Nüssen 4911
Kasseler Schwartenmagen 3024
Kasseler Weckewerk 3119
Katenrauchwurst 1415
Katenrauchwurst, Holsteiner 1416
Katenschinken, Holsteiner 1105
Kawassy 2462
Käse-Dressing 4823
Käse-Fondue 5506
Käse-Salat, Schinken- 4909
Käse-Sülze, Schinken- 3430
Käsebierschinken 2103
Käsepastete, Schinken- 3314
Käsesalat 5055
Käseschinkenwurst 2110
Kellerwürstchen, Schweidnitzer 2459
Keulenschinken 1108
Kielbassa 1842 1909

Kümmelwurst 1455 2041
Kümmelwürstchen 2423

L

Labskaus, Hamburger 5114
Lachsschinken 1122
Lachsschinken, Marseiller 1142
Lachsschinken, Pariser 1123
Lachsschinkenpastete 3339
Lake, Gewürz- 4401 4402 4403 4404 4406
Lake, Rotwein- 4405
Lamm-Hackbraten 4203
Lammbraten, Füllung für 4309
Lammburger 4202
Lammfleisch-Marinade 4447 4450
Lammfleisch-Salami 1464
Lammfleisch-Zervelatwurst 1313
Lammhaxe 3656
Lammkeule, Gefüllt 3652
Lammkotelett, Falsches 4201
Lammrollbraten 3653
Lammrouladen, Füllung für 4310
Lammrücken im Teigmantel 5426
Lammspieße 3651
Landbratwurst, Schlesische 1910
Landbregenwurst 2451
Landjäger 1452 1817 1818
Landjäger, Schweizer 1820
Landjäger, Tiroler 1841
Landleberwurst 2815
Landmettwurst 1438
Landrotwurst, Hessische 2963
Landwurst, Schlesische 1843
Laubfröschle, Schwäbische 4014
Lausitzer Grützblutwurst 3107
Leber-Pastete, Schweine- 3333
Leber-Pastete, Schweine-, mit Parmesankäse 3332
Leberfleischwurst 2807 2808
Lebergriller 2832
Leberkäse 2309
Leberkäse zum Selbstbacken 3806
Leberkäse, Bayerischer 2316
Leberkäse, Fränkischer 2310
Leberkäse, Gänse- 4710
Leberkäse, Gänse-, getrüffelt 4702
Leberkäse, Italienischer 2314
Leberkäse, Stuttgarter 2311
Leberknödel 5112
Leberknödelsuppe 5113
Leberpastete 3326 3327

Leberpastete mit Champignons 3331
Leberpastete, Gänse- 4708
Leberpastete, Gänse-, getrüffelt, in der Kruste 5406
Leberpastete, Gänse-, Straßburger 4709
Leberpastete, gebacken 3329
Leberpastete, gebacken, schnittfest 3328
Leberpastete, Sardellen- 3334
Leberpastete, Schwedische 3307 3347
Leberpastete, Trüffel- 3330
Leberpreßkopf 2852
Leberpreßsack 2853
Leberpreßsack, Anspacher 2855
Leberpreßsack, einfach 2854
Leberrolle 2858
Leberrotwurst 2936
Leberschmalz 5604
Leberspieß, pikant 3511
Leberwurst Ia 2802
Leberwurst mit Kalbfleisch, Hildesheimer 2839
Leberwurst mit Milchzusatz, Rheinische 2846
Leberwurst, Bauern- 2814
Leberwurst, Bayerische Bier- 2827
Leberwurst, Berliner 2828
Leberwurst, Berliner Semmel- 3116
Leberwurst, Berliner Zungen- 2810
Leberwurst, Braunschweiger 2829
Leberwurst, Braunschweiger Sardellen- 2821
Leberwurst, Champignon- 2812
Leberwurst, Delikateß- 2801
Leberwurst, Dresdner 2830
Leberwurst, einfach 2816
Leberwurst, fein 2804
Leberwurst, fein, Berliner 2805
Leberwurst, Frankfurter 2833 2834
Leberwurst, Fränkische, dunkel 2831
Leberwurst, Gänse- 4705
Leberwurst, Gänse-, mit Trüffeln 4703
Leberwurst, Gänse-, mit Trüffeln und Zunge 4706
Leberwurst, Gänse-, Straßburger 4704
Leberwurst, Göttinger 2835
Leberwurst, grob, Braunschweiger 2860
Leberwurst, Grütz- 3122
Leberwurst, Guts- 2817
Leberwurst, Hallesche 2836
Leberwurst, Hannoversche 2859
Leberwurst, Hausmacher 2813
Leberwurst, Hessische 2837
Leberwurst, Hildesheimer 2838
Leberwurst, Kalbs- 2806
Leberwurst, Kalbs-, grob 2819
Leberwurst, Kalbs-, mit Kalbsbries un Trüffeln 2866
Leberwurst, Kasseler 2840

M

Q

R

Speckwurst, Fränkische 2938
Speckwurst, Oberfränkische 2931
Speckwurst, Paprika- 2038
Speckwurst, Rheinische 2932
Spezial-Leberwurst 2864
Spickbraten, Rinder- 3512
Spieß, Balkan-, vom Schweinebauch 3708
Spieß, Hackfleisch- 4008
Spieß, Hausfrauen- 3707
Spieß, Husaren-, vom Schweinebauch 3706
Spieß, Ochs am 5310
Spieß, Pikanter Leber- 3511
Spieß, Regensburger Wurst- 3802
Spieß, Rindfleisch- 3520
Spieß, Rouladen- 3519
Spießbratenwurst 2238
Spieße, Lamm- 3651
Spiralbraten, Rinder- 3503
Stadtwurst 2035
Stadtwurst, einfach 2036
Stadtwurst, grob 2115
Stadtwurst, Nürnberger 2116
Steak, Club- 3507
Steak, Gefülltes Rinder- 3508
Steak, Hack- 5309
Steak, Hüft- 3516
Steak, Pfeffer- 3510
Steak, Porterhouse- 3505
Steak, Rinder- 3515
Steak, Schweinerücken-, Saltinbocca 3701
Steak, T-Bone- 3506
Sternpastete 3302
Sternpastete mit bunten Ringen 3303
Stich, Schweinebrustspitzen, Schweinebrust 1001
Stockwurst 2530
Stockwurst, Münchner 2531
Straßburger Gänseleberpastete 4709
Straßburger Gänseleberwurst 4704
Straßburger Wurst 2037
Streichfähige Mettwurst 1507
Streichmettwurst 1508
Streichmettwurst Ia 1506
Streichmettwürstchen 1708
Streichmettwürstchen Ia 1706
Strudel, Hackfleisch- 4011
Stumpen, Bauern- 1805
Stuttgarter 2114
Stuttgarter Bratwurst 2726
Stuttgarter Fleischkäse 2305
Stuttgarter Knackwurst 2514 2520
Stuttgarter Knackwürstchen 2466
Stuttgarter Leberkäse 2311

Stuttgarter Leberwurst 2849
Stuttgarter Preßkopf 2243
Stuttgarter Saiten 2443
Stuttgarter Salvenatwurst 3054
Stuttgarter Schinkenwurst 2113
Stuttgarter Schwarze 2955
Sulber, Rinds- 1018
Sulz, Feinkost-Wein- 3427
Suppe, Französische Zwiebel- 5106
Suppe, Gulasch- 5109
Suppe, Hühner- 5108
Suppe, Leberknödel- 5113
Suppe, Markklößchen- 5111
Suppe, Ochsenschwanz-, gebunden 5104
Suppe, Schwäbische Wurst- 5107
Suppengewürz 4428
Süddeutsche Bratwurst 2727
Süddeutsche Bregenwurst 2452
Süddeutsche Preßsülze 3053
Süddeutsche Preßwurst 2924
Sülze, Braunschweiger Schweine- 3037
Sülze, Braunschweiger Schweinefleisch- 3006
Sülze, Eisbein- 3421
Sülze, fein, weiß 3007
Sülze, Feine Wein- 3009
Sülze, Fränkische Fleisch- 3040
Sülze, Garnier- 3005
Sülze, Hausmacher 3008
Sülze, Kalbfleisch- 3010
Sülze, Magen- 3011
Sülze, Ochsenmaul- 3407
Sülze, Rindfleisch- 3044
Sülze, Schinken-Käse- 3430
Sülze, Schüssel- 3402
Sülze, Schwedische Kalbfleisch- 3059
Sülze, Schweinefleisch- 3413
Sülze, Schweinezungen- 3426
Sülze, Schweinskopf- 3012
Sülze, Teller- 3401
Sülze, Thüringer 3014
Sülze, Thüringer Kümmel- 3013
Sülze, Wurst- 3015
Sülzkotelett 3419 4626
Sülzpastete, Kalbfleisch- 3409
Sülzpreßkopf 3025
Sülztörtchen, Mecklenburger 3417
Sülzwurst 3016 3017
Sülzwurst mit Rindfleisch 3042
Sülzwurst, Berliner 3018
Sülzwurst, fein, rot 2951
Sülzwurst, Norddeutsche 3019
Sülzwurst, Thüringer 3020

Weißer Schwartenmagen 3028
Weißer Schweinskäse 2313
Weißwurst 2039
Weißwurst mit Eiern und Milch, Pariser 2739
Weißwurst Münchner Art 2401
Weißwurst, einfach 2040
Weißwurst, Göttinger 3034
Weißwurst, Hannoversche 1902 3026
Weißwurst, Harzer 3036
Weißwurst, Münchner 2033
Weißwürstchen 2448
Wellwurst, Schlesische 3102 3117
Werktagskotelett (vom Schweinebauch) 3711
Westfälinger 1802
Westfälische Beutelwurst 3112
Westfälische grobe Mettwurst 1606
Westfälische grobe Mettwurst, luftgetrocknet 1607
Westfälische Grützwurst 3123
Westfälische Hausmacher Mettwurst 1470
Westfälische Kochmettwurst 1901
Westfälische Mettwurst 1440
Westfälische Mettwurst, luftgetrocknet 1441
Westfälische Schinkenplockwurst 1423 1426
Westfälische Schinkenwurst 2130
Westfälische Schlackwurst 1312
Westfälische Zervelatwurst 1307
Westfälischer Blasenschinken 1112
Westfälischer Knochenschinken 1102
Westfälischer Panhas (Mehlblutwurst) 3115
Westfälischer Rohschneideschinken 1104
Wiener Bruckfleisch 5307
Wiener Gulasch 5303
Wiener Schnitzel 3605
Wiener Würstchen 2419
Wildbretkäse 4721
Wildbretpastete (Hirschfleisch) 3322
Wildfleisch, Beize für 4440
Wildhasenfleisch, Pastete von 5416
Wildpastete 3320
Wildschweinpastete, imitiert 3321
Wildschweinpastete, imitiert 5417
Wollwurst 2607
Wollwurst, Bayerische 2609
Worchestershire-Soße 4812
Wormser Leberwurst 2851
Worschd, Ahle 1489
Wurstäpfel 3461
Wurstherstellung, Schwarten für die 4485
Wurstkuchen 5425
Wurstsalat 5002
Wurstsalat mit Trauben 5008
Wurstsalat, Fränkischer 5004

Wurstsalat, Nürnberger 5005
Wurstspieß, Regensburger 3802
Wurstsuppe, Schwäbische 5107
Wurstsülze 3015
Würfelpastete 3304
Würstchen 2402
Würstchen im Dörrfleischmantel 3804
Würstchen im Schlafrock 2414
Würstchen in der Fleischhaut 2413
Würstchen, Altdeutsche 2416
Würstchen, Appetit- 2403
Würstchen, Badische Bock- 2465
Würstchen, Badische Fleisch- 2464
Würstchen, Bauern- 2527
Würstchen, Bayerische Bierblut- 2948
Würstchen, Bayerische Bock- 2463
Würstchen, Bergische 2502
Würstchen, Berliner Knoblauch- 2457
Würstchen, Blut- 2935
Würstchen, Bouillon- 2404
Würstchen, Böhmische Krell- 2455
Würstchen, Calvados- 2736
Würstchen, Champagner- 2471
Würstchen, Cocktail- 2405
Würstchen, Curry- 2406
Würstchen, Dampf- 2407
Würstchen, Debreziner 2503
Würstchen, Delikateß- 2408
Würstchen, Dresdner Appetit- 1719
Würstchen, dünn geselcht, Münchner 2517
Würstchen, Fleisch- 2409
Würstchen, Frankfurter 2415
Würstchen, Frankfurter Knack- 2427
Würstchen, Frankfurter, grob 2539
Würstchen, Fränkische Rindfleisch- 1715 1716
Würstchen, Frühstücks- 1809
Würstchen, gefüllt 3801
Würstchen, Gehirn- 2604
Würstchen, Gothaer Appetit- 2458
Würstchen, Gothaer Siede- 2430
Würstchen, Halberstädter 2420
Würstchen, Hirn- 2535
Würstchen, Hofer 2504
Würstchen, Jagd- 2513
Würstchen, Jauersche 2505
Würstchen, Jäger- 1819
Würstchen, Knack- 2424
Würstchen, Knoblauch- 2449
Würstchen, Knochenpeter-, Mecklenburger Art 1840
Würstchen, Königsberger 2417
Würstchen, Krainer 2506
Würstchen, Krakauer 2507

Z

Stichwortverzeichnis

614